Rietschel / Raiß

Heiz- und Klimatechnik

Fünfzehnte neubearbeitete Auflage

von

Wilhelm Raiß

Zweiter Band

Verfahren und Unterlagen zur Berechnung

Mit einem Abschnitt

Regelung von Klimaanlagen

von

H. Protz

Springer-Verlag Berlin Heidelberg GmbH 1970

Dr.-Ing. Wilhelm Raiß

em. o. Professor der Technischen Universität Berlin

Hermann-Rietschel-Institut für Heizung und Lüftung

Dipl.-Ing. H. Protz

Akademischer Rat am Hermann-Rietschel-Institut für Heizung und Lüftung
der Technischen Universität Berlin

Der zweite Band enthält 286 Abbildungen und 55 Tabellen im Textteil, 59 Zahlen- und
3 Bildtafeln im vierten Teil sowie 15 lose Arbeitsblätter in einer besonderen Tasche

Bisherige Auflagen:

Leitfaden zum Berechnen und Entwerfen von Lüftungs- und Heizungs-Anlagen

1. Auflage 1893
2. Auflage 1894
3. Auflage 1902   Bearbeitet von H. Rietschel
4. Auflage 1909

5. Auflage 1913   Bearbeitet von H. Rietschel und K. Brabbée

H. Rietschels Leitfaden der Heiz- und Lüftungstechnik

6. Auflage 1922
7. Auflage 1925   Bearbeitet von K. Brabbée

8. Auflage 1928
9. Auflage 1930
10. Auflage 1934   Bearbeitet von H. Gröber
11. Auflage 1938

H. Rietschels Lehrbuch der Heiz- und Lüftungstechnik

12. Auflage 1948   Bearbeitet von H. Gröber

13. Auflage 1958
14. Auflage 1960   Bearbeitet von W. Raiss

ISBN 978-3-662-27134-6   ISBN 978-3-662-28617-3 (eBook)
DOI 10.1007/978-3-662-28617-3

Titel Nr. 0843

Aus dem Vorwort zum ersten Band

Mit der fünfzehnten Auflage stellt sich das RIETSCHELsche Lehrbuch in neuem Gewande vor. Die Inhaltserweiterung und die Notwendigkeit, das Buch handlicher zu machen, legten eine Aufteilung des Werkes in zwei Bände nahe. Zugleich wurde der Titel des Buches geändert. Er trägt in seiner jetzigen Fassung der Tatsache Rechnung, daß sich in den letzten 10 Jahren die Aufgaben des Lüftungsingenieurs immer stärker auf das Gebiet der Raumklimatisierung verlagert haben. Auch ist im deutschen Sprachgebrauch die Tendenz erkennbar, sämtliche Verfahren und Einrichtungen zur Schaffung behaglicher Innenraumverhältnisse mit dem Begriff „Klimatechnik" zu umreißen. Heute schon werden ganz allgemein Anlagen zur Raumkühlung dieser Gruppe zugerechnet; folgerichtig müßten dann Einrichtungen zur Raumerwärmung eines Tages ebenfalls in diesen Sammelbegriff mit eingehen.

Der erste Band des Lehrbuchs beschreibt und diskutiert im wesentlichen die Systeme und ihre Bauteile. Zur Einführung in die Aufgabenstellung des Fachgebietes sind die beiden Abschnitte über das Raumklima und das Außenklima an den Anfang des Buches gestellt.

Gegenüber der letzten Auflage finden sich in fast allen Abschnitten Änderungen und Ergänzungen. So wurden allein im ersten Band rund 190 Abbildungen ausgetauscht bzw. neu aufgenommen. Im heiztechnischen Teil galt es insbesondere, den durch das Vordringen flüssiger und gasförmiger Brennstoffe verursachten Fortschritten im Bau von Öfen und Kesseln Rechnung zu tragen. Bei Heizkesseln kleiner und mittlerer Leistung werden heute Bauarten bevorzugt, die sowohl für feste als auch für flüssige bzw. gasförmige Brennstoffe geeignet und häufig mit Brauchwassererwärmern ausgestattet sind.

Der Ausbau der Fernheizungen in Stadtzentren und die Errichtung von Blockheizungen in neuen Siedlungsgebieten haben eine lebhafte Entwicklung auf dem Gebiet der Zubehörteile, insbesondere der Armaturen, ausgelöst. Auch im Aufbau der Hausstationen und bei der Leitungsverlegung sind Fortschritte zu verzeichnen, die zu berücksichtigen waren.

Obwohl das Wort „Lüftungstechnik" im Titel des Buches nicht mehr erscheint, werden doch die Fragen der Raumlüftung nach wie vor eingehend behandelt. Die gestiegenen Anforderungen an das Raumklima in Aufenthalts- und Fertigungsräumen und die stärkere Witterungsanfälligkeit moderner Bauten haben der Klimaanlage weitere Anwendungsgebiete erschlossen. Mit verbesserten Geräten und Systemen sucht man den neuen Aufgaben gerecht zu werden. Der Teilabschnitt „Klimatechnik" wurde dementsprechend weitgehend überarbeitet und ergänzt.

Wertvolle Hilfe bei der Herausgabe der fünfzehnten Auflage leisteten die wissenschaftlichen Mitarbeiter am Hermann-Rietschel-Institut für Heizung und Lüftung, insbesondere die Herren Dipl.-Ing. BRINKMANN (Zentralheizung und Gesamtmanuskript), Dipl.-Ing. MASUCH (Klimakunde, Ofenheizung), Dipl.-Ing. PROTZ (Regelungstechnik) und Dipl.-Ing. ZÖLLNER (Heizungszubehör, Fernheizung). Ihnen allen danke ich für ihre Mitwirkung bei der Beschaffung und Auswertung der Unterlagen, der Durchsicht der Manuskripte und nicht zum wenigsten für eigene Vorschläge und Anregungen. Mein Dank gilt auch den Firmen und Fachverbänden, die mich durch Überlassung von Bildern, Zeichnungen und sonstigen Unterlagen unterstützten. Dem Verlag danke ich für das verständnisvolle Eingehen auf Sonderwünsche und die vorzügliche Ausstattung des Werkes.

Berlin, im Sommer 1968

W. Raiß

Vorwort zum zweiten Band

Der zweite Band des Lehrbuchs, der sich im wesentlichen mit der Berechnung heiz- und klimatechnischer Einrichtungen befaßt, wurde weitgehend überarbeitet und durch neue Abschnitte bzw. Unterlagen erweitert. Auf die wichtigsten Änderungen sei hier kurz hingewiesen.

An die Erörterung des Rechnungsganges zur Ermittlung des Wärmebedarfs nach DIN 4701 schließen sich jetzt allgemeine Betrachtungen über den Zusammenhang zwischen Bauweise eines Gebäudes und Wärmebedarf an. Sie führen zu einem einfachen Verfahren, den Wärmebedarf größerer Bauten mit Hilfe einiger Kenngrößen näherungsweise zu ermitteln.

Die Versuchsanordnungen zur Prüfung von Heizkesseln werden an Hand eines Beispiels im einzelnen besprochen. Die Leistungsangaben für Normradiatoren wurden durch entsprechende Werte für Plattenheizkörper ergänzt, wobei die Querschnittsform und die Bauhöhe die entscheidenden Parameter sind.

Die Berechnung der Schwerkraftheizung mit oberer Verteilung wurde durch Angabe genauerer Werte über die zusätzlichen Umtriebsdrücke infolge der Rohrleitungsabkühlung sowie für die Heizflächenkorrekturen verbessert. In vielen Fällen wird sich dadurch die Nachrechnung erübrigen. Geändert wurde auch das Berechnungsverfahren für die Einrohrheizung mit dem Ziel, bei den Heizkörperanschlüssen die für die Montage unerwünschte Einschnürung der durchlaufenden Hauptleitung zu vermeiden. Bei der Dimensionierung von Rohr- und Kanalnetzen konnten bisher die Druckverluste von Einbauteilen und Stromverzweigungen infolge der summarischen Angabe der Einzelwiderstände nur recht ungenau bestimmt werden. Dies führte zu Unsicherheiten in der Mengenstromverteilung, vor allem in Lüftungsnetzen. Neuere theoretische und experimentelle Forschungsarbeiten gestatten heute eine wesentlich bessere Erfassung der ζ-Werte. Die Grundlagen hierfür werden im zehnten Abschnitt behandelt, Einzelheiten über die Abzweige in Rohrnetzen und Luftkanälen im Zusammenhang mit den Leitungsberechnungen im elften und dreizehnten Abschnitt. Die Arbeitsblätter 5, 10 und 11 wurden entsprechend geändert.

Neu berechnet wurden die Werte für das Reibungsgefälle in Luftkanälen. Das daraus entwickelte Diagramm auf Arbeitsblatt 10 ersetzt die Tabellen der Arbeitsblätter 10 und 11 der früheren Auflagen. Das Diagramm kann unmittelbar zur Dimensionierung von Blechkanälen Verwendung finden. Bei Kanälen mit abweichender Wandrauhigkeit ermöglicht ein Hilfsdiagramm die einfache Berichtigung der abgelesenen Druckverlustwerte. Ausführlicher als bisher wird in der fünfzehnten Auflage die Dimensionierung von Lüftungsnetzen behandelt und an Hand zweier Beispielrechnungen erläutert. Dabei wird auch auf das Problem der Umsetzung dynamischer in statische Druckhöhe, den sog. Druckgewinn, und deren Berücksichtigung bei der Querschnittsbemessung eingegangen.

Völlig neu bearbeitet wurde der Teilabschnitt über die Kühllast klimatisierter Räume. Er basiert auf Studien, die zur Vorbereitung deutscher Regeln für die Kühllastberechnung im Hermann-Rietschel-Institut in ständiger Fühlungnahme mit einigen namhaften Fachleuten durchgeführt wurden. Da bis zur Herausgabe verbindlicher „Kühllastregeln" wahrscheinlich noch einige Zeit verstreichen wird, erschien es dem Verfasser in Anbetracht der Bedeutung des Problems geboten, in dieser Auflage des Lehrbuchs einen Rechnungsgang aufzuzeigen, der dem derzeitigen Erkenntnisstand entspricht.

Den Abschluß des Buches bildet ein von dem Akademischen Rat am Hermann-Rietschel-Institut, Dipl.-Ing. H. Protz, verfaßter Abschnitt über „Regelung von Klimaanlagen". Er ist als Einführung in die dynamische Betrachtungsweise von Regelvorgängen gedacht, die in der

Klimatechnik eine viel wichtigere Rolle spielt als in der Heiztechnik. Ein gewisser mathematischer Aufwand ist dabei nicht zu vermeiden. Die Praxis benötigt darüber hinaus Kennwerte über das Zeitverhalten realer Regelkreisglieder. Herr PROTZ hat die bekanntgewordenen Untersuchungen verarbeitet und durch eigene Messungen ergänzt. Damit ist für bestimmte Regelaufgaben die Wahl zweckmäßiger Reglerbauteile und die Beurteilung der Stabilität des Regelkreises möglich. Viele dieser Ergebnisse können auch unmittelbar auf heiztechnische Aufgaben übertragen werden.

Besonders hingewiesen sei noch auf die geänderte Schreibweise mancher Gleichungen. Mit der bevorzugten Verwendung von Größengleichungen soll u. a. der Übergang auf das internationale Einheitensystem erleichtert werden. Den für die Berechnung in der Praxis empfohlenen Gleichungen liegen jedoch die heute gebräuchlichen Einheiten des Technischen Maßsystems zugrunde. Dabei werden Kräfte durchweg in kp und Wärmemengen in kcal angegeben. Entsprechend wird bei den abgeleiteten Größen verfahren.

Bei der Bearbeitung des zweiten Bandes haben mich die wissenschaftlichen Assistenten des Hermann-Rietschel-Instituts wiederum sehr unterstützt. Besonders danken möchte ich den Herren Dipl.-Ing. BRINKMANN (Heizungsdimensionierung und Gesamtmanuskript), Dipl.-Ing. HEYNERT (strömungstechnische Berechnungen und Neufassung einiger Arbeitsblätter) und Dipl.-Ing. MASUCH (Auslegung der Klimazentrale und Kühllastbestimmung).

Berlin, im März 1969

W. Raiß

Inhaltsverzeichnis

Dritter Teil
Berechnungsverfahren und Beispiele
Achter Abschnitt. Wärmeübertragung

Neunter Abschnitt. Die wärmetechnische Berechnung von Heizungsanlagen

Zehnter Abschnitt. Strömungsfragen

Elfter Abschnitt. Berechnung von Rohrnetzen

Zwölfter Abschnitt. Betrieb von Heizanlagen

Dreizehnter Abschnitt. Berechnung von Kanalnetzen und Luftdurchlässen

Vierzehnter Abschnitt. Klimatechnische Berechnungen

Fünfzehnter Abschnitt. Regelung von Klimaanlagen

Vierter Teil

Zahlen- und Bildtafeln

Zahlentafeln

Bildtafeln

**In der Tasche am Schluß des Buches
befinden sich die folgenden Arbeitsblätter 1—15**

1: Warmwasserheizung (1 grd-Tafel), Druckgefälle $R = 0,05$ bis 5 mm WS/m (Schwerkraftheizung)
2: Warmwasserheizung (1 grd-Tafel), Druckgefälle $R = 3,0$ bis 200 mm WS/m (Pumpenheizung)
3: Warmwasserheizung (20 grd-Tafel), Druckgefälle $R = 0,05$ bis 5 mm WS/m (Schwerkraftheizung)
4: Warmwasserheizung (20 grd-Tafel), Druckgefälle $R = 2,2$ bis 100 mm WS/m (Pumpenheizung)
5: Einzelwiderstände bei Wasser- und Dampfleitungen
6: Niederdruckdampfheizung, Druckgefälle $R = 0,5$ bis 100 mm WS/m
7: Druckgefälle und Geschwindigkeit in Warmwasserleitungen
8: Druckgefälle in Dampfleitungen
9: Geschwindigkeit und Einzeldruckverluste in Dampfleitungen
10: Druckgefälle und Geschwindigkeit in Luftleitungen
11: Einzelwiderstände bei Luftleitungen
12: Gleichwertiger Durchmesser d_g bei Rechteckkanälen
13: i, x-Diagramm für feuchte Luft
14: Wärmeübergang bei Konvektion und Kondensation
15: Winkelverhältnis (Einstrahlzahl) beim Wärmeaustausch durch Strahlung

Inhaltsübersicht des ersten Bandes

Einleitung

Die Berechnung der technischen Einrichtungen zur Heizung, Lüftung und Klimatisierung von Gebäuden fußt, soweit sie wissenschaftlich gesichert ist, auf Erkenntnissen der Wärmeübertragung und der Strömungslehre. In zwei Sonderabschnitten dieses Bandes sind daher die wichtigsten Gesetze beider Fachgebiete, die hier zur Anwendung kommen, zusammenhängend dargestellt.

Berechnungsgleichungen werden i. allg. in einer mathematischen Form geboten, die ihre unmittelbare Verwendung in der Praxis gestattet. Das bedeutet, daß in manchen Fällen physikalisch komplizierte Vorgänge stark vereinfacht betrachtet werden müssen und nur die Haupteinflußgrößen Berücksichtigung finden können. Die experimentelle Forschung liefert für solche Näherungsformeln die notwendigen Erfahrungsbeiwerte, durch die der Einfluß der vernachlässigten Parameter innerhalb abgegrenzter Anwendungsbereiche der Formeln mit ausreichender Genauigkeit erfaßt wird. Gelingt es dabei, die Zahl der Variablen auf 2 bis 3 zu begrenzen, so lassen sich die Lösungen in einfachen Zahlentafeln oder Diagrammen darstellen. Die für die Berechnung heiz- und klimatechnischer Anlagen wichtigsten Hilfstafeln sind als gesonderte Arbeitsblätter dem Buch angefügt.

Bei der wärmetechnischen Berechnung von Heizanlagen kommt man in der Regel mit der stationären Betrachtung der Wärmeübertragungsvorgänge aus. Das gilt auch für die Bestimmung des Wärmebedarfs von Gebäuden im üblichen, nachts unterbrochenen bzw. eingeschränkten Heizbetrieb, soweit die periodisch sich ändernden Raum- und Außentemperaturen durch repräsentative Mittelwerte über 24 Stunden erfaßt werden können (quasistationärer Zustand). Die zusätzlichen Wärmeleistungen beim Anheizen lassen sich dabei mit Hilfe von Näherungsrechnungen zumeist genügend genau bestimmen.

Größere Schwierigkeiten bereitet die mathematische Behandlung instationärer Vorgänge bei Mehrschichtwänden, insbesondere wenn auch der Wärmeaustausch zwischen den verschiedenen Umschließungswänden eines Raumes berücksichtigt werden muß. Ein Beispiel hierfür ist die Bestimmung der Kühllast klimatisierter Gebäude. Die den Gesamtvorgang beschreibenden Differentialgleichungen lassen sich in solchen Fällen nur durch vereinfachte mathematische Ansätze lösen; die Rechnungsergebnisse bedürfen daher vorerst noch der Kontrolle durch Erfahrungswerte der Praxis.

Ähnlich groß sind die Schwierigkeiten bei der mathematischen Darstellung der Strömungsvorgänge in gelüfteten Räumen. Der Modellversuch, der sonst in der Strömungstechnik häufig angewendet wird, ist infolge der Zahl und vielfältigen Verflechtung der Einflußgrößen nur bedingt in seinen Ergebnissen auf reale Räume übertragbar. Da die wärmephysiologische Beurteilung des Raumklimas und seiner unvermeidlichen örtlichen Unterschiede zudem mit einbezogen werden muß, sind noch umfangreiche Forschungsarbeiten zu leisten, bevor der Klima-Ingenieur seine Anlagen mit derselben Zuverlässigkeit planen und berechnen kann, wie es dem Heizungs-Ingenieur bei normalen Aufgaben möglich ist.

Soweit wie möglich werden in dieser Auflage mathematische Beziehungen in der Form von Größengleichungen wiedergegeben. Diese Schreibweise hat den Vorzug der Unabhängigkeit vom gewählten Einheitensystem. Die Gleichungen sind also für das Rechnen mit den Einheiten des Technischen Maßsystems ebenso wie mit denen des neuerdings immer häufiger verwendeten

Internationalen Maßsystems geeignet. Das letztere basiert bekanntlich auf den Grundeinheiten Meter, Kilogramm (Masse), Sekunde, Ampere (MKSA). Auch alle abgeleiteten Größen wie Kraft, Druck und Energie sind aus diesen Grundeinheiten gebildet. Da der Ingenieur der Praxis mit den genannten Größen heute und wohl auch für längere Zeit noch bestimmte Vorstellungen über den Zahlenbereich der Werte verbindet, denen das technische Maßsystem zugrundeliegt, und auch sein Erfahrungswissen danach ordnet, sind die der praktischen Berechnung dienenden Formeln in den Einheiten des Technischen Maßsystems geschrieben. Ohnehin handelt es sich bei diesen Gleichungen oft um Gebrauchsformeln, bei denen dimensionsbehaftete Beiwerte nicht zu umgehen sind. Die Dimensionen der einzelnen Größen sind dabei stets angegeben und sorgfältig zu beachten.

Notwendig war zur Anpassung an die allgemeine Entwicklung die Unterscheidung zwischen Masse und Gewicht einer Stoffmenge. Da sich das Gewicht bzw. die Gewichtskraft als Produkt von Masse und Beschleunigung ergibt, ist mit der Verwendung des Kilogramms (kg) als Masseneinheit die Einführung einer gesonderten Gewichts- bzw. Krafteinheit notwendig geworden. Man verwendet hierfür in der Technik i. allg. das Kilopond (kp), das ist das Gewicht (Gewichtskraft) einer Stoffmenge von 1 kg bei der Normfallbeschleunigung g_n, also

$$1 \text{ kp} = g_n \text{ kg} = 9{,}806\,65 \frac{\text{m}}{\text{s}^2} \text{ kg}.$$

Im MKSA-System ist die Einheit der Kraft das Newton (N), wobei

$$1 \text{ N} = 1 \text{ kg m/s}^2 = \frac{1}{9{,}806\,65} \text{ kp}$$

ist. Damit ändern sich auch die Druckeinheiten. So ist

$$1 \frac{\text{kp}}{\text{m}^2} = 9{,}806\,65 \frac{\text{N}}{\text{m}^2}.$$

Als Einheit der Energie gilt im MKSA-System 1 Joule (J) = 1 Nm = 1 Ws. Daraus folgt:

$$1 \text{ kcal} = 4186{,}8 \text{ J} = 1{,}163 \text{ Wh}.$$

Spezifische Größen sind generell auf die Masseneinheit bezogen.

Wärmemengen werden in kcal, Drücke in at (kp/cm²) oder in mm WS (kp/m²) angegeben, je nach dem Anwendungsgebiet. Als Leistungseinheit gilt bei mechanischer und elektrischer Energie das Kilowatt (kW).

In Zahlentafel A 1 im vierten Teil sind die für die Umrechnung von Kraft, Druck, Energie und Leistung in andere Einheiten gültigen Beziehungen wiedergegeben.

Die in den Gleichungen verwendeten Formelzeichen stimmen zum größten Teil mit denen der früheren Auflagen überein und entsprechen i. allg. den in der Wärme- und Strömungstechnik gebräuchlichen Kurzzeichen. Auf eine Ausnahme sei hingewiesen. Die Masse eines Stoffes wird hier nicht mit dem Buchstaben m bezeichnet. Er ist in der Heiz- und Klimatechnik so ungewöhnlich, daß es dem Verfasser zweckmäßig erschien, den Buchstaben G der früheren Auflagen für die Mengenangabe beizubehalten. Die auf die Zeit bezogene Menge, z. B. der Durchfluß durch eine Leitung, wird als Massenstrom mit $\dot{G}$ oder als Volumstrom mit $\dot{V}$ gekennzeichnet. Bei der Wahl von Stunde oder Sekunde als Zeiteinheit ist dies durch ein Indexzeichen vermerkt, so z. B. G_h oder V_s; der Punkt über dem Formelzeichen ist dann weggelassen. Die Bedeutung der in diesem Buch häufiger vorkommenden Formelzeichen ist gemeinsam mit den zugehörigen Dimensionsangaben der folgenden Zusammenstellung zu entnehmen.

Wichtigste Formelzeichen und Dimensionen

h	Höhe	m	Δm	mittlere log. Temperaturdifferenz	grd
H	Förderhöhe	m (oder mm) WS	N	Leistung	PS; kW
δ	Dicke	m; mm	Q	Wärmemenge	kcal
d, D	Durchmesser	m; mm	Q_h	Wärmestrom (Wärmeleistung)	kcal/h
f, F	Fläche	m²	η	Wirkungsgrad	
V	Volumen	m³	k	Wärmedurchgangszahl	kcal/m² h grd
$\dot V$	Volumstrom	m³/h; m³/s	$\varkappa$	Teilwärmedurchgangszahl	kcal/m² h grd
G	Masse	kg	k_R	Wärmedurchgangszahl des	
$\dot G$	Massenstrom	kg/h; kg/s		Rohres	kcal/m h grd
ϱ	Dichte	kg/m³	α	Wärmeübergangszahl	kcal/m² h grd
γ	spez. Gewicht, Wichte	kp/m³	ν	kinematische Zähigkeit	m²/s
p	Druck	kp/m²; kp/cm²	λ	Wärmeleitzahl	kcal/m h grd
Δp	Druckunterschied	kp/m²; kp/cm²	a	Temperaturleitzahl	m²/h
R	Druckgefälle $\dfrac{\Delta p}{l}$	kp/m² m; mm WS/m	c	spezifische Wärme	kcal/kg grd
w	Strömungsgeschwindigkeit	m/s	i	spezifischer Wärmeinhalt (Enthalpie)	kcal/kg
t, T	Temperatur	°C, °K	r	Verdampfungswärme	kcal/kg
t_a	Temperatur im Freien	°C	φ	relative Feuchte	%
t_i	Temperatur in einem Raum	°C	x	Wassergehalt; g Wasserdampf/kg trockene Luft	
t_w	Wandtemperatur	°C	Re	Reynolds-Zahl	
t_U	Temperatur der Umgebungsflächen	°C	Pe	Péclet-Zahl	
t_L	Lufttemperatur	°C	Pr	Prandtl-Zahl	
t_m	Mittelwert einer Temperatur	°C	Gr	Grashof-Zahl	
t_H	Heizmitteltemperatur	°C	Nu	Nußelt-Zahl	
t_v	Vorlauftemperatur	°C	ζ	Widerstandsbeiwert	
t_r	Rücklauftemperatur	°C	λ	Rohrreibungsbeiwert	
Δt	Temperaturdifferenz	grd	Gt	Gradtagzahl	grd d
			H_u	Brennstoffheizwert	kcal/kg; kcal/Nm³

Die Indizes 1 und 2 deuten auf verschiedene Stoffe hin (insbesondere bei Temperaturen und Mengenangaben), in Rohrleitungen und Kanälen auf hintereinander durchströmte Querschnitte. a, d, h, s sind Hinweise auf die Bezugszeit von Stoff- und Energieströmen:

a Jahr, d Tag, h Stunde, s Sekunde.

Wärmemengen werden bei größeren Werten in Mcal (1 Megakalorie $= 10^3$ kcal) oder in Gcal (1 Gigakalorie $= 10^6$ kcal) angegeben.

Dritter Teil

Berechnungsverfahren und Beispiele

Achter Abschnitt

Wärmeübertragung

Dem Vorgang der Wärmeübertragung begegnen wir in der Heiz- und Klimatechnik in vielerlei Abwandlungen. So geben beispielsweise beheizte Gebäude laufend Wärme an die freie Atmosphäre ab; die Höhe dieses Wärmeverlustes unter ungünstigsten Bedingungen ist maßgebend für die Auslegung der Heizanlagen. Aber auch die erforderlichen Heizkörpergrößen sowie die Heizflächen von Kesseln und Wärmeaustauschern lassen sich nur berechnen, wenn die Gesetze der Wärmeübertragung bekannt sind. Die Anwendung dieser Gesetze ermöglicht es dem Ingenieur vielfach, durch zweckmäßige konstruktive Gestaltung den Wärmeaustausch zu begünstigen und damit die Leistung der Heizflächen bei gleichem Material- oder Kostenaufwand zu steigern.

Oft liegt auch die umgekehrte Aufgabe vor, die Wärmeübertragung einzuschränken (Wärmeschutz, Wärmedämmung), da die nach außen abwandernde Wärme verloren ist. Die Vorgänge und damit die Berechnungsverfahren sind dabei grundsätzlich die gleichen.

Nur die für uns wichtigsten Gesetze und Formeln sollen nachstehend wiedergegeben werden. Im übrigen sei auf das umfangreiche Schrifttum über diese Fragen verwiesen[1].

I. Allgemeines

Da Wärme stets von einer Stelle höherer Temperatur zu einer solchen niedrigerer Temperatur strömt, erscheint uns der Vorgang zunächst einfach. In Wirklichkeit ist er aber verwickelt und mathematisch oft nur schwer beschreibbar. Wir müssen unterscheiden zwischen mehreren physikalisch ganz verschiedenen Erscheinungsformen der Wärmeübertragung, nämlich:

1. *Leitung*, d. i. die Wärmeübertragung innerhalb eines Körpers von Teilchen zu Teilchen, wenn keine Verschiebung dieser Teilchen gegeneinander stattfindet.

2. *Konvektion* (Mitführung), d. i. die Wärmeübertragung durch die Bewegung der Teilchen in flüssigen oder gasförmigen Körpern.

3. *Strahlung*, d. i. die Wärmeübertragung zwischen Körpern ohne unmittelbare Berührung in Form der Strahlungsenergie.

Die Wärmeleitung interessiert vor allem bei festen Körpern. Bei Flüssigkeiten und bei Gasen tritt sie i. allg. zurück gegenüber dem Wärmeaustausch durch Konvektion, die sowohl durch Temperatur- und Dichteunterschiede allein (freie Strömung) als auch durch von außen aufgeprägte Druckunterschiede (erzwungene Strömung) verursacht sein kann. Durch die Konvektion wird im wesentlichen auch der Wärmeaustausch zwischen einer festen Oberfläche und

---

[1] GRÖBER/ERK/GRIGULL: Grundgesetze der Wärmeübertragung, Neudruck d. 3. Aufl., Berlin/Göttingen/Heidelberg: Springer 1963. — SCHACK, A.: Der industrielle Wärmeübergang, 6. Aufl., Düsseldorf: Verlag Stahleisen 1962. — ECKERT, E.: Einführung in die Wärme- und Stoffaustausch, 3. Aufl., Berlin/Heidelberg/New York: Springer 1966. — VDI-Wärmeatlas. Düsseldorf: VDI-Verlag 1953. — Hütte I, 28. Aufl., Berlin: Ernst & Sohn, S. 491/506.

einer angrenzenden Flüssigkeit bestimmt. Man bezeichnet ihn als *Wärmeübergang*. Vielfach überlagert sich hier dem Wärmeaustausch durch Konvektion noch derjenige durch Strahlung.

Wird Wärme von einem Raum oder einer Flüssigkeit durch eine Trennwand hindurch auf einen zweiten Raum oder eine zweite Flüssigkeit übertragen, so sprechen wir von *Wärmedurchgang*. Die Trennwände sind bei der Berechnung von Wärmeaustauschern die Heiz- oder Kühlflächen, bei der Wärmeverlustberechnung eines Gebäudes die Mauern oder Fenster. Die Wärmewanderung umfaßt hier drei Teilvorgänge, nämlich den Wärmeübergang vom wärmeren Raum zur Wandoberfläche, die Leitung von dieser Oberfläche durch die Wand hindurch zur anderen Oberfläche und nochmals einen Wärmeübergang von der letztgenannten Oberfläche an den kälteren Raum.

II. Wärmeleitung

Die Wärmeleitung in einem festen Körper einfacher geometrischer Form läßt sich mathematisch zumeist ohne Schwierigkeiten darstellen, wenn die Temperaturverteilung zeitlich unverändert bleibt (Beharrungszustand oder stationäre Wärmeströmung). Diese Annahme ist bei vielen hier zu behandelnden Aufgaben berechtigt oder zum mindesten im Hinblick auf die geforderte Rechnungsgenauigkeit zulässig.

A. Wärmeleitung im Beharrungszustand

Von besonderem Interesse ist für heiztechnische Berechnungen die Wärmeleitung in ebenen und zylindrischen Wänden.

1. Die ebene Wand

Eine sehr große Wand homogenen Aufbaus mit parallelen ebenen Oberflächen werde von der Wärme quer durchströmt, s. Abb. 8.01. Werden die Oberflächen auf den Temperaturen $t_{w\,1}$ und $t_{w\,2}$ gehalten, so errechnet sich bei einer Wanddicke δ die stündlich durch die Fläche F fließende Wärmemenge Q_h zu

$$Q_h = \frac{\lambda}{\delta} F(t_{w\,1} - t_{w\,2}). \qquad (8.01)$$

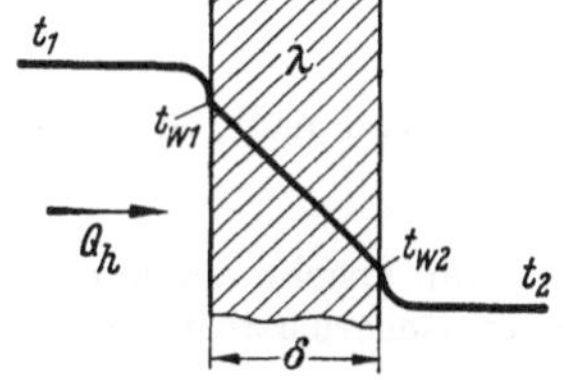

Abb. 8.01. Temperaturverlauf in der ebenen, homogenen Wand (Beharrungszustand).

Der *Wärmestrom* Q_h — wie man die stündlich übertragene Wärmemenge auch nennt — ist also proportional der Wandfläche und dem Temperaturunterschied $(t_{w\,1} - t_{w\,2})$, ferner umgekehrt proportional der Dicke δ.

Mit λ wird noch eine Größe in die Gleichung eingeführt, die das Wärmeleitvermögen des Stoffes kennzeichnet. Dieser Stoffwert heißt „Wärmeleitzahl". Aus Gl. (8.01) ergibt sich seine Dimension im technischen Maßsystem zu

Wärmeleitzahl λ in kcal/m h grd.

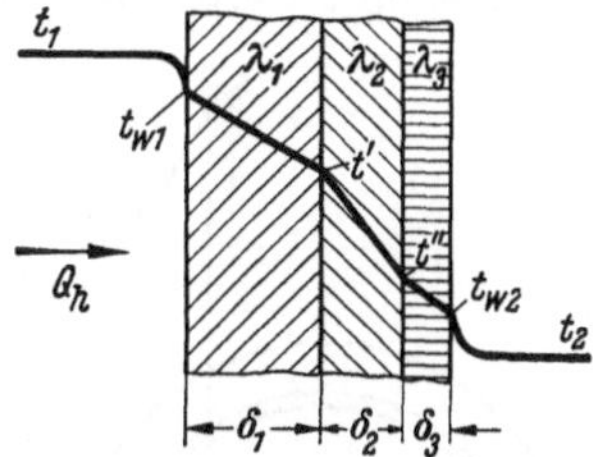

Abb. 8.02. Temperaturverlauf in einer mehrschichtigen Wand (Beharrungszustand).

Die Wärmeleitzahl kann anschaulich definiert werden als diejenige Wärmemenge, die stündlich durch 1 m² einer 1 m dicken Schicht eines Stoffes hindurchgeht, wenn die Oberflächen einen Temperaturunterschied von 1 grd aufweisen.

Nimmt man die Wärmeleitzahl λ in einem begrenzten Temperaturbereich als konstant an, so ändert sich die Temperatur in der Wand linear in Richtung des Wärmestromes, s. Abb. 8.01.

Bei Hintereinanderschaltung *mehrerer Schichten* mit den Wärmeleitzahlen λ_1, λ_2, λ_3 und den Dicken δ_1, δ_2, δ_3, s. Abb. 8.02, gilt die Gl. (8.01) für jede Schicht. Es ist also

$$Q_h = \frac{\lambda_1}{\delta_1} F(t_{w\,1} - t') = \frac{\lambda_2}{\delta_2} F(t' - t'') = \frac{\lambda_3}{\delta_3} F(t'' - t_{w\,2}).$$

Daraus folgt:

$$(t_{w\,1} - t') : (t' - t'') : (t'' - t_{w\,2}) = \frac{\delta_1}{\lambda_1} : \frac{\delta_2}{\lambda_2} : \frac{\delta_3}{\lambda_3}.$$

Die Temperaturunterschiede zwischen den Oberflächen einer Schicht sind also proportional dem Verhältniswert „Dicke/Wärmeleitzahl". Man bezeichnet

$\dfrac{\delta}{\lambda}$ als den Wärmeleitwiderstand einer Schicht.

Im Bauwesen hat sich dafür der Begriff „Dämmzahl" eingeführt mit dem Zeichen $\dfrac{1}{\Lambda}$.

Das Rechnen mit den Wärmeleitwiderständen hat den Vorteil, daß sich bei mehrschaligen Wänden durch Addition der Einzelwerte der gesamte Leitwiderstand ergibt, also

$$\frac{1}{\Lambda} = \frac{\delta_1}{\lambda_1} + \frac{\delta_2}{\lambda_2} + \cdots + \frac{\delta_n}{\lambda_n}. \tag{8.02}$$

Löst man die oben für die 3-Schichten-Wand angegebenen Wärmestromgleichungen nach den Temperaturunterschieden auf und addiert die einzelnen Gleichungen, so erhält man

$$Q_h = \frac{1}{\dfrac{\delta_1}{\lambda_1} + \dfrac{\delta_2}{\lambda_2} + \dfrac{\delta_3}{\lambda_3}} F(t_{w1} - t_{w2}) \tag{8.03}$$

oder unter Verwendung der Beziehung (8.02)

$$Q_h = \Lambda F(t_{w1} - t_{w2}). \tag{8.04}$$

Beispiele: 1. Es soll der Wärmeverlust einer Außenwand von $F = 15\,\mathrm{m}^2$ berechnet werden bei einer inneren Oberflächentemperatur $t_{w1} = 15\,°\mathrm{C}$ und einer äußeren Oberflächentemperatur $t_{w2} = -5\,°\mathrm{C}$. Die Wanddicke beträgt $\delta = 0,3\,\mathrm{m}$, die Wärmeleitzahl $\lambda = 0,7\,\mathrm{kcal/m\ h\ grd}$.

Nach Gl. (8.01) ist

$$Q_h = \frac{0,7}{0,3} \cdot 15(15 + 5) = 700\,\mathrm{kcal/h}.$$

2. Durch Anbringung einer Dämmplatte von 3 cm Stärke mit $\lambda = 0,08\,\mathrm{kcal/m\ h\ grd}$ werde der Wärmeschutz der in Beispiel 1 zugrunde gelegten Außenwand verbessert. Es soll der Wärmeverlust bei gleichen äußeren Oberflächentemperaturen berechnet werden.

Die Wärmedämmzahl $\dfrac{1}{\Lambda}$ beträgt jetzt:

$$\frac{1}{\Lambda} = \frac{0,3}{0,7} + \frac{0,03}{0,08} = 0,429 + 0,375 = 0,804\,\mathrm{m}^2\,\mathrm{h\ grd/kcal}.$$

Damit wird nach Gl. (8.04)

$$Q_h = \frac{1}{0,804} \cdot 15 \cdot 20 = 373\,\mathrm{kcal/h}.$$

Man ersieht aus der Gegenüberstellung der Dämmwerte bzw. der Wärmemengen die große Bedeutung einer Isolierplatte für den Wärmeschutz einer Außenwand.

2. Die Rohrwand

Wir betrachten ein dickwandiges Kreisrohr von großer Länge, das von einem Heizmittel durchströmt werde. In dem Stück von der Länge L sei der Einfluß der Enden nicht mehr feststellbar. t_{w1} und t_{w2} seien die Temperaturen der inneren bzw. äußeren Oberflächen. Die nach außen wandernde Wärme muß hier mit wachsendem Abstand von der Innenseite größere Flächen durchströmen; die über der Wanddicke aufgetragene Temperaturlinie kann also keine Gerade mehr sein, s. Abb. 8.03 oben.

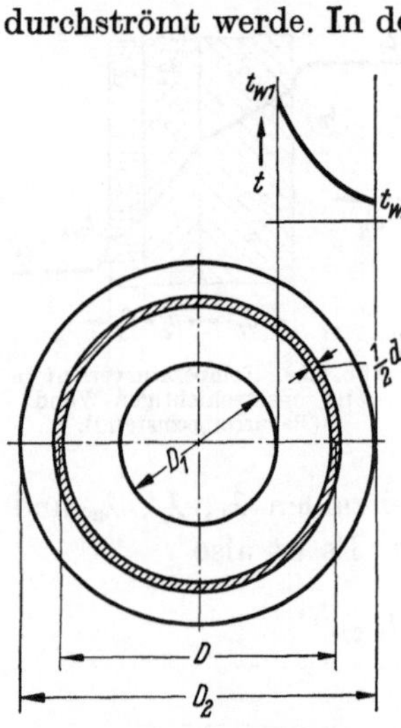

Für eine sehr dünne Rohrschale vom mittleren Durchmesser D, der Dicke $^1/_2\,dD$ und der Temperaturdifferenz an den Oberflächen dt kann der Wärmestrom nach der Gl. (8.01) für die ebene Wand angesetzt werden:

$$dQ_h = -\frac{\lambda}{1/2\,dD} D\,\pi\,L\,dt.$$

Das Minuszeichen ergibt sich aus der Abnahme von t mit zunehmendem D.

Nach Umformung und Integration über den Bereich von D_1 bis D_2 erhält man

$$Q_h = \lambda\,\frac{2\,\pi}{\ln\dfrac{D_2}{D_1}}\,L(t_{w1} - t_{w2}). \tag{8.05}$$

Abb. 8.03. Rohrwand.

An Stelle der Fläche F und der Wanddicke δ erscheint in dieser Gleichung ein Formwert, der neben der Rohrlänge L das Durchmesserverhältnis $\dfrac{D_2}{D_1}$ enthält, also nicht den absoluten Wert einer Durchtrittsfläche. Die Temperaturkurve erweist sich als logarithmische Linie.

Die Gl. (8.05) ergibt bei geringen Unterschieden der Innen- und Außendurchmesser von Rohren praktisch den gleichen Wert wie Gl. (8.01) bei Einsetzen eines mittleren Durchmessers $D_m = \dfrac{D_1 + D_2}{2}$. Die Abweichung beträgt für $\dfrac{D_2}{D_1} = 1,5$ etwa $1,5\%$, für $\dfrac{D_2}{D_1} = 2,0$ etwa 4%. Erst bei isolierten Leitungen mit kleinen Durchmessern oder großen Isolierdicken ist also das Rechnen mit dem logarithmischen Mittelwert notwendig.

Wird bei einem isolierten Rohr der Wärmeverlust Q_h gemessen, so läßt sich bei bekannter Innenwandtemperatur t_{w1} und Wärmeleitzahl λ mit Hilfe von Gl. (8.05) die äußere Oberflächentemperatur t_{w2} bestimmen. Werden die beiden Temperaturen t_{w1} und t_{w2} sowie der Wärmestrom Q_h gemessen, so kann andererseits die mittlere Wärmeleitzahl einer Rohrisolierung an Hand von Gl. (8.05) nachgeprüft werden, s. auch S. 148 im ersten Band.

In ähnlicher Weise wie bei der ebenen Platte läßt sich für ein Rohr mit mehreren Schichten aus unterschiedlichem Material die stündliche Wärmeabgabe berechnen aus

$$Q_h = \frac{1}{\dfrac{1}{\lambda_1}\ln\dfrac{D'}{D_1} + \dfrac{1}{\lambda_2}\ln\dfrac{D''}{D'} + \cdots + \dfrac{1}{\lambda_n}\ln\dfrac{D_2}{D^{(n-1)}}} \cdot 2\pi\, L(t_{w1} - t_{w2}). \qquad (8.06)$$

Dabei sind D', D'' usf. die äußeren Durchmesser der Schichten mit den Wärmeleitzahlen λ_1, λ_2 usf.

B. Nichtstationäre Wärmeströmung

Gehen wir vom Beharrungszustand der Wärmeströmung ab, so ändert sich mit dem Wärmestrom, der durch ein beliebiges Flächenelement fließt, auch die Temperatur an dieser Stelle. Der Vorgang ist mathematisch nur noch durch Differentialgleichungen darzustellen, wobei neben den Ortskoordinaten auch die Zeit (τ) als weitere Veränderliche auftritt. Für ein rechtwinkliges Koordinatensystem mit den Koordinaten x, y, z lautet die allgemeine Gleichung der Wärmeleitung

$$\frac{\partial t}{\partial \tau} = a\left(\frac{\partial^2 t}{\partial x^2} + \frac{\partial^2 t}{\partial y^2} + \frac{\partial^2 t}{\partial z^2}\right). \qquad (8.07)$$

Dabei ist a ein Stoffwert, der als *Temperaturleitzahl* bezeichnet wird. Er ergibt sich aus der Wärmeleitzahl λ, der spezifischen Wärme c und der Dichte ϱ durch die Beziehung

$$\text{Temperaturleitzahl } a = \frac{\lambda}{c\,\varrho}.$$

Die Größe a ist ein Maß dafür, wie schnell ein Temperaturausgleichsvorgang in einem Körper abläuft.

Für die quer durchströmte ebene Platte unendlicher Ausdehnung bleibt in der Differentialgleichung (8.07) nur noch x als Koordinate übrig. Bei zeitlich unveränderlichem Wärmestrom wird das linke Glied der Gl. (8.07) ebenfalls null; die Gl. (8.01) erweist sich so als ein Sonderfall der allgemeinen Gl. (8.07).

Das wichtigste Beispiel einer nichtstationären Wärmeströmung aus der Heizungstechnik ist das Aufheizen und Auskühlen von Wänden. Will man diesen Vorgang mit Hilfe von Gl. (8.07) berechnen, so muß die Anfangstemperaturverteilung in der Wand bekannt sein und ebenso das Gesetz für die Wärmeeinströmung oder -abströmung an den Oberflächen, z. B. Gl. (8.08). Für beliebig berandete Körper ist die Berechnung schwierig; für einfache geometrische Körper, wie die Platte, den Zylinder und die Kugel, erleichtern Hilfstafeln ihre Durchführung[1].

Abb. 8.04a, b zeigen an Beispielen den Temperaturverlauf in einer ebenen Wand in verschiedenen Stadien eines Aufheiz- und Auskühlvorgangs. Abb. 8.04a gibt ein einseitiges Auf-

---

[1] BACHMANN, H.: Tafeln über Abkühlungsvorgänge einfacher Körper. Berlin: Springer 1938.

heizen wieder. Zu Beginn ($\tau = 0$) sei die Temperatur in der Wand gleich t_a. Die Temperaturverteilung strebt hier der in Abb. 8.01 eingezeichneten Linie des Beharrungszustandes zu. Bei der Auskühlung, Abb. 8.04 b, sei von diesem Zustand ausgegangen. Man erkennt, wie jeweils zunächst nur die inneren Wandschichten an dem Vorgang beteiligt sind.

In vielen Fällen kann man bei Aufheiz- und Auskühlaufgaben auf die exakte mathematische Behandlung verzichten und mit Näherungsverfahren auskommen. Bei einem von E. Schmidt angegebenen Verfahren[1] wird z. B. der Körper in eine Anzahl Schichten gleicher Dicke aufgeteilt, deren Temperaturänderung jeweils nacheinander graphisch ermittelt wird. Dabei können auch Änderungen der Umgebungstemperatur und der Stoffwerte berücksichtigt werden.

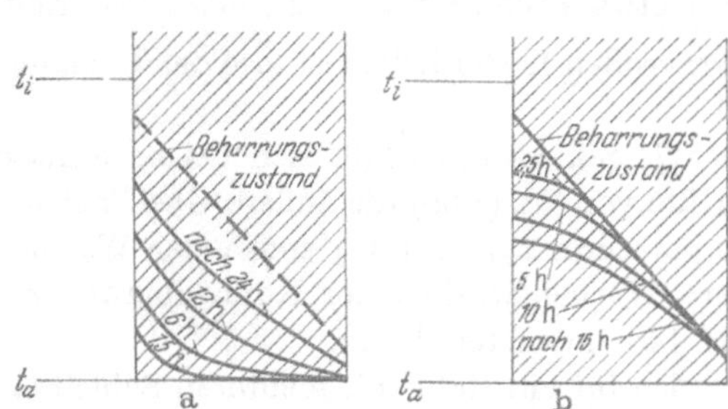

Abb. 8.04. Aufheiz- und Auskühlvorgang in einer ebenen Wand. a) Aufheizen; b) Auskühlen.

Die Verfolgung des Temperaturverlaufs beim Aufheizen und Auskühlen von Wänden ist von besonderer Bedeutung für die Ermittlung des Anheizwärmebedarfs[2] sowie des Gesamtwärmeverbrauchs unterbrochen geheizter Gebäude. Ein Extremfall ist die Kirchenheizung[3], weil hier häufig stark speichernde Wände einmal wöchentlich für kurze Zeit angewärmt werden müssen. Wegen der Lösung dieser und ähnlich gelagerter Aufgaben sei auf das Fachschrifttum verwiesen; ein Näherungsverfahren ist auf S. 52 angegeben.

Der mathematische Aufwand für die exakte Behandlung instationärer Wärmeleitvorgänge wächst stark an, wenn die betrachtete Wand aus mehreren Schichten mit unterschiedlichen Dicken und Stoffwerten besteht, wie z. B. bei isolierten Außenwänden. In diesem Fall ist die Masse der Isolierung häufig gegenüber der tragenden Wand so klein, daß ihr Einfluß vernachlässigt werden kann und nur der Isoliereffekt berücksichtigt werden muß. Man reduziert das Problem damit wieder auf den einfacheren Fall der Einschichtwand. Bei den Aufgaben der Heiztechnik ist diese Vereinfachung häufig zulässig, sofern man nicht in Anbetracht der mancherlei Unsicherheiten im Rechnungsansatz und in den Zahlenwerten auf die Betrachtung der instationären Vorgänge überhaupt verzichtet. So weicht — um nur das nächstliegende Beispiel zu nehmen — eine Gebäudeaußenwand von dem oben behandelten idealisierten Fall der ebenen Platte unendlicher Ausdehnung ab. An den Ecken, Fensteröffnungen, Pfeilern u. dgl. treten seitliche Wärmeströme auf. Hinzu kommen Ungleichmäßigkeiten in der Baustoffstruktur und dem Feuchtigkeitsgehalt mit ihrem starken Einfluß auf die Stoffwerte, vor allem auf die Wärmeleitzahl. Berücksichtigt man nun noch, daß an dem Aufheiz- und Auskühlvorgang nicht nur die Außenwände, sondern auch Innenwände, Decken und Einrichtungsgegenstände eines Raumes oder Gebäudes teilnehmen (die im Beharrungszustand nicht in Erscheinung treten), also Bauelemente mit recht unterschiedlicher Speicherfähigkeit und Temperatur, so wird klar, daß die mathematische Behandlung instationärer Wärmeübertragungsvorgänge unter vereinfachenden Annahmen zwar qualitativ richtige aber nicht immer für Berechnungen der Praxis zuverlässigere Ergebnisse liefert.

Aus dem gleichen Grunde ist es sinnvoll, bei der Ermittlung des Wärmebedarfs der Gebäude von der Dauerheizung auszugehen, obwohl sie selten angewendet wird, und mit den Gleichungen der Querströmung für jedes wärmeabgebende Wandelement zu rechnen, trotz der zahlreichen Randeinflüsse. Das Verfahren liefert für die Berechnungen der Praxis genügend genaue Ergebnisse und hat den großen Vorzug der Übersichtlichkeit und einfachen Handhabung. Das gilt weitgehend auch für die Ermittlung des täglichen oder jährlichen Heizwärmebedarfs eines Gebäudes, s. S. 214/216.

[1] Schmidt, E.: Das Differenzenverfahren zur Lösung von Differentialgleichungen der nichtstationären Wärmeleitung, Diffusion und Impulsausbreitung. Forsch. Ing.-Wes. 13 (1942) 177/183.

[2] Krischer, O.: Neue Wege bei der Wärmebedarfsberechnung für Gebäude. VDI-Forsch.-H. 410 (1941).

[3] Gröber, H., u. W. Sieler: Wärmebedarfsbestimmung von Kirchen. Beih. z. Gesundh.-Ing. Reihe I, H. 35 (1935).

Nicht mehr zulässig ist das Rechnen mit den Gleichungen der stationären Wärmeströmung bei der Bestimmung der Kühllast klimatisierter Räume, weil hierbei mit der Sonnenstrahlung ein zeitlich stark veränderlicher Einflußfaktor zu berücksichtigen ist und für die Auslegung der Geräte die Momentanwerte der Kühllast gesucht werden, s. vierzehnter Abschnitt, S. 290/295.

C. Wärmeleitzahl

Aus Tab. 8.01 ist zu ersehen, mit welchen Unterschieden im Wärmeleitvermögen technisch verwendeter Stoffe zu rechnen ist. Danach weisen die *Metalle* die höchsten Werte auf; im reinen Zustand ist bei ihnen die Wärmeleitzahl direkt proportional der elektrischen Leitfähigkeit.

Tabelle 8.01. *Wärmeleitzahlen λ in* kcal/m h grd

Kupfer	300	Wärmeschutzstoffe	0,15—0,05
Aluminium	200—170	Luft	0,022
Eisen	50—30	Wasser (100—10 °C)	0,58—0,50
Natursteine	2,0—1,5	Glyzerin	0,24
Beton, dicht	1,7—0,8	Alkohol	0,16
Beton, porig	0,7—0,3	Öl	0,12—0,11
Glas	0,70		

Für *Baustoffe* liegen die Wärmeleitzahlen durchweg im Bereich zwischen 0,5 und 2 kcal/m h grd. Entscheidend ist dabei die Struktur des Stoffes und seine Porosität. Die durch die Poren gebildeten kleinen Gaszellen behindern die Wärmeleitung um so mehr, je geringer ihre Abmessungen und je gleichmäßiger sie im Stoff verteilt sind. Mit wachsendem Luft- oder Gasgehalt nimmt die Wärmeleitzahl rasch ab. Ausgesprochene *Dämmstoffe* mit $\lambda \leq 0,1$ kcal/m h grd sind daher in der Regel auch sehr leicht.

Flüssigkeiten haben i. allg. kleinere Wärmeleitzahlen als feste Stoffe. Am niedrigsten liegen die Werte für Gase. Sind bei porösen Stoffen die kleinen Zwischenräume mit Wasser statt mit Luft gefüllt, so ergeben sich bei dem großen Unterschied der Wärmeleitzahl zwischen Wasser und Luft ($\lambda_W \approx 0,5$, $\lambda_L \approx 0,022$ kcal/m h grd) zusätzliche Wärmebrücken. Die Wärmeleitzahl zeigt hier sonach eine starke Abhängigkeit vom Feuchtigkeitsgehalt.

Die oben angegebenen Werte gelten bei Zimmertemperatur. Für fast alle Stoffe nimmt die Wärmeleitzahl mit der Temperatur zu. Man muß also bei Wärmeaustauschrechnungen stets den für die mittlere Stofftemperatur gültigen λ-Wert einsetzen. Weitere Angaben über Wärmeleitzahlen, insbesondere auch für die in der Wärmeschutztechnik wichtigen Isolierstoffe sowie die gebräuchlichsten Baustoffe, enthalten die Zahlentafeln A 22 und A 23 im vierten Teil.

III. Wärmeübergang

A. Die Wärmeübergangszahl

In einem strömenden Medium wird der Wärmeaustausch durch die Relativbewegung der Teilchen begünstigt. Die rechnerische Erfassung dieses Vorgangs wird durch die Überlagerung von Wärmeleitungs- und Strömungsvorgängen erschwert. Das gilt auch für das technisch wichtigste Teilgebiet dieser Art des Wärmetransportes, den Wärmeübergang zwischen einer festen Oberfläche und einem angrenzenden flüssigen oder gasförmigen Medium.

1. Der Begriff der Wärmeübergangszahl

Die Erfahrung lehrt uns, daß die zwischen einer Oberfläche mit der Temperatur t_w und einer angrenzenden Flüssigkeit[1] mit der Temperatur t_{fl} ausgetauschte Wärmemenge von der Größe

---

[1] Die allgemeinen Betrachtungen gelten für flüssige wie für gasförmige Medien. Es wird hier nur zur Vereinfachung allein von Flüssigkeiten gesprochen.

der Fläche F und dem Temperaturunterschied $(t_w - t_{fl})$ abhängt. Die Flüssigkeitstemperatur wird dabei notwendig mit der Entfernung von der Oberfläche verschieden sein. Man kann sich aber vorstellen, daß in einem bestimmten Abstand von der Wand eine einheitliche Flüssigkeitstemperatur herrscht, die als t_{fl} in die Rechnung eingeführt wird. Setzt man die in der Zeiteinheit übertragene Wärme Q_h dem Temperatursprung $(t_w - t_{fl})$ proportional, so erhält man als einfachste Form einer Wärmeübergangsgleichung

$$Q_h = \alpha\, F\,(t_w - t_{fl}). \tag{8.08}$$

In dem Beiwert α ist der Einfluß aller Faktoren enthalten, die für den Wärmeaustausch von Bedeutung sind. Man bezeichnet α als *Wärmeübergangszahl*; ihre Dimension ergibt sich aus der Beziehung

$$\alpha = \frac{Q_h}{F\,(t_w - t_{fl})}.$$

Die Wärmeübergangszahl ist sonach ein Maß für die Wärmestromdichte $\left(\dfrac{Q_h}{F}\right)$ je grd Temperaturunterschied zwischen Wand und Flüssigkeit. Daß es sich bei der Wärmeübergangszahl um keinen physikalisch eindeutigen Begriff handelt, zeigt schon ein Hinweis auf die Willkürlichkeit in der Annahme der mittleren Flüssigkeitstemperatur t_{fl}. Wir behalten trotzdem die Wärmeübergangszahl als „Rechnungsgröße" bei, da sich der Ansatz nach Gl. (8.08) für die Rechnungen der Praxis als zweckmäßig und bequem erwiesen hat.

Die Größenordnung der durch Versuche ermittelten Wärmeübergangszahlen geht aus Tab. 8.02 hervor:

Tabelle 8.02. *Wärmeübergangszahlen* α *in* kcal/m² h grd

Für praktisch ruhende Luft	3—20
für strömende Luft	10—100
für strömende Flüssigkeiten	200—10000
für siedende Flüssigkeiten	1000—20000
für kondensierenden Wasserdampf	6000—60000

Die Unterschiede in den α-Werten sind danach so groß, daß jede empirische Formel zur Berechnung der Wärmeübergangszahl nur für einen engen Anwendungsbereich gelten kann.

Einflußgrößen. Die Wärmeübergangszahl hängt ab von den Eigenschaften und dem Zustand des strömenden Mediums, der Strömungsgeschwindigkeit sowie der Form, den Abmessungen und der Rauhigkeit der Oberflächen des Strömungs- bzw. Wärmeübertragungsraumes. Zur Kennzeichnung des Strömungsquerschnittes genügen oft wenige Längenangaben, wie beispielsweise beim geraden Kreisrohr der lichte Durchmesser (d), beim außen angeströmten Zylinder der Außendurchmesser, beim gebogenen Rohr Durchmesser und Krümmungsradius (R).

Unter den Stoffeigenschaften interessieren die Wärmeleitzahl (λ), die spezifische Wärme (c), die Dichte (ϱ) und die Zähigkeit $(\eta$ bzw. $\nu)$.

Die Zahl der auf den Wärmeübergang Einfluß nehmenden Faktoren läßt die Schwierigkeit jeder theoretischen und experimentellen Behandlung des Problems erkennen, zumal die Stoffwerte druck- und temperaturabhängig sind. Zur Vereinfachung werden diese im jeweiligen Betrachtungsbereich als konstant angenommen. Mit Hilfe der PRANDTLschen Grenzschichttheorie ist für bestimmte Fälle eine mathematische Lösung möglich, wobei allerdings auch noch experimentell zu ermittelnde Hilfswerte in die Formeln eingehen. Da der verwickelte Aufbau dieser Formeln die Anwendung in der Praxis erschwert, gibt man i. allg. aus Versuchen abgeleiteten einfacheren Beziehungen den Vorzug. Mit Hilfe von Ähnlichkeitsbetrachtungen lassen sich die Versuchsergebnisse ordnen und in einheitlichen Gleichungsformen für bestimmte Gültigkeitsbereiche wiedergeben.

2. Kenngrößen des Wärmeübergangs

NUSSELT[1] hat nachgewiesen, daß die vielen, oben erwähnten Einflußgrößen zum großen Teil nicht als unabhängige Werte in die Wärmeübergangsberechnung eingehen, sondern in gewissen Verknüpfungen, den Kenngrößen des Vorgangs.

---

[1] NUSSELT, W.: Das Grundgesetz des Wärmeüberganges. Gesundh.-Ing. **38** (1915) 477/487, 490/496.

Diese Kenngrößen sind stets dimensionslos; sie sind nach verdienten Forschern benannt und mit den Anfangsbuchstaben ihrer Namen bezeichnet worden. Für die Wärmeübertragung sind von Bedeutung:

$$\text{Reynolds-Zahl}\quad Re = \frac{w\,l}{\nu},$$

$$\text{Péclet-Zahl}\quad Pe = \frac{w\,l}{a},$$

$$\text{Prandtl-Zahl}\quad Pr = \frac{Pe}{Re} = \frac{\nu}{a},$$

$$\text{Grashof-Zahl}\quad Gr = \frac{g\,\beta\,l^3\,\Delta t}{\nu^2}.$$

Die Reynolds-Zahl ist aus der Hydrodynamik bekannt; sie kennzeichnet den Strömungsvorgang, s. S. 109. Ganz ähnlich aufgebaut und für den Wärmeaustausch maßgebend ist die Péclet-Zahl. An Stelle der kinematischen Zähigkeit ν ist hier die Temperaturleitzahl a getreten. Der Quotient beider Größen ist die Prandtl-Zahl; sie hat den Vorzug, ein reiner Stoffwert zu sein, der zudem bei Gasen und Dämpfen nur geringe Unterschiede aufweist. Man findet daher an Stelle der Péclet-Zahl meist die Prandtl-Zahl in den Berechnungsformeln des Wärmeübergangs.

In der Grashof-Zahl erscheinen als zusätzliche Einflußgrößen die Erdbeschleunigung g, die thermische Ausdehnungszahl β und der Temperaturunterschied Δt zwischen Wand und Flüssigkeit; sie ist wichtig für die freie Strömung unter der Einwirkung von Auftriebskräften.

Mit l ist in Re, Pe und Gr eine maßgebende Länge, die sich auf die Körperform bezieht, enthalten, d. i. bei Rohren i. allg. der Durchmesser, bei einer senkrechten Wand deren Höhe. Auch die Wärmeübergangszahl α läßt sich dimensionslos darstellen, wenn sie mit einer kennzeichnenden Länge multipliziert und durch die Wärmeleitzahl der Flüssigkeit λ dividiert wird. Man erhält so die

$$\text{Nußelt-Zahl}\quad Nu = \frac{\alpha\,l}{\lambda}.$$

Wird der Wärmeaustausch in geometrisch ähnlichen Räumen betrachtet, beispielsweise im geraden Kreisrohr, so verläuft der gesamte Vorgang *ähnlich*, wenn die Kenngrößen gleich sind. In einem Strömungsraum, der durch die Angabe von Längenverhältniszahlen gekennzeichnet werden kann, beim Rohr durch $\frac{L}{d}$, wobei L die Gesamtlänge und d der Durchmesser ist, läßt sich die aus Versuchen ermittelte Nu-Zahl durch eine Beziehung darstellen in der Form

$$Nu = \varphi(Re,\,Pr,\,Gr). \tag{8.09}$$

Die Ergebnisse sind nach der Ähnlichkeitstheorie auch auf beliebige andere Verhältnisse mit gleichen Werten von Re, Pr und Gr übertragbar.

Die Auswertung zahlreicher Messungen zeigt, daß sich innerhalb gewisser Grenzen die Versuchswerte recht genau durch Potenzfunktionen wiedergeben lassen. Man findet daher die Wärmeübergangsgleichungen zumeist in der Form geschrieben

$$Nu = C\,(Re)^m\,(Pr)^n\,(Gr)^r. \tag{8.10}$$

Dabei ist C eine Konstante, die ebenso wie die Exponenten m, n und r aus Versuchsergebnissen abgeleitet ist und für begrenzte Bereiche von $\frac{L}{d}$ gilt.

B. Gleichungen zur Ermittlung der Wärmeübergangszahl durch Konvektion
(Arbeitsblatt 14)[1]

Bei freier Strömung, die durch Dichteunterschiede im Medium entsteht, hängt der konvektive Wärmeübergang in erster Linie von Gr ab. Es ist jedoch zu unterscheiden, ob es sich um laminare oder turbulente Strömung handelt. Wird die Bewegung einer Flüssigkeit längs der Wärmeübertragungsfläche durch äußere Kräfte erzwungen, so kann meist der Einfluß von Auf-

---

[1] In der Tasche am Schluß des Buches.

triebkräften vernachlässigt werden. Dementsprechend erscheinen in den Formeln für Nu lediglich Re und Pr, aber nicht mehr Gr als Veränderliche.

Für einige technisch wichtige Wärmeübertragungsbedingungen sind nachstehend die heute gebräuchlichen Berechnungsformeln aufgeführt. Zur leichteren Ermittlung der Wärmeübergangszahl α sind die Beziehungen im Arbeitsblatt 14 graphisch dargestellt. Zuweilen ist der Geltungsbereich der Formeln unter Hinnahme einer gewissen Einbuße an Genauigkeit gegenüber sonstigen Angaben im Schrifttum erweitert worden, um die Zahl der Formeln möglichst klein zu halten.

1. Erzwungene Strömung

a) Flüssigkeiten im geraden Rohr bei turbulenter Strömung

Eine von KRAUSSOLD[1] entwickelte Gleichung wurde von HAUSEN[2] auf die Form gebracht

$$Nu = 0{,}024 \left[1 + \left(\frac{L}{d}\right)^{-2/3}\right] Re^{0{,}8}\, Pr^{0{,}33} \left(\frac{\eta_{fl}}{\eta_w}\right)^{0{,}14}. \tag{8.11}$$

Sie kann angewendet werden im Bereich von $Re = 7000$ bis $1\,000\,000$, $Pr = 1$ bis 500 und $L/d \geqq 1$. Das Glied mit den unterschiedlichen Zähigkeiten der wandnahen Schicht (η_w) und der Flüssigkeit im Rohrinnern (η_{fl}) berücksichtigt dabei die Richtung des Wärmestromes, also den Fall der Aufheizung oder Kühlung des strömenden Mediums.

Mit Ausnahme der Zähigkeit bei Wandtemperatur sind alle Stoffwerte auf die mittlere Flüssigkeitstemperatur zu beziehen.

Für die in der Praxis meist vorkommenden Verhältniszahlen $L/d = 100$ bis 400 und den Fall heizwasserdurchströmter Rohre in Luft von Raumtemperatur (d. h. vernachlässigbarem Temperaturunterschied zwischen strömendem Medium und Rohrwand) vereinfacht sich Gl. (8.11) zu der Näherungsbeziehung

$$Nu = 0{,}024\, Re^{0{,}8}\, Pr^{0{,}33} \tag{8.12}$$

oder aufgelöst nach α unter Nennung der wichtigsten Einflußgrößen

$$\alpha = 0{,}024\, \lambda\, v^{-0{,}8}\, w^{0{,}8}\, d^{-0{,}2}\, Pr^{0{,}33}. \tag{8.13}$$

Diese Gleichung liegt der entsprechenden Netztafel im Arbeitsblatt 14 zugrunde. Sie ist auch für wasser- bzw. dampfumspülte Rohre (Wärmeaustauscher) und Umgebungsluft höherer Temperatur als der Wasserstrom (Kaltwasserleitungen) zu verwenden, wenn zur Ermittlung von α die Stoffwerte bei dem arithmetischen Mittel zwischen Wasser- und Wandtemperatur eingesetzt werden.

Im Diagramm ist α ausgehend von der Wassergeschwindigkeit w auf einem zu den Parametern d und t parallelen Linienzug zu finden. Für das eingezeichnete Beispiel mit $w = 1{,}5$ m/s, $d = 0{,}025$ m und der mittleren Temperatur des Vorganges mit $44\,^\circ$C ergibt sich $\alpha = 5600$ kcal/ m² h grd.

b) Luft und Gase im geraden Rohr bei turbulenter Strömung

Hierfür kann die nach Meßergebnissen von NUSSELT[3] umgeformte Beziehung von HAUSEN[2] verwendet werden:

$$Nu = 0{,}024 \left[1 + \left(\frac{L}{d}\right)^{-2/3}\right] Re^{0{,}786}\, Pr^{0{,}45}, \tag{8.14}$$

deren ähnlicher Aufbau zu Gl. (8.11) evident ist. Sie gilt im Bereich $Re = 7000$ bis $1\,000\,000$, $Pr = 0{,}7$ bis 10 und $L/d \geqq 1$. Hier ist für die Stoffwerte die arithmetische Mitteltemperatur zwischen Wand- und Gastemperatur zugrunde zu legen.

Im Arbeitsblatt 14 ist die nach α aufgelöste Gl. (8.14)

$$\alpha = 0{,}024\, \lambda\, v^{-0{,}786}\, w^{0{,}786}\, d^{-0{,}214}\, Pr^{0{,}45} \left[1 + \left(\frac{L}{d}\right)^{-2/3}\right] \tag{8.15}$$

---

[1] KRAUSSOLD, H.: Der konvektive Wärmeübergang. Die Technik 3 (1948) 205/213, 257/261.

[2] HAUSEN, H.: Wärmeübertragung im Gegenstrom, Gleichstrom und Kreuzstrom, Berlin/Göttingen/Heidelberg: Springer 1950.

[3] NUSSELT, W.: Der Wärmeübergang im Rohr. VDI-Z. 61 (1917) 685ff.

graphisch dargestellt. Die Wärmeübergangszahl α ist in ähnlicher Weise wie für Gl. (8.13) abzulesen; es ist aber ein Parameter mehr, nämlich $\left(\dfrac{L}{d}\right)$, zu berücksichtigen (s. eingezeichnetes Beispiel).

Für Rauchgase kann das Diagramm ebenfalls benutzt werden. Für nicht kondensierenden Wasserdampf sind die α-Zahlen um 40% bis 60% zu erhöhen.

c) Flüssigkeiten und Gase im Rohr bei laminarer Strömung

Die aus Versuchen abgeleiteten Gleichungen gelten hier nur für die Versuchsbedingungen. Der Wärmeübergang wird stark von der thermischen und hydrodynamischen Anlaufstrecke beeinflußt.

Eine von GRAETZ und NUSSELT[1] theoretisch entwickelte Gleichung hat HAUSEN unter Verwendung der Ergebnisse von SIEDER und TATE[2] zu der Interpolationsformel

$$Nu = \left[\, 3{,}65 + \frac{0{,}0668 \, Re \, Pr \, \dfrac{d}{L}}{1 + 0{,}045 \left(Re \, Pr \, \dfrac{d}{L}\right)^{2/3}} \right] \left(\frac{\eta_{fl}}{\eta_w}\right)^{0,14} \tag{8.16}$$

verarbeitet.

Die Stoffwerte sind mit Ausnahme von η_w (Zähigkeit bei Wandtemperatur) auf die mittlere Flüssigkeitstemperatur zu beziehen.

Bei ausgebildeter Strömung nähert sich Nu dem Wert 3,65, doch wird dieser Zustand bei den praktisch vorkommenden Fällen selten erreicht.

Im Grenzgebiet zwischen laminarer und turbulenter Strömung gelten die aufgeführten Gleichungen nicht.

2. Freie Strömung

Der Wärmeübergang ist hier abhängig von Gr und Pr.

Die vorliegenden Meßergebnisse lassen sich für bestimmte Bereiche von Gr wiedergeben durch eine Gleichung von der Art

$$Nu = C \, (Gr \, Pr)^n. \tag{8.17}$$

C und n hängen vom Strömungszustand, C auch von der Form des angeströmten Körpers ab. Für turbulente Strömung gilt $n = 1/3$, für laminare Strömung $n = 1/4$. Der Umschlag von turbulenter zu laminarer Strömung erfolgt im Bereich

$$Gr \, Pr = 10^8 \text{ bis } 10^9. \tag{8.18}$$

a) In Luft und Gasen

Für Luft und zweiatomige Gase bleibt die Änderung der temperaturabhängigen Stoffgrößen in den Kenngrößen Nu, Gr, Pr im interessierenden Temperaturbereich der Praxis (zwischen 0 und 100 °C) in engen Grenzen; sie lassen sich daher zu einer Konstanten zusammenfassen. Gl. (8.17) lautet dann vereinfacht

$$\alpha = C \left(\frac{\Delta t}{H}\right)^n. \tag{8.19}$$

Darin ist Δt der Temperaturunterschied zwischen Wand und Gas (Luft) und H die Höhe der angeströmten Fläche.

Für die beiden wichtigsten Oberflächenformen, die ebene und die zylindrische Wand, können folgende Gleichungen zur Berechnung der Wärmeübergangszahl Verwendung finden:

---

[1] GRAETZ, L.: Über die Wärmeleitfähigkeit von Flüssigkeiten. Ann. Phys. (N. F.) 18 (1883) 79/94 u. 25 (1885) 337/357. — NUSSELT, W.: Die Abhängigkeit der Wärmeübergangszahl von der Rohrlänge. VDI-Z. 54 (1910) 1154/1158.

[2] SIEDER, E. N., u. G. E. TATE: Heat transfer and pressure drop of liquids in tubes. Industr. Engng. Chem. 28 (1936) 1429/1435.

Senkrechte Platte:

$$\alpha = 1{,}2 \left(\frac{\varDelta t}{H}\right)^{0{,}25} \text{ bei laminarer Strömung,} \tag{8.20}$$

$$\alpha = 1{,}25 \left(\varDelta t\right)^{0{,}33} \text{ bei turbulenter Strömung.} \tag{8.21}$$

Senkrechtes Rohr:

Es gilt Gl. (8.21), da der Strömungszustand in der Praxis meist turbulent ist. Bei turbulenter Strömung wird α somit unabhängig von H.

Waagerechtes Rohr:

$$\alpha = 0{,}9 \left(\frac{\varDelta t}{d}\right)^{0{,}25} \text{ bei laminarer Strömung.} \tag{8.22}$$

Dieser Zustand ist gegeben bei Durchmessern $d < 0{,}3$ m.

Waagerechte Platte. Die an senkrechten Platten gewonnenen Ergebnisse sind auf diese Verhältnisse nicht übertragbar.

Man benutzt jedoch auch für waagerechte Flächen häufig Gleichungsformen derselben Art. Die Beiwerte stammen z. T. aus Leistungsmessungen an Decken- oder Fußbodenheizflächen, wobei der Strahlungsanteil der Wärmeabgabe berechnet wird; sie sind daher nicht sehr genau. Auch ist zu berücksichtigen, daß es sich bei der Fußboden- und Deckenheizung um relativ große Flächen mit ungleichmäßiger Temperatur handelt, bei denen durch diese Temperaturunterschiede zusätzliche Luftströmungen auftreten können, die den Wärmeübergang erhöhen. Weiterhin beeinflußt der Luftwechsel im Raum die Strömung an den Heizflächen.

Nach den Ergebnissen der bis jetzt vorliegenden Untersuchungen gilt etwa für die Wärmeabgabe von waagerechten Platten nach oben

$$\alpha = 1{,}7 \left(\varDelta t\right)^{0{,}25} \tag{8.23}$$

und für die Fußbodenheizfläche

$$\alpha = 2{,}3 \left(\varDelta t\right)^{0{,}25}. \tag{8.24}$$

Bei der Wärmeabgabe nach unten (Deckenheizung) ist für den Bereich der bei der Deckenheizung auftretenden Temperaturen keine eindeutige Abhängigkeit von der Temperaturdifferenz zu erkennen. Wahrscheinlich beeinflussen die durch die örtlichen Verhältnisse bedingte Luftbewegung und der aus der Gestaltung des Raumes und der Heizfläche herrührende gesamte Wärmeaustausch im Raum den Wärmeübergang stärker als die Temperaturdifferenz Wand–Luft. Nach amerikanischen Untersuchungen[1] und Messungen im Institut für Heizung und Lüftung der Technischen Universität Berlin[2] kann für die Wärmeabgabe nach unten (Deckenheizung) angenommen werden:

$$\alpha = 0{,}2 \text{ bis } 0{,}8 \text{ kcal/m}^2 \text{ h grd.}$$

Im Temperaturbereich der Heiz- und Klimatechnik ist die Veränderlichkeit der Stoffwerte beim Wärmeübergang zwischen Luft und Heiz- oder Kühlflächen gering. Die Gln. (8.20) bis (8.22) gelten daher für beide Richtungen des Wärmeüberganges.

Die wichtigsten Gleichungen für den Wärmeübergang bei freier Strömung, also für Platte und Rohr, sind im Arbeitsblatt 14 graphisch dargestellt. Die Wärmeübergangszahl α ist über den Hauptabmessungen H oder d mit $\varDelta t$ als Parameter aufgetragen. In den Gln. (8.21) und (8.23) ist α unabhängig von H oder d.

Bei der Wärmeabgabe frei angeströmter Flächen in Luft oder Gasen ist stets neben dem konvektiven Wärmeübergang auch der Wärmeaustausch durch Strahlung zu berücksichtigen, s. S. 35.

---

[1] MIN, T. C., L. F. SCHUTRUM, G. V. PARMELEE u. J. D. VOURIS: Natural Convection and Radiation in a Panel-Heated Room. (Natürliche Konvektion und Strahlung bei Decken- und Fußbodenheizung.) Heat. Pip. Air Condit. 28 (1956) 153/160.

[2] KRAUSE, B.: Die konvektive Wärmeabgabe von Heizdecken. München 1959. — Berlin, Techn. Univ., Dr.-Ing.-Diss. Auch in: Gesundh.-Ing. 80 (1959) 285/305, 324/334.

b) In Wasser

Waagerechtes Rohr. In Anlehnung an Gl. (8.22) gilt hier

$$\alpha = C_w \left(\frac{\Delta t}{d}\right)^{0,25}. \tag{8.25}$$

C_w ist der folgenden Tabelle zu entnehmen[1]:

t_m in °C	40	60	80	100	150
C_w	129	156	179	197	239

Für t_m ist das arithmetische Mittel zwischen Wand- und Wassertemperatur einzusetzen.

C. Kondensation und Verdampfung

Bei der Kondensation und Verdampfung werden verhältnismäßig große Wärmemengen übertragen. Die Wärme- und Stoffströmung ist hier begleitet von einer Phasenänderung, so daß noch weitere Veränderliche den Wärmeübergang beeinflussen. Eine allgemeingültige mathematische Beschreibung der Vorgänge und eine Zusammenfassung der Variablen in Kenngrößen ist bis jetzt noch nicht gelungen. Man ist daher zumeist auf die aus Versuchen abgeleiteten empirischen Formeln oder Zahlenwerte angewiesen, die jeweils nur einen engen Gültigkeitsbereich haben[2].

1. Kondensation

Beim Kondensieren von Dampf bildet sich häufig eine zusammenhängende Flüssigkeitsschicht an der Wand; zuweilen schlägt sich das Kondensat auch in Tropfenform nieder oder beide Arten der Kondensation treten gemeinsam auf. Ob sich Film- oder Tropfenkondensation einstellt, hängt im wesentlichen von der Benetzbarkeit der Oberfläche ab. An einer reinen, glatten Metallfläche läuft beispielsweise chemisch reines Kondensat als geschlossener Flüssigkeitsfilm ab.

Die übertragenen Wärmemengen sind nach den vorliegenden Untersuchungen stark von der Art der Kondensation abhängig. So liegt die Wärmeübergangszahl für gesättigten Wasserdampf bei der Filmkondensation etwa bei 6000 kcal/m² h grd, während sie bei Tropfenkondensation bis auf den 10fachen Betrag ansteigen kann. Da eine Kondensation in Tropfenform bei technischen Apparaten nicht mit Sicherheit zu erzielen bzw. aufrechtzuerhalten ist, rechnet man in der Praxis mit den Wärmeübergangszahlen für Filmkondensation.

Wärmeübergang an Platten oder Rohren bei Filmkondensation

NUSSELT[3] hat die Wärmeübergangszahl aus den thermischen und hydrodynamischen Bedingungen einer laminar abströmenden Wasserhaut für ruhenden, luftfreien Sattdampf berechnet. Spätere Versuche haben gezeigt, daß der Einfluß der einzelnen Faktoren in der NUSSELTschen Gleichung richtig erfaßt ist, daß aber die α-Werte in Wirklichkeit um etwa 10% höher liegen. Es gelten:

Senkrechte Platte und Rohr:

$$\alpha = 7,3 \sqrt[4]{\frac{\lambda^3 g \varrho r}{\nu}} \sqrt[4]{\frac{1}{t_{fl} - t_w}} \sqrt[4]{\frac{1}{H}}. \tag{8.26}$$

Waagerechtes Rohr:

$$\alpha = 5,6 \sqrt[4]{\frac{\lambda^3 g \varrho r}{\nu}} \sqrt[4]{\frac{1}{t_{fl} - t_w}} \sqrt[4]{\frac{1}{d}}. \tag{8.27}$$

Die Stoffwerte beziehen sich auf das Kondensat; als Temperatur des Vorganges ist das arithmetische Mittel zwischen Kondensat- und Wandtemperatur zu wählen. Die Zahlenfaktoren der

---

[1] Siehe GRÖBER/ERK/GRIGULL: Grundgesetze der Wärmeübertragung, 3. Aufl., S. 282.
[2] FRITZ, W.: Verdampfen und Kondensieren. VDI-Z., Beihefte Verfahrenstechnik 1943 Nr. 1, S. 1/14.
[3] NUSSELT, W.: Die Oberflächenkondensation des Wasserdampfes. VDI-Z. 60 (1916) 541/546, 569/575.

beiden Gleichungen sind dimensionsbehaftet, so daß sich bei Einsetzen von λ in kcal/m h grd, g in m/s², r in kcal/kg, ϱ in kg/m³ (im Zahlenwert gleich der früher üblichen Wichte γ in kp/m³). ν in m²/s, t in °C und H bzw. d in m die Wärmeübergangszahl α in kcal/m² h grd ergibt.

Die Gleichungen können auch für Kondensation im Innern von Behältern und Rohren angewendet werden.

Die Gleichung für das waagerechte Rohr ist im Arbeitsblatt 14 dargestellt. Für $p = 1$ at ist α in Abhängigkeit vom Rohrdurchmesser und der Differenz zwischen Dampf- und Wandtemperatur aufgetragen. Für andere Drücke sind aus der beigegebenen Tabelle Korrekturfaktoren zu entnehmen.

Mit zunehmender Höhe senkrechter Platten und Rohre strömt die Wasserhaut nicht mehr laminar ab, sondern turbulent. Die Wärmeübergangszahl nimmt dabei mit wachsender Höhe und größer werdender Temperaturdifferenz $(t_{fl} - t_w)$, im Gegensatz zur Abhängigkeit bei laminarer Strömung, wieder zu.

Die NUSSELTschen Gleichungen sind zwar für ruhenden Dampf abgeleitet, liefern jedoch auch bei Dampfgeschwindigkeiten bis etwa 5 m/s noch hinreichend genaue Werte. Auch können sie für Heißdampf angewendet werden, wenn an Stelle der Verdampfungswärme r die Enthalpiedifferenz eingeführt wird. Bei Anwesenheit von Luft oder Gasen geht die Wärmeübergangszahl nach Versuchen von LÜDER[1] stark zurück, s. Abb. 8.05.

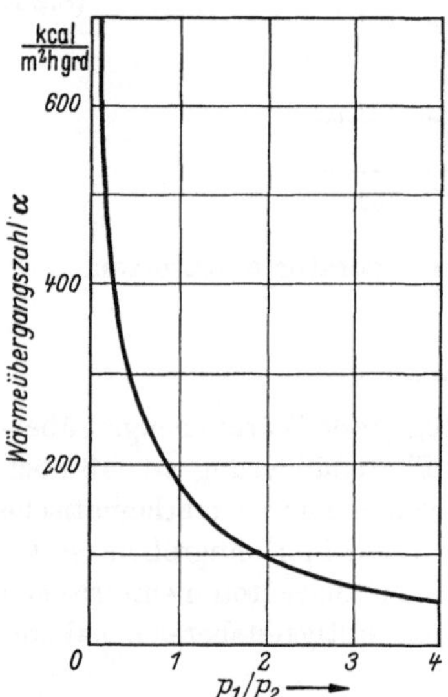

Abb. 8.05. Wärmeübergang bei der Wasserdampfkondensation in Anwesenheit von Luft (nach LÜDER).
p_1 Teildruck des Wasserdampfes,
p_2 Teildruck der Luft.

2. Verdampfung

Beim Vorgang der Verdampfung von Flüssigkeiten lassen sich drei Bereiche unterscheiden, s. Abb. 8.06. Zu Beginn der Erwärmung bei kleiner Temperaturdifferenz zwischen Heizfläche und Flüssigkeit und kleiner Heizflächenbelastung tritt Eigenkonvektion an der Heizfläche auf. An der Oberfläche findet bereits eine Teilverdampfung (Verdunstung) statt. Mit stärkerer Erwärmung und größer werdender Temperaturdifferenz bilden sich Blasen, die sich von der Heizfläche ablösen und eine Art Rührwirkung herbeiführen. Die Blasenbildung hängt von der Beschaffenheit, insbesondere der Rauhigkeit und der Benetzbarkeit der Oberfläche ab; auch ist die Oberflächenspannung der Flüssigkeit von wesentlichem Einfluß. Steigt die Heizflächenbelastung weiter an, so kann ein geschlossener Dampffilm auf der Heizfläche entstehen, der die Wärmeübertragung stark behindert, was in einem raschen Abfall der Wärmeübergangszahl zum Ausdruck kommt.

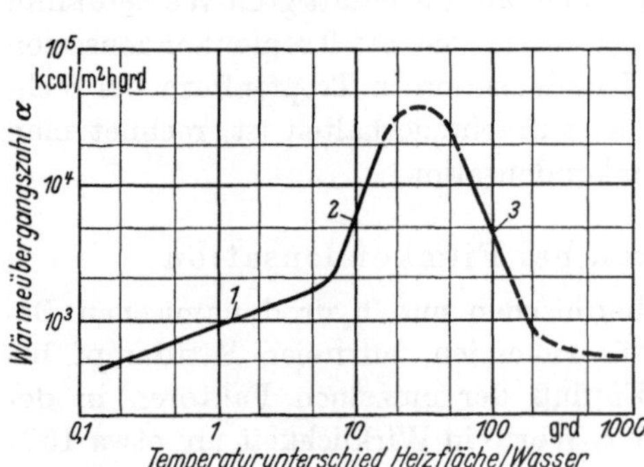

Abb. 8.06. Wärmeübergang bei der Verdampfung von Wasser (1 at).

Der erste Teilvorgang entspricht etwa dem Wärmeübergang bei freier Strömung in einer Flüssigkeit; der zweite kann infolge der Rührwirkung mit der erzwungenen Strömung verglichen werden. Die Heizflächenbelastung stellt somit ein Maß für die Intensität der Strömung dar, und es sind daher empirisch einfache Formeln für α als Potenzfunktionen der Heizflächenbelastung $\alpha = C\,q^n$ gebildet worden. Tab. 8.03 gibt eine Übersicht über die Wärmeübergangszahlen in Abhängigkeit von der Temperaturdifferenz $(t_w - t_{fl})$ und der Heizflächenbelastung q.

---

[1] VDI-Wärmeatlas 1953, Bl. A 15.

Tabelle 8.03. *Wärmeübergang beim Verdampfen*

Heizflächen-belastung	Waagerechte Platte, Gefäße, Pfannen (ohne Rührer)		Rohr 30 bis 60 mm lichte Weite; bis 2 m Länge; natürlicher Umlauf	
q kcal/m² h	α kcal/m² h grd	$t_w - t_{fl}$ grd	α kcal/m² h grd	$t_w - t_{fl}$ grd
10 000	1 700	6,0	2 100	4,8
20 000	2 500	8,0	3 300	6,0
40 000	4 200	9,5	5 400	7,4
60 000	5 700	10,5	7 200	8,3
80 000	7 000	11,3	8 800	9,1
100 000	8 300	12,0	10 300	9,7
150 000	11 300	13,3	13 700	11,0
200 000	14 000	14,3	—	—
250 000	16 500	15,1	—	—

Es kann sich dabei nur um Anhaltswerte handeln, da die bis jetzt durchgeführten Messungen stark streuende Ergebnisse geliefert haben.

Auch ist zu berücksichtigen, daß bei technischen Apparaten vielfach Teile der Heizfläche der Wasservorwärmung dienen oder nicht voll benetzt sind. So muß beispielsweise im stehenden Verdampferrohr die unten eintretende Flüssigkeit zunächst auf die Verdampfungstemperatur erwärmt werden. Mit Beginn der Blasenbildung bleiben Teile der Rohroberfläche unbenetzt, bis sich die Blasen wieder ablösen. Der obere Teil des Rohres ist von Dampf erfüllt; die Wandung ist hier nicht mehr ständig mit der Flüssigkeit in Berührung.

D. Beispiele zur Ermittlung der Wärmeübergangszahl

Beispiel 1. In einem Rohrbündel-Wärmeaustauscher wird Wasser von 10 auf 40 °C mittels Heißwasser erwärmt. Es ist die Wärmeübergangszahl im Rohr zu berechnen.

Rohrdurchmesser 25 mm, Kaltwassergeschwindigkeit im Rohr 1,5 m/s, Heißwasserabkühlung von 130 auf 70 °C.

Nach Gl. (8.12) ist

$$\alpha = 0{,}024 \, Re^{0,8} \, Pr^{0,33} \, \frac{\lambda}{d} \, .$$

Die Stoffwerte sind auf das arithmetische Mittel zwischen Wand- und Flüssigkeitstemperatur zu beziehen. Die mittlere Kaltwassertemperatur beträgt 25 °C, die mittlere Heißwassertemperatur 100 °C. Da der Wärmeübergang auf beiden Seiten des Rohres von etwa gleicher Größe ist, entspricht die Wandtemperatur dem Mittel zwischen den Wassertemperaturen:

$$t_{Wand} = \frac{100 + 25}{2} \approx 63 \; °C.$$

Die Stoffwerttemperatur ergibt sich somit zu $\dfrac{63 + 25}{2} = 44\,°C$.
Hierfür gilt

$$\lambda = 0{,}544 \text{ kcal/m h grd}; \quad \varrho = 990{,}6 \text{ kg/m}^3; \quad c = 0{,}998 \text{ kcal/kg grd}; \quad \nu = 0{,}616 \cdot 10^{-6} \text{ m}^2/\text{s};$$

damit errechnet sich

$$a = \frac{\lambda}{c\,\varrho} = \frac{0{,}544}{0{,}998 \cdot 990{,}6} = 0{,}55 \cdot 10^{-3} \text{ m}^2/\text{h};$$

$$Re = \frac{w\,d}{\nu} = \frac{1{,}5 \cdot 0{,}025 \cdot 10^6}{0{,}616} = 60\,900; \quad Re^{0,8} = 6725;$$

$$Pr = \frac{\nu}{a} = \frac{0{,}616 \cdot 10^3 \cdot 3600}{10^6 \cdot 0{,}55} = 4{,}03; \quad Pr^{0,33} = 1{,}584;$$

$$\alpha = 0{,}024 \cdot 6725 \cdot 1{,}584 \, \frac{0{,}544}{0{,}025} = 5560 \text{ kcal/m}^2 \text{ h grd.}$$

Aus Arbeitsblatt 14 ist unmittelbar zu entnehmen:

$$\alpha = 5600 \text{ kcal/m}^2 \text{ h grd.}$$

Beispiel 2. Bei einer Klimaanlage strömt Luft von 14 °C in einem gemauerten Kanal von 400 × 500 mm Querschnitt und 30 m Länge. Um die Erwärmung der Luft zu berechnen, soll die innere Wärmeübergangszahl ermittelt werden.

Luftdurchsatz: 5000 m³/h; Kanalwandtemperatur innen: 30 °C.

Wir gehen von der Gl. (8.14) aus:

$$\alpha = 0{,}024 \left[1 + \left(\frac{L}{d} \right)^{-2/3} \right] Re^{0{,}786} \, Pr^{0{,}45} \frac{\lambda}{d}.$$

Die Stoffwerte sind auf das arithmetische Mittel aus Luft- und Wandtemperatur zu beziehen.

Stoffwerte:

$$\lambda_{22°} = 0{,}0222 \text{ kcal/m h grd}; \quad c_{22°} = 0{,}24 \text{ kcal/kg grd}; \quad \varrho_{22°} = 1{,}197 \text{ kg/m}^3;$$

$$a_{22°} = \frac{\lambda}{c \varrho} = \frac{0{,}0222}{0{,}24 \cdot 1{,}197} = 0{,}0773 \text{ m}^2/\text{h}; \quad \nu_{22°} = 15{,}30 \cdot 10^{-6} \text{ m}^2/\text{s}.$$

Mittlere Luftgeschwindigkeit:

$$w = \frac{5000}{0{,}4 \cdot 0{,}5} = 25000 \text{ m/h} = 6{,}94 \text{ m/s}.$$

Gleichwertiger Durchmesser:

$$d = \frac{4F}{U} = \frac{4 \cdot 0{,}2}{1{,}8} = 0{,}444 \text{ m};$$

Zwischenwerte:

$$Re = \frac{6{,}94 \cdot 0{,}444 \cdot 10^6}{15{,}3} = 201400; \quad Re^{0{,}786} = 14760;$$

$$Pr = \frac{15{,}3 \cdot 10^3 \cdot 3600}{10^6 \cdot 77{,}3} = 0{,}713; \quad Pr^{0{,}45} = 0{,}859;$$

$$\left(\frac{L}{d} \right)^{-2/3} = \left(\frac{30}{0{,}444} \right)^{-2/3} = 0{,}0603;$$

Wärmeübergangszahl:

$$\alpha = 0{,}024 \cdot 1{,}0603 \cdot 14760 \cdot 0{,}859 \, \frac{0{,}0222}{0{,}444} = 16{,}1 \text{ kcal/m}^2 \text{ h grd}.$$

Bei Benutzung des Arbeitsblattes 14 erhält man unmittelbar

$$\alpha = 15{,}5 \text{ kcal/m}^2 \text{ h grd}.$$

Beispiel 3. Im Rohrbündel eines Ölkühlers mit einem Rohrdurchmesser von 25 mm und **einer Rohrlänge** von 2000 mm wird Schmieröl von 60 auf 30 °C abgekühlt. Die Strömungsgeschwindigkeit im Rohr beträgt 0,5 m/s, die mittlere Wandtemperatur 24 °C. Es ist die Wärmeübergangszahl zu berechnen.

Die mittlere Flüssigkeitstemperatur ist

$$t_{fl} = \frac{60 + 30}{2} = 45 \text{ °C},$$

damit

$$\nu_{45°} = 4{,}49 \cdot 10^{-5} \text{ m}^2/\text{s}; \quad Re = \frac{0{,}5 \cdot 0{,}025 \cdot 10^5}{4{,}49} = 278,$$

d. h. es liegt Laminarströmung vor und Gl. (8.16) ist anzuwenden:

$$Nu = \left[3{,}65 + \frac{0{,}0668 \, Re \, Pr \, \dfrac{d}{L}}{1 + 0{,}045 \left(Re \, Pr \, \dfrac{d}{L} \right)^{2/3}} \right] \left(\frac{\eta_{fl}}{\eta_w} \right)^{0{,}14}.$$

Die Stoffwerte sind auf die mittlere Flüssigkeitstemperatur zu beziehen, nur die Zähigkeit η_w der wandnahen Flüssigkeitsschicht ist bei der Wandtemperatur zu wählen.

Stoffwerte:

$$\lambda_{45°} = 0{,}11 \text{ kcal/m h grd}; \quad c_{45°} = 0{,}468 \text{ kcal/kg grd}; \quad \varrho_{45°} = 895 \text{ kg/m}^3;$$

$$\eta_{45°} = 0{,}0041 \text{ kp s/m}^2; \quad \eta_{24°} = 0{,}021 \text{ kp s/m}^2; \quad a = \frac{\lambda}{c \varrho} = \frac{0{,}11}{0{,}468 \cdot 895} = 0{,}263 \cdot 10^{-3} \text{ m}^2/\text{h};$$

Zwischenwerte:

$$\left(\frac{\eta_{45°}}{\eta_{24°}} \right)^{0{,}14} = \left(\frac{0{,}0041}{0{,}021} \right)^{0{,}14} = 0{,}796;$$

$$Pr = \frac{4{,}49 \cdot 10^3 \cdot 3600}{10^5 \cdot 0{,}263} = 615;$$

$$Re \, Pr \, \frac{d}{L} = 278 \cdot 615 \cdot \frac{0{,}025}{2} = 2137; \quad \left(Re \, Pr \, \frac{d}{L} \right)^{2/3} = 166;$$

Wärmeübergangszahl:

$$\alpha = \left(3{,}65 + \frac{0{,}0668 \cdot 2137}{1 + 0{,}045 \cdot 166} \right) \cdot 0{,}796 \cdot \frac{0{,}110}{0{,}025} = 71{,}8 \text{ kcal/m}^2 \text{ h grd}.$$

IV. Wärmedurchgang

Die Berechnung des Wärmedurchgangs, also der Wärmeströmung von einem wärmeren an ein kälteres Medium durch eine Wand hindurch, setzt die Kenntnis der Wärmeübergangszahlen an den Oberflächen und der Abmessungen und Stoffwerte der Wand voraus. Für die zeitlich unveränderte Wärmeströmung (Beharrungszustand) lassen sich die Gleichungen des Wärmeübergangs und der Wärmeleitung in der Trennwand in einfacher Weise verknüpfen, da die von der einen Oberfläche aufgenommene Wärme stets gleich sein muß der in der Wand weitergeleiteten und an der anderen Oberfläche abgegebenen Wärme.

A. Ermittlung der Wärmedurchgangszahl

1. Die ebene Wand

Wird die von dem Wärmestrom durchflossene Wand als homogen und sehr groß im Verhältnis zur betrachteten Wandfläche F angenommen, so läßt sich der Temperaturverlauf in einfacher Weise darstellen, s. Abb. 8.01.

t_1 und t_2 sind dabei die Temperaturen der Medien oder der Räume 1 und 2, zwischen denen der Wärmeaustausch stattfindet, t_{w1} und t_{w2} die Oberflächentemperaturen der Wand.

Für den Beharrungszustand kann der Wärmestrom aus den nachstehenden drei Gleichungen berechnet werden:

$$Q_h = \alpha_1 \, F \, (t_1 - t_{w1}),$$

$$Q_h = \frac{\lambda}{\delta} \, F \, (t_{w1} - t_{w2}),$$

$$Q_h = \alpha_2 \, F \, (t_{w2} - t_2).$$

Löst man diese Gleichungen nach den Temperaturdifferenzen auf und addiert, so heben sich die Wandtemperaturen t_{w1} und t_{w2} heraus und man erhält

$$t_1 - t_2 = \left(\frac{1}{\alpha_1} + \frac{\delta}{\lambda} + \frac{1}{\alpha_2} \right) \frac{Q_h}{F}.$$

In der Klammer stehen die Kehrwerte der Wärmeübergangszahlen und der Wärmeleitwiderstand der Wand. Man nennt

$$\frac{1}{\alpha} \text{ den Wärmeübergangswiderstand.}$$

Der Klammerausdruck stellt den Gesamtwiderstand des Wärmedurchgangs dar, der sich als Summe aus den Teilwiderständen des Wärmeübergangs $(1/\alpha)$ und der Wärmeleitung (δ/λ) ergibt. Setzt man

$$\frac{1}{k} = \frac{1}{\alpha_1} + \frac{\delta}{\lambda} + \frac{1}{\alpha_2}, \tag{8.28}$$

so geht die vorstehende Gleichung nach Umformung über in

$$Q_h = k \, F \, (t_1 - t_2). \tag{8.29}$$

Dies ist die *Grundgleichung des Wärmedurchgangs.* Man nennt

$$k \text{ die Wärmedurchgangszahl,}$$

$$\frac{1}{k} \text{ den Wärmedurchgangswiderstand.}$$

Bei wärmetechnischen Berechnungen wird k zumeist in der Dimension kcal/m² h grd angegeben.

Aus den drei Gleichungen des Wärmestroms Q_h (s. oben) läßt sich unmittelbar die Beziehung ableiten:

$$(t_1 - t_{w1}) : (t_{w1} - t_{w2}) : (t_{w2} - t_2) = \frac{1}{\alpha_1} : \frac{\delta}{\lambda} : \frac{1}{\alpha_2}.$$

Die Temperaturdifferenzen der Teilvorgänge der Wärmeübertragung sind sonach proportional den jeweiligen Widerständen. Dieser Zusammenhang ermöglicht es, die Oberflächentempera-

2*

turen der Wand zu ermitteln, wenn die beiden Temperaturen t_1, t_2 und die Teilwiderstände bekannt sind.

Beispiel. Für eine Ziegelmauer von der Dicke $\delta = 0{,}4$ m mit der Wärmeleitzahl $\lambda = 0{,}7$ kcal/m h grd sind die Wandoberflächentemperaturen bei $t_1 = +20\,°\mathrm{C}$ und $t_2 = -15\,°\mathrm{C}$ zu berechnen. Die Wärmeübergangszahlen betragen $\alpha_1 = 7$ kcal/m² h grd und $\alpha_2 = 20$ kcal/m² h grd.

Man berechnet zunächst nach Gl. (8.28) den Wärmedurchgangswiderstand $1/k$:

$$\frac{1}{k} = \frac{1}{7} + \frac{0{,}4}{0{,}7} + \frac{1}{20} = 0{,}143 + 0{,}571 + 0{,}050 = 0{,}764 \ \text{m² h grd/kcal.}$$

Der Temperaturunterschied $t_1 - t_2$ teilt sich also auf die Einzelvorgänge wie folgt auf:

$$t_1 - t_{w1} = \frac{0{,}143}{0{,}764} \cdot 35 = 6{,}5 \ \text{grd,}$$

$$t_{w1} - t_{w2} = \frac{0{,}571}{0{,}764} \cdot 35 = 26{,}2 \ \text{grd,}$$

$$t_{w2} - t_2 = \frac{0{,}050}{0{,}764} \cdot 35 = 2{,}3 \ \text{grd.}$$

Demnach ist

$$t_{w1} = t_1 - 6{,}5 = +13{,}5 \ °\mathrm{C,}$$

$$t_{w2} = t_2 + 2{,}3 = -12{,}7 \ °\mathrm{C.}$$

Für eine Wand mit mehreren Schichten von den Dicken δ_1, δ_2, δ_3 und den Wärmeleitzahlen λ_1, λ_2, λ_3 würde eine Wiederholung der obigen Rechnung die Gleichung liefern:

$$\frac{1}{k} = \frac{1}{\alpha_1} + \frac{\delta_1}{\lambda_1} + \frac{\delta_2}{\lambda_2} + \frac{\delta_3}{\lambda_3} + \frac{1}{\alpha_2} = \frac{1}{\alpha_1} + \sum \frac{\delta}{\lambda} + \frac{1}{\alpha_2}. \tag{8.28a}$$

Der gesamte Wärmedurchgangswiderstand der Wand summiert sich also aus den Wärmeübergangswiderständen an den beiden Oberflächen und aus den Wärmeleitwiderständen sämtlicher Schichten.

Ist eine davon eine Luftschicht, so darf hier nicht der Wärmeleitwiderstand $1/\Lambda$ gleich Dicke δ geteilt durch Wärmeleitzahl λ der Luft gesetzt werden, weil bei Luftschichten der Wärmetransport nicht nur durch Leitung, sondern auch durch Strömung der Luft und durch Strahlung erfolgt. Für Luftschichten, wie sie im Hochbau vorkommen, kann man als Wärmeleitwiderstand $1/\Lambda$ die Werte der Zahlentafel A 25 einsetzen.

Während beim Wärmedurchgang durch Gebäudewände der Dämmwert $\sum \delta/\lambda$ den Hauptwiderstand ausmacht, ist bei technischen Apparaturen der Widerstand in der Trennwand oft vernachlässigbar klein. Der Durchgangswiderstand und damit auch die Durchgangszahl k sind bestimmt durch die Wärmeübergangszahlen, wobei vielfach der Wärmeübergang auf einer Seite entscheidend ist. Will man bei Wärmeaustauschern die Leistung erhöhen, so gilt es, den Wärmeübergang auf der Seite mit dem kleineren α-Wert zu verbessern. Das ist in der Regel die an gasförmige Medien grenzende Oberfläche.

Beispiel. Für einen gußeisernen *Gliederheizkörper* mit $\delta = 0{,}004$ m Wanddicke und $\lambda = 40$ kcal/m h grd, der an eine Warmwasserheizung angeschlossen ist, sei die innere Wärmeübergangszahl $\alpha_1 = 500$ kcal/m² h grd, die äußere Wärmeübergangszahl $\alpha_2 = 10$ kcal/m² h grd. Die Teilwiderstände sind

$$\frac{1}{\alpha_1} = \frac{1}{500} = \frac{20}{10000} \ \text{m² h grd/kcal,} \quad \text{d. s.} \quad 1{,}9\% \ \text{von} \ \frac{1}{k},$$

$$\frac{\delta}{\lambda} = \frac{0{,}004}{40} = \frac{1}{10000} \ \text{m² h grd/kcal,} \quad \text{d. s.} \quad 0{,}1\% \ \text{von} \ \frac{1}{k},$$

$$\frac{1}{\alpha_2} = \frac{1}{10} = \frac{1000}{10000} \ \text{m² h grd/kcal,} \quad \text{d. s.} \quad 98\% \ \text{von} \ \frac{1}{k}.$$

Die Leistung des Heizkörpers hängt sonach praktisch nur vom Wärmeübergang an der Raumseite ab.

Bei Wärmeaustauschern mit beidseitig hohen Wärmeübergangszahlen, z. B. dampfbeheizten Wasservorwärmern, kann auch der Wärmeleitwiderstand der Heizflächen von Bedeutung sein. Das gilt vor allem, wenn durch Steinbelag Schichten mit niedrigen Wärmeleitzahlen eingeschaltet sind.

2. Die Rohrwand

Für den Wärmedurchgang bei einem Kreisrohr, s. Abb. 8.03, mit dem Innendurchmesser D_1, dem Außendurchmesser D_2 und der Länge L gelten im Beharrungszustand die Gleichungen

$$Q_h = \alpha_1 D_1 \pi L (t_1 - t_{w1}),$$

$$Q_h = \lambda \frac{2\pi}{\ln \dfrac{D_2}{D_1}} L (t_{w1} - t_{w2}),$$

$$Q_h = \alpha_2 D_2 \pi L (t_{w2} - t_2).$$

t_{w1} und t_{w2} sind jeweils wieder die Wandoberflächentemperaturen, wobei angenommen sei, daß das Rohr von innen beheizt werde, also $t_1 > t_{w1} > t_{w2} > t_2$.

Nach Umformung wie bei der ebenen Wand und Addition der Gleichungen erhält man

$$(t_1 - t_2) = \frac{Q_h}{\pi L} \left(\frac{1}{\alpha_1 D_1} + \frac{1}{2\lambda} \ln \frac{D_2}{D_1} + \frac{1}{\alpha_2 D_2} \right)$$

oder

$$Q_h = \frac{\pi}{\dfrac{1}{\alpha_1 D_1} + \dfrac{1}{2\lambda} \ln \dfrac{D_2}{D_1} + \dfrac{1}{\alpha_2 D_2}} L (t_1 - t_2). \tag{8.30}$$

Für das Rohr ist es üblich, die Wärmedurchgangsgleichung (8.30) in der Form zu schreiben

$$Q_h = k_R L (t_1 - t_2). \tag{8.31}$$

Es wird also eine Wärmedurchgangszahl k_R eingeführt, die sich nicht wie bei der ebenen Wand auf die Fläche, sondern auf die Längeneinheit bezieht. Auch hier gilt der Satz, daß sich der gesamte Durchgangswiderstand aus den einzelnen Teilwiderständen zusammensetzt; aber bei diesen erscheinen noch die Durchmesser bzw. Durchmesserverhältnisse. Für ein Rohr aus mehreren im Wärmestrom hintereinanderliegenden Schichten mit unterschiedlichen Dicken und Wärmeleitzahlen gilt allgemein

$$k_R = \frac{\pi}{\dfrac{1}{\alpha_1 D_1} + \Sigma \dfrac{1}{2\lambda} \ln \dfrac{D'}{D} + \dfrac{1}{\alpha_2 D_2}}. \tag{8.32}$$

D' ist dabei der äußere, D der innere Durchmesser einer Schicht mit der Wärmeleitzahl λ.

Die Gln. (8.30) und (8.31) finden in der Praxis vor allem Anwendung zur Berechnung der Wärmeverluste isolierter Rohrleitungen (s. S. 101).

B. Berechnung der mittleren Temperaturdifferenz und der Größe von Wärmeaustauschern

Die Grundgleichung (8.29) des Wärmedurchgangs gilt strenggenommen nur für ein sehr kleines Flächenelement, bei dem die Flüssigkeitstemperaturen auf beiden Seiten der Trennwand (t_1 und t_2) als konstant angesehen werden können. Bei Wärmeaustauschern ändern sich i. allg. jedoch die Temperaturen der beiden strömenden Flüssigkeiten längs der Heiz- bzw. Kühlflächen. Man berücksichtigt diese Temperaturänderung, indem man eine mittlere wirksame Temperaturdifferenz Δm einführt und schreibt:

$$Q_h = k F \Delta m. \tag{8.33}$$

Die mittlere Temperaturdifferenz Δm ist durch die Eintritts- und Austrittstemperaturen der beiden Flüssigkeiten sowie die Art der Flüssigkeitsführung längs der Heizfläche festgelegt. Der Verlauf der Temperaturen ist nämlich verschieden, je nachdem, ob die Flüssigkeiten auf beiden Seiten gleich- oder gegenläufig strömen (Gleichstrom, Gegenstrom). Es ist auch noch denkbar, daß die Strömungsrichtungen senkrecht zueinander stehen (Kreuzstrom) oder daß Mischformen des Parallel- und Kreuzstroms Verwendung finden. Für diese Arten der Flüssigkeitsführung gilt es, die für die Leistung eines Wärmeaustauschers maßgebende mittlere Temperaturdifferenz zu berechnen.

1. Gleichstrom und Gegenstrom

Zur Unterscheidung der Flüssigkeitstemperaturen wird in den folgenden Formeln allgemein

die wärmere Flüssigkeit mit dem Zeiger 1,
die kältere Flüssigkeit   mit dem Zeiger 2

gekennzeichnet. Es werden weiterhin versehen

die Anfangstemperaturen mit dem Zeiger a,
die Endtemperaturen   mit dem Zeiger e.

Man erhält so die in Abb. 8.07 eingetragenen Temperaturbezeichnungen.

Sind $\dot{G}_1$ und $\dot{G}_2$ die stündlich am Wärmeaustausch beteiligten Flüssigkeitsströme und c_1 bzw. c_2 die zugehörigen spezifischen Wärmen, so gilt bei Vernachlässigung der Wärmeverluste des Vorgangs

$$Q_h = \dot{G}_1\, c_1 (t_{1a} - t_{1e}), \qquad (8.34\,\text{a})$$

$$Q_h = \dot{G}_2\, c_2 (t_{2e} - t_{2a}). \qquad (8.34\,\text{b})$$

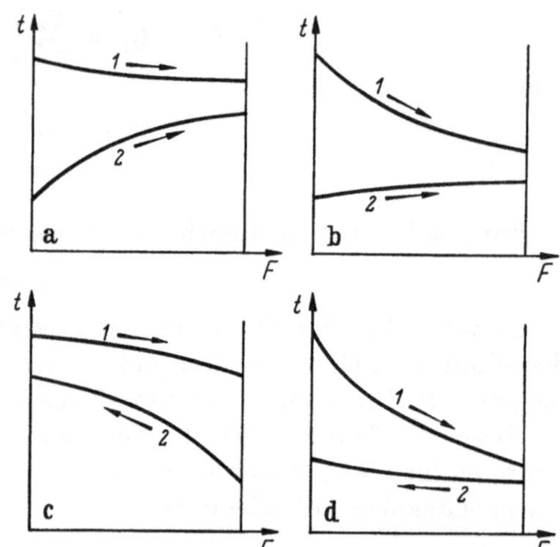

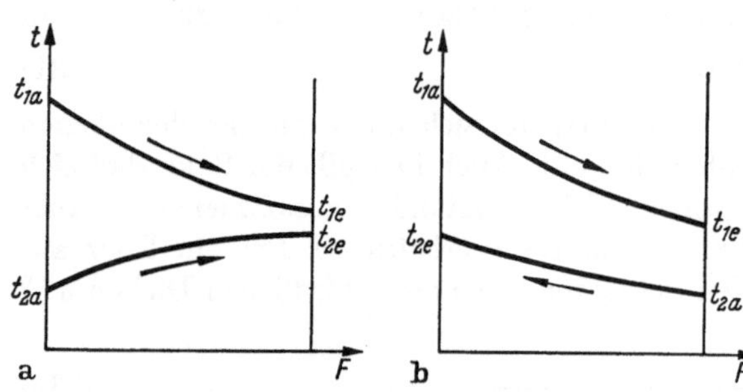

Abb. 8.07. Temperaturbezeichnungen.
a) Gleichstrom; b) Gegenstrom.

Abb. 8.08. Temperaturverlauf längs der Heizfläche.
a) Gleichstrom $\dot{G}_1 c_1 > \dot{G}_2 c_2$; b) Gleichstrom $\dot{G}_1 c_1 < \dot{G}_2 c_2$;
c) Gegenstrom $\dot{G}_1 c_1 > \dot{G}_2 c_2$; d) Gegenstrom $\dot{G}_1 c_1 < \dot{G}_2 c_2$.

Das Produkt $\dot{G}\,c$ nennt man auch den *Wasserwert* W eines Flüssigkeitsstroms. Durch Zusammenfassung der letzten beiden Gleichungen ergibt sich

$$\frac{t_{1a} - t_{1e}}{t_{2e} - t_{2a}} = \frac{\dot{G}_2\, c_2}{\dot{G}_1\, c_1} = \frac{W_2}{W_1}. \qquad (8.35)$$

Daraus folgt erstens, daß sich die Temperaturänderungen beider Flüssigkeiten umgekehrt wie die Wasserwerte verhalten, und zweitens, daß bei der Formulierung einer Aufgabe von den sechs maßgebenden Größen, nämlich den vier Temperaturen und den zwei Wasserwerten, nur fünf willkürlich gewählt werden dürfen. Die sechste Größe ist aus Gl. (8.35) zu ermitteln. Meist wird diese sechste Größe eine der beiden Austrittstemperaturen oder einer der beiden stündlichen Flüssigkeitsströme sein.

Auf den Verlauf der Flüssigkeitstemperatur längs der Heizfläche ist nicht nur die Art der Strömung, sondern auch das Verhältnis der Wasserwerte von Einfluß. Abb. 8.08a bis d zeigt an vier Beispielen den Temperaturverlauf der beiden Flüssigkeiten bei Gleich- und Gegenstrom, und zwar bei unterschiedlichem Verhältnis der Wasserwerte. Man erkennt daraus, daß der Gegenstrom eine stärkere Abkühlung der wärmeren Flüssigkeit bzw. eine höhere Erwärmung der kälteren ermöglicht.

Die Temperaturen folgen einem Exponentialgesetz, aus dem die mittlere Temperaturdifferenz berechnet werden kann. Bezeichnet man mit Δk den *kleineren* Wert des Temperaturunterschiedes der beiden Flüssigkeiten, einerlei ob am Anfang oder Ende der Heizfläche, und mit Δg den *größeren* Temperaturunterschied, so ist nach einer von GRASHOF angegebenen Beziehung der mittlere Temperaturunterschied

$$\Delta m = \Delta g \frac{1 - \dfrac{\Delta k}{\Delta g}}{\ln \dfrac{\Delta g}{\Delta k}} = \Delta g \cdot f\left(\frac{\Delta k}{\Delta g}\right). \tag{8.36}$$

In Abb. 8.09 ist $\dfrac{\Delta m}{\Delta g}$ in Abhängigkeit von $\dfrac{\Delta k}{\Delta g}$ wiedergegeben.

Sind die Temperaturänderungen beider Flüssigkeiten nicht allzu groß, so kann Δm auch näherungsweise wie folgt bestimmt werden: Man bildet für jede Flüssigkeit das arithmetische Mittel aus Eintritts- und Austrittstemperatur und setzt Δm gleich dem Unterschied dieser arithmetischen Mittel. Also ist angenähert

$$\Delta m = \frac{t_{1a} + t_{1e}}{2} - \frac{t_{2a} + t_{2e}}{2}.$$

Der Näherungswert für $\dfrac{\Delta m}{\Delta g}$, der dieser Gleichung entspricht, ist in Abb. 8.09 durch die gestrichelte Gerade dargestellt. Man sieht aus dieser Abbildung, daß der Näherungswert von dem genauen Wert nicht allzusehr abweicht, solange das Verhältnis $\Delta k : \Delta g$ nicht kleiner ist als 0,5. Die Gl. (8.36) gilt für Gleichstrom und Gegenstrom. Es ist nur jeweils an Hand eines

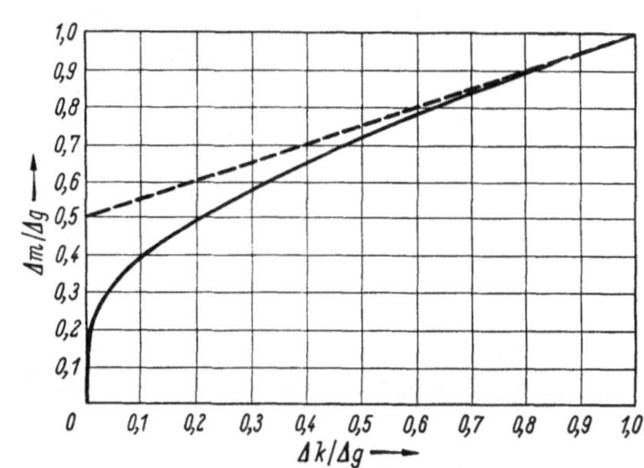

Abb. 8.09. Lösung der Gl. (8.36).

Temperaturbildes nach Abb. 8.08 festzustellen, welche Werte für Δk und Δg einzusetzen sind.

Beispiel. In einem Wärmeaustauscher sollen stündlich 2,5 m³ einer Flüssigkeit von der Dichte $\varrho_1 = 1100\,\text{kg/m}^3$ und der spezifischen Wärme 0,727 kcal/kg grd von 120 auf 40 °C gekühlt werden. Zur Kühlung stehen stündlich 10 m³ Wasser von 10 °C zur Verfügung. — Es sind die mittleren Temperaturdifferenzen und die Größe der Kühlflächen bei Gleich- und Gegenstrom zu bestimmen.

1. Bestimmung der noch fehlenden vierten Temperatur (Austrittstemperatur des Kühlwassers):
Die Wärme, welche die heizende Flüssigkeit abgibt, ist

$$Q_1 = 2,5 \cdot 1100 \cdot 0,727 \,(120 - 40) = 160\,000 \text{ kcal/h}.$$

Die Wärme, welche das Kühlwasser aufnimmt, ist

$$Q_2 = 10 \cdot 1000 \cdot 1,0 \,(t_{2e} - 10).$$

Da $Q_2 = Q_1$ sein muß, errechnet sich die Austrittstemperatur des Kühlwassers zu

$$t_{2e} = 10 + \frac{160\,000}{10\,000} = 26 \text{ °C}.$$

2. Bestimmung der mittleren Temperaturdifferenz Δm:
An Hand zweier Skizzen gemäß Abb. 8.08 findet man bei

<table>
<tr><td align="center">Gleichstrom</td><td align="center">Gegenstrom</td></tr>
<tr><td align="center">$\Delta k = 14$ grd   und $\Delta g = 110$ grd.</td><td align="center">$\Delta k = 30$ grd   und $\Delta g = 94$ grd</td></tr>
<tr><td>Daraus $\dfrac{\Delta k}{\Delta g} = \dfrac{14}{110} = 0,127$</td><td align="center">$\dfrac{\Delta k}{\Delta g} = \dfrac{30}{94} = 0,319$</td></tr>
<tr><td>und aus Abb. 8.09</td><td></td></tr>
<tr><td align="center">$\dfrac{\Delta m}{\Delta g} = 0,42.$</td><td align="center">$\dfrac{\Delta m}{\Delta g} = 0,60.$</td></tr>
<tr><td>Es ergibt sich also:</td><td></td></tr>
<tr><td align="center">$\Delta m = \Delta g \cdot 0,42 = 46,2$ grd.</td><td align="center">$\Delta m = \Delta g \cdot 0,6 = 56,4$ grd.</td></tr>
</table>

3. Bestimmung der Kühlflächen: Für eine hier nach Erfahrungswerten angenommene Wärmedurchgangszahl $k = 1000\,\text{kcal/m}^2\,\text{h grd}$ ergibt sich aus der Gl. (8.33) die Kühlfläche zu

$$F = \frac{Q_h}{k\,\Delta m} = \frac{160\,000}{1000 \cdot 46,2} = 3,46 \text{ m}^2 \text{ für Gleichstrom}$$

bzw.

$$F = \frac{160\,000}{1000 \cdot 56,4} = 2,84 \text{ m}^2 \text{ für Gegenstrom}.$$

2. Kreuzstrom

Die Berechnung der mittleren Temperaturdifferenz Δm ist bei Kreuzstrom schwieriger, da die Endtemperaturen der beiden Flüssigkeiten je nach der Austrittsstelle verschieden sind. Abb. 8.10 zeigt in räumlicher Darstellung den Temperaturverlauf für einzelne Stromfäden. Die wärmere Flüssigkeit kühlt sich am Eintritt der kälteren stärker ab als an deren Austritt; ebenso erwärmt sich die kältere Flüssigkeit am Eintritt der wärmeren stärker. Für die Austrittstemperaturen sind sonach Mittelwerte $t_{1\,em}$ und $t_{2\,em}$ einzuführen.

Bezieht man die Abkühlung der Flüssigkeit 1 auf den auftretenden höchsten Temperaturunterschied, bildet also

$$\left(\frac{t_{1a} - t_{1\,em}}{t_{1a} - t_{2a}}\right) = \Phi$$

und in gleicher Weise für die zu erwärmende Flüssigkeit 2

$$\left(\frac{t_{2\,em} - t_{2a}}{t_{1a} - t_{2a}}\right) = \varXi,$$

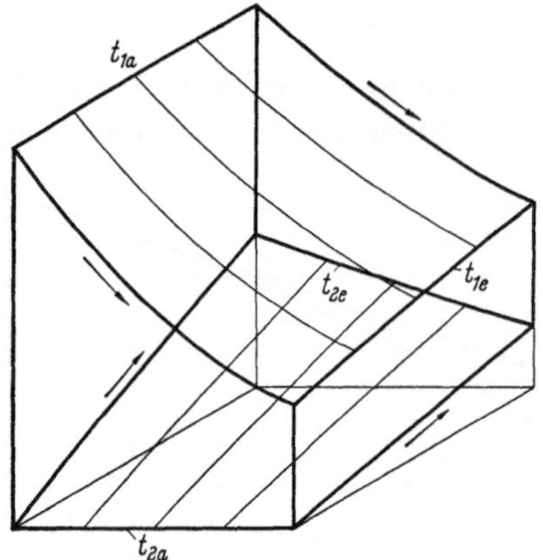

Abb. 8.10. Temperaturbild für Kreuzstrom.

so läßt sich aus beiden Verhältniswerten eine Hilfsgröße ζ ermitteln, die mit $(t_{1a} - t_{2a})$ multipliziert auf den gesuchten Temperaturunterschied Δm führt, d. h.

$$\Delta m_{Kr} = \zeta\,(t_{1a} - t_{2a}). \tag{8.37}$$

Abb. 8.11 gibt ζ in Abhängigkeit von den erwähnten Verhältniswerten Φ und $\varXi$ wieder.

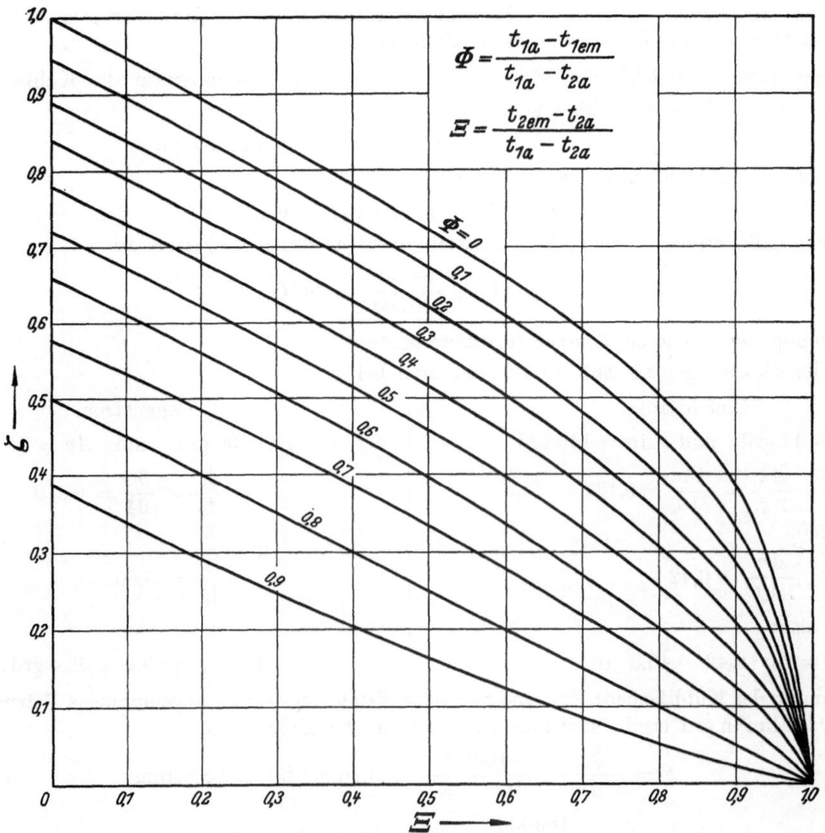

Abb. 8.11. ζ-Werte für Kreuzstrom.

Beispiel. Für die im vorstehenden Beispiel angegebenen Betriebsbedingungen eines Wärmeaustauschers sollen die mittlere Temperaturdifferenz und die erforderliche Heizfläche bei Kreuzstrom bestimmt werden. Es sind zu bilden:

$$\frac{t_{1a} - t_{1em}}{t_{1a} - t_{2a}} = \frac{120 - 40}{120 - 10} = \frac{80}{110} \approx 0,73 ,$$

$$\frac{t_{2em} - t_{2a}}{t_{1a} - t_{2a}} = \frac{26 - 10}{120 - 10} = \frac{16}{110} \approx 0,145 .$$

Aus Abb. 8.11 ist für diese Werte zu entnehmen $\zeta = 0,48$. Daraus $\Delta m = 0,48 \cdot 110 = 52,8$ grd.

Mit Hilfe von

$$Q_h = k\, F\, \Delta m \quad \text{erhält man für} \quad k = 1000 \text{ kcal/m}^2 \text{ h grd}$$

$$F = \frac{160\,000}{1000 \cdot 52,8} = 3,03 \text{ m}^2 .$$

Die Heizfläche liegt sonach bei Kreuzstrom zwischen den Werten für Gleich- und Gegenstrom, und zwar näher am letzteren.

Diese Feststellung gilt unter der Voraussetzung, daß der k-Wert bei den drei Strömungsformen gleich ist. Tatsächlich ist aber beim quer angeströmten Rohr oder Rohrbündel häufig mit höheren k-Werten zu rechnen, so daß sich bei Kreuzstrom die kleineren Heizflächen ergeben können.

3. Gemischte Schaltungen von Kreuz- und Parallelstrom

Der reine Kreuzstrom ist in der Praxis selten verwirklicht. Meist findet man Mischschaltungen von Kreuz- und Parallelstrom. So strömen bei Speisewasservorwärmern nach Art der Abb. 8.12 die Rauchgase zwar quer zu den Speisewasserrohren; zugleich bewegt sich aber das Wasser in den hintereinandergeschalteten Rohren dem Rauchgasstrom entgegen. Man bezeichnet diese Strömungsschaltung als „Kreuz-Gegenstrom". „Mehrgängige" Wärmeaustauscher entstehen, wenn nach Abb. 8.13 parallele Rohrbündel hintereinandergeschaltet sind, so daß die innen strömende Flüssigkeit mehrfach ihre Richtung ändert. Der Hauptvorgang verläuft dabei — besonders bei vielen Richtungsänderungen — im Kreuzstrom, der Einzelvorgang im Parallelstrom, und zwar abwechselnd im Gleich- und Gegenstrom.

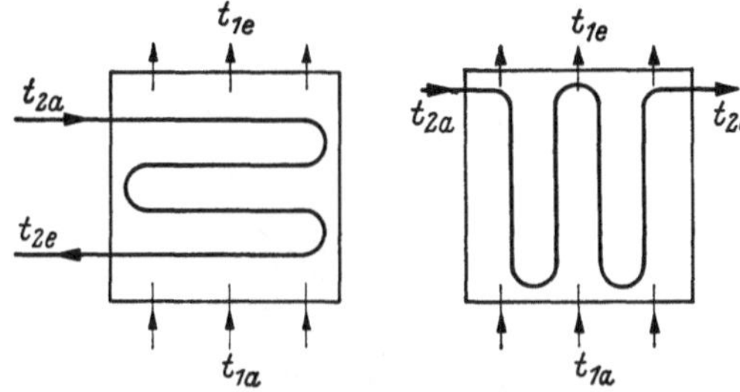

Abb. 8.12. Kreuz-Gegenstrom.   Abb. 8.13. Mehrgängiger Wärmeaustauscher.

Die thermische Güte solcher Wärmeaustauschschaltungen läßt sich durch Vergleich mit dem reinen Gegenstrom kennzeichnen, und zwar bildet man den Quotienten aus der mittleren Temperaturdifferenz Δm bei der jeweiligen Schaltung zur mittleren Temperaturdifferenz bei Gegenstrom $(\Delta m)_{Geg}$, also

$$\varphi = \frac{\Delta m}{(\Delta m)_{Geg}} .$$

φ ist abhängig von dem Verhältnis der Wasserwerte $\dfrac{W_1}{W_2}$ und einer Größe Ψ, die sich aus den Temperaturen der Vorgänge bestimmen läßt[1].

C. Berechnung der Ablauftemperaturen und der Leistung von Wärmeaustauschern bei unterschiedlichen Betriebsbedingungen

Die im Abschnitt B wiedergegebenen Beziehungen ermöglichen die Bestimmung der Größe eines Wärmeaustauschers bei bekannten Wasserwerten und Temperaturen der wärmeaustauschenden Flüssigkeiten. Sie reichen in dieser Form nicht aus, wenn für einen gegebenen Apparat die Ablauftemperaturen bei beliebigen Wasserwerten der beiden Flüssigkeiten ermittelt werden sollen, also die Leistung bei abweichenden Betriebsbedingungen. Für diese zweite Aufgabengruppe sind die drei Arten der Flüssigkeitsführung getrennt zu betrachten.

---

[1] Näheres s. VDI-Wärmeatlas 1953, Blatt C a 4.

1. Gleichstrom

Verknüpft man die durch Gl. (8.36) dargestellte Beziehung zwischen den Temperaturunterschieden mit der Wärmedurchgangsgleichung (8.33) und der Bilanzgleichung (8.35), so läßt sich für die Abkühlung der Flüssigkeit 1 im Gleichstrom ableiten:

$$(t_{1a} - t_{1e}) = (t_{1a} - t_{2a}) \frac{1 - e^{-\frac{kF}{W_1}\left(1 + \frac{W_1}{W_2}\right)}}{1 + \frac{W_1}{W_2}} = (t_{1a} - t_{2a})\, \Phi_{Gl}. \tag{8.38}$$

Die als Bruch auftretende Funktion Φ_{Gl} ist nur abhängig von $\frac{kF}{W_1}$ und $\frac{W_1}{W_2}$ und kann also allgemein in Abhängigkeit von diesen Größen dargestellt werden, s. Abb. 8.14. Φ_{Gl} gibt das bereits erwähnte Verhältnis der Abkühlung der Flüssigkeit 1 zur maximalen Temperaturdifferenz der beiden Flüssigkeiten am Apparateintritt wieder.

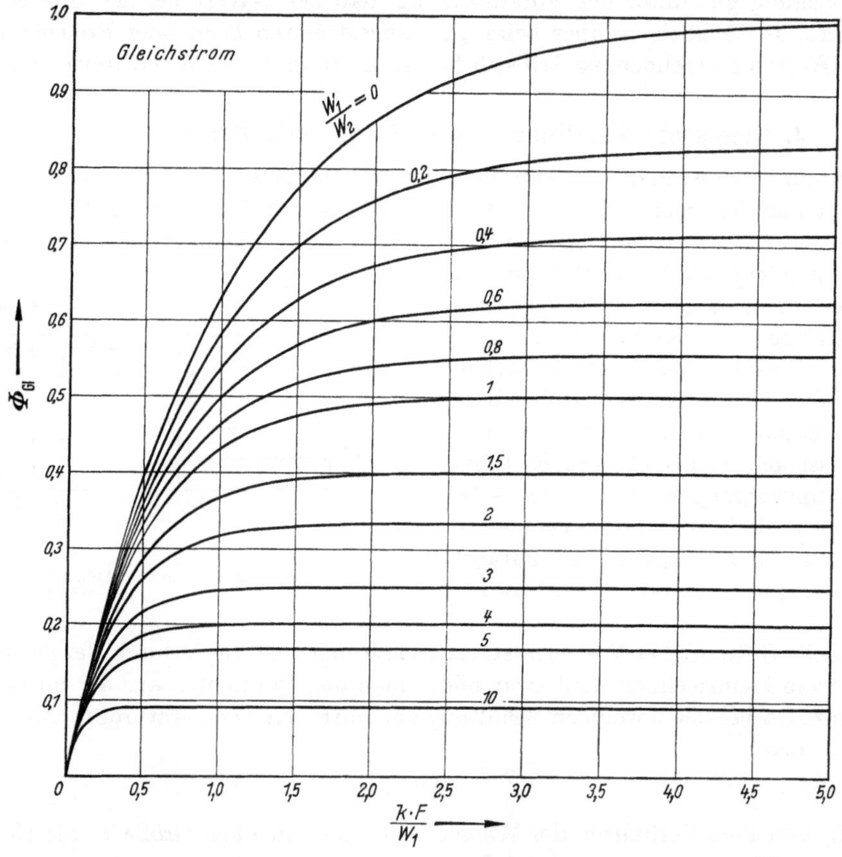

Abb. 8.14. Ermittlung von Φ_{Gl} (Gleichstrom).

Aus Gl. (8.38) ist bei gegebenen Werten von F, k, W_1, W_2 sowie t_{1a} und t_{2a} sonach die Endtemperatur t_{1e} der Flüssigkeit 1 zu berechnen. Da $Q_h = W_1(t_{1a} - t_{1e})$, folgt daraus auch

$$Q_h = (t_{1a} - t_{2a})\, W_1\, \Phi_{Gl}. \tag{8.39}$$

Aus Q_h ist mit Hilfe von W_2 leicht $(t_{2e} - t_{2a})$, also auch t_{2e} zu ermitteln.

Für $F = \infty$ und $W_1 < \infty$ erhält man $\Phi_{Gl} = \dfrac{1}{1 + \dfrac{W_1}{W_2}}$

und damit

$$Q_{h\,max} = (t_{1a} - t_{2a})\, W_1 \frac{1}{1 + \dfrac{W_1}{W_2}}.$$

Zuweilen ist der Temperaturunterschied eines Heiz- oder Kühlmediums zwischen Apparateeintritt und -austritt so klein, daß er vernachlässigt werden kann, sei es, daß der Flüssigkeitsstrom sehr groß ist oder daß eine Änderung des Aggregatzustandes vorliegt. Das Verhältnis der Wasserwerte $\frac{W_1}{W_2}$ nähert sich dann dem Wert Null, wenn man mit dem Index 2 die Seite mit der vernachlässigbar kleinen Temperaturänderung bezeichnet. (Oft ist dann auch der Wärmeübergang auf dieser Seite so hoch, daß man Wand- und Flüssigkeitstemperatur gleichsetzen und statt k die Wärmeübergangszahl α_1 einführen kann.) Dann nimmt Gl. (8.38) die vereinfachte Form an

$$(t_{1a} - t_{1e}) = (t_{1a} - t_2)\left(1 - e^{-\frac{kF}{W_1}}\right)$$

oder nach Umformung

$$(t_{1e} - t_2) = (t_{1a} - t_2)\, e^{-\frac{kF}{W_1}}. \tag{8.40}$$

Die Wärmeleistung ergibt sich zu

$$Q_h = W_1(t_{1a} - t_{1e}) = (t_{1a} - t_2)\, W_1\left(1 - e^{-\frac{kF}{W_1}}\right). \tag{8.41}$$

Die Gl. (8.40) kann auch zur Berechnung der Abkühlung oder Erwärmung eines Flüssigkeitsspeichers benutzt werden, wenn durch Mischung die Speichertemperatur weitgehend ausgeglichen ist. An Stelle des Wasserwertes W_1 des Flüssigkeitsstromes[1] ist in Gl. (8.40) einzuführen

$$W_1 = \dot{G}_1\, c_1 = \frac{V\, \varrho_1\, c_1}{z}.$$

Dabei ist V das Speichervolumen in m³ und z die Auskühl- (Anheiz-) Zeit in h. Damit erhält man die Beziehung

$$(t_{1e} - t_2) = (t_{1a} - t_2)\, e^{-\frac{kF}{V\varrho_1 c_1} z}. \tag{8.42}$$

Für ϱ_1 und c_1 sind Mittelwerte einzusetzen; t_2 ist identisch mit der Umgebungstemperatur (Auskühlvorgang) oder der Heizmitteltemperatur (Anheizvorgang). Entsprechend sind auch k und F zu wählen. Näheres s. Beispiel 3, S. 99.

2. Gegenstrom

In gleicher Weise läßt sich bei Gegenstrom für die Abkühlung der Flüssigkeit 1 ableiten:

$$(t_{1a} - t_{1e}) = (t_{1a} - t_{2a})\,\frac{1 - e^{-\frac{kF}{W_1}\left(1 - \frac{W_1}{W_2}\right)}}{1 - \frac{W_1}{W_2}\, e^{-\frac{kF}{W_1}\left(1 - \frac{W_1}{W_2}\right)}} = (t_{1a} - t_{2a})\, \Phi_{Geg}. \tag{8.43}$$

Φ_{Geg} ist als Verhältnis der beiden Temperaturunterschiede in Abb. 8.15 anzusehen, ist also ein Maß dafür, wie weit in einem gegebenen Fall die von einer Flüssigkeit mitgeführte Wärmemenge auf eine zweite Flüssigkeit mit tieferer Temperatur übertragen werden kann. Auch hier ist Φ ausschließlich von $\frac{kF}{W_1}$ und $\frac{W_1}{W_2}$ abhängig, also in der gleichen Art wie bei Gleichstrom darstellbar, s. Abb. 8.16.

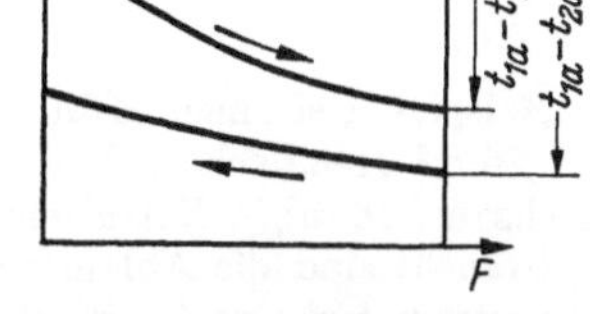

Ebenso erhält man wieder die Leistung aus

$$Q_h = (t_{1a} - t_{2a})\, W_1\, \Phi_{Geg}. \tag{8.44}$$

Die Grenzwerte, denen Q_h mit zunehmender Heizflächengröße ($F \to \infty$) zustrebt, ergeben sich zu

$$Q_{h\,max} = (t_{1a} - t_{2a})\, W_1 \quad \text{für} \quad \frac{W_1}{W_2} < 1$$

Abb. 8.15. Temperaturunterschiede bei Gegenstrom.

---

[1] Beim Wasserwert ist $\dot{G}$ in kg/h einzusetzen, s. S. 22, Gl. (8.34).

bzw.

$$Q_{h\,max} = (t_{1a} - t_{2a})\, W_2 \quad \text{für} \quad \frac{W_1}{W_2} > 1,$$

d.h., $Q_{h\,max}$ ist stets das Produkt aus dem höchsten Temperaturunterschied und dem kleineren der beiden Wasserwerte.

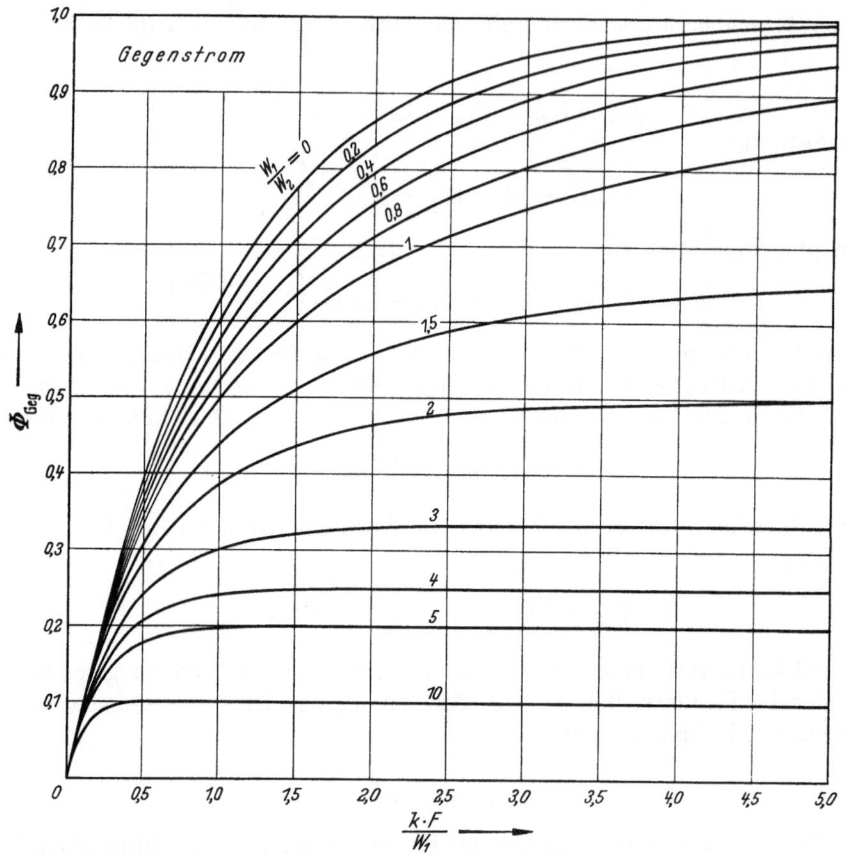

Abb. 8.16. Ermittlung von Φ_{Geg} (Gegenstrom).

3. Kreuzstrom

Für Kreuzstrom hat NUSSELT[1] eine Funktion Φ_{Kr} abgeleitet, die zur Ermittlung der Ablauf-temperaturen benutzt werden kann, s. Abb. 8.17. Bei gegebenem $\frac{W_1}{W_2}$ sowie $\frac{k\,F}{W_1}$ kann daher auch für Kreuzstrom die Abkühlung der Flüssigkeit 1 aus der einfachen Beziehung

$$(t_{1a} - t_{1em}) = (t_{1a} - t_{2a})\, \Phi_{Kr} \tag{8.45}$$

ermittelt werden. Desgleichen gilt wieder:

$$Q_h = (t_{1a} - t_{2a})\, W_1\, \Phi_{Kr}. \tag{8.46}$$

Beispiel. Bei einem Kühlvorgang fallen stündlich 8 m³ Wasser von 70 °C an. In einem Wärmeaustauscher von 20 m² Heizfläche soll die Abwärme zur Brauchwassererwärmung ausgenutzt werden. Brauchwasser-durchsatz: 16 m³/h. Zulauftemperatur des Brauchwassers: 10 °C.

Gesucht sind die Ablauftemperaturen und die Wärmeleistung bei Gleichstrom, bei Gegenstrom und bei Kreuzstrom für eine konstant angenommene Wärmedurchgangszahl von $k = 850$ kcal/m² h grd.

---

[1] NUSSELT, W.: Eine neue Formel für den Wärmedurchgang im Kreuzstrom. Techn. Mech. u. Thermodyn. 1 (1930) 417/422.

Zur Ermittlung der Ablauftemperatur verwenden wir die Φ-Funktionen der Abb. 8.14, 8.16 und 8.17. Die Veränderlichen ergeben sich zu

$$\frac{W_1}{W_2} = \frac{\dot{G}_1 c_1}{\dot{G}_2 c_2} = \frac{8 \cdot 978 \cdot 1}{16 \cdot 1000 \cdot 1} = 0,489,$$

$$\frac{k\,F}{W_1} = \frac{850 \cdot 20}{7824} = 2,17$$

		Gleichstrom	Gegenstrom	Kreuzstrom
Φ		0,64	0,80	0,75
$t_{1a} - t_{2a}$	grd	60	60	60
$(t_{1a} - t_{1e}) = 60\,\Phi$	grd	38,4	48,0	45,0
t_{1e}	°C	31,6	22,0	25,0
$t_{2e} - t_{2a} = 60\,\Phi\,\dfrac{W_1}{W_2}$ . . .	grd	18,8	23,5	22,0
t_{2e}	°C	28,8	33,5	32,0
$Q_h = W_1 \cdot 60\,\Phi$	kcal/h	300000	375000	352000

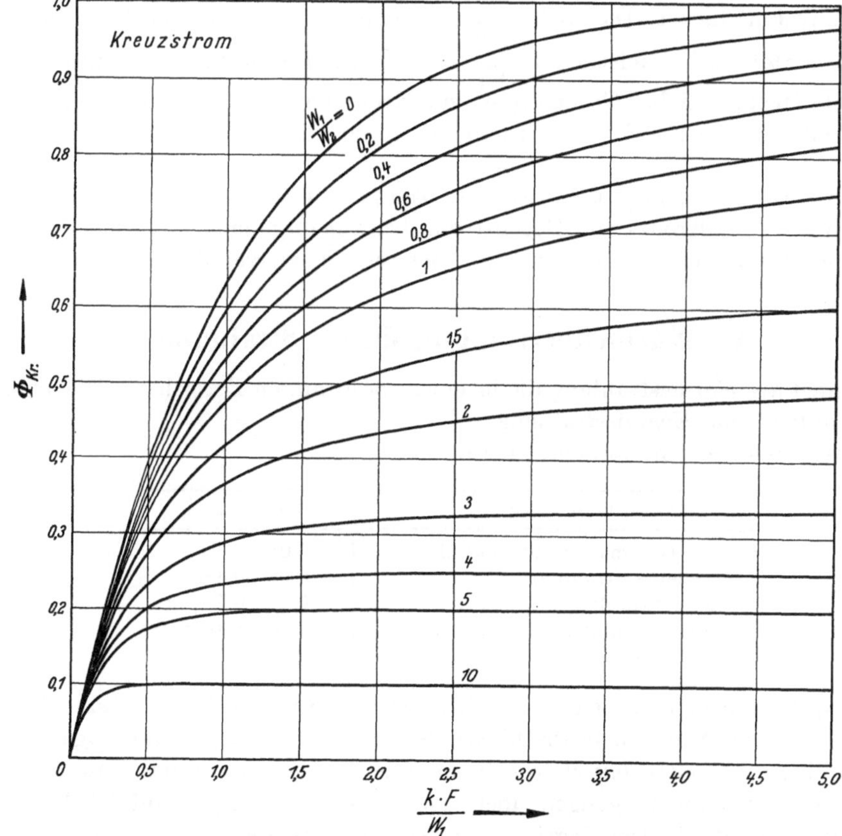

Abb. 8.17. Ermittlung von Φ_{Kr} (Kreuzstrom).

4. Vergleich der Strömungsarten

Nach den vorstehenden Gleichungen ist sowohl die Leistung eines Wärmeaustauschers als auch die erzielbare Temperaturabsenkung bzw. Temperaturerhöhung bei festliegenden Wasserwerten und Anfangstemperaturen ausschließlich von Φ abhängig. Eine Gegenüberstellung der in den Abb. 8.14, 8.16 und 8.17 aufgetragenen Φ-Werte ermöglicht daher eine generelle Bewertung der drei Strömungsarten.

Wie die Beispielrechnungen schon zeigten, ist der Wärmeaustausch bei Gegenstrom meist günstiger. Je nach den Betriebsbedingungen treten jedoch starke Unterschiede im Verhältnis der Φ-Werte untereinander auf. Weichen die Wasserwerte der Flüssigkeiten stark voneinander ab, so sind Gleich-, Gegen- und Kreuzstrom einander gleichwertig. Unter dieser Bedingung ist nämlich die Temperaturänderung auf einer Flüssigkeitsseite nur klein bei zugleich relativ hoher Wärmeübergangszahl. Die Wandtemperatur weist dann auf der ganzen Heizfläche nur geringe Abweichungen auf, und die Strömungsrichtung ist auch auf der Seite mit dem niedrigeren Wasserwert fast ohne Einfluß.

Ähnlich liegen die Verhältnisse bei kleinen Werten $\frac{k\,F}{W_1}$. Auch hier sind die Temperaturunterschiede zwischen Eintritt und Austritt nur gering, z.B. weil die Heizfläche F sehr klein ist.

Nähert sich dagegen das Verhältnis der Wasserwerte der beiden Flüssigkeitsströme $\frac{W_1}{W_2}$ dem Wert 1, so treten erhebliche Unterschiede in der Größe Φ auf, und zwar zunehmend mit wachsendem $\frac{k\,F}{W_1}$. Diese Bedingungen führen auf beiden Seiten der Heizfläche zu großen Temperaturdifferenzen zwischen Zu- und Ablauf. Bei beidseitig starker Temperaturänderung sind sonach Gegenstrom und Kreuzstrom dem Gleichstrom überlegen.

Der Verlauf der Φ-Kurven läßt außerdem erkennen, ob im Einzelfall eine Heizflächenvergrößerung zweckmäßig ist. Dies trifft nur zu, wenn die Kurve an der durch den Wert $\frac{k\,F}{W_1}$ gekennzeichneten Stelle mit wachsendem $\frac{k\,F}{W_1}$ noch deutlich weiter steigt. Man ersieht aus den einzelnen Abbildungen, daß bei Gegenstrom und Kreuzstrom vielfach eine Vergrößerung der Wärmeaustauschfläche noch Erfolg verspricht, wenn sie bei Gleichstrom nahezu zwecklos geworden ist.

Beim Kreuz-Gegenstrom liegt die wirksame Temperaturdifferenz, also auch die Leistung, zwischen den Werten für Kreuz- und Gegenstrom, beim mehrgängigen Wärmeaustauscher zwischen den Werten für Gleich- und Gegenstrom. Weiteres s. vierzehnter Abschnitt, S. 302.

V. Wärmeübertragung durch Strahlung

Man bezeichnet als Wärmestrahlung die in einem bestimmten Bereich der Wellenlängen und Temperaturen auftretende Energiestrahlung.

Nach den Wellenlängen unterscheidet man:

Bezeichnung	Wellenlänge λ
Höhen-, Gamma-, Röntgenstrahlung	$< 0{,}02\ \mu\mathrm{m}$
Ultraviolette Strahlung	$0{,}02\text{—}0{,}4\ \mu\mathrm{m}$
Sichtbare Strahlung	$0{,}4\ \text{—}0{,}75\ \mu\mathrm{m}$
Infrarote Strahlung	$0{,}75\text{—}800\ \mu\mathrm{m}$
Elektrische Wellen	$> 0{,}2\ \mathrm{mm}$

Nur die bei Wellenlängen zwischen 0,4 und 0,75 μm ausgesandten Strahlen sind für das Auge wahrnehmbar. Der in der Wellenlänge anschließende Bereich der Energiestrahlung ($\lambda > 0{,}75\ \mu$m), die Infrarotstrahlung, ist heiztechnisch von besonderer Bedeutung, da der Hauptanteil der bei technischen Wärmestrahlungsvorgängen übertragenen Energiemengen auf Wellenlängen zwischen 0,8 und 400 μm entfällt. Der Begriff Wärmestrahlung ist daher meist identisch mit Infrarotstrahlung. In diesem Bereich können wir auch die von der klassischen Physik übernommene Vorstellung von der reinen Wellennatur der Strahlung beibehalten. Danach wandelt ein erwärmter Körper an seiner Oberfläche einen Teil seines Wärmeinhaltes in Strahlungsenergie um, die beim Auftreffen auf einen anderen Körper als fühlbare Wärme in Erscheinung tritt.

Die wichtigsten Begriffe der Wärmestrahlung, die häufig auch als Temperaturstrahlung bezeichnet wird, sind aus der viel früher erforschten sichtbaren Strahlung entnommen, so die Emission (Aussenden der Energie), die Absorption und Reflexion (Schlucken und Rückwerfen der auftreffenden Energie).

Elementare (d. h. aus gleichartigen Atomen bestehende) Gase sowie trockene Luft sind für Wärmestrahlen praktisch voll durchlässig (diatherman); eine Ausnahme machen einige mehratomige Gase, u. a. H_2O, CO_2, CO, SO_2, die in einzelnen Wellenlängenbereichen absorbieren und emittieren. Feste Körper sind schon in kleiner Schichtdicke — etwa ab 1 mm für elektrische Nichtleiter und 1 μm für elektrische Leiter — für Wärmestrahlen undurchlässig.

A. Grundgesetze

Bei der technischen Anwendung der Wärmestrahlung sind zwei Fragen zu beantworten:
Wie erfolgt die Energieabgabe des strahlenden Körpers nach Richtung, Verteilung über der Wellenlänge und Stärke?
Was geschieht mit der auf den zweiten Körper auftreffenden Energie?

1. Emission

Für einen Körper, der bei allen Wellenlängen die maximal mögliche Energie aussendet, läßt sich die „Intensität" der Strahlung (I), d. i. die auf die Flächen- und Zeiteinheit bezogene Energieabgabe bei beliebiger Wellenlänge, in Abhängigkeit von der Temperatur der Körperoberfläche angeben. Da ein solcher Körper zugleich alle auftreffenden Strahlen absorbiert, bezeichnet man ihn, in Analogie zur Optik, als „schwarzen" Körper. Dafür gilt das PLANCK*sche Strahlungsgesetz*

$$I_{\lambda,s} = \text{konst} \frac{\lambda^{-5}}{e^{\frac{\text{konst}}{\lambda T}} - 1}. \tag{8.47}$$

λ ist die Wellenlänge und T die absolute Temperatur. Die Indizes λ und s der Intensität I sollen andeuten, daß es sich um den Wert für eine bestimmte Wellenlänge (λ) beim schwarzen Körper (s) handelt. Abb. 8.18 gibt die Intensitätsverteilung über einen größeren Wellenlängenbereich für verschiedene Temperaturen nach diesem Gesetz wieder.

Mit zunehmender Temperatur wachsen die Absolutwerte an. Das Maximum rückt dabei immer mehr in den Bereich kleiner Wellenlängen, und zwar ist nach dem WIEN*schen Verschiebungsgesetz*

$$\lambda_{max} T = 2885 \ \mu\text{m} \ °\text{K}. \tag{8.48}$$

Die Wellenlänge λ_{max} des Intensitätsmaximums ist dabei in μm (= 0,001 mm) einzusetzen, die Temperatur in °K. Man ersieht aus Abb. 8.18 auch, daß erst bei höheren Temperaturen ein merklicher Teil der Strahlung sichtbar wird. Durch Integration der Intensität über die Wellenlängen λ von 0 bis ∞ erhält man für die Gesamtausstrahlung bei der Temperatur T je Flächeneinheit

$$E_s = \int\limits_{\lambda = 0}^{\lambda = \infty} I_{\lambda,s} \, d\lambda,$$

d. i. die Emission des schwarzen Körpers.

Nach dem STEFAN-BOLTZMANN*schen Gesetz* ist die je Flächen- und Zeiteinheit von einem schwarzen Körper ausgesandte Gesamtstrahlung abhängig von der 4. Potenz der absoluten Temperatur, also

$$E_s = C_s \left(\frac{T}{100}\right)^4. \tag{8.49}$$

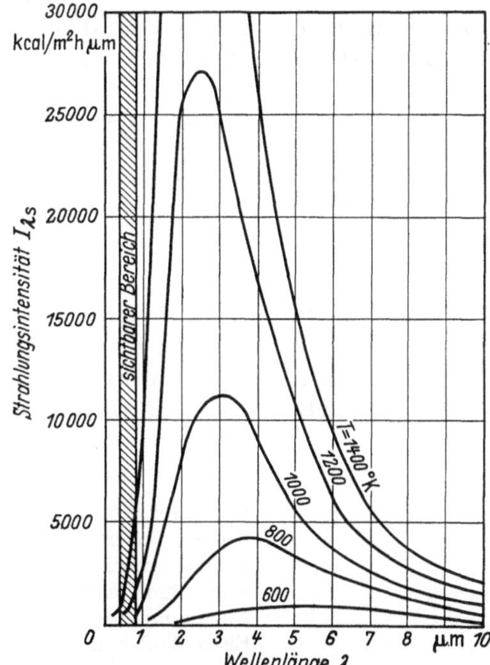

Abb. 8.18. Intensitätsverteilung der schwarzen Strahlung.

Der Beiwert C_s wird Strahlungszahl des schwarzen Körpers genannt. Er ist eine Konstante, und zwar im technischen Maßsystem

$$C_s = 4{,}96 \text{ kcal/m}^2 \text{ h grd}^4,$$

wenn E_s in kcal/m² h und T in °K angegeben sind[1].

Das Emissionsvermögen kann für technische Körper nur durch Versuche bestimmt werden. Der Wert hängt von der Temperatur und der Wellenlänge ab.

Nichtschwarze Strahlung. Bei den meisten Körpern weicht die Intensitätsverteilung von der des schwarzen Körpers ab. Man spricht daher von farbiger Strahlung bei einer beliebigen spektralen Energieverteilung, s. Abb. 8.19a, und von monochromatischer Strahlung bei Energieausstrahlung nur in einem engbegrenzten Wellenlängenbereich, s. Abb. 8.19b. Gekennzeichnet wird diese Abweichung vom „schwarzen" Körper durch das „Emissionsverhältnis" ε, den Quotienten aus wirklicher und höchstmöglicher Emission

$$\varepsilon = \frac{E}{E_s}.$$

Macht die Strahlung bei allen Wellenlängen einen festen Bruchteil der schwarzen Strahlung aus, s. Abb. 8.19c, so wird sie als „graue Strahlung" bezeichnet. Viele technische Oberflächen

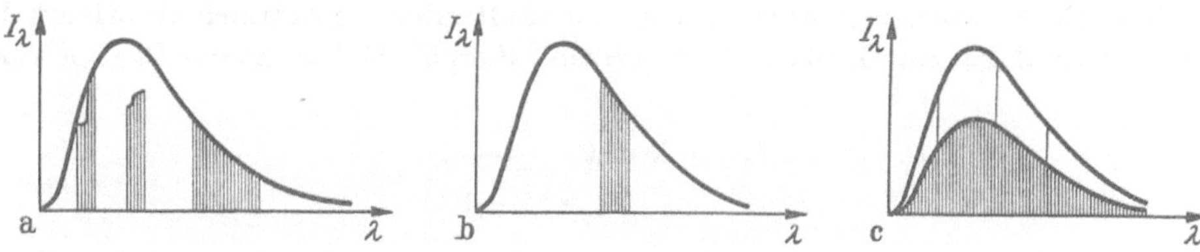

Abb. 8.19. Nichtschwarze Strahlung.
a) farbige Strahlung; b) monochromatische Strahlung; c) graue Strahlung.

können mit großer Annäherung als graustrahlend behandelt werden, d. h., ihr Emissionsverhältnis ε_{gr} ist praktisch unabhängig von der Wellenlänge

$$\varepsilon_{gr} = \frac{I_{\lambda gr}}{I_{\lambda s}} = \frac{E_{gr}}{E_s} = \text{konst} \quad \text{(graue Strahlung)}.$$

Unter dieser Annahme ist das STEFAN-BOLTZMANNsche Gesetz auch für technische Strahlungsrechnungen verwendbar, also

$$E = C \left(\frac{T}{100} \right)^4. \tag{8.50}$$

C ist dabei die Strahlungszahl eines beliebigen Körpers, die stets kleiner ist als die Strahlungszahl des schwarzen Körpers, und zwar ist $C = \varepsilon \, C_s$. Man findet daher im Schrifttum häufig auch die Strahlungszahl C an Stelle des Emissionsverhältnisses ε angegeben. In Tab. 8.04 sind für einige wichtige technische Oberflächen die Strahlungszahlen aufgeführt:

Tabelle 8.04. *Strahlungszahlen technischer Oberflächen in* kcal/m² h grd⁴

Schwarzer Körper	$C_s = 4{,}96$
Kupfer, poliert (20 °C)	$C = 0{,}15$
Kupfer, oxydiert (130 °C)	$C = 3{,}8$
Aluminium, blank (170 °C)	$C = 0{,}195$
Aluminiumbronze (100 °C)	$C = 1 \text{ bis } 2$
Eisen, Walzhaut (20 °C)	$C = 3{,}8$
Eisen, stark verrostet (20 °C)	$C = 4{,}2$
Heizkörperlack (100 °C)	$C = 4{,}6$
Verputz, Ziegel, Holz, Dachpappe (20 °C)	$C = 4{,}6$

Weitere Angaben enthält Zahlentafel A 10 im vierten Teil.

---

[1] Korrekt müßte die Einheit der Strahlungszahl kcal/m² h (°K)⁴ lauten, doch soll hier die im technischen Schrifttum eingebürgerte Schreibweise beibehalten werden.

Die niedrigsten Strahlungszahlen besitzen danach Metalle, vor allem im blanken Zustand. Mit Lackfarbe gestrichene Heizflächen sowie die wichtigsten Baumaterialien kommen in ihrem Strahlungsverhalten nahe an das des schwarzen Körpers heran.

Die Farbe der Oberflächen, ob hell oder dunkel, spielt also bei der Wärmeabgabe von Raumheizkörpern keine Rolle. Man kann diese ohne Beeinträchtigung ihrer Leistung hell streichen; unzweckmäßig ist dagegen der Anstrich mit Aluminiumbronze, es sei denn, die Strahlungswärmeabgabe soll möglichst unterbunden werden. Aus diesem Grunde erhalten beispielsweise Blechverkleidungen von Isolierungen häufig Aluminiumbronzeanstrich.

Für Oberflächen mit Strahlungszahlen $C > 3$ kcal/m² h grd⁴ kann man bei technischen Rechnungen in der Regel graue Strahlung zugrunde legen.

2. Absorption und Reflexion

Die auf einen strahlungsundurchlässigen Körper auftreffende Wärmestrahlung wird entweder geschluckt (absorbiert) oder zurückgeworfen (reflektiert). Der geschluckte Anteil wird durch die *Absorptionszahl A*, der zurückgeworfene Anteil durch die *Reflexionszahl R* gekennzeichnet. Beide Werte sind echte Brüche und unbenannte Zahlengrößen; ihre Summe ist gleich 1.

$$A + R = 1.$$

Für den schwarzen Körper gilt definitionsgemäß $A_s = 1$ und $R_s = 0$.

Man spricht von einer *regelmäßigen* Reflexion, wenn der zurückgeworfene Strahl mit dem einfallenden und der Flächennormalen in einer Ebene liegt und der Reflexionswinkel gleich dem Einfallswinkel ist. Wird der einfallende Strahl nach vielen Richtungen teilreflektiert, so spricht man von *diffuser* Reflexion.

Über den Zusammenhang zwischen Emissionsvermögen und Absorptionszahl eines Körpers gibt das KIRCHHOFFsche *Gesetz* Aufschluß. Danach gilt bei gleicher Temperatur

$$\frac{E_1}{A_1} = \frac{E_2}{A_2}. \tag{8.51}$$

Wird als Körper 2 ein schwarzer Körper gewählt, dann wird

$$\frac{E_1}{A_1} = E_s = C_s \left(\frac{T}{100}\right)^4. \tag{8.52}$$

Das Verhältnis des Emissionsvermögens zur Absorptionszahl für schwarze Strahlung ist sonach bei allen Körpern gleich und nur von der absoluten Temperatur abhängig.

Bei farbiger Strahlung ändert sich das Emissionsverhältnis ε mit der Wellenlänge. Die Absorptionszahl des gesamten Strahlungsbereiches ist dann durch Planimetrieren aller Werte $A_\lambda I_{\lambda s}$ und Dividieren durch E_s für eine bestimmte Temperatur zu gewinnen[1]. A_λ ist dabei die für einfarbige Strahlung bei der Wellenlänge λ gemessene Absorptionszahl.

Weiterhin ergibt sich aus Gl. (8.52)

$$A_1 = \frac{E_1}{E_s} = \varepsilon.$$

Die Absorptionszahl A ist also gleich dem Emissionsverhältnis ε. Oberflächen mit großem Absorptionsvermögen strahlen demnach stark. Andererseits besitzen Flächen mit hoher Reflexion, also geringer Absorption, wie polierte Metallflächen aus Kupfer, Silber oder Aluminium, zugleich auch ein kleines Emissionsvermögen.

3. Richtungsverteilung der Strahlung

Stehen zwei sehr kleine Flächen df_1 und df_2 im Strahlungsaustausch, s. Abb. 8.20, so ist neben dem Abstand der Flächen auch ihre Lage zueinander für die übertragenen Wärmemengen maßgebend. Nach dem LAMBERTschen *Cosinusgesetz* nimmt nämlich die Strahlung mit dem Cosinus des Winkels zwischen der Flächennormalen und der Strahlungsrichtung ab, also

$$q_\beta = q_n \cdot \cos\beta, \tag{8.53}$$

---

[1] Siehe SIEBER, W.: Z. techn. Phys. 22 (1941) 130/135.

wenn q_n die in Richtung der Flächennormalen und q_β die unter dem Winkel β ausgehende Strahlung bedeuten. Allerdings folgt bei vielen Körpern die Richtungsverteilung nicht genau dem LAMBERTschen Gesetz. Die Abweichungen treten vor allem bei größeren Winkeln auf, d. h. bei flacherer Abstrahlung, und zwar nimmt die Strahlung zu bei blanken Metallen und ab bei glatten elektrischen Nichtleitern. Dadurch ergibt sich eine Abhängigkeit des Emissionsverhältnisses ε_β von der

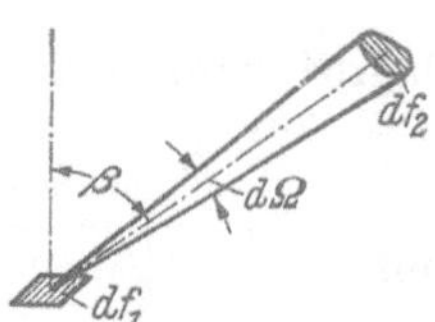

Abb. 8.20. Einfluß der Strahlungsrichtung.

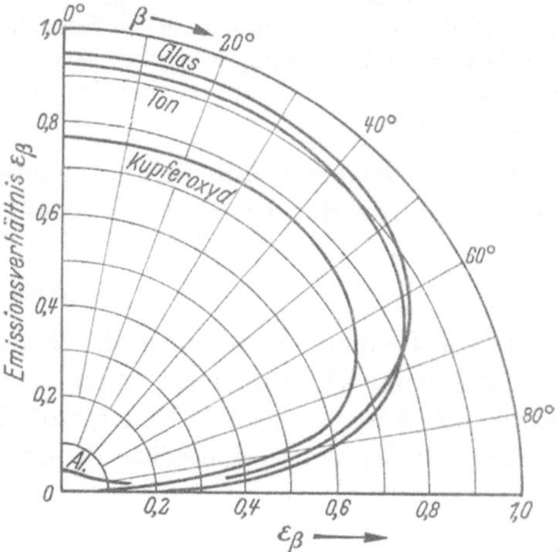

Abb. 8.21. Abweichung vom LAMBERTschen Gesetz.

Strahlungsrichtung. In Abb. 8.21 ist für einige Nichtleiter nach Messungen von E. SCHMIDT und E. ECKERT die Änderung der Wärmestrahlung mit dem Richtungswinkel β in Polarkoordinaten aufgetragen. Für Stoffe bzw. Oberflächen mit größeren Abweichungen vom Cosinusgesetz muß man also unterscheiden zwischen dem Emissionsverhältnis der Strahlung in Richtung der Flächennormalen ε_n, wie es den meisten Tabellenwerten zugrunde liegt, und dem für die Gesamtstrahlung gültigen Mittelwert ε über dem Halbraum. Der Wert ε ist nach dem oben Gesagten für glatte Nichtmetalle kleiner, für blanke Metalle größer als ε_n. Bei rauhen Oberflächen kann für alle Stoffe das LAMBERTsche Gesetz mit genügender Genauigkeit als gültig angesehen und $\varepsilon \approx \varepsilon_n$ gesetzt werden.

B. Strahlungswärmeaustausch

Die genaue Berechnung des Strahlungswärmeaustausches zwischen zwei beliebig zueinander liegenden Flächen wird dadurch sehr umständlich, daß jede Fläche gleichzeitig Wärme abgibt, aufnimmt und rückstrahlt, wobei nicht nur die erste Emission und Absorption, sondern auch der weitere Weg der reflektierten Wärme mit neuerlicher Teilabsorption und Reflexion betrachtet werden muß. Zur Vereinfachung der Rechnung vernachlässigt man meist die Wiederabsorption der reflektierten Strahlung, bricht also den Vorgang nach der ersten Absorption ab. Das ist zulässig, wenn die Absorptionszahlen beider Flächen nahe bei 1 liegen, oder wenn der Abstand der Flächen voneinander, im Verhältnis zu ihrer Ausdehnung, so groß ist, daß nur sehr kleine Beträge der reflektierten Strahlung jeweils die andere Fläche wieder treffen.

Für zwei idealisierte Fälle, die auch praktische Bedeutung haben, kann eine einfache exakte Lösung angegeben werden, nämlich für zwei ebene parallele Flächen unendlicher Ausdehnung und zwei Körper, von denen der eine den anderen vollständig umschließt.

In den folgenden Formeln dient der Index 1 zur Kennzeichnung des Körpers mit der höheren, der Index 2 zur Kennzeichnung des Körpers mit der niedrigeren Temperatur.

1. Parallele ebene Flächen

Unter der Voraussetzung diffuser Reflexion und schwarzer bzw. grauer Strahlung läßt sich für den stündlichen Wärmeaustausch Q_{12} zwischen zwei ebenen parallelen Flächen von sehr großer Ausdehnung mit den Strahlungszahlen C_1 und C_2 und den Temperaturen T_1 und T_2 die Beziehung ableiten

$$Q_{12} = \frac{1}{\dfrac{1}{C_1} + \dfrac{1}{C_2} - \dfrac{1}{C_s}} \cdot F\left[\left(\frac{T_1}{100}\right)^4 - \left(\frac{T_2}{100}\right)^4\right]. \qquad (8.54)$$

Die übergehende Wärme ist also proportional dem betrachteten Flächenstück F und je einem durch die Strahlungszahlen und die Temperaturen gegebenen Faktor. Der erste Faktor, „Strahlungsfaktor" oder auch „Strahlungsaustauschzahl" genannt, soll zur Vereinfachung der Schreibweise mit C_{12} bezeichnet werden. Er berechnet sich für parallele Flächen aus:

$$\frac{1}{C_{12}} = \frac{1}{C_1} + \frac{1}{C_2} - \frac{1}{C_s}. \tag{8.55}$$

Ist einer der beiden Körper ein schwarzer Strahler, so wird C_{12} gleich der Strahlungszahl des anderen Körpers.

Für technische Rechnungen ist es häufig bequemer, nicht mit der Differenz aus den 4. Potenzen der absoluten Temperaturen, sondern mit der einfachen Temperaturdifferenz zu rechnen. Man setzt dann:

$$\left(\frac{T_1}{100}\right)^4 - \left(\frac{T_2}{100}\right)^4 = \sigma\,(t_1 - t_2). \tag{8.56}$$

Der Umrechnungsfaktor σ kann aus Tabellen oder Netztafeln entnommen werden, s. Abb. 8.22.

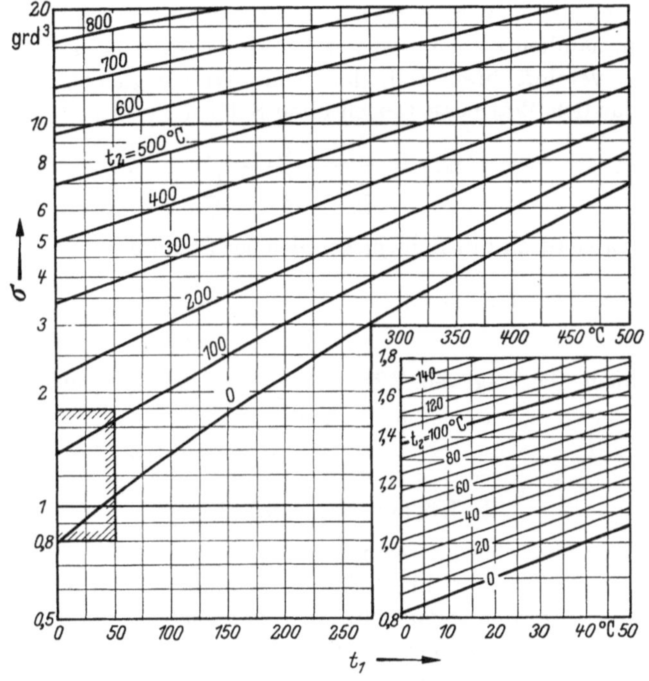

Abb. 8.22. Temperaturfaktor σ in grd³ nach Gl. (8.56).

Man erhält so die Gl. (8.54) in der einfacheren Form

$$Q_{12} = C_{12}\,\sigma\,F\,(t_1 - t_2). \tag{8.57}$$

Faßt man die beiden Faktoren C_{12} und σ zusammen in eine *Wärmeübergangszahl der Strahlung* α_s, also

$$\alpha_s = C_{12}\,\sigma,$$

dann geht Gl. (8.57) über in

$$Q_{12} = \alpha_s\,F\,(t_1 - t_2). \tag{8.58}$$

Diese Schreibweise hat den Vorteil, daß man die Wärmeübertragung durch Konvektion und Strahlung in einer gemeinsamen Gleichung darstellen kann. Man führt also ein:

$$\alpha_{ges} = \alpha_k + \alpha_s.$$

Beispiel. Für zwei große parallele Wände mit den Temperaturen $t_1 = 100\,°\mathrm{C}$ und $t_2 = 20\,°\mathrm{C}$ soll die je m² Oberfläche stündlich durch Strahlung übergehende Wärmemenge berechnet werden; die Strahlungszahlen der Wände seien $C_1 = 4{,}4\ \mathrm{kcal/m^2\,h\,grd^4}$ und $C_2 = 3{,}8\ \mathrm{kcal/m^2\,h\,grd^4}$.

3*

Die Strahlungsaustauschzahl C_{12} ergibt sich aus

$$\frac{1}{C_{12}} = \frac{1}{4{,}4} + \frac{1}{3{,}8} - \frac{1}{4{,}96} = 0{,}227 + 0{,}263 - 0{,}202 = 0{,}288 \text{ m}^2 \text{ h grd}^4/\text{kcal,}$$

$$C_{12} = \frac{1}{0{,}288} = 3{,}47 \text{ kcal/m}^2 \text{ h grd}^4.$$

Für $t_1 = 100\,°\text{C}$ und $t_2 = 20\,°\text{C}$ ist $\sigma = 1{,}5 \text{ grd}^3$. Also

$$q_{12} = C_{12}\,\sigma(t_1 - t_2) = 3{,}47 \cdot 1{,}5 \cdot 80 = 416 \text{ kcal/m}^2 \text{ h.}$$

Die Wärmeübergangszahl durch Strahlung α_s ist dabei

$$\alpha_s = C_{12}\,\sigma = 3{,}47 \cdot 1{,}5 = 5{,}2 \text{ kcal/m}^2 \text{ h grd.}$$

Schirmwirkung. Häufig ist es wünschenswert, den Strahlungswärmeaustausch zweier Körper möglichst klein zu halten. Man kann zu diesem Zweck die Strahlungszahlen der Oberflächen herabsetzen, z. B. durch metallische Überzüge, oder auch einen Schutzschirm zwischen den beiden Körpern anordnen. Bei gleichen Strahlungszahlen der im Austausch stehenden Oberflächen, also der beiden Wände sowie des Schirmes, vermindert ein Schirm die übertragene Wärmemenge auf die Hälfte.

Bei unterschiedlichem Emissionsvermögen sind die Strahlungsaustauschzahlen der zwei Teilvorgänge zu berechnen, nämlich zwischen Wand 1 und dem Schirm m sowie zwischen Schirm m und Wand 2. Für den vereinfachten Fall, daß beide Wände gleiche Strahlungszahlen haben $(C_1 = C_2 = C_w)$, gilt für den Wärmeaustausch ohne Schirm

$$C_{12} = \frac{1}{\dfrac{1}{C_w} + \dfrac{1}{C_w} - \dfrac{1}{C_s}}$$

und für den Strahlungsaustausch mit Schirm bei gleicher Strahlungszahl C_m auf beiden Schirmseiten

$$C_{1m} = C_{m2} = \frac{1}{\dfrac{1}{C_w} + \dfrac{1}{C_m} - \dfrac{1}{C_s}}.$$

Die ohne und mit Schirm übertragenen Wärmemengen q_0 und q_m verhalten sich also wie

$$\frac{q_m}{q_0} \sim \frac{1}{2}\,\frac{C_{1m}}{C_{12}}.$$

2. Körper mit Umhüllung

Der zweite Fall einer einfachen Berechnung der zwischen zwei Körpern ausgetauschten Strahlungswärmemengen wird durch Abb. 8.23 veranschaulicht. Ein Körper 1 beliebiger Form, aber ohne einspringende Begrenzungsflächen, wird von einem anderen Körper 2 völlig umschlossen; die Oberflächen jedes Körpers weisen einheitliche Temperaturen und Strahlungszahlen auf. Für die Wärmeabgabe der Fläche F_1 an die Fläche F_2 gilt dann:

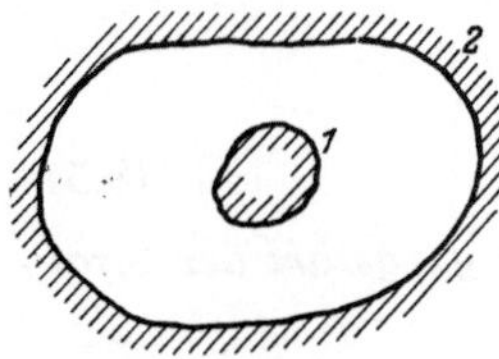

$$Q_{12} = \frac{1}{\dfrac{1}{C_1} + \dfrac{F_1}{F_2}\left(\dfrac{1}{C_2} - \dfrac{1}{C_s}\right)}\, F_1 \left[\left(\frac{T_1}{100}\right)^4 - \left(\frac{T_2}{100}\right)^4\right]. \tag{8.59}$$

Diese Gleichung geht in die vereinfachte Form der Gl. (8.57) über, wenn auch hier σ und die Strahlungsaustauschzahl C_{12} eingeführt wird. Dabei ist:

Abb. 8.23.
Allseitig umschlossener Körper.

$$\frac{1}{C_{12}} = \frac{1}{C_1} + \frac{F_1}{F_2}\left(\frac{1}{C_2} - \frac{1}{C_s}\right). \tag{8.60}$$

Die Strahlungsaustauschzahl C_{12} ist also hier nicht nur von C_1 und C_2, sondern auch vom Flächenverhältnis $\dfrac{F_1}{F_2}$ abhängig.

Bei großem C_2 wird der Klammerausdruck sehr klein. Ist auch das Verhältnis $\dfrac{F_1}{F_2}$ klein, so kann das 2. Glied der rechten Seite vernachlässigt werden. Es wird dann

$$C_{12} = C_1$$

und

$$Q_{12} = C_1\,\sigma\,F_1(t_1 - t_2). \tag{8.61}$$

Mit dieser einfachen Formel errechnet man u. a. auch den Wärmeverlust durch Abstrahlung bei Rohrleitungen und technischen Geräten.

Beispiel. Die Wärmeabgabe einer in einer Fabrikhalle unisoliert, verlegten Dampfleitung soll ermittelt werden. Hierzu ist die Wärmeübergangszahl zu berechnen.

Dampfzustand: 2 atü, Sattdampf
Temperatur in der Halle: $+15\,°C$
Rohrdurchmesser: 51,2/57 mm

$$\alpha_{ges} = \alpha_s + \alpha_k.$$

Nach Gl. (8.22) ermittelt man α_k

$$\alpha_k = 0,9 \left(\frac{\Delta t}{d}\right)^{0,25}.$$

Die Rohrwandtemperatur unterscheidet sich nur geringfügig von der Dampftemperatur $t_D = 133\,°C$. Man erhält also

$$\alpha_k = 0,9 \left(\frac{133-15}{0,057}\right)^{0,25} = 6,1 \text{ kcal/m}^2 \text{ h grd}.$$

Für α_s gilt:

$$\alpha_s = C_1 \sigma, \text{ dabei ist die Strahlungszahl } C_1 = 4,6 \text{ kcal/m}^2 \text{ h grd}^4,$$

$$T_1 = 273 + 133, \qquad T_2 = 273 + 15,$$

$$\sigma = \frac{\left(\dfrac{406}{100}\right)^4 - \left(\dfrac{288}{100}\right)^4}{133 - 15} = 1,72 \text{ grd}^3,$$

$$\alpha_s = 4,6 \cdot 1,72 = 7,9 \text{ kcal/m}^2 \text{ h grd},$$

$$\alpha_{ges} = 6,1 + 7,9 = 14 \text{ kcal/m}^2 \text{ h grd}.$$

3. Beliebige Flächenzuordnung, Winkelverhältnis (Einstrahlzahl)

Für den Wärmeaustausch zwischen zwei beliebig im Raum liegenden sehr kleinen Flächen dF_1 und dF_2 betrachtet man zunächst die nach dF_2 gerichtete Strahlung der Fläche dF_1, s. Abb. 8.24. Die Verbindungsgerade der Flächenmittelpunkte bilde mit den Flächennormalen die Winkel β_1 und β_2. Ist $d\Omega$ der Raumwinkel, unter dem die Fläche dF_2 vom Mittelpunkt der Fläche dF_1 aus erscheint, so kann die auf dF_2 fallende Strahlung der Fläche dF_1 berechnet werden aus der Beziehung

$$d^2Q_1 = E_n \cos\beta_1 \, d\Omega \, dF_1. \tag{8.62}$$

E_n ist die Emission in der Flächennormalen von dF_1, und zwar ist

$$E_n = \frac{1}{\pi} C_1 \left(\frac{T_1}{100}\right)^4. \tag{8.63}$$

Gl. (8.62) kann sonach auch geschrieben werden

$$d^2Q_1 = C_1 \left(\frac{T_1}{100}\right)^4 dF_1 \frac{1}{\pi} \cos\beta_1 \, d\Omega. \tag{8.64}$$

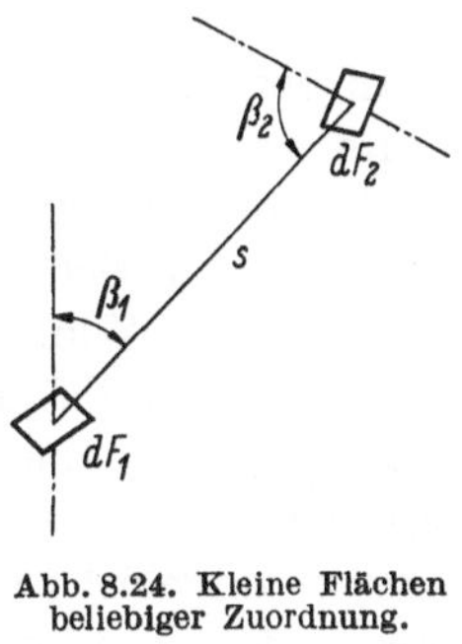

Abb. 8.24. Kleine Flächen beliebiger Zuordnung.

Den Ausdruck $\dfrac{1}{\pi} \cos\beta_1 \, d\Omega$ bezeichnet man als das *Winkelverhältnis der Strahlung* (φ). Der Wert gibt an, welcher Anteil der Gesamtstrahlung von dF_1 auf die Fläche dF_2 auftrifft.

$d\Omega$ kann man auch setzen

$$d\Omega = \frac{dF_2 \cos\beta_2}{s^2}.$$

Für Gl. (8.64) erhält man dann

$$d^2Q_1 = C_1 \left(\frac{T_1}{100}\right)^4 \frac{1}{\pi} \frac{\cos\beta_1 \cos\beta_2}{s^2} dF_1 \, dF_2. \tag{8.65}$$

Mit dem Übergang von dF_2 auf eine endliche Fläche F_2 ergibt sich für φ_1, d. i. das von dF_1 aus bestimmte Winkelverhältnis

$$\varphi_1 = \frac{1}{\pi} \int_{F_2} \frac{\cos\beta_1 \cos\beta_2}{s^2} dF_2. \tag{8.66}$$

Eine anschauliche Vorstellung von diesem Winkelverhältnis, das vielfach auch als „Einstrahlzahl" bezeichnet wird, vermittelt Abb. 8.25. Die Fläche F_2 erscheint von der kleinen Fläche ΔF_1

aus gesehen unter einem Raumwinkel Ω, der als Teil einer Kugelfläche dargestellt werden kann. Die Projektion dieser Kugelfläche auf die Ebene von ΔF_1 ergibt die im Bild schraffierte Fläche.

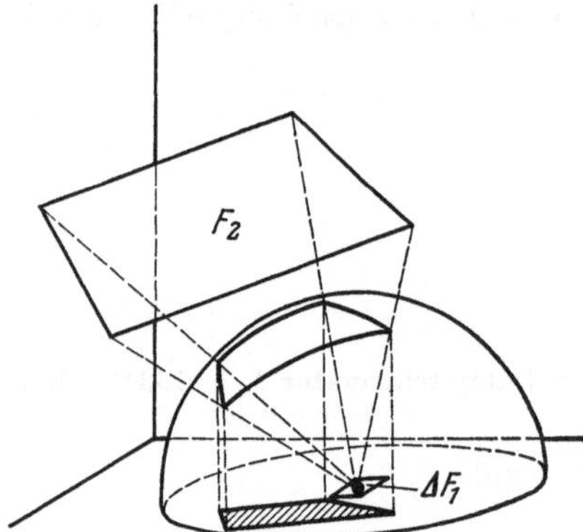

Abb. 8.25. Winkelverhältnis.

Ihr Anteil an der Kreisfläche in der Ebene ΔF_1 entspricht dem gesuchten Winkelverhältnis.

Aber gehen wir zurück zum Wärmeaustausch zwischen dF_1 und dF_2. Von der auf dF_2 auftreffenden Wärmemenge d^2Q_1 wird von dieser Fläche der Betrag $A_2\,d^2Q_1$ absorbiert.

Berechnet man in gleicher Weise die von dF_2 ausgehende und von dF_1 absorbierte Strahlung, so ergibt sich die Differenz beider Beträge d^2Q_{12} zu

$$d^2Q_{12} = \frac{C_1\,C_2}{C_s}\left[\left(\frac{T_1}{100}\right)^4 - \left(\frac{T_2}{100}\right)^4\right]\frac{1}{\pi}\,\frac{\cos\beta_1\cos\beta_2}{s^2}\,dF_1\,dF_2. \tag{8.67}$$

Für hohe Strahlungszahlen C_1 und C_2 und eine genügend große Entfernung der Flächen dF_1 und dF_2 im Verhältnis zu ihrer Größe stimmt der vorstehende Wert d^2Q_{12} mit der tatsächlich übertragenen Strahlungswärme praktisch ausreichend überein. (Die durch Reflexion und wiederholte Absorption übertragenen Wärmemengen sind dabei also vernachlässigt.)

Die Integration der Gl. (8.67) führt auf die bei beliebigen endlichen Flächen F_1 und F_2 übertragenen Wärmemengen.

Im Hinblick auf die zunehmende Verwendung von Strahlungsheizungen soll im folgenden Teilabschnitt auf die Durchführung der Berechnung mit Hilfe des „Winkelverhältnisses" näher eingegangen werden.

C. Die Ermittlung des „Winkelverhältnisses"
(Arbeitsblatt 15)[1]

In der Gl. (8.67) ist das erste Glied ein Festwert. Auch das Temperaturglied ist eine Konstante, wenn die Flächen F_1 und F_2 einheitliche Temperaturen aufweisen oder wenn die Temperaturabweichungen in den Flächen gegenüber dem Unterschied $(T_1 - T_2)$ vernachlässigbar klein sind. Die Schwierigkeiten der Berechnung liegen also in der Bestimmung des Integrals der Flächen- und Winkelwerte, die im Winkelverhältnis zusammengefaßt sind.

Ist eine der Flächen sehr klein, z.B. die Fläche 1, so ermöglicht der in Abb. 8.25 dargestellte Zusammenhang eine unmittelbare optische Darstellung des Winkelverhältnisses φ_1. Auch rechnerisch läßt sich diese Aufgabe als Näherung leicht lösen, wenn F_2 in eine Anzahl kleiner Flächenteilchen aufgelöst wird, für die jeweils das Winkelverhältnis φ gesondert berechnet wird. Aus der Summe der Einzelwerte für φ ergibt sich dann φ_1. Man kann auf dem gleichen Wege auch Temperaturunterschiede innerhalb der Fläche F_2 berücksichtigen, indem man den Wärmeaustausch für die einzelnen Teilchen der Fläche 2 getrennt ermittelt.

Der Rechnungsgang wiederholt sich mehrfach, wenn die Größe der strahlenden Fläche F_1 nicht vernachlässigt werden kann.

Man unterteilt dann auch F_1 in eine Anzahl gleicher Teilflächen $\Delta F_1, \ldots, \Delta F_n$, für welche die Winkelverhältnisse, wie oben angegeben, zu bestimmen sind, und bildet daraus den Mittelwert $\bar{\varphi}_1$. Mathematisch ist $\bar{\varphi}_1$ beschrieben durch den Ausdruck

$$\bar{\varphi}_1 = \frac{1}{\pi F_1}\int\limits_{F_1}\int\limits_{F_2}\frac{\cos\beta_1\cos\beta_2}{s^2}\,dF_1\,dF_2. \tag{8.68}$$

Die zwischen den beiden endlichen Flächen F_1 und F_2 ausgetauschte Wärme ergibt sich sonach zu

$$Q_{12} = \frac{C_1\,C_2}{C_s}\,\bar{\varphi}_1\,F_1\left[\left(\frac{T_1}{100}\right)^4 - \left(\frac{T_2}{100}\right)^4\right]. \tag{8.69}$$

---

[1] In der Tasche am Schluß des Buches.

Man kann den Vorgang auch von F_2 aus betrachten und das auf F_2 bezogene mittlere Winkelverhältnis $\bar{\varphi}_2$ einführen. Der Wert $\bar{\varphi}_2$ unterscheidet sich von $\bar{\varphi}_1$ nur um den Kehrwert des Flächenverhältnisses. Es gilt nämlich

$$\bar{\varphi}_1\,F_1 = \bar{\varphi}_2\,F_2. \tag{8.70}$$

Für Kugelflächen sowie ebene Kreis- und Rechteckflächen einfacher räumlicher Zuordnung läßt sich das Winkelverhältnis φ_1 für eine kleine Teilfläche $\varDelta F_1$ und in besonderen Fällen auch das mittlere Winkelverhältnis $\bar{\varphi}_1$ einer ausgedehnten Fläche F_1 formelmäßig angeben. Als Veränderliche sind die kennzeichnenden Längen oder Verhältniswerte dieser Längen einzuführen. Die Gleichungen sind zwar im Aufbau umständlich, lassen sich aber in der Regel graphisch leicht lösen.

Einige für die Heizungstechnik wichtige Fälle seien nachstehend behandelt.

Winkelverhältnis φ_1 von einer kleinen Fläche $\varDelta F_1$ auf eine größere Fläche F_2

1. *Parallele Ebenen bei verhältnismäßig geringem Abstand,* s. Abb. 8.26:

$$\varphi_1 = 1.$$

2. *Rechteckfläche F_2 parallel zu $\varDelta F_1$,* wobei eine Ecke von F_2 senkrecht über der Mitte von $\varDelta F_1$ liegt, s. Abb. 8.27.

Nach Einführung der Längenverhältnisse $\dfrac{a}{h}$ und $\dfrac{b}{h}$ ergibt sich

$$\varphi_1 = \frac{1}{2\pi}\left[\frac{\dfrac{b}{h}}{\sqrt{1+\left(\dfrac{b}{h}\right)^2}}\;\text{arc tan}\;\frac{\dfrac{a}{h}}{\sqrt{1+\left(\dfrac{b}{h}\right)^2}} + \frac{\dfrac{a}{h}}{\sqrt{1+\left(\dfrac{a}{h}\right)^2}}\;\text{arc tan}\;\frac{\dfrac{b}{h}}{\sqrt{1+\left(\dfrac{a}{h}\right)^2}}\right]. \tag{8.71}$$

Diese Beziehung ist in Bild 1 des Arbeitsblattes 15 graphisch wiedergegeben. Mit Hilfe dieser Tafel ist auch für andere Zuordnungen der beiden parallelen Flächen $\varDelta F_1$ und F_2 das Winkelverhältnis φ_1 leicht zu ermitteln. In den Abb. 8.28a bis d sind vier Fälle zeichnerisch dargestellt.

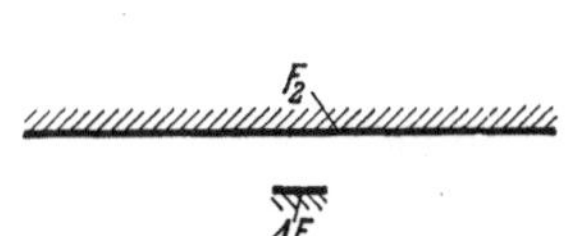

Abb. 8.26. Flächenanordnung 1.

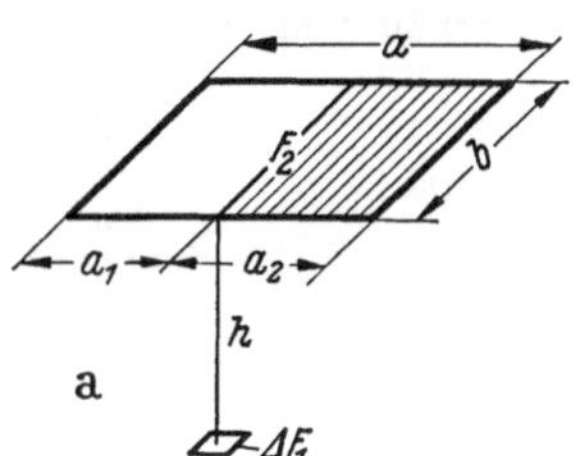

Abb. 8.28a. Flächenanordnung 2a.

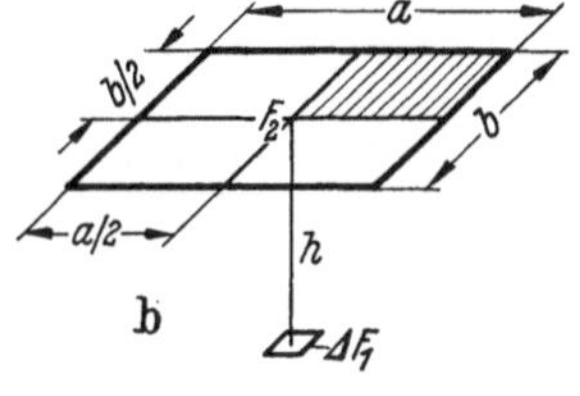

Abb. 8.28b. Flächenanordnung 2b.

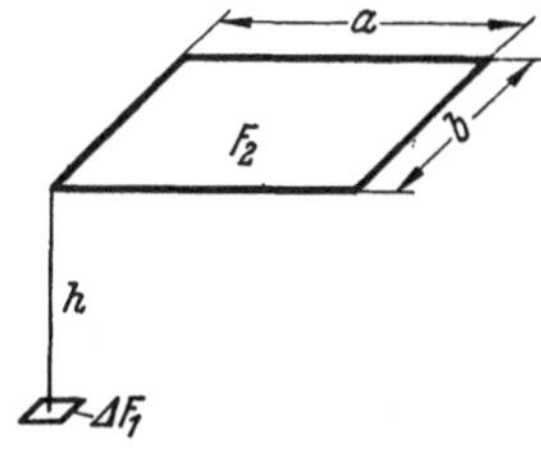

Abb. 8.27. Flächenanordnung 2.

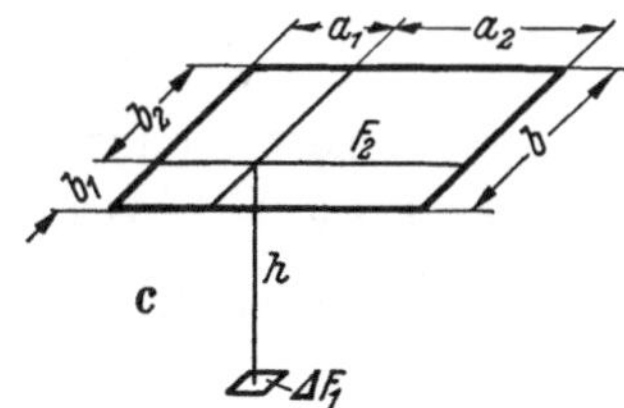

Abb. 8.28c. Flächenanordnung 2c.

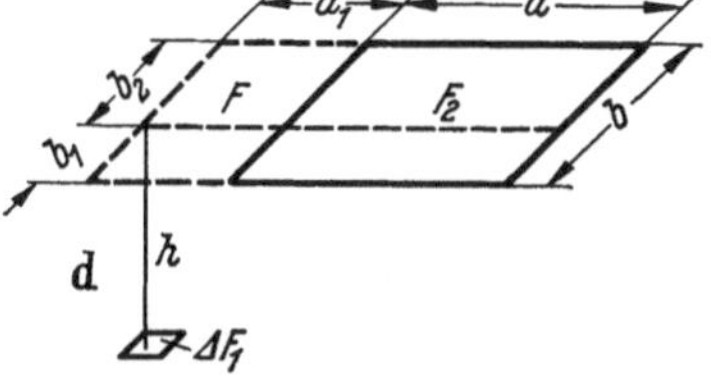

Abb. 8.28d. Flächenanordnung 2d.

a) $\varDelta F_1$ liegt senkrecht unterhalb der Seitenlinie a.

Das Winkelverhältnis φ_1 ergibt sich als Summe der Winkelverhältnisse für die beiden Teilrechtecke $a_1\,b$ und $a_2\,b$, also

$$\varphi_1 = \varphi_{a_1 b} + \varphi_{a_2 b}.$$

b) $\varDelta F_1$ liegt senkrecht unterhalb der Mitte der Fläche F_2:

$$\varphi_1 = 4\,\varphi_{a/2\,b/2}.$$

c) $\varDelta F_1$ liegt beliebig unterhalb von F_2.

Man bildet jeweils die Winkelverhältnisse der Flächen mit den Seitenlängen a_1, a_2 und b_1, b_2; also

$$\varphi_1 = \varphi_{a_1 b_1} + \varphi_{a_1 b_2} + \varphi_{a_2 b_1} + \varphi_{a_2 b_2}.$$

d) ΔF_1 liegt beliebig, aber nicht unterhalb von F_2.

Man bildet wie unter a) das Winkelverhältnis für die Flächen F sowie $F + F_2$. Als Differenz erhält man

$$\varphi_1 = \varphi_{(F + F_2)} - \varphi_F.$$

Beispiele: 1. Es ist das Winkelverhältnis φ_1 zu ermitteln für die in Abb. 8.28b dargestellte Zuordnung von ΔF_1 auf F_2 (ΔF_1 senkrecht unterhalb der Mitte von F_2), und zwar für

$$a = 3\,\text{m}; \quad b = 4\,\text{m}; \quad h = 2\,\text{m}.$$

Es ist zunächst das Winkelverhältnis $\varphi_{a/2\,b/2}$ für ein Viertel der Fläche F_2 zu berechnen, also für $a/2$ und $b/2$. Für die Längenverhältnisse

$$\frac{a}{2}\,\frac{1}{h} = \frac{3}{2 \cdot 2} = 0{,}75 \quad \text{und} \quad \frac{b}{2}\,\frac{1}{h} = \frac{4}{2 \cdot 2} = 1$$

entnimmt man aus Bild 1 des Arbeitsblattes 15

$$\varphi_{a/2\,b/2} = 0{,}12. \quad \text{Damit wird} \quad \varphi_1 = 4\,\varphi_{a/2\,b/2} = 4 \cdot 0{,}12 = 0{,}48.$$

2. Wie groß ist φ_1, wenn ΔF_1 unterhalb der Mitte der Seitenlinie a liegt (Abb. 2.28a)?

$$\frac{a}{2}\,\frac{1}{h} = 0{,}75; \quad \frac{b}{h} = 2;$$

$$\varphi_{a/2\,b} = 0{,}142; \quad \varphi_1 = 2\,\varphi_{a/2\,b} = 0{,}284.$$

3. Die Fläche ΔF_1 sei um $a_1 = 1{,}5\,\text{m}$ und $b_1 = 1\,\text{m}$ außerhalb der Fläche F_2 gelegen (Abb. 8.28d). Wie groß ist jezt φ_1?

Es sind:

$$a_1 + a = 4{,}5\,\text{m}; \quad b_2 = b - b_1 = 3\,\text{m}.$$

Für die Flächen $b_1(a_1 + a)$ und $b_2(a_1 + a)$ erhält man aus

$$\left.\begin{array}{l} \dfrac{b_1}{h} = 0{,}5 \\[2mm] \dfrac{a_1 + a}{h} = 2{,}25 \end{array}\right\} \varphi' = 0{,}108 \qquad \left.\begin{array}{l} \dfrac{b_2}{h} = 1{,}5 \\[2mm] \dfrac{a_1 + a}{h} = 2{,}25 \end{array}\right\} \varphi'' = 0{,}196$$

$$\varphi_{(F + F_2)} = \varphi' + \varphi'' = 0{,}108 + 0{,}196 = 0{,}304.$$

Für die Flächen $a_1 b_1$ und $a_1 b_2$ ergibt sich bei

$$\left.\begin{array}{l} \dfrac{a_1}{h} = 0{,}75 \\[2mm] \dfrac{b_1}{h} = 0{,}5 \end{array}\right\} \varphi''' = 0{,}079 \qquad \left.\begin{array}{l} \dfrac{a_1}{h} = 0{,}75 \\[2mm] \dfrac{b_2}{h} = 1{,}5 \end{array}\right\} \varphi'''' = 0{,}135$$

$$\varphi_F = \varphi''' + \varphi'''' = 0{,}079 + 0{,}135 = 0{,}214.$$
$$\varphi_1 = 0{,}304 - 0{,}214 = 0{,}09.$$

3. *Rechteckfläche F_2 senkrecht zu ΔF_1*, wobei die Mitte von ΔF_1 auf einer Eckennormalen von F_2 liegt, s. Abb. 8.29.

Für diese Flächenanordnung ist mit den Längenmaßen nach Abb. 8.29

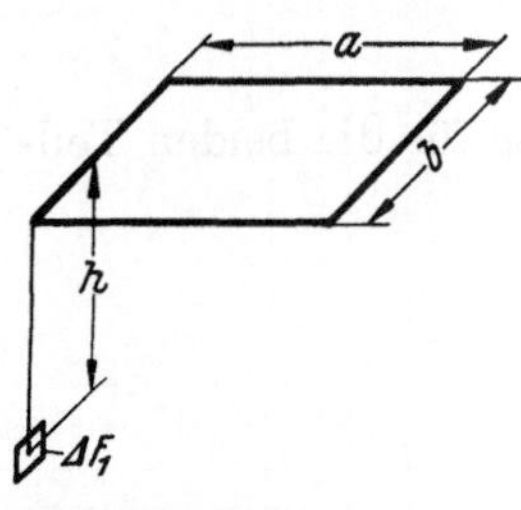

$$\varphi_1 = \frac{1}{2\pi}\left[\arctan\frac{b}{h} - \frac{1}{\sqrt{1 + \left(\dfrac{a}{h}\right)^2}}\arctan\frac{\dfrac{b}{h}}{\sqrt{1 + \left(\dfrac{a}{h}\right)^2}}\right]. \quad (8.72)$$

Abb. 8.29. Flächenanordnung 3.

Die Formel (8.72) ist in Bild 2 des Arbeitsblattes 15 als Netztafel wiedergegeben. Die Tafel kann in gleicher Weise wie unter 2. angegeben für beliebige Zuordnungen der Rechteckfläche F_2 zu ΔF_1 benutzt werden.

4. *Rechteckfläche F_2 im Strahlungsaustausch mit einer sehr kleinen Kugelfläche* (Punkt), s. Abb. 8.30.

Das Winkelverhältnis φ ergibt sich hier unmittelbar als Quotient aus dem Raumwinkel ω, unter dem die Fläche F_2 von P aus erscheint, und dem Gesamtraum 4π. Dabei ist

$$\omega = \int_{F_2} \frac{\cos\beta}{h^2}\, dF_2$$

und damit

$$\varphi = \frac{1}{4\pi} \int_{F_2} \frac{\cos\beta}{h^2}\, dF_2. \tag{8.73}$$

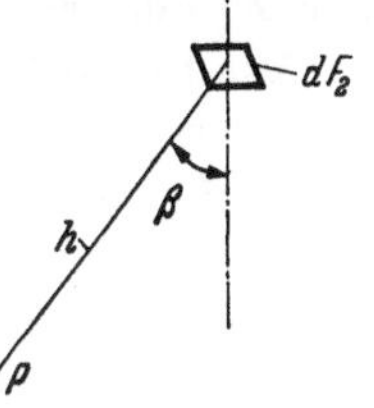

Abb. 8.30. Strahlung zwischen Punkt und Fläche.

a) P liegt senkrecht unterhalb einer Ecke von F_2 (entspricht Abb. 8.27):

$$\varphi = \frac{1}{8} - \frac{1}{4\pi} \arctan \frac{h\sqrt{a^2 + b^2 + h^2}}{ab}. \tag{8.74}$$

Diese Beziehung ist in Bild 3 auf Arbeitsblatt 15 wiedergegeben.

b) P liegt beliebig zu F_2. Man ermittelt analog zu Abb. 8.28d die Winkelverhältnisse der Flächen F und $F + F_2$. Aus der Differenzbildung ergibt sich φ.

Mittleres Winkelverhältnis $\bar{\varphi}$ beim Strahlungswärmeaustausch zwischen zwei endlichen Flächen

Die Formeln für $\bar{\varphi}$ sind hier recht verwickelt. Die Lösung kann wegen der Zahl der Veränderlichen nur für einfache Fälle graphisch wiedergegeben werden. Wir beschränken uns auf zwei Flächenzuordnungen, die für die Strahlungsvorgänge im beheizten Raum von Bedeutung sind. Wegen weiterer Berechnungsmöglichkeiten sei auf das einschlägige Schrifttum verwiesen[1].

Parallele, gleich große und gegenüberliegende Rechteckflächen F_1 und F_2, s. Abb. 8.31.

Für diese durch die Seitenlängen a und b sowie den Abstand h gekennzeichnete Anordnung gibt Bild 4 in Arbeitsblatt 15 die graphische Lösung. Die umständliche Formel geht für ein schmales *Streifenpaar*, d. h. wenn $\frac{a}{h} \to \infty$, über in

$$\bar{\varphi} = \frac{\sqrt{1 + \left(\frac{b}{h}\right)^2} - 1}{\frac{b}{h}}. \tag{8.75}$$

Wird die Fläche F_1 durch Mittellinien in zwei oder vier gleich große, symmetrisch liegende Rechtecke geteilt, so ist das Winkelverhältnis für jede dieser Teilflächen die Hälfte bzw. ein Viertel des Wertes der Gesamtfläche.

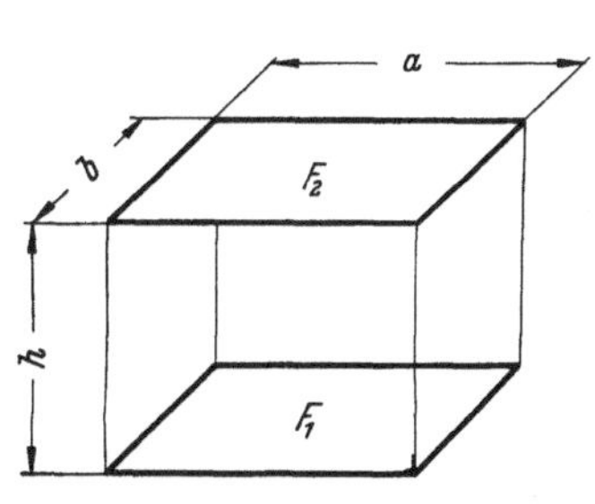
Abb. 8.31. Parallele Flächenanordnung.

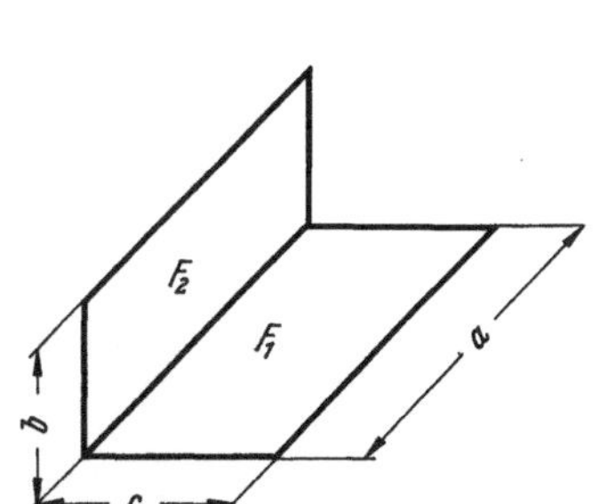
Abb. 8.32. Rechtwinklige Flächenanordnung mit gemeinsamer Seite.

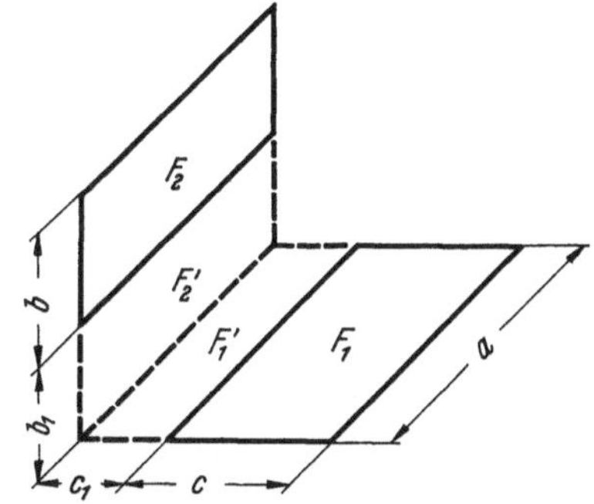
Abb. 8.33. Rechtwinklige Flächenanordnung.

[1] ECKERT, E.: Techn. Strahlungsaustauschrechnungen. Berlin: VDI-Verlag 1937. — KOLLMAR, A.: Die Strahlungsverhältnisse im beheizten Wohnraum, München: Oldenbourg 1950. — RABER, B. F., u. F. W. HUTCHINSON: Panel Heating and Cooling Analysis, 2. Aufl. New York: Wiley 1947. — VDI-Wärmeatlas, s. Fußnote S. 4.

Senkrecht zueinander stehende Rechteckflächen F_1 und F_2 mit einer gemeinsamen Seite, s. Abb. 8.32.

Auch für diesen Fall hängt das Winkelverhältnis $\bar{\varphi}$ wieder von drei Längenangaben bzw. zwei Verhältniszahlen dieser Längen ab und kann deshalb in einer Bildtafel mit zwei Veränderlichen dargestellt werden, s. Bild 5 im Arbeitsblatt 15. In diesem Diagramm ist $\bar{\varphi}_1$ das von F_1 aus betrachtete mittlere Winkelverhältnis.

Mit Bild 5 lassen sich auch Anordnungen nach Art der Abb. 8.33 behandeln; man ermittelt zunächst die Winkelverhältnisse für die an der gemeinsamen Seite liegenden Flächen F_1', F_2', $(F_1' + F_1)$ und $(F_2' + F_2)$.

Das gesuchte Winkelverhältnis $\bar{\varphi}_1$ von F_1 auf F_2 ergibt sich aus der Differenz der anteiligen Winkelverhältnisse unter Berücksichtigung der zugehörigen Flächen:

$$\bar{\varphi}_1 = \frac{F_1 + F_1'}{F_1} \left(\bar{\varphi}_{(F_1 + F_1'),\,(F_2 + F_2')} - \bar{\varphi}_{(F_1 + F_1'),\,F_2'} \right) - \frac{F_1'}{F_1} \left(\bar{\varphi}_{F_1',\,(F_2 + F_2')} - \bar{\varphi}_{F_1',\,F_2'} \right).$$

Beispiel. Es soll das Winkelverhältnis $\bar{\varphi}_1$ für eine Flächenanordnung nach Abb. 8.33 für folgende Seitenlängen bzw. Abstände ermittelt werden:

Für Fläche F_1: $c = 3$ m, $c_1 = 1$ m, $a = 5$ m. Für Fläche F_2: $b = 2$ m, $b_1 = 2$ m.

Aus Bild 5 im Arbeitsblatt 15 entnimmt man die einzelnen Winkelverhältnisse bei den zugehörigen Bezugsgrößen.

$$\frac{a}{c + c_1} = \frac{5}{4} = 1{,}25, \qquad \frac{b + b_1}{c + c_1} = \frac{4}{4} = 1, \qquad \bar{\varphi}_{(F_1 + F_1'),\,(F_2 + F_2')} = 0{,}214;$$

$$\frac{a}{c + c_1} = \frac{5}{4} = 1{,}25, \qquad \frac{b_1}{c + c_1} = \frac{2}{4} = 0{,}5, \qquad \bar{\varphi}_{(F_1 + F_1'),\,F_2'} \;\;\;= 0{,}153;$$

$$\frac{a}{c_1} = \frac{5}{1} = 5, \qquad \frac{b + b_1}{c_1} = \frac{4}{1} = 4, \qquad \bar{\varphi}_{F_1',\,(F_2 + F_2')} \;\;\;= 0{,}379;$$

$$\frac{a}{c_1} = \frac{5}{1} = 5, \qquad \frac{b_1}{c_1} = \frac{2}{1} = 2, \qquad \bar{\varphi}_{F_1',\,F_2'} \;\;\;= 0{,}345;$$

$$\bar{\varphi}_1 = \frac{20}{15}\,(0{,}214 - 0{,}153) - \frac{5}{15}\,(0{,}379 - 0{,}345) = \frac{20}{15}\,0{,}061 - \frac{5}{15}\,0{,}034 = 0{,}081_3 - 0{,}011_3 = 0{,}07.$$

Die wärmetechnische Berechnung von Heizungsanlagen

I. Der Wärmebedarf

A. Allgemeines

1. Wärmebedarf als Gebäudeeigenschaft

Der Wärmebedarf eines Raumes ist eine reine Gebäudeeigenschaft, die mit dem geplanten oder ausgeführten Heizsystem nichts zu tun hat. Er hängt ab von der Größe des Raumes, der Bauart seiner Wände, der Größe der Fenster usw. Für die Heizungsfirma ist der Wärmebedarf die Grundlage für die Bemessung der Heizkörper- und Kesselgrößen. In erster Linie müssen genügend Heizflächen eingebaut werden, um auch bei starker und andauernder Kälte ausreichende Innentemperaturen erzielen zu können. In zweiter Linie müssen die Heizkörpergrößen sämtlicher Räume eines Gebäudes so aufeinander abgestimmt sein, daß eine *gleichmäßige* Erwärmung aller Räume gesichert ist, denn es muß vermieden werden, daß um einzelner, zurückbleibender Räume willen das ganze Gebäude überheizt werden muß.

Bei gleichbleibenden Raumtemperaturen und außenklimatischen Bedingungen (Beharrungszustand) ist der Heizwärmebedarf eines Gebäudes identisch mit der Summe aller Wärmeverluste durch die Umschließungsflächen der beheizten Räume. Diese Verluste sind zweierlei Art: Einmal wird ständig Wärme infolge der höheren Innentemperatur durch Wände, Fenster, Decken usw. nach außen weitergeleitet (*Transmissionswärmeverluste*), zum andern nimmt die ein Gebäude durchströmende und auf die Innentemperatur erwärmte Luft einen Teil der gelieferten Heizwärme mit nach außen (*Lüftungswärmeverluste*). Während die Transmissionswärmeverluste vor allem von Größe und Bauart der Umschließungselemente eines Gebäudes bzw. Raumes abhängen, spricht beim Lüftungswärmebedarf deren Dichtheit und damit die Güte der Bauausführung stark mit. Die Transmissionswärmeverluste können bei bekannten Dämmwerten der Außenwände, Fenster und Decken an Hand der Baupläne verhältnismäßig genau berechnet werden; bei den Lüftungswärmeverlusten ist man auf eine Näherungsrechnung angewiesen, deren Ergebnisse durch Annahmen über die Undichtheiten der Fenster und Türen sowie die Windeinwirkung erheblich beeinflußt werden.

2. Einheitliches Berechnungsverfahren nach DIN 4701

Um eine einheitliche Grundlage für die Bemessung der örtlichen Heizflächen und der insgesamt bereitzustellenden Heizleistung zu schaffen, ist das Verfahren der Wärmebedarfsberechnung genormt worden (DIN 4701)[1]. In der Norm sind zugleich die wichtigsten Rechnungswerte, wie z. B. die Innen- und Außentemperaturen, die k-Werte der Wand-, Decken- und Fensterbauarten, die Luftdurchgangswerte von Türen und Fenstern, zusammengestellt.

Fortschritte in der Bautechnik und in den wissenschaftlichen Grundlagen der Wärmebedarfsberechnung sowie die Erfahrungen mit ausgeführten Anlagen machen von Zeit zu Zeit eine Überarbeitung dieser Norm notwendig. Man vergewissere sich daher bei derartigen Berechnungen, ob die Unterlagen mit der letzten Fassung übereinstimmen. So wurde im Jahre 1958 eine Neubearbeitung abgeschlossen, die in Abweichung von den früheren Ausgaben der Norm eine gesonderte Berechnung des Lüftungswärmebedarfs an Hand der Windanfälligkeit eines Raumes und der Undichtheiten der Türen und Fenster vorschreibt.

Dem Berechnungsverfahren liegt eine Untersuchung von KRISCHER und BECK über die Winddurchlässigkeit von Gebäuden zugrunde[2].

---

[1] DIN 4701. Regeln für die Berechnung des Wärmebedarfs von Gebäuden. Jan. 1959.

[2] KRISCHER, O., u. H. BECK: Die Durchlüftung von Räumen durch Windangriff und der Wärmebedarf für die Lüftung. VDI-Berichte 18 (1957) 29/59. — Siehe auch: KRISCHER, O.: Neuerungen bei der Wärmebedarfsberechnung DIN 4701. Heizg.-Lüftg.-Haustechn. 10 (1959) 57/62.

3. Normale Berechnung und Sonderfälle

Die Norm DIN 4701 gibt genaue Vorschriften für die Berechnung des Wärmebedarfs der meisten Gebäudearten, also z. B. für

Wohn- und Bürogebäude, Kaufhäuser, Schulen, Hörsäle, Turnhallen, Kranken- und Pflegeanstalten, Kasernen, Gaststätten, Hotels (einschließlich der Säle, sofern es sich nicht um selten benutzte Räume handelt), Werkstätten im Geschoß- und Hallenbau (letztere nur, wenn der Aufheizbedarf der zeitweise eingebrachten Gegenstände gering ist und die lichte Raumhöhe 8 m nicht überschreitet).

Auch Gebäude mit starkem Windangriff fallen in den Geltungsbereich der normalen Berechnungsweise nach DIN 4701.

Zu den „Sonderfällen", die eine davon abweichende Wärmebedarfsrechnung erfordern, zählen:

1. Selten beheizte Gebäude, wie z. B. Kirchen.

2. Gebäude außergewöhnlich schwerer Bauart (z. B. Bunker über oder unter der Erde) und Gebäude sehr leichter Bauart.

3. Räume, die vorwiegend oder mit großen Flächen an das Erdreich grenzen.

4. Hallenbauten mit lichten Höhen über 8 m.

Für diese Gebäudegruppen werden im Anhang der Norm vereinfachte Rechnungsverfahren oder Hinweise auf Abweichungen von der üblichen Berechnung gebracht. Weisen Teile eines Gebäudes sehr unterschiedliche Benutzungszeiten auf oder starke Verschiedenheiten in der Speicherfähigkeit der Wandbauarten, so genügt es nicht, bei der Berechnung des Wärmebedarfs und der Heizflächengrößen die Sonderbedingungen zu berücksichtigen. Die an eine gemeinsame Heizzentrale angeschlossenen Räume lassen sich in solchen Fällen nur dann gleichmäßig erwärmen, wenn das System in entsprechende Heizgruppen aufgeteilt ist, s. S. 190 im ersten Band.

B. Der Transmissionswärmebedarf

1. Die Berechnungsgrundlage

Die Norm 4701 unterscheidet zwischen Transmissionswärme*verlust* Q_0 und Transmissionswärme*bedarf* Q_T eines Raumes. Q_0 ergibt sich als Summe der Wärmedurchgangsverluste aller Umschließungselemente eines Raumes bei niedrigster Außentemperatur. Weitere Einflüsse werden durch Zuschläge erfaßt. Man erhält aus dem Transmissionswärmeverlust Q_0 den Transmissionswärmebedarf Q_T durch Multiplikation mit dem Zuschlagfaktor Z.

In Z sind enthalten die Einzelzuschläge

z_U für Unterbrechung des Heizbetriebs,
z_A zum Ausgleich der kalten Außenflächen,
z_H für Himmelsrichtung.

Für den Transmissionswärmebedarf Q_T gilt also

$$Q_T = Q_0(1 + z_U + z_A + z_H) = Q_0 Z. \tag{9.01}$$

2. Der Transmissionswärmeverlust Q_0

Für jede wärmeabgebende Umschließungsfläche eines Raumes errechnet sich nach den Gesetzen des Wärmedurchgangs im Beharrungszustand der Transmissionswärmeverlust q_0 aus

$$q_0 = k F(t_i - t_a). \tag{9.02}$$

Darin bedeuten:

q_0 den stündlichen Wärmeverlust des Bauteiles in kcal/h,
F die Fläche des Bauteiles in m²,
k die Wärmedurchgangszahl in kcal/m² h grd,
t_i die Raumtemperatur in °C,
t_a die Temperatur im Freien oder im Nebenraum in °C.

Ist $t_a > t_i$, d. h. die Lufttemperatur im Nachbarraum höher, so ergibt die Rechnung einen negativen Wert für q_0, also einen Wärmegewinn. Die Summe der Einzelverluste q_0 liefert den Transmissionsverlust Q_0 des Gesamtraumes, also

$$Q_0 = \sum q_0 .$$

3. Die k-Werte der Wände, Fenster, Decken und Dächer

Die Wärmedurchgangszahl k einer ebenen, ein- oder mehrschichtigen Wand läßt sich aus Gl. (8.28a) berechnen. Für die Wärmeübergangszahlen sind folgende Zahlenwerte einzusetzen:

$$\alpha_i = 7, \quad \alpha_a = 20 \text{ kcal/m}^2 \text{ h grd} .$$

Bei den Wärmeleitzahlen ist zu berücksichtigen, daß die meisten Baustoffe auch nach dem Austrocknen der Gebäude noch eine gewisse Restfeuchte aufweisen. Zahlentafel A 22 enthält die bei Wärmebedarfsrechnungen zu verwendenden λ-Werte. Es ist damit möglich, für beliebige Wandbauarten die zugehörige Wärmedurchgangszahl zu ermitteln. Für die wichtigsten heute gebräuchlichen Bauarten von Wänden, Decken und Dächern sind die k-Werte unmittelbar aus DIN 4701 zu entnehmen. Auszugsweise sind diese Werte in den Zahlentafeln A 19 und 20 wiedergegeben.

4. Die Temperaturannahmen

Als Innentemperatur der geheizten Räume wird üblicherweise $t_i = + 20\,°\text{C}$ gewählt. Für Räume mit höheren und niedrigeren Temperaturanforderungen finden sich in Zahlentafel A 12 die nach DIN 4701 zu gewährleistenden Werte.

Als tiefste Außentemperatur rechnet man mit einem Wert, der im Tagesmittel nur in sehr kalten Wintern unterschritten wird. Zur Vereinfachung der Rechnung hat man das Gebiet Deutschlands nach den vorliegenden meteorologischen Beobachtungen in einige Klimazonen aufgeteilt, für die einheitliche Werte von t_{amin} gelten, und zwar mit einer 3-Grad-Stufung. Je nach der Ortslage gilt als tiefste Außentemperatur sonach -12, -15, -18 oder $-21\,°\text{C}$. Angaben für eine Anzahl Orte enthält Zahlentafel A 11.

Die Temperaturen angrenzender unbeheizter Räume sind Zahlentafel A 13 zu entnehmen, soweit sie nicht aus einer Wärmebilanzrechnung ermittelt werden.

C. Die Zuschläge

Alle Zuschläge werden auf den Transmissionswärmeverlust des ganzen Raumes gerechnet. Ein wichtiger Kennwert für die heiztechnischen Eigenschaften eines Raumes ist der sog. D-Wert.

1. Der D-Wert

Physikalisch kann der D-Wert als mittlere Wärmedurchlässigkeit der gesamten Umschließungselemente eines Raumes angesehen werden. Hoher D-Wert bedeutet schlechten Wärmeschutz, also große Außenwandflächen mit geringer Dämmwirkung und hohem Fensterflächenanteil; kleiner D-Wert weist auf guten Wärmeschutz und geringen Anteil wärmeabgebender Außenflächen an den Raumumschließungsflächen hin.

Der D-Wert eines Raumes errechnet sich aus folgender Beziehung:

$$D = \frac{Q_0}{F_{ges}(t_i - t_a)} . \tag{9.03}$$

F_{ges} ist die Gesamtfläche aller Raumumschließungen, also der Außenwände mit den Fenstern, der Innenwände mit den Türen, des Fußbodens und der Decke. Verliert ein Raum Wärme nur über Außenwände, so läßt sich für den D-Wert auch schreiben:

$$D = \frac{k_m F_a(t_i - t_a)}{F_{ges}(t_i - t_a)} = k_m \frac{F_a}{F_{ges}} . \tag{9.03a}$$

Es bedeuten dabei:

F_a Fläche der Außenwände einschließlich Fenster,
k_m mittlere Wärmedurchgangszahl der Außenflächen.

Für diesen Sonderfall, nämlich den Wärmeverlust nur über Außenflächen, nimmt der Ausdruck für den D-Wert eine besonders einfache Form an; D ist lediglich abhängig von der mittleren Wärmedurchgangszahl der Außenflächen und dem Verhältnis „Außenflächen : Gesamtfläche der Raumumschließungen". Man erkennt hier deutlich, daß D den Charakter (und auch die Dimension) einer Wärmedurchgangszahl hat.

2. Der Zuschlag z_U für Betriebsunterbrechung

Nach Betriebseinschränkungen und Betriebsunterbrechungen ist ein Wiederhochheizen des Gebäudes nur durch vorübergehend vermehrte Wärmezufuhr möglich. Wegen der verschiedenen Eigenschaften der Räume eines Gebäudes ist zu einem gleichmäßigen Hochheizen eine etwas andere Verteilung der Heizflächen notwendig, als dies bei durchgehendem Betrieb der Fall wäre. Dies zu erreichen, ist der Zweck der Zuschläge z_U.

Außer dem durchgehenden Betrieb, der natürlich keine Unterbrechungszuschläge erfordert, sind folgende drei Betriebsweisen zu unterscheiden:

Betriebsweise   I: ununterbrochener Betrieb, jedoch mit Betriebseinschränkung bei Nacht,
Betriebsweise II: täglich 9- bis 12 stündige Unterbrechung der Wärmelieferung,
Betriebsweise III: täglich 12- bis 16 stündige Unterbrechung der Wärmelieferung.

Die Zuschläge z_U wachsen mit der Dauer der Betriebsunterbrechung. Außerdem sind sie auch nach den D-Werten abgestuft. Kleine D-Werte bedingen große Zuschläge, große D-Werte kleine Zuschläge.

Maßgebend für die Einordnung in eine der drei Betriebsweisen ist die Heizbetriebsführung bei mittleren Wintertemperaturen.

Es empfiehlt sich, Betriebsweise I für Wohn- und Krankenhäuser, Altersheime, Pflegeanstalten u. dgl., Betriebsweise II für Büro- und Geschäftshäuser usw., Betriebsweise III für Schulen mit ausschließlichem Vormittagsunterricht, Fabrikgebäude usw. anzunehmen.

3. Der Zuschlag z_A zum Ausgleich der kalten Außenflächen

Da das Befinden des Menschen in einem Raum nicht nur von der Lufttemperatur, sondern auch von der mittleren Temperatur der Raumumgrenzung abhängt, sind Räume mit großen oder dünnen Außenwänden oder mit großen Fenstern in raumklimatischer Hinsicht ungünstiger als solche mit dicken Wänden oder kleinen Fenstern, und es sind auch Eckräume ungünstiger als dreiseitig eingebaute Räume. Die mittlere Temperatur der Raumbegrenzung spiegelt sich im D-Wert wider, denn dieser hängt von der mittleren k-Zahl der Außenflächen und vom Verhältnis der Größe der Außenflächen zur ganzen Raumumgrenzung ab. Der D-Wert gilt deshalb auch als Maßzahl für die Zuschläge z_A.

4. Zusammenfassung der Zuschläge z_U und z_A

Beide Zuschläge hängen vom D-Wert ab, und sie lassen sich deshalb trotz ihrer ganz verschiedenen physikalischen Bedeutung rechnerisch zu einem Zuschlag z_D zusammenfassen. Da der Zuschlag z_U mit wachsendem D-Wert fällt, der Zuschlag z_A aber steigt, ist der zusammengefaßte Zuschlag z_D viel weniger mit dem D-Wert veränderlich als seine Bestandteile. Die Zuschläge z_D sind in der Zahlentafel A 14 zusammengestellt. Da die Zuschläge z_D bei Betriebsweise I als vom D-Wert unabhängig angenommen werden können, braucht in diesem am häufigsten vorkommenden Fall der D-Wert gar nicht ermittelt zu werden.

5. Der Zuschlag z_H für Himmelsrichtung

Die Höhe der Zuschläge, die der unterschiedlichen Sonneneinstrahlung Rechnung tragen sollen, ist aus Zahlentafel A 14 zu ersehen. Für die Lage eines Raumes in bezug auf Himmelsrichtung ist bei dreiseitig eingebauten Räumen die Lage der Außenwand, bei Eckräumen die Richtung der Hausecke maßgebend. Bei Räumen mit drei oder vier Außenflächen ist der jeweils höchste Zuschlag zu nehmen. Bei Gebäudeteilen ohne unmittelbare Sonneneinwirkung (enge Höfe, Lichtschächte) fällt der Zuschlag für Himmelsrichtung weg.

D. Der Lüftungswärmebedarf

1. Die Rechnungsgrundlage

Die Luftmenge, die bei Windanfall durch die geschlossenen Fenster und Türen in einen Raum eindringt, hängt ab von der Größe der Undichtigkeiten der angeblasenen Bauteile und von dem Druckunterschied zwischen außen und innen. Auf der Außenseite herrscht ungünstigstenfalls — das ist bei senkrechtem Windanfall — ein der Windgeschwindigkeit entsprechender „Staudruck"; im Innern stellt sich ein Druck ein, der durch die Widerstände beim Abströmen der eingedrungenen Luftmenge sowie einen etwaigen Unterdruck auf den nicht vom Wind betroffenen Gebäudeseiten beeinflußt wird. In dieser Hinsicht verhalten sich frei stehende Einzelhäuser anders als Reihenhäuser oder Gebäude mit mehreren, voneinander völlig getrennten Wohnungen in einer Etage.

Zur Kennzeichnung der sich aus Lage, Gegend und Bauweise eines Hauses ergebenden Besonderheiten dient die „Hauskenngröße" H. Die Widerstände beim Abströmen der Luft werden in einer „Raumkenngröße" R erfaßt. Berücksichtigt man in H auch noch die spezifische Wärme der Luft und mit einem Zuschlagfaktor z_E die Sonderverhältnisse bei Eckräumen, so kann der Lüftungswärmebedarf Q_L aus der nachstehenden Gleichung berechnet werden:

$$Q_L = \sum (a\,l)_A\, R\, H\,(t_i - t_a)\, Z_E \quad \text{in kcal/h.} \tag{9.04}$$

Dabei bedeuten:

$\sum (a\,l)_A$ die Durchlässigkeit der angeblasenen Fenster und Türen,
R die Raumkenngröße,
H die Hauskenngröße,
$t_i - t_a$ die Temperaturdifferenz zwischen Innen- und Außenluft,
Z_E den Eckfensterzuschlagfaktor.

2. Durchlässigkeit von Fenstern und Türen $\sum (a\,l)$

Bezeichnet man mit a die Luftdurchlässigkeit einer Fenster- oder Türfuge je m Länge bei einem bestimmten Druckunterschied, so ist die Durchlässigkeit aller, bei ungünstigstem Windanfall angeblasenen Fenster und Türen mit den Einzelfugenlängen l durch $\sum (a\,l)_A$ gegeben. Bei Eckräumen mit Fenstern in zwei aneinanderstoßenden Außenwänden sind dabei alle Fenster, bei Räumen mit Fenstern nur in gegenüberliegenden Außenwänden ist die Wand mit der größeren Luftdurchlässigkeit einzusetzen.

In Zahlentafel A 15a sind die Rechnungswerte der spezifischen Luftdurchlässigkeit a für die wichtigsten Fenster- und Türbauarten angegeben. Sollte bei der Ausarbeitung des Heizungsprojektes die Fensterkonstruktion noch nicht festliegen, dann kann für eine vorläufige Wärmebedarfsrechnung auch ein aus Fenstergröße und Flügelzahl für Normfenster nach DIN 18050 festliegendes Maß ω für das Verhältnis von Fugenlänge l zu Fensterfläche F angenommen werden, s. Zahlentafel A 15b.

3. Die Raumkenngröße R

Die Raumkenngröße ist abhängig von der Durchlässigkeit aller angeblasenen Fenster und Türen $\sum (a\,l)_A$ und der Durchlässigkeit der Fenster und Türen, über welche die Luft aus dem Raum abströmen kann. Kennzeichnet man diese Durchlässigkeit analog durch $\sum (a\,l)_N$, so entspricht die Raumkenngröße R dem Quotienten

$$R = \frac{1}{\dfrac{\sum (a\,l)_A}{\sum (a\,l)_N} + 1}. \tag{9.05}$$

In der Mehrzahl der Fälle strömt die Luft aus einem angeblasenen Raum nur über die Innentüren ab. Dann ist für $\sum (a\,l)_N$ die Größe dieser Türen und ihre Dichtheit maßgebend. Werden Fenster und Türen üblicher Bauart verwendet, so ergeben sich keine allzu großen Unterschiede im R-Wert der einzelnen Räume eines Hauses. Man kann daher zumeist auf die Berechnung der Raumkenngröße R nach Formel (9.05) verzichten und den Wert aus Zahlentafel A 16 entnehmen.

In Anbetracht der geforderten Berechnungsgenauigkeit genügt eine relativ grobe Staffelung der R-Werte. Zahlentafel A16 gibt diejenigen Bedingungen an, unter denen die Raumkenngröße entweder zwischen 1 und 0,8 oder zwischen 0,8 und 0,6 liegt, im Mittel also zu 0,9 oder 0,7 eingesetzt werden kann. Dabei erscheint an Stelle der Luftdurchlässigkeiten das einfacher zu übersehende Verhältnis der angeblasenen Fenster- und Außentürflächen F_A zur Fläche der Türen auf der Abströmseite F_T. F_A bezieht sich nur auf zu öffnende Tür- und Fensterflächen.

Bei Räumen mit sehr großen oder besonders undichten Fugen in den angeblasenen Außenwänden im Verhältnis zu denen der Innentüren ist jedoch die Berechnung von R nach Gl. (9.05) erforderlich.

4. Die Hauskenngröße H

Die Hauskenngröße ist für unterschiedliche Bauweisen und Windeinwirkungen aus Zahlentafel A 17 zu entnehmen.

Der Bereich „Windstarke Gegend" umfaßt hauptsächlich die Norddeutsche Tiefebene. In den Klimaangaben von DIN 4701 sind die Orte durch ein W hinter dem Namen gekennzeichnet, s. Zahlentafel A 11.

Bezüglich der Lage eines Raumes zum Windzutritt unterscheidet man drei Fälle:

Geschützte Lage: Für den Stadtkern bei geschlossener Bebauung, soweit die Häuser ihre Nachbarschaft nicht wesentlich überragen.

Freie Lage: Für Häuser in Siedlungen und ähnlicher weiträumiger Bebauung sowie für hohe Häuser, die ihre Nachbarschaft wesentlich überragen.

Außergewöhnlich freie Lage: Für einzelstehende Häuser auf Anhöhen, an baumlosen Küstenstreifen sowie an freien Ufern breiter Flüsse und großer Seen.

Bei einem Gebäude mit einseitig oder teilweise freier Lage erhalten nur die betroffenen Räume die Hauskenngröße für freie Lage. Liegt das Gebäude nach allen vier Richtungen frei, so erhalten nur die freiliegenden Räume nach N, NO und O die höhere Hauskenngröße, die übrigen Räume erhalten die für geschützte Lage. Entsprechend gilt für außergewöhnlich freie Lage, daß nur die betroffenen bzw. die nach N, NO und O gelegenen Räume die Hauskenngröße für außergewöhnlich freie Lage erhalten, die übrigen die für freie Lage.

Als Reihenhäuser gelten bei der Bestimmung der Hauskenngröße H Gebäude, die durch geschlossene Trennwände in einzelne Hauseinheiten aufgeteilt sind. Auch für die Eckwohnungen solcher Häuser sowie für Doppelhäuser gilt die gleiche Hauskenngröße. Für Häuser mit mehreren Wohnungen auf einer Etage ist die Hauskenngröße für Reihenhäuser ebenfalls einzusetzen.

5. Der Eckfensterzuschlagfaktor Z_E

Dieser Faktor ist nur zu berücksichtigen bei Fenstern und Türen, die unmittelbar in der Ecke zweier aufeinanderstoßender Außenwände liegen. Dann ist

$$Z_E = 1,2.$$

Für alle übrigen Fenster und Türen gilt also

$$Z_E = 1,0.$$

E. Durchführung der Rechnung

Der Wärmebedarf Q_h eines Raumes berechnet sich an Hand der Gleichung

$$Q_h = Q_T + Q_L = Q_0(1 + z_D + z_H) + Q_L \quad \text{in kcal/h.} \tag{9.06}$$

Zur Durchführung der Berechnung wird ein besonderes Formblatt verwendet, s. S. 51.

1. Transmissionswärmebedarf

Zur Kennzeichnung der Bauteile in den einzelnen Zeilen des Beispieles sind folgende Abkürzungen anzuwenden:

EF	Einfachfenster,	*AT*	Außentür,
VF	Verbundfenster,	*IW*	Innenwand,
DF	Doppelfenster,	*AW*	Außenwand,
ZF	Doppelt verglaste Fenster,	*FB*	Fußboden,
EO	Einfaches Oberlicht,	*De*	Decke,
DO	Doppeltes Oberlicht,	*Da*	Dach.
IT	Innentür,		

Bei den Abmessungen der Wände, der Fußböden und Decken gelten als Länge und Breite die lichten Raummaße; als Höhe der Wände ist aber nicht die lichte Raumhöhe, sondern die Stockwerkshöhe einzusetzen. Für die Bestimmung der Fenster- und Türgröße ist nicht die Glas- oder Rahmenfläche, sondern die größere Leibung der Maueröffnung anzusetzen. Es empfiehlt sich, das Rechnungsergebnis jeder Zeile auf volle 10 kcal/h zu runden.

2. Lüftungswärmebedarf

Die Rechnung beginnt mit der Festlegung des ungünstigsten Windanfalls für jeden Raum, wobei die in die Rechnung einzusetzenden angeblasenen Fenster und Außentüren (mit dem Index A gekennzeichnet, während N die Abströmöffnungen bezeichnet) bestimmt werden. Für diese wird die Fugenlänge l aus einer Zeichnung der Fenster oder — falls die Fensterkonstruktion noch nicht genau festliegt — aus dem Verhältnis $\omega = \dfrac{l}{F}$ nach Zahlentafel A 15b bestimmt. Mit der Fugendurchlässigkeit a (Zahlentafel A 15a) ergibt sich dann die Größe $\sum (a\,l)_A$ für alle angeblasenen Fenster und Außentüren des betrachteten Raumes. Als Fugenlänge eines Fensters oder einer Tür ist die gesamte Länge aller Luftspalten (auch derjenigen der eingesetzten Lüftungsflügel) einzusetzen.

Die weitere Berechnung ist aus dem Beispiel ersichtlich.

3. Unterlagen für die Berechnung

Zur Berechnung des Wärmebedarfs werden folgende Unterlagen benötigt:

Lageplan des Gebäudes.

Aus diesem muß die Himmelsrichtung sowie die Möglichkeit des Windzutrittes zu erkennen sein. Es müssen also auch Angaben über die Höhe der Nachbargebäude und über andere Einflüsse vorliegen.

Grundrisse des Gebäudes

mit eingetragenen Baumaßen einschließlich der lichten Fenster- und Türmaße.

Schnitte des Gebäudes mit Angaben über

die lichten Raumhöhen, die Geschoßhöhen von Fußbodenoberkante zu Fußbodenoberkante und die Höhe der Fenster und Türen.

Angaben über die Bauart der Wände, Decken und Dächer.

Ungewöhnliche Bauarten sind so eingehend zu beschreiben, daß die Wärmedurchgangszahlen berechnet werden können.

Angaben über die Fenster:

Fensterkonstruktion (Einfach-, Verbund-, Doppelfenster), Material der Rahmen (Holz, Kunststoff, Stahl, Metall), Größe der zu öffnenden Fensterflügel oder Angabe der Fugenlänge.

Angaben über Türen:

mit oder ohne Schwelle.

Angaben über die Zweckbestimmung der Räume einschließlich einer

Aufstellung über die Benutzungsstunden (Vollerwärmungsstunden), da danach die Betriebsweise der Anlage und die Zuschläge in der Wärmebedarfsberechnung festzusetzen sind.

4. Beispielrechnung

Für die Räume 1, 2 und 3 des in Abb. 9.01 dargestellten Grundrisses eines Reihenhauses ist der Wärmebedarf zu ermitteln. Hierbei ist von nachstehenden Annahmen auszugehen:

Außentemperatur: $-15\,°C$.

Raumtemperaturen:

Schlaf-, Wohn-, Kinderzimmer, Küche: $+20\,°C$.
Flur: $+18\,°C$.
Treppenhaus: $+10\,°C$.

Über und unter den dargestellten Räumen befinden sich gleichartige Räume.

Notwendige Angaben zur Wärmebedarfsrechnung:

Geschoßhöhe: 2,75 m.
Raumhöhe: 2,45 m.
Außenwände: Zweikammer-Leichtbeton-Hohlblocksteine, 24 cm, Rohdichte $= 1200\ \mathrm{kg/m^3}$.
Innenwände: Zweikammer-Leichtbeton-Hohlblocksteine, 24 cm, Rohdichte $= 1200\ \mathrm{kg/m^3}$.
     Wandbauplatten aus Leichtbeton, 5 cm, Rohdichte $= 800\ \mathrm{kg/m^3}$.
Fenster: zweifl. Holzdoppelfenster.
Balkontür: Holz mit Glasfüllung, Doppeltür.
Innentüren ohne Schwelle.
Windverhältnisse: Normale Gegend, außergewöhnlich freie Lage, Reihenhaus.
Betriebsweise I: Ununterbrochener Betrieb, jedoch mit Betriebseinschränkung bei Nacht.

Alles andere, auch die Lage nach den Himmelsrichtungen, geht aus Abb. 9.01 hervor.

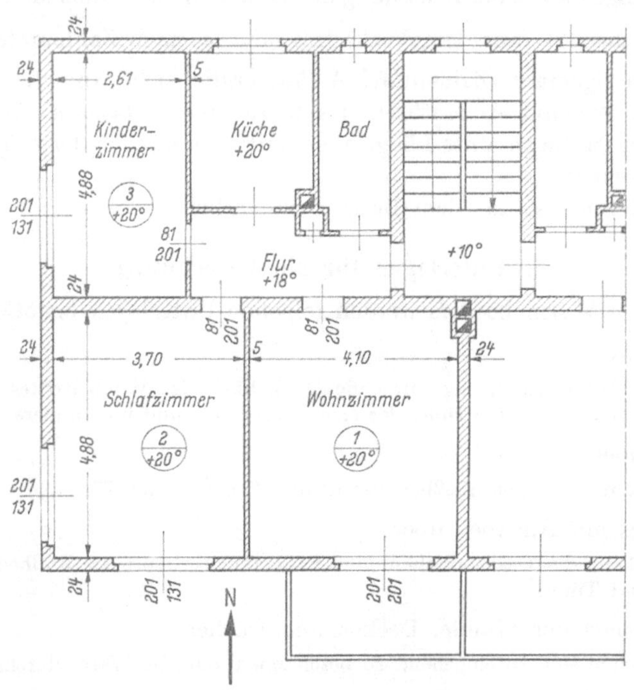

Abb. 9.01. Grundriß zur Beispielrechnung.

Wir entnehmen den Zahlentafeln A 18 und A 19:

für Balkontür . . . . $k_{AT} = 2{,}0\ \ \mathrm{kcal/m^2\,h\,grd}$
für Innentüren . . . . $k_{IT} = 2{,}0\ \ \mathrm{kcal/m^2\,h\,grd}$
für Holzdoppelfenster . . . . $k_{DF} = 2{,}0\ \ \mathrm{kcal/m^2\,h\,grd}$
für Außenwände, 24 cm dick . . . . $k_{AW} = 1{,}23\ \mathrm{kcal/m^2\,h\,grd}$
für Innenwände, 24 cm dick . . . . $k_{IW} = 1{,}11\ \mathrm{kcal/m^2\,h\,grd}$
für Innenwände, 5 cm dick . . . . $k_{IW} = 1{,}90\ \mathrm{kcal/m^2\,h\,grd}$

Aus Zahlentafel A 15a ergibt sich für die Fugendurchlässigkeit des Holzdoppelfensters $a = 2{,}0$ (bei einer Fugenlänge von 8,0 m), der Balkontür $a = 2{,}0$ (bei einer Fugenlänge von 10,1 m).

Hauskenngröße nach Zahlentafel A 17: $H = 0{,}41$ (Die fraglichen Räume liegen nicht nach N, NO oder O, erhalten also die Hauskenngröße für freie Lage, s. a. S. 48).

Raumkenngröße nach Zahlentafel A 16 für

$$\text{Raum 1: } \frac{F_A}{F_T} = \frac{4,05}{1,63} = 2,48 \qquad R = 0,9,$$

$$\text{Raum 2: } \frac{F_A}{F_T} = 3,23 \qquad R = 0,7,$$

$$\text{Raum 3: } \frac{F_A}{F_T} = 1,62 \qquad R = 0,9.$$

Die Berechnung des Wärmebedarfs ist nachstehend mit Benutzung des üblichen Vordrucks durchgeführt.

| Kurzbezeichnung | Himmelsrichtung | Wanddicke | Flächenberechnung | | | | | Wärmeverlustberechnung | | | | | Zuschläge | | | Wärmebedarf |
| | | | Länge bzw. Breite | Höhe | Fläche | Anzahl | Abzug | In Rechnung gestellt | k-Zahl | Temperatur-unterschied | $\Delta t \cdot k$ | Trans-missions-wärme-verlust Q_0 | $z_U + z_A$ z_D | Himmels-richtung z_H | Zuschlag-faktor Z | $Q_T + Q_L = Q_h$ |
		cm	m	m	m²		m²	m²	$\dfrac{\text{kcal}}{\text{m² h grd}}$	$\dfrac{\Delta t}{\text{grd}}$	$\dfrac{\text{kcal}}{\text{m² h}}$	$\dfrac{\text{kcal}}{\text{h}}$	%	%	$1+\%$	$\dfrac{\text{kcal}}{\text{h}}$
								Wohnzimmer 1; 20 °C; $V \approx 49$ m³								
AT	S	—	2,01	2,01	4,05	1	—	4,05	2,0	35	70	280				
AW^1	S	24	4,10	2,75	11,28	1	4,05	7,23	1,23	35	43,05	310				
IT	—	—	0,81	2,01	1,63	1	—	1,63	2,0	2	4	10				
IW	—	24	2,86	2,75	7,86	1	1,63	6,23	1,11	2	2,22	10				
IW	—	24	1,00	2,75	2,75	1	—	2,75	1,11	10	11,1	30				
												640	7	—5	1,02	$Q_T = 650$

Lüftungswärmebedarf

$$Q_L = \Sigma(a\,l)_A\, H\, R(t_i - t_a) = 2,0 \cdot 10,1 \cdot 0,41 \cdot 0,9 \cdot 35 = 260$$

$$\underline{Q_L = 260}$$
$$\overline{Q_h = 910}$$

Kurzbezeichnung	Himmelsrichtung	Wanddicke	Länge bzw. Breite	Höhe	Fläche	Anzahl	Abzug	In Rechnung gestellt	k-Zahl	Temperatur-unterschied	$\Delta t \cdot k$	Q_0	z_D	z_H	Z	$Q_T + Q_L = Q_h$
Schlafzimmer 2; 20 °C; $V \approx 44$ m³																
DF	S	—	2,01	1,31	2,63	1	—	2,63	2,0	35	70	180				
AW	S	24	3,70	2,75	10,18	1	2,63	7,55	1,23	35	43,05	330				
DF	W	—	2,01	1,31	2,63	1	—	2,63	2,0	35	70	180				
AW	W	24	4,88	2,75	13,42	1	2,63	10,79	1,23	35	43,05	470				
IT	—	—	0,81	2,01	1,63	1	—	1,63	2,0	2	4	10				
IW	—	24	1,10	2,75	3,03	1	1,63	1,40	1,11	2	2,22	—				
												1170	7	—5	1,02	$Q_T = 1190$

Lüftungswärmebedarf

$$Q_L = 2,0 \cdot 2 \cdot 8,0 \cdot 0,41 \cdot 0,7 \cdot 35 = 320$$

$$\underline{Q_L = 320}$$
$$\overline{Q_h = 1510}$$

Kurzbezeichnung	Himmelsrichtung	Wanddicke	Länge bzw. Breite	Höhe	Fläche	Anzahl	Abzug	In Rechnung gestellt	k-Zahl	Temperatur-unterschied	$\Delta t \cdot k$	Q_0	z_D	z_H	Z	$Q_T + Q_L = Q_h$
Kinderzimmer 3; 20 °C; $V \approx 31$ m³																
DF	W	—	2,01	1,31	2,63	1	—	2,63	2,0	35	70	180				
AW	W	24	4,88	2,75	13,42	1	2,63	10,79	1,23	35	43,05	470				
AW	N	24	2,61	2,75	7,18	1	—	7,18	1,23	35	43,05	310				
IT	—	—	0,81	2,01	1,63	1	—	1,63	2,0	2	4	10				
IW	—	5	1,71	2,75	4,70	1	1,63	3,07	1,9	2	3,8	10				
												980	7	5	1,12	$Q_T = 1100$

Lüftungswärmebedarf

$$Q_L = 2,0 \cdot 8,0 \cdot 0,41 \cdot 0,9 \cdot 35 = 210$$

$$\underline{Q_L = 210}$$
$$\overline{Q_h = 1310}$$

Wird die Anlage für Betriebsweise II (täglich 9- bis 12stündige Unterbrechung der Wärmelieferung) ausgelegt, so beträgt der Betriebsunterbrechungszuschlag für

$$\text{Raum 1: } D = \frac{Q_0}{F_{ges}\,(t_i - t_a)} = \frac{640}{89,4 \cdot 35} = 0,205; \; z_D = 20\%,$$

Raum 2: $D = 0,401; \; z_D = 15\%,$

Raum 3: $D = 0,420; \; z_D = 15\%.$

---

[1] Zur Vereinfachung des Rechnungsganges kann auch bei den Wandflächen der Abzug der Fenster und Türen unterbleiben, wenn für diese Bauelemente nicht mit den k-Werten, sondern deren Differenzen gegenüber den k-Werten der Wände gerechnet wird.

F. Sonderfälle

1. Selten beheizte Gebäude

Bei Räumen, die nur selten beheizt werden, wird infolge der Speicherfähigkeit einzelner Bauteile meist der thermische Beharrungszustand nicht erreicht. Dementsprechend kann auch das normale Berechnungsverfahren des Wärmebedarfes, das ja von der Wärmedurchgangsgleichung bei stationärer Wärmeströmung ausgeht, hier nicht angewendet werden[1]. Bei den Schwierigkeiten der mathematischen Behandlung des Anheizvorganges ist für die Praxis eine Vereinfachung des Rechnungsverfahrens zweckmäßig. Man unterscheidet dabei zwischen dem Wärmebedarf der speichernden und dem der nicht speichernden Bauteile eines Raumes. Der Gesamtwärmebedarf Q_h ergibt sich aus

$$Q_h = Q_F + Q_W. \qquad (9.07)$$

Nicht speichernd sind vor allem die Fenster. Die Wärmeverluste dieser Flächen (Q_F) können in der üblichen Weise ermittelt werden. Es ist also

$$Q_F = \sum F_F\, k_F (t_i - t_a). \qquad (9.07\,a)$$

Dabei bedeuten:

F_F die Fensterflächen in m²,
k_F die zugehörigen k-Werte in kcal/m² h grd.

Für Q_W, den Wärmebedarf der speichernden Flächen, kann eine ähnlich aufgebaute Gleichung angegeben werden, nämlich

$$Q_W = \sum F_W\, a_{t_A} (t_i - t_0). \qquad (9.07\,b)$$

Dabei bedeuten:

F_W die speichernden inneren Oberflächen des Raumes (einschließlich Säulen, Galerien usw.) in m²,
a_{t_A} den von Aufheizzeit t_A und Baustoff abhängigen stündlichen Wärmebedarf je m² Oberfläche und Grad Temperaturerhöhung in kcal/m² h grd,
t_i die geforderte Innentemperatur in °C,
t_0 die Anfangstemperatur in °C.

a_{t_A} ist aus Abb. 9.02 zu entnehmen.

Die für das Anheizen maßgebenden Stoffwerte einer Wand erscheinen dabei in der Verknüpfung $\sqrt{\lambda c \varrho}$, d. i. die Wärmeeindringzahl[2]. Für Sandsteine und Vollziegel sind die Kurven in Abb. 9.02 gesondert eingetragen.

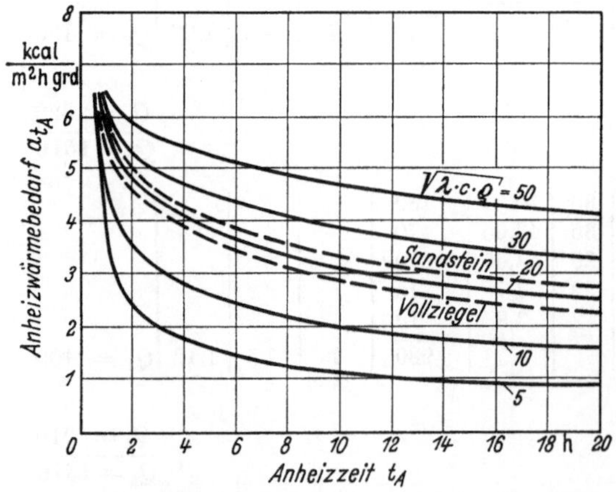

Für Wandflächen, die auf der Raumseite eine Isolierschicht geringer Wärmekapazität (z.B. Holzwolle-Leichtbauplatten, Holztäfelung usw.) aufweisen, ist mit einem berichtigten Wärmebedarf je m² Oberfläche (a'_{t_A}) zu rechnen, der sich ergibt aus

$$a'_{t_A} = \cfrac{1}{\cfrac{1}{a_{t_A}} + \cfrac{\delta_{Is}}{\lambda_{Is}}}. \qquad (9.08)$$

a_{t_A} ist für die Wärmeeindringzahl des Wandbaustoffes aus Abb. 9.02 zu entnehmen. Für δ_{Is} und λ_{Is} sind die Zahlenwerte der Dicke in m und die Wärmeleitzahl der Isolierschicht in kcal/m h grd einzusetzen.

Abb. 9.02. Anheizwärmebedarf a_{t_A} speichernder Wände in Abhängigkeit von der Anheizzeit t_A.

Für Kirchenheizungen wird i. allg. $t_i = +12\ °C$ und $t_0 = 0\ °C$ gewählt; t_a entspricht der tiefsten Außentemperatur des Ortes nach Zahlentafel A 11.

---

[1] KRISCHER, O.: Der Wärmebedarf von Gebäuden bei einzelnem und seltenem Betrieb. Gesundh.-Ing. 53 (1930) Sonderheft, S. 7/10. — SIELER, W.: Wärmebedarfsbestimmung von Kirchen. Beihefte zum Gesundh.-Ing., Reihe I (1938) H. 38.

[2] KRISCHER, O., u. W. KAST: Zur Frage des Wärmebedarfs beim Anheizen selten beheizter Gebäude. Gesundh.-Ing. 78 (1957) 321/325.

2. Gebäude außergewöhnlich schwerer oder sehr leichter Bauart

Bei Gebäuden mit *außergewöhnlich schwerer Bauart* (z. B. Bunker, unterirdische Räume) ist der Transmissionswärmebedarf in der Regel nur gering. Meistens müssen sogar zusätzlich die von Menschen oder Betriebseinrichtungen gelieferten Wärmemengen durch motorische Lüftungseinrichtungen aus den Räumen abgeführt werden.

Bei der großen Speicherfähigkeit solcher Wände ist der Transmissionswärmeverlust der Räume praktisch unabhängig von der Betriebsweise der Heizung. Soll die Heizung täglich nur während einer Dauer von t_B Stunden betrieben werden, so müssen die Heizkörper für eine Leistung von $\dfrac{24}{t_B} Q_h$ bemessen werden. Dabei ist Q_h der nach DIN 4701 berechnete Wärmebedarf.

Bei *sehr leichten Bauarten* (z. B. Wintergärten) ist die Wärmekapazität der Wände gering und damit auch die Aufheizzeit der Räume nur kurz. Der D-Wert solcher Räume ist sehr groß, der Betriebsunterbrechungszuschlag z_U dementsprechend klein. Andererseits wird der Zuschlag für kalte Außenwände z_A sehr groß. Man kann daher bei diesen Räumen ohne Bedenken mit den gleichen Zuschlägen z_D wie für das übrige Gebäude rechnen.

3. Wärmeverluste großer an das Erdreich grenzender Flächen

Die Wärmeverluste großer Fußboden- oder Wandflächen, die an das Erdreich grenzen, können in ähnlicher Weise wie die Transmissionsverluste der Außenwände berechnet werden. Man unterscheidet dabei zwischen der Wärme, die durch die anliegende Erdschicht an die Außenluft abgegeben wird und der Wärme, die an das Grundwasser abströmt. Der erste Anteil ergibt sich aus einer Wärmedurchgangsrechnung, worin an Stelle des k-Wertes ein äquivalenter Wert m eingeführt wird, der von dem Seitenverhältnis l/b, der Größe der Bodenfläche F und der Grundwassertiefe Z abhängt. Als Außentemperatur ist dabei nicht der Wert t_{amin} wie bei den Außenwänden zu wählen, sondern eine Temperatur t_a', die höher liegt und die der zeitlichen Verzögerung, mit der die Erdreichtemperatur den Außentemperaturen folgt, Rechnung trägt. Je nach der Klimazone wird t_a' zwischen 0 und $-5\,°C$ liegen.

Bei der Berechnung der an das Grundwasser abströmenden Wärme kann zumeist der innere Wärmeübergangswiderstand $1/\alpha_i$ gegenüber dem Dämmwert des Erdreichs Z/λ_E vernachlässigt werden. Man erhält damit für den Gesamtwärmeverlust die Gleichung

$$Q_0 = F\,m\,(t_i - t_a') + F\,\frac{\lambda_E}{Z}\,(t_i - t_E) \quad (9.09)$$

Für F sind die gesamten an das Erdreich angrenzenden Flächen einzusetzen, also

$$F = l\,b + U\,h$$

mit

l der Länge der Bodenfläche in m,
b der Breite der Bodenfläche in m,
U dem Umfang der Bodenfläche: $U = 2\,(l+b)$ in m,
h der Tiefe der Bodenfläche unter der Erdoberfläche in m.

Die Erdreichtemperatur in der Tiefe des Grundwassers beträgt $t_E = 10\,°C$. Für die Wärmeleitzahl des Erdreiches ist einzusetzen $\lambda_E = 1,0$ kcal/m h grd. Die äquivalenten Wärmedurchgangszahlen m sind aus Abb. 9.03 für die jeweiligen Zahlenwerte von l/b und F zu entnehmen. Eingezeichnet sind zwei Kurvenscharen, die für $Z = 2$ m und $Z \geqq 10$ m gelten. Zwischenwerte sind zu interpolieren.

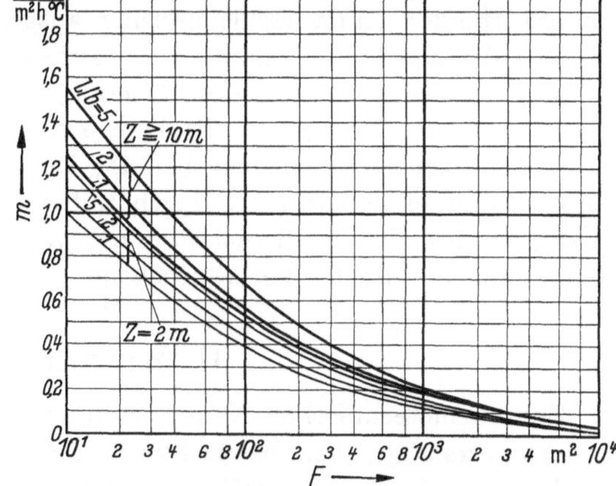

Abb. 9.03. Äquivalente Wärmedurchgangszahl m in Abhängigkeit von den an das Erdreich grenzenden Flächen F.

Näheres über die Annahmen, die dieser Rechnungsweise zugrunde liegen, ist aus DIN 4701 sowie aus der in Fußnote 1 angeführten Veröffentlichung von O. KRISCHER zu ersehen.

---

[1] KRISCHER, O.: Die Wärmeaufnahme der Grundflächen nicht unterkellerter Räume. Gesundh.-Ing. 57 (1934) 513/521.

4. Hallen

Die Wärmebedarfsrechnung weicht hier in zweierlei Hinsicht vom Normalfall ab. Erstens fehlen bei solchen Räumen weitgehend die erwärmten Innenflächen, die mit den Außenwänden und Fenstern im Strahlungsaustausch stehen. Die innere Wärmeübergangszahl für die Außenbauteile wird dadurch kleiner als 7 kcal/m² h grd, so daß bei schlecht dämmenden Außenbauteilen auch die k-Werte merklich niedriger als im Normalfall sind.

Zweitens ist zu berücksichtigen, daß bei den meisten Heizverfahren, vor allem solchen mit hoher konvektiver Wärmeabgabe, die Lufttemperatur mit der Höhe zunimmt. Die für den Heizwärmeaufwand maßgebende Lufttemperatur in halber Raumhöhe ist daher höher anzusetzen als die Temperatur in der Aufenthaltszone (meist 1,5 m über Fußboden). Häufig ist auch die unter 3. behandelte Abweichung in der Wärmeverlustberechnung bei ausgedehnten, an das Erdreich angrenzenden Flächen zu berücksichtigen.

Die innere Wärmeübergangszahl an Außenbauteilen (α_i) und der k-Wert einfach verglaster Fensterflächen sind nach Tab. 9.01 zu wählen.

Tabelle 9.01. *Innere Wärmeübergangszahl α_i und Wärmedurchgangszahl k für Fenster bei Hallenbauten in* kcal/m² h grd

	α_i	k-Wert bei einfacher Verglasung
Hallen ohne Innenwände und Geschosse, bei denen die lichte Höhe größer ist als die Raumtiefe	3,5	3
Hallen mit Innenwänden und lichten Höhen kleiner als die Raumtiefe . .	5	4

Die k-Werte von Wänden, Dächern und mehrfach verglasten Fenstern sind in üblicher Weise mit den vorgenannten α_i-Werten zu berechnen.

Für t_i ist in der Transmissionswärmeverlustrechnung ein Zahlenwert einzusetzen, der je nach lichter Raumhöhe und Heizverfahren um 1 bis 4 grd höher zu wählen ist als die in der Aufenthaltszone geforderte Raumtemperatur.

Die Zuschläge der üblichen Wärmebedarfsrechnung für den Normalfall entfallen.

Der Lüftungswärmebedarf ist gesondert zu berechnen, wobei man nach Möglichkeit von der zu erwartenden Luftverschlechterung ausgeht oder hilfsweise mit einem Mindestluftwechsel je nach der Zweckbestimmung des Raumes rechnet. Bei sehr niedrigen Luftwechselzahlen ist zu prüfen, ob der Endwert der Rechnung mindestens dem Wärmeverlust durch freie Lüftung, wie er sich nach Unterabschnitt D errechnet, entspricht.

Offene Hallentore bleiben bei der Lüftungswärmeberechnung unberücksichtigt; ihr Einfluß wird zweckmäßigerweise durch Luftschleusen ausgeschaltet, deren Wärmebedarf getrennt anzugeben ist. Für die Berechnung der Wärmeverluste der unmittelbar am Erdreich anliegenden Fußböden gilt das vorbesprochene Verfahren.

G. Bauweise und Wärmebedarf

Zur wärmetechnischen Kennzeichnung eines Gebäudes werden vielfach spezifische Wärmebedarfswerte angegeben, beispielsweise die auf 1 m³ Rauminhalt oder 1 m² Nutzfläche bezogenen Rechnungsendwerte nach DIN 4701. Für vollbeheizte Gebäude lassen sich näherungsweise solche Zahlenwerte auch an Hand der Hauptbaumaße und der Wärmedurchgangszahlen der Haupt-Wand- und Deckenelemente ermitteln. Im folgenden soll der Zusammenhang zwischen den spezifischen Werten und einigen bautechnischen Einflußgrößen aufgezeigt werden[1].

1. Einfluß der Gebäudegröße und der Baugestaltung

Da ein vollbeheiztes Gebäude nur über die Außenhaut Wärme verliert, ist der Wärmebedarf je m³ Rauminhalt von dem Verhältnis „Außenflächen/Inhalt" abhängig. Für den Würfel mit

---

[1] Raiss, W.: Baugestaltung, Bauweise und Wärmebedarf. Gesundh.-Ing. 86 (1965) 133/137.

der Seitenlänge a beträgt beispielsweise dieser Verhältniswert, den wir als Formfaktor f bezeichnen wollen,

$$f = \frac{6a^2}{a^3} = \frac{6}{a}.$$

Die Größe des Gebäudes geht also über eine maßgebende Länge in den spezifischen Wärmebedarf ein. Vom Gesichtspunkt des Wärmeschutzes aus ist sonach das große Gebäude dem kleinen überlegen, die Unterbringung des benötigten Nutzraumes in einem Haus also günstiger als die Aufteilung auf mehrere Einheiten.

Für einen Baukörper mit glatten, geschlossenen Außenwänden von der Länge l, der Höhe h und der Breite b errechnet sich der *Formfaktor* f aus

$$f = 2\left(\frac{1}{b} + \frac{1}{l} + \frac{1}{h}\right).$$

Eine der sechs Begrenzungsflächen, nämlich der Fußboden des untersten Geschosses, ist normalerweise am Heizwärmebedarf weniger beteiligt als die übrigen, da sie nicht unmittelbar an die Außenluft angrenzt, es sei denn, daß das Haus auf Stützen steht. Andererseits ist es üblich (in vielen Ländern durch bauaufsichtliche Bestimmungen sogar vorgeschrieben), dem Dach eine bessere Wärmedämmung zu geben als den Außenwänden.

Beide Abweichungen vom Modellfall einer gleichen Wertigkeit aller Außenflächen sollen hier gemeinsam berücksichtigt werden, indem nur die Dachfläche in den Formfaktor einbezogen wird. Man erhält dann für die rechteckige Bauzeile

$$f = \frac{2}{b} + \frac{2}{l} + \frac{1}{h}.$$

Nimmt man die Bautiefe b als Festmaß an, dann ist für einen vorgegebenen Rauminhalt R der Formfaktor nur noch von dem Längenverhältnis h/l abhängig. Abb. 9.04 zeigt diesen Zusammenhang für $b = 10$ m (Wohnbauten) und $b = 15$ m (Büro- und Verwaltungsgebäude). Danach sind Rauminhalt und Bautiefe die Haupteinflußgrößen, bei kleinerem Rauminhalt auch der Verhältniswert h/l.

Der Bereich, in dem der Rauminhalt noch eine wesentliche Rolle spielt, ist bei größerer Bautiefe ausgedehnter als bei geringer. Es verdient auch festgehalten zu werden, daß nicht etwa das Verhältnis $h/l = 1$ die günstigsten Formfaktoren ergibt, sondern daß die langgestreckte Bauzeile durchweg günstiger ist.

Jede Gliederung der Außenwände und jede Grundrißform, die für eine gegebene

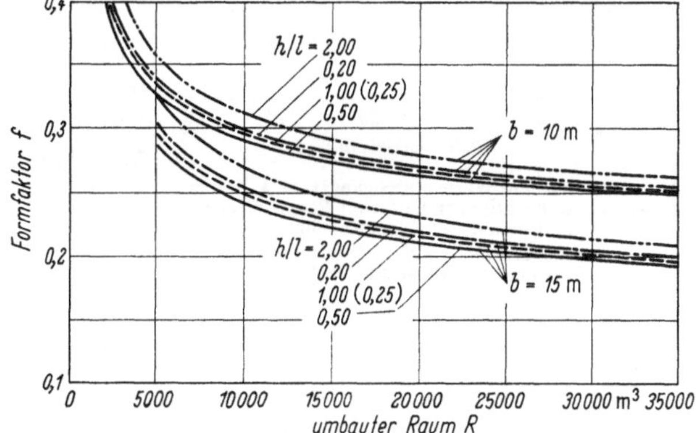

Abb. 9.04. Formfaktor f in Abhängigkeit vom umbauten Raum R und dem Längenverhältnis h/l.
h Höhe, l Länge, b Breite des Gebäudes.

Fläche den Umfang vergrößert, erhöhen den Formfaktor f und damit den spezifischen Wärmebedarf. Als Beispiel seien die bei Wohnbauten häufig anzutreffenden Loggien genannt.

2. Raumausnützung

Der Wärmebedarf eines Gebäudes wird i. allg. bei spezifischen Angaben nicht auf den umbauten Raum, sondern auf den Nutzraum bezogen. Wir führen daher noch das Verhältnis „Nutzraum/Umbauter Raum" ein, das wir als *Nutzungsgrad* β bezeichnen wollen. Der Nutzraum ergibt sich aus dem umbauten Raum nach Abzug der Mauern, Decken, Verkehrswege, einschließlich Treppenhäuser, Fahrstühle usw. In erster Linie ist die Grundrißgestaltung für diesen Wert maßgebend, aber auch die Gebäudekonstruktion und der Verwendungszweck. So wird man bei Büroräumen und Verwaltungsgebäuden einen relativ großen Anteil an Verkehrsflächen und Nebenräumen ansetzen müssen. Bei Wohngebäuden kann man den Nutzraum aus der gesamten Wohnfläche und den lichten Raumhöhen direkt berechnen.

Nebenräume werden i. allg. nicht oder nicht voll beheizt. Für den Wärmebedarf des Gesamtgebäudes ist dies ohne wesentliche Bedeutung, solange der Anteil der Nebenräume nicht ungewöhnlich groß ist. Da bei der üblichen Wärmebedarfsrechnung zumeist die Temperaturen nichtbeheizter Nebenräume relativ niedrig angesetzt und die Wärmeverluste für jeden einzelnen geheizten Raum gesondert festgestellt werden, ist es sogar denkbar, daß der auf diese Weise gewonnene Wert für das Gesamtgebäude höher liegt als der mit Hilfe der Außenflächen bei Vollerwärmung berechnete.

Faßt man den Formfaktor f und den Nutzungsgrad β in einem Quotienten zusammen, so erhält man als Gebäudekennwert f/β das Verhältnis „Außenoberfläche/Nutzinhalt".

3. Wärmeschutz der Außenwände

Für den Wärmeverlust eines Außenwandelementes ist bei gegebenem Temperaturunterschied „Innen-Außen" neben der Flächengröße die Wärmedurchlässigkeit maßgebend.

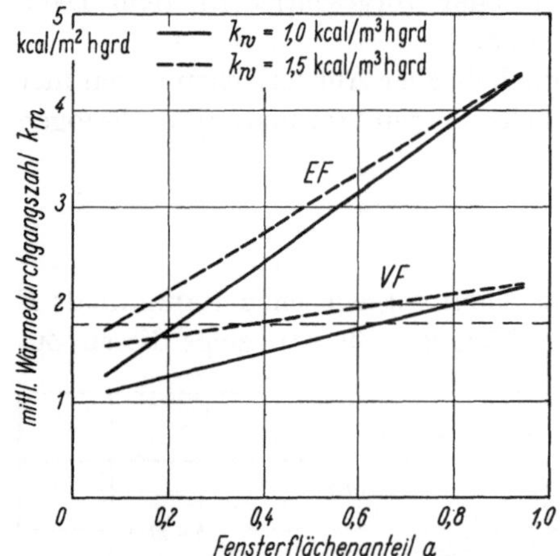

Abb. 9.05. Mittlere Wärmedurchgangszahl k_m einer Fensterwand in Abhängigkeit vom Fensterflächenanteil a und der Fensterbauart.
EF Holzeinfachfenster, *VF* Holzverbundfenster, k_w Wärmedurchgangszahl der Wand.

Die mittlere Wärmedurchgangszahl k_m einer Außenwand mit Fenstern ergibt sich aus der Beziehung

$$k_m = k_w + a(k_f - k_w).$$

Dabei bedeuten k_w die Wärmedurchgangszahl der Wand, k_f die Wärmedurchgangszahl der Fenster und a den Fensterflächenanteil.

In Abb. 9.05 ist der mittlere Wärmedurchgang einer Fensterwand in Abhängigkeit vom Fensterflächenanteil und der Fensterbauart für k_w = 1,0 und 1,5 kcal/m² h grd dargestellt.

Sieht man einen Wert $k_m \leqq 1{,}8$ kcal/m² h grd als wünschenswert an, so müssen entweder die Fensterflächen sehr klein gewählt werden (10 bis 25% beim Einfachfenster), oder es sind Fenster mit Zwei- und Mehrfachverglasung vorzusehen.

Der k-Wert der Wand selbst kommt erst bei hohen Anforderungen an die Gesamtwärmedämmung oder kleinem Fensterflächenanteil stärker zur Geltung.

4. Spezifischer Wärmebedarf

Mit dem mittleren k-Wert der Außenwände, dem Formfaktor f und dem Nutzungsgrad β liegt der auf die Raumeinheit bezogene Transmissionswärmeverlust w_0 eines Gebäudes für 1 grd Temperaturunterschied zwischen innen und außen fest. Er ist

$$w_0 = k_m \frac{f}{\beta}.$$

Vereinfachend ist hierbei für alle Außenwände und das Dach ein einheitlicher k_m-Wert angesetzt.

Nach DIN 4701 werden dem Transmissionswärmeverlust zur Berücksichtigung unterschiedlicher Betriebsweisen der Heizanlage und kalter Außenwandflächen noch bestimmte Beträge zugeschlagen, so z. B. für den bei Wohngebäuden üblichen Dauerbetrieb der Anlagen mit geringer nächtlicher Einschränkung der Wärmeleistung 7%. Es ergibt sich sonach der „spezifische Transmissionswärmebedarf" w_T zu

$$w_T = 1{,}07\, w_0.$$

Für die Berechnung des Lüftungswärmebedarfs ist in DIN 4701 ein Verfahren vorgeschrieben, das von der Fugendurchlässigkeit der Fenster, der Hauslage und den Widerständen der

Luft beim Durchströmen eines Gebäudes ausgeht, also die Selbstlüftung unter ungünstigen Windverhältnissen erfaßt.

Man kann die Lüftungswärme auch unabhängig von der jeweiligen Bauausführung und Gebäudelage an Hand eines geschätzten oder geforderten Luftwechsels berücksichtigen. Da sich diese Berechnungsweise besser als die nach DIN 4701 mit dem Rechnungsgang für die Transmissionswärme kombinieren läßt, soll sie hier zur Ermittlung des spezifischen Gesamtwärmebedarfs verwendet werden. Die durch Winddruck und thermische Kräfte bewirkte Selbstlüftung eines Gebäudes führt üblicherweise zu einer $1/_2$- bis 1fachen stündlichen Lufterneuerung. Aus Luftwechselzahl n und spezifischer Wärmekapazität C_p errechnet sich der „spezifische Lüftungswärmebedarf" je m³ Nutzraum w_L zu

$$w_L = n \, C_p.$$

Der spezifische Gesamtwärmebedarf w_{ges} ergibt sich dann als Summe des Transmissions- und des Lüftungsanteils zu

$$w_{ges} = w_T + w_L.$$

In der Heizungstechnik ist es üblich, spezifische Wärmebedarfswerte für die maximalen Belastungsbedingungen, also die niedrigste Außentemperatur $t_{a\,min}$ anzugeben. Für eine maximale Gebäudeübertemperatur von $(t_i - t_{a\,min}) = 35$ grd ist in Abb. 9.06 graphisch die Abhängigkeit des Wärmebedarfs von k_m und dem Verhältniswert f/β dargestellt. Der linke Ordinatenmaßstab gilt für den Transmissionswärmebedarf, der rechte für den Gesamtwärmebedarf bei $n = 1$. Bei halbem Luftwechsel vermindern sich die Werte um 5,1 kcal/m³ h. Man entnimmt dem Diagramm, daß für mitteleuropäische Verhältnisse bei Außenwänden mit $k_m = 1,5$ bis 1,8 kcal/m² h grd der Wärmebedarf je m³ Nutzraum W_{ges} zwischen 25 und 45 kcal/m³ h liegt. Entscheidend ist die mittlere Wärmedurchgangszahl k_m; aber auch das Verhältnis „Außenfläche zu Nutzraum" f/β, also die Gestaltung des Bauwerkes, ist für den Heizwärmebedarf von nicht zu unterschätzender Bedeutung. Vergleichsuntersuchungen an einer Anzahl neuzeitlicher Wohnbauten unterschiedlicher Bauart und Größe haben gezeigt, daß sich mit k_m und f/β der auf 1 m³ Nutzraum bezogene Wärmebedarf zutreffend kennzeichnen läßt[1].

Der spezifische Wärmebedarf ist hier stets eine auf das Gesamtgebäude bezogene Größe. Er ist damit ein Mittelwert, der je nach der Lage im Haus bei den einzelnen Räumen notwendigerweise über- oder unterschritten wird. Häufig wird neuerdings die benutzte oder beheizte Fläche als Basis der spezifischen Angaben gewählt, ein Ver-

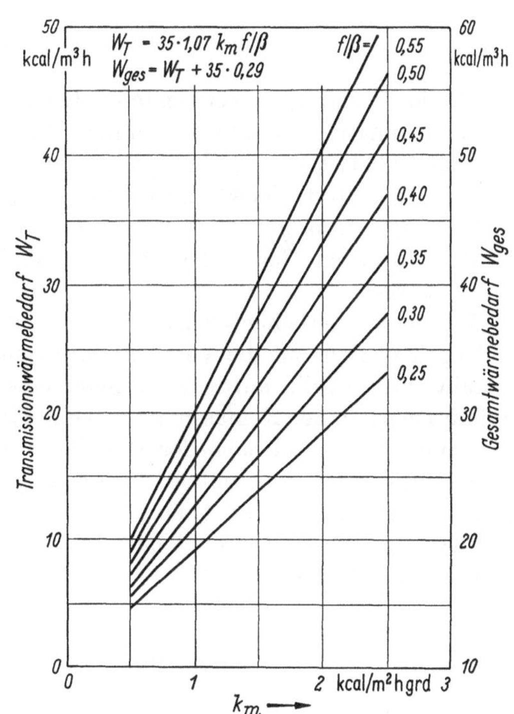

Abb. 9.06. Abhängigkeit des spezifischen Wärmebedarfs von der mittleren Wärmedurchgangszahl k_m der Außenwände und dem Gebäudekennwert f/β.
W_T Transmissionswärmebedarf, W_{ges} Gesamtwärmebedarf.

fahren, das sich besonders im Wohnungsbau anbietet, da die Mietsätze ohnehin für die Flächeneinheit angegeben werden. So lange die Bauhöhe und die Bauweise nicht sehr differieren — und das ist im Wohnungsbau, vielfach auch bei Bürohäusern der Fall — ist dagegen nichts einzuwenden.

Für den allgemeinen Vergleich unterschiedlicher Bauweisen, wie er hier durchgeführt wird, dürfte der Rauminhalt jedoch die geeignetere Bezugsgröße sein. Mit ihr lassen sich Treppenhäuser, Eingangsgeschosse u. dgl. in ihrer Auswirkung auf den Wärmebedarf besser erfassen.

---

[1] Siehe Fußnote auf S. 54, Bild 5.

5. Grenzwerte des spezifischen Wärmebedarfs

In verschiedenen Ländern wird in der letzten Zeit die Frage erörtert, ob man zur Einsparung von Heizkosten nicht den spezifischen Wärmebedarf neuer Gebäude durch behördliche Vorschriften begrenzen soll. Man weist darauf hin, daß die Anforderungen an den Wärmeschutz der Außenwände, wie sie z. B. bei uns in der Norm ,,Wärmeschutz im Hochbau'' (DIN 4108) niedergelegt sind, allenfalls hygienischen Mindestansprüchen genügen, jedoch keinesfalls wirtschaftlich ein Optimum der einmaligen und laufenden Kosten eines Bauwerkes darstellen. Das Land Nordrhein-Westfalen hat in diesem Sinne in den Förderungsbestimmungen für den Wohnungsbau Höchstwerte für den spezifischen Wärmebedarf festgelegt, s. Tab. 9.02. Es wäre im Interesse der späteren Bewohner sicherlich wünschenswert, wenn man auch in den übrigen Ländern diese Anforderungen beachten würde.

Tabelle 9.02. *Höchstwerte für den spezifischen Wärmebedarf* (Nach den Wohnungsbauförderungsbestimmungen des Landes Nordrhein-Westfalen vom 26. 3. 1963).

Hausform	Wärmebedarf je	
	m^3 beheizten Nutzraumes kcal/m^3 h	m^2 Wohnfläche kcal/m^2 h
Mehrfamilienhaus	43	110
Reiheneigenheim	47	120
Eigenheim, freistehend . .	59	150

II. Heizkessel

Die in Heizanlagen verwendeten Kessel waren lange Zeit von sehr ähnlicher Bauart. Zur Vereinfachung der Größenbestimmung waren für diese Kesseltypen in der Norm 4702 mittlere Heizflächenbelastungen festgelegt worden mit Zahlenwerten zwischen 7000 bis 12000 kcal/m^2 h, je nach Brennstoff, Feuerungsart (Durchbrand oder Unterbrand) und Heizmittel (Warmwasser oder Dampf). Aus geforderter Leistung und Heizflächenbelastung des gewählten Kesseltyps ergab sich dessen Heizfläche. Die Kesselheizfläche war damit zugleich ein Kennwert für die Normleistung.

Für die neuzeitlichen Heizkessel, die in ihrer Konstruktion vielgestaltiger sind als die älteren und auch stärker auf die Verbrennungsbedingungen flüssiger und gasförmiger Brennstoffe abgestellt sind, ist die mittlere Heizflächenbelastung kein ausreichendes wärmetechnisches Kriterium mehr. In der Neufassung der DIN 4702 (Januar 1967)[1] wurde daher die überholte Kennzeichnung der Kessel nach der Heizfläche aufgegeben. An ihre Stelle tritt die vom Hersteller zu garantierende und unter Normbedingungen nachzuweisende ,,Nennleistung''. Da diese Leistung auch im Dauerbetrieb erbracht werden muß, erübrigt sich eine besondere Berechnung der Kesselgröße. Es ist lediglich von dem planenden Ingenieur festzustellen, welche Wärmeleistung benötigt wird.

A. Kesselgröße

Die von der Kesselanlage aufzubringende Leistung Q_K ergibt sich aus der Beziehung

$$Q_K = Q_h(1 + z_R). \tag{9.10}$$

Hierin ist:

Q_h der Wärmebedarf des Gebäudes nach DIN 4701 in kcal/h,
z_R ein Zuschlag für die Wärmeverluste des Rohrnetzes.

Für z_R ist zu setzen:

Für Anlagen, bei welchen die Rohrleitungen geschützt liegen, Steigestränge an den Innenwänden, Verteilungsleitungen mit Wärmeschutz in warmen Räumen . . . . $z_R = 0{,}05$
Für Anlagen, bei welchen die Rohrleitungen weniger geschützt liegen, Steigestränge an den Außenwänden, Verteilungsleitungen mit Wärmeschutz in kalten Räumen . . . . $z_R = 0{,}10$
Für Anlagen, die besonders ungünstig liegende und weitverzweigte Rohrleitungen, Steigestränge in Mauerschlitzen der Außenwände, Verteilungsleitungen mit Wärmeschutz im kalten Dachgeschoß besitzen . . . . $z_R = 0{,}15$

---

[1] DIN 4702 Bl. 1. Heizkessel; Begriffe, Nennleistung, heiztechnische Anforderungen, Kennzeichnung Jan. 1967.

Bei größeren Leitungsnetzen, insbesondere Fernleitungen, ist der Wärmeverlust des Netzes gesondert zu berechnen.

Für feste Brennstoffe sind in DIN 4702 Bl. 1 die Nennleistungen bei *Kesseln mit Füllfeuerungen und Handbedienung* so festgelegt worden, daß sie im Mittel einer Abbrandperiode bei normalem Schornsteinzug erbracht werden können. Bei größerer Zugstärke lassen sich die meisten dieser Kesselbauarten kurzzeitig um 20 bis 40% überlasten, etwa zum Anheizen in den Morgenstunden.

Bei *Gas- und Ölfeuerungen* ist die Kesselleistung durch die Leistung der Brenner begrenzt. Bei der Festlegung der maximalen Kesselleistung ist hier folgendes zu beachten: Weder in Q_h noch in z_R ist bei Gl. (9.10) die zum Anwärmen des Heizsystems nach Betriebsunterbrechungen erforderliche Wärme berücksichtigt. Wird die Kesselleistung somit nicht höher als $Q_h(1 + z_R)$ gewählt, so ist nach größeren Betriebsunterbrechungen mit verlängerten Anheizzeiten zu rechnen. Trotzdem sollte man bei Heizungen mit Ölfeuerungen, vor allem bei Einkesselanlagen, die Kesselleistung nicht größer wählen als unbedingt notwendig, um bei geringem Wärmebedarf ein zu häufiges Schalten und allzu kurze Betriebszeiten der in Ein-Aus-Betrieb gefahrenen Brenner zu vermeiden. Auch die Gefahr der Heizflächenkorrosion und Schornsteinversottung nimmt zu, wenn die Kessel ständig schwach belastet werden, s. S. 117 im ersten Band.

Ähnliche Überlegungen sind bei der Größenbestimmung von Heizkesseln mit *mechanischen Feuerungen für feste Brennstoffe* anzustellen. Im Unterschied zu den Gas- und Ölfeuerungen kann hier aber die Leistung zumeist kontinuierlich geregelt werden. Man kann die Kesselleistung in solchen Fällen ausschließlich nach den Betriebsanforderungen festlegen und wird nur im Bedarfsfall eine Anheizreserve vorsehen. Die Anlagen werden daher auch in den Nachtstunden betrieben. Heizflächen- und Schornsteingefährdungen sind bei gasarmen festen Brennstoffen ohnehin weniger zu befürchten.

Bezüglich der etwaigen Aufteilung der Kesselleistung auf mehrere Einheiten sei auf die Ausführungen im vierten Abschnitt, S. 212, des ersten Bandes verwiesen.

B. Leistungsmessungen

Da die Nennleistung von Heizkesseln nach DIN 4702 Bl. 1 mit Garantien für den Wirkungsgrad und die höchstzulässige Zugstärke gekuppelt ist, muß sich zuweilen auch der mit der Planung und Abnahme von Heizungsanlagen befaßte Ingenieur mit den Verfahren und Meßmethoden zur Leistungsüberprüfung befassen.

Die jetzt erschienenen „Prüfregeln" (DIN 4702 Bl. 2)[1] geben darüber im einzelnen Auskunft. Typenkessel — das sind Kessel, die in großer Serie in gleicher Bauart hergestellt werden — werden i. allg. auf besonderen Prüfständen untersucht. Die Leistung wird dabei entweder durch Messung der Enthalpieerhöhung des durchlaufenden Heizmittels (Wasser bzw. Dampf) unmittelbar am Kessel selbst festgestellt oder mittelbar durch Messung der in einem Wärmeaustauscher an das Kühlwasser übertragenen Wärme. Im zweiten Fall sind die Wärmeverluste der isolierten Verbindungsleitungen zwischen Kessel und Wasseraustauscher und die des Wärmeaustauschers gesondert zu bestimmen.

In Abb. 9.07 ist der Aufbau eines Kesselprüfstandes mit Wärmeaustauscher schematisch dargestellt. Als Prüfling ist ein Wasserkessel eingezeichnet. Aber auch Dampfkessel können auf diesem Prüfstand mit geringen technischen Ergänzungen (Einbau einer Dampfentwässerung) untersucht werden. Die Kesselleistung Q_N ergibt sich aus

$$Q_N = W c_w (t_a - t_e) + Q_v \qquad (9.11)$$

Hierin bedeuten:

W Kühlwasserdurchfluß,
c_w spezifische Wärme des Wassers,
t_a, t_e Austritts- bzw. Eintrittstemperatur des Kühlwassers,
Q_v Wärmeverlust des Prüfstandes.

---

[1] DIN 4702 Bl. 2. Heizkessel; Prüfregeln. Dez. 1967.

Eine zuverlässige Leistungsmessung verlangt die genaue Feststellung der Einzelfaktoren der Gl. (9.11), vor allem des Temperaturunterschiedes $(t_a - t_e)$ sowie der Prüfstandverluste Q_v. Diese sind durch Kurzschlußversuche bei verschiedenen Kesselwassertemperaturen (t_v, t_r) zu bestimmen, allgemein jedoch durch sorgfältige Isolierung der Anlageteile innerhalb des strichpunktierten Bereiches der Abb. 9.07 möglichst klein zu halten. Wichtig ist, daß während des

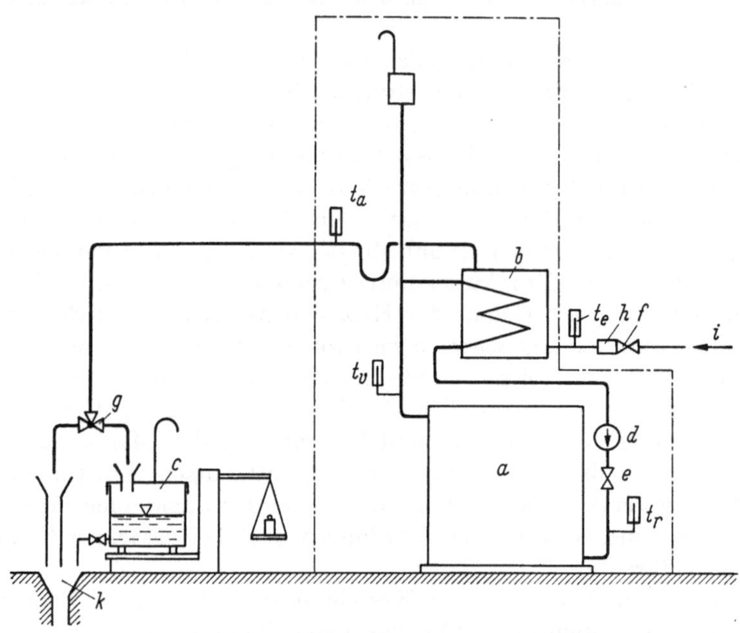

Abb. 9.07. Kesselprüfstand mit Wärmeaustauscher.
a Heizkessel, *b* Wärmeaustauscher, *c* Wägebehälter, *d* Umwälzpumpe, *e, f* Regelventile, *g* Dreiwegehahn, *h* Durchflußanzeige, *i* Kühlwasserzufluß, *k* Abfluß.

Versuchs alle Temperaturen gleich bleiben, also die Messungen im Beharrungszustand durchgeführt werden, eine Forderung, die bei Kesseln mit Füllfeuerungen und Handbedienung nur bedingt zu erfüllen ist. Hier muß sich der Versuch jeweils über mindestens eine volle Abbrandperiode erstrecken, damit der gleiche Zustand wenigstens zu Beginn und am Ende der Messungen erreicht wird. Weitere Einzelheiten der Versuchsdurchführung sind aus DIN 4702 Bl. 2 zu ersehen.

Zur *Ermittlung des Kesselwirkungsgrades* ist zusätzlich der Brennstoffverbrauch zu messen und der Heizwert des Brennstoffes zu bestimmen. Dieses Verfahren bezeichnet man als direkte Methode im Unterschied zur indirekten Methode der Kesselwirkungsgradbestimmung, bei der lediglich die Kesselverluste ermittelt werden und der Wirkungsgrad sich als Restglied einer Wärmebilanz ergibt. Die indirekte Methode ist vor allem von Bedeutung für Versuche an Kesseln in ausgeführten Anlagen, bei denen eine exakte Leistungsmessung nicht möglich ist. Näheres s. S. 230.

III. Raumheizkörper

A. Die Wärmeabgabe von Raumheizkörpern

1. Grundlagen

Die Leistung eines Heizkörpers ist bei unverkleideter Aufstellung hauptsächlich von der Bauform, den Abmessungen und dem Temperaturunterschied zwischen Heizmittel und Raumluft abhängig. Man kann diesen Zusammenhang durch die allgemeine Gleichung für den Wärmedurchgang darstellen:

$$Q_h = k\,F(t_H - t_i). \tag{9.12}$$

Darin bedeuten:

Q_h die stündliche Wärmeabgabe, t_H die Temperatur des Heizmittels,
F die Heizkörperoberfläche, t_i die Raumlufttemperatur.
k die Wärmedurchgangszahl,

Für t_H ist bei Dampfheizungen die dem Druck zugeordnete Sättigungstemperatur einzusetzen, bei Wasserheizungen der Mittelwert zwischen Zulauf- und Ablauftemperatur.

Gl. (9.12) gilt strenggenommen für die ebene, quer durchströmte Wand, unter der Annahme, daß k nicht oder nur unwesentlich von den Temperaturen des Vorgangs beeinflußt wird. Beide Vorbedingungen treffen bei Raumheizkörpern häufig nicht zu. So sind z. B. bei Radiatoren die äußeren Oberflächen erheblich größer als die inneren; es tritt also zusätzlich eine Rippenwirkung auf. Zum andern wächst die Wärmeabgabe mit zunehmender Temperaturdifferenz $(t_H - t_i)$ stärker an, als es Gl. (9.12) erwarten läßt. Der Ansatz nach Gl. (9.12) besagt hier lediglich, daß die Oberfläche des Heizkörpers und die Übertemperatur „Heizmittel/Raumluft" für die Leistung mitbestimmend sind. k ist dabei nicht nur von der Bauform und den Abmessungen des Heizkörpers, sondern auch von der jeweiligen Übertemperatur $(t_H - t_i)$ abhängig.

Bei geometrisch einfachen Querschnittsformen und Anordnungen, wie etwa bei glatten Rohrheizkörpern und flachen, unprofilierten Stahlheizkörpern, läßt sich die Wärmedurchgangszahl an Hand der im achten Abschnitt enthaltenen Gleichungen des Wärmeübergangs und Wärmedurchgangs näherungsweise berechnen. Bei beliebigen Bauformen ist man auf den Versuch angewiesen.

Für die Bemessung von Raumheizkörpern ist es zuweilen zweckmäßiger, nicht von der Wärmeleistung je Flächeneinheit, sondern je Längeneinheit auszugehen, so z. B. bei Rohrheizkörpern, Plattenheizkörpern und Konvektoren. Bei Radiatoren kann unmittelbar die Gliedleistung angegeben werden. Das Rechnen mit k ist in solchen Fällen ein Umweg, der zudem durch die Einbeziehung der Heizflächen mit ihren abgerundeten Maßen noch zusätzliche Fehlermöglichkeiten enthält.

Gute Dienste leistet jedoch die Wärmedurchgangszahl beim wärmetechnischen Vergleich verschiedener Heizkörpermodelle, bei der Nachprüfung von Leistungsangaben oder der überschläglichen Ermittlung der Wärmeabgabe neuer Bauarten.

2. Leistungsmessungen

Die Leistung von Heizkörpern wird entweder in eigens dafür hergerichteten geschlossenen Prüfräumen üblicher Wohnraumabmessungen festgestellt oder auf Prüfständen gemessen, die in größeren Räumen unter Abschirmung gegen störende Luftbewegungen und Strahlungseinflüsse aufgestellt sind. Bei geschlossenen Prüfräumen wird die Wärmeleistung des Heizkörpers über die Umschließungswände, bei offenen Prüfständen i. allg. durch unmittelbare Kühlung der Raumluft abgeführt, evtl. auch von stark speichernden Wänden aufgenommen.

Für die Leistungsbestimmung sind zwei Verfahren gebräuchlich. Beim ersten mißt man die Menge des in der Zeiteinheit durchfließenden Heizmittels und seine Temperaturen am Ein- und Austritt (Durchflußverfahren), beim zweiten die Energieaufnahme des den Heizkörper beliefernden Kessels (Umlaufverfahren). Die Leerlaufverluste der Prüfeinrichtungen sind bei diesem Verfahren durch gesonderte Versuche festzustellen[1].

Heizkörper von Zentralheizungen erwärmen den Raum vorwiegend, bei verkleideten Heizkörpern sogar ausschließlich, konvektiv. Das führt bei geschlossenen Prüfräumen zu örtlichen Unterschieden in der Lufttemperatur, vor allem in der Vertikalen. Es ist daher festzulegen, auf welche Lufttemperatur sich die Leistungsangabe jeweils bezieht. Oft wählt man als Bezugstemperatur den Meßwert in 2 m horizontalem Abstand vom Heizkörper und 1,5 m Höhe über Fußboden.

Physikalisch erscheint es sinnvoller, von der Temperatur der anströmenden Luft auszugehen, also bei einem Konvektor beispielsweise von der Lufttemperatur vor der Eintrittsöffnung, beim unverkleideten Heizkörper von der Lufttemperatur in Heizkörpernähe und halber Höhe.

---

[1] Krischer, O., u. W. Raiss: Richtlinien für die Prüfung von Raumheizkörpern. Gesundh.-Ing. 83 (1962) 329/332.

Vergleichsuntersuchungen in geschlossenen Prüfräumen der Technischen Universität Berlin und offenen Prüfständen der Technischen Hochschule Darmstadt haben gezeigt, daß die Leistungen bei beiden Prüfanordnungen nahezu übereinstimmen, wenn man die Lufttemperatur in 0,75 m Höhe als maßgebend betrachtet[1]. Auf diese Höhenebene beziehen sich daher die Leistungsangaben in den einschlägigen deutschen Normen.

B. Die Berechnung der Heizflächen

1. Die Leistung von Radiatoren

Für die deutschen Normradiatoren sind die Wärmeleistungen je Glied in DIN 4703 Bl. 1 (Juli 1961) niedergelegt, und zwar gesondert für Guß- und Stahlradiatoren, s. Zahlentafel A 26. Als Normleistung gilt die stündliche Wärmeabgabe des unverkleideten Radiators bei einer Raumlufttemperatur $t_i = +20\,°C$ und einer Heizmitteltemperatur $t_H = 80\,°C$ für Wasserheizungen und $t_H = 100\,°C$ für Dampfheizungen.

Das Normblatt enthält darüber hinaus auch die Gliedleistungen bei abweichenden Raumluft- und Heizmitteltemperaturen. In Zahlentafel A 28a sind an deren Stelle Umrechnungsfaktoren angegeben, die es gestatten, aus den Normleistungen in einfacher Weise die Gliedleistung bei beliebigen Heizmittel- und Raumlufttemperaturen zu bestimmen.

Die Normleistungen sind am 10gliedrigen Heizkörper gemessen. Bei sehr kurzen Heizkörpern sind die Gliedleistungen infolge der günstigeren Strahlungsbedingungen etwas größer. Die Abweichungen von den Normwerten sind von Modell zu Modell verschieden. Bei der Auslegung der Radiatoren ist dies ohne Bedeutung, da die durch die Gliederzahl bedingten Leistungssprünge um eine Zehnerpotenz höher liegen. Das gilt auch für Heizkörper großer Baulänge, so daß das Rechnen mit einer einheitlichen mittleren Gliedleistung durchaus berechtigt ist.

Zu beachten ist, daß die Normleistungen für oberen Vorlauf- und unteren Rücklaufanschluß gelten. Zwischen gleichseitigem und wechselseitigem Anschluß bestehen keine für die Praxis wesentlichen Unterschiede in der Leistung. Soweit Unterschiede festgestellt werden konnten, zeigen sie keine einheitliche Tendenz; sie sind vielmehr abhängig von den Baumaßen, der Gliederzahl und dem Wasserdurchsatz. Erst bei sehr langen Heizkörpern geht die Gliedleistung bei gleichseitigem Anschluß merkbar zurück. Solche Heizkörper werden aber aus Montagegründen ohnehin i. allg. wechselseitig angeschlossen.

Mit erheblichen Leistungsminderungen ist zu rechnen, wenn das Heizwasser in eine der unteren Heizkörpernaben eingeführt wird[2]. Je nach der Ausführungsart und den Betriebsbedingungen sind Leistungseinbußen von 15% und mehr möglich, sofern nicht durch eine untere Sperre zwischen dem 1. und 2. Glied das Heizwasser zwangsläufig im 1. Glied hochgeführt wird.

Vor Festlegung der Heizkörpergröße ist zu klären, ob bzw. welche Heizkörper Verkleidungen erhalten. Einen Anhalt über die dann notwendigen Größenberichtigungen gibt Tab. 4.04 auf S. 129 im ersten Band.

2. Die Leistung von Plattenheizkörpern

Plattenheizkörper aus Stahl werden in vielfältiger Ausführung mit Bauhöhen zwischen 100 und 1000 mm hergestellt. Ihre Wärmeleistung unter Normbedingungen — bei Wasserheizungen $t_v = 90\,°C$, $t_r = 70\,°C$; $t_i = 20\,°C$ — hängt von der Größe der Heizfläche und von deren Gestaltung ab. Von Bedeutung sind: die Bauhöhe, die Querschnittsform und die Schaltung der Einzelelemente bei mehrteiligen Heizkörpern. Messungen an einer großen Anzahl der in Deutschland verwendeten Modelle[3] haben gezeigt, daß der Einfluß der Bauhöhe durch eine Potenz-

---

[1] RAISS, W.: Einfluß der Prüfanordnung auf die Wärmeleistung von Radiatoren. Gesundh.-Ing. 83 (1962) 318/325.

[2] RAISS, W., u. H. EPPERLEIN: Die Wärmeleistung des Gliederheizkörpers bei unterem Anschluß. Heizg.-Lüftg.-Haustechn. 6 (1955) 165/169.

[3] RAISS, W., u. E. TÖPRITZ: Über die Wärmeleistung von Plattenheizkörpern. Heizg.-Lüftg.-Haustechn. 17 (1966) 1/7.

funktion mit dem Exponenten $u = 0,85$ bis $0,95$ beschrieben werden kann. Für Bauformen mit ähnlichem Querschnitt und gleicher Zuordnung der Einzelelemente ergaben sich bei gleicher Bauhöhe weitgehend übereinstimmende Leistungswerte je m Baulänge. Auch die Abhängigkeit der Wärmeleistung von der Übertemperatur zwischen Heizmittel und Raumluft war annähernd die gleiche. Sie läßt sich wie bei den Radiatoren durch eine Potenzfunktion mit $m \approx 4/3$ darstellen.

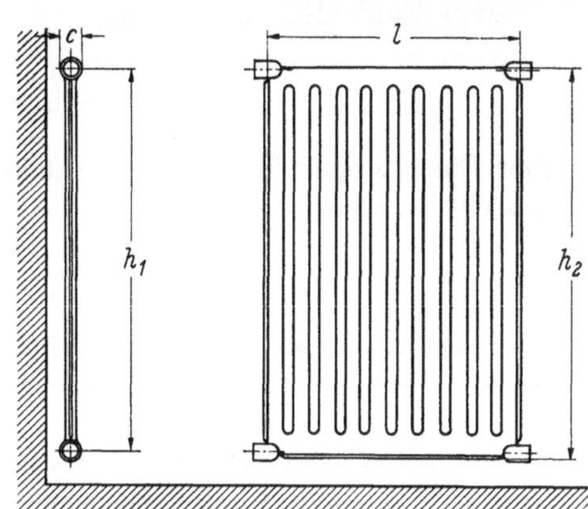

Abb. 9.08. Maßbezeichnungen bei Plattenheizkörpern.

Damit war die Möglichkeit gegeben, für bestimmte Bauformen von Plattenheizkörpern die Leistung je m Baulänge lediglich in Abhängigkeit von Bauhöhe und Übertemperatur mit für die Praxis ausreichender Genauigkeit anzugeben, auch wenn die Modelle in Details voneinander abweichen.

In der Norm DIN 4703 Bl. 2 (Jan. 1967) sind die Norm-Wärmeleistungen der bekanntesten Bauformen zusammengestellt, s. auch Zahlentafel A 27. Unterschieden wird dabei zwischen ein- und zweireihigen Heizkörpern sowie zwischen glatten und profilierten Modellen; bei letzteren spielt die Art der Sickung noch eine Rolle (vertikal oder horizontal, grob oder fein). Als Bauhöhe gilt stets die Gesamthöhe des Heizkörpers; sie ergibt sich bei zweilagigen Plattenheizkörpers als Summe aus den Bauhöhen der einzelnen Platten und dem lichten Plattenabstand, der jedoch auf 30 mm begrenzt ist. Zur Kennzeichnung der Bauformen dienen die Begriffe und Maßbezeichnungen nach Tab. 9.03 und Abb. 9.08.

Tabelle 9.03. *Bezeichnungen und Begriffe an Plattenheizkörpern* (vgl. Abb. 9.08)

Mehrlagige Plattenheizkörper	Heizkörper mit zwei oder mehr übereinanderliegenden Platten
Mehrreihige Plattenheizkörper	Heizkörper mit zwei oder mehr hintereinanderliegenden Platten
Bauhöhe h_2	Gesamthöhe des Heizkörpers zwischen den oberen und unteren Begrenzungsflächen des Plattenteils
Baulänge l	Länge des Plattenteils des Heizkörpers
Nabenabstand h_1	Abstand zwischen den Nabenachsen des Vor- und Rücklaufanschlusses
Bautiefe c	Größter Abstand zwischen der vorder- und der rückseitigen Fläche des Kopfstückes; bei mehrreihigen Heizkörpern das entsprechende Abstandsmaß der Kopfstückaußenflächen der ersten und letzten Reihe

Die Leistungswerte der Norm gelten in folgenden Maßbereichen:

Plattentiefe bei glatter Oberfläche 25 mm ($\pm$ 3 mm).

Lichter Abstand bei zweireihigen Heizkörpern
    zwischen den Platten   30 bis 40 mm,
    zwischen den Kopfstücken   20 bis 30 mm.

Lichter Abstand zwischen zwei Lagen 20 bis 30 mm,
Baulänge   0,5 bis 3 m.

Die Unterschiede in den Leistungswerten der Modelle einer Gruppe sind zumeist kleiner als 3%, nur in Einzelfällen erreichen sie 4%. Abweichungen von $\pm$ 2% vom angegebenen Mittelwert sind also möglich. Sie liegen in der gleichen Größenordnung wie das Meßspiel bei den üblichen Heizkörperprüfungen.

Bei größeren Baulängen beeinflussen die Wasserführung im Heizkörper und die Anschlußart der Vor- und Rücklaufleitung (gleichseitig oder wechselseitig) schon deutlich die Wärmeleistung.

Eine allgemeine Aussage über die Höhe der Abweichungen der Normleistung ist in solchen Fällen nicht möglich.

Als Abstandsmaße liegen den Leistungsangaben zugrunde

    zur Rückwand ≈ 50 mm,

    zum Fußboden ≈ 100 mm,

    zum Fensterbrett, bei einreihiger Bauform $\geqq 30$ mm,

                  bei zweireihiger Bauform $\geqq 60$ mm.

Der Einfluß einer Heizkörperverkleidung auf die Wärmeleistung kann nur durch Versuche festgestellt werden.

3. Die Leistung sonstiger Heizkörperbauarten

Für *Rohrheizkörper* aus waagerechten glatten Rohren kann nach DIN 4703, Ausg. April 1944, mit Wärmedurchgangszahlen nach Tab. 9.04 gerechnet werden.

Tabelle 9.04. *Wärmedurchgangszahlen* k *für Rohrheizkörper in* kcal/m² h grd

Äußerer Rohr-durchmesser in mm	Einzelrohr		Mehrere Rohre übereinander	
	Heizwasser $t_H = 80$ °C	ND-Dampf $t_H = 100$ °C	Heizwasser $t_H = 80$ °C	ND-Dampf $t_H = 100$ °C
33,5	11,8	12,8	10,5	11,4
48,25	11,3	12,3	9,5	10,3
60	11,0	12,0	8,8	9,6

Diese Werte schließen sich gut an die von Plattenheizkörpern an. Bei Berechnungen in der Praxis ist es einfacher, auch hier mit der Wärmeleistung je Längeneinheit zu rechnen, s. Zahlentafel A 29.

Für *Rippen-* und *Lamellenrohre* kann nach BRADTKE[1] bei gutem Kontakt zwischen Kernrohr und Rippe (z. B. warm auf das Kernrohr aufgezogene Lamellen oder Bänder) für freie Aufstellung mit den in Zahlentafel A 30 angegebenen Leistungen und Wärmedurchgangszahlen gerechnet werden.

Konvektoren weisen so starke Unterschiede in der Bauweise auf, daß einheitliche Leistungsangaben z. Z. nicht gemacht werden können. Das gleiche gilt für die sog. Hochdruckradiatoren und sonstige Sonderbauarten von Raumheizkörpern. Es ist dabei zu beachten, daß mit zunehmendem Anteil an Rippen- und Lamellenheizfläche der Wärmeübergang auf der Heizmittelseite an Bedeutung gewinnt und damit auch Heizfläche und Temperaturunterschied $(t_H - t_i)$ zur Kennzeichnung der spezifischen Leistung nicht mehr ausreichen.

C. Temperaturabhängigkeit der Heizkörperleistung

1. Einfluß des Temperaturunterschiedes „Heizmittel/Raumluft" (Übertemperatur)

Neben den Leistungsangaben bei maximalen Temperaturunterschieden $(t_H - t_i)$, wie sie für die Heizflächenbemessung erforderlich sind, interessieren in der Praxis auch die Werte bei niedrigeren Übertemperaturen. Sie sind beispielsweise bei Wasserheizungen von Einfluß auf die bei geringer Belastung einzuhaltenden Vorlauftemperaturen.

Die Abhängigkeit der Heizkörperleistung von der Übertemperatur — man spricht von der Kennlinie des Heizkörpers — läßt sich durch das nachstehende Potenzgesetz darstellen:

$$q = q_n \left(\frac{\Delta t}{\Delta t_n} \right)^m . \tag{9.13}$$

---

[1] BRADTKE, F.: Die Wärmeabgabe von Rippenrohren bei freier Konvektion. Heizg.-Lüftg.-Haustechn. 1 (1950) 51/58.

Dabei bedeuten:

q_n die Normwärmeleistung,
Δt_n die den Normbedingungen entsprechende Übertemperatur $(t_H - t_i)_n$,
q die gesuchte Wärmeleistung,
Δt eine von den Normbedingungen abweichende beliebige Übertemperatur $(t_H - t_i)$.

Es gilt dann für die Wärmedurchgangszahl k die Beziehung

$$k = k_n \left(\frac{\Delta t}{\Delta t_n}\right)^{m-1}. \tag{9.14}$$

Die bei Teilbelastungen einer Heizanlage durch unterschiedliche Temperaturexponenten bedingten Abweichungen in den Heizmitteltemperaturen sind aus Abb. 12.10 zu entnehmen (s. S. 227).

Nach den vorliegenden Messungen kann bei mittleren Heizwassertemperaturen zwischen 40 und 100 °C mit folgenden Exponenten gerechnet werden:

Radiatoren (Gliederheizkörper) und Plattenheizkörper . . . . $m = {}^4/_3$
Rohrheizflächen aller Art (angenähert auch für Rippenrohre) . . . . $m = 1{,}25$
Konvektoren, je nach Aufbau und Verkleidung . . . . $m = 1{,}25 \ldots 1{,}45$

Für Gliederheizkörper wurde der Exponent ${}^4/_3$ schon bei den ersten systematischen Leistungsversuchen an Gußmodellen festgestellt. Diese Temperaturabhängigkeit hat sich bei den neueren Bauformen bis hin zu den Normmodellen 1961 als gültig erwiesen[1].

Allerdings kann m bei unterem Anschluß und relativ großen Temperaturdifferenzen $(t_v - t_r)$ erheblich höhere Werte annehmen[2].

SCHMIDT-KRAUSSOLD[3] führen auch noch den Einfluß des Barometerstandes (b) auf die Konvektionswärmeabgabe in die Formel ein; er spielt nur eine Rolle, wenn Anlagen in größeren Höhen errichtet werden. Bei einem Anteil der Strahlungswärmeabgabe s lautet die Formel (9.13) für Radiatoren dann:

$$q = q_n \left[s + (1-s)\sqrt{\frac{b}{760}}\right] \left(\frac{\Delta t}{\Delta t_n}\right)^{4/3}. \tag{9.15}$$

Zur Vereinfachung der Umrechnung von Normleistungsangaben auf abweichende Raumluft- und Heizmitteltemperaturen nach dem ${}^4/_3$-Potenzgesetz sind in Zahlentafel A 28a die entsprechenden Multiplikationsfaktoren angegeben.

Die bei Konvektoren[4] auftretenden Unterschiede im Exponent m machen es notwendig, bei ihrer Verwendung in Wasserheizungen von dem Hersteller jeweils die Leistungen für verschiedene Heizmitteltemperaturbereiche bzw. Wasserdurchsätze zu erfragen. Ist der Exponent m größer als $1{,}4$, so sollten Radiatoren und Konvektoren nicht gemeinsam in *einer* Anlage bzw. in Heizgruppen gleicher Vorlauftemperatur verwendet werden, da sonst die zentrale Leistungsregelung bei niedrigen Heizwassertemperaturen gefährdet ist, s. Abb. 12.10.

2. Einfluß der Temperaturspreizung

Die Normleistungen von Warmwasserheizkörpern gelten für eine Vorlauftemperatur $t_v = 90\,°C$ und eine Rücklauftemperatur $t_r = 70\,°C$. Neuerdings geht man häufig auf größere Temperaturdifferenzen über (Temperaturspreizung), vor allem bei Hausanlagen mit direktem Fernheizanschluß. Für die Wärmeleistung ist dann nicht mehr allein die mittlere Heizwassertemperatur, sondern auch der Wasserdurchsatz von Bedeutung. Das gilt insbesondere bei großer Temperaturspreizung und bei Heizkörpern mit hohem Anteil an indirekter Heizfläche. Im letztgenannten Fall tritt an Stelle *einer* Kennlinie ein Kennlinienfeld mit dem Heizmitteldurchsatz als Parameter.

---

[1] RAISS, W.: Die Wärmeleistung der deutschen Normradiatoren. Heizg.-Lüftg.-Haustechn. 12 (1961) 275/279.

[2] Siehe Fußnote 2, S. 62.

[3] SCHMIDT, E., u. H. KRAUSSOLD: Die Wärmeabgabe von Gliederheizkörpern. Gesundh.-Ing. 55 (1932) 49/55, 61/63 und 77/79.

[4] KUHRASCH, H.: Konvektoren und Konvektorenheizung. Wärme-, Lüftungs- u. Gesundh.-Techn. Bd. 2 (1950) H. 10, S. 1/6 und H. 11, S. 1/3.

Zahlreiche Messungen an deutschen Normradiatoren haben gezeigt, daß bei ihnen der Einfluß des Heizmittelstroms, d. h. aber der inneren Wärmeübergangszahl, auf die abgegebene Leistung nur gering ist. Selbst bei relativ großer Temperaturspreizung lassen sich die Versuchswerte noch durch *eine* Kennlinie wiedergeben, wenn an Stelle des arithmetischen Mittels der Übertemperatur $\left(\dfrac{t_v + t_r}{2} - t_i\right)$ ein logarithmischer Mittelwert Δm eingeführt wird, wie er bei Wärmeaustauschern gebräuchlich ist, s. S. 23.

Setzt man

$$t_v - t_i = \Delta t_v,$$

$$t_r - t_i = \Delta t_r,$$

so erhält man aus Gl. (8.36)

$$\Delta m = \frac{\Delta t_v - \Delta t_r}{\ln\dfrac{\Delta t_v}{\Delta t_r}} = \Delta t_v \frac{1 - \dfrac{\Delta t_r}{\Delta t_v}}{\ln\dfrac{\Delta t_v}{\Delta t_r}}. \tag{9.16}$$

Der Unterschied zwischen dem arithmetischen und dem logarithmischen Mittelwert kann vernachlässigt werden, sofern $\dfrac{\Delta t_r}{\Delta t_v} \geq 0,7$, s. Abb. 8.09. Das trifft beispielsweise zu für die Normtemperaturen $t_v = 90\ °C$ und $t_r = 70\ °C$ bei $t_i = 20\ °C$, aber nicht mehr bei $t_v = 100\ °C$ und $t_r = 60\ °C$. Nach neueren Messungen[1] gilt das in Gl. (9.13) wiedergegebene Potenzgesetz mit den jeweils den Bauformen eigenen Exponenten auch näherungsweise für glatte und leicht profilierte Plattenheizkörper. Damit ist in einfacher Weise eine Umrechnung der im Normversuch ermittelten Leistungen auf abweichende Temperaturdifferenzen $(t_v - t_r)$ möglich. In Zahlentafel A 28b ist ein Berichtigungsfaktor angegeben, mit dem die Leistungsangaben der DIN 4703 Bl. 1 (Radiatoren) u. Bl. 2 (Plattenheizkörper) gegebenenfalls zu multiplizieren sind. Er berücksichtigt neben dem Unterschied zwischen dem logarithmischen und dem arithmetischen Mittelwert der Übertemperatur auch die durch die Korrektur bedingte Änderung der Wärmedurchgangszahl.

Beispiel. Gesucht ist die Wärmeleistung je Glied für einen Stahlradiator 500/160 bei $t_v = 120\ °C$, $t_r = 60\ °C$, $t_i = 18\ °C$.

Die Normleistung entnimmt man der Zahlentafel A 26 zu $q_n = 85\ kcal/h$. Für abweichende mittlere Heizwasser- und Lufttemperaturen ergibt sich nach Zahlentafel A 28a bei $t_H = 0,5(120 + 60) = 90\ °C$ und $t_i = 18\ °C$ ein Umrechnungsfaktor 1,28.

Der die Temperaturspreizung kennzeichnende Verhältniswert ist

$$\frac{\Delta t_r}{\Delta t_v} = \frac{60 - 18}{120 - 18} = 0,41.$$

Nach Zahlentafel A 28b ist der Berichtigungsfaktor hierfür 0,92. Somit wird $q = 85 \cdot 1,28 \cdot 0,92 = 100\ kcal/h$.

Man entnimmt aus diesem Beispiel, daß bei großer Temperaturspreizung der Einfluß des Absinkens der wirksamen Übertemperatur mit 8% nicht mehr vernachlässigt werden kann.

Die Änderung der Wärmeleistung eines Heizkörpers bei von der Norm abweichenden Auslegungstemperaturen läßt sich bequemer als mit Formeln an Hand eines Diagramms ermitteln. Es empfiehlt sich dabei, die Wärmeleistung dimensionslos darzustellen, z. B. auf die Normleistung zu beziehen. Abb. 9.09 zeigt ein solches Diagramm für Heizkörper mit $m = 4/3$ bei $t_i = +20\ °C$. In der Ordinate ist der Leistungsberichtigungsfaktor $f_Q = \dfrac{Q}{Q_N}$ aufgetragen, in der Abszisse die Temperaturspreizung $(t_v - t_r)$. Als Parameter erscheint die veränderliche Vorlauftemperatur t_v. Auf der rechten Ordinate ist der Kehrwert von f_Q vermerkt. Er gibt direkt an, in welchem Maß die Heizkörper gegenüber der Auslegung unter Normbedingungen vergrößert oder verkleinert werden müssen, wenn abweichende Vorlauftemperaturen bzw. Temperaturspreizungen gewählt werden.

---

[1] RAISS, W., u. E. TÖPRITZ: Der Einfluß der Temperaturspreizung auf die Wärmeleistung von Radiatoren. Heizg.-Lüftg.-Haustechn. 15 (1964) 1/8.

Mit eingetragen in das Bild ist die Änderung des Wasserstroms bei zunehmender Temperaturspreizung für eine vorgegebene Leistung. Dieser Zusammenhang ist für die Rohrnetzbemessung wichtig. An zwei Beispielen soll die Anwendung des Diagramms verdeutlicht werden.

Beispiel 1. Für eine Heizungsanlage mit Normradiatoren sollen die Auslegungen für die Temperaturen 110/70 — 20 und 90/70 — 20 gegenübergestellt werden.

Mit der Temperaturspreizung $t_v - t_r = 110 - 70 = 40$ grd ergibt sich aus Abb. 9.09 für die Kurve $t_v = 110\ °C$ auf der linken Ordinate $Q_1/Q_N = 1{,}2$, d. h., die Gliedleistung beträgt das 1,2fache der Normleistung. Gegenüber der Normauslegung 90/70 — 20 benötigt jeder Heizkörper nur die 0,834fache Gliederzahl, wie aus der rechten Ordinatenteilung abgelesen werden kann. Für $t_v - t_r = 40$ grd ergibt sich $G_1/G_N = 0{,}5$, d. h., die Anlage kann bei der Auslegung 110/70 — 20 mit dem halben Wasserdurchsatz betrieben werden.

Beispiel 2: Eine Heizungsanlage ist bisher mit den Temperaturen 90/70 — 20 betrieben worden. Sie soll jetzt an eine Fernwärmeversorgung mit der Vorlauftemperatur $t_v = 120\ °C$ angeschlossen werden. Welcher Wasserstrom muß eingestellt werden, damit die bisherige Leistung ohne Veränderungen an den Heizkörpern erbracht wird, und welche Rücklauftemperatur stellt sich bei $t_v = 120\ °C$ ein?

Für gleiche Leistung ($f_Q = 1$) entnimmt man dem Diagramm zu $t_v = 120\ °C$ den Spreizungswert $(t_v - t_r) = 68{,}5$ grd. Ihm ist zugeordnet $G/G_N = 0{,}3$. Die Anlage kann also bei der neuen Vorlauftemperatur mit der gleichen Leistung weiterbetrieben werden, wenn die Wassermenge auf knapp 30% der bisherigen gedrosselt wird. Die Rücklauftemperatur beträgt dann $t_r = 120 - 68{,}5 = 51{,}5\ °C$.

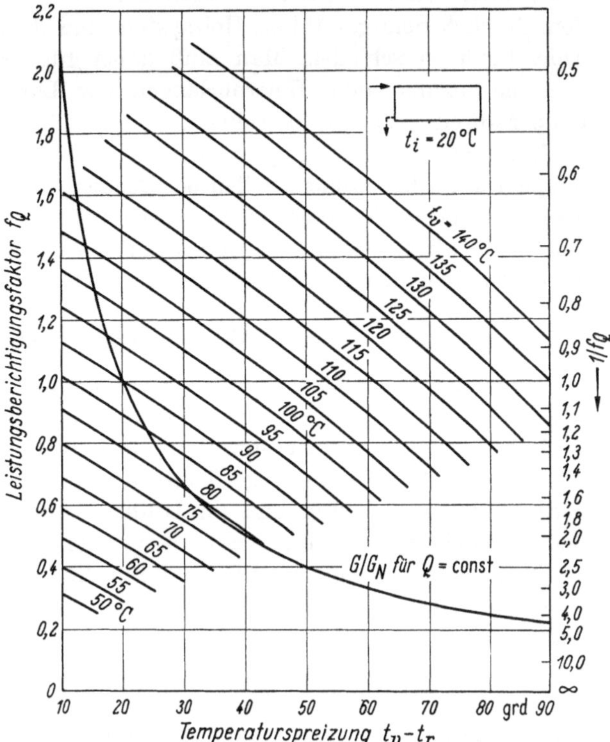

Abb. 9.09. Änderung der Wärmeabgabe von Radiatoren mit zunehmender Temperaturspreizung bei jeweils konstanten Vorlauftemperaturen, bezogen auf Normbedingungen.

Der Zusammenhang zwischen den Auslegungstemperaturen einer Wasserheizung, den Heizkörpergrößen und den zugeordneten Mengenströmen ist vor allem von Bedeutung bei Fernheizplanungen. Große Temperaturspreizungen führen zu kleinen Wasserströmen, d. h. zu billigen Rohrnetzen. Bei einer oberen Begrenzung der Vorlauftemperaturen, sei es aus hygienischen Gründen oder im Hinblick auf die verfügbaren Heizdampfdrücke, bedingt jede Herabsetzung der Rücklauftemperatur eine Leistungsabsenkung, d. h. eine Vergrößerung und Verteuerung der Heizflächen. Es gilt also die optimale Auslegung durch Vergleichsrechnungen zu finden, s. auch S. 156.

Soll eine Variation der Raumtemperatur mit erfaßt werden, so ist als Parameter an Stelle von t_v die Temperaturdifferenz $(t_v - t_i)$ einzuführen. Für die Bearbeitung spezieller Aufgaben lassen sich mit geringem Rechenaufwand andere Diagramme dieser Art aufstellen.

IV. Decken- und Fußbodenheizung

A. Allgemeines

1. Die Aufgabenstellung

Bei den meisten Bauformen der Flächenheizungen — zu ihnen gehören bekanntlich die Decken- und die Fußbodenheizung — werden Teile der Raumumschließungselemente durch eingebettete Rohrschlangen, evtl. in Verbindung mit Rippen oder Lamellen, beheizt. Vom Raum her gesehen treten nur die erwärmten Wand- oder Deckenteile als Heizflächen in Erscheinung.

Die Wärmeleistung hängt von der Größe dieser Flächen, ihrer Temperatur und den jeweiligen Wärmeübergangsbedingungen ab. Im Beharrungszustand muß die gleiche Leistung von den Heizrohren über die einzelnen Bauelemente der Decke an die Deckenoberfläche übertragen werden. Je nach dem gewählten Heizsystem und dem Aufbau der Decken sind die Übertragungswiderstände verschieden. Man muß daher für jede Ausführungsart die Leistung und damit auch die einzubauenden Heizrohrlängen bzw. Lamellenflächen bei den vorliegenden Heizwassertemperaturen gesondert berechnen.

Meist ist aus wärmephysiologischen Gründen auch die mittlere Decken- und Fußbodentemperatur zu bestimmen. Sollen bei Deckenheizungen bestimmte Fußbodentemperaturen nicht überschritten werden oder ist aus anderen Gründen ein bestimmtes Verhältnis der nach oben und unten abgegebenen Wärmemengen erwünscht, so sind weiterhin noch die Wärmedämmwerte der über den Heizrohren liegenden Deckenschichten festzulegen.

2. Wärmeabgabe nach oben und unten

Jede beheizte Decke gibt zugleich Wärme nach oben und nach unten ab. Auch in Gebäuden mit Deckenheizung ist — vom obersten Geschoß abgesehen — die Wärmeabgabe nach oben als Nutzwärme anzusehen, soweit sie dort nicht zu Belästigungen oder unerwünschter Raumerwärmung führt. In der Regel kann dies durch eine zweckmäßige Isolierung aber vermieden werden. Raumklimatisch und im Hinblick auf die physiologisch geforderte Begrenzung der Deckentemperatur ist eine leichte Erwärmung des Fußbodens sogar erwünscht.

Denkt man sich eine Heizdecke durch die Mittelebene der eingebauten Heizflächen in zwei Teile zerlegt, so läßt sich das Verhältnis der nach oben und nach unten abgegebenen spezifischen Wärmeleistungen q_1 und q_2 durch die jeweiligen Teilwärmedurchgangszahlen $\varkappa_1$ und $\varkappa_2$ zwischen dieser Mittelebene und dem über bzw. unter der Heizdecke liegenden Raum kennzeichnen; bei unterschiedlichen Raumtemperaturen sind noch die zugeordneten Temperaturunterschiede zwischen Mittelebene und Raum zu berücksichtigen. Die Mittelebene ist bei Betonheizdecken durch die Rohrachsen, bei Lamellenheizdecken durch die Lamellenlage gegeben. Es gilt sonach bei gleichen Raumtemperaturen $(t_i = t_1 = t_2)$ die Beziehung

$$\frac{q_1}{q_2} = \frac{\varkappa_1}{\varkappa_2}. \tag{9.17}$$

Die spezifische Gesamtwärmeleistung einer Heizdecke ist

$$q = q_1 + q_2. \tag{9.18}$$

Die Teilwärmedurchgangszahlen $\varkappa_1$ und $\varkappa_2$ errechnen sich aus den Gleichungen

$$\frac{1}{\varkappa_1} = \frac{\delta_1'}{\lambda_1'} + \frac{\delta_1''}{\lambda_1''} + \cdots + \frac{1}{\alpha_1}, \tag{9.19a}$$

$$\frac{1}{\varkappa_2} = \frac{\delta_2'}{\lambda_2'} + \frac{\delta_2''}{\lambda_2''} + \cdots + \frac{1}{\alpha_2}. \tag{9.19b}$$

Dabei bedeuten:

$\delta', \delta'', \ldots$ die Dicken der einzelnen Deckenbauteile,
$\lambda', \lambda'', \ldots$ die zugehörigen Wärmeleitzahlen,
$\alpha_1, \alpha_2, \ldots$ die Wärmeübergangszahlen an der Fußboden- bzw. Deckenoberfläche.

Durch die Indizes 1 sind jeweils die Teile der Oberseite, durch die Indizes 2 die Teile der Unterseite gekennzeichnet.

Die mittlere Deckenoberflächentemperatur t_D ergibt sich bei bekannten Werten q_2 und α_2 aus

$$t_D = t_2 + \frac{q_2}{\alpha_2} \tag{9.20a}$$

und analog die mittlere Fußbodentemperatur t_{Fb} des darüberliegenden Raumes aus

$$t_{Fb} = t_1 + \frac{q_1}{\alpha_1}. \tag{9.20b}$$

Auf diese Beziehungen wird zurückgegriffen, wenn nachgeprüft werden soll, ob im Einzelfall die Decken- oder Fußbodentemperaturen unter den aus physiologischen Erwägungen abgeleiteten

Grenzwerten bleiben bzw. welche Dämmwerte die Isolierschichten über den Heizrohren aufweisen müssen, damit eine höchste Fußbodentemperatur oder ein vorgewähltes Verhältnis $\frac{q_1}{q_2}$ nicht überschritten wird.

3. Grenzwerte der Decken- und Fußbodentemperaturen

Nach den Ausführungen auf S. 12 im ersten Band können exakte Angaben über die physiologisch noch gerade zuträglichen Deckentemperaturen nicht gemacht werden. Es empfiehlt sich daher auch nicht, das Berechnungsverfahren für Deckenheizungen auf solchen Grenzwerten aufzubauen; wohl aber sollte man im Einzelfall feststellen, ob die von einer Heizanlage geforderten Leistungen noch innerhalb des Behaglichkeitsbereichs, so wie er sich heute abgrenzen läßt, erbracht werden können.

a) Deckentemperatur

Hinsichtlich der Deckentemperatur ist das von CHRENKO angegebene Kriterium physiologisch wohl am besten begründet, s. S. 171 im ersten Band. Bei den erheblichen Sicherheiten der Wärmebedarfsrechnung nach DIN 4701 und der geringen Häufigkeit der hohen Belastungen erscheint es jedoch ausreichend, wenn die nach CHRENKO ermittelte Deckentemperatur bei 60% des Höchstwärmebedarfs nach DIN 4701 nicht überschritten wird. Dies führt zu folgender Beziehung:

$$(t_D - t_i) \leqq \frac{t_{D\,phys} - t_i}{0{,}6}. \tag{9.21}$$

Dabei bedeuten:

t_D die Deckentemperatur, die zur Erbringung einer Heizleistung entsprechend DIN 4701 notwendig ist (*Auslegungstemperatur*).

$t_{D\,phys}$ die zulässige höchste Deckentemperatur nach dem Kriterium von CHRENKO.

$t_{D\,phys}$ ist für eine bestimmte Heizflächenanordnung als Funktion des Raumwinkelverhältnisses aus Abb. 4.129 des ersten Bandes zu entnehmen.

b) Fußbodentemperatur

Als Grenzwert der zulässigen mittleren Oberflächentemperatur $t_{Fb\,phys}$ gilt in Deutschland für ständig begangene Stellen des Fußbodens

$$t_{Fb\,phys} \approx 25\,°\text{C}.$$

An nicht oder selten begangenen Stellen kann die Oberflächentemperatur auf 27 bis 28 °C gesteigert werden. Man sollte hiervon jedoch nur ausnahmsweise — in erster Linie bei reinen Fußbodenheizungen — Gebrauch machen.

Die Sicherheiten der Wärmebedarfsrechnung nach DIN 4701 können in gleicher Weise wie bei Beurteilung der Deckentemperatur Berücksichtigung finden, nicht jedoch die geringe Häufigkeit hoher Belastungen, da eine Überschreitung der vorgenannten physiologischen Grenzwerte der Fußbodentemperatur auch für kurze Zeit nicht erwünscht ist. Man kommt damit auf folgende *Auslegungstemperaturen* t_{Fb} für Fußbodenheizungen:

$$t_{Fb} \approx 26\,°\text{C} \quad \text{für begangene Bodenflächen,}$$

$$t_{Fb} \approx 29\,°\text{C} \quad \text{für nichtbegangene Bodenflächen.}$$

Für Deckenheizungen mit zusätzlicher Fußbodenwärmeabgabe nach dem darüberliegenden Stockwerk empfiehlt es sich, bei der Heizflächenbemessung und bei der Berechnung der erforderlichen Dämmwirkung nach oben von einer höchsten Fußbodentemperatur $t_{Fb} = 25$ °C auszugehen. (Die wirkliche Fußbodentemperatur kann infolge der bei der Berechnung nicht berücksichtigten Wärmezustrahlung der Decke über diesen Wert ansteigen.)

Auf eine Möglichkeit, bei niedrigsten Außentemperaturen Belästigungen der Rauminsassen durch zu hohe Decken- oder Fußbodentemperaturen zu vermeiden, sei noch verwiesen. Alle Flächenheizungen besitzen eine relativ hohe Wärmespeicherung. Wenn man nachts mit leicht überhöhten Wassertemperaturen heizt, läßt die im Heizsystem selbst und auch in den nicht beheizten Wänden gespeicherte Wärmemenge in den Hauptbenutzungszeiten entsprechend niedrigere Oberflächentemperaturen der Heizflächen zu. Damit diese Betriebsweise nicht zu unwirtschaftlich wird, muß das Gebäude allerdings möglichst wärmedicht sein.

4. Die Wärmeabgabe beheizter Deckenflächen

a) Wärmeabgabe durch Strahlung

Die Oberflächen einer beheizten Decke stehen im Strahlungswärmeaustausch mit den sonstigen Umschließungsflächen eines Raumes sowie mit dessen Einrichtungsgegenständen. Die Temperaturen dieser Flächen weisen erhebliche Unterschiede auf; auch der Anteil der Außenwände und Fensterflächen mit ihrer niedrigeren Temperatur ist von Raum zu Raum verschieden. Zur Vereinfachung der Berechnung wird eine mittlere Umgebungstemperatur t_U eingeführt und weiterhin für den Strahlungsaustausch der Grenzfall zugrunde gelegt, daß die beheizte Deckenfläche allseitig von Flächen dieser einheitlichen Temperatur umschlossen sei. Dann gilt für die Wärmeabgabe durch Strahlung nach Gl. (8.59)

$$Q_s = \frac{1}{\dfrac{1}{C_D} + \dfrac{F_D}{F_U}\left(\dfrac{1}{C_U} - \dfrac{1}{C_s}\right)}\, F_D \left[\left(\frac{T_D}{100}\right)^4 - \left(\frac{T_U}{100}\right)^4\right].$$

Es bezeichnen:

F_D die beheizte Deckenfläche,
F_U die Summe der Umgebungsflächen,
C_D, C_U die Strahlzahlen der Decke bzw. Umgebungsflächen,
C_s die Strahlzahl des schwarzen Körpers,
T_D, T_U die absoluten Oberflächentemperaturen der beheizten Decken- bzw. Umgebungsflächen.

Da $C_U \approx 0,9\,C_s$ und $\dfrac{F_D}{F_U}$ meist klein ist, läßt sich nach Einführung des Umrechnungsfaktors σ auch die vereinfachte Gl. (8.61) verwenden, wonach

$$q_s = C_D\,\sigma\,(t_D - t_U).$$

In Anbetracht der Tatsache, daß bei Deckenheizungen üblicherweise der Fußboden höhere Temperaturen als die übrigen Umgebungsflächen aufweist — das ist aber gerade die Fläche, die auf Grund des Winkelverhältnisses am stärksten bei der Mittelwertbildung zu berücksichtigen ist —, setzen wir die Umgebungstemperatur

$$t_U = +19\,°\mathrm{C}.$$

Mit $C_D = 0,9\,C_s = 0,9 \cdot 4,96 = 4,46 \text{ kcal/m}^2\,\text{h grd}^4$ erhält man die in Tab. 9.05 aufgeführten Werte für q_s:

Tabelle 9.05. *Spezifische Strahlungswärmeleistung bei verschiedenen Deckentemperaturen*

t_D	°C	25	30	35	40	45
$t_D - t_U$	grd	6	11	16	21	26
σ	grd³	1,027	1,053	1,081	1,109	1,137
$C_D\,\sigma$	kcal/m²h grd	4,58	4,70	4,83	4,95	5,08
q_s	kcal/m² h	27,5	51,7	77,2	103,9	132,0

Für $C_D\,\sigma$ kann auch α_s geschrieben werden.

b) Wärmeabgabe durch Konvektion

Der konvektive Wärmeübergang an beheizten Deckenflächen ist nur sehr gering. Eine durch Versuche belegte Gesetzmäßigkeit — selbst eine eindeutige Abhängigkeit von der Temperaturdifferenz — läßt sich nicht angeben, s. S. 14. Nach vorliegenden Messungen[1] beträgt

$$\alpha_k = 0,2 \text{ bis } 0,8 \text{ kcal/m}^2\,\text{h grd}.$$

---

[1] KRAUSE, B.: Die konvektive Wärmeabgabe von Heizdecken. Gesundh.-Ing. 80 (1959) 285/305 und 324/334.

c) Gesamtwärmeabgabe

Setzt man in guter Annäherung an die Verhältnisse der Praxis $t_L = t_U$, dann erhält man

$$\alpha_2 = \alpha_s + \alpha_k$$

und damit

$$q_2 = \alpha_2 (t_D - t_U).$$

Angenähert gilt dabei für die Wärmeabgabe der *Decken*flächen im Temperaturbereich $t_D = 30$ bis 40 °C

$$\alpha_D = \alpha_2 = 5{,}5 \ \text{kcal/m}^2 \ \text{h grd.}$$

5. Die Wärmeabgabe beheizter Fußbodenflächen

a) Wärmeabgabe durch Strahlung

Es gelten die Überlegungen und Beziehungen wie bei beheizten Deckenflächen. Allerdings kann die Umgebungstemperatur t_U verschiedene Werte annehmen, je nachdem, ob ein Raum ausschließlich durch eine Fußbodenheizung erwärmt wird oder ob noch weitere beheizte Flächen, etwa Deckenheizflächen, vorhanden sind. Im letzteren Fall kann die mittlere Umgebungstemperatur höher liegen als 19 °C, so daß die Strahlungswärmeabgabe q_s zurückgeht. Zur Vereinfachung der Berechnung soll diese Abweichung gegenüber den Zahlenwerten der Tab. 9.05 jedoch nicht im Temperaturunterschied, sondern in der Strahlungswärmeübergangszahl berücksichtigt werden.

b) Wärmeabgabe durch Konvektion

Für den konvektiven Wärmeübergang an beheizten Fußbodenflächen gilt Gl. (8.24). Demnach ergibt sich α_k gemäß Tab. 9.06.

Tabelle 9.06. *Konvektive Wärmeübergangszahl bei verschiedenen Fußbodenübertemperaturen*

$t_{Fb} - t_L$	grd	2	4	6	8	10
α_k	kcal/m² h grd	2,75	3,25	3,6	3,85	4,1

c) Gesamtwärmeabgabe

Für Fußbodentemperaturen von 25 bis 29 °C ist bei $t_U = 19$ °C nach Tab. 9.05 $\alpha_s = C \sigma = 4{,}6$ bis 4,7 kcal/m² h grd. Damit ergibt sich als Gesamtwärmeübergangszahl α_{Fb} im angegebenen Temperaturbereich

$$\alpha_{Fb} = 8{,}2 \ \text{bis} \ 8{,}8 \ \text{kcal/m}^2 \ \text{h grd.}$$

In deckenbeheizten Räumen ist zur Ermittlung der Fußbodenwärmeabgabe nach dem Vorhergesagten mit einem niedrigeren α-Wert zu rechnen. Man setze hier

$$\alpha_1 = 7{,}5 \ \text{kcal/m}^2 \ \text{h grd.}$$

6. Hinweise für die Durchführung der Berechnung

a) Wärmebedarf

Der Wärmebedarf von Räumen mit Decken- und Fußbodenheizung wird in gleicher Weise berechnet wie bei Heizsystemen mit frei stehenden Heizflächen. Man geht auch von den gleichen Innentemperaturen (meist $t_i = +20$ °C) aus. Lediglich im obersten oder untersten Geschoß können Abweichungen auftreten. So scheiden in einem deckenbeheizten Gebäude die mit Heizschlangen belegten Deckenteile im obersten Geschoß als Wärmeverlustflächen bei der Wärmebedarfsrechnung aus; die dem Raum zuzuführende Heizleistung ist also kleiner als bei Radiatorenheizung, obwohl der Gesamtwärmeaufwand infolge der höheren Deckentemperaturen größer sein kann. Ähnlich verhält es sich bei Fußbodenheizungen im untersten Geschoß.

b) Sonderberechnungen für das oberste (unterste) Geschoß

Für diese Stockwerke ist i. allg. wegen der vom Normalgeschoß abweichenden Decken-bauarten und Temperaturen eine etwas abgewandelte Heizflächenberechnung notwendig. Die Abweichungen sollen am Beispiel der Deckenheizung gezeigt werden.

Ist die gesamte Deckenfläche beheizt, so stimmt der Wärmebedarf im obersten Geschoß mit dem Rechnungswert für die gleichen Räume in den Zwischengeschossen überein. Bei Teilbelegung kommt ein zusätzlicher Wärmeverlust durch die unbeheizte Deckenfläche hinzu.

Die Gl. (9.17) gilt auch bei ungleichen Temperaturen ober- und unterhalb der Heizdecke. Es ist nur zu beachten, daß — unter der Annahme einer niedrigeren Temperatur auf der Oberseite — $\frac{1}{\varkappa_1}$ der Wärmedurchlaßwiderstand zwischen der Rohrebene und derjenigen Ebene in der Decke ist, in welcher die gleiche mittlere Temperatur herrscht wie im unteren Raum. In der darüberliegenden Schicht (einschließlich Wärmeübergang an die Umgebung) erzeugt die spezifische Wärmeabgabe q_1 nach oben den Temperaturabfall $t_2 - t_1$. Bezeichnet man den gesamten Wärmedurchlaßwiderstand zwischen der Rohrebene und dem oberen (kälteren) Raum mit $\frac{1}{\varkappa_1'}$, so ergibt sich also die Beziehung

$$\frac{1}{\varkappa_1'} = \frac{1}{\varkappa_1} + \frac{t_2 - t_1}{q_1}, \tag{9.22}$$

aus der sich — wenn man q_1 gewählt und $\varkappa_1$ nach Gl. (9.17) bestimmt hat — die erforderliche Teilwärmedurchgangszahl zwischen der Rohrebene und dem oberen Raum ergibt.

Bei der weiteren Berechnung ist jetzt weder die Temperaturdifferenz $t_2 - t_1$ noch die Teilwärmedurchgangszahl $\varkappa_1'$ zu berücksichtigen.

Die Annahme, daß im obersten Geschoß der Wärmeverlust durch die Decke nicht höher sein soll als der einer Normalaußenwand mit $k = 1{,}26 \text{ kcal/m}^2 \text{ h grd}$, führt beispielsweise für die Klimazone II mit $t_{a_{min}} = -15\,°C$ zu einem Zahlenwert für q_1 von

$$q_1 = 1{,}26 \cdot 35 \approx 44 \text{ kcal/m}^2 \text{ h.}$$

c) Erforderliche Decken- bzw. Fußbodenheizfläche

Die maximale Decken- (Fußboden-) Heizfläche F ergibt sich aus der Gesamtfläche abzüglich der unbeheizten Randzone. Bei einem Wärmebedarf Q_h ist also von einer Deckenheizung eine spezifische Heizleistung q zu fordern von

$$q = \frac{Q_h}{F}.$$

Kann diese Leistung unter den vorliegenden räumlichen Bedingungen (Raumwinkelverhältnis) nicht erbracht werden, ohne daß die Heizflächentemperaturen physiologisch unerwünscht hohe Werte annehmen, so ist entweder der Wärmeschutz der Außenwände zu verbessern oder es müssen zusätzlich Heizflächen in Form von Brüstungsheizflächen, Plattenheizkörpern usw. vorgesehen werden. Zweckmäßigerweise prüft man diese Frage vor Beginn der eigentlichen Projektierung einer Flächenheizung, da von dem Ergebnis die Entscheidung über das Heizsystem abhängt. Kritisch sind stets die Eckräume und Räume mit anormal großen Fensterflächen, insbesondere im Erdgeschoß. Handelt es sich nur um wenige, gleichgelegene Räume, so ist der Einbau von Zusatzheizflächen oft ohne allzu hohe Mehrkosten möglich. Handelt es sich um viele Räume und relativ große zusätzliche Heizleistungen, so wird man evtl. von dem Einbau von Flächenheizungen absehen müssen. Fußbodenheizungen als einziges Heizsystem sind ohnehin nur bei sehr niedrigem spezifischem Wärmebedarf auszuführen.

Bei deckenbeheizten Gebäuden empfiehlt es sich, in kritischen Erdgeschoßräumen, Räumen über Toreinfahrten und Freigeschossen eine zusätzliche Fußbodenheizung vorzusehen. Das erfordert zur Vermeidung unzuträglicher Fußbodentemperaturen entweder ein zweites Heiznetz mit unabhängig von der Deckenheizung zu regelnden Vorlauftemperaturen oder eine besondere Ausbildung des Erdgeschoßfußbodens mit Dämmschichten unter und evtl. auch über den Rohrschlangen. Billiger, aber raumklimatisch nicht so günstig ist die Anordnung zusätzlicher örtlicher Heizflächen an den Außenwänden. Diese Ausführung wird man vor allem in Erdgeschoßräumen wählen, bei denen die Leistung der Deckenheizung nicht ausreicht, die zusätzlich erforderlichen Wärmeleistungen jedoch nur gering sind.

Einzelheiten des Rechnungsgangs sind aus dem Beispiel zu ersehen, s. S. 79.

B. Heizdecken mit einbetonierten Rohrschlangen (Crittall-Decke)

1. Das Rechenverfahren nach Rydberg und Huber[1]

Das Verfahren stützt sich auf eine Arbeit von Faxén[2] aus dem Jahre 1937, in der das Temperaturfeld für homogene und auch für mehrschichtige planparallele Platten mit eingelegten Rohren berechnet wird.

Auf mathematische Einzelheiten kann hier nicht eingegangen werden. Bei der Lösung der Laplaceschen Differentialgleichung werden die Randbedingungen dritter Art (Umgebungstemperaturen und Wärmeübergangszahlen an den beiden Oberflächen der Platte) vollkommen berücksichtigt. Die Randbedingung erster Art (Temperatur an der Rohroberfläche) wird mit sehr guter Näherung erfüllt.

Faxén beschreibt das Temperaturfeld in einer homogenen planparallelen Platte durch die Gleichung

$$\vartheta\,\frac{l}{\pi A} = -G_1\,y - |y| - G_2 + \frac{l}{\pi}\sum_{s=1}^{\infty}\frac{1}{s}\left[e^{-\frac{2\pi s|y|}{l}} + g_1\,e^{-\frac{2\pi s y}{l}} + g_2\,e^{\frac{2\pi s y}{l}}\right]\cos\frac{2\pi s x}{l}. \quad (9.23)$$

Hier und in den folgenden Gleichungen bedeuten:

x, y Koordinaten,
$2\,r$ Rohrdurchmesser,
l Rohrabstand,
h_1, h_2 Entfernung der Rohrmitten von den Oberflächen der Platte,
ϑ Übertemperatur gegenüber der Umgebung, an beliebiger Stelle der Platte,
ϑ_0 Übertemperatur der Rohre gegenüber der Umgebung,
α_1, α_2 Wärmeübergangszahlen an den Oberflächen der Platte,
λ Wärmeleitzahl der Platte,
$\varkappa_1, \varkappa_2$ Teilwärmedurchgangszahlen von Rohrmittenebene nach oben bzw. unten.

$$G_1 = \frac{\varkappa_1 - \varkappa_2}{\varkappa_1 + \varkappa_2},$$

$$G_2 = -2\,\lambda\,\frac{1}{\varkappa_1 + \varkappa_2}.$$

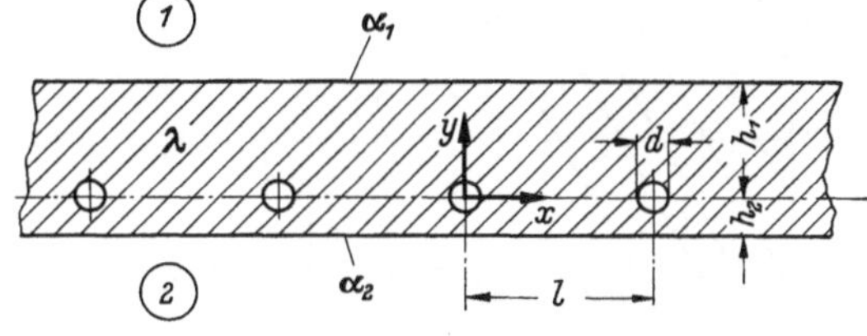

Abb. 9.10. Homogene Decke mit einbetonierten Rohren.

g_1 und g_2 sind für $s = 1, 2, 3, \ldots \infty$ aus folgendem Gleichungspaar zu bestimmen:

$$\left(\frac{\alpha_1}{\lambda} - \frac{2\pi s}{l}\right)(1 + g_1)\,e^{-\frac{4\pi s h_1}{l}} + \left(\frac{\alpha_1}{\lambda} + \frac{2\pi s}{l}\right)g_2 = 0, \quad (9.24\,\text{a})$$

$$\left(\frac{\alpha_2}{\lambda} - \frac{2\pi s}{l}\right)(1 + g_2)\,e^{-\frac{4\pi s h_2}{l}} + \left(\frac{\alpha_2}{\lambda} + \frac{2\pi s}{l}\right)g_1 = 0. \quad (9.24\,\text{b})$$

Für die praktische Berechnung genügt es, drei oder vier Glieder der Reihe zu bestimmen.

Die Konstante A dient zur Befriedigung der Randbedingung erster Art. Sie ergibt sich aus der Gleichung

$$\frac{\vartheta_0}{A} = \ln\frac{l}{2\pi r} - \frac{\pi}{l}\,G_2 + \sum_{s=1}^{\infty}\frac{g_1 + g_2}{s}. \quad (9.25)$$

---

[1] Rydberg, J., u. Chr. Huber: Värmeavgivning från rör i betong eller mark. Svenska Värme- och Sanitets tekniska Föreningens Handlingar IX, Stockholm 1955.

[2] Faxén, O. H.: Beräkning av Värmeavgivning från rör, ingjutna i betongplattor. Teknisk Tidskrift Mekanik 1937.

Die technisch wichtigen mittleren Übertemperaturen

$$\vartheta_{m1} = \frac{1}{l} \int\limits_{x=0}^{l} \vartheta(x, h_1)\, dx$$

und

$$\vartheta_{m2} = \frac{1}{l} \int\limits_{x=0}^{l} \vartheta(x, h_2)\, dx$$

der Plattenober- und -unterseite erscheinen in der einfachen Form

$$\vartheta_{m1} = \pi A \frac{\lambda}{\alpha_1 l} (1 + G_1), \qquad (9.26\,\text{a})$$

$$\vartheta_{m2} = \pi A \frac{\lambda}{\alpha_2 l} (1 - G_1). \qquad (9.26\,\text{b})$$

Dementsprechend ergibt sich für die Wärmeabgabe der beiden Oberflächen

$$q_1 = \alpha_1 \vartheta_{m1} = \frac{\pi A \lambda}{l} (1 + G_1), \qquad (9.27\,\text{a})$$

$$q_2 = \alpha_2 \vartheta_{m2} = \frac{\pi A \lambda}{l} (1 - G_1) \qquad (9.27\,\text{b})$$

und für das Verhältnis beider zueinander die bereits oben angegebene Beziehung (9.17)

$$\frac{q_1}{q_2} = \frac{\varkappa_1}{\varkappa_2}.$$

Den einzigen etwas zeitraubenden Schritt bei der numerischen Auswertung der FAXÉNschen Lösung, nämlich die Berechnung der

$$\sum_{s=1}^{\infty} \frac{g_1 + g_2}{s}$$

in Gl. (9.25), ersetzen RYDBERG und HUBER durch den Näherungsansatz

$$\sum_{s=1}^{\infty} \frac{g_1 + g_2}{s} \approx S_1 + S_2. \qquad (9.28)$$

Für

$$S_1 = S\left(h_1 \frac{\alpha_1}{\lambda}, \frac{h_1}{l}\right)$$

und

$$S_2 = S\left(h_2 \frac{\alpha_2}{\lambda}, \frac{h_2}{l}\right)$$

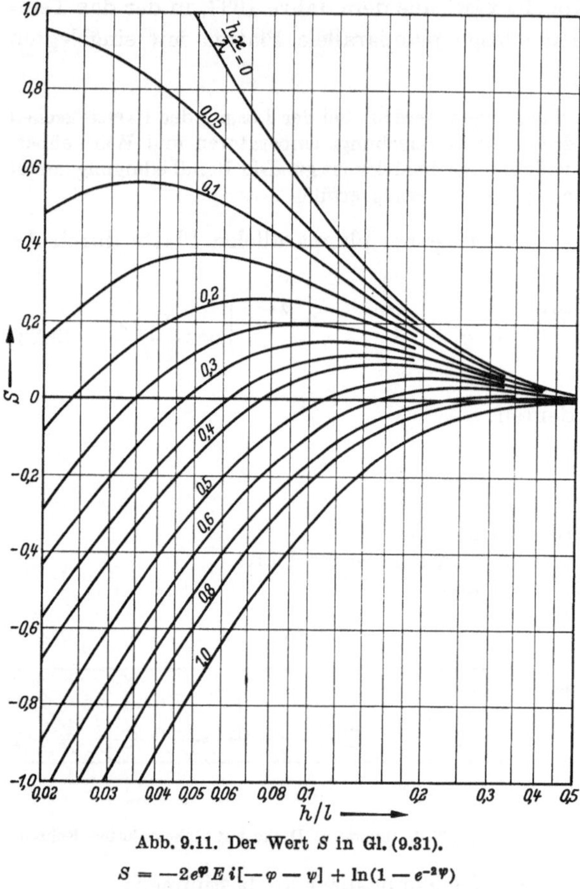

Abb. 9.11. Der Wert S in Gl. (9.31).

$$S = -2e^{\varphi} E\,i[-\varphi - \psi] + \ln(1 - e^{-2\psi})$$

$$\text{mit } \varphi = \frac{2}{\dfrac{\lambda}{h\varkappa} - 1} \quad \text{und} \quad \psi = 2\pi \frac{h}{l}.$$

Das Exponentialintegral ist vertafelt (JAHNKE-EMDE: Tafeln höherer Funktionen. Leipzig 1952).

geben sie die Gleichung und ein Diagramm an. In Abb. 9.11 ist statt dessen $S\left(\dfrac{h\varkappa}{\lambda}, \dfrac{h}{l}\right)$ dargestellt.

FAXÉNS Lösung für das Temperaturfeld der *mehrschichtigen planparallelen Platte* ist nur wenig komplizierter. Der Lösungsweg ist aber grundsätzlich der gleiche. Auch für diesen technisch interessanten Fall geben RYDBERG und HUBER ein Näherungsverfahren an, dessen Anwendung durch ein Diagramm vereinfacht wird. Dieses Verfahren braucht man aber nur dann anzuwenden, wenn Dicke und Wärmeleitfähigkeit der verschiedenen Schichten einer Decke von gleicher Größenordnung sind.

2. Anwendung des Rechenverfahrens

Nach den Gln. (9.27 a), (9.27 b) ist die spezifische Leistung der Deckenheizfläche

$$q = q_1 + q_2 = 2\pi \frac{\lambda A}{l}. \qquad (9.29)$$

Führt man eine auf die Deckenfläche und die maximale Temperaturdifferenz ϑ_0 bezogene Wärmedurchgangszahl k ein, setzt also

$$q = k\,\vartheta_0,$$

so erhält man für k die Beziehung

$$k = \frac{q}{\vartheta_0} = \frac{2\pi\lambda}{l}\,\frac{A}{\vartheta_0}. \tag{9.30}$$

Unter Zuhilfenahme der Gln. (9.25) und (9.28) ergibt sich

$$\frac{1}{k} = \frac{l}{2\pi\lambda}\left(\ln\frac{l}{d\pi} + S_1 + S_2\right) - \frac{G_2}{2\lambda}$$

und mit G_2 nach S. 73

$$\frac{1}{k} = \frac{l}{2\pi\lambda}\left(\ln\frac{l}{d\pi} + S_1 + S_2\right) + \frac{1}{\varkappa_1 + \varkappa_2}. \tag{9.31}$$

Die Teilwärmedurchgangszahl $\varkappa_2$ liegt i. allg. fest, da die Wärmeübergangszahl α_2 an der Decke, die Stärke und Wärmeleitzahl der Putzschicht sowie der Abstand der Rohrmitte von der Unterseite der Betonplatte kaum variieren. Auch für die Wärmeleitzahl des Betons kann

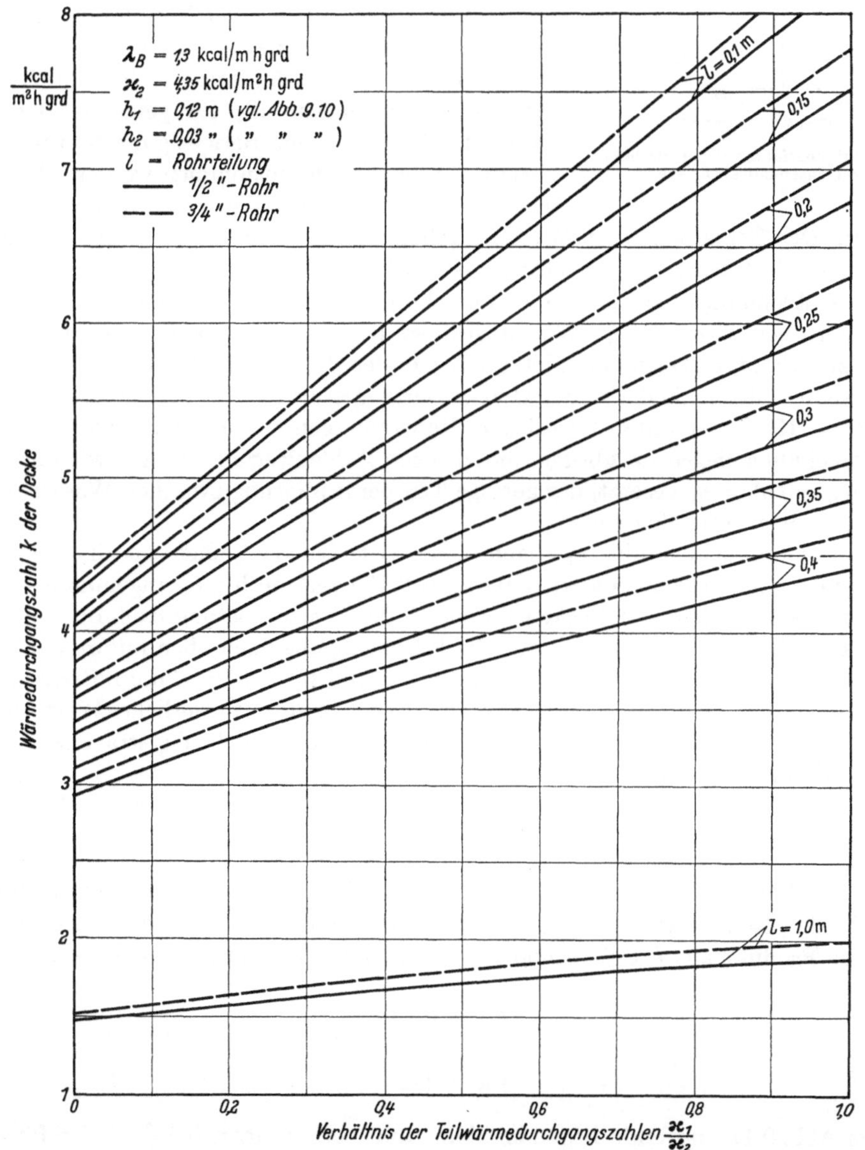

Abb. 9.12. Wärmedurchgangszahl von Betonheizdecken nach Gl. (9.31).

ein Festwert eingesetzt werden, so daß k nur noch abhängt von dem Rohraußendurchmesser d, der Rohrteilung l, der Teilwärmedurchgangszahl $\varkappa_1$ und — in geringem Maß — von h_2.

Wählt man den Rohrdurchmesser, so läßt sich für einen aus der Aufgabenstellung geforderten k-Wert die zugeordnete Rohrteilung an Hand der Gl. (9.31) ermitteln. Da l auch in den tran-

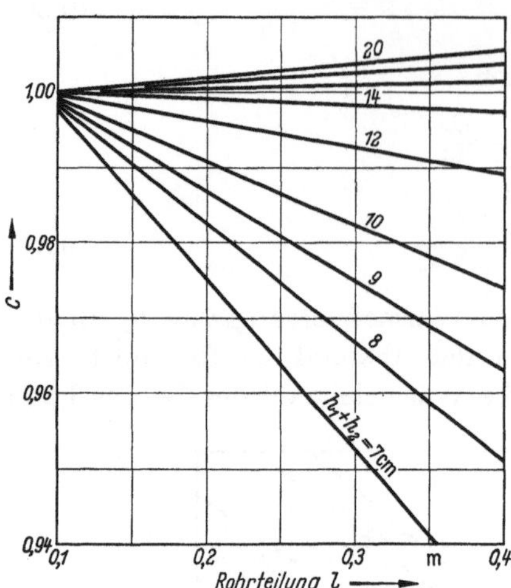

Abb. 9.13. Berichtigungsfaktor C zur Berücksichtigung der Plattendicke $h_1 + h_2$.

szendenten Funktionen ln $\dfrac{l}{d\pi}$, S_1 und S_2 auftritt, empfiehlt sich allerdings die graphische Lösung der Gleichung.

Abb. 9.12 zeigt k in Abhängigkeit von l und $\varkappa_1/\varkappa_2$ für $^1/_2''$- bzw. $^3/_4''$-Rohre und die Werte

$$\lambda_{\text{Beton}} = 1,3 \quad \text{kcal/m h grd,}$$

$$\varkappa_2 = 4,35 \text{ kcal/m}^2 \text{ h grd.}$$

Die Teilwärmedurchgangszahl $\varkappa_2 = 4,35$ kcal/m² h grd (nach unten) entspricht einer Wärmeübergangszahl $\alpha_D = 5,5$ kcal/m² h grd, einer 1,5 cm dicken Putzschicht und einem Abstand zwischen Unterseite der Betonplatte und Rohrmitte von 3 cm. Der Berechnung liegt eine Betonschicht von der Dicke $h_1 + h_2 = 15$ cm zugrunde.

Die Dicke der Betónplatte ist im üblichen Bereich nur von geringem Einfluß; für genauere Berechnungen kann aus Abb. 9.13 ein Berichtigungsfaktor für abweichende Plattendicken entnommen werden. An Stelle von k ist dann die berichtigte Wärmedurchgangszahl $k^* = C\,k$ zu verwenden. Der Zahlenwert der Wärmedurchgangszahl k für $l = 1$ m in Abb. 9.12 kann mit ausreichender Näherung für Einzelrohre benutzt werden.

Vereinfachte Rechnung. Man kann das Berechnungsverfahren vereinfachen, wenn man den Anteil der nach oben abgegebenen Wärme festlegt oder die Fußbodentemperatur im oberen Raum begrenzt. Abb. 9.14 zeigt eine Netztafel, aus der die spezifische Wärmeabgabe q_2 einer Betonheizdecke in Abhängigkeit von der Heizwassertemperatur t_H für eine mittlere Umgebungstemperatur $t_U = 19\ °\text{C}$ bei unterschiedlichen Rohrteilungen unmittelbar entnommen werden kann. Der Berechnung liegen im übrigen die gleichen Zahlenwerte zugrunde wie der Abb. 9.12. Auch wurde $(t_H - t_U) = \vartheta_0$ gesetzt, der geringe Temperatursprung zwischen Wasser- und Rohrwandtemperatur also vernachlässigt.

Die Teilwärmedurchgangszahl $\varkappa_1$ nach oben ist bis zu einer spezifischen Leistung $q_2 = 100$ kcal/m² h einheitlich mit $\varkappa_1 = 0,5\varkappa_2 = 2,175$ kcal/m² h grd angenommen. Das bedeutet, daß bei niedrig belasteten Decken jeweils $^1/_3$ der Wärmeleistung nach oben und $^2/_3$ nach unten gehen. Bei höheren Leistungen wurde die Wärmeabgabe nach oben mit $q_1 = 50$ kcal/m² h konstant angesetzt, so daß für $\alpha_1 = 7,5$ kcal/m² h grd und $t_1 = +19\ °\text{C}$ die mittlere Fußbodentemperatur nach Gl. (9.20 b) $t_{Fb} = 25,7\ °\text{C}$ wird. Der hierfür erforderliche Wert $\varkappa_1$ ist nach Gl. (9.17) zu bestimmen. Der auf der rechten Diagrammseite noch eingetragene Temperaturmaßstab gibt die mittlere Deckentemperatur $t_D = t_U + \vartheta_{m2}$ wieder.

Der von der Decke bzw. dem Fußboden abgegebene Anteil ist jeweils aus den Verhältniszahlen $\dfrac{\varkappa_2}{\varkappa_1 + \varkappa_2}$ bzw. $\dfrac{\varkappa_1}{\varkappa_1 + \varkappa_2}$ zu ermitteln.

An Hand der Abb. 9.12 läßt sich auch die auf die Rohrlänge bezogene Wärmedurchgangszahl k_R sowie die Rohr-Wärmeleistung q_R für eine bestimmte Deckenausführung angeben, indem man das Produkt aus k bzw. q und der Rohrteilung l bildet. Es ist sonach

$$k_R = k\,l$$

und

$$q_R = q\,l.$$

Unter den Abb. 9.12 zugrunde liegenden Annahmen erhält man bei $\dfrac{\varkappa_1}{\varkappa_2} = 0,5$ für die Rohr-Wärmedurchgangszahl und für die Rohr-Wärmeleistung die in Tab. 9.07 angegebenen Werte.

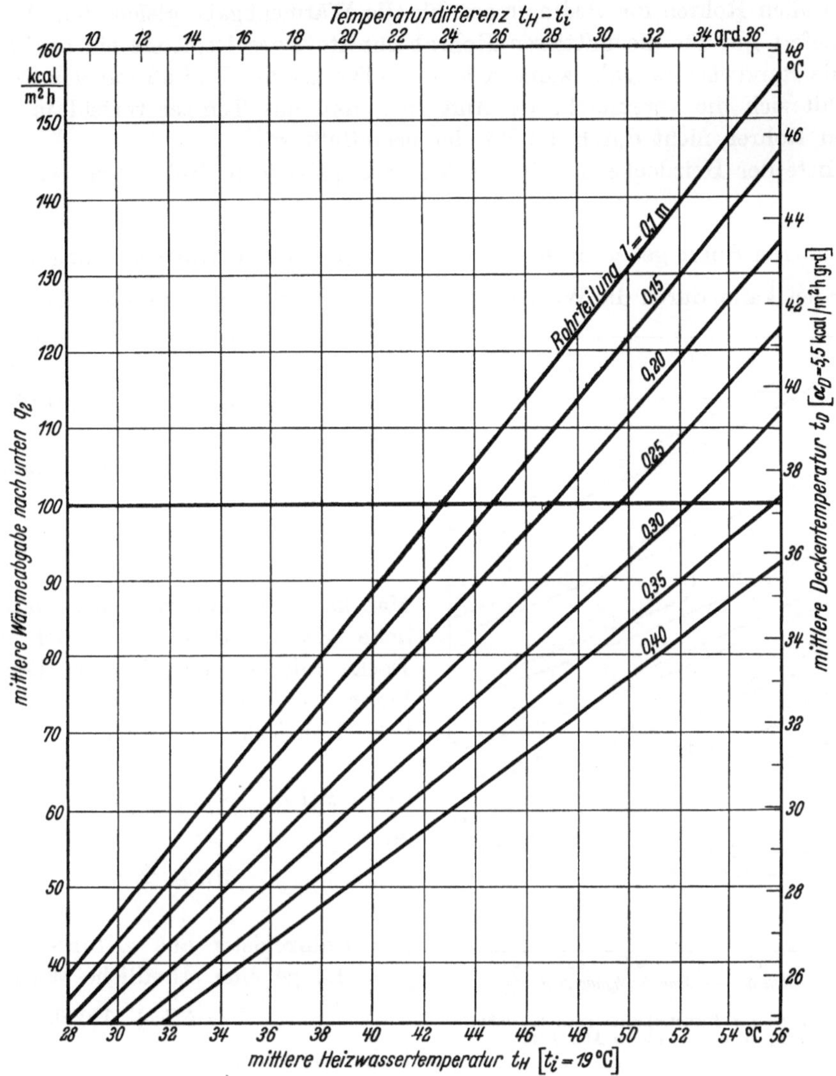

Abb. 9.14. Spezifische Wärmeabgabe einer Betonheizdecke nach Gl. (9.31) für $^1/_2''$-Rohr. Festwerte λ_B, $\varkappa_2$, h_1 und h_2 wie in Abb. 9.12. Verhältnis $q_1/q_2 = 0,5$ für $q_2 \leqq 100$ kcal/m^2 h. Wärmeabgabe nach oben $q_1 = 50$ kcal/m^2 h für $q_2 \geqq 100$ kcal/m^2 h.

Tabelle 9.07. *Wärmedurchgangszahl und Wärmeleistung für verschiedene Rohrteilungen und -durchmesser je m Rohrlänge*

Rohrteilung l in cm		15	20	25	30	100
Rohr-Wärmedurchgangs-	$^1/_2''$-Rohr	0,88	1,08	1,22	1,34	1,72
zahl k_R in kcal/m h grd	$^3/_4''$-Rohr	0,90	1,11	1,27	1,40	1,81
Rohr-Wärmeleistung q_R in kcal/m h — $t_H = 45$ °C	$^1/_2''$-Rohr	22,8	28,0	31,7	34,9	44,6
	$^3/_4''$-Rohr	23,4	28,9	32,9	36,4	47,0
50 °C	$^1/_2''$-Rohr	27,1	33,3	37,8	41,5	53,1
	$^3/_4''$-Rohr	27,9	34,4	39,2	43,4	56,0
55 °C	$^1/_2''$-Rohr	31,7	38,7	43,9	48,3	61,8
	$^3/_4''$-Rohr	32,4	40,0	45,5	50,4	65,0

3. Die Randwärmeabgabe

a) Der Breitenzuschlag Δb

Die Berechnung der Wärmedurchgangszahl k bzw. der Wärmeleistung q geht von der Voraussetzung aus, daß die Heizregister aus unendlich vielen, sehr langen Rohren bestehen, d. h.

also, daß bei allen Rohren die Bedingungen für die Wärmeabgabe gleich sind. Diese Betrachtungsweise liefert nur für die mittleren Rohrabschnitte eines Registers ein exaktes Ergebnis. Da jedoch die Randwärmeabgabe zumeist keinen allzu großen Einfluß auf das Gesamtresultat hat, empfiehlt sich die vereinfachende Annahme, daß das Temperaturfeld in dem Bereich zwischen den Rohren nicht durch die Ränder beeinflußt wird.

In der Mitte der Heizdecke beträgt die Wärmeabgabe je m Rohrlänge

$$q_R = k\, l\, \vartheta_0. \tag{9.32}$$

Die beiden äußeren Rohre geben nach je einer Seite eine größere Wärmeleistung ab, die gekennzeichnet werden kann durch die Wärmedurchgangszahl k_b und die Breite $\dfrac{l_b}{2}$ des Randstreifens.

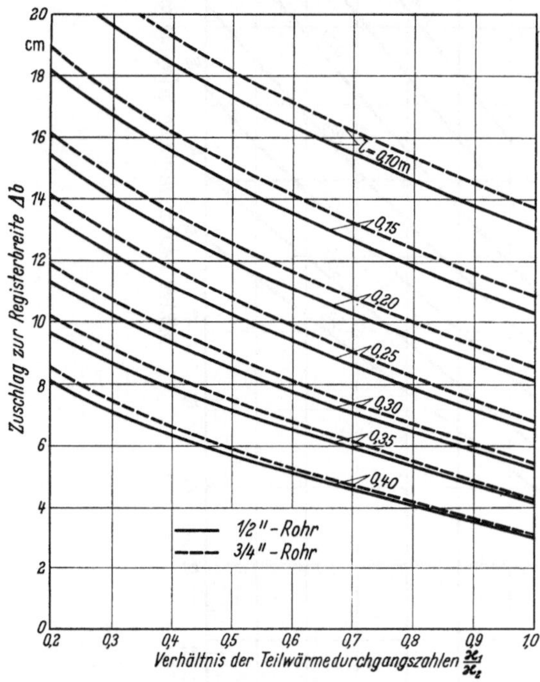

Abb. 9.15. Zuschlag Δb zur Registerbreite nach Gl. (9.33). Festwerte λ_B, $\varkappa_2$, h_1 und h_2 wie in Abb. 9.12.

k_b ist dabei die einer Betonheizdecke mit der Rohrteilung l_b entsprechende Wärmedurchgangszahl; sie kann aus Abb. 9.12 entnommen werden.

Die Wärmeabgabe eines Randrohres von 1 m Länge beträgt

$$\left(k\,\frac{l}{2} + k_b\,\frac{l_b}{2}\right)\vartheta_0.$$

Man kann sich nun vorstellen, daß die zusätzliche Randwärmeleistung auch durch eine Decke mit der einheitlichen Leistung q erbracht wird, die um Δb breiter ist als die wirkliche Heizdecke. Δb berechnet sich dann aus

$$k\left(l + \frac{\Delta b}{2}\right)\vartheta_0 = \left(k\,\frac{l}{2} + k_b\,\frac{l_b}{2}\right)\vartheta_0$$

zu

$$\Delta b = \frac{k_b\, l_b}{k} - l. \tag{9.33}$$

Ein Rohrregister aus n Rohren gibt sonach je m Länge eine stündliche Wärmemenge ab

$$Q = k(b + \Delta b)\,\vartheta_0. \tag{9.34}$$

Dabei ist $b = n\,l$.

Mit zunehmender Breite des Randstreifens $l_b/2$ geht dessen Einfluß auf Δb immer mehr zurück. Für praktische Rechnungen genügt es, einheitlich $l_b = 1$ m zu setzen. Auf dieser Vereinfachung und den der Abb. 9.12 zugrunde liegenden Festwerten beruht die in Abb. 9.15 dargestellte Abhängigkeit des Breitenzuschlages Δb von der Rohrleitung l und dem Verhältnis $\dfrac{\varkappa_1}{\varkappa_2}$ der Teilwärmedurchgangszahlen.

b) Der Längenzuschlag Δa

In analoger Weise wird die Randwärmeabgabe der Rohrbögen an den Enden durch einen Zuschlag Δa zu der Länge a des Registers berücksichtigt, so daß die Gesamtwärmeabgabe sich zu

$$Q = k(a + \Delta a)\,(b + \Delta b)\,\vartheta_0 \tag{9.35}$$

ergibt, die Heizfläche also zu

$$F = (a + \Delta a)\,(b + \Delta b). \tag{9.36}$$

Die gesamte Rohrlänge vergrößert sich gegenüber der Länge $n\,a$ von n Einzelrohren durch die Rohrbögen um

$$(n-1)\left(\frac{\pi}{2} - 1\right)l.$$

Die auf die Rohrlänge bezogene Wärmeabgabe ist innerhalb des Bogens geringer als zwischen den geraden Rohren; außerhalb des Bogens ist sie dagegen noch größer als die Wärmeabgabe der außenliegenden geraden Rohre des Registers.

Insgesamt sei die auf die Rohrlänge bezogene Wärmeabgabe der Rohrbögen $\dfrac{k+\Delta k}{k}$ mal so groß wie die Wärmeabgabe eines Rohres im Register.

Damit erhält man für die zusätzliche Wärmeabgabe der Rohrbögen die Beziehung

$$\Delta Q = (k + \Delta k)\,(n-1)\left(\frac{\pi}{2}-1\right)l^2\,\vartheta_0; \qquad (9.37)$$

nach Gl. (9.35) gilt aber

$$\Delta Q = k\,\Delta a\,(b + \Delta b)\,\vartheta_0.$$

Damit wird

$$\Delta a = \frac{k+\Delta k}{k}\,\frac{(n-1)\,l}{b+\Delta b}\cdot 0{,}57\,l. \qquad (9.38)$$

Aus Zahlenbeispielen ergibt sich

$$\frac{k+\Delta k}{k}\,\frac{(n-1)\,l}{b+\Delta b} = 0{,}4 \text{ bis } 1{,}8.$$

Die Werte unter 1 sind die häufigeren. Für die Praxis wird es meist genügen,

$$\Delta a \approx 0{,}5\,l \qquad (9.38\,\text{a})$$

zu setzen.

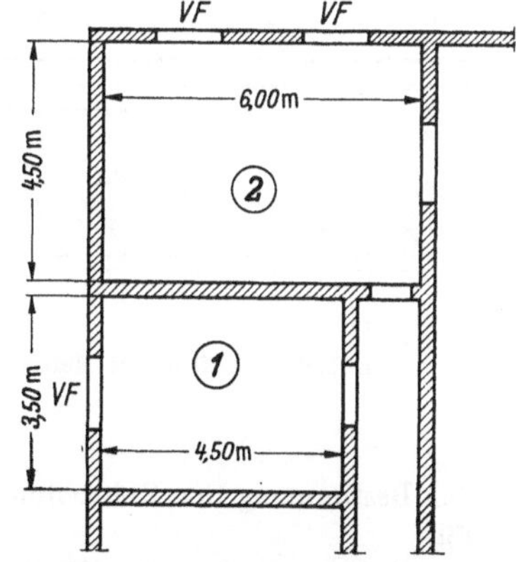

Ist gemäß Abb. 9.16, unten, ein Rohrende im Abstand l an den Rohrbögen vorbeigeführt, so kann man mit

$$\Delta a \approx 1{,}75\,l \qquad (9.38\,\text{b})$$

rechnen.

c) Zusammenfassung

Unter Berücksichtigung der Randwärmeabgabe ergibt sich bei einbetonierten Rohrschlangen die Heizfläche F aus folgenden Gleichungen:

1. Bei Deckenausführung nach Abb. 9.16, oben:

$$F = (a + 0{,}5\,l)\,(n\,l + \Delta b). \qquad (9.36\,\text{a})$$

2. Bei Deckenausführung nach Abb. 9.16, unten:

$$F = (a + 1{,}75\,l)\,(n\,l + \Delta b). \qquad (9.36\,\text{b})$$

4. Beispielrechnung

In ein dreistöckiges Gebäude soll eine Crittall-Deckenheizung eingebaut werden. Die Berechnung werde für die in allen Geschossen gleichen Räume 1 und 2, s. Abb. 9.17, durchgeführt. Mittlere Heizwassertemperatur $t_H = \dfrac{t_v + t_r}{2} = 50\ ^\circ\text{C}$.

Wärmebedarf der Räume:

Erdgeschoß	Raum 0.1	$Q_h = 1140\ \text{kcal/h}$,
	Raum 0.2	$Q_h = 2730\ \text{kcal/h}$,
1. Obergeschoß	Raum I.1	$Q_h = 935\ \text{kcal/h}$,
	Raum I.2	$Q_h = 2400\ \text{kcal/h}$,

2. Obergeschoß Raum II.1 } Raum II.2 } Der genaue Wärmebedarf für die Räume im 2. Stockwerk (Dachgeschoß) ist erst anzugeben, wenn die Größe der Deckenheizflächen festgelegt ist.

Abb. 9.17. Grundriß zur Beispielrechnung.

Normalgeschoß

a) Spezifische Leistung

Wir gehen vom 1. Obergeschoß aus. Da Raum I.2 den größeren auf die Grundfläche des Raumes bezogenen Wärmebedarf hat, werde die gesamte Deckenfläche bis auf eine Randzone von 0,5 m Breite als Heizfläche benutzt. Somit ergibt sich als vorläufige Heizfläche

$$F = 5 \cdot 3{,}5 = 17{,}5 \text{ m}^2.$$

Die spezifische Heizleistung ist $q = \dfrac{Q_h}{F} = \dfrac{2400}{17{,}5} = 137 \text{ kcal/m}^2 \text{ h}$. Da $q < 150 \text{ kcal/m}^2 \text{ h}$, wird gewählt: $\dfrac{q_1}{q_2} = 0{,}5$.

Damit ergibt sich die von der Decke nach unten abgegebene Leistung zu

$$q_2 = \frac{q}{1{,}5} = \frac{137}{1{,}5} = 91{,}4 \text{ kcal/m}^2 \text{ h}$$

und die nach oben abgegebene Leistung zu

$$q_1 = 0{,}5\, q_2 = 45{,}7 \text{ kcal/m}^2 \text{ h}.$$

Die Deckentemperatur ist dann bei $\alpha_2 = 5{,}5 \text{ kcal/m}^2 \text{ h grd}$

$$t_D = \frac{q_2}{\alpha_2} + t_i = \frac{91{,}4}{5{,}5} + 19 = 16{,}6 + 19 = 35{,}6 \text{ °C}.$$

b) Nachprüfung der Deckentemperatur

Als kritischer Punkt werde die unterhalb der Mitte der Heizfläche des Raumes I.2 in 1,2 m Höhenabstand vom Fußboden gelegene Stelle P angesehen, s. Abb. 9.18.

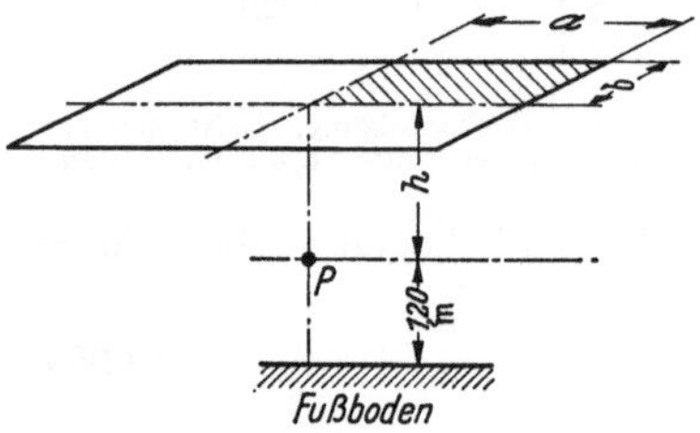

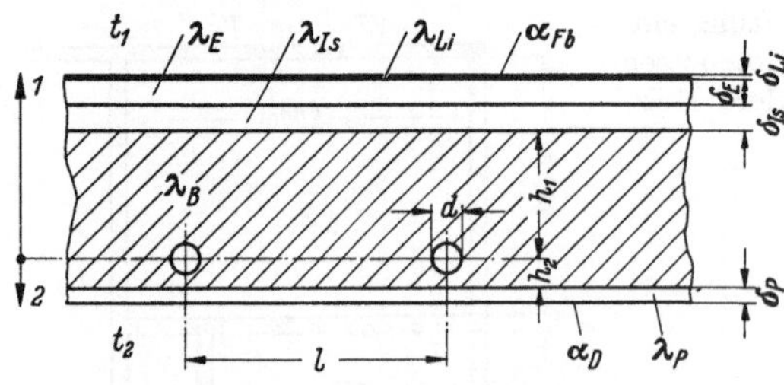

Abb. 9.18. Zur Ermittlung des Raumwinkel-verhältnisses.

Für die schraffierte Teilfläche ist

$$\frac{a}{h} = \frac{2{,}5}{1{,}8} = 1{,}39 \quad \text{und} \quad \frac{b}{h} = \frac{1{,}75}{1{,}8} = 0{,}97.$$

Aus Arbeitsblatt 15 entnimmt man für Fall 3 das Raumwinkelverhältnis

$$\varphi = 0{,}048 \quad \text{und damit} \quad \varphi_{ges} = 4\varphi = 0{,}192.$$

Nach dem CHRENKOSCHEN Kriterium, s. Abb. 4.129 im ersten Band, beträgt hierfür die zulässige Deckentemperatur $t_{D\,phys} = 29$ °C.

Nach Gl. (9.21) ist noch maximal eine mittlere Deckentemperatur

$$t_D = t_i + \frac{t_{D\,phys} - t_i}{0{,}6} = 19 + \frac{29 - 19}{0{,}6} = 19 + 16{,}7 = 35{,}7 \text{ °C}$$

zulässig.

Die mittlere Deckentemperatur bleibt sonach gerade noch im Rahmen des gemilderten CHRENKOSCHEN Kriteriums.

c) Isolierung nach oben

Der vorgesehene Aufbau der Heizdecke ist in Abb. 9.19 dargestellt.
Zu bestimmen ist die Dicke der Isolierschicht δ_{I_s}.

Da $\dfrac{q_1}{q_2} = \dfrac{\varkappa_1}{\varkappa_2} = 0{,}5$, ergibt sich bei $\varkappa_2 = 4{,}35 \text{ kcal/m}^2 \text{ h grd}$

$$\varkappa_1 = 0{,}5 \cdot 4{,}35 = 2{,}175 \text{ kcal/m}^2 \text{ h grd}.$$

Für $\varkappa_1$ gilt aber auch:

$$\frac{1}{\varkappa_1} = \frac{1}{\alpha_1} + \frac{\delta_{L_i}}{\lambda_{L_i}} + \frac{\delta_E}{\lambda_E} + \frac{\delta_{I_s}}{\lambda_{I_s}} + \frac{h_1}{\lambda_B}.$$

Daraus folgt:

$$\delta_{I_s} = \lambda_{I_s}\left[\frac{1}{2{,}175} - \left(\frac{1}{7{,}5} + \frac{0{,}003}{0{,}16} + \frac{0{,}035}{1{,}3} + \frac{0{,}12}{1{,}3}\right)\right].$$

Für $\lambda_{I_s} = 0{,}075 \text{ kcal/m h grd}$ ergibt sich $\delta_{I_s} = 14 \text{ mm}$.

Abb. 9.19. Aufbau der Heizdecke.

d) Rohrteilung

Zur Bestimmung der Rohrteilung verwenden wir die Netztafel Abb. 9.14.
Für

$$t_H - t_i = 50 - 19 = 31 \text{ grd} \quad \text{und} \quad q_2 = 91{,}4 \text{ kcal/m}^2 \text{ h}$$

entnehmen wir als nächstgelegene Rohrteilung $l = 0{,}30$ m für $^1/_2''$-Rohr.

Die tatsächliche Wärmeabgabe dieser Decke bei $t_H = 50$ °C ist nach Abb. 9.14

$$q_2^* = 92 \text{ kcal/m}^2 \text{ h}$$

und demzufolge

$$q^* = q_1^* + q_2^* = 92 + 0{,}5 \cdot 92 = 138 \text{ kcal/m}^2 \text{ h}.$$

Auch die Heizfläche F ist entsprechend zu berichtigen; es wird

$$F^* = \frac{Q_h}{q^*} = \frac{2400}{138} = 17,4 \text{ m}^2.$$

e) Bemessung der Rohrschlange für Raum I.2

Den Randwärmeeinfluß ermitteln wir aus Diagramm 9.15 zu

$$\Delta b = 0,085 \text{ m} \quad \text{für} \quad \frac{\varkappa_1}{\varkappa_2} = 0,5, \quad l = 0,3 \text{ m} \quad \text{und} \quad \frac{1}{2}''\text{-Rohr}.$$

Für eine Rohrzahl $n = \dfrac{b}{l} = \dfrac{3,5}{0,3} \approx 12$ ergibt sich die Breite der Heizfläche zu

$$b + \Delta b = 12 \cdot 0,30 + 0,085 = 3,685 \text{ m}.$$

Der Randwärmeeinfluß der Rohrbögen wird nach Gl. (9.38b) berechnet.

$$\Delta a = 1,75\, l = 1,75 \cdot 0,30 = 0,525 \text{ m};$$

damit wird die Länge der Heizfläche

$$a + \Delta a = \frac{F^*}{b + \Delta b} = \frac{17,4}{3,685} = 4,72 \text{ m}$$

und die Länge der Rohre

$$a = \frac{F^*}{b + \Delta b} - \Delta a = 4,72 - 0,525 = 4,195. \quad a \approx 4,20 \text{ m}.$$

f) Bemessung der Rohrschlange für Raum I.1

Bei gleicher Deckenkonstruktion wie in Raum I.2 ergibt sich eine Heizfläche von

$$F = \frac{Q_h}{q^*} = \frac{935}{138} = 6,78 \text{ m}^2.$$

Entsprechend der Deckengröße von $3,5 \times 4,5 = 15,75$ m² muß die Länge der Heizfläche

$$(a + \Delta a) \leqq 2,8 \text{ m},$$

also die Breite

$$(b + \Delta b) \geqq \frac{F}{a + \Delta a} = \frac{6,78}{2,8} = 2,42 \text{ m}$$

werden.

Für 8 Rohre erhält man:

$$b + \Delta b = 8 \cdot 0,30 + 0,085 = 2,485 \text{ m},$$

$$a + \Delta a = \frac{F}{b + \Delta b} = \frac{6,78}{2,485} = 2,72 \text{ m}$$

und

$$a = \frac{F}{b + \Delta b} - \Delta a = 2,72 - 0,525 = 2,195; \quad a \approx 2,20 \text{ m}.$$

Erdgeschoß

Es muß zunächst geprüft werden, ob die geforderte Wärmeleistung durch die Deckenheizfläche allein erbracht werden kann. Da für den im Normalgeschoß liegenden Raum I.2 der physiologisch zulässige Grenzwert der Deckentemperatur bereits erreicht wird, ist in dem entsprechenden Erdgeschoßraum 0.2 mit seinem höheren Heizwärmebedarf eine Zusatzheizung notwendig.

a) Zusätzliche Heizfläche im Raum 0.2

Bei Anordnung gesonderter Raumheizkörper (oder Brüstungsheizflächen) und einer Heizdeckenausführung wie im 1. Obergeschoß beträgt die zusätzliche Wärmeleistung

$$Q_{Zus} = Q_h - Q_2 = 2730 - 17,4 \cdot 92 = 1130 \text{ kcal/h}.$$

Wir wählen einen zweireihigen, vertikal grob profilierten Plattenheizkörper von 500 mm Bauhöhe, der bei gleicher Vorlauftemperatur betrieben werden soll wie die Decke. Die Normwärmeleistung q_n für einen solchen Plattenheizkörper ist nach Zahlentafel A 27b $q_n = 955$ kcal/h m bei $\Delta t_n = 60$ grd; bei $\Delta t = 31$ grd wird nach Gl. (9.13) $q = q_n \left(\dfrac{\Delta t}{\Delta t_n}\right)^{4/3} = 396$ kcal/h m. Damit ergibt sich die Länge der zusätzlichen Heizfläche

$$L = \frac{Q_{Zus}}{q} = \frac{1130}{396} = 2,85 \text{ m}.$$

Wird an Stelle des Heizkörpers eine zusätzliche Fußbodenheizung vorgesehen, so muß diese eine Leistung erbringen, die der Wärmeabgabe der Heizdecke nach oben gleichkommt (der Wärmebedarf der Räume 0.2 und I.2 ist bei dieser Ausführung gleich, da vom Raum 0.2 keine Wärme nach dem Keller abgegeben wird).

b) Heizfläche und Deckentemperatur im Raum 0.1

Bei gleicher Ausführung der Heizfläche wie im Normalgeschoß und einer verringerten Randzone von 0,3 m Breite ergibt sich die maximale Heizfläche zu:

$$F = 2,9 \cdot 3,9 = 11,3 \text{ m}^2$$

und damit die Wärmeleistung der Decke nach unten zu:

$$Q_2 = F\, q_2 = 11,3 \cdot 92 = 1040 \text{ kcal/h}.$$

Benötigt werden aber

$$Q = 1140 \text{ kcal/h}.$$

Die fehlende Leistung kann entweder durch örtliche Heizflächen oder durch eine Erhöhung der spezifischen Wärmeabgabe der Decke erbracht werden. Wir untersuchen die zweite Möglichkeit.

Für $\alpha_2 = 5,5$ kcal/m² h grd und $F = 11,3$ m² berechnet sich die mittlere Deckentemperatur zu

$$t_D = \frac{1140}{11,3 \cdot 5,5} + 19 = 18,3 + 19 = 37,3 \text{ °C}.$$

Das Winkelverhältnis der Deckenheizfläche ergibt sich bei

$$\frac{a}{h} = \frac{1,95}{1,80} = 1,08 \quad \text{und} \quad \frac{b}{h} = \frac{1,45}{1,80} = 0,806$$

zu $\varphi = 0,038$ und $\varphi_{ges} = 4 \cdot 0,038 = 0,152$.

Aus Abb. 4.129 im ersten Band entnimmt man $t_{Dphys} = 32$ °C.

Äußerstenfalls zulässig wäre nach Gl. (9.21) eine Auslegungstemperatur der Decke

$$t_D = 19 + \frac{32 - 19}{0,6} = 19 + 21,7 = 40,7 \text{ °C}.$$

Die mittlere Deckentemperatur bleibt also innerhalb der Grenzen des gemilderten CHRENKO-Kriteriums.

c) Isolierung nach oben

Die gegenüber dem 1. Obergeschoß notwendige höhere spezifische Leistung läßt sich nur durch Verkleinerung der Rohrteilung erzielen. Dadurch sowie durch die Vergrößerung der belegten Deckenfläche wird die Wärmeabgabe nach oben höher als zunächst angenommen. Es ist also eine Berichtigung der Deckenheizfläche im Raum I.1 notwendig.

Man kann auch einen anderen Weg gehen, nämlich durch bessere Isolierung der Decke über Raum 0.1 die an den Raum I.1 abgegebene Wärme der ersten Annahme entsprechend beibehalten. Es ist dann die Dicke der Isolierschicht zunächst zu ermitteln, bevor die neue Rohrteilung festgelegt werden kann.

Die Fußbodenwärmeabgabe ist bei Raum I.1 berücksichtigt mit

$$Q_{Fb} = 6,78 \cdot 46 = 312 \text{ kcal/h}.$$

Auf die Deckenheizfläche von Raum 0.1 bezogen ist sonach eine spezifische Wärmeabgabe erforderlich von

$$q_1 = \frac{312}{11,3} = 27,6 \text{ kcal/m}^2 \text{ h}.$$

Damit wird

$$q = q_1 + q_2 = 27,6 + \frac{1140}{11,3} = 128,6 \text{ kcal/m}^2 \text{ h}.$$

Aus

$$\frac{q_1}{q_2} = \frac{\varkappa_1}{\varkappa_2} = \frac{27,6}{101} = 0,274 \quad \text{folgt bei} \quad \varkappa_2 = 4,35 \text{ kcal/m}^2 \text{ h grd}$$

$$\varkappa_1 = 0,274 \cdot 4,35 = 1,19 \text{ kcal/m}^2 \text{ h grd}$$

und damit die Dicke der Isolierschicht (s. S. 80) zu

$$\delta_{I_s} = 0,075 \left[\frac{1}{1,19} - \left(\frac{1}{7,5} + \frac{0,003}{0,16} + \frac{0,035}{1,3} + \frac{0,12}{1,3} \right) \right] = 0,0424 \text{ m}; \quad \delta_{I_s} \approx 42 \text{ mm}.$$

d) Rohrteilung

Zur Ermittlung der Rohrteilung benutzen wir Abb. 9.12. Die Wärmedurchgangszahl k muß betragen

$$k = \frac{q}{t_H - t_i} = \frac{128,6}{31} = 4,15 \text{ kcal/m}^2 \text{ h grd}.$$

Aus Abb. 9.12 ist zu ersehen, daß für $\frac{\varkappa_1}{\varkappa_2} = 0,274$ bei einem $^1/_2{}''$-Rohr mit einer Rohrteilung $l = 0,25$ m eine Wärmedurchgangszahl $k = 4,30$ kcal/m² h grd erreicht wird.

e) Bemessung der Rohrschlange für Raum 0.1

An Hand der wirklichen Wärmeabgabe

$$q = 4{,}30 \cdot 31 = 133{,}3 \; \text{kcal/m}^2 \, \text{h}$$

berichtigen wir zunächst die Heizfläche. Es wird:

$$F^* = \frac{Q_1 + Q_2}{q_1^* + q_2^*} = \frac{Q_1 + Q_2}{q^*} = \frac{312 + 1140}{133{,}3} = 10{,}9 \; \text{m}^2.$$

Infolge der etwas verkleinerten Heizfläche kann die Deckenisolierung auf

$$\delta_{I_s} = 40 \; \text{mm}$$

abgerundet werden.

Die Randwärmeberechnung mit Hilfe von Abb. 9.15 führt zu

$$\Delta b = 0{,}126 \; \text{m}$$

und damit bei 14 Rohren

$$b + \Delta b = 14 \cdot 0{,}25 + 0{,}126 = 3{,}50 + 0{,}126 \approx 3{,}63 \; \text{m},$$

$$\Delta a = 1{,}75 \, l = 1{,}75 \cdot 0{,}25 = 0{,}4375 \; \text{m},$$

$$a + \Delta a = \frac{F^*}{b + \Delta b} = \frac{10{,}9}{3{,}63} = 3{,}0 \; \text{m},$$

$$a = \frac{F^*}{b + \Delta b} - \Delta a = 3{,}0 - 0{,}4375; \quad a \approx 2{,}56 \; \text{m}.$$

2. Obergeschoß

Für Räume mit voller Deckenbelegung — wie dies in unserem Beispiel praktisch für Raum II.2 zutrifft — ist der Wärmebedarf der gleiche wie im Zwischengeschoß. Damit ergibt sich auch die gleiche Deckenheizfläche, wenn durch Wahl einer ausreichenden Isolierung dafür gesorgt wird, daß das Verhältnis der beiden Wärmeströme $q_1 : q_2$ nicht wesentlich verschieden ist von dem Wert im Zwischengeschoß.

Gesondert zu betrachten ist hier der Raum II.1, da über die unbeheizte Deckenfläche ein zusätzlicher Wärmeverlust nach dem Dachboden auftritt. Er muß durch eine Vergrößerung der Heizfläche ausgeglichen werden. Dabei ist zugleich die Deckenisolierung festzulegen.

a) Wärmebedarf und Heizleistung für Raum II.1

Die Wärmeverluste durch die Außenwände sind die gleichen wie bei Raum I.1, nämlich

$$Q_{AW} = 935 \; \text{kcal/h}.$$

Der Wärmeverlust nach dem Dachboden über die unbeheizte Deckenfläche ergibt sich aus

$$Q_{Da} = F_{Da} \, k_{Da} (t_i - t_{Da}).$$

Dabei bedeuten:

F_{Da} Fläche der unbeheizten Decke,

k_{Da} Wärmedurchgangszahl dieses Deckenteils,

t_{Da} Dachboden- bzw. Außentemperatur.

Die geforderte Heizleistung Q_2 nach unten beträgt demnach

$$Q_2 = Q_{AW} + Q_{Da} - Q_{Fb}.$$

Von der Heizanlage ist weiterhin aufzubringen die Wärmeleistung

$$Q_1 = F \, q_1,$$

wobei wie oben F die beheizte Deckenfläche und q_1 die spezifische Wärmeabgabe nach oben ist.

Der Fußboden liefert die Wärmemenge

$$Q_{Fb} = 6{,}78 \cdot 46 = 312 \; \text{kcal/h}.$$

Von der Decke sind zu liefern

$$Q_D = Q_1 + Q_2 = F \, q_1 + Q_{Da} + 935 - 312 = 623 + F \, q_1 + F_{Da} \, k_{Da}(t_i - t_{Da}).$$

b) Deckenisolierung

Zur Lösung der vorstehenden Gleichung sind Annahmen über die Wärmedämmung der obersten Geschoßdecke zu treffen. Wir gehen davon aus, daß die spezifische Wärmeabgabe der beheizten Deckenfläche nach oben nicht höher sein soll, als der spezifische Wärmeverlust einer Außenwand üblicher Isolierung, setzen also

$$q_1 = k_{AW}(t_i - t_a) = 1{,}26 \cdot (20 + 15) = 44{,}1 \; \text{kcal/m}^2 \, \text{h}.$$

Da bei der Deckenausführung im Zwischengeschoß $q_2 = 92 \; \text{kcal/m}^2 \, \text{h}$ ist, wird

$$\frac{\varkappa_1}{\varkappa_2} = \frac{q_1}{q_2} = \frac{44{,}1}{92} = 0{,}48 \quad \text{und bei} \quad \varkappa_2 = 4{,}35 \; \text{kcal/m}^2 \, \text{h grd}$$

$$\varkappa_1 = 0{,}48 \cdot 4{,}35 = 2{,}09 \; \text{kcal/m}^2 \, \text{h grd}.$$

Bei einer Temperatur im Dachraum von $t_{Da} = -6\ °C$ errechnet sich die äquivalente Teilwärmedurchgangszahl $\varkappa_1'$ nach Formel (9.22) aus

$$\frac{1}{\varkappa_1'} = \frac{1}{2,09} + \frac{19 + 6}{44,1} = 1,044\ \mathrm{m^2\ h\ grd/kcal}.$$

Mit $\alpha_{Da} = 7\ \mathrm{kcal/m^2\ h\ grd}$ ergibt sich für den Dämmwert $\dfrac{1}{\varLambda}$ der Deckenisolierung

$$\frac{1}{\varLambda} = \frac{1}{\varkappa_1'} - \left(\frac{1}{\alpha_{Da}} + \frac{h_1}{\lambda_1}\right) = 1,044 - (0,143 + 0,092) = 0,809\ \mathrm{m^2\ h\ grd/kcal}$$

und daraus bei $\lambda_{I_s} = 0,075\ \mathrm{kcal/m\ h\ grd}$

$$\delta_{I_s} = 0,809 \cdot 0,075 = 0,061\ \mathrm{m}, \qquad \delta_{I_s} \approx 60\ \mathrm{mm}.$$

c) Heizfläche

Wird diese Isolierdicke auch an den unbeheizten Deckenflächen beibehalten, so berechnet sich k_{Da} aus

$$\frac{1}{k_{Da}} = \frac{1}{\varkappa_2} + \frac{1}{\varkappa_1'} = \frac{1}{4,35} + 1,044 = 1,274\ \mathrm{m^2\ h\ grd/kcal}$$

zu

$$k_{Da} = \frac{1}{1,274} = 0,784\ \mathrm{kcal/m^2\ h\ grd}$$

und damit

$$Q_{Da} = F_{Da} \cdot 0,784\,(19 + 6) = 19,6\,F_{Da}.$$

Für Q_2 ergibt sich

$$Q_2 = 623 + 19,6\,F_{Da} = F\,q_2 = F \cdot 92.$$

Da die Deckenfläche F_{ges} bekannt ist, erhält man F_{Da} aus

$$F_{Da} = F_{ges} - F = 3,5 \cdot 4,5 - F = 15,75 - F,$$

also auch

$$623 + 19,6 \cdot (15,75 - F) = F \cdot 92.$$

Es ist also

$$F = \frac{623 + 19,6 \cdot 15,75}{92 + 19,6} = 8,35\ \mathrm{m^2}.$$

d) Bemessung der Rohrschlange

Für $\dfrac{\varkappa_1}{\varkappa_2} = 0,48$ ist nach Abb. 9.15

$$\varDelta b = 0,087\ \mathrm{m} \quad \text{und} \quad \varDelta a = 1,75\,l = 0,525\ \mathrm{m}.$$

Um auf die gleiche Rohrlänge a wie im Raum I.1 zu kommen, ermittelt man die Rohrzahl n wie folgt:

$$a = 2,20\ \mathrm{m} \quad (\text{wie bei Raum I.1}),$$
$$a + \varDelta a = 2,725\ \mathrm{m},$$
$$b + \varDelta b = \frac{F}{a + \varDelta a} = \frac{8,35}{2,725} = 3,07\ \mathrm{m},$$
$$b = 3,07 - 0,087 = 2,983\ \mathrm{m},$$
$$n = \frac{b}{l} = \frac{2,983}{0,3}; \quad n \approx 10.$$

e) Sonderberechnungen

Es wurde bereits oben darauf hingewiesen, daß eine Sonderberechnung für Raum II.2 nicht erforderlich ist. Die Decke ist zwar nicht in ihrer vollen Fläche mit Heizrohren belegt. Bei der geringen Breite der rohrfreien Randzonen und der guten Wärmedämmung der Decke kann aber darauf verzichtet werden, den Wärmeverlust zum Dachboden in diesem Fall noch zu berechnen und durch eine Berichtigung der Deckenheizfläche zu berücksichtigen. (Die Wärmeableitung von der Heizdecke in die Außenwand ist ohnehin größer als die Wärmeabgabe nach oben.) Das Verhältnis $q_1 : q_2$ ist bei der vorgesehenen Isolierung der Decke praktisch das gleiche wie im Zwischengeschoß, so daß auch die spezifische Wärmeabgabe der Decke nach unten sich nicht verändert.

Anders liegen die Verhältnisse, wenn im Normalgeschoß nur ein Teil der Decke belegt ist, gleichzeitig aber die physiologisch zulässige Deckentemperatur bereits erreicht ist. Dann wird der gleiche Raum im letzten Obergeschoß infolge des Wärmeverlustes des unbelegten Deckenteils eine höhere Heizleistung erfordern, ohne daß die Heizfläche vergrößert werden darf. In solchen Fällen wird man prüfen, ob nicht bei voller Deckenbelegung mit vergrößerter Rohrteilung eventuell die geforderte Heizleistung innerhalb der zulässigen Deckentemperaturen erbracht werden kann.

Eine andere Lösung besteht darin, die Rohrschlangenausführung der Zwischengeschosse auch im obersten Geschoß beizubehalten, in der restlichen Deckenfläche jedoch einige Heizrohre in größerem Abstand zu verlegen. Diese Heizrohre sollen lediglich einen zusätzlichen Wärmeverlust vom Raum nach dem Dachboden (oder nach außen) verhindern bzw. kompensieren. (Eine exakte Leistungsberechnung, die mit Hilfe der Abb. 9.12 leicht möglich ist, führt im allgemeinen zu einer geringen Verkleinerung der erforderlichen Deckenheizfläche.)

C. Lamellenheizdecken

1. Allgemeines

Bei Lamellenheizdecken bestehen bezüglich des Deckenaufbaus mehr Variationsmöglichkeiten als bei Crittall-Decken. Die wärmetechnische Berechnung ist dadurch erleichtert, daß der Wärmeleitvorgang ohne wesentlichen Fehler als eindimensionales Problem behandelt werden kann.

Es müssen jedoch Annahmen bezüglich der Wärmeübertragung zwischen Heizrohr und Lamelle sowie zwischen Lamelle und Deckenputz gemacht werden, die das Rechnungsergebnis naturgemäß beeinflussen. Die in diesem Falle auftretenden Wärmedurchlaßwiderstände sind nicht nur vom Aufbau der Decke, sondern auch von der Güte der handwerklichen Ausführung abhängig. Insofern können bei der ausgeführten Decke Abweichungen der wirklich erzielbaren von der errechneten Leistung auftreten. Sie sind dann von geringer Bedeutung, wenn sie in allen Räumen etwa gleichmäßig wirksam werden, da in diesem Fall eine Berichtigung durch die Heizwassertemperatur erfolgen kann. Größere Unterschiede in der spezifischen Leistung der Decke durch Mängel bzw. Ungleichmäßigkeiten der handwerklichen Ausführung müssen jedoch unbedingt vermieden werden.

Die Praxis rechnet vielfach mit Leistungswerten, die aus Versuchen der Herstellerfirmen oder der Lizenzinhaber für solche Decken stammen. An Hand des nachfolgend beschriebenen Rechenverfahrens lassen sich solche Angaben nachprüfen. Vor allem gibt die Rechnung aber die Möglichkeit, den Einfluß gewisser Variationen der Deckenausführung auf Leistung und Materialaufwand aufzuzeigen.

Mathematisch handelt es sich um das Problem der Wärmeleitung in einer geraden dünnen Rippe. Man nimmt dabei an, daß die Wärme von einem Querschnitt gleicher Temperatur in der Lamelle nur in Richtung der Querschnittsnormalen strömt und daß gegenüber diesem Wärmeleitvorgang die parallele Wärmeströmung in etwaigen anhaftenden Putzschichten vernachlässigt werden kann. Lediglich am Ende der Lamelle soll noch der Wärmeleitvorgang in der anschließenden Putzschicht in die Betrachtung mit einbezogen werden, um den Einfluß nicht belegter Deckenteile auf die Wärmeleistung zu erfassen.

2. Die Berechnung der dünnen Rippe[1]

Eine gerade Rippe mit der Breite X und der Dicke s habe die Wurzeltemperatur t_X, s. Abb. 9.20. Die Umgebungstemperatur sei t_U.

Voraussetzung für die eindimensionale Behandlung ist, daß $\frac{s\alpha}{\lambda} \ll 1$ ist. Das trifft für Lamellenheizdecken i. allg. zu. An Stelle der allseitig wirksamen Wärmeübergangszahl α sind die Teilwärmedurchgangszahlen $\varkappa_1$ für die Wärmeabgabe nach oben und $\varkappa_2$ für die Wärmeabgabe nach unten einzusetzen, wobei beide

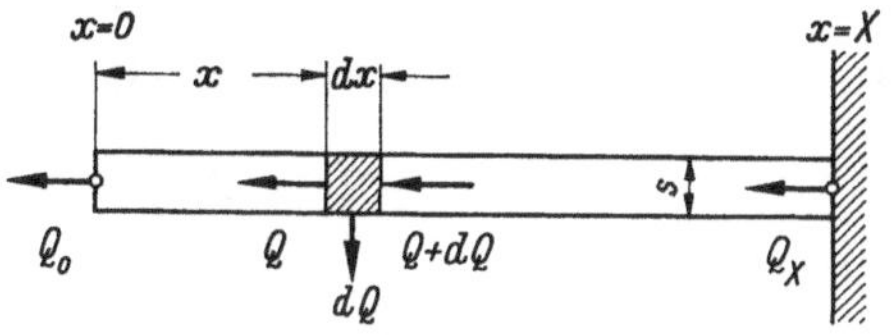

Abb. 9.20. Dünne gerade Rippe.

Werte als konstant (d. h. als unabhängig von x) angenommen werden sollen.

Ein Abschnitt von der Breite dx und der Temperatur t gibt die Wärmemenge

$$dQ = (\varkappa_1 + \varkappa_2)\,(t - t_U)\,dx \qquad (9.39)$$

ab, mit
$$\varkappa_1 + \varkappa_2 = \varkappa$$

und
$$t - t_U = \vartheta$$

[1] GRÖBER, H.: Einführung in die Lehre von der Wärmeübertragung. Berlin 1926. — SCHMIDT, E.: Die Wärmeübertragung durch Rippen. VDI-Z. 70 (1926) 885/889, 947/951.

ist also
$$\frac{dQ}{dx} = \varkappa\,\vartheta.$$
(9.39a)

Aus
$$Q = s\,\lambda\,\frac{d\vartheta}{dx}$$
(9.40)

folgt
$$\frac{dQ}{dx} = s\,\lambda\,\frac{d^2\vartheta}{dx^2}.$$
(9.40a)

Aus den Gln. (9.39a) und (9.40a) ergibt sich
$$\frac{d^2\vartheta}{dx^2} - \frac{\varkappa}{\lambda\,s}\,\vartheta = 0.$$
(9.41)

Dies ist eine spezielle Form der FOURIERschen Differentialgleichung
$$\varrho\,c\,\frac{\partial\vartheta}{\partial\tau} = \lambda\left(\frac{\partial^2\vartheta}{\partial x^2} + \frac{\partial^2\vartheta}{\partial y^2} + \frac{\partial^2\vartheta}{\partial z^2}\right) + W,$$

mit
$$\left.\begin{array}{l}\dfrac{\partial^2\vartheta}{\partial y^2} = 0 \\[2mm] \dfrac{\partial^2\vartheta}{\partial z^2} = 0\end{array}\right\} \quad \text{(eindimensionales Problem)},$$

$$\frac{\partial\vartheta}{\partial\tau} = 0 \qquad \text{(Beharrungszustand)}$$

und
$$W = -\frac{\varkappa}{s}\,\vartheta.$$

Der Ansatz
$$\frac{d^2\vartheta}{dx^2} = C\,m^2\,e^{mx}$$
(9.42)

mit
$$m = \pm\sqrt{\frac{\varkappa}{\lambda\,s}}$$
(9.42a)

führt zu
$$\frac{d\vartheta}{dx} = C_1\,m\,e^{mx} - C_2\,m\,e^{-mx}$$
(9.43)

und
$$\vartheta = C_1\,e^{mx} + C_2\,e^{-mx}.$$
(9.44)

Bestimmung der Integrationskonstanten:
Für $x = 0$ ergibt sich aus den Gln. (9.40) und (9.43)
$$\frac{Q_0}{\lambda\,s} = (C_1 - C_2)\,m.$$
(9.43a)

Aus Gl. (9.44) folgt mit $\vartheta = \vartheta_X$ für $x = X$
$$\vartheta_X = C_1(e^{mX} + e^{-mX}) - (C_1 - C_2)\,e^{-mX}.$$
(9.44a)

Aus Gl. (9.43a) und (9.44a) erhält man
$$2C_1 = \frac{\vartheta_x}{\cosh(mX)} + \frac{Q_0}{\sqrt{\varkappa\,\lambda\,s}}\,\frac{e^{-mX}}{\cosh(mX)}{}^1$$
(9.45)

und
$$2C_2 = \frac{\vartheta_x}{\cosh(mX)} - \frac{Q_0}{\sqrt{\varkappa\,\lambda\,s}}\,\frac{e^{mX}}{\cosh(mX)}.$$
(9.46)

---

[1] Schreibweise für die Hyperbelfunktionen nach DIN 1302 (Febr. 1961):

$$\sinh\varphi = \frac{1}{2}\,(e^{\varphi} - e^{-\varphi}) = \text{sinus hyperbolicus } \varphi,\ \text{frühere Schreibweise } \mathfrak{Sin}\,\varphi,$$

$$\cosh\varphi = \frac{1}{2}\,(e^{\varphi} + e^{-\varphi}) = \text{cosinus hyperbolicus } \varphi,\ \text{frühere Schreibweise } \mathfrak{Cof}\,\varphi,$$

$$\tanh\varphi = \frac{e^{\varphi} - e^{-\varphi}}{e^{\varphi} + e^{-\varphi}} = \text{tangens hyperbolicus } \varphi,\ \text{frühere Schreibweise } \mathfrak{Tg}\,\varphi,$$

$$\coth\varphi = \frac{e^{\varphi} + e^{-\varphi}}{e^{\varphi} - e^{-\varphi}} = \text{cotangens hyperbolicus } \varphi,\ \text{frühere Schreibweise } \mathfrak{Ctg}\,\varphi.$$

Die Temperaturverteilung längs der Rippe ergibt sich also aus den Gln. (9.44), (9.45) und (9.46) zu

$$\vartheta = \vartheta_X \frac{\cosh(m\,x)}{\cosh(m\,X)} - \frac{Q_0}{\sqrt{\varkappa\,\lambda\,s}}\,\frac{\sinh[m(X-x)]}{\cosh(m\,X)}. \tag{9.47}$$

Nach den Gln. (9.40), (9.43), (9.45) und (9.46) ist für $x = X$ der Wärmefluß Q_X durch die Rippenwurzel (d.h. also die Wärmeabgabe der Rippe einschließlich der Wärmeabgabe Q_0 ihrer Stirnfläche)

$$Q_X = \vartheta_X \sqrt{\varkappa\,\lambda\,s}\,\tanh(m\,X) + \frac{Q_0}{\cosh(m\,X)}. \tag{9.48}$$

3. Bestimmung der Wärmedurchgangszahl k

Die Teilwärmedurchgangszahl $\varkappa_2$ ergibt sich aus der Wärmeübergangszahl an der Decke, aus der Putzstärke und dem Luftspalt zwischen Putz und Lamelle. Dieser Luftspalt ist selbst bei sorgfältiger Ausführung der Decke nicht zu vermeiden. Man muß damit rechnen, daß der Spalt im Mittel *mindestens* 0,5 mm dick ist. Die Putzstärke liegt für die einzelnen Deckenbauarten in ziemlich engen Grenzen fest.

Bei unverputzten Lamellendecken ist $\varkappa_2 = \alpha_2$.

Die Isolierung zwischen der untergehängten Heizdecke und der Tragdecke wird derart gewählt, daß das Verhältnis der Teilwärmedurchgangszahlen gemäß Gl. (9.17) $\frac{\varkappa_1}{\varkappa_2} = \frac{q_1}{q_2}$ wird.

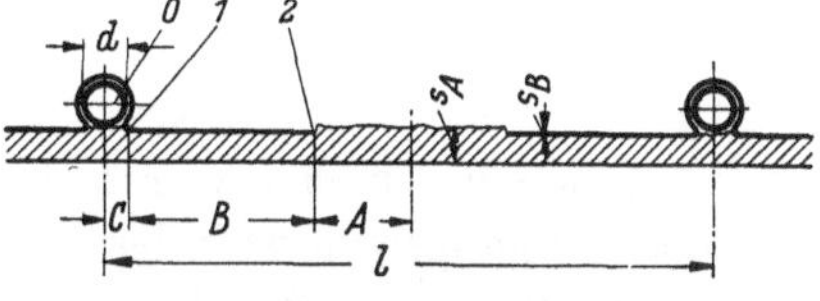

Abb. 9.21. Lamellenheizdecke.

Entsprechend Abb. 9.21 denke man sich ein halbes Deckenelement in die Abschnitte A, B und C unterteilt. Die Abschnitte A und B werden als dünne Rippen behandelt, während für die Wärmeleitung durch den Abschnitt C meist ein einfacher Näherungsansatz genügt.

Nach Gl. (9.48) hat der Abschnitt A die auf die Rohrlänge bezogene Wärmeabgabe

$$Q_A = \sqrt{\varkappa_A\,\lambda_A\,s_A}\,\vartheta_2 \tanh(m_A\,A)$$

und die Abschnitte A und B zusammen

$$Q_A + Q_B = \sqrt{\varkappa_B\,\lambda_B\,s_B}\,\vartheta_1 \tanh(m_B\,B) + \frac{Q_A}{\cosh(m_B\,B)}.$$

Berücksichtigt man weiterhin, daß nach Gl. (9.47)

$$\vartheta_2 = \frac{\vartheta_1}{\cosh(m_B\,B)} - \frac{Q_A}{\sqrt{\varkappa_B\,\lambda_B\,s_B}}\,\tanh(m_B\,B)$$

ist, so ergibt sich nach kurzer Zwischenrechnung

$$Q_A + Q_B = \vartheta_1 \sqrt{\varkappa_B\,\lambda_B\,s_B}\left[\tanh(m_B\,B) + \frac{1 - \tanh^2(m_B\,B)}{\sqrt{\dfrac{\varkappa_B\,\lambda_B\,s_B}{\varkappa_A\,\lambda_A\,s_A}}\coth(m_A\,A) + \tanh(m_B\,B)}\right] \tag{9.49}$$

oder — in abgekürzter Schreibweise —

$$Q_A + Q_B = P\,\vartheta_1 \tag{9.49a}$$

mit

$$P = \sqrt{\varkappa_B\,\lambda_B\,s_B}\left[\tanh(m_B\,B) + \frac{1 - \tanh^2(m_B\,B)}{\Psi + \tanh(m_B\,B)}\right] \tag{9.50}$$

und

$$\Psi = \sqrt{\frac{\varkappa_B\,\lambda_B\,s_B}{\varkappa_A\,\lambda_A\,s_A}}\,\coth(m_A\,A). \tag{9.51}$$

Falls — wie man i. allg. annehmen kann —

$$\varkappa_{1A} + \varkappa_{2A} = \varkappa_{1B} + \varkappa_{2B} = \varkappa \tag{9.52}$$

ist, wird

$$\Psi = \sqrt{\frac{\lambda_B\,s_B}{\lambda_A\,s_A}}\,\coth(m_A\,A). \tag{9.51a}$$

Der Temperaturabfall zwischen dem Heizwasser und der Lamellenwurzel hängt von der Wärmemenge $Q_A + Q_B$ und dem Wärmedurchlaßwiderstand $1/V$ ab, der nur näherungsweise berechnet werden kann, weil er sich nicht nur nach Form und Abmessungen der Bauelemente, sondern vor allem auch nach der Güte des Kontaktes zwischen Rohrwand und Lamelle richtet.

$$\vartheta_0 - \vartheta_1 = \frac{Q_A + Q_B}{V}. \tag{9.53}$$

Zur Berechnung des Wärmedurchlaßwiderstandes benutzt man den Ansatz

$$\frac{1}{V} = \frac{1}{(\alpha F)_0} + \sum_0^1 \frac{\delta}{\lambda F}. \tag{9.54}$$

Hier sind δ jeweils die Abmessungen der einzelnen Elemente in Richtung des Wärmeflusses und F die Abmessungen (d. h. Flächen je m Rohrlänge) quer dazu.

Nach Messungen im Institut für Heizung und Lüftung der Technischen Universität Berlin[1] an einer sorgfältig ausgeführten Stramax-Decke ergab sich für den Spalt zwischen Rohr und Lamelle der Wert

$$\left(\frac{\delta}{\lambda}\right)_{Spalt} \approx 0{,}004 \text{ m}^2 \text{ h grd/kcal.}$$

Dazu ist zu bemerken, daß sowohl das Rohr als auch die Mitte der Lamelle mit einem gut haftenden Anstrich versehen waren. Dieser niedrige Wert zeigt deutlich, daß eine Verringerung des Wärmedurchgangswiderstandes durch irgendwelche Kitte kaum zu erwarten ist. An der gleichen Decke war der Wärmedurchlaßwiderstand zwischen dem Heizwasser und einer Lamellenwurzel

$$\frac{1}{V} \approx 0{,}3 \text{ m h grd/kcal.}$$

Dabei wurde als „Lamellenwurzel" der Punkt 1 in Abb. 9.21 14 mm außerhalb der Rohrmitte definiert. Das Rohr hatte einen Außendurchmesser von 21,25 mm, die Aluminiumlamelle war 1 mm dick und umschloß das Rohr $^2/_3$ bis $^3/_4$.

Für die Wärmeabgabe des Abschnittes C benutzt man den Ansatz

$$Q_C = C \, k_C \, \vartheta_0. \tag{9.55}$$

Wenn das Rohr etwa bündig mit der Lamelle verläuft, kann man mit ausreichender Genauigkeit

$$k_C \approx \varkappa_1 + \varkappa_2 = \varkappa \tag{9.56}$$

setzen.

Die Wärmedurchgangszahl der Heizdecke ist definitionsgemäß

$$k = \frac{Q_A + Q_B + C_\sigma}{(A + B + C)\,\vartheta_0}, \tag{9.57}$$

d.h., als Breite der beheizten Fläche ist hier nicht nur die Lamellenbreite, sondern wie bei den Crittall-Decken das n-fache der Rohrteilung einzusetzen.

Aus den Gln. (9.49 a), (9.53), (9.55) und (9.57) folgt für k die einfache Beziehung

$$k = \frac{2}{l}\left[\frac{1}{\dfrac{1}{P} + \dfrac{1}{V}} + C \, k_C\right]. \tag{9.58}$$

Dabei bedeuten:

$\dfrac{1}{P}$ den Wärmedurchlaßwiderstand zwischen der Lamellenwurzel und dem Raum und

$\dfrac{1}{V}$ den Wärmedurchlaßwiderstand zwischen dem Wasser und der Lamellenwurzel.

Die Ermittlung von $1/P$ wird durch das Diagramm Abb. 9.22 erleichtert. Unter der Voraussetzung $\varkappa_A = \varkappa_B = \varkappa$ läßt sich nämlich eine Beziehung angeben

$$\frac{P}{\varkappa B} = f\left(m_B \, A, \quad m_B \, B, \quad \frac{\lambda_B \, s_B}{\lambda_A \, s_A}\right). \tag{9.50a}$$

---

[1] Diplomarbeit B. KRAUSE, Berlin 1953, unveröffentlicht.

Dabei ist

$$m_B = \sqrt{\frac{\varkappa}{\lambda_B\, s_B}}.\tag{9.42b}$$

$\dfrac{P}{\varkappa B}$ ist das Verhältnis der tatsächlich von dem Streifen $(A + B)$ abgegebenen Wärmemenge zu der Wärmeabgabe einer (gedachten) Lamelle der Breite B, deren Mitteltemperatur so hoch ist wie die Wurzeltemperatur der wirklichen Lamelle. Insbesondere für $A = 0$ entspricht dieses Verhältnis also dem sog. Güte- oder Wirkungsgrad der Rippe, für $A > 0$ ist es $\dfrac{A}{B}$-mal größer (d. h. $\dfrac{A + B}{B}$-mal so groß).

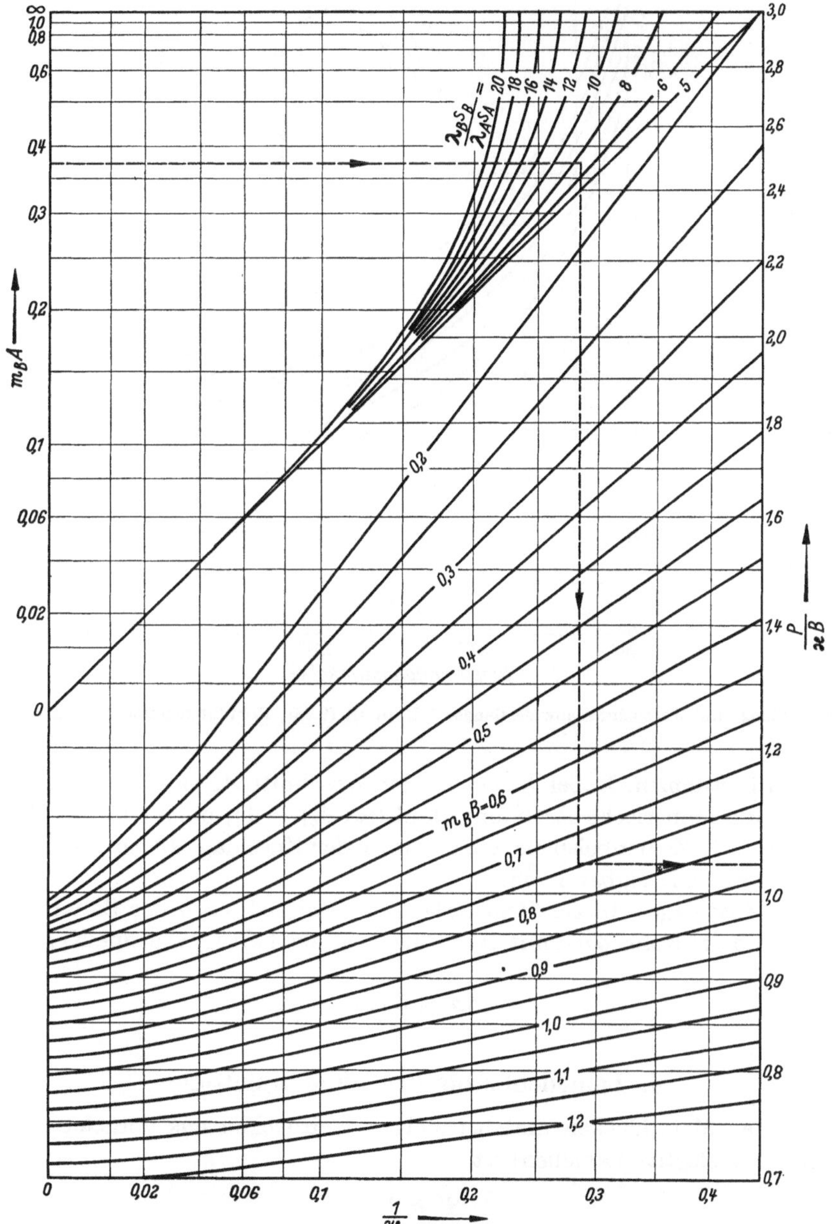

Abb. 9.22. Hilfsgröße $\dfrac{P}{\varkappa B}$ zur Bestimmung von $\dfrac{1}{P}$ in Gl. (9.58). Annahme: $\varkappa_A = \varkappa_B$.

Der Wert $1/V$ ist als Funktion des Umschlingungswinkels α (der Lamelle um das Rohr) und des Verhältnisses L/s (d. h. des Abstandes zwischen Rohr und Lamellenwurzel zur Blechdicke) aus der Abb. 9.23 zu entnehmen. Die Zahlenangaben des Diagramms gelten für mittlere

Güte des Kontakts zwischen Rohr und Lamelle. Bei vorzüglichem Kontakt darf mit einem um 25% vergrößerten Umschlingungswinkel, bei mangelhaftem Kontakt muß mit einem um 25% verkleinerten Umschlingungswinkel gerechnet werden.

Hinsichtlich der Randwärmeabgabe gelten für Lamellenheizdecken grundsätzlich die gleichen Überlegungen wie für Crittall-Decken (s. S. 77/78). Der Zuschlag Δb zur Registerbreite ist also

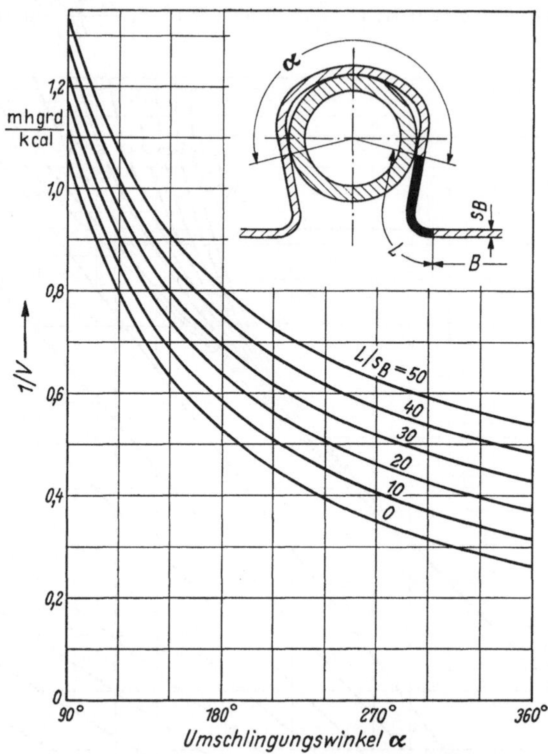

Abb. 9.23. Ermittlung des Wärmedurchlaßwiderstandes $1/V$ in Gl. (9.58). Rohrdurchmesser: $1/2''$. Aluminiumlamelle.

nach Gl. (9.33) zu bestimmen. Dabei genügt es, den Abschnitt $A_b \to \infty$ zu wählen. Man erleichtert sich dadurch die numerische Rechnung [$\tanh(m_A A_b) \to 1$], ohne daß das Resultat an Genauigkeit einbüßt. Wie Zahlenbeispiele zeigen, wird der Zuschlag Δb bei Lamellendecken mit $A \geqq 5$ cm meist vernachlässigbar klein.

Die Größe des Zuschlages Δa zur Registerlänge richtet sich nach der Bauart der Heizdecke, vor allem danach, ob die Rohrbögen mit dem Putz Kontakt haben; wie eine Näherungsrechnung zeigt, dürfte meist

$$\Delta a \leqq 5 \text{ cm} \tag{9.38c}$$

sein.

4. Lamellenheizdecken ohne Randzone

Bei unverputzten Metalldecken und bei einigen Heizdecken aus vorgefertigten Elementen (Gipsplatten mit eingelegten Lamellen) ist

$$\Psi \gg 1,$$

und zwar entweder weil $A \ll B$ oder weil $\lambda_A s_A \ll \lambda_B s_B$ ist. Dann vereinfacht sich der Ausdruck für P [Gl. (9.50)] zu

$$P = \sqrt{\varkappa \lambda_B s_B} \tanh(m_B B). \tag{9.50b}$$

Der Wert

$$\frac{P}{\varkappa B} = \frac{\tanh(m_B B)}{m_B B} \tag{9.50c}$$

kann der Tab. 9.08 entnommen werden. Er erscheint auch in dem Diagramm Abb. 9.22 für $\frac{1}{\psi} = 0$ (also am linken Rand des Diagramms) als Funktion von $m_B B$.

Tabelle 9.08

Hilfsgröße $\dfrac{P}{\varkappa B}$ für *Lamellenheizdecken ohne Randzone*

$m_B B$	$\dfrac{P}{\varkappa B}$	$m_B B$	$\dfrac{P}{\varkappa B}$	$m_B B$	$\dfrac{P}{\varkappa B}$
0,0	1,00 00	0,5	0,92 42	1,0	0,76 16
0,05	0,99 92	0,55	0,91 00	1,05	0,74 46
0,1	0,99 67	0,6	0,89 51	1,1	0,72 77
0,15	0,99 26	0,65	0,87 95	1,15	0,71 11
0,2	0,98 69	0,7	0,86 34	1,2	0,69 47
0,25	0,97 97	0,75	0,84 69	1,25	0,67 86
0,3	0,97 10	0,8	0,83 01	1,3	0,66 29
0,35	0,96 11	0,85	0,81 30	1,35	0,64 74
0,4	0,94 99	0,9	0,79 59	1,4	0,63 24
0,45	0,93 76	0,95	0,77 87	1,45	0,61 77
0,5	0,92 42	1,0	0,76 16	1,5	0,60 34

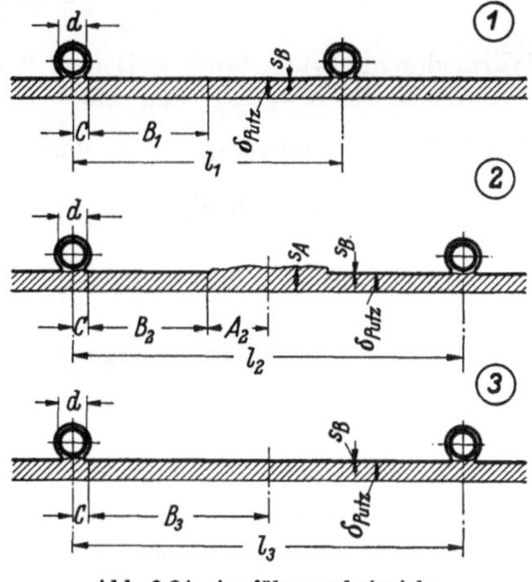

Abb. 9.24. Ausführungsbeispiele.

5. Zahlenbeispiel; verputzte Lamellendecke

Es sollen die Heizleistungen von drei Lamellendecken bestimmt werden, die sich lediglich in den Maßen A und B (Putzstreifen und Lamellenbreite) voneinander unterscheiden, und zwar soll bei den Ausführungen 1 und 3 kein Putzstreifen vorhanden sein ($A_1 = A_3 = 0$), bei den Ausführungen 1 und 2 sollen die Lamellen gleich breit sein ($B_1 = B_2$), und die Ausführungen 2 und 3 sollen die gleiche Rohrteilung haben ($A_2 + B_2 = B_3$).

Das Verhältnis der Wärmeabgabe nach oben und unten soll wie in dem Beispiel S. 79

$$\frac{\varkappa_1}{\varkappa_2} = \frac{1}{2} \text{ sein.}$$

a) Angenommene Abmessungen und Stoffwerte

Rohrdurchmesser	d	NW		$\frac{1}{2}''$
Umschlingungswinkel der Lamelle um das Rohr (vgl. Abb. 9.23)	α			$240°$
Lamellendicke	s_B	mm		0,6
Abstand zwischen Rohr und Lamellenwurzel (vgl. Abb. 9.23)	L	mm		12
Luftspalt zwischen der Lamelle und dem Putz unter der Lamelle	δ_{Spalt}	mm		1
Dicke des Putzes unter der Lamelle	δ_{Putz}	mm		15
Dicke des Putzes am Rand	s_A	mm		25
Wärmeleitzahl der Lamellen (Aluminium)	λ_B	$\dfrac{\text{kcal}}{\text{m h grd}}$		180
Wärmeleitzahl der Luft im Spalt zwischen Lamelle und Putz	λ_{Spalt}	$\dfrac{\text{kcal}}{\text{m h grd}}$		0,0233
Wärmeleitzahl des Putzes	λ_A	$\dfrac{\text{kcal}}{\text{m h grd}}$		0,6

			Ausführung		
			1	2	3
Breite des Putzstreifens	A	mm	0	50	0
Lamellenbreite	B	mm	100	100	150
Breite des Streifens unter dem Rohr	C	mm	10	10	10
$A + B + C$	$l/2$	mm	110	160	160
Rohrteilung	l	mm	220	320	320

b) Die Wärmedurchgangszahl k

Verhältnis des Abstandes zwischen Rohr und Lamellenwurzel zur Blechdicke gemäß Abb. 9.23　　$\dfrac{L}{s} = \dfrac{12}{0,6}$	$\dfrac{L}{s}$	—	20
Wärmedurchlaßwiderstand zwischen Wasser und Lamellenwurzel nach Abb. 9.23 für $\alpha = 240°$ und $L/s = 20$	$\dfrac{1}{V}$	$\dfrac{\text{m h grd}}{\text{kcal}}$	0,504
Die Teilwärmedurchgangszahl $\varkappa_2$ von der Lamelle nach unten:			
Luftspalt　$\dfrac{0,001}{0,0233}$	$\left(\dfrac{\delta}{\lambda}\right)_{Spalt}$	$\dfrac{\text{m}^2\text{h grd}}{\text{kcal}}$	0,043
Putz　$\dfrac{0,015}{0,6}$	$\left(\dfrac{\delta}{\lambda}\right)_{Putz}$	$\dfrac{\text{m}^2\text{h grd}}{\text{kcal}}$	0,025
Wärmeübergang　$\dfrac{1}{5,5}$	$\dfrac{1}{\alpha_D}$	$\dfrac{\text{m}^2\text{h grd}}{\text{kcal}}$	0,182
	$\dfrac{1}{\varkappa_2}$	$\dfrac{\text{m}^2\text{h grd}}{\text{kcal}}$	0,25
Teilwärmedurchgangszahl nach unten	$\varkappa_2$	$\dfrac{\text{kcal}}{\text{m}^2\text{h grd}}$	4,0
Verhältnis der Teilwärmedurchgangszahlen nach oben und unten (wie im Beispiel S. 79)[1]	$\dfrac{\varkappa_1}{\varkappa_2}$	—	0,5
Teilwärmedurchgangszahl nach oben　$0,5 \cdot 4,0$	$\varkappa_1$	$\dfrac{\text{kcal}}{\text{m}^2\text{h grd}}$	2,0

Wie bereits auf S. 87 gesagt, ist zwischen die Heizdecke und die Tragdecke eine Isolierung zu bringen, daß $\dfrac{1}{\varkappa_1} = \Sigma\dfrac{\lambda}{\delta} + \dfrac{1}{\alpha_{Fb}} = \dfrac{1}{2,0}$ wird. Für die Wärmedämmung der Luftschicht zwischen Trag- und Heizdecke kann überschläglich der Widerstandswert $\dfrac{1}{\Lambda}$ nach DIN 4701 eingesetzt werden $\left(\dfrac{1}{\Lambda} \approx 0,15 \text{ bis } 0,2\ \dfrac{\text{m}^2\text{h grd}}{\text{kcal}}\right)$.

Summe der Teilwärmedurchgangszahlen $\varkappa_1 + \varkappa_2$	$\varkappa$	$\dfrac{\text{kcal}}{\text{m}^2\text{h grd}}$	6,0
(mit $k_0 = \varkappa$)　　$k_0 C = 6 \cdot 0,01$	$k_0 C$	$\dfrac{\text{kcal}}{\text{m h grd}}$	0,06
$\sqrt{\dfrac{\varkappa}{\lambda_B s_B}} = \sqrt{\dfrac{6}{180 \cdot 0,6} \cdot 10^3}$	m_B	m^{-1}	7,45
$\dfrac{180 \cdot 0,6}{0,6 \cdot 25}$	$\dfrac{\lambda_B s_B}{\lambda_A s_A}$	—	7,2

		Ausführung		
		1	2	3
	$m_B A$	—	0	0,3725	0
	$m_B B$	—	0,745	0,745	1,1175
Nach Abb. 9.22	$\dfrac{P}{\varkappa B}$	—		1,0423	
Nach Tab. 9.08	$\dfrac{P}{\varkappa B}$	—	0,8485		0,7218
Wärmedurchlaßwiderstand zwischen der Lamellenwurzel und dem Raum	$\dfrac{1}{P}$	$\dfrac{\text{m h grd}}{\text{kcal}}$	1,964	1,599	1,539
	$\dfrac{1}{P} + \dfrac{1}{V}$	$\dfrac{\text{m h grd}}{\text{kcal}}$	2,468	2,103	2,043
	$\dfrac{1}{\frac{1}{P} + \frac{1}{V}}$	$\dfrac{\text{kcal}}{\text{m h grd}}$	0,4052	0,4755	0,4894
$\dfrac{1}{\frac{1}{P} + \frac{1}{V}} + C k_0$	$k \cdot \dfrac{l}{2}$	$\dfrac{\text{kcal}}{\text{m h grd}}$	0,4652	0,5355	0,5494
Wärmedurchgangszahl	k	$\dfrac{\text{kcal}}{\text{m}^2\text{h grd}}$	4,229	3,347	3,434

Zur Spalte "2": $m_B A = 0,3725$, $\dfrac{P}{\varkappa B} = 1,0423$ (nach Abb. 9.22).

---

[1] Dieser verhältnismäßig große Anteil der Wärmeabgabe nach oben führt zu einer beträchtlichen Wärmespeicherung in der Tragdecke. Wenn auf die Regelfähigkeit besonderer Wert gelegt wird, muß der Anteil der Wärmeabgabe nach oben — also auch $\varkappa_1$ — durch eine Isolierschicht zwischen Tragdecke und Heizdecke verringert werden.

An dem Ergebnis ist besonders die Tatsache bemerkenswert, daß die Wärmedurchgangszahlen der Heizdecken nach den Ausführungen 2 und 3 sich nur unwesentlich unterscheiden, obwohl der Materialaufwand bei Ausführung 2 wesentlich geringer ist. Um die im Beispiel S. 80 geforderte spezifische Wärmeabgabe von $q = 138\ \mathrm{kcal/m^2\,h}$ zu erzielen, wäre bei Ausführung 2 eine mittlere Heizwassertemperatur von $t_H = 60\,°\mathrm{C}$, bei Ausführung 3 $t_H = 59\,°\mathrm{C}$ erforderlich.

c) Der Zuschlag Δb zur Registerbreite (Berücksichtigung der Randwärmeabgabe)

			Ausführung		
			1	2	3
Annahme nach S. 90	$m_B\,A_b$	—	∞	∞	∞
Hierzu nach Abb. 9.22	$\dfrac{P_b}{\varkappa B}$	—	1,092	1,092	0,811
	$\dfrac{1}{P_b}$	$\dfrac{\mathrm{m\,h\,grd}}{\mathrm{kcal}}$	1,527	1,527	1,369
	$\dfrac{1}{P_b}+\dfrac{1}{V}$	$\dfrac{\mathrm{m\,h\,grd}}{\mathrm{kcal}}$	2,031	2,031	1,873
	$\dfrac{1}{\dfrac{1}{P_b}+\dfrac{1}{V}}$	$\dfrac{\mathrm{kcal}}{\mathrm{m\,h\,grd}}$	0,492	0,492	0,534
$\dfrac{1}{\dfrac{1}{P_b}+\dfrac{1}{V}}+C\,k_C$	$k_b\cdot\dfrac{l_b}{2}$	$\dfrac{\mathrm{kcal}}{\mathrm{m\,h\,grd}}$	0,552	0,552	0,594
Mit den unter b) bestimmten Werten für $k\cdot l/2$	$\dfrac{k_b\,l_b}{k\,l}$	—	1,187	1,030	1,081
Zuschlag zur Registerbreite nach Gl. (9.33) $\ l\left(\dfrac{k_b\,l_b}{k\,l}-1\right)$	Δb	mm	41,1	9,6	25,9

D. Strahlplatten

Strahlplatten (Abb. 4.141 im ersten Band) sind grundsätzlich nach demselben Verfahren wie Lamellendecken ohne Randzone zu berechnen. Allerdings enthält eine solche Rechnung stets einige Vereinfachungen und Unsicherheiten.

Damit die Rechnung nicht zu kompliziert wird, berücksichtigt man nur in Sonderfällen den Strahlungs- und konvektiven Wärmeaustausch zwischen den freiliegenden Teilen der Rohre und der Lamellen. Der Temperaturabfall zwischen dem Rohr und der Rippenwurzel ist nur annähernd vorauszuberechnen, vgl. S. 88, insbesondere Gl. (9.54).

Die konvektive Wärmeabgabe nach unten ist nicht genau zu bestimmen. Sie hängt im wesentlichen von der Temperaturdifferenz zwischen der Platte und der Umgebungsluft, von der Länge, Breite und Anordnung der Platte und von der Form des Plattenrandes ab. Ist eine Strahlplatte in Form eines Heizbandes bündig mit einer untergespannten Decke angeordnet, so dürfte ihre konvektive Wärmeabgabe nicht wesentlich höher als die einer normalen Heizdecke sein; die Wärmeübergangszahl α_k für die Konvektion wird also knapp unter $1\ \mathrm{kcal/m^2\,h\,grd}$ liegen.

Freihängende Strahlplatten geben einen größeren Teil ihrer Leistung durch Konvektion ab als Heizdecken, weil die erwärmte Luft am Plattenrand aufsteigen kann. Die meist unerwünschte konvektive Wärmeabgabe wird durch nach unten abgekantete Plattenränder verringert. Nach Messungen im Institut für Heizung und Lüftung der Technischen Universität Berlin[1] ist zu erwarten, daß die Wärmeübergangszahl für die Konvektion an der Unterseite freihängender, waagerecht angeordneter Strahlplatten in dem Bereich von $\alpha_k = 1$ bis $2\ \mathrm{kcal/m^2\,h\,grd}$ liegt. Schräg angeordnete Strahlplatten (z. B. unter Shed-Dächern) geben wesentlich mehr Wärme durch Konvektion ab.

Durch Ähnlichkeitsbetrachtungen läßt sich zeigen, daß — eine bestimmte Bauart und eine bestimmte Temperaturdifferenz zwischen Strahlplatten und Raumluft vorausgesetzt — die

---

[1] Diplomarbeit E. Töpritz, Berlin 1955, unveröffentlicht.

konvektive Wärmeabgabe der Platte von einer kennzeichnenden Länge der Platte abhängt, und zwar in der Form[1]

$$\alpha_k \sim L^{-0,25}. \tag{9.59}$$

Als kennzeichnende Länge ist der äquivalente Durchmesser der Platte anzusehen. Ist a die Länge und b die Breite, so wird also

$$\alpha_k \sim \left(\frac{1}{a} + \frac{1}{b}\right)^{0,25}. \tag{9.59a}$$

Da stets $a > b$ und die Länge a oft durch die Raumabmessungen vorgeschrieben ist, ergibt sich die geringste konvektive Wärmeabgabe, wenn wenige breite Platten statt vieler schmaler Platten gewählt werden.

Die Heizleistung serienmäßig hergestellter Strahlplatten wird zweckmäßig für die in Frage kommenden Temperaturen durch Messungen bestimmt, wie dies ja auch bei anderen Heizgeräten üblich ist. Beim Entwurf neuer Baumuster können dagegen durch sorgfältige Vergleichsrechnungen Fehlentwicklungen vermieden werden.

V. Berechnung von Wärmeaustauschern

Bei der Bemessung der Wärmeaustauscher geht man von der Grundgleichung des Wärmedurchgangs aus, s. Gl. (8.33):

$$Q_h = k\,F\,\Delta m.$$

Die Ermittlung des k-Wertes und der wirksamen mittleren Temperaturdifferenz Δm ist ausführlich im achten Abschnitt behandelt. Δm ist von der Strömungsrichtung, die Wärmedurchgangszahl k wesentlich vom Wärmeübergang bzw. der Strömungsgeschwindigkeit abhängig. Bei einer Verschmutzung der Heizflächen ist der Wärmeleitwiderstand von Ablagerungen, z.B. von Kesselstein, zu berücksichtigen.

Neben der Hauptforderung, eine Wärmeleistung bei gegebenen Temperaturen der Flüssigkeiten zu übertragen, können auch Nebenforderungen, wie die Beschränkung des Druckverlustes oder die Begrenzung einer Abmessung, z. B. der Baulänge, die Auslegung und konstruktive Gestaltung beeinflussen. Die Heizflächen von Wärmeaustauschern bestehen zumeist aus Rohrbündeln, bei denen Rohrdurchmesser, Rohrlänge und Rohrzahl variiert werden können. Für die Form der Heizfläche und damit des Apparates ist also eine Vielzahl von Lösungen möglich, aus denen die technisch oder wirtschaftlich günstigste auszuwählen ist.

Eine Vereinfachung der konstruktiven Aufgabe ergibt sich durch die Anwendung der in DIN 28180 genormten Innenrohrdurchmesser und Rohrlängen sowie der Mantelrohre nach DIN 28001. Wegen der Teilung im Rohrbündel, der Anordnung der Rohre und der Rohrzahl sei auf die Angaben im „VDI-Wärmeatlas", Abschnitt P, verwiesen. In der Regel wird man zunächst in einer vorläufigen Rechnung die Apparategröße bestimmen und in einer Nachrechnung die Wärmedurchgangszahl bzw. den Druckverlust überprüfen. Wird die Strömungsgeschwindigkeit im Apparat nach Erfahrungen festgelegt, so erhält man unmittelbar die gesuchte Heizfläche.

Es ist jedoch darauf hinzuweisen, daß die Wärmeaustauscherberechnung vorerst nur Anhaltswerte für Heizflächengröße oder Leistung zu liefern vermag. Die Wärmeübergangszahlen können nämlich nur für eindeutig definierte Strömungsbedingungen der Flüssigkeiten und geometrisch einfache Strömungsräume aus den im achten Abschnitt angegebenen Beziehungen genügend genau berechnet werden, wie z. B. für die erzwungene turbulente bzw. die laminare ausgebildete Strömung im Kreisrohr oder für frei angeströmte waagerechte Rohre und senkrechte Flächen. Bei der Wasserdampfkondensation sind der Luftgehalt und der Kondensatablauf von großem Einfluß auf die Wärmeübergangszahl.

Die Strömungsbedingungen sind aber bei jeder Apparatekonstruktion andere. Das gilt vor allem, wenn das zu erwärmende Wasser um die Heizrohre oder Rohrbündel strömt. Einer

---

[1] Das Zeichen $\sim$ bedeutet mathematisch: proportional (s. DIN 1302).

durch die Apparategestaltung gegebenen Wasserführung überlagert sich hier eine Auftriebsbewegung, wobei nicht ohne weiteres zu übersehen ist, ob die Strömung laminar oder turbulent ist. Aber auch bei einheitlichem Strömungsquerschnitt, wie er bei größeren Wassergeschwindigkeiten im Zwischenraum zwischen den Heizrohren angenommen werden kann, liegen erhebliche Teile der Rohrstrecken noch in der hydrodynamischen und thermischen Anlaufstrecke, für die die verhältnismäßig einfachen Gleichungen auf S. 12 und 13 nicht gelten. DONOHUE[1] gibt unter Auswertung der vorliegenden Untersuchungen für den äußeren Wärmeübergang bei Rohrbündeln die nachstehende Gl. (9.60) an, die auch im VDI-Wärmeatlas übernommen worden ist

$$Nu = C\,Re^{0,6}\,Pr^{0,33}\left(\frac{\eta_{fl}}{\eta_w}\right)^{0,14}.\tag{9.60}$$

Die Gleichung gilt für $Pr = 0,5$ bis 500 und bei Rohrbündeln ohne Einbauten für $Re = 200$ bis 20000. Bei Re ist mit dem Außendurchmesser der Rohre d_a zu rechnen. Der Beiwert C ist

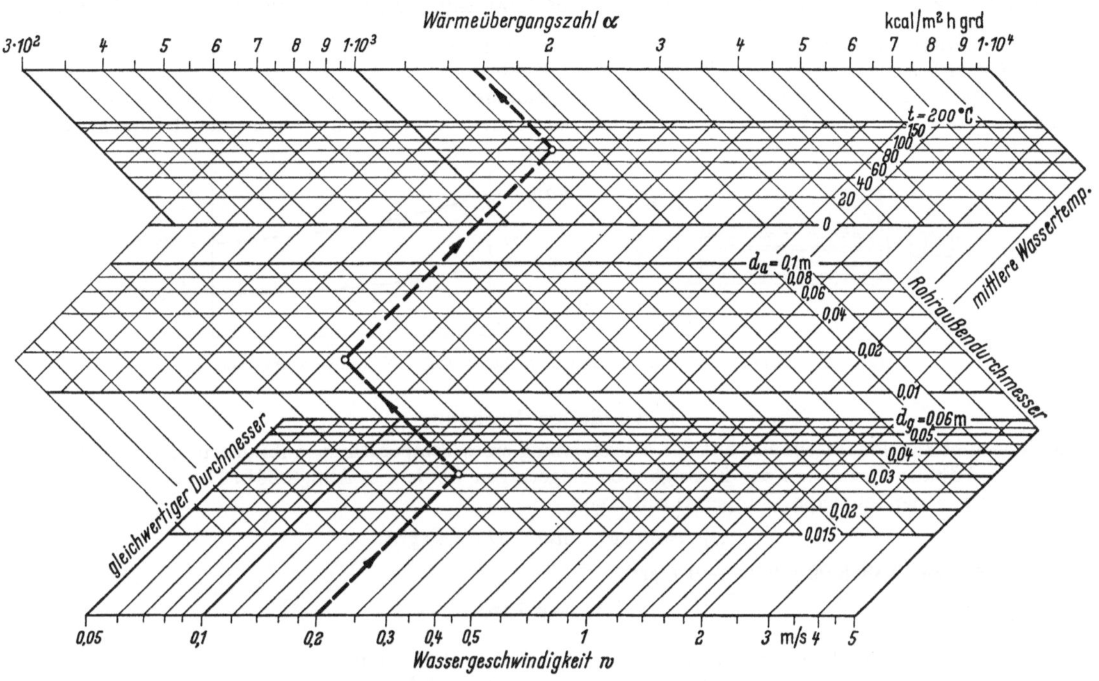

Abb. 9.25. Graphische Ermittlung der äußeren Wärmeübergangszahl nach Gl. (9.60).

vom hydrodynamisch gleichwertigen Durchmesser d_g des Außenraumes (freier Querschnitt zwischen den Rohren) abhängig, s. S. 113. Für

$$d_g = \frac{4f}{U}$$

ergibt sich bei einer Strömung ohne Umkehrung im Außenraum für n Rohre und einen Apparatedurchmesser D die Querschnittsfläche aus

$$f = \frac{\pi}{4}\left(D^2 - n\,d_a^2\right)$$

und der Umfang U aus

$$U = \pi(D + n\,d_a).$$

Im Bereich $d_g = 0,012$ bis $0,05\,\mathrm{m}$ ist für Wärmeaustauscher üblicher Bauart (ohne Einbauten) C aus folgender Gleichung zu ermitteln:

$$C = 1{,}16\,d_g^{0,6}.\tag{9.61}$$

Löst man die Gl. (9.60) in ähnlicher Weise auf, wie das auf S. 12 bei Gl. (8.12) geschehen ist, so erweist sich

$$\alpha = f(d_a, d_g, w, t).$$

<hr>

[1] DONOHUE, D. A.: Heat Transfer and Pressure Drop in Heat Exchangers. Industr. Engng. Chem. 41 (1949) 2499/2511.

Diese Beziehung liegt dem Diagramm in Abb. 9.25 zugrunde. Dabei ist zur Vereinfachung die Abhängigkeit der Nu-Zahl vom Verhältnis der Zähigkeiten in Wandnähe und in der mittleren Flüssigkeitsschicht — letztes Glied in Gl. (9.60) — unberücksichtigt geblieben. Der Fehler, der dadurch auftreten kann, ist im Bereich der in der Heiztechnik vorkommenden Temperaturen nicht größer als $\pm 5\%$ des α-Wertes.

Für Gewährleistungsangaben wird man i. allg. auf die experimentelle Untersuchung eines Wärmeaustauschers nicht verzichten. Ist mit einer ständigen Verschmutzung der Heizflächen im späteren Betrieb zu rechnen, so muß bei der k-Zahl auch der Wärmeleitwiderstand der Ablagerung berücksichtigt werden, oder die Heizfläche ist nach Erfahrungswerten größer zu wählen.

Der Rechnungsgang für die Ermittlung der Heizfläche oder der Leistung von Wärmeaustauschern ist aus den nachstehenden Beispielen zu ersehen.

Beispiel 1: Ermittlung der Heizfläche und der Hauptabmessungen eines Wärmeaustauschers

Für eine Pumpenwarmwasserheizung 90/70 °C ist ein Gegenstrom-Wärmeaustauscher mit einer Leistung von $2 \cdot 10^6$ kcal/h zu berechnen. Als Heizmittel steht Heißwasser von 150 °C zur Verfügung, das auf 110 °C abgekühlt werden soll. Wegen der besseren Reinigungsfähigkeit soll ein Geradrohr-Wärmeaustauscher nach Abb. 9.26a gewählt werden. Das Heißwasser fließt durch die Rohre, das zu erwärmende Heizungswasser um die Rohre.

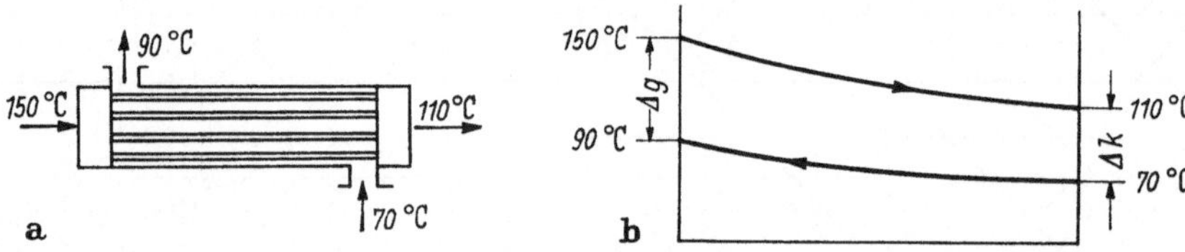

Abb. 9.26. Geradrohr-Wärmeaustauscher. a) Schemabild; b) Temperaturverlauf.

1. Vorläufige Rechnung

Man beginnt zweckmäßigerweise mit der Aufzeichnung eines Temperaturschaubildes, in das die geforderten Anfangs- und Endtemperaturen der Flüssigkeiten eingetragen werden, s. Abb. 9.26b. Daraus entnimmt man zur Bestimmung der mittleren Temperaturdifferenz

$$\Delta g = 60 \text{ grd} \quad \text{und} \quad \Delta k = 40 \text{ grd}.$$

Aus Gl. (8.36) bzw. Abb. 8.09 erhält man hierfür

$$\Delta m = 49{,}5 \text{ grd}.$$

Wählt man:

$$\text{Durchmesser der Heizrohre} \quad d_i/d_a = 16/18 \text{ mm},$$
$$\text{Rohrteilung im Bündel} \quad t \approx 1{,}3 d_a = 24 \text{ mm},$$
$$\text{Wärmedurchgangszahl (geschätzt)} \quad k = 1000 \text{ kcal/m}^2 \text{ h grd},$$

so ergibt sich die Heizfläche F zu

$$F = \frac{Q_h}{k \, \Delta m} = \frac{2 \cdot 10^6}{1000 \cdot 49{,}5} = 40{,}4 \text{ m}^2.$$

Für die Rohrheizfläche F gilt:

$$F = \pi \, d_m \, n \, L.$$

Dabei ist:

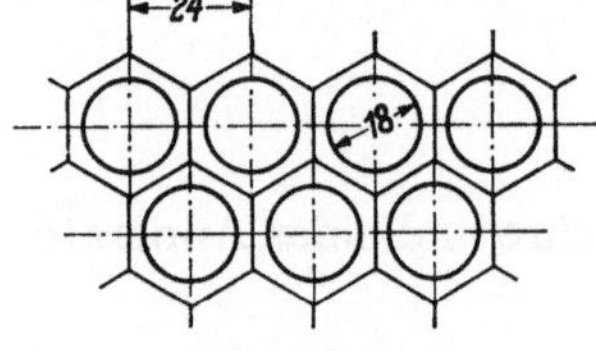

Abb. 9.27.
Zeichnung für die Rohrteilung.

d_m mittlerer Durchmesser des Heizrohres,
n Anzahl der Rohre,
L Rohrlänge.

Bei einer Rohrteilung von 24 mm entspricht ein Rohrbündel von $L = 3{,}5$ m und $n = 211$ etwa der geforderten Heizfläche, s. VDI-Wärmeatlas, Bl. Pa 11. Genau ist:

$$F = \pi \frac{17}{1000} \cdot 211 \cdot 3{,}5 = 39{,}4 \text{ m}^2.$$

Die Querschnittsfläche für den Rohrboden, in den die Rohre eingewalzt werden, ergibt sich aus der Rohrzahl und der Fläche für das einzelne Rohr, s. Abb. 9.27. Die einzelne Sechseckfläche ist bei der gewählten Teilung $f_a \approx 1{,}6 \, d_a^2$.

Die Querschnittsfläche F_D beträgt sonach:

$$F_D = 211 \cdot 1{,}6 d_a^2 = 1095 \cdot 10^{-4} \text{ m}^2$$

und der Apparat- bzw. Manteldurchmesser

$$D = 374 \text{ mm}.$$

Wegen eines Randzuschlages und in Anpassung an die Norm 28001 wird gewählt:

$$D = 400 \text{ mm}.$$

2. Nachrechnung

In der Nachrechnung ist vor allem die Heizflächenleistung, d. h. die Annahme der Wärmedurchgangszahl $k = 1000$ kcal/m² h grd, zu überprüfen. Dazu müssen die Geschwindigkeiten in den Rohren und im Apparat ermittelt werden.

Geschwindigkeit im Rohr, für Heißwasser:

$$Q_h = G_h\, c(t_{1e} - t_{1a}),$$

$$G_{h1} = \frac{2 \cdot 10^6}{(150 - 110) \cdot 1} = 50 \cdot 10^3 \text{ kg/h},$$

$$w_1 = \frac{G_{h1} \cdot 4}{\varrho_1\, \pi\, d_i^2\, n \cdot 3600} = \frac{50 \cdot 10^3 \cdot 4 \cdot 10^6}{935\, \pi \cdot 16^2 \cdot 211 \cdot 3600} = 0,35 \text{ m/s}.$$

Geschwindigkeit im Apparat, für Heizungswasser:

$$G_{h2} = \frac{2 \cdot 10^6}{(90 - 70)} = 100 \cdot 10^3 \text{ kg/h},$$

$$w_2 = \frac{G_{h2} \cdot 4}{\varrho_2\, \pi\, (D^2 - n\, d_a^2) \cdot 3600} = \frac{100 \cdot 10^3 \cdot 4}{972\, \pi\, (0,4^2 - 211 \cdot 18^2 \cdot 10^{-6}) \cdot 3600} = 0,4 \text{ m/s}.$$

Wärmedurchgangszahl k: Die im Verhältnis zum Rohrdurchmesser geringe Wanddicke gestattet die Anwendung der Gleichung für die ebene Wand, also

$$k = \frac{1}{\dfrac{1}{\alpha_1} + \dfrac{\delta}{\lambda} + \dfrac{1}{\alpha_2}}.$$

Der Wärmeleitwiderstand $\dfrac{\delta}{\lambda}$ der Metallwand der Heizrohre kann vernachlässigt werden.

Für die äußere Wärmeübergangszahl α_2 ist noch der gleichwertige Durchmesser zu errechnen.
Gleichwertiger Durchmesser:

$$d_g = \frac{4f}{U},$$

$$f = \frac{\pi}{4}\,(D^2 - n\, d_a^2) = \frac{\pi}{4}\,(0,4^2 - 211 \cdot 1,8^2 \cdot 10^{-4}) = \frac{\pi}{4} \cdot 0,0916 \text{ m}^2,$$

$$U = \pi\,(D + n\, d_a) = \pi\,(0,4 + 211 \cdot 1,8 \cdot 10^{-2}) = \pi \cdot 4,2 \text{ m},$$

$$d_g = \frac{0,0916}{4,2}\, 10^3 = 21,8 \text{ mm}.$$

Die innere Wärmeübergangszahl α_1 ist nach Arbeitsblatt 14 für $w_1 = 0,35$ m/s, $d_i = 16$ mm und $t = 120\,°\text{C}$ (Mittelwert aus Wand- und Flüssigkeitstemperatur)

$$\alpha_1 = 3000 \text{ kcal/m}^2 \text{ h grd},$$

die äußere Wärmeübergangszahl α_2 für $w_2 = 0,4$ m/s, $d_g = 21,8$ mm, $d_a = 18$ mm und eine mittlere Flüssigkeitstemperatur von 80 °C nach Abb. 9.25

$$\alpha_2 = 1900 \text{ kcal/m}^2 \text{ h grd}.$$

Damit erhält man die Wärmedurchgangszahl k aus

$$k = \frac{1}{\dfrac{1}{3000} + \dfrac{1}{1900}} = 1165 \text{ kcal/m}^2 \text{ h grd}.$$

Es ist also eine Berichtigung der Heizfläche erforderlich, und zwar wird jetzt

$$F = \frac{2 \cdot 10^6}{1165 \cdot 49,5} = 34,7 \text{ m}^2.$$

Die Heizflächenberichtigung kann durch eine Änderung der Rohrzahl oder der Rohrlänge vorgenommen werden. Eine Änderung des Durchmessers der Heizrohre ist nicht zweckmäßig. Da der Apparatedurchmesser beibehalten werden soll, wird

$$L = \frac{34,7 \cdot 1000}{\pi \cdot 17 \cdot 211} = 3,08 \text{ m}.$$

In Anpassung an die Abstufung in DIN 28180 wird für die Ausführung gewählt

$$L = 3{,}0 \text{ m}.$$

Der Berechnung liegt die Annahme zugrunde, daß die Heizfläche rein sei. Ist im Dauerbetrieb mit einer stärkeren Verschmutzung zu rechnen, so muß die Heizfläche entsprechend größer gewählt werden.

Wird die Wärmeübergangszahl auf der Außenseite der Heizrohre nicht aus Abb. 9.25 entnommen, sondern nach Gl. (9.60) berechnet, so ergibt sich: $\alpha_2 = 1920 \text{ kcal/m}^2 \text{ h grd}$ (η_w ist dabei für 110 °C, η_n für 80 °C einzusetzen). Der Unterschied gegenüber dem aus dem Diagramm zu entnehmenden Wert beträgt sonach 1%.

Die Wärmeübergangszahl k ergibt sich mit dem errechneten α_2 zu:

$$k = 1170 \text{ kcal/m}^2 \text{ h grd}.$$

Im gleichen Maß wie k ändert sich auch die Heizfläche. Der Unterschied gegenüber der mit dem Diagramm-wert für α_2 festgestellten Heizflächengröße F beträgt 0,4%, ist also zu vernachlässigen.

Beispiel 2: Nachrechnung der Leistung eines U-Rohr-Wärmeaustauschers

Für eine Warmwasserheizung soll ein dampfbeheizter U-Rohr-Wärmeaustauscher als Wärmeerzeuger Verwendung finden. Der Apparat, dessen Bauart Abb. 9.28a zeigt, hat folgende Hauptabmessungen:

Manteldurchmesser . . . . $D\ \ = 600$ mm
Rohrbündel: Rohrdurchmesser . . . . $d_i/d_a = 16/18$ mm
 U-Rohrzahl $n = 189$ (Rohrteilung 25 mm), mittlere Rohrlänge $L\ \ = 5$ m
Heizfläche: $F = \pi\, d_m\, n\, L = \dfrac{\pi \cdot 17}{1000} \cdot 189 \cdot 5 = 50{,}5 \text{ m}^2.$

Es ist die Leistung des Wärmeaustauschers bei einer Heizwassererwärmung von 70 auf 90 °C mittels Satt-dampf von 0,1 atü zu bestimmen. Wir tragen auch hier zunächst die Temperaturen auf beiden Seiten der Heizfläche in einem Schaubild auf, s. Abb. 9.28b.

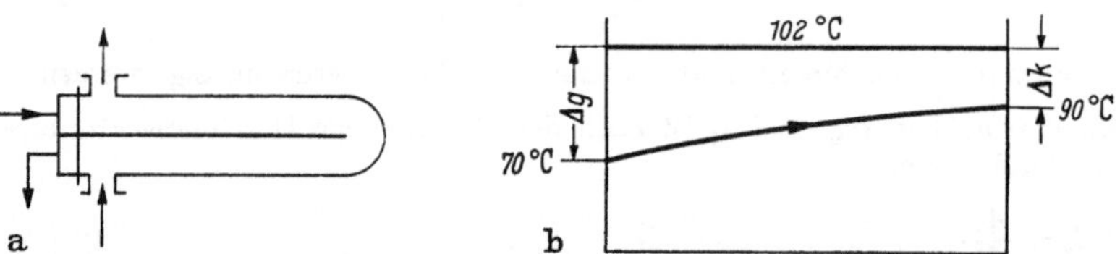

Abb. 9.28. U-Rohr-Wärmeaustauscher. a) Schemabild; b) Temperaturverlauf.

1. Wärmeübergang auf der Dampfseite

Die Wärmeübergangszahl im Innern der Rohre, durch die der Dampf strömt, muß geschätzt werden. Im ersten Teil des Rohres kann mit den Bedingungen nach Gl. (8.26) bzw. (8.27) für Filmkondensation gerechnet werden. Mit fortschreitender Rohrlänge wird aber ein zunehmender Teil der Fläche vom ablaufenden Kondensat bedeckt. Dadurch wird die Wärmeleistung der Heizflächen gegenüber einer Kondensation an der äußeren Rohrfläche vermindert. Wir wählen daher für die Wärmeübergangszahl mit $\alpha_1 = 6000 \text{ kcal/m}^2 \text{ h grd}$ einen relativ niedrigen Wert. (Entscheidend für den Wärmedurchgang ist in unserem Fall ohnehin der Wärme-übergang auf der Wasserseite. Bei $\alpha_1 = 10000 \text{ kcal/m}^2 \text{ h grd}$ würde sich der k-Wert nur um 10% erhöhen.)

2. Wärmeübergang auf der Wasserseite

Der gleichwertige Durchmesser errechnet sich aus

$$d_g = \frac{4f}{U},$$

$$f = \frac{\pi}{4}\left(\frac{D^2}{2} - n\, d_a^2\right) = \frac{\pi}{4}\,(0{,}180 - 189 \cdot 1{,}8^2 \cdot 10^{-4}) = 0{,}0935 \text{ m}^2,$$

$$U = \pi\left(\frac{D}{2} + n\, d_a\right) + D = \pi(0{,}3 + 189 \cdot 0{,}018) + 0{,}6 = 12{,}2 \text{ m},$$

$$d_g = \frac{4 \cdot 0{,}0935}{12{,}2} \cdot 10^3 = 30{,}6 \text{ mm}.$$

Nimmt man die Wassergeschwindigkeit mit $w = 0{,}2$ m/s an, so ergibt sich für eine mittlere Flüssigkeits-temperatur von 80 °C und $d_g = 30{,}6$ mm nach Abb. 9.25 (s. gestrichelten Linienzug)

$$\alpha_2 = 1540 \text{ kcal/m}^2 \text{ h grd}.$$

3. Wärmedurchgangszahl

Aus α_1 und α_2 errechnet sich

$$k = \frac{1}{\dfrac{1}{6000} + \dfrac{1}{1540}} = 1225 \text{ kcal/m}^2 \text{ h grd.}$$

4. Wärmeleistung

Der mittlere Temperaturunterschied Δm ergibt sich aus Abb. 8.09 zu

$$\Delta k = (102 - 90) = 12 \text{ grd}, \qquad \frac{\Delta k}{\Delta g} = 0{,}375,$$
$$\Delta g = (102 - 70) = 32 \text{ grd},$$
$$\Delta m = 0{,}64 \cdot 32 = 20{,}5 \text{ grd.}$$

Aus der Grundgleichung des Wärmedurchgangs erhält man jetzt

$$Q_h = k\,F\,\Delta m = 1225 \cdot 50{,}5 \cdot 20{,}5 = 1{,}27 \cdot 10^6 \text{ kcal/h.}$$

Zur Nachprüfung der Annahme über die Wassergeschwindigkeit im Apparateraum berechnen wir aus Wärmeleistung und Temperaturerhöhung die stündliche Wassermenge G_h

$$G_h = \frac{Q_h}{c(90 - 70)} = \frac{1{,}27 \cdot 10^6}{1 \cdot 20} = 63\,500 \text{ kg/h.}$$

Es ist also

$$w = \frac{G_h}{f\,\varrho \cdot 3600} = \frac{63\,500}{0{,}0935 \cdot 972 \cdot 3600} = 0{,}194 \text{ m/s.}$$

Die Wassergeschwindigkeit stimmt mit der Annahme genügend genau überein.

5. Näherungsrechnung

Überschläglich kann bei dampfbeheizten Wärmeaustauschern für Warmwasserheizungen die Wärmedurchgangszahl an Hand der Haupteinflußgrößen, d. i. die Wassergeschwindigkeit und die mittlere Wassertemperatur, bestimmt werden. Abb. 9.29 gibt diesen Zusammenhang nach Bössow[1] wieder.

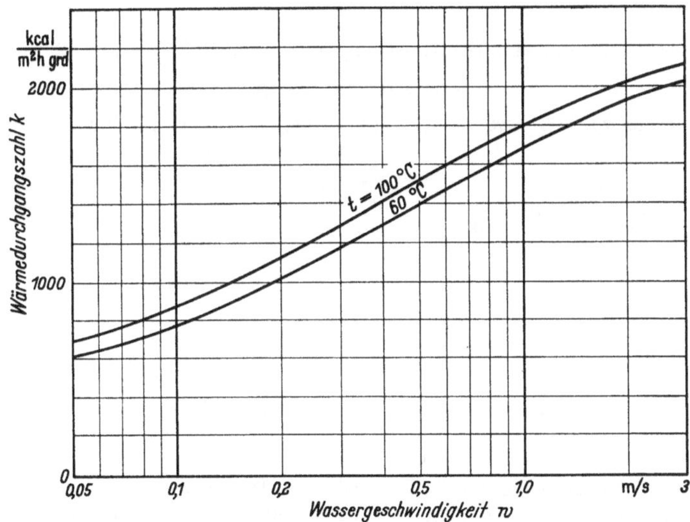

Abb. 9.29. k-Werte von dampfbeheizten Wassererwärmern bei achsenparalleler Strömung. Stahlrohre von 15 mm Durchmesser; t mittlere Wassertemperatur.

Beispiel 3: Wärmedurchgangszahl, Wassertemperatur und Aufheizzeit bei einem Warmwasserspeicher mit eingebauten Heizschlangen

Einem Beispiel auf S. 245/46 im ersten Band entsprechend soll ein Warmwasserspeicher von 1250 l Inhalt auf 60 °C aufgeheizt werden, s. Abb. 9.30. Eingebaut ist eine Rohrheizfläche von 1,9 m². Zu berechnen sind 1. die Wärmedurchgangszahl bei Erwärmung mittels Heizwassers von 80 °C, 2. die Endtemperatur des erwärmten Brauchwassers nach $1\frac{1}{2}$stündiger Aufheizzeit, 3. die Wärmedurchgangszahl bei ND-Dampf als Heizmittel.

---

[1] Bössow, H.: Berechnung und Bau von Wärmeaustauschern für Dampf und Wasser. Heizg. u. Lüftg. 18 (1944) 1/6.

1. Wärmedurchgangszahl bei einer Heizwassertemperatur von 80 °C

Die Wärmedurchgangszahl berechnet sich aus:

$$k = \cfrac{1}{\cfrac{1}{\alpha_1} + \cfrac{\delta}{\lambda} + \cfrac{1}{\alpha_2}}.$$

Der Wärmeleitwiderstand $\dfrac{\delta}{\lambda}$ sei vernachlässigbar klein; eine Verschmutzung der Heizfläche wird vorerst nicht berücksichtigt.

Für die Wärmeübergangszahlen α_1 und α_2 liegen folgende Bedingungen vor: Die Heizfläche besteht aus mehreren nebeneinanderliegenden U-förmig gebogenen Rohren, Rohrdurchmesser 16/18 mm. Die Strömungsgeschwindigkeit an der Außenseite der Rohre ist gering; der Wärmeübergang geht

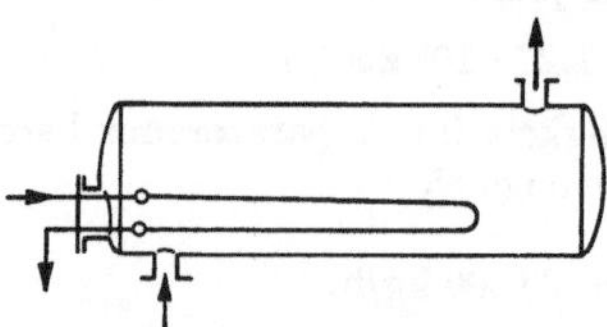

Abb. 9.30. Warmwasserbereiter.

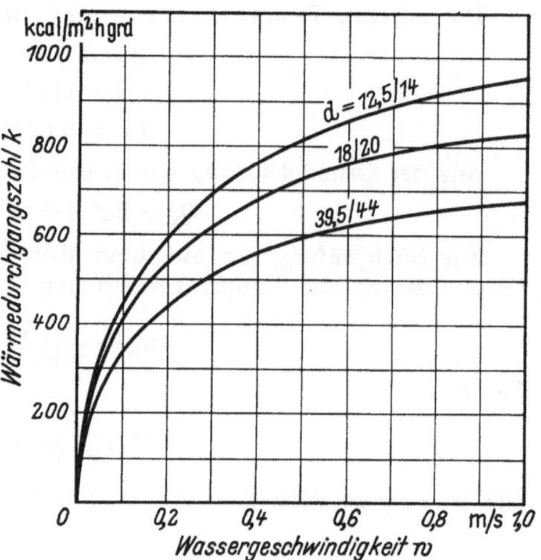

Abb. 9.31. k-Werte von Heizrohrbündeln in Warmwasserspeichern.

vorwiegend bei freier Strömung vor sich. Im Innern der Rohre ströme das Heizwasser bei Schwerkraftumlauf und einer Höhenlage des Speichers von 1 m bis 1,50 m über Kesselmitte mit einer Geschwindigkeit von etwa 0,1 m/s. Da α_1 und α_2 von gleicher Größenordnung sind, ergibt sich die Rohrwandtemperatur als Mitteltemperatur zwischen den beiden Flüssigkeiten zu $\dfrac{80 + 0,5\,(10 + 60)}{2} \approx 58\ °C$. Die innere Wärmeübergangszahl α_1 kann aus Arbeitsblatt 14 entnommen werden; es ist für

$$w = 0,1\ \text{m/s und eine Stoffwerttemperatur von } \frac{58 + 80}{2} = 69\ °C$$

$$\alpha_1 = 870\ \text{kcal/m}^2\,\text{h grd}.$$

Die äußere Wärmeübergangszahl α_2 wird nach Gl. (8.25) berechnet aus der Formel

$$\alpha_2 = C_w \left(\frac{\varDelta t}{d} \right)^{0,25}.$$

Für die Stoffwerttemperatur $\dfrac{58 + 35}{2} \approx 47\ °C$ ist einzusetzen $C_w = 138$.

Bei

$$\varDelta t = 58 - 35 = 23\ \text{grd}$$

erhält man

$$\alpha_2 = 138 \sqrt[4]{\frac{23}{0,018}} = 825\ \text{kcal/m}^2\,\text{h grd}$$

und damit

$$k = \cfrac{1}{\cfrac{1}{825} + \cfrac{1}{870}} = 425\ \text{kcal/m}^2\,\text{h grd}.$$

Zur Vereinfachung der Rechnung kann für Heizrohre in Warmwasserbehältern die Wärmedurchgangszahl k auch aus Abb. 9.31 entnommen werden. Die Werte gelten für die Erwärmung des Brauchwassers im Bereich von 10 bis 65 °C und bei einer mittleren Temperatur des Heizwassers, dessen Geschwindigkeit auf der Abszisse angegeben ist, von etwa 80 °C.

Bei Verschmutzung der Heizfläche ist mit niedrigeren Wärmedurchgangszahlen zu rechnen. So vermindert sich durch einen Kesselsteinbelag von 1,0 mm ($\lambda = 1,5$ kcal/m h grd) der k-Wert auf

$$k = \cfrac{1}{\cfrac{1}{825} + \cfrac{0,001}{1,5} + \cfrac{1}{870}} = 330\ \text{kcal/m}^2\,\text{h grd}.$$

2. Wassertemperatur nach 1¹/₂ stündiger Aufheizzeit

Unter der Voraussetzung, daß im Speicher durch Mischung ständig eine einheitliche Temperatur herrscht, gilt nach Gl. (8.42) für die Aufheizzeit die Bedingung

$$\frac{t_1 - t_{2e}}{t_1 - t_{2a}} = e^{-\frac{kF}{V\varrho c} z}.$$

Darin ist z die Aufheizzeit in Stunden. Für $z = 1{,}5$ h, den Wasserwert des Speichers $V \varrho c = 1250$ kcal/grd, die Zulauftemperatur des kalten Wassers $t_{2e} = 10\ ^\circ\mathrm{C}$ und die mittlere Heizwassertemperatur $t_1 = 80\ ^\circ\mathrm{C}$ erhält man

$$t_{2e} = 80 - (80 - 10)\, e^{-\frac{425\cdot 1{,}9}{1250}\cdot 1{,}5}$$
$$= 80 - 70\, e^{-0{,}969}$$
$$= 80 - 70 \cdot 0{,}380 = 53{,}4\ ^\circ\mathrm{C}.$$

Infolge unvermeidbarer Wärmeverluste und einer nicht vollständigen Mischung liegt die tatsächliche Endtemperatur etwas niedriger.

Wird ein Steinbelag von 1 mm berücksichtigt ($k = 330$ kcal/m² h grd), so errechnet sich die Endtemperatur t'_{2e} zu

$$t'_{2e} = 80 - 70\, e^{-0{,}752} = 47{,}0\ ^\circ\mathrm{C}.$$

Auch die Abkühlung eines Flüssigkeitsbehälters, z. B. des nicht mehr beheizten Warmwasserspeichers, läßt sich an Hand der Gl. (8.42) berechnen, k und F beziehen sich dabei auf die Behälterwandung.

3. Wärmedurchgangszahl bei ND-Dampf

Die Wärmeübergangszahl auf der Dampfseite in den Rohren wird zu $\alpha_1 = 6000$ kcal/m² h grd angenommen.

Für α_2 liegen dieselben Bedingungen wie unter 1 vor bis auf die Wandtemperatur, die sich aus dem Verhältnis der Teilwiderstände des Wärmedurchgangs ergibt. Schätzt man $\alpha_2 = 1000$ kcal/m² h grd, so ergibt sich unter Vernachlässigung des Wärmeleitwiderstandes in der Rohrwand:

$$\frac{1}{\alpha_1} : \frac{1}{\alpha_2} = (t_1 - t_w) : (t_w - t_2).$$

Für $t_2 = \dfrac{60 + 10}{2} = 35\ ^\circ\mathrm{C}$ erhält man

$$\frac{1}{6000} : \frac{1}{1000} = (100 - t_w) : (t_w - 35)$$

und damit

$$t_w \approx 91\ ^\circ\mathrm{C}.$$

Für eine Stoffwerttemperatur von $\dfrac{91 + 35}{2} = 63\ ^\circ\mathrm{C}$ wird die Konstante in Gl. (8.25) $C_w = 159$,

$$\alpha_2 = 159 \sqrt[4]{\frac{56}{0{,}018}} = 159 \cdot 7{,}46 = 1190\ \text{kcal/m² h grd},$$

also

$$k = \cfrac{1}{\dfrac{1}{1190} + \dfrac{1}{6000}} \approx 995\ \text{kcal/m² h grd}.$$

Auf eine Berichtigung der Stoffwerttemperatur infolge der Fehlschätzung des Wertes α_2 kann bei dem geringen Einfluß auf das Rechnungsergebnis verzichtet werden.

Näherungswert: Überschläglich kann bei Erwärmung von Brauchwasser in Speicherbehältern die Wärmedurchgangszahl k bei Beheizung mit ND-Dampf aus nachstehender Tabelle entnommen werden:

Heizrohrdurchmesser d_i/d_a . . . . . mm	12,5/14	18/20	39,5/44
Wärmedurchgangszahl k . . . kcal/m² h grd	1030	980	820

VI. Rohrisolierungen

A. Berechnung der Wärmeverluste

1. Grundlagen

Bei der Berechnung geht man aus von der Gl. (8.32) für das Kreisrohr, die eine auf die Längeneinheit bezogene Wärmedurchgangszahl k_R enthält. Es ist

$$k_R = \cfrac{\pi}{\dfrac{1}{\alpha_1 D_1} + \dfrac{1}{2\lambda_E}\ln\dfrac{D'}{D_1} + \dfrac{1}{2\lambda_{I_s}}\ln\dfrac{D_2}{D'} + \dfrac{1}{\alpha_2 D_2}}.$$

Darin bedeuten:

α_1 die Wärmeübergangszahl auf der Rohrinnenseite,
α_2 die Wärmeübergangszahl auf der Oberfläche der Isolierung,
D_1 den Rohrinnendurchmesser,
D' den Rohraußendurchmesser (zugleich Innendurchmesser der Isolierung),
D_2 den Außendurchmesser des isolierten Rohres,
λ_E die Wärmeleitzahl des Eisens,
λ_{Is} die Wärmeleitzahl der Isolierung.

Der stündliche Wärmeverlust eines Rohres von der Länge L ist bei einer Innentemperatur t_1 und einer Außentemperatur t_2 nach Gl. (8.31):

$$Q_h = k_R L (t_1 - t_2).$$

In der Praxis sind eine Reihe von Vereinfachungen zulässig, die am besten an Hand eines Zahlenbeispieles zu erläutern sind. Wir berechnen die Wärmedurchgangszahl für ein Rohr von 82,5 mm Innendurchmesser und 89 mm Außendurchmesser bei einer 50 mm dicken Isolierschicht mit einer Wärmeleitzahl $\lambda_{Is} = 0,10$ kcal/m h grd. Im Inneren des Rohres ströme heißes Wasser von 90 °C. Dabei seien $\alpha_1 = 1000$ und $\alpha_2 = 8$ kcal/m² h grd gesetzt:

$$\frac{1}{\alpha_1 D_1} = \frac{1}{1000 \cdot 0,0825} \approx 0,012$$

$$\frac{1}{2\lambda_E} \ln \frac{D'}{D_1} = \frac{1}{2 \cdot 50} \ln \frac{89}{82,5} \approx 0,001$$

$$\frac{1}{2\lambda_{Is}} \ln \frac{D_2}{D'} = \frac{1}{2 \cdot 0,10} \ln \frac{189}{89} = 3,765$$

$$\frac{1}{\alpha_2 D_2} = \frac{1}{8 \cdot 0,189} = 0,661$$

$$\text{Summe} = 4,439$$

$$k_R = \frac{\pi}{4,439} \approx 0,71 \text{ kcal/m h grd.}$$

Diese Rechnung zeigt, daß von den vier Teilwiderständen des Wärmedurchganges die ersten beiden, nämlich der Wärmeübergangswiderstand an der Innenseite und der Wärmeleitwiderstand der Eisenwandung, ganz bedeutungslos sind und daß sich der Wärmedurchgangswiderstand zu 85 % auf die Rohrisolierung und zu 15 % auf den äußeren Wärmeübergangswiderstand verteilt. Man kann deshalb mit guter Annäherung für die Wärmedurchgangszahl den Ausdruck setzen

$$k_R = \frac{\pi}{\dfrac{1}{2\lambda_{Is}} \ln \dfrac{D_2}{D'} + \dfrac{1}{\alpha_2 D_2}}. \qquad (9.62)$$

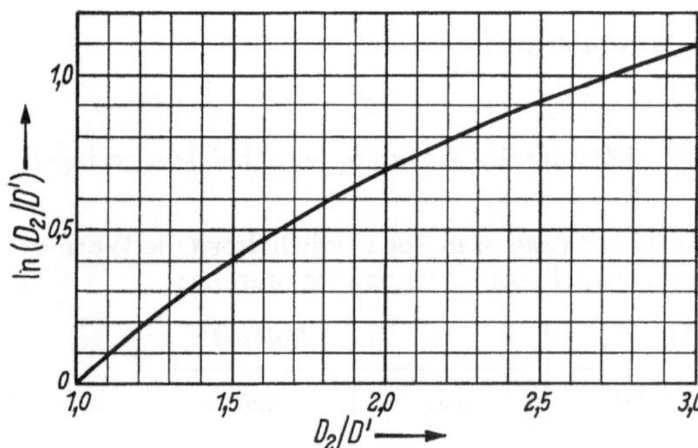

Abb. 9.32. Logarithmisches Durchmesserverhältnis.

Da α_2 sehr wenig veränderlich ist (im Inneren von Gebäuden $\alpha_2 \approx 8$ bis 9 kcal/m² h grd), so hängt für ein gegebenes Rohr die Wärmedurchgangszahl hauptsächlich von der Wärmeleitzahl λ_{Is} und der Isolierdicke ab. Die natürlichen Logarithmen sind aus Abb. 9.32 zu entnehmen.

In die Leitung eingebaute Formstücke werden meist derart berücksichtigt, daß man sie in ihrem Wärmeverlust gleich einer bestimmten Länge isolierten Rohres setzt und sich die Rohrstrecke um diese Beträge verlängert denkt. Es gilt z. B. bei Verlegung in Innenräumen:

> 1 nackter Flansch . . . .   3 m isoliertes Rohr,
> 1 mit Flanschkappen isolierter Flansch   0,5 m isoliertes Rohr,
> 1 Ventil oder Schieber, nackt . . . .   5—7 m isoliertes Rohr,
> 1 Ventil oder Schieber, isoliert . . . .   3 m isoliertes Rohr.

Für Rohraufhängungen macht man in der Regel einen Zuschlag von 15 %.

Beispiel: Es ist der stündliche Wärmeverlust der Vorlaufleitung einer Warmwasserheizung von 50 m Länge zu berechnen. Rohraußendurchmesser $D' = 108$ mm, Wassertemperatur $t_1 = 90\ ^\circ$C und Raumtemperatur $t_2 = 15\ ^\circ$C, Isolierdicke $s = 4$ cm, $\lambda_{I_s} = 0{,}04$ kcal/m h grd. In die Leitung eingebaut sind: 4 isolierte Flanschpaare, 2 isolierte Ventile.

Die Teilwiderstände sind:

$$\frac{1}{2\,\lambda_{I_s}}\ln\frac{D_2}{D'} = \frac{1}{2\cdot 0{,}04}\ln\frac{0{,}108 + 2\cdot 0{,}04}{0{,}108} = 12{,}5\ln 1{,}74 = 6{,}93 \text{ m h grd/kcal,}$$

$$\frac{1}{\alpha_2\,D_2} = \frac{1}{8{,}5\cdot 0{,}188} = 0{,}625 \text{ m h grd/kcal.}$$

Damit wird

$$k_R = \frac{\pi}{6{,}93 + 0{,}625} = 0{,}415 \text{ kcal/m h grd.}$$

Für die Rechnung ist die Rohrlänge wie folgt einzusetzen:

<pre>
Rohrstrecke . . . . 50 m
4 Flanschpaare, je 0,5 m . . . .   2 m
2 Ventile, je 3 m . . . .   6 m
Aufhängungen, 15% der Rohrlänge . . . 7,5 m
───
Rohrgesamtlänge L . . . . 65,5 m
</pre>

Damit ergibt sich der stündliche Wärmeverlust Q_h zu

$$Q_h = k_R\,L(t_1 - t_2) = 0{,}415\cdot 65{,}5(90 - 15) = 2040 \text{ kcal/h.}$$

In der äußeren Wärmeübergangszahl α_2 ist sowohl die Wärmeabgabe durch Konvektion als auch die durch Strahlung erfaßt. In Anbetracht des geringen Anteils des Übergangswiderstandes am gesamten Wärmedurchgangswiderstand und der ohnehin vorhandenen Unsicherheiten bei der Annahme der mittleren Luft- und Strahlungstemperaturen der Umgebung genügt es selbst für genaue Berechnungen, bei Innenleitungen α_2 aus der nachstehenden Näherungsformel von HEILMANN und KOCH zu ermitteln:

$$\alpha_2 = 8{,}1 + 0{,}045\,(t_2' - t_2).$$

t_2' ist dabei die Oberflächentemperatur des isolierten Rohres, die zunächst geschätzt werden muß.

2. Vereinfachte Berechnung (Zahlentafel A 31 bis A 33)

Der Vereinfachung der Berechnung von Rohrleitungswärmeverlusten dienen die Zahlentafeln A 31 und A 32 im vierten Teil. Nach einem Vorschlag von CAMMERER geht man dabei von der Wärmedurchgangszahl k_e einer ebenen Wand mit der gegebenen Isolierdicke und der Wärmeleitzahl des jeweiligen Isolierstoffes aus, Zahlentafel A 31. Dieser Wert wird mit einem Durchmesserfaktor f_d multipliziert, der sich aus dem Rohrdurchmesser D' und der Isolierdicke ergibt, s. Zahlentafel A 32. Man erhält so die auf 1 m Rohrlänge bezogene Wärmedurchgangszahl k_R aus

$$k_R = k_e\,f_d \quad \text{in kcal/m h grd.} \tag{9.63}$$

Der Durchmesserfaktor f_d ist allerdings in geringem Maß auch noch von der Wärmeleitzahl abhängig. Dieser Einfluß ist in Zahlentafel A 32 vernachlässigt, da sonst die Tabelle zu umfangreich geworden wäre und die Abweichungen ungünstigenfalls 3 bis 4% betragen. Ebenso ist die Abhängigkeit der äußeren Wärmeübergangszahl α_2 von dem Temperaturunterschied $(t_1 - t_2)$ nicht berücksichtigt; der mögliche Fehler liegt bei Heizungsrohrleitungen unterhalb 1%. Bei Freileitungen läßt sich zusätzlich ein Windfaktor einführen[1]. Die Werte der Zahlentafel A 31 sind für $(t_1 - t_2) = 100$ grd, diejenigen der Zahlentafel A 32 für $\lambda = 0{,}06$ kcal/m h grd berechnet.

Bei Rohrleitungen der Nennweite 400 und höher spielt die Rohrkrümmung beim Wärmedurchgang keine Rolle mehr. Die Rohre können also wie eine ebene Wand behandelt werden, wobei auch zumeist die Wärmeverluste ebenso wie die Isolierungskosten auf 1 m² Oberfläche bezogen werden.

---

[1] Siehe VDI 2055. Wärme- und Kälteschutz. Dez. 1958.

Beispiel: Für die im vorhergehenden Beispiel (S. 103) behandelte Rohrleitung soll k_R aus den Zahlentafeln A 31, 32 ermittelt werden. Man entnimmt aus Zahlentafel A 31 für $s = 40$ mm und $\lambda = 0,04$ kcal/m h grd die Wärmedurchgangszahl $k_s = 0,9$ kcal/m h grd. Für $D' = 108$ und $s = 40$ mm liest man in Zahlentafel A 32 ab: $f_d = 0,47$.

Damit wird

$$k_R = 0,9 \cdot 0,47 = 0,423 \text{ kcal/m h grd.}$$

Heizleitungen in Gebäuden werden vorwiegend mit Matten aus Glas- oder Mineralfasern bzw. mit Kieselgur isoliert. Zur Erleichterung der Berechnung der Wärmeverluste solcher Leitungen sind in Zahlentafel A 33 noch die Rohrleitungs-k-Werte bei einigen Isolierdicken aufgeführt, und zwar unter Berücksichtigung eines Zuschlages von 15% für Rohraufhängungen (k_R'). Die Zahlenwerte für die gebräuchlichsten Isolierdicken sind durch Fettdruck hervorgehoben. Die sehr fragwürdige Dämmwirkung eines etwaigen Hartmantels bleibt unberücksichtigt.

B. Ermittlung der Isolierdicke

1. Allgemeines

Bei der Festlegung der Dicke einer Rohrisolierung sprechen sowohl betriebliche als auch wirtschaftliche Gesichtspunkte mit. So kann beispielsweise die *betriebliche Forderung* gestellt sein, daß die Überwärmung von Räumen, in denen Heizleitungen verlegt sind, möglichst vermieden wird (Zentralen, Vorratskeller). Man wählt in solchen Fällen hochwertige Isolierstoffe oder große Isolierdicken unter Hintansetzung wirtschaftlicher Gesichtspunkte. Ähnliches gilt, wenn die Leitungsoberflächentemperaturen bestimmte Grenzwerte nicht über- oder unterschreiten sollen (Schutz gegen Verbrennung, Verhinderung von Schwitzwasser bei Kälteisolierungen) oder wenn ein vorgesehener Temperaturabfall in der Leitung eingehalten werden muß. Die Berechnung der Isolierdicke ist in solchen Fällen mit Hilfe der Gln. (8.31) und (8.32) bzw. der Zahlentafeln A 31, 32 durchzuführen. Zuweilen muß man dabei einzelne Werte zunächst schätzen (z. B. die Oberflächentemperaturen) oder mehrere Verhältnisse vergleichsweise durchrechnen.

In der Regel sind jedoch für die Isolierdicke von Heizleitungen *wirtschaftliche Forderungen* ausschlaggebend. Man wählt die Isolierdicke, die die niedrigsten Gesamtkosten gewährleistet, d. h., Gestehungs- und Betriebskosten müssen ein Minimum ergeben.

2. Ermittlung der wirtschaftlichsten Isolierdicke

a) Berechnung des Minimums der Jahreskosten

Der Wärmeverlust eines isolierten Rohres nimmt mit zunehmender Isolierdicke ab. Aus Abb. 9.33, welche in der Kurve a den Zusammenhang zwischen Isolierdicke und Wärmeverlust zeigt, erkennt man, daß schon sehr dünne Isolierschichten eine beträchtliche Verminderung der Wärmeverluste gegenüber dem nackten Rohr bewirken, daß aber mit zunehmender Schichtdicke die Verminderung des Verlustes immer kleiner wird. Andererseits zeigt die Kurve b der gleichen Abbildung, daß mit zunehmender Isolierdicke die Kosten der Isolierung ansteigen. Es wird also einen Wert geben, von dem ab eine weitere Erhöhung der Isolierdicke nicht mehr zweckmäßig ist. Man erhält diesen Grenzwert — die wirtschaftlichste Isolierdicke — in folgender Weise.

Aus den stündlichen Wärmeverlusten der Leitung errechnet sich der Geldwert der jährlichen Wärmeverluste durch Berücksichtigung der jährlichen Betriebsstundenzahl und der Selbstkosten der Wärme. Wie dieser Wert sich mit der Dicke der Isolierung vermindert, zeigt die Kurve c in Abb. 9.34, welche der Kurve a in Abb. 9.33 ähnlich ist. Die Kurve d in Abb. 9.34 stellt den jährlichen Kapitaldienst für die Isolierung dar, der sich aus den Kosten der Isolierung, ihrer Lebensdauer und einer angenommenen Verzinsungsquote ermittelt. Die Summenkurve e gibt die gesamten Jahresaufwendungen für Wärmeverluste und Kapitaldienst an; ihr Minimum kennzeichnet die wirtschaftlichste Isolierdicke.

Die Durchführung derartiger Rechnungen ist ziemlich zeitraubend, da eventuell nicht nur verschiedene Isolierdicken, sondern auch verschiedene Isolierstoffe und oft auch noch verschiedene Rohrdurchmesser zur Wahl stehen. Sie lohnt sich deshalb nur bei langen Leitungen und großen Rohrdurchmessern (Fernleitungen). Meist trägt man dabei die errechneten Werte

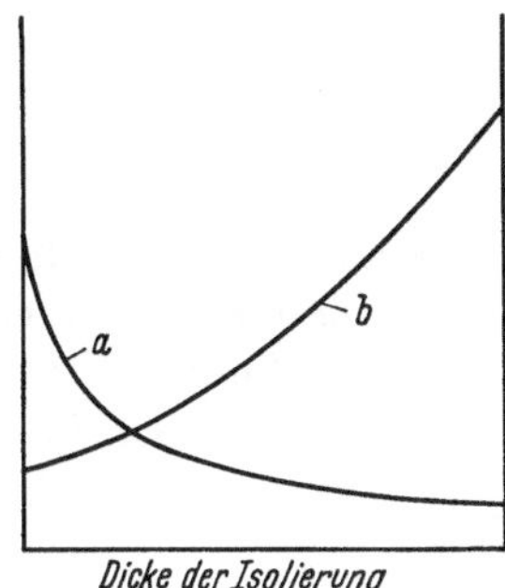

Abb. 9.33. Wärmeverluste und Kosten der Isolierung in Abhängigkeit von der Isolierdicke. *a* Wärmeverlust in kcal/h, *b* Kosten der Isolierung in DM/m.

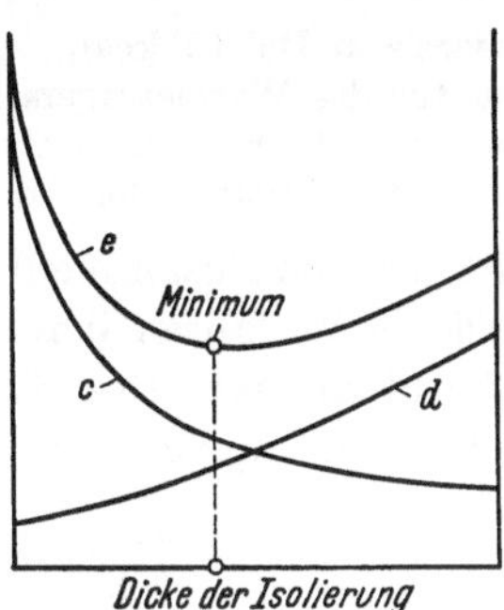

Abb. 9.34. Ermittlung des Kostenminimums. *c* Jahreskosten der Wärmeverluste, *d* jährlicher Kapitaldienst der Isolierung, *e* Gesamtkosten.

graphisch nach Art der Abb. 9.34 auf und erhält auf diese Weise das Kostenminimum bzw. die zugehörige Isolierdicke. Das Verfahren ist sehr übersichtlich und erleichtert die Entscheidung, wenn das Kostenminimum zwischen zwei handelsüblichen Isolierdicken liegt. Verläuft die Gesamtkostenlinie in der Nähe des Minimums verhältnismäßig flach — und das ist häufig der Fall —, so wählt man i. allg. die kleinere Isolierdicke.

Man ersieht im übrigen aus der Abb. 9.34, daß für die Lage des Minimums nicht die absolute Höhe der Kapitalbelastung und der Wärmeverlustkosten, sondern nur deren Änderung mit wachsender Isolierdicke maßgebend ist.

b) Analytische Lösung

Man kann die Aufgabe auch analytisch lösen. Für die *ebene Wand* läßt sich nach SEIFFERT[1] die wirtschaftlichste Dicke s_w durch die Beziehung festlegen:

$$s_w = \sqrt{\frac{\lambda\,\vartheta\,Z\,W}{A\,J}}\,. \tag{9.64}$$

Dabei bedeuten:

s_w die wirtschaftlichste Isolierdicke in mm,
λ die Betriebswärmeleitzahl des Isolierstoffes bei seiner Mitteltemperatur in kcal/m h grd,
ϑ den mittleren Temperaturabfall in der Isolierschicht zwischen ihren beiden Begrenzungsfläche in grd,
Z Jahresbenutzungsdauer der Anlage in h,
W Wärmepreis in DM/10^6 kcal,
A Kapitaldienst der Isolierung (Verzinsung und Abschreibung) in %,
J Kostensteigerung von 1 m^2 Isolierung bei Erhöhung der Isolierdicke um 1 cm in DM/m^2 cm.

Für *Rohrleitungen* läßt sich eine ähnlich einfache Beziehung nicht ableiten. Nach GRIGULL[2] kann man aber zwei dimensionslose Kennzahlen errechnen, von denen die eine im wesentlichen die betrieblichen, die andere die Kostenfaktoren enthält. Aus beiden Kennzahlen ergibt sich das Verhältnis von wirtschaftlicher Isolierdicke und Rohrdurchmesser.

c) Vereinfachtes Verfahren

Bei Isolierungen von Heizungsleitungen sind eine Reihe von vereinfachenden Annahmen zulässig[3]. Man kommt damit zu einem Näherungsverfahren, bei dem die wirtschaftlichste Isolier-

---

[1] SEIFFERT, K.: Die wirtschaftlichste Isolierstärke in der Kältetechnik. Z. d. ges. Kälte-Ind. 36 (1939) S. 49/54, 64/68, 77/79.

[2] GRIGULL, U.: Die Ermittlung der wirtschaftlichsten Isolierdicke. Brennst.-Wärme-Kraft 2 (1950) 125/127.

[3] DÜRHAMMER, W.: Bemessung und Bewertung der Wärmeschutzstoffe im Heizungsfach. Heizg. u. Lüftg. 11 (1937) 81/84.

dicke nur noch von dem Rohrdurchmesser und einer *Aufwandsgröße R* abhängig ist. R stellt
das Produkt aus den wichtigsten betrieblichen Einflußgrößen dar. Es ist:

$$R = W(t_1 - t_2)\, Z \cdot 10^{-6}.$$

Dabei bedeuten:

W Wärmepreis in DM/10⁶ kcal,
t_1 Temperatur des Wärmeträgers in °C,
t_2 Temperatur außerhalb der Rohrleitung in °C,
Z Jahresbenutzungsdauer der Anlage in h.

Abb. 9.35 zeigt den Zusammenhang zwischen s_w, d und R für Matten aus Glas- und Mineral-
gespinsten. Dieses Verfahren liefert auch brauchbare Anhaltswerte für erste Überschlagsrechnungen bei Fernleitungen. Der Kapitaldienst für Abschreibungen und Zinsen ist in Abb. 9.35
mit 20% berücksichtigt, einem Satz, der bei Isolierungen üblich und einheitlich festgelegt ist.

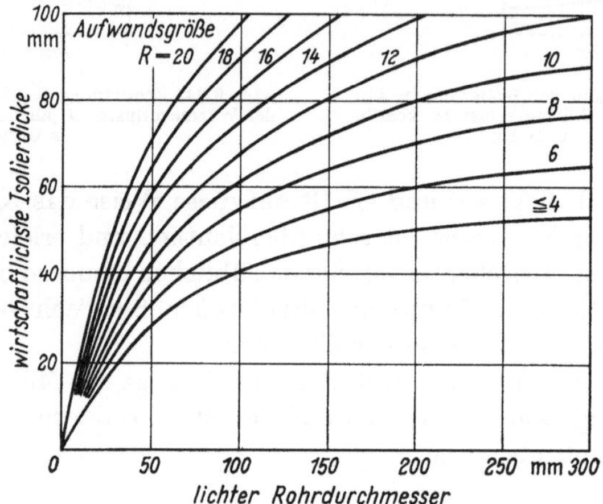

Abb. 9.35. Vereinfachte Ermittlung der wirtschaftlichsten Isolierdicke.

Beispiel: Für eine Ferndampfleitung NW 200, die jährlich 2000 Stunden in Betrieb ist, soll die wirtschaftlichste Isolierdicke festgelegt werden. Mittlerer Dampfdruck $p_m = 3{,}5$ at; Wärmepreis $W = 20$ DM/10⁶ kcal.

Unter der Annahme, daß der Dampf gesättigt ist, entnimmt man der Zahlentafel A 6: $t_1 \approx 138$ °C.
Mit $t_2 = 15$ °C (geschätzt) ergibt sich

$$R = 20(138 - 15) \cdot 2000 \cdot 10^{-6} = 4{,}9.$$

Aus Abb. 9.35 lesen wir ab für $d = 200$ mm und $R = 4{,}9$: $s_w = 60$ mm (aufgerundet).

Eine genauere Nachrechnung nach dem Verfahren von GRIGULL ergibt für eine Betriebswärmeleitzahl
$\lambda = 0{,}05$ kcal/m h grd und die Kostenverhältnisse im Jahre 1958 $s_w = 64$ mm.

Werden Heizleitungen unterbrochen betrieben, so muß der Einfluß der Speicherung auf die
Wärmeverluste abgeschätzt und bei der Betriebsstundenzahl Z berücksichtigt werden. Bei
Dampfleitungen kann mit der wirklichen Betriebszeit gerechnet werden, da im Heizmittel keine
größeren Wärmemengen gespeichert sind und die Wärmeverluste nach Stillsetzen der Leitungen
praktisch durch die geringere Wärmeabgabe während des Anwärmens ausgeglichen werden.
Auch bei Wasser als Wärmeträger ist diese Vereinfachung zulässig, wenn mit täglich mindestens
10stündigem ununterbrochenem Heizbetrieb gerechnet werden kann. Bei kürzeren täglichen
Betriebszeiten muß die Wärmespeicherung im Heizwasser überschläglich berechnet und als
Zuschlag bei den Betriebsstunden berücksichtigt werden[1]. Weiterhin ist bei Heizwasserleitungen
zu beachten, daß als Innentemperatur t_1 der Mittelwert über die gesamte Heizperiode einzusetzen ist, bei Warmwasserheizungen 90/70 °C mit zentraler Temperaturregelung also beispielsweise 50 bis 55 °C.

---

[1] Siehe CAMMERER, J. S.: Wärme- und Kälteschutz in der Industrie, 4. Aufl. Berlin/Göttingen/Heidelberg:
Springer 1962.

Strömungsfragen

Bei den in der Heiz- und Klimatechnik zu betrachtenden Strömungsvorgängen liegen i. allg. die Geschwindigkeiten in einem Bereich, in dem für Gase, Dämpfe und tropfbare Flüssigkeiten die gleichen Gesetze zugrunde gelegt werden können. Wenn im folgenden von Flüssigkeiten gesprochen wird, so sind Gase und Dämpfe mit eingeschlossen, sofern nicht ausdrücklich eine Einschränkung gemacht ist.

Der Abschnitt Strömungsfragen soll einen Überblick über diejenigen theoretischen Grundlagen der Strömungslehre geben, deren Kenntnis zum Verständnis der Berechnungsverfahren bei Heiz- und Klimaanlagen notwendig ist. Für ein weitergehendes Studium der Fragen sei auf die Fachliteratur verwiesen[1].

I. Die Gesetze für die Strömung in Leitungen

A. Die Strömung einer idealen Flüssigkeit

Durch eine Leitung mit veränderlichem Querschnitt, s. Abb. 10.01, ströme stationär in der Zeiteinheit eine Flüssigkeitsmenge mit dem Volumen V. Bei gleichbleibender Dichte der Flüssigkeit ist der Volumstrom $\dot{V}$ an jeder Querschnittsstelle derselbe. Bedeuten F_1, F_2 und F_3 die Querschnittsflächen an den Stellen *1*, *2* und *3* und w_1, w_2, w_3 die zugehörigen Geschwindigkeiten, so gilt die Kontinuitätsbedingung

$$\dot{V} = F_1\,w_1 = F_2\,w_2 = F_3\,w_3 \quad (10.01)$$

oder

$$\frac{w_1}{w_2} = \frac{F_2}{F_1}\;;\qquad \frac{w_2}{w_3} = \frac{F_3}{F_2}.$$

Das heißt, die Geschwindigkeiten ändern sich proportional den Kehrwerten der Querschnitte.

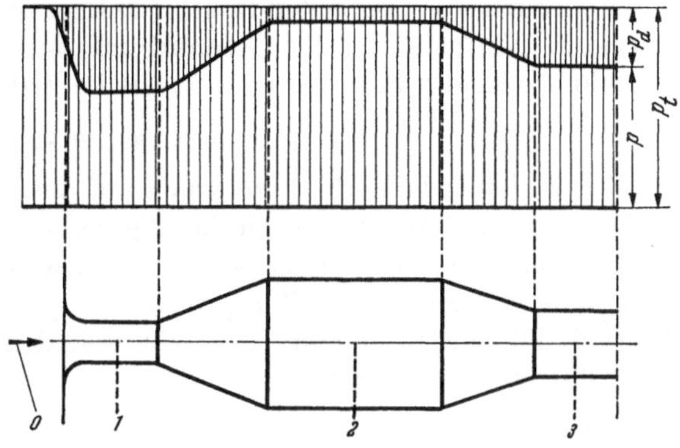

Abb. 10.01. Statischer, dynamischer und Gesamtdruck bei verlustloser Strömung.

Bei tropfbaren Flüssigkeiten ist die Dichte und das spezifische Volumen nahezu unabhängig vom Druck; aber auch für Gase und Dämpfe wird man bei kleinen Druckänderungen die Änderung der Dichte vernachlässigen können.

Für eine ideale Flüssigkeit, d. i. eine Flüssigkeit ohne Zähigkeit und damit ohne innere Reibung, gilt der Satz, daß die Gesamtenergie längs eines Stromfadens, unabhängig vom Querschnitt der Leitung, an allen Stellen gleich groß ist (BERNOULLIscher Satz). Bei waagerechten Flüssigkeitsleitungen und bei Gasleitungen mit nicht allzu großen Höhenunterschieden kann der Energieanteil durch die geodätische Höhenlage vernachlässigt werden. Dann liefert der Energiesatz die BERNOULLIsche Gleichung in der Form

$$p_t = p_1 + p_{d1} = p_2 + p_{d2} = p_3 + p_{d3}. \quad (10.02)$$

Dabei ist p_t der Gesamtdruck (Totaldruck), der sich aus dem statischen Druck p und dem dynamischen Druck p_d zusammensetzt. Wir definieren:

1. Statischer Druck (p) ist der innere Druck einer geradlinig strömenden Flüssigkeit, also der Druck, den ein im Flüssigkeitsstrom mit gleicher Geschwindigkeit mitbewegtes Druckmeßgerät

---

[1] PRANDTL, L.: Führer durch die Strömungslehre, 6. Aufl. Braunschweig: Vieweg 1965. — RICHTER, H.: Rohrhydraulik, 4. Aufl. Berlin/Göttingen/Heidelberg: Springer 1962. — ECK, B.: Technische Strömungslehre, 7. Aufl. Berlin/Heidelberg/New York: Springer 1966.

anzeigen würde. Der statische Druck ist auch der Druck, den eine parallel zur Kanalwand strömende Flüssigkeit auf diese ausübt.

2. Dynamischer Druck oder Staudruck p_d ist die größte Drucksteigerung, die in einem Flüssigkeitsstrom vor dem Mittelpunkt eines Hindernisses auftritt und gleichbedeutend mit dem Druck, der zur Beschleunigung der Flüssigkeit aus der Ruhe auf die betreffende Geschwindigkeit erforderlich ist; er ergibt sich aus der Formel:

$$p_d = \frac{w^2}{2}\,\varrho\,.$$

Dabei bedeuten:

> w *die mittlere Strömungsgeschwindigkeit,*
> ϱ *die Dichte der Flüssigkeit.*

3. Gesamtdruck ist die algebraische Summe des statischen und des dynamischen Druckes

$$p_t = p + p_d = p + \frac{w^2}{2}\,\varrho\,.$$

Für eine gleiche geodätische Höhe besagt der BERNOULLIsche Satz also, daß der Gesamtdruck konstant bleibt. An den engen Stellen der Leitung, an denen die Geschwindigkeit und damit der dynamische Druck groß ist, muß also der statische Druck klein sein und umgekehrt (Abb. 10.01).

B. Die Strömung einer realen Flüssigkeit

Bei wirklichen Flüssigkeiten findet durch innere Reibung eine Umwandlung von mechanischer Energie in Wärme statt; der Gesamtdruck p_t nimmt längs der Leitung ständig ab. Auf zwei Querschnitte angewendet lautet jetzt die Gl. (10.02):

$$p_1 + p_{d1} = p_2 + p_{d2} + \Delta p\,. \tag{10.03}$$

Δp ist der bleibende Verlust an Druck auf dem Wege vom Querschnitt 1 zum Querschnitt 2. Da das Kontinuitätsgesetz auch für die reibungsbehaftete Strömung gilt, kann sich die Geschwindigkeit und damit der dynamische Druck nur mit den Querschnittsflächen an den Stellen *1* und *2* ändern; durch die Reibungsverluste vermindert sich also der statische Druck im Querschnitt 2. Für ein Rohr ohne Querschnittsänderung ist der dynamische Druck konstant und Gl. (10.03) vereinfacht sich zu

$$\Delta p = p_1 - p_2\,. \tag{10.03a}$$

II. Der Druckverlust in Leitungsnetzen

Es hat sich als zweckmäßig erwiesen, bei der Berechnung der Druckverluste in Leitungen zu unterscheiden zwischen den Druckverlusten in den geraden Rohrstrecken und den Druckverlusten in den Einzelwiderständen. Zu den Einzelwiderständen gehören alle Umlenkungen, Abzweige, Armaturen und Apparate, aber auch alle Verengungen und Erweiterungen einer Leitung. Für beide Fälle setzt man den bleibenden Druckverlust proportional dem dynamischen Druck, also

$$\Delta p \sim \frac{w^2}{2}\,\varrho\,. \tag{10.04}$$

A. Druckgefälle in geraden Leitungen

Strömt eine Flüssigkeit durch ein waagerechtes Rohr von konstantem Querschnitt, so nimmt der Druck in der Flüssigkeit längs des Rohres gleichmäßig ab. Für einen Rohrabschnitt von der Länge l mit dem Anfangsdruck p_1 und dem Enddruck p_2 ist

$$p_1 - p_2 \quad \text{der Druckabfall}$$

und

$$\frac{p_1 - p_2}{l} \quad \text{das Druckgefälle.}$$

Das Druckgefälle wird in der Heiz- und Lüftungstechnik allgemein mit dem Buchstaben R bezeichnet. R ist abhängig vom dynamischen Druck der Flüssigkeit, s. Gl. (10.04), außerdem noch vom Rohrinnendurchmesser und einem durch den Strömungszustand bzw. die Rohrbeschaffenheit bestimmten Faktor λ. Man bezeichnet ihn als „Rohrreibungsbeiwert", zuweilen auch als Widerstandszahl. Für das Druckgefälle gilt also

$$R = \frac{p_1 - p_2}{l} = \lambda \frac{1}{d} \frac{w^2}{2} \varrho \tag{10.05}$$

und für den Druckabfall

$$p_1 - p_2 = R\,l = \lambda \frac{l}{d} \frac{w^2}{2} \varrho. \tag{10.05a}$$

B. Der Strömungszustand und der Rohrreibungsbeiwert λ

In einer klaren Flüssigkeit kann man den Strömungszustand durch feinverteilte schwebende Teilchen eines festen Körpers sichtbar machen. Bei genügend langsamer Strömung sind in einer geraden Leitung die Bahnen der einzelnen Teilchen parallele Linien zur Achse, und selbst bei Krümmungen in der Leitung bilden die Bahnen ein geordnetes System von Kurven. Ist dagegen die Geschwindigkeit der Strömung groß, so herrscht ein ganz anders gearteter Strömungszustand. Von einer geradlinigen oder sonst irgendwie geordneten Bewegung der einzelnen Teilchen ist nichts mehr zu beobachten. Die Teilchen schwirren vielmehr unregelmäßig durcheinander, und wenn es möglich wäre, die Wege der einzelnen Teilchen zu verfolgen, so würde man erkennen, daß sie sich auf ganz unregelmäßigen, sich vielfach durchschlingenden, oft rückläufigen Bahnen bewegen und daß sich überdies diese Bahnen fortgesetzt ändern.

Den erstgeschilderten Strömungszustand nennt man die geordnete oder *laminare* Strömung, den zweitgeschilderten Zustand die ungeordnete oder *turbulente* Strömung. In einer geraden Leitung — und nur in einer solchen, nicht auch in Krümmungen — erfolgt der Übergang von dem einen zum anderen Strömungszustand plötzlich, und man nennt den Zustand, bei dem dieses Umschlagen der Bewegung eintritt, den kritischen Zustand.

Das Eintreten des kritischen Zustandes hängt nicht nur von der Strömungsgeschwindigkeit, sondern auch vom Rohrinnendurchmesser ab, und zwar derart, daß bei einem doppelt so weiten Rohr der kritische Zustand schon bei einer halb so großen Geschwindigkeit auftritt. Entscheidend ist also das Produkt $w\,d$, worin w die Strömungsgeschwindigkeit und d den Durchmesser bedeuten. Außerdem ist noch die Zähigkeit der Flüssigkeit von Einfluß.

In der Ähnlichkeitstheorie wird gezeigt, daß der Strömungszustand, also auch der kritische Zustand, mit einer dimensionslosen Größe, der sog. *Reynolds-Zahl*, beschrieben werden kann. Mit der kinematischen Zähigkeit ν ist

$$Re = \frac{w\,d}{\nu} \tag{10.06}$$

oder bei Einführung der dynamischen Zähigkeit $\eta = \nu\,\varrho$

$$Re = \frac{w\,d\,\varrho}{\eta}{}^{1}. \tag{10.06a}$$

Der Umschlagpunkt von der laminaren zur turbulenten Strömung liegt bei

$$Re_{krit} = 2320.$$

In glatten und geraden Kreisrohren ist die Strömung unterhalb dieses Wertes immer laminar. Auch bei einer Störung des Strömungszustandes (z. B. durch Unebenheiten der Rohrwand) stellt sich wieder eine laminare Strömung ein. Bei Vermeidung von Störungen kann die Strömung auch für $Re > 2320$ laminar sein. Bei Versuchen hat man noch bei $Re = 10000$ bis 20000 laminare Strömung beobachten können. Je höher die Reynolds-Zahl ist, desto kleinere Störungen bewirken bereits einen Umschlag zur Turbulenz. Bei Reynolds-Zahlen $Re > 2320$ bleibt eine einmal turbulente Störung weiter turbulent. In technischen Rohrleitungen ist eine Strömung mit $Re \geqq 3000$ stets turbulent.

---

[1] Bei Anwendung dieser Formel ist zu beachten, daß in η gegebenenfalls eine Umrechnung von kp in kg zu berücksichtigen ist.

Abb. 10.02 zeigt die kinematische Zähigkeit ν und die dynamische Zähigkeit η in Abhängigkeit von der Temperatur für Wasser, Wasserdampf und Luft.

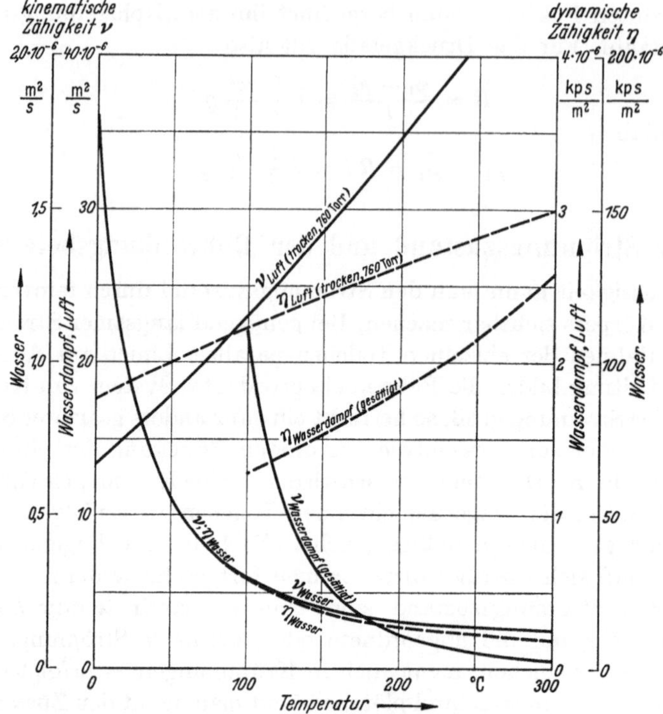

Abb. 10.02. Zähigkeit von Wasser, Wasserdampf und Luft. Die Angaben für Wasser entsprechen bis 100 °C 1 at Druck, über 100 °C dem Verdampfungsdruck.

Bei den Aufgaben der Heiz- und Klimatechnik liegen die Reynolds-Zahlen fast immer über dem kritischen Zustand, die Strömung ist also meist turbulent. Tab. 10.01 gibt für Wasser, Luft und Sattdampf die kritische Geschwindigkeit in Abhängigkeit vom Rohrdurchmesser wieder.

Tabelle 10.01. *Kritische Geschwindigkeit w in Rohrleitungen* in m/s

		t	Rohrdurchmesser d in mm				
		°C	10	50	100	200	300
Wasser		0	0,42	0,083	0,042	0,021	0,014
		20	0,23	0,046	0,023	0,012	0,0077
		60	0,11	0,022	0,011	0,0056	0,0037
		100	0,070	0,014	0,007	0,0035	0,0023
Luft 1 at		0	3,2	0,64	0,32	0,16	0,11
		20	3,6	0,72	0,36	0,18	0,12
		40	4,1	0,81	0,41	0,20	0,14
Satt-dampf	1 at	99,1	5,0	1,0	0,50	0,25	0,17
	1,5 at	110,8	3,6	0,71	0,36	0,18	0,12
	2 at	119,6	2,8	0,56	0,28	0,14	0,094
	3 at	132,9	2,0	0,41	0,20	0,10	0,068
	4 at	142,9	1,6	0,32	0,16	0,081	0,054
	5 at	151,1	1,4	0,27	0,14	0,068	0,046

Im *laminaren Gebiet* hängt der Reibungsbeiwert λ nur von der Reynolds-Zahl ab und läßt sich durch die einfache Beziehung angeben

$$\lambda = \frac{64}{Re} \tag{10.07}$$

oder in einer anderen Schreibweise, die an eine weiter unten folgende Form anschließt

$$\frac{1}{\sqrt{\lambda}} = \frac{Re\sqrt{\lambda}}{64}. \qquad (10.07\,\mathrm{a})$$

Im *turbulenten Gebiet* ist neben dem Strömungszustand der Flüssigkeit ein weiterer dimensionsloser Kennwert, die relative Rauhigkeit ε/d, auf den Rohrreibungsbeiwert λ von Einfluß. ε ist ein Maß für die Rauhigkeit der inneren Leitungsoberfläche.

Man kann im turbulenten Gebiet drei Bereiche unterscheiden. Für kleine absolute Rauhigkeiten und kleine Reynolds-Zahlen ist λ nur von Re abhängig; die Strömung wird als „hydraulisch glatt" bezeichnet. Bei Überschreiten einer Grenze, die von der Reynolds-Zahl und dem Rohrdurchmesser bestimmt wird, ist der Beiwert λ nur noch von der relativen Rauhigkeit ε/d abhängig, bleibt also für eine Leitung auch bei steigenden Reynolds-Zahlen konstant. Dazwischen liegt ein Übergangsbereich, in welchem sowohl Re als auch ε/d den Reibungsbeiwert beeinflussen.

Dieses Verhalten läßt sich damit erklären, daß auch bei turbulenten Strömungen an der Rohrwand eine laminar strömende Grenzschicht liegt, deren Stärke mit steigender Re-Zahl abnimmt. Im hydraulisch glatten Bereich werden die Rauhigkeitserhebungen der Leitungswand von dieser laminaren Grenzschicht umhüllt, kommen also nicht zur Auswirkung. Im Übergangsbereich treten dann mehr und mehr die Unebenheiten der Wand aus der Grenzschicht heraus und beeinflussen die Strömung, bis im Gebiet der vollständig rauhen Strömung die Rauhigkeit der Wand sich voll ausgewirkt hat.

Die Strömung im glatten und im rauhen Bereich läßt sich auf Grund theoretischer Betrachtungen mathematisch beschreiben[1]. Für *hydraulisch glatte Rohre* (λ_0) ist

$$\frac{1}{\sqrt{\lambda_0}} = 2\lg\left(Re\sqrt{\lambda_0}\right) - 0,8. \qquad (10.08)$$

Im *hydraulisch rauhen Bereich* gilt

$$\frac{1}{\sqrt{\lambda}} = 1,14 - 2\lg\frac{\varepsilon}{d}. \qquad (10.09)$$

Für den *Übergangsbereich* konnte bisher eine exakte Lösung nicht angegeben werden. COLEBROOK[2] faßte zahlreiche Versuchsergebnisse in der folgenden empirischen Gleichung zusammen:

$$\frac{1}{\sqrt{\lambda}} = -2\lg\left[\frac{2,51}{Re\sqrt{\lambda}} + \frac{\varepsilon/d}{3,72}\right]. \qquad (10.10)$$

Diese recht komplizierte Gleichung ist rechnerisch nur mit einem Näherungsverfahren zu lösen; für den praktischen Gebrauch wird man deshalb die λ-Werte aus einem nach den Gln. (10.08) bis (10.10) aufgestellten Diagramm entnehmen, vgl. Abb. 10.03. In diesem Diagramm entspricht die stark fallende Gerade auf der linken Seite der Gl. (10.07). Die Linie für das hydraulisch glatte Rohr nach Gl. (10.08) und eine gestrichelte leicht gekrümmte Linie umschließen den Übergangsbereich, für den die Colebrooksche Gl. (10.10) gilt. Im hydraulisch rauhen Bereich sind die Werte für die einzelnen relativen Rauhigkeiten ε/d als Geraden, parallel zur Abszissenachse, eingetragen. Für die praktische Handhabung des Diagramms liegt eine Unsicherheit in der richtigen Wahl des Rauhigkeitswertes ε. Tab. 10.02 gibt einige Richtwerte für ε, die von MOODY[3] angegeben wurden.

Tabelle 10.02. *Rauhigkeitswerte ε für Rohre*

Rohr	ε in mm
Glatte, gezogene Rohre	0,0015
Handelsübliche Stahlrohre	0,045
Gußeiserne Rohre	0,25
Gußeiserne Rohre, innen asphaltiert	0,12
Holzrohre	0,18—0,9
Betonrohre	0,3 —3,0
Genietete Stahlrohre	0,9 —9,0

---

[1] NIKURADSE, J.: Gesetzmäßigkeiten der turbulenten Strömung in glatten Rohren. VDI-Forsch.-Heft Nr. 356 (1932). — NIKURADSE, J.: Strömungsgesetze in rauhen Rohren. VDI-Forsch.-Heft Nr. 361 (1933). — PRANDTL, L.: Neuere Ergebnisse der Turbulenzforschung. VDI-Z. 77 (1933) 108.

[2] COLEBROOK, C. F.: Turbulent flow in pipes, with particular reference to the transition region between the smooth and rough pipe laws. J. Instn. Civ. Engrs., Lond. 11 (1938/39) 133/156.

[3] MOODY, L. F.: Friction factors for pipe flow. ASME Trans. 66 (1944) 671/684.

Nach Untersuchungen im Institut für Heizung und Lüftung der TU Berlin[1] liegt der Rauhigkeitswert ε bei neuen Stahlrohren — und zwar sowohl in nahtloser als auch in längsgeschweißter Ausführung — i. allg. niedriger als der von MOODY angegebene Wert $\varepsilon = 0,045$ mm. Unter der Einwirkung von Korrosionen und Ablagerungen nimmt die Rauhigkeit im Betrieb zu, wobei jedoch nur ausnahmsweise höhere Werte als $\varepsilon = 0,05$ mm auftreten.

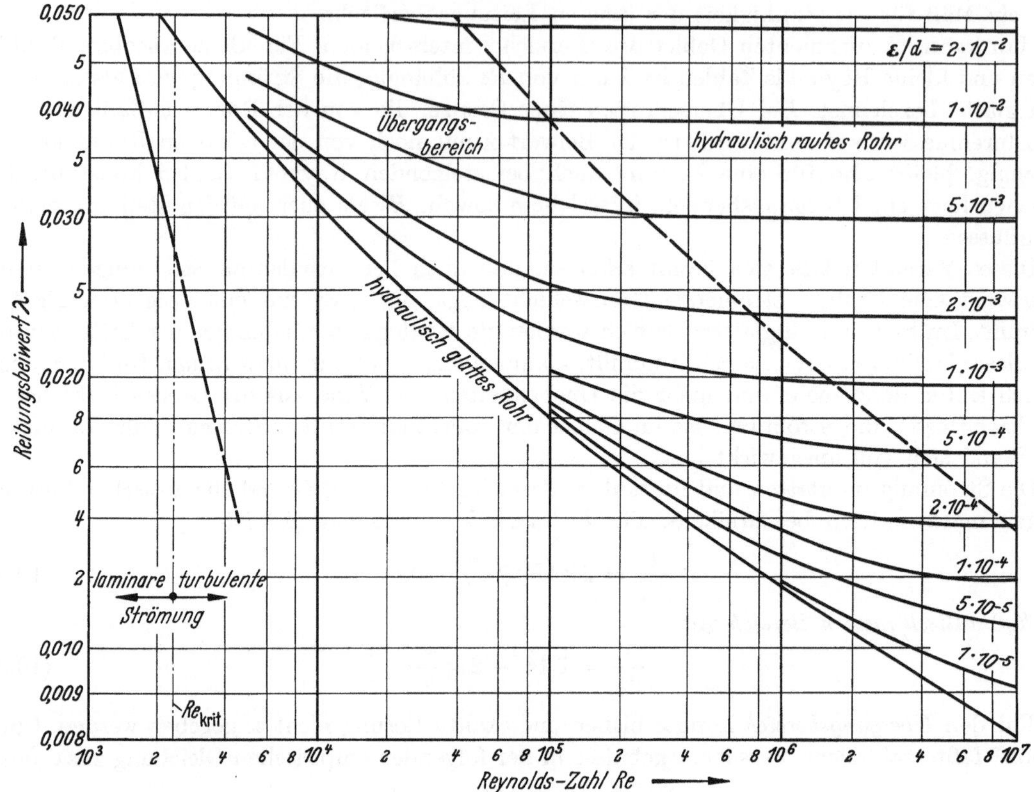

Abb. 10.03. Rohrreibungsbeiwert λ in Abhängigkeit von der Reynolds-Zahl und der relativen Rauhigkeit ε/d.

Den Arbeitsblättern zur Vereinfachung von Rohrleitungsberechnungen im Anhang dieses Buches liegt daher einheitlich für Stahlrohrleitungen ein Rauhigkeitswert $\varepsilon = 0,045$ mm zugrunde. Eine Änderung der Rauhigkeit um 50% bewirkt im Mittel eine Änderung des Rohrreibungsbeiwertes λ von nur 5%; bei Rohren mit kleinerem Durchmesser wirkt sich dabei eine Änderung stärker aus als bei denen mit großen Durchmessern.

Zur Ermittlung von λ wird die Re-Zahl benötigt. Sie läßt sich am einfachsten an Hand von Diagrammen bestimmen. Für Wasserleitungen wurde das Diagramm in Abb. 10.04 aufgestellt; es gibt für verschiedene Temperaturen die Re-Zahl in Abhängigkeit vom stündlichen Wasserstrom bzw. der Wassergeschwindigkeit w und dem Rohrdurchmesser an. Abb. 10.05 zeigt die gleiche Abhängigkeit für Luft.

Gleichwertiger Rohrdurchmesser. Alle bisher erwähnten Gleichungen, in welche der Rohrdurchmesser d eingeht, beziehen sich auf Leitungen mit kreisförmigem Querschnitt. Es läßt sich aber für jede Querschnittsform einer Leitung ein Kreisrohr finden, welches das gleiche Druckgefälle wie die Leitung hat, wenn in beiden die gleiche Strömungs*geschwindigkeit* herrscht. Die Übereinstimmung gilt bei allen Geschwindigkeiten oberhalb der kritischen Geschwindigkeit. Der Durchmesser dieses gleichwertigen Rohres, der gleichwertige oder hydraulische Durch-

[1] LEHMANN, J.: Widerstandsgesetze der turbulenten Strömung in geraden Stahlrohren. Berlin 1961. — Techn. Univ. Berlin, Dr.-Ing.-Dissertation. Veröffentl. in Gesundh.-Ing. 82 (1961) 165/172, 207/210, 241/249 und 276/281. — DÜRSELEN, H.: Die Rohrreibung in Heizleitungen mit kleinen Durchmessern. Heizg.-Lüftg.-Haustechn. 12 (1961) 15/21.

messer d_g, wird bestimmt durch die Gleichung

$$d_g = \frac{4F}{U}.$$

(10.11)

Dabei ist F die Querschnittsfläche der Leitung, U ihr Umfang. Da die Querschnittsflächen der Leitung und ihres gleichwertigen Rohres nicht gleich sind, werden beide natürlich von verschiedenen Flüssigkeitsmengen durchströmt.

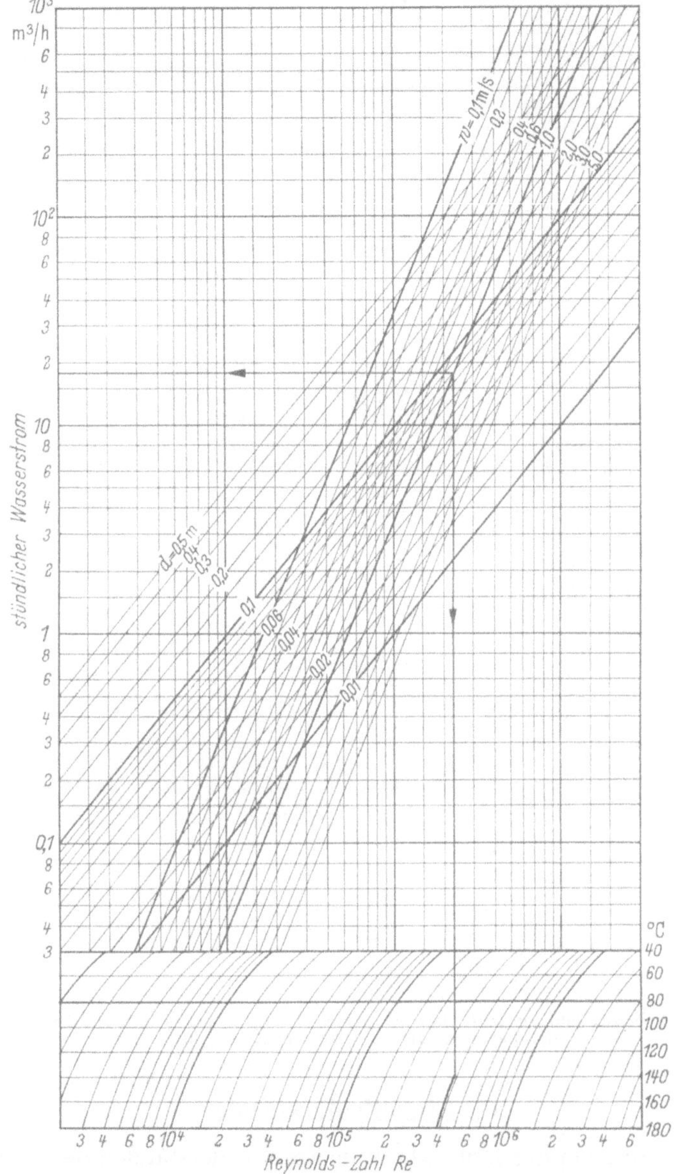

Abb. 10.04. Ermittlung der Reynolds-Zahl für Wasser. Für $w = 1\,\text{m/s}$, $d = 0,08\,\text{m}$ ergibt sich ein Wasserstrom von $\approx 18\,\text{m}^3/\text{h}$ sowie eine Reynolds-Zahl $Re = 3,9 \cdot 10^5$ für $t = 140\,°\text{C}$.

Für rechteckige Leitungen (Kanäle) vereinfacht sich die Gleichung für den gleichwertigen Durchmesser zu

$$d_g = \frac{2ab}{a+b},$$

(10.11a)

wenn a und b die Seitenlängen des Leitungsquerschnittes sind.

Für rechteckige Kanäle läßt sich noch ein zweites gleichwertiges Rohr berechnen, wenn man von der Bedingung gleichen Druckgefälles bei gleichem Mengenstrom in beiden Leitungen ausgeht. Dann sind natürlich die Geschwindigkeiten verschieden. Für diese zweite Art von gleichwertigem Durchmesser gilt

$$d* = 1{,}27 \sqrt[5]{\frac{(a\,b)^3}{a+b}}\,.$$

Das Rechnen mit dem Wert $d*$ ist aber weder einfacher noch ist es vom Standpunkt der Strömungslehre zweckmäßiger als das Rechnen mit dem Wert d_g.

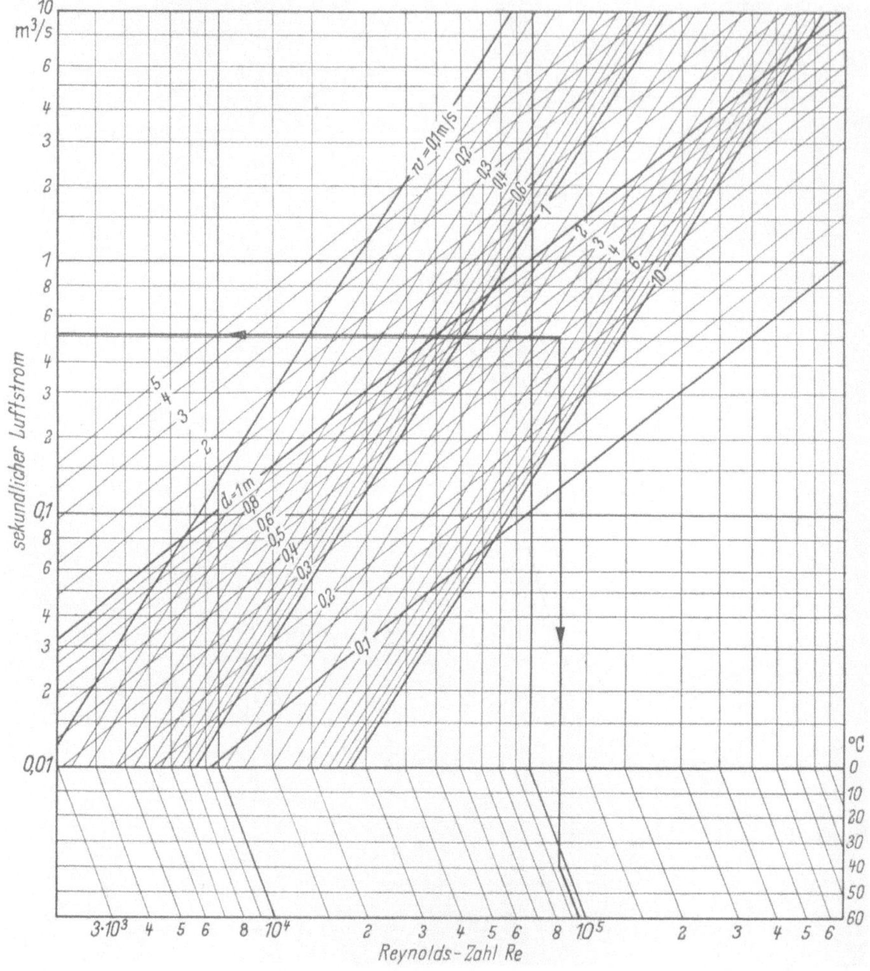

Abb. 10.05. Ermittlung der Reynolds-Zahl für Luft. Für $w = 4\,\text{m/s}$, $d = 0{,}4\,\text{m}$ ergibt sich ein Luftstrom von $\approx 0{,}5\,\text{m}^3/\text{s}$ sowie eine Reynolds-Zahl $Re = 9{,}4 \cdot 10^4$ für $t = 40\,°\text{C}$.

C. Einzelwiderstände

Nach Gl. (10.04) wird auch der Druckabfall in Einzelwiderständen dem dynamischen Druck proportional angenommen. Man verwendet für diesen Druckverlust in der Heiz- und Klimatechnik den Buchstaben Z und setzt

$$Z = \zeta\,\frac{w^2}{2}\,\varrho\,. \tag{10.12}$$

w ist dabei die Geschwindigkeit in einem repräsentativen Querschnitt, z. B. im Ein- oder Auslaßquerschnitt. Der Beiwert ζ ist in erster Linie durch die Gestalt des Einzelwiderstandes bestimmt; er ist von anderen Einflüssen, wie etwa der Dichte, Zähigkeit oder Geschwindigkeit der strömenden Flüssigkeit, so weit unabhängig, daß diese Einflüsse vernachlässigt werden können. Der Widerstandsbeiwert ζ gilt also als reiner Formwert des Einzelwiderstandes.

Es sei an dieser Stelle das Verfahren erwähnt, einen Einzelwiderstand statt durch seinen ζ-Wert durch eine gleichwertige Rohrlänge l^* zu kennzeichnen, wobei man die Rohrlänge nicht in Metern, sondern in sog. „Durchmesserlängen" l^*/d angibt. Für den Vergleich beider Angaben gilt die Beziehung:

$$\Delta p = \lambda \frac{l^*}{d} \frac{w^2}{2} \varrho = \zeta \frac{w^2}{2} \varrho, \tag{10.13}$$

also ist $l^*/d = \zeta/\lambda$.

Während aber für ζ nach dem Vorgesagten vor allem die geometrische Gestalt des Einzelwiderstandes maßgebend ist, hängt das Verhältnis l^*/d auch vom Wert λ und damit von der Strömungsgeschwindigkeit und den physikalischen Eigenschaften der Flüssigkeit (Wasser, Dampf, Luft) ab. Da diese Abhängigkeit keineswegs zu vernachlässigen ist, stellt die „gleichwertige Rohrlänge" kein eindeutiges Kennzeichen eines Einzelwiderstandes dar; sie eignet sich daher nicht zum Aufbau eines Rohrberechnungsverfahrens.

1. Einzelwiderstände in geraden Rohrstrecken

Wir betrachten zunächst die Druckverluste, die durch Querschnittsänderungen in einer geraden Rohrstrecke auftreten. Den Querschnitten F_1 und F_2 seien die mittleren Geschwindigkeiten w_1 und w_2 zugeordnet. Aus Gl. (10.03) und (10.12) ergibt sich

$$p_1 - p_2 = p_{d\,2} - p_{d\,1} + \Delta p = \frac{w_2^2 - w_1^2}{2} \varrho + \zeta \frac{w^2}{2} \varrho. \tag{10.14}$$

Es ist also zu beachten, daß die Differenz der statischen Drücke vor und hinter einer Querschnittsveränderung vom Druckverlust *und* von der Differenz der Geschwindigkeitsquadrate abhängt. Ob man den ζ-Wert auf den Leitungsdurchmesser vor oder hinter dem Einzelwiderstand beziehen will, ist für jede einzelne Aufgabe festzulegen. Demgemäß hat man in Gl. (10.14) für die Geschwindigkeit w den Wert w_1 oder w_2 zu setzen.

Der Strömungsvorgang und damit der Energieverlust hängen wesentlich davon ab, ob der Leitungsquerschnitt in Strömungsrichtung sich erweitert oder verengt, und ferner davon, ob die Änderung des Strömungsquerschnittes allmählich oder plötzlich erfolgt.

Die Verhältnisse sollen an dem in Abb. 10.06 gezeigten Beispiel erörtert werden. Aus einem ersten Rohr mit dem Querschnitt F_1 tritt die Flüssigkeit durch eine Blende mit dem Querschnitt F_0 hindurch in ein zweites Rohr mit dem Querschnitt F_2 über. Wenn die Kante der Blende nur eine unvollkommene Abrundung hat, wird der Flüssigkeitsstrahl hinter der Blende weiter verengt auf den Querschnitt F'. Das Querschnittsverhältnis F' zu F_0 nennt man die Einschnürungszahl und bezeichnet sie mit dem Buchstaben α. Die Einschnürungszahl hängt nicht nur von der Ausrundung der Blendenkante, sondern auch von den Verhältnissen $F_0 : F_1$ und $F_2 : F_1$ der Strömungsquerschnitte ab.

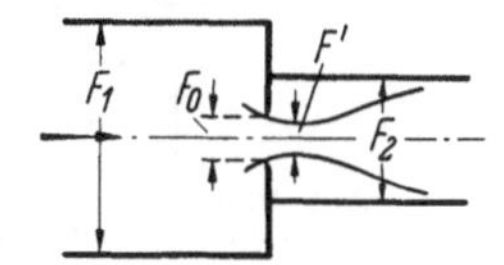

Abb. 10.06. Strömung durch eine Blende.

a) Der Strömungsweg vom Querschnitt F_1 bis zum engsten Querschnitt F':

Auf diesem Wege findet eine Beschleunigung der Flüssigkeit statt. Der Verlust ist so gering ($\zeta = 0{,}06$ bis $0{,}005$), daß wir ihn bei Aufgaben der Heiz- und Klimatechnik vernachlässigen dürfen.

b) Die Ausbreitung des Strahles hinter der engsten Stelle F':

Wenn eine Flüssigkeitsströmung mit der Geschwindigkeit w' plötzlich auf eine vorausgehende Strömung mit der kleineren Geschwindigkeit w_2 aufprallt, so tritt stets ein Verlust ein, der als CARNOT-BORDAscher Stoßverlust bezeichnet wird. Der Betrag ist dem Quadrat der Relativgeschwindigkeit $(w' - w_2)$ proportional.

Wir erhalten somit:

$$\Delta p = \frac{(w' - w_2)^2}{2} \varrho = \left(\frac{w'}{w_2} - 1\right)^2 \frac{w_2^2}{2} \varrho = \left(\frac{F_2}{\alpha\, F_0} - 1\right)^2 \frac{w_2^2}{2} \varrho. \tag{10.15}$$

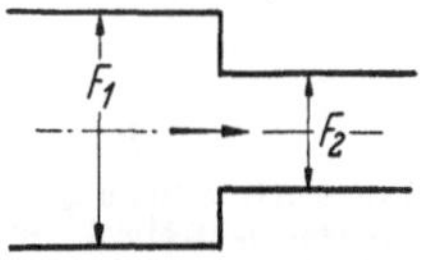

Im Anschluß an den in Abb. 10.06 dargestellten allgemeinen Fall können einige vereinfachte Sonderfälle berechnet werden:

Abb. 10.07. Sprunghafte Querschnittsverengung.

Erster Fall: Sprung-Übergang aus einer weiten in eine engere Leitung (Abb. 10.07). Mit $F_0 = F_2$ geht die Gl. (10.15) über in:

$$\Delta p = \left(\frac{1}{\alpha} - 1\right)^2 \frac{w_2^2}{2} \varrho = \zeta \frac{w_2^2}{2} \varrho. \tag{10.15a}$$

Ungefähre Zahlenwerte für die Einschnürungszahl α gibt die nachfolgende Tab. 10.03.

Tabelle 10.03. *Einschnürungszahlen α bei sprunghafter Querschnittsverengung*

F_2/F_1	0—0,2	0,4	0,5	0,6	0,7	0,8	0,9	1,0
Scharfe Kante	0,63	0,65	0,68	0,71	0,76	0,82	0,90	1,00
Schwache Kantenbrechung	0,75	0,77	0,79	0,82	0,85	0,88	0,94	1,00
Wenig abgerundet	0,90	0,91	0,91	0,92	0,94	0,96	0,98	1,00
Glatte, gute Abrundung. .	0,99	0,99	0,99	0,99	1,00	1,00	1,00	1,00

Die ζ-Werte errechnen sich damit aus der Beziehung $\zeta = \left(\dfrac{1}{\alpha} - 1\right)^2$ gemäß Tab. 10.04:

Tabelle 10.04. *Widerstandsbeiwerte ζ bei sprunghafter Querschnittsverengung*

F_2/F_1	0—0,2	0,4	0,5	0,6	0,7	0,8	0,9	1,0
Scharfe Kante	0,35	0,29	0,22	0,17	0,10	0,05	0,01	0
Schwache Kantenbrechung	0,11	0,09	0,07	0,05	0,03	0,02	0	0
Wenig abgerundet	0,01	0,01	0,01	0,01	0	0	0	0
Glatte, gute Abrundung. .	0	0	0	0	0	0	0	0

Sonderfall: Einströmen aus einem Raum in eine Leitung, $F_1 \to \infty$ (Abb. 10.08). Da $F_2/F_1 \to 0$, gelten die Werte der ersten Spalten aus den Tab. 10.03 und 10.04.

Es sei auf den Einfluß der Ausbildung der Kante auf den Widerstandsbeiwert hingewiesen; mit geringem Aufwand läßt sich der Druckverlust einer plötzlichen Querschnittsverminderung erheblich verkleinern.

Zweiter Fall: Allmählicher Übergang aus einer weiten in eine enge Leitung (Abb. 10.09). Da hier die Geschwindigkeit stetig *steigt*, kann mit hinreichender Genauigkeit $\Delta p = 0$ gesetzt werden.

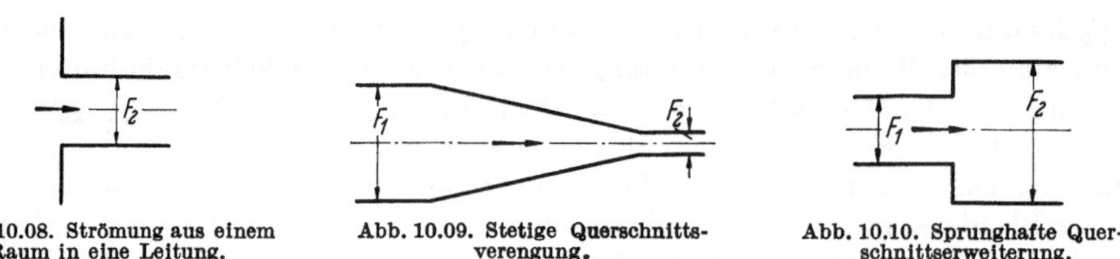

Abb. 10.08. Strömung aus einem Raum in eine Leitung.　　　Abb. 10.09. Stetige Querschnittsverengung.　　　Abb. 10.10. Sprunghafte Querschnittserweiterung.

Dritter Fall: Sprung-Übergang aus einer engen Leitung in eine weite Leitung (Abb. 10.10). Dies ist der reine Fall des CARNOT-BORDAschen Stoßverlustes, so daß sich sofort ansetzen läßt:

$$\Delta p = \frac{(w_1 - w_2)^2}{2}\,\varrho = \left(1 - \frac{F_1}{F_2}\right)^2 \frac{w_1^2}{2}\,\varrho. \tag{10.15b}$$

Es ist also, bezogen auf die Anströmgeschwindigkeit w_1: $\zeta = \left(1 - \dfrac{F_1}{F_2}\right)^2$.

Daraus folgen die Werte der Tab. 10.05.

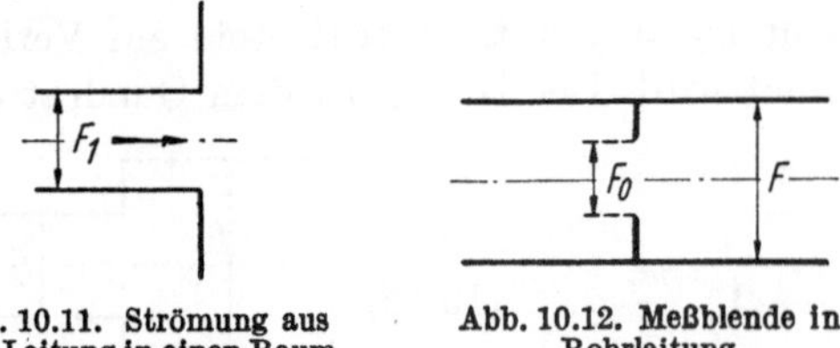

Abb. 10.11. Strömung aus einer Leitung in einen Raum.　　　Abb. 10.12. Meßblende in Rohrleitung.

Tabelle 10.05. *Widerstandsbeiwerte ζ bei sprunghafter Querschnittserweiterung*

F_1/F_2	0	0,2	0,4	0,6	0,8	1,0
ζ	1	0,64	0,36	0,16	0,04	0

Sonderfall: Ausströmen aus einer Leitung in einen Raum, $F_2 \to \infty$ (Abb. 10.11): $\zeta = 1$.

Vierter Fall: Meßblende in einer Leitung gleichbleibenden Querschnittes $F_1 = F_2 = F$ (Abb. 10.12). Die Gl. (10.15) geht über in:

$$\Delta p = \left(\frac{F}{\alpha\,F_0} - 1\right)^2 \frac{w^2}{2}\,\varrho. \tag{10.15c}$$

Da die Einschnürungszahl α selbst wieder vom Verhältnis F_0/F abhängt, kann man den ζ-Wert als Funktion der einzigen Größe F_0/F darstellen, s. Tab. 10.06.

Tabelle 10.06. *Widerstandsbeiwerte von Meßblenden*

F_0/F	0,9	0,8	0,7	0,6	0,5	0,4
α	0,90	0,82	0,76	0,71	0,68	0,65
ζ	0,06	0,28	0,78	1,82	3,8	8,1

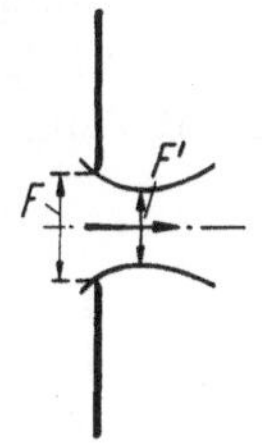

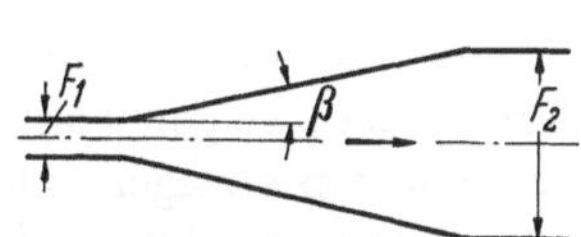

Abb. 10.13. Strömung von Raum zu Raum durch eine Blende.

Fünfter Fall: Ausströmen aus einem ersten Raum durch eine Blende in einen zweiten Raum (Abb. 10.13). Die Einschnürungszahl $\alpha = F'/F$ ist je nach Abrundung der Blendenkante aus Tab. 10.03, erste Spalte, zu entnehmen.

Für die Geschwindigkeit w' gilt der Ansatz

$$w' = \mu \sqrt{2\frac{p_1 - p_2}{\varrho}},$$

worin der Wert μ mit hinreichender Genauigkeit gleich „Eins" gesetzt werden kann.

Sechster Fall: Diffusor. Das Problem der stetigen Querschnittserweiterung (Diffusor) soll etwas eingehender besprochen werden, da es in der Praxis häufiger auftritt, vor allem in der Lüftungstechnik, und hier allgemein größere Verluste auftreten als bei der Verengung. So hat beispielsweise ein Diffusor vor einem Luftauslaß eines Kanalstückes die Aufgabe, die Geschwindigkeit im Austrittsquerschnitt zu reduzieren und zugleich den statischen Druck zu erhöhen, s. Abb. 10.14. Am Kanalende ergibt sich damit eine Verminderung des Austrittsverlustes, die zu einer Verringerung des erforderlichen Gesamtdruckes des Systems führt.

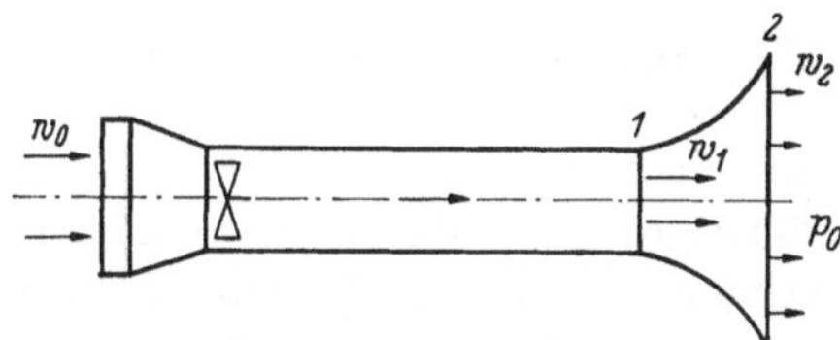

Abb. 10.14. Diffusor als Luftauslaß.

Abb. 10.15. Stetige Querschnittserweiterung.

Bei verlustfreier Druckumsetzung errechnet sich der statische Druck an der Querschnittsstelle 1 aus Gl. (10.02)

mit

$$p_2 = p_0$$

zu

$$p_1 = p_0 - \left(\frac{w_1^2 - w_2^2}{2}\right)\varrho. \tag{10.16}$$

Ohne Enddiffusor ergäbe sich

$$p_1' = p_0 > p_1.$$

Der tatsächlich in einem Diffusor nach Abb. 10.15 erzeugte Druckgewinn ist wegen der Diffusorverluste kleiner als die Differenz der dynamischen Drücke von Eintritt und Austritt. Die Güte der Umsetzung wird durch den Diffusorwirkungsgrad η_D beschrieben:

$$\eta_D = \frac{p_2 - p_1}{\left(\dfrac{w_1^2 - w_2^2}{2}\right)\varrho}. \tag{10.17}$$

η_D ist vor allem vom Öffnungswinkel, dem Flächenverhältnis, der Reynolds-Zahl und dem Zustand der Grenzschicht der Strömung am Diffusoreintritt abhängig. Bei Öffnungswinkeln von $2\beta \leqq 20°$ und Flächenverhältnissen von $F_2/F_1 \leqq 2$ bis 3 ergeben sich Wirkungsgrade zwischen 0,8 und 0,9. Aus dem Diagramm von GIBSON[1], Abb. 10.16, geht hervor, daß η_D mit zunehmendem Öffnungswinkel rasch absinkt, und zwar um so stärker, je größer das Flächenverhältnis ist. Ab $2\beta > 60°$ bringt der Diffusor kaum eine Verbesserung gegenüber der sprunghaften Erweiterung ($2\beta = 180°$), nur bei größeren Flächenverhältnissen ergibt sich ein geringer Gewinn.

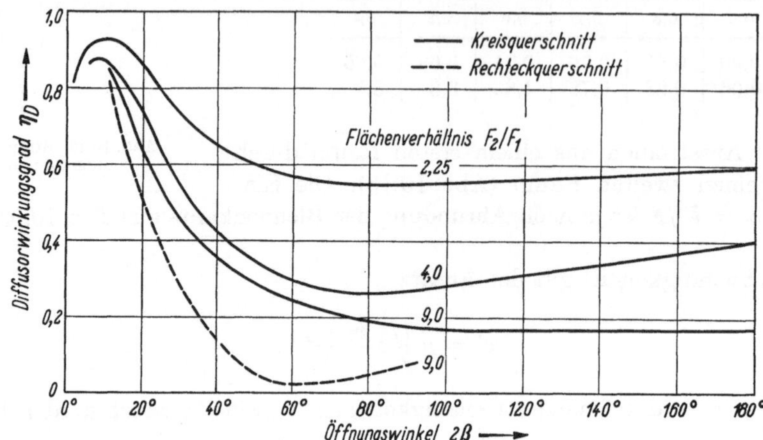

Abb. 10.16. Wirkungsgrad von Diffusoren.

Andererseits sind die Verluste der sprunghaften Erweiterung für kleine Flächenverhältnisse verhältnismäßig niedrig.

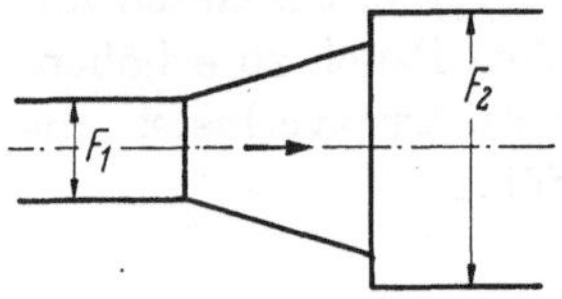

So ist beispielsweise

bei $\dfrac{F_2}{F_1} = 1{,}25$ der Diffusorwirkungsgrad $\eta_D > 0{,}9$,

bei $\dfrac{F_2}{F_1} = 1{,}5$ der Diffusorwirkungsgrad $\eta_D > 0{,}8$.

Abb. 10.17. Kurzdiffusor.

Die stetige Querschnittserweiterung bringt also hier kaum einen Vorteil.

Bei größeren F_2/F_1 zeigen sog. *Kurzdiffusoren* ein günstiges Verhalten[2]. Sie bestehen aus einer Kombination von stetiger und sprunghafter Erweiterung, s. Abb. 10.17. Diese Diffusoren zeichnen sich dadurch aus, daß sie bei kurzer Baulänge einen verhältnismäßig großen statischen Druckgewinn gewährleisten.

ζ-Wert des Diffusors. Für die Druckverlustberechnung in Rohrnetzen ist der ζ-Wert geeigneter als der in der strömungstechnischen Literatur gebräuchliche Gütegrad der Druckumsetzung η_D. Der Zusammenhang zwischen η_D und ζ ergibt sich aus den Definitionsgleichungen

$$\eta_D = \frac{\left(\dfrac{w_1^2 - w_2^2}{2}\right)\varrho - \Delta p_D}{\left(\dfrac{w_1^2 - w_2^2}{2}\right)\varrho} \tag{10.18}$$

und

$$\zeta_D = \frac{\Delta p_D}{\dfrac{w_1^2}{2}\varrho}. \tag{10.19}$$

Dabei ist Δp_D der Druckverlust im Diffusor.

Nach Umformung erhält man

$$\zeta_D = \left[1 - \left(\frac{w_2}{w_1}\right)^2\right](1 - \eta_D) \tag{10.20}$$

oder

$$\zeta_D = \left[1 - \left(\frac{F_1}{F_2}\right)^2\right](1 - \eta_D). \tag{10.20a}$$

[1] GIBSON, A. H.: On the Resistance to Flow of Water through Pipes or Passages having Divergent Boundaries. Edinburgh: Trans. Roy. Soc. Vol. 48 (1911/13).
[2] Vgl. hierzu: B. ECK, gem. Fußnote auf S. 107.

Mit dem Vereinfachungsansatz $\eta_D = 0,85$ ergeben sich für Flächenverhältnisse $\dfrac{F_1}{F_2} \geqq 0,4$ bei Erweiterungswinkeln $2\beta \leqq 20°$ die nachstehend angegebenen Widerstandsbeiwerte.

Tabelle 10.07. *Angenäherte Widerstandsbeiwerte von Diffusoren mit kleinem Erweiterungswinkel*

F_1/F_2	0,4	0,6	0,8
ζ_D	0,13	0,1	0,05

Sonderbauarten von Diffusoren. Im Gegensatz zur beschleunigten Strömung wird bei der verzögerten Strömung im Diffusor das Geschwindigkeitsprofil ungleichmäßiger, d. h., die Kernströmung besitzt eine Übergeschwindigkeit, während die Randströmungen stärker verzögert werden, so daß stellenweise Ablösung mit Rückströmung auftreten kann. Die Geschwindigkeiten am Diffusorende sind dann partiell höher als es dem Flächenverhältnis F_1/F_2 entspricht.

Um Übergeschwindigkeiten und die damit verbundenen Ablösungsverluste herabzusetzen, sind die folgenden Maßnahmen anwendbar:

a) Gitter am Diffusorende, das den statischen Druck in der Kernströmung erhöht, s. Abbildung 10.18.

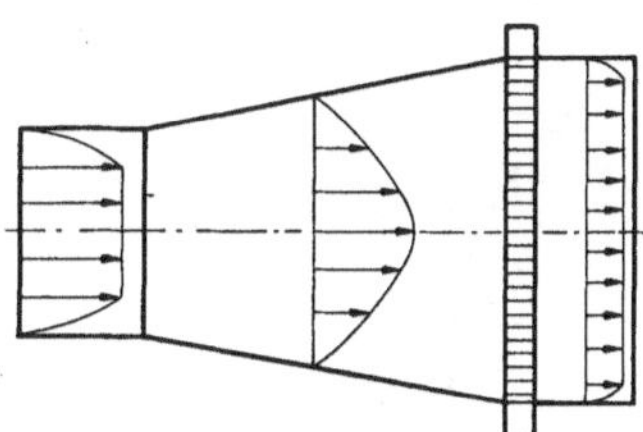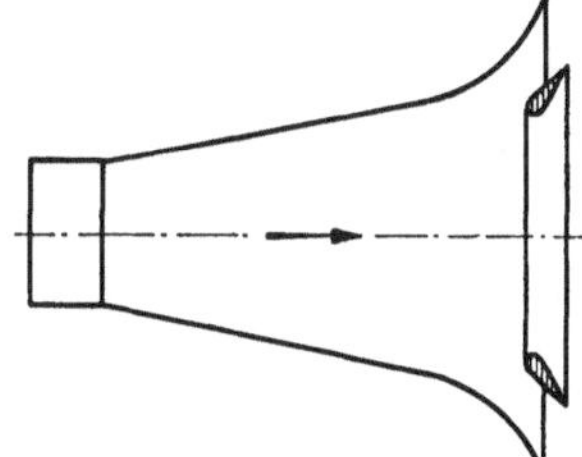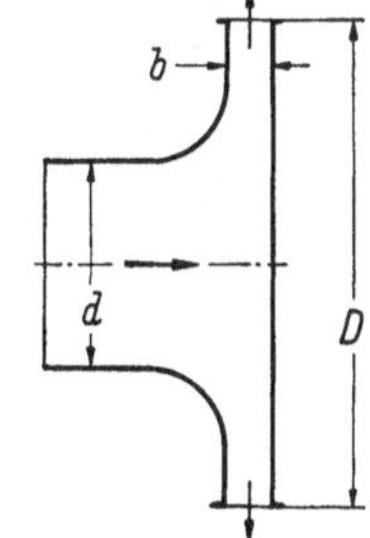

Abb. 10.18. Geschwindigkeitsprofile im Diffusor mit Endgitter.

Abb. 10.19. Enddiffusor mit Ringschaufeln.

Abb. 10.20. Radialdiffusor.

b) Enddiffusor mit Ringschaufeln, s. Abb. 10.19.

Hierbei erweitert sich der Flüssigkeitsstrahl teilweise erst außerhalb des Kanals.

c) Radialdiffusor, s. Abb. 10.20.

Es handelt sich um einen Diffusor mit Stoßplatte am Austritt.

Nach RUTSCHI[1] ergibt sich bei $b/d \approx 0,15$ für η_D ein Maximum, das je nach dem Durchmesserverhältnis D/d zwischen 0,7 und 0,8 liegt.

2. Einzelwiderstände mit Ablenkung des Flüssigkeitsstrahles (Krümmer und Knie)

Gegenüber der geraden Rohrströmung tritt bei Krümmern infolge der Umlenkung ein höherer Druckverlust auf. Die Größe dieses Zusatzverlustes wird durch den Ansatz

$$\Delta p_u = \zeta_u \frac{w^2}{2} \varrho$$

berücksichtigt.

Der Gesamtdruckverlust des Krümmers Δp erfaßt Reibungs- und Umlenkverluste nach

$$\Delta p = \zeta_K \frac{w^2}{2} \varrho$$

mit

$$\zeta_K = \lambda \frac{l}{d} + \zeta_u. \tag{10.21}$$

Entscheidend für den Umlenkverlust ist das Verhältnis von Krümmungsradius r zu Rohrdurchmesser d.

Die bei der Umlenkung auf die Flüssigkeitsteilchen wirkenden Zentrifugalkräfte führen zu einer Drucksteigerung an der äußeren Kontur des Krümmers, während an der Innenwandung

---

[1] RUTSCHI, O.: Versuche an Radialdiffusoren. Techn. Ber. 5 (1944) 129.

ein Unterdruck entsteht. Die Folge davon sind Sekundärströmungen von außen nach innen und Ablösung am Innenrand des Krümmers, die die eigentlichen Umlenkverluste ausmachen.

Die Zentrifugalkräfte sind dem Krümmungsradius der Bahnkurve des Flüssigkeitsteilchens umgekehrt proportional. Durch Wahl eines großen r werden sie, und damit auch die Umlenkverluste, merklich vermindert, s. Abb. 10.21. Andererseits steigen mit r die Krümmerlängen und damit die Reibungsverluste. Für ein bestimmtes Verhältnis r/d ist ein Minimum der Gesamtverluste zu erwarten. Nach RICHTER[1] liegt es bei $r/d \approx 2{,}5$ bis $3{,}0$. Wird der Gesamtdruckverlust des Krümmers durch dessen ζ_K-Wert ausgedrückt, so ist gemäß Abb. 10.22 für die Länge l der entsprechenden Teilstrecke anzusetzen

$$l = L_1 + L_2 - 2r.$$

Rechnet man mit den Teilstrecken bis zum Schnittpunkt der Rohrachsen, so bleibt für den Druckverlust des Einzelwiderstandes

$$\Delta p' = \left(\zeta_u - 0{,}43\, r\, \frac{\lambda}{d}\right) \frac{w^2}{2}\, \varrho. \qquad (10.22)$$

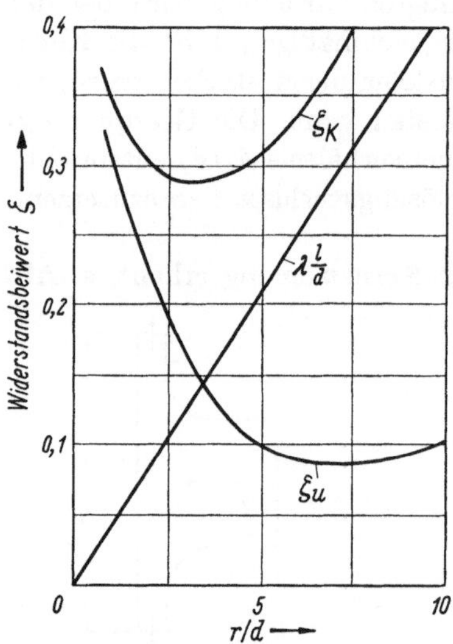

Abb. 10.21. Widerstandsbeiwerte von Krümmern mit zunehmendem Krümmungsradius.

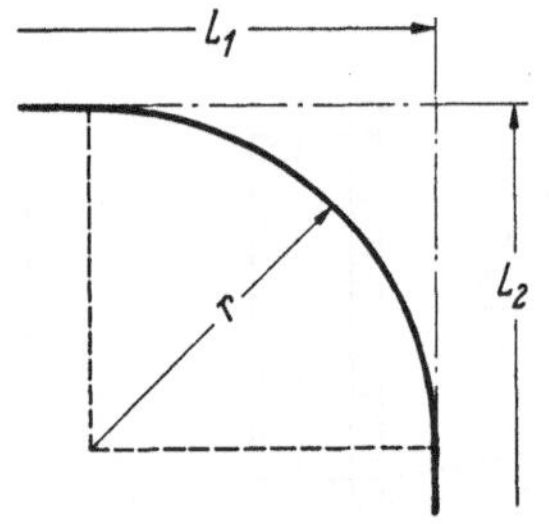

Abb. 10.22. Kennzeichnende Abmessungen an Krümmern.

Vom Umlenkungsverlust wird hier ein Glied abgezogen, da die so angenommene Länge der Teilstrecke größer ist als die tatsächliche.

Für Krümmer beliebiger Umlenkung δ gilt[2]

$$\zeta_\delta = \zeta_{90} \left(\frac{\delta}{90}\right)^{3/4}.$$

ζ_{90} kann dem Arbeitsblatt A 5 entnommen werden.

Für Kniestücke läßt sich eine ähnliche Formel aufstellen, wonach

$$\zeta_\delta = \zeta_{90} \left(\frac{\delta}{90}\right)^2$$

ist.

Bei hintereinandergeschalteten Krümmern tritt nach neueren Untersuchungen am Hermann-Rietschel-Institut für Heizung und Lüftung[3] nur maximal die Summe der Einzelverluste auf. Wenn der Abstand z zwischen den Krümmern, die als S-, U- oder Raumbogen zusammengeschaltet sein können, kleiner als $10d$ ist, ergibt sich für den Gesamtwiderstand ein kleinerer Wert als die Summe der Einzelwerte.

Bei einem S-Bogen z. B. liegt bei $z \approx 3d$ ein Minimum der Druckverluste; es beträgt etwa nur 60% der Verluste zweier einzelner Krümmer.

3. Rohrverzweigungen

Rohrverzweigungen im Netz sind Stellen, an denen sich durch Zu- oder Abflüsse die Mengenströme ändern. Bei einer Aufspaltung eines Hauptstromes in zwei oder mehrere Teilströme spricht man von einer Stromtrennung, das Zusammenfließen von Teilströmen nennt man Strom-

[1] Vgl. Fußnote auf S. 107.　　　[2] Manuel de Ventilation. Paris: Gauthier-Villar 1951.

[3] LEE, C. S.: Strömungswiderstände in 90°-Rohrkrümmern. Berlin 1968. — Techn. Univ. Berlin, Dr.-Ing.-Dissertation. Siehe auch Gesundh.-Ing. 89 (1968) 341/344 u. 367/376 sowie 90 (1969) 20/27.

vereinigung. Der praktisch wichtigste Fall ist die Verzweigung in Form eines durchgehenden Rohres mit einem Zu- oder Abfluß. Die folgenden Betrachtungen sollen hierauf beschränkt bleiben. Doppelabgänge, die als Kreuzstücke in der Heiztechnik häufiger vorkommen, werden im elften Abschnitt unter I B 4 behandelt.

Hinsichtlich der Druckverteilung im Netz stellen Stromverzweigungen Einzelwiderstände dar, deren Druckverluste wiederum durch den Widerstandsbeiwert ζ gekennzeichnet werden können.

Definitionsgemäß ist

$$\zeta = \frac{\Delta p_v}{\frac{w^2}{2}\varrho}.$$

w ist darin die mittlere Geschwindigkeit in einem repräsentativen Querschnitt. Δp_v ist der Druckverlust, der für den Durchgang und den Abzweig unterschiedlich ist. Dementsprechend werden zwei verschiedene ζ-Werte definiert, die mit den Indizes a (Abzweig) und d (Durchgang) versehen werden, s. Abb. 10.23.

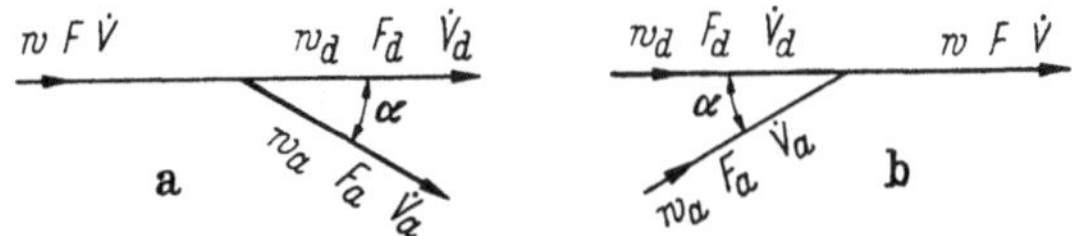

Abb. 10.23. Bezeichnungen bei Rohrverzweigungen.
a) Stromtrennung; b) Stromvereinigung.

In der strömungstechnischen Literatur ist es üblich, für die ζ-Werte die Geschwindigkeit im Gesamtstrom zugrunde zu legen, das ist nach Abb. 10.23 die Geschwindigkeit w. In der Heiz- und Klimatechnik werden bei Netzberechnungen die ζ-Werte der einzelnen Rohrstrecken mit gleichem Durchmesser und gleichem Mengenstrom zu einem Gesamtwert $\Sigma\zeta$ zusammengefaßt, so daß es zweckmäßiger ist, die ζ-Werte der Abgänge für die Geschwindigkeit im Teilstrom anzugeben.

Die Umrechnung der auf verschiedene Querschnitte bezogenen ζ-Werte erfolgt nach:

$$\zeta^* = \zeta\left(\frac{w}{w^*}\right)^2.$$

Unter dem Druckverlust eines T-Stückes versteht man die Differenz der statischen Druckhöhen kurz vor und genügend weit hinter dem T-Stück, vermehrt um die Änderung der dynamischen Druckhöhe, abzüglich der reinen Rohrreibungsverluste.

Definitionsgemäß ist ζ für eine Verzweigung als reiner Formbeiwert nur von der Geometrie, nicht mehr aber vom Strömungszustand und von der Art des Mediums abhängig.

Bei der Bestimmung der Widerstandsbeiwerte von Verzweigungen ist man weitgehend auf experimentelle Untersuchungen angewiesen. Die ersten Versuche hat 1913 Brabbée[1] durchgeführt. Umfangreiche experimentelle Untersuchungen wurden in den zwanziger Jahren am Hydraulischen Institut der TH München, insbesondere von Vogel[2], Petermann[3] und Kinne[4] vorgenommen. Später wurde das Problem der Rohrverzweigungen von russischen Autoren, besonders von Levin[5], Taliev[6] und Kamenew[7] durch theoretisch-empirische Ansätze weiter behandelt. Es ergaben sich dabei hinreichend gute Übereinstimmungen mit den Ergebnissen der Messungen in München.

---

[1] Brabbée, K.: Reibungswiderstände in Warmwasserheizungen. Mitt. d. Prüfanstalt f. Heizung u. Lüftung d. TH Berlin, H. 5 (1913).

[2] Vogel, G.: Untersuchungen über den Verlust in rechtwinkeligen Rohrverzweigungen. Mitt. d. Hydraulischen Instituts der TH München, H. 2 (1928).

[3] Petermann, F.: Der Verlust in schiefwinkeligen Rohrverzweigungen. Mitt. d. Hydraulischen Instituts der TH München, H. 3 (1929).

[4] Kinne, E.: Beiträge zur Kenntnis der hydraulischen Verluste in Abzweigstücken. Mitt. d. Hydraulischen Instituts der TH München, H. 4 (1931).

[5] Levin, S. R.: Analytische Bestimmung der Druckverluste in T-Formstücken des ansaugenden Lüftungsnetzes. Otoplenije i. Ventilacija 7 (1935) und 10/11 (1940). — Stromverzweigungen in Rohrleitungen. Trudi LTI im S. R. Kirow 2/3 (1948). — Neue Methode der theoretischen Bestimmung des hydraulischen Widerstandes bei der Stromverzweigung in Rohrleitungen. Trudi LTI im S. R. Kirow 8 (1958).

[6] Taliev, V. N.: Aerodynamik der Lüftung, 3. Aufl. Moskau: Crocizdat 1963. — Taliev, V. N., u. G. T. Tatarcik: Widerstand von rechtwinkeligen T-Stücken. Voprosi otoplenija i ventilaciji. Gosstrojizdat 1951.

[7] Kamenew, P.: Heizung und Lüftung, Band 2. Moskau 1964.

a) Stromtrennung (Abb. 10.24)

Bei den Druckverlusten der Stromtrennung handelt es sich in erster Linie um Stoßverluste. Im Abzweig werden diese durch die plötzliche Umlenkung, im Durchgang durch die Geschwindigkeitsabnahme infolge der Verminderung des Flüssigkeitsdurchsatzes verursacht.

Für den Durchgang wird der Ansatz angegeben

$$\Delta p_d = k \frac{(w - w_d)^2}{2} \varrho$$

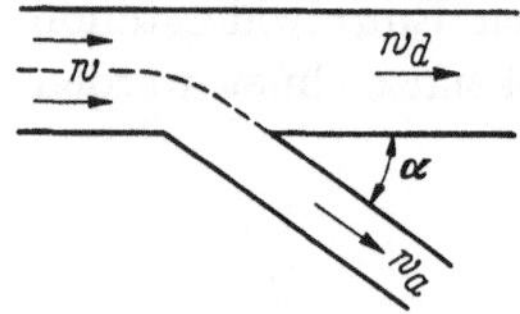

Abb. 10.24. Bezeichnungen für die Geschwindigkeit bei Stromtrennung.

mit $k = 0,35$ nach GILMAN[1] bzw. $k = 0,40$ nach LEVIN[2].

Für $k = 1,0$ läge der CARNOT-BORDAsche Stoßverlust der sprunghaften Erweiterung vor.

Bezogen auf den dynamischen Druck im *Durchgang* ergibt sich für den ζ-Wert:

$$\zeta_d = \frac{\Delta p_d}{\frac{w_d^2}{2} \varrho} = k \left[\left(\frac{w}{w_d}\right) - 1\right]^2. \tag{10.23}$$

Für den Sonderfall $w = w_d$ (mit dem hier vorausgesetzten konstanten Durchmesser des durchgehenden Rohres heißt das, daß die Abzweigmenge Null ist) wird $\zeta_d = 0$.

Bei verlustfreier Umlenkung ergäbe sich im *Abzweig* gegenüber dem Hauptstrom die Druckänderung:

$$\Delta p = (w^2 - w_a^2) \frac{\varrho}{2}.$$

Aus der Differenz der Impulse des Abzweigstromes vor und nach der Ablenkung folgt die Druckkraft:

$$\Delta p' = w_a(w \cos\alpha - w_a) \varrho. \tag{10.24}$$

Damit ergibt sich der Stoßverlust der Umlenkung mit

$$\Delta p_a = \Delta p - \Delta p'$$

zu

$$\Delta p_a = (w^2 + w_a^2 - 2 w_a w \cos\alpha) \frac{\varrho}{2}. \tag{10.25}$$

Für den tatsächlich am T-Stück auftretenden Druckverlust gibt LEVIN[2] an:

$$\Delta p_a = A' (w^2 + w_a^2 - 2 w_a w \cos\alpha) \frac{\varrho}{2}; \tag{10.26}$$

für

$$\frac{w_a}{w} > 0,8 \quad \text{ist} \quad A' = 0,9; \quad \text{sonst } 1,0.$$

Die Division durch den dynamischen Druck des Abzweiges ergibt:

$$\zeta_a = \frac{\Delta p_a}{\frac{w_a^2}{2} \varrho} = A' \left[1 + \left(\frac{w}{w_a}\right)^2 - 2 \frac{w}{w_a} \cos\alpha\right]. \tag{10.27}$$

Diese Formel gilt nur, wenn $\alpha \leqq 90°$ und $\frac{d_a}{d} \leqq \frac{2}{3}$ ist.

Bei einem 90°-T-Stück mit $\frac{d_a}{d} = 1,0$ erhält man nach den Ergebnissen von LEVIN die nachstehende empirische Formel:

$$\zeta_a = \frac{\Delta p_a}{\frac{w_a^2}{2} \varrho} = A' \left[1 + 0,34 \left(\frac{w}{w_a}\right)^2\right]. \tag{10.27a}$$

Eine Verkleinerung des Abzweigwinkels α setzt i. allg. den Widerstandsbeiwert stark herab. Für $\alpha = 0$ und $w = w_a$ ergäbe sich $\zeta_a = 0$. Dieser Spezialfall kann in Kanälen mit rechteckigem

---

[1] GILMAN, S. F.: Pressure losses of devided-flow fittings. ASHAE-Transactions 61 (1955) 281/296.
[2] Vgl. Fußnote 5 auf S. 121.

Querschnitt auftreten, s. Abb. 10.25. Wenn der Krümmungsradius des am Abzweig vorgesehenen Krümmers genügend groß gewählt wird, treten keine Stoßverluste, sondern nur noch Umlenkverluste auf (s. Krümmerströmung).

Die Druckverluste nehmen bei bestimmten Geschwindigkeitsverhältnissen Minimalwerte an. Für einige Abzweigwinkel α sind die entsprechenden $\left(\dfrac{w_a}{w}\right)_{opt}$ sowie die ζ-Werte in Tab. 10.08 dargestellt.

Tabelle 10.08. *Optimale Geschwindigkeitsverhältnisse und ζ_a-Werte für Stromtrennung*

α	15°	30°	45°	60°	90°
$(w_a/w)_{opt}$	1,1	0,9	0,8	0,6	0,5
ζ_a	0,1	0,3	0,8	1,8	4,0

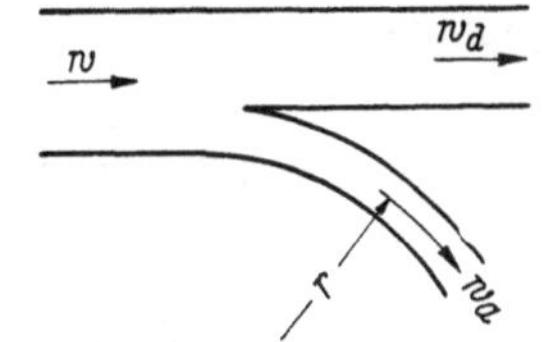
Abb. 10.25. Bogenförmiger Abzweig.

Bei strömungstechnisch günstiger Konstruktion läßt sich das optimale Flächenverhältnis von Abzweig zu Hauptkanal bei vorgegebenen Volumstromverhältnissen angeben.

Es gilt dafür:

$$\left(\frac{F_a}{F}\right)_{opt} = \left(\frac{\dot{V}_a}{\dot{V}}\right)\left(\frac{w}{w_a}\right)_{opt}. \tag{10.28}$$

b) Stromvereinigung (Abb. 10.26)

Bei der Stromvereinigung gibt der Strom mit der größeren Geschwindigkeit einen Teil seiner kinetischen Energie an den Strom mit der kleineren Geschwindigkeit ab. Der Austausch der Bewegungsgrößen vollzieht sich in einer Vermischungszone, an deren Ende sich ein neues Geschwindigkeitsprofil einstellt. Ein Teil des Impnlses des Zustromes, nämlich die zur Hauptachse senkrechte Komponeute, wird bei dem Zusammenfluß vernichtet. Bei einem 90°-T-Stück ist es der Gesamtimpuls.

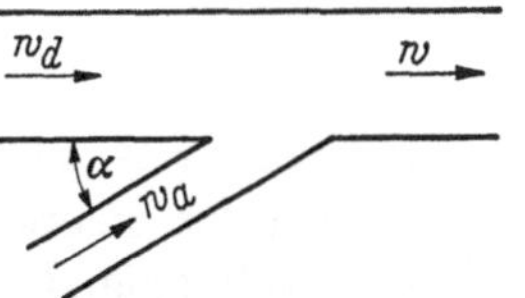
Abb. 10.26. Bezeichnungen für die Geschwindigkeit bei Stromvereinigung.

Die Druckverluste ergeben sich aus der Summe verschiedener Verlustanteile:

1. Stoßverluste, aus der Richtungsänderung;

2. Mischungsverluste;

3. Wandreibungsverluste, die sich infolge erhöhter Turbulenz gegenüber den normalen Reibungsverlusten als Zusatzverlusten ergeben.

Die Strömungszustände der Flüssigkeit vor und nach dem Zusammenfluß sind nach BERNOULLI bezüglich des Abzweiges

$$\Delta p_a = (p_a - p) + \frac{(w_a^2 - w^2)}{2}\varrho \tag{10.29}$$

(dabei ist die Wandreibung nicht berücksichtigt).

Die statische Druckdifferenz läßt sich aus der gesamten Impulsänderung ermitteln. Diese ist die Differenz des Impulses nach der Mischung und der Summe der Einzelimpulse der Teilströme.

$$(p_a - p)\,F = \dot{m}\,w - (\dot{m}_d\,w_d + \dot{m}_a\,w_a\cos\alpha). \tag{10.30}$$

Schreibt man für die Massenströme

$$\dot{m} = w\,F\,\varrho$$

und dividiert durch den Querschnitt des Gesamtstromes F, so erhält man

$$(p_a - p) = \left[w^2 - \left(w_d^2\,\frac{F_d}{F} + w_a^2\,\frac{F_a}{F}\cos\alpha\right)\right]\varrho. \tag{10.31}$$

Einsetzen in die Formel für die Gesamtdruckänderung liefert

$$\Delta p_a = \left[\frac{w_a^2 + w^2}{2} - \left(w_d^2\,\frac{F_d}{F} + w_a^2\,\frac{F_a}{F}\cos\alpha\right)\right]\varrho. \tag{10.32}$$

Zur Berücksichtigung der übrigen bei der Vereinigung auftretenden Verlusteffekte führen TALIEV und LEVIN[1] noch einen Multiplikationsfaktor A und ein Additionsglied K ein. Damit erhält man für den Druckverlust im *Abzweig*

$$\Delta p_a = A \left[\frac{w_a^2 + w^2}{2} - w_d^2 \frac{F_d}{F} - w_a^2 \frac{F_a}{F} \cos\alpha \right] + K. \tag{10.33}$$

Für $F = F_d$ wird $K = 0$. Es ergibt sich damit der auf die Geschwindigkeit im Abzweig bezogene Widerstandsbeiwert ζ_a zu

$$\zeta_a = \frac{\Delta p_a}{\frac{w_a^2}{2} \varrho} = A \left[1 + \left(\frac{w}{w_a}\right)^2 - 2\left(\frac{w_d}{w_a}\right)^2 - 2 \frac{F_a}{F} \cos\alpha \right]. \tag{10.34}$$

Die Konstante A ist nach Tab. 10.09 einzusetzen.

Tabelle 10.09. *Faktor A zur Berechnung der ζ_a-Werte bei Stromvereinigung*

α	F_a/F		
	0,2	0,6	1,0
$0 - 60°$		1,0	
90°	1,0	0,7	0,6

In gleicher Weise läßt sich für den *Durchgang* eine Formel für den ζ-Wert ableiten. Sie lautet:

$$\zeta_d = \frac{\Delta p_d}{\frac{w_d^2}{2} \varrho} = \left(\frac{w}{w_d}\right)^2 - \left[1 + 2\left(\frac{w_a}{w_d}\right)^2 \frac{F_a}{F} \cos\alpha \right]. \tag{10.35}$$

Der Faktor A ist hier gleich Eins, entfällt also.

Wie bei der Stromtrennung sind auch bei der Stromvereinigung die ζ-Werte vom Abzweigwinkel α abhängig. Hinzu kommt aber noch eine starke Abhängigkeit vom Flächenverhältnis.

Die Tatsache, daß für $\alpha < 90°$ der langsamere Teilstrom durch die Zufuhr kinetischer Energie des energiereicheren beschleunigt wird, führt für diesen Fall zu negativen ζ-Werten.

Generell läßt sich sagen, daß die Druckverluste am niedrigsten sind, wenn das Flächenverhältnis F_a/F möglichst groß angesetzt wird. Bei 90°-T-Stücken sollte für $\dot{V}_a/\dot{V} \geqq 0,4$ die Fläche $F_a = F$ sein.

Als günstig hat sich bei den Untersuchungen von VOGEL und PETERMANN[2] (für Trennung und Vereinigung) die Anwendung eines konischen Zwischenstückes zwischen Abzweig und Hauptstrang erwiesen, s. Abb. 13.14. Strömungstechnisch beruht seine Wirkung darauf, daß es die Geschwindigkeitsunterschiede der Teilströme und damit die Stoß- und Mischungsverluste herabsetzt. Der günstigste Erweiterungswinkel des konischen Zwischenstückes wird mit ungefähr 13° angegeben. Bei der Stromtrennung kann weiterhin durch Abrundung der Durchdringung zwischen Hauptstrang und Abzweig eine merkliche Verminderung der ζ-Werte erzielt werden. Dies gilt allerdings nur für kleinere Flächenverhältnisse $\left(\frac{F_a}{F} < 0,5\right)$. Bei der Abrundung genügt ein Radius von $r \approx \frac{1}{10} d_a$.

III. Strömungsvorgänge bei Strahllüftungen

Strömt Luft durch Einzelöffnungen mit hoher Geschwindigkeit in einen größeren Raum ein, so setzt an den Grenzflächen des Zuluftstrahls ein Impulsaustausch mit der Raumluft und zugleich ein Mischvorgang ein. Mit zunehmendem Abstand von der Einströmöffnung werden immer größere Luftmassen von der Bewegung erfaßt. Der Strahl breitet sich aus unter Verminderung der Strömungsgeschwindigkeit der Zuluft. Die theoretische Behandlung des Vorganges

---

[1] Vgl. Fußnoten 5, 6 auf S. 121.   [2] Vgl. Fußnoten 2, 3 auf S. 121.

ist schwierig, da es sich in der Regel um turbulente Strömung handelt und beim Heizen oder Kühlen eines Raumes zudem noch Dichteunterschiede zwischen Zu- und Raumluft zu berücksichtigen sind[1].

Wird die Luftströmung weder durch Hindernisse noch durch die Begrenzungsflächen des Raumes oder durch Nachbarstrahlen beeinflußt, so sprechen wir vom „freien Strahl". Seine Achse verläuft geradlinig, wenn die Temperaturen der Zuluft und Raumluft gleich sind (isothermer Strahl). Ist dies nicht der Fall, so ändert sich bei allen nicht lotrechten Einblasrichtungen die Strahlachse infolge der Dichteunterschiede, und zwar steigt der Luftstrahl bei höherer und fällt bei niedrigerer Zulufttemperatur.

Über die Ausbreitung isothermer Freistrahlen liegen eine Reihe experimenteller Untersuchungen vor. Sie ermöglichen es, wichtige Abhängigkeiten durch verhältnismäßig einfache Gleichungen wiederzugeben. Es empfiehlt sich daher, bei lüftungstechnischen Aufgaben vom isothermen Freistrahl auszugehen. Näheres s. S. 262.

1. Der runde Freistrahl (isotherm)

Bei gleicher Dichte von Zu- und Raumluft wird das Strömungsbild unter geometrisch ähnlichen Bedingungen in erster Linie bestimmt durch das Verhältnis der Trägheitskräfte im Strahl zu den auftretenden Reibungskräften. Man kennzeichnet es in der Strömungslehre durch Angabe der Reynolds-Zahl Re.

Wir wollen den Vorgang der Strahlausbreitung hinter Zuluftöffnungen zunächst am einfachsten Fall, der horizontalen Ausströmung aus einer gut abgerundeten kreisförmigen Düse, betrachten, s. Abb. 10.27. Die Grenzen des Strahlbereiches zeichnen sich hinter der Austrittsöffnung zunächst deutlich ab, verwischen sich mit zunehmendem Abstand jedoch mehr und mehr. Sie liegen auf einer Kegelfläche, die am Austrittsquerschnitt ansetzt und nach zahlreichen Messungen einen Ausbreitungswinkel des Strahls von 20 bis 24° umschließt.

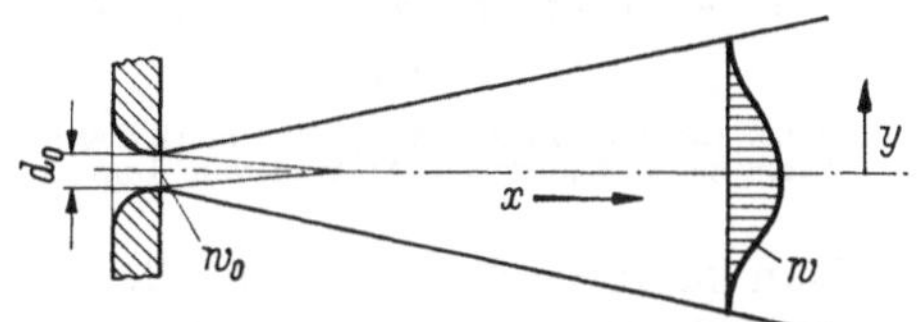

Abb. 10.27. Strahlausbreitung beim runden isothermen Freistrahl.

Zentralgeschwindigkeit. Die Strahlachse fällt mit der Düsenachse zusammen. In ihr ist die Geschwindigkeit jeweils am höchsten; wir bezeichnen sie als „Zentralgeschwindigkeit (w_c)". Verfolgen wir die Zentralgeschwindigkeit längs der Strahlachse, so zeichnen sich mit zunehmendem Abstand x von der Austrittsöffnung vier Bereiche ab:

1. Bereich bis $x = (2 \ldots 6)d_0$

In diesem Bereich bleibt die Zentralgeschwindigkeit w_c konstant. Es gilt:

$$w_c = w_0 = \text{konst.}$$

w_0 ist die Luftgeschwindigkeit im Austrittsquerschnitt. Mit dem Einsetzen der Vermischung nimmt der Durchmesser des Strahlkerns, in dem noch die Austrittsgeschwindigkeit w_0 erhalten bleibt, ab, und zwar proportional mit dem Abstand von der Austrittsöffnung, s. innerer Kegel in Abb. 10.27.

2. Bereich Ausdehnung: $(8 \ldots 10)d_0$

An den Bereich gleichbleibender Kerngeschwindigkeit schließt sich eine Übergangszone an, in der die Zentralgeschwindigkeit absinkt, und zwar etwa nach dem Gesetz

$$w_c \sim \frac{1}{\sqrt{x}}.$$

---

[1] REICHARD, H.: Gesetzmäßigkeiten der freien Turbulenz. VDI-Forsch.-Heft 414 (1942). — REICHARD, H.: Impuls- und Wärmeaustausch in freier Turbulenz. Z. angew. Math. Mech. 24 (1944) 268/272. — Heating, Ventilating, Air Conditioning Guide 1958. — BATURIN, W. W.: Lüftungsanlagen für Industriebauten, 2. Aufl., Berlin: VEB Verlag Technik 1959.

3. Bereich Ausdehnung: $(25 \ldots 100)\,d_0$

Der 3. Bereich ist der praktisch wichtigste. Die Zentralgeschwindigkeit ändert sich umgekehrt proportional mit dem Abstand x, also

$$w_c \sim \frac{1}{x}.$$

Die Ausdehnung dieses Bereiches hängt ab von der Austrittsgeschwindigkeit w_0, der Art und Größe der Austrittsfläche sowie von den Abmessungen des Raumes.

4. Bereich

Er stellt den Endbereich dar, in dem w_c rasch auf die Geschwindigkeit der Raumluft abfällt.

Geschwindigkeitsverlauf im Strahlquerschnitt. Beim achsensymmetrischen isothermen Freistrahl nimmt die Geschwindigkeit in einem Querschnitt senkrecht zur Strömungsrichtung allseitig in gleicher Weise mit der Entfernung von der Strahlachse ab. Die Geschwindigkeitsverteilung entspricht hinter dem 1. Bereich etwa der GAUSSschen Fehlerfunktion, s. Abb. 10.28.

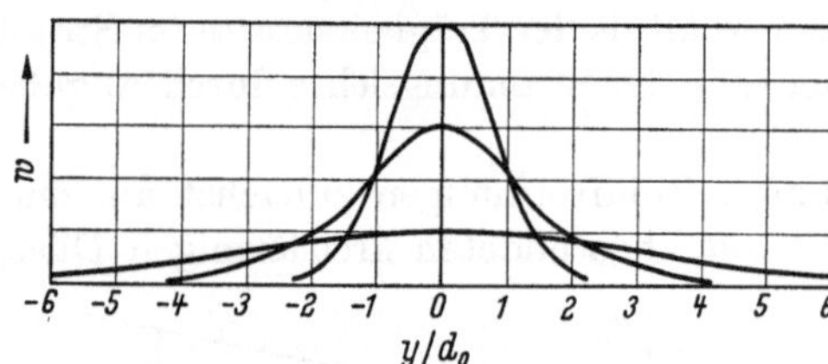

Abb. 10.28. Geschwindigkeitsverteilung im isothermen Freistrahl bei verschiedenem Abstand vom Durchlaß.

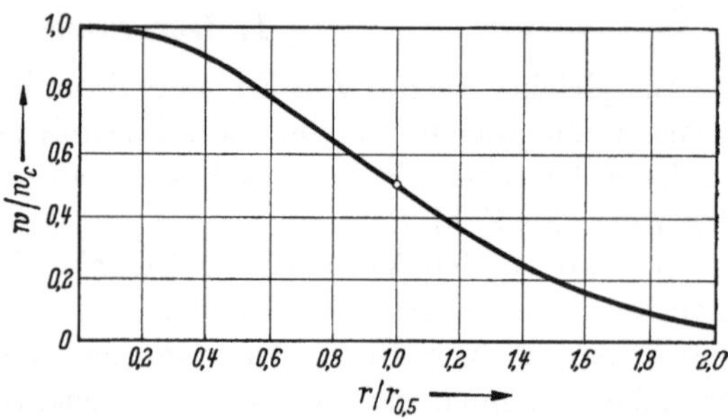

Abb. 10.29. Dimensionslose Darstellung der Geschwindigkeitsverteilung.

Man kann die Geschwindigkeitsverteilung auch dimensionslos nach Art der Abb. 10.29 darstellen. Als Ordinate ist das Verhältnis der örtlichen Längsgeschwindigkeit zur zugehörigen Zentralgeschwindigkeit aufgetragen, als Abszissenwert der relative Abstand des Betrachtungspunktes von der Strahlachse. Dabei ist als Bezugsbasis für den Abstand ein Radius $r_{0,5}$ eingeführt, bei dem die Strahlgeschwindigkeit jeweils den halben Zahlenwert der Zentralgeschwindigkeit aufweist. Die Kurve in Abb. 10.29 läßt sich durch die nachstehende Formel wiedergeben:

$$\left(\frac{r}{r_{0,5}}\right)^2 = 3{,}3 \log\left(\frac{w_c}{w}\right). \qquad (10.36)$$

Nach amerikanischen Messungen liegen alle Punkte mit $r_{0,5}$ auf einem Kegel, dessen Scheitelwinkel gleich dem halben Strahlausbreitungswinkel ist. Es gilt sonach etwa

$$r_{0,5} = x \tan 5{,}5° \approx 0{,}1\,x.$$

2. Der ebene Freistrahl (isotherm)

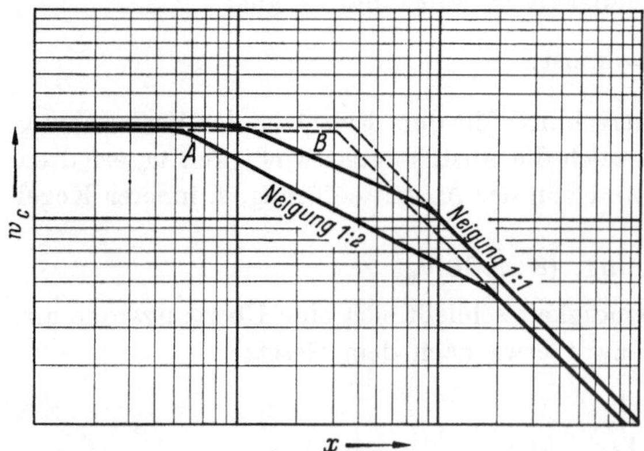

Abb. 10.30. Verlauf der Zentralgeschwindigkeit bei rechteckigen schmalen Durchlässen. $A:b/h = 41;\ B:b/h = 12$.

In der Lüftungstechnik werden in vielen Fällen Luftdurchlässe in Rechteckform verwendet. Als Grenzfall können schmale Schlitze gelten, bei denen ein nahezu ebener Luftstrahl erzeugt wird. Die Raumluft strömt zunächst nur von zwei Seiten zu. Unter dem Einfluß der Wandreibung an den Schlitzenden ändert sich die Strahlform schon kurz hinter dem Durchlaß, um schließlich mit zunehmendem Abstand vom Austrittsquerschnitt immer deutlicher in eine Kreisform überzugehen. Der Verlauf der Zentralgeschwindigkeit ist ähnlich wie beim achsensymmetrischen Strahl, jedoch spielt der Übergangsbereich 2 eine größere Rolle. In Abb. 10.30 ist die

Zentralgeschwindigkeit längs des Strömungsweges für zwei Rechteckdurchlässe mit unterschiedlichem Seitenverhältnis eingezeichnet. Der Bereich 2 nimmt danach mit wachsendem Seitenverhältnis des Austrittsquerschnittes zu. In diesem Bereich vollzieht sich im wesentlichen der Übergang von einer nahezu elliptischen auf die spätere Kreisfläche des Strahlquerschnittes. Der Ausbreitungswinkel des Strahls ist etwa der gleiche wie beim achsensymmetrischen Strahl; allerdings streuen die Versuchswerte stärker.

3. Einfluß seitlicher Begrenzungsflächen

Liegt die Zuluftöffnung in der Nähe einer Seitenwand oder dicht unterhalb der Decke, so kann auf dieser Seite die Raumluft nicht mehr unbehindert zuströmen. Es entsteht ein Unterdruck, der eine Ablenkung des Strahls nach der Wand bzw. Decke hin zur Folge hat, s. Abb. 10.31.

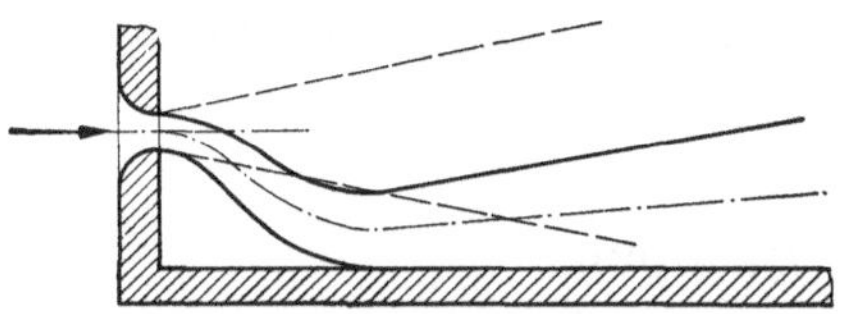

Abb. 10.31. Strahlablenkung durch eine benachbarte Wand.

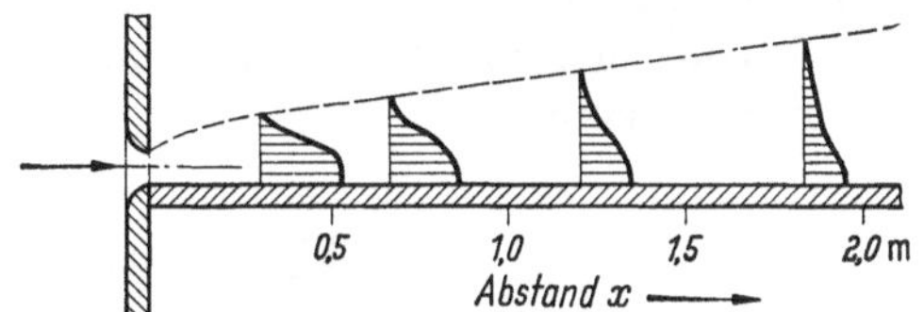

Abb. 10.32. Strahlausbreitung und Geschwindigkeitsverteilung bei Ausströmung längs einer Wand.

Im Grenzfall — die Luftaustrittsöffnung grenzt unmittelbar an die Stoßkante zweier Flächen — ergibt sich ein Strömungsfeld ähnlich dem des halben Freistrahls. Auch der Ausbreitungswinkel entspricht in guter Annäherung dem des halben Freistrahlwinkels, s. Abb. 10.32. Allerdings nimmt nach den vorliegenden Messungen die Zentralgeschwindigkeit w_c langsamer ab als beim Freistrahl.

4. Nichtisotherme Strahlen

Weicht die Temperatur im Strahl von der Lufttemperatur im Raum ab, so gilt nicht mehr das einfache Mischungsgesetz des isothermen Strahls. Da sich die Temperaturen rascher ausgleichen als die Geschwindigkeiten, erhält man für beide unterschiedliche Verteilungskurven über den Strahlquerschnitt, s. Abb. 10.33.

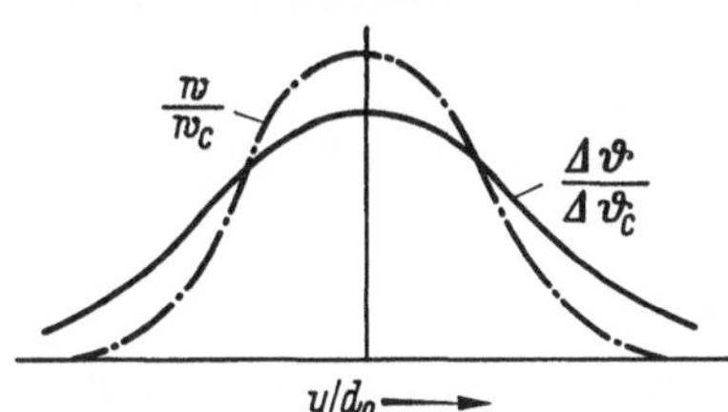

Abb. 10.33. Geschwindigkeits- und Temperaturverteilung im nichtisothermen Freistrahl.

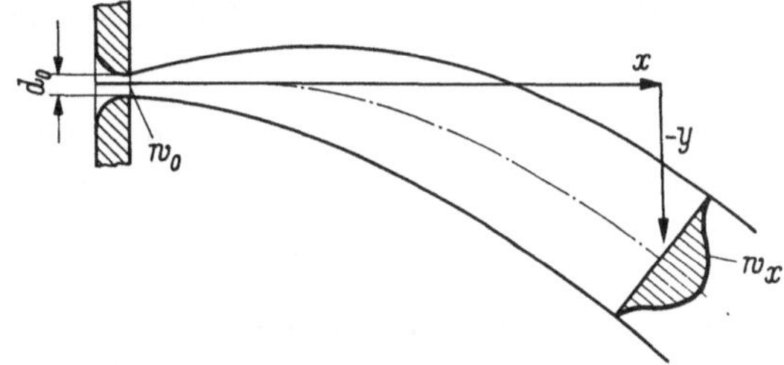

Abb. 10.34. Strahlbahn beim horizontalen Einblasen eines kalten Luftstroms.

Bei horizontaler Einblasrichtung ändert der Strahl auch seine Richtung. Der Verlauf der Strahlbahn ist vor allem von der Ausblasgeschwindigkeit und dem Dichteunterschied zwischen Zu- und Raumluft abhängig. Abb. 10.34 zeigt schematisch die Strahlausbreitung beim horizontalen Einblasen eines kälteren Luftstrahls.

Die durch Dichteunterschiede zusätzlich ins Spiel gebrachten Schwerekräfte lassen sich durch die „Froude-Zahl" (Fr) erfassen. Sie gibt das Verhältnis der Trägheits- zu den Schwerekräften wieder.

$$\text{Froude-Zahl} \quad Fr = \frac{w^2}{\beta \, l \, g \, \vartheta}. \tag{10.37}$$

Dabei bedeuten w, l und ϑ für den Vorgang kennzeichnende Werte der Luftgeschwindigkeit, der Länge und des Temperaturunterschiedes zwischen Zu- und Raumluft. Meist legt man die

Anfangswerte im Luftaustrittsquerschnitt zugrunde, setzt also

$$w = w_0, \quad l = d_0 \quad \text{und} \quad \vartheta = \vartheta_0.$$

Je höher die Froude-Zahl (große Geschwindigkeit, kleiner Temperaturunterschied), um so mehr nähern sich die Strömungsbedingungen denen beim isothermen Strahl. Man wird also beim Einblasen kalter Luft hohe Froude-Zahlen anstreben müssen. Das Strahlgefälle ist dabei klein; Zugerscheinungen durch unzureichende Vermischung von Zu- und Raumluft vor Erreichen der Aufenthaltszone können vermieden werden.

LINKE[1] hat bei Messungen an einem Modell mit einem Längen- zu Höhenverhältnis $L/H = 3$ festgestellt, daß beim Einblasen eines ebenen kalten Deckenstrahls in einen warmen Raum kein merklicher Unterschied zur isothermen Strömung auftrat, wenn $Fr > 100$ blieb.

Umfangreiche Untersuchungen zum Problem des nichtisothermen Freistrahls sind vor allem in den USA und der UdSSR durchgeführt worden. Ihre Ergebnisse reichen aber noch nicht aus, um die Bahn und die Ausbreitung nichtisothermer Luftstrahlen mit einiger Zuverlässigkeit berechnen zu können.

IV. Ventilatoren und Pumpen

Für den Heizungs- und Klimaingenieur ist vor allem das Betriebsverhalten der üblichen Bauarten von Ventilatoren und Pumpen von Interesse. Daneben sollte er deren strömungstechnische Grundlagen soweit übersehen, wie es zur Auswahl und Beurteilung einzelner Konstruktionen erforderlich ist.

A. Hauptgleichungen

1. Nutzleistung

Ventilatoren und Pumpen haben die Aufgabe, eine sekundliche Flüssigkeitsmenge V_s (Volumstrom) auf einen um Δp höheren statischen Druck zu bringen und sie eventuell auf eine höhere Geschwindigkeit zu beschleunigen. (Es muß hier vorübergehend der Buchstabe c gewählt werden, weil der Buchstabe w, der in diesem Buch sonst für die Geschwindigkeit verwendet ist, in der Literatur über Strömungsmaschinen eine andere Bedeutung hat. Der Begriff Flüssigkeit ist im erweiterten Sinn gedacht, erfaßt also auch Gase und Luft.) Die theoretische Leistung ist:

$$N_{th} = V_s \Delta p_t. \tag{10.38}$$

Δp_t ist dabei die totale Druckzunahme, die sich aus dem statischen Druckanteil Δp und dem dynamischen Druckanteil Δp_d zusammensetzt, also

$$\Delta p_t = \Delta p + \Delta p_d = \Delta p + (c_2^2 - c_1^2)\frac{\varrho}{2}. \tag{10.39}$$

c_1 und c_2 sind die Geschwindigkeiten vor oder hinter der Strömungsmaschine. Gl. (10.38) setzt eine inkompressible Flüssigkeit voraus. Für Gase gilt sie mit genügender Annäherung im Bereich kleiner relativer Druckzunahmen $\Delta p/p$, wie sie in der Lüftungstechnik ausschließlich vorkommen.

In der Praxis wird vielfach an Stelle der Druckzunahme Δp die Förderhöhe H in m angegeben. Es ist darauf hinzuweisen, daß diese Angabe nur in Verbindung mit der Wichte des zu fördernden Stoffes sinnvoll ist. Die Leistungsgleichung (10.38) nimmt dabei die Form an

$$N_{th} = G_s \,[\text{kp/s}]\, H \,[\text{m}]. \tag{10.38a}$$

Unter Einführung des Ventilatorwirkungsgrades η_v ergibt sich aus Gl. (10.38) die an der Ventilatorwelle benötigte Leistung N_w in kW zu

$$N_w = V_s \frac{\Delta p_t}{102\,\eta_v}, \tag{10.40}$$

wenn V_s in m³/s und Δp_{th} in kp/m² eingesetzt wird.

---

[1] LINKE, W.: Strömungsvorgänge in zwangsgelüfteten Räumen. VDI-Berichte 21 (1957) 29/39.

2. Förderdruck

a) Radialventilator bzw. -pumpe

In der Lüftungstechnik werden vorwiegend Niederdruckventilatoren (Druckhöhe bis 100 mm WS) mit vorwärts gekrümmten Schaufeln (Trommelläufer), aber auch solche mit rückwärts gekrümmten Schaufeln verwendet. Bei Kreiselpumpen überwiegt die rückwärts gekrümmte Schaufelform.

Abb. 10.35 zeigt die Geschwindigkeitsparallelogramme für ein Laufrad mit rückwärts gekrümmten Schaufeln am Ein- und Austritt des Laufrades. Die eingetragenen Bezeichnungen bedeuten:

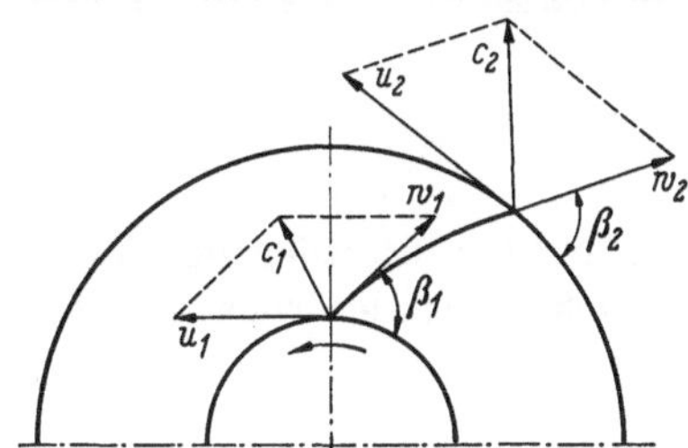

Abb. 10.35. Geschwindigkeitsparallelogramm beim Laufrad mit rückwärts gekrümmten Schaufeln.

u die Umfangsgeschwindigkeit des Rades (aus Drehzahl und Raddurchmesser),

w die Geschwindigkeit der Flüssigkeit relativ zu den Schaufeln (bestimmt durch Volumstrom und Kanalquerschnitt),

c die resultierende Geschwindigkeit (gibt im Bild auch die Richtung der zu- und abströmenden Flüssigkeit an).

Die Zeiger 1 und 2 kennzeichnen den Eintritts- und Austrittsquerschnitt des Laufrades. Die Hauptgleichung für den theoretischen Förderdruck Δp_{th} lautet:

$$\Delta p_{th} = [(u_2^2 - u_1^2) + (w_1^2 - w_2^2) + (c_2^2 - c_1^2)]\frac{\varrho}{2}. \tag{10.41}$$

Hierbei ist stoßfreier Flüssigkeitseintritt und -austritt vorausgesetzt.

Der physikalische Sinn dieser Gleichung ist folgender: Die ersten beiden Summanden in der Klammer beziehen sich auf die Steigerung des statischen Druckes der Flüssigkeit auf ihrem Wege durch das Laufrad, und zwar der erste Ausdruck $(u_2^2 - u_1^2)$ durch die Zentrifugalkraft und der zweite Ausdruck $(w_1^2 - w_2^2)$ durch die Verzögerung der Strömung infolge der Erweiterung der Schaufelkanäle. Der letzte Summand $(c_2^2 - c_1^2)$ bezieht sich auf die Steigerung der dynamischen Energie innerhalb des Laufrades. Diese Erklärung der Hauptgleichung gibt zugleich den Anschluß an die Gl. (10.39).

b) Axialventilator bzw. -pumpe

Axial arbeitende Laufräder werden vor allem bei Ventilatoren, seltener bei Pumpen angewendet, da die erzielten Förderdrücke relativ gering sind. Ein- und Austrittsdurchmesser des Laufrades sind gleich, also auch die Umfangsgeschwindigkeiten u_1 und u_2. Es entfällt also in Gl. (10.41) der erste Summand in der Klammer und man erhält für den theoretischen Förderdruck

$$\Delta p_{th} = [(w_1^2 - w_2^2) + (c_2^2 - c_1^2)]\frac{\varrho}{2}.$$

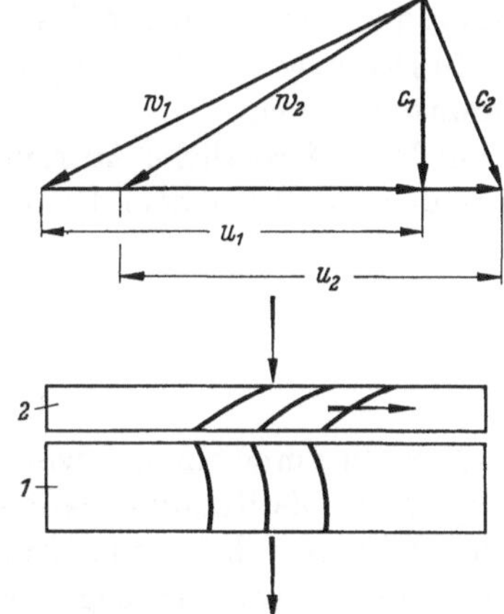

Abb. 10.36. Geschwindigkeitsdreieck beim Axiallüfter mit Leitrand.

Mit dem Fortfall der Zentrifugalwirkung wird beim Axialrad die statische Druckerhöhung also notwendig kleiner. Man ist daher bestrebt, einen Teil der überschüssigen kinetischen Energie des Fördermittels hinter dem Laufrad durch Einbau von Leitapparaten oder Diffusoren in statischen Druck umzuwandeln. Abb. 10.36 zeigt das Geschwindigkeitsdreieck für die Anordnung mit nachgeschaltetem Leitrad.

3. Dimensionslose Darstellung

Strömungsmaschinen lassen sich in ihrem Verhalten unabhängig von ihrer Größe vergleichen, wenn man die Zusammenhänge zwischen den wichtigsten Kennwerten dimensionslos darstellt. Als Bezugsgröße wählt man dabei die Umfangsgeschwindigkeit am Laufradaustritt u_2 und definiert als theoretische Druckziffer ψ_{th} das Verhältnis von theoretischem Förderdruck zu dynamischem Druck, also

$$\psi_{th} = \frac{\Delta p_{th}}{\frac{u_2^2}{2}\varrho}.$$

Mit Lieferzahl φ bezeichnet man das Verhältnis des Volumdurchsatzes $\dot{V}$ zum Produkt aus Umfangsgeschwindigkeit u_2 und Austrittsquerschnitt, also

$$\varphi = \frac{\dot{V}}{u_2\,\frac{d_2^2\,\pi}{4}}.$$

Zur Charakterisierung der Energieumsetzung wird als Reaktionsgrad $\mathfrak{r}$ der Quotient aus statischem Förderdruck und theoretischem Gesamtförderdruck angegeben, also

$$\mathfrak{r} = \frac{\Delta p}{\Delta p_{th}}.$$

Hohe Reaktionsgrade sind von Vorteil, da der statische Druck für die Förderung der Flüssigkeit durch die angeschlossenen Kanal- oder Rohrsysteme wichtig ist. Bei Radialventilatoren lassen sich hohe Reaktionsgrade mit rückwärts gekrümmten Schaufeln ($\beta_2 < 90°$) erreichen. Gegenüber senkrechtstehenden und vorwärts gekrümmten Schaufeln haben sie den Nachteil, daß die Druckziffern niedriger liegen.

4. Einfluß der Drehzahl

Durch die Schaufelwinkel ist die Gestalt der Geschwindigkeitsparallelogramme festgelegt und die Parallelogramme können sich bei Veränderung der Drehzahl nur mehr geometrisch ähnlich vergrößern oder verkleinern. Da sich die Umfangsgeschwindigkeit u linear mit der Drehzahl ändert, trifft dies auch für alle übrigen Geschwindigkeiten zu. Aus dieser Tatsache lassen sich drei wichtige Folgerungen ableiten:

a) Der geförderte Volumstrom wächst mit der ersten Potenz der Drehzahl, denn die Strömungsquerschnitte liegen fest und die Geschwindigkeit wächst mit der ersten Potenz.

b) Der erzielbare Förderdruck wächst mit der zweiten Potenz der Drehzahl, wie aus Gl. (10.41) unmittelbar folgt.

c) Die erforderliche Antriebsleistung wächst mit der dritten Potenz der Drehzahl, denn die Leistung ist gleich dem Produkt aus Volumstrom und Druckerhöhung.

B. Betriebsverhalten

1. Ventilator- (Pumpen-) Kennlinie

Der Zusammenhang zwischen Förderdruck und Volumstrom wird durch die Kennlinie dargestellt. Die Kennlinie läßt sich nicht vorausberechnen, sie muß auf dem Prüfstand ermittelt werden. Da man bei der Prüfstandsmessung den Volumstrom drosselt, hat sich auch die Bezeichnung Drosselkennlinie eingebürgert. Zumeist wird die statische Druckerhöhung angegeben (bei Pumpen auch die Förderhöhe); sie ist für die Auswahl des Ventilators oder der Pumpe maßgebend. Im Ventilatorenbau ist auch die Angabe des Gesamtdruckes üblich; dabei wird der dynamische Druck auf den Austrittsquerschnitt des Ventilators bezogen. Die Darstellung der theoretischen Druckziffer ψ_{th} in Abhängigkeit von der Lieferzahl φ ergibt Geraden, die je nachdem ob der Austrittswinkel $\beta_2 \gtreqless 90°$ ist, s. Abb. 10.37, steigende, waagerechte oder fallende Tendenz haben. Die tatsächliche Kennlinie folgt aus der theoretischen bei Berücksichtigung aller in der Arbeitsmaschine auftretenden Verluste.

Diese bestehen insbesondere aus:

a) der Minderleistung infolge der endlichen Schaufelzahl,

b) der Reibung, die mit dem Volumdurchsatz zunimmt,

c) den Stoßverlusten, die bei nicht winkelgetreuer Beaufschlagung im Laufrad entstehen.

In vielen Fällen ergibt sich ein Maximum, in dessen Nähe der Arbeitspunkt der Kreisel-
maschine zu legen ist, da dort der beste Wirkungsgrad zu erwarten ist. Das Wirkungsgrad-
optimum liegt nicht unmittelbar beim stoßfreien Eintritt, sondern bei etwas kleinerem Volumstrom (leichter Bauchstoß). Der Grund liegt darin, daß infolge der kleineren Reibungsverluste
bei geringerem Durchsatz das Minimum der Gesamtverluste etwas verschoben ist.

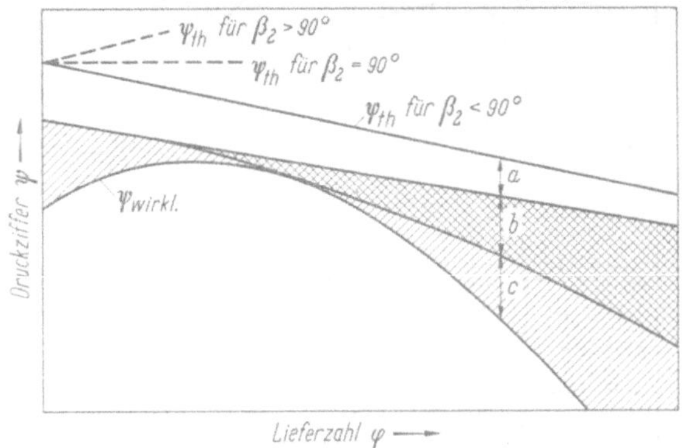

Abb. 10.37. Druckziffer Ψ in Abhängigkeit von der Lieferzahl φ.
a Minderleistung, *b* Reibungsverluste, *c* Stoßverluste.

Die Zunahme der theoretischen Förderhöhe bei vorwärts gekrümmten Schaufeln mit dem
Durchsatz, vgl. Abb. 10.37, führt dazu, daß die tatsächliche Kennlinie flacher verläuft als die
von Laufrädern mit rückwärts gekrümmter Beschaufelung. Als Beispiel sind in Abb. 10.38 die
Kennlinien eines Ventilators mit vorwärts gekrümmten Schaufeln wiedergegeben[1], und zwar
für die statische und für die Gesamtförderhöhe. Mit eingezeichnet sind weiterhin Wirkungsgrad
und Leistungsbedarf in Abhängigkeit vom Volumstrom.

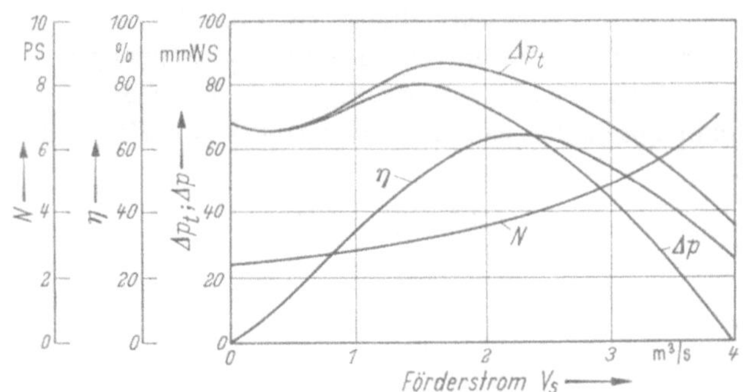

Abb. 10.38. Ventilatorkennlinien.
Δp_t Gesamtdruck, Δp statischer Druck, N Förderleistung, η Wirkungsgrad.

Vor dem Anstieg der Förderdrücke bis zu den Maximalwerten liegt ein Sattel bei kleinem
Volumstrom. Die mit zunehmendem Volumstrom stark anwachsenden Reibungs- und Stoß-
verluste lassen die Förderdrücke, insbesondere Δp, bei großer Fördermenge rasch abfallen.
Dementsprechend steigt der Leistungsbedarf steil an. Bei rückwärts gekrümmten Schaufeln
stellt sich dagegen zumeist ein Maximum des Leistungsbedarfs ein, wodurch eine einwandfreie
Festlegung der Motorleistung möglich wird.

Die in Abb. 10.38 wiedergegebenen Kennlinien gelten für eine bestimmte Drehzahl. Für
andere Drehzahlen läßt sich der Kennlinienverlauf aus der Beziehung ermitteln:

$$\frac{u_1}{u_2} = \frac{\dot{V}_1}{\dot{V}_2} = \frac{\sqrt{\Delta p_1}}{\sqrt{\Delta p_2}}.$$

[1] Entnommen aus BACK, O.: Ventilatoren. Entwurf und Berechnung. Halle (Saale): Knapp 1955, S. 79.

Es ergibt sich ein Feld kongruenter Kennlinien, in das zumeist noch die Linien gleichen Wirkungsgrades oder gleichen Leistungsbedarfs mit eingetragen werden. Abb. 10.39 zeigt ein solches

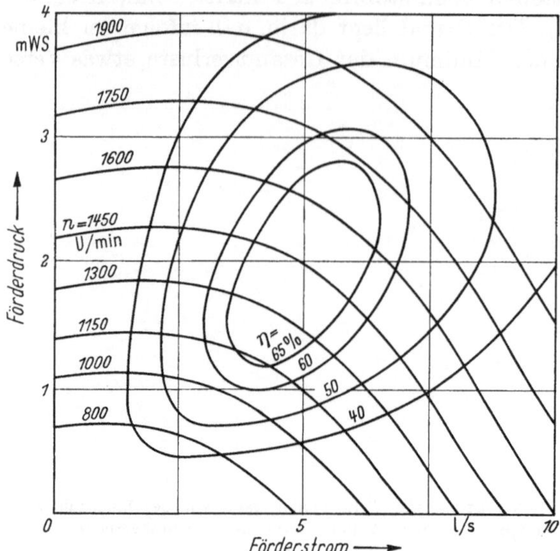

Abb. 10.39. Kennlinien und Wirkungsgradfelder für eine Kreiselpumpe.

Schaubild für eine Kreiselpumpe[1]. An Hand dieses Diagramms kann die Eignung der Pumpe
bzw. des Ventilators für eine bestimmte Anlage am einfachsten beurteilt werden.

2. Netzkennlinie

Für die Untersuchung der wechselseitigen Beziehungen zwischen einer Strömungsmaschine
und dem nachgeschalteten Rohr- oder Kanalnetz muß die Kennlinie dieses Netzes bekannt
sein. Man versteht darunter den Zusammenhang zwischen Förderstrom und Druckverlust in
der längsten Netzstrecke. Mathematisch ist die Kennlinie beschrieben durch Gl. (11.01). Vernachlässigt man die Abhängigkeit des Reibungsbeiwertes λ von Re, also von der Geschwindigkeit[2], dann ergibt sich

$$(p_1 - p_2) \sim V_s^2 \frac{\varrho}{2}$$

und damit

$$V_s \sim \sqrt{2 \frac{p_1 - p_2}{\varrho}}. \tag{10.42}$$

Der Förderstrom V_s ist also proportional der Wurzel aus dem Druckunterschied $(p_1 - p_2)$.
Die gleiche Beziehung gilt aber für die Strömung durch eine Düse. Man kann im Hinblick auf
die Strömungswiderstände das Netz durch eine *gleichwertige Düse* ersetzen. Strömt bei einem
bestimmten Druckunterschied durch diese Düse die gleiche sekundliche Stoffmenge wie durch
ein gegebenes Rohrnetz, so gilt dies auch für alle anderen Druckunterschiede. Ihr Querschnitt A
errechnet sich aus:

$$A = \sqrt{\frac{\varrho}{2}} \frac{V_s}{\sqrt{p_1 - p_2}}. \tag{10.43}$$

Schreibt man diese Gleichung in der Form:

$$p_1 - p_2 = \frac{\varrho}{2 A^2} V_s^2,$$

---

[1] JANSSEN, H.: Darstellung der Betriebsvorgänge bei Kreiselpumpen. VDI-Z. 56 (1912) 1895. — Siehe
auch PFLEIDERER, C.: Strömungsmaschinen, 2. Aufl. Berlin/Göttingen/Heidelberg: Springer 1957, S. 186.

[2] Die Abweichung der so ermittelten Kennlinie von der exakten Kennlinie des Netzes ist nur gering, insbesondere wenn die Einzelwiderstände überwiegen, wie dies bei lüftungstechnischen Anlagen der Fall ist.

so sieht man, daß es die Gleichung einer Parabel ist. Man bezeichnet diese Kurve als „Kennlinie des Kanal- (bzw. Rohr-) Netzes". Jeder Förderleistung entspricht ein Punkt dieser Kurve, s. Abb. 10.40. Er gibt an, wie hoch bei einem bestimmten Flüssigkeitsstrom V_s der Förderdruck Δp der Strömungsmaschine sein muß, um die Strömungswiderstände im Verteilnetz und beim Verbraucher zu überwinden.

3. Betriebspunkt

Der Betriebspunkt einer Anlage ergibt sich als Schnittpunkt der Kennlinien der Strömungsmaschine und des Rohrnetzes. Wie aus Abb. 10.41 zu ersehen ist, führen verschiedene Rohrnetzkennlinien jeweils zu einem anderen Betriebspunkt. Meist ist das Rohrnetz gegeben und die Strömungsmaschine soll besonderen Forderungen hinsichtlich des Wirkungsgrades oder des Betriebsbereiches nachkommen. Liegt das Kennlinienfeld verschiedener Pumpen bzw. Ventilatoren vor, so läßt sich an Hand der Netzkennlinie leicht eine geeignete Bauart auswählen.

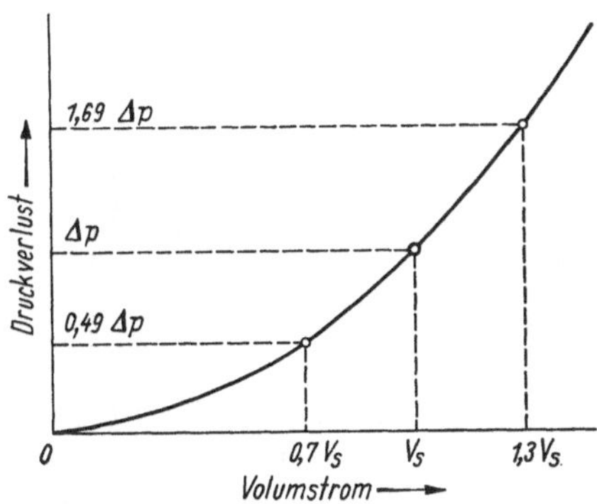

Abb. 10.40. Rohrnetzkennlinie.

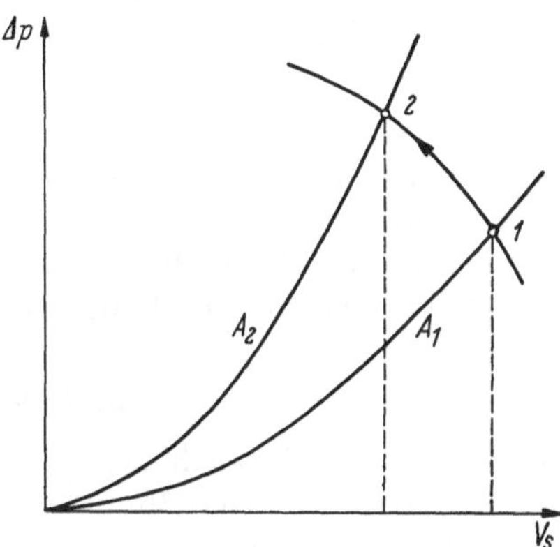

Abb. 10.41. Betriebspunkte bei verschiedenen Netzkennlinien.

4. Regelung

a) Drosselung des Förderstromes

Die einfachste Form der Leistungsregelung stellt die Herabsetzung des Förderstromes durch Drosselung dar. Mit dem Schließen eines Drosselorgans vergrößert sich der Widerstand des Netzes. Der Betriebspunkt wandert damit auf der Kennlinie der Strömungsmaschine in den Bereich höherer Drücke, also z. B. in Abb. 10.41 von dem ursprünglichen Punkt (1) nach Punkt (2). (2) ergibt sich aus dem gewünschten Flüssigkeitsstrom. Bei dieser Drosselung entspricht das Verteilungsnetz der Düsenkennlinie A_2. Da die Verringerung des Förderstromes hier mit einer nicht benötigten Druckerhöhung verbunden ist, ist die Drosselregelung unwirtschaftlich (s. Wahl des Ventilators S. 135).

b) Änderung der Drehzahl

Soll an Stelle des Volumstroms V_s nur der kleinere Strom V_s' gefördert werden, s. Abbildung 10.42, so geht der Druckverlust des Netzes stark zurück und damit auch der Leistungsbedarf. Der Betriebspunkt wandert von (1) nach (1'), wenn die Drehzahl der Pumpe von n_1 auf n_2 abgesenkt wird. Bei reiner Drosselregelung entspricht dem Förderstrom V_s' der Betriebspunkt (2); der Druckunterschied (2) — (1') wird vernichtet.

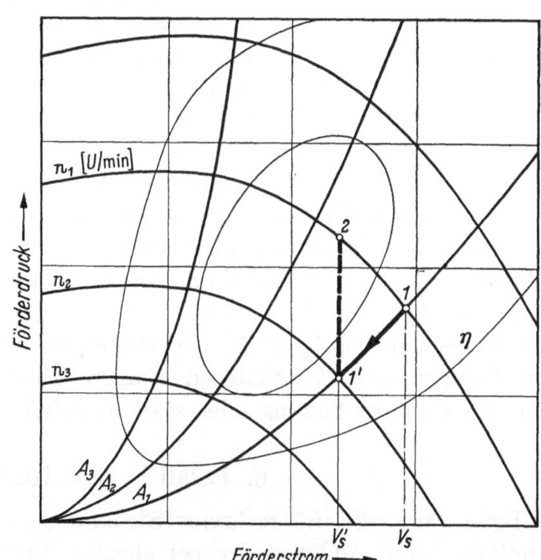

Abb. 10.42. Betriebspunkte bei verschiedenen Drehzahlen.

Die Drehzahlregelung erweist sich also als besonders wirtschaftlich. Man verwendet sie allerdings weniger im laufenden Betrieb als beim ersten Einregeln heiz- und lüftungstechnischer Anlagen, da Antriebsmotoren für stetige Drehzahländerung teuer sind und ihr Wirkungsgrad mit der Drehzahlminderung meist absinkt.

Bei Antrieb mittels Dampfturbine — er kommt bei größeren Wassernetzen vor — läßt sich die Drehzahlregelung in einfacher Weise durchführen.

c) Verstellbare Laufschaufeln

Bei Axialventilatoren wendet man neuerdings zur Anpassung der Kennlinie an den jeweiligen Netzdruckverlust zunehmend Laufräder mit verstellbaren Laufschaufeln an. Die Einstellung erfolgt einmalig bei der Installation. Mit wachsendem Schaufelwinkel β_1 werden die Kennlinien flacher, während gleichzeitig die Förderdrücke ansteigen. Spitze Schaufelwinkel ergeben steilere Kennlinien im unteren Druckbereich.

Bei Radialventilatoren ist die Laufschaufelverstellung aus konstruktiven Gründen schwierig und daher nicht üblich.

d) Leitschaufelverstellung

Diese Art der Regelung kommt bei großen Axialventilatoren vor. Mit der Leitschaufelverstellung ändert sich die Richtung und die Größe von c im Geschwindigkeitsdreieck, s. Abb. 10.36, und damit die Druckhöhe bzw. die sekundlich geförderte Luftmenge. Auch diese Regelung ist wirtschaftlicher als die Drosselung des Förderstromes.

5. Labile Betriebszustände

Bei den bisherigen Betrachtungen war angenommen worden, daß die von der Strömungsmaschine geforderte Druckerhöhung nur zur Überwindung der Druckverluste in einem Verteilungsnetz dient, also proportional der 2. Potenz des Flüssigkeitsstromes wächst. Anders ist es, wenn die Maschine außerdem gegen einen gleichbleibenden Druck zu arbeiten hat, also z. B. ein Ventilator einen Druckkessel speisen soll oder eine Pumpe Wasser in einen hochliegenden Behälter bzw. ein Speichergefäß mit höherem Druck fördern muß. Dann ist oft die konstante Druckhöhe das Entscheidende und die Widerstände in der Leitung treten dagegen zurück,

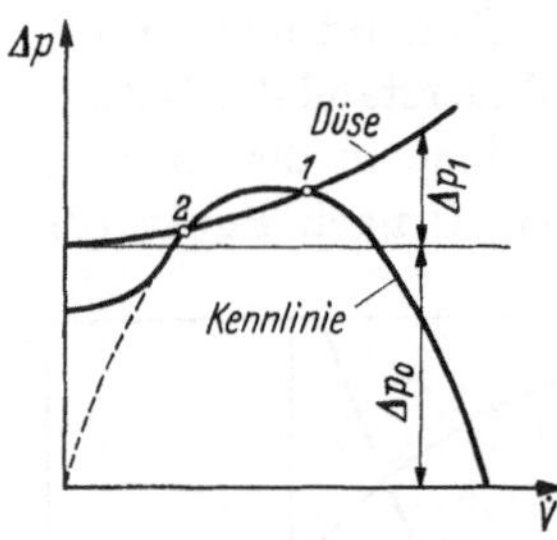

Abb. 10.43. Netzkennlinie mit zwei Betriebspunkten.

s. Abb. 10.43. Die Kennlinie der Anlage beginnt bei der Druckhöhe Δp_0 und verläuft relativ flach.

Es kann dabei vorkommen, daß die Kennlinie der Strömungsmaschine die Anlagekennlinie in zwei Punkten schneidet. Von den beiden möglichen Betriebszuständen ist einer labil. Man erkennt dies durch folgende Betrachtung. Auf dem ansteigenden Teil der Kennlinie ändert sich der Förderstrom gleichsinnig mit dem Förderdruck. Arbeitet eine Strömungsmaschine auf diesem Teil ihrer Kennlinie, z. B. in Punkt 2 der Abb. 10.43, so führt eine plötzliche Druckabsenkung im Netz zu einem raschen Rückgang des Förderstroms, gegebenenfalls auf den Wert Null; der Druckkessel entleert sich bis unter den Leerlaufdruck. Dann beginnt die Pumpe oder der Ventilator auf dem stabilen Ast der Kennlinie mit großem Förderstrom zu arbeiten, der Druck steigt an, überschreitet den Scheitelpunkt bis zu Punkt 2 und das Spiel beginnt von neuem.

Ein solches Pendeln im labilen Bereich der Kennlinie kommt bei Niederdruckventilatoren nur selten vor, häufiger bei Turbokompressoren und Pumpen. Auch beim Parallelarbeiten von Pumpen bzw. Ventilatoren können labile Betriebszustände auftreten. Oft sind sie mit erhöhter Geräuschbildung oder starken Schlägen verbunden.

6. Parallel- und Hintereinanderschaltung

Beim *Parallelbetrieb* mehrerer Strömungsmaschinen ergibt sich die gemeinsame Betriebskennlinie durch Addition der bei gleicher Druckhöhe in der Zeiteinheit geförderten Mengen (s. auch Abb. 10.44). Mit dem Übergang auf Einzelbetrieb wandert der Betriebspunkt auf der

Rohrnetzkennlinie nach unten. Der Förderstrom eines Aggregates ist im Einzelbetrieb wesentlich größer als im Parallelbetrieb; dementsprechend kann auch der Leistungsbedarf höher sein. Man muß in solchen Fällen also vor der Wahl des Antriebsmotors untersuchen, unter welchen Betriebsbedingungen die maximale Belastung auftritt. Hierfür muß die Kennlinie des nachgeschalteten Verbrauchernetzes möglichst zuverlässig bekannt sein.

Bei *Hintereinanderschaltung* von Strömungsmaschinen addieren sich die Förderdrücke der Aggregate. Man gewinnt die gemeinsame Betriebskennlinie durch Addition der Druckhöhen bei gleichem Förderstrom. Bei Netzkennlinien mit hohem Anteil einer gleichbleibenden Druckhöhe, s. Abb. 10.43, ist darauf zu achten, daß jede Strömungsmaschine allein schon eine genügende Druckhöhe liefert, sofern ein Einzelbetrieb beabsichtigt ist.

Näheres über die Bedeutung dieser Zusammenhänge für Auswahl und Betrieb von Ventilatoren und Pumpen ist aus Abschn. C und D zu ersehen.

a) Lüftungsanlagen

Nur ausnahmsweise wird bei lufttechnischen Anlagen von der Möglichkeit der *Parallelschaltung* mehrerer Ventilatoren Gebrauch gemacht. Die zuweilen bei großen Räumen anzutreffende Aufgliederung der Zu- oder Abluftanlage in mehrere Teilanlagen ist kein Parallelbetrieb im Sinne unserer Betrachtung, da in diesem Fall jedem Ventilator ein eigenes Kanalnetz zugeordnet ist und der Über- bzw. Unterdruck im Raum so niedrig ist, daß die Lüfter sich im Betrieb gegenseitig nicht beeinflussen.

Zwei Ventilatoren müssen bei lufttechnischen Anlagen *hintereinandergeschaltet* werden, wenn der notwendige Förderdruck von einem Aggregat nicht ohne Geräuschbelästigungen zu schaffen ist, oder wenn der im gelüfteten Raum einzuhaltende Druck zur Aufstellung gesonderter Zu- und Abluftventilatoren zwingt. Ist der zweite Ventilator im Fortluftkanal angeordnet, dann liegt nur beim reinen Außenluftbetrieb eine Hintereinanderschaltung vor.

b) Heizungsanlagen

Die *Parallelschaltung* mehrerer Kreiselpumpen ist bei mittleren und großen Heiznetzen häufig anzutreffen. Die Reservepumpe braucht dabei nicht mehr für die Gesamtleistung ausgelegt zu werden. Auch läßt sich die Heizanlage in wirtschaftlicher Weise mit verminderter Wasserförderung betreiben, wenn einzelne Heizgruppen oder Verbraucher abgeschaltet werden oder wenn zur Einsparung von Betriebskosten in gewissen Zeiten die Heizleistung generell eingeschränkt werden soll, s. S. 136. Bei Wasserheizungen mit Zonen-Temperaturregelung arbeiten Umwälzpumpe und Mischpumpe meist parallel. Die *Hintereinanderschaltung* von Pumpen findet man gelegentlich in ausgedehnten Fernleitungsnetzen.

C. Wahl des Ventilators

Ein geräuscharmes Laufen der Ventilatoren ist bei lüftungstechnischen Anlagen häufig wichtiger als ein hoher Wirkungsgrad.

Die *Geräusche* nehmen mit der Umfangsgeschwindigkeit zu. Axialventilatoren haben bei gleichem Förderdruck eine wesentlich höhere Umfangsgeschwindigkeit als Radialventilatoren; ihre Druckziffern liegen bei $\psi = 0,2 \ldots 0,5$ gegenüber $\psi = 0,6 \ldots 2,0$ bei Radialventilatoren. Sie sind somit für geräuscharmen Betrieb weniger geeignet. Als obere Grenze der Umfangsgeschwindigkeit werden bei Anlagen mit hohen Anforderungen an die Geräuschfreiheit für Radialventilatoren etwa 22 m/s und für Axialventilatoren etwa 18 m/s angegeben. Zuweilen mag es wirtschaftlicher sein, Ventilatoren mit kleinen Laufraddurchmessern und hoher Drehzahl zu wählen und die Geräusche durch schalldämpfende Maßnahmen im Kanalnetz herabzumindern.

Der *Wirkungsgrad* eines Ventilators hängt u. a. auch von seiner Größe ab, und zwar nimmt er bei den üblichen Bauarten mit kleiner werdendem Durchmesser des Saugquerschnittes rasch ab. Bei neuzeitlichen Bauarten von Radialventilatoren kann mit einem Wirkungsgrad von

60 bis 70% gerechnet werden. Spezialausführungen erreichen über 80%. Bei Axialventilatoren liegen die Wirkungsgrade schon bei einfacher Ausführung häufig zwischen 70 und 80%.

Für den Betrieb lufttechnischer Anlagen ist nicht so sehr der Bestwert des Ventilatorwirkungsgrades von Bedeutung; wichtiger ist, daß der Ventilator bei den betrieblich geforderten, insbesondere den häufigsten Belastungsbedingungen einen guten Wirkungsgrad aufweist. Ventilatoren mit flachem Verlauf des Wirkungsgrades bzw. ausgeglichenem Wirkungsgradfeld werden daher häufig gegenüber solchen mit hohen Wirkungsgraden in einem kleineren Betriebsbereich bevorzugt.

Die *Größe eines Ventilators* läßt sich angenähert durch Angabe des inneren Laufraddurchmessers kennzeichnen. Man erhält ihn in einfacher Weise, wenn man die Luftgeschwindigkeit im Ansaugquerschnitt annimmt; üblich sind Ansauggeschwindigkeiten von 6 bis 8 m/s. Der äußere Laufraddurchmesser ist bei Niederdruckventilatoren um etwa 20% größer als der innere.

An Hand der Kennlinienfelder der für die geforderte Luftleistung und Druckhöhe in Frage kommenden Ventilatoren läßt sich die Eignung der einzelnen Bauarten für die vorliegenden Betriebsbedingungen überprüfen. Man sucht in jedem Diagramm den Schnittpunkt der Ordinate der sekundlichen Luftmenge mit der für die Anlage ermittelten Netzkennlinie. Je nach den besonderen Anforderungen (günstiger Wirkungsgrad, niedrige Drehzahl oder kleine Ventilatorabmessungen) wird die Auswahl getroffen.

Bei komplizierten Kanalnetzen oder Lüftungsanlagen mit unsicheren Einzelwiderständen ist es oft nicht möglich, den Gesamtdruckverlust $(p_1 - p_2)$ bei der geforderten Luftleistung im voraus hinreichend zuverlässig anzugeben. Man wird dann zweckmäßigerweise nach provisorischem Einbau des gewählten Ventilators durch einen Versuch bei einer beliebigen Drehzahl ein zusammengehöriges Wertepaar von V_s und $(p_1 - p_2)$ und damit die tatsächliche Netzkennlinie bestimmen. An Hand des Ventilatorkennlinienfeldes ist die richtige Drehzahl, also auch das Übersetzungsverhältnis des Riemenantriebes, leicht festzustellen.

D. Wahl der Pumpe

Bei der Auswahl der Pumpe sind neben der Förderleistung und dem Wirkungsgrad die Betriebsanforderungen von besonderer Bedeutung. Häufig können nur mehrstufige Pumpen die erforderliche Druckhöhe liefern. Auf guten Wirkungsgrad muß vor allem bei langen Betriebszeiten und hohen Antriebsleistungen geachtet werden. Die heute üblichen Bauarten weisen bei mittleren Leistungen einen Wirkungsgrad von etwa 70%, bei großen Leistungen bis zu 80% auf.

An zwei Beispielen sollen einige für die Bemessung und Schaltung von Heizungspumpen wesentliche Gesichtpunkte erläutert werden.

1. Beispiel. In einer Heizanlage ist eine stündliche Wassermenge von 100 m³ bei einem Druckverlust von insgesamt 7 m WS umzuwälzen. In der Nacht soll der Wasserumlauf auf etwa 50 m³/h eingeschränkt werden. In Abb. 10.44 ist die Netzkennlinie der Heizanlage eingezeichnet. Der Punkt (1) gibt den für den Tag, der Punkt (2) den für die Nacht geforderten Betriebszustand an.

Ist die Anlage mit *einer* großen Pumpe ausgestattet, gestrichelte Drossellinie, so arbeitet die Pumpe nachts bei Drosselung des Wasserdurchsatzes im Betriebspunkt (1'). Der Leistungsbedarf ist dabei nur um etwa 1/4 geringer als bei (1), da der Förderdruck höher und der Wirkungsgrad niedriger ist als bei (1).

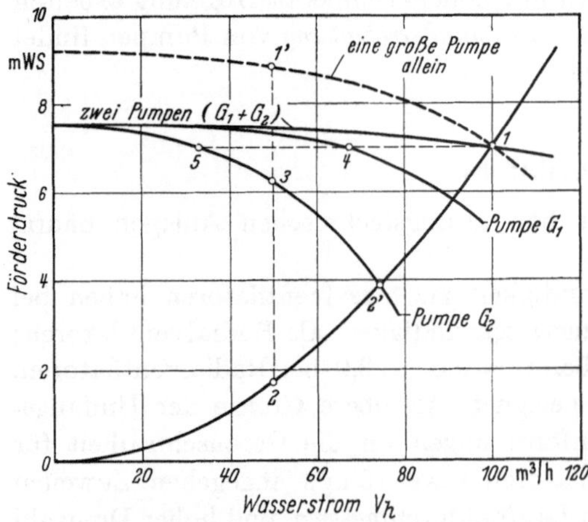

Abb. 10.44. Kennlinien zum 1. Beispiel.

Meist werden in solchen Fällen zwei Pumpen vorgesehen, die im Tagbetrieb parallel arbeiten, während nachts nur eine Pumpe läuft. In Abb. 10.44 sind daher noch die Kennlinien zweier kleinerer Pumpen G_1 und G_2 eingezeichnet, deren gemeinsame Betriebskennlinie durch den Punkt (1) geht. Bei dem geforderten Druck (7 m WS) fördert eine Pumpe $2/3$, die andere $1/3$ der stündlichen Wassermenge. Die Betriebspunkte liegen für die einzelnen Pumpen bei (4) und (5).

Ist nachts nur die kleinere Pumpe G_2 in Betrieb, so ergibt sich der Betriebszustand ohne Drosselung als Schnittpunkt der Kennlinie G_2 und der Netzkennlinie bei (2'). Die Wasserförderung beträgt dabei noch fast 75 % des Durchsatzes bei Betrieb zweier Pumpen. Durch Drosselung kann nun noch die stündliche Wasserförderung auf 50 m³/h herabgesetzt werden. Die Pumpe arbeitet dann im Betriebspunkt (3) senkrecht über (2); mehr als 4 m WS Druck sind im Drosselorgan zu vernichten.

Man ersieht aus diesem Beispiel, daß die Aufteilung der Pumpenleistung auf zwei parallelgeschaltete Einheiten — selbst wenn zwei verschiedene Pumpengrößen gewählt werden — keine zweckmäßige Lösung der gestellten Aufgabe darstellt. Es wäre in diesem Fall richtiger, die Pumpen gleich groß zu wählen und eine Pumpe mit einem polumschaltbaren Antriebsmotor auszurüsten, der durch Drehzahländerung eine bessere Anpassung des Förderdruckes an die im Nachtbetrieb notwendige Druckhöhe (Punkt 2) ermöglicht, oder eine besondere Nachtpumpe mit niedrigerem Förderdruck vorzusehen.

2. Beispiel. Von einer Zentrale sind drei größere Gebäude zu beheizen, die zu verschiedenen Zeiten benutzt werden. Das Rohrnetz der zu installierenden Warmwasserheizung wird dementsprechend in drei Gruppen unterteilt, die von der Heizzentrale aus getrennt geführt werden. Für Gruppe I wird eine stündliche Heizwassermenge von 30 m³, für die beiden anderen Gruppen von je 20 m³ benötigt.

Um den Heizbetrieb in jeder Gruppe unabhängig von den beiden anderen Gruppen durchführen zu können, ist die Druckdifferenz zwischen Vorlaufverteiler und Rücklaufsammler bei jeder Wasserförderung gleich zu halten. Der Druckverlust im Gesamtnetz bei voller Förderleistung betrage 6 m WS; davon mögen entfallen auf die Zentrale 1 m WS, auf die Hausanlagen mit Zubringerleitung 5 m WS. Zur Wasserumwälzung seien zwei Pumpen gleicher Leistung vorgesehen.

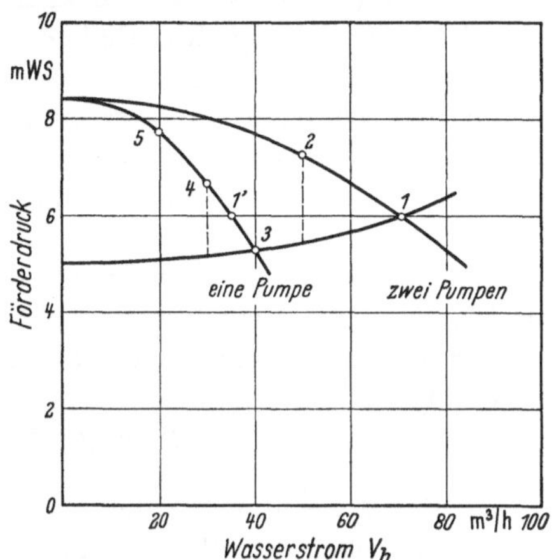

Abb. 10.45. Kennlinien zum 2. Beispiel.

In Abb. 10.45 sind Rohrnetzcharakteristik und Pumpenkennlinien mit den sich ergebenden Betriebspunkten eingetragen. Es können folgende Betriebsfälle vorkommen:

Betriebs-fall	Betriebene Heizgruppe	Anzahl der betriebenen Pumpen	Wasser-durchsatz	Förder-druck	Betriebspunkt		Bemerkungen
					Gemeinsame Kennlinie	Einzel-kennlinie	
—	—	—	m³/h	m WS	—	—	—
1	I + II + III	2	70	6,0	1	1'	—
2	I + II oder I + III	2	50	7,3	2	—	gedrosselt
3	II + III	1	40	5,3	—	3	direkt angesteuert
4	I	1	30	6,7	—	4	gedrosselt
5	II oder III	1	20	7,7	—	5	gedrosselt

Man entnimmt aus dieser Zusammenstellung und der Betrachtung der zugehörigen Betriebspunkte in Abb. 10.45, daß unter drei Betriebsbedingungen eine Drosselregelung erforderlich ist; die überschüssigen Förderdrücke der Pumpen (Abstand zwischen Pumpenkennlinie und Netzkennlinie) sind jedoch relativ gering, so daß auf eine zusätzliche Drehzahlregelung verzichtet werden kann, zumal bei Anwendung starker Drehzahlminderung die Pumpenwirkungsgrade zumeist stark absinken.

Die Aufteilung der Förderleistung auf zwei oder mehr Pumpeneinheiten ist für die hier vorliegenden Betriebsbedingungen sonach gerechtfertigt.

Elfter Abschnitt

Berechnung von Rohrnetzen

I. Berechnungsunterlagen

A. Allgemeines

1. Die Teilstrecke und ihre Druckverluste

Nach Gl. (10.05) ist das Druckgefälle in einem geraden Rohrstück von dessen Durchmesser d und der Strömungsgeschwindigkeit w sowie vom Rohrreibungsbeiwert λ, der wiederum von d und w bestimmt wird, abhängig. Da in einem Rohrnetz unterschiedliche Strömungsgeschwindigkeiten und Durchmesser vorkommen, muß für die Berechnung des gesamten Druckabfalls das Rohrnetz in *Teilstrecken* aufgeteilt werden. Unter einer Teilstrecke versteht man ein Stück eines Rohrnetzes mit gleichbleibendem Förderstrom und Rohrdurchmesser. Es können in einer Teilstrecke also wohl Einzelwiderstände und Richtungsänderungen, aber keine Abzweige vorhanden sein. Bei konstanter Dichte der zu fördernden Flüssigkeit ändert sich in der Teilstrecke die Strömungsgeschwindigkeit nicht.

Für den Druckabfall in einer Teilstrecke $\overline{1\,2}$ mit der Länge l gilt nach den Ausführungen im zehnten Abschnitt

$$p_1 - p_2 = R\,l + Z = \lambda \frac{l}{d} \frac{w^2}{2} \varrho + \Sigma \zeta \frac{w^2}{2} \varrho. \qquad (11.01)$$

Bei den Berechnungen der Praxis ist häufig die Geschwindigkeit der Flüssigkeit zunächst noch nicht bekannt, wohl aber die in der Zeiteinheit zu fördernde Menge, also der Förderstrom. Das gilt vor allem für Aufgaben der Heiztechnik, bei denen die Reibungsverluste in den Leitungen den Hauptanteil des Druckverlustes ausmachen. Führen wir an Stelle der Geschwindigkeit w den Flüssigkeitsstrom $\dot{G}$ ein, so erhalten wir für das erste Glied der Gl. (11.01):

$$R\,l = \lambda \frac{l}{d^5} \frac{\dot{G}^2}{\varrho} \frac{8}{\pi^2}. \qquad (11.02)$$

Diese Gleichung ist ebenso wie die Gl. (11.01) dimensionslos geschrieben. Mit den Einheiten des MKS-Systems, d. h. also den Längenangaben in m, der Flüssigkeitsmenge in kg und der Zeit in s ergibt sich der Druckverlust $R\,l$ in N/m², das sind im technischen Maßsystem 0,102 kp/m².

Die beiden Gln. (11.01) und (11.02) bilden die Grundlage für die verschiedenen Verfahren der Rohrnetzberechnung. Darüber hinaus sind sie besonders wichtig für das Verständnis aller Strömungsvorgänge in Rohrnetzen, weil sie einen klaren Einblick geben in die Zusammenhänge zwischen Druckverlust und Förderstrom sowie zwischen Druckverlust und Rohrdurchmesser.

Der Förderstrom $\dot{G}$ kommt in Gl. (11.02) im Quadrat vor. Will man deshalb bei derselben Leitung die zu fördernde Menge um nur 20% steigern, so muß man einen um 44% höheren Druck aufwenden.

Noch stärker ist der Einfluß des Rohrdurchmessers. Je nach dem Anteil der Einzelwiderstände ändert sich der Druckverlust mit der 4. bis 5. Potenz des Durchmessers. Es ist deshalb von großem Einfluß, wenn man beim Übergang von der Berechnung zur Ausführung zur nächsthöheren oder -niedrigeren genormten Durchmesserstufe greifen muß. Wird z. B. statt der Nennweite 150 mm die nächstkleinere Nennweite 125 mm gewählt, so nimmt der Durchmesser nur um 17% ab; der Druckabfall aber steigt bei einer langen Leitung ohne Einzelwiderstände auf 251% an.

2. Zwei Aufgabengruppen

Bei Rohrnetzaufgaben ist zwischen zwei Aufgabengruppen zu unterscheiden.

Die *erste Aufgabengruppe* ist wie folgt gekennzeichnet: Gegeben ist der Rohrstrang in seiner Linienführung und in allen seinen Teilen, also Länge aller geraden Rohrstrecken, Durchmesser der Rohre, Zahl und Art der Einzelwiderstände. Ferner ist gegeben die je Zeiteinheit zu fördernde

Flüssigkeitsmenge oder, was gleichbedeutend ist, die Strömungsgeschwindigkeit. Gesucht ist der Druckabfall $(p_1 - p_2)$. Die Aufgaben dieser Gruppe bereiten keinerlei Schwierigkeiten, denn die Gln. (11.01) und (11.02) führen ohne weiteres zum Ziel.

Die *zweite Aufgabengruppe*, mit der wir uns vorwiegend zu befassen haben, hat folgenden Wortlaut: Gegeben ist der Linienzug des Rohrstranges einschließlich der Art und Zahl der Einzelwiderstände. Ferner ist gegeben die in der Zeiteinheit zu fördernde Flüssigkeitsmenge sowie der zulässige Druckabfall $(p_1 - p_2)$. Gesucht ist der Rohrdurchmesser.

In diesem Falle führt keine der Gleichungen unmittelbar zum Ziel, weil sie sich nicht in algebraischer Weise nach der Unbekannten „d" auflösen lassen. Der Grund dafür liegt im Aufbau der Gleichungen sowie in dem Umstand, daß der Wert λ sowohl vom Durchmesser als von der Strömungsgeschwindigkeit abhängt — beides vorerst noch unbekannte Größen.

Es gibt verschiedene Möglichkeiten, aus dieser Schwierigkeit einen Ausweg zu finden und daraus erklärt sich die Vielzahl der in den verschiedenen Zweigen der Technik üblichen Berechnungsverfahren. In großen Zügen lassen sich zwei Hauptarten unterscheiden, die beide von einer Schätzung ihren Ausgang nehmen.

3. Vorläufige und endgültige Rechnung

Man geht dabei meist von der Annahme aus, daß man aus der Erfahrung schätzen kann, in welchem ungefähren Verhältnis die zur Verfügung stehende Druckhöhe von den geraden Rohrstrecken und von den Einzelwiderständen aufgebraucht wird. Dieses Verhältnis ist natürlich je nach Art des Rohrnetzes, ob Fernleitung, Strangnetz usw., stark verschieden (vgl. Zahlentafel A 45 im vierten Teil). Bezeichnet man mit a den Anteil der Einzelwiderstände am gesamten Druckabfall, so gilt

für die Einzelwiderstände:

$$Z = a(p_1 - p_2) = \Sigma \zeta \, \frac{w^2}{2} \, \varrho, \tag{11.03}$$

für die geraden Rohrstrecken:

$$R\,l = (1 - a)\,(p_1 - p_2) = \lambda \, \frac{l}{d^5} \, \frac{G^2}{\varrho} \, \frac{8}{\pi^2}. \tag{11.04}$$

An Hand der zweiten Beziehung wird meist die vorläufige Rechnung durchgeführt. Eine Nachrechnung ist notwendig, nicht so sehr, weil durch die Schätzung des Wertes a einige Unsicherheit in die Rechnung gebracht wurde, als vielmehr, weil statt des Durchmessers, den die Rechnung ergibt, ein genormter Durchmesser verwendet werden muß. Je nachdem man die nächsthöhere oder die nächstniedrigere Nennweite wählt, wird die zur Verfügung stehende Druckhöhe entweder nicht aufgebraucht oder überschritten. Das Maß dieser Abweichung festzustellen und eventuell auch durch Durchmesseränderungen auszugleichen, ist Aufgabe der Nachrechnung.

Das Verfahren mit dem geschätzten Anteil der Einzelwiderstände ist sehr gut brauchbar bei Fernleitungen, bei denen der Anteil der Einzelwiderstände nur etwa 10 bis 20% beträgt. Es liefert auch noch zufriedenstellende Werte bei den Strangnetzen mit einem Anteil der Einzelwiderstände von etwa 33%. Dagegen wird das Verfahren unbrauchbar bei Netzen mit außergewöhnlich hohem Anteil der Einzelwiderstände, also z. B. bei Rohrschalt- und Verteileranlagen sowie bei Lüftungsnetzen. In solchen Fällen geht man besser den nachstehend bezeichneten Weg.

4. Annahme der Geschwindigkeit

Die Schätzung bezieht sich hier auf die Strömungsgeschwindigkeit. Diese liegt bei mittleren und größeren Leitungen i. allg.

für Dampf . . . . zwischen 20 und 70 m/s,
für Warm- und Heißwasser . . . . . . zwischen 0,5 und 3 m/s.

Bei einiger Erfahrung ist es möglich, die Grenzen noch erheblich enger zu ziehen. Man ermittelt dann durch eine kurze Zwischenrechnung aus der zu fördernden Flüssigkeitsmenge unter Beachtung der Stufen der genormten Rohrdurchmesser zwei oder drei Geschwindigkeiten, mit denen man nach Gl. (11.01) den Druckabfall $(p_1 - p_2)$ bestimmt. Der Vergleich dieser Werte mit dem vorgeschriebenen Druckabfall läßt dann erkennen, welcher Durchmesser für die Ausführung zu wählen ist.

Dem Nachteil dieses Verfahrens, mehrere Annahmen durchrechnen zu müssen, steht der Vorteil gegenüber, daß man ohne die Unsicherheiten einer vorläufigen Rechnung sofort die einwandfreien Werte des Druckverlustes für die zwei oder drei gewählten Durchmesser erhält. Bei verzweigten Netzen macht die Zahl der möglichen Durchmesservariationen dieses Berechnungsverfahren allerdings sehr langwierig.

B. Arbeitsblätter zur Berechnung von Heizungsnetzen

Die Berechnung des Druckverlustes oder der Durchmesser von Leitungsnetzen läßt sich wesentlich vereinfachen, wenn man die in den Gln. (11.03) bzw. (11.04) wiedergegebenen Zusammenhänge in Form von Zahlen- oder Netztafeln niederlegt. In der Heiztechnik werden i. allg. Zahlentafeln bevorzugt, da sie ein schnelleres Aufsuchen vieler Einzelwerte gestatten, allerdings mit sprunghaften Änderungen der Grundgrößen. Bei Netztafeln lassen sich auch Zwischenwerte leicht ablesen. Sie haben den weiteren Vorzug, daß Änderungen in den Ausgangswerten unmittelbar in ihrer Auswirkung auf das Rechnungsergebnis übersehbar sind. Auch sind durch Netztafeln Beziehungen zwischen vier und mehr Veränderlichen darstellbar, die in Zahlentafeln nur umständlich wiederzugeben sind. Das gilt z. B. für die Berechnung von Hochdruckdampfleitungen.

Für die wichtigsten Rechenvorgänge sind Arbeitsblätter im Umschlag des hinteren Buchdeckels enthalten.

1. Warmwasserleitungen (Arbeitsblätter 1 bis 4 sowie 7)

Bei der Bestimmung der Rohrdurchmesser gehen wir von Gl. (11.04) aus. Danach gilt für das mittlere Druckgefälle R in einer Rohrstrecke von der Länge l

$$R = \frac{(1 - a)\,(p_1 - p_2)}{l} = \lambda\,\frac{1}{d^5}\,\frac{\dot{G}^2}{\varrho}\,\frac{8}{\pi^2}. \tag{11.04a}$$

Zur Vereinfachung der Rechnung nehmen wir die Wassertemperatur mit 80 °C an, d. i. der Mittelwert zwischen $t_v = 90$ und $t_r = 70$ °C. Dann erhält man mit $\varrho = 972$ kg/m³ die Berechnungsformel

$$R = 6{,}56 \cdot 10^3\,\lambda\,\frac{G_h^2}{d^5} \quad \text{in} \quad \frac{\text{kp}}{\text{m}^2}\,\frac{1}{\text{m}}. \tag{11.05}$$

G_h ist, wie in der Praxis üblich, der auf die Stunde bezogene Wasserstrom (kg/h). d ist in mm einzusetzen. Zugleich ist im Zahlenwert der Formel die Umrechnung in die Druckeinheiten des technischen Maßsystems berücksichtigt. (Die Formel ist nicht mehr dimensionsgerecht, da ϱ und g im Zahlenwert enthalten sind, wodurch ihre Einheiten nicht mehr in Erscheinung treten.)

Formel (11.05) liegt den *Arbeitsblättern 1* und *2* zugrunde. Mit der Wahl einer einheitlichen Wassertemperatur ist auch v ein Festwert, so daß bei gegebener Rauhigkeit λ durch G_h und d festgelegt ist.

Bei sehr niedrigen Geschwindigkeiten (Schwerkraftheizungen) ist in kleinen Rohrdurchmessern die Strömung eventuell laminar, s. Tab. 10.01 auf S. 110. λ folgt dann Gl. (10.07) und nicht der COLEBROOKschen Gleichung (10.10). Da in der Heizungspraxis bei Wasser als Wärmeträger laminare Strömungsverhältnisse sehr selten auftreten, ist den Arbeitsblättern 1 bis 4 und 7 zur Vermeidung von Unsicherheiten in der Nähe der kritischen Re-Zahl einheitlich das Reibungsgesetz der turbulenten Strömung zugrunde gelegt worden. Man rechnet dann im laminaren Bereich mit etwas überhöhten R-Werten, bewegt sich also auf der sicheren Seite.

Die Zahlentafeln der Blätter 1 und 2 sind unterteilt nach Innendurchmessern bzw. Nennweiten der Rohre in der Kopfzeile und dem Druckgefälle in der ersten bzw. letzten Spalte. In den Tabellenfeldern sind die stündlichen Wasserströme und darunter, gerundet, die Wassergeschwindigkeiten angegeben. Als lichte Durchmesser wurden für Gewinderohre die Werte von

DIN 2440 (mittelschwere Gewinderohre) eingesetzt. Als Rauhigkeitswert wurde einheitlich $\varepsilon = 0,045$ mm gewählt, s. S. 112.

In *Arbeitsblatt 7* ist die in Gl. (11.05) beschriebene Beziehung in Diagrammform wiedergegeben.

Beispiel (Handhabung der Arbeitsblätter 1, 2 und 7): Eine Warmwassermenge von $G_h = 30\,000$ kg/h soll in einer geraden Rohrstrecke von 120 m Länge mit NW 100 gefördert werden. Wie groß ist der Druckabfall?

Man sucht in Arbeitsblatt 2 unter NW 100 den dem angegebenen Förderstrom nächstliegenden Zahlenwert und findet für $G_h = 29\,700$ kg/h am linken Tafelrand $R = 10$ mm WS/m. Der Druckabfall $(p_1 - p_2)$ ergibt sich also angenähert zu

$$p_1 - p_2 = l\,R = 120 \cdot 10 = 1200 \text{ mm WS}.$$

Bei Benutzung der Netztafel in Arbeitsblatt 7 hätte man für den Schnittpunkt der Ordinatenlinie $G_h = 30\,000$ kg/h und der Durchmesserlinie NW 100 einen Abszissenwert $R = 10,4$ mm WS/m abgelesen.

In gleicher Weise kann der in Frage kommende Normdurchmesser aus den Arbeitsblättern ermittelt werden, wenn Förderstrom und Druckabfall (bzw. Druckgefälle) bekannt sind, oder es läßt sich der Förderstrom einer bekannten Rohrleitung für ein bestimmtes Druckgefälle angeben.

Über den Anwendungsbereich der Arbeitsblätter 1, 2 und 7 bei abweichenden Wassertemperaturen und über die Möglichkeit von Fehlerkorrekturen gibt der nächste Teilabschnitt Auskunft. Bei Wasserheizungen mit extrem niedrigen Temperaturen (Fußboden- und Deckenheizungen) oder bei Kühlwassersystemen sind zuweilen solche Korrekturen erforderlich.

Besonders häufig werden Warmwasserheizungen für 90 °C Vorlauf- und 70 °C Rücklauftemperatur ausgelegt. Man kann für eine solche Anlage auch unmittelbar den Zusammenhang zwischen Wärmeleistung Q_h, Durchmesser d und Reibungsgefälle R angeben. Unter Berücksichtigung der Beziehung

$$Q_h = G_h\,c\,(t_v - t_r)$$

geht mit $c = 1$ kcal/kg grd und $(t_v - t_r) = 20$ grd Gl. (11.05) über in

$$R = 16,4\,\lambda\,\frac{Q_h^2}{d^5} \quad \text{in} \quad \frac{\text{kp}}{\text{m}^2}\,\frac{1}{\text{m}}. \tag{11.06}$$

Eine Umrechnung der aus der Wärmebedarfsrechnung hervorgehenden Heizleistung auf stündliche Wassermengen ist hier nicht mehr erforderlich. Für jede Teilstrecke ist die Gesamtwärmeleistung der von ihr belieferten Heizkörper einzusetzen.

In den *Arbeitsblättern 3* und *4* ist der Zusammenhang zwischen Q_h, R und d nach Gl. (11.06) tabellarisch wiedergegeben. Der Aufbau dieser Zahlentafeln ist der gleiche wie der der Arbeitsblätter 1 und 2. Das Arbeitsblatt 3 umfaßt das Gebiet der kleinen R-Werte, das sind im wesentlichen die Schwerkraftheizungen, das Arbeitsblatt 4 das Gebiet der großen R-Werte, also der Pumpenheizungen.

Beispiel. (Handhabung der Arbeitsblätter 3 und 4): In einer 10 m langen Rohrstrecke ohne Einzelwiderstände soll eine Wärmeleistung von 35000 kcal/h bei einer Vorlauftemperatur von 90 °C und einer Rücklauftemperatur von 70 °C gefördert werden. Es steht eine Druckhöhe von 3,6 mm WS zur Verfügung.

Welchen Durchmesser muß die Rohrleitung erhalten?

Wie groß ist die Wassergeschwindigkeit?

Für die 10 m lange Rohrleitung beträgt das Druckgefälle $R = 3,6 : 10 = 0,36$ mm WS/m Rohr. Man geht in der Spalte für das Druckgefälle nach unten bis zum Wert 0,36 und findet, in dieser Reihe nach rechts gehend, die Wärmeleistung 38000 kcal/h angegeben, und zwar beim Durchmesser 70 mm. Um die herrschende Wassergeschwindigkeit zu bestimmen, geht man in der Spalte für den Durchmesser 70 mm bis zur geforderten Wärmeleistung und findet für 34500 kcal/h eine Wassergeschwindigkeit von 0,13 m/s und damit, von dieser Zahl aus nach links gehend, ein Druckgefälle von 0,30 mm WS/m. Da wegen der handelsüblichen Stufung der Rohrdurchmesser ein etwas zu weites Rohr gewählt werden mußte, werden also von dem zur Verfügung stehenden Druck von 3,6 mm WS nur $10 \cdot 0,30 = 3,0$ mm WS aufgebraucht.

2. Wasserleitungen mit hoher und niedriger Temperatur

Bei *Heißwasserheizungen* kommen Temperaturen bis 200 °C vor, bei Fußbodenheizungen Temperaturen bis herab auf 30 °C. Es soll im folgenden untersucht werden, wie sich das Druckgefälle R mit der Wassertemperatur ändert und welche Fehler auftreten können, wenn die für 80 °C entwickelten Arbeitsblätter für andere Temperaturbereiche Anwendung finden.

Von den Größen der Gl. (11.04a) sind der Rohrreibungswert λ und die Dichte ϱ von der Temperatur abhängig. Die Änderung der Dichte mit der Wassertemperatur ist aus der Zahlentafel A 35 zu ersehen. λ ist unter der Annahme einer gleichmäßigen Rohrrauhigkeit ε vom Durchmesser und von der Reynolds-Zahl abhängig, s. S. 111. Die Reynolds-Zahl läßt sich wie folgt umformen:

$$ Re = \frac{w\,d}{\nu} = \frac{\dot V\,d}{\dfrac{d^2\,\pi}{4}\,\nu} = \frac{4}{\pi}\,\frac{\dot G}{d\,\nu\,\varrho} \sim \frac{\dot G}{d\,\eta}. $$

Dabei ist $\eta = \nu\,\varrho$ die dynamische Zähigkeit.

Bei gleichbleibendem Rohrdurchmesser und Förderstrom geht also eine Temperaturänderung nur über die dynamische Zähigkeit (η) in die Reynolds-Zahl und damit in den Rohrreibungsbeiwert λ ein. Der Zusammenhang zwischen λ und η ist allerdings nicht in einfacher Weise darstellbar, da der Einfluß einer Änderung von η auf λ je nach dem Förderstrom $\dot G$ und dem Rohrdurchmesser d verschieden groß ist.

Nach Abb. 10.02 geht mit dem Anwachsen der Wassertemperatur von 80 auf 180 °C die Zähigkeit η von etwa $3{,}6 \cdot 10^{-5}$ auf $1{,}6 \cdot 10^{-5}$ kp s/m² zurück. Re steigt damit auf das $\dfrac{3{,}6}{1{,}6} = 2{,}25$fache an.

Aus Abb. 10.03 ist zu ersehen, daß eine derartige Änderung der Reynolds-Zahl zu einer Minderung des λ-Wertes um 5 bis 15 % führen kann. Die Auswirkung auf R ist jedoch geringer, da in der Gl. (11.04a) der Quotient λ/ϱ erscheint und die Dichte ϱ sich in gleichem Sinne ändert wie λ. So geht in unserem Beispiel ϱ von 972 kg/m³ bei $t = 80°$ C auf 887 kg/m³ bei $t = 180$ °C zurück, d. h. um fast 9 %.

In den Abb. 11.01a und b sind die Berichtigungsfaktoren f für das Druckgefälle R in Abhängigkeit von G_h und d dargestellt. Mit ihnen sind die aus den Arbeitsblättern 1, 2 und 7 abgelesenen R-Werte zu multiplizieren, um die für 180 bzw. 140 °C gültigen Werte zu erhalten.

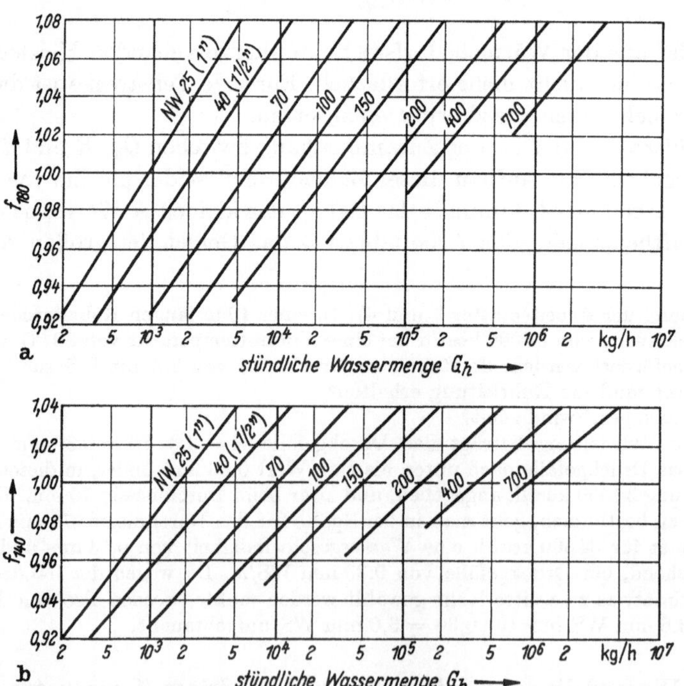

Abb. 11.01. Berichtigungsfaktoren für das Druckgefälle R der Arbeitsblätter 1, 2 und 7 bei Heißwasserleitungen. a) Wassertemperatur 180 °C;   b) Wassertemperatur 140 °C.

Man ersieht daraus, daß die Abweichungen selbst in Extremfällen $\pm\,8\%$ nicht überschreiten. Meist sind sie negativ, d. h., man erhält etwas zu hohe Druckverluste. Daraus folgt:

Die für 80 °C Wassertemperatur entwickelten Berechnungstafeln 1, 2 und 7 können mit für die Praxis zumeist ausreichender Genauigkeit auch für Heißwasserheizungen verwendet werden.

Erforderlichenfalls können die Abb. 11.01a und b zur Berichtigung der Rechnungsergebnisse herangezogen werden.

Bei der obigen Vergleichsrechnung sind wir vom Wasserstrom ausgegangen. Da mit zunehmender Temperatur auch die spezifische Wärme des Wassers größer wird, s. Zahlentafel A 3, ergibt die überschlägliche Ermittlung der Wassermenge aus dem Quotienten $\dfrac{Q_h}{t_v - t_r}$, wie sie in der Praxis üblich ist (d. h. das Rechnen mit $c = 1$), etwas zu hohe Wassermengenströme, also auch etwas zu hohe Druckverluste. Da man auf der sicheren Seite rechnet und die Abweichungen nicht größer als 3 bis 5% sind, läßt sich i. allg. auch diese Vereinfachung im Rahmen der Gesamtgenauigkeit vertreten.

Bei *niedrigeren Wassertemperaturen*, wie sie beispielsweise bei Decken- und Fußbodenheizungen vorkommen, wächst das Reibungsgefälle R — verglichen mit den Werten für 80°C — etwas an. Abb. 11.02a gibt die Berichtigungswerte bei 50 °C für die Rohrweiten bis NW 150 in Abhängigkeit von der Wasserförderung an. Danach liegen die Abweichungen i. allg. unter 6% und erreichen erst bei relativ niedriger Wassergeschwindigkeit, wie sie in der Praxis kaum vorkommt, Werte bis zu 10%. Nur bei hohen Anforderungen an die Rechnungsgenauigkeit ist also eine Berücksichtigung der Abweichungen an Hand der Abb. 11.02a erforderlich. Größer sind die Korrekturen bei Kaltwasserleitungen. Wie das Diagramm in Abb. 11.02b zeigt, können bei +10 °C Wassertemperatur die R-Werte und damit die Druckverluste um über 20% höher sein, als die Arbeitsblätter 1, 2 und 7 ergeben. Man sollte diese Berichtigung in der Regel vornehmen.

Den bis jetzt besprochenen Arbeitsblättern liegt die Rauhigkeit üblicher Stahlrohre mit $\varepsilon = 0{,}045$ mm zugrunde. Für *Kupferrohre* und sonstige Leitungsrohre mit sehr glatter innerer Oberfläche gilt für den Reibungsbeiwert das Gesetz nach Gl. (10.08). Die Reibungsbeiwerte und damit auch die Druckverluste einer Rohrstrecke sind kleiner als bei Stahlrohren. Zur Berichtigung der aus den Arbeitsblättern 1 bis 4 und 7 zu entnehmenden R-Werte verwende man Tab. 11.01.

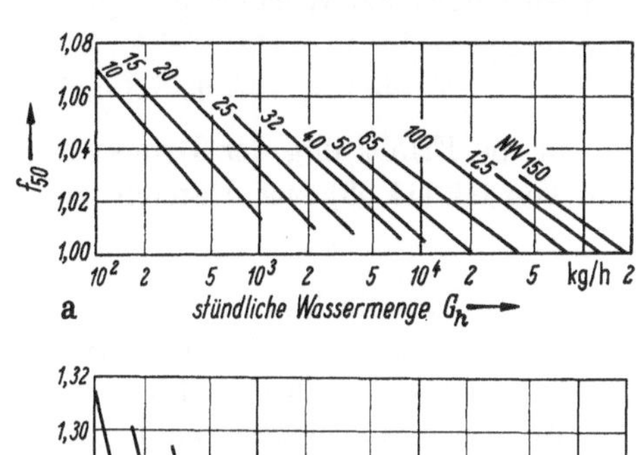

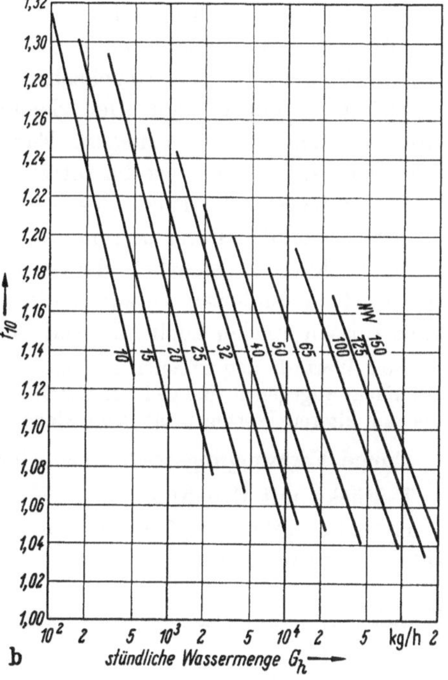

Abb. 11.02. Berichtigungsfaktoren für das Druckgefälle R der Arbeitsblätter 1, 2 und 7 bei niedrigen Wassertemperaturen.
a) Wassertemperatur 50 °C; b) Wassertemperatur 10 °C.

Tabelle 11.01. *Berichtigungsfaktoren für das Reibungsgefälle R bei Kupferrohren*
$(\varepsilon_{Cu} = 0{,}0015\,\text{mm})$

$\dfrac{R\ \text{mm WS}}{\text{m}}$	5	10	20	40	60	100	200
f_{Cu}	0,89	0,86	0,83	0,80	0,78	0,75	0,72

3. Niederdruckdampfleitungen (Arbeitsblatt 6)

Wir gehen aus von Gl. (11.04) auf S. 139. Für Niederdruckdampf kann man im Druckbereich zwischen 1 und 1,2 at die Dichte bei Sättigung einheitlich mit $\varrho = 0{,}633$ kg/m³ und die Verdampfungswärme mit $r = 538$ kcal/kg ansetzen. Mit diesen Zahlenwerten ergibt sich in Anlehnung an Gl. (11.06) die Beziehung

$$R = 34{,}85\,\lambda\,\frac{Q_h^2}{d^5}\quad\text{in}\quad\frac{\text{kp}}{\text{m}^2}\,\frac{1}{\text{m}}.\tag{11.07}$$

Diese Formel liegt dem *Arbeitsblatt 6* zugrunde. Es ist genauso aufgebaut und in gleicher Weise zu handhaben wie die Arbeitsblätter 3 und 4. Zu berücksichtigen ist jedoch, daß bei Dampfleitungen der Dampfstrom einer Teilstrecke längs des Rohres infolge Kondensatbildung abnimmt. Q_h muß sonach um den Verlustanteil größer gewählt werden, als die von den Heizkörpern geforderte Wärmeleistung.

4. Einzelwiderstände (Arbeitsblatt 5)

Für die Ermittlung der Druckverluste durch die Einzelwiderstände einer Rohrstrecke geht man von Gl. (11.03) aus. Danach ist

$$Z = \Sigma\,\zeta\,\frac{w^2}{2}\,\varrho\,.\tag{11.08}$$

Für Einbauteile läßt sich der ζ-Wert nur durch Versuche bestimmen. Das gilt insbesondere für alle Schaltorgane, wie Ventile, Schieber, Drosseleinrichtungen, deren ζ-Werte vom Hersteller zu erfragen sind. Als Anhalt können die im *Arbeitsblatt 5* angegebenen ζ-Werte dienen.

Für *Heizkessel* müssen nach der Neufassung von DIN 4702 Bl. 1 die Einzelwiderstände vom Lieferwerk in den Druckschriften angegeben werden. Bei älteren Bauarten kann mit $\zeta = 2{,}5$ gerechnet werden. Der gleiche ζ-Wert ist bei *Heizkörpern* anzusetzen, wenn Einzeluntersuchungen nicht vorliegen. Für Gliederheizkörper haben Versuche von WEIMANN und NEFFE[1] diesen Zahlenwert bestätigt.

Das Arbeitsblatt enthält des weiteren die für Abzweige und Umlenkungen nach dem derzeitigen Erkenntnisstand anzunehmenden Widerstandsbeiwerte.

Sie basieren hinsichtlich der Stromtrennung und Stromvereinigung auf den im zehnten Abschnitt behandelten Gesetzmäßigkeiten. Neben den Querschnitts- und Geschwindigkeitsverhältnissen spielen auch Material und Ausführung der Abzweige eine Rolle.

Die ζ-Werte in den früheren Auflagen waren auf die Geschwindigkeit im Hauptstrom bezogen und stark vereinfacht angegeben. Bei gleicher Geschwindigkeit im Haupt- und Nebenstrom sind die Unterschiede gegenüber den älteren Werten nicht groß. Generell lassen sie sich aber nicht vernachlässigen.

Einige Verzweigungsstellen erfordern eine genauere Betrachtung.

T-Stücke mit Gegenlauf

IDELCIK[2] gibt für T-Stücke mit Gegenlauf bei geschweißten Stahlrohren die folgenden Näherungsformeln an:

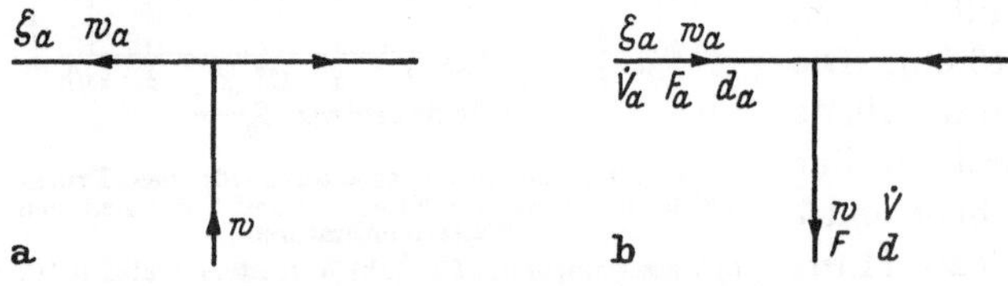

Abb. 11.03. Bezeichnungen an T-Stücken mit Gegenlauf.
a) Stromtrennung;   b) Stromvereinigung.

Stromtrennung (Abb. 11.03a)

$$\zeta_a' = 1 + 0{,}3\left(\frac{w_a}{w}\right)^2.\tag{11.09}$$

Der Strich über dem ζ-Zeichen soll andeuten, daß sich der Wert auf die Geschwindigkeit w im Hauptstrom bezieht. Auf die Geschwindigkeit w_a bezogen erhält man

$$\zeta_a = \left(\frac{w}{w_a}\right)^2 + 0{,}3\,.\tag{11.09a}$$

Daraus errechnen sich für verschiedene Geschwindigkeitsverhältnisse die in Tab. 11.02 angegebenen ζ_a'- bzw. ζ_a-Werte.

Tabelle 11.02. *Widerstandsbeiwerte beim T-Stück mit Gegenlauf (Stromtrennung)*

w_a/w	0,4	0,6	0,8	1.0	Bezugs-geschwindigkeit
ζ_a'	1,05	1,11	1,19	1,30	w
ζ_a	6,55	3,10	1,85	1,30	w_a

Die Werte für ζ_a sind gerundet.

---

[1] WEIMANN, O., u. R. NEFFE: Die Widerstandsbeiwerte der FKR-Radiatoren und ihre Abhängigkeit von der Gliedzahl. Der eiserne Guß, Informationen der Fachgem. gußeiserne Kessel u. Radiatoren Nr. 17. Heidelberg 1963.

[2] IDELCIK, I. K.: Handbuch der hydraulischen Widerstände (Orig. russ.). Moskau: Gosenergoizdat 1961.

Auf die Geschwindigkeit w im Gesamtstrom bezogen ändert sich der Widerstandsbeiwert nur wenig. Der Wert ζ_a wächst bei kleinen Verhältniswerten w_a/w stark an, da diese nach Gl. (11.09a) mit der zweiten Potenz in das Ergebnis eingehen.

Stromvereinigung (Abb. 11.03b)

Nach Levin[1] und Idelcik[2] ist

$$\zeta_a = \left[1 + \left(\frac{F_a}{F}\right)^2\right]\left(\frac{\dot{V}}{\dot{V}_a}\right)^2 + 3\left[1 - \left(\frac{\dot{V}}{\dot{V}_a}\right)\right]. \tag{11.10}$$

In Abweichung von der Stromtrennung müssen bei der gegenläufigen Stromvereinigung sowohl das Volumstromverhältnis $\dot{V}_a/\dot{V}$ als auch das Querschnittsverhältnis F/F_a berücksichtigt werden.

Gl. (11.10) ergibt für die Geschwindigkeit im Abzweig die in Abb. 11.04 graphisch dargestellte Beziehung zwischen ζ_a, d_a/d und $\dot{V}_a/\dot{V}$. Sie liefert bei $\dot{V}_a/\dot{V} = 0,5$ (symmetrischer Stromzufluß) die in Tab. 11.03 enthaltenen Werte für ζ_a.

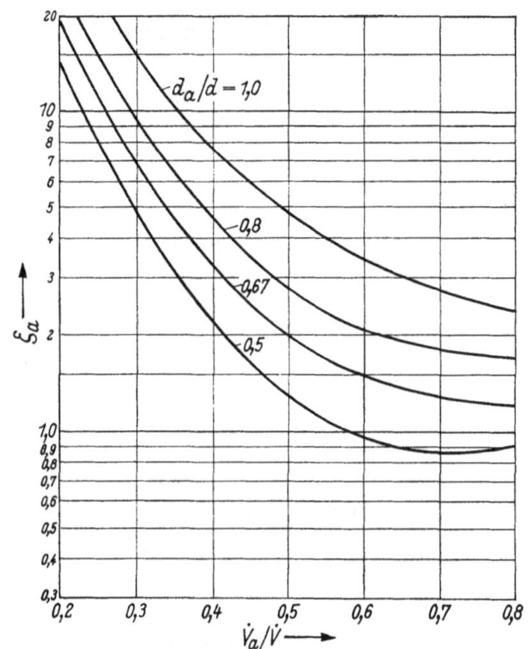

Abb. 11.04. Widerstandsbeiwerte bei gegenläufiger Stromvereinigung in T-Stücken.

Tabelle 11.03. *Widerstandsbeiwerte beim T-Stück mit Gegenlauf für* $\dot{V}_a/\dot{V} = 0,5$ *(Stromvereinigung)*

d_a/d	1,0	0,8	0,67
ζ_a	4,7	2,7	2,0

Bei asymmetrischem Zufluß nehmen die Druckverluste um so stärker zu, je größer der Unterschied der Zweigströme ist. Die Darstellung von ζ_a in Abb. 11.04 darf dafür nicht als repräsentativ gelten, da dort durch die Bezugnahme des Widerstandsbeiwertes auf die Abzweiggeschwindigkeit eine Verzerrung desselben in der Form auftritt, daß für $\dfrac{w_a}{w} < 1$ die Beiwerte ansteigen, während sie für $\dfrac{w_a}{w} > 1$ kleiner werden, als es dem natürlichen Verlauf des Druckabfalls entspricht.

In *Arbeitsblatt 5* sind gerundete Zahlenwerte für symmetrischen und asymmetrischen Zufluß angegeben.

Kreuzstücke

Es sollen hier nur Kreuzstücke mit senkrechtem Abgang betrachtet werden. Bei der Bezeichnung der Durchmesser, s. Abb. 11.05 und 11.06, bedeutet d den Durchmesser für den Gesamtstrom, d^* den der durchgehenden Teilstrecke, sofern er von dem Durchmesser der Hauptleitung abweicht. Die entsprechenden Geschwindigkeiten sind w und w_d.

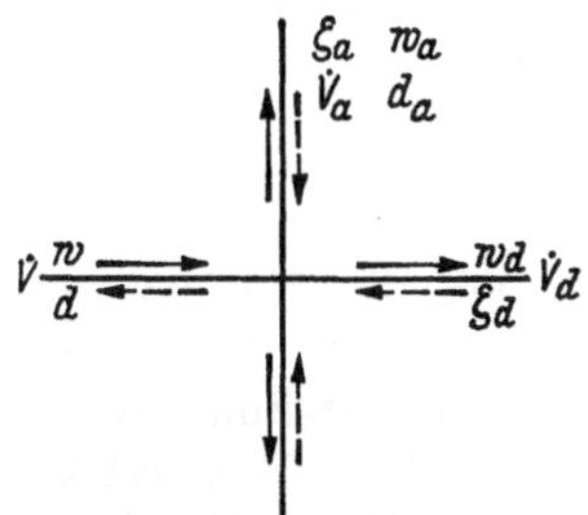

Abb. 11.05. Bezeichnung der Parameter am Kreuzstück.
→ Stromtrennung; ←— Stromvereinigung.

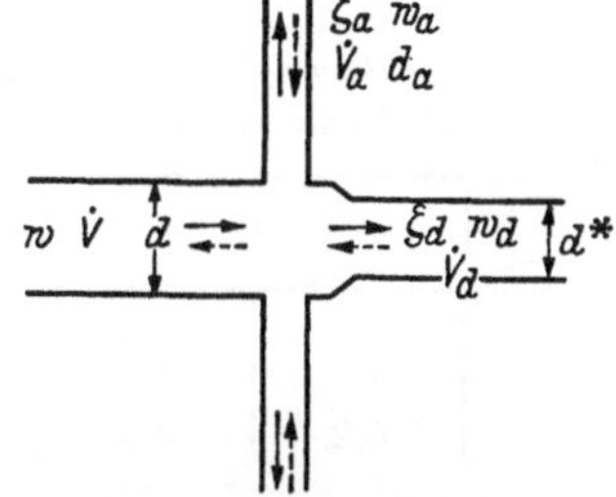

Abb. 11.06. Bezeichnungen beim Kreuzstück mit Querschnittsänderung im Durchgang.
→ Stromtrennung; ←— Stromvereinigung.

---

[1] Siehe Fußnote 5 S. 121.   [2] Siehe Fußnote 2 S. 144.

Stromtrennung. Für den Abzweig und den Durchgang können hier die Gesetzmäßigkeiten der ζ-Werte des 90°-T-Stückes zugrunde gelegt werden. Tab. 11.04 enthält die Werte für den Abzweig gemeinsam mit den auf den Hauptstrom bezogenen Widerstandsbeiwerten ζ_a'.

Tabelle 11.04. *Widerstandsbeiwerte ζ_a bzw. ζ_a' beim Kreuzstück für den Abzweig in Abhängigkeit vom Geschwindigkeitsverhältnis w_a/w (Stromtrennung)*

w_a/w	0,4	0,6	0,8	1,0	Bezugs-geschwindigkeit
ζ_a'	1,14	1,38	1,6	2,0	w
ζ_a	7,0	3,5	2,5	2,0	w_a

Die Werte für ζ_a sind für den praktischen Gebrauch gerundet. Man erkennt, daß der starke Anstieg von ζ_a mit kleiner werdendem Geschwindigkeitsverhältnis lediglich durch die Umrechnung auf w_a bedingt ist. (Zwischenwerte können gegebenenfalls an Hand dieser Tabelle berechnet werden.)

Für den Durchgang sind die ζ-Werte in Tab. 11.05 dargestellt. Es ist zu beachten, daß sich die Geschwindigkeiten bei einer eventuellen Querschnittsverminderung im Formstück oder kurz dahinter erhöhen. Der allgemeinen Handhabung entsprechend werden die Widerstandsbeiwerte auf die Geschwindigkeit w_d der Teilstrecke bezogen.

Tabelle 11.05. *Widerstandsbeiwerte ζ_d beim Kreuzstück für den Durchgang in Abhängigkeit vom Durchmesserverhältnis d^*/d (Stromtrennung)*

w_a/w \\ d^*/d	1,0	0,8	0,67
0,5	0,5	1,0	1,2
1,0	0	0,1	0,2
1,5		0,35	0,5

Stromvereinigung: Für die Widerstandsbeiwerte des Abzweiges bei der Stromvereinigung läßt sich wegen des Einflusses von verschiedenen Parametern nur schwer eine einfache Darstellung finden. Neben den Volumstrom- und Flächenverhältnissen von Abzweig und Hauptstrom geht noch das Verhältnis der Zuströme untereinander ein. Bei Vernachlässigung der letzteren Abhängigkeit führt die Auswertung einer von LEVIN[1] angegebenen Formel auf eine Darstellung von ζ_a in Abhängigkeit von $\dfrac{\dot{V}_a}{\dot{V}}$ und $\dfrac{d_a}{d}$, die in Tab. 11.06 angegeben ist.

Tabelle 11.06. *Widerstandsbeiwerte ζ_a beim Kreuzstück für den Abzweig in Abhängigkeit vom Durchmesserverhältnis d_a/d (Stromvereinigung)*

$\dot{V}_a/\dot{V}$ \\ d_a/d	1,0	0,80	0,67	0,5	0,4
0,1				−0,5	0
0,2			2,0	1,3	1,2
0,3	8,0	4,0	2,5	1,5	1,2
0,4	6,5	3,0	2,0	1,4	
0,5	5,0	2,5			

Für den Durchgang der Stromvereinigung des Kreuzstückes (Bezeichnungen s. Abb. 11.06) liegt von LEVIN eine entsprechende Formel vor. Die Umrechnung auf die Geschwindigkeit in der durchgehenden Teilstrecke erfolgt nach Gl. (11.11).

$$\zeta_d = \zeta_d' \left(\frac{\dot{V}}{\dot{V}_d}\right)^2 \left(\frac{d^*}{d}\right)^4 + \left[1 - \left(\frac{d^*}{d}\right)^2\right]^2. \qquad (11.11)$$

Darin ist ζ_d' der auf den Hauptstrom bezogene Widerstandsbeiwert. Der zweite Summand berücksichtigt den CARNOT-BORDAschen Stoßverlust für den Fall, daß im Formstück oder kurz davor eine Querschnittserweiterung auftritt.

Tabelle 11.07. *Widerstandsbeiwerte ζ_d beim Kreuzstück für den Durchgang in Abhängigkeit vom Durchmesserverhältnis d^*/d (Stromvereinigung)*

$\dot{V}_d/\dot{V}$ \\ d^*/d	1,0	0,8	0,67
0,6	2,5	1,2	0,8
0,8	1,0	0,5	0,5
1,0	0,2	0,3	0,5

In Tab. 11.07 sind für die praktische Rechnung Anhaltswerte angegeben.

---

[1] Siehe Fußnote 5 S. 121.

Summenwerte von ζ_a für Stromtrennung und Stromvereinigung

Am häufigsten werden die im Arbeitsblatt 5 zusammengestellten ζ_a-Werte bei der Dimensionierung von Heizkörperanschlüssen benötigt. Hierbei gibt es einen Sonderfall, bei dem die für die Berechnung lästige Berücksichtigung unterschiedlicher ζ_a-Werte für Stromtrennung (Vorlauf) und Stromvereinigung (Rücklauf) nicht erforderlich ist; das ist die Einrohrheizung. Unter der Annahme, daß die Durchmesser der Vor- und Rücklauf-Anschlußleitungen gleich sind, können hier die beiden Abzweig-Widerstandswerte zusammengefaßt werden, da ohnehin die Volumstromverhältnisse von Abzweig und Hauptleitung und damit auch die Geschwindigkeitsverhältnisse bei Stromtrennung und Stromvereinigung übereinstimmen. In Abweichung von der Berechnungsweise bei Zweirohrheizungen werden bei der Dimensionierung von Einrohrheizungen andererseits die ζ-Werte des Einzelabzweigs in keinem Stadium der Dimensionierung benötigt.

Entsprechendes gilt für die Kurzschlußstrecke der Einrohrheizung, da sie die Strömungswiderstände des Durchgangs für die Stromtrennung und Stromvereinigung enthält.

Arbeitsblatt 5 enthält daher in Tab. 2 die Summenwerte (ζ_a-Vorlauf + ζ_a-Rücklauf) für den Heizkörperanschluß sowie $\sum \zeta_d$ für die Kurzschlußstrecke.

Hilfstafeln zur Vereinfachung der Berechnung

Setzt man, wie in den Arbeitsblättern 1 bis 4 und 7 geschehen, auch für die Berechnung des Druckverlustes durch Einzelwiderstände die Wassertemperatur einheitlich mit $t = 80\ ^\circ\text{C}$ und die Dichte mit $\varrho = 972\ \text{kg/m}^3$ an, so erhält man aus Gl. (11.08) die Berechnungsformel

$$Z = \sum \zeta \cdot 49{,}6w^2 \quad \text{in kp/m}^2.$$

Auch diese Formel ist in dem Zahlenwert dimensionsbehaftet wie die Formeln (11.05) und (11.06). Zur Erleichterung der Berechnung sind im *Arbeitsblatt 5* die Druckverluste Z für die Geschwindigkeiten $w = 0{,}01$ bis $3{,}0$ m/s und für die Widerstandsbeiwerte $\zeta = 1$ bis 9 in einer besonderen Zahlentafel angegeben.

Die Geschwindigkeitsangaben der Arbeitsblätter 1 bis 4 und 7 gelten für 80 °C Wassertemperatur. Mit zunehmender Wassertemperatur wächst das spezifische Volumen $v = 1/\varrho$, für einen in kg/h angegebenen Wasserstrom also auch die Geschwindigkeit. Das Produkt $w\varrho$ bleibt dabei konstant.

Der Druckverlust durch Einzelwiderstände nimmt sonach linear mit dem spezifischen Volumen v zu. Er kann an Hand der für 80 °C geltenden Geschwindigkeit und der Hilfstafel auf Arbeitsblatt 5 ermittelt werden, wenn man den dort abgelesenen Wert für Z mit dem Verhältniswert der Dichten $\beta = \varrho_{80}/\varrho$ multipliziert. Dieser Umrechnungsfaktor ist für den Temperaturbereich 10 bis 180 °C dem Arbeitsblatt 5 zu entnehmen.

In einer besonderen Tabelle ist weiterhin der dynamische Druck $\dfrac{w^2}{2}\varrho$, das ist der Druckverlust Z für $\zeta = 1$, bei ND-Dampf als Arbeitsmittel angegeben, und zwar für Geschwindigkeiten zwischen 2 und 60 m/s. Die Dichte des Dampfes ist dabei mit $\varrho = 0{,}633\ \text{kg/m}^3$ angenommen.

II. Fernleitungen

Unter „Fernleitung" seien in diesem Zusammenhang alle die Teile eines Rohrnetzes verstanden, die nicht zu dem stark verzweigten System einer Gebäudewärmeversorgung, also dem eigentlichen Strangnetz, gehören. In diesem Sinne sollen neben den Rohrstrecken von einer Zentrale zu den einzelnen Gebäuden auch die Leitungsstücke bis zum Hausverteiler miterfaßt werden.

A. Warm- und Heißwasserleitungen

1. Allgemeines

Für eine gegebene Rohrleitung läßt sich mit Hilfe der Arbeitsblätter 1, 2, 5 und 7 bei bekannten Mengenströmen und Einzelwiderständen der Druckabfall in jeder Teilstrecke und damit auch in einer Kombination von Teilstrecken in einfacher Weise ermitteln.

Ist umgekehrt der Druckverlust gegeben und der Förderstrom einer Rohrleitung oder ihr Durchmesser werden gesucht, so muß zunächst der Anteil a der Einzelwiderstände am gesamten Druckabfall geschätzt werden. Er liegt erfahrungsgemäß, je nach der Leitungsführung sowie nach Art und Zahl der Einzelwiderstände, zwischen 10 und 20 %. Es ist nun noch eine Annahme über die Aufteilung des Druckabfalls längs der Strecke zu treffen. Die einfachste Festlegung ist, das Druckgefälle R in der gesamten Leitung gleich zu wählen. Damit ist R nach Gl. (11.04a) bekannt und die gesuchte Größe kann aus den Arbeitsblättern 1 und 2 bzw. 7 entnommen werden.

Die Nachrechnung erstreckt sich auf die genaue Bestimmung der Druckverluste in den Einzelwiderständen und — bei Über- oder Unterschreiten des festliegenden Gesamtdruckabfalls ($p_1 - p_2$) — auf eine Änderung der Durchmesser in einigen Teilstrecken.

2. Durchführung der Berechnung

Zwei Beispiele sollen den Rechnungsgang und die Handhabung der Arbeitsblätter erläutern. Für die Rechnungsdurchführung bedient man sich zumeist einheitlicher Vordrucke, deren Kopfleisten die wichtigsten Rechnungsgrößen enthalten.

Beispiel 1: Für das in Abb. 11.07 dargestellte Netz einer *Warmwasserfernheizung* sind die Rohrdurchmesser zu berechnen. Die Längen l der einzelnen Teilstrecken (Vor- und Rücklaufleitung) und die zugehörigen Wärmeleistungen sind aus der folgenden Zusammenstellung zu entnehmen.

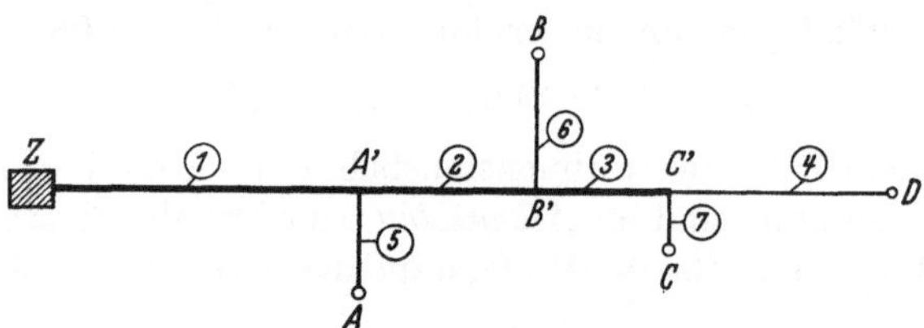

Abb. 11.07. Leitungsplan einer Fernheizung.

Die Vorlauftemperatur betrage 95 °C, die Rücklauftemperatur 65 °C. Am Anfang des Netzes stehen 36 m WS Druckunterschied zwischen Vorlauf und Rücklauf zur Verfügung. An den Verbrauchsstellen A, B, C, D sollen noch mindestens 2 m WS vorhanden sein.

Teilstrecke Nr.	Länge l m	Wärmeleistung Q_h Gcal/h	Teilstrecke Nr.	Länge l m	Wärmeleistung Q_h Gcal/h
1	350	4,2	4	250	1,3
2	200	3,0	7	60	0,5
3	150	1,8	6	150	1,2
			5	120	1,2

Vorbemerkung: Es empfiehlt sich, als Hauptleitung nur die Strecke von der Zentrale Z bis zum Verteilpunkt C' aufzufassen und die Teilstrecke 4 ebenso wie die Teilstrecken 5, 6 und 7 als Abzweige zu betrachten. Um die Auswirkung von Belastungsschwankungen bei einem Abnehmer auf die Druckverhältnisse im Netz gering zu halten, wählt man das Druckgefälle in der Hauptleitung zunächst kleiner als in den Abzweigen.

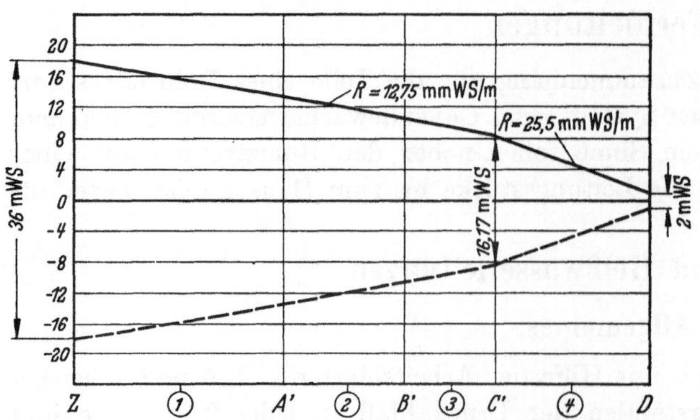

Abb. 11.08. Druckverteilung für die vorläufige Berechnung des Hauptstrangs.

1. Vorläufige Rechnung für die Hauptleitung

Annahme: Druckgefälle R in der Hauptleitung halb so groß wie in den Abzweigen.

Es ergibt sich daraus die in Abb. 11.08 dargestellte Druckverteilung auf der Strecke $\overline{ZD}$. Setzt man vorläufig den Anteil der Einzelwiderstände am Gesamtdruckverlust $a = 0{,}1$, so ergibt sich das mittlere Druckgefälle R für die Hauptleitung $\overline{ZC'}$ aus

$$(l_1 + l_2 + l_3)\,R + l_4 \cdot 2R = (1 - 0{,}1)\,\Delta p.$$

Δp ist der Druckverlust zwischen Z und D im Vorlauf oder Rücklauf, also

$$\Delta p = 18 - 1 = 17 \text{ m WS}.$$

Damit wird

$$R = \frac{0,9 \cdot 17 \cdot 1000}{(350 + 200 + 150) + 250 \cdot 2} = \frac{15,3 \cdot 10^3}{1200} = 12,75 \text{ mm WS/m}.$$

Mit Hilfe des Arbeitsblattes 2 ergeben sich aus R und den stündlichen Wassermengen die in der nachstehenden Tabelle (Vordruck) unter e eingetragenen vorläufigen Rohrdurchmesser für die Teilstrecken 1, 2 und 3, die auch für den Rücklauf gelten.

2. Nachrechnung der Hauptleitung

In den Spalten f und g des Vordruckes werden die für die Normdurchmesser im Arbeitsblatt 2 bei den jeweiligen Förderströmen vermerkten Geschwindigkeiten und R-Werte eingetragen. Man bildet dann für jede Teilstrecke lR und, unter Berücksichtigung der durch Richtungsänderungen und Einbauteile bedingten ζ-Werte und Zuhilfenahme von Arbeitsblatt 5, $Z = \Sigma \zeta \dfrac{w^2}{2} \varrho$.

Als Druckabfall in den drei Teilstrecken erhält man

$$\Sigma (l\,R) + \Sigma Z = 8425 + 975 = 9400 \text{ mm WS}.$$

Dieser Wert stimmt genügend genau mit der verfügbaren Druckhöhe $H = 18 - 8 = 10$ m WS überein, so daß sich eine Nachrechnung erübrigt.

Aus dem Rohrplan				Rohrdurchmesser	Geschwindigkeit	Druckgefälle	Druckabfall durch Rohrreibung	Widerstandsbeiwerte	Druckverlust durch Einzelwiderstände	Gesamter Druckabfall
Teilstrecke	Stündlich geförderte Wärmemenge	Stündlich geförderte Wassermenge	Länge der Teilstrecke l	d	w	R	$l\,R$	$\Sigma \zeta$	Z	$l\,R + Z$
Nr.	$\dfrac{\text{kcal}}{\text{h}}$	$\dfrac{\text{kg}}{\text{h}}$	m	mm	$\dfrac{\text{m}}{\text{s}}$	$\dfrac{\text{mm WS}}{\text{m}}$	mm WS	—	mm WS	mm WS
a	b	c	d	e	f	g	h	i	k	l

Hauptleitung $\overline{ZC'}$

$R = 12{,}75$ mm WS/m. Nach Abb. 11.08 zur Verfügung für H: $18000 - 8000 =$ 10000

1	4200000	140000	350	175	1,55	10,5	3675	4,2	500	
2	3000000	100000	200	150	1,60	14,0	2800	2,2	280	
3	1800000	60000	150	125	1,40	13,0	1950	2,0	195	

verbraucht in den Teilstrecken 1, 2 und 3:   8425   +   975 =   9400

An den Abzweigstellen ergeben sich die nachstehenden Druckdifferenzen:

In der Zentrale Z	36000 mm WS
Für Vor- und Rücklauf verbraucht in Teilstrecke 1	8350 mm WS
verfügbar an Stelle A'	27650 mm WS
verbraucht in Teilstrecke 2	6160 mm WS
verfügbar an Stelle B'	21490 mm WS
verbraucht in Teilstrecke 3	4290 mm WS
verfügbar an Stelle C'	17200 mm WS

3. Vorläufige Rechnung für die Abzweige

Die Rechnung unterscheidet sich von derjenigen der Hauptleitung nur dadurch, daß das Druckgefälle in jeder Teilstrecke verschieden ist.

$$\text{Teilstrecke 4:} \quad R = \frac{0,9\,(17200 - 2000)}{2 \cdot 250} = 27,4 \text{ mm WS/m}$$

$$\text{Teilstrecke 5:} \quad R = \frac{0,9\,(27650 - 2000)}{2 \cdot 120} = 96 \text{ mm WS/m}$$

$$\text{Teilstrecke 6:} \quad R = \frac{0,9\,(21490 - 2000)}{2 \cdot 150} = 58,5 \text{ mm WS/m}$$

$$\text{Teilstrecke 7:} \quad R = \frac{0,9\,(17200 - 2000)}{2 \cdot 60} = 114 \text{ mm WS/m}$$

Für die Teilstrecken 4 bis 7 ergeben sich an Hand des Arbeitsblattes 2 die in nachstehender Tabelle aufgeführten vorläufigen Durchmesser. Die Nachrechnung der Druckverluste zeigt, daß mit den gewählten Rohrweiten die verfügbaren Druckhöhen nicht genügend aufgebraucht werden. Kleinere Drucküberschüsse lassen sich durch Drosselstrecken beseitigen. Bei großen Drucküberschüssen kann ein Teil des Rohrstranges mit kleinerem Durchmesser ausgeführt werden, s. Teilstrecke 5.

Aus dem Rohrplan				Rohr-durch-messer	Geschwindig-keit	Druckgefälle	Druckabfall durch Rohr-reibung	Widerstands-beiwerte	Druckverlust durch Einzel-widerstände	Gesamter Druckabfall
Teil-strecke	Stündlich geförderte Wärme-menge	Stündlich geförderte Wasser-menge	Länge der Teil-strecke							
			l	d	w	R	lR	$\Sigma\zeta$	Z	$lR+Z$
Nr.	$\dfrac{\text{kcal}}{\text{h}}$	$\dfrac{\text{kg}}{\text{h}}$	m	mm	$\dfrac{\text{m}}{\text{s}}$	$\dfrac{\text{mm WS}}{\text{m}}$	mm WS	—	mm WS	mm WS
a	b	c	d	e	f	g	h	i	k	l

Abzweige:

	$R = 27{,}4$ mm WS/m								$H =$	7600
4	1300000	43300	250	100	1,55	21	5250	4,5	540	5790
	$R = 114$ mm WS/m								$H =$	7600
7	500000	16700	60	50	2,2	100	6000	3,5	840	6840
	$R = 58{,}5$ mm WS/m								$H =$	9745
6	1200000	40000	150	80	2,2	50	7500	5,1	1225	8725
	$R = 96$ mm WS/m								$H =$	12825
5	1200000	40000	120	80	2,2	50	6000	4,0	960	6960

Der Drucküberschuß　5865

soll durch Verkleinerung des Rücklaufdurchmessers aufgebraucht werden.

Rücklauf:		120	65	3,0	115	13800	4,0	1790	15590
Vorlauf:									6960
Vorlauf + Rücklauf:									22550
						zur Verfügung $2H =$			25650

Beispiel 2: Es ist der Druckverlust in einer *Heißwasserleitung* von 2000 m Länge und NW 150 zu bestimmen bei Förderung eines Wasserstroms von 70 t/h mit einer mittleren Wassertemperatur von 140 °C. $\Sigma\zeta = 25$.

Aus Arbeitsblatt 7 entnimmt man für $G_h = 70000$ kg/h und $d = 150$ mm $R = 7{,}1$ mm WS/m sowie die auf 80 °C bezogene Wassergeschwindigkeit $w = 1{,}14$ m/s. Nach der Hilfstabelle auf Arbeitsblatt 5 ergibt sich für $\Sigma\zeta = 25$ bei $w = 1{,}14$ (interpoliert) $Z' = 1600$ mm WS und unter Berücksichtigung des größeren spezifischen Volumens bei 140 °C (Umrechnungsfaktor β)

$$Z = \beta\, Z' = 1{,}05 \cdot 1600 = 1680 \text{ mm WS}.$$

Der gesamte Druckabfall beträgt also:

$$\Delta p = R\, l + Z = 7{,}1 \cdot 2000 + 1680 = 14200 + 1680 = 15880 \text{ mm WS} \,\widehat{=}\, 15{,}9 \text{ m WS}.$$

B. Dampfleitungen

Bei der Fortleitung von Dampf bewirkt der Druckabfall längs der Strecke eine ständige Zunahme des zu fördernden Volumstromes. Man kann daher nicht mehr — wie bei Wasser — mit einem gleichbleibenden ϱ und R rechnen. Auch ist bei längeren Strecken die Veränderung des Mengenstroms infolge Kondensatbildung zu berücksichtigen.

1. Die Gleichung für den Rohrdurchmesser

Für das Druckgefälle in einem sehr kleinen Abschnitt dl, der l m vom Anfang der Leitung entfernt ist, schreiben wir nach Gl. (11.04a)

$$\frac{dp}{dl} = \lambda \frac{1}{d^5} \frac{\dot{G}^2}{\varrho} \frac{8}{\pi^2}.$$

Multiplizieren wir beide Seiten mit $p\,dl$, so erhalten wir

$$p\,dp = \lambda \frac{p}{\varrho} \frac{\dot{G}^2}{d^5} \frac{8}{\pi^2}\,dl. \tag{11.12}$$

In dieser Gleichung ändern sich für eine nicht allzu ausgedehnte Teilstrecke der Reibungsbeiwert λ und der Quotient p/ϱ nur wenig. Es entsteht daher kein wesentlicher Fehler, wenn bei der Integration der Gleichung die zwischen den Integrationsgrenzen (Rohranfang und Rohrende) geltenden Mittelwerte λ_m und p_m/ϱ_m als konstant betrachtet werden.

Wird nunmehr die Gleichung integriert und beiderseits noch durch l dividiert, so findet man

$$\frac{p_1^2 - p_2^2}{2l} = \lambda_m \frac{p_m}{\varrho_m} \frac{\dot{G}^2}{d^5} \frac{8}{\pi^2}. \tag{11.13}$$

Hierin ist aber

$$\frac{p_1^2 - p_2^2}{2l} = \frac{p_1 - p_2}{l} \frac{p_1 + p_2}{2} = \frac{p_1 - p_2}{l} p_m.$$

Damit wird

$$R = \frac{p_1 - p_2}{l} = \lambda_m \frac{1}{\varrho_m} \frac{\dot{G}^2}{d^5} \frac{8}{\pi^2}, \tag{11.14}$$

d.i. wieder die bekannte Gleichung für das Druckgefälle R. Der Umweg über den Differentialansatz hat gezeigt, daß diese Formel auch für endliche Druckbereiche anzuwenden ist, wenn für ϱ_m die dem mittleren Druck $\frac{p_1 + p_2}{2}$ zugeordnete Dichte eingeführt wird und wenn längs der Strecke l ohne größere Fehler mit einem mittleren Rohrreibungswert gerechnet werden kann. Es ist also nachzuprüfen, inwieweit die zweite Voraussetzung im üblichen Druckbereich von Ferndampfleitungen zutrifft.

Bleiben in einer Teilstrecke $\dot{G}$ und d konstant, so ändert sich nach S. 142 λ nur mit η. Die Abhängigkeit des Wertes η von der Temperatur ist in Abb. 10.02 wiedergegeben. Es wächst η von $1{,}29 \cdot 10^{-6}$ für 100 °C auf $2{,}03 \cdot 10^{-6}$ kp s/m² für 233 °C an. Für Sattdampf erfassen diese Temperaturen einen Druckbereich von 1 bis 30 at.

In dem zumeist bei Fernleitungen vorkommenden Druckbereich von 1,5 bis 10 at kann mit einem Mittelwert $\eta_m = 1{,}535 \cdot 10^{-6}$ kp s/m² für Sattdampf gerechnet werden. Es treten dann in diesem Druckbereich keine größeren Abweichungen bei η und Re für konstante Werte von $\dot{G}$ und d auf als $\pm 10\%$. Die dadurch bewirkten Änderungen von λ sind, wie Abb. 10.03 zeigt, zu vernachlässigen, d. h., man kann, ohne einen wesentlichen Fehler zu begehen, $\lambda =$ konst setzen. Für Sattdampf von 30 at ergibt sich eine um 32% kleinere Re-Zahl; dadurch würde λ um höchstens 5% größer werden als bei einem mittleren Druck $p = 5$ at.

2. Der Druckverlust in der geraden Rohrstrecke (Arbeitsblatt 8)

Bei konstant angenommenem Reibungsbeiwert λ kann der in Gl. (11.04a) wiedergegebene Zusammenhang zwischen R, $\dot{G}$, d und ϱ in Diagrammform dargestellt werden. Eine einfache Netztafel genügt allerdings nicht mehr, da jede Größe von drei Veränderlichen abhängt, beim Einbeziehen des Überhitzungsgebietes sogar von vier Veränderlichen. Aufbau und Handhabung des Diagramms (Arbeitsblatt 8) lassen sich am einfachsten an Rechnungsbeispielen erläutern.

Beispiel. (Handhabung des Arbeitsblattes 8): Ein Dampfstrom $G_h = 10$ t/h soll in einer geraden Rohrstrecke ohne Einzelwiderstände von 200 m Länge und NW 150 gefördert werden.

Wie groß ist der Enddruck p_2 bei einem Anfangsdruck $p_1 = 5{,}5$ at?

Im rechten Diagrammteil wird zunächst der Schnittpunkt des Abszissenwertes $G_h = 10\,000$ kg/h mit dem Durchmesserparameter NW 150 gesucht. Auf der Waagerechten in den linken Diagrammteil überwechselnd, liefert der Schnittpunkt mit der Drucklinie $p = 5$ at (als mittlerer Druck auf der Strecke geschätzt) das auf der linken Abszissenachse unten abzulesende Druckgefälle $R = 48$ mm WS/m. Danach ergibt sich

$$p_1 - p_2 = l\,R = 200 \cdot 48 = 9600 \text{ mm WS} \triangleq 0{,}96 \text{ at}$$

und

$$\text{Enddruck } p_2 = 5{,}5 - 0{,}96 = 4{,}54 \text{ at.}$$

($p_m = \frac{p_1 + p_2}{2}$ stimmt genügend genau mit dem Schätzwert überein. Sonst wäre eine Berichtigung an Hand des geänderten p_m erforderlich.)

Bei Sattdampf ist für genaue Berechnungen stets auch der Kondensatanfall auf der Strecke zu berücksichtigen, und zwar wählt man der Einfachheit halber die stündliche Dampfmenge um den halben Wert der zu erwartenden Kondensatmenge höher als die am Ende der Leitung geforderte Nutzleistung.

Für überhitzten Dampf ist R unter Berücksichtigung des Temperaturunterschiedes gegenüber Sattdampf gleichen Druckes im Arbeitsblatt 8 links oben abzulesen[1]. Der Auffindung dieses Temperaturunterschiedes dient die kleine Hilfstabelle, in der die Sättigungstemperatur in Abhängigkeit vom Dampfdruck angegeben ist.

In vorstehendem Beispiel würde bei einer mittleren Dampftemperatur von 250 °C (sie entspricht einer Dampfüberhitzung um 99 grd) das Druckgefälle auf $R' = 62$ mm WS/m anwachsen. Damit wäre

$$p_1 - p_2' = l\,R' = 200 \cdot 62 = 12400 \text{ mm WS} \triangleq 1{,}24 \text{ at}$$

und

$$p_2 = 5{,}5 - 1{,}24 = 4{,}26 \text{ at}.$$

Sind bei einer Aufgabe Dampfstrom oder Durchmesser gesucht, so geht man sinngemäß von der linken Diagrammseite aus, wobei zunächst R aus dem gegebenen Druckabfall berechnet werden muß.

3. Der Druckverlust durch Einzelwiderstände (Arbeitsblatt 9)

Zur Bestimmung des Druckverlustes durch Einzelwiderstände geht man wieder von der Geschwindigkeit aus, legt also Gl. (11.08) zugrunde. Da die Geschwindigkeit hier von drei Veränderlichen, nämlich $\dot{G}$, d und ϱ, abhängig ist, kann sie nicht in übersichtlichen Zahlentafeln angegeben werden. Wir wählen also wieder die Diagrammform (Arbeitsblatt 9), wobei sich ohne Beeinträchtigung der Ablesegenauigkeit auch das Gebiet der höheren Drücke und Temperaturen mit einschließen läßt. Zur Erleichterung der Rechnung sind für Drücke bis 30 at und Temperaturen bis 500 °C im Arbeitsblatt 9 rechts die Werte Z für $\zeta = 1$ in einem Doppeldiagramm wiedergegeben. Bei Sattdampf kann unmittelbar vom Kopf dieses Diagramms ausgegangen werden.

Beispiel (Verwendung des Arbeitsblattes 9 zur Bestimmung des Druckverlustes durch Einzelwiderstände): In einer Dampfleitung NW 100 strömen 2,5 t/h Sattdampf. Gesucht ist der Druckverlust durch Einzelwiderstände mit $\Sigma\,\zeta = 15$ bei einem mittleren Dampfdruck von 4 at.

Zunächst ist aus dem linken Teil des Arbeitsblattes 9 die mittlere Dampfgeschwindigkeit zu bestimmen. Man geht, da es sich um Sattdampf handelt, von der unteren Abszissenachse im rechten Diagrammteil aus und sucht den Schnittpunkt der Senkrechten für $p_m = 4$ at mit der Linie für $G_h = 2500$ kg/h. Im linken Diagrammteil findet man auf der gleichen Ordinatenhöhe zu NW 100 die gesuchte Geschwindigkeit $w = 40$ m/s.

Für $w = 40$ m/s und $p_m = 4$ at liest man in der für Hochdruckdampf geltenden Netztafel im rechten Teil des Arbeitsblattes 9 ab:

$$Z_1 = 175 \text{ mm WS} \quad \text{für} \quad \zeta = 1.$$

Man erhält dann

$$Z = \Sigma\,\zeta\,Z_1 = 15 \cdot 175 = 2625 \text{ mm WS} \triangleq 0{,}2625 \text{ at}.$$

Bei überhitztem Dampf geht in $\dfrac{w^2}{2}\varrho$ noch die Abhängigkeit der Dichte ϱ von Druck und Temperatur ein. Es ist deshalb im linken Teil des Arbeitsblattes 9 von oben, im rechten Teil von unten auszugehen.

Für das vorstehende Beispiel würde sich mit einer mittleren Dampftemperatur von 200 °C nach Arbeitsblatt 9 links die Geschwindigkeit auf $w = 46$ m/s erhöhen.

Mit Hilfe des rechten Doppeldiagramms im Arbeitsblatt erhält man für $p = 4$ at, $t = 200$ °C und $w = 46$ m/s

$$Z_1 = 195 \text{ mm WS} \quad \text{für} \quad \zeta = 1,$$

also

$$Z = 15 \cdot 195 = 2925 \text{ mm WS} \triangleq 0{,}2925 \text{ at}.$$

4. Die überschlägliche Bestimmung des Rohrdurchmessers mit Hilfe der Dampfgeschwindigkeit

Der linke Teil des Arbeitsblattes 9 kann auch zur überschläglichen Bestimmung des Rohrdurchmessers bzw. der Förderleistung von Dampfleitungen verwendet werden. So ist es z. B. unzweckmäßig, die Rohrdurchmesser der *Dampfleitungen in Zentralen* nach dem Druckgefälle bei der geforderten Dampfleistung zu bemessen. Hier überwiegt nämlich der Druckverlust durch

---

[1] Fernheizungen werden zumeist mit nur geringer Dampfüberhitzung betrieben. Die Annahme einer gleichmäßigen Zunahme des spezifischen Volumens mit der Überhitzung, die dieser Maßstabsverschiebung zugrunde liegt, ist im Rahmen der Genauigkeit des Diagramms zu vertreten.

Einzelwiderstände, wie Absperrungen, Apparate, Abzweige usw. Man wählt daher besser die Dampfgeschwindigkeit nach Erfahrungswerten, und zwar je nach dem zulässigen Druckabfall in der Zentrale zwischen $w = 20$ und $w = 70$ m/s.

Bei dem starken Anwachsen der Kosten von Absperrorganen und sonstigem Rohrzubehör mit dem Leitungsdurchmesser lassen sich durch die Wahl höherer Geschwindigkeiten erhebliche Kosteneinsparungen in der Zentrale erzielen; auch sind Leitungen mit kleineren Durchmessern leichter unterzubringen. Man geht aus diesen Gründen gern mit dem Druckabfall in der Zentrale bis an die Grenze des Tragbaren. Bei der Nachrechnung der Druckverluste genügt es meist, nur die Einzelwiderstände zu berücksichtigen, insbesondere dann, wenn keine größeren geraden Leitungsstrecken vorhanden sind.

Aber auch bei *Fernleitungen* ermöglicht das Arbeitsblatt 9 eine erste Schätzung der Rohrdurchmesser. Man wählt dabei die Dampfgeschwindigkeiten niedrig bei kleinen Rohrdurchmessern und hoch bei großen Durchmessern. Einen Anhalt mögen folgende Werte geben:

Rohrdurchmesser $<$ NW 50:	Dampfgeschwindigkeiten bis 30 m/s
Rohrdurchmesser NW 50 bis NW 150:	Dampfgeschwindigkeiten bis 40 m/s
Rohrdurchmesser $>$ NW 150:	Dampfgeschwindigkeiten bis 50 m/s

Bei der Bestimmung des wirtschaftlichsten Durchmessers einer Fernleitung, s. S. 156, hat die Bemessung nach der Dampfgeschwindigkeit den Vorzug, daß sie sogleich die exakten Druckverluste ergibt, eine Nachrechnung also nicht erforderlich ist.

Beispiel. (Verwendung des Arbeitsblattes 9 zur überschläglichen Durchmesserbestimmung): Von einer Heizzentrale soll ein 400 m entfernter Betrieb mit Hochdruckdampf versorgt werden. Benötigt werden maximal 7 t/h Dampf mit 3 at an der Verwendungsstelle. Gesucht ist der ungefähre Leitungsdurchmesser d

a) bei Abgabe von Sattdampf,
b) bei Abgabe von Heißdampf mit durchschnittlich 40 grd Überhitzung.

Wir wählen für die Überschlagsrechnung die Dampfgeschwindigkeit mit $w \approx 40$ m/s, den Druckabfall auf der Strecke mit 1,6 at und für Sattdampf den Kondensatanfall infolge der Wärmeverluste mit 6% des Dampfbedarfes. Im Mittel werden also in der Leitung gefördert:

$$G_h = 7000 \cdot 1,03 = 7210 \text{ kg/h} \quad \text{bei} \quad p_m = 3 + \frac{1,6}{2} = 3,8 \text{ at.}$$

Dieser Förderleistung kommt nach Arbeitsblatt 9 links bei $w \approx 40$ m/s und Sattdampf der Rohrdurchmesser NW 175 am nächsten (der Schnittpunkt der Senkrechten für $w = 40$ m/s im linken Diagrammteil mit der Waagerechten für $G_h = 7200$ kg/h und $p_m = 3,8$ at liegt zwischen NW 150 und NW 175).

Bei Förderung von Heißdampf werden die Wärmeverluste aus der Überhitzungswärme bestritten. Bei $p_m = 3,8$ at entspricht die Annahme einer mittleren Überhitzung von 40 grd einer Heißdampftemperatur $t_m = 141,8 + 40 = 181,8$ °C. Für $G_h = 7000$ kg/h ergibt sich bei diesem Dampfzustand mit $w \approx 40$ m/s praktisch der gleiche Rohrdurchmesser wie bei Sattdampf. Die wirkliche Dampfgeschwindigkeit liegt im ersten Fall bei 38, im zweiten bei 41 m/s.

Eine Nachprüfung der Annahme über den Druckabfall ist an Hand des Arbeitsblattes 8 leicht möglich. Selbst grobe Schätzungsfehler im mittleren Druck wirken sich bei Hochdruckdampf im Endergebnis nicht wesentlich aus, wie die enge Drucklinienfolge im linken Teil von Arbeitsblatt 8 erkennen läßt.

5. Durchführung einer Fernleitungsberechnung

Die genaue Ermittlung des Durchmessers einer Fernleitung bei gegebenen Zahlenwerten für die stündlich zu fördernde Dampfmenge, für den Anfangs- und Endzustand des Dampfes sowie bei bekannter Leitungsführung macht eine Schätzung des Anteils der Einzelwiderstände am gesamten Druckabfall sowie der Wärmeverluste notwendig; auch muß eine Annahme über die Druckverteilung auf der Strecke getroffen werden. Der Anteil der Einzelwiderstände kann wie bei der Wasserverteilung mit 10 bis 20%, also

$$a = 0,1 \text{ bis } 0,2$$

eingesetzt werden. Zur Berücksichtigung der Wärmeverluste erhöht man die Dampfleistung je nach der Leitungslänge um 5 bis 10%.

In einer Nachrechnung muß die Richtigkeit dieser Schätzung überprüft und erforderlichenfalls eine Berichtigung der Durchmesser vorgenommen werden. Bei einem verzweigten Netz mit gleichen Enddrücken an den Verbrauchsstellen bestimmt der entfernteste Abnehmer die Bemessung der Hauptleitung.

Beispiel: Für das in Abb. 11.07 dargestellte Netz sind die Rohrdurchmesser bei Dampfverteilung zu berechnen. Wärmeleistungen und Rohrlängen entsprechen den Angaben auf S. 148. Am Anfang des Netzes, in der Zentrale Z, steht Sattdampf von 3,5 at zur Verfügung. An den Verbrauchsstellen A, B, C und D sollen noch mindestens 1,5 at vorhanden sein. Zur Berechnung der in den einzelnen Teilstrecken zu fördernden Dampfströme bei einem mittleren Druck von 2,5 at setzen wir die je kg Dampf ausnutzbare Wärmemenge mit 520 kcal an und berücksichtigen weiterhin die Wärmeverluste durch einen Zuschlag zum Dampfstrom von 10% in der Hauptleitung und 5% in den Abzweigen.

1. Vorläufige Rechnung für die Hauptleitung

Aus Gründen, die beim Beispiel S. 148 für das Warmwasserfernnetz erläutert wurden, sei auch hier als Hauptleitung nur die Strecke Z bis C' angenommen; ihr Druckgefälle sei halb so groß wie dasjenige des letzten Abzweiges 4. Der Anteil der Einzelwiderstände betrage 15%. Damit erhalten wir das Druckgefälle für die Hauptleitung zu:

$$R = \frac{(1 - 0,15)\,\Delta p}{l_1 + l_2 + l_3 + 2l_4} = \frac{0,85(35\,000 - 15\,000)}{700 + 2 \cdot 250} \approx 14,2 \text{ mm WS/m.}$$

Die Druckverteilung ist in Abb. 11.09 wiedergegeben. In der Hauptleitung (Teilstrecke 1 bis 3) kann also verbraucht werden:

$$p_Z - p_{C'} = \frac{14,2 \cdot 700}{0,85} = 11\,700 \text{ mm WS.}$$

Mit Hilfe des Arbeitsblattes 8, dem oben errechneten R-Wert und den der Abb. 11.09 entnommenen vorläufigen mittleren Drücken p_m werden die Rohrdurchmesser ermittelt; sie sind in der nachstehenden Tabelle eingetragen.

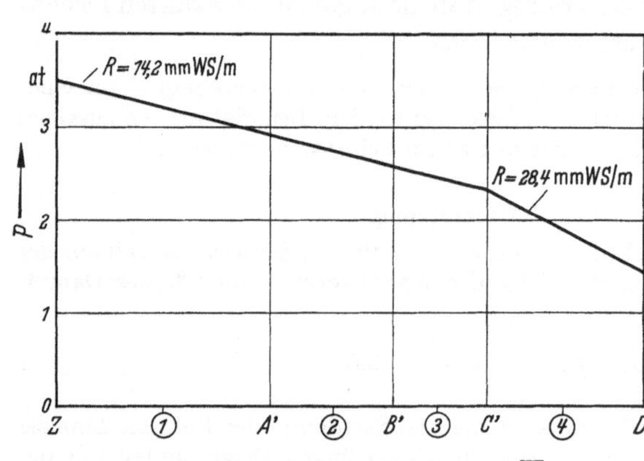

Abb. 11.09. Druckabfall längs der Strecke $\overline{ZD}$.

$$R = 14,2 \text{ mm WS/m}$$

Teilstrecke	p_m	G_h	d
—	at	kg/h	mm
1	3,2	8880	200
2	2,75	6350	175
3	2,45	3810	150

2. Nachrechnung der Hauptleitung

Bei der Nachrechnung ist das wirkliche Druckgefälle R und der diesem Druckgefälle entsprechende tatsächliche mittlere Druck einzusetzen. Da auch der Druckverlust Z durch Einzelwiderstände von dem vorläufigen (geschätzten) Wert abweichen kann, so ist nach Durchführung der Nachrechnung für jede Teilstrecke zu überprüfen, ob mit dem richtigen mittleren Druck gerechnet wurde. Für längere Leitungsstücke führt evtl. eine Unterteilung der Strecke in mehrere Teilabschnitte zu einer Erhöhung der Rechnungsgenauigkeit, insbesondere bei stark veränderlichem Dampfvolumen längs der Gesamtstrecke. Die Dampfgeschwindigkeiten und der Druckverlust durch Einzelwiderstände für $\zeta = 1$ können dem Arbeitsblatt 9 entnommen werden. Als Drücke an den Abzweigstellen A', B', C' erhält man mit den Zahlenwerten des Formblattes auf S. 155:

$$\begin{array}{rr}
& p_Z = 35\,000 \text{ mm WS} \\
\text{verbraucht in Teilstrecke 1} & 4970 \text{ mm WS} \\
\hline
& p_{A'} = 30\,030 \text{ mm WS} \\
\text{verbraucht in Teilstrecke 2} & 3200 \text{ mm WS} \\
\hline
& p_{B'} = 26\,830 \text{ mm WS} \\
\text{verbraucht in Teilstrecke 3} & 2450 \text{ mm WS} \\
\hline
& p_{C'} = 24\,380 \text{ mm WS}
\end{array}$$

3. Vorläufige Rechnung für die Abzweige

Die Rechnung unterscheidet sich grundsätzlich nicht von derjenigen der Hauptleitung.

$$\text{Teilstrecke 4:} \quad R = \frac{0,85(24\,380 - 15\,000)}{250} \approx 32 \text{ mm WS/m}$$

$$p_m = \frac{2,44 + 1,5}{2} \approx 2 \text{ at}$$

$$\text{Teilstrecke 7:} \quad R = \frac{0,85\,(24\,380 - 15\,000)}{60} = 133 \text{ mm WS/m}$$

$$p_m \approx 2 \text{ at}$$

$$\text{Teilstrecke 6:} \quad R = \frac{0,85\,(26\,830 - 15\,000)}{150} = 67 \text{ mm WS/m}$$

$$p_m = \frac{2,68 + 1,5}{2} \approx 2,1 \text{ at}$$

$$\text{Teilstrecke 5:} \quad R = \frac{0,85\,(30\,030 - 15\,000)}{120} \approx 107 \text{ mm WS/m}$$

$$p_m = \frac{3,0 + 1,5}{2} = 2,25 \text{ at.}$$

Mit diesen Werten ergeben sich aus Arbeitsblatt 8 die nachstehenden vorläufigen Rohrweiten:

Teilstrecke —	R mm WS/m	p_m at	G_h kg/h	d mm
4	32	2,0	2620	110
5	107	2,25	2420	(88)
6	67	2,1	2420	100
7	133	2,0	1010	60

Eine Nachrechnung ist nur erforderlich, wenn infolge der Sprünge in den Normdurchmessern der Rohre größere Abweichungen zwischen dem wirklichen und dem Ausgangsdruckgefälle bestehen, so daß es sich lohnt, Drucküberschüsse durch teilweise Verkleinerung des Durchmessers aufzubrauchen, s. Nachrechnung zur Teilstrecke 6a und 6b im Formblatt.

Soll die Teilstrecke 5 mit genormten Rohrdurchmessern ausgeführt werden, so ist ihre Unterteilung im Verhältnis $5a : 5b = 2 : 1$ erforderlich.

Aus dem Rohrplan			Rohrdurchmesser	Tatsächlicher mittlerer Druck	Geschwindigkeit	Druckgefälle	Druckverlust durch Rohrreibung	Widerstandsbeiwerte	Druckverlust durch Einzelwiderstände	Gesamter Druckabfall
Teilstrecke	Länge der Teilstrecke	Mittlere Dampfmenge								
	l	G_h	d	p_m	w	R	$l\,R$	$\Sigma\,\zeta$	Z	$l\,R + Z$
Nr.	m	$\frac{\text{kg}}{\text{h}}$	mm	at	$\frac{\text{m}}{\text{s}}$	$\frac{\text{mm WS}}{\text{m}}$	mm WS	—	mm WS	mm WS
a	b	c	d	e	f	g	h	i	k	l
Hauptleitung $R = 14{,}2$ mm WS/m									zur Verfügung:	11700
1	350	8880	200	3,25	43	11,9	4160	5,0	810	4970
2	200	6350	175	2,84	43	13,5	2700	3,5	500	3200
3	150	3810	150	2,56	42	13,9	2080	3,0	370	2450
									verbraucht:	10620
									Drucküberschuß:	1080
Abzweige Teilstrecke 4: $R = 32$ mm WS/m									zur Verfügung:	9380
4	250	2620	110	1,9	67	37	9250	8,0	1960	11210
									Druckdefizit:	1830
Änderung der Teilstrecke 4:										
4a	80	2620	125	2,3	45	18	1440	3,0	380	1820
4b	170	2620	110	1,9	67	37	6290	5,0	1230	7520
									verbraucht in 4a und 4b:	9340
									Drucküberschuß:	40
Teilstrecke 7: $R = 133$ mm WS/m									zur Verfügung:	9380
7	60	1010	60	2,1	77	103	6180	3,2	1070	7250
									Drucküberschuß (beim Verbraucher abzudrosseln):	2130

Aus dem Rohrplan			Rohr durchmesser	Tatsächlicher mittlerer Druck	Geschwindigkeit	Druckgefälle	Druckverlust durch Rohrreibung	Widerstandsbeiwerte	Druckverlust durch Einzelwiderstände	Gesamter Druckabfall
Teilstrecke	Länge der Teilstrecke	Mittlere Dampfmenge								
	l	G_h	d	p_m	w	R	$l\,R$	$\Sigma\,\zeta$	Z	$l\,R + Z$
Nr.	m	$\dfrac{\text{kg}}{\text{h}}$	mm	at	$\dfrac{\text{m}}{\text{s}}$	$\dfrac{\text{mm WS}}{\text{m}}$	mm WS	—	mm WS	mm WS
a	b	c	d	e	f	g	h	i	k	l

Teilstrecke 6:

$R = 67$ mm WS/m   zur Verfügung: 11 830

| 6 | 150 | 2420 | 100 | 2,2 | 68 | 52 | 7800 | 5,0 | 1400 | 9200 |

Drucküberschuß: 2630

Änderung der Teilstrecke 6:

| 6a | 110 | 2420 | 100 | 2,4 | 63 | 48 | 5280 | 3,5 | 890 | 6170 |
| 6b | 40 | 2420 | (88) | 1,8 | 105 | 117 | 4680 | 1,5 | 840 | 5520 |

verbraucht in 6a und 6b: 11 690

Drucküberschuß: 140

Teilstrecke 5:

$R = 107$ mm WS/m   zur Verfügung: 15 030

| 5 | 120 | 2420 | (88) | 2,3 | 84 | 96 | 11 520 | 6,5 | 2930 | 14 450 |

Drucküberschuß: 580

C. Ermittlung der wirtschaftlichsten Rohrdurchmesser

Von den vielen möglichen Ausführungen einer Fernheizung ist meist diejenige auszuwählen, die den niedrigsten Wärmepreis an der Verbrauchsstelle gewährleistet. Zahlreiche Faktoren spielen hierbei mit. In diesem Zusammenhang soll zunächst der Einfluß der Rohrdurchmesser auf die Wärmeverteilungskosten untersucht werden.

Es sei angenommen, daß die Art des Wärmeträgers sowie Druck und Temperatur an den Verbrauchsstellen bekannt sind und daß ein bestimmter Stoffstrom über eine gegebene Entfernung zu fördern ist. Wird der Durchmesser der Rohre klein gewählt, so wird offensichtlich das Rohrnetz billig und damit der Kapitaldienst niedrig. Auch die Wärmeverluste des Netzes sind relativ gering. Andererseits wachsen die Druckverluste, also auch die Förderkosten mit kleiner werdenden Durchmessern rasch an.

Kennt man für jeden Kostenfaktor die Abhängigkeit vom Rohrdurchmesser, so läßt sich das Minimum der Gesamtkosten und damit die wirtschaftlichste Auslegung leicht finden. Eine rechnerische Lösung dieser Aufgabe ist zwar möglich, aber in der Regel nicht zweckmäßig, da der Zusammenhang zwischen den einzelnen Kostenelementen und dem Durchmesser von Fall zu Fall verschieden ist und sich nicht durch einfache, allgemein verwendbare Beziehungen darstellen läßt. Man kommt daher rascher zum Ziel — sofern nicht viele derartige Aufgaben gleichzeitig zu bewältigen sind — wenn man für einige Durchmesser die Einzelkosten ermittelt, diese Kostenbeträge als Funktion des Durchmessers aufträgt und graphisch das Minimum der Summe ermittelt.

Dieses Verfahren, das auch bei sonstigen Wirtschaftlichkeitsrechnungen häufig angewendet wird, z. B. zur Bestimmung der günstigsten Isolierdicke von Wärmedämmungen, sei nachstehend am Beispiel einer Fernleitung erläutert.

1. Kapitaldienst

Die Kosten einer Fernleitung setzen sich zusammen aus den Teilbeträgen für die Rohrleitung (einschließlich Zubehör und Montage), die Isolierung und die baulichen Aufwendungen (Sockel oder Maste für Freileitungen bzw. Kanäle für Leitungen unter der Erde). Alle Teilkosten wachsen mit dem Durchmesser der Leitungen an. Bei Verlegung der Rohre innerhalb von Gebäuden fallen zuweilen die baulichen Aufwendungen ganz fort. Am teuersten sind Leitungen in Kanälen.

Abb. 11.10 zeigt die Abhängigkeit der Anlagekosten einer Fernleitung innerhalb eines Stadtbezirks vom Durchmesser. Die Baukosten der Kanäle sind in solchen Fällen zumeist höher als die Kosten der Rohrleitung einschließlich der Isolierung. Als Durchmesser wird bei Dampfnetzen die Nennweite der Dampfrohre zugrunde gelegt; bei Wassernetzen sind bei der Ausführung mit zwei Leitungen die Durchmesser der Vor- und Rücklaufleitung i. allg. gleich.

Unstetigkeiten in den Linienzügen können auftreten, wenn bei bestimmten Rohrdurchmessern aus wirtschaftlichen Gründen die Kanalbauform oder die Rohrart gewechselt wird (z. B. bei NW 250 mit dem Übergang auf schmelzgeschweißte Stahlrohre nach DIN 2458). Die graphische Durchführung der Aufgabe ermöglicht das Ausgleichen derartiger Knickpunkte

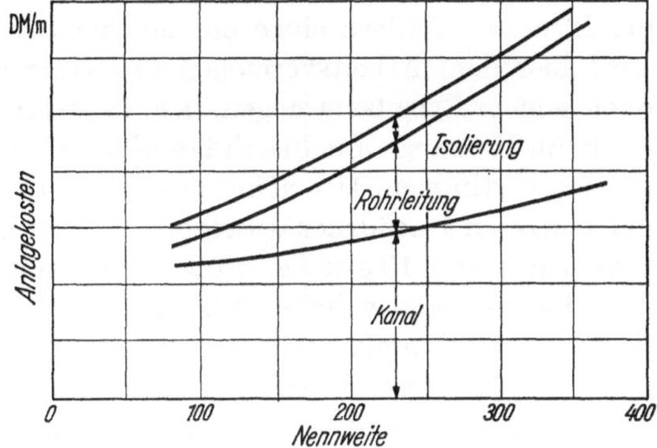

Abb. 11.10. Kosten einer kanalverlegten Fernleitung.

und die Auffindung des wirtschaftlichsten Rohrdurchmessers, ohne daß die Einzelkosten für zu viele Abszissenwerte ermittelt werden müssen. Meist genügt die Berechnung für drei Wahldurchmesser, um den Kurvencharakter festzulegen. Man schätzt dabei zunächst nach Erfahrungswerten die Nennweite, z. B. bei Dampfleitungen an Hand der Geschwindigkeit, bei Wasserleitungen an Hand des Druckgefälles und stellt für diese Nennweite sowie je eine um etwa zwei Stufen höhere bzw. niedrigere die Kosten fest.

Aus Zinsfuß und Abschreibungsquote ergibt sich der Jahreskapitaldienst der Fernheizanlage als Funktion des Leitungsdurchmessers. Die Abschreibungsdauer kann für Fernheiznetze mit 20 Jahren angesetzt werden. Es ist zweckmäßig, in den Kapitaldienst auch die festen Kosten für die Unterhaltung und Wartung der Anlage in Höhe von 1 bis 2 % des Gestehungswertes mit einzubeziehen.

2. Wärmeverluste

Unter den die beweglichen Kosten des Fernheizbetriebes bestimmenden Faktoren sind die Wärmeverluste gesondert zu betrachten; sie wachsen ebenfalls mit dem Rohrdurchmesser an. Zunächst werden die stündlichen Wärmeverluste der Rohrstrecke ermittelt. Auch hier sind Unstetigkeiten oder gar Sprünge in der Abhängigkeit vom Durchmesser zu erwarten, die graphisch auszugleichen sind. Mit zunehmender Rohrweite wächst nämlich die wirtschaftlichste Isolierdicke an, s. S. 106. Der Übergang auf eine größere, auf volle cm abgerundete Isolierdicke ergibt jeweils ein neues Stück der Wärmeverlustkurve. Zu beachten ist außerdem, daß die Wärmeverluste nicht für die Maximaltemperaturen, sondern für die mittleren Betriebstemperaturen des Wärmeträgers zu berechnen sind, ein Umstand, der bei Wassernetzen mit gleitenden Vorlauftemperaturen stark ins Gewicht fällt.

Aus den stündlichen Wärmeverlusten der Rohrleitung erhält man die Jahreskosten durch Multiplikation mit der Betriebsdauer und dem Wärmepreis. Die Wärmeverluste in den regelmäßigen Betriebspausen, z. B. in den Nachtstunden, werden durch einen Zuschlag zur Betriebsdauer berücksichtigt. Man berechnet zu diesem Zweck überschläglich die Wärmespeicherung des Rohrnetzes nebst Isolierung bei mittlerer Heizmitteltemperatur und bezieht sie auf die Wärmeverluste in den Tagesstunden. Als Wärmepreis sind die Selbstkosten ab Werk einzusetzen.

3. Die Förderkosten des Wärmeträgers

Die Kosten der Förderung des Wärmeträgers nehmen mit abnehmender Rohrweite zu. Bei Wassernetzen wächst der Druckverlust und damit auch der Leistungsbedarf der Umwälzpumpen bei gleichbleibendem Durchfluß etwa mit der 5. Potenz des Durchmesserkehrwertes, s. S. 138. Um den Förderstrom klein zu halten, wird man den Temperaturunterschied „Vorlauf–Rücklauf" so groß wie möglich wählen. Außerdem geht bei elektrischem Antrieb der Strompreis in diesen Kostenbetrag ein, ohne jedoch den Charakter der Kostenlinie zu beeinflussen. (Die unterschiedlichen Anlagekosten der Pumpenaggregate und ihrer Zubehörteile werden der Einfachheit halber in die Netzkosten mit einbezogen, sofern sie überhaupt eine Rolle spielen.)

Schwieriger ist die Erfassung der Förderkosten bei Dampfnetzen. Große Druckverluste auf der Strecke erfordern einen entsprechend hohen Anfangsdruck des Dampfes; die Förderarbeit wird hier dem Arbeitsvermögen des Wärmeträgers entnommen. Es gilt also den Heizdampf nach seinem Arbeitsvermögen, d. h. in erster Linie nach dem Druck am Netzeintritt, zu werten.

Beim Heizwerk mit Frischdampfverteilung lassen sich die Selbstkosten der Wärmeerzeugung einfach bestimmen. Der höher gespannte Dampf wird im wesentlichen durch den Kapitaldienst der teureren Hochdruckkesselanlage zusätzlich belastet. Die Mehrkosten sind im Druckbereich zwischen 3 und 10 atü bei größeren Kesselanlagen verhältnismäßig gering, so daß bei Frischdampfnetzen relativ hohe Druckverluste gewählt werden können.

Die Frischdampfverteilung wird aber in der Fernheiztechnik mehr und mehr zur Ausnahme, da man bestrebt ist, durch Kupplung von Kraftwerken und Wärmeverteilungsanlagen den Heizdampf weitestgehend zur Stromerzeugung im Gegendruckbetrieb heranzuziehen. Jede Steigerung des Heizdampfdruckes am Netzeintritt bedeutet hier eine Minderung der gewinnbaren mechanischen bzw. elektrischen Leistung. Mit dieser Leistungseinbuße wird die Fernleitung belastet. Die Leistungseinbuße wächst mit kleiner werdendem Rohrdurchmesser. Man beginnt die Berechnung mit dem größten möglichen Rohrdurchmesser und berechnet anschließend noch die Einbuße bei zwei oder drei kleineren Durchmessern.

Aus Jahresdampfmenge — soweit sie zur Krafterzeugung Verwendung findet — und der Vergütung je kWh Gegendruckarbeit errechnen sich mit Hilfe der Leistungseinbuße die Förderkosten der Dampfverteilung. Ändert sich die Fördermenge, so schwankt bei konstant gehaltenem Dampfdruck am Leitungsende auch der Dampfeintrittsdruck. Das trifft für Fernleitungen zu, die ausschließlich Gebäudeheizungen versorgen. Man kann in solchen Fällen mit dem mittleren Dampfdruck während der Heizperiode rechnen, wenn sich die Kraftmaschine mit veränderlichem Gegendruck betreiben läßt. Dieser Zusammenhang ist für den wirtschaftlichen Vergleich von Dampf- und Wassernetzen wichtig, s. S. 312/319 im ersten Band.

Die Kosten der Kondensatrückförderung sind unabhängig von der Wahl des Durchmessers der Dampfleitung, bleiben also bei dieser Vergleichsrechnung außer Betracht.

4. Das Kostenminimum

a) Rohrleitungen ohne Abzweige

Die Gesamtkosten der Wärmefortleitung ergeben sich als Summe der Teilbeträge für Kapitaldienst, Wärmeverluste und Heizmittelförderung, s. Abb. 11.11. Das Minimum der Gesamtkosten zeigt auf der Abszissenachse den wirtschaftlich günstigsten Durchmesser an. Der Verlauf der Summenkurve läßt erkennen, daß i. allg. ein zu groß gewählter Durchmesser die Wirtschaftlichkeit der Gesamtanlage weniger stark herabsetzt als ein zu klein gewählter. Man weicht daher auf die nächsthöhere Nennweite aus, wenn das Kostenminimum nicht mit einem Normdurchmesser zusammentrifft. Bei Netzerweiterungen lassen sich in solchen Fällen die Leitungen später stärker belasten.

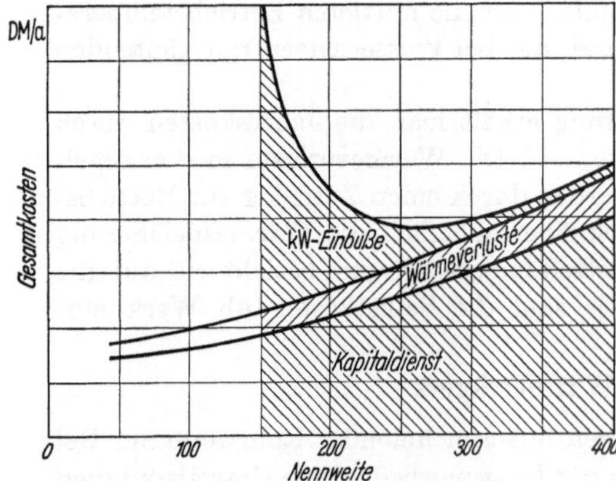

Abb. 11.11. Gesamtkosten des Wärmetransportes in Abhängigkeit vom Rohrdurchmesser.

Eine nähere Betrachtung der einzelnen Kostenfaktoren in ihrer Auswirkung auf die günstigste Leitungsauslegung zeigt, daß bei hoher Beuntzungsdauer der Anlage und teuerem Antriebsstrom für die Umwälzpumpen einer Wasserheizung oder — was auf das gleiche hinauskommt — bei starker Wertsteigerung des Heizdampfes mit zunehmendem Druck größere Rohrdurchmesser wirtschaftlicher sind. Überwiegt dagegen der Einfluß des Kapitaldienstes (z. B. Kanalverlegung, hoher Zinsfuß), so verschiebt sich das Optimum nach den kleineren Durchmessern, ganz besonders, wenn die Jahresbeanspruchung der Leitung relativ niedrig ist.

Dividiert man die der Abb. 11.11 zu entnehmenden Gesamtkosten durch die Jahreswärme- bzw. die Jahresdampfmenge, so erhält man die spezifischen Wärmetransportkosten. Sie lassen erkennen, um wieviel sich die Wärme durch die Fortleitung verteuert.

Beispiel. Für eine Ferndampfleitung, die vom Heizkraftwerk zu einer 1000 m entfernten Verteilerstation führt und durchschnittlich 10 t/h Dampf für Industrie- und Heizzwecke fördert, soll unter folgenden Voraussetzungen der wirtschaftlichste Rohrdurchmesser ermittelt werden. Gegeben sind:

Stündlich zu fördernde mittlere Dampfmenge . . . . G_h = 10t/h
= Dampfdurchsatz der Turbine . . . . D
Dampfzustand vor Turbine . . . . p_1 = 40 at; t_1 = 420 °C
Dampfdruck am Ende der Fernleitung . . . . p_v = 4 atü
Wärmepreis . . . . P_w = 20 DM/Gcal
Vergütung für Gegendruckstrom . . . . P_{Str} = 2,5 Dpf/kWh
Temperatur im Kanal, je nach Rohrdurchmesser . . . . t_K = 35 bis 45 °C
Jahresbetriebsstunden . . . . Z = 3500 h/a
Betriebswärmeleitzahl der Isolierung . . . . λ_J = 0,045 kcal/m grd h
Zuschlag auf den Wärmeverlust für Halterung, Absperrung u. a. . . . z = 35%
Kapitaldienst (einschließlich Zuschlag für Unterhaltung und Wartung) p = 12%

Anlagekosten je m (Dampf- und Kondensatleitung in einem Kanal)

NW	125	150	175	200	250	300
DM	180,—	202,—	225,—	250,—	310,—	360,—

Lösung:

1. *Kapitaldienst.* Bei einer Zins- und Amortisationsquote von 12% ergibt sich aus den Anlagekosten je m:

NW	125	150	175	200	250	300
K_1 in DM/a	21 600,—	24 200,—	27 000,—	30 000,—	37 200,—	43 200,—

Die Leitungsberechnung erfolgt mit Hilfe des Arbeitsblattes 8. In nachfolgender Tabelle sind für eine Dampfleistung von 10 t/h und die Nennweiten 125 bis 300 die sich ergebenden Druckverluste und Dampfeintrittsdrücke zusammengestellt. Der Einfachheit halber wird für die Ermittlung des Druckgefälles Satt-

d	p_m	R	Δp	p_2
	$\dfrac{p_2 + p_v}{2}$	$0,85\,\dfrac{\Delta p}{l}$	$p_2 - p_v$	
NW	at	mm WS/m	mm WS	atü
300	5,08	1,27	1 500	4,15
250	5,19	3,23	3 800	4,38
200	5,55	9,35	11 000	5,10
175	5,95	16,20	19 000	5,90
150	7,00	34,00	40 000	8,00
125	9,25	72,20	85 000	12,50

dampf bei mittlerem Druck p_m zugrunde gelegt. Auch ist der Dampfeintrittsdruck in die Fernleitung dem Gegendruck der Turbine p_2 gleichgesetzt. Der Anteil für Einzelwiderstände am Gesamtdruckverlust wurde mit 15% berücksichtigt.

2. *Wärmeverlustkosten.* Für die Dampfleitung ergeben sich die Wärmeverlustkosten aus

$$K_2 = P_w\, Z\, l\, (1 + z/100)\, k_R\, \Delta t \cdot 10^{-6} \quad \text{DM/a}$$

und mit den angegebenen Werten:

$$K_2 = 94{,}5\, k_R\, \Delta t.$$

Aus einer Zwischenrechnung über die wirtschaftlichsten Isolierdicken für die Dampfleitung, s. S. 104, erhält man die Wärmedurchgangszahl k_R und damit auch die jährlichen Wärmeverlustkosten K_2 für die verschiedenen Durchmesser. In Übereinstimmung mit der oben gemachten Annahme wird als mittlere Dampftemperatur die des Sattdampfes bei mittlerem Druck p_m angenommen.

NW	125	150	175	200	250	300
Mittlere Dampftemperatur t_m . . . . °C	175	164	158	155	152	151
Kanaltemperatur t_K . . . . °C	45	40	38	35	35	35
Temperaturdifferenz Δt . . . . . . grd	130	124	120	120	117	116
Isolierdicke . . . . mm	60	70	70	70	80	80
k_R . . . . kcal/m h grd	0,42	0,43	0,49	0,52	0,58	0,67
K_2 . . . . DM/a	5160,—	5040,—	5560,—	5900,—	6400,—	7350,—

Da die Wärmeverluste der Kondensatleitung nur die absolute Höhe der Gesamtkosten beeinflussen, können sie für die Wirtschaftlichkeitsberechnung vernachlässigt werden.

3. *Förderkosten.* Eine Gegendruckturbine mit dem spezifischen Dampfverbrauch d in kg/kWh liefere bei einem Dampfdurchsatz D in kg/h die Leistung N in kW. Ist d_v der spezifische Dampfverbrauch beim Verbraucherdruck p_v und d_z der einem beliebigen Dampfgegendruck p_2 zugeordnete spezifische Dampfverbrauch der Heizkraftturbine, so ergibt sich die Leistungseinbuße durch die Dampffortleitung aus

$$\Delta N = D\left(\frac{1}{d_v} - \frac{1}{d_z}\right) \text{ in kW.}$$

Die Werte d_v und d_z können überschläglich der Abb. 6.71 im ersten Band entnommen bzw. aus dem Enthalpiegefälle und geschätzten Turbinengütegraden berechnet werden. Man erhält dann

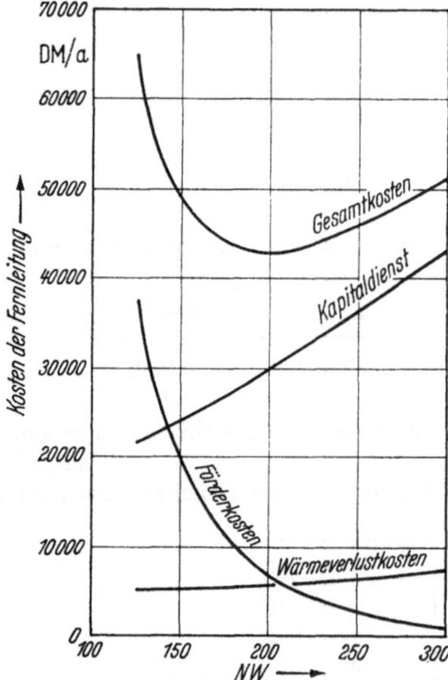

Abb. 11.12. Ferndampfleitung, wirtschaftlichster Rohrdurchmesser.

p_2 at	d NW	d_z kg Dampf/kWh	ΔN kW
13,5	125	16,65	430
9,0	150	12,65	240
6,9	175	11,10	122
6,1	200	10,50	78
5,38	250	10,00	32
5,15	300	9,77	10
5,0 (p_v)	—	9,69 (d_v)	—

Für die Förderkosten gilt:

$$K_3 = \Delta N \, Z \, P_{Str} \cdot 10^{-2} = 87,5\,\Delta N \quad \text{DM/a}$$

NW	125	150	175	200	250	300
K_3 in DM/a	37 600,—	21 000,—	11 500,—	6 800,—	2 800,—	875,—

In Abb. 11.12 sind die Teilkosten K_1, K_2, K_3 und ihre Summe eingetragen. Der wirtschaftlichste Durchmesser ergibt sich aus dem Minimum der Summenkurve zu NW 200.

Bei richtiger Wahl der Durchmesser genügt es zumeist, die Berechnung der Teilkosten für 3 bis 4 benachbarte Nennweiten durchzuführen.

b) Rohrleitungen mit Abzweigen

Die Bestimmung der wirtschaftlichsten Rohrdurchmesser wird schwieriger, wenn die Leitung in Teilabschnitten unterschiedliche Dampf- oder Wasserströme fördern soll. Ein einheitlicher Durchmesser als Bezugsbasis für die Kosten liegt dann nicht mehr vor. Überwiegt nach Leitungslänge und Baukosten ein Teilabschnitt der Fernleitung gegenüber allen anderen, so kann man die Ermittlung des wirtschaftlichsten Rohrdurchmessers für diese Leitungsstrecke allein durchführen und die übrigen Teilstrecken mit dem gleichen Druckgefälle dimensionieren.

Bei vielen, in ihrem Einfluß auf die Kosten nicht mehr zu vernachlässigenden Teilstrecken versagt auch dieser Ausweg. Eine exakte Lösung der Aufgabe ist wegen der Vielzahl der Variablen nicht möglich. Man muß also eine Annahme treffen, durch die entweder die Druckaufteilung längs der Hauptstrecke oder ein einheitlicher Zusammenhang zwischen Förderstrom und Anlagekosten festgelegt wird. Die erste Annahme ist leichter zu fassen und in ihrer Auswirkung auf das Ergebnis besser übersehbar; auch entspricht sie dem sonst in der Technik bei Netzberechnungen üblichen Vorgehen und läßt die Möglichkeit zu, betriebliche Gesichtspunkte mit zu berücksichtigen. So kann es beispielsweise erwünscht sein, in einem bestimmten Teilabschnitt einer Fernleitung mit vielen Abnehmeranschlüssen den Druckabfall niedrig zu halten, um für alle etwa die gleichen Entnahmebedingungen zu schaffen, während in den übrigen Abschnitten keinerlei diesbezügliche Einschränkungen gelten, s. auch S. 148.

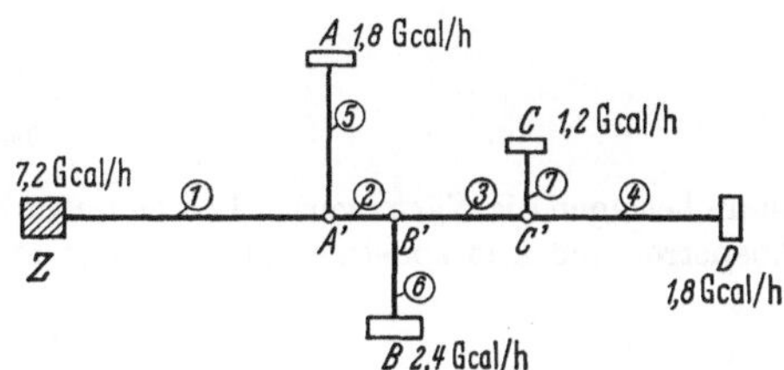

Abb. 11.13. Rohrplan einer Heißwasserfernheizung.

Wir gehen daher von der ersten Annahme aus und legen den Druckabfall längs der Förderstrecke fest. Als Veränderliche im Kostenschaubild erscheint jetzt nicht mehr der Durchmesser wie in Abb. 11.12, sondern der Druckabfall der Gesamtstrecke, bei konstantem Druckgefälle eventuell auch dieser Wert. Für jede Teilstrecke sind sonach Kapitaldienst und Wärmeverlustkosten für die in Betracht kommenden Bereiche des Druckabfalls einzeln zu berechnen, wobei jedem Druckgefälle ein dem Förderstrom entsprechender Durchmesser zugeordnet ist.

Aus der Addition der Einzelbeträge aller Teilstrecken ergibt sich der Gesamtwert. Die Notwendigkeit, die Druck- und Wärmeverluste für Normdurchmesser zu ermitteln, führt eventuell zu gewissen Abweichungen der Teilkostenwerte von einer stetigen Linie, die aber bei der Summe praktisch wieder verschwinden. Für den als Optimum aus dem Schaubild abzulesenden Druckabfall (Druckgefälle) sind dann die nächstliegenden Normdurchmesser zu wählen, wobei ein gewisser Ausgleich zwischen Über- und Unterschreitungen der günstigsten Werte in den verschiedenen Teilstrecken gefunden werden kann.

Die Auftragung der Kosten über dem Druckabfall führt im übrigen, wie Abb. 11.14 erkennen läßt, zu einer Umkehrung des Charakters der Teilkostenlinien. Jetzt steigen die Förderkosten linear mit den Abszissenwerten an, während Kapitaldienst und Wärmeverlustkosten mit zunehmendem Druckabfall rasch absinken. Zu beachten ist, daß die Förderkosten jeweils aus dem Druckabfall und dem Gesamtstrom zu berechnen sind.

Abzweige sind nur dann bei den Baukosten und Wärmeverlusten zu·berücksichtigen, wenn diese Werte sich mit den unterschiedlichen Annahmen über den Druckabfall ebenfalls ändern. Bei kurzen Abnehmer-Zuleitungen im ersten Teil einer Fernleitung ist dies selten der Fall, da hier die verfügbare Druckdifferenz kaum aufgebracht werden kann, wohl aber bei längeren Abzweigen am Ende der Hauptleitung.

Beispiel. Es soll der wirtschaftlichste Pumpendruck und damit die Unterlage zur Rohrberechnung für das in Abb. 11.13 dargestellte *Heißwassernetz* ermittelt werden.

Gegeben sind:

$$\begin{array}{lll}
\text{Vorlauftemperatur} & t_v = 140\ ^\circ\text{C} \\
\text{Rücklauftemperatur} & t_r = \ 80\ ^\circ\text{C}
\end{array} \Bigg\} \Delta t = 60\ \text{grd}$$

Kapitaldienst . . . . p = 12%
Wärmepreis . . . . P_w = 20 DM/Gcal
Strompreis . . . . P_{Str} = 0,10 DM/kWh
Jahresbetriebsstunden . . . . Z = 2700 h/a
Temperatur im Kanal . . . . t_K = 35 °C
Betriebswärmeleitzahl der Isolierung . . . . λ_J = 0,045 kcal/m grd h

Kosten der Fernleitung je m (2 Leitungen gleichen Durchmessers im Kanal)

NW	50	65	100	125	150	175	200	225
DM/m	132,—	156,—	183,—	210,—	240,—	270,—	300,—	330,—

Lösung:

1. *Kapitalbelastung* K_1: Bei einer Zins- und Amortisationsquote einschließlich Zuschlag für Unterhaltung und Wartung von p = 12% ergibt sich aus den Anlagekosten je m

NW	50	65	100	125	150	175	200	225
k_1 in DM/m a	15,80	18,70	22,—	25,20	28,80	32,40	36,—	39,60

2. *Wärmeverlustkosten* K_2. Da Vorlauf- und Rücklaufleitung in einem gemeinsamen Kanal mit der angenommenen Temperatur t_K verlegt sind, den gleichen Durchmesser und die gleiche Isolierdicke haben, beträgt der Wärmeverlust je m und h:

$$q_v = k_R(t_v - t_K),$$
$$q_r = k_R(t_r - t_K),$$
$$q_{ges} = k_R(t_v + t_r - 2t_K).$$

Dann betragen die Wärmeverlustkosten unter Berücksichtigung eines Zuschlages von 35 % für Rohrhalterungen, Absperrorgane und sonstige Einbauten je m Leitungsstrecke und Jahr:

$$k_2 = q_{ges} Z P_w \cdot 1{,}35 \cdot 10^{-6} \quad \text{DM/m a}$$

und für die vorliegenden Verhältnisse:

$$k_2 = 10{,}9 k_R.$$

Unter Berücksichtigung der wirtschaftlichsten Isolierdicke ergeben sich für k_R und k_2 folgende Werte in Abhängigkeit von der Rohrnennweite:

NW	50	65	80	100	125	150	175	200	225
k_R . . . . kcal/m h grd	0,37	0,40	0,43	0,48	0,54	0,59	0,64	0,70	0,75
k_2 . . . . DM/m a	4,05	4,36	4,70	5,25	5,90	6,45	7,00	7,65	8,20

3. *Förderkosten* K_3. Die Jahresförderkosten K_3 ergeben sich bei einem Pumpenwirkungsgrad $\eta_p = 0{,}6$, einer mittleren Dichte des Wassers $\varrho_m = 951$ kg/m³ und einer maximalen sekundlichen Wassermenge von $G_s = 33{,}3$ kg/s zu:

$$K_3 = \frac{Z P_{str} G_s}{102 \eta_p \varrho_m} \Delta p = \frac{2700 \cdot 0{,}10 \cdot 33{,}3}{102 \cdot 0{,}6 \cdot 951} = 0{,}154 \Delta p \quad \text{DM/a.}$$

Aus dem Rohrplan entnehmen wir für die einzelnen Teilstrecken:

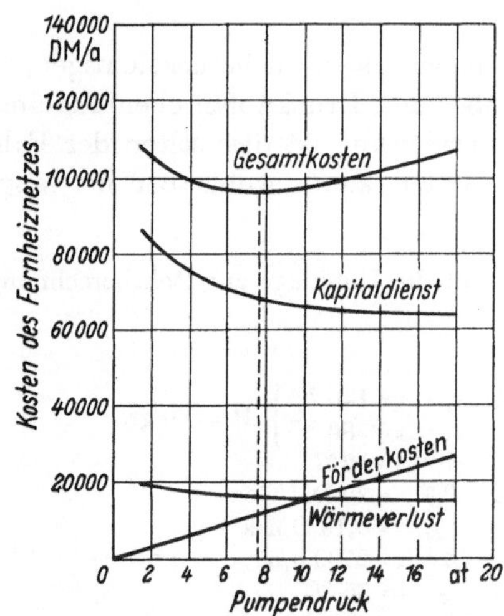

Abb. 11.14. Heißwasserheizung, wirtschaftlichster Pumpendruck.

TS	Q_h Gcal/h	G_s kg/s	l m
1	7,2	33,30	800
2	5,4	24,00	200
3	3,0	13,80	400
4	1,8	8,35	600
7	1,2	5,50	200
6	2,4	11,10	300
5	1,8	8,35	450

4. *Gesamtkosten* K_{ges}. Die Gesamtkosten K_{ges} ergeben sich aus

$$K_{ges} = K_1 + K_2 + K_3$$
$$= \Sigma l k_1 + \Sigma l k_2 + K_3.$$

Die Berechnung soll durchgeführt werden für folgende Bereiche der Druckgefälle:

$$R \approx 30, \quad R \approx 10 \quad \text{und} \quad R \approx 3 \text{ mm WS/m.}$$

Nach Wahl des nächstgelegenen genormten Rohrdurchmessers wird mit Hilfe des Arbeitsblattes 2 der genaue R-Wert ermittelt. Der Druckverlust Δp ergibt sich aus R und l unter Annahme eines Anteils der Einzelwiderstände von 15 %. Die Hauptberechnung der Jahreseinzelkosten K_1, K_2, K_3 ist aus der nebenstehenden (S. 163) Tabelle zu ersehen.

Trägt man die Endwerte über dem Druckverlust Δp auf, so erhält man Abb. 11.14[1]. Als wirtschaftlichster Druckverlust ergibt sich daraus $\Delta p \approx 7{,}5$ at. Für die längste Rohrstrecke ist somit ein mittleres Druckgefälle von

$$R = \frac{7{,}5 \cdot 10^4}{4000} \cdot 0{,}85 \approx 16{,}0 \text{ mm WS/m}$$

zugrunde zu legen. Entsprechend sind die Rohrdurchmesser der Teilstrecken zu ändern.

---

[1] Für die Aufzeichnung der Abbildung ist noch ein weiterer Fall mit höherem R-Wert errechnet worden.

TS	NW	d_i	R mm WS/m		Δp	K_1	K_2	K_3
		mm	gewählt	genau	mm WS	DM/a	DM/a	DM/a
1	150	150		20	37 600	23 000	5 170	
2	125	125	} 30	29	13 640	5 040	1 170	
3	100	100,5		28	26 400	8 800	2 100	
4	80	82,5		28	39 600	11 650	3 140	
					117 240	48 490	11 580	
7	50	51,5	168	140		3 160	1 810	
6	65	70,0	187	112		5 610	1 310	
5	65	70,0	150	65		8 430	1 970	
						17 200	4 090	
				Σ	11,7 at	65 690	15 670	18 050
1	200	204		4,4	8 280	29 200	6 120	
2	150	150	} 10	17,2	5 280	5 760	1 290	
3	125	125		9,7	8 660	10 080	2 340	
4	100	100,5		10,2	14 400	13 200	3 140	
					36 620	58 240	12 890	
7	65	70,0	61	30		3 740	880	
6	80	82,5	65	50		5 820	1 410	
5	80	82,5	53,5	28		8 740	2 120	
						18 300	4 410	
				Σ	3,66 at	76 540	17 300	5 640
1	225	228		2,2	4 140	31 840	6 550	
2	200	204	} 3	2,3	1 084	7 300	1 530	
3	150	150		3,8	3 560	11 520	2 580	
4	125	125		3,4	4 800	15 120	3 500	
					13 584	65 780	14 160	
7	80	82,5	20,4	13		3 880	1 940	
6	100	100,5	23,7	18		6 600	1 570	
5	100	100,5	17,8	10		9 900	2 360	
						20 380	4 870	
				Σ	1,36 at	86 160	19 030	2 090

III. Schwerkraft-Warmwasserheizung

Obwohl Schwerkraftheizungen — das sind Warmwasserheizungen mit ausschließlich natürlichem Umlauf (Thermosyphon) — heute nur noch bei kleinen Gebäuden zur Anwendung kommen, sollen sie hier ausführlich behandelt werden, da die gleichen Kräfte auch bei Pumpenheizungen wirksam sind und manche Störungen in Wasserheizungen auf nicht berücksichtigte Schwerkraftdrücke zurückzuführen sind.

A. Grundlagen

Der Grundgedanke der Rechnung soll an dem in Abb. 11.15 gezeichneten einfachen System, das nur aus dem Heizkessel und einem Heizkörper besteht, erläutert werden. Dabei sei angenommen, daß Temperaturänderungen des Wassers nur im Heizkörper und im Kessel, nicht aber in den Rohrleitungen auftreten.

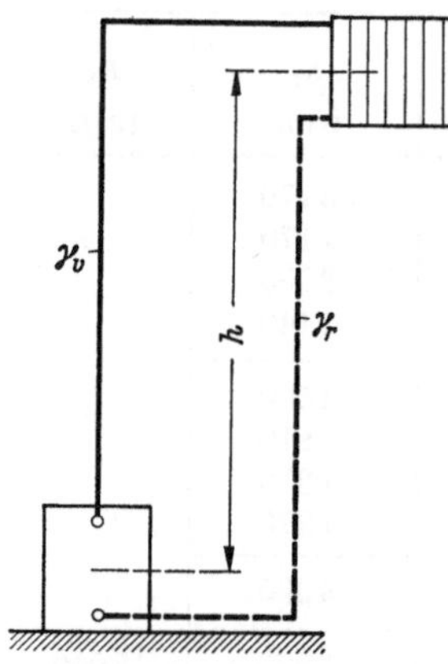

Abb. 11.15. Schema einer Schwer-kraft-Warmwasserheizung.

1. Der wirksame Druck

Die Kraft, welche das Wasser in Umlauf hält, ist der Gewichtsunterschied zwischen der Wassersäule im Rücklauf und der leichteren Wassersäule im Vorlauf.

Bezeichnet man mit

H den gesuchten wirksamen Druckunterschied in kp/m²,
h den Höhenunterschied zwischen Kesselmitte und Heizkörpermitte in m,
γ_v die Wichte des Wassers im Vorlauf in kp/m³,
γ_r die Wichte des Wassers im Rücklauf in kp/m³,

so gilt die Gleichung:

$$H = h(\gamma_r - \gamma_v) \quad \text{in kp/m}^2. \tag{11.15}$$

Der Wert H tritt an Stelle des in den früheren Gleichungen mit $(p_1 - p_2)$ bezeichneten Druckunterschiedes. Hierbei sei daran erinnert, daß eine Druckangabe in kp/m² stets zahlenmäßig gleich ist der Druckangabe in mm WS und daß der Zahlenwert der Wichte γ gleich dem der Dichte ϱ ist.

2. Die Grundgleichung für den Wasserumlauf im Rohrnetz

Unter dem Einfluß des wirksamen Druckes H stellt sich eine Bewegung des Wassers im Rohrnetz ein. Die Strömungsgeschwindigkeit steigt so lange an, bis die gesamten Strömungswiderstände, nämlich die Summe aus allen Einzelwiderständen plus der Summe aller Widerstände in den geraden Rohrstrecken, gleich der wirksamen Druckhöhe sind. Daraus ergibt sich die Grundgleichung

$$H = \Sigma Z + \Sigma(l\,R)$$

oder

$$H - \Sigma Z = \Sigma(l\,R).$$

Der Druckabfall der Einzelwiderstände läßt sich erst dann rechnerisch erfassen, wenn die Durchmesser der Strömungswege annähernd bekannt sind. Man teilt deshalb den ganzen Rechnungsgang in eine *vorläufige Rechnung* und eine *Nachrechnung*, s. S. 139.

Der Anteil der Einzelwiderstände ΣZ am gesamten Druckverlust wird dabei geschätzt, und zwar nach Zahlentafel A 45 mit

$$a = 0{,}33 \text{ für Gebäudenetze und}$$

$$a = 0{,}1 \text{ bis } 0{,}2 \text{ für längere Hauptleitungen.}$$

Die Grundgleichung lautet nun in dritter Form:

$$H - a\,H = (1 - a)\,H = \Sigma(l\,R). \tag{11.16}$$

Mit der wirksamen Druckhöhe, die auf der linken Seite der letzten Gleichung steht, berechnet man ein gedachtes Rohrnetz, von dem man sich vorstellt, daß in allen Formstücken die Strömung reibungslos verläuft, dafür aber nur der um a verminderte Druck zur Verfügung steht. Es ist üblich, die Rohrnetze so zu berechnen, daß innerhalb desselben Rohrzuges nicht die Strömungsgeschwindigkeit w, sondern das Druckgefälle R konstant ist. Damit wird

$$R = (1 - a)\frac{H}{\Sigma l} \tag{11.17}$$

eine Größe, die an Hand des Rohrplanes und der Gl. (11.15) leicht zu ermitteln ist.

3. Die Bestimmung des Rohrdurchmessers

Der Rohrdurchmesser ist nun so zu bestimmen, daß das aus Gl. (11.17) errechnete Druckgefälle R sich bei dem erforderlichen Wasserstrom einstellt. Hierzu dient Gl. (11.05), die für eine mittlere Dichte des Wassers bei 80 °C ($\varrho = 972$ kg/m³) in den Arbeitsblättern 1, 2 und 7 zahlenmäßig bzw. graphisch ausgewertet ist. Es ist also möglich, mit diesen Arbeitsblättern die Strangnetze zu bestimmen, wobei sich für einen beliebigen R-Wert der Rohrdurchmesser jeder Teilstrecke aus der stündlichen Wassermenge G_h ergibt.

B. Zweirohrsystem ohne Wärmeverluste der Rohrleitung

Liegen Rohrplan und Strangschema einer projektierten Heizanlage vor, so gilt es zunächst, den ungünstigsten Stromkreis herauszusuchen. Dies ist in der Regel die Rohrverbindung des Kessels mit dem Heizkörper, der bei niedrigster Höhenlage zugleich horizontal am weitesten vom Wärmeerzeuger entfernt ist. Im Zuge dieses Stromkreises legt man die einzelnen Teilstrecken fest, wobei als Teilstrecken alle jene Rohrstrecken zu verstehen sind, in welchen sich die Wassermenge nicht ändert, also von T-Stück zu T-Stück. Die Teilstrecken numeriert man vom Kessel ausgehend durch den Vorlauf zum Heizkörper und von hier wieder zum Kessel zurück. Durch Summierung der Längen aller dieser Teilstrecken bildet man den Wert $\Sigma\,l$. Die wirksame Druckhöhe H ist an Hand der Zahlentafeln A 35 bzw. 38 zu berechnen. Von ihr ist der Anteil der Einzelwiderstände nach Zahlentafel A 45 abzuziehen, d. h. für Strangnetze 33%. Der verbleibende Betrag steht für die Rohrreibung zur Verfügung; er ergibt, durch $\Sigma\,l$ dividiert, das Druckgefälle R.

1. Vorläufige Ermittlung der Rohrdurchmesser

Mit dem Druckgefälle R eines Stromkreises läßt sich aus dem Arbeitsblatt 1 (bei Temperaturunterschieden $(t_v - t_r) = 20$ grd aus Arbeitsblatt 3) für jede Teilstrecke unmittelbar der vorläufige Rohrdurchmesser entnehmen. Man sucht zu diesem Zweck in der Waagerechten zu R fortschreitend einen der zu fördernden Wasser- bzw. Wärmemenge möglichst nahe kommenden Wert und findet in der gleichen senkrechten Spalte oben den gesuchten Rohrdurchmesser. In der gleichen Weise werden, wie das nachstehende Berechnungsbeispiel zeigt, auch die anderen Stromkreise berechnet.

Zur Vereinfachung der Berechnung bedient man sich dabei eines Vordruckes, s. S. 168. Hier werden eingetragen aus dem Rohrplan zunächst die Bezeichnungen der Teilstrecken, die stündlich zu fördernden Wärmemengen — bei Verwendung der 1 grd-Tabelle (Arbeitsblatt 1) die Wassermengen — und die Teilstreckenlängen. Anschließend werden die aus Arbeitsblatt 1 oder 3 abgelesenen vorläufigen Rohrdurchmesser vermerkt.

Für die erste Projektierung einer Heizanlage (Kostenanschlag) begnügt man sich vielfach mit der vorläufigen Durchmesserberechnung.

2. Nachrechnung der Rohrleitung

Die vorläufigen Rohrdurchmesser sind aus zwei Gründen unsicher; erstens zwingt die Notwendigkeit, mit den genormten Rohrdurchmessern auszukommen, häufig dazu, größere oder kleinere Rohrweiten zu wählen, als der verlangten Wärmeleistung genau entsprochen hätte, und zweitens ist der Einfluß der Einzelwiderstände durch den Überschlagswert „a" nur der Größenordnung nach berücksichtigt. Diese Unsicherheiten müssen nun durch die Nachrechnung beseitigt werden. Man geht von dem vorläufigen Durchmesser aus und sucht im Arbeitsblatt 3 lotrecht unter ihm die stündliche Wärmemenge oder im Arbeitsblatt 1 den Wasserdurchsatz. Die Mengen sind hier stärker unterteilt als in der Waagerechten. Unterhalb der Wärme- (Wasser-) Leistung ist die zugehörige Wassergeschwindigkeit angegeben, die man sich für später vermerkt. Von diesem Tabellenrechteck aus nach links oder rechts schreitend findet man in der Randspalte den Wert R, der mit der Länge der Teilstrecke zu multiplizieren ist. Auf diese Weise erhält man das richtige $(l\,R)$.

Um Z zu finden, bestimmt man unter Benutzung des Arbeitsblattes 5 die Werte $\Sigma\,\zeta$ für jede Teilstrecke. Mit Hilfe dieser Werte und der bereits vermerkten Wassergeschwindigkeit wird aus der Zahlentafel rechts der zugehörige Einzelwiderstand Z ermittelt.

$\Sigma\,(l\,R) + \Sigma\,Z$, gebildet für alle Teilstrecken eines Stromkreises, muß gleich der in diesem Kreis zur Verfügung stehenden Druckhöhe H sein. Ist dies nicht in hinreichendem Maße der

Fall, so müssen einzelne Teilstrecken so lange geändert werden, bis vorstehende Bedingung erfüllt ist.

3. Anlaufkriterium

Wird bei Schwerkraftheizungen mit unterer Verteilung der entfernteste Strang durch Abschalten aller angeschlossenen Heizkörper längere Zeit stillgesetzt, so zeigen sich häufig bei Wiederinbetriebnahme der Heizkörper Umlaufstörungen. Der Strang bleibt kalt; zuweilen werden die Heizkörper sogar vom Rücklauf her erwärmt, das Heizwasser zirkuliert also in umgekehrter Richtung. TICHELMANN[1] hat wohl als erster diese Erscheinung erklärt und für solche Fälle gefordert, daß die Druckverluste vom Kessel bis zum Abgang der letzten Steigleitung nicht größer sind als der aus der Höhendifferenz zwischen Hauptleitungen und Kesselmitte sich ergebende Umtriebsdruck (TICHELMANNsche Regel). MISSENARD[2] hat das Kriterium für die Sicherstellung des Umlaufs exakt abgeleitet.

Voraussetzung für das Ingangkommen des Wasserumlaufs im ausgekühlten Strang ist das Vorhandensein eines positiven Druckunterschiedes zwischen Vorlauf und Rücklauf am letzten Abzweig. Bei einer Dimensionierung der Hauptleitungen nach der verfügbaren Druckhöhe im ungünstigsten Heizkörperstromkreis ist diese Bedingung nicht immer erfüllt. Es empfiehlt sich daher, für Anlagen, bei denen mit der Möglichkeit zu rechnen ist, daß einer der am letzten Abzweig abgehenden Stränge zeitweise abgeschaltet ist, einen Vergleich der Druckverluste bis zum Abzweig und der wirksamen Druckhöhe an diesem Punkt anzustellen, um erforderlichenfalls die Durchmesser der Hauptleitungen entsprechend zu berichtigen, s. S. 170 und 175.

4. Beispielrechnungen

Beispiel 1

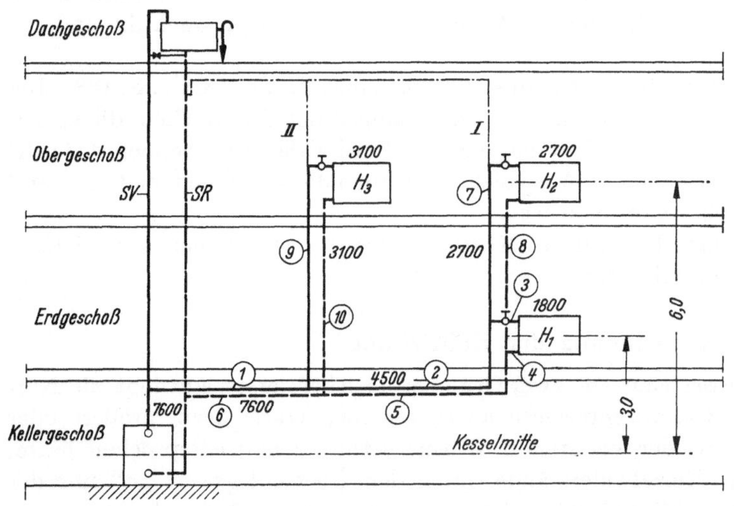

Abb. 11.16. Strangbild zum Beispiel 1.

Aufgabe: Für die im Strangschema der Abb. 11.16 dargestellte Heizungsanlage mit unterer Verteilung ist die Rohrdimensionierung durchzuführen. Die Berechnung soll ohne Berücksichtigung der Wärmeverluste der Rohrleitung erfolgen. Die Temperatur des Wassers soll bei höchster Belastung im Vorlauf 90 °C, im Rücklauf 70 °C betragen.

Vorbereitung

Nach Einteilung der Teilstrecken im Strangschema und Eintragung der zugehörigen Wärmeleistungen füllt man zunächst die Spalten a, b und d des Vordruckes auf S. 168 aus. Dann beginnt man mit der Berechnung des Druckgefälles R und der vorläufigen Rohrdurchmesser d.

a) Vorläufige Rechnung

Stromkreis des Heizkörpers 1 (das ist der ungünstigste)
(Teilstrecken 1 bis 6)

Wirksamer Druck (aus Zahlentafel A 38) für $h = 3$ m . . . . $H = 3,0 \cdot 12,5 = 37,5$ mm WS
Verbleiben für Rohrreibung in den Teilstrecken 1 bis 6 (nach Zahlentafel A 45) . . . . $0,67 H$ $= 25,1$ mm WS
Gesamtlänge dieser Teilstrecken . . . . $= 28,5$ m
Druckgefälle . . . . $R = 25,1 : 28,5 = 0,88$ mm WS/m

[1] TICHELMANN, A.: Die Bewertung der in Warmwasserheizungssystemen tätigen Kräfte. Gesundh.-Ing. 34 (1911) 417/427.

[2] MISSENARD, A.: Du chauffage à eau chaude par thermosiphon. Chal. et Ind. 1928, H. 4 u. 7.

Stromkreis des Heizkörpers 2
(Teilstrecken 1, 2, 5 bis 8)

Wirksamer Druck für $h = 6$ m	$H = 6{,}0 \cdot 12{,}5$	$= 75{,}0$ mm WS
Verbleiben für Rohrreibung in den genannten Teilstrecken	$0{,}67\,H$	$= 50{,}3$ mm WS
Hiervon aufgebraucht in den mit dem Stromkreis des Heizkörpers 1 gemeinsamen Teilstrecken 1, 2, 5, 6, mit einer Gesamtlänge von 25,5 m	$25{,}5 \cdot 0{,}88$	$= 22{,}4$ mm WS
Verbleiben für Rohrreibung in den Teilstrecken 7, 8	$50{,}3 - 22{,}4$	$= 27{,}9$ mm WS
Gesamtlänge dieser Teilstrecken		$= 8{,}0$ m
Druckgefälle	$R = 27{,}9 : 8{,}0$	$= 3{,}5$ mm WS/m

Stromkreis des Heizkörpers 3
(Teilstrecken 1, 6, 9, 10)

Wirksamer Druck	$H = 6{,}0 \cdot 12{,}5$	$= 75{,}0$ mm WS
Verbleiben für Rohrreibung in den genannten Teilstrecken	$0{,}67\,H$	$= 50{,}3$ mm WS
Hiervon aufgebraucht in den Teilstrecken 1 und 6 mit einer Gesamtlänge von 13 m	$13{,}0 \cdot 0{,}88$	$= 11{,}4$ mm WS
Verbleiben für Rohrreibung in den Teilstrecken 9 und 10	$50{,}3 - 11{,}4$	$= 38{,}9$ mm WS
Gesamtlänge dieser Teilstrecken		$= 10{,}5$ m
Druckgefälle	$R = 38{,}9 : 10{,}5$	$= 3{,}7$ mm WS/m

An Hand von R und Q_h (stündlich geförderte Wärmemenge) ist aus dem Arbeitsblatt 3 für jede Teilstrecke der in Frage kommende vorläufige Rohrdurchmesser d zu entnehmen und in Spalte „e" des Vordrucks einzutragen, s. S. 168.

b) Nachrechnung der Rohrleitung

Stromkreis des Heizkörpers 1

Zur Feststellung der ζ-Werte muß die Ausführung der Heizkörperanschlüsse bekannt sein. Diese seien bei den drei Heizkörpern nach Abb. 11.17 ausgeführt:

Abb. 11.17. Heizkörperanschlüsse.

Zusammenstellung der ζ-Werte

Teil-strecke	Anzahl	Benennung	r/d	$\dfrac{w_{a(d)}}{w}$	$\dfrac{\dot{V}_{a(d)}}{\dot{V}}$	$\dfrac{d_{a}{}^{(*)}}{d}$	ζ
a	b	c	d	e	f	g	h
		Stromkreis des Heizkörpers 1					
1	1	Kessel	—	—	—	—	2,5
	1	Krümmer	3	—	—	—	0,3
	1	Anschluß der Sicherheitsleitung (Knie NW 32)	—	—	—	—	1,0
						$\Sigma\,\zeta_1 =$	3,8
2	1	T-Stück, Trennung, Durchgang	—	1,0	—	0,8	0,1
	1	Krümmer	3	—	—	—	0,3
						$\Sigma\,\zeta_2 =$	0,4
3	1	T-Stück, Trennung, Abzweig	—	0,64	—	—	3,3
	1	Krümmer	1	—	—	—	0,5
	1	Heizkörper-Eckventil	—	—	—	—	2,0
	1	Heizkörper	—	—	—	—	2,5
						$\Sigma\,\zeta_3 =$	8,3
4	1	Ausbiegestück	—	—	—	—	0,5
	1	T-Stück, Vereinigung, Abzweig	—	—	0,4	0,8	1,3
						$\Sigma\,\zeta_4 =$	1,8
5	1	Krümmer	3	—	—	—	0,3
	1	T-Stück, Vereinigung, Durchgang	—	—	0,6	<1	0,8
						$\Sigma\,\zeta_5 =$	1,1

Teil-strecke	Anzahl	Benennung	r/d	$\dfrac{w_{a(d)}}{w}$	$\dfrac{\dot V_{a(d)}}{\dot V}$	$\dfrac{d_{a}{}^{(*)}}{d}$	ζ
a	b	c	d	e	f	g	h
6	2	Krümmer	3	—	—	—	0,6
	1	Anschluß der Sicherheitsleitung (Knie NW 32)	—	—	—	—	1,0
						$\Sigma\,\zeta_6 = 1{,}6$	

Die ζ-Werte für Kessel und Radiatoren werden der jeweiligen Vorlaufleitung zugeordnet.

Die weitere Berechnung erfolgt an Hand des Vordrucks wie folgt:

Für den Durchmesser jeder Teilstrecke wird aus Arbeitsblatt 3 die der Wärmeleistung zugeordnete Geschwindigkeit w sowie der tatsächliche Wert für R entnommen. Daraus läßt sich $l\,R$ berechnen.

Aus $\Sigma\,\zeta$ der Teilstrecke und w ergibt sich der Druckverlust Z. Zur Vereinfachung der Berechnung verwende man hierfür die Hilfstabelle auf Arbeitsblatt 5.

Aus einem Vergleich der wirksamen Druckhöhe H jedes Stromkreises mit den auftretenden Gesamtdruckverlusten $\Sigma\,(l\,R) + \Sigma\,Z$ erkennt man, ob die Durchmesser richtig gewählt sind oder evtl. geändert werden müssen.

Berechnungsformular

	Aus dem Rohrplan				Nachrechnung											Unterschied	
	Stündlich geförderte Wärmemenge	Stündlich geförderte Wassermenge	Länge der Teilstrecke	Vorläufiger Rohrdurchmesser	mit vorläufigem Rohrdurchmesser					mit geändertem Rohrdurchmesser							
Teilstrecke			l	d	w	R	$l\,R$	$\Sigma\,\zeta$	Z	d	w	R	$l\,R$	$\Sigma\,\zeta$	Z	$l\,R$ o-h	Z q-k
Nr.	$\dfrac{\text{kcal}}{\text{h}}$	$\dfrac{\text{kg}}{\text{h}}$	m	mm	$\dfrac{\text{m}}{\text{s}}$	$\dfrac{\text{mm WS}}{\text{m}}$	$\dfrac{\text{mm}}{\text{WS}}$	—	$\dfrac{\text{mm}}{\text{WS}}$	mm	$\dfrac{\text{m}}{\text{s}}$	$\dfrac{\text{mm WS}}{\text{m}}$	$\dfrac{\text{mm}}{\text{WS}}$	—	$\dfrac{\text{mm}}{\text{WS}}$	$\dfrac{\text{mm}}{\text{WS}}$	$\dfrac{\text{mm}}{\text{WS}}$
a	b	c	d	e	f	g	h	i	k	l	m	n	o	p	q	r	s

Stromkreis des Heizkörpers 1

Wirksamer Druck $H = 37{,}5$ mm WS Druckgefälle $R = 0{,}88$ mm WS/m

Nr.	b	c	d	e	f	g	h	i	k	l	m	n	o	p	q	r	s
1	7600	—	6,0	32	0,11	0,53	3,2	3,8	2,3	—	—	—	—	—	—	—	—
2	4500	—	6,5	25	0,11	0,80	5,2	0,4	0,2	—	—	—	—	—	—	—	—
3	1800	—	1,5	20	0,07	0,50	0,8	8,3	2,0	15	0,13	2,2	3,3	6,8	5,8	2,5	3,8
4	1800	—	1,5	20	0,07	0,50	0,8	1,8	0,4	15	0,13	2,2	3,3	1,7	1,5	2,5	1,1
5	4500	—	6,0	25	0,11	0,80	4,8	1,1	0,7	—	—	—	—	—	—	—	—
6	7600	—	7,0	32	0,11	0,53	3,7	1,6	1,0	—	—	—	—	—	—	—	—

$$28{,}5 \qquad \Sigma\,(l\,R) + \Sigma\,Z = 18{,}5 \;+\; 6{,}6 \;=\; 25{,}1 \text{ mm WS} \qquad\qquad +9{,}9$$

Teilstrecken 3 und 4 geändert $\qquad +9{,}9$ mm WS

Somit ist $\Sigma\,(l\,R) + \Sigma\,Z$ für HK 1: $\quad 35{,}0$ mm WS $< 37{,}5$ mm WS

Stromkreis des Heizkörpers 2

Wirksamer Druck $H = 75{,}0$ mm WS Druckgefälle $R = 3{,}5$ mm WS/m

Nr.	b	c	d	e	f	g	h	i	k	l	m	n	o	p	q	r	s
aufgebraucht in den Teilstrecken 1 + 2:					8,4	—	2,5	—	—	—	—	—	—	—	—	—	—
5 + 6:					8,5	—	1,7	—	—	—	—	—	—	—	—	—	—
7	2700	—	4,0	20	0,11	1,0	4,0	6,6	4,0	15	0,2	4,5	18,0	7,7	14,4	14,0	10,4
8	2700	—	4,0	20	0,11	1,0	4,0	1,8	1,1	15	0,2	4,5	18,0	1,8	3,6	14,0	2,5

$$8{,}0 \qquad \Sigma\,(l\,R) + \Sigma\,Z = 24{,}9 \;+\; 9{,}3 \;=\; 34{,}2 \text{ mm WS} \qquad\qquad +40{,}9$$

Teilstrecken 7 und 8 geändert $\qquad +40{,}9$ mm WS

Somit ist $\Sigma\,(l\,R) + \Sigma\,Z$ für HK 2: $\quad 75{,}1$ mm WS ≈ 75 mm WS

Stromkreis des Heizkörpers 3

Wirksamer Druck $H = 75{,}0$ mm WS Druckgefälle $R = 3{,}7$ mm WS/m

Nr.	b	c	d	e	f	g	h	i	k	l	m	n	o	p	q	r	s
aufgebraucht in Teilstrecke 1:					3,2	—	2,3	—	—	—	—	—	—	—	—	—	—
6:					3,7	—	1,0	—	—	—	—	—	—	—	—	—	—
9	3100	—	5,5	20	0,12	1,3	7,2	8,4	6,0	15	0,22	5,5	30,3	8,0	19,2	23,1	13,2
10	3100	—	5,0	20	0,12	1,3	6,5	2,3	1,7	—	—	—	—	—	—	—	—

$$10{,}5 \qquad \Sigma\,(l\,R) + \Sigma\,Z = 20{,}6 \;+\; 11{,}0 \;=\; 31{,}6 \text{ mm WS} \qquad\qquad +36{,}3$$

Teilstrecke 9 geändert $\qquad +36{,}3$ mm WS

Somit ist $\Sigma\,(l\,R) + \Sigma\,Z$ für HK 3: $\quad 67{,}9$ mm WS < 75 mm WS

Für den Stromkreis des Heizkörpers 1 stehen 37,5 mm WS zur Verfügung. Wenn die Rohrdimensionierung mit den vorläufig angenommenen Durchmessern d (Spalte e) ausgeführt würde, so würden hiervon nur 25,1 mm WS aufgebraucht werden. Verkleinert man den Durchmesser der Teilstrecken 3 und 4 je um eine Nennweite (auf 15 mm), so wird, wie die Nachrechnung zeigt, insgesamt ein Druck von 35,0 mm WS verbraucht.

Für die Teilstrecken 3 und 4 ist dabei auch die Änderung des Wertes $\Sigma \zeta$ wie folgt zu berücksichtigen:

Teil-strecke	Anzahl	Benennung	r/d	$\dfrac{w_{a(d)}}{w}$	$\dfrac{\dot V_{a(d)}}{\dot V}$	$\dfrac{d_a^{(*)}}{d}$	ζ
a	b	c	d	e	f	g	h
3	1	T-Stück, Trennung, Abzweig	—	1,2	—	—	1,8
	1	Krümmer	1	—	—	—	0,5
	1	Heizkörper-Eckventil	—	—	—	—	2,0
	1	Heizkörper	—	—	—	—	2,5
						$\Sigma \zeta_3 =$	6,8
4	1	Ausbiegestück	—	—	—	—	0,5
	1	T-Stück, Vereinigung, Abzweig	—	—	0,4	0,6	1,2
						$\Sigma \zeta_4 =$	1,7

Da wirksamer Druck und Druckverlust jetzt annähernd übereinstimmen, ist eine weitere Berichtigung der Durchmesser nicht mehr nötig.

Stromkreis des Heizkörpers 2

Es werden zunächst wieder die Werte $\Sigma \zeta$ für jede Teilstrecke bestimmt und dann die Spalten f bis k des Vordruckes wie vorher ausgefüllt.

Zusammenstellung der ζ-Werte

Teil-strecke	Anzahl	Benennung	r/d	$\dfrac{w_{a(d)}}{w}$	$\dfrac{\dot V_{a(d)}}{\dot V}$	$\dfrac{d_a^{(*)}}{d}$	ζ
7	1	T-Stück, Trennung, Durchgang	—	1	—	0,8	0,1
	1	Anschluß Luftleitung (Knie NW 20)	—	—	—	—	1,5
	1	Krümmer	1	—	—	—	0,5
	1	Heizkörper-Eckventil	—	—	—	—	2,0
	1	Heizkörper	—	—	—	—	2,5
						$\Sigma \zeta_7 =$	6,6
8	1	Ausbiegestück	—	—	—	—	0,5
	1	Krümmer	1	—	—	—	0,5
	1	T-Stück, Vereinigung, Durchgang	—	—	0,6	<1	0,8
						$\Sigma \zeta_8 =$	1,8

Es ergibt sich, daß von den zur Verfügung stehenden 75,0 mm WS einschließlich der Druckverluste in den Teilstrecken 1, 2, 5 und 6 nur 34,2 mm WS verbraucht werden. Es sollen daher wieder beide Teilstrecken in ihrem Durchmesser verkleinert werden. Eine Nachrechnung zeigt, daß bei einer Verkleinerung der Durchmesser der Teilstrecken 7 und 8 um je eine Nennweite, also auf 15 mm, 75,1 mm WS aufgebraucht werden und damit weitere Änderungen nicht mehr notwendig sind.

Der neue Wert $\Sigma \zeta$ für die geänderte Teilstrecke 7 ergibt sich dabei wie folgt:

Teil-strecke	Anzahl	Benennung	r/d	$\dfrac{w_{a(d)}}{w}$	$\dfrac{\dot V_{a(d)}}{\dot V}$	$\dfrac{d_a^{(*)}}{d}$	ζ
7	1	T-Stück, Trennung, Durchgang	—	1,8	—	0,6	0,7
	1	Anschluß Luftleitung (Knie NW 15)	—	—	—	—	2,0
	1	Krümmer	1	—	—	—	0,5
	1	Heizkörper-Eckventil	—	—	—	—	2,0
	1	Heizkörper	—	—	—	—	2,5
						$\Sigma \zeta_7 =$	7,7

Stromkreis des Heizkörpers 3

Zusammenstellung der ζ-Werte

Teil-strecke	Anzahl	Benennung	r/d	$\dfrac{w_{a(d)}}{w}$	$\dfrac{\dot V_{a(d)}}{\dot V}$	$\dfrac{d_a^{(*)}}{d}$	ζ
9	1	T-Stück, Trennung, Abzweig	—	1,1	—	—	1,9
	1	Anschluß Luftleitung (Knie NW 20)	—	—	—	—	1,5
	1	Krümmer	1	—	—	—	0,5
	1	Heizkörper-Eckventil	—	—	—	—	2,0
	1	Heizkörper	—	—	—	—	2,5
						$\Sigma \zeta_9 =$	8,4
10	1	Ausbiegestück	—	—	—	—	0,5
	1	Krümmer	1	—	—	—	0,5
	1	T-Stück, Vereinigung, Abzweig	—	—	0,4	0,6	1,3
						$\Sigma \zeta_{10} =$	2,3

Die Berechnung zeigt, daß der Druckverlust im gesamten Stromkreis niedriger ist als die verfügbare Druckhöhe. Wegen der größeren Einzelwiderstände wird die Teilstrecke 9 um eine Nennweite (NW 15) verkleinert.

Für die Teilstrecke 9 ergibt sich dann folgendes $\Sigma\,\zeta_9$:

Teil-strecke	Anzahl	Benennung	r/d	$\dfrac{w_{a(d)}}{w}$	$\dfrac{\dot{V}_{a(d)}}{\dot{V}}$	$\dfrac{d_{a(*)}}{d}$	ζ
a	b	c	d	e	f	g	h
9	1	T-Stück, Trennung, Abzweig	—	2	—	—	1,0
	1	Anschluß Luftleitung (Knie NW 15)	—	—	—	—	2,0
	1	Krümmer	1	—	—	—	0,5
	1	Heizkörper-Eckventil	—	—	—	—	2,0
	1	Heizkörper	—	—	—	—	2,5

$$\Sigma\,\zeta_9 = 8,0$$

Der noch verbleibende Drucküberschuß wird durch entsprechende Heizkörperventil-Voreinstellung gedrosselt.

c) Anlaufkriterium

Die Abgangsstelle des Stranges I von der Vorlaufleitung im Keller liegt 1,8 m über Kesselmitte. Der wirksame Druck an dieser Stelle beträgt sonach

$$H = 1,8 \cdot 12,5 = 22,5 \text{ mm WS.}$$

Aufgebraucht in den Teilstrecken 1 und 6 (einschließlich Kessel) sind

$$\Sigma\,(l\,R) + \Sigma\,Z = 3,2 + 3,7 + 2,3 + 1,0 = 10,2 \text{ mm WS.}$$

Der verfügbare wirksame Druck ist sonach höher als der Druckverlust; die beiden Stränge laufen auch nach zeitweiser Abschaltung wieder an.

(Nach der Tichelmannschen Regel müßte diese Bedingung auch noch an den Endstellen der horizontalen Leitungen erfüllt sein. Das trifft in diesem Beispiel zwar zu. Es sei aber darauf hingewiesen, daß es genügt, als kritische Stelle lediglich den letzten Abzweig zu überprüfen. Eine Rechnungssicherheit ist schon dadurch vorhanden, daß die aus der Rohrnetzberechnung entnommenen Druckverluste bis zum Abzweig für die Gesamtwassermenge gelten, die in Wirklichkeit bei Abschaltung eines Stranges nicht vorhanden ist.)

Beispiel 2

Aufgabe: Für die im Strangschema der Abb. 11.18 dargestellte Heizungsanlage mit unterer Verteilung ist die Rohrdimensionierung durchzuführen. Die Berechnung soll ohne Berücksichtigung der Wärmeverluste der

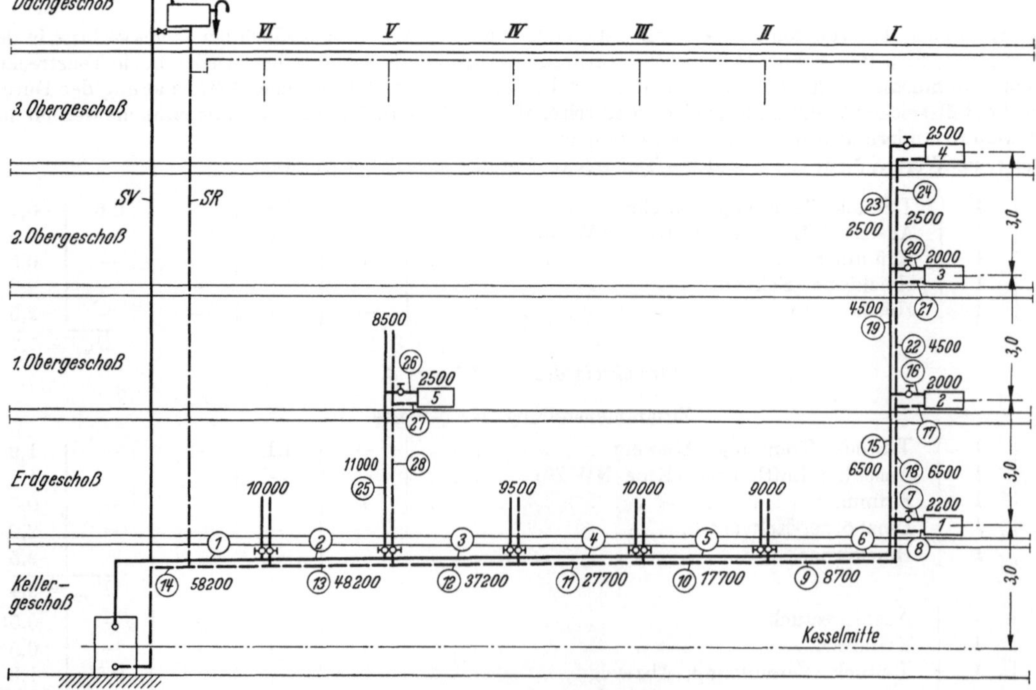

Abb. 11.18. Strangbild zum Beispiel 2.

Rohrleitung erfolgen. Die Temperatur des Wassers soll im Vorlauf 95 °C, im Rücklauf 65 °C betragen. Die Heizkörperanschlüsse werden nach Abb. 11.17 ausgeführt, somit gilt für diese nach Beispiel 1: $\Sigma \zeta = 5{,}0$.

Vorbereitung

Zweckmäßigerweise wird hier mit den stündlichen Wassermengen gerechnet, also die 1 grd-Tabelle (Arbeitsblatt 1) verwendet. Man füllt zunächst die Spalten a, b, c und d des Vordruckes aus und trägt nach Berechnung des Druckgefälles R den aus dem Arbeitsblatt 1 in der vorläufigen Rechnung gefundenen Wert d in Spalte e des Berechnungsformulars auf S. 173/174 ein.

a) Vorläufige Rechnung
Stromkreis des Heizkörpers 1 (das ist der ungünstigste)
(Teilstrecken 1 bis 14)

Wirksamer Druck. . . . . $H = 3{,}0 \cdot 18{,}7$	$= 56{,}1$	mm WS
Verbleiben für Rohrreibung in den vorgenannten Teilstrecken . $0{,}67\,H$	$= 37{,}6$	mm WS
Gesamtlänge dieser Teilstrecken	$= 72{,}5$	m
Druckgefälle . . . . $R = 37{,}6 : 72{,}5$	$= 0{,}52$	mm WS/m

Stromkreis des Heizkörpers 2
(Teilstrecken 1 bis 6, 9 bis 14, 15 bis 18)

Wirksamer Druck. $H = 6{,}0 \cdot 18{,}7$	$= 112{,}2$	mm WS
Verbleiben für Rohrreibung in den genannten Teilstrecken . . $0{,}67\,H$	$= 75{,}2$	mm WS
Hiervon aufgebraucht in den Teilstrecken 1 bis 6 und 9 bis 14		
(Länge 69,5 m) . . . . $69{,}5 \cdot 0{,}52$	$= 36{,}1$	mm WS
Verbleiben für Rohrreibung in den Teilstrecken 15 bis 18. . .	$= 39{,}1$	mm WS
Gesamtlänge dieser Teilstrecken	$= 8{,}0$	m
Druckgefälle . . . . $R = 39{,}1 : 8$	$= 4{,}9$	mm WS/m

Stromkreis des Heizkörpers 3
(Teilstrecken 1 bis 6, 9 bis 14, 15, 18, 19 bis 22)

Wirksamer Druck. $H = 9{,}0 \cdot 18{,}7$	$= 168{,}3$	mm WS
Verbleiben für Rohrreibung in den vorgenannten Teilstrecken . $0{,}67\,H$	$= 112{,}8$	mm WS
Hiervon aufgebraucht:		
in den Teilstrecken 1 bis 6 und 9 bis 14 (wie oben)	$= 36{,}1$	mm WS
in den Teilstrecken 15 und 18 (Länge 6 m) . . . . $6 \cdot 4{,}9$	$= 29{,}4$	mm WS
Verbleiben für Rohrreibung in den Teilstrecken 19 bis 22. . . $112{,}8 - (36{,}1 + 29{,}4)$	$= 47{,}3$	mm WS
Gesamtlänge dieser Teilstrecken	$= 8{,}0$	m
Druckgefälle . . . . $R = 47{,}3 : 8$	$= 5{,}9$	mm WS/m

In derselben Weise werden der wirksame Druck und das Druckgefälle R für alle anderen Stromkreise berechnet und die vorläufigen Durchmesser bestimmt.

b) Nachrechnung der Rohrleitung

Nach Ermittlung der $\Sigma \zeta$ für die einzelnen Teilstrecken beginnt man mit der Bestimmung der wirklichen Werte für $\Sigma (l\,R)$ und ΣZ und nimmt, falls es erforderlich ist, eine Änderung der Rohrweiten vor. Die entsprechenden Werte sind in den Vordruck einzutragen.

Zusammenstellung der ζ-Werte

Teil-strecke	Anzahl	Benennung	r/d	$\dfrac{w_{a(d)}}{w}$	$\dfrac{\dot{V}_{a(d)}}{\dot{V}}$	$\dfrac{d_{a}^{(*)}}{d}$	ζ
a	b	c	d	e	f	g	h
		Stromkreis des Heizkörpers 1					
1	1	Kessel	—	—	—	—	2,5
	2	Krümmer	3	—	—	—	0,6
	1	T-Stück, Trennung, Durchgang	—	1	—	—	0
							$\Sigma \zeta_1 = 3{,}1$
2	1	T-Stück, Trennung, Durchgang	—	0,9	—	0,9	0
3	1	T-Stück, Trennung, Durchgang	—	1	—	0,9	0
4	1	T-Stück, Trennung, Durchgang	—	0,9	—	0,9	0,1
5	1	T-Stück, Trennung, Durchgang	—	0,6	—	—	0,4
6	1	T-Stück, Trennung, Durchgang	—	1	—	0,6	0,2
	1	Krümmer	3	—	—	—	0,3
	1	Strangabsperrschieber.	—	—	—	—	0,3
							$\Sigma \zeta_6 = 0{,}8$

Teilstrecke	Anzahl	Benennung	r/d	$\dfrac{w_{a(d)}}{w}$	$\dfrac{\dot{V}_{a(d)}}{\dot{V}}$	$\dfrac{d_a^{(*)}}{d}$	ζ
a	b	c	d	e	f	g	h
7	1	T-Stück, Trennung, Abzweig	—	0,75	—	—	2,8
	1	Heizkörper mit Anschluß	—	—	—	—	5,0
						$\Sigma\,\zeta_7 = 7,8$	
8	1	Ausbiegestück	—	—	—	—	0,5
	1	T-Stück, Vereinigung, Abzweig	—	—	0,25	0,6	0,5
						$\Sigma\,\zeta_8 = 1,0$	
9	1	Krümmer	3	—	—	—	0,3
	1	Strangabsperrschieber	—	—	—	—	0,3
	1	T-Stück, Vereinigung, Durchgang	—	—	0,5	<1	0,8
						$\Sigma\,\zeta_9 = 1,4$	
10	1	T-Stück, Vereinigung, Durchgang	—	—	0,6	1	1,5
11	1	T-Stück, Vereinigung, Durchgang	—	—	0,75	<1	0,4
12	1	T-Stück, Vereinigung, Durchgang	—	—	0,8	<1	0,3
13	1	T-Stück, Vereinigung, Durchgang	—	—	0,8	<1	0,3
14	1	T-Stück, Vereinigung, Durchgang	—	—	1	1	0
	3	Krümmer	3	—	—	—	0,9
						$\Sigma\,\zeta_{14} = 0,9$	

Die Teilstrecken 1 bis 3, 7, 8, 12 bis 14 werden im Rahmen der Nachrechnung geändert. Dadurch ändern sich die ζ-Werte wie folgt:

Teilstrecke	Anzahl	Benennung	r/d	$\dfrac{w_{a(d)}}{w}$	$\dfrac{\dot{V}_{a(d)}}{\dot{V}}$	$\dfrac{d_a^{(*)}}{d}$	ζ
3	1	T-Stück, Trennung, Durchgang	—	0,95	—	0,9	0,1
4	1	T-Stück, Trennung, Durchgang	—	0,75	—	1	0,3
7	1	T-Stück, Trennung, Abzweig	—	1,4	—	—	1,6
	1	Heizkörper mit Anschluß	—	—	—	—	5,0
						$\Sigma\,\zeta_7 = 6,6$	
8	1	Ausbiegestück	—	—	—	—	0,5
	1	T-Stück, Vereinigung, Abzweig	—	—	0,25	0,5	0,9
						$\Sigma\,\zeta_8 = 1,4$	
12	1	T-Stück, Vereinigung, Durchgang	—	—	0,8	1	0,7

Stromkreis des Heizkörpers 2

Teilstrecke	Anzahl	Benennung	r/d	$\dfrac{w_{a(d)}}{w}$	$\dfrac{\dot{V}_{a(d)}}{\dot{V}}$	$\dfrac{d_a^{(*)}}{d}$	ζ
15	1	T-Stück, Trennung, Durchgang	—	>1	—	—	0
16	1	T-Stück, Trennung, Abzweig	—	0,56	—	—	4,2
	1	Heizkörper mit Anschluß	—	—	—	—	5,0
						$\Sigma\,\zeta_{16} = 9,2$	
17	1	Ausbiegestück	—	—	—	—	0,5
	1	T-Stück, Vereinigung, Abzweig	—	—	0,3	0,75	1,0
						$\Sigma\,\zeta_{17} = 1,5$	
18	1	T-Stück, Vereinigung, Durchgang	—	—	0,75	<1	0,4

Teilstrecke 18 geändert, dadurch ändert sich Teilstrecke 17 wie folgt:

Teilstrecke	Anzahl	Benennung	r/d	$\dfrac{w_{a(d)}}{w}$	$\dfrac{\dot{V}_{a(d)}}{\dot{V}}$	$\dfrac{d_a^{(*)}}{d}$	ζ
17	1	Ausbiegestück	—	—	—	—	0,5
	1	T-Stück, Vereinigung, Abzweig	—	—	0,3	1	−2,0
						$\Sigma\,\zeta_{17} = -1,5$	

Stromkreis des Heizkörpers 3

Teilstrecke	Anzahl	Benennung	r/d	$\dfrac{w_{a(d)}}{w}$	$\dfrac{\dot{V}_{a(d)}}{\dot{V}}$	$\dfrac{d_a^{(*)}}{d}$	ζ
19	1	T-Stück, Trennung, Durchgang	—	1,2	—	0,75	0,2
20	1	T-Stück, Trennung, Abzweig	—	0,95	—	—	6,0
	1	Heizkörper mit Anschluß	—	—	—	—	5,0
						$\Sigma\,\zeta_{20} = 11,0$	
21	1	Ausbiegestück	—	—	—	—	0,5
	1	T-Stück, Vereinigung, Abzweig	—	—	0,45	1	1,8
						$\Sigma\,\zeta_{21} = 2,3$	
22	1	T-Stück, Vereinigung, Durchgang	—	—	0,7	1	1,8

Teil-strecke	Anzahl	Benennung	r/d	$\dfrac{w_{a(d)}}{w}$	$\dfrac{\dot V_{a(d)}}{\dot V}$	$\dfrac{d_a{}^{(*)}}{d}$	ζ
a	b	c	d	e	f	g	h

Stromkreis des Heizkörpers 4

Teil-strecke	Anzahl	Benennung	r/d	$\dfrac{w_{a(d)}}{w}$	$\dfrac{\dot V_{a(d)}}{\dot V}$	$\dfrac{d_a{}^{(*)}}{d}$	ζ
23	1	T-Stück, Trennung, Durchgang	—	0,55	—	1	0,5
	1	Anschluß Entlüftung (Knie NW 15)	1	—	—	—	0,5
	1	Heizkörper mit Anschluß	—	—	—	—	5,0

$$\Sigma\,\zeta_{23} = 6,0$$

24	1	Ausbiegestück	—	—	—	—	0,5
	1	Krümmer	1	—	—	—	0,5
	1	T-Stück, Vereinigung, Durchgang	—	—	0,55	1	1,5

$$\Sigma\,\zeta_{24} = 2,5$$

Stromkreis des Heizkörpers 5

25	1	T-Stück, Trennung, Abzweig	—	2,1	—	—	1,0
	1	Strangabsperrschieber.	—	—	—	—	0,3

$$\Sigma\,\zeta_{25} = 1,3$$

26	1	T-Stück, Trennung, Abzweig	—	0,4	—	—	7,0
	1	Heizkörper mit Anschluß	—	—	—	—	5,0

$$\Sigma\,\zeta_{26} = 12,0$$

27	1	Ausbiegestück	—	—	—	—	0,5
	1	T-Stück, Vereinigung, Abzweig	—	—	0,2	0,75	0,3

$$\Sigma\,\zeta_{27} = 0,8$$

28	1	T-Stück, Vereinigung, Abzweig	—	—	0,2	0,3	1,0
	1	Strangabsperrschieber.	—	—	—	—	0,3

$$\Sigma\,\zeta_{28} = 1,3$$

Teilstrecke	Aus dem Rohrplan		Länge der Teilstrecke	Vorläufiger Rohr-durchmesser	Nachrechnung											Unter-schied	
	Stündlich geförderte Wärmemenge	Stündlich geförderte Wassermenge			mit vorläufigem Rohrdurchmesser					mit geändertem Rohrdurchmesser							
			l	d	w	R	lR	$\Sigma\zeta$	Z	d	w	R	lR	$\Sigma\zeta$	Z	lR o-h	Z q-k
Nr.	$\dfrac{kcal}{h}$	$\dfrac{kg}{h}$	m	mm	$\dfrac{m}{s}$	$\dfrac{mm\,WS}{m}$	$\dfrac{mm}{WS}$	—	$\dfrac{mm}{WS}$	mm	$\dfrac{m}{s}$	$\dfrac{mm\,WS}{m}$	$\dfrac{mm}{WS}$	—	$\dfrac{mm}{WS}$	$\dfrac{mm}{WS}$	$\dfrac{mm}{WS}$
a	b	c	d	e	f	g	h	i	k	l	m	n	o	p	q	r	s

Stromkreis des Heizkörpers 1

Wirksamer Druck: $H = 56,1$ mm WS Druckgefälle $R = 0,52$ mm WS/m

a	b	c	d	e	f	g	h	i	k	l	m	n	o	p	q	r	s
1	58200	1940	6,0	65	0,15	0,37	2,2	3,1	3,5	60	0,18	0,58	3,5	3,1	5,0	1,3	1,5
2	48200	1607	4,0	60	0,14	0,41	1,6	0	—	57	0,18	0,75	3,0	0	—	1,4	—
3	37200	1240	7,0	57	0,14	0,46	3,2	0	—	50	0,17	0,75	5,3	0,1	0,1	2,1	0,1
4	27700	923	5,0	50	0,13	0,44	2,2	0,1	0,1	—	—	—	—	0,3	0,3	—	0,2
5	17700	590	6,0	50	0,08	0,20	1,2	0,4	0,1	—	—	—	—	—	—	—	—
6	8700	290	5,5	32	0,08	0,33	1,8	0,8	0,3	—	—	—	—	—	—	—	—
7	2200	73	1,5	20	0,06	0,35	0,5	7,8	1,4	15	0,11	1,48	2,2	6,6	4,0	1,7	2,6
8	2200	73	1,5	20	0,06	0,35	0,5	1,0	0,2	15	0,11	1,48	2,2	1,4	0,9	1,7	0,7
9	8700	290	6,0	32	0,08	0,33	2,0	1,4	0,5	—	—	—	—	—	—	—	—
10	17700	590	6,0	50	0,08	0,20	1,2	1,5	0,5	—	—	—	—	—	—	—	—
11	27700	923	5,0	50	0,13	0,44	2,2	0,4	0,3	—	—	—	—	—	—	—	—
12	37200	1240	7,0	57	0,14	0,46	3,2	0,3	0,3	50	0,17	0,75	5,3	0,7	1,0	2,1	0,7
13	48200	1607	4,0	60	0,14	0,41	1,6	0,3	0,3	57	0,18	0,75	3,0	0,3	0,5	1,4	0,2
14	58200	1940	8,0	65	0,15	0,37	3,0	0,9	0,9	60	0,18	0,58	4,6	0,9	1,5	1,6	0,6

$$72,5 \qquad \Sigma\,(l\,R) + \Sigma\,Z = 26,4 \quad + \quad 8,4 \quad = \quad 34,8 \text{ mm WS} \qquad +19,9$$

Teilstrecken 1 bis 3, 7, 8, 12 bis 14 geändert $= +19,9$ mm WS

Somit ist $\Sigma\,(l\,R) + \Sigma\,Z \qquad = 54,7$ mm WS $< 56,1$ mm WS

Teilstrecke	Stündlich geförderte Wärmemenge	Stündlich geförderte Wassermenge	Länge der Teilstrecke	Vorläufiger Rohrdurchmesser	mit vorläufigem Rohrdurchmesser					mit geändertem Rohrdurchmesser						Unterschied	
					Nachrechnung												
			l	d	w	R	lR	$\Sigma\zeta$	Z	d	w	R	lR	$\Sigma\zeta$	Z	lR o-h	Z q-k
Nr.	$\dfrac{\text{kcal}}{\text{h}}$	$\dfrac{\text{kg}}{\text{h}}$	m	mm	$\dfrac{\text{m}}{\text{s}}$	$\dfrac{\text{mm WS}}{\text{m}}$	$\dfrac{\text{mm}}{\text{WS}}$	—	$\dfrac{\text{mm}}{\text{WS}}$	mm	$\dfrac{\text{m}}{\text{s}}$	$\dfrac{\text{mm WS}}{\text{m}}$	$\dfrac{\text{mm}}{\text{WS}}$	—	$\dfrac{\text{mm}}{\text{WS}}$	$\dfrac{\text{mm}}{\text{WS}}$	$\dfrac{\text{mm}}{\text{WS}}$
a	b	c	d	e	f	g	h	i	k	l	m	n	o	p	q	r	s

Stromkreis des Heizkörpers 2

Wirksamer Druck: $H = 112,2$ mm WS $\qquad\qquad$ Druckgefälle $R = 4,9$ mm WS/m

aufgebraucht in den Teilstrecken

Nr.	b	c	l	d	w	R	lR	$\Sigma\zeta$	Z	d	w	R	lR	$\Sigma\zeta$	Z	lR o-h	Z q-k
1 bis 6:							17,0		5,8								
9 bis 14:							18,3		4,3								
15	6500	217	3,0	20	0,18	2,4	7,2	0	—	—	—	—	—	—	—	—	—
16	2000	67	1,0	15	0,10	1,27	1,3	9,2	4,6	—	—	—	—	—	—	—	—
17	2000	67	1,0	15	0,10	1,27	1,3	1,5	0,8	—	—	—	—	−1,5	−0,8	—	−1,6
18	6500	217	3,0	20	0,18	2,4	7,2	0,4	0,7	15	0,32	11	33,0	0,4	2,0	25,8	1,3

$$8,0 \qquad \Sigma(lR) + \Sigma Z = 52,3 \ + \ 16,2 \ = \ 68,5 \text{ mm WS} \qquad +25,5$$

Teilstrecke 18 geändert $\qquad\qquad +25,5$ mm WS

Somit ist $\Sigma(lR) + \Sigma Z \qquad\qquad = 94,0$ mm WS $< 112,2$ mm WS

Stromkreis des Heizkörpers 3

Wirksamer Druck: $H = 168,3$ mm WS $\qquad\qquad$ Druckgefälle $R = 5,9$ mm WS/m

aufgebraucht in den Teilstrecken

Nr.	b	c	l	d	w	R	lR	$\Sigma\zeta$	Z	d	w	R	lR	$\Sigma\zeta$	Z	lR o-h	Z q-k
1 bis 6, 15:							24,2		5,8								
9 bis 14, 18:							51,3		6,3								
19	4500	150	3,0	15	0,22	5,4	16,2	0,2	0,5	—	—	—	—	—	—	—	—
20	2000	67	1,0	15	0,1	1,27	1,3	11,0	5,5	—	—	—	—	—	—	—	—
21	2000	67	1,0	15	0,1	1,27	1,3	2,3	1,2	—	—	—	—	—	—	—	—
22	4500	150	3,0	15	0,22	5,4	16,2	1,8	4,4	—	—	—	—	—	—	—	—

$$8,0 \qquad \Sigma(lR) + \Sigma Z = 110,5 \ + \ 23,7 \ = 134,2 \text{ mm WS} < 168,3 \text{ mm WS}$$

Eine Herabsetzung der Leitungsdurchmesser unter $^1/_2''$ ist erfahrungsgemäß bei Schwerkraftheizungen unzweckmäßig. Der Drucküberschuß wird durch Drosselung der Voreinstellung aufgebraucht.

Stromkreis des Heizkörpers 4

Wirksamer Druck: $H = 224,4$ mm WS $\qquad\qquad$ Druckgefälle $R = 6,17$ mm WS/m

aufgebraucht in den Teilstrecken

Nr.	b	c	l	d	w	R	lR	$\Sigma\zeta$	Z	d	w	R	lR	$\Sigma\zeta$	Z	lR o-h	Z q-k
1 bis 6, 15, 19:							40,4		6,3								
9 bis 14, 18, 22:							67,5		10,7								
23	2500	83	4,0	15	0,12	1,87	7,5	6,0	4,3	—	—	—	—	—	—	—	—
24	2500	83	4,0	15	0,12	1,87	7,5	2,5	1,8	—	—	—	—	—	—	—	—

$$8,0 \qquad \Sigma(lR) + \Sigma Z = 122,9 \ + \ 23,1 \ = 146,0 \text{ mm WS} < 224,4 \text{ mm WS}$$

Auch hier ist ein Drucküberschuß vorhanden, der durch das Heizkörperventil abgedrosselt wird.

Stromkreis des Heizkörpers 5

Wirksamer Druck: $H = 112,2$ mm WS $\qquad\qquad$ Druckgefälle $R = 6,7$ mm WS/m

aufgebraucht in den Teilstrecken

Nr.	b	c	l	d	w	R	lR	$\Sigma\zeta$	Z	d	w	R	lR	$\Sigma\zeta$	Z	lR o-h	Z q-k
1 + 2:							6,5		5,0								
13 + 14:							7,6		2,0								
25	11000	367	4,0	20	0,3	6,2	24,8	1,3	5,8	—	—	—	—	—	—	—	—
26	2500	83	1,0	15	0,12	1,87	1,9	12,0	8,6	—	—	—	—	—	—	—	—
27	2500	83	1,0	15	0,12	1,87	1,9	0,8	0,6	—	—	—	—	—	—	—	—
28	11000	367	3,5	20	0,3	6,2	21,7	1,3	5,9	—	—	—	—	—	—	—	—

$$9,5 \qquad \Sigma(lR) + \Sigma Z = 64,4 \ + \ 27,9 \ = 92,3 \text{ mm WS} < 112,2 \text{ mm WS}$$

Die Nachrechnung ist im vorstehenden für alle fünf Heizkörper durchgeführt worden. Zu bemerken ist, daß in den Steigsträngen und Heizkörperanbindungen nur geringfügige Änderungen vorgenommen wurden.

c) Anlaufkriterium

Es ist in vorstehendem Beispiel zwar sehr unwahrscheinlich, daß einer der beiden Stränge I und II durch Abschalten aller Heizkörper vollständig zum Stillstand kommt. Trotzdem soll zur Verdeutlichung des Einflusses auf die Rohrdimensionierung das Anlaufkriterium untersucht werden.

Wirksamer Druck am Ende der Teilstrecke 5 mit $h = 1,8$ m

$$H = 1,8 \cdot 18,7 = 33,7 \text{ mm WS.}$$

Aufgebraucht in den Teilstrecken 1 bis 5 und 10 bis 14 sind

$$\Sigma\,(l\,R) + \Sigma\,Z = 40,8 \text{ mm WS.}$$

wie Druckverluste sind also höher als der wirksame Druck. Das Anlaufkriterium ist in diesem Fall nur erfüllt, Denn in den Teilstrecken 1 bis 3 und 12 bis 14 die vorläufig ermittelten Durchmesser beibehalten werden. Dann ist

$$\Sigma\,(l\,R) + \Sigma\,Z = 27,6 < 33,7 \text{ mm WS.}$$

Wählt man diese Ausführung, so sind die überschüssigen Druckhöhen in den Heizkörperstromkreisen durch Verkleinerung der Rohrdurchmesser oder Drosselung der Heizkörperventile zu beseitigen.

C. Zweirohrsystem mit Berücksichtigung der Wärmeverluste der Rohrleitung

Die Vernachlässigung der Rohrleitungswärmeverluste bei der Durchmesserbestimmung einer Schwerkraftheizung ist dann zulässig, wenn die Abkühlung des Heizwassers im Rohrnetz nur geringen Einfluß auf die Umtriebsdrücke hat. Das trifft zu für Anlagen mit „unterer Verteilung". Man berechnet diese Anlagen daher in der Regel nach dem vereinfachten Verfahren unter B, zumal eine Anzahl weiterer Einflußgrößen schwer erfaßbar ist, an die Genauigkeit des Rechnungsverfahrens also ohnehin keine allzu hohen Anforderungen gestellt werden können. Erwähnt seien in diesem Zusammenhang u. a. die Unsicherheiten in den ζ-Werten für Einbauteile, Rohrabzweigungen und Rohrverbindungen (insbesondere bei geschweißten Rohrnetzen) und in der Bestimmung der Wärmeverluste.

Bei „oberer Verteilung" hingegen bewirken die Rohrleitungswärmeverluste eine wesentliche Erhöhung der Umtriebskräfte. Man muß daher auf ein genaueres Rechnungsverfahren übergehen.

1. Die Abkühlung im Rohrnetz und ihr Einfluß auf den Umtriebsdruck

Die Bedeutung der Wärmeverluste der Rohrleitungen für den Wasserumlauf und den wirksamen Druck einer Schwerkraftheizung soll an einem vereinfachten Modell erläutert werden. Abb. 11.19 zeigt das Strangschema einer Warmwasserheizung mit *einem* Stromkreis und ohne Heizkörper. Die Vorlaufsteigleitung $\overline{ea}$ und die Rücklaufsammelleitung $\overline{de}$ seien gut isoliert; ihr Wärmeverlust sei vernachlässigbar[1]. Die bei e zugeführte Wärme wird in der oberen Vorlaufleitung $\overline{ab}$ und im Fallstrang $\overline{bcd}$ abgegeben. Nimmt man in erster Annäherung die Wärmeabgabe je m Teilstrecke längs der Leitung $\overline{ab}$ als konstant an, so ist die Auswirkung der Wasserabkühlung auf den Umtriebsdruck im Stromkreis offensichtlich unabhängig davon, ob die Wärmeabgabe auf der gesamten Teilstrecke $\overline{ab}$

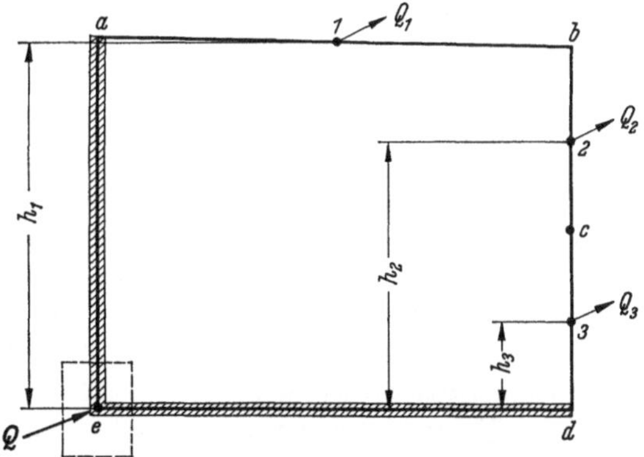

Abb. 11.19. Stromkreis ohne Heizkörper.

erfolgt oder nur in ihrer Mitte, also im Punkt *1*. Auch für die Teilstrecken $\overline{bc}$ und $\overline{cd}$ kann die Wärmeabgabe jeweils in einem Abkühlungspunkt *2* bzw. *3* vereinigt gedacht werden. Der wirksame Druck H berechnet sich danach aus dem Gewichtsunterschied der Wassersäulen.

---

[1] Diese Annahme ist auch für die praktischen Verhältnisse berechtigt, da die Wasserabkühlung in der starken, geschützt verlegten Steigleitung nur gering ist und die Wärmeverluste der im Keller angeordneten Rücklaufsammelleitung wegen des geringen Höhenabstandes zur Kesselmitte ohnehin für die wirksamen Kräfte kaum Bedeutung haben.

Für den Steigestrang $\overline{ea}$ gilt:

$$h_1\,\gamma_a.$$

Für die Verteilleitung und den Fallstrang:

$$h_3\,\gamma_d + (h_2 - h_3)\,\gamma_c + (h_1 - h_2)\,\gamma_b.$$

Dabei sind γ_a, γ_b, γ_c und γ_d die Wichten an den Endpunkten der Teilstrecken, die bei dem durch Abkühlungspunkte vereinfachten Stromkreis auch für die zweite Hälfte jeder Teilstrecke gelten.

Damit wird

$$H = h_3\,\gamma_d + (h_2 - h_3)\,\gamma_c + (h_1 - h_2)\,\gamma_b - h_1\,\gamma_a. \tag{11.18}$$

Durch Umformung erhält man

$$H = h_1(\gamma_b - \gamma_a) + h_2(\gamma_c - \gamma_b) + h_3(\gamma_d - \gamma_c). \tag{11.19}$$

Diese Gleichung besagt: Eine Abkühlung auf der Strecke $\overline{ab}$, die im Mittel um h_1 über Kesselmitte (als dem Erwärmungspunkt des Systems) liegt, bewirkt einen Umtriebsdruck $h_1\,(\gamma_b - \gamma_a)$.

Sind mehrere Abkühlungen in einem Stromkreis hintereinandergeschaltet, so addieren sich ihre Wirkungen. Der gesamte Umtriebsdruck ergibt sich als „Summe aller Einzeldrücke"[1].

Man kann sich in c auch einen Heizkörper eingeschaltet denken, dann tritt ein zusätzlicher Druckunterschied $h_c(\gamma_{c'} - \gamma_c)$ hinzu, wobei $\gamma_{c'}$ die Wichte des Wassers im Heizkörperablauf ist. Die Abkühlung in der Rohrstrecke $\overline{cd}$, die jetzt den Rücklaufstrang des Heizkörpers darstellt, wird infolge der niedrigeren Wassertemperatur kleiner; ihr wirksamer Druck geht zurück auf

$$h_3(\gamma_{d'} - \gamma_{c'}).$$

Man kann auf diese Weise den Umtriebsdruck jedes Stromkreises berechnen, wenn die Wassertemperaturen an den einzelnen Netzstellen bekannt sind. Für eine beliebige Teilstrecke $\overline{mn}$ mit den Temperaturen t_m und t_n an den beiden Endpunkten sind aus der Zahlentafel A 35 die Wasserwichten zu entnehmen. Das Aufsuchen dieser Werte und die Differenzbildung lassen sich umgehen, wenn man die Wichteänderung des Wassers mit der Temperatur einführt[2] und schreibt:

$$(\gamma_n - \gamma_m) = \vartheta\,\varepsilon. \tag{11.20}$$

Dabei bedeuten:

ϑ den Temperaturabfall in der Teilstrecke $\overline{mn}$,
ε das Wichtegefälle $d\gamma/dt$.

Nach Abb. 11.20 und Zahlentafel A 37 wächst ε mit der Temperatur an. Für Zweirohr-Warmwasserheizungen mit 90/70 °C am Kessel kann mit nachstehenden Durchschnittswerten für ε gerechnet werden:

für die Vorlaufleitungen $\varepsilon_v = 0{,}67$ kp/m³ grd,

für die Rücklaufleitungen $\varepsilon_r = 0{,}56$ kp/m³ grd.

Unter dem Einfluß der Rohrleitungswärmeverluste ist stets der Temperaturunterschied zwischen Vorlauf und Rücklauf am Kessel größer als am Heizkörper.

Geht man von einer bestimmten Wasserabkühlung im Heizkörper aus, z. B. 20 grd, so kann die wirkliche Warmwasserheizung, verglichen mit dem System ohne Rohrleitungswärmeverluste, sonach als eine Anlage mit höheren Temperaturdifferenzen zwischen Kesselvorlauf und -rücklauf angesehen werden. Diese höhere Temperaturdifferenz ist die Ursache der zusätzlich auftretenden Umtriebsdrücke.

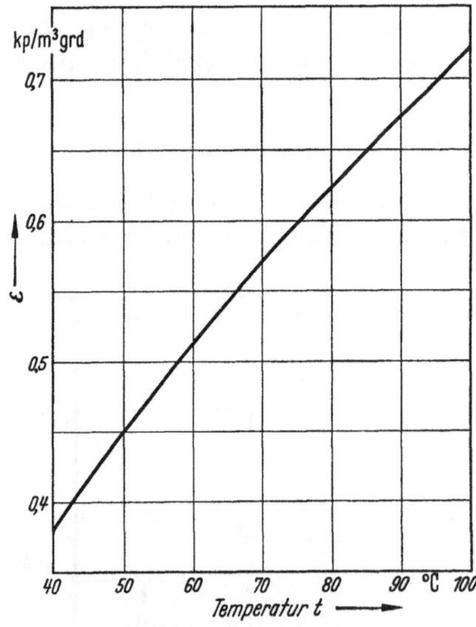

Abb. 11.20. Abhängigkeit des Wichtegefälles $\varepsilon = \dfrac{d\gamma}{dt}$ von der Temperatur.

[1] WIERZ, M.: Theorie des wirksamen Druckes in Warmwasserheizungen. Gesundh.-Ing. 47 (1924) 159.
[2] WIERZ, M.: Über die Kräfte durch Rohrabkühlung in Warmwasserheizungen. Gesundh.-Ing. 48 (1925) 145/149. — WEBER, A. P.: Der Umtriebsdruck in Schwerkraftwarmwasserheizungen. Gesundh.-Ing. 70 (1949) 177/179.

2. Berichtigung der Heizkörpergrößen

Die unterschiedlichen Wassertemperaturen im Vorlauf sind bei der genauen Durchrechnung einer Anlage auch bei der Größenbestimmung der Heizflächen zu berücksichtigen. Je länger die Vorlaufverbindung zwischen einem Heizkörper und dem Kessel ist, insbesondere die nicht isolierten Leitungsstücke, um so niedriger ist die Wassereintrittstemperatur, also auch die spezifische Wärmeleistung der Heizflächen. Dementsprechend müssen bei gleicher geforderter Leistung die kesselfernen Heizkörper größer gewählt werden als die kesselnahen. Bei der Berechnung der Vorlauftemperaturen an den einzelnen Netzpunkten kann man nun entweder die Vorlauftemperatur am Kessel oder die am ungünstigsten Heizkörper festlegen, z. B. mit 90 °C. Bei der ersten Annahme erhalten die entfernteren Heizkörper einen Zuschlag gegenüber den Rechnungswerten ohne Berücksichtigung der Wärmeverluste, bei der zweiten Annahme können die näher gelegenen Heizkörper kleiner gewählt werden, da die Vorlauftemperatur zum Kessel hin höher wird. Die zweite Annahme ergibt sonach etwas kleinere Heizflächen, führt bei ausgedehnten Anlagen aber eventuell zu Temperaturen in der Vorlaufleitung, die bei Höchstlast sehr nahe an der Verdampfungstemperatur liegen. Wir wählen deshalb den ersten Weg und vergrößern die entfernter gelegenen Heizflächen.

Es empfiehlt sich, bei Zweirohrheizungen i. allg. den einmal gewählten Temperaturabfall in allen Heizkörpern beizubehalten. Dadurch korrespondieren stets die Wärmemengen und die Wassermengen, die Arbeitsblätter 1 und 3 können sonach bei allen Teilstrecken unmittelbar Verwendung finden. Ein weiterer Vorzug ist, daß die mittlere Heizkörpertemperatur schon durch die jeweilige Vorlauftemperatur bestimmt ist und damit auch die zulässige Heizflächenbelastung festliegt.

Zuweilen wird vorgeschlagen, die Abkühlung des Wassers in den Heizkörpern so zu wählen, daß sich in der Rücklaufsammelleitung nur Teilströme gleicher Temperatur treffen. Danach wären die kesselnahen Stränge und Heizkörper für größere Temperaturunterschiede auszulegen als die mehr entfernten. Der Vorzug einer solchen Rechnungsweise liegt darin, daß an den Knotenpunkten der Rücklaufsammelleitung keine zusätzlichen Drücke durch Abkühlung oder Erwärmung beim Mischen von Teilströmen unterschiedlicher Temperatur auftreten, ein Vorgang, der zu Zirkulationsstörungen in den einzelnen Strängen einer Schwerkraftheizung führen kann. Mit Sicherheit läßt sich die Temperaturgleichheit aber nur für eine bestimmte Aufteilung der Wassermengen auf die verschiedenen Stränge gewährleisten; sie ist nicht vorhanden, wenn Heizkörper oder Stränge stärker gedrosselt werden, wie es in der Praxis immer vorkommt. Auch erschweren die abweichenden Temperaturunterschiede am Heizkörpereintritt und -austritt die Einregelung einer Heizanlage durch den Monteur bei der ersten Inbetriebnahme.

Nur bei der Bemessung von Stockwerksheizungen hat sich diese Rechnungsweise — dort allerdings in vereinfachter Form — durchgesetzt, s. S. 183.

3. Berechnung der Abkühlung im Rohrnetz

Für die Wärmeabgabe einer isolierten Rohrleitung gilt die Gl. (8.31). Danach läßt sich die Abkühlung ϑ eines Wasserstroms in einer Teilstrecke aus nachstehender Beziehung entnehmen:

$$\vartheta = \frac{l\,k_R(t_m - t_i)}{G_h\,c}. \tag{11.21}$$

Dabei bedeuten:

ϑ die Abkühlung des Wassers in grd,
l die Länge der Teilstrecke in m,
k_R die Wärmedurchgangszahl des Rohres auf 1 m Länge bezogen in kcal/m h grd,
t_m die mittlere Heizwassertemperatur in °C,
t_i die Raum- bzw. Umgebungstemperatur in °C,
G_h die stündliche Wasserförderung in der Leitung in kg/h,
c die spezifische Wärme des Wassers, meist gleich 1 gesetzt, in kcal/kg grd.

Für t_m kann zur Erleichterung der Rechnung auch die Temperatur am Anfang oder Ende der Teilstrecke eingesetzt werden, da der Unterschied zwischen den beiden Werten $\left(\frac{\vartheta}{2}\right)$, gemessen an $(t_m - t_i)$, nur sehr klein ist.

Als Umgebungstemperatur t_i wählt man:

a) bei frei verlegten Rohren die Lufttemperatur des betreffenden Raumes (für unbeheizte Räume s. Zahlentafel A 12),

b) bei isolierten Rohren in geschlossenen Mauerschlitzen

$$t_i = 35\,°\mathrm{C},$$

c) bei unisolierten Rohren in geschlossenen Mauerschlitzen

$$t_i = 45\,°\mathrm{C}.$$

k_R ist für isolierte Rohre aus den Zahlentafeln A 31 und 32 zu ermitteln, wobei für die Halterungen ein Zuschlag von 15% auf die Wärmeverluste der isolierten Rohrleitungen in Ansatz zu bringen ist. Zur Erleichterung der Rechnung sind in Zahlentafel A 33 für Rohre der Nennweiten 10 bis 200 die Werte für $k'_R = 1{,}15\,k_R$ im Temperaturbereich 65 bis 95 °C für verschiedene Isolierdicken bei Verwendung von Glas- bzw. Mineralgespinstmatten und Kieselgur zusammengestellt. Die Werte für die üblichen Isolierdicken sind durch Fettdruck hervorgehoben. Für nicht isolierte Rohre sind die k_R-Werte aus Zahlentafel A 34 zu verwenden.

Bei gegebener Vorlauftemperatur am Kessel, beispielsweise $t_v = 90$ °C, errechnet man in Richtung der Strömung schreitend den Temperaturabfall in allen Teilstrecken bis zum ungünstigsten Heizkörper und in gleicher Weise die Auskühlung in der Rücklaufleitung. Die Rücklaufsammelleitung bleibt dabei — wie bereits erwähnt — in der Regel außer Betracht. (Zur Feststellung der Rücklauftemperatur am Kessel ist die Mischtemperatur aller Stromkreise zu berechnen.) Mit den Vorlauftemperaturen an den Abgangsstellen der übrigen Stränge kann auch deren Abkühlung leicht bestimmt werden.

Als Teilstrecken sind dabei, wie bei der Druckverlustberechnung, jeweils die Rohrstücke mit gleichbleibendem Wasserstrom und Durchmesser zu betrachten. Geht eine solche Leitung durch Räume verschiedener Temperaturen oder ändert sich die Isolierung, so ist sie in zwei oder mehr Teilstrecken aufzuteilen. Das kommt z. B. beim letzten Strang vor, der mit gleichem Durchmesser teilweise im Dachboden und teilweise im obersten Stockwerk verlegt ist.

4. Vorläufige Ermittlung der Rohrdurchmesser

Bei der vorläufigen Bestimmung der Rohrdurchmesser geht man zunächst von dem wirksamen Druck aus, der bei der Anlage ohne Wärmeverluste vorhanden wäre, und berücksichtigt die zusätzlichen Umtriebsdrücke der Rohrabkühlung durch Näherungswerte. Diese sind den Zahlentafeln A 39, A 41 und A 42 zu entnehmen. Der so ermittelte *vorläufige wirksame* Druck H_0 für einen Stromkreis dient in üblicher Weise zur Bestimmung der vorläufigen Rohrdurchmesser, die wie unter Teilabschnitt B in den Vordruck eingetragen werden.

Die Werte der Zahlentafeln sind durch eingehende Berechnungen unter gewissen Vereinfachungen, die für durchschnittliche Verhältnisse der Praxis zutreffen, gewonnen worden. Da die wichtigsten Parameter des Abkühlungsvorganges dabei einwandfrei erfaßt sind, wird man nur in Sonderfällen eine genaue Nachrechnung der Rohrabkühlung und der daraus resultierenden zusätzlichen Drücke vornehmen müssen, wie sie im folgenden Unterabschnitt beschrieben wird.

5. Nachrechnung der Rohrleitung

Die Nachrechnung umfaßt hier sowohl die Feststellung des tatsächlich auftretenden wirksamen Druckes H für jeden Stromkreis als auch die Prüfung des Ausgleiches zwischen dem wirksamen Druck und den Reibungsverlusten $\Sigma l R + \Sigma Z$. Man beginnt mit der Berechnung der Abkühlung in den einzelnen Teilstrecken des Stromkreises. Es ist zweckmäßig, dafür die folgende Vorlage zu verwenden.

Teilstrecke	G_h	d	l	s	k_R	t	t_i	ϑ	t'	h'	H'
	kg/h	mm	m	mm	$\dfrac{\text{kcal}}{\text{m grd h}}$	°C	°C	grd	°C	m	mm WS

d und l sind aus dem Rohrnetzvordruck zu entnehmen; d ist der vorläufige Rohrdurchmesser aus Spalte e. G_h errechnet sich aus $\dfrac{Q_h}{t_v - t_r}$, wobei $t_v - t_r$ der zugrunde gelegte einheitliche Temperaturabfall in den Heizkörpern, z. B. 20 grd, ist. t ist der Ausgangswert der Vorlauftemperatur, z. B. 90 °C, t' die Wassertemperatur am Ende der Teilstrecke, also $t - \vartheta$. Aus dem Bauplan bzw. einer höhengerechten Strangzeichnung entnimmt man h', den senkrechten Abstand zwischen Teilstreckenmitte und Kesselmitte, und berechnet dann den wirksamen Teildruck H' aus

$$H' = h' \, \vartheta \, \varepsilon \quad \text{in mm WS.} \tag{11.22}$$

Mit t' als Ausgangstemperatur geht man in die anschließende Teilstrecke und führt für diese die Rechnung in gleicher Weise durch. Für die Vorlauf-Verteilleitung genügt es meist, den zusätzlichen Umtriebsdruck an Hand der Gesamtabkühlung zu ermitteln. Nach Berechnung aller Vorlaufstrecken eines Stromkreises sowie des Rücklaufstranges erhält man als Summe aller Teildrücke H' einschließlich des bereits bekannten Druckunterschiedes durch die Wasserabkühlung im Heizkörper den *endgültigen wirksamen Druck H.* Es bleibt jetzt nur noch zu prüfen, ob der in üblicher Weise gefundene Wert $\Sigma(l\,R) + \Sigma Z$ diesem wirksamen Druck entspricht. Etwa erforderliche Änderungen der Rohrweiten sollen möglichst im Rücklauf vorgenommen werden, damit durch sie der wirksame Druck H nicht oder nicht wesentlich beeinflußt wird.

6. Nachrechnung der Raumheizflächen

Da durch die Berechnung der Wassertemperaturen an den wichtigsten Netzstellen auch die mittleren Heizkörpertemperaturen bekannt sind, lassen sich jetzt die Heizkörpergrößen endgültig festlegen. Beim Kostenangebot können die Abweichungen in der Heizflächengröße infolge der unterschiedlichen Vorlauftemperaturen im Netz an Hand der Zahlentafel A 43 berücksichtigt werden.

Im übrigen gehen die Einzelheiten des Rechnungsverfahrens aus dem nachstehenden Beispiel hervor.

7. Beispielrechnung

Aufgabe: Für eine Schwerkraft-Warmwasserheizungsanlage mit oberer Verteilung (Abb. 11.21) ist die Rohrnetzberechnung mit Berücksichtigung der Wärmeverluste der Rohrleitung durchzuführen.

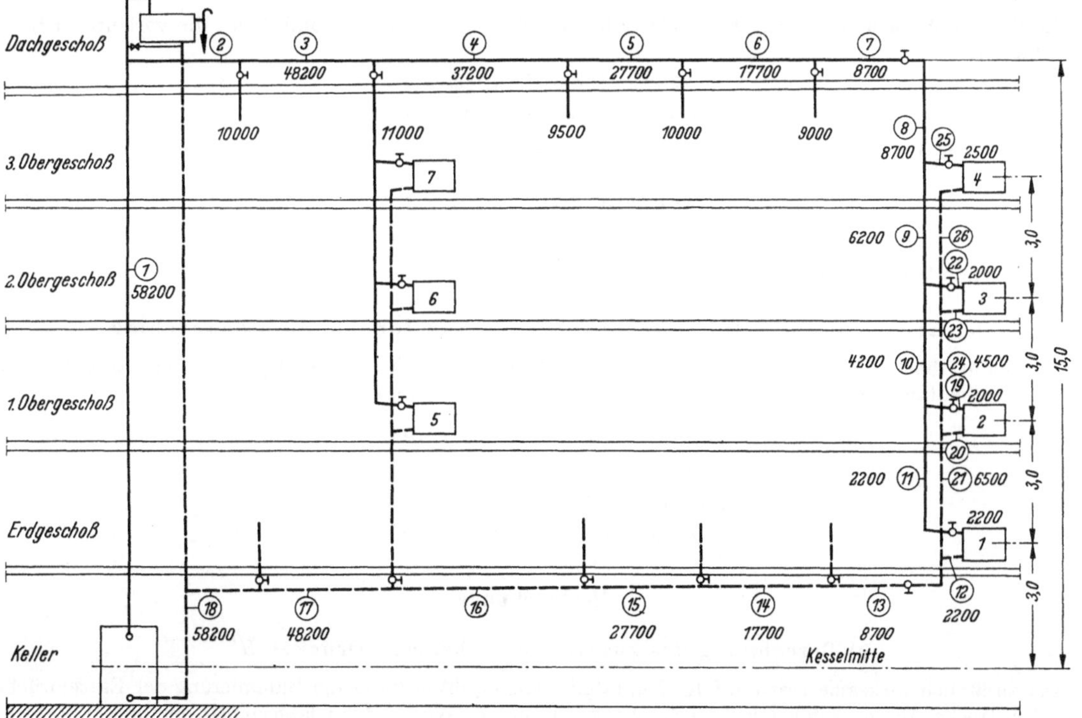

Abb. 11.21. Strangbild einer oberen Verteilung, Zweirohrsystem.

Annahmen: Vorlauftemperatur am Kessel 90 °C; Temperaturunterschied Vorlauf/Rücklauf für alle Heizkörper $\Delta t = 20$ grd, Temperatur im Dachgeschoß 0 °C. Die Abkühlung im Steigstrang ist zu vernachlässigen, da dieser mit gutem Wärmeschutz versehen in geschlossenem Mauerkanal liegt. Die nicht isolierten Fallstränge liegen vor der Wand.

Die Nachrechnung soll für die Stromkreise der Heizkörper 1 bis 4 vorgenommen werden.

1. Vorläufige Rechnung

a) Bestimmung der vorläufigen Rohrweiten

Stromkreis des Heizkörpers 1
(Teilstrecken 1 bis 18)

Wirksamer Druck (ohne Wärmeverluste nach Zahlentafel A 38) . .	$3 \cdot 12{,}5$	$=$	$37{,}5$	mm WS
Zusätzlicher Druck (nach Zahlentafel A 39a und A 41)	$0{,}96 \cdot 41$	$=$	$39{,}4$	mm WS
Vorläufiger wirksamer Druck	H_0	$=$	$76{,}9$	mm WS
Davon 67% für Rohrreibung	$0{,}67\,H_0$	$=$	$51{,}5$	mm WS
Länge des Stromkreises des Heizkörpers 1	l	$=$	$110{,}5$	m
Druckgefälle.	$R = 51{,}5 : 110{,}5 =$		$0{,}466$	mm WS/m

Hieraus folgen unter Benutzung des Arbeitsblattes 3 die vorläufigen Rohrdurchmesser d, die in Spalte e des Vordruckes eingetragen sind (s. S. 182, Stromkreis des Heizkörpers 1).

Stromkreis des Heizkörpers 2
(Teilstrecken 1 bis 10, 13 bis 18 und 19 bis 21)

Wirksamer Druck (ohne Wärmeverluste)	$6 \cdot 12{,}5$	$=$	$75{,}0$	mm WS
Zusätzlicher Druck.	$1{,}0 \cdot 36$	$=$	$36{,}0$	mm WS
Vorläufiger wirksamer Druck	H_0	$=$	$111{,}0$	mm WS
Davon 67% für Rohrreibung	$0{,}67\,H_0$	$=$	$74{,}4$	mm WS
Hiervon aufgebraucht in den Teilstrecken 1 bis 10 und 13 bis 18 (Länge 104,5 m)	$104{,}5 \cdot 0{,}466$	$=$	$48{,}7$	mm WS
Verbleiben für die Teilstrecken 19, 20, 21		$=$	$25{,}7$	mm WS
Länge der Teilstrecken 19, 20, 21			6	m
Druckgefälle.	$R = 25{,}7 : 6$	$=$	$4{,}28$	mm WS/m

In gleicher Weise ergeben sich die R-Werte für die übrigen Stromkreise und damit die vorläufigen Rohrdurchmesser.

Stromkreis des Heizkörpers 3
(Teilstrecken 1 bis 9, 13 bis 18, 21 und 22 bis 24)

$H_0 = 148{,}0$ mm WS, $R = 6{,}57$ mm WS/m.

Stromkreis des Heizkörpers 4
(Teilstrecken 1 bis 8, 13 bis 18, 21, 24 und 25, 26)

$H_0 = 182{,}3$ mm WS, $R = 7{,}41$ mm WS/m.

b) Ermittlung der Heizflächenvergrößerung für den Kostenanschlag

Auf die in üblicher Weise berechneten Heizflächengrößen ist noch ein Zuschlag zu machen, dessen Größe sich aus Zahlentafel A 43b und A 44a ergibt. Dieser Zuschlag beträgt:

bei Heizkörper 1 . . . . . . 19%
bei Heizkörper 2 . . . . . . 15%
bei Heizkörper 3 . . . . . . 10%
bei Heizkörper 4 . . . . . . 6%.

2. Nachrechnung

a) Berechnung des zusätzlich wirksamen Druckes H'

Der zusätzlich wirksame Druck infolge Rohrabkühlung ergibt sich aus der Summierung der Einzeldrücke jeder Teilstrecke. Die nachstehende Berechnung wurde mit k'_R-Werten für Glasgespinstisolierung (s. Zahlentafel A 33) unter Berücksichtigung der üblichen Isolierdicken durchgeführt.

Teil-strecke	G_h $\dfrac{\text{kg}}{\text{h}}$	d mm	l m	s mm	k_R $\dfrac{\text{kcal}}{\text{m grd h}}$	t °C	t_t °C	ϑ grd	t' °C	s $\dfrac{\text{kp}}{\text{m}^3\text{ grd}}$	h' m	H' mm WS
2	2910	65	5	30	0,455	90,00	0	0,07	89,93	0,672	15	0,71
3	2410	65	4	30	0,455	89,93	0	0,07	89,86	0,672	15	0,71
4	1860	60	7	30	0,428	89,86	0	0,14	89,72	0,671	15	1,41
5	1385	57	12	30	0,400	89,72	0	0,31	89,41	0,670	15	3,12
6	885	50	6	30	0,371	89,41	0	0,22	89,19	0,669	15	2,21
7	435	40	5	30	0,315	89,19	0	0,32	88,87	0,667	15	3,20
8	435	32	2,5	—	1,80	88,87	20	0,71	88,16	0,665	13,50	6,37
9	310	32	3	—	1,79	88,16	20	1,18	86,98	0,660	10,75	8,37
10	210	25	3	—	1,46	86,98	20	1,40	85,58	0,654	7,75	7,10
11	110	20	4,5	—	1,17	85,58	20	3,14	82,44	0,642	4,70	9,47
12	110	20	1,5	—	1,05	62,44	20	0,61	61,83	0,526	2,75	0,88
											$\overset{12}{\underset{2}{\Sigma}} H' =$	43,55
25	125	15	1,5	—	0,986	88,16	20	0,81	87,35	0,661	12,25	6,56
26	125	15	4,5	—	0,884	67,35	20	1,51	65,84	0,551	10,30	8,57
22	100	15	1,5	—	0,981	86,98	20	0,99	85,99	0,654	9,25	5,99
23	100	15	1,5	—	0,879	65,99	20	0,61	65,38	0,546	8,75	2,91
24	225	15	3	—	0,876	65,64[1]	20	0,53	65,11	0,544	7,25	2,09
19	100	15	1,5	—	0,975	85,58	20	0,96	84,62	0,648	6,25	3,89
20	100	15	1,5	—	0,871	64,62	20	0,58	64,04	0,538	5,75	1,79
21	325	20	3	—	1,07	64,78[1]	20	0,44	64,34	0,539	4,25	1,01

[1] Auf die hier der Vollständigkeit halber durchgeführte Berechnung der Mischtemperatur kann normalerweise verzichtet werden, weil sich der zusätzliche Druck der Teilstrecke dadurch nicht wesentlich verändert.

b) Zusammenstellung des wirksamen Druckes

Stromkreis des Heizkörpers 1

Wirksamer Druck durch Wasserabkühlung im Heizkörper 1 . . . . $3{,}0 \cdot 20 \cdot 0{,}582$ $= 34{,}92$ mm WS

Zusätzlicher Druck $\overset{12}{\underset{2}{\Sigma}} H'$ . . . . $= 43{,}55$ mm WS

Zur Verfügung stehender Druck . . . . $H = 78{,}47$ mm WS

Stromkreis des Heizkörpers 2

Wirksamer Druck durch Wasserkabühlung im Heizkörper 2 . . . . $6{,}0 \cdot 20 \cdot 0{,}594$ $= 71{,}28$ mm WS

Zusätzlicher Druck, Teilstrecken 2 bis 10, 19, 20, 21 . . . . $= 39{,}89$ mm WS

$H = 111{,}17$ mm WS

Stromkreis des Heizkörpers 3

Wirksamer Druck durch Wasserabkühlung im Heizkörper 3 . . . . $9{,}0 \cdot 20 \cdot 0{,}601$ $= 108{,}18$ mm WS

Zusätzlicher Druck, Teilstrecken 2 bis 9, 22, 23, 24, 21 . . . . $= 38{,}10$ mm WS

Zur Verfügung stehender Druck . . . . $H = 146{,}28$ mm WS

Stromkreis des Heizkörpers 4

Wirksamer Druck durch Wasserabkühlung im Heizkörper 4 . . . . . $12{,}0 \cdot 20 \cdot 0{,}609$ $= 146{,}16$ mm WS

Zusätzlicher Druck, Teilstrecken 2 bis 8, 25, 26, 24, 21 . . . . $= 35{,}96$ mm WS

$H = 182{,}12$ mm WS

Der Vergleich mit den vorläufigen Werten zeigt weitgehende Übereinstimmung. Es bestätigt sich der Hinweis in Unterabschnitt 4, daß man i. allg. mit den Überschlagswerten der Zusatzdrücke infolge Rohrabkühlung auskommt.

c) Nachrechnung der Rohrleitung

Nachdem nun die endgültigen wirksamen Drücke H für die einzelnen Stromkreise bekannt sind, erfolgt die Aufstellung der Einzelwiderstände in bekannter Weise, vgl. Beispiele S. 167 und 171, und die Nachprüfung, ob $\Sigma (l\,R) + \Sigma Z$ des betreffenden Stromkreises diesem Wert entspricht. (Siehe Nachrechnung im Formblatt S. 182.) Eine Durchmesseränderung ergibt sich in unserem Beispiel nur im Stromkreis des Heizkörpers 1.

Aus dem Rohrplan					Nachrechnung											Unterschied	
					mit vorläufigem Rohrdurchmesser					mit geändertem Rohrdurchmesser							
Teilstrecke	Stündlich geförderte Wärmemenge	Stündlich geförderte Wassermenge	Länge der Teilstrecke l	Vorläufiger Rohrdurchmesser d	w	R	lR	$\Sigma\zeta$	Z	d	w	R	lR	$\Sigma\zeta$	Z	lR o-h	Z q-k
Nr.	$\frac{kcal}{h}$	$\frac{kg}{h}$	m	mm	$\frac{m}{s}$	$\frac{mm\ WS}{m}$	$\frac{mm}{WS}$	—	$\frac{mm}{WS}$	mm	$\frac{m}{s}$	$\frac{mm\ WS}{m}$	$\frac{mm}{WS}$	—	$\frac{mm}{WS}$	$\frac{mm}{WS}$	$\frac{mm}{WS}$
a	b	c	d	e	f	g	h	i	k	l	m	n	o	p	q	r	s

Stromkreis des Heizkörpers 1

$H_0 = 76,9$ mm WS $R = 0,466$ mm WS/m

Nr.	b	c	d	e	f	g	h	i	k	l	m	n	o	p	q	r	s
1	58 200	—	16	65	0,22	0,78	12,5	2,8	6,72	80	0,16	0,35	5,6	2,8	3,64	−6,9	−3,08
2	58 200	—	5	65	0,22	0,78	3,9	1,0	2,4	—	—	—	—	—	—	—	—
3	48 200	—	4	65	0,18	0,56	2,24	0,2	0,32	—	—	—	—	—	—	—	—
4	37 200	—	7	60	0,17	0,54	3,78	0,1	0,14	—	—	—	—	—	—	—	—
5	27 700	—	12	57	0,15	0,56	6,72	0,1	0,11	—	—	—	—	—	—	—	—
6	17 700	—	6	50	0,12	0,40	2,4	0,2	0,14	—	—	—	—	—	—	—	—
7	8 700	—	5	40	0,1	0,41	2,05	0,8	0,4	—	—	—	—	—	—	—	—
8	8 700	—	2,5	32	0,12	0,67	1,68	0,3	0,21	—	—	—	—	—	—	—	—
9	6 200	—	3	32	0,09	0,37	1,11	0,25	0,1	—	—	—	—	—	—	—	—
10	4 200	—	3	25	0,1	0,71	2,13	0,15	0,08	—	—	—	—	—	—	—	—
11	2 200	—	4,5	20	0,09	0,72	3,24	6,3	2,52	—	—	—	—	—	—	—	—
12	2 200	—	1,5	20	0,09	0,72	1,08	1,0	0,40	—	—	—	—	—	—	—	—
13	8 700	—	5,5	32	0,12	0,67	3,69	1,1	0,77	—	—	—	—	—	—	—	—
14	17 700	—	6	50	0,12	0,40	2,40	0,8	0,56	—	—	—	—	—	—	—	—
15	27 700	—	12	57	0,15	0,56	6,72	0,5	0,55	—	—	—	—	—	—	—	—
16	37 200	—	7	60	0,17	0,54	3,78	0,3	0,42	—	—	—	—	—	—	—	—
17	48 200	—	4	65	0,18	0,56	2,24	0,5	0,8	—	—	—	—	—	—	—	—
18	58 200	—	6,5	65	0,22	0,78	5,08	1,6	3,84	—	—	—	—	—	—	—	—

$$110,5 \qquad \Sigma(l\,R) + \Sigma Z = 66,74 \ + \ 20,48 \ = \ 87,22 \text{ mm WS} \qquad\qquad -9,98$$

Druck aus der Nachrechnung: $H = 78,47$ mm WS $<$ 87,22 mm WS

Teilstrecke 1 geändert $-$ 9,98 mm WS

$$H = 78,47 \text{ mm WS} > 77,24 \text{ mm WS}$$

Stromkreis des Heizkörpers 2

$H_0 = 111$ mm WS $R = 4,28$ mm WS/m
aufgebraucht in den Teilstrecken

Nr.	b	c	d	e	f	g	h	i	k	l	m	n	o	p	q	r	s
			1 bis 10, 13 bis 18:				55,52		14,48								
19	2000	—	1,5	15	0,15	2,62	3,93	6,0	6,60	—	—	—	—	—	—	—	—
20	2000	—	1,5	15	0,15	2,62	3,93	1,5	1,65	—	—	—	—	—	—	—	—
21	6500	—	3	20	0,26	5,0	15,00	0,6	2,04	—	—	—	—	—	—	—	—

$$6 \qquad \Sigma(l\,R) + \Sigma Z = 78,38 \ + \ 24,77 \ = \ 103,15 \text{ mm WS}$$

Druck aus der Nachrechnung: $H = 111,17$ mm WS $>$ 103,15 mm WS

Stromkreis des Heizkörpers 3

$H_0 = 148,0$ mm WS $R = 6,57$ mm WS/m
aufgebraucht in den Teilstrecken

Nr.	b	c	d	e	f	g	h	i	k	l	m	n	o	p	q	r	s
			1 bis 9, 13 bis 18, 21				68,39		16,44								
22	2000	—	1,5	15	0,15	2,62	3,93	6,8	7,48	—	—	—	—	—	—	—	—
23	2000	—	1,5	15	0,15	2,62	3,93	2,2	2,42	—	—	—	—	—	—	—	—
24	4500	—	3	15	0,32	11,25	33,75	0,6	3,06	—	—	—	—	—	—	—	—

$$6 \qquad \Sigma(l\,R) + \Sigma Z = 110,00 \ + \ 29,40 \ = 139,40 \text{ mm WS}$$

Druck aus der Nachrechnung: $H = 146,28$ mm WS $>$ 139,40 mm WS

Stromkreis des Heizkörpers 4

$H_0 = 182,3$ mm WS $R = 7,41$ mm WS/m
aufgebraucht in den Teilstrecken

Nr.	b	c	d	e	f	g	h	i	k	l	m	n	o	p	q	r	s
			1 bis 8, 13 bis 18, 21, 24:				101,03		19,40								
25	2500	—	1,5	15	0,19	3,9	5,85	6,8	12,24	—	—	—	—	—	—	—	—
26	2500	—	4,5	15	0,19	3,9	17,55	2,5	4,50	—	—	—	—	—	—	—	—

$$6,0 \qquad \Sigma(l\,R) + \Sigma Z = 124,43 \ + \ 36,14 \ = 160,57 \text{ mm WS}$$

Druck aus der Nachrechnung: $H = 182,12$ mm WS $>$ 160,57 mm WS

Von einer möglichen Durchmesserverkleinerung auf NW 10 wird bei Schwerkraftheizungen abgesehen.

d) Nachrechnung der Raumheizflächen

Da für jeden Heizkörper die Vor- und Rücklauftemperaturen nunmehr genau bekannt sind, kann die Heizflächenvergrößerung berechnet werden. Sie ergibt sich für den Heizkörper 1 mit $t_m = 72{,}44\ °\mathrm{C}$ aus der Änderung des Temperaturunterschiedes gegenüber der Raumluft bei einem Radiator zu:

$$\left[\frac{\varDelta t_n}{\varDelta t}\right]^{4/3} = \left[\frac{80-20}{72{,}44-20}\right]^{4/3} = 1{,}20,$$

d. h., der Heizkörper ist 20 % größer zu wählen. Für die Heizkörper 2, 3 und 4 ergeben sich entsprechend die erforderlichen Vergrößerungen zu 13,3, 9,7 bzw. 6,5 %. (Die Wärmeabgabe der nackt vor der Wand verlegten Rohrleitungen erreicht hier Werte bis zu fast 25 % des Wärmebedarfs der Räume. In solchen Fällen kann bei der Dimensionierung der Heizkörper die Rohrwärmeabgabe mit berücksichtigt werden.)

D. Stockwerksheizung

Da bei dieser Heizungsart Kessel und Heizkörper praktisch auf gleicher Höhe stehen, entsteht der wirksame Druck im wesentlichen durch die Abkühlung des Wassers in den nackt verlegten Vorlaufleitungen. Die Rohrnetzberechnung erfolgt also nach dem Verfahren im vorhergehenden Teilabschnitt C, allerdings mit einigen Vereinfachungen.

1. Wahl der Temperaturen

Bei der Berechnung wählt man die Kesselvorlauftemperatur nicht höher als 90 °C, um bei dem geringen Höhenunterschied zwischen Kessel und Ausdehnungsgefäß einen genügenden Sicherheitsabstand von der Siedetemperatur des Wassers zu wahren. Infolge der Abkühlung des Vorlaufwassers in den meist nackten Leitungen geht die Wassertemperatur am Heizkörpereintritt mit zunehmender Entfernung des Heizkörpers vom Kessel stark zurück. Läßt man bei den kesselnahen Heizkörpern einen größeren Temperaturabfall im Heizkörper zu als bei den entfernteren, so kann der Einfluß der Wärmeverluste der Vorlaufleitung auf die mittlere Heizkörpertemperatur ganz oder teilweise ausgeglichen werden. Dies ist im Hinblick auf eine gleichmäßige zentrale Leistungsregelung der Anlage bei veränderlicher Belastung erwünscht; auch wird hierdurch die Fördermenge und damit der lichte Rohrdurchmesser der Hauptleitungen vermindert. Bei ausgedehnten Anlagen (etwa ab 20 m horizontaler Entfernung) sollte man andererseits den Temperaturabfall im letzten Heizkörper nicht höher als 15 grd wählen, da sonst die Temperaturdifferenz Vorlauf/Rücklauf am Kessel zu groß wird.

Einen Anhalt für die zu wählenden Temperaturunterschiede für den kesselnächsten und den letzten Heizkörper gibt Tab. 11.08.

Tabelle 11.08. *Zweckmäßige Temperaturspreizung am Heizkörper bei Stockwerksheizungen*

Waagerechte Ausdehnung der Anlage	Temperaturabfall im Heizkörper $(t_v - t_r)$ in grd	
	Heizkörper in Kesselnähe	Weitest abgelegener Heizkörper
bis 10 m	23	20
10 ... 20 m	25	20
über 20 m	27	15

Für die übrigen Heizkörper ergibt sich die Temperaturdifferenz $(t_v - t_r)$ durch Interpolation zwischen den vorstehenden Grenzwerten, wobei man — den Abkühlungsverhältnissen Rechnung tragend — erst für die weiter abliegenden Heizkörper die kleineren Temperaturdifferenzen wählt.

2. Näherungsverfahren zur Ermittlung der Rohrdurchmesser

Die genaue Berechnung des Rohrnetzes von Stockwerksheizungen nach den Richtlinien unter C (S. 175) ist umständlich und zeitraubend und steht in keinem wirtschaftlich vertretbaren Verhältnis zu dem Anlagewert. Es gilt daher, ein Näherungsverfahren zu finden, das sich für die erste Projektierung eignet und unter normalen Verhältnissen möglichst schon die für die Ausführung verwendbaren Werte liefert. Diese Aufgabe läßt sich unter bestimmten Vereinfachungen, die im Hinblick auf die geforderte Rechengenauigkeit und die relativ große Rohrdurchmesserstufung durchaus vertretbar sind, lösen[1].

---

[1] Siehe auch REICHOW, G.: Ein Rechenschema zur Wierzschen Rohrnetzberechnung für Stockwerksheizungen. Gesundh.-Ing. 73 (1952) 2/7.

Der Umtriebsdruck hängt bei Stockwerksheizungen vor allem ab von der Heizwasserabkühlung in der hochliegenden Vorlauf-Verteilleitung und dem Höhenabstand zwischen dieser Leitung und Kesselmitte[1]. Demgegenüber ist die Wasserabkühlung im Steigstrang, bei ausgedehnten Anlagen auch die Abkühlung im Fallstrang, von geringerer Bedeutung für den erzielbaren Umtriebsdruck. Wir berücksichtigen daher zusätzlich nur die Abkühlung im Fallstrang und setzen zur Vereinfachung der Rechnung die wirksame Höhe h' dem Abstand zwischen Kesselmitte und Vorlauf-Verteilleitung gleich. Wird außerdem noch angenommen, daß die Höhenlagen von Kessel und Heizkörper übereinstimmen, also keine zusätzlichen Umtriebsdrücke durch die Wasserabkühlung in den Heizkörpern selbst auftreten, so läßt sich die für den Umlauf verfügbare Druckhöhe nach Gl. (11.22) berechnen.

Dabei bedeuten:

ϑ die Abkühlung im Vorlauf vom Kessel bis zum Heizkörpereintritt,
h' den Höhenabstand zwischen Vorlauf-Verteilleitung und Kesselmitte.

ϑ ist mit Hilfe der Gl. (11.21) zu ermitteln.

Für $t_m = 90\ °\mathrm{C}$ und $t_i = 20\ °\mathrm{C}$ ergibt sich mit $\varepsilon = 0{,}67\ \mathrm{kp/m^3\ grd}$ (s. S. 176)

$$H' = \frac{46{,}9\,k_R\,l_v\,h'}{G_h} \quad \text{in mm WS.} \tag{11.23}$$

l_v ist dabei die Rohrstrecke im Vorlauf, die für die Wasserabkühlung und damit auch für den Umtriebsdruck wichtig ist, d. i. nach dem Vorgesagten die Leitungslänge vom Beginn der horizontalen Hauptverteilung bis zum Heizkörper.

Für den Druckverlust in der geraden Rohrstrecke gilt nach Gl. (11.05)

$$l\,R = 6{,}56 \cdot 10^3\,\lambda\,\frac{G_h^2}{d^5}\,l \quad \text{in mm WS.}$$

Die Stromkreislänge l stimmt bei der Stockwerksheizung angenähert überein mit $2\,l_v$. Nehmen wir außerdem den Anteil der Einzelwiderstände am Druckverlust wie üblich mit $1/_3$ an, so erhalten wir

$$R \cdot 2\,l_v = \tfrac{2}{3}\,H'. \tag{11.24}$$

Damit ergibt sich mit Hilfe der Gln. (11.05) und (11.23) eine verhältnismäßig einfache Beziehung zwischen dem Wasserstrom G_h und dem zugehörigen Durchmesser d.

Es ist

$$G_h = \frac{1}{7{,}49}\sqrt[3]{\frac{h'\,k_R}{\lambda}}\,d^5 \quad \text{in kg/h.} \tag{11.25}$$

Als wichtigster Parameter erscheint der Höhenabstand h'. Außerdem treten noch k_R und λ als Veränderliche auf. k_R hängt beim wasserdurchflossenen nackten Rohr vom Durchmesser ab, in geringerem Maß von der Lage des Rohres (s. S. 14). Der Reibungsbeiwert λ ist bei gleichbleibender Wassertemperatur durch G_h und d festgelegt. Es gibt also für einen bestimmten Höhenabstand h' zu jedem Rohrdurchmesser d nur *eine* stündliche Fördermenge G_h, die der Beziehung (11.25) entspricht.

Ermitteln wir aus der Gl. (11.25) und der Abhängigkeit $k_R = f(d)$ in Tab. 11.10 diesen Zusammenhang zwischen G_h, d und h', so zeigt sich, daß für jeden h'-Wert die Fördermengen G_h durch eine einheitliche Wassergeschwindigkeit festgelegt sind. Damit ergibt sich für die vorläufige Rohrnetzberechnung die einfache Regel: *Die Wassergeschwindigkeit ist bei Stockwerksheizungen in allen Stromkreisen und Teilstrecken gleich zu wählen; sie wird in erster Linie durch den Höhenabstand zwischen Vorlaufleitung und Kesselmitte bestimmt.*

Der Nachweis für die Gültigkeit dieser Regel läßt sich auch durch eine mathematische Näherungsrechnung erbringen, wenn in Gl. (11.25) an Stelle von G_h die Wassergeschwindigkeit w eingeführt wird und k_R sowie λ als Funktion von d bzw. w dargestellt werden. Man erhält dann für w eine Potenzfunktion von der Form

$$w = C\,h'^m\,d^n.$$

---

[1] Genaugenommen müßte von der mittleren Erwärmungsebene im Kessel ausgegangen werden; sie liegt i. allg. etwas unterhalb der Brennzonenmitte. Siehe BERGMANN, A.: Ein Beitrag zur Berechnung von Stockwerksheizungen. Gesundh.-Ing. 70 (1949) 53/55.

C ist eine Konstante. Die Exponenten m und n ändern sich mit der Reynolds-Zahl Re. Im Durchmesser- und Geschwindigkeitsbereich von Stockwerksheizungen ergibt sich

$$m \approx 0,35,$$

während n nahe 0 liegt.

Das bedeutet aber, daß der Durchmessereinfluß vernachlässigbar klein ist[1].

Der Zusammenhang zwischen Wassergeschwindigkeit und Höhe der Vorlaufleitung über Kesselmitte wird durch die nachstehende Beziehung wiedergegeben:

$$w = 0,055\,h'^{\,7/20} \quad \text{in m/s.}$$

Daraus folgt

$$G_h = 0,15\,d^2\,h'^{\,7/20} \quad \text{in kg/h.}$$

w bzw. G_h sind als Mittelwerte anzusehen, die in Einzelstrecken überschritten werden können, wenn die übrigen Teilstrecken des kritischen Stromkreises unter dem Mittelwert bleiben. Die Abhängigkeit zwischen G_h, d und h' ist in Abb. 11.22 graphisch wiedergegeben. Für die am

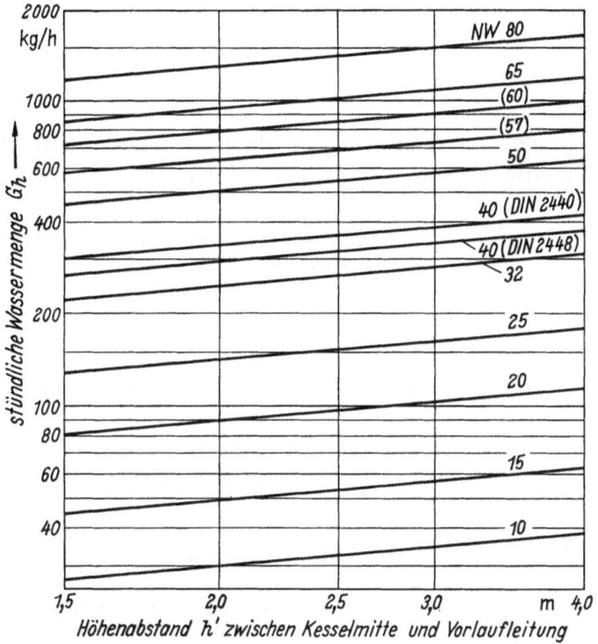

Abb. 11.22. Bestimmung der vorläufigen Rohrdurchmesser.

häufigsten vorkommenden Höhenabstände von 2 und 2,5 m zwischen Kesselmitte und Vorlaufleitung kann man die stündlichen Fördermengen unmittelbar aus Tab. 11.09 entnehmen.

Tabelle 11.09. *Wahl der vorläufigen Rohrdurchmesser bei Stockwerksheizungen*

Nennweite	Zoll	$^1/_2$	$^3/_4$	1	$1^1/_4$	$1^1/_2$	DIN 2449					
	mm	15	20	25	32	40	40	50	—	60	65	80
Lichte Weite . . .	mm	16,0	21,6	27,2	35,9	41,8	39,3	51,2	57,7	64,2	70,3	82,5
Wasserdurchsatz für $h' = 2,0$ m . . .	kg/h	49	89	142	247	334	295	502	637	788	945	1302
Wasserdurchsatz für $h' = 2,5$ m . . .	kg/h	53	97	153	267	361	319	542	688	852	1022	1408

[1] Siehe auch MACSKÁSY, A.: Zur Dimensionierung der Stockwerksheizung. Gesundh.-Ing. 78 (1957) 261/265. MACSKÁSY unterscheidet zwischen der Abkühlung in der horizontalen Vorlaufleitung und der Fallleitung zum Heizkörper mit ihren unterschiedlichen Höhenlagen. Auch auf diesem Wege ergibt sich eine praktisch konstante Geschwindigkeit in allen Teilstrecken. Die Ergebnisse MACSKÁSYS weichen von den hier gebrachten Zahlenwerten nur unerheblich ab.

Liegt die Heizkörpermitte oberhalb der Kesselmitte, so sind die Umtriebsdrücke etwas größer; die Leitungen können daher auch stärker belastet werden.

Der *Rechnungsgang* der vorläufigen Rohrdurchmesserbestimmung ist sonach folgender: Man legt den Temperaturabfall in den Heizkörpern nach Tab. 11.08 fest und errechnet die Wasserförderung der Teilstrecken aus den zugeordneten stündlichen Wärmemengen. Bei Anlagen mit einem Höhenabstand $h' = 2$ oder 2,5 m entnimmt man den zugehörigen Durchmesser Tab. 11.09. Bei anderen Höhenabständen verwendet man Abb. 11.22.

Damit ist in der Regel die Rohrnetzberechnung der Anlage abgeschlossen. Für größere Stockwerksheizungen oder Anlagen mit starker Verzweigung und unterschiedlichen Heizkörperhöhen sollte man eine Nachrechnung durchführen.

3. Nachrechnung

Bei der Nachrechnung beginnt man zweckmäßigerweise mit der Ermittlung des wirksamen Druckes für den längsten Stromkreis. Die Rücklaufabkühlung kann wegen ihres geringen Einflusses auf den Umtriebsdruck unberücksichtigt bleiben. Das gleiche gilt für die Abkühlung in solchen Heizkörpern, die gegenüber dem Kessel keinen deutlichen Höhenabstand aufweisen.

Bei der Wärmeabgabe der nichtisolierten Vorlaufleitungen rechne man mit den Zahlenwerten der Tab. 11.10 für die Wärmedurchgangszahl k_R.

Tabelle 11.10. *Wärmedurchgangszahl k_R für nackte Rohre in* kcal/m h grd *bei Stockwerksheizungen 90/70 °C*

NW	15	20	25	32	40	50	(57)	65	80	100
Waagerechte Rohre (unter der Decke) .	0,85	1,05	1,25	1,55	1,65	2,00	2,25	2,65	3,00	3,60
Senkrechte Rohre . .	0,95	1,15	1,40	1,75	1,85	2,25	2,45	2,90	3,35	3,95

Der Rechnungsgang ist im übrigen der gleiche wie für die Schwerkraftheizung mit oberer Verteilung bei Berücksichtigung der Wärmeverluste der Rohrleitung, s. S. 178.

4. Beispielrechnung

Für eine Stockwerksheizung, die in Abb. 11.23 im Strangschema dargestellt ist, sollen die Rohrdurchmesser näherungsweise bestimmt und durch eine Nachrechnung für den kürzesten und längsten Stromkreis überprüft werden. Annahmen:

Raumtemperatur . . . . $t_i = 20$ °C,
Höhe der Vorlaufleitung über Kesselmitte . . . . $h' = 2,5$ m.

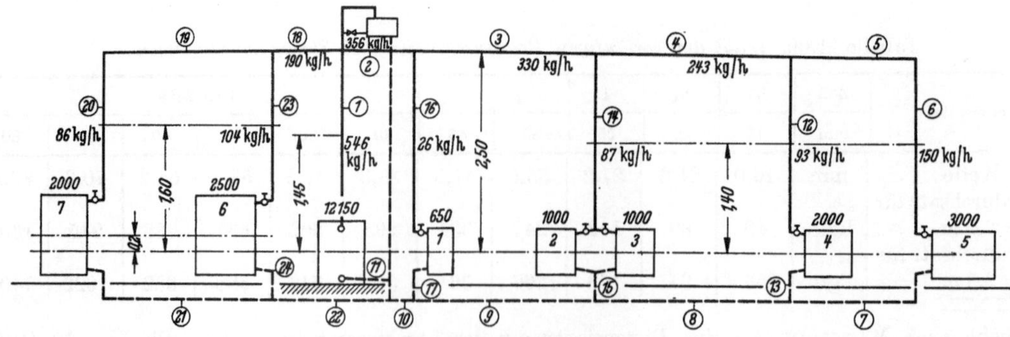

Abb. 11.23. Strangbild Stockwerksheizung.

Die Rücklaufleitungen sind vor Wärmeabgabe geschützt im Fußbodenkanal angeordnet. Alle anderen Heizleitungen liegen nicht isoliert und frei vor der Wand.

1. Vorläufige Rechnung

Zunächst wird der Temperaturunterschied zwischen Vor- und Rücklauf in den Heizkörpern festgelegt und danach der Wasserdurchfluß für jeden Stromkreis ermittelt.

Heizkörper Nr.	Entfernung des Stranges vom Kessel m	Temperaturabfall $t_v - t_r$ grd	Wasserdurchfluß G_h kg/h
1	0,5	25	26
2⎫ 3⎭	6	23	87
4	10	21,5	93
5	14	20	150
6	3	24	104
7	5	23,5	85

Die vorläufigen Rohrdurchmesser ergeben sich nach Tab. 11.09:

Hauptstrang

Teilstrecke	1	11	2	10	3	9	4	8	5	6	7	18	22	19	21
G_h in kg/h	546		356		330		243		150			190		86	
d_{vorl} in mm	50		40		40		32		25	25	25	32		20	20

Fallstränge

Teilstrecke	12	13	14	15	16	17	20	23	24
G_h in kg/h	93		87		26		86		104
d_{vorl} in mm	20		20		15[1]		20		20

2. Nachrechnung

a) Berechnung des wirksamen Druckes[2]

Teilstrecke	G_h kg/h	d mm	l m	k_R $\frac{kcal}{m\,grd\,h}$	t °C	ϑ grd	t' °C	ε $\frac{kp}{m^3\,grd}$	h' m	H' mm WS
Stromkreis des Heizkörpers 5										
1	546	50	2,0	2,25	90,00	0,58	89,42	0,671	1,45	0,56
2	356	40	0,5	1,65	89,42	0,16	89,26	0,669	2,50	0,27
3	330	40	5,5	1,65	89,26	1,90	87,36	0,664	2,50	3,15
4	243	32	4,0	1,55	87,36	1,72	85,64	0,655	2,50	2,82
5	150	25	4,0	1,25	85,64	2,19	83,45	0,645	2,50	3,53
6	150	25	2,0	1,40	83,45	1,18	82,27	0,636	1,40	1,05
										$\Sigma H' = 11{,}38$
Nachrechnung für die Änderung der Teilstrecke 6										
1—5					siehe oben					10,33
6	150	32	2,0	1,75	82,93	1,47	81,46	0,633	1,40	1,30
										$\Sigma H' = 11{,}63$
Stromkreis des Heizkörpers 1										
1 u. 2					siehe oben					0,83
16	26	15	2,0	0,95	89,26	5,06	84,20	0,656	1,40	4,65
										$\Sigma H' = 5{,}48$

[1] Abb. 11.22 würde hier NW 10 ergeben, deren Verwendung bei Schwerkraft-Stockwerksheizungen jedoch nicht üblich ist.

[2] Da der wirksame Druck im wesentlichen durch die Rohrabkühlung entsteht, empfiehlt es sich hier, mit dem der jeweiligen Temperatur zugeordneten ε-Wert zu rechnen (siehe Zahlentafel A 37).

b) Nachrechnung der Rohrweiten

Nach Zusammenstellung der ζ-Werte in bekannter Weise, vgl. Beispiele S. 166 und 170, wird die Nachrechnung unter Verwendung des Vordrucks wie folgt durchgeführt:

Aus dem Rohrplan					Nachrechnung											Unterschied	
Teilstrecke	Stündlich geförderte Wärmemenge	Stündlich geförderte Wassermenge	Länge der Teilstrecke	Vorläufiger Rohrdurchmesser	mit vorläufigem Rohrdurchmesser					mit geändertem Rohrdurchmesser							
			l	d	w	R	lR	$\Sigma\zeta$	Z	d	w	R	lR	$\Sigma\zeta$	Z	lR o-h	Z q-k
Nr.	$\dfrac{\text{kcal}}{\text{h}}$	$\dfrac{\text{kg}}{\text{h}}$	m	mm	$\dfrac{\text{m}}{\text{s}}$	$\dfrac{\text{mm WS}}{\text{m}}$	$\dfrac{\text{mm}}{\text{WS}}$	—	$\dfrac{\text{mm}}{\text{WS}}$	mm	$\dfrac{\text{m}}{\text{s}}$	$\dfrac{\text{mm WS}}{\text{m}}$	$\dfrac{\text{mm}}{\text{WS}}$	—	$\dfrac{\text{mm}}{\text{WS}}$	$\dfrac{\text{mm}}{\text{WS}}$	$\dfrac{\text{mm}}{\text{WS}}$
a	b	c	d	e	f	g	h	i	k	l	m	n	o	p	q	r	s

Stromkreis des Heizkörpers 5

$h' = 2{,}5$ m $\qquad\qquad H = 11{,}38$ mm WS

Nr.	b	c	d	e	f	g	h	i	k	l	m	n	o	p	q	r	s
1	—	546	2,0	50	0,075	0,17	0,34	2,8	0,79	—	—	—	—	—	—	—	—
2	—	356	0,5	40	0,082	0,29	0,15	1,2	0,40	—	—	—	—	—	—	—	—
3	—	330	5,5	40	0,078	0,25	1,38	0,3	0,09	—	—	—	—	—	—	—	—
4	—	243	4,0	32	0,07	0,24	0,96	0,3	0,07	—	—	—	—	—	—	—	—
5	—	150	4,0	25	0,075	0,40	1,60	0,1	0,03	—	—	—	—	—	—	—	—
6	—	150	2,0	25	0,075	0,40	0,80	6,0	1,69	32	0,04	0,10	0,2	6,0	0,50	—0,6	—1,19
7	—	150	4,4	25	0,075	0,40	1,76	2,3	0,65	32	0,04	0,10	0,44	1,5	0,12	—1,32	—0,53
8	—	243	4,0	32	0,07	0,24	0,96	1,1	0,27								
9	—	330	5,5	40	0,078	0,25	1,38	0,7	0,21								
10	—	356	0,5	40	0,082	0,29	0,15	2,1	0,71								
11	—	546	1,5	50	0,075	0,17	0,26	1,3	0,37								

(Unterschied Teilstrecke 6 und 7 zusammengefaßt: $-3{,}64$)

$$33{,}9 \qquad \Sigma(lR) + \Sigma Z = \quad 9{,}74 \quad + \quad 5{,}28 \quad = 15{,}02 \text{ mm WS} > 11{,}38 \text{ mm WS}$$

Teilstrecke 6, 7 geändert $\qquad\qquad -3{,}64$ mm WS

$$11{,}38 \text{ mm WS} < 11{,}63 \text{ mm WS}$$

Stromkreis des Heizkörpers 1

$H = 5{,}48$ mm WS

					f		h	i	k								
aufgebraucht in den Teilstrecken 1, 2, 10, 11					0,90				2,27								
16	—	26	2,0	15	0,035	0,24	0,48	12,0	0,77	—	—	—	—	—	—	—	—
17	—	26	0,4	15	0,035	0,24	0,10	1,0	0,06	—	—	—	—	—	—	—	—

$$\Sigma(lR) + \Sigma Z = \quad 1{,}48 \quad + \quad 3{,}10 \quad = 4{,}58 \text{ mm WS} < 5{,}48 \text{ mm WS}$$

E. Einrohrsystem ohne Berücksichtigung der Wärmeverluste

Beim Einrohrsystem sind die Heizkörper eines Stranges hintereinander geschaltet. Damit addieren sich — im Unterschied zum Zweirohrsystem — die Umtriebsdrücke übereinander liegender Heizkörper. Jeder Strang ist also auch in seinen Druckverlusten als *ein* Stromkreis zu betrachten, der sich streckenweise in zwei Leitungen aufspaltet.

1. Der wirksame Druck

Als Erläuterungsbild diene das Schema einer kleinen Einrohrheizung nach Abb. 11.24. Der Hauptwasserweg ist durch die Teilstrecken 1 bis 6 gekennzeichnet. Die Teilstrecken 3 und 5 sind Kurzschlußstrecken, an deren Anfang jeweils der Teilstrom des Heizkörpers abgezweigt und an deren Ende er in die Strangleitung zurückgeführt wird. Für die Ermittlung des wirksamen Druckes genügt es, das System mit den Kurzschlußstrecken zu betrachten. Die Punkte A und B sind die Mischstellen des Umlaufwassers aus dem Kurzschluß und des Rücklaufwassers aus dem zugehörigen Heizkörper. In der Auswirkung auf den Umtriebsdruck kann die Mischung auch als eine Abkühlung an den Stellen A und B angesehen werden; wir erkennen dann die Übereinstimmung mit dem in Abb. 11.19 dargestellten Fall. Durch den Höhenabstand der Mischpunkte über Kesselmitte und die Temperaturabsenkung sind die wirksamen Teildrücke der Falleitung bestimmt.

a) Berechnung der Temperaturen

In Abb. 11.24 ist

$$t_v = t_1 = t_2 = t_3 \;^{1},$$

$$t_r = t_6; \qquad t_4 = t_5.$$

Bedeuten:

Q_1, Q_2 die von den Heizkörpern 1 und 2 geforderten Leistungen,
$\dot{G}_1, \dot{G}_2$ die Wasserströme durch die Heizkörper,
$\varDelta t_1, \varDelta t_2$ die Temperaturunterschiede zwischen Heizkörpereintritt und -austritt,

so gilt, wenn die spezifische Wärme $c = 1$ gesetzt wird,

$$Q = Q_1 + Q_2 = \dot{G}\,(t_v - t_r) = \dot{G}_1\,\varDelta t_1 + \dot{G}_2\,\varDelta t_2. \tag{11.26}$$

Dabei ist Q die gesamte Strangleistung und $\dot{G}$ der Gesamtwasserstrom.

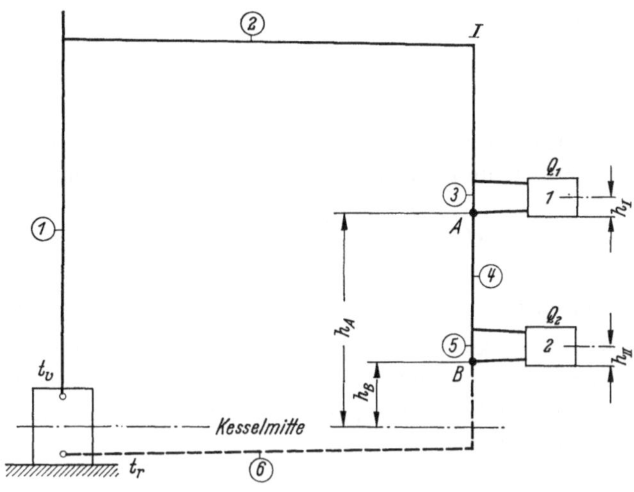

Abb. 11.24. Schema einer senkrechten Einrohrheizung.

Man kann Gl. (11.26) auch schreiben in der Form

$$(t_v - t_r) = \frac{\dot{G}_1}{\dot{G}}\,\varDelta t_1 + \frac{\dot{G}_2}{\dot{G}}\,\varDelta t_2. \tag{11.26a}$$

Die Temperaturabsenkungen $\varDelta t_1$ und $\varDelta t_2$ hängen sonach von dem Temperaturunterschied am Kessel und dem Anteil des jeweils durch den Heizkörper geleiteten Wasserstromes ab, können also nicht frei gewählt werden.

Als Grenzfall tritt auf: $\dot{G}_1 = \dot{G}_2 = \dot{G}$. Das gesamte Wasser geht durch die Heizkörper. Dann ist $t_v - t_r = \varDelta t_1 + \varDelta t_2$.

Wird andererseits der Wert $\dfrac{\dot{G}_1}{\dot{G}}$ bzw. $\dfrac{\dot{G}_2}{\dot{G}}$ sehr klein angesetzt (nahezu alles Wasser läuft durch den Kurzschluß), so erhält man ein sehr großes $\varDelta t$; die Wasserabkühlung in einzelnen Heizkörpern eines Stranges kann sonach größer gewählt werden als die Temperaturdifferenz am Kessel. Nimmt man für die oberen Stockwerke große, für die unteren Stockwerke kleine Temperaturunterschiede in den Heizkörpern an, so lassen sich auch gleiche mittlere Heizwassertemperaturen in allen Stockwerken erreichen.

Meist wählt man jedoch den Temperaturabfall $\varDelta t$ in allen Heizkörpern gleich. Es gilt dann in Anlehnung an Gl. (11.26a) die Beziehung

$$\frac{\varDelta t}{t_v - t_r} = \frac{\dot{G}}{\dot{G}_1 + \dot{G}_2 + \cdots + \dot{G}_n + \cdots}. \tag{11.27}$$

---

[1] Die Indizes geben an, auf welche Teilstrecke sich die Temperaturangabe bezieht.

Die Berechnung der Mischtemperatur t_4 erfolgt am einfachsten an Hand der Gleichung

$$Q_1 = \dot{G}\,(t_1 - t_4)$$

oder

$$t_4 = t_1 - \frac{Q_1}{\dot{G}}. \tag{11.27a}$$

In gleicher Weise werden die Temperaturen anderer Teilstrecken bestimmt.

b) Ermittlung des wirksamen Druckes

Für den Hauptstromkreis ergibt sich bei Anwendung der Gl. (11.19) der wirksame Druck H aus

$$H = h_A\,(\gamma_4 - \gamma_1) + h_B\,(\gamma_6 - \gamma_4) \tag{11.28}$$

oder unter Benutzung der Beziehung (11.20)

$$H = h_A\,(t_1 - t_4)\,\varepsilon_A + h_B\,(t_4 - t_6)\,\varepsilon_B. \tag{11.29}$$

Die ε-Werte sind aus Zahlentafel A 37 für die jeweiligen mittleren Wassertemperaturen zu entnehmen.

Man kann sich für das Einrohrsystem ohne Leitungswärmeverluste auch die Ausrechnung der Mischtemperaturen ersparen und Gl. (11.29) wie folgt vereinfachen:

$$H = \varepsilon_m \left[h_A \frac{Q_1}{\dot{G}} + h_B \frac{Q_2}{\dot{G}} \right]. \tag{11.29a}$$

Das Rechnen mit dem Durchschnittswert ε_m, dem die mittlere Systemtemperatur $\frac{t_1 + t_6}{2}$ zugrundegelegt werden soll, ist bei kleinen Werten von $(t_v - t_r)$ genügend genau. Bei größeren Temperaturdifferenzen im Strang empfiehlt sich die getrennte Berechnung der einzelnen Glieder von H mit dem jeweils der mittleren Temperatur zugeordneten ε, insbesondere, wenn die Heizkörperleistungen stark differieren.

2. Berechnung der Rohrleitung

Mit Hilfe des wirksamen Druckes berechnet man die vorläufigen Rohrdurchmesser der Teilstrecken 1 bis 6 wie beim Zweirohrsystem. Auch die Nachrechnung erfolgt in der gleichen Weise.

Es ist dann nachzuprüfen, ob der Druckverlust im Kurzschluß nicht kleiner ist als der Druckverlust im zugehörigen Heizkörperstromkreis, wobei der Druckgewinn durch die Abkühlung im Heizkörper berücksichtigt werden muß. Es gilt also die Beziehung

$$(l\,R + Z)_K \geqq \sum (l\,R + Z)_{Hk} - h'\,\varepsilon\,\varDelta t. \tag{11.30}$$

Hk kennzeichnet den Heizkörperstromkreis, K den Kurzschluß. Für h' ist die halbe Heizkörperhöhe einzusetzen.

Wird die Bedingung (11.30) nicht erfüllt, so erhält der Heizkörper nicht die ihm zugedachte Wassermenge. Es ist also entweder der Durchmesser des Heizkörperanschlusses zu vergrößern oder der des Kurzschlusses zu verkleinern. Nun ist es aus Gründen einer einfachen Montage immer erwünscht, den Strangdurchmesser nicht oder möglichst wenig zu ändern, vor allem nicht an jedem Kurzschluß eine Verengung vornehmen zu müssen. Man sollte daher zunächst anstreben, den Heizkörperanschluß so zu wählen, daß die Bedingung der Gl. (11.30) erfüllt ist. Bei vielstöckigen Gebäuden bereitet das zumeist keine Schwierigkeiten, da hier der durch den Kurzschluß fließende Wasserstrom nur wenig vom Gesamtstrom des Stranges abweicht. Der Druckverlust der Kurzschlußstrecke bleibt dabei auch relativ hoch, zumal bei vielstöckigen Gebäuden ohnehin infolge der großen Umtriebsdrücke das zulässige Reibungsgefälle in den Rohren reichlich ist. Stets ist aber bei Einrohrheizungen darauf zu achten, nur Heizkörperventile mit niedrigen ζ-Werten zu verwenden. Dies sei besonders deshalb betont, weil bei Zweirohranlagen Ventile mit höheren Widerstandsbeiwerten aus regeltechnischen Gründen bevorzugt werden.

Bei geringer Stockwerkszahl kann eventuell durch Wahl eines größeren Wertes von Δt (Abkühlung im Heizkörper) der notwendige Ausgleich der Drücke nach Gl. (11.30) gefunden werden. Mit zunehmendem Δt wächst auf der rechten Gleichungsseite das zweite (negative) Glied, das erste (positive) nimmt jedoch infolge der kleineren Geschwindigkeit ab, d. h., der Rückgang des Teilstroms wirkt sich doppelt aus. Ein kleiner Drucküberschuß im Heizkörperstromkreis kann durch die Voreinstellung des Heizkörperventils abgedrosselt werden.

Für die vorläufige Rechnung genügt es in der Regel, die Heizkörper nach der Mitteltemperatur zwischen Vor- und Rücklauf auszulegen. Man erspart sich dadurch die umständliche Berechnung der Temperaturen in den einzelnen Teilstrecken des Stranges. Es empfiehlt sich jedoch, an Hand der Zuschläge nach Zahlentafel A 43 a die notwendige Heizflächenvergrößerung infolge der Rohrabkühlung überschläglich zu berücksichtigen.

F. Einrohrsystem mit Berücksichtigung der Wärmeverluste

Das Berechnungsverfahren bei der Zweirohrheizung findet hier — bis auf die abweichende Ermittlung des wirksamen Druckes — sinngemäß Anwendung. Man berücksichtigt bei der vorläufigen Rechnung die Erhöhung des wirksamen Druckes und eventuell auch die Heizflächenvergrößerung zunächst durch Näherungswerte, s. Zahlentafel A 40, und verfährt im übrigen wie

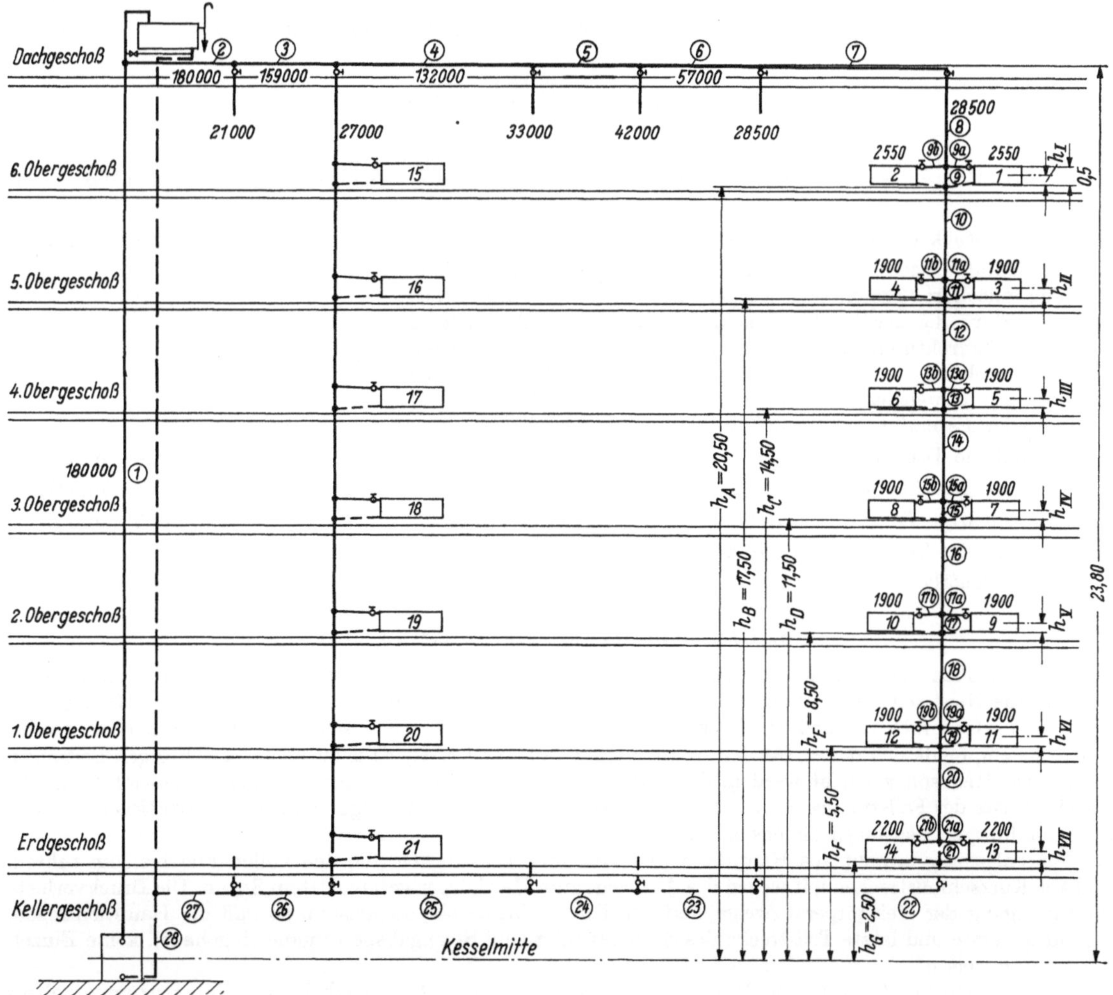

Abb. 11.25. Strangbild einer senkrechten Einrohrheizung.

unter Abschn. E. Für die Temperaturberichtigungswerte sind neben den Temperaturabfällen in den Heizkörpern die Strangtemperaturdifferenzen maßgebend, s. Zahlentafel A 42.

Einzelheiten der Rechnung lassen sich am besten an einem Beispiel zeigen.

Beispiel. Für die in Abb. 11.25 dargestellte Schwerkraft-Einrohrheizung sind die Rohrdurchmesser und Heizkörpergrößen zu bestimmen.

Die Berechnung soll für den ungünstigsten Stromkreis, das ist der kesselfernste Strang mit den Teilstrecken 1 bis 28, durchgeführt werden.

Annahmen:

Vorlauftemperatur am Kessel $t_v = 90\ °\mathrm{C}$.

Temperaturabsenkung in den Strängen, ohne Wärmeverluste $t_v - t_r = 25$ grd.

Temperaturabfall in den Heizkörpern einheitlich $\Delta t = 20$ grd.

Keine Abkühlung im Steigstrang. Isolierung der Verteilleitungen mit Glasgespinst üblicher Dicke.

Dachbodentemperatur 0 °C, Fallstränge ungeschützt vor der Wand. Keine Abkühlung im gemeinsamen Rücklauf. Raumtemperatur 20 °C.

1. Vorläufige Rechnung

a) Ermittlung des wirksamen Druckes

Wendet man Gl. (11.29 a) sinngemäß auf das Strangschema nach Abb. 11.25 an, so ergibt sich der wirksame Druck zu:

$$H = \varepsilon_m \frac{h_A Q_1 + h_B Q_2 + h_C Q_3 + h_D Q_4 + h_E Q_5 + h_F Q_6 + h_G Q_7}{G_h} \quad \text{in mm WS.}$$

Für

$$\frac{t_v + t_r}{2} = \frac{90 + 65}{2} = 77,5\ °\mathrm{C} \quad \text{ist} \quad \varepsilon_m = 0,61\ \mathrm{kp/m^3\ grd},$$

$$G_h = \frac{\Sigma Q}{(t_v - t_r)\,c} = \frac{28500}{25 \cdot 1} = 1140\ \mathrm{kg/h}$$

und damit

$$H = 0,61\ \frac{20,5 \cdot 5100 + (17,5 + 14,5 + 11,5 + 8,5 + 5,5)\,3800 + 2,5 \cdot 4400}{1140} = 178,8\ \mathrm{mm\ WS.}$$

Wirksamer Druck ohne Wärmeverluste . . . . H $\qquad$ $= 178,8$ mm WS

Aus Zahlentafel A 40 entnimmt man für den letzten Strang (Fallstrang unisoliert, 7geschossig, waagerechte Entfernung vom Steigstrang 50 m) die zusätzliche Druckhöhe mit 44 mm WS. Hierzu kommen Korrekturen zur Berücksichtigung des höheren mittleren Wasserdurchsatzes je Heizkörper (100 kg/h statt 50 kg/h) und der von 20 grd abweichenden Strangspreizung nach Zahlentafel A 41 bzw. A 42. Es ergibt sich dann die

Zusätzliche Druckhöhe . . . . $H' = 0,68 \cdot 1,15 \cdot 44 =$ **34,4** mm WS

Gesamte Druckhöhe. . . . . H_0 $\qquad$ $= 213,2$ mm WS

davon 67% für die Rohrreibung . . . . $\Sigma l\,R$ $\qquad$ $= 142,8$ mm WS

Länge der Teilstrecken 1 bis 28 . . . . Σl $\qquad$ $= 170,8$ m

Druckgefälle . . . . R $\qquad$ $= 0,836$ mm WS/m

b) Dimensionierung des Fallstranges

Mit dem oben bestimmten Druckgefälle ergäbe sich aus Arbeitsblatt 1 für die Hauptstrecken des Fallstranges die Nennweite NW 50 ($R = 0,64$ mm WS/m). Bei dieser Nennweite sind relativ große Heizkörperanschlüsse erforderlich (1″ und 1¼″), wenn Einschnürungen in den Kurzschlußstrecken vermieden werden sollen. Es empfiehlt sich daher, für den Fallstrang ein höheres Druckgefälle zu Lasten der übrigen Leitungen zuzulassen. Hier soll versucht werden, den Fallstrang mit NW 40 auszulegen. Es werden zunächst nur die Druckverluste des Fallstranges ermittelt. Mit der restlichen noch zur Verfügung stehenden Druckhöhe werden dann die übrigen Leitungen dimensioniert.

Der Fallstrang besteht aus Hauptleitungen, das sind Teilstrecken, die den vollen Wasserstrom führen, und aus Kurzschlußstrecken mit wegen des Abzweigs zum Heizkörper vermindertem Strom. Die Druckverluste im Durchgang der Heizkörperabzweige sind der Kurzschlußstrecke anzulasten, so daß die Hauptleitungen, bis auf die erste und letzte Teilstrecke des Stranges (hier sind Strangabsperrorgane eingebaut), keine Einzelverluste aufweisen.

Die ζ_d-Werte für die Vor- und Rücklaufanschlüsse werden in Abhängigkeit vom Volumstromverhältnis $\dot{V}_d / \dot{V}$ der Tab. 2 in Arbeitsblatt 5 entnommen.

Druckverluste des Fallstranges bei NW 40

	Aus dem Rohrplan				Nachrechnung											Unterschied	
					mit vorläufigem Rohrdurchmesser					mit geändertem Rohrdurchmesser							
Teilstrecke	Stündlich geförderte Wärmemenge	Stündlich geförderte Wassermenge	Länge der Teilstrecke l	Vorläufiger Rohrdurchmesser d	w	R	lR	$\Sigma\zeta$	Z	d	w	R	lR	$\Sigma\zeta$	Z	lR o-h	Z q-k
Nr.	$\dfrac{kcal}{h}$	$\dfrac{kg}{h}$	m	mm	$\dfrac{m}{s}$	$\dfrac{mm\,WS}{m}$	$\dfrac{mm}{WS}$	—	$\dfrac{mm}{WS}$	mm	$\dfrac{m}{s}$	$\dfrac{mm\,WS}{m}$	$\dfrac{mm}{WS}$	—	$\dfrac{mm}{WS}$	$\dfrac{mm}{WS}$	$\dfrac{mm}{WS}$
a	b	c	d	e	f	g	h	i	k	l	m	n	o	p	q	r	s
8	—	1140	2,8	40	0,27	2,33	6,52	2,5	9,05	—	—	—	—	—	—	—	—
9	—	885	0,5	40	0,20	1,47	0,74	1,3	2,60	—	—	—	—	—	—	—	—

Hauptleitungen (10, 12, 14, 16, 18, 20)

Nr.	b	c	d	e	f	g	h	i	k	l	m	n	o	p	q	r	s
10	—	1140	2,5	40	0,27	2,33	5,83	—	—	—	—	—	—	—	—	—	—

$$6 \times lR = 34,98$$

Kurzschlußleitungen (11, 13, 15, 17, 19)

Nr.	b	c	d	e	f	g	h	i	k	l	m	n	o	p	q	r	s
11	—	950	0,5	40	0,22	1,68	0,84	1,0	2,40	—	—	—	—	—	—	—	—

$$5 \times lR = 4,20;\; 5Z = 12,00$$

Nr.	b	c	d	e	f	g	h	i	k	l	m	n	o	p	q	r	s
21	—	920	0,5	40	0,22	1,58	0,79	1,2	2,90	—	—	—	—	—	—	—	—
22 a	—	1140	0,5	40	0,27	2,33	1,17	2,5	9,05	—	—	—	—	—	—	—	—

$$\Sigma\,(lR + Z) = 48,40 \;+\; 35,60 = 84,00 \text{ mm WS}$$

c) Dimensionierung der Verteilleitungen

Für die Verteilleitungen verbleibt nach Deckung des Druckbedarfs für den Fallstrang eine restliche Druckhöhe von

$$H_0 - \Sigma\,(Rl + Z)_{Fallstrang} = 213,2 - 84,0 = 129,2 \text{ mm WS}.$$

Setzt man den Anteil der Einzelwiderstände am Gesamtdruckverlust hier mit $a = 0,25$ an, so verbleiben für die Rohrreibung $\Sigma\,lR = 96,9$ mm WS.

Länge der Teilstrecken 1 bis 7 und 22 bis 28 . . . . $l = 149$ m,
Druckgefälle . . . . $R = 0,65$ mm WS/m.

Damit ergeben sich die im folgenden Vordruck eingetragenen vorläufigen Durchmesser.

Druckverluste der Verteilleitungen

	Aus dem Rohrplan				Nachrechnung											Unterschied	
					mit vorläufigem Rohrdurchmesser					mit geändertem Rohrdurchmesser							
Teilstrecke	Stündlich geförderte Wärmemenge	Stündlich geförderte Wassermenge	Länge der Teilstrecke l	Vorläufiger Rohrdurchmesser d	w	R	lR	$\Sigma\zeta$	Z	d	w	R	lR	$\Sigma\zeta$	Z	lR o-h	Z q-k
Nr.	$\dfrac{kcal}{h}$	$\dfrac{kg}{h}$	m	mm	$\dfrac{m}{s}$	$\dfrac{mm\,WS}{m}$	$\dfrac{mm}{WS}$	—	$\dfrac{mm}{WS}$	mm	$\dfrac{m}{s}$	$\dfrac{mm\,WS}{m}$	$\dfrac{mm}{WS}$	—	$\dfrac{mm}{WS}$	$\dfrac{mm}{WS}$	$\dfrac{mm}{WS}$
a	b	c	d	e	f	g	h	i	k	l	m	n	o	p	q	r	s
1 + 28	180 000	7200	37,5	100	0,26	0,69	25,9	3,4	11,36	—	—	—	—	—	—	—	—
2 + 27	180 000	7200	17,0	100	0,26	0,69	11,73	2,0	6,70	—	—	—	—	—	—	—	—
3 + 26	159 000	6360	18,0	100	0,22	0,55	9,9	0,35	0,84	—	—	—	—	—	—	—	—
4 + 25	132 000	5280	20,0	100	0,19	0,39	7,8	0,4	0,72	—	—	—	—	—	—	—	—
5 + 24	99 000	3960	30,0	80	0,21	0,61	18,3	0,75	1,65	—	—	—	—	—	—	—	—
6 + 23	57 000	2280	16,0	65	0,17	0,50	8,0	1,0	1,40	—	—	—	—	—	—	—	—
7 + 22	28 500	1140	10,5	50	0,16	0,64	6,72	1,5	1,90	—	—	—	—	—	—	—	—

$$\Sigma\,(lR) + \Sigma Z = 88,35 \;+\; 24,57 = 112,92 \text{ mm WS}$$

2. Nachrechnung

Sofern eine Nachrechnung sich auch auf die Kontrolle der durch die Rohrabkühlung zusätzlich bewirkten Umtriebsdrücke erstrecken soll, ist nach dem folgenden Unterabschnitt a) zu verfahren. Andernfalls beginnt die Nachrechnung sofort mit b), wobei vom auf S. 192 ermittelten Überschlagswert H_0 auszugehen ist (vgl. auch die Bemerkungen zur Berechnung der Zweirohrheizung auf S. 178).

a) Wirksamer Druck

Die Rohrabkühlung ϑ einer Teilstrecke ergibt sich nach Gl. (11.21). Für die Bestimmung der Mischtemperatur hinter dem Heizkörperanschluß wird Gl. (11.27a) herangezogen. Die zusätzliche Druckhöhe kann dann mit Hilfe von Gl. (11.22) ermittelt werden. Gang und Ergebnisse der Berechnung sind aus der folgenden Tabelle zu ersehen.

Temperaturen und zusätzliche Druckhöhe aus der Rohrabkühlung

Teilstrecke	G_h $\frac{\text{kg}}{\text{h}}$	d mm	l m	s mm	k_R $\frac{\text{kcal}}{\text{m h grd}}$	t °C	t_i °C	ϑ grd	t' °C	h' m	ε $\frac{\text{kp}}{\text{m}^3\,\text{grd}}$	H' mm WS
2	7200	100	8,5	40	0,486	90,00	0	0,05	89,95	23,80	0,672	0,80
3	6360	100	9,0	40	0,486	89,95	0	0,06	89,89	23,80	0,672	0,96
4	5280	100	10,0	40	0,486	89,89	0	0,08	89,81	23,80	0,671	1,28
5	3960	80	15,0	40	0,421	89,81	0	0,14	89,67	23,80	0,671	2,24
6	2280	65	8,0	30	0,455	89,67	0	0,14	89,53	23,80	0,670	2,23
7	1140	50	5,0	30	0,371	89,53	0	0,15	89,38	23,80	0,669	2,39
8	1140	40	2,8	—	1,91	89,38	20	0,33	89,05	22,40	0,668	4,94
9	885	40	0,5	—	1,91	89,05	20	0,07	88,98	20,75	0,667	0,97
10	1140	40	2,5	—	1,88	84,52[1]	20	0,27	84,25	19,25	0,644	3,35
11	950	40	0,5	—	1,87	84,25	20	0,06	84,19	17,75	0,643	0,68
12	1140	40	2,5	—	1,85	80,87[1]	20	0,25	80,62	16,25	0,626	2,54
13	950	40	0,5	—	1,84	80,62	20	0,06	80,56	14,75	0,625	0,55
14	1140	40	2,5	—	1,81	77,24[1]	20	0,23	77,01	13,25	0,608	1,85
15	950	40	0,5	—	1,81	77,01	20	0,05	76,96	11,75	0,607	0,36
16	1140	40	2,5	—	1,78	73,64[1]	20	0,21	73,43	10,25	0,588	1,27
17	950	40	0,5	—	1,78	73,43	20	0,05	73,38	8,75	0,587	0,26
18	1140	40	2,5	—	1,75	70,06[1]	20	0,19	69,87	7,25	0,570	0,79
19	950	40	0,5	—	1,75	69,87	20	0,05	69,82	5,75	0,569	0,16
20	1140	40	2,5	—	1,72	66,50[1]	20	0,18	66,32	4,25	0,550	0,42
21	920	40	0,5	—	1,72	66,32	20	0,04	66,28	2,75	0,550	0,06
22a	1140	40	0,5	—	1,68	62,43[1]	20	0,03	62,40	2,25	0,527	0,04

Zusätzlicher Druck durch Rohrabkühlung 28,14 mm WS

[1] Die Mischtemperatur ist nach Gl. (11.27a) zu berechnen. Dabei werden die Wärmeverluste der Heizkörperanschlußleitungen vernachlässigt, was bei nicht zu langen Anschlußleitungen zulässig ist.

Die Berechnung des tatsächlich wirksamen Druckes infolge Abkühlung in den Heizkörpern soll hier anhand der vorberechneten Wassertemperaturen und der zugehörigen ε-Werte genau durchgeführt werden. Die folgende Tabelle zeigt die Einzelwerte.

Temperaturen und wirksamer Druck durch Heizkörperabkühlung

Mischpunkt	t °C	t' °C	ϑ grd	h' m	ε kp/m³ grd	H' mm WS
A	$t_9' = 88{,}98$	$t_{10} = 84{,}52$	4,46	$h_A = 20{,}5$	0,656	59,98
B	$t_{11}' = 84{,}19$	$t_{12} = 80{,}87$	3,32	$h_B = 17{,}5$	0,635	36,89
C	$t_{13}' = 80{,}56$	$t_{14} = 77{,}24$	3,32	$h_C = 14{,}5$	0,617	29,70
D	$t_{15}' = 76{,}96$	$t_{16} = 73{,}64$	3,32	$h_D = 11{,}5$	0,598	22,83
E	$t_{17}' = 73{,}38$	$t_{18} = 70{,}06$	3,32	$h_E = 8{,}5$	0,579	16,34
F	$t_{19}' = 69{,}82$	$t_{20} = 66{,}50$	3,32	$h_F = 5{,}5$	0,560	10,23
G	$t_{21}' = 66{,}28$	$t_{22} = 62{,}43$	3,85	$h_G = 2{,}5$	0,538	5,18

Wirksamer Druck infolge Heizkörperabkühlung 181,15 mm WS

Es ergibt sich also:

Zusätzlicher Druck durch die Rohrabkühlung . . . . 28,14 mm WS
Wirksamer Druck durch die Wärmeabgabe der Heizkörper . . . 181,15 mm WS

Gesamter wirksamer Druck . . . . 209,29 mm WS

Der Unterschied zum Wert der vorläufigen Rechnung mit $H_0 = 213{,}2$ mm WS ist sonach gering.

b) Druckverluste

Es ist nun nachzuprüfen, ob die Druckverluste in den Verteilleitungen und im Fallstrang nicht höher sind als der unter a) ermittelte Gesamtdruck. Die Berechnung ist in den Vordrucken auf S. 193 enthalten. Dabei sind die korrespondierenden Teilstrecken im Vor- und Rücklauf jeweils zusammengefaßt. Die Einzelwiderstände sind der folgenden Tabelle zu entnehmen.

ζ-Werte der Verteilleitungen

Teil-strecke	Anzahl	Benennung	r/d	$\dfrac{w_{a(d)}}{w}$	$\dfrac{\dot V_{a(d)}}{\dot V}$	$\dfrac{d_{a}(*)}{d}$	ζ
a	b	c	d	e	f	g	h
1	1	Kessel	—	—	—	—	2,5
	1	Krümmer	3,0	—	—	—	0,3
							2,8
		a) Vorlauf					
2	1	T-Stück, Trennung/Gegenlauf; da $\dot V_a/\dot V = 1{,}0$ wie Knie	—	—	1,0	—	1,0
3	1	T-Stück, Trennung/Durchgang.	—	0,85	—	1,0	0,1
4	1	T-Stück, Trennung/Durchgang.	—	0,87	—	1,0	0,1
5	1	T-Stück, Trennung/Durchgang.	—	1,10	—	0,8	0,15
6	1	T-Stück, Trennung/Durchgang.	—	0,81	—	0,81	0,2
7	1	T-Stück, Trennung/Durchgang.	—	0,94	—	0,77	0,1
	1	Krümmer	3,0	—	—	—	0,3
							0,4
		b) Rücklauf					
22	1	T-Stück, Vereinigung/Durchgang.	—	—	0,5	0,77	0,8
	1	Krümmer	3,0	—	—	—	0,3
							1,1
23	1	T-Stück, Vereinigung/Durchgang.	—	—	0,58	0,81	0,8
24	1	T-Stück, Vereinigung/Durchgang.	—	—	0,75	0,8	0,6
25	1	T-Stück, Vereinigung/Durchgang.	—	—	0,83	1,0	0,3
26	1	T-Stück, Vereinigung/Durchgang.	—	—	0,89	1,0	0,25
27	1	T-Stück, Vereinigung/Durchgang; da $\dot V_a/\dot V = 1{,}0$ wie Knie	—	—	1,0	—	1,0
28	2	Krümmer	3,0	—	—	—	0,6

Im Fallstrang können die gleichlangen Strecken der Hauptleitungen (gerade Zahlen) und der Kurzschlüsse (ungerade Zahlen) mit einheitlichem Wasserstrom zusammengefaßt werden. Da die Durchgangswiderstände der Kreuzstücke den Kurzschlüssen angelastet werden, treten in den Hauptleitungen 10 bis 20 keine Einzelwiderstände auf.

Die Druckverluste im Gesamtstromkreis des entferntesten Fallstranges betragen sonach

Verteilleitung . . . . 112,92 mm WS
Fallstrang . . . . 84,00 mm WS

Gesamter Druckverlust. . . . 196,92 mm WS

Dieser Wert ist um rd. 12 mm WS kleiner als der unter a) ermittelte verfügbare Druck. Würde man die nicht am Umtriebsdruck beteiligte Teilstrecke 24 um eine Nennweite auf NW 65 verringern, so ergäbe sich unter Beachtung der daraus resultierenden Änderung des ζ-Wertes für Teilstrecke 23 (von 0,8 auf 1,5) der gesamte Druckverlust zu 209,97 mm WS, wäre also praktisch gleich dem verfügbaren Druck.

c) Heizkörperanschlüsse

Die Anschlußleitungen der Heizkörper sind so zu dimensionieren, daß das in Gl. (11.30) angegebene Druckverlustkriterium erfüllt ist. Nach einer Überschlagsrechnung wird hier der Durchmesser der Anschlüsse vorläufig mit $^3/_4''$ gewählt.

Kritisch sind die Heizkörper mit den höchsten Leistungen, also 1 u. 2 sowie 13 u. 14. Sie sollen zusammen mit den Heizkörpern im ersten Obergeschoß im folgenden nachgeprüft werden. Für die Einzelwiderstände im Heizkörperstromkreis wurden folgende ζ-Werte zugrunde gelegt:

$$\left.\begin{array}{lll} \text{Radiator} & \zeta = 2{,}5 \\ \text{Heizkörperventil} & \zeta = 1{,}5 \\ \text{Ausbiegestück} & \zeta = 0{,}5 \end{array}\right\} \ \sum \zeta = 4{,}5.$$

Hinzu kommen jeweils die ζ_a-Werte der Heizkörperanschlüsse, die als Funktion des Durchmesser- und Volumstromverhältnisses dem Arbeitsblatt 5 zu entnehmen sind.

Heizkörper im obersten Geschoß:

$$0{,}74 + 2{,}60 < (1{,}86 + 5{,}15) - 0{,}25 \cdot 20 \cdot 0{,}617 = 3{,}92.$$

Das Ergebnis zeigt, daß der Druckverlust im Kurzschluß kleiner als im Heizkörperstromkreis ist.
Nach Änderung des Rohrdurchmessers von $^3/_4{}''$ auf $1''$ erhält man

$$3{,}34 > (0{,}58 + 3{,}64) - 3{,}09 = 1{,}13.$$

Heizkörper im ersten Obergeschoß:

$$0{,}84 + 2{,}40 > (1{,}10 + 3{,}29) - 0{,}25 \cdot 20 \cdot 0{,}512 = 1{,}83,$$

$3{,}24 > 1{,}83$: Rohrdurchmesser bleibt unverändert.

Heizkörper im Erdgeschoß:

$$0{,}79 + 2{,}90 > (1{,}44 + 3{,}87) - 0{,}25 \cdot 20 \cdot 0{,}490 = 2{,}86.$$

$3{,}69 > 2{,}86$. Rohrdurchmesser bleibt unverändert.

3. Auslegung der Heizkörper

Für die gewählten Heizkörper (Nabenabstand 500, Bautiefe 160 mm) ergibt sich nach Zahlentafel A 26 bei $t_H = 80\,°\mathrm{C}$ eine Normleistung von

$$q = 110 \ \mathrm{kcal/h} \ \text{je Glied.}$$

Bei abweichenden mittleren Heizmitteltemperaturen erfolgt die Berechnung der Gliedleistung nach Gl. (9.13) mit $m = 1{,}33$.

Da bei der Einrohrheizung die Vorlauftemperaturen der Heizkörper vom obersten zum untersten Geschoß stark abnehmen, ist als Übertemperatur $\varDelta t$ das logarithmische Mittel $\varDelta m$ nach Gl. (9.16) einzusetzen.

In der Tabelle zur Berechnung der zusätzlichen Druckhöhe infolge Rohrabkühlung sind die Vorlauftemperaturen eines jeden Heizkörpers für den Fallstrang berechnet worden, so daß sich auch die mittleren Heizkörperübertemperaturen $\varDelta m$ und damit die Heizkörpergrößen ermitteln lassen. Es ergeben sich die nachfolgenden berichtigten Gliedleistungen und Gliederzahlen.

Festlegung der Heizkörpergrößen

Heizkörper Nr.	geforderte Wärmeleistung kcal/h	Vorlauf- temperatur des Heizkörpers °C	Heizkörper- über- temperatur $\varDelta m$ grd	Gliedleistung kcal/h	Gliederzahl
1 u. 2	2550	89,05	58,5	106,3	24
3 u. 4	1900	84,25	53,6	94,7	20
5 u. 6	1900	80,62	50,0	86,3	22
7 u. 8	1900	77,01	46,3	78,0	24
9 u. 10	1900	73,43	42,6	69,8	27
11 u. 12	1900	69,87	39,0	62,1	31
13 u. 14	2200	66,32	35,4	54,5	40

Gesamtgliederzahl = 188

Berechnet man die Heizkörpergrößen näherungsweise an Hand der theoretischen Wassertemperaturen und der Zuschläge in Zahlentafel A 43a, so ergibt sich im vorliegenden Fall eine Gesamtgliederzahl von 189 an Stelle des vorstehend genau berechneten Wertes. Man erkennt, daß auch hier die Überschlagsrechnung i. allg. genügend genau ist.

IV. Pumpenheizung

A. Grundlagen

Der wirksame Druck einer Pumpenheizung setzt sich zusammen aus dem durch die Pumpe erzeugten Druck H_P und dem durch Schwerkraftwirkung entstehenden Druck H_S. Demnach wird der Gesamtdruck H:

$$H = H_P + H_S. \tag{11.31}$$

Um für die Darstellung des Rechnungsganges möglichst einfache Verhältnisse zu schaffen, wird im nachstehenden zunächst angenommen, daß die Schwerkraftwirkung gegenüber dem Pumpendruck zu vernachlässigen sei. Die Berechnung der Pumpenheizung stützt sich zwar in ihren Einzelheiten auf dieselben Gleichungen, die wir bei der Berechnung der Schwerkraftheizungen kennengelernt haben, insbesondere gilt auch hier die Gleichung

$$H = \Sigma(l\,R) + \Sigma\,Z, \tag{11.32}$$

aber die Reihenfolge der einzelnen Rechnungen ist hier aus mehreren Gründen anders. Während bei der Schwerkraftheizung durch die Gebäudehöhe und die gewählte Temperaturdifferenz $(t_v - t_r)$ der wirksame Druck H festliegt und die Strömungsgeschwindigkeiten sowie die Rohrdurchmesser in einzelnen Teilstrecken gesucht sind, ist bei der Pumpenheizung auch der Druck H_P unbekannt. Bei gegebenem Strangschema und gegebenen Wärmeleistungen sind nämlich Rohrnetze mit verschiedenen Durchmessern möglich. Aber nur eines dieser Rohrnetze ist das wirtschaftlich günstigste. Sind die Rohrdurchmesser sehr klein, so ist das Rohrnetz billig. Aber da die Strömungsgeschwindigkeiten hoch sind, sind auch die Druckverluste groß, und damit ergibt sich ein hoher Leistungsbedarf der Pumpe. Es ergeben also große Geschwindigkeiten zwar billige Rohrnetze, aber hohe Betriebskosten. Umgekehrt geben niedrige Geschwindigkeiten teure Rohrnetze, aber geringe Betriebskosten. Es gilt also, die wirtschaftlich günstigste Netzauslegung zu finden.

Das Berechnungsverfahren ist das gleiche, das bereits für die Fernleitungen auf den S. 156/163 behandelt worden ist. Die Vergleichsrechnung ist bei Heiznetzen mit ihrer starken Verzweigung jedoch sehr zeitraubend, da bei der üblichen Rohrführung alle Stränge gesondert berechnet werden müssen. Andererseits sind bei Heizanlagen neben Kostenfaktoren auch Ausführungs- und betriebliche Gesichtspunkte zu berücksichtigen, die oft gegen die Wahl zu kleiner Rohrdurchmesser und zu hoher Druckgefälle sprechen. Nur bei ausgedehnten Pumpenheizungen ist daher die exakte Ermittlung der wirtschaftlichsten Rohrauslegung am Platz.

Bei den üblichen Anlagen geht man von Erfahrungswerten aus, wobei man entweder den Pumpendruck, das Druckgefälle oder die Strömungsgeschwindigkeit wählt. Im nachstehenden wollen wir das Druckgefälle frei wählen, und zwar ist es zweckmäßig, R längs des Hauptstranges, das ist der Stromkreis mit der größten Länge, etwa konstant zu halten. Bei der Ausführung werden sich natürlich wegen der Stufung der handelsüblichen Rohrdurchmesser in den einzelnen Teilstrecken Abweichungen von dem gewählten Druckgefälle ergeben, die aber nicht von großer Bedeutung sind.

Unter normalen Verhältnissen erhält man mit $R \approx 10$ mm WS/m wirtschaftlich dimensionierte Rohrnetze. Im Zweifelsfall sollte man aber den Hauptstrang auch mit kleineren und größeren R-Werten durchrechnen, um den Bereich der günstigsten Netzauslegung wenigstens näherungsweise festzustellen.

B. Durchführung einer Berechnung

Die Einzelheiten des Rechnungsganges lassen sich am einfachsten an einer Beispielrechnung zeigen.

Beispiel. Für den in Abb. 11.26 und 11.27 dargestellten Teil des Rohrnetzes einer Gebäude-Pumpenwarmwasserheizung sind die Rohrdurchmesser zu berechnen unter Vernachlässigung des durch Schwerkraftwirkung entstehenden zusätzlichen Druckes H_s. Bei einer Vorlauftemperatur von 90 °C sei die Temperaturdifferenz zwischen Vor- und Rücklauf zu 10 grd angenommen. Die Heizkörperanschlüsse werden gemäß Abb. 11.17 ausgeführt.

a) Berechnung des Hauptstranges

Als Hauptstrang ist die Rohrverbindung zwischen Verteiler und Heizkörper des Steigstranges I anzusehen. Entsprechend dem oben Gesagten rechnet man diesen Rohrzug für verschiedene Druckgefälle durch. Man kann bei der Berechnung die entsprechenden Teilstrecken im Vor- und Rücklauf zusammenfassen. Zweckmäßigerweise beginnt man am Verteiler, da man hier zuerst an die größeren Rohrweiten kommt und bei diesen das

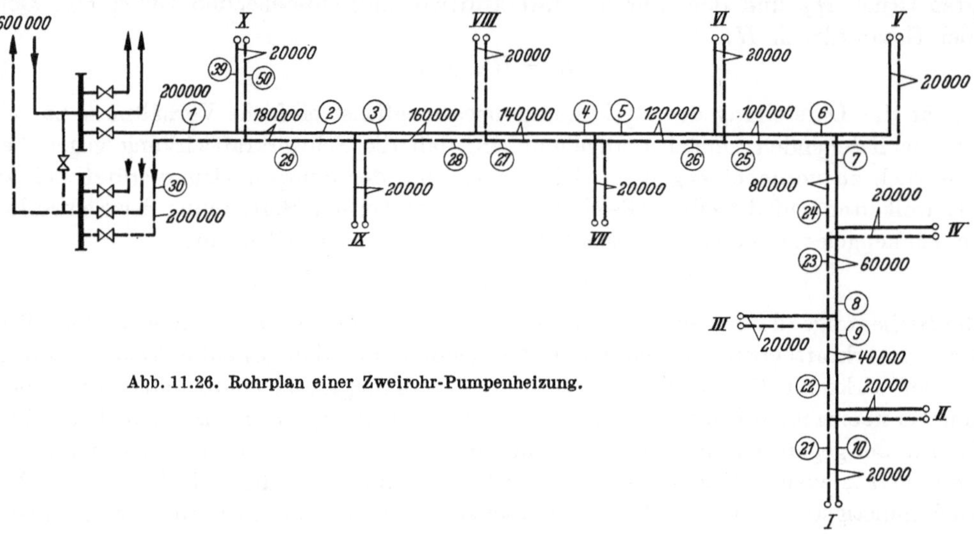

Abb. 11.26. Rohrplan einer Zweirohr-Pumpenheizung.

Einhalten der gewählten Druckgefälle wegen der feineren Unterteilung der zur Verfügung stehenden Rohrdurchmesser leichter möglich ist. Man füllt zunächst die Spalten a, b und d des Formblattes an Hand der Pläne aus und rechnet sich dann die Werte der Spalte c aus.

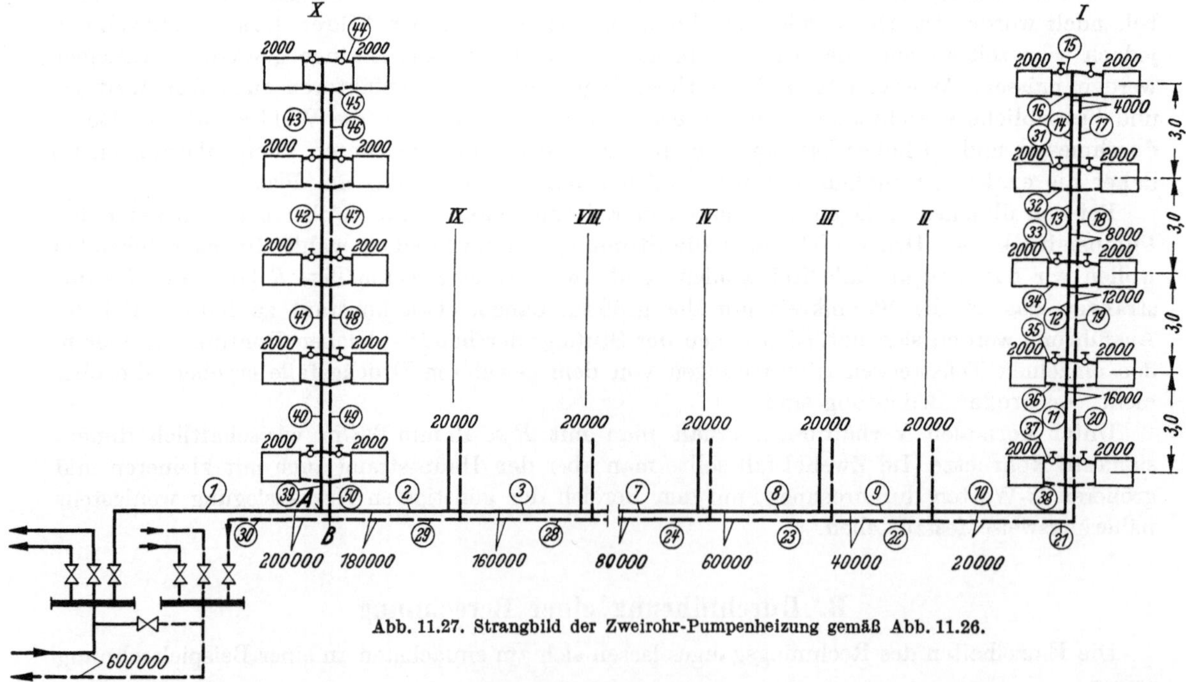

Abb. 11.27. Strangbild der Zweirohr-Pumpenheizung gemäß Abb. 11.26.

Nunmehr kann die Dimensionierung des Hauptstranges erfolgen. Die Berechnung soll durchgeführt werden für $R = 10$ und $R = 20$ mm WS/m. Unter Benutzung des Arbeitsblattes 2 werden die Spalten e bis k bzw. l bis q des Formblattes ausgefüllt, s. S. 199. Man muß dabei immer dasjenige Tabellenrechteck heraussuchen, in dem der für die Rechnung ermittelte Wasserstrom (Spalte c) und der gewählte R-Wert am besten übereinstimmen. Die ζ-Werte (Spalte i und p) werden in der früher mehrfach beschriebenen Weise bestimmt.

	Aus dem Rohrplan				Nachrechnung											Unter-schied	
					mit $R = 10$ mm WS/m					mit $R = 20$ mm WS/m							
Teilstrecke	Stündlich geförderte Wärmemenge	Stündlich geförderte Wassermenge	Länge der Teilstrecke l	Vorläufiger Rohr-durchmesser d	w	R	lR	$\Sigma\zeta$	Z	d	w	R	lR	$\Sigma\zeta$	Z	lR o-h	Z q-k
Nr.	$\dfrac{\text{kcal}}{\text{h}}$	$\dfrac{\text{kg}}{\text{h}}$	m	mm	$\dfrac{\text{m}}{\text{s}}$	$\dfrac{\text{mm WS}}{\text{m}}$	$\dfrac{\text{mm}}{\text{WS}}$	—	$\dfrac{\text{mm}}{\text{WS}}$	mm	$\dfrac{\text{m}}{\text{s}}$	$\dfrac{\text{mm WS}}{\text{m}}$	$\dfrac{\text{mm}}{\text{WS}}$	—	$\dfrac{\text{mm}}{\text{WS}}$	$\dfrac{\text{mm}}{\text{WS}}$	$\dfrac{\text{mm}}{\text{WS}}$
a	b	c	d	e	f	g	h	i	k	l	m	n	o	p	q	r	s
1 + 30	200 000	20 000	20[1]	88	0,93	9,3	186,0	6,7	287,4	80	1,09	12,9	258,0	6,7	394,8	—	—
2 + 29	180 000	18 000	20	80	0,97	10,4	208,0	0,25	11,7	65	1,31	24,2	484,0	0,5	42,6	—	—
3 + 28	160 000	16 000	20	80	0,86	8,3	166,0	0,40	14,7	65	1,20	19,2	384,0	0,40	28,6	—	—
4 + 27	140 000	14 000	20	65	1,00	15,0	300,0	0,55	27,3	60	1,27	23,4	468,0	0,45	36,0	—	—
5 + 26	120 000	12 000	20	65	0,91	11,2	224,0	0,40	16,4	60	1,10	17,5	350,0	1,05	63,0	—	—
6 + 25	100 000	10 000	20	60	0,88	12,5	250,0	0,35	13,4	57	1,10	22,0	440,0	0,30	18,0	—	—
7 + 24	80 000	8 000	20	60	0,70	8,1	162,0	5,50	133,7	50	1,10	24,2	484,0	2,30	138,0	—	—
8 + 23	60 000	6 000	20	50	0,85	13,9	278,0	0,70	25,1	50	0,85	13,9	278,0	0,70	25,1	—	—
9 + 22	40 000	4 000	20	50	0,55	6,6	132,0	1,35	20,3	40	0,92	24,7	494,0	1,15	48,3	—	—
10 + 21	20 000	2 000	23	32	0,55	11,0	253,0	1,60	24,0	32	0,55	11,0	253,0	2,20	33,0	—	—
11 + 20	16 000	1 600	6	32	0,45	7,2	43,2	1,40	14,1	25	0,80	29,7	178,2	1,35	42,9	—	—
12 + 19	12 000	1 200	6	32	0,35	4,2	25,2	1,40	8,5	25	0,60	17,3	103,8	1,30	23,2	—	—
13 + 18	8 000	800	6	25	0,40	8,0	48,0	1,05	8,3	20	0,65	26,6	159,6	1,05	22,0	—	—
14 + 17	4 000	400	6	20	0,32	7,3	43,8	2,50	12,7	15	0,60	32,7	196,2	2,50	44,6	—	—
15 + 16	2 000	200	2	15	0,30	9,1	18,2	9,30	41,5	10	0,48	31,9	63,8	8,30	94,9	—	—

$$\text{229} \qquad \overset{30}{\underset{1}{\Sigma}}(l\,R) + \overset{30}{\underset{1}{\Sigma}}Z = 2337{,}4 \; + \; 659{,}1 \qquad \overset{30}{\underset{1}{\Sigma}}(l\,R) + \overset{30}{\underset{1}{\Sigma}}Z = 4594{,}6 \; + \; 1055{,}0$$

$$= 2996{,}5 \text{ mm WS} \qquad\qquad\qquad = 5649{,}6 \text{ mm WS}$$

[1] Gesamtlänge für beide Teilstrecken.

Zwischen den beiden Verteilern muß sonach für den angeschlossenen Gebäudeteil eine Druckdifferenz von 3,0 bzw. 5,65 m WS zur Verfügung stehen.

Die *Pumpenleistung* läßt sich nach der Gleichung

$$N_P = \frac{V_s\,H_P}{102\,\eta} \quad \text{in kW}$$

berechnen, wobei

V_s die sekundlich zu fördernde Wassermenge in l/s,
H_P die Förderhöhe der Pumpe in m WS,
η der Pumpenwirkungsgrad.

Die sekundliche Wassermenge V_s errechnet sich aus $Q_{ges} = 200\,000$ kcal/h zu:

$$V_s = \frac{Q_{ges}}{c_P \cdot \Delta t \cdot \varrho \cdot 3{,}6} = \frac{200\,000}{1 \cdot 10 \cdot 969 \cdot 3{,}6} = 5{,}73 \text{ l/s}.$$

Bei einem Pumpenwirkungsgrad $\eta = 0{,}7$ folgt N_P aus der Beziehung

$$N_P = \frac{5{,}73\,H_P}{102 \cdot 0{,}7} = 0{,}0803\,H_P.$$

Damit wird für

	$R = 10$	$R = 20$	mm WS/m
H_P	3,00	5,65	m WS
N_P	0,241	0,454	kW

Die weiteren Berechnungen sollen nur für den ersten Fall (Druckgefälle $R = 10$ mm WS/m im ungünstigsten Stromkreis) durchgeführt werden.

b) Berechnung der Heizkörperanschlüsse im Steigstrang I

Für die Bemessung der Heizkörperanschlüsse stehen folgende Drücke zur Verfügung:

$$\text{Im 3. Geschoß } H = \overset{17}{\underset{14}{\Sigma}}(l\,R) + \overset{17}{\underset{14}{\Sigma}}Z = 116{,}2 \text{ mm WS}$$

$$\text{Im 2. Geschoß } H = \overset{18}{\underset{13}{\Sigma}}(l\,R) + \overset{18}{\underset{13}{\Sigma}}Z = 172{,}5 \text{ mm WS}$$

$$\text{Im 1. Geschoß } H = \overset{19}{\underset{12}{\Sigma}}(l\,R) + \overset{19}{\underset{12}{\Sigma}}Z = 206{,}2 \text{ mm WS}$$

$$\text{Im Erdgeschoß } H = \overset{20}{\underset{11}{\Sigma}}(l\,R) + \overset{20}{\underset{11}{\Sigma}}Z = 263{,}5 \text{ mm WS}$$

Diese Drücke dürfen nicht überschritten werden. Man geht also hier wie bei der Berechnung der Schwerkraftanlagen so vor, daß man zunächst das zur Verfügung stehende Druckgefälle R berechnet. Nimmt man als Anteil der Einzelwiderstände in diesen kurzen Rohrstrecken, die verhältnismäßig viele Einzelwiderstände enthalten (Regulierventil, Heizkörper, Bogen), etwa 66% an, so lassen sich die R-Werte wie folgt berechnen:

Es bleiben für Rohrreibung		l	R
Im 3. Geschoß:	$0,34 \cdot 116,2 = 39,5$ mm WS	2 m	19,8 mm WS/m
Im 2. Geschoß:	$0,34 \cdot 172,5 = 58,7$ mm WS	2 m	29,3 mm WS/m
Im 1. Geschoß:	$0,34 \cdot 206,2 = 70,1$ mm WS	2 m	35,1 mm WS/m
Im Erdgeschoß:	$0,34 \cdot 263,5 = 89,6$ mm WS	2 m	44,8 mm WS/m

Aus dem Rohrplan					Nachrechnung											Unterschied	
Teilstrecke	Stündlich geförderte Wärmemenge	Stündlich geförderte Wassermenge	Länge der Teilstrecke	Vorläufiger Rohrdurchmesser	mit vorläufigem Rohrdurchmesser					mit geändertem Rohrdurchmesser							
			l	d	w	R	lR	$\Sigma\zeta$	Z	d	w	R	lR	$\Sigma\zeta$	Z	lR o-h	Z q-k
Nr.	$\frac{kcal}{h}$	$\frac{kg}{h}$	m	mm	$\frac{m}{s}$	$\frac{mm\,WS}{m}$	$\frac{mm}{WS}$	—	$\frac{mm}{WS}$	mm	$\frac{m}{s}$	$\frac{mm\,WS}{m}$	$\frac{mm}{WS}$	—	$\frac{mm}{WS}$	$\frac{mm}{WS}$	$\frac{mm}{WS}$
a	b	c	d	e	f	g	h	i	k	l	m	n	o	p	q	r	s
31 + 32	2000	200	2	15	0,30	9,1	18,2	9,2	41,1	$lR + Z =$ 59,3 mm WS							
33 + 34	2000	200	2	10	0,48	31,9	63,8	6,8	77,7	$lR + Z =$ 141,5 mm WS							
35 + 36	2000	200	2	10	0,48	31,9	63,8	7,1	81,1	$lR + Z =$ 144,9 mm WS							
37 + 38	2000	200	2	10	0,48	31,9	63,8	7,25	82,9	$lR + Z =$ 146,7 mm WS							

Die verbleibenden Reste an wirksamem Druck sind durch die Ventilvoreinstellung abzudrosseln.

c) Berechnung eines nahe am Verteiler gelegenen Steigstranges

Um den weiteren Gang der Berechnung zu zeigen, sei die Dimensionierung des Stranges X durchgeführt. Zwischen den Abzweigpunkten A und B besteht eine Druckdifferenz von $H = (\Sigma l R + \Sigma Z)_2^{29}$ = 2523,1 mm WS. Diese Druckdifferenz steht auch zur Bemessung der Rohrweiten des Stranges X, also der Teilstrecken 39 bis 50, zur Verfügung. Bei der Berechnung der Rohrweiten muß man hier ebenfalls so verfahren wie unter b). Man muß also zunächst das Druckgefälle R berechnen. Bei einem Anteil der Einzelwiderstände von 33% bleiben zur Dimensionierung des Rohrzuges (Teilstrecken 39 bis 50) $0,67 \cdot 2523,1$ = 1690 mm WS übrig. Bei einer Länge von insgesamt 49 m ergibt sich demnach

$$R = \frac{1690}{49} = 34,5 \text{ mm WS/m.}$$

Daraus folgen unter Benutzung des Arbeitsblattes 2 für die Teilstrecken 39 bis 50 die Rohrdurchmesser der folgenden Tabelle.

Aus dem Rohrplan					Nachrechnung											Unterschied	
Teilstrecke	Stündlich geförderte Wärmemenge	Stündlich geförderte Wassermenge	Länge der Teilstrecke	Vorläufiger Rohrdurchmesser	mit vorläufigem Rohrdurchmesser					mit geändertem Rohrdurchmesser							
			l	d	w	R	lR	$\Sigma\zeta$	Z	d	w	R	lR	$\Sigma\zeta$	Z	lR o-h	Z q-k
Nr.	$\frac{kcal}{h}$	$\frac{kg}{h}$	m	mm	$\frac{m}{s}$	$\frac{mm\,WS}{m}$	$\frac{mm}{WS}$	—	$\frac{mm}{WS}$	mm	$\frac{m}{s}$	$\frac{mm\,WS}{m}$	$\frac{mm}{WS}$	—	$\frac{mm}{WS}$	$\frac{mm}{WS}$	$\frac{mm}{WS}$
a	b	c	d	e	f	g	h	i	k	l	m	n	o	p	q	r	s
39 + 50	20000	2000	23	25	1,00	45,5	1047,0	2,8	138,9	—	—	—	—	—	—	—	—
40 + 49	16000	1600	6	25	0,80	29,7	178,2	1,4	44,4	—	—	—	—	—	—	—	—
41 + 48	12000	1200	6	25	0,60	17,3	103,8	1,3	23,2	—	—	—	—	—	—	—	—
42 + 47	8000	800	6	20	0,65	26,6	159,6	1,1	23,1	—	—	—	—	—	—	—	—
43 + 46	4000	400	6	15	0,60	32,7	196,2	2,6	46,4	—	—	—	—	—	—	—	—
44 + 45	2000	200	2	10	0,48	31,9	68,8	8,3	94,9	—	—	—	—	—	—	—	—
			49		$\Sigma (l R) + \Sigma Z =$		1753,6	+	370,9	$= 2124,5$ mm WS $<$ 2523,1 mm WS							

Entsprechend werden die übrigen Steigstränge berechnet.

C. Sonderausführungen der Pumpenheizung

1. Einrohrheizung

Bei Einrohrheizungen ist zunächst der weitest abgelegene Fallstrang mit seinen Kurzschlüssen zu dimensionieren. Für die Bemessung der Heizkörperanschlüsse ist das Druckverlustkriterium nach Gl. (11.30) maßgebend, da auch hier — wie bei Schwerkraftanlagen — der Strangdurchmesser in den Kurzschlüssen möglichst nicht eingeschnürt werden sollte. Es gilt also wieder

$$(l\,R + Z)_K \geqq \Sigma\,(l\,R + Z)_{Hk} - h'\,\varepsilon\,\varDelta t.$$

Bei Pumpenheizungen mit ihrem höheren Druckgefälle kann bei kleinem Temperaturabfall im Heizkörper das letzte Glied eventuell vernachlässigt werden.

Die Größe der Heizkörper ist stets an Hand der tatsächlichen mittleren Wassertemperaturen zu ermitteln, wobei nur bei ausgedehnten Anlagen mit vielen Strangheizkörpern der Einfluß der Rohrleitungswärmeverluste berücksichtigt werden muß.

Gewisse Abweichungen im Rechnungsgang weist die neuerdings häufiger verwendete Einrohrheizung mit horizontaler Rohrführung auf. Hier ist in der Regel das Hauptsystem mit den vertikalen Strängen als Zweirohrheizung ausgeführt, wobei zwischen den Vor- und Rücklaufanschlüssen der einzelnen Stockwerke ausreichende Druckdifferenzen vorgesehen werden, die den horizontalen Leitungslängen angepaßt sind. Des weiteren ist zu berücksichtigen, daß die Länge der Kurzschlußstrecken, also auch ihr Druckverlust, jetzt von der Baulänge des Heizkörpers und damit von dessen Leistung und Bauart abhängig ist. Einzelheiten der Berechnung sind aus dem folgenden Beispiel zu ersehen.

Beispiel. Für ein Bürogebäude ist eine Pumpen-Warmwasserheizung mit horizontaler Einrohrführung vorgesehen. Es sind die Leitungen, Heizkörper und Heizkörperanschlüsse für das in Abb. 11.28 dargestellte Stockwerk zu dimensionieren.

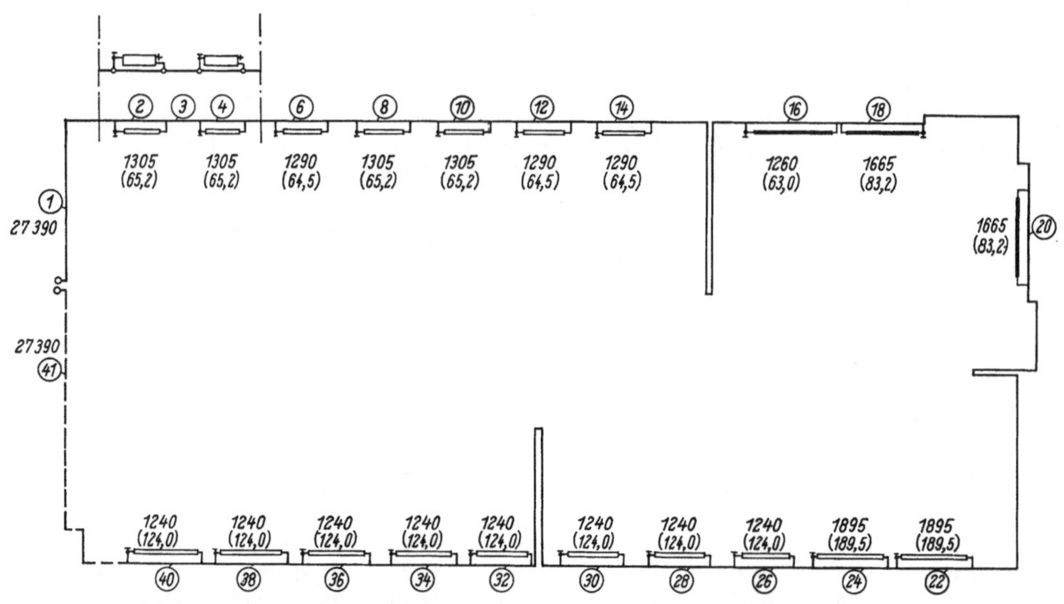

Abb. 11.28. Rohrplan einer Einrohrheizung mit horizontaler Rohrführung.

Vor- und Rücklauftemperaturen in den vertikalen Strängen

$$t_v = 90\ °C, \qquad t_r = 60\ °C.$$

Temperaturabfall in den Heizkörpern

$$\varDelta t = 20\ \text{grd bis zur Mitte,}$$

$$\varDelta t = 10\ \text{grd anschließend.}$$

(Diese Auslegung wurde gewählt, um bei der niedrigen Rücklauftemperatur im zweiten Teil der horizontalen Rohrleitung keine allzugroßen Heizkörper zu erhalten.)

Heizkörperbauarten: Gußgliederheizkörper 200/250, an 3 Stellen Plattenheizkörper mit 600 mm Bauhöhe.

Verfügbare Druckdifferenz . . . . H = 1280   mm WS
Durchmesser der vertikalen Stränge . . . . . .   NW 40
Wasserstrom in den vertikalen Strängen . . . . G_h = 3080   kg/h
Geforderte Wärmeleistung im Stockwerk . . . Q_h = 27390   kcal/h

a) Verteilleitung

Wasserstrom . . . . $G_h = \dfrac{27390}{1 \cdot 30} =$ 913   kg/h

Anteil der Rohrreibung (geschätzt) . . . . . . $0,80H$ = 1024   mm WS
Länge der Leitung . . . . l = 108,5 m

Druckgefälle. . . . . $R = \dfrac{0,80\,H}{l} =$ 9,4 mm WS/m

Durchmesser (nach Arbeitsblatt 2) . . . .   NW 25

b) Größe der Heizkörper

Es sind nun zunächst die Heizkörpergrößen und die Abstände zwischen Vor- und Rücklaufanschluß (Kurzschlußlängen) zu bestimmen. Man bedient sich dazu zweckmäßigerweise des nachstehenden Formblattes.

(Abweichungen des logarithmischen Mittelwertes der Übertemperatur vom arithmetischen können in diesem Zusammenhang unberücksichtigt bleiben.)

Heizkörperkurzschlußlängen

Teilstrecke	Geforderte Wärmeleistung	Durch den Heizkörper verursachte Abkühlung im Hauptstrom	Vorlauftemperatur des Heizkörpers	Mittlere Heizkörperübertemperatur	Normleistung q_n je Glied bzw. m Baulänge nach DIN 4703	Korrigierte Heizkörperleistung $q' = q_n \left(\dfrac{\varDelta t}{60}\right)^{1,33}$	Gliederzahl/Nabenabstand/Bautiefe bzw. Reihenzahl/Bauhöhe/Plattentiefe	Länge des Heizkörpers	Länge des Kurzschlusses	Vorläufiger Anschlußdurchmesser
Nr.	$\dfrac{\text{kcal}}{\text{h}}$	grd	°C	grd	$\dfrac{\text{kcal}}{\text{h}}$	$\dfrac{\text{kcal}}{\text{h}}$	—	m	m	mm
a	b	c	d	e	f	g	h	i	j	k
2 a	1305	1,43	90,00	60,00	82,00	82,00	16/200/250	0,96	1,20	15
4 a	1305	1,43	88,57	58,57	82,00	79,46	17/200/250	1,02	1,20	15
6 a	1290	1,41	87,14	57,14	82,00	77,00	17/200/250	1,02	1,20	15
8 a	1305	1,43	85,73	55,73	82,00	74,46	18/200/250	1,08	1,30	15
10 a	1305	1,43	84,30	54,30	82,00	71,75	19/200/250	1,14	1,30	15
12 a	1290	1,41	82,87	52,87	82,00	69,13	19/200/250	1,14	1,30	15
14 a	1290	1,41	81,46	51,46	82,00	66,83	19/200/250	1,14	1,30	15
16 a	1260	1,38	80,05	50,05	685,00	538,41	1/600/ 25	2,34	2,50	15
18 a	1665	1,82	78,67	48,67	1130,00	856,54	2/600/ 25	1,94	2,20	15
20 a	1665	1,82	76,85	46,85	1130,00	811,34	2/600/ 25	2,05	2,30	15
22 a	1895	2,08	75,03	50,03	82,00	64,94	30/200/250	1,80	2,00	20
24 a	1895	2,08	72,95	47,95	82,00	60,68	31/200/250	1,86	2,10	20
26 a	1240	1,36	70,87	45,87	82,00	57,32	22/200/250	1,32	1,50	20
28 a	1240	1,36	69,51	44,51	82,00	55,27	23/200/250	1,38	1,60	20
30 a	1240	1,36	68,15	43,15	82,00	52,89	24/200/250	1,44	1,60	20
32 a	1240	1,36	66,79	41,79	82,00	50,59	25/200/250	1,50	1,70	20
34 a	1240	1,36	65,43	40,43	82,00	48,46	26/200/250	1,56	1,80	20
36 a	1240	1,36	64,07	39,07	82,00	46,25	27/200/250	1,62	1,80	20
38 a	1240	1,36	62,71	37,71	82,00	44,20	28/200/250	1,68	1,90	20
40 a	1240	1,36	61,35	36,35	82,00	42,07	30/200/250	1,80	2,00	20

Unter Vernachlässigung der Rohrwärmeverluste ergeben sich die Abkühlungen des Hauptstroms durch die Heizkörperwärmeabgabe jeweils aus deren Anteil an der Gesamtleistung und der Strangtemperaturdifferenz, also für den ersten Heizkörper $\vartheta = \dfrac{1305}{27390} \cdot 30 = 1,43$ grd und damit die Temperatur in Teilstrecke 3 $t_3 = 90 - 1,43 = 88,57$ °C.

Die so berechneten Temperaturen am Vorlaufabzweig der Heizkörper sind in Spalte d eingetragen. Damit sind bei dem vorgegebenen Temperaturabfall $\varDelta t$ auch die mittleren Heizwassertemperaturen bekannt. Zur Bestimmung der Heizkörpergrößen muß noch die Leistungsabweichung von den Normbedingungen (90/70 °C) berücksichtigt werden (Spalten f und g). Aus den Spalten b und g ergeben sich dann Gliederzahl und Baulänge der einzelnen Heizkörper. Die Kurzschlußstrecken 2, 4, 6 ... sind um die Anschlußstücke, das sind rund $2 \times 0,1 = 0,2$ m, größer als die Heizkörperlängen.

c) Vorläufige Heizkörperanschlüsse

Auf Grund von Erfahrungswerten oder einer überschlägigen Druckbilanzrechnung nach Gl. (11.30) wählt man die vorläufigen Durchmesser der Heizkörperanschlüsse. Die Länge der jeweiligen Kurzschlußstrecken und die durch die Heizkörper fließenden Wasserströme sind dabei entscheidend. Aus diesem Grund sind die Wasserströme in Abb. 11.28 mit eingetragen (Klammerwerte). Gewählt werden hier die Nennweiten 15 für die kleineren und 20 für die größeren Wasserströme.

d) Nachrechnung der Heizkörperanschlüsse

Für jeden Heizkörper muß die Bedingung erfüllt sein

$$(l\,R + Z)_K \geqq \sum (l\,R + Z)_{Hk} - h'\,\varepsilon\,\Delta t.$$

Die Einzelwiderstände der Teilstrecken sind, getrennt für den Hauptstromkreis und die Heizkörperanschlüsse, in nachstehenden Tabellen zusammengestellt.

Zusammenstellung der ζ-Werte für Hauptleitungsstrecken und Kurzschlüsse

Teil-strecke	Anzahl	Benennung	r/d	$\dfrac{w_{a(d)}}{w}$	$\dfrac{\dot V_{a(d)}}{\dot V}$	$\dfrac{d_a^{(*)}}{d}$	ζ
a	b	c	d	e	f	g	h
1	1	T-Stück, Trennung, Abzweig	—	0,6	—	—	3,5
	2	Krümmer	1	—	—	—	1,0
							$\Sigma\,\zeta_1 = 4,5$
2	1	Kurzschlußstrecke	—	—	0,9	1,0	0,2
		Teilstrecken 4, 6, 8, 10, 12, 14, 16, 18, 20 wie Teilstrecke 2	—	—	—	—	0,2
		Teilstrecken 3, 5, 7, 9, 11, 13, 17, 23, 25, 27, 29, 33, 35, 37, 39	—	—	—	—	0
15	4	Krümmer	1	—	—	—	2,0
19	5	Krümmer	1	—	—	—	2,5
21	7	Krümmer	1	—	—	—	3,5
22	1	Kurzschlußstrecke	—	—	0,8	1,0	0,5
24		Wie Teilstrecke 22	—	—	—	—	0,5
26	1	Kurzschlußstrecke	—	—	0,85	1,0	0,4
		Teilstrecken 28, 30, 32, 34, 36, 38, 40 wie Teilstrecke 26	—	—	—	—	0,4
31	4	Krümmer	1	—	—	—	2,0
41	4	Krümmer	1	—	—	—	2,0
	1	T-Stück, Vereinigung, Abzweig	—	—	0,3	0,6	1,0
							$\Sigma\,\zeta_{41} = 3,0$

Zusammenstellung der ζ-Werte für die Heizkörperanschlußleitungen

Teil-strecke	Anzahl	Benennung	r/d	$\dfrac{w_{a(d)}}{w}$	$\dfrac{\dot V_{a(d)}}{\dot V}$	$\dfrac{d_a^{(*)}}{d}$	ζ
a	b	c	d	e	f	g	h
2a	1	Heizkörperanschluß	—	—	0,07	0,6	17,0
	1	Heizkörpereckventil	—	—	—	—	2,0
	3	Bögen	1	—	—	—	1,5
	1	Radiator	—	—	—	—	2,5
							$\Sigma\,\zeta_{2A} = 23,0$
		Teilstrecken 4a, 6a, 8a, 10a, 12a, 14a, 16a wie 2a	—	—	—	—	23,0
18a	1	Heizkörperanschluß	—	—	0,09	0,6	11,5
		sonst wie Teilstrecke 2a	—	—	—	—	6,0
							$\Sigma\,\zeta_{18A} = 17,5$

Teil-strecke	Anzahl	Benennung	r/d	$\dfrac{w_{a(d)}}{w}$	$\dfrac{\dot{V}_{a(d)}}{\dot{V}}$	$\dfrac{d_a^{(*)}}{d}$	ζ
a	b	c	d	e	f	g	h
20a		wie Teilstrecke 18a	—	—	—	—	17,5
22a	1	Heizkörperanschluß	—	—	0,2	0,8	10,0
		sonst wie Teilstrecke 2a	—	—	—	—	6,0
							$\Sigma\,\zeta_{22\,A} = 16,0$
24a	1	wie Teilstrecke 22a	—	—	—	—	16,0
26a	1	Heizkörperanschluß	—	—	0,14	0,8	20,0
		sonst wie Teilstrecke 2a	—	—	—	—	6,0
							$\Sigma\,\zeta_{26\,A} = 26,0$
		Teilstrecken 28a, 30a, 32a, 34a, 38a, 40a wie Teilstrecke 26a	—	—	—	—	26,0
22a	1	Teilstrecke 22a geändert: Heizkörperanschluß	—	—	0,2	1,0	6,0
		sonst wie Teilstrecke 2a	—	—	—	—	6,0
							$\Sigma\,\zeta_{22\,A} = 12,0$

Meistens genügt es, wegen der relativ groben Durchmesserstufung nur jeweils einige kritische Heizkörper herauszugreifen. Da der Druckverlust wohl im Kurzschluß, aber nur ausnahmsweise im Heizkörper selbst mit der Länge des Heizkörpers anwächst, sind bei gleicher Leistung die vorderen Heizkörper gefährdeter. (Sie sind wegen der höheren Wassertemperatur stets die kürzeren.) Wir überprüfen im vorliegenden Fall daher die Heizkörper mit den Kurzschlußstrecken 2, 18, 22 und 26.

Heizkörper mit Kurzschlußstrecke 2:

Aus den Tabellenwerten der Arbeitsblätter 1, 2 und 5 ergibt sich

$$(10,8 + 1,75) > (0,7 + 10,6) - 2,49$$
$$12,55 > 8,81. \quad \text{Rohrdurchmesser bleibt unverändert.}$$

Heizkörper mit Kurzschlußstrecke 18:

$$(18,9 + 1,75) > (1,7 + 12,3) - 4,50$$
$$20,65 > 9,50. \quad \text{Rohrdurchmesser bleibt unverändert.}$$

Heizkörper mit Kurzschlußstrecke 22:

$$(13,6 + 3,21) < (1,1 + 17,6) - 1,14$$
$$16,81 < 17,56.$$

Gl. (11.30) ist hier nicht erfüllt, so daß die Heizkörperanschlüsse auf NW 25 erweitert werden müssen. Die Druckbilanz lautet dann

$$16,81 > (0,35 + 5,3) - 1,14$$
$$16,81 > 4,51.$$

Die gleiche Durchmesseränderung ist beim Heizkörper mit Kurzschlußstrecke 24 vorzunehmen, da auch hier (man überzeuge sich hiervon selbst) die Druckbilanzgleichung nicht ganz erfüllt wird.

Heizkörper mit Kurzschlußstrecke 26:

$$(11,8 + 3,0) > (0,5 + 13,0) - 1,09$$
$$14,80 > 12,41. \quad \text{Rohrdurchmesser bleibt unverändert.}$$

e) Nachrechnung des Hauptstromkreises

Zum Abschluß muß noch überprüft werden, ob der Druckverlust in der Hauptleitung den vorgegebenen Wert nicht überschreitet. Wir fassen zu diesem Zweck die ungeraden Teilstrecken, die den Gesamtstrom führen, und die Kurzschlußstrecken der ersten und zweiten Heizkörpergruppe zusammen. In den Hauptleitungen sind die Geschwindigkeiten gleich, wenn man von dem geringen Einfluß des unterschiedlichen spezifischen Volumens absieht, die Widerstandsbeiwerte ζ können daher addiert werden. R ist ohnehin konstant. Bei den Kurzschlußstrecken jeder Heizkörpergruppe soll ebenso verfahren werden, wobei für die Druckverlustbestimmung die jeweils höchste Geschwindigkeit zugrunde gelegt wird. (Nur wenn diese Näherungsrechnung einen zu hohen Anteil der Druckverluste ergibt, ist eine genauere Rechnung erforderlich.) Die Werte sind im folgenden zusammengestellt.

Teilstrecken	Σl m	R $\dfrac{\text{mm WS}}{\text{m}}$	$\Sigma l R$ mm WS	$\Sigma \zeta$ —	w m/s	z mm WS
Hauptleitungsstrecken	74,7	10,28	767,9	17,5	0,446	172,3
Kurzschlüsse Heizkörpergruppe I ($\Delta t = 20$ grd)	15,8	9,00	142,2	2,0	0,42	17,5
Kurzschlüsse Heizkörpergruppe II ($\Delta t = 10$ grd)	18,0	7,85	141,3	4,2	0,39	31,6
Summe der $\Sigma l R + Z$			1051,4	$+$		221,4

Der Gesamtdruckverlust ist mit 1272,8 mm WS kleiner als der verfügbare Druck. Durchmesseränderungen sind nicht notwendig.

2. Flächenheizung

Die Rohrnetzberechnung von Flächenheizungen unterscheidet sich im Grundsätzlichen nicht von den bei örtlichen Heizkörpern üblichen Rechnungsweisen; es sind lediglich an Hand der Heizflächengrößen die Widerstände der einzelnen Rohrschlangen (Register) besonders zu bestimmen. Die Widerstände der Rohrschlangen sind in der Regel erheblich höher als die der gebräuchlichen Heizkörperbauarten. Man kommt daher selten mit Schwerkraftumlauf aus.

Der Druckverlust der Heizschlangen wird wie beim Rohrnetz mit Hilfe der Arbeitsblätter 1 bis 5 ermittelt. Die Festlegung der Rohrlänge der Heizschlangen erfolgt schon bei der wärmetechnischen Berechnung der Flächenheizung, da Bauart und Heizwassertemperaturen mitsprechen. Zur Vermeidung zu hoher Druckverluste ist eventuell eine Unterteilung in zwei oder mehr parallelgeschaltete Heizschlangen notwendig; nur selten wird man auf größere Rohrdurchmesser übergehen. Die vom Kessel am weitesten entfernte Heizfläche (zuweilen auch eine benachbarte größere Heizfläche) ist für die Pumpendruckhöhe bzw. die Netzauslegung bestimmend. Überschüssige Druckhöhen kesselnaher Heizschlangen sind sorgfältig in den Anschlußstrecken oder notfalls in der Ventileinstellung abzudrosseln, da bei den niedrigen Heizwassertemperaturen (verglichen mit Radiatorheizung) eventuell schon geringe Abweichungen in der Ablauftemperatur aus den Heizschlangen zu deutlich merkbaren Leistungsunterschieden führen. Bei Flächenheizungen mit sehr niedrigen Heizwassertemperaturen, z. B. Crittall-Decken, sind die R-Werte der Arbeitsblätter nach Abb. 11.02a zu berichtigen.

3. Heizanlagen für hohe Gebäude

In vielstöckigen Häusern kann die Schwerkraftwirkung bei Bestimmung der Rohrweiten von Pumpenheizungen nicht mehr vernachlässigt werden. Da in Gl. (11.31) H_P stets gleichbleibt, das zweite Glied der rechten Seite H_S aber mit dem Temperaturunterschied $t_v - t_r$, also angenähert mit der Belastung der Heizanlage, anwächst, bleibt die für extreme Verhältnisse (Höchstlast) berechnete Druckverteilung im Netz unter abweichenden Belastungsverhältnissen nicht mehr erhalten. Damit ändert sich auch die Wasserverteilung auf die in verschiedenen Stockwerken liegenden Heizkörper eines Stranges, und die zentrale Leistungsregelung der Gesamtanlage bei beliebigen Betriebsbedingungen wird gefährdet. Die Heizkörper in den oberen Stockwerken bleiben bei schwacher Belastung zurück, wenn das Rohrnetz für die Gesamtdruckhöhe einschließlich der Schwerkraftdrücke bei höchster Belastung berechnet wurde; sie laufen andererseits vor, wenn die Schwerkraftwirkung bei der Rohrnetzberechnung vernachlässigt wird. Diese Störungen in der Wasserverteilung werden größer mit wachsendem Anteil des Schwerkraftdruckes H_S am Gesamtdruck H, d. h. also mit zunehmender Gebäudehöhe und abnehmender Entfernung der Stränge von der Zentrale. Man kann sie mindern durch die Wahl hoher Pumpendrücke.

Es empfiehlt sich, bei der Rohrnetzberechnung die Schwerkraftwirkung nur mit dem halben Betrag der bei Höchstlast auftretenden zusätzlichen Drücke zu berücksichtigen. Dann ist die Wasserverteilung in den Strängen bei den am häufigsten vorkommenden mittleren Belastungen einwandfrei. Für den Gesamtdruck H ist also zu setzen

$$H = H_P + \tfrac{1}{2} H_S.$$

Bei Anlagen großer horizontaler Ausdehnung kann auch ein anderer Weg zur Erzielung einer bei unterschiedlichen Belastungen gleichmäßigen Wasserverteilung gewählt werden. Man braucht die Pumpendruckhöhe in den horizontalen Hauptleitungen auf und dimensioniert die senkrechten Stränge allein nach den Schwerkraftdrücken. Einwandfrei ist diese Lösung, die naturgemäß zu größeren Durchmessern bei den Strangleitungen führt, allerdings nur, wenn die Hauptleitungen nach dem System der gleichen Weglänge verlegt werden, s. S. 192 im ersten Band, oder wenn durch Anordnung von Strangkurzschlüssen der Einfluß unterschiedlicher Druckdifferenzen zwischen Vorlauf- und Rücklauf-Verteilleitung auf die Strangwassermengen ausgeschaltet wird. Man schließt also im letzten Fall die Stränge in gleicher Weise an die Hauptleitungen an, wie es bei den Hausstationen großer Warmwassernetze heute üblich ist, s. Abb. 6.44 des ersten Bandes.

V. Niederdruckdampfheizung

A. Grundlagen

Bei den Niederdruckdampfheizungen ist der Druck am Anfang der Leitung mit dem Kesseldruck bzw. dem Druck am Verteiler gegeben. Am Ende der einzelnen Verzweigungsleitungen, also am Eintritt in die Heizkörper, soll der Druck so weit abgesenkt sein, daß sich der Heizkörper bei voller Öffnung des Ventils eben mit Dampf füllt, ohne daß Dampf in die Kondensatleitung übertritt. Es ist üblich, vor allen Heizkörperventilen einheitlich mit 200 kp/m² zu rechnen. Im allgemeinen kommt man mit dieser Annahme aus. Wird jedoch eine zentrale Regelung verlangt, so ist es zweckmäßig, den Druck vor dem Heizkörper nach Maßgabe der Größe des Heizkörpers abzustufen.

Das Rohrnetz muß so berechnet sein, daß der Kesseldruck durch die Einzelwiderstände und die Reibungsverluste in den geraden Rohrstrecken so weit aufgebraucht wird, daß vor den Heizkörperventilen nur der obengenannte Druck herrscht.

Die Rechnung beginnt auch bei der Niederdruckdampfheizung mit der Ermittlung der vorläufigen Rohrdurchmesser des ungünstigsten Stranges, d. h. jenes Stranges, der den Kessel mit dem weitestentfernten Heizkörper verbindet. Man setzt für die vorläufige Rechnung die Einzelwiderstände mit 33 % des gesamten Druckabfalles an. Sodann nimmt man wieder gleichbleibendes Druckgefälle vom Kessel bis zum letzten Heizkörper an.

Bezeichnet

p_1 den Anfangsdruck,
p_2 den Druck vor dem Heizkörper,
$\Sigma\, l$ die gesamte Länge aller Teilstrecken im ungünstigsten Strang,

so ist das Druckgefälle R in den Teilstrecken des ungünstigsten Stranges

$$R = (1 - a)\,\frac{p_1 - p_2}{\Sigma\, l}.$$

Mit Hilfe des *Arbeitsblattes 6* läßt sich dann bei gegebenem R für die jeweilige Wärmeleistung der Durchmesser der einzelnen Teilstrecken leicht bestimmen.

B. Durchführung der Rohrnetzberechnung

1. Vorläufige Ermittlung der Rohrdurchmesser des Dampfnetzes

Zur Berücksichtigung der Wärmeverluste ist bei nicht isolierten Leitungen die Wärmeleistung um 15 % höher anzunehmen, als sie sich aus der Summe der Heizkörperleistungen ergibt. Bei isolierten Leitungen können in der vorläufigen Rechnung die Wärmeverluste vernachlässigt werden. Bei der Nachrechnung sind erforderlichenfalls die Wärmeverluste genau zu ermitteln.

Bei ND-Dampfheizungen mit eigener Kesselanlage wählt man den Kesseldruck in der Regel um so höher, je größer die Entfernung bis zum letzten Heizkörper ist, s. S. 193 im ersten Band.

Damit liegt aber auch das Druckgefälle für die Gesamtstrecke fest. Für Gebäudeheizungen mit einer horizontalen Dampfleitungslänge bis zu 100 m rechnet man für die Hauptleitung meist mit $R = 5$ bis 6 mm WS/m. Da man nach praktischen Erfahrungen in den Steigsträngen, bei denen das sich bildende Kondensat der Dampfrichtung entgegen abgeführt werden muß, nicht über $R = 10$ mm WS/m hinausgehen soll, kann die vorläufige Ermittlung der Rohrdurchmesser nach Tab. 11.11 erfolgen.

Tabelle 11.11. *Zu fördernde Wärmeleistung Q_h in* kcal/h *und vorläufige Rohrdurchmesser bei ND-Dampfheizungen*

Rohrart	Gewinderohre					Rohre nach DIN 2449					
NW	15	20	25	32	40	40	50	(57)	60	65	80
Waagerechte Leitungen	2000	4500	8700	18500	27000	24000	49000	64500	88000	111000	172000
Senkrechte Leitungen	2800	6300	12000	25500	37400	33400	67700	88900	121000	153000	237000

Rohrart	Rohre nach DIN 2449									
NW	(88)	100	110	125	135	150	175	200	225	250
Waagerechte Leitungen	205000	291000	397000	519000	661000	841000	1355000	1890000	2400000	3200000
Senkrechte Leitungen	281000	400000	543000	710000	905000	—	—	—	—	—

2. Nachrechnung der Dampfleitungen

a) Die Rohre sind gut isoliert

Zu den vorläufigen Rohrdurchmessern werden in den betreffenden senkrechten Spalten des Arbeitsblattes 6 die zu fördernden Wärmemengen (obere Zeile) aufgesucht und hierzu, nach links fortschreitend, das Druckgefälle R in mm WS für 1 m Rohr gefunden. Gleichzeitig kann man unmittelbar unterhalb der Wärmemenge die Dampfgeschwindigkeit w ablesen. Mit diesem Wert ist aus dem zugehörigen Diagramm in Arbeitsblatt 9 der Druckverlust Z für den Einzelwiderstand $\zeta = 1$ zu entnehmen.

Eine Berechnung der Rohrleitungswärmeverluste und ihrer Auswirkung auf die Druckverluste ist nur bei hohen Anforderungen an die Genauigkeit der Rohrnetzberechnung notwendig.

b) Die Rohre sind nicht isoliert

In diesem Fall sind die Wärmeverluste näherungsweise unter Benutzung der Zahlentafel A 34 über die k_R-Werte zu ermitteln und ihr halber Wert zur nutzbaren Wärmemenge zu addieren. Das Druckgefälle R ist dann aus Arbeitsblatt 6 für den berichtigten Wert Q_h beim vorläufigen Durchmesser zu entnehmen. Im übrigen ist wie oben zu verfahren.

c) Berichtigung der vorläufigen Rohrdurchmesser

Nur selten wird die Nachrechnung zu einer Berichtigung des vorläufigen Rohrdurchmessers führen. Da nach den Ausführungen unter Teilabschnitt A das zulässige Druckgefälle der Steigleitungen begrenzt ist, kann meist in den Strängen, die näher zum Kessel liegen, die überschüssige Druckhöhe nicht aufgebraucht werden; sie ist mit Hilfe der Heizkörpervoreinstellung abzudrosseln. Damit verliert aber die Nachrechnung an Bedeutung. Man kann auf sie völlig verzichten, wenn p_1 mit Sicherheit niedriger liegt als der höchstmögliche Dampfdruck am Kessel oder Dampfverteiler.

3. Bemessung der Kondensatleitungen

Die hochliegenden, also trockenen Kondensatleitungen von ND-Dampfheizungen führen sowohl Wasser als auch Luft. Die Durchmesser müssen so bemessen sein, daß bei der Inbetriebnahme die in den Dampfleitungen und Heizkörpern befindliche Luft möglichst rasch entweichen kann bei gleichzeitigem Rückfluß der reichlichen Kondensatmenge beim Anwärmen des Systems. Da eine allgemein anwendbare rechnerische Erfassung dieses Vorgangs zur Bestimmung der lichten Rohrweiten auf Schwierigkeiten stößt und die in Frage kommenden Rohrdurchmesser ohnehin nur in einem engen Bereich variieren, bemißt man die Kondensatleitungen nach Erfahrungswerten, s. Zahlentafel A 46. Die Werte dieser Tafel stammen von RIETSCHEL und haben sich in der Praxis bewährt.

C. Beispielrechnung

Für das in Abb. 11.29 dargestellte Strangschema einer Niederdruckdampfheizungsanlage sind die Rohrdurchmesser zu berechnen.

Annahme: Überdruck vor den Heizkörperventilen 200 kp/m². Alle Dampfleitungen sind gut isoliert.

1. Vorläufige Rechnung

Für die vorläufige Rechnung wird $R = 5$ bis 6 mm WS/m zugrunde gelegt. Die aus der Tab. 11.11 zu entnehmenden Rohrdurchmesser werden in die Spalte e des Berechnungsvordruckes eingetragen.

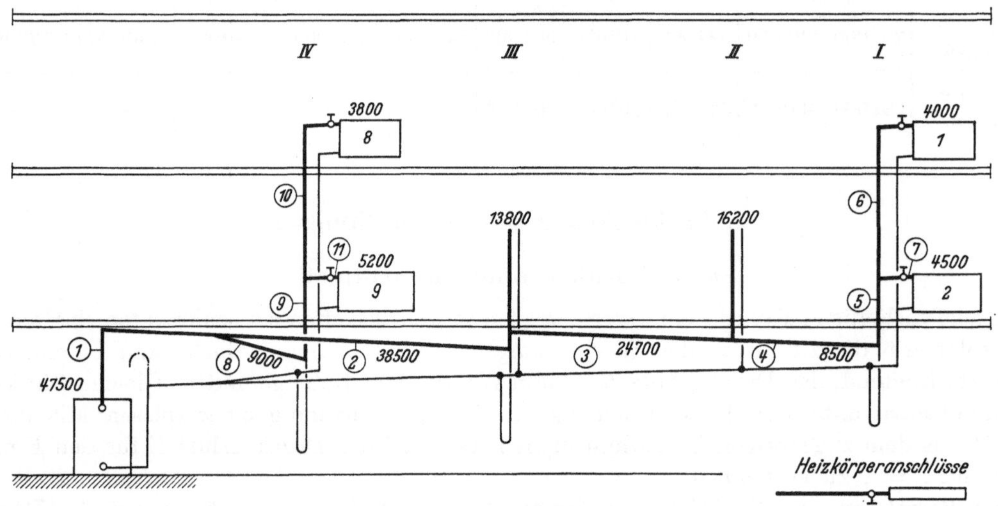

Abb. 11.29. Strangbild einer Niederdruck-Dampfheizung.

Die Durchmesser der Kondensatleitungen sind aus Zahlentafel A 46 zu entnehmen. Man erhält für die einzelnen Teilstrecken (bezeichnet mit der Nr. der zugehörigen Dampfleitung):

Kondensatleitungen zu Strang I

Teilstrecke	1	2	3	4	5	6	7
Zugehörige Wärmeleistung Q_h . . . . kcal/h	47500	38500	24700	8500	8500	4000	4500
Rohrweite d . . . . . . mm	32	32	25	20	20	15	15

Kondensatleitungen zu Strang IV

Teilstrecke	8	9	10	11
Zugehörige Wärmeleistung Q_h . . . . kcal/h	9000	9000	3800	5200
Rohrweite d . . . . . . mm	20	20	15	20

Die Durchmesser der Kondensatleitungen gelten auch für die Ausführung.

2. Nachrechnung der Dampfleitungen

Es soll der Druckverlust in der Dampfleitung bis zum letzten Heizkörper berechnet werden, um einen Anhalt für den Kesseldruck bei maximaler Belastung zu gewinnen.

Zusammenstellung der ζ-Werte

Teil-strecke	Anzahl	Benennung	r/d	$\dfrac{w_{a(d)}}{w}$	$\dfrac{\dot{V}_{a(d)}}{\dot{V}}$	$\dfrac{d_{a}(*)}{d}$	ζ
a	b	c	d	e	f	g	h
1	1	Kessel (nur Austrittswiderstand)	—	—	—	—	0,5
	2	Krümmer	3	—	—	—	0,6
							$\Sigma \zeta_1 = 1,1$
2	1	T-Stück, Trennung, Durchgang	—	0,9	—	1,0	0,1
	1	Krümmer	3	—	—	—	0,3
							$\Sigma \zeta_2 = 0,4$
3	1	T-Stück, Trennung, Abzweig	—	1,0	—	—	2,0
4	1	T-Stück, Trennung, Durchgang	—	0,75	—	0,6	0,7
5	1	Krümmer	3	—	—	—	0,3
6	1	T-Stück, Trennung, Durchgang	—	0,75	—	0,8	0,5
	1	Krümmer	3	—	—	—	0,3
	1	Heizkörperdurchgangsventil	—	—	—	—	4,0
							$\Sigma \zeta_6 = 4,8$

Da die Dampfleitungen isoliert sind, kann auf die Berechnung der Wärmeverluste verzichtet werden. (Im vorliegenden Fall sind die Wärmeverluste schon bei Kieselgurisolierung in der üblichen Stärke kleiner als 4% der jeweiligen Nutzwärmeleistung.)

Teilstrecke	Stündlich geförderte Wärmemenge	Stündlich geförderte Wassermenge	Länge der Teilstrecke	Vorläufiger Rohr-durchmesser	mit vorläufigem Rohrdurchmesser					mit geändertem Rohrdurchmesser						Unter-schied	
Nr.	$\dfrac{\text{kcal}}{\text{h}}$	$\dfrac{\text{kg}}{\text{h}}$	l m	d mm	w $\dfrac{\text{m}}{\text{s}}$	R $\dfrac{\text{mm WS}}{\text{m}}$	lR $\dfrac{\text{mm}}{\text{WS}}$	$\Sigma\zeta$ —	Z $\dfrac{\text{mm}}{\text{WS}}$	d mm	w $\dfrac{\text{m}}{\text{s}}$	R $\dfrac{\text{mm WS}}{\text{m}}$	lR $\dfrac{\text{mm}}{\text{WS}}$	$\Sigma\zeta$ —	Z $\dfrac{\text{mm}}{\text{WS}}$	lR o-h $\dfrac{\text{mm}}{\text{WS}}$	Z q-k $\dfrac{\text{mm}}{\text{WS}}$
a	b	c	d	e	f	g	h	i	k	l	m	n	o	p	q	r	s

Dampfleitung zum Heizkörper 1

Nr.	kcal/h	kg/h	l	d	w	R	lR	Σζ	Z	d	w	R	lR	Σζ	Z	lR o-h	Z q-k
1	47500	—	3,0	50	18	5,2	15,6	1,1	11,0	—	—	—	—	—	—	—	—
2	38500	—	8,0	50	16	3,5	28,0	0,4	3,2	—	—	—	—	—	—	—	—
3	24700	—	5,0	40	16	5,7	28,5	2,0	16,0	—	—	—	—	—	—	—	—
4	8500	—	5,0	25	12	5,3	26,5	0,7	3,1	—	—	—	—	—	—	—	—
5	8500	—	1,5	25	12	5,3	8,0	0,3	1,3	—	—	—	—	—	—	—	—
6	4000	—	6,0	20	9	4,5	27,0	4,8	12,0	—	—	—	—	—	—	—	—

$$28,5 \qquad [\Sigma\, l\, R + \Sigma\, Z]_{HK_1} = 133,6 \quad + \quad 46,6 \; = 180,2 \text{ mm WS}$$

Dampfleitung zum Heizkörper 2

Nr.	kcal/h	kg/h	l	d	w	R	lR	Σζ	Z	d	w	R	lR	Σζ	Z	lR o-h	Z q-k
7	4500	—	4,0	20	—	—	—	—	—	—	—	—	—	—	—	—	—

Dampfleitung zum Heizkörper 8

Nr.	kcal/h	kg/h	l	d	w	R	lR	Σζ	Z	d	w	R	lR	Σζ	Z	lR o-h	Z q-k
8	9000	—	8,0	25	—	—	—	—	—	—	—	—	—	—	—	—	—
9	9000	—	1,5	25	—	—	—	—	—	—	—	—	—	—	—	—	—
10	3800	—	6,0	20	—	—	—	—	—	—	—	—	—	—	—	—	—

Dampfleitung zum Heizkörper 9

Nr.	kcal/h	kg/h	l	d	w	R	lR	Σζ	Z	d	w	R	lR	Σζ	Z	lR o-h	Z q-k
11	5200	—	2,0	20	—	—	—	—	—	—	—	—	—	—	—	—	—

Der Kesseldruck ergibt sich danach zu

$$180,2 + 200 = 380,2 \text{ mm WS,}$$
$$\text{d. s. } \approx 0,04 \text{ atü.}$$

Der vor den nähergelegenen Heizkörpern vorhandene Drucküberschuß ist mit der Voreinstellung der Ventile abzudrosseln.

VI. Die Berechnung von Hochdruck- und Unterdruck-Dampfheizungen

Beide Heizungsarten werden bei uns nur selten ausgeführt. Die zwölfte Auflage dieses Lehrbuches enthielt hierfür eine Berechnungstafel mit einem Geltungsbereich zwischen 0 und 10 ata. Diese Tafel kann für Stahlrohre DIN 2449 ohne Bedenken verwendet werden. Bei Gewinderohren sind etwaige Abweichungen in den lichten Rohrweiten zu berücksichtigen.

Da bei der Hochdruckheizung Strangnetze im Sinne der Heizungstechnik selten vorkommen und die Unterdruckheizung in Deutschland kaum angewendet wird, soll auf die Berechnung hier nicht näher eingegangen werden. Sie bietet keine besonderen Schwierigkeiten. Für die Bestimmung des Druckverlustes bzw. der Rohrdurchmesser dient das Arbeitsblatt 8.

Die Durchmesser der *Kondensatleitungen* können bei freier Kondensatrückführung nach Zahlentafel A 46 bemessen werden. Bei Rückförderung mittels Pumpen ergeben sich die Rohrdurchmesser aus Förderstrom und Druckgefälle an Hand der Arbeitsblätter 1, 2 und 7. Man wählt in der Regel ein Druckgefälle R zwischen 10 und 30 mm WS/m. Da beim Anheizen von Dampfnetzen stets erheblich größere Kondensatmengen anfallen als im Dauerbetrieb, müssen die Sammelbehälter ausreichend groß — etwa für die doppelte normale Kondensatmenge — bemessen werden.

Das gleiche gilt für die Kondensatpumpen. Dementsprechend ist auch bei der Auslegung der Kondensatleitung vom maximalen Förderstrom der Pumpe auszugehen. Man wird die Pumpenleistung groß wählen, wenn kurze Laufzeiten der Pumpe gewünscht werden, und kleiner, wenn die Pumpe bei voller Belastung der Anlage dauernd laufen soll.

Betrieb von Heizanlagen

Der Heizbetrieb erfordert in voll erwärmten Gebäuden jährliche Aufwendungen, die bei den derzeitigen Preisverhältnissen in der Größenordnung von 20 bis 30% der Anlagekosten liegen. Die Betriebskosten hängen vor allem von der Größe und Bauweise eines Gebäudes, dem örtlichen Klima und dem Wärmepreis des zur Verwendung kommenden Energiemittels ab. Aber auch die Art der Heizanlage, ihr Aufbau und ihre Ausstattung sowie die Betriebsweise sprechen dabei mit. Die Kenntnis des Betriebsverhaltens einer Heizanlage und des Einflusses der erwähnten Faktoren auf den Brennstoffverbrauch ist also nicht nur für den Benutzer, sondern auch für den Planer von Heizanlagen von Bedeutung.

I. Begriffe zur Wärmebilanz

Zur Kennzeichnung der Güte eines wärmetechnischen Verfahrens wird i. allg. ein Wirkungsgrad angegeben, d. i. das Verhältnis der nutzbar gemachten zur aufgewendeten Wärme. Eine kritische Betrachtung der Verluste zeigt, durch welche Maßnahmen und in welchem Umfang der Vorgang thermisch verbessert werden kann.

Wärmeaufwand

Bei der Raumheizung ist die aufgewendete Wärme durch Brennstoffmenge und Heizwert oder durch Menge und Wärmeinhaltsminderung eines beliebigen Heizmittels gegeben. Welcher Anteil des Wärmeaufwandes dabei als Nutzwärme und welcher als Verlustwärme anzusehen ist, ist schwer zu bestimmen.

Nutzwärme

Begrifflich läßt sich die Nutzwärme festlegen als diejenige Wärme, die den zu beheizenden Räumen im Rahmen eines zeitlich und mengenmäßig für jede Raumeinheit vorgesehenen „Heizprogramms" zuzuführen ist. Das „Heizprogramm" wäre dabei abzuleiten aus der Benutzung und der geforderten Innentemperatur der Räume unter Berücksichtigung des mit der Witterung, der Temperatur der Nachbarräume und der Betriebsweise der Heizung veränderlichen Wärmebedarfs. Weder rechnerisch noch versuchsmäßig kann im Einzelfall ein solches ideales Heizprogramm exakt aufgestellt werden.

Die Erfahrung lehrt uns zudem, daß eine vorgegebene Raumerwärmung mit ganz unterschiedlichen Leistungsfolgen erzielt werden kann, beispielsweise im Stoßbetrieb mit hoher Wärmezufuhr und im Dauerbetrieb mit verminderter Wärmezufuhr, s. S. 214. Dabei kann die Raumbehaglichkeit durchaus die gleiche sein, und es ist nicht ohne weiteres übersehbar, welche Betriebsweise wirtschaftlich überlegen ist.

Wärmeverluste

Ähnliche Schwierigkeiten zeigen sich bei der begrifflichen Festlegung und der rechnerischen oder versuchsmäßigen Ermittlung der Einzelverluste des Heizvorgangs. Am einfachsten sind die Verluste der *Wärmeerzeugung* oder Umformung in der Zentrale zu erfassen. Sie sind für selbständige Kesselanlagen durch den Kesselwirkungsgrad gekennzeichnet. Bei Einschaltung von Wärmeaustauschern sind noch die Verluste der Apparate zu berücksichtigen. Unter Einschluß der Wärmeverluste der übrigen Einrichtungen einer Heizzentrale kann man auch von einem Gesamtwirkungsgrad der Zentrale sprechen.

Weitere Verluste treten bei der *Wärmeverteilung* auf, und zwar in den Hauptleitungen und im eigentlichen Hausnetz. Soweit die Rohrleitungen in zu beheizenden Räumen liegen, kommt ihre Wärmeabgabe dem Gebäude zugute. Das gilt z. T. selbst noch für die im Keller oder Dachboden verlegten Leitungen, da durch die Erwärmung dieser Räume der Wärmebedarf der angrenzenden Geschosse vermindert wird. Die Verluste der Wärmeverteilung einschließlich der Verluste der Leitungen in der Zentrale lassen sich für bestimmte Heizmittel und Raumtemperaturen angenähert berechnen, jedoch nicht messen.

Schließlich sind noch die Verluste bei der *örtlichen Wärmelieferung* zu betrachten. Sie treten auf

    a) durch Überheizen der zu erwärmenden Räume in den Benutzungsstunden,

    b) durch zeitlich unerwünschte Wärmeabgabe,

    c) durch Wärmeabgabe an nicht oder nicht voll zu beheizende Räume.

Die Verluste unter a) und b) entstehen durch unzureichende zentrale Leistungsregelung (mangelhafte Anpassung der Betriebsweise und der Vorlauftemperatur einer Warmwasserheizung an die klimatischen Bedingungen, fehlende Gruppenunterteilung, unrichtige Heizflächenbemessung) und durch ungenügende örtliche Anpassung der Wärmeabgabe an den Bedarf. Die Verluste unter b) hängen auch von der Trägheit des Heizsystems und der Regelfähigkeit des Wärmeerzeugers wesentlich ab. Bei den Verlusten unter c) wirken sich vor allem Fehler in der Planung und Heizflächenbemessung aus.

Während gewisse Verluste bei der Wärmeerzeugung und der Wärmeförderung unvermeidlich sind, lassen sich die Lieferverluste durch zweckmäßige Gestaltung einer Heizanlage und richtige Betriebsführung unterbinden oder wenigstens weitgehend einschränken. Die durch sorgfältige Bedienung oder den Einsatz von Regelgeräten möglichen Wärmeeinsparungen betreffen in erster Linie die Lieferverluste. Sie sind im Einzelfall weder exakt zu berechnen noch zu messen. Einen Anhalt über ihre Größenordnung erhält man aus Temperaturbeobachtungen in zahlreichen Räumen eines beheizten Gebäudes. Die Überschreitung der mittleren Gebäudetemperatur gegenüber dem Sollwert kennzeichnet die Lieferverluste und ergibt, ins Verhältnis gesetzt, zur Differenz Innen- gegen Außentemperatur die anteilige Erhöhung des Wärmeaufwandes durch Überheizen.

Zuweilen kann die durch bessere Leistungsanpassung erzielbare Wärmeeinsparung auch im Wärmeaufwand nachgewiesen werden, z. B. durch Vergleich des Wärmeverbrauchs einer Heizanlage vor und nach dem Einbau von selbsttätigen Regelanlagen. Nur wenn alle übrigen Einflußfaktoren, wie Zustand und Bedienung der Anlage, Gebäudebenutzung, Witterungsverhältnisse, gleichbleiben, sind einwandfreie Ergebnisse zu erwarten. Diese Vorbedingungen lassen sich im praktischen Heizbetrieb selten schaffen.

Wirkungsgrad der Heizanlage

Nach dem Vorgesagten ist die Nutzwärme weder unmittelbar noch mittelbar (als Restglied der Wärmebilanz aus Wärmeaufwand und Verlustwärme) zuverlässig zu bestimmen. Damit verliert auch der Begriff des Wirkungsgrades einer Heizanlage an Bedeutung. Lediglich für Teilvorgänge, wie z. B. die Wärmeerzeugung oder Wärmeumformung und bei größeren Anlagen in gewissem Umfang auch für die Wärmeverteilung, lassen sich Wirkungsgrade angeben und erforderlichenfalls nachprüfen, s. S. 224.

II. Der Heizwärmebedarf und seine Veränderlichkeit

A. Der Tagesgang des Heizwärmebedarfs

Der in verschiedenen Teilabschnitten erwähnte lineare Zusammenhang zwischen Heizwärmebedarf und Außentemperatur gilt nur für den thermischen Beharrungszustand, also bei unveränderlichem Wärmestrom durch die Umschließungsflächen eines Gebäudes. In der Wirklichkeit ist diese Voraussetzung nicht erfüllt. Einmal unterliegen die meteorologischen Einflußgrößen ständigen Änderungen, selbst wenn der Witterungscharakter in einem Beobachtungszeitraum etwa gleichbleibt; zum anderen wird die Heizwärme den Räumen nicht gleichmäßig zugeführt, sondern bevorzugt in den Benutzungszeiten, d. h. in den Tagesstunden.

In den Zeiten unterbrochener oder eingeschränkter Wärmezufuhr kühlen die Gebäude aus, so daß vor der neuerlichen Benutzung eine erhöhte Wärmezufuhr zum „Anheizen" erforderlich ist. An diesem Vorgang sind alle speichernden Teile eines Gebäudes beteiligt. Nur für ein Bauwerk ohne größere Massen, beispielsweise ein Glashaus oder eine leichte und leere Werkhalle, würde der Heizwärmebedarf jederzeit dem Unterschied Raum- gegen Außentemperatur folgen, sofern die Sonneneinwirkung sowie die Wärmeabgabe an das Erdreich vernachlässigbar klein sind und der Windeinfluß gleichbleibt.

Für diesen Fall läßt sich aus den Anforderungen an die Raumtemperatur bei gegebener Außentemperatur der tageszeitliche Ablauf der Heizleistung ableiten, s. Abb. 12.01. Auch bei diesem idealisierten Beispiel müßte vor Beginn der Benutzung allerdings der Luftinhalt des Raumes aufgeheizt werden. In der Praxis wird man selbst bei leichtester Bauart Wände und Einrichtungen zusätzlich erwärmen müssen, wobei die Dauer der Anheizzeit jedoch kurz ist und die dafür benötigten Wärmemengen relativ gering sind.

Ganz anders liegen die Verhältnisse bei Bauten mit wärmespeichernden Wänden und Decken. Die Wärmeabgabe des Gebäudes über die Außenhaut hält in den Betriebspausen der Heizung über lange Zeit fast unvermindert an. Der Wärmeverlust der Außenwände wird dabei zunächst aus ihrer eigenen Speicherwärme bestritten. Über die Fenster — und mit einsetzender Temperaturabsenkung ganz allgemein — geben auch die Innenwände einen Teil ihres Wärmeinhaltes ab. Für die Auskühlgeschwindigkeit ist vor allem das Verhältnis der Speicherwärme (W) zum Wärmeverlust im stationären Zustand (Q_h) maßgebend. Es ändert sich je nach Aufbau und Größe der Außen- bzw. Innenwände von Raum zu Raum. In erster Näherung gibt der D-Wert (s. S. 45, 46) einen Anhalt für die Auskühl-

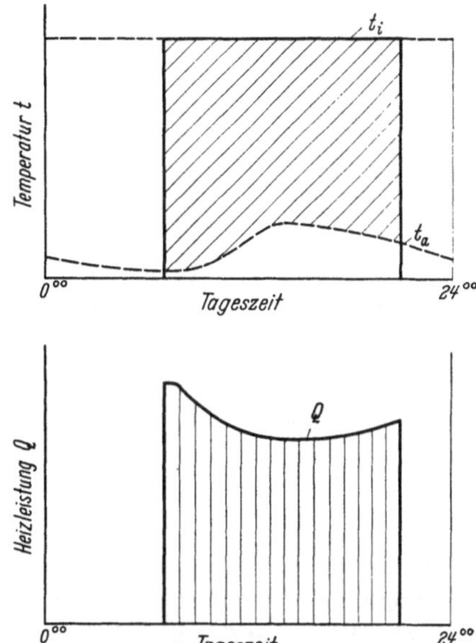

Abb. 12.01. Zusammenhang zwischen Raum- bzw. Außentemperatur und Heizleistung für ein Gebäude ohne Wärmespeicherung.

und Anheizeigenschaften eines Raumes. Die Anheizzuschläge sollen bekanntlich diese Unterschiede so weit ausgleichen, daß bei zentraler Leistungsregelung alle Räume etwa in gleicher Zeit angeheizt werden können. Daß diese Forderung nicht vollständig erfüllt werden kann, ist bei der Vielzahl und Veränderlichkeit der Einflußgrößen verständlich.

Die Ermittlung der für ein bestimmtes Temperaturprogramm im Ablauf der 24 Stunden eines Tages notwendigen Leistung stößt sowohl theoretisch als auch empirisch auf große Schwierigkeiten[1]. Man hilft sich in der Praxis, indem man an Hand von Betriebsbeobachtungen den Tagesgang der Leistung für jede Belastungsstufe festlegt; in der Regel überläßt man es dem Heizer, auf Grund seiner Erfahrungen die zweckmäßigste Betriebsweise zu wählen oder überträgt diese Aufgabe selbsttätigen Regelanlagen.

Der charakteristische Verlauf der Heizleistung über 24 Stunden bei speichernden Gebäuden mit etwa 10- bis 14stündiger täglicher Benutzungszeit ist aus Abb. 12.02 zu entnehmen. Der Temperaturgang (oben) liefert nur die Eckpunkte des Leistungsdiagramms. Neben der geforderten Raumtemperatur t_i erscheint hier noch mit t_0 ein Grenzwert, der aus hygienischen oder betrieblichen Gründen nicht unterschritten werden soll. Bei zu starker Auskühlung kann durch Wasserdampfkondensation an der Raumseite der Wände Baustoffdurchfeuchtung auftreten; auch werden die Anheizleistungen und -zeiten unerwünscht hoch. In dem langsamen Absinken der Raumtemperatur beim Übergang auf die eingeschränkte Nachtleistung und im verzögerten Anheizvorgang wirken sich die Speichereinflüsse aus.

---

[1] Eine analytische und graphische Lösung dieser Aufgabe unter gewissen Vereinfachungen geben NESSI und NISOLLE: Méthodes graphiques pour l'étude des installations de chauffage et de réfrigération en régime discontinue, Paris 1929.

Man kann nach diesen Darlegungen aus dem Temperaturprogramm einer Gebäudeheizung zwar den Charakter der Tagesleistungslinie ableiten, nicht aber ihren genauen Verlauf oder gar die absolute Höhe der Leistung in jedem Augenblick. So ist beispielsweise die Dauer der Anheizzeit, die in gewissen Grenzen frei wählbar ist, von großer Bedeutung für die Anheizleistung. Die Speicherfähigkeit eines Gebäudes läßt es andererseits zu, ohne wesentliche Minderung der Behaglichkeit von der ständigen Wärmezuführung nach Abb. 12.02 abzugehen und

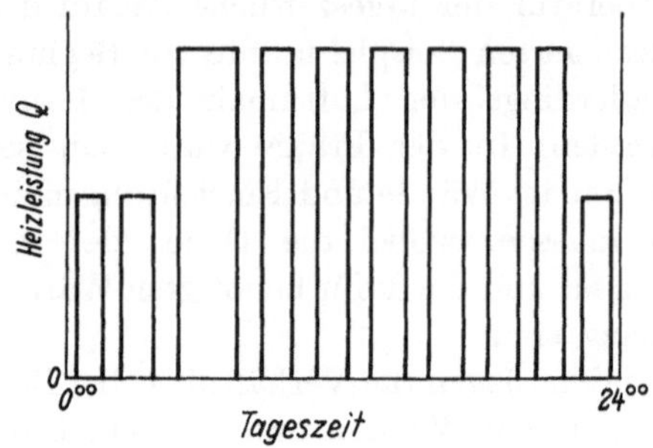

Abb. 12.03. Stoßweiser Heizbetrieb in zwei Leistungsstufen.

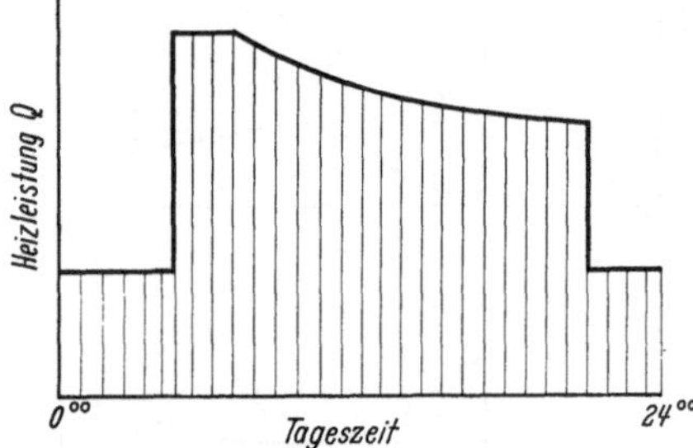

Abb. 12.02. Zusammenhang zwischen Raum- bzw. Außentemperatur und Heizleistung für ein Gebäude mit Wärmespeicherung.

das geforderte Temperaturprogramm auch im unterbrochenen Heizbetrieb zu erfüllen, s. Abb. 12.03, eine Möglichkeit, von der bei Dampf- und Luftheizungen sowie bei gas- oder ölgefeuerten Kesseln Gebrauch gemacht wird.

Mit abnehmender Außentemperatur ist die Leistung zu erhöhen, und zwar nicht nur in der Benutzungszeit, sondern auch in den Nachtstunden. Die Tagesleistungsdiagramme werden dadurch fülliger und ausgeglichener. Das gilt auch für Anlagen mit stoßweisem Heizbetrieb; bei ihnen werden die Heizpausen kürzer. Die Tagesbelastungslinien von Fernheizwerken zeigen sehr deutlich diese Tendenz, s. Abb. 6.50 und 6.51 im ersten Band. Bei hoher Belastung entspricht der Heizvorgang also den Bedingungen des Beharrungszustandes weitgehend.

B. Der Wärmebedarf bei unterbrochenem Heizbetrieb

Der Einfluß der Betriebsweise einer Heizung auf den Raumtemperaturverlauf über 24 Stunden ist um so geringer, je größer der Wert W/Q_h ist. Bauweisen mit hoher Wärmespeicherung führen schon bei kurzzeitigem periodischem Heizbetrieb zu einem Temperaturverlauf in den Außenwänden, der vom Beharrungszustand nicht wesentlich abweicht. Das trifft vor allem für die äußeren Schichten der Wand zu, in denen die Leistungsänderungen während einer Periode des Heizbetriebes (24 Stunden) kaum zur Auswirkung kommen, s. Abb. 12.04.

In den dem Raum zugekehrten Schichten der Wand sind die Temperaturschwankungen stärker. Die Temperaturen pendeln jedoch an jeder Stelle um einen Mittelwert, der durch den Temperaturverlauf in einem „scheinbaren" Beharrungszustand (quasistationäre Wärmeströmung) gekennzeichnet ist. Da die Wärmeabgabe einer solchen Wand nach außen von der Übertemperatur an der Oberfläche abhängig ist, gestattet der scheinbare Beharrungszustand auch die Ermittlung der Wärmeverluste des Raumes durch dieses Umschließungselement bei periodisch veränderlicher Heizleistung[1]. Die Berechnung ist besonders einfach, wenn man für die ganze 24stündige Periode des Heizbetriebes die Wärmeübergangszahl an der inneren Wandoberfläche α_i konstant annimmt. Für diesen Fall ergibt sich nämlich der Wärmeverlust unmittelbar aus der einfachen Wärmedurchgangsgleichung. Als Innentemperatur ist dabei der Mittelwert der Raum- oder Gebäudetemperatur über 24 Stunden anzusetzen.

---

[1] Siehe RAISS, W.: Der Wärmebedarf bei unterbrochenem Heizbetrieb. Gesundh.-Ing. 68 (1947) 129/133.

Die Wärmeübergangszahl α_i erfaßt sowohl die Konvektions- als auch die Strahlungswärmeübertragung. Je nach dem Heizsystem, dem Aufbau des Raumes und der Art seiner Umschließungsflächen, der Anordnung der Heizflächen und deren Temperatur ist der Anteil der Konvektion und Strahlung verschieden. Für beide Arten des Wärmeaustausches sind aber auch unterschiedliche Temperaturdifferenzen wirksam. Für die Konvektionswärmeübertragung an die Außenwand ist nämlich die Lufttemperatur im Raum maßgebend, für die Strahlungswärmeübertragung dagegen die Temperatur und das Winkelverhältnis der im Wärmeaustausch mit der Außenwand stehenden Flächen, s. S. 37.

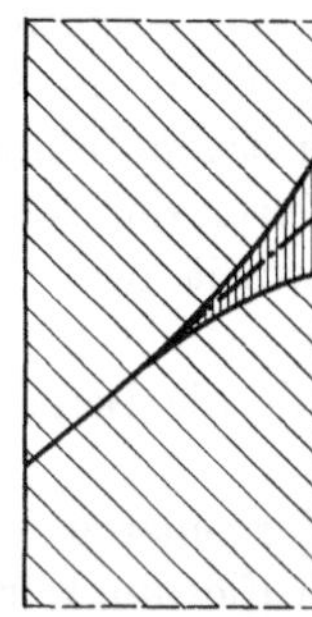

Abb. 12.04. Temperaturänderungen in einer speichernden Außenwand bei unterbrochenem Heizbetrieb und konstanter Außentemperatur.

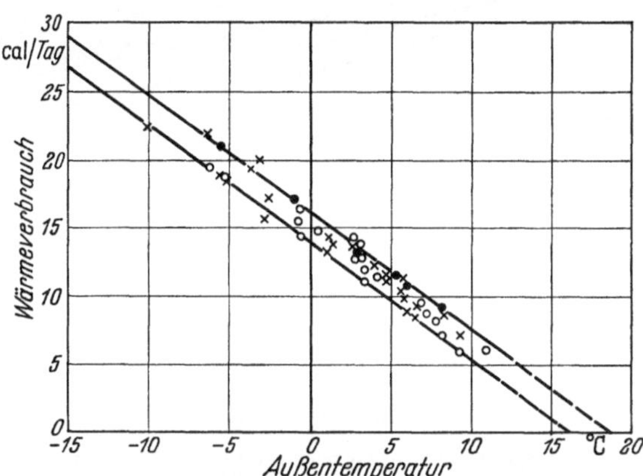

Abb. 12.05. Tageswärmeverbrauch eines fernbeheizten großen Gebäudes in Abhängigkeit von der Außentemperatur.

Eine nähere Betrachtung der thermischen Vorgänge in einem periodisch geheizten Raum zeigt, daß bei speichernden Gebäuden die Annahme einer konstanten inneren Wärmeübergangszahl im Rahmen der Gesamtgenauigkeit von Rechnungen der Praxis zulässig ist. Mit dem Temperaturprogramm nach Abb. 12.02 oben ist auch die mittlere Raumtemperatur t_{i_m} über 24 Stunden festgelegt. Sie ist gekennzeichnet vor allem durch t_i, t_0 und die Benutzungszeit z_b. Bei konstantem t_{i_m} ist der Tageswärmebedarf einer Heizanlage nach dem Vorgesagten unmittelbar von der mittleren Außentemperatur abhängig.

Diese Gesetzmäßigkeit wird durch die Praxis bestätigt, sofern Durchschnittswerte von mehreren aufeinanderfolgenden Tagen bei gleichbleibender Wetterlage betrachtet werden; Zufälligkeiten der Bedienung und der Einfluß der übrigen meteorologischen Elemente spielen dann meistens keine Rolle mehr, s. Abb. 12.05.

Das „Gradtagverfahren" findet hierin seine eigentliche Begründung.

In der Lüftungstechnik ist dagegen das Rechnen mit Gradtagen, sei es mit Heiz- oder Kühlgradtagen, nicht ausreichend. Die zum Vorwärmen oder Kühlen der Außenluft erforderliche Leistung ist nämlich abhängig von dem Augenblickswert der Außentemperatur. Man muß eine kleinere Zeiteinheit als Bezugsgröße wählen, etwa die Stunde, also Heiz- bzw. Kühlgradstunden angeben[1].

Betriebsweise und Wärmebedarf

Die Auswirkung der Betriebsweise einer Heizanlage und insbesondere der Verkürzung der Heizstunden auf den Wärmebedarf ist bei speichernden Gebäuden viel geringer, als gemeinhin angenommen wird. Sie läßt sich am einfachsten an Hand eines Schaubildes übersehen, in dem der 24stündige Mittelwert der Gebäudetemperatur (t_{i_m}) in Abhängigkeit von der Betriebsunterbrechung und der maximal zulässigen Auskühlung aufgetragen ist, s. Abb. 12.06.

Die Absenkung des 24stündigen Mittelwertes gegenüber der geforderten Raumtemperatur t_t während der Benutzungszeit, also $(t_i - t_{i_m})$ ins Verhältnis gesetzt zu $(t_i - t_a)$, ist unmittelbar ein Maß für die Wärmeeinsparung durch die Betriebsunterbrechung. Abb. 12.06 gilt für $t_i = +20\,°\mathrm{C}$; die rechte Ordinate gibt die prozentuale Ersparnis bei 0 °C Außentemperatur wieder. Läßt man eine Auskühlung der Räume auf + 15 °C zu, so geht beispielsweise bei 10stündiger Betriebs-

---

[1] Sprenger, E., u. W. Krüger: Kühlgradtage. Gesundh.-Ing. 71 (1950) 117/118.

unterbrechung der Wärmebedarf nur um etwa 7 % zurück. Bei höherer Außentemperatur als 0 °C ist die Wärmeersparnis relativ größer, bei niedrigeren Außentemperaturen kleiner.

Es hängt allerdings von der Wärmespeicherung des Gebäudes, insbesondere dem Wert W/Q_h, ab, ob bei höheren Außentemperaturen eine wesentliche Auskühlung in den Betriebspausen überhaupt möglich ist. Für Bauten mit kurzen Benutzungszeiten (z. B. Schulen, Turnhallen, Versammlungsräume usf.) sind daher Wände mit geringer Wärmespeicherung oder mit hochwertigem Wärmeschutz auf der Raumseite der Außenwände zweckmäßig, vor allem in Gegenden mit relativ günstigem Klima. Derartige Gebäude heizen sich rasch auf, so daß die Betriebszeit der Heizanlage bei milder Witterung nicht wesentlich länger ist als die Benutzungszeit der Räume.

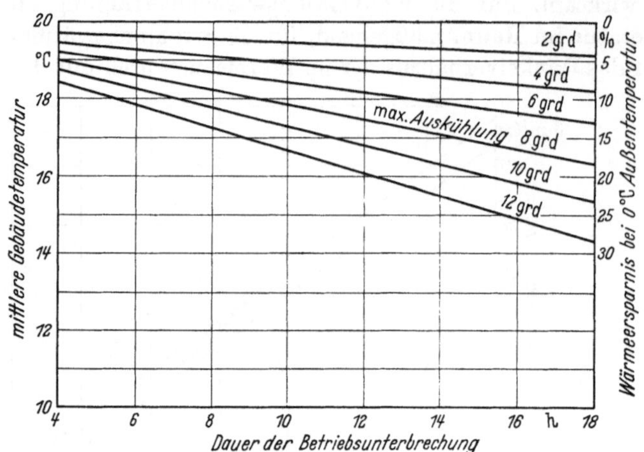

Abb. 12.06. Mittlere Gebäudetemperatur über 24 Stunden bei unterbrochenem Heizbetrieb.

Die in der neueren Architektur bevorzugte Auflösung der Außenwände durch Fenster verringert die Wärmespeicherung, macht aber gleichzeitig die Gebäude sehr viel empfindlicher gegen die Einwirkung der sonstigen Witterungsfaktoren wie Wind und Sonne. Die Abhängigkeit des Tageswärmebedarfes von der mittleren Außentemperatur wird dadurch in der Übergangszeit oft verdeckt, zumal gerade in den Benutzungsstunden die Außentemperatur höher als der Tagesmittelwert liegt und die Sonnenstrahlung besonders wirksam ist. Auch für Räume, die nicht voll beheizt werden, wie z. B. mit Strahlern ausgerüstete Werkhallen, kann eine exakte Aussage über die Einsparungen der unterbrochenen gegenüber der Dauerheizung nicht gemacht werden, da die Erwärmungsbedingungen im Raum in beiden Fällen zu stark voneinander abweichen.

C. Die Belastungsdauerlinie

Im Jahresgang des Heizwärmebedarfes spiegelt sich in der Regel der Ablauf der Außentemperatur wider, und zwar mit 1- bis 2 tägiger Nacheilung unter gleichzeitiger Dämpfung kurzzeitiger Leistungsextreme.

Im zweiten Abschnitt des ersten Bandes ist bereits darauf hingewiesen worden, daß die aus mittleren Monats- oder auch Tageswerten gewonnenen Kurven der Außenlufttemperatur kein Bild über die wirkliche Belastung von Heizanlagen geben. Besser eignen sich hierfür nach Stufenwerten geordnete Häufigkeitslinien. Trägt man hierbei, wie in Abb. 2.06 des ersten Bandes, die Temperaturen in der Ordinate, und zwar mit fallenden Zahlenwerten, auf, so ist der jeweilige Ordinatenabstand zwischen Außen- und Raumtemperatur ein Maß für die Heizlast. Man kann auch den maximalen Temperaturunterschied $(t_i - t_{a_{min}})$, für den die Heizanlage ausgelegt ist, als Bezugsbasis wählen und aus Abb. 2.06 ein Häufigkeitsbild des Belastungsfaktors ableiten. Eine solche geordnete Jahresbelastungslinie, auch *Belastungsdauerlinie* der Raumheizung genannt, ist in Abb. 12.07 wiedergegeben. Sie zeigt, daß hohe Leistungen nur an

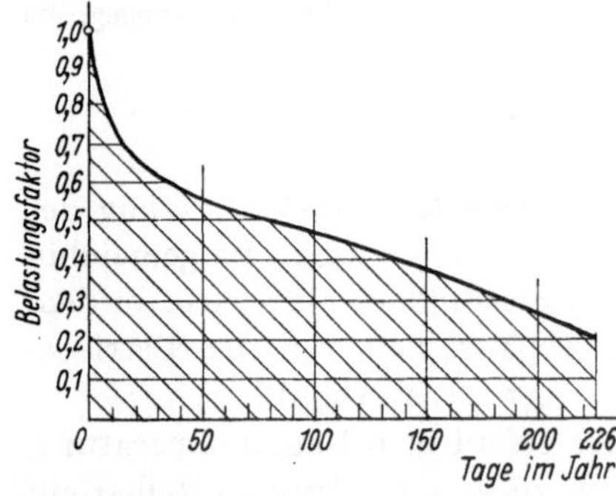

Abb. 12.07. Belastungsdauerlinie für Berlin, aus der Temperaturhäufigkeit abgeleitet.

wenigen Tagen im Jahr benötigt werden. Der Belastungsfaktor liegt für unser Beispiel nur an 80 Tagen im Normaljahr höher als 0,5 und nur an 10 Tagen über 0,75. Es überwiegen die Belastungen zwischen 0,3 und 0,6. Heizkessel müssen also gut regelfähig sein und vor allem bei niedrigen Belastungen hohe Wirkungsgrade aufweisen. Das gilt in besonderem Maß für kleine Anlagen mit nur einer Kesseleinheit; bei größeren Anlagen mit mehreren Einheiten wird der Regelbereich durch die Unterteilung der Kesselheizfläche erweitert[1].

Auch zur Beantwortung der Frage, ob die Aufstellung eines Reservekessels notwendig ist, kann die Jahresbelastungslinie herangezogen werden. Schon bei Anlagen mit zwei Kesseln, jeder mit einer der halben Höchstlast entsprechenden Leistung wird man i. allg. auf einen Reservekessel verzichten, wenn die Kessel kurzzeitig überlastbar sind. Die Gefahr, daß bei Ausfall eines Kessels die geforderte Heizleistung nicht erbracht werden kann, ist bei sorgfältig gewarteten Anlagen nur gering. Bei besonders hohen Anforderungen an die Sicherheit der Wärmelieferung, z. B. bei Krankenhäusern, empfiehlt sich eine Vergrößerung der Kesselheizfläche um etwa 20 %. Bei drei und mehr Kesseleinheiten kommt man in der Regel auch hier ohne Reserveheizflächen aus.

Der geringe Anteil der Spitzenleistungen am Jahreswärmebedarf rechtfertigt es zuweilen auch, die Spitze mit Kesseln geringer Wärmeausnutzung oder durch teuerere Energieträger zu decken. So können bei größeren Anlagen in Zeiten hohen Wärmebedarfes etwa vorhandene ältere Kessel eingesetzt werden; eine abgängige Kesselanlage braucht nicht sofort vollständig erneuert zu werden. Die zusätzliche Verwendung von Gas und Heizöl in Anlagen, die sonst mit festem Brennstoff arbeiten, kann andererseits so erhebliche betriebliche und wirtschaftliche Vorteile in Zeiten geringer und sehr hoher Belastung mit sich bringen, daß dadurch ein etwaiger höherer Wärmepreis dieser Brennstoffe ausgeglichen wird.

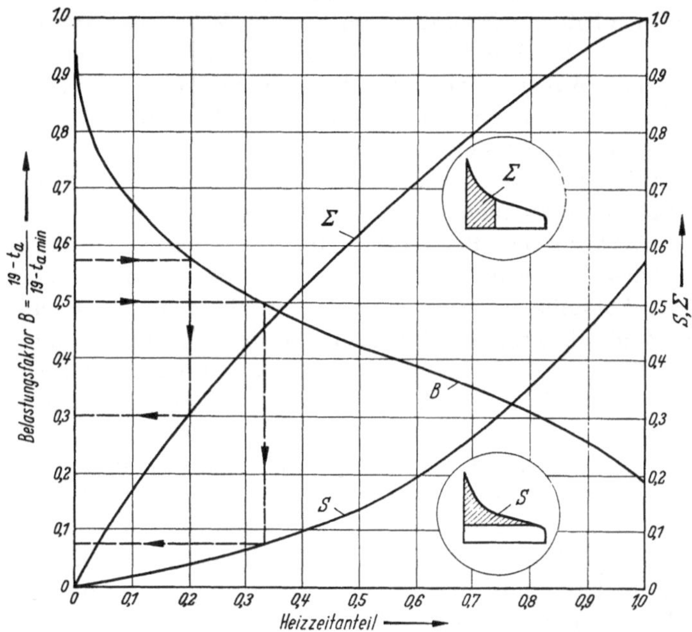

Abb. 12.08. Geordnete Belastungslinie und ihre Summenkurven.
B Belastungslinie; Σ Wärmebedarf der Tage mit Belastungszahlen $> B$, bezogen auf den Jahreswärmebedarf; S Spitzenwärmebedarf = Wärmebedarf oberhalb einer Belastungszahl B, bezogen auf den Jahreswärmebedarf.

Das Arbeiten mit der Belastungsdauerlinie wird erleichtert, wenn man die Summenkurven nach Abb. 12.08 mit einzeichnet. Das Bild gilt für einen Ort der Klimazone $-15\ °C$ bei einer mittleren Gebäudetemperatur $t_{i_m} = 19\ °C$. Die obere Summenkurve (Σ) gibt an, welcher Anteil des Jahreswärmebedarfes auf die Tage mit Belastungen oberhalb eines beliebigen Wertes B entfällt. So macht der Wärmebedarf aller Tage mit $B \geqq 0,56$ rd. 30 % des Jahreswärmebedarfes aus. $B = 0,56$ entspricht einer Außentemperatur von $0\ °C$. Die untere, mit S bezeichnete Sum-

---

[1] Die wirkliche, bei der niedrigsten Außentemperatur geforderte Höchstleistung ist infolge der Sicherheiten der Wärmebedarfsrechnung meist kleiner als der theoretische Wert, die Kesselbelastung dementsprechend ebenfalls kleiner, s. S. 218.

menkurve gibt den Anteil des Spitzenwärmebedarfes wieder, das ist die Wärmemenge oberhalb einer bestimmten Belastung B im Diagramm. Sind beispielsweise in einer Heizanlage zwei Kessel mit je 50% der Höchstlast aufgestellt, so hat der zweite Kessel nur 7% des Jahreswärmebedarfes zu liefern.

Eine Einschränkung ist allerdings notwendig. Nur der Tageswärmebedarf ist linear von der Außentemperatur abhängig. Dementsprechend gelten die hier abgeleiteten Beziehungen auch nur für die Tagesleistung. Je nach der gewählten Tagesleistungslinie kann die wirkliche Belastungsdauerlinie einer Heizanlage von der idealisierten abweichen, wenn man auf die Stunde als Bezugseinheit für die Leistungsangabe übergeht. Zumeist treten dann die hohen und niedrigen Belastungen stärker hervor, eine Tatsache, die vor allem im Fernheizbetrieb und bei Heizkraftanlagen berücksichtigt werden muß, s. S. 290/291 im ersten Band.

III. Wärmebedarf und Wärmeverbrauch

A. Wirklicher und errechneter Wärmebedarf

Wir haben bis jetzt von dem Wärmebedarf und seinen Änderungen im tages- bzw. jahreszeitlichen Ablauf des Heizbetriebes gesprochen, ohne den Begriff selbst genauer zu definieren.

Man kann damit einmal diejenige Leistung bezeichnen, die eine Heizanlage aufbringen muß, um in einem Raum oder einem Gebäude unter beliebigen Betriebsbedingungen die geforderte Heizwirkung zu erzielen. Vielfach wird unter dem Begriff „Wärmebedarf" aber auch ein Rechenwert verstanden, und zwar das Ergebnis einer Wärmebedarfsberechnung nach DIN 4701, bezogen auf eine bestimmte Außentemperatur. Wäre unsere Wärmebedarfsrechnung genau, so müßten beide Werte bei dieser Außentemperatur und Dauerbetrieb der Heizung übereinstimmen. Die Erfahrung lehrt, daß es nicht der Fall ist.

Wir müssen also zwischen dem wirklichen und dem rechnerisch gefundenen Wärmebedarf unterscheiden. Während der errechnete Wert für die Auslegung einer Heizanlage entscheidend ist, ist der wirkliche Wert für den Betrieb und für alle Wirtschaftlichkeitsüberlegungen von Bedeutung. Der errechnete Wärmebedarf ist in der Regel der höhere. Er enthält Zuschläge, die besonders ungünstigen Abkühlungsbedingungen der einzelnen Räume Rechnung tragen sollen. Sie können z. T. nicht gleichzeitig in allen Räumen wirksam werden und entsprechen auch keineswegs mittleren Winterverhältnissen. Da die Wärmebedarfsrechnung von der Wärmeströmung im Beharrungszustand ausgeht, lassen sich nach den Ausführungen im Teilabschnitt IIA nur Tageswerte vergleichen, und zwar unter Zugrundelegung der mittleren Innen- und Außentemperaturen. Die Betriebsunterbrechungszuschläge müßten also unberücksichtigt bleiben.

Weiterhin sind die k-Werte der Außenwände und Fenster in DIN 4701 so gewählt, daß auch bei schlechter Bauausführung die geforderte Raumerwärmung noch sichergestellt wird. Die zugrunde gelegten Wärmeleitzahlen der Baustoffe gelten beispielsweise für höhere Feuchtigkeitsgehalte, als sie im Durchschnitt auftreten. Ähnlich verhält es sich bei den inneren und äußeren Wärmeübergangszahlen, die mit $\alpha_i = 7$ und $\alpha_a = 20\,\mathrm{kcal/m^2\,h\,grd}$ relativ hoch angesetzt sind.

Die Vielzahl der Unsicherheiten in den Rechenwerten der Wärmebedarfsrechnung und der nicht zu erfassende Einfluß der Bauausführung — man denke nur an die Undichtheiten der Fenster und deren Bedeutung für die Lüftungswärmeverluste — machen es verständlich, daß der Wärmebedarf nach DIN 4701 erheblich und in ganz unterschiedlichem Umfang vom wirklichen Wärmebedarf abweichen kann.

Über die Größenordnung dieser Abweichungen geben Verbrauchszahlen aus fernbeheizten Gebäuden Auskunft[1]. Hier läßt sich einerseits der Wärmeaufwand relativ einfach und genau feststellen, andererseits deckt sich bei guter Leistungsregelung der Wärmeverbrauch bei fernbeheizten Gebäuden etwa mit dem wirklichen Heizwärmebedarf. Es zeigte sich bei diesen Messungen, daß in erster Annäherung der wirkliche Heizwärmebedarf dem Transmissions-

---

[1] RAISS, W.: Wärmebedarf und Wärmeverbrauch zentralbeheizter Gebäude. Heizg. u. Lüftg. 18 (1944) 65/72.

wärmeverlust bei der jeweiligen Gebäudeübertemperatur $(t_i - t_a)$ gleichgesetzt werden kann. Abweichungen von $\pm 15\%$ sind möglich. Da die Wärmeverluste durch Lüftung in der Transmissionswärmeberechnung nicht erfaßt sind, derartige Verluste aber zweifellos bei den untersuchten Gebäuden vorhanden waren, muß i. allg. die reine Wärmedurchgangsrechnung bereits zu reichliche Werte ergeben. Auf den Gesamtwärmebedarf Q_h bezogen ergab sich ein mittlerer Verhältniswert des wirklichen zum errechneten Wärmebedarf von 0,7 bis 0,75.

Dieses Ergebnis zeigt, welche Grenzen z. Z. noch einer zuverlässigen rechnerischen Erfassung des Heizwärmebedarfs gesetzt sind. Immerhin haben wir im Transmissionswärmeverlust einen Kennwert der im Rahmen der Rechnungsgenauigkeit doch einen Anhalt für den wirklichen Heizwärmebedarf gibt. Das bestätigen auch Untersuchungen an elektrisch beheizten Gebäuden, bei denen die Raumtemperaturen und der Energieverbrauch genau gemessen wurden[1]. Der Transmissionswärmeverlust, der bei der Wärmebedarfsrechnung nach DIN 4701 für jeden Raum ohnehin ermittelt wird, sollte daher auch für das gesamte Gebäude festgestellt und dem Betreiber bei der Übergabe einer Heizanlage mitgeteilt werden.

B. Der Jahreswärmebedarf

Für die Bestimmung der Größe des Brennstofflagers einer Heizanlage oder für wirtschaftliche Vergleichsrechnungen ist es wichtig, den voraussichtlichen mittleren Jahreswärmebedarf zu kennen. Im Fachschrifttum werden für diese Berechnung unterschiedliche Verfahren empfohlen von der einfachen Faustformel bis zu verwickelten Gleichungen mit zahlreichen Einflußgrößen. Auch die „genaueren" Formeln enthalten mehr oder weniger versteckt Beiwerte, die aus Betriebsbeobachtungen abgeleitet sind. Sie liefern daher brauchbare Ergebnisse, solange sie für Anlagen und Betriebsverhältnisse angewendet werden, die den Ausgangsbedingungen ähneln, versagen aber häufig in anderen Fällen.

Eine allgemein anwendbare Formel zur Vorausberechnung des Jahreswärmebedarfes einer Heizanlage muß im Aufbau physikalisch richtig sein und den Einfluß der maßgebenden Faktoren klar erkennen lassen. Erfahrungsbeiwerte sind also möglichst nicht mit veränderlichen Einflußgrößen zu kombinieren; ihr Geltungsbereich muß mit angegeben sein.

Zum leichteren Verständnis der hier abgeleiteten Beziehungen seien nachstehend die wichtigsten Bezeichnungen zusammengestellt.

Es bedeuten:

Q_h Wärmebedarf nach DIN 4701 in kcal/h,
Q_0 Transmissionswärmeverlust nach DIN 4701 in kcal/h,
Q_a zu berechnender Jahreswärmebedarf in kcal/a,
B_a zu berechnender Jahresbrennstoffbedarf in kg/a bzw. m³/a,
t_i geforderte Raum- oder Gebäudetemperatur in der Benutzungszeit in °C,
t_{i_m} mittlere Gebäudetemperatur über 24 Stunden in °C,
t_a beliebige Außentemperatur in °C,
t_{a_m} mittlere Außentemperatur während der Heizzeit in °C,
$t_{a_{min}}$ tiefste Außentemperatur nach DIN 4701 in °C,
Gt Jahresgradtagzahl in grd d/a,
Z Zahl der Heiztage in d/a,
y Berichtigungsfaktor für den Wärmebedarf,
e_t Temperatureinschränkungsfaktor,
e_b Betriebseinschränkungsfaktor (Betriebsferien, Wochenende),
e gesamter Einschränkungsfaktor $e = e_t\, e_b$,
η_k Kesselwirkungsgrad,
η_v Verteilungswirkungsgrad,
η_r Regelungswirkungsgrad,
η Gesamtwirkungsgrad.

Wir gehen aus von dem nach DIN 4701 für die geforderte Raumtemperatur t_i und die tiefste Außentemperatur $t_{a_{min}}$ errechneten stündlichen Wärmebedarf der Heizanlage Q_h. Der wirkliche Heizwärmebedarf bei voller Raumerwärmung sei kleiner, und zwar um einen Betrag, der durch

---

[1] RAISS, W.: Wärmetechnische Grundlagen der Betriebsüberwachung von Heizungen, Heizg. u. Lüftg. 12 (1938) 105/108.

den Berichtigungsfaktor y gekennzeichnet sei. Bei einer beliebigen Außentemperatur t_a beträgt sonach der Tageswärmebedarf Q_d bei Dauerbetrieb und Vollerwärmung

$$Q_d = 24 \, \frac{t_i - t_a}{t_i - t_{a_{min}}} \, y \, Q_h \quad \text{kcal/d.} \tag{12.01}$$

Der Berichtigungsfaktor y schwankt nach den Ausführungen auf S. 219 zwischen 0,6 und 0,85. Überschläglich kann er dem Verhältniswert „Transmissionswärmeverlust/Wärmebedarf" gleichgesetzt werden, d. h.

$$y \approx \frac{Q_0}{Q_h}.$$

Änderungen der Wärmebedarfsrechnung nach DIN 4701 gehen dementsprechend auch in y ein.

Für ein Jahr mit Z Heiztagen und einer mittleren Außentemperatur t_{a_m} beträgt der *Jahreswärmebedarf* bei Vollerwärmung

$$Q_{av} = 24 \, \frac{Z \, (t_i - t_{a_m})}{(t_i - t_{a_{min}})} \, y \, Q_h \quad \text{kcal/a.}$$

Der Zähler des Bruches ist identisch mit der Gradtagzahl Gt. Man kann sonach auch schreiben

$$Q_{av} = 24 \, \frac{Gt}{(t_i - t_{a_{min}})} \, y \, Q_h \quad \text{kcal/a.} \tag{12.02}$$

Werden in einem Teil des Gebäudes während der Benutzungszeit niedrigere Temperaturen als $+ 20 \, °C$ gefordert, so ist der Wert t_i entsprechend zu berichtigen, und zwar errechnet sich bei unterschiedlicher Raumerwärmung die Innentemperatur des Gebäudes mit genügender Annäherung aus

$$t_i = \frac{R_1 \, t_{i1} + R_2 \, t_{i2} + \cdots + R_n \, t_{i_n}}{R_1 + R_2 + \cdots + R_n},$$

wenn R_n das Volumen der im Mittel auf t_{i_n} erwärmten Räume darstellt usw. Man nimmt bei Wohn- und Verwaltungsgebäuden meist $t_i = 19 \, °C$ an; auf diesen Wert beziehen sich auch die im Schrifttum zu findenden Gradtagzahlen.

In vielen Fällen werden Heizanlagen in Anpassung an die täglichen Benutzungsstunden der Gebäude mit längeren Pausen oder mit zeitweise stark verminderter Leistung (Nachtzeit) betrieben. Die mittlere Gebäudetemperatur über 24 Stunden liegt dann niedriger als t_i. Man trägt dieser Abweichung von der Vollerwärmung durch Einführung eines Temperatureinschränkungsfaktors e_t Rechnung. Wird der Heizbetrieb außerdem zu bestimmten Zeiten, z. B. am Wochenende oder in Betriebsferien, eingeschränkt oder stillgelegt, so ist ein weiterer Berichtigungsfaktor einzuführen, nämlich der Betriebseinschränkungsfaktor e_b. Faßt man beide Berichtigungen zusammen, so ergibt sich der gesamte *Einschränkungsfaktor* e.

$$e = e_t \, e_b. \tag{12.03}$$

Für *eingeschränkten Betrieb* geht damit Formel (12.02) über in

$$Q_a = 24 \, e \, \frac{Gt}{t_i - t_{a_{min}}} \, y \, Q_h \quad \text{kcal/a.} \tag{12.04}$$

Es muß jedoch darauf hingewiesen werden, daß die Grundlage dieser Berechnung — thermischer Beharrungszustand — bei längeren täglichen Betriebspausen der Heizung und geringer Wärmespeicherung der Gebäude eventuell nicht mehr gegeben ist. Formel (12.04) liefert dann zu hohe Werte.

Der Temperatureinschränkungsfaktor e_t

Bezeichnet man mit t_{i_m} die Mitteltemperatur über 24 Stunden in einem Gebäude, das unterbrochen oder mit zeitweise eingeschränkter Leistung geheizt wird, so ist bei einer geforderten Gebäudetemperatur t_i in der Benutzungszeit der Temperatureinschränkungsfaktor e_t gekennzeichnet durch den Verhältniswert

$$e_t = \frac{t_{i_m} - t_{a_m}}{t_i - t_{a_m}}. \tag{12.05}$$

t_{i_m} hängt von der Dauer der täglichen Gebäudebenutzung und der zulässigen (oder möglichen) nächtlichen Auskühlung ab, s. Abb. 12.06. Angenähert kann man mit den Werten aus Tab. 12.01 für e_t rechnen.

Tabelle 12.01. *Temperatureinschränkungsfaktor e_t für Gebäude unterschiedlicher Nutzung*

Gebäudeart	e_t
Krankenhäuser, Alters- und Pflegeheime	1,00
Wohngebäude, voll beheizt	0,95
Wohngebäude mit stärkerer nächtlicher Betriebseinschränkung, Verwaltungsgebäude, Kaufhäuser usw., bei stark speichernden Gebäuden und Gegenden mit mildem Klima, Berufsschulen mit Abendunterricht	0,90
Verwaltungsgebäude usw. bei geringer Wärmespeicherung und rauhem Klima Schulen im Zweischichtbetrieb	0,85
Schulen im Einschichtbetrieb bei hoher Wärmespeicherung	0,80
Schulen im Einschichtbetrieb bei geringer Wärmespeicherung	0,75

Die Abweichung der über 24 Stunden gemittelten Innentemperatur t_{i_m} von t_i läßt sich auch unmittelbar in der Gradtagzahl berücksichtigen. Zur Unterscheidung von den Normalgradtagen empfiehlt es sich, in solchen Fällen im Index den Zahlenwert von t_{i_m} anzugeben, also z. B. zu schreiben Gt_{17}, wenn die Gradtagzahl für 17 °C mittlere Gebäudetemperatur gemeint ist.

In der Praxis wird zuweilen nach einem Vorschlag von HOTTINGER[1] mit der täglichen „Vollbetriebsstundenzahl" (*Stv*) gerechnet, in der durch die Abweichung von der Tagesstundenzahl 24 die Wärmeeinsparung berücksichtigt werden soll. Dabei ist allerdings zu beachten, daß die von HOTTINGER angegebenen *Stv*-Werte auf den Wärmebedarf nach DIN 4701 abgestellt sind, also etwa übereinstimmen mit $24\,e\,y$. Daß man Mittelwerte der Vollbetriebsstundenzahl selbst bei gleichartigen Gebäuden kaum zuverlässig angeben kann, zeigen Betriebsergebnisse aus fernbeheizten Gebäuden (vgl. Fußnote 1, S. 218).

Der Betriebseinschränkungsfaktor e_b

Während Wohngebäude, Hotels, Unterkünfte, Krankenhäuser, Heilanstalten usf. in der Regel ständig beheizt werden, unterbricht man bei anderen Gebäudearten den Heizbetrieb regelmäßig zum Wochenende oder schränkt die Heizleistung in dieser Zeit stark ein. Bei Schulen und Gewerbebetrieben kommen auch noch die Betriebseinschränkungen in den Ferien hinzu. Man kann diese Leistungsminderung bzw. die Betriebsunterbrechung in der Gradtagzahl berücksichtigen, indem man an Stelle des für Dauererwärmung aus den klimatischen Daten abgeleiteten Wertes Gt einen berichtigten Wert Gt' einführt. Dann gilt

$$e_b = \frac{Gt'}{Gt}. \tag{12.06}$$

e_b läßt sich aus dem Verhältnis der Gradtage nach Gl. (12.06) aber nur bestimmen, wenn die zum Anheizen eines Gebäudes nach Betriebsunterbrechungen erforderliche Wärmemenge im Verhältnis zum Jahreswärmebedarf klein ist. Meist trifft dies aber nicht zu, insbesondere nicht bei speichernden Gebäuden und regelmäßigen Betriebsunterbrechungen am Wochenende. Auch der Wärmeaufwand zum Frostfreihalten der Gebäude ist durch die Gradtage schwer zu erfassen. Es empfiehlt sich daher, auf die Ermittlung von e_b aus der Beziehung (12.06) zu verzichten und die Überschlagswerte aus Tab. 12.02 zu verwenden.

---

[1] HOTTINGER, M.: Die Berechnung des angemessenen Brennstoffbedarfs für Raumheizung. Gesundh.-Ing. 64 (1941) 511/512.

Tabelle 12.02. *Betriebseinschränkungsfaktor e_b für Gebäude unterschiedlicher Nutzung*

Gebäudeart	e_b
Dauernd beheizte Gebäude (Wohnhäuser, Krankenanstalten usw.)	1,00
Gebäude mit Betriebseinschränkungen am Wochenende und an Feiertagen (Büro- und Verwaltungsgebäude, Banken, Kaufhäuser usw.)	0,90
Schulen	0,75

Die Benutzungsdauer der Heizanlage

Man kann auch sämtliche Einflußgrößen und Beiwerte der Gl. (12.04) zusammenfassen und vereinfacht ansetzen

$$Q_a = b\,Q_h. \tag{12.07}$$

b nennt man die *Benutzungsdauer* der Heizanlage, zuweilen auch *Jahresbenutzungsstunden*. Die Benutzungsdauer gibt an, wieviel Stunden im Jahr eine Heizung mit höchster Leistung betrieben werden müßte, um den Jahreswärmebedarf zu decken.

Aus Gl. (12.04) und (12.07) erhält man

$$b = 24\,e\,y\,\frac{Gt}{(t_i - t_{a_{min}})}\quad \text{h/a}. \tag{12.08}$$

Für die klimatischen Verhältnisse Deutschlands gilt angenähert[1]

$$\frac{Gt}{(t_i - t_{a_{min}})} \approx 95\ \text{d/a}.$$

Damit wird

$$b \approx 24 \cdot 95\,e\,y = 2280\,e\,y\quad \text{in h/a}. \tag{12.09}$$

Die Benutzungsdauer einer Heizanlage läßt sich also überschläglich angeben, wenn e und y bekannt sind.

Für einige Gebäudearten ist die Benutzungsdauer in Tab. 12.03 für unterschiedliche y-Werte angegeben. Die fettgedruckten Werte kennzeichnen den wahrscheinlichen Bereich. Bei kurzzeitigem Heizbetrieb sind die höheren y-Werte zu wählen, da in Q_h größere Anheizzuschläge enthalten sind. Es mag zunächst überraschen, daß der Jahreswärmebedarf hier unabhängig vom örtlichen Klima, also der Gradtagzahl, erscheint. In Wirklichkeit ist die Klimalage des Betrachtungsortes bereits in Q_h berücksichtigt, nämlich durch die Wahl einer der Klimazoneneinstufung in DIN 4701 entsprechenden niedrigsten Außentemperatur $t_{a_{min}}$.

Tabelle 12.03. *Jahresbenutzungsdauer von Raumheizanlagen, bezogen auf den Wärmebedarf nach DIN 4701*

	Einschrän-kungs-faktor e	Mittlere Benutzungsdauer bei verschiedenen Berichtigungsfaktoren y				
		0,85	0,8	0,75	0,7	0,65
Krankenhäuser, Alters- und Pflegeheime	1	**1940**	**1820**	1710	1600	1480
Wohngebäude, mit nächtl. Betriebseinschränkung	0,9	1740	**1630**	**1530**	**1430**	1330
Verwaltungs- und Bürogebäude, Kaufhäuser usw.						
stark speichernd, mildes Klima	0,81	1570	**1480**	**1380**	1290	1200
schwach speichernd, rauhes Klima	$0,76_5$	1480	1390	**1310**	**1220**	1130
Schulen mit Abendunterricht	$0,67_5$	1310	1230	**1150**	**1070**	**1000**
mit Zweischichtbetrieb	0,64	1240	1170	**1000**	**1020**	**950**
mit Einschichtbetrieb, bei geringer Wärmespeicherung	0,56	1080	1020	960	**890**	**830**

[1] RAISS, W.: Zur Berechnung des angemessenen Brennstoffverbrauchs von Heizanlagen. Gesundh.-Ing. 70 (1949) 28/36. Für Orte in Küstennähe oder im Gebirge sollte der Quotient nachgeprüft werden, da bei ihnen Abweichungen von dem Mittelwert auftreten können, die größer als 5% sind.

Neuere Untersuchungen an ausgeführten Heizanlagen[1] bestätigen diese aus Gl. (12.09) abgeleiteten Werte der Benutzungsdauer für normale Zentralheizungen. Bei Einzelheizung wurden auch in Wohngebäuden Werte bis herunter auf 900 h/a festgestellt[2].

C. Der Jahresbrennstoffbedarf

Mit dem Brennstoffheizwert H_u und dem Gesamtwirkungsgrad η des Heizvorganges ergibt sich der Jahresbrennstoffbedarf B_a aus

$$B_a = \frac{Q_a}{H_u\,\eta} \quad \text{in kg/a bzw. m}^3\text{/a.} \tag{12.10}$$

η läßt sich aufspalten in die Teilwirkungsgrade

$$\eta_k = \text{Kesselwirkungsgrad,}$$
$$\eta_v = \text{Verteilungswirkungsgrad,}$$
$$\eta_r = \text{Regelungswirkungsgrad.}$$

Also ist

$$\eta = \eta_k\,\eta_v\,\eta_r.$$

Meßbar ist allein der Kesselwirkungsgrad η_k. Der Verteilungswirkungsgrad η_v kann bei größeren Anlagen an Hand des Rohrplanes überschläglich berechnet oder wenigstens geschätzt werden. In dem Regelungswirkungsgrad η_r sind alle weiteren Verluste zusammengefaßt, s. S. 224.

Da nach dem unter A Gesagten der tatsächliche Wärmebedarf eines Gebäudes bei beliebigen Innen- und Außentemperaturen nicht exakt berechnet werden kann, besteht auch keine Möglichkeit, auf indirektem Weg den Gesamtwirkungsgrad einer Heizanlage zu bestimmen. (Die etwaigen Abweichungen zwischen errechnetem und wirklichem Wärmebedarf können höher sein als die Unterschiede im Wirkungsgrad der Heizung.) Damit sind die Grenzen abgesteckt, die jeder Vorausberechnung des Brennstoffbedarfes einer Heizanlage gezogen sind.

Man hilft sich in der Praxis vielfach, indem man aus Betriebsergebnissen gut überwachter Anlagen Kennwerte für den Brennstoffverbrauch der einzelnen Gebäudearten aufstellt und unter Berücksichtigung der Größe des Gebäudes den Brennstoffverbrauch je m³ umbauten oder beheizten Raumes angibt. Zuweilen werden noch die Gradtage des Betrachtungsortes und die Zahl der Heizbetriebsstunden berücksichtigt. Es darf aber nicht übersehen werden, daß der auf den Rauminhalt bezogene Wärmebedarf große Unterschiede aufweisen kann und der Wärmeverbrauch einer Heizanlage in keinem unmittelbaren Zusammenhang mit der Zahl der täglichen Betriebsstunden steht. Grundlage jeder Brennstoffbedarfsberechnung sollte der nach DIN 4701 errechnete Wärmebedarf sein.

Aus den Gln. (12.04) und (12.10) ergibt sich

$$B_a = 24\,e\,y\,\frac{Gt}{(t_i - t_{a_{min}})}\,\frac{Q_h}{H_u\,\eta}. \tag{12.11}$$

Von den Rechnungsgrößen sind bekannt

$$Gt,\ t_{a_{min}} \qquad - \text{ aus Klimatabellen,}$$
$$Q_h,\ \text{evtl. auch } y \ - \text{ aus der Wärmebedarfsrechnung,}$$
$$t_i \text{ und } H_u \qquad - \text{ aus der vorliegenden Aufgabe.}$$

e ergibt sich aus e_t und e_b nach Tab. 12.01 bzw. 12.02.

Der Gesamtwirkungsgrad muß an Hand von η_k, η_v und η_r geschätzt werden. Als Anhaltswerte für gut bediente und gewartete Kessel bei geeignetem Brennstoff können die in Tab. 12.04 aufgeführten Angaben gelten.

---

[1] TODT, H.-U.: Jahresbenutzungsstunden von Zentralheizungen in Wohngebäuden. Wärme-, Lüftgs.- u. Gesundh.-Techn. 19 (1967) 25/35. — RAISS, W., u. W. MÖNNER: Der Heizwärmebedarf von Wohnhochhäusern. Gesundh.-Ing. 86 (1965) 226/238.

[2] RAISS, W., u. J. MASUCH: Eignung und Wirtschaftlichkeit von Nachtstrom-Speicheröfen in Geschoßwohnungen. Gesundh.-Ing. 88 (1967) 297/307 und 338/344.

Tabelle 12.04. *Mittlere Betriebswirkungsgrade η_k von Heizkesseln*

Nr.	Brennstoffart	Kesselart und Größe		Bedienung und Ausstattung	η_k
1	Feste Brenn-stoffe	Gußgliederkessel	bis 50 Mcal/h	einfache Regler ⎫ handbedient	0,68
2			über 50 Mcal/h	hochwertige Regler ⎭	0,72
3		Sonderbauarten	bis 150 Mcal/h	mechanische Feuerung, hoch-	0,78
4			über 150 Mcal/h	wertige Regler	0,80
5	Gas und Heizöl El	Gußgliederkessel		Brenner nachträglich eingebaut	0,75
6		Spezialkessel	bis 150 Mcal/h ⎫	Brenner mitgeliefert	0,78
7			über 150 Mcal/h ⎭		0,80

Verteilungswirkungsgrad η_v

Je nach Ausdehnung der Anlage, Isolierung der Verteilleitungen und Vorlaufverlegung (obere oder untere Verteilung) $\eta_v = 0{,}95$ bis $0{,}98$.

Tabelle 12.05. *Regelungswirkungsgrade η_r, angenähert*

Aufbau der Heizanlagen	Automatischer Betrieb	Handbedient	
		üblich	mit hochwertigen Reglern und sorgfältiger Betriebs- überwachung
Mit Zonenunterteilung	1,0	0,92	0,95
Ohne Zonenunterteilung	0,95	0,90	0,92

Die Aufschlüsselung der Wirkungsgrade und ihre relativ feine Unterteilung ist hier nur im Hinblick auf wirtschaftliche Vergleichsrechnungen zwischen verschiedenartigen Energieträgern erfolgt. Von den Fehlergrenzen der Brennstoffbedarfsrechnung her gesehen, wären solche „genauen" Angaben nicht gerechtfertigt[1].

Bei bekannter Benutzungsdauer b läßt sich die Gl. (12.11) auch einfacher schreiben, nämlich:

$$B_a = b\,\frac{Q_h}{H_u\,\eta}. \tag{12.12}$$

Für einzelne Gebäudegruppen, bei denen die gleichen Anforderungen an die Raumerwärmung gestellt werden, wie z. B. Krankenhäuser, Wohngebäude, Verwaltungs- und Bürohäuser, kann bei ähnlicher heiztechnischer Ausstattung der Jahresbrennstoffbedarf durch Q_h allein gekennzeichnet werden. So erhält man beispielsweise für ein Wohngebäude ($b = 1600$ h/a) bei Koksverfeuerung ($H_u = 6800$ kcal/kg) und sorgfältiger Wartung der Heizanlage ($\eta = 0{,}65$).

$$B_a = \frac{1600}{6800 \cdot 0{,}65}\,Q_h = 0{,}36 Q_h \quad \text{in kg/a,}$$

d. i. die schon von RECKNAGEL[2] angegebene Näherungsformel für den Brennstoffbedarf. Sie liefert für vollbeheizte Gebäude bei koksgefeuerten Kesseln üblicher Bauart durchaus brauchbare Werte.

---

[1] Die vom VDI herausgegebene Richtlinie 2067 (Richtwerte zur Vorausberechnung der Wirtschaftlichkeit verschiedener Brennstoffe bei Warmwasser-Zentralheizungsanlagen. Jan. 1957) verwendet die gleiche Formel, jedoch ist dort zur Kennzeichnung des Betriebszustandes der Heizanlage sowie der Bauausführung der Gebäude noch ein Berichtigungsfaktor a eingeführt. Er wird für günstige Verhältnisse mit $a = 0{,}95$, für normale Verhältnisse mit $a = 1$ und für schlechte Anlagen mit $a = 1{,}1$ bis $1{,}4$ angegeben.

Diese Erweiterung der Formel (12.11) entspricht praktischen Erwägungen; man will damit eine bessere Anpassung der Rechenwerte an die Betriebsverhältnisse ermöglichen. Die Schwankungsbreite für a läßt noch einmal sehr deutlich die Unsicherheiten solcher Brennstoffbedarfsrechnungen erkennen, worüber auch die auf 1% genauen Angaben der Kesselwirkungsgrade nicht hinwegtäuschen dürfen.

Physikalisch ist der Beiwert a in einer Brennstoff-Formel nach Gl. (12.11) nicht berechtigt, da eine schlechte Heizanlage höhere Verluste bei der Erzeugung und Verteilung der Wärme, also niedrigere η-Werte aufweist und eine ungünstige Bauausführung in einem höheren y-Wert ihren Ausgleich findet.

[2] RECKNAGEL, H.: Heizung und Lüftung. Leipzig 1915.

D. Wärmeverbrauch und Wärmeabrechnung

Der Anschluß einer Vielzahl von Abnehmern an eine Zentral- oder Fernheizung wirft i. allg. die Frage auf, ob es zweckmäßiger ist, die Wärmeabrechnung pauschal (beispielsweise in Abhängigkeit von der beheizten Wohnfläche) oder mittels Verbrauchsmessungen in den einzelnen Wohnungen durchzuführen[1]. Untersuchungen haben gezeigt, daß die Anwendung von Einzelmessungen zu einer Verbrauchsminderung in der Größenordnung von 10 bis 17% führen kann[2]. Dies ist darauf zurückzuführen, daß sich im Heizbetrieb Energie einsparen läßt, wenn jede Überwärmung der Räume verhindert wird und die Bewohner die Wärmeentnahme dem tatsächlichen Bedarf anpassen, also z. B. Schlafräume, Nebenräume u. dgl. bei mildem Wetter nicht oder nicht voll erwärmen (Temperatureinschränkungsfaktor e_t!). Hierfür fehlt bei der pauschalen Umlegung der Heizkosten jeder Anreiz.

Die Verrechnung nach Verbrauchsmessungen (in der Regel wird ein kombinierter Tarif angewendet, bei dem nur 50% der Gesamtkosten über die Verbrauchsmessung und 50% durch eine feste Leistungsgebühr gedeckt werden) wirft eine Problematik teils grundsätzlicher, teils technischer Art auf. Grundsätzliche Schwierigkeiten liegen z. B. darin, daß bei Einschränkungen des Heizbetriebes Nachbarwohnungen hinsichtlich ihrer einwandfreien Erwärmung und infolge hiermit zusammenhängender erhöhter Verbrauchswerte benachteiligt werden können; weiterhin weisen Wohnungen im Dachgeschoß und an den Giebelseiten des Hauses notwendigerweise einen erhöhten Verbrauch auf, der zu Unstimmigkeiten mit den Inhabern führen kann.

Technische Schwierigkeiten treten auf bei der meßtechnischen Erfassung des Wärmeverbrauches. Der Aufwand hierfür muß in einem angemessenen Verhältnis zur erzielten Einsparung stehen. Bei Dampfheizungen kommt man mit der Messung bzw. Zählung der Kondensatmenge aus, da bei festgelegtem Dampfzustand und vereinbarter Kondensatablauftemperatur die ausnutzbare Wärme bestimmt ist. Das übliche Heizsystem ist jedoch die Warmwasserheizung. Eine physikalisch einwandfreie Wärmemengenmessung erfordert hierbei, den Heizwasserdurchfluß und den Temperaturunterschied zwischen Vor- und Rücklauf zu messen, das Produkt beider Meßwerte zu bilden und diese Größe über den gewünschten Zeitraum hinweg zu integrieren. Hierfür geeignete Geräte kommen wegen der hohen Kosten für die Einzelmessung nur bei Großabnehmern in Frage. Sonst wendet man sog. „Ersatz-" bzw. „Hilfsverfahren" an, die zwar keine exakte Wärmemengenmessung ermöglichen, jedoch einen Anhalt für den Wärmeverbrauch geben und eine Verteilung der an zentraler Stelle durch ein genaues Meßverfahren ermittelten Wärmemenge auf die einzelnen Abnehmer gestatten[3]. Als Beispiele seien die Verwendung von Heizwasserzählern und Verdunstungsgeräten genannt. Im ersten Fall dient die in Anspruch genommene Heizwassermenge als Maß für den Wärmeverbrauch. (Heizwasserzähler könnten dann als echte Wärmemengenzähler angesehen werden, wenn die Temperaturdifferenz zwischen Vor- und Rücklauf konstant bleibt und bekannt ist; i. allg. ist dies jedoch nicht der Fall.) Die Anwendung des Verfahrens ist bei Planung und Ausführung der Heizungsanlage zu berücksichtigen. Wegen der Messung müssen alle Rücklaufleitungen einer Wohnung horizontal verlegt und in eine Sammelleitung mit Zähler geführt werden. Weiterhin muß durch Einbau geeigneter Regelventile eine einwandfreie Regulierung des Heizwasserdurchflusses gewährleistet werden. Die gleichzeitige Anwendung hoher Temperaturspreizung verbessert die Regelfähigkeit und mildert die Ungenauigkeit des Meßverfahrens[4].

---

[1] JANSSEN, W.: Erfahrungen bei Einzelabrechnung des Wärmebezugs mit den Wohnungsinhabern. Elektr. Wirtsch. 63 (1964), H. 1.

[2] RAISS, W.: Der Einfluß der Wärmemengenmessung auf Wärmeentnahme und Brennstoffverbrauch bei Wohnungsblockheizungen. Heizg. u. Lüftg. 13 (1939) 65/73. — RAISS, W.: Einsparung an Heizenergie durch wärmedichtes Bauen und Wärmeverbrauchsmessung bei Wohngebäuden. Ber. Nr. 87 der Weltkraftkonferenz. Sept. 1964.

[3] FRITZ, W., H. BLUSCHKE, E. ENJEN u. U. SCHLEY: Messung und Verrechnung bei der Lieferung von Wärmeenergie. Amtsbl. der Physik.-Techn. Bundesanst. 1962, Nr. 4, sowie Fußnote 2.

[4] GOEPFERT, J.: Diskussionsbeitrag zur Duisburger Arbeitstagung über „Fragen der Fernwärmeversorgung". Elektr. Wirtsch. 65 (1966) 150.

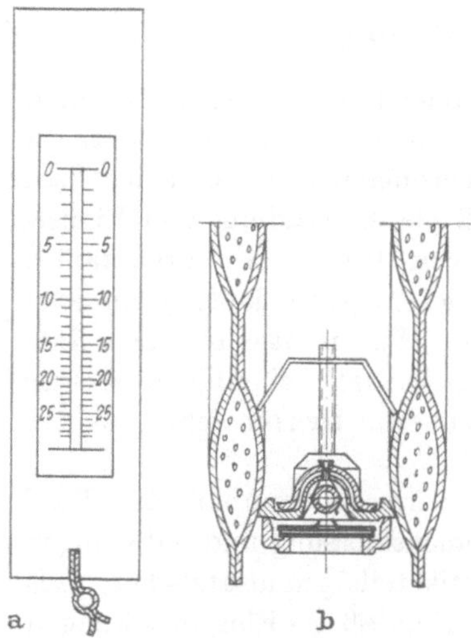

Abb. 12.09.
Verdunstungs-Heizkostenverteiler.
a) Ansicht; b) Horizontalschnitt.

Verdunstungsgeräte, die in gut wärmeleitender Verbindung am Heizkörper befestigt werden, enthalten ein kalibriertes Meßröhrchen mit einer Spezialflüssigkeit, s. Abb. 12.09. Die unter der Temperatureinwirkung des Heizkörpers verdunstende Flüssigkeitsmenge, in Skalenteilen am Glasrohr ablesbar, kann hilfsweise als Maß für die Wärmeabgabe des Heizkörpers und Aufschlüsselung des Wärmeverbrauches dienen.

Exakte Angaben über die Fehlergrenzen der beiden genannten Meßverfahren sind nicht möglich, da die Wassermessung nur eine von zwei notwendigen physikalischen Größen erfaßt und Verdunstungsgeräte „im strengen Sinn keine physikalisch definierten Meßgeräte sind", vgl. Fußnote 1. Die Fehlergrenze für die Messung der Wassermenge kann für die Zähler mit $\pm 5\%$ angesetzt werden. Eingehende Untersuchungen der Verdunstungsgeräte[1] zeigen, daß die Fehler in der Heizkostenverteilung, welche auf die mittleren Abweichungen der Geräte untereinander zurückzuführen sind, bei Anwendung des oben genannten kombinierten Tarifs bei $\pm 10\%$ liegen.

IV. Heizbetrieb

A. Betriebskennlinie einer Warmwasserheizung

Wasserheizungen verdanken ihre bevorzugte Anwendung vor allem der einfachen zentralen Leistungsregelung durch Ändern der Heizwassertemperaturen. Die Betriebsführung der Heizanlagen in Gebäuden mit gleichmäßiger Raumbenutzung wird dadurch wesentlich erleichtert und einer Brennstoffvergeudung durch Überheizen entgegengewirkt.

Die Abhängigkeit der mittleren Heizwassertemperatur von der Außentemperatur ergibt sich bei Pumpenheizungen aus dem Gesetz für die Wärmeabgabe der Heizkörper, wobei der Exponent der Gl. (9.13) den Kurvenverlauf bestimmt, s. Abb. 4.147 im ersten Band. In Abb. 12.10 ist der Temperaturunterschied Δt zwischen Heizmittel und Raumluft als Funktion der Belastung dimensionslos aufgetragen. Man ersieht daraus, daß mit anwachsendem Temperaturexponenten die im Bereich kleiner Belastungen erforderliche Wassertemperatur ansteigt. In Anlagen mit Heizkörpern verschiedener Bauart ist die ungünstigste Gruppe für die Kesseltemperatur maßgebend.

Da der wirkliche Wärmebedarf i. allg. niedriger liegt als der berechnete, kommt man auch mit niedrigeren Heizwassertemperaturen aus. Aus Beobachtungen an Warmwasserheizungen, die für 90/70 °C ausgelegt sind, wissen wir, daß selbst an Tagen mit ungewöhnlich niedrigen Außentemperaturen eine mittlere Heizwassertemperatur von 80 °C nicht erforderlich ist. An Hand der Abb. 12.10 ist bei bekanntem Berichtigungsfaktor y des Wärmebedarfes eine Umrechnung der theoretischen auf die wirkliche Heizwassertemperatur möglich. Aber noch eine weitere Abweichung von dem theoretisch abgeleiteten Zusammenhang zwischen Heizwasser- und Außentemperatur ist bei der Aufstellung von Betriebsanweisungen für den Heizer zu berücksichtigen. Nur bei sehr niedrigen Außentemperaturen werden die Heizungen i. allg. durchgehend betrieben. Mit abnehmender Belastung verkürzt man zumeist die Betriebsdauer der Anlage oder man schränkt in den Benutzungspausen des Gebäudes die Heizleistung stark ein. Die Leistung in der Hauptbetriebszeit — das sind die Anheizstunden und die Benutzungsstunden des Gebäudes — ist daher nicht mehr proportional dem Temperaturunterschied „Raumluft gegen Außenluft"; sie muß vielmehr mit zunehmender Außentemperatur höher gewählt werden. Dementsprechend ergibt sich ein flacherer Verlauf der Temperaturlinie als in Abb. 12.10.

---

[1] HAUSEN, H.: Ermittlung von Heizkosten nach dem Verdunstungsprinzip. Heizg.-Lüftg.-Haustechn. 16 (1965) 314/320 und 347/351.

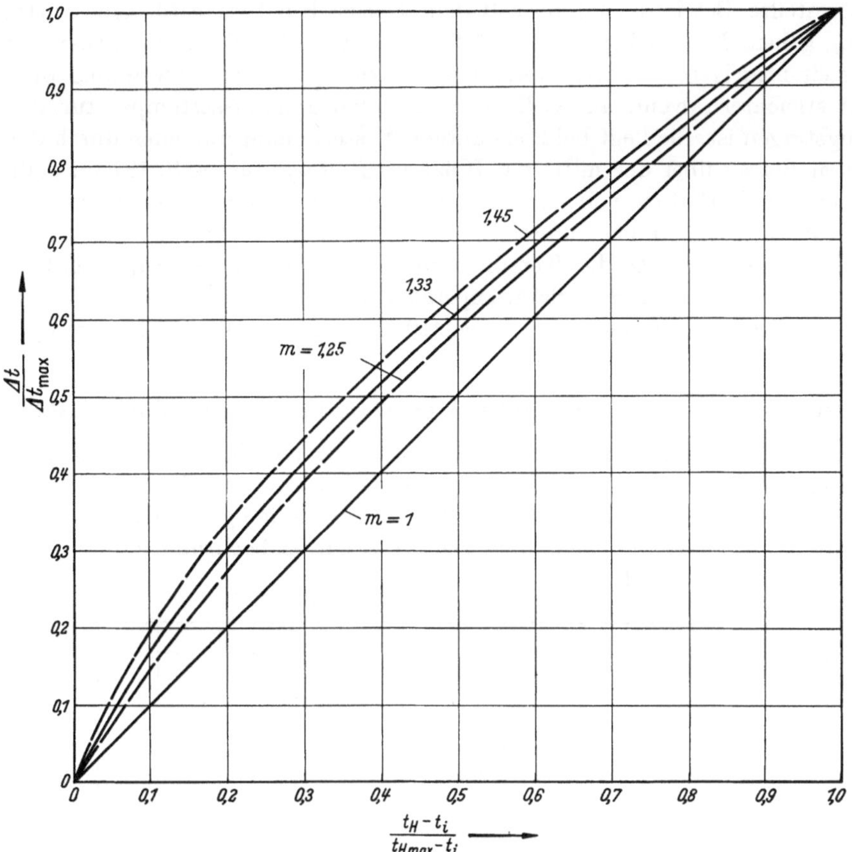

Abb. 12.10. Abhängigkeit des Temperaturunterschiedes $\dfrac{\Delta t}{\Delta t_{max}} = \left(\dfrac{t_H - t_i}{t_{H\,max} - t_i}\right)$ von der Belastung.
t_i Innentemperatur, t_H mittlere Heizwassertemperatur.

Feststellung der Betriebskennlinie durch praktische Beobachtungen

Bei dem verwickelten Zusammenhang zwischen Außentemperatur, Betriebsweise und geforderter Heizleistung ist es nicht möglich, im voraus für ein bestimmtes Gebäude die Temperaturcharakteristik zuverlässig anzugeben. Da auch die Leistung bei der niedrigsten Außentemperatur — also die Höchstlast — selten durch Messungen festgestellt werden kann, empfiehlt es sich, durch Betriebsbeobachtungen für die einzelne Anlage die „Betriebskennlinie", d. h. den Zusammenhang zwischen mittlerer Heizwassertemperatur und Außentemperatur, aufzunehmen. Es genügen hierfür in der Regel Messungen bei drei Belastungsstufen, nämlich in den Außentemperaturbereichen von 8 bis 10 °C, 3 bis 5 °C und — 5 bis 0 °C. In jedem Bereich sollten allerdings Beobachtungen an drei aufeinanderfolgenden Tagen mit etwa gleichbleibender Witterung angestellt werden. Der Heizbetrieb ist dabei so zu führen, daß während der Benutzungszeit die geforderten Raumtemperaturen möglichst eingehalten werden und in den Benutzungspausen eine allzu starke Auskühlung des Gebäudes vermieden wird. Als Kriterium kann dabei dienen, ob das Gebäude innerhalb einer Anheizzeit von 2 Stunden wieder auf die geforderte Raumtemperatur erwärmt werden kann. Als maßgebende Heizwassertemperatur ist das Mittel der in der Benutzungszeit erforderlichen durchschnittlichen Vor- und Rücklauftemperatur festzustellen, und zwar unter Verwendung der Meßwerte am 2. und 3. Tag. Während der Anheizstunden sollte die Heizwassertemperatur um höchstens 15 grd höher liegen als dieser Mittelwert. Als Außentemperatur gilt der Mittelwert über die gesamte Beobachtungszeit, also unter Einschluß des 1. Tages.

Es ist zweckmäßig, an den Beobachtungstagen gleichzeitig auch den Brennstoffverbrauch genau zu messen, um einen Anhalt über den Normalverbrauch zu gewinnen.

15*

Die so festgestellte Betriebskennlinie soll dem Heizer Richtwerte für eine wirtschaftliche Betriebsführung geben. Bei starkem Windanfall sind etwas höhere, bei Sonneneinstrahlung in der Übergangszeit niedrigere Wassertemperaturen einzustellen. Die Anwendung der Betriebskennlinie wird erleichtert, wenn an Stelle der mittleren Heizwassertemperatur die Vorlauftemperatur eingetragen ist. Sie liegt bei konstantem Wasserumlauf um einen durch die Leistung gekennzeichneten Betrag über der mittleren Heizwassertemperatur (s. S. 187 im ersten Band). Auf das abweichende Verhalten von Schwerkraftheizungen sei besonders hingewiesen.

Ist die Heizanlage in Gruppen aufgeteilt, die mit unterschiedlichen Vorlauftemperaturen betrieben werden können, so ist die Kennlinie für die ungünstigste Gruppe unter mittleren Windverhältnissen anzugeben. Die Vorlauftemperatur der übrigen Gruppen muß ohnehin nach den wechselnden Witterungsverhältnissen eingestellt oder auch selbsttätig eingeregelt werden.

B. Der Brennstoffverbrauch und seine Überwachung in handbedienten Anlagen

Da sich der Tageswärmebedarf einer Heizanlage linear mit der Außentemperatur ändert, muß auch der Brennstoffverbrauch diese Abhängigkeit aufweisen, wenn in der Wärmeausnutzung des gesamten Heizvorganges und der Güte des Brennstoffes keine größeren Abweichungen auftreten. Das erstere trifft, wie die Ergebnisse vieler Betriebsbeobachtungen zeigen, für gut bediente Anlagen zu, s. Abb. 12.11.

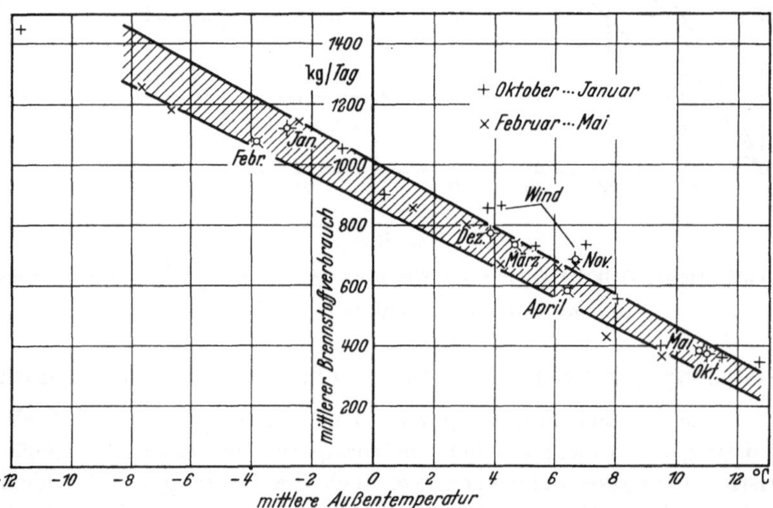

Abb. 12.11. Tagesbrennstoffverbrauch eines großen Wohngebäudes in Abhängigkeit von der Außentemperatur.

An Einzeltagen kann diese Gesetzmäßigkeit durch rasche Witterungswechsel oder Zufälligkeiten der Bedienung überdeckt werden; sie tritt aber deutlich hervor, wenn die mittleren Verbrauchswerte aus einer Reihe aufeinanderfolgender Tage betrachtet werden.

Wird in einem Zeitabschnitt mit Gt_1 Gradtagen der Brennstoffverbrauch B_1 festgestellt, so errechnet sich für einen beliebigen anderen Abschnitt der Heizperiode oder auch für einen vollständigen Winter mit Gt_2 Gradtagen der Brennstoffverbrauch aus

$$B_2 = B_1 \frac{Gt_2}{Gt_1}. \tag{12.13}$$

Die Brennstoffkennlinie nach Abb. 12.11 liegt sonach fest, wenn der Gradtagverbrauch einer Heizanlage und die mittlere Gebäudetemperatur t_{i_m} bekannt sind. Bei dieser Temperatur muß der Verbrauch gleich Null sein, die Brennstoffkennlinie also die Temperaturachse schneiden.

Zuverlässiger ist die Bestimmung der Brennstoffkennlinie an Hand der Verbrauchswerte aus zwei oder drei unterschiedlichen Außentemperaturbereichen. Sind diese Verbrauchswerte bei sorgfältig geführtem Heizbetrieb festgestellt worden, so gibt die Kennlinie den Sollverbrauch der Anlage wieder. Der Vergleich beliebiger Tagesverbräuche mit den Sollwerten bei der betreffenden Außentemperatur ist die einfachste Möglichkeit einer Betriebsüberwachung von Heizanlagen[1].

Die Verbrauchsangaben des Heizers sind für längere Zeitabschnitte an Hand der angelieferten Mengen leicht zu kontrollieren, wobei Feuchtigkeitsverluste und Abrieb zu berücksichtigen sind.

Für den Vergleich der Verbrauchszahlen im praktischen Betrieb mit den Sollwerten der Brennstoffkennlinie eignet sich erfahrungsgemäß am besten ein Wochendurchschnitt der Tageswerte, wobei nur die Tage mit vollem Heizbetrieb berücksichtigt werden. Als Außentemperaturen sind möglichst Beobachtungswerte benachbarter Wetterdienststellen zu verwenden. Für den Heizer kann als Anhalt dienen, daß der Verbrauch etwa dem Kennlinienwert bei der am Vortag um 21 Uhr gemessenen Außentemperatur entsprechen muß.

Die Zuverlässigkeit des Verfahrens hängt wesentlich davon ab, ob die Normalwerte einwandfrei festgestellt worden sind.

Liegt der Brennstoffverbrauch einer Anlage merklich über den Normalwerten, so ist entweder der Kesselwirkungsgrad schlecht (zeitweise Überlastung, mangelhafte Feuerführung, undichte bzw. nicht gereinigte Züge) oder die Anpassung der Leistung an die wechselnden Witterungsbedingungen ist unzureichend (zeitweises Überheizen, zu hohe Wärmelieferung in den Nachtstunden). Zuweilen sind auch falsche Brennstoffkörnung oder mindere Qualität des Brennstoffes daran schuld.

Starke Streuungen der Verbrauchswerte sind stets ein Zeichen nachlässiger Bedienung. Häufiges Unterschreiten des Normalwertes sollte Veranlassung geben, die Kennlinie zu überprüfen.

C. Bestimmung des Wirkungsgrades und der Leistung von Kesseln im praktischen Betrieb

Im Heizbetrieb bleiben Leistung und Wirkungsgrad von Kesseln gegenüber den Prüfstandswerten oft merklich zurück. Nur selten wird bei Heizanlagen die Wärmelieferung der Kessel laufend gemessen, häufiger schon der Brennstoffverbrauch. Man ist zur Bestimmung des Kesselwirkungsgrades sonach auf Versuche angewiesen. Ihre Durchführung im normalen Betrieb bereitet einige Schwierigkeiten, so daß darauf eingegangen werden soll[2].

Dampfkessel. Verhältnismäßig einfach läßt sich die Leistung bei Dampfkesseln feststellen, wenn das Kondensat mittels Pumpen zurückgespeist wird. Man mißt den Mengenstrom und die Temperatur des Speisewassers am Kesseleintritt. Aus stündlicher Speisewassermenge und Erzeugungswärme des Dampfes ergibt sich die Kesselleistung. Zur Mengenmessung verwendet man bei großen Anlagen Wasserzähler oder Blenden. Bei kleineren Anlagen speist man die Kessel intermittierend und bestimmt den Wasserdurchsatz an Hand der Spiegelabsenkung in einem geeichten Speisewasservorgefäß.

Zur Wirkungsgradbestimmung ist noch die Wägung der während des Versuches verfeuerten Brennstoffmenge und die kalorimetrische Untersuchung von Brennstoffproben erforderlich. Der Betriebszustand des Kessels muß zu Beginn und am Ende des Versuches der gleiche sein; das bedeutet, daß bei Kesseln mit Füllschachtfeuerungen die Messungen mindestens auf die Abbrandzeit einer Füllung auszudehnen sind. Der Versuch sollte bei geschürtem, hellem Feuer mit möglichst geringer Brennschichtdicke begonnen und bei gleichem Zustand des Feuers abgeschlossen werden. Da die Feuchte des Dampfes beim Austritt aus dem Kessel nicht bekannt ist, sind bei der Nutzwärmebestimmung Fehler in der Größenordnung von 2 bis 3% möglich. Für gute Entwässerung des Dampfes ist zu sorgen, wobei das Entwässerungskondensat wieder unmittelbar in den Kessel zurückzuführen ist.

Bei geschlossenen ND-Dampfanlagen ohne Rückspeiseeinrichtung muß zum Zwecke der Messung bei den Versuchen das System geöffnet werden. Die Kesselspeisung kann dabei mit einer Handpumpe erfolgen. Während der Kesselspeisung ist das zurückkommende Kondensat

---

[1] ACHENBACH, A.: Betriebsüberwachung von Wohnungs-Blockheizungen und ihre Ergebnisse. Heizg. u. Lüftg. 12 (1938) 119/123.

[2] Siehe auch DIN 4702 Bl. 2.

in einem besonderen Behälter zu sammeln. Gegebenenfalls kann auch von der nachstehend beschriebenen mittelbaren Wirkungsgradbestimmung Gebrauch gemacht werden.

Wasserkessel. Bei Wasserheizkesseln ergibt sich die Nutzwärme als Produkt aus durchlaufender Wassermenge und Enthalpieerhöhung, die im Zahlenwert etwa dem Temperaturunterschied in grd entspricht. Durchflußmesser sind aber selbst bei großen Heizanlagen selten vorhanden; ihr nachträglicher Einbau ist wegen des Druckverlustes nur bei Pumpenheizungen mit ausreichendem Förderdruck möglich. Beim Einbau von Düsen oder Blenden muß eine längere gerade Strecke in der Hauptvor- oder Rücklaufleitung zur Verfügung stehen. Können Wasserdurchfluß und Wassertemperaturen gemessen werden, so bereitet die Nutzwärmebestimmung keine Schwierigkeiten. Bei gleichbleibendem Wasserstrom — wie er meist vorhanden ist — genügt eine Durchflußmessung in größeren Zeitabständen. Die Temperaturen im Vorlauf und Rücklauf müssen in kurzen Abständen abgelesen oder besser durch Schreibgeräte aufgezeichnet werden, wobei bei kleinen Temperaturunterschieden eine sehr genaue Messung erforderlich ist.

Häufig ist der nachträgliche Einbau eines Durchflußmessers in eine Wasserheizung nicht möglich, so u. a. bei allen Schwerkraftheizungen. Man ist in solchen Fällen darauf angewiesen, den Wirkungsgrad des Kessels mittelbar, d. h. mit Hilfe der Verluste, zu bestimmen. Aus Brennstoffverbrauch und Wirkungsgrad ergibt sich auch die Kesselleistung.

Mittelbare Bestimmung des Kesselwirkungsgrades

Sind bei einem Wärmeerzeuger sämtliche Verluste meßbar, so bleibt bei Aufstellung der Wärmebilanz die Nutzwärme als Restglied übrig. Es sind also folgende Verluste festzustellen:

Kesselverluste: a) freie Abgaswärme,
                b) gebundene Abgaswärme,
                c) Rückstandsverluste,
                d) Verluste durch Ruß und Flugkoks,
                e) Wärmeabgabe an den Kesselraum.

Der Messung zugänglich sind die Verluste a bis c, s. auch DIN 4702 Bl. 2 (Dez. 1967). Der Verlust durch Ruß und Flugkoks liegt bei Heizkesseln in der Regel innerhalb der Fehlergrenzen der Wirkungsgradbestimmung, vor allem bei Koksverfeuerung. Der Verlust durch Wärmeabgabe an die Umgebung ist dagegen nicht zu vernachlässigen; er muß also bei der indirekten Wirkungsgradbestimmung bekannt sein. Für die viel verwendeten Typenkessel trifft dies zu. (Bei genauen Kesselversuchen auf dem Prüfstand ergibt sich dieser Verlust als Restglied.) Bei isolierten Warmwassergliederkesseln gehen über die Außenflächen etwa 4 bis 7% der im Brennstoff zugeführten Wärme verloren. Kleinere Kessel weisen dabei höhere Werte auf als größere Kessel; der Einfluß der Belastung ist nur gering.

Die Abgasverluste werden durch Analyse der Rauchgase und Messung der Abgastemperaturen bestimmt. Bei Verwendung registrierender Geräte läßt sich die Versuchsdurchführung wesentlich erleichtern; auf die Kontrolle mit Handanalysengeräten und direkt ablesbaren Thermometern sollte aber nicht verzichtet werden. Zur Auswertung der Rauchgasanalyse muß die Brennstoffzusammensetzung bekannt sein. Bei Verfeuerung von Koks genügt es, Heizwert, Asche- und Wassergehalt zu bestimmen, da die sonstigen Bestandteile nur unwesentlich schwanken.

Während der CO_2-Gehalt der Abgase mit dem Orsatgerät verhältnismäßig rasch und genau gemessen werden kann, ist im praktischen Betrieb die Bestimmung der brennbaren Abgasbestandteile schwierig und zeitraubend. Man ist darauf angewiesen, über längere Zeitabschnitte Sammelproben der Rauchgase zu entnehmen. Änderungen im CO- oder H_2-Gehalt der Abgase werden daher nicht erfaßt; bei schwankenden Rauchgasmengen ist auch der Mittelwert nicht mehr genau. Es empfiehlt sich, bei Koksfeuerungen nur den CO_2- und O_2-Gehalt der Abgase zu messen und mit Hilfe des Bunte-Dreiecks der Verbrennung[1] daraus den CO-Anteil zu

---

[1] Siehe z. B. Gumz, W.: Kurzes Handbuch der Brennstoff- und Feuerungstechnik, 3. Aufl. Berlin/Göttingen/Heidelberg: Springer 1962.

bestimmen. Weitere unverbrannte Gase sind ohnehin nicht oder nur in Spuren vorhanden. Bei den nahezu gleichbleibenden Verbrennungsbedingungen in Koks-Füllfeuerungen reicht es häufig aus, den CO_2-Gehalt in Abständen von 15 Minuten, den O_2-Gehalt in Abständen von 30 Minuten zu messen.

Rauchgastemperaturen werden sowohl in den Abgasstutzen der Kessel als auch in den anschließenden Füchsen durchweg zu niedrig gemessen, und zwar vor allem wegen der Abstrahlung der Thermometer nach kälteren Oberflächen. Bei Messungen vor dem Schieber (in Richtung der Gasströmung gesehen) ist darauf zu achten, daß die Meßstelle im freien Rauchgasquerschnitt liegt, also bei teilweise geschlossenem Schieber nicht durch diesen abgeschirmt wird. Die Gefahr der Fehlmessung ist bei der Nachbarschaft kälterer Wandflächen an dieser Stelle besonders groß. Messungen in einem anschließenden gemauerten Fuchs ergeben meist genauere Werte, allerdings nur nach längerer Betriebszeit der Feuerung und entsprechend hohen Kanaltemperaturen. Das Eindringen von Falschluft am Schieber muß bei den Versuchen durch Abdichten mit Asbestschnur verhindert werden. Auf jeden Fall sind Temperatur und Zusammensetzung der Abgase an der gleichen Stelle zu messen.

Für die Bestimmung der Abgasverluste ist eine Messung des Brennstoffverbrauches nicht erforderlich, wohl aber für die Erfassung der Rückstandsverluste und der Kesselleistung. Die während des Versuches anfallenden Asche- und Schlackenmengen sind zu wiegen und auf Verbrennliches zu untersuchen. Da dieser Verlust bei sachgemäßer Feuerführung nur gering ist (0,5 bis 2%) sind etwaige Fehler in der Brennstoffverbrauchsmessung für das Ergebnis der indirekten Wirkungsgradermittlung bedeutungslos. Bei der Leistungsbestimmung machen sie sich jedoch in voller Höhe bemerkbar. Man wird trotzdem bei derartigen Versuchen keine allzu hohen Anforderungen an die Genauigkeit der Brennstoffverbrauchsmessung stellen. Die Kesselleistung kann nämlich auf diesem Weg ohnehin nur als Durchschnittswert für die gesamte Versuchszeit ermittelt werden.

Das mittelbare Verfahren ist stets als Behelf anzusehen. Es liefert aber für die Praxis brauchbare Werte, wenn es sorgfältig durchgeführt wird und die äußere Wärmeabgabe der untersuchten Kesselbauart bekannt ist. Ausschlaggebend ist die genaue Bestimmung der Abgasverluste. Die wesentlichen Fehlerquellen liegen bei der Messung von Abgastemperatur und CO-Gehalt. Beide Werte werden leicht zu niedrig gemessen, so daß der Wirkungsgrad zu günstig erscheint. Diese Tatsache ist bei der Beurteilung mittelbar bestimmter Wirkungsgrade zu berücksichtigen.

D. Kennwerte des Heizbetriebes

Kennt man aus Betriebsbeobachtungen den Brennstoffverbrauch B einer Heizanlage in einem Zeitabschnitt mit der Gradtagzahl Gt, so ergibt sich aus Formel (12.11) bei gegebenem Q_h und H_u auch der Wirkungsgrad η, wenn e und y bekannt sind. Der Einschränkungsfaktor e läßt sich zuweilen aus Betriebsdaten und Temperaturmessungen angenähert bestimmen; jede Angabe über den Berichtigungsfaktor y ist jedoch so unsicher, daß die Gesamtwärmeausnutzung des Heizvorganges auf diesem Weg nicht ermittelt werden kann. Wohl aber ist es denkbar, die Teilwirkungsgrade η_k, η_v und η_r abzuschätzen und aus einwandfreien Verbrauchszahlen die Größenordnung von y festzustellen, also die Übereinstimmung von rechnerischem und wirklichem Wärmebedarf zu überprüfen. Die Vorbedingungen hierfür sind am günstigsten bei fernbeheizten Gebäuden oder Kesselanlagen mit hohem Wirkungsgrad und sorgfältiger Anpassung der Leistung an den Wärmebedarf. Bringt man in Gl. (12.11) alle Beiwerte auf die linke Seite, so erhält man die Beziehung:

$$\frac{e\,y}{\eta} = \frac{B_a\,H_u}{Gt}\;\frac{(t_i - t_{a_{min}})}{24\,Q_h}. \qquad (12.14)$$

Wir bezeichnen den Quotienten $\dfrac{e\,y}{\eta}$ als *Betriebskennzahl*.

Das erste Glied auf der rechten Gleichungsseite stellt den Wärmeverbrauch der Heizanlage je Gradtag dar; er ist durch die Brennstoffkennlinie und den Heizwert des Brennstoffes bereits gegeben. Das zweite Glied ist als Kehrwert identisch mit dem auf 1 grd Übertemperatur bezogenen Tageswärmebedarf des Gebäudes, ist also eine dem Gebäude eigene und nach DIN 4701 errechenbare Größe. Zur Feststellung der Betriebskennzahl $\dfrac{e\,y}{\eta}$ genügt sonach die Ermittlung des Gradtagverbrauches bei einem bestimmten Brennstoff und die Kenntnis von Q_h und $t_{a_{min}}$.

Man kann die einzelnen Größen auf der rechten Seite der Gl. (12.14) auch auf andere Weise zusammenfassen und schreiben:

$$\frac{e\,y}{\eta} = \frac{B_a}{Q_h}\,\frac{(t_i - t_{a_{min}})}{Gt}\,\frac{1}{24}\,H_u. \tag{12.15}$$

Für das Normaljahr ist der Quotient $\dfrac{(t_i - t_{a_{min}})}{Gt}$ unter mitteleuropäischen klimatischen Verhältnissen in erster Annäherung eine Konstante, s. S. 222. Damit läßt sich bei einheitlichem Brennstoff die Betriebskennzahl $\dfrac{e\,y}{\eta}$ auch durch den spezifischen Brennstoffverbrauch $\dfrac{B_a}{Q_h}$ darstellen.

Bei $\dfrac{t_i - t_{a_{min}}}{Gt}\,\dfrac{1}{24} \approx \dfrac{1}{2280}$ und $H_u = 6840$ kcal/kg ergibt sich z. B. *für Koks die Näherungsgleichung*

$$\frac{e\,y}{\eta} \approx 3\,\frac{B_a}{Q_h}. \tag{12.16}$$

Für B_a ist dabei der Brennstoffverbrauch des Normaljahres einzusetzen; eventuell ist der gemessene Jahresbrennstoffbedarf einer Anlage an Hand der Gl. (12.13) auf das Normaljahr umzurechnen.

Wenn es also auch nicht möglich ist, an Hand der Verbrauchswerte einer Heizanlage die Wärmeausnutzung zu beurteilen, so lassen sich doch damit die Beiwerte der Brennstoffverbrauchsformel (12.11) nachprüfen, so daß auf die Dauer die Fehler einer Berechnung des mittleren Brennstoffbedarfes eingeengt werden.

Errechnet man die Betriebskennzahl $\dfrac{e\,y}{\eta}$ aus den Näherungswerten der Tab. 12.01 bis 12.05, so erhält man einen Zahlenwert in der Größenordnung zwischen 0,7 und 1,3. Die höheren Werte ergeben sich bei ständig erwärmten Gebäuden und schlechter Wärmeausnutzung, die niedrigeren Werte für zeitweise nicht betriebene Heizungen, insbesondere bei Schulgebäuden, und für Anlagen mit hohem Wirkungsgrad. Über Q_h gehen eventuell auch Änderungen der Wärmebedarfsrechnung in die Betriebskennzahl mit ein. Es ist also stets anzugeben, nach welcher Ausgabe der DIN 4701 Q_h berechnet wurde.

Berechnung von Kanalnetzen und Luftdurchlässen

I. Allgemeines

Die Kanalnetze von Lüftungs- und Klimaanlagen haben wie die Rohrnetze von zentralen Heizanlagen die Aufgabe, Stoffströme zu fördern und in einer vorbestimmten Weise auf die Zweigleitungen zu verteilen. Es bestehen jedoch wesentliche Unterschiede in den Anforderungen, die zu abweichenden Verfahren in der Planung und Bemessung der Leitungsnetze führen. Während in der Heiztechnik die zu fördernden Stoffströme allein dem Zweck dienen, vorgegebene Temperaturen in den einzelnen Räumen eines Gebäudes sicherzustellen, muß bei lüftungstechnischen Anlagen über die Einhaltung von Luftzustandswerten (wie Temperatur und Feuchte) hinaus wegen der notwendigen Lufterneuerung auch der Luftstrom selbst gewährleistet sein.

Hinzu kommt, daß vielfach die Luftgeschwindigkeit in den Kanälen zur Vermeidung störender Geräusche bestimmte Grenzwerte nicht überschreiten darf. Auch macht die Unterbringung der Kanäle im Bau wegen ihrer größeren Querschnitte in der Regel mehr Schwierigkeiten als die Verlegung der Heizrohre. Sie muß dementsprechend in einem frühen Stadium der Planbearbeitung mit dem Architekten nach bautechnischen und künstlerischen Gesichtspunkten abgestimmt werden.

Strömungstechnisch besteht der Hauptunterschied zwischen Rohr- und Kanalnetzen in der größeren Bedeutung der Einzelwiderstände bei der Luftförderung. Ihr Anteil ist bei Kanalnetzen für den Gesamtdruckverlust bestimmend; die Reibungsverluste treten demgegenüber zurück. Der strömungsgerechten Gestaltung aller Einbauteile muß daher erhöhte Beachtung geschenkt werden, zumal die Förderkosten bei lufttechnischen Anlagen wirtschaftlich eine größere Rolle spielen als bei Heizanlagen.

Nach den gewählten Luftgeschwindigkeiten im Hauptkanal unterscheidet man zwischen Niedergeschwindigkeits- und Hochgeschwindigkeitsanlagen. Die obere Grenze liegt bei 6 bis 8 m/s für die ersteren und etwa 25 m/s für die letzteren. Bei Industrieanlagen werden auch höhere Werte zugelassen. Im Netz selbst werden die Geschwindigkeiten stufenweise herabgesetzt, um an den Luftauslässen den kleinsten Wert zu erreichen (1,5 bis 4 m/s). Hohe Geschwindigkeiten finden vorwiegend Anwendung bei großen Luftleistungen und ausgedehnten Netzen, vor allem bei Induktionsauslässen. Dabei wird der Vorteil kleinerer Kanalabmessungen durch einen entsprechend höheren Druckverlust erkauft. Man bezeichnet daher häufig Anlagen mit Netzdruckverlusten von 150 bis 300 mm WS als Hochdruckanlagen im Gegensatz zu Niederdruckanlagen mit geringeren Förderdrücken der Ventilatoren, zumeist unter 100 mm WS.

Als Vorteil ist bei Lüftungsnetzen zu werten, daß die Anpassung der Förderhöhe des Ventilators an die tatsächlichen Strömungswiderstände durch Drehzahländerung relativ verlustfrei möglich ist und bei den üblichen Riemenantrieben auch technisch durch Umstellung der Übersetzung keine Schwierigkeiten macht.

II. Berechnungsunterlagen

Die in lüftungstechnischen Anlagen auftretenden Druckunterschiede sind, gemessen am Gesamtdruck, so klein, daß bei allen Berechnungen die Luft als inkompressibel angesehen werden kann. Es gilt also der BERNOULLIsche Ansatz nach Gl. (10.02):

$$p_t = p + p_d,$$

wobei der dynamische Druck p_d beschrieben wird durch

$$p_d = \frac{w^2}{2}\, \varrho\,.$$

Als Bezugszustand für Volumina und Geschwindigkeiten gilt in der Lüftungstechnik i. allg.

$$p_0 = 760\ \text{Torr}; \quad t_L = +20\,°\text{C}.$$

Hierfür ist

$$\varrho = 1{,}2 \text{ kg/m}^3.$$

Der Unterschied zwischen dem Gesamtdruck p_t und dem statischen Druck p ist bei Betrachtung der Vorgänge im Kanalnetz stets zu beachten. Der Gesamtdruck nimmt wegen der Strömungsverluste in Richtung des Stromes ab, der statische Druck kann bei Geschwindigkeitsverminderungen dagegen zunehmen. Darauf wird im Unterabschnitt III B 3 noch näher eingegangen.

Den Begriff der Teilstrecke, den wir bei der Rohrnetzberechnung schon kennengelernt haben, s. S. 138, finden wir bei der Kanalnetzberechnung wieder. Allerdings wird hier nicht immer die Bedingung gleichen Leitungsquerschnittes eingehalten, da Übergangsstücke zuweilen auch unabhängig von Abzweigen eingebaut werden müssen. Der Widerstandsbeiwert ist dabei verschieden, je nachdem ob er auf die Geschwindigkeit vor oder hinter der Übergangsstelle bezogen ist.

A. Druckabfall in geraden Kanalstrecken

Für den Reibungsdruckverlust wird analog zur Rohrnetzberechnung in der Heiztechnik die Gl. (10.05a) zugrunde gelegt:

$$R\,l = \lambda \frac{l}{d} \frac{w^2}{2} \varrho.$$

Der Reibungsbeiwert λ kann Abb. 10.03, S. 112, entnommen werden. Jedoch muß hierfür das Rauhigkeitsmaß ε der inneren Kanalflächen bekannt sein.

1. Reibungsbeiwert und Druckgefälle (Arbeitsblatt 10)

Für Luftkanäle sind sehr unterschiedliche Materialien in Gebrauch, s. S. 352 im ersten Band. In Tab. 13.01 ist das Rauhigkeitsmaß ε bzw. der Bereich dieses Wertes für einige der wichtigsten Baustoffe angegeben. Die Unterschiede sind nicht nur zwischen den einzelnen Baustoffen sondern zuweilen bei gleichem Material recht groß.

Tabelle 13.01. *Rauhigkeitsmaß ε in mm für Kanalwandungen*

Baustoff	ε in mm
Glasfaserstoffe.	0,001 —0,0015
Aluminium ⎫ PVC hart ⎭	0,0015—0,007
Asbestzement	0,015 —0,1
Blechrohre und gefalzte Blechkanäle . . .	0,15
Beton	0,3—1,0
Mauerwerk	2,0—5,0

Mit der Wahl eines einheitlichen Rauhigkeitsmaßes ε ist es möglich, den Zusammenhang zwischen dem Druckgefälle R, dem Luftstrom $\dot{V}$ (bzw. der Geschwindigkeit w) und dem Durchmesser d für eine bestimmte Luftdichte ϱ in Tabellen oder in Diagrammform niederzulegen, in gleicher Weise wie bei den Heizleitungen.

Arbeitsblatt 10 enthält ein derartiges Diagramm zur Dimensionierung von Luftleitungen für $\varrho = 1{,}2$ kg/m³. Es gilt für $\varepsilon = 0{,}15$ mm und ist damit direkt verwendbar bei gefalzten Blechkanälen. Bei abweichenden Rauhigkeitswerten ist eine Korrektur gemäß der Beziehung

$$R' = f_R\,R \tag{13.01}$$

erforderlich, wobei die Korrekturfaktoren f_R der Abb. 13.01 entnommen werden können (Ansatz ähnlich wie bei RÖTSCHER[1]).

---

[1] RÖTSCHER, H.: Einfaches Diagramm zur Rohrnetzberechnung unter Berücksichtigung von Rohrrauhigkeiten. Gesundh.-Ing. 85 (1964) 107/112.

Ein aus Abb. 13.01 entwickeltes Hilfsdiagramm ist zur Rechnungsvereinfachung im unteren Teil des Arbeitsblattes 10 enthalten; es erlaubt die direkte Ablesung des Druckgefälles bei unterschiedlichen Wandrauhigkeiten. Für Kanaloberflächen mit $\varepsilon \neq 0{,}15\ \mathrm{mm}$ liest man nicht das Druckgefälle an der Basis des Hauptdiagramms ab, sondern aus der Kurvenschar senkrecht darunter beim Ordinatenwert der vorliegenden Rauhigkeit.

Ist umgekehrt das zulässige Druckgefälle eines Leitungsabschnittes gegeben, so ist bei abweichender Wandrauhigkeit im Hilfsdiagramm vom Schnittpunkt der entsprechenden Druckkurve mit dem Ordinatenwert der gegebenen Rauhigkeit ins obere Hauptdiagramm zu gehen, wo der gesuchte Leitungsdurchmesser oder Förderstrom abgelesen werden kann.

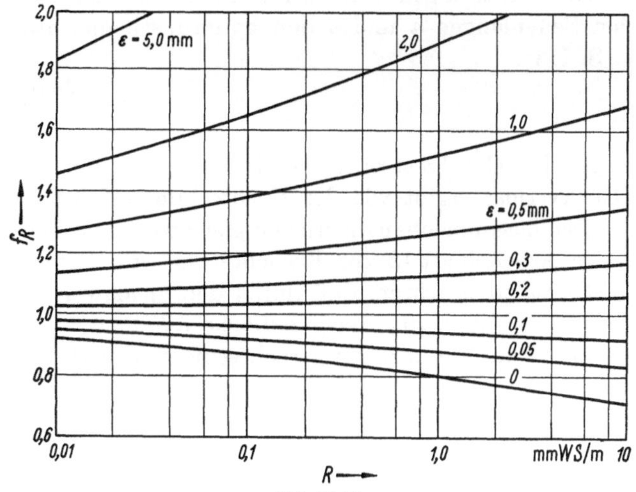

Abb. 13.01.
Korrekturdiagramm für das Reibungsgefälle bei $\varepsilon \neq 0{,}15\ \mathrm{mm}$; $R' = f_R\,R$.

2. Einfluß der Kanalstöße

Die Stoßstellen an den Rohrverbindungen, die bei Heizsystemen wegen des großen Verhältniswertes l/d praktisch keine Rolle spielen, machen sich bei Lüftungskanälen bemerkbar, insbesondere bei großen Durchmessern. Da die Baulängen der Kanalstücke aus praktischen Gründen begrenzt sind, wächst die relative Häufigkeit der Stöße mit zunehmendem Durchmesser an.

Wird die durch die Stöße verursachte Energieabnahme des Luftstromes den Reibungsverlusten zugeschlagen, so ist nach SCHICHT[1] die Abweichung des sich so ergebenden Reibungsbeiwertes λ^* vom Reibungsbeiwert λ des Rohres selbst eine lineare Funktion von d/l, s. Abb. 13.02.

Für maschinell hergestellte Asbestzementkanäle mit $\varepsilon = 0{,}015\ \mathrm{mm}$ gibt SCHICHT die nachstehende Beziehung an:

$$\lambda^* = \lambda(1 + d/l). \qquad (13.02)$$

Für Blechkanäle liegen nur wenige Untersuchungen dieser Art vor. Messungen des C. S. T. C. an Aluminiumkanälen[2] ergaben, daß durch die Verbindungsstelle der Druckverlust der Kanäle bis zu 20% erhöht wurde, das sind auf die bei Stahlblechkanälen üblichen Stücklängen und Rauhigkeiten bezogen etwa 3 bis 10%. Der Einfluß der Stoßstellen ist sonach i. allg. nicht größer als die Unsicherheit in der Annahme der Wandrauhigkeit.

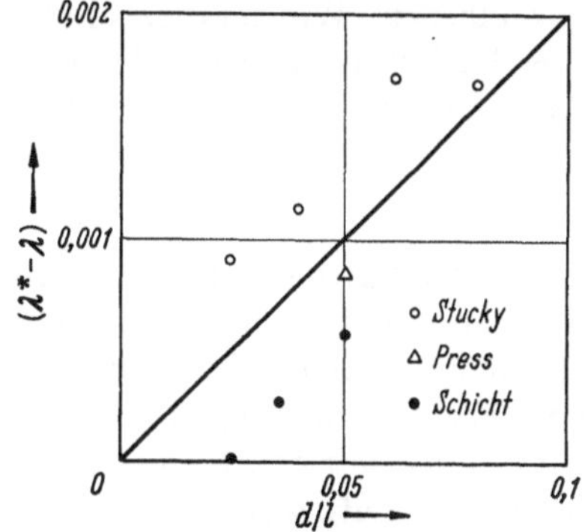

Abb. 13.02. Einfluß der Stoßstellen auf den Reibungsbeiwert des Kanals.

Nach dem Aufbau der Druckverlustberechnung läge es näher, die Stoßstellen als Einzelwiderstände zu behandeln. Es ergeben sich dabei zumeist sehr kleine ζ-Werte mit relativ großen Abweichungen, je nach der Ausführung der Kanalverbindung. Es ist daher für Rechnungen der Praxis zweckmäßiger, die zusätzlichen Druckverluste im Reibungsbeiwert zu berücksichtigen.

---

[1] SCHICHT, N.: Reibungsdruckverluste in Asbestzement-Rohrleitungen. Schweiz. Bauztg. 82 (1964) 521/524.

[2] Centre Scientifique et Technique de la Construction (C.S.T.C.): Pertes de Pression par Frottement dans les Conduits d'Air. Compte rendu de recherche No. 2 (1964).

3. Rechteckige Kanalquerschnitte (Arbeitsblatt 12)

Bei rechteckigen Querschnitten, die in Lüftungsanlagen überwiegen, berechnet man aus den Seitenlängen a und b den hydraulisch gleichwertigen Durchmesser d_g nach Gl. (10.11 a), s. S. 113:

$$d_g = \frac{2\,a\,b}{(a+b)}.$$

d_g ist der Durchmesser eines Kreisquerschnittes, der bei gleicher Geschwindigkeit denselben Druckverlust ergibt wie der Rechteckquerschnitt $a\,b$.

Der Zusammenhang zwischen gleichwertigem Durchmesser d_g und den Seitenlängen a und b ist in Arbeitsblatt 12 zur Erleichterung von Berechnungen tabellarisch wiedergegeben.

Es ist zu beachten, daß durch den gleichwertigen Kreisquerschnitt ein kleineres Volumen strömt als durch die Rechteckfläche $a\,b$.

Ist $\dot{V}$ der Luftstrom im rechteckigen Kanal, so gilt für den Luftstrom $\dot{V}_g$ im Rohrkanal mit d_g:

$$\dot{V}_g = \pi \, \frac{\dfrac{a}{b}}{\left(\dfrac{a}{b}+1\right)^2} \, \dot{V}. \tag{13.03}$$

B. Einzelwiderstände (Arbeitsblatt 11)

Für den Druckabfall in Einzelwiderständen setzt man nach Gl. (10.12):

$$p_1 - p_2 = \zeta \, \frac{w^2}{2} \, \varrho.$$

Der Widerstandsbeiwert ζ wird bei Einbauteilen i. allg. experimentell bestimmt. Für gewisse Formen der Querschnittsänderung, der Stromumlenkung und Verzweigung lassen sich allgemein gültige empirische Gesetzmäßigkeiten angeben, s. zehnter Abschnitt. Die daraus abzuleitenden ζ-Werte sind im Arbeitsblatt 11 in gerundeten Zahlenwerten gemeinsam mit aus Einzelversuchen gewonnenen Widerstandsbeiwerten zusammengestellt. In einer weiteren Tabelle sind für $\zeta = 1$ bis 9 die Druckverluste bei Geschwindigkeiten zwischen 0,2 m/s und 30 m/s aufgeführt. Auf einige Sonderfälle von Einzelwiderständen sei hier näher eingegangen.

1. Widerstand von Luftdurchlässen

Lüftungsgitter werden in zahllosen Bauformen und zuweilen auch noch in unterschiedlicher Einbauweise verwendet. Dementsprechend zeigen die ζ-Werte so große Abweichungen, daß allgemein gültige Werte kaum anzugeben sind. Zuluftgitter werden zudem oft mit Drossel- und Richtvorrichtungen versehen; es geht dann die Einstellung oder der Luftdurchsatz des Gitters in ζ mit ein. Man erfrage deshalb die ζ-Werte bzw. den Druckverlust der Gitter für den jeweiligen Luftstrom beim Hersteller. Die Strömungsvorgänge hinter Strahldurchlässen und Lochdecken sowie ihre rechnerische Erfassung werden in Unterabschnitt IV behandelt.

Da sich hinter den Gittern, fast unabhängig von den Einbauten, die Teilströme durch die freien Querschnittsflächen bald zu einem einheitlichen Luftstrom vereinigen, gibt man den ζ-Wert in der Regel für die auf die gesamte Gitterfläche F bezogene Luftgeschwindigkeit an. Für gelochte Bleche, denen die Luft aus einem größeren Druckraum mit vernachlässigbar kleiner Geschwindigkeit zuströmt, gilt die Beziehung

$$p_1 - p_2 = \frac{w^2}{2}\varrho + \varDelta p. \tag{13.04}$$

Dabei bedeuten:

$p_1 - p_2$ Druckdifferenz zwischen beiden Seiten des Durchlasses,
w Geschwindigkeit auf die Gesamtfläche F bezogen,
$\varDelta p$ Druckverlust im Gitterblech.

Mit

$$\Delta p = \zeta \frac{w^2}{2} \varrho$$

erhält man

$$p_1 - p_2 = (1 + \zeta) \frac{w^2}{2} \varrho = \xi \frac{w^2}{2} \varrho. \qquad (13.04\,\text{a})$$

ζ und damit auch der Wert ξ hängen von dem Verhältnis der freien Querschnittsfläche f zur Gesamtfläche F sowie von der Geschwindigkeit w ab. Für gestanzte Blechgitter sind die ξ-Werte in Tab. 13.02 zusammengestellt.

Tabelle 13.02. *ξ-Werte für gestanzte Blechgitter (w in m/s)*

w \\ f/F	0,1	0,2	0,3	0,4	0,5	0,6
0,5	110	30	12	6,0	3,6	2,3
1,0	120	33	13	6,8	4,1	2,7
1,5	128	36	14,5	7,4	4,6	3,0
2,0	134	39	15,5	7,8	4,9	3,2
2,5	140	40	16,5	8,3	5,2	3,4
3,0	146	41	17,5	8,6	5,5	3,7

Für Drahtgeflechte gelten etwa die halben Werte.

2. Stromrichtungsänderungen

Den allgemeinen Betrachtungen über Krümmer im zehnten Abschnitt (s. S. 119) seien einige Ergänzungen angefügt, die durch Besonderheiten bei der Ausbildung von Luftkanälen bedingt sind. So ist es aus Raumgründen nur selten möglich, die Krümmungsradien genügend groß auszuführen. Auch werden bei Kreisquerschnitten Krümmer zumeist durch Aneinanderfügen zylindrischer Segmentabschnitte hergestellt; der gleichmäßig gebogene Krümmer bildet die Ausnahme.

Von wesentlichem Einfluß auf den Druckverlust ist bei Rechteckkanälen das Seitenverhältnis von Höhe zu Breite (h/b). Hohe Kanäle haben bei vertikaler Umlenkung größere Umlenkverluste als flache, da sich bei ihnen Sekundärströmungen und Strömungsablösungen stärker ausbilden können. An Stelle des Quotienten r/d führt man hier das Verhältnis r/h ein.

Nach LOCKLIN[1], s. Abb. 13.03, liegt das optimale Krümmungsverhältnis etwa bei $r/h = 2,0$.

Für die Bedingung $r/h \geqq 1,5$ läßt sich näherungsweise eine Beziehung für den Umlenk-Widerstandsbeiwert des Krümmers ζ_u angeben:

$$\zeta_u = 0,15 \sqrt{\frac{h}{b}}. \qquad (13.05)$$

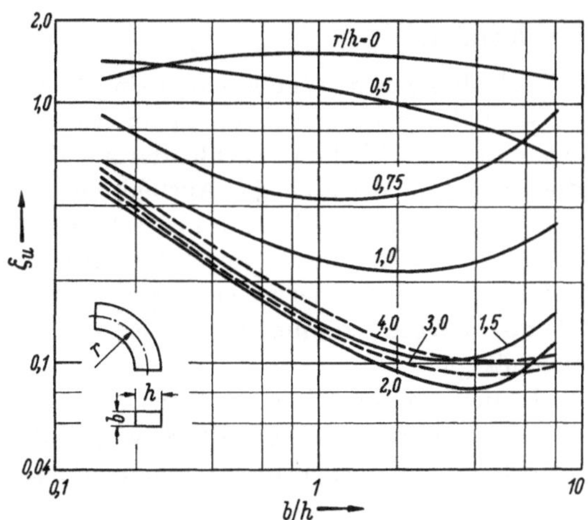

Abb. 13.03. Widerstandsbeiwerte ζ_u für 90°-Krümmer mit Rechteckquerschnitt (nach LOCKLIN).

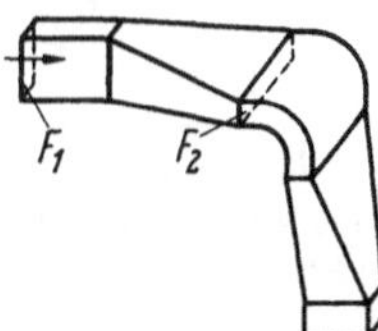

Abb. 13.04. Übergang von einem hohen Querschnitt F_1 auf einen flachen Querschnitt F_2 bei der Umlenkung.

Beim Übergang von hoher zu flacher Querschnittsform wird der Umlenkverlust erheblich reduziert. Bei einem Querschnitt mit dem Seitenverhältnis 1 : 4 werden die Umlenkverluste auf diese

[1] LOCKLIN, D. W.: Energy Losses in 90 Degree Duct Elbows. A survey and analysis of available information. ASHVE-Transactions 56 (1950) 479/502. — LOCKLIN stützt sich auf FREY, HEILMANN u. MACARTHUR, MADISON u. PARKER, BAMBACH, NIPPERT.

Weise auf ein Viertel des Wertes bei hoher Querschnittsform herabgesetzt. Die in Abb. 13.04 gezeigte Krümmerausführung berücksichtigt diesen Effekt.

Bei $r/h < 1,5$ steigen die Verluste stark an. Durch zusätzliche konstruktive Maßnahmen können sie jedoch auf ein vertretbares Maß herabgesetzt werden.

a) Querschnittsverengung

Nach NIPPERT[1] wird der Widerstandsbeiwert eines Krümmers merklich herabgesetzt, wenn während des Verlaufs der Umlenkung der freie Strömungsquerschnitt vermindert wird, siehe Abb. 13.05. Die dabei auftretende Beschleunigung der Strömung verhindert die Ablösung und vermindert damit die Umlenkverluste. Die Abnahme der Verluste kann bis zu 50% betragen.

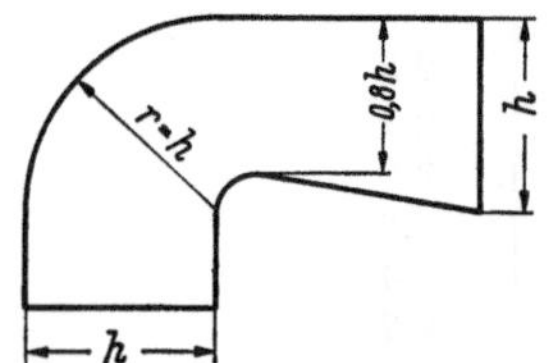

Abb. 13.05. Querschnittseinschnürung während der Umlenkung.

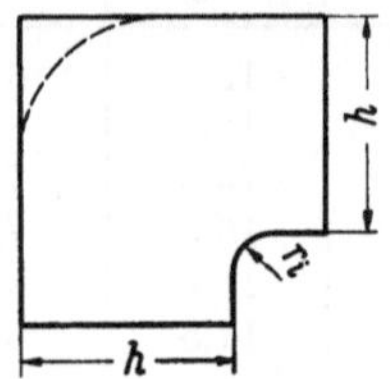

Abb. 13.06. Knie mit gerundeter Innenkante (Rundung der Außenkante als Sonderfall angedeutet).

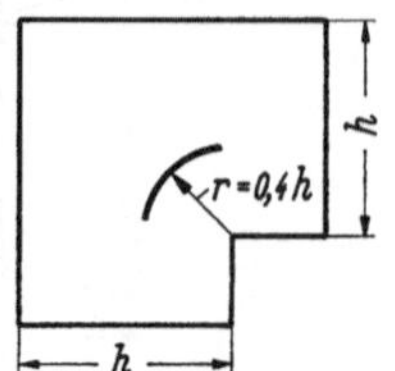

Abb. 13.07. Knie mit eingebautem Lenkblech.

b) Rundung der Kanten

Beim 90°-Knie wird der Umlenkverlust durch eine Abrundung der Innenkante mit $r/h = 0,25$ um $^1/_3$ gegenüber dem scharfkantigen Knie verringert[1], s. Abb. 13.06. Die Abrundung der Außenkante kann dagegen beim Fehlen runder Innenkanten oder von Leitblechen den Widerstandsbeiwert sogar erhöhen (nach FREY[2]).

c) Einbau von Umlenkblechen

Die gleiche Wirkung wie durch eine Abrundung der Innenkante läßt sich durch Einbau eines Lenkbleches erreichen. Die Ausführung mit $r/h = 0,4$, s. Abb. 13.07, ist am günstigsten.

d) Einbau von Leitschaufeln

Leitschaufeln wurden erstmalig von PRANDTL bei Umlenkungen in Windkanälen eingebaut. Obwohl diese Schaufeln einen Eigenverlust besitzen, wird durch sie doch der Gesamtverlust des Krümmers oder des Kniestückes erheblich herabgesetzt. Ihre Wirkung beruht darauf, daß sie die Zentrifugalkräfte der Krümmerströmung aufnehmen und dadurch die Ausbildung des für Krümmer typischen Druckfeldes, das zu Sekundärströmungen und Ablösungen führt, verhindern. Neben der Herabsetzung des Krümmerverlustes wird durch Leitschaufeleinbauten die Strömung hinter dem Krümmer vergleichmäßigt.

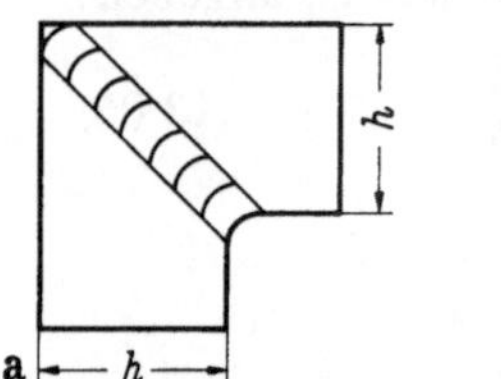
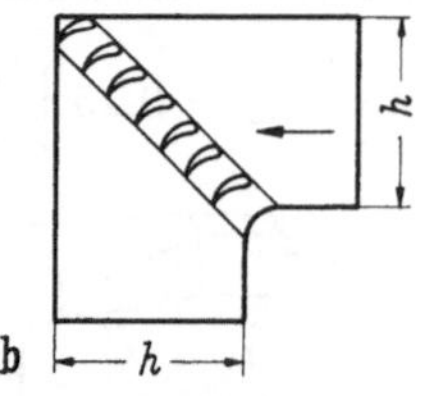

a   b

Abb. 13.08. Knie mit Schaufeleinbauten.
a) einfache Blechschaufeln; b) Profilschaufeln.

Als Leitschaufeln werden einfache Blechschaufeln oder auch Profile verwendet, s. Abb. 13.08, wobei die Profile den Vorteil besonders niedriger Eigenverluste besitzen.

Wegen der Eigenverluste sollte die Zahl der Leitschaufeln nicht zu hoch gewählt werden. Nach IDELCIK[3] ergibt sich die optimale Schaufelzahl n_{opt} aus

$$n_{opt} \approx 1,4\,\frac{d_g}{r}. \tag{13.06}$$

[1] NIPPERT, H.: Über den Strömungsverlust in gekrümmten Kanälen. VDI-Forschungsh. 320 (1929).

[2] FREY, K.: Verminderung des Strömungsverlustes in Kanälen durch Leitflächen. Forsch. a. d. Geb. d. Ing.-Wes. 5 (1934) 105/117.

[3] Siehe Fußnote 2 auf S. 144.

Es ist zweckmäßig, die Abstände der Schaufeln in der Nähe der Innenwand klein, an der Außenwand größer zu wählen. Angaben über die ζ-Werte der wichtigsten Krümmerkonstruktionen sind im Arbeitsblatt 11 enthalten.

3. Stromverzweigungen

Bei Abzweigen ist der Einfluß der Ausführung auf den Widerstandsbeiwert relativ groß. Einige typische Ausführungen strömungstechnisch günstiger Verzweigungsstücke sollen im folgenden besprochen werden.

a) Festlegung der Teilquerschnitte nach der Bedingung $F = F_d + F_a$ (s. Abb. 13.09)

Bei der *Stromtrennung* kann durch diese Querschnittsbemessung der Widerstandsbeiwert für den Abzweig herabgesetzt werden, was sich besonders beim 90°-Abgang auswirkt. Bezogen

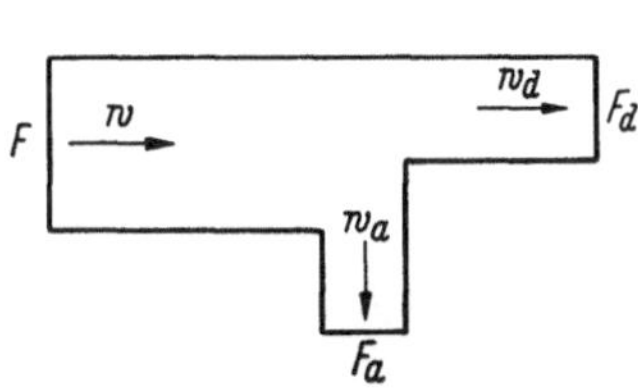

Abb. 13.09. Ausführung eines 90°-Abzweiges nach der Bedingung $F_a + F_d = F$.

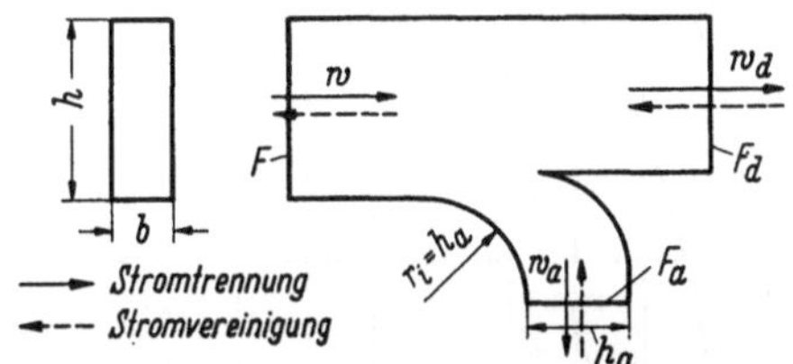

Abb. 13.10. 90°-Krümmerabzweig.

auf die Geschwindigkeit im Abzweig w_a ergibt sich dabei für den ζ_a-Wert die einfache Beziehung

$$\zeta_a = \left(\frac{w}{w_a}\right)^2. \tag{13.07}$$

b) Ausbildung eines 90°-Abzweiges mit vor- bzw. nachgeschaltetem Krümmer (s. Abb. 13.10)

Für die *Stromtrennung* läßt sich aus Untersuchungen von Taliev und Tatarcik[1] die in Abb. 13.11 dargestellte Abhängigkeit des Widerstandsbeiwertes ζ_a für den Abzweig von dem Geschwindigkeitsverhältnis $\dfrac{w_a}{w}$ ableiten. Als Parameter erscheint das Flächenverhältnis F_a/F. Für die Berechnungen der Praxis genügen die Näherungswerte nach Tab. 13.03.

Tabelle 13.03. *Widerstandsbeiwerte ζ_a bei Krümmerabzweigen und Stromtrennung*

w_a/w	0,5	0,7	$\geqq 1,0$
ζ_a	2,0	1,0	0,5

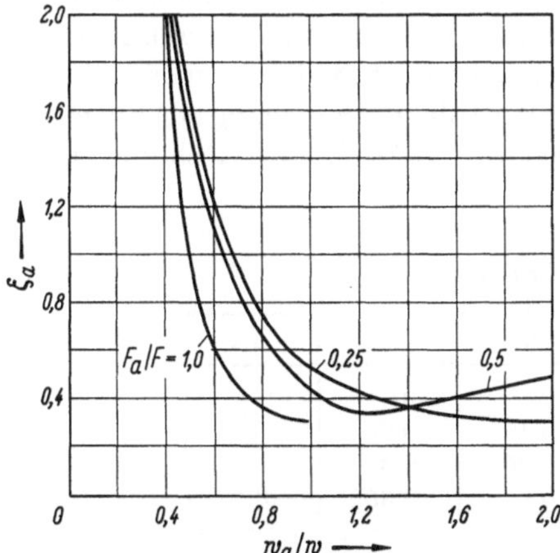

Abb. 13.11. Widerstandsbeiwerte ζ_a bei 90°-Krümmerabzweigen (Stromtrennung).

Abb. 13.12. Strömungstechnisch günstige Ausführung eines 90°-Abzweiges durch Rundung der Trennkante.

Für die in Abb. 13.10 gezeigte Abzweigform ergibt sich eine weitere Verminderung der Abzweigverluste, wenn die Trennstelle nicht scharfkantig, sondern gerundet ausgeführt wird,

---

[1] Siehe Fußnote 6 auf S. 121.

s. Abb. 13.12. Ein weiterer Vorteil der Rundung ist die Unempfindlichkeit gegen Änderungen der Volumstromverhältnisse der Teilströme, da der Staupunkt auf der gerundeten Kontur wandern kann. Nach REGENSCHEIT[1] können für sorgfältig ausgebildete Formstücke (insbesondere für $w_a = w_d = w$) ζ-Werte unter 0,2 für den Abzweig erreicht werden.

Für die *Stromvereinigung*[2] ergibt sich der in Abb. 13.13 dargestellte Zusammenhang zwischen ζ_a und w_a/w. Die beiden oberen Kurven gelten für Formstücke mit konstantem Querschnitt im Durchgang und für Verhältnisse $\dfrac{F_a}{F} = 0,25$ und 0,50. Die untere Kurve gilt für die Bedingung $F_a + F_d = F$.

Für die Kanalnetzberechnung können der Tab. 13.04 Zahlenwerte ζ_a entnommen werden.

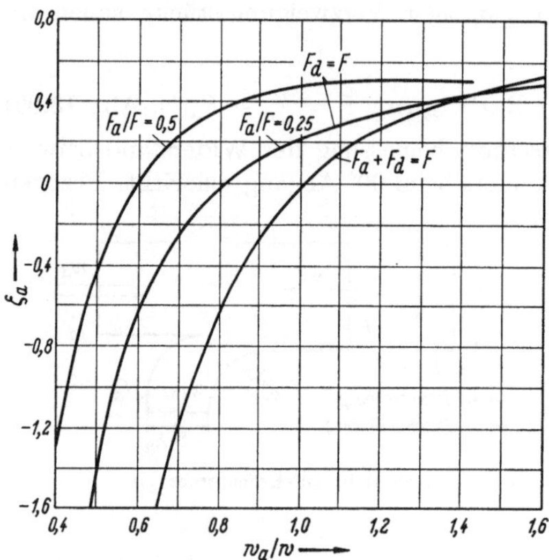

Abb. 13.13. Widerstandsbeiwerte ζ_a bei 90°-Krümmerabzweigen (Stromvereinigung).

Tabelle 13.04. *Widerstandsbeiwerte ζ_a bei Krümmerabzweigen und Stromvereinigung*

w_a/w	0,7	1,0	1,3
$F_a + F_d > F$ $F_a/F \leq 0,3$	−0,2	0,2	0,5
$F_a + F_d = F$	−1,0	0	0,5

Eine wirksame Maßnahme, die Druckverluste eines T-Formstückes herabzusetzen, ist der Einbau eines konischen Zwischenstückes nach Abb. 13.14b, eventuell die Ausführung nach Abb. 13.14a mit abgeschrägter Innenkante.

Bezieht man die Widerstandsbeiwerte auf die Geschwindigkeit w im Hauptstrom — ein strömungstechnisch naheliegendes, im Rechnungsgang aber weniger zweckmäßiges Verfahren (s. S. 121) —, so zeigt sich, daß für die Abzweige bei der Stromvereinigung die Druckverluste um so niedriger werden, je größer die Flächenverhältnisse F_a/F gewählt werden. Dasselbe gilt für 90°-Abgänge bei der Stromtrennung. Es ist jedoch zu beachten, daß die so erreichte Verminderung der Druckverluste im Abzweig eine Erhöhung der Verluste im Durchgang zur Folge hat.

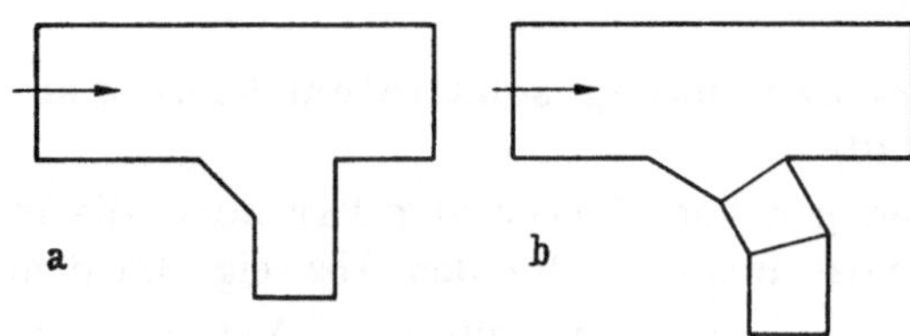

Abb. 13.14. Strömungstechnisch günstige Ausführung eines 90°-Abzweiges.
a) Innenkante abgeschrägt; b) zusätzliches konisches Zwischenstück.

Für den Widerstandsbeiwert des Durchganges ζ_d gibt die Tab. 13.05 für die Rechnungen der Praxis genügend genaue Überschlagswerte an.

Tabelle 13.05. *Widerstandsbeiwerte ζ_d bei Krümmerabzweigen*

	w_d/w	0,6	0,8	1,0	1,2
Stromtrennung	$F_d = F$	0,15	0	0	—
	$F_d + F_a = F$	0,25	0,1	0,05	0,1
Stromvereinigung	$F_d = F$	0	0,25	0,3	—
	$F_d + F_a = F$	−1,0	0	0,35	0,3

c) Stromvereinigung bei Kanälen in verschiedenen Ebenen

Bei dieser Ausführung treten verhältnismäßig hohe Verluste auf. Abb. 13.15 zeigt eine relativ günstige Ausbildung dieser Art der Vereinigung. Wenn das Verhältnis der Durchtrittsfläche

---

[1] REGENSCHEIT, B.: Ein Beitrag zum Problem der Kanalverzweigung. Ber. v. XVIII. Kongreß f. Heizg., Lüftg., Klimatechn. München 1964. Düsseldorf: Klepzig 1964, S. 110/130.
[2] Nach TALIEV u. TATARCIK, s. Fußnote 6 auf S. 121.

(Berührungsfläche der beiden Kanäle) zum Querschnitt des Zustromes mindestens zwei beträgt, so läßt sich nach Versuchen von HEYLY[1] für den Widerstandsbeiwert des Abzweiges die Näherungsformel

$$\zeta_a \approx 2{,}5\,(w/w_a)^{0,7} - (w/w_a)^2 \tag{13.08}$$

angeben.

Für den Widerstandsbeiwert des Durchganges kann mit dem Anhaltswert $\zeta_d \approx 1$ gerechnet werden.

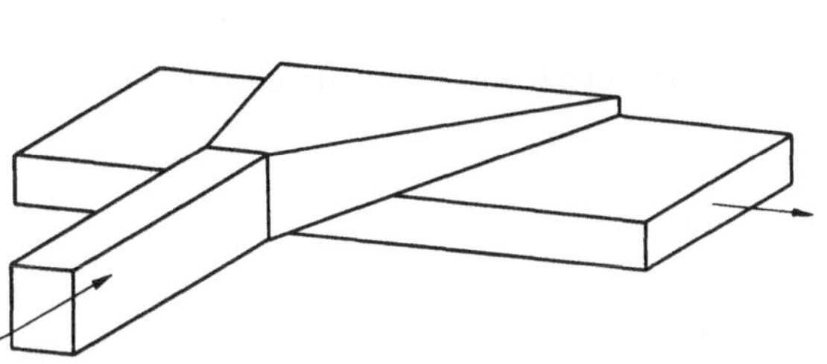

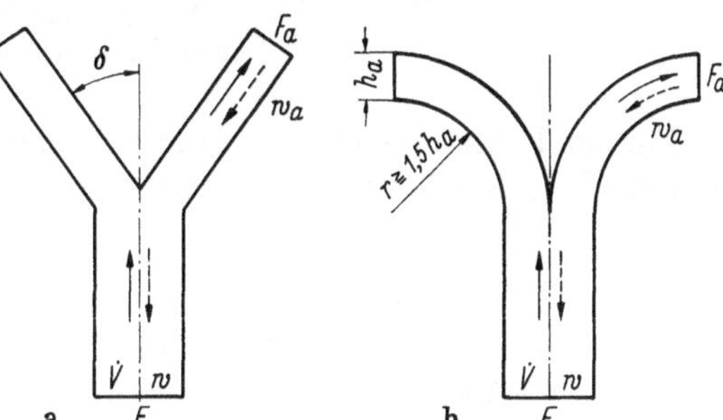

Abb. 13.15. Strömungstechnisch günstige Ausführung einer Stromvereinigung von Kanälen in verschiedenen Ebenen.

Abb. 13.16. Ausführung der Kanalgabelung.
a) Hosenstück; b) Krümmerendstück.

d) Kanalgabelung

Zum Abschluß soll noch der Fall der symmetrischen Kanalverzweigung (Endstück), die entweder als Hosenstück oder als Endstück mit zweiseitigen Krümmeranschlüssen ausgebildet sein kann, behandelt werden. Bei der *Stromtrennung* setzt sich der Druckverlust für die in Abb. 13.16 gezeigten Formstücke aus den Umlenkverlusten eines Krümmers bzw. Knies und den bei unterschiedlichen Geschwindigkeitsverhältnissen auftretenden Stoßverlusten zusammen. Es gilt angenähert:

$$\zeta = \zeta_u (w/w_a)^2 + (w/w_a - 1)^2 \tag{13.09}$$

mit

$\zeta_u = 1{,}2\,(\delta/90)^2$ beim Hosenstück,

$\zeta_u = 0{,}15\,\sqrt{h/b}$ beim Krümmerendstück, nach Gl. (13.05).

Die Auswertung von Gl. (13.09) liefert die in den Tab. 13.06 und 13.07 dargestellten ζ-Werte.

Tabelle 13.06. *Widerstandsbeiwerte* ζ_a *für das Hosenstück*

w_a/w \\ δ	30°	45°	60°	90°
0,6	0,80	1,3	2,0	3,5
0,8	0,25	0,50	1,0	2,0
1,0	0,15	0,30	0,50	1,2

Tabelle 13.07
Widerstandsbeiwerte ζ_a *für das Krümmerendstück (rechteckiger Querschnitt) mit* $r/h_a \geqq 1{,}5$

w_a/w \\ h_a/b	2,0	1,0	0,5	0,25
0,6	1,0	0,9	0,75	0,65
0,8	0,5	0,35	0,25	0,20
1,0	0,25	0,20	0,15	0,10

. Nach einem allgemeinen Ansatz für die Druckverluste bei der *Stromvereinigung* von KAMENEW[2] läßt sich für den Fall des Hosenstückes bei symmetrischem Zuströmen sowie dem Flächenverhältnis $F_a/F = 0{,}5$ die einfache Formel herleiten:

$$\zeta_a = 1 - \cos^2\delta \quad \text{für} \quad \delta \leqq 45°. \tag{13.10}$$

---

[1] HEYLY, J. H., M. N. PATTERSON u. E. J. BROWN: Pressure Losses through Fittings used in Return Air Duct Systems. ASHRAE-Transactions 68 (1962) 281/296.
[2] Siehe Fußnote 7 auf S. 121.

Für einige Winkel δ sind die ζ-Werte in Tab. 13.08 zusammengestellt.

Tabelle 13.08. *Widerstandsbeiwerte ζ_a für das Hosenstück bei symmetrischem Zuströmen*

δ	30°	45°	90°*
ζ_a	0,25	0,50	2,0

* Sonderfall eines 90°-Hosenstückes,
Anwendung des Wertes für Gegenlauf.

Für das Krümmerendstück kann bei einem Querschnittsverhältnis F_a/F zwischen 0,5 und 1,0 einheitlich $\zeta_a = 0,3$ zugrunde gelegt werden.

4. Drosselelemente

Eine wichtige Rolle bei der Regulierung der Mengenströme in Kanalsystemen spielen Drosselorgane. Die Wirkung dieser meist beweglichen Organe beruht darauf, daß sie durch eine vorgegebene Änderung des Strömungsquerschnittes einen zusätzlichen Druckverlust erzeugen. Im Sinne der Rohrnetzberechnung stellt ein Drosselorgan damit einen Einzelwiderstand dar, dessen ζ-Wert, mit der Ausnahme der festen Drosselblenden, eine Funktion einer Stellgröße (Weg, Winkel) ist. Bei der Definition des Widerstandsbeiwertes ζ_D ist die Bezugsgröße der dynamische Druck der Strömung vor dem Drosselelement.

Die Wirkung einer Drossel im Kanalnetz muß im Zusammenhang mit den sonstigen Netzwiderständen gesehen werden. Für die in Abb. 13.17 dargestellte Kanalstrecke mit eingebauter Drossel ergibt sich für den stündlichen Volumstrom die Formel:

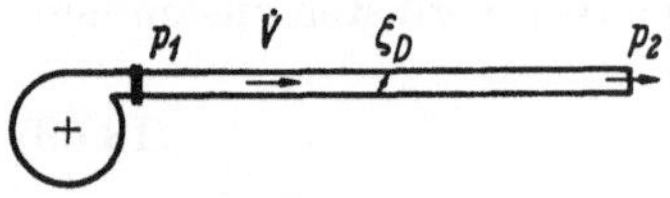

$$\dot{V} = C \sqrt{\frac{(p_1 - p_2) - R\,l}{\zeta_D + \Sigma \zeta}} \qquad (13.11)$$

mit

$$C = F \sqrt{\frac{2}{\varrho}}.$$

Abb. 13.17. Luftstrecke mit eingebauter Drossel.

Aus dieser Gleichung ist ersichtlich, daß mit zunehmendem Eigenwiderstand des Netzes die Regelfähigkeit der Drossel nur dann aufrechterhalten werden kann, wenn entsprechend hohe ζ_D-Werte eingestellt werden. Das führt jedoch zu unwirtschaftlichem Betrieb. Die Drosselelemente sollten daher nur in Kanalabschnitten, nicht aber in Hauptleitungen eingebaut werden.

Eine bei der Berechnung von Lüftungsanlagen häufige Problemstellung besteht darin, für einen Kanalabschnitt bei unveränderten Volumströmen eine überschüssige Druckhöhe Δp_D abzubauen. Die Größe des für die Drosselung benötigten ζ-Wertes erhält man aus der Beziehung

$$\zeta_D = \left(\frac{C}{\dot{V}}\right)^2 \Delta p_D. \qquad (13.12)$$

Aus der Darstellung der Widerstandsbeiwerte über der Stellgröße kann die für die verlangte Mengenaufteilung im Netz notwendige Einstellung des Drosselorgans abgeschätzt werden. Statt über den Umweg der Widerstandsbeiwerte kann das Durchflußverhalten eines Drosselorgans auch durch den Zusammenhang zwischen Druckverlust und Mengenstrom direkt dargestellt werden.

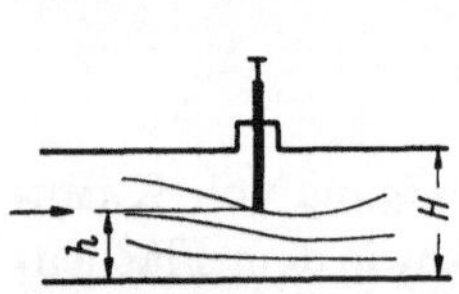

Übliche Bauarten von Drosselelementen

a) Drosselschieber

Abb. 13.18. Drosselschieber.

Gegenüber festen Blenden hat der Schieber, s. Abb. 13.18, den Vorteil, daß eine leichte Verstellung möglich und die Verschmutzung gering ist. Durch die Ablenkung der Kernströmung wird jedoch das Geschwindigkeitsprofil stark verzerrt. Die Widerstandsbeiwerte ζ_D werden i. allg. als Funktion des Verhältnisses Höhe des noch freien Kanalquerschnittes zur Gesamthöhe $\left(\dfrac{h}{H}\right)$ angegeben.

Die ζ_D-Werte sind nach Versuchen von Weisbach[1] und Idelcik[2] für runde und rechteckige Querschnitte in Abb. 13.19 dargestellt.

b) Symmetrische Klappen

Die Klappen in Abb. 13.20a sind je nach Querschnittsform des Kanals rund oder viereckig. Die Drosselwirkung des Organs beruht einmal auf dem Druckverlust durch die plötzliche Querschnittsänderung, zum anderen auf Verlusten durch Wirbelbildung und Querströmungen, die sich infolge ungleicher Mengenströme und Druckverteilung hinter der Drossel einstellen. Eine wesentliche Verminderung der Ungleichmäßigkeit der Strömung wird erzielt, wenn eine Unterteilung in mehrere Klappen vorgenommen wird, s. Abb. 13.20b. Diese sog. Jalousieklappen können gleich- oder auch gegenläufig verstellt werden. Bei demselben Stellwinkel ist der Druckverlust von parallelläufigen Klappen niedriger. Ferner ist die Beeinträchtigung des Strömungsbildes geringer als bei gegenläufigen Klappen.

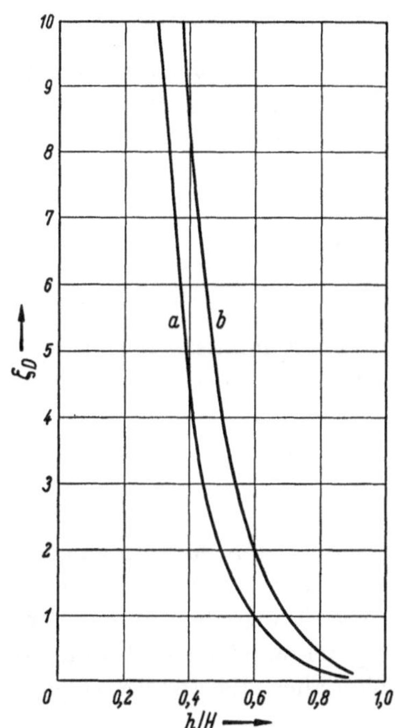

Abb. 13.19. Widerstandsbeiwerte ζ_D für Drosselschieber. *a* runder Querschnitt, *b* rechteckiger Querschnitt.

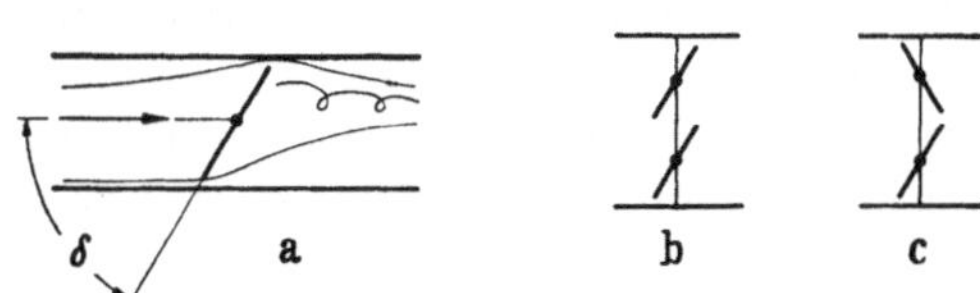

Abb. 13.20. Symmetrische Klappen.
a) Einfachklappe; b) Jalousieklappe, gleichläufig; c) Jalousieklappe, gegenläufig.

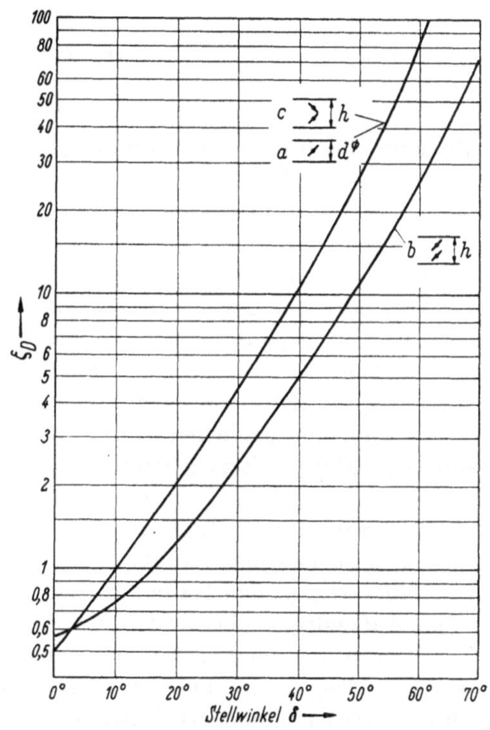

Abb. 13.21. Widerstandsbeiwerte ζ_D für Drosselklappen. *a* einfache runde Klappe (nach Weisbach), *b* gleichläufige Rechteckklappen (gilt auch für mehr als 2 Klappen), *c* gegenläufige Rechteckklappen (nach Pohle).

Die Untersuchungen von Drosselklappen gehen auf Weisbach[1] zurück. In neuerer Zeit wurden sie von Jung[3] und Pohle[4] fortgesetzt. Ihre Wirkungsweise in lüftungstechnischen Anlagen wurde von Koch-Emmery[5] untersucht. Die Ergebnisse der verschiedenen Autoren

---

[1] Weisbach, J.: Hütte I, 28. Aufl., Berlin 1955, S. 789.   [2] Siehe Fußnote 2 auf S. 144.

[3] Jung, R.: Die Bemessung der Drosselorgane für die Durchflußregelung. Brst.-Wärme-Kraft 8 (1956) 580/583.

[4] Pohle, R.: Untersuchungen an Luftkanalsystemen von Dampferzeugern zur Bestimmung der Mengenstrom- und Druckverteilung. Brst.-Wärme-Kraft 12 (1960) 108/113.

[5] Koch-Emmery, W.: Die Wirkungsweise von Regelklappen in lüftungstechnischen Anlagen. Heizg.-Lüftg.-Haustechn. 16 (1965) 193/195.

weichen im Bereich kleiner Stellwinkel nur in geringem Maß voneinander ab. Das gleiche trifft für den Einfluß der Profilform zu. Die Versuche wurden bis zu $Re = 4,5 \cdot 10^5$ (POHLE) durchgeführt, wobei sich kein merklicher Einfluß des Strömungszustandes feststellen ließ. Charakteristisch für den Druckabfall in Drosselklappen ist das Potenzgesetz

$$\zeta = \text{konst.} \; \delta^n \tag{13.13}$$

mit

$n = 5$ für runde Klappen,
$n = 3,5$ bis $5,6$ für eine bzw. mehrere Rechteckklappen.

Weiterhin wurde beobachtet, daß auch bei vollkommenem Durchgang ($\delta = 0°$) noch ein Widerstand auftritt, so daß allgemein geschrieben werden kann:

$$\zeta_D = \zeta_0 + \zeta_1(\delta). \tag{13.14}$$

Dabei ist allgemein $\zeta_0 \leqq 1,0$. Im Bereich großer Stellwinkel mit entsprechend hohen Werten $\zeta_1(\delta)$ kann ζ_0 vernachlässigt werden. Für den praktischen Gebrauch können die Widerstandsbeiwerte typischer Anordnungen aus Abb. 13.21 entnommen werden.

III. Leitungsberechnung

A. Einführung

Mit Hilfe des Kanalnetzes soll ein der Lufterneuerung oder Klimatisierung dienender Luftstrom durch ein Gebäude geführt und auf die einzelnen Abnahmestellen verteilt werden. Drei Forderungen sind dabei besonders zu beachten:

1. Geringer Platzbedarf (Querschnitte),
2. niedrige Förderkosten,
3. keine oder nur geringe akustische Belästigung.

Kleine Leitungsquerschnitte bedingen hohe Luftgeschwindigkeiten. Mit zunehmender Luftgeschwindigkeit wachsen aber die Förderkosten und die Gefahr von Geräuschbelästigungen rasch an. Es gilt also im Einzelfall einen tragbaren Kompromiß zwischen diesen Forderungen zu finden, wobei die baulichen Verhältnisse und die Nutzung der zu lüftenden Räume wesentlich mitsprechen. Durch Vergleichsrechnungen allein läßt sich daher die zweckmäßigste Lösung nicht finden.

Im Unterschied zum Rohrnetz einer Warmwasserheizung handelt es sich hier in der Regel um keinen geschlossenen Kreislauf des Mediums. Hinter den Zuluftöffnungen eines Raumes oder der zu versorgenden Räume herrscht ein einheitlicher und konstanter Druck, der zumeist mit dem Außendruck übereinstimmt oder ihm nahekommt.

Zur Bestreitung der Druckverluste eines Netzes steht damit der Gesamtdruck am Leitungseingang, d. h. die Summe aus dynamischer und statischer Druckhöhe, zur Verfügung. Zu- und Abluftnetz werden gesondert behandelt.

Bei dem hohen Anteil der Druckverluste durch Einzelwiderstände am Gesamtwiderstand — er beträgt i. allg. mehr als die Hälfte — ist die genaue Erfassung der ζ-Werte aller Einbauteile und Formstücke wichtig. Bei ausgedehnten Netzen können die Drucküberschüsse an den zentralenahen Abgängen und Auslässen wegen der Begrenzung der Geschwindigkeiten nur selten durch Verringerung der Leitungsquerschnitte aufgebraucht werden. Es sind also besondere Drosselorgane einzubauen.

B. Berechnungsverfahren

Für das im Kanalplan mit seinen Längenmaßen, Luftleistungen in den einzelnen Teilstrecken und Zubehörteilen vorliegende Netz ist zunächst der Hauptstrang auszusuchen. Wir verstehen darunter den Leitungszug mit dem größten Gesamtdruckverlust, der für den Förderdruck des Ventilators bestimmend ist. Dies muß nicht die Leitung zu dem weitestentfernten Auslaß sein, da nach dem Vorgesagten die Reibungsverluste nur eine untergeordnete Rolle spielen. Es kann durchaus ein näher gelegener Abzweig auf Grund seiner höheren Einzelwiderstände der kritische sein. Es ist also später nachzuprüfen, ob an allen Verzweigungsstellen der Gesamtdruck zur Bestreitung der Verluste in den abgehenden Leitungsstrecken ausreicht. Erforderlichenfalls ist ein anderer Leitungszug als Hauptstrang zu betrachten.

1. Dimensionierung

Zur Bestimmung der Leitungsquerschnitte des Hauptstrangs ist eine Annahme über die Strömungsbedingungen in den einzelnen Teilstrecken erforderlich. Das bei Heiznetzen übliche Verfahren, das Druckgefälle R festzulegen und im kritischen Leitungszug einheitlich beizubehalten, ist bei der geringeren Bedeutung der Reibungsverluste für Lüftungsnetze wenig sinnvoll. Man *wählt* vielmehr die *Luftgeschwindigkeiten* am Anfang und Ende des Hauptstranges nach Erfahrungswerten bei ähnlichen Anlagen, wobei die baulichen Verhältnisse und die akustischen Anforderungen Berücksichtigung finden, s. S. 233, im Unterabschnitt I. Bei der Zuluftanlage hat die Luftgeschwindigkeit in der Regel an der Eintrittsstelle in den Raum wegen der physiologischen Auswirkungen den niedrigsten Wert und am Netzanfang den höchsten. Im Kanalnetz wird die Geschwindigkeit etwa gleichmäßig auf den Endwert abgesenkt. Die Umsetzung der dynamischen in statische Druckhöhe ist dabei optimal.

Die Kanalmaße sind in Abstimmung mit den baulichen Gegebenheiten festzulegen. So kann es eventuell zweckmäßig sein, eines der Seitenmaße eines Hauptkanals, beispielsweise die Höhe, über längere Strecken beizubehalten und Querschnittsverminderungen nur durch Änderung der Breite herbeizuführen. Bei großen Blechkanälen wird man auf die Maße der handelsüblichen Blechtafeln achten müssen. Bei kreisförmigen Querschnitten ist es andererseits aus Kostengründen oft erwünscht, in langen Strecken keine oder nur wenige Durchmessersprünge eintreten zu lassen.

2. Druckverlustberechnung

Nachdem die Kanalabmessungen in allen Teilstrecken festliegen, werden unter Benutzung der Arbeitsblätter A 10 und A 11 die Druckverluste im voraussichtlich ungünstigsten Leitungsweg berechnet und die Ergebnisse in einem Formblatt vermerkt. Man beginnt am Luftdurchlaß im Raum und erhält so, gegen die Strömungsrichtung fortschreitend bei der Zuluftanlage und mit der Strömung bei der Abluftanlage, aus der Summe der Druckverluste aller Teilstrecken den Gesamtdruck am Netzeingang. Es empfiehlt sich, die Druckhöhen an den einzelnen Knotenpunkten des Hauptstrangs grafisch aufzutragen. Anschließend werden ebenfalls vom Netzende her die Druckverluste der Abzweige berechnet und die erforderlichen Drücke an den Knotenpunkten mit den dort verfügbaren Druckhöhen aus der Hauptstrangberechnung verglichen.

Der höhere Wert ist als Enddruck der davorliegenden Teilstrecke einzusetzen; gegebenenfalls ist also die vorher ermittelte Drucklinie der Hauptleitung zu berichtigen.

Da das Arbeitsblatt 10 das Reibungsgefälle R für runde Rohre enthält, müssen bei rechteckigen Querschnitten mit Hilfe des Arbeitsblattes 12 zunächst die gleichwertigen Durchmesser d_g ermittelt werden. Für diese Durchmesser ist bei der tatsächlichen mittleren Kanalgeschwindigkeit aus Arbeitsblatt 10 das Reibungsgefälle R im Hauptdiagramm abzugreifen. Das untere Hilfsdiagramm ermöglicht die Umrechnung des R-Wertes für abweichende Wandrauhigkeiten.

Beim Abgang größerer Teilströme von einer Hauptleitung treten auch in der durchgehenden Leitung infolge der Geschwindigkeitsminderung nicht unerhebliche Energieverluste auf, s. Tabelle der ζ-Werte in Arbeitsblatt 11. Sie sind begleitet von einer Umsetzung eines Teils der dynamischen in statische Druckhöhe und werden bei einer Betrachtung der statischen Druckhöhe allein sonach vielfach verdeckt. Bei niedrigen Geschwindigkeiten ist die Erhöhung des statischen Druckes nur gering und hat für die Netzauslegung zumeist keine Bedeutung. Bei Hochgeschwindigkeitsanlagen[1] kann die Ausnutzung des sog. „statischen Druckgewinns" u. U. jedoch den Netzaufbau beeinflussen. Dieser Druckumsetzungsvorgang verdient daher eine nähere Betrachtung.

---

[1] Ein besonderes Verfahren zur Auslegung von Kanalnetzen bei HD-Klimaanlagen wird angegeben von Laux, H.: Kanalnetzberechnung von Hochdruck-Klimaanlagen. Gesundh.-Ing. 88 (1967) 1/13.

3. Druckumsetzung bei Geschwindigkeitsminderung

Jede Verzögerung der Strömung in einer Kanalstrecke bewirkt nach BERNOULLI eine Erhöhung des statischen Druckes (s. S. 107). Sie beträgt theoretisch zwischen den Querschnitten *1* und *2* mit den Geschwindigkeiten w_1 und w_2

$$(p_2 - p_1)_{th} = (w_1^2 - w_2^2)\frac{\varrho}{2}.$$

Solche Geschwindigkeitsänderungen treten auf hinter Stromabzweigen im geraden Kanalstück, s. Abb. 13.22, sowie bei Querschnittserweiterung. Die Druckumsetzung ist mit Verlusten behaftet, die durch den Widerstandsbeiwert ζ des Formstückes gekennzeichnet sind, bei Abb. 13.22 beispielsweise durch ζ_d. Statt des ζ-Wertes kann man auch einen Druckumsetzungsfaktor k_u einführen. Er wird definiert als das Verhältnis der tatsächlich auftretenden zu der theoretisch möglichen Erhöhung des statischen Druckes. Der sog. „statische Druckrückgewinn" ergibt sich aus

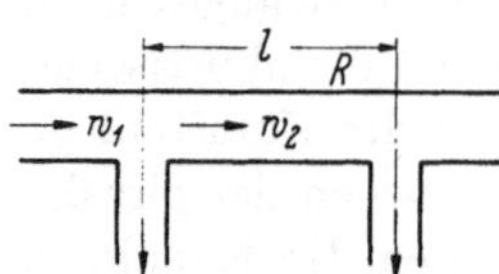

Abb. 13.22. Bezeichnungen an einem Verteilkanal.

$$(p_2 - p_1) = k_u(w_1^2 - w_2^2)\frac{\varrho}{2}. \tag{13.15}$$

Für den Faktor k_u werden bei Strömungsverzögerungen hinter Abzweigen im Schrifttum Werte zwischen 0,7 und 0,9 angegeben[1], und zwar zunehmend mit größer werdendem Geschwindigkeitsverhältnis w_2/w_1. In Anpassung an die Schreibweise bei Abzweigen werden die Geschwindigkeiten w_2 und w_1 im folgenden mit w_d und w bezeichnet. Bei hohen Werten von $w_2/w_1 = w_d/w$ kann k_u sogar größer als 1 werden[2].

Dieses überraschende Phänomen erklärt sich aus den unterschiedlichen Geschwindigkeiten zwischen Kernzone und Randzone der Strömung. Bei kleinem Abzweigvolumen wird der Abzweigstrom im wesentlichen der Randzone mit ihrer geringeren kinetischen Energie entnommen. Das Energieniveau der sich verzögernden Kernströmung kann dabei angehoben werden ($k_u > 1$).

Ist der Stoßverlust für den Durchgang eines T-Stückes bekannt, so läßt sich k_u auch durch Rechnung ermitteln. In Gl. (10.23) ist der Zusammenhang zwischen dem Widerstandsbeiwert im Durchgang eines T-Stückes und dem Geschwindigkeitsverhältnis $\frac{w_d}{w}$ angegeben. Mit dem Beiwert $k = 0,4$ (nach LEVIN) ergibt sich für den Fall $F_d \approx F$

$$k_u = \frac{(w^2 - w_d^2) - 0,4(w - w_d)^2}{(w^2 - w_d^2)} \tag{13.16}$$

oder

$$k_u = 1 - 0,4\frac{1 - w_d/w}{1 + w_d/w}. \tag{13.16a}$$

Diese Beziehung ist in Abb. 13.23 graphisch dargestellt.

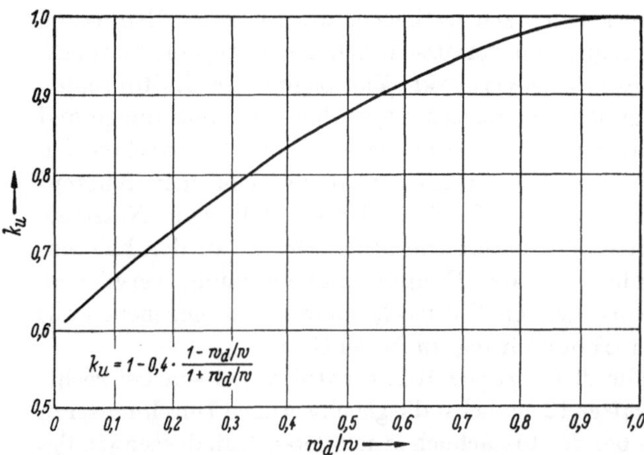

Abb. 13.23. Druckumsetzungsfaktor k_u in Abhängigkeit vom Geschwindigkeitsverhältnis w_d/w.

4. Kanalabschnitte mit gleichem statischen Druck

Man kann den Vorgang der Umsetzung von dynamischem in statischen Druck an den Abgängen eines Kanals ausnutzen, um eine bestimmte Verteilung der statischen Druckhöhe im Kanal sicherzustellen, z. B. auch eine annähernd gleiche statische Druckhöhe. In diesem Fall sind Querschnitt bzw. Geschwindigkeit in der Teilstrecke hinter dem Abzweig so zu bemessen, daß die Zunahme des statischen Druckes am Abzweig gerade ausreicht, um die Reibungsverluste

[1] SHATALOFF, N. S.: Static-regain method of design for ducts. ASHRAE-Journal 8 (1966) H. 5, 43/50. — Siehe auch ASHRAE Guide and Data Book-Fundamentals and Equipment. New York 1965/66.

[2] HAERTER, A.: Tunnellüftung. Heizg.-Lüftg.-Haustechn. 11 (1960) 141/151. — ABBUD, K., u. W. LONG: An Experimental Study of the Behaviour of High Velocity Air in Round Sheet Metal Ducts of Field Construction. ASHRAE-Transactions 72 (1966) 365/375.

der anschließenden Teilstrecke zu decken. Es muß also folgende Bedingung erfüllt sein:

$$k_u\,(w^2 - w_d^2)\,\frac{\varrho}{2} = \lambda\,\frac{l}{d}\,\frac{w_d^2}{2}\,\varrho = R\,l. \tag{13.17}$$

Gl. (13.17) läßt sich in einem einfachen Diagramm darstellen, s. Abb. 13.24. Setzt man R näherungsweise mit dem Wert der vorhergehenden Teilstrecke ein, so kann die gesuchte Geschwindigkeit der nachfolgenden Teilstrecke direkt dem Diagramm entnommen werden. Nach Ermittlung

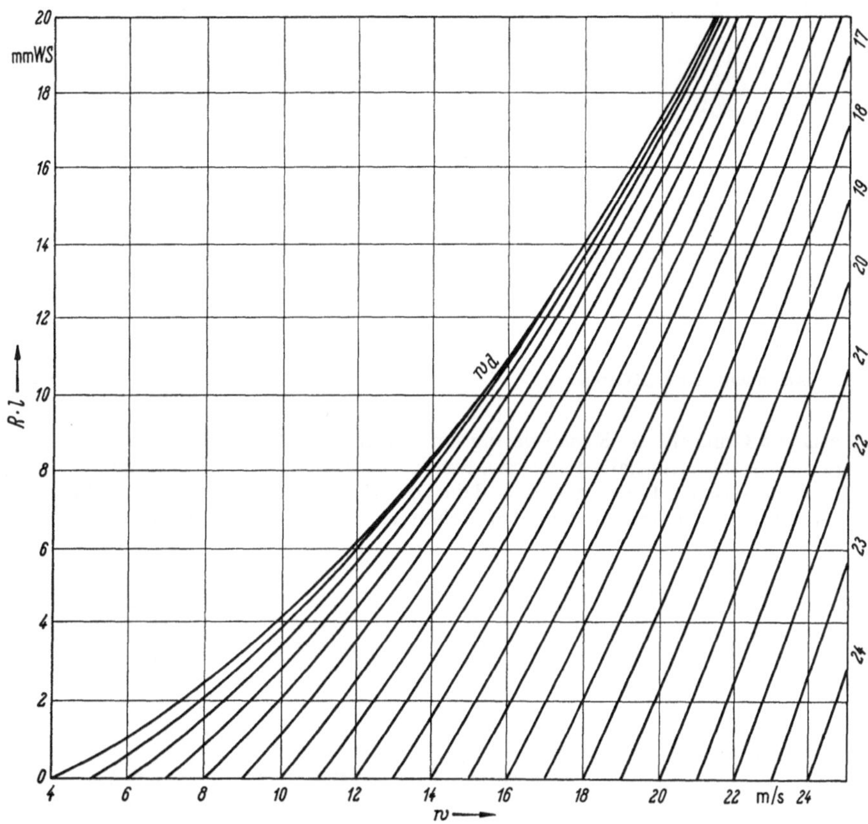

Abb. 13.24. Diagramm zur Bestimmung der Geschwindigkeit im Hauptkanal nach einem Abzweig.

des zugehörigen Querschnitts und des gleichwertigen Durchmessers ist zu überprüfen, ob das wirkliche Druckgefälle von dem Schätzwert abweicht. Gegebenenfalls ist die Geschwindigkeit w_d zu berichtigen.

Die Einhaltung gleichen statischen Drucks an den Abzweigstellen einer längeren Kanalstrecke ermöglicht es zuweilen, die Anschlußstrecken einheitlich auszuführen und an den vorderen Abgängen mit den dort herrschenden höheren Gesamtdrücken ohne Drosselorgane auszukommen.

Voraussetzung dafür ist die Anwendung von rechtwinkligen Kanalabgängen (T-Stücke). Nur bei ihnen ist der statische Druck für den abfließenden Teilstrom allein ausschlaggebend. Der Einfluß des dynamischen Druckes tritt wegen seiner axialen Richtung dagegen zurück. Bei schrägem Ansatz der Abzweigleitungen muß eine dynamische Komponente, d. h. aber die jeweilige Geschwindigkeit, berücksichtigt werden.

C. Beispielrechnungen

1. Beispiel

Es ist das Netz einer ND-Lüftungsanlage für ein Lichtspieltheater mit 600 Plätzen auszulegen.

Gegeben: Zuluftleistung . . . . $\dot{V}_z = 18\,000\ \mathrm{m^3/h}$,

                   Geschwindigkeit . . . . $w_{max} \leqq 8\ \mathrm{m/s}$ in den Hauptkanälen,

                                               $w \leqq 4\ \mathrm{m/s}$ in den Auslässen.

Als Luftdurchlässe sind konische Decken-Luftverteiler gewählt, deren räumliche Anordnung aus Abb. 13.25 ersichtlich ist.

Die Begrenzung der Luftgeschwindigkeiten erfolgte, um die nach DIN 1946 Bl. 1 bei hohen akustischen Ansprüchen geforderte Lautstärke von 35 DIN-phon einhalten zu können.

Über jedem Decken-Luftverteiler wird eine Druckkammer vorgesehen, in der die für die Geräuschbildung am Luftverteiler mitverantwortliche Horizontalkomponente der Geschwindigkeit vernichtet werden soll, s. Abb. 13.26.

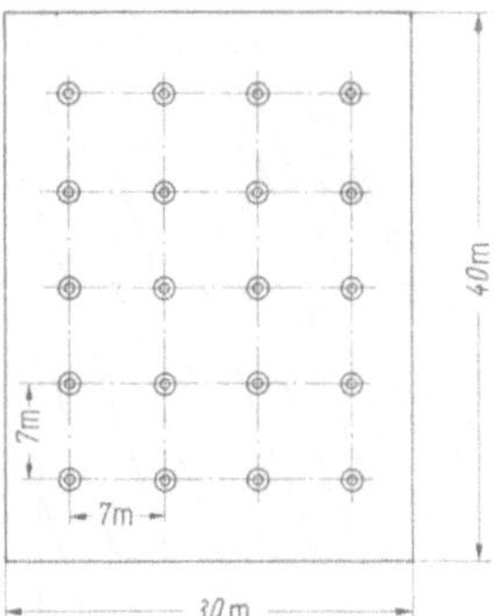

Abb. 13.25. Anordnung der Luftverteiler.

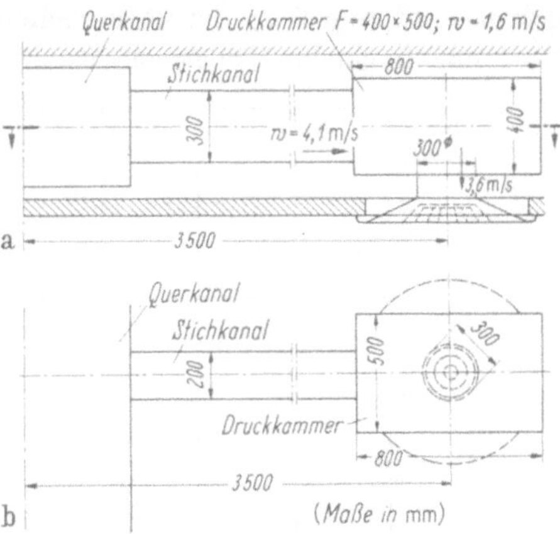

Abb. 13.26. Zuluftdurchlaß mit Kanalanschluß.
a) Seitenansicht; b) Draufsicht.

Abb. 13.27 zeigt im Grundriß die Kanalführung der Zu- und Abluftanlage. Die Hauptkanäle verlaufen in der Längsrichtung des Saales unterhalb der Decke, um Kreuzungen mit Unterzügen zu vermeiden. Die Querkanäle und Stichleitungen zu den Luftverteilern und die Druckkammern liegen in einer Hohldecke, deren lichte Höhe 600 mm beträgt. Die Querkanäle sind über Krümmer mit $r/h = 1$ an den Hauptkanal angeschlossen.

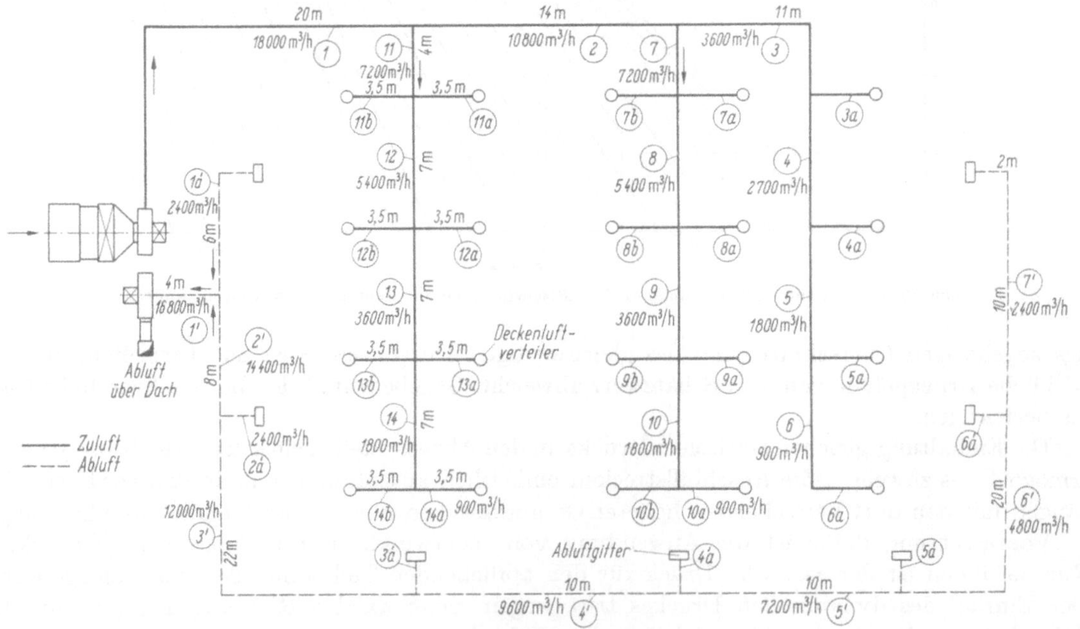

Abb. 13.27. Kanalschema der Zuluft- und Abluftanlage.

Alle Kanäle haben Rechteckquerschnitte und sind in verzinktem Blech ($\varepsilon = 0{,}15$ mm) ausgeführt.

Gesucht: Abmessungen der Luftkanäle, Gesamtdruckverlust des Netzes, statische Druckhöhe der Ventilatoren, Druckverteilung im Netz, Angabe der Drosselstellen.

Zuluftnetz

Für die Berechnung wird zweckmäßigerweise ein Formblatt ähnlich dem bei Heizanlagen gebräuchlichen verwendet, s. Tab. I. Für jede Teilstrecke werden zunächst die zugehörigen Volumströme und Längen eingetragen. Mit Hilfe der geschätzten Geschwindigkeiten w' ergeben sich die ungefähren Querschnittsflächen, die — unter Berücksichtigung der baulichen Verhältnisse — zu den gerundeten Seitenlängen h und b führen.

Aus Arbeitsblatt 12 entnimmt man für diese Maße den hydraulisch gleichwertigen Durchmesser d_g. Mit d_g und der aus Luftstrom und Querschnittsfläche $h\,b$ zu ermittelnden tatsächlichen Geschwindigkeit w ist das Reibungsgefälle R gegeben. R kann unmittelbar dem Arbeitsblatt 10 entnommen werden.

Tabelle I. *Dimensionierung der Haupt- und Querkanäle zu Beispiel 1*

Teilstrecke	Stündlicher Volumstrom	Länge der Teilstrecke	Geschätzte Geschwindigkeit	Kanalhöhe	Kanalbreite	Gleichwertiger Kanaldurchmesser	Tatsächliche Geschwindigkeit	Reibungsgefälle	Reibungsverluste	Summe der Widerstandsbeiwerte der Teilstrecke	Einzelverluste	Gesamte Druckverluste
Nr.	V_h m³/h	l m	w' m/s	h mm	b mm	d_g mm	w m/s	R mm WS/m	$R\,l$ mm WS	$\Sigma\,\zeta$ —	Z mm WS	$R\,l + Z$ mm WS
a	b	c	d	e	f	g	h	i	j	k	l	m
1	18000	20	7	500	1400	750	7,15	0,067	1,34	0,35	1,09	2,43
2	10800	14	6,5	500	900	650	6,67	0,070	0,98	0,10	0,27	1,25
3	3600	11	6	300	550	400	6,06	0,105	1,16	0,76	1,71	2,87
4	2700	7	5,5	300	450	375	5,55	0,097	0,68	0,05	0,09	0,77
5	1800	7	5	300	350	325	4,76	0,085	0,60	0,07	0,10	0,70
6	900	7	4	300	200	240	4,17	0,096	0,67	0,20	0,21	0,88
7	7200	4	6,5	400	800	550	6,25	0,075	0,30	1,55	3,70	4,00
8 u. 12	5400	7	6	400	600	475	6,25	0,090	0,63	0,10	0,24	0,87
9 u. 13	3600	7	5,5	400	450	425	5,55	0,083	0,58	0,10	0,19	0,77
10 u. 14	1800	7	5	300	350	325	4,76	0,085	0,60	0,20	0,28	0,88
11	7200	4	6,5	400	800	550	6,25	0,075	0,30	1,65	3,94	4,24

Tabelle I a. *Zusammenstellung der Widerstandsbeiwerte der Haupt- und Querkanäle*

Teilstrecke Nr.	Zahl und Bezeichnung des Einzelwiderstandes	Angabe über Geometrie bzw. Geschwindigkeitsverhältnis	ζ
1	1 Knie mit Schaufeleinbauten	Blechschaufeln	0,35
2	1 T-Stück, Durchgang	$w_d/w = 0,94$ $F_d = 0,64\,F$	0,10
3	2 Krümmer[1]	$b/h = 1,8;\ r/h = 1,0$	0,56
	1 T-Stück, Durchgang	$w_d/w = 0,91$ $F_d = 0,37\,F$	$\dfrac{0,20}{0,76}$
4	1 T-Stück, Durchgang	$w_d/w = 0,92$ $F_d = 0,82\,F$	0,05
5	1 T-Stück, Durchgang	$w_d/w = 0,86$ $F_d = 0,78\,F$	0,07
6	1 T-Stück, Durchgang	$w_d/w = 0,87$ $F_d = 0,57\,F$	0,20
7	1 Krümmer	$b/h = 2,0;\ r/h = 1,0$	0,25
	1 T-Stück, Abzweig	$w_a/w = 0,94$ $F_a + F_d \approx F$	$\dfrac{1,30}{1,55}$
8 u. 12	1 T-Stück, Durchgang	$w_d/w = 1,0$ $F_d = 0,74\,F$	0,10
9 u. 13	1 T-Stück, Durchgang	$w_d/w = 0,89$ $F_d = 0,75\,F$	0,10
10 u. 14	1 T-Stück, Durchgang	$w_d/w = 0,86$ $F_d = 0,59\,F$	0,20
11	1 Krümmer	$b/h = 2,0;\ r/h = 1,0$	0,25
	1 T-Stück, Abzweig	$w_a/w = 0,87$ $F_a + F_d \approx F$	$\dfrac{1,40}{1,65}$

[1] Der Widerstand im Querschnittsübergang vor dem zweiten Krümmer sei wegen strömungstechnisch günstiger Ausführung vernachlässigbar klein.

Es werden sodann die Widerstandsbeiwerte der Teilstrecken nach den Tabellen auf Arbeitsblatt 11 zusammengestellt. Aus $\Sigma\,\zeta$ ergibt sich durch Multiplikation mit dem dynamischen Druck der Gesamtverlust durch Einzelwiderstände Z. Bei den Abzweigen gehen Ausführung und Geschwindigkeitsverhältnis in den ζ-Wert ein. Sie sind daher in der Zusammenstellung in der Tab. Ia mit vermerkt.

Die Druckverluste der Zuleitungen zu den Kammern (Stichkanäle) sind in der nachstehenden Tab. II angegeben. Die dazugehörigen Widerstandsbeiwerte befinden sich in Tab. IIa. Bei gleichen Volumströmen wird für die Stichkanäle der Querschnitt der Teilstrecke 6 (Tab. I) zugrunde gelegt.

Tabelle II. *Druckverluste der Stichkanäle* ($d_g = 240$ mm; $w = 4{,}17$ m/s; $R = 0{,}096$ mm WS/m)

Teilstrecke Nr.	V_h m³/h	l m	h mm	b mm	$R\,l$ mm WS	$\Sigma\,\zeta$ —	Z mm WS	$R\,l + Z$ mm WS
a	b	c	e	f	j	k	l	m
3a	900	2,9	300	200	0,28	3,0	3,20	3,48
4a	—	2,9	—	—	0,28	2,8	2,98	3,26
5a	—	3,0	—	—	0,29	1,3	1,38	1,67
6a	—	3,1	—	—	0,30	1,0	1,07	1,37
7a u. 11a	—	2,7	—	—	0,26	2,4	2,55	2,81
8a u. 12a	—	2,8	—	—	0,27	2,4	2,55	2,82
9a u. 13a	—	2,9	—	—	0,28	1,9	2,02	2,30
10a u. 14a	—	3,0	—	—	0,29	1,6	1,71	2,00

Tabelle IIa. *Zusammenstellung der Widerstandsbeiwerte der Stichkanäle*

Teilstrecke Nr.	Zahl und Bezeichnung des Einzelwiderstandes	Angabe über Geometrie bzw. Geschwindigkeitsverhältnis	ζ
3a	1 T-Stück, Abzweig	$w_a/w = 0{,}69$ $F_d \approx F$	3,0
4a	1 T-Stück, Abzweig	$w_a/w = 0{,}75$ $F_d \approx F$	2,8
5a	1 T-Stück, Abzweig	$w_a/w = 0{,}88$ $F_a + F_d \approx F$	1,3
6a	1 Knie		1,0
7a u. 11a	1 T-Stück, Abzweig	$w_a/w = 0{,}67$ $F_a + F_d \approx F$	2,4
8a u. 12a	1 T-Stück, Abzweig	$w_a/w = 0{,}67$ $F_a + F_d = F$	2,4
9a u. 13a	1 T-Stück, Abzweig	$w_a/w = 0{,}75$ $F_a + F_d \approx F$	1,9
10a u. 14a	1 T-Stück, Gegenlauf	$w_a/w = 0{,}88$	1,6

Druckverlust der Kammer vor dem Luftdurchlaß. Dieser kann näherungsweise aus dem Verlust der Abbremsung der Zuströmung und dem Verengungsverlust an der Eintrittskante des Rohrstückes zwischen Druckkammer und Luftdurchlaß bestimmt werden.

Damit ist der Gesamtdruckverlust:

$$\Delta p_{tK} = \frac{w_E^2}{2}\,\varrho + \zeta_A\,\frac{w_A^2}{2}\,\varrho. \tag{13.18}$$

Index E — Eintritt; Index A — Austritt.

Bei Einsetzen von w in m/s und ϱ in kg/m³ ergibt sich der Druckverlust aus Gl. (13.18) in N/m². Um auf die in der Heiz- und Lüftungstechnik übliche Druckeinheit kp/m² bzw. mm WS zu gelangen, wird unter Beachtung der bereits in der Einleitung dieses Bandes und im elften Abschnitt erläuterten Zuordnung

$$1\ \text{N/m}^2 = 0{,}102\ \text{kp/m}^2$$

im folgenden mit der Beziehung

$$\Delta p_{tK} = 0{,}102\left(\frac{w_E^2}{2}\,\varrho + \zeta_A\,\frac{w_A^2}{2}\,\varrho\right)\quad \text{in mm WS} \tag{13.18a}$$

gearbeitet.

Für die Luftdurchlässe wird eine Ausführung mit dem Durchmesser $d = 300$ mm gewählt, s. Abb. 13.26. Bei einer Luftleistung von $V_A = 900$ m³/h für jeden Verteiler entspricht das einer Geschwindigkeit von $w_A = 3{,}6$ m/s. Zur Bestimmung des ζ-Wertes für die Verengung wird das Flächenverhältnis des Rohrstückes zwischen der Kammer und dem Luftdurchlaß zu dem horizontalen Querschnitt der Kammer gebildet:

$$\frac{F_2}{F_1} = \frac{300^2\,\pi}{4 \cdot 500 \cdot 800} = 0{,}177.$$

Aus Arbeitsblatt 11 ergibt sich dann $\zeta_A = 0{,}35$. Die Eintrittsgeschwindigkeit in die Kammer (Geschwindigkeit in den Stichkanälen) wird der Tab. II mit $w_E = 4{,}17$ m/s entnommen, die Dichte der Luft bei Raumtemperatur mit $\varrho = 1{,}2$ kg/m³ angenommen.

Einsetzen der Werte in Gl. (13.18a) liefert

$$\Delta p_{tK} = 0{,}102 \left(\frac{4{,}17^2}{2} \cdot 1{,}2 + 0{,}35 \frac{3{,}6^2}{2} \cdot 1{,}2 \right) = 1{,}35 \text{ mm WS.}$$

Beim Durchströmen des Deckenluftverteilers tritt nach Angabe des Herstellers ein Druckverlust von 1,5 mm WS auf. Der Mindestvordruck jeder Kammer ist damit 2,85 mm WS.

Für die Druckverlustberechnung wird dieser Wert gerundet mit 3,0 mm WS angesetzt.

Druckverteilung. Man geht bei der Berechnung der Drücke von den Kanalenden aus. Am ersten Verzweigungspunkt erhält man für die Druckverluste zwei Werte, s. Abb. 13.28, für jeden Teilstrom einen. Für

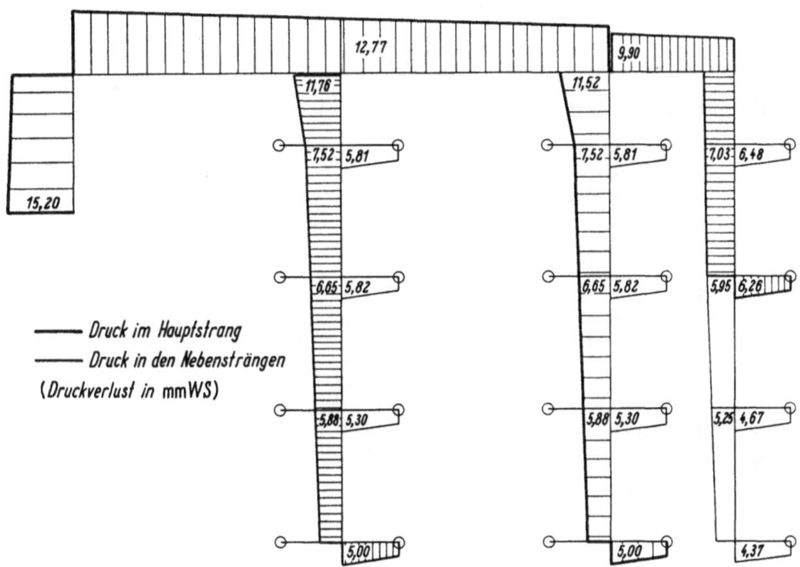

Abb. 13.28. Druckdiagramm des Zuluftnetzes.

die Druckverteilung im Netz ist der größere der beiden Werte maßgebend. Dieses Verfahren wird auf alle Verzweigungspunkte in Richtung zum Ventilator angewendet. Für das in Frage stehende Netz ergibt sich als Strang mit dem größten Widerstand der Luftweg aus den Teilstrecken:

$$1-2-7-8-9-10-10\,\text{a/b.}$$

Für den Gesamtdruckbedarf des Netzes errechnet man im vorliegenden Fall

$$\Delta p_t = 15{,}20 \text{ mm WS.}$$

Unter Berücksichtigung des am Netzeingang vorhandenen dynamischen Druckes wird sonach zur Bestreitung der Druckverluste vom Ventilator eine statische Druckhöhe verlangt von

$$\Delta p = \Delta p_t - p_d = 15{,}20 - 0{,}102\,\frac{7{,}15^2}{2} \cdot 1{,}2 = 12{,}07 \text{ mm WS.}$$

Festlegung der Drosselstellen zur Aufrechterhaltung der Mengenverteilung. Die durch die Aufgabe festgelegte Mengenverteilung ist innerhalb einer vorgesehenen Toleranz nur gewährleistet, wenn an den Abzweigstellen mit zu hohem Druck Drosselorgane vorgesehen werden. Mit Hilfe der nachfolgenden Formeln kann die zulässige Druckabweichung Δp_{zul} an einer Verzweigung bestimmt werden, wenn die relative Schwankung des Mengenstromes $\Delta \dot{V}/\dot{V}$ vorgegeben wird.

$$\frac{\Delta p_{zul}}{p_t} \leqq 2\,\Delta \dot{V}/\dot{V}. \tag{13.19}$$

p_t ist der am Verzweigungspunkt herrschende Gesamtdruck. Es wird vorausgesetzt, daß sich dieser bei geringen Mengenstromschwankungen nicht ändert. Kommen in einem Strang mehrere Zweige mit zu hohem Druck vor, so gilt:

$$\sum_{i=1}^{n} \frac{\Delta p_{zul,\,i}}{p_t} \approx n\,\frac{\Delta p_{zul}}{p_t} \leqq 2\,\frac{\Delta \dot{V}}{\dot{V}}. \tag{13.19a}$$

Darin ist n die Zahl der im Strang enthaltenen Verzweigungspunkte, an denen ein Drucküberschuß auftritt. Es zählen dabei nur solche Verzweigungspunkte, die keine Drossel haben. $\Delta \dot{V}/\dot{V}$ bezeichnet hier die Mengenstromabweichung der letzten, in diesem Strang vorkommenden Teilstrecke (allgemein Teilstrecke vor dem Auslaß).

Aus der Druckverteilung in Abb. 13.28 lassen sich die Drucküberschüsse für die Teilstrecken, die nicht zum Hauptstrang gehören, entnehmen.

Tab. III gibt eine Aufstellung der im Netz notwendigen Drosselstellen, wenn $\Delta \dot{V}/\dot{V}$ mit 0,1 bzw. 0,05 vorgegeben wird. Die Beurteilung der Notwendigkeit einer Drossel in den letzten Abzweigen an dem Auslaß hängt davon ab, ob in den davor liegenden Teilstrecken Drosselorgane vorgesehen sind oder nicht. In Tab. III wurden danach zwei Fälle unterschieden, Fall 1 — in den Vorstrecken sind keine Drosselorgane, Fall 2 — in den Vorstrecken sind Drosselorgane vorgesehen.

Für Fall 1 gilt dann:

$$\sum \frac{\Delta p_{zul}}{p_t},$$

für Fall 2:

$$\frac{\Delta p_{zul}}{p_t}.$$

Abgänge von der Hauptleitung werden nach Fall 2 behandelt.

Tabelle III. Angabe der Drosselstellen im Netz
für maximale Volumstromabweichung von 5 bis 10%
(Das Kreuz bedeutet, daß in der entsprechenden Teilstrecke eine Drossel vorgesehen wird)

Teil-strecke	Δp_{zul} mm WS	$\dfrac{\Delta p_{zul}}{p_t}$	$\Sigma\,\dfrac{\Delta p_{zul}}{p_t}$	$\dfrac{\Delta \dot{V}}{\dot{V}} = 0{,}1$		$\dfrac{\Delta \dot{V}}{\dot{V}} = 0{,}05$	
				1. Fall	2. Fall	1. Fall	2. Fall
1. Nebenstrang							
3	1,62	0,14	0,14				×
3a	0,55	0,08	0,22	×			
5	0,31	0,05	0,19				
5a	0,58	0,11	0,30	×			×
2. Nebenstrang							
11	1,01	0,08	0,08				
11a	1,71	0,23	0,31	×		×	
12a	0,83	0,12	0,20			×	
13a	0,58	0,10	0,18			×	
Sonstige Abgänge von der Hauptleitung							
7a	1,71	0,23	0,23		×		×
8a	0,83	0,12	0,12				×
9a	0,58	0,10	0,10				

Abluftnetz

Die Leistung der Abluftanlage sei etwas kleiner gewählt als die der Zuluftanlage. Sie betrage

$$\dot{V}_a = 16800 \ \text{m}^3/\text{h}.$$

Die Anordnung der Absaugöffnungen und die Leitungsführung ist Abb. 13.27 zu entnehmen. Die Abluft tritt über Dach ins Freie aus (es ist ein Krümmer vorgesehen, so daß die Luft horizontal in die Atmosphäre treten kann). Die Länge des Abluftstutzens beträgt 5 m. Die übrigen Längen sind aus Abb. 13.27 zu ersehen. Die Druckverluste an den Abluftgittern im Raum seien mit 1,5 mm WS, am Auslaß ins Freie mit 2,0 mm WS gegeben. Die Druckverluste und Abmessungen sind in den Tab. IV und V zusammengestellt. Die Tab. IVa, Va und Vb enthalten die zugehörigen Einzelwiderstände.

Tabelle IV. *Dimensionierung der Hauptabluftleitung*

Teil-strecke Nr.	V_h m³/h	l m	w' m/s	h mm	b mm	d_g mm	w m/s	R mm WS/m	$R\,l$ mm WS	$\Sigma\,\zeta$ —	Z mm WS	$R\,l + Z$ mm WS
a	b	c	d	e	f	g	h	i	j	k	l	m
1′	16800	9	6,5	700	1000	800	6,68	0,054	0,49	0,8	2,18	2,67
2′	14400	8	6	700	950	800	6,01	0,045	0,36	2,2	4,86	5,22
3′	12000	22	6	700	800	750	5,97	0,047	1,03	0,45	0,98	2,01
4′	9600	10	5	700	750	700	5,10	0,038	0,38	0,3	0,48	0,86
5′	7200	10	4,5	600	750	650	4,45	0,033	0,33	0,2	0,24	0,57
6′	4800	20	4	600	550	550	4,05	0,033	0,66	1,55	1,55	2,21
7′	2400	10	3,5	450	425	425	3,50	0,035	0,35	1,85	1,38	1,73

$$\Sigma\,R\,l + Z = 15{,}27 \text{ mm WS}$$

Nachrechnung

2′	—	—	—	—	—	—	—	—	—	0,68	1,50	1,86

$$\Sigma\,R\,l + Z = 11{,}91 \text{ mm WS}$$

Tabelle IV a. *Widerstandsbeiwerte der Hauptabluftleitung*

Teil-strecke Nr.	Zahl und Bezeichnung des Einzelwiderstandes	Angabe über Geometrie bzw. Geschwindigkeits-verhältnis	ζ
1′	1 Knie mit Schaufeleinbauten	Blechschaufeln ohne Profil	0,35
	1 90°-Krümmer	$r/h = 0{,}75;\ b/h = 1{,}43$	$\dfrac{0{,}45}{0{,}80}$
2′	1 T-Stück, Gegenlauf	$w_a/w = 0{,}90$ $F_a = 0{,}95\,F$	2,2
3′	1 90°-Krümmer 1 T-Stück, Durchgang	$r/b = 0{,}75;\ h/b = 0{,}88$ $w_d/w = 0{,}99$ $F_d \approx F$	0,45 $\dfrac{0}{0{,}45}$
4′	1 T-Stück, Durchgang	$w_d/w = 0{,}85$ $F_d \approx F$	0,30
5′	1 T-Stück, Durchgang	$w_d/w = 0{,}87$ $F_d \approx F$	0,20
6′	1 90°-Krümmer 1 T-Stück, Durchgang	$r/b = 0{,}75;\ h/b = 1{,}09$ $w_d/w = 0{,}91$ $F_a + F_d \approx F;\ F_a = 0{,}42\,F$	0,45 $\dfrac{1{,}10}{1{,}55}$
7′	1 90°-Krümmer 1 T-Stück, Durchgang	$r/b = 0{,}75;\ h/b = 0{,}95$ $w_d/w = 0{,}86$ $F_a + F_d \approx F;\ F_a = 0{,}57\,F$	0,45 $\dfrac{1{,}40}{1{,}85}$

Tabelle V. *Druckverluste der Zuleitungen zur Hauptabluftleitung*
$(d_g = 425 \text{ mm};\ w = 3{,}5 \text{ m/s};\ R = 0{,}035 \text{ mm WS/m})$

Teil-strecke Nr.	V_h m³/h	l m	h mm	b mm	$R\,l$ mm WS	$\Sigma\,\zeta$ —	Z mm WS	$R\,l + Z$ mm WS	Verfügbarer Druck am Abzweig mm WS
a	b	c	e	f	j	k	l	m	n
1 a′	2400	6	450	425	0,21	37,3	28,0	28,21	12,60
2 a′	—	2	—	—	0,07	—0,1	—0,07	0	7,38
3 a′	—	—	—	—	—	0	0	0,07	5,37
4 a′	—	—	—	—	—	0,7	0,52	0,59	4,51
5 a′	—	—	—	—	—	0,5	0,37	0,44	3,94
6 a′	—	—	—	—	—	1,1	0,82	0,89	1,73

Nachrechnung

1 a′	—	—	—	—	—	0,5	0,37	0,44	9,24

Tabelle Va. *Widerstandsbeiwerte der Abluftzuleitungen*

Teilstrecke Nr.	Zahl und Bezeichnung des Einzelwiderstandes	Angabe über Geometrie bzw. Geschwindigkeitsverhältnis	ζ
1 a′	1 Knie 1 T-Stück, Gegenlauf	$\dot{V}_a/\dot{V} = 0{,}14$; $F_a/F = 0{,}27$ nach Gl. (11.10), S. 145	1,0 36,3 $\overline{37{,}3}$
2 a′	1 T-Stück, Abzweig	$w_a/w = 0{,}58$ $F_d \approx F$; $F_a = 0{,}29\,F$	—0,1
3 a′	1 T-Stück, Abzweig	$w_a/w = 0{,}59$ $F_d \approx F$; $F_a = 0{,}34\,F$	0
4 a′	1 T-Stück, Abzweig	$w_a/w = 0{,}69$ $F_d \approx F$; $F_a = 0{,}37\,F$	0,7
5 a′	1 T-Stück, Abzweig	$w_a/w = 0{,}79$ $F_a + F_d \approx F$; $F_a = 0{,}42\,F$	0,5
6 a′	1 T-Stück, Abzweig	$w_a/w = 0{,}87$ $F_a + F_d \approx F$; $F_a = 0{,}58\,F$	1,1

Bei einer Geschwindigkeit von $w_a = 3{,}5$ m/s ergäbe sich für den Abzweig der Teilstrecke 1a′ der Druckverlust

$$\Delta p_a = 0{,}102 \cdot 37{,}3 \cdot 3{,}5^2\,\frac{1{,}2}{2} = 28{,}0 \text{ mm WS.}$$

Diese Ausführung des T-Stückes im Gegenlauf ist wegen des hohen Widerstandsbeiwertes des Zweiges 1a′ ungünstig. Für die Teilstrecke 2′ wird daher ein Krümmer vorgesehen, der Zustrom 1a′ wird in den Hauptstrom durch ein normales T-Stück eingeführt.

Die ζ-Werte für die geänderten Teilstrecken sind in der Tab. Vb aufgeführt. Daraus ergeben sich die in den untersten Zeilen der Tab. IV und V eingetragenen Druckverluste für die Strecken 2′ und 1a′.

Tabelle Vb. *Geänderte Widerstandsbeiwerte der Abluftleitungen*

Teilstrecke Nr.	Zahl und Bezeichnung des Einzelwiderstandes	Angabe über Geometrie bzw. Geschwindigkeitsverhältnis	ζ
2′	1 90°-Krümmer 1 T-Stück, Durchgang	$r/b = 0{,}75$; $h/b = 0{,}84$ $w_d/w = 0{,}90$; $F_d \approx F$	0,48 0,20 $\overline{0{,}68}$
1 a′	1 Knie 1 T-Stück, Abzweig	 $w_a/w = 0{,}52$ $F_d \approx F$; $F_a = 0{,}27\,F$	1,0 —0,5 $\overline{0{,}5}$

Der Gesamtdruckverlust der Abluftleitungen ist

$$\Delta p_t = \Sigma\,(R\,l + Z) = 11{,}91 \text{ mm WS.}$$

Der Druckverlust einschließlich der Verluste an den Einlässen und am Auslaß ist

$$\Delta p_{tV} = \Delta p_t + 3{,}5 = 15{,}41 \text{ mm WS.}$$

Dem entspricht ein statischer Differenzdruck am Ventilator von

$$\Delta p_V = 15{,}41 - 0{,}102\,\frac{6{,}68^2}{2} \cdot 1{,}2 = 12{,}68 \text{ mm WS.}$$

Die an den Vereinigungen der Nebenleitungen mit der Hauptleitung zur Verfügung stehenden Druckdifferenzen sind ausreichend (s. Tab. V). In allen Zuleitungen bis auf Teilstrecke 7′ sind Drosselelemente vorzusehen.

Der Anteil der Reibungsverluste an den Gesamtverlusten beträgt 30%.

2. Beispiel

Es ist das Zuluftnetz einer Hochdruckklimaanlage für ein Bürogebäude mit insgesamt 10 Stockwerken zu berechnen.

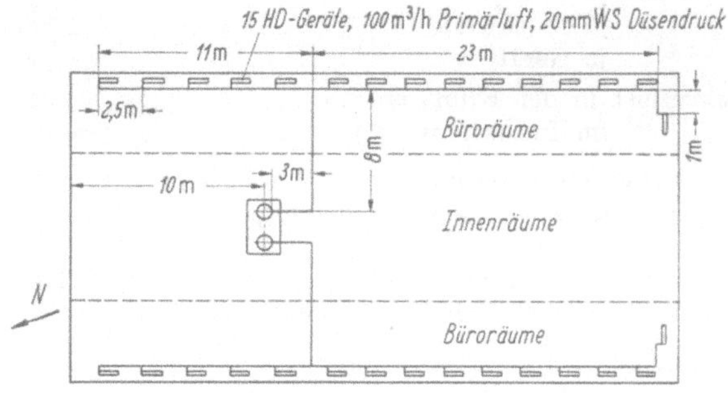

Abb. 13.29. Horizontalschnitt durch das Bürogebäude.

Die Klimatisierung erstreckt sich nur auf die an der Ost- bzw. Westseite des Gebäudes befindlichen Räume, s. Abb. 13.29. Die Abluft wird über Nebenräume nach außen geführt. Der Innenteil des Gebäudes hat eine ND-Lüftung. Für die Ost- bzw. Westfassade sind getrennte Klimaanlagen, die im Dachgeschoß installiert sind, vorgesehen. Die Anlagen haben die gleiche Leistung und sind vollständig symmetrisch aufgebaut.

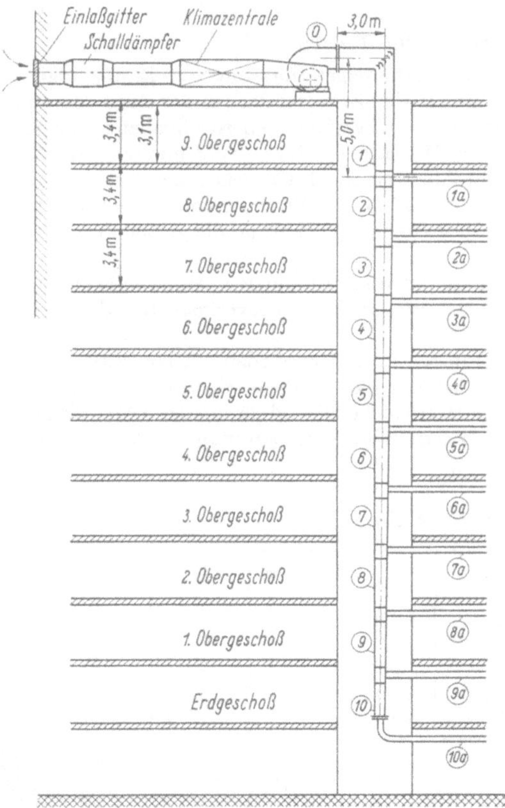

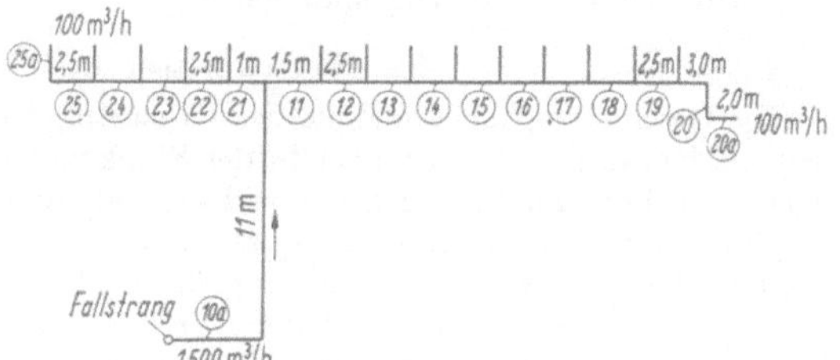

Abb. 13.31. Strangschema der horizontalen Verteilung (Stockwerksverteilung).

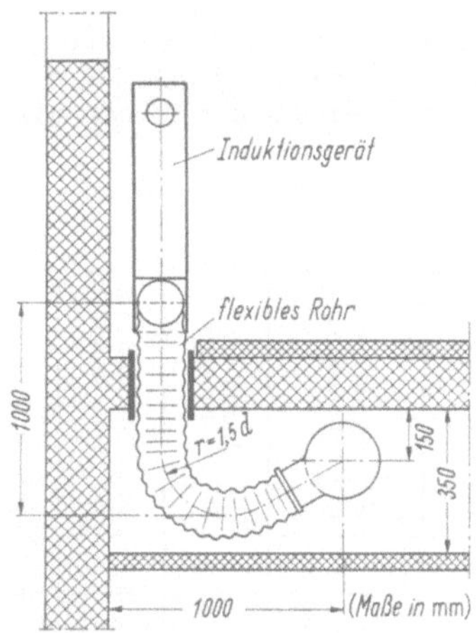

Abb. 13.30. Strangschema der vertikalen Verteilung (Fallstrang).   Abb. 13.32. Luftseitiger Anschluß der Induktionsgeräte.

Die Versorgung der Stockwerke erfolgt über zwei Fallstränge, die in einem Installationsschacht verlegt sind, s. Abb. 13.30. Die horizontalen Verteilungsleitungen (Strangschema in Abb. 13.31) verlaufen in Zwischendecken. Sie versorgen jeweils das darüberliegende Geschoß[1].

---

[1] Auftriebswirkungen infolge von Temperaturunterschieden zwischen vertikalen Luftschächten und der Außenatmosphäre bzw. dem Gebäudeinneren beeinflussen je nach Ausführung der Anlage die Drücke, also auch die Luftverteilung auf die einzelnen Geschosse. Hier sind sie nicht berücksichtigt, da ihr Einfluß bei dem geforderten Gerätevordruck vernachlässigbar klein ist.

Siehe Esdorn, H.: Luftdurchlässigkeit der Fenster und Druckverteilung im Gebäude. Monographie: Das Hochhaus der BASF. Stuttgart: Julius Hoffmann 1958.

Gegeben: Strangschema mit sämtlichen Längenmaßen, s. Abb. 13.30 bis 13.32. Die Geschwindigkeiten in den Hauptleitungen sollen 20 m/s, in den Zuleitungen zu den Induktionsgeräten 4 m/s nicht übersteigen.

$$\begin{aligned}
\text{Luftleistung je Anlage} & \dots\dots\dots\dots & 15\,000\ \text{m}^3/\text{h}, \\
\text{je Stockwerk} & \dots\dots\dots & 1\,500\ \text{m}^3/\text{h}, \\
\text{je Gerät} & \dots\dots\dots & 100\ \text{m}^3/\text{h}.
\end{aligned}$$

Druckverlust in der Klimazentrale . . . . $\Delta p_Z = 100$ mm WS,
im Induktionsgerät . . . . . $\Delta p_G = 20$ mm WS.

Konstruktive Angaben: Als Leitungsmaterial werden Stahlfalzrohre verwendet ($\varepsilon = 0{,}15$ mm). Die Zuleitungen vom horizontalen Verteilkanal zu den Induktionsgeräten sollen nach Abb. 13.32 aus flexiblem Rohr ausgeführt werden.

Die Umlenkungen werden als Krümmer mit $r/d = 1{,}5$ bzw. in Sonderfällen als Knie ausgeführt.

Für die Verzweigungen können je nach den Druckverhältnissen am Verzweigungspunkt

90°-T-Stücke oder
60°-T-Stücke mit nachfolgendem 30°-Krümmer ($\zeta_K = 0{,}1$)

verwendet werden.

Gesucht: Kanaldurchmesser, Druckverluste der Teilstrecken, Druckverteilung im Netz, Gesamtdruckverlust, statischer Druck am Ventilator, Maßnahmen zur Einhaltung der Druck- und Mengenverteilung im Netz (zweckmäßige Ausführung der T-Stücke, Angabe der zu drosselnden Teilstrecken).

Die Abweichung der Volumströme von den Bedarfswerten soll 5 bis 10% nicht übersteigen. Im Rechnungsgang wird $\Delta \dot{V}/\dot{V} \leqq 0{,}05$ zugrunde gelegt.

Kanaldurchmesser und Druckverluste der Teilstrecken

Die Geschwindigkeit am Ende des Fallstranges bzw. in seinen Abzweigen muß mit $w \approx 12$ m/s angenommen werden, um die Zuleitungen zu den Stockwerksverteilungen in den Zwischendecken der Geschosse unterbringen zu können. In den Stockwerksverteilungen werden die Geschwindigkeiten so abgebaut, daß sie in den Zuleitungen zu den Induktionsgeräten unter 4 m/s betragen. Mit Hilfe der Luftströme und der geschätzten Geschwindigkeiten w' werden die ungefähren Werte der Durchmesser der Teilstrecken aus Arbeitsblatt 10 abgelesen und der nächste Wert der Durchmesserreihe von DIN 24145 für Wickelfalzrohre ausgewählt. Mit der Festlegung des Rohrdurchmessers ergibt sich die tatsächliche Geschwindigkeit w, die gemeinsam mit dem Reibungsgefälle R dem Arbeitsblatt 10 entnommen wird.

Die Werte sind für den Fallstrang in Tab. VI, die für die Stockwerksverteilungen, die alle gleich sind, in Tab. VII zusammengestellt. Mit den Teilstreckenlängen ergeben sich die Reibungsverluste $R\,l$, die ebenfalls in den Tabellen aufgeführt sind.

Die R-Werte der Zuleitungen zu den Induktionsgeräten müssen korrigiert werden, da bei flexiblem Rohr mit einer etwas höheren Rauhigkeit gerechnet werden muß als bei verzinktem Blech. Es wird ein Rauhigkeitsmaß von $\varepsilon \approx 0{,}5$ mm [1] geschätzt. Mit $R = 0{,}21$ mm WS/m (s. Teilstrecke 20 und 25 in Tab. VIII, die gleiche Luftströme und Durchmesser haben) ergibt sich aus dem unteren Korrekturdiagramm von Arbeitsblatt 10

$$R' \approx 0{,}26\ \text{mm WS/m}.$$

Tabelle VI. *Dimensionierung des Fallstranges*

Teilstrecke	Stündlicher Volumstrom	Länge der Teilstrecke	Geschätzte Geschwindigkeit	Rohrdurchmesser	Tatsächliche Geschwindigkeit	Reibungsgefälle	Reibungsverluste	Summe der Widerstandsbeiwerte der Teilstrecke	Einzelverluste	Gesamte Druckverluste
	V_h	l	w'	d	w	R	$R\,l$	$\Sigma\,\zeta$	Z	$R\,l + Z$
Nr.	m³/h	m	m/s	mm	m/s	mm WS/m	mm WS	—	mm WS	mm WS
a	b	c	d	g	h	i	j	k	l	m
1	15 000	8,0	17,0	560	17,0	0,50	4,00	0,30	5,29	9,29
2	13 500	3,4	16,5	560	15,4	0,42	1,43	0,01	0,15	1,58
3	12 000	3,4	16,0	500	17,0	0,57	1,94	0,05	0,88	2,82
4	10 500	3,4	16,0	500	15,0	0,45	1,53	0,02	0,27	1,80
5	9 000	3,4	15,0	450	15,9	0,57	1,94	0,05	0,77	2,71
6	7 500	3,4	14,0	400	16,6	0,72	2,45	0,05	0,84	3,29
7	6 000	3,4	13,5	400	13,4	0,47	1,60	0,05	0,55	2,15
8	4 500	3,4	13,0	355	12,7	0,48	1,63	0,05	0,50	2,13
9	3 000	3,4	12,5	280	13,5	0,75	2,55	0,15	1,67	4,22
10	1 500	3,4	12,0	200	13,4	1,10	3,74	0,50	5,48	9,22

---

[1] Nach RÖTSCHER, H.: Strömungstechnische Untersuchungen an Metallschläuchen. Wärme-, Lüftgs.- u. Gesundh.-Techn. 18 (1966) 2/11.

Die Einzelwiderstände der Teilstrecken sind in den Tabellen VIa bis IXa für die Haupt- und Nebenleitungen zusammengestellt. Ihre ζ-Werte werden nach ihrer Geometrie dem Arbeitsblatt 11 entnommen. Bei den Verzweigungen — sie werden als scharfkantige 90°-T-Stücke ausgeführt — ergeben sich die ζ-Werte in Abhängigkeit vom Geschwindigkeitsverhältnis von Abzweig zu Hauptstrom. Es ist ferner wesentlich, zu unterscheiden, ob die Formstücke nach der Bedingung $F_a = F$ bzw. $F_a + F_d \approx F$ dimensioniert sind. Die Druckverluste der Teilstrecken durch Einzelwiderstände ergeben sich dann zu

$$Z = \Sigma\, \zeta\, \frac{w^2}{2}\, \varrho,$$

wobei die auf S. 250 erläuterte Umrechnung von N/m² in mm WS zu beachten ist, und die Gesamtdruckverluste zu

$$\Delta p_t = R\,l + Z.$$

Tabelle VIa. *Widerstandsbeiwerte für den Fallstrang*

Teil-strecke Nr.	Zahl und Bezeichnung des Einzelwiderstandes	Angabe über Geometrie bzw. Geschwindigkeits-verhältnis	ζ
1	1 Kniestück (5 Segmente)	$r/d = 1,5$	0,30
2	1 T-Stück, Durchgang	$w_a/w = 0,91$ $F_d = F$	0,01
3	1 T-Stück, Durchgang	$w_a/w = 1,1$ $F_d = 0,79\,F$	0,05
4	1 T-Stück, Durchgang	$w_a/w = 0,88$ $F_d = F$	0,02
5	1 T-Stück, Durchgang	$w_a/w = 1,06$ $F_d = 0,81\,F$	0,05
6	1 T-Stück, Durchgang	$w_a/w = 1,04$ $F_d = 0,79\,F$	0,05
7	1 T-Stück, Durchgang	$w_a/w = 0,81$ $F_d = F$	0,05
8	1 T-Stück, Durchgang	$w_a/w = 0,95$ $F_d = 0,79\,F$	0,05
9	1 T-Stück, Durchgang	$w_a/w = 1,06$ $F_d = 0,62\,F$	0,15
10	1 Krümmer 1 T-Stück, Durchgang	$r/d = 1,5$ $w_a/w = 1,0$ $F_d = 0,51\,F$	0,30 0,20 —— 0,50

Tabelle VII. *Druckverluste der Geschoßabgänge*
$(w = 13,4 \text{ m/s}; \ R = 1,1 \text{ mm WS/m})$

Teil-strecke Nr.	V_h m³/h	l m	d mm	$R\,l$ mm WS	$\Sigma\,\zeta$ —	Z mm WS	$R\,l + Z$ mm WS
a	b	c	g	j	k	l	m
1a	1500	11	200	12,1	2,8	30,7	42,8
2a	—	—	—	—	1,7	18,7	30,8
3a	—	—	—	—	2,8	30,7	42,8
4a	—	—	—	—	1,6	17,6	29,7
5a	—	—	—	—	1,8	19,8	31,9
6a	—	—	—	—	2,8	30,7	42,8
7a	—	—	—	—	1,3	14,3	26,4
8a	—	—	—	—	1,3	14,3	26,4
9a	—	—	—	—	1,3	14,3	26,4
10a	—	—	—	—	0,3	3,3	15,4
Nachrechnung							
6a	—	—	—	—	1,7	18,7	30,8

Die Druckverluste für alle im Netz vorkommenden Teilstrecken sind erfaßt, wenn die Strecken des Fallstranges, die seiner Abzweige und die einer Geschoßverteilung bestimmt sind. Die Ergebnisse sind in den Tab. VI bis IX zusammengestellt.

Tabelle VIIa. *Widerstandsbeiwerte für die Geschoßabgänge*

Teil-strecke Nr.	Zahl und Bezeichnung des Einzelwiderstandes	Angabe über Geometrie bzw. Geschwindigkeits-verhältnis	ζ
1a	1 T-Stück, Abzweig	$w_a/w = 0{,}79$ $F_d = F$	2,5
2a	1 T-Stück, Abzweig	$w_a/w = 0{,}87$ $F_a + F_d \approx F$	1,4
3a	1 T-Stück, Abzweig	$w_a/w = 0{,}79$ $F_d = F$	2,5
4a	1 T-Stück, Abzweig	$w_a/w = 0{,}90$ $F_a + F_d \approx F$	1,3
5a	1 T-Stück, Abzweig	$w_a/w = 0{,}85$ $F_a + F_d \approx F$	1,5
6a	1 T-Stück, Abzweig	$w_a/w = 0{,}81$ $F_d = F$	2,5
7a	1 T-Stück, Abzweig	$w_a/w = 1{,}0$ $F_a + F_d \approx F$	1,0
8a	1 T-Stück, Abzweig	$w_a/w = 1{,}05$ $F_a + F_d \approx F$	1,0
9a	1 T-Stück, Abzweig	$w_a/w = 1{,}0$ $F_a + F_d \approx F$	1,0
10a	—	—	—

Anmerkung: Zu allen $\Sigma \zeta$ muß $\zeta_K = 0{,}3$ für die 90°-Krümmer in den Zuleitungen zur horizontalen Verteilung, die in allen Geschossen auftreten, addiert werden.

Tabelle VIII. *Dimensionierung der horizontalen Verteilung*

Teil-strecke Nr.	V_h m³/h	l m	w' m/s	d mm	w m/s	R mm WS/m	$R\,l$ mm WS	$\Sigma \zeta$ —	Z mm WS	$R\,l + Z$ mm WS
a	b	c	d	g	h	i	j	k	l	m
11	1000	1,5	12,0	180	11,0	0,86	1,29	0,35	2,59	3,88
12	900	2,5	10,0	180	9,9	0,71	1,78	0,01	0,06	1,84
13	800	2,5	9,0	180	8,8	0,56	1,40	0,01	0,05	1,45
14	700	2,5	8,0	180	7,7	0,44	1,10	0,02	0,07	1,17
15	600	2,5	7,0	180	6,6	0,33	0,83	0,03	0,08	0,91
16	500	2,5	6,5	180	5,5	0,23	0,58	0,04	0,07	0,65
17	400	2,5	6,0	160	5,6	0,28	0,70	0,05	0,10	0,80
18	300	2,5	5,0	160	4,2	0,17	0,43	0,07	0,08	0,51
19	200	2,5	4,5	125	4,5	0,25	0,63	0,15	0,19	0,82
20	100	3,0	4,0	100	3,55	0,21	0,63	0,50	0,38	1,01
21	500	1,0	12,0	125	11,4	1,50	1,50	0,32	2,54	4,04
22	400	2,5	9,0	125	9,1	0,96	2,40	0,05	0,25	2,65
23	300	2,5	7,0	125	6,7	0,55	1,38	0,07	0,19	1,57
24	200	2,5	5,0	125	4,5	0,25	0,63	0,10	0,12	0,75
25	100	2,5	4,0	100	3,55	0,21	0,53	0,15	0,12	0,65

Tabelle VIIIa. *Widerstandsbeiwerte für die horizontale Verteilung*

Teilstrecke Nr.	Zahl und Bezeichnung des Einzelwiderstandes	Angabe über Geometrie bzw. Geschwindigkeitsverhältnis	ζ
11	1 Krümmerendstück	$r/d = 1,5;\ w_a/w = 0,82$	0,35
12	1 T-Stück, Durchgang	$w_d/w = 0,90$ $F_d = F$	0,01
13	1 T-Stück, Durchgang	$w_d/w = 0,89$ $F_d = F$	0,01
14	1 T-Stück, Durchgang	$w_d/w = 0,87$ $F_d = F$	0,02
15	1 T-Stück, Durchgang	$w_d/w = 0,86$ $F_d = F$	0,03
16	1 T-Stück, Durchgang	$w_d/w = 0,83$ $F_d = F$	0,04
17	1 T-Stück, Durchgang	$w_d/w = 1,02$ $F_d = 0,79\,F$	0,05
18	1 T-Stück, Durchgang	$w_d/w = 0,75$ $F_d = F$	0,07
19	1 T-Stück, Durchgang	$w_d/w = 1,07$ $F_d = 0,61\,F$	0,15
20	1 Krümmer 1 T-Stück, Durchgang	$r/d = 1,5$ $w_d/w = 0,79$ $F_d = 0,64\,F$	0,30 0,20 —— 0,50
21	1 Krümmerendstück	$r/d = 1,5;\ w_a/w = 0,85$	0,32
22	1 T-Stück, Durchgang	$w_d/w = 0,80$ $F_d = F$	0,05
23	1 T-Stück, Durchgang	$w_d/w = 0,74$ $F_d = F$	0,07
24	1 T-Stück, Durchgang	$w_d/w = 0,67$ $F_d = F$	0,10
25	1 T-Stück, Durchgang	$w_d/w = 0,79$ $F_d = 0,64\,F$	0,15

Tabelle IX. *Druckverluste der Zuleitungen zu den Induktionsgeräten*
$(w = 3,55\ \text{m/s};\ R = 0,26\ \text{mm WS/m})$

Teilstrecke Nr.	V_h m³/h	l m	d mm	$R\,l$ mm WS	$\Sigma\,\zeta$ —	Z mm WS	$R\,l + Z$ mm WS
a	b	c	g	j	k	l	m
11a	100	2,0	100	0,52	11,7	9,00	9,52
12a	—	—	—	—	9,7	7,46	7,98
13a	—	—	—	—	7,7	5,92	6,44
14a	—	—	—	—	6,5	5,00	5,52
15a	—	—	—	—	5,2	4,00	4,52
16a	—	—	—	—	3,1	2,38	2,90
17a	—	—	—	—	4,0	3,08	3,60
18a	—	—	—	—	2,1	1,61	2,13
19a	—	—	—	—	3,2	2,46	2,98
20a	—	—	—	—	1,7	1,31	1,83
21a	—	—	—	—	12,7	9,77	10,29
22a	—	—	—	—	7,7	5,92	6,44
23a	—	—	—	—	5,2	4,00	4,52
24a	—	—	—	—	3,2	2,46	2,98
25a	—	—	—	—	1,7	1,31	1,83

Tabelle IX a. *Widerstandsbeiwerte für die Zuleitungen zu den Induktionsgeräten*

Teil-strecke Nr.	Zahl und Bezeichnung des Einzelwiderstandes	Angabe über Geometrie bzw. Geschwindigkeits-verhältnis	ζ
11a	1 T-Stück, Abzweig	$w_a/w = 0{,}32$ $F_d = F$	11,0
12a	1 T-Stück, Abzweig	$w_a/w = 0{,}36$ $F_d = F$	9,0
13a	1 T-Stück, Abzweig	$w_a/w = 0{,}40$ $F_d = F$	7,0
14a	1 T-Stück, Abzweig	$w_a/w = 0{,}46$ $F_d = F$	5,8
15a	1 T-Stück, Abzweig	$w_a/w = 0{,}54$ $F_d = F$	4,5
16a	1 T-Stück, Abzweig	$w_a/w = 0{,}65$ $F_a + F_d \approx F$	2,4
17a	1 T-Stück, Abzweig	$w_a/w = 0{,}64$ $F_d = F$	3,3
18a	1 T-Stück, Abzweig	$w_a/w = 0{,}85$ $F_a + F_d \approx F$	1,4
19a	1 T-Stück, Abzweig	$w_a/w = 0{,}79$ $F_d \approx F$	2,5
20a	1 Knie		1,0
21a	1 T-Stück, Abzweig	$w_a/w = 0{,}31$ $F_d = F$	12,0
22a	1 T-Stück, Abzweig	$w_a/w = 0{,}39$ $F_d = F$	7,0
23a	1 T-Stück, Abzweig	$w_a/w = 0{,}53$ $F_d = F$	4,5
24a	1 T-Stück, Abzweig	$w_a/w = 0{,}79$ $F_d \approx F$	2,5
25a	1 Knie		1,0

Anmerkung: Zu allen $\Sigma \zeta$ der Zuleitungen zu den Induktionsgeräten müssen die Widerstandsbeiwerte von zwei 90°-Krümmern und einem 30°-Krümmer mit $r/d = 1{,}5$, das entspricht $\zeta_K = 0{,}7$, addiert werden.

Druckverteilung im Netz, Gesamtdruckverlust, stat. Druck am Ventilator

Mit Hilfe der oben bestimmten Druckverluste sämtlicher Teilstrecken kann die Druckverteilung im Netz ermittelt werden. Als Hauptleitung wird der Leitungszweig mit der größten Länge (Teilstrecken 1 bis 20a) definiert. Sollte die Berechnung ergeben, daß ein anderer Leitungszweig einen größeren Widerstand als die Hauptleitung aufweist (das kann, da die Netze in den Stockwerken gleich ausgelegt sind, nur an höheren Abzweigverlusten liegen), so ist erforderlichenfalls die Ausführung der betreffenden Einzelwiderstände zu ändern (s. S. 262).

Die Druckverteilung in der Hauptleitung ergibt sich durch Summierung der Druckverluste der einzelnen Teilstrecken, wobei man bei der Berechnung am Netzende (Teilstrecke 20a) beginnt. Für den i-ten Abzweigungspunkt (i zählt gegen die Strömungsrichtung) ergibt sich der Druck

$$p_{ti} = \sum_{1}^{i} (R\,l + Z) + \Delta p_G.$$

Die Druckverteilung des Fallstranges und der Geschoßverteilung ist aus den ersten Spalten der Tab. X und XI ersichtlich. Im Abzweig 10a/21 wird $p_{ta} = p_t = 34{,}87$ mm WS gesetzt (das Druckniveau im kürzeren Zweig der horizontalen Verteilung wird dem des Hauptstranges angeglichen). Die Drücke in den nachfolgenden Verzweigungspunkten 21/21a bis 25/25a ergeben sich nach Abzug der Druckverluste der dazwischenliegenden Teilstrecken.

Für das gesamte Netz ergibt sich der Druckverlust aus der Summe der Verluste der 22 Teilstrecken der Hauptleitung und dem Vordruck des Induktionsgerätes mit

$$\Delta p_t = 89{,}48 \text{ mm WS.}$$

Tabelle X. *Gesamtdrücke und Druckabweichungen*
in den Verzweigungen des Fallstranges

Verzweigungs-punkt	p_t mm WS	p_{ta} mm WS	$p_t - p_{ta}$ mm WS	$\dfrac{p_t - p_{ta}}{p_t} 100$ %
9/9 a	59,49	61,27	−1,78	−3,0
8/8 a	63,71	61,27	2,44	3,8
7/7 a	65,84	61,27	4,57	6,9
6/6 a	67,99	77,67	−9,68	−14,2
5/5 a	71,28	66,77	4,51	6,3
4/4 a	73,99	64,57	9,42	12,7
3/3 a	75,79	77,67	−1,88	−2,5
2/2 a	78,61	65,67	12,94	16,5
1/1 a	80,19	77,67	2,52	3,1
Ventilator	89,48			

Tabelle XI. *Gesamtdrücke und Druckabweichungen*
in den Verzweigungen der horizontalen Verteilung

Verzweigungs-punkt	p_t mm WS	p_{ta} mm WS	$p_t - p_{ta}$ mm WS	$\dfrac{p_t - p_{ta}}{p_t} 100$ %
19/19 a	22,84	22,98	−0,14	−0,6
18/18 a	23,66	22,13	1,53	6,5
17/17 a	24,17	23,60	0,57	2,4
16/16 a	24,97	22,90	2,07	8,3
15/15 a	25,62	24,52	1,10	4,3
14/14 a	26,53	25,52	1,01	3,8
13/13 a	27,70	26,44	1,26	4,5
12/12 a	29,15	27,98	1,17	4,0
11/11 a	30,99	29,52	1,47	4,7
10 a/11	34,87	—	—	—
10 a/21	34,87	—	—	—
21/21 a	30,83	30,29	0,54	1,8
22/22 a	28,18	26,44	1,72	6,1
23/23 a	26,61	24,52	2,09	7,9
24/24 a	25,86	22,98	2,88	11,1
25/25 a	25,21	21,83	3,38	13,4

Einschließlich der Druckverluste der Klimazentrale ergibt sich als Gesamtdruckbedarf der Anlage

$$\Delta p_{t\,V} = 189{,}48 \text{ mm WS.}$$

Bei der Austrittsgeschwindigkeit von 17 m/s aus dem Ventilator entspricht das einem stat. Druck von

$$\Delta p = 171{,}79 \text{ mm WS.}$$

Die Leistung des Ventilatorantriebes ist dann, wenn $\eta_V = 0{,}7$ ist:

$$N_V = \frac{\Delta p_{t\,V} V_h}{102 \cdot 3600 \eta_V} = \frac{189{,}48 \cdot 15000}{102 \cdot 3600 \cdot 0{,}7} = 11 \text{ kW}$$

je Anlage.

Maßnahmen zur Einhaltung der Druck- und Mengenverteilung im Netz

In den Tab. X und XI sind neben den Drücken p_t in der Hauptleitung auch die Drücke p_{ta}, die sich aus der Summe der Verluste der Abzweigleitungen ergeben, aufgeführt. Die geforderte Mengenverteilung wird eingehalten, wenn

$$p_{ta} \leqq p_t$$

ist.

Für den Fall, daß p_{ta} erheblich kleiner ist als der im Hauptkanal herrschende Druck, muß im Abzweig eine Drossel vorgesehen werden. Sind die Verluste im Abzweig dagegen größer als im Hauptstrom, so wird, um eine merkliche Minderung des Volumstroms in dem entsprechenden Geschoß zu verhindern, der Abzweig-verlust durch eine strömungstechnisch verbesserte Formgebung des entsprechenden T-Stückes soweit reduziert, daß die Bedingung $p_{ta} \leqq p_t$ erfüllt ist. Dabei ist im vorliegenden Fall mit $\dfrac{\Delta \dot{V}}{\dot{V}} \leqq 0{,}05$ nach Gl. (13.19a) mit $n = 2$ eine höchste Druckabweichung zulässig von:

$$\left| \frac{p_t - p_{ta}}{p_t} \right| \leq 0,05.$$

Die Druckverluste im 6. Abgang des Fallstranges sind zu hoch (s. Tab. X). Für diesen Abgang wird ein 60°-T-Stück vorgesehen. Der neue ζ-Wert dieses Abzweiges ergibt sich dann aus Arbeitsblatt 11 bei $F_d = F$ und $w_a/w = 0,81$ mit $\zeta = 1,3$. Da für den sich an das T-Stück anschließenden 30°-Krümmer $\zeta_K = 0,1$ und für den 90°-Krümmer $\zeta_K = 0,3$ ist, folgt $\Sigma \zeta = 1,7$. Damit ergibt sich für den Abzweig 6/6a $p_{ta} = 65,67$ mm WS. Mit 3,4% liegt die relative Druckabzweigung also im zulässigen Bereich.

Die Anwendung der Beziehung für die zulässige Druckabzweigung zeigt weiterhin, daß die Drücke der Abzweige 2a, 4a, 5a und 7a des Fallstranges sowie 16a, 18a, 22a, 23a, 24a und 25a vor den Geräten der Geschoßverteilung (Tab. X und XI) herabgesetzt werden müssen.

IV. Luftdurchlässe

Wird die Zuluft durch großflächige Lüftungsgitter mit verhältnismäßig geringer Geschwindigkeit in den zu lüftenden Raum eingeführt, so interessiert i. allg. bei der Berechnung der Anlage nur der Widerstand des Durchlasses. Das gilt für die meisten Arten der Verdrängungslüftung. Bei Strahllüftungen muß zur Sicherstellung einer gleichmäßigen und zugfreien Raumlüftung darüber hinaus die Zuluftgeschwindigkeit sowie Art, Aufteilung und Anordnung der Zuluftdurchlässe den jeweiligen Bedingungen angepaßt werden. Es ist zwar heute noch nicht möglich, die Strömungsvorgänge im zwangsbelüfteten Raum einwandfrei vorauszuberechnen. Die vorliegenden Erkenntnisse über die Ausbreitung von Luftstrahlen reichen jedoch für einige Bauformen der Luftdurchlässe aus, um an Hand von Näherungsrechnungen und unter Zuhilfenahme praktischer Erfahrungen einwandfrei arbeitende Anlagen zu erstellen. Für zwei wichtige Zuluftanordnungen seien im folgenden die Berechnungsunterlagen wiedergegeben. Wegen weiterer Anordnungen sei auf das Fachschrifttum verwiesen, wobei allerdings zu beachten ist, daß Zuverlässigkeit und Anwendungsgrenzen mancher dort angegebenen Berechnungsverfahren noch umstritten sind.

A. Wanddurchlässe bei Strahllüftungen

Die in der Praxis angewendeten Berechnungsverfahren gehen zumeist von den Strömungsgesetzen des isothermen Freistrahls aus, wobei in den Formeln nur die wichtigsten Einflußgrößen berücksichtigt sind. Experimentell ist nachgewiesen, daß im Bereich der in der Lüftungstechnik vorkommenden Geschwindigkeiten der *Re*-Zahl für das Strömungsbild des isothermen Strahls keine große Bedeutung zukommt. Beim nichtisothermen Strahl ist die FROUDEsche Zahl zu berücksichtigen (s. S. 127).

1. Zentralgeschwindigkeit

Die Geschwindigkeit in der Längsachse eines Strahls, der durch einen *kreisförmigen Düsendurchlaß isotherm* in den Raum eintritt, ergibt sich im Abstand $x \geq 25 d_0$ aus der Beziehung

$$w_c = \frac{K \, w_0 \, d_0}{x}. \tag{13.20}$$

Dabei bedeuten:

w_c Zentralgeschwindigkeit in der Entfernung x vom Austritt,
w_0 mittlere Austrittsgeschwindigkeit, bezogen auf d_0,
d_0 Durchmesser der Austrittsöffnung,
x Abstand von der Austrittsöffnung, in Strahlrichtung gemessen,
K Durchlaßbeiwert.

Bei *nichtkreisförmigem Austrittsquerschnitt* ersetzt man d_0 durch den Durchmesser einer flächengleichen Kreisfläche. Formel (13.20) nimmt dann unter Einführung der effektiven Austrittsfläche F_0 die Form an

$$w_c = \frac{K' \, w_0 \, \sqrt{F_0}}{x}. \tag{13.21}$$

Der geänderte Durchlaßbeiwert K' ist dabei

$$K' = \sqrt{4/\pi}\,K = 1{,}13\,K\,.$$

Nur bei Düsendurchlässen kann die Strahleinschnürung hinter der Austrittsfläche vernachlässigt werden, s. S. 116. Sonst ist die durch die Einschnürung bedingte Geschwindigkeitserhöhung, eventuell auch noch der Einfluß von Stegen, Leitblechen u. dgl. im Luftdurchlaß zu berücksichtigen. Man verwendet daher meist die nachstehende Berechnungsformel, die von dem Luftdurchsatz ausgeht:

$$w_c = K' \frac{\dot{V}_0}{x\sqrt{F_0}} = K' \frac{\dot{V}_0}{x\sqrt{F\,i\,\alpha}} \tag{13.22}$$

Es bedeuten:

$\dot{V}_0$ Luftdurchsatz,
F Gesamtfläche des Durchlasses,
α Einschnürungszahl[1],
i Anteil der freien Fläche am Gesamtquerschnitt.

Die Einschnürungszahl hängt von Form und Ausführung des Durchlasses ab. Als Anhaltswerte können die Angaben in Tab. 13.09 gelten.

Tabelle 13.09. *Einschnürungszahlen α von Luftdurchlässen*

Durchlaßbauart	α
Düsen üblicher Bauart	0,99
Quadratische Öffnungen, abgerundet. . .	0,82—0,88
Lochdurchlässe	0,74—0,82
Stegdurchlässe	0,66—0,74
Scharfkantige runde Löcher	0,63

Die experimentell festgestellten Beiwerte K und K' ändern sich mit der Bauart und Ausführung der Durchlässe[2]. Auch ist ein Geschwindigkeitseinfluß vorhanden. Die Ergebnisse der einzelnen Untersuchungen decken sich nicht völlig. In der Tab. 13.10 sind daher Durchschnittswerte für K' aufgeführt.

Tabelle 13.10. *Durchlaßbeiwerte K' von Luftdurchlässen in Abhängigkeit von den Austrittsgeschwindigkeiten*

Art des Durchlasses	Luftgeschwindigkeit w_0	
	2 bis 5 m/s	8 bis 40 m/s
Einfache Öffnungen		
kreisförmig oder quadratisch	5,7	7,0
rechteckig; Seitenverhältnis $s = 25$	5,3	6,5
$s = 40$	4,9	6
Ringförmige Öffnungen axial oder radial	3,9	4,8
Gitter und Roste, freie Fläche $i = 0{,}4$	4,7	5,7
Lochbleche $i = 0{,}03$ bis $0{,}05$	3,0	3,7
$i = 0{,}1$ bis $0{,}2$	4,0	4,9
Steggitter, divergierend		
Winkel 40°	2,9	3,5
60°	2,1	2,5
90°	1,7	2,0

Das Absinken des K'-Wertes mit kleiner werdender Geschwindigkeit deutet an, daß zum mindesten für das Ende des Luftstrahls das zugrunde gelegte Gesetz nicht mehr gültig ist (Bereich 4, s. S. 126). Der Bereich 2 ist nur bei rechteckigen Auslässen mit großem Seitenverhältnis,

---

[1] Die Reibungsverluste sind dabei vernachlässigbar klein angenommen.
[2] BECHER, P.: Luftstrahlen aus Ventilationsöffnungen. Gesundh.-Ing. 71 (1950) 139/145. — KOESTEL, A., H. PHILIP u. G. L. TUVE: Comparative Study of Ventilating Jets from Various Types of Outlets. ASHVE-Transactions 56 (1950) 459/478.

insbesondere Schlitzen, von praktischer Bedeutung, da er sich unter diesen Bedingungen bis auf $x = 40\,d_0$ erstrecken kann. Hierfür gilt

$$w_c = w_0 \sqrt{\frac{K'\,h_0}{x}}\,. \tag{13.23}$$

Dabei bedeuten:

$h_0 = h\,\alpha$ effektive Strahlhöhe am Durchlaß,
h Höhe des Durchlasses,
$l_0 = l\,i$ freie Durchlaßlänge,
l Länge des Durchlasses,
w_0 Luftgeschwindigkeit, auf $h_0\,l_0$ bezogen.

Strömt die Luft hinter einem Durchlaß dicht an einer Wand entlang, so wird durch die einseitige Vermischung mit der Raumluft auch die Zentralgeschwindigkeit in ihrem Verlauf geändert. Angenähert kann für diesen Fall die Zentralgeschwindigkeit nach Formel (13.22) ermittelt werden, wenn an Stelle von K' der Wert $K_x = 1,4\,K'$ eingesetzt wird.

Die vorstehenden Formeln zur Berechnung von w_c gelten in guter Annäherung auch für nicht isotherme Strahlen, sofern der Temperaturunterschied zwischen Zu- und Raumluft nicht allzu groß ist.

2. Wurfweite

Unter der Wurfweite eines Strahls versteht man diejenige horizontale (bei Deckendurchlässen auch vertikale) Entfernung vom Austrittsquerschnitt, bei der die Zentralgeschwindigkeit der Luft bis auf einen vorgegebenen Grenzwert abgesunken ist. Die Maximalgeschwindigkeit ist i. allg. in der Strahlachse zu erwarten. Aus den Gln. (13.20) und (13.21) kann daher bei gegebener Geschwindigkeit w_0 die Wurfweite berechnet werden.

In den USA hat man die Grenzgeschwindigkeit der Wurfweite mit $w_g = 0,25$ m/s festgelegt. Bei horizontaler Strahlrichtung, also den üblichen Wanddurchlässen, ist zu beachten, daß die Luftgeschwindigkeit am Strahlende (Bereich 4) rascher abfällt als bei Abständen $x < 100\,d_0$ (Bereich 3). Die Durchlaßbeiwerte der Tab. 13.10 müssen daher zur Ermittlung der Wurfweite niedriger angesetzt werden, und zwar um rd. 20%. Um die Formeln (13.20) und (13.22) mit den üblichen Beiwerten K und K' unmittelbar zur Berechnung der Wurfweite verwenden zu können, legen wir den Grenzwert der Zentralgeschwindigkeit entsprechend höher fest, und zwar mit

$$w_g = 0,3 \text{ m/s}.$$

Aus Gl. (13.22) erhält man dann bei Auflösung nach x für die Wurfweite X bei *üblichen Wanddurchlässen*

$$X = \frac{K'}{w_g}\,\frac{\dot{V}_0}{\sqrt{F\,i\,\alpha}} \approx 3,3\,K'\,\frac{\dot{V}_0}{\sqrt{F\,i\,\alpha}} \quad \text{in m,} \tag{13.24}$$

wenn $\dot{V}_0$ in m³/s und F in m² eingesetzt wird.

Die mittlere Geschwindigkeit im Strahl liegt bei etwa $^1/_3$ der Zentralgeschwindigkeit, d. s. am Strahlende also $w_{gm} \approx 0,1$ m/s. Wird die Zuluft durch *Schlitze* eingeblasen, die sich über die gesamte Wandbreite erstrecken, so ergibt sich aus Gl. (13.23) mit $K' = 4,9$

$$X = 54\,w_0^2\,h_0 \quad \text{in m.} \tag{13.25}$$

w_0 ist in m/s, h_0 in m einzusetzen.

Über die Bahn des nicht isothermen Strahls liegen lediglich Messungen an runden Freistrahlen vor[1]. Die daraus abgeleiteten Gleichungen für das Strahlgefälle scheinen jedoch nur für relativ kleine Strahllängen brauchbare Werte zu geben. Sie sind auch nicht ohne weiteres auf längere Rechteckdurchlässe oder Schlitze übertragbar, so daß ein zuverlässiges Kriterium zur rechnerischen Nachprüfung der Zugfreiheit bei beliebigen nicht isothermen Strahlen heute noch nicht angegeben werden kann (s. S. 128).

---

[1] KOESTEL, A.: Paths of Horizontally Projected Heated and Chilled Air Jets. Heat. Pip. Air Condit. 27 (1955) Nr. 1 S. 221/226. — BATURIN, W.: s. Fußnote S. 125.

3. Mischungsverhältnis

Wir haben oben gesehen, daß der Ausbreitungswinkel freier isothermer Luftstrahlen nahezu unabhängig von der Geschwindigkeit ist und daß sich das Geschwindigkeitsprofil im Strömungsquerschnitt mit dem Abstand vom Luftdurchlaß ähnlich ändert. Danach kann aber auch das Mischungsverhältnis eines Freistrahls mit gegebenem effektiven Zuluftquerschnitt unmittelbar in Abhängigkeit von der Entfernung vom Luftauslaß angegeben werden. Als Mischungsverhältnis im Abstand x bezeichnet man den Quotienten aus dem insgesamt bewegten Luftstrom $\dot{V}_x$ zum eingeblasenen Luftstrom $\dot{V}_0$. Hohe Mischungsverhältnisse ermöglichen relativ große Temperaturdifferenzen zwischen Zu- und Raumluft und damit kleine Zuluftleistungen.

Nach amerikanischen Untersuchungen[1] gilt für *runde* oder nahezu runde *Strahlen*

$$\frac{\dot{V}_x}{\dot{V}_0} = \frac{2x}{K'\sqrt{F_0}}. \qquad (13.26)$$

Mit Hilfe der Gl. (13.21) folgt daraus

$$\frac{\dot{V}_x}{\dot{V}_0} = 2\,\frac{w_0}{w_c}. \qquad (13.26\,\text{a})$$

Setzt man in Gl. (13.26) $K' = 7{,}0$, so erhält man für Kreisdüsen

$$\frac{\dot{V}_x}{\dot{V}_0} = 0{,}322\,\frac{x}{d_0}. \qquad (13.26\,\text{b})$$

Für *ebene Strahlen* gilt die Beziehung

$$\frac{\dot{V}_x}{\dot{V}_0} = \sqrt{\frac{2x}{K'\,h_0}} \qquad (13.27)$$

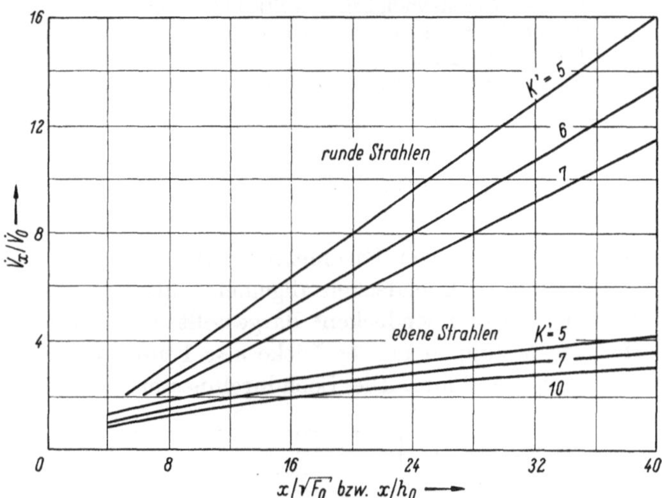

Abb. 13.33. Mischungsverhältnis bei Einzelstrahlen.

bzw. unter Einführung der Geschwindigkeiten bei $w_c = w_x$

$$\frac{\dot{V}_x}{\dot{V}_0} = \sqrt{2}\,\frac{w_0}{w_x}. \qquad (13.27\,\text{a})$$

In Abb. 13.33 sind die Gln. (13.26) und (13.27) graphisch dargestellt. Man erkennt daraus, daß die Mischung bei runden Strahlen erheblich besser ist als bei ebenen Strahlen.

B. Lochdecken

Die Lochdecke eignet sich insbesondere für die Lüftung bzw. Klimatisierung von Aufenthaltsräumen geringer Raumhöhe bei großen Luftwechselzahlen und hohen Ansprüchen an die Zugfreiheit der Anlage.

1. Strömungsverhältnisse bei Lochdecken

Beim Einblasen der Luft über eine Lochdecke breiten sich die Einzelstrahlen zunächst wie Freistrahlen aus; bei konstanter Kerngeschwindigkeit nimmt die Bewegungsgröße anfangs nur in der Randzone ab. Die Ausdehnung der Einzelstrahlen führt dazu, daß sich diese in einer gewissen Entfernung von der Lochdecke, die von der Lochteilung abhängig ist, berühren und einen resultierenden Strahl bilden, dessen Ausbreitung ähnlichen Gesetzmäßigkeiten folgt, wie beim Freistrahl.

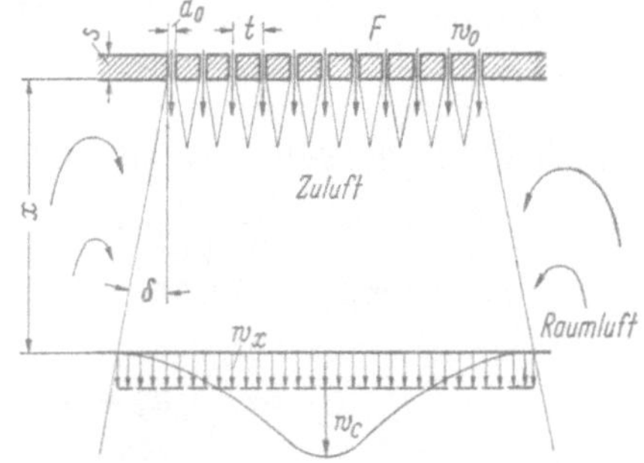

Abb. 13.34. Strömungsverhältnisse unter dem Abschnitt einer Lochdecke.

Die Strömungsverhältnisse unter einem Lochdeckenfeld der Fläche F sind in Abb. 13.34 dargestellt.

---

[1] ASHRAE Guide and Data Book-Fundamentals and Equipment. New York 1965/66, S. 543/546.

Die Mischung mit der Raumluft kann nur am Rande des resultierenden Strahls erfolgen. Die Geschwindigkeit im Strahl nimmt, wegen der mit der Mischung zunehmenden Masse, mit der Entfernung x von der Lochdecke ab. Aus dem Impulssatz leiten KOESTEL und TUVE[1] für die Zentralgeschwindigkeit w_c des Strahls im Abstand x die folgende Beziehung ab:

$$\frac{w_c}{w_0} = \frac{\sqrt{\alpha\,i}}{\left(\dfrac{w_x}{w_c}\right)\left[1 + \sqrt{\pi}\,\tan\delta\,\dfrac{x}{\sqrt{F}}\right]}\,. \tag{13.28}$$

Darin sind:

w_0 Geschwindigkeit im Lochquerschnitt,
w_x mittlere Geschwindigkeit des Strahls im Abstand x,
δ halber Strahlausbreitungswinkel (s. Abb. 13.34),
α Einschnürungszahl,
i Anteil der freien Fläche am Gesamtquerschnitt F.

Unter der Voraussetzung, daß das Verhältnis von mittlerer zu maximaler Geschwindigkeit w_x/w_c des Strahls von x nur wenig abhängt, ergibt sich nach Gl. (13.28) wie in der Zone 3 des Freistrahls (s. S. 126) der Zusammenhang, daß die Zentralgeschwindigkeit umgekehrt proportional mit dem Abstand x vom Luftdurchlaß abnimmt. Durch die Bezugnahme auf die für die Lochdecke charakteristischen Parameter $\sqrt{F}$ (für x) und $\sqrt{\alpha\,i}$ für das Geschwindigkeitsverhältnis w_c/w_0 läßt sich eine für Lochdecken allgemein gültige Beziehung aufstellen. Sie ist in Abb. 13.35 für dünne und dicke Lochdecken[2] dargestellt, und zwar gelten die Werte der oberen Kurve für perforierte Metallplatten der Dicke $s \approx 1$ mm, die der unteren Kurve für Platten aus Faserstoffen mit $s \approx 6$ mm. Die Lochdurchmesser d_0 liegen zwischen 1 und 5 mm.

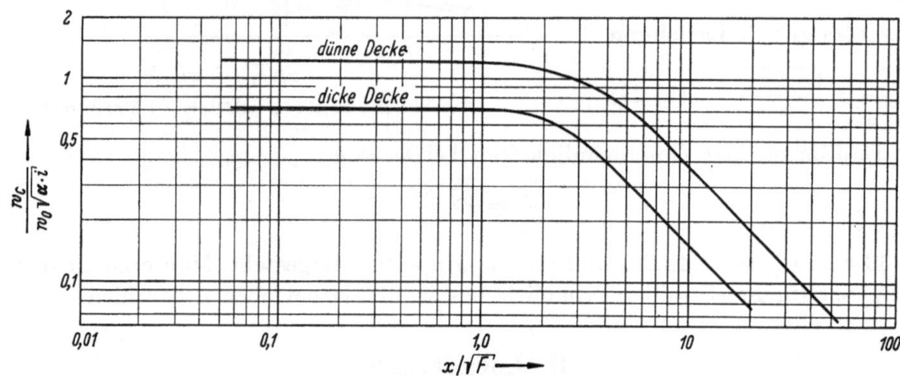

Abb. 13.35. Dimensionslose Darstellung der Geschwindigkeit im Abstand $x\sqrt{F}$ bei Lochdecken.

Wie aus Abb. 13.35 ersichtlich ist, bleibt die Zentralgeschwindigkeit bis $x/\sqrt{F} = 1{,}5$ konstant. Bei einem Deckenfeld mit $F = 0{,}25$ m² z. B. entspricht das einem Abstand von

$$x = 1{,}5\,\sqrt{0{,}25} = 0{,}75 \text{ m}.$$

Für die dünne Lochdecke ergibt sich bei $x/\sqrt{F} \leqq 1{,}5$ der Wert für die dimensionslose Zentralgeschwindigkeit mit $\dfrac{w_c}{w_0}\,\dfrac{1}{\sqrt{\alpha\,i}} = 1{,}2$.

Bei $w_0 = 4$ m/s, $\alpha = 0{,}75$ und $i = 0{,}05$ erhält man für die Zentralgeschwindigkeit unter der Decke

$$w_c = 1{,}2\,\sqrt{0{,}75 \cdot 0{,}05} \cdot 4{,}0 = 0{,}93 \text{ m/s}.$$

Im Abstand von $x = 2$ m, also mit $x/\sqrt{F} = 4$ ist nach Abb. 13.35

$$\frac{w_c}{w_0}\,\frac{1}{\sqrt{\alpha\,i}} = 0{,}8,$$

---

[1] KOESTEL, A., u. G. L. TUVE: Air Streams from Perforated Panels. ASHVE-Transactions 55 (1949) 283/298.
[2] Dünne Lochdecken: $s/d_0 \leqq 1$, dicke Lochdecken: $s/d_0 > 1$.

das entspricht einer maximalen Geschwindigkeit im Strahl von $w_c = 0,62$ m/s. Sie ist noch relativ hoch.

Wird bei sonst gleichen Strömungsverhältnissen eine dicke Lochdecke verwendet, so ergibt sich wegen des niedrigeren Wertes von $\dfrac{w_c}{w_0}\dfrac{1}{\sqrt{\alpha\,i}} = 0,4$ eine verbleibende Zentralgeschwindigkeit von nur 0,31 m/s.

Bei der Wahl der Lufteintrittsgeschwindigkeit ist also auf die verfügbare Raumhöhe Rücksicht zu nehmen, da der Mischvorgang stets oberhalb der Aufenthaltszone verlaufen muß und die Luftgeschwindigkeit w_g beim Eintritt in die Aufenthaltszone aus physiologischen Gründen nicht höher sein soll als

$$w_g = 0,2 \text{ bis } 0,5 \text{ m/s.} \tag{13.29}$$

Der untere Grenzwert gilt für niedrige Lufteintrittstemperaturen (Kühlung), der obere bei Zulufttemperaturen, die höher sind als die Raumlufttemperaturen. Wird für x der Abstand zwischen Lochdecke und Aufenthaltszone eingesetzt, also bei einer Raumhöhe H in m

$$x = x_g = H - 1,8 \quad \text{in m,} \tag{13.30}$$

so läßt sich aus Abb. 13.35 für ein gewähltes w_0 die Luftgeschwindigkeit am Eintritt in die Aufenthaltszone ermitteln.

Die Angabe des unteren Grenzwertes für w_g nach Gl. (13.29) beim Einblasen von Kaltluft darf nicht dazu verleiten, auch mit der Einblasgeschwindigkeit w_0 am Luftdurchlaß unter gerade noch zulässige Werte zurückzugehen. Wegen der insbesondere bei nichtisothermem Vorgang notwendigen guten Durchmischung mit der Raumluft sollte vielmehr die Geschwindigkeit in den Lochquerschnitten möglichst hoch gewählt werden, damit sich in jedem Fall ein turbulenter Strahl ausbilden kann; nur dann ist eine gute Mischung gewährleistet.

Huesmann[1] nennt als Kriterium für turbulente Strahlen bei Lochdecken die Reynolds-Zahl $Re = 1500$. Daraus ergibt sich als untere Grenzgeschwindigkeit für die Zuluft im Lochquerschnitt

$$w_0 = \frac{1500\,\nu}{d_0}.$$

Laminare Strahlen neigen zu instabilen Strömungszuständen, die beim Einblasen kalter Zuluft zu örtlichen Zuggefährdungen in der Aufenthaltszone führen können. Eventuell muß die Größe der beaufschlagten Deckenfelder verringert werden, um die Grenzgeschwindigkeit nach Gl. (13.29) einhalten zu können. Bei Einführen von Zuluft mit Raum- oder auch höherer Temperatur können die beaufschlagten Deckenfelder größer gewählt werden. Hier sind niedrige Eintrittsgeschwindigkeiten zulässig, da das Auftreten von laminaren Strahlen unbedenklich ist. Bei isothermen Vorgängen ist eine Vollbeaufschlagung der Decke möglich, die sehr hohe Luftwechselzahlen zuläßt. Es ergibt sich dann eine besonders gleichmäßige Durchspülung des Raumes.

Die Geschwindigkeit ergibt sich hier nach der Kontinuitätsbedingung mit

$$w_x = i\,w_0. \tag{13.31}$$

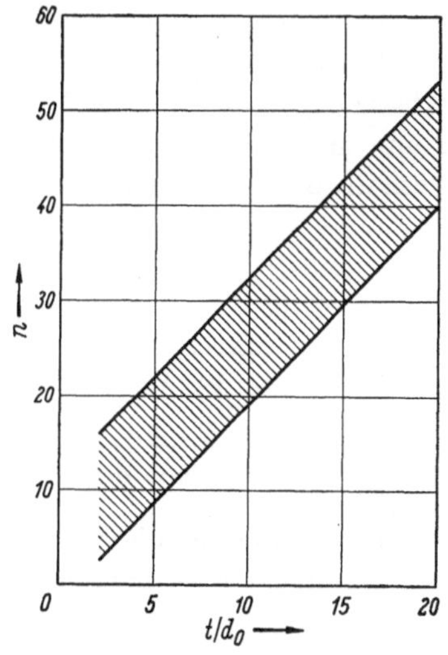

Die Näherungsformel

$$w_0 \approx H - 1 \quad \text{in m/s}$$

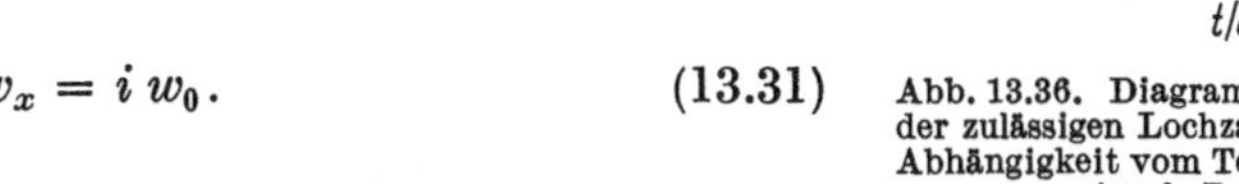

Abb. 13.36. Diagramm zur Bestimmung der zulässigen Lochzahl n je Lochreihe in Abhängigkeit vom Teilungsverhältnis t/d_0 (nach Rydberg).

liefert für isotherme Verhältnisse physiologisch befriedigende Luftgeschwindigkeiten in der Aufenthaltszone.

In der Praxis werden oft nur einzelne Lochreihen zur Luftzuführung verwendet, die übrigen dienen der Schallschluckung, s. Abb. 7.42 im ersten Band. Das Zwischenschalten zuluftfreier

---

[1] Huesmann, K.: Strömungsvorgänge bei Verteilkanälen mit einer perforierten Wand. Gesundh.-Ing. **86** (1965) 350/359.

Deckenflächen begünstigt das Nachströmen der Injektionsluft und damit die Vermischung von Zu- und Raumluft.

Für die Festlegung der Lochzahl n je Reihe kann die Abb. 13.36, die RYDBERG[1] für Perforationen mit quadratischem Muster aufgestellt hat, angewendet werden.

2. Gleichmäßigkeit der Luftverteilung

Die Luftleistung ergibt sich mit den Bezeichnungen auf S. 266 (s. auch Abb. 13.37)

$$\dot{V} = w_z\, F_z = w_0\, \alpha\, i\, F. \tag{13.32}$$

Für den Fall senkrechten Anströmens der perforierten Platten können die in Tab. 13.09 angegebenen Einschnürungszahlen α zugrunde gelegt werden. Aus baulichen Gründen ist die Verteilung der Luft über der Lochdecke durch senkrechtes Anströmen nur in den seltensten Fällen ausführbar. Allgemein wird die Zuluft dem Luftverteilraum (Druckraum) seitlich zugeführt, s. Abb. 13.37. Diese Ausführung hat den Nachteil, daß bei größeren Geschwindigkeiten im Verteilraum — diese ergeben sich insbesondere dann, wenn die Höhe h aus baulichen Gründen niedrig gehalten werden muß — die Gleichmäßigkeit der Mengenverteilung stark beeinträchtigt werden kann.

HUESMANN[2] empfiehlt nach Versuchen an dünnen und dicken Lochdecken die Einhaltung einer Verhältniszahl von Zuströmquerschnitt F_z zu freiem Strömungsquerschnitt der Decke von

$$\frac{F_z}{i\,F} \geqq 2.$$

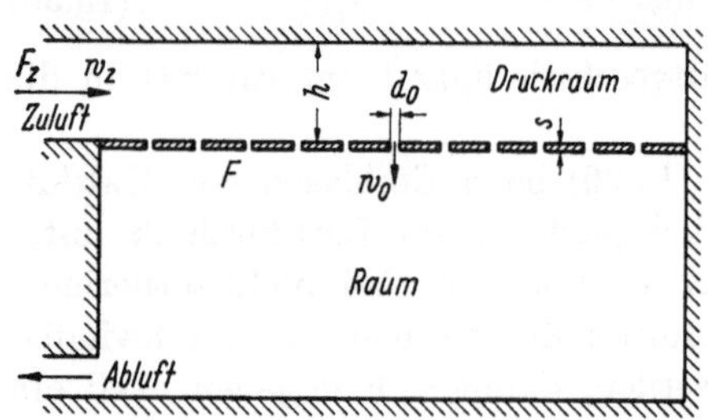

Abb. 13.37. Lochdecke mit seitlicher Luftzufuhr.

C. Abluftdurchlässe

Anordnung und Größe der Abluftöffnungen sind von vergleichsweise geringem Einfluß auf die Luftbewegung im Raum[3]. Da die Zuströmgeschwindigkeit der Raumluft mit wachsendem Abstand von der Abluftöffnung rasch abnimmt, können Zugbelästigungen nur in unmittelbarer Nähe und bei zu hoch gewählten Geschwindigkeiten im Abluftdurchlaß auftreten. Es genügt deshalb eine Querschnittsbemessung mit den nachstehenden Erfahrungszahlen.

Tabelle 13.11. *Anhaltswerte der Luftgeschwindigkeit in Abluftdurchlässen*

Lage der Abluftöffnung		Luftgeschwindigkeit in m/s im freien Querschnitt
In der Aufenthaltszone	in der Nähe von Sitzen	2,0—2,5
	entfernter von Sitzen	2,5—3
Außerhalb der Aufenthaltszone		≈ 4

Bei Räumen mit hohen schalltechnischen Anforderungen kann es — je nach der Gestaltung des Durchlasses — notwendig sein, niedrigere Geschwindigkeiten zu wählen.

D. Beispielrechnungen

1. Beispiel

In einem Raum mit der Länge $L = 16$ m, der Höhe $H = 4$ m und der Breite $B = 10$ m soll über Wanddurchlässe in der Schmalseite eine Luftmenge von $V_h = 3000$ m³/h eingeblasen werden.

Gesucht: Querschnittsflächen der Durchlässe, Zuluftgeschwindigkeit und Mischungsverhältnis am Strahlende.

$$\text{Wurfweite } X = L = 16 \text{ m.}$$

Grenzwert der Zentralgeschwindigkeit (gewählt) $w_g = 0{,}3$ m/s.

[1] RYDBERG, J.: Lufteinblasung durch perforierte Decken. Gesundh.-Ing. 84 (1963) 33/38.
[2] Siehe Fußnote auf S. 267.
[3] GILMAN, S. F., u. H. E. STRAUB: Heat. Pip. Air Condit. 25 (1953) Nr. 4 S. 121/131 u. Nr. 11 S. 145/154.

Durchlaßquerschnitt:
Nach Gl. (13.24) gilt für den Durchlaßquerschnitt F

$$\sqrt{F\,i\,\alpha} = \sqrt{F_0} = \frac{K'\,\dot{V}_0}{w_g\,X}.$$

Es sollen vier rechteckige Durchlässe mit einem Seitenverhältnis $s \leq 25$ und einem freien Querschnittsanteil $i = 0,75$ verwendet werden.
Der Luftstrom je Durchlaß beträgt

$$\dot{V}_0 = \frac{3000}{4 \cdot 3600} = 0,208 \text{ m}^3/\text{s}.$$

Aus den Tab. 13.09 und 13.10 entnimmt man für $w_0 \leq 5$ m/s

$$K' = 5,3,$$
$$\alpha \approx 0,7.$$

Damit ergibt sich

$$\sqrt{F_0} = \frac{5,3 \cdot 0,208}{0,3 \cdot 16} = 0,23 \text{ m}$$

und

$$F_0 = 0,053 \text{ m}^2; \quad F = \frac{0,053}{0,75 \cdot 0,7} = 0,101 \text{ m}^2.$$

Für eine Durchlaßhöhe $h = 0,14$ m wird die Länge des Gitters l

$$l = \frac{F}{h} = \frac{0,101}{0,14} = 0,72 \text{ m}.$$

(Die Gesamtlänge der Gitter richtet sich nach der verfügbaren Wandbreite. Nur wenn ein ausreichender Abstand zwischen den Gittern verbleibt — genaugenommen ist von dem gleichwertigen Durchmesser der Querschnittsfläche F_0 auszugehen —, können die einzelnen Luftdurchlässe nach den Gesetzen für den freien Strahl berechnet werden, wie es hier geschehen ist[1].)

Luftgeschwindigkeit:
$$w_0 = \frac{\dot{V}_0}{F_0} = \frac{0,208}{0,053} = 3,9 \text{ m/s},$$

Mischungsverhältnis:
$$\frac{\dot{V}_x}{\dot{V}_0} = 2\,\frac{w_0}{w_x} = 2\,\frac{3,9}{0,3} = 26.$$

Dieses hohe Mischungsverhältnis gilt für den freien Rundstrahl. Da die Zuluftstrahlen der einzelnen Durchlässe gegen Ende der Strahlbahn zusammenfließen, wird das errechnete Mischungsverhältnis in Wirklichkeit nicht erreicht. Aber auch bei wesentlich kleinerem Mischungsverhältnis ist die Gefahr der Zugbelästigung beim Einblasen von Zuluft mit niedrigerer als Raumlufttemperatur gering.

2. Beispiel

Die gleiche Aufgabe wie im Beispiel 1 soll bei Verwendung eines durchgehenden Zuluftschlitzes gelöst werden.
Die Schlitzlänge sei $l = 7$ m. Aus

$$F_0\,w_0 = \dot{V} = l\,h_0\,w_0$$

folgt

$$h_0 = \frac{\dot{V}}{l\,w_0} = \frac{3000}{3600 \cdot 7 w_0} = 0,119\,\frac{1}{w_0}.$$

Für die Wurfweite gilt Gl. (13.25). Es ergibt sich daraus

$$w_0 = \frac{X}{54 \cdot 0,119} = \frac{X}{6,43}.$$

Für $X = 16$ erhält man

$$w_0 = \frac{16}{6,43} = 2,5 \text{ m/s}$$

und

$$h_0 = \frac{0,119}{2,5} = 0,048 \text{ m}$$

Mischungsverhältnis $\dfrac{\dot{V}_x}{\dot{V}_0} = \sqrt{2}\,\dfrac{2,5}{0,3} = 11,8.$

---

[1] Siehe auch: HÄUSLER, W.: Wie werden die modernen Induktionsluftauslässe richtig bemessen? Installation 30 (1958) 143/149.

Man erkennt aus dem Vergleich der Rechnungsergebnisse, daß bei Schlitzen nur geringe Austrittsgeschwindigkeiten zulässig sind und dementsprechend große Durchlaßflächen notwendig werden. Infolge des höheren Mischungsverhältnisses beim Freistrahl sind wenige Einzeldurchlässe bei Räumen geringer Länge günstiger als lange Schlitze.

3. Beispiel

Durch eine Gipsplatten-Lochdecke sollen 2000 m³/h Zuluft eingeblasen werden. Raummaße: Lichte Höhe $H = 4$ m, Länge $L = 10$ m, Breite $B = 5$ m. Für die Zuluftöffnungen stehen 65 % der Deckenfläche zur Verfügung.

Gesucht: Zuluftgeschwindigkeit, Lochzahl und Teilung bei einem Lochdurchmesser $d_0 = 6$ mm.

Zuluftgeschwindigkeit w_0:

An Hand des von HUESMANN angegebenen Turbulenzkriteriums ergibt sich eine Minimalgeschwindigkeit für w_0 bei einer Zulufttemperatur von etwa 16 bis 22 °C von

$$w_0 = \frac{1500\,\nu}{d_0} = \frac{1500 \cdot 15 \cdot 10^3}{6 \cdot 10^6} = \frac{22,5}{6} = 3,75 \text{ m/s}.$$

Wir wählen $w_0 = 4$ m/s.

Es ist jetzt nachzuprüfen, wie hoch die Luftgeschwindigkeit w_g beim Eintritt in die Aufenthaltszone wird. Wir benutzen dazu Abb. 13.35. Nach Gl. (13.30) ist

$$X = H - 1,8 = 4 - 1,8 = 2,2 \text{ m}.$$

Der Abszissenwert ist

$$\frac{X}{\sqrt{F}} = \frac{2,2}{\sqrt{0,65 \cdot 50}} = \frac{2,2}{5,7} = 0,386.$$

Aus der Kurve für die dicke Decke der Abb. 13.35 entnimmt man den Ordinatenwert

$$\frac{w_g}{w_0}\,\frac{1}{\sqrt{i\,\alpha}} = 0,7.$$

Es gilt weiterhin

$$\dot{V}_0 = F\,i\,\alpha\,w_0;$$

$$i\,\alpha = \frac{\dot{V}_0}{F\,w_0} = \frac{2000}{3600 \cdot 32,5}\,\frac{1}{w_0} = 0,0171\,\frac{1}{w_0}.$$

Also

$$w_g = 0,7\,\sqrt{i\,\alpha}\,w_0 = 0,7\,\sqrt{0,0171}\,\sqrt{w_0} = 0,092 \cdot 2 = 0,184 \text{ m/s}.$$

Dieser Wert liegt unterhalb der auf S. 267 angegebenen Grenzwerte von w_g.

Lochzahl n:

$$i\,\alpha = 0,0171\,\frac{1}{4} = 0,0043,$$

$$\alpha = 0,78 \quad \text{(s. Tab. 13.09)}, \quad i = \frac{0,0043}{0,78} = 0,0055,$$

für

$$F\,i = 32,5 \cdot 0,0055 = 0,18 \text{ m}^2,$$

$$n = \frac{F\,i \cdot 4}{d_0^2\,\pi} = \frac{0,18 \cdot 4}{0,36\,\pi}\,10^4 = 6400$$

Teilung t.

Bei gleichmäßiger Lochanordnung ergibt sich t angenähert aus

$$t \approx \sqrt{\frac{F}{n}} \quad \text{zu} \quad t = \sqrt{\frac{32,5}{6400}} = 0,071 \text{ m}.$$

Klimatechnische Berechnungen

Die Berechnung der von lüftungstechnischen Anlagen geforderten kalorischen Leistungen, sei es, daß Wärme zuzuführen ist (Heizung und Befeuchtung), sei es, daß Wärme abzuführen ist (Kühlung und Trocknung), soll am Beispiel der Klimaanlage besprochen werden. Bei einfacheren Anlagen fehlen einzelne Luftaufbereitungsstufen; dementsprechend entfallen die betreffenden Rechnungsgänge.

Begriffe. Die Bezeichnung der einzelnen Leistungswerte ist in der Klimatechnik zur Zeit noch nicht einheitlich. So werden z. B. die Begriffe „Kühllast" und „Kühlleistung" oft für die gleiche Leistungsangabe gebraucht. Wir wollen hier als „Kühllast" die unter ungünstigsten Bedingungen aus einem klimatisierten Raum (Gebäude) stündlich abzuführende Wärmemenge bezeichnen. Die im Klimagerät bereitzustellende „Kühlleistung" ist höher, und zwar um die Leistungsbeträge, die zur Kühlung und Entfeuchtung der Außenluft sowie zum Ausgleich der Wärmegewinne in Zentrale und Kanalsystem erforderlich sind. In gleicher Weise soll zwischen Heizlast und Heizleistung unterschieden werden. Es ist also jeweils die

Kühl- bzw. Heiz*last* eine auf den Raum (das Gebäude) bezogene Angabe,

Kühl- bzw. Heiz*leistung* eine auf die lüftungstechnischen Einrichtungen bezogene Angabe.

Die Kühl- bzw. Heizlast ist dabei nicht eine reine Gebäudeeigenschaft, wie etwa der Heizwärmebedarf; es gehen auch Ausstattung und Nutzung der Räume (Wärme- und Feuchteentwicklung) mit ein.

I. Heizleistung

A. Heizlast eines Raumes Q_H

Bezeichnen wir mit

$\quad Q_T\quad$ den Transmissionswärmebedarf und
$\quad Q_I\quad$ die im Raum anfallende Wärmeleistung,

so ergibt sich die Heizlast als Differenz

$$Q_H = Q_T - Q_I. \tag{14.01}$$

Q_I setzt sich zusammen aus

$$Q_I = Q_M + Q_E. \tag{14.02}$$

Dabei bedeuten:

$\quad Q_M\quad$ Wärmeabgabe der Menschen,
$\quad Q_E\quad$ Wärmeabgabe der Einrichtungen.

Angaben über die Wärmeabgabe des Menschen enthält Zahlentafel A 52.

Als wärmeabgebende Einrichtungen kommen in Frage: Leuchtkörper, Geräte und Motoren, eventuell auch eingebrachte Materialien. Häufig wird man bei Festlegung der Heizlast die Wärmeentwicklung im Raum unberücksichtigt lassen, da diese Leistung zeitweise ausfällt. Die Heizlast stimmt dann überein mit dem Transmissionswärmebedarf.

Der Transmissionswärmebedarf ist nach DIN 4701 zu berechnen, s. S. 44. Als Innentemperatur ist die jeweils geforderte Raumlufttemperatur zu wählen, also beispielsweise bei Aufenthaltsräumen $+22\,°C$ (nicht $+20\,°C$ wie bei reiner Heizung). Sind örtliche Heizflächen vorgesehen, so gilt als Heizlast der lüftungstechnischen Anlage nur der Differenzbetrag zwischen Transmissionswärmebedarf und Heizkörperleistung.

B. Lüftungswärme Q_L

Ist L_a die stündlich zuzuführende Außenluftmenge, so ergibt sich für eine Raumlufttemperatur t_i der Lüftungswärmebedarf Q_L zu

$$Q_L = L_a\, c_p (t_i - t_a). \tag{14.03}$$

Es empfiehlt sich, dabei L_a in kg/h anzugeben, um die Umrechnung eines Volumstroms auf die jeweiligen Temperaturen zu umgehen. Die Luftmenge L_a ergibt sich für Aufenthaltsräume aus den Mindestluftraten[1] nach DIN 1946, Bl. 1, für Werkräume aus der einzuhaltenden Höchstkonzentration der Verunreinigungen an Hand einer Bilanzrechnung, s. S. 330 im ersten Band.

Aus wirtschaftlichen Gründen wird bei extremen Witterungsbedingungen der Außenluftanteil in der Regel eingeschränkt. Es ist daher zu prüfen, ob der maximale Lüftungswärmebedarf nicht eventuell bei einer höheren Außentemperatur als $t_{a_{min}}$ nach DIN 4701 auftritt.

So ergeben sich z. B. für Aufenthaltsräume ohne Rauchverbot unter Zugrundelegung der Mindestwerte der Außenluftrate nach DIN 1946 die nachstehenden Vergleichswerte, bezogen auf eine Person

	Mindestluftrate	Lüftungswärme
$t_a = -15\,°C$	$15\ \mathrm{m^3/h}$	$160\ \mathrm{kcal/h}$
$t_a = 0\,°C$	$30\ \mathrm{m^3/h}$	$190\ \mathrm{kcal/h}$

Der jeweils höchste Wert des Wärmebedarfs ist bei der Berechnung der Vorwärmerleistung zu verwenden.

C. Befeuchtungswärme Q_F

Die Einhaltung einer vorgegebenen Raumluftfeuchte macht zu gewissen Zeiten, vor allem im Winter, eine Befeuchtung der Zuluft notwendig. Erfolgt die Befeuchtung im Wasserschleier, so muß die Verdampfungswärme mit der Luft oder dem Wasser zugeführt werden.

Wir bezeichnen mit

G_W die von der Luft aufzunehmende Wassermenge,
$\varDelta i$ die zur Verdampfung von 1 kg Zuflußwasser notwendige Wärmemenge.

Dann ergibt sich die Befeuchtungswärme aus

$$Q_F = G_W \varDelta i. \tag{14.04}$$

$\varDelta i$ weicht in der Regel nur wenig von der Verdampfungswärme bei der Lufttemperatur hinter dem Befeuchter ab. Bei einer Wasserzuflußtemperatur von $t_a \approx 10\ °C$ und einer Befeuchterendtemperatur von $t_\tau = 12$ bis $15\ °C$ kann $\varDelta i$ einheitlich mit 590 kcal/kg angesetzt werden.

G_W ist aus einer Feuchtebilanzrechnung zu ermitteln.

Bedeuten:

L_a Außenluftmenge ($=$ Fortluftmenge),
x_z Wassergehalt der Zuluft,
x_i Wassergehalt der Raumluft,
x_a Wassergehalt der Außenluft,
G_{WM} Wasserabgabe der Menschen,
G_{WE} Wasserabgabe der Einrichtungen (evtl. auch Wasserdampfaufnahme),

dann gilt

$$L_a x_a + G_W + G_{WM} + G_{WE} = L_a x_i,$$

also auch

$$G_W = L_a(x_i - x_a) - (G_{WM} + G_{WE}) \tag{14.05}$$

und damit

$$Q_F = [L_a(x_i - x_a) - (G_{WM} + G_{WE})]\varDelta i. \tag{14.06}$$

Auch hier ist zu prüfen, ob eventuell die inneren Feuchtequellen ausfallen. Bei dem niedrigen Wassergehalt der Außenluft im Winter ergibt sich das Maximum von Q_F bei dem höchsten Wert von L_a. (In der Praxis ermittelt man zumeist die Befeuchtungswärme an Hand der Enthalpieangaben für feuchte Luft im i, x-Diagramm.)

Der Wassergehalt der Zuluft x_z ergibt sich bei der Zuluftmenge L_z aus

$$L_z(x_i - x_z) = G_{WM} + G_{WE}$$

zu

$$x_z = x_i - \frac{G_{WM} + G_{WE}}{L_z}. \tag{14.07}$$

---

[1] Diese Angaben beziehen sich auf die mittlere Raumtemperatur. Man setzt der Einfachheit halber meist $\varrho = 1{,}2\ \mathrm{kg/m^3}$ ($t_L \approx 21\ °C$).

Die Wasserdampfabgabe der Menschen ist der Zahlentafel A 52 zu entnehmen. Die Abgabe oder Aufnahme von Feuchtigkeit durch Einrichtungen, Materialien usw. spielt nur bei gewerblichen Betrieben eine Rolle; sie ist für jedes Gerät oder Material gesondert zu ermitteln.

D. Wärmeverluste und Wärmegewinne Q_V

Bei ausgedehnten lüftungstechnischen Anlagen kann es eventuell notwendig sein, auch die Wärmeverluste in der Zentrale und im Verteilungsnetz bei der Bestimmung der Heizleistung zu berücksichtigen. Das tritt vor allem ein, wenn der spezifische Wärmebedarf der zu lüftenden Räume relativ hoch liegt und längere Blechkanäle in Keller- oder Dachräumen verlegt werden müssen. Unterlagen für solche Berechnungen enthält der achte Abschnitt.

Umgekehrt sind auch Wärmegewinne möglich. Insbesondere wird die gesamte Lüfterarbeit in Wärme umgesetzt, die zu einem erheblichen Teil an die Zuluft übergeht. Diese Wärmemengen spielen bei der Berechnung der Kühlleistung eine Rolle; bei der Heizleistung können sie meist vernachlässigt werden.

E. Die Aufteilung der Heizleistung auf Vorwärmer und Nachwärmer

Die gesamte Heizleistung Q_{HL} ergibt sich als Summe der Einzelbeträge zu

$$Q_{HL} = Q_H + Q_L + Q_F + Q_V. \tag{14.08}$$

In Anlagen ohne Be- und Entfeuchtung der Luft erfolgt die Lufterwärmung in der Regel einstufig. Ist der Feuchtegehalt der Luft zu ändern, so ist eine Vor- und Nachwärmung notwendig. Ein Teil der Heizleistung kann auch im Befeuchter durch Erwärmung des Umlaufwassers zugeführt werden.

Am einfachsten liegen die Verhältnisse bei der Taupunktregelung. Unter der Annahme voller Wasserdampfsättigung hinter dem Befeuchter (sie wird in Wirklichkeit nicht ganz erreicht, s. S. 307) liegt mit der Taupunkttemperatur auch die Enthalpie des Dampf-Luftgemisches fest.

Bedeuten:

i_m Enthalpie in der Mischkammer (vor Vorwärmer),
i_τ Enthalpie hinter dem Befeuchter,
$i_{z'}$ Enthalpie hinter dem Nachwärmer,
Q_1 Vorwärmerleistung,
Q_2 Nachwärmerleistung,

so muß sein

$$\frac{Q_1}{Q_2} = \frac{i_\tau - i_m}{i_{z'} - i_\tau}. \tag{14.09}$$

Diese Beziehung gilt, wenn die Befeuchtungswärme im Vorwärmer zugeführt wird, sonst ist die im Befeuchter zugeführte Leistung von Q_1 abzuziehen.

i_m ist aus dem Mischungsverhältnis von Außenluftmenge (L_a) zu Umluftmenge (L_u) zu berechnen, also

$$i_m = \frac{i_a + \dfrac{L_u}{L_a} i_u}{1 + \dfrac{L_u}{L_a}}. \tag{14.10}$$

Beispiel. Für einen Raum ohne Feuchtequellen soll bei einer Zulufttemperatur $t_z = +25\ ^\circ C$ und einem Zuluftwassergehalt $x_z = 8\ \mathrm{g/kg}$ das Verhältnis der Vorwärmer- zur Nachwärmerleistung berechnet werden. Weitere Angaben:

$$t_a = -15\ ^\circ C, \quad \varphi_a = 70\%; \quad t_i = +22\ ^\circ C; \quad L_u/L_a = 2/1.$$

Aus i, x-Diagramm

$$i_a = -3{,}2; \quad i_i = i_u = 10{,}1; \quad i_\tau = 7{,}4; \quad i_{z'} = 10{,}9;$$

$$i_m = \frac{-3{,}2 + 2 \cdot 10{,}1}{1 + 2} = \frac{17{,}0}{3} = 5{,}7;$$

$$\frac{Q_1}{Q_2} = \frac{7{,}4 - 5{,}7}{10{,}9 - 7{,}4} = \frac{1{,}7}{3{,}5} = \frac{1}{2{,}06}.$$

Im Nachwärmer ist mindestens die Heizlast des Raumes zuzüglich der Verluste aufzubringen, im Vorwärmer der Lüftungswärmebedarf bis zur Taupunkttemperatur einschließlich der Befeuchtungswärme.

Bei Versammlungsräumen mit dichter Besetzung kann eventuell die trockene Wärmeabgabe der Menschen größer sein als der Transmissionswärmebedarf. Trotzdem muß man auch in solchen Fällen eine ausreichende Wärmeleistung zum Anheizen vorhalten, und zwar mindestens den Transmissionswärmebedarf bei der geforderten Innentemperatur vor der Benutzung des Raumes unter Berücksichtigung eines Zuschlages z_D für 12- bis 16stündige Unterbrechung des Heizbetriebes gemäß DIN 4701 (s. Zahlentafel A 14).

II. Kühlleistung

Bei der Berechnung der Kühlleistung sind die gleichen Vorgänge zu betrachten wie bei der Heizleistung, nur daß die Wärmeentwicklung im Raum und auch das Wärmeäquivalent der Ventilatorarbeit als zusätzliche Belastung auftreten und damit stets berücksichtigt werden müssen.

A. Kühllast eines Raumes Q_K

Bezeichnet man mit

Q_A die von außen über Wände, Fenster usw. einströmende Wärme (äußere Kühllast),
Q_I die Wärmeentwicklung im Raum (innere Kühllast),

so entspricht die gesamte Kühllast der Summe

$$Q_K = Q_A + Q_I. \tag{14.11}$$

Q_A ergibt sich bei der Raumkühlung nicht ohne weiteres aus dem Temperaturunterschied zwischen Außen- und Raumluft wie bei der Heizung; es ist vielmehr zusätzlich noch dem Einfluß der Sonnenstrahlung auf die Gebäudeerwärmung Rechnung zu tragen. Die Bestimmung der äußeren Kühllast wird in Teilabschnitt III behandelt.

Q_I setzt sich zusammen aus den von den Menschen (Q_M) und den von den Einrichtungen (Q_E) abgegebenen Wärmemengen, s. Gl. (14.02). Bei Q_E ist zu unterscheiden zwischen der durch Beleuchtungseinrichtungen eingebrachten Wärme Q_B, der Maschinenwärme Q_N und der Materialwärme durch eingebrachtes oder durchlaufendes Gut Q_G, also

$$Q_E = Q_B + Q_N + Q_G. \tag{14.12}$$

1. Wärmeabgabe des Menschen Q_M

Q_M berechnet sich aus der Höchstzahl der Rauminsassen und der Wärmeabgabe je Person. Dabei kann näherungsweise mit der trockenen Wärmeabgabe gerechnet werden, wenn keine Feuchtegewährleistung zu übernehmen ist, d. h. in allen Fällen, in denen die Bedeutung der Feuchtequellen gering ist. Andernfalls ist die Gesamtwärmeabgabe zu berücksichtigen, da die bei der Trocknung der Luft anfallende Kondensationswärme die Klimaanlage belastet. Die maßgeblichen Daten sind der Zahlentafel A 52 zu entnehmen.

2. Beleuchtungswärme Q_B

Falls nicht besondere Vorkehrungen zur Luftabsaugung durch die Leuchten getroffen werden, geht die Wärmeabgabe der Lampen voll in die Kühllast des Raumes ein. Die installierte Beleuchtungsleistung sollte erfragt und je nach dem Zeitpunkt der Berechnung mit einem Gleichzeitigkeitsfaktor berücksichtigt werden. Liegen diese Angaben noch nicht vor, so können an Hand der in der DIN 5035[1] empfohlenen Beleuchtungsstärken unter Zugrundelegung durchschnittlicher Verhältnisse die voraussichtlichen Lampenleistungen überschläglich berechnet werden. Zahlentafel A 53 gibt für einige wichtige Fälle die im Mittel zu erwartenden Leistungen an. Sie

---

[1] DIN 5035. Innenraumbeleuchtung mit künstlichem Licht; Leitsätze. Aug. 1963.

sind berechnet für einen mittleren Beleuchtungswirkungsgrad von $\eta_B = 40\%$ und Lichtausbeuten[1]
von

$$13{,}8\ \mathrm{lm/W} \quad \text{bei Glühlampen}$$

sowie

$$48\ \mathrm{lm/W} \quad \text{bei Leuchtstofflampen.}$$

Zu beachten ist, daß sich bei Leuchtstofflampen die Anschlußleistung durch die Verluste der Vorschaltdrossel etwa um den Faktor 1,25 erhöht. Dieser Wert ist in der angegebenen Lichtausbeute (für Lampentyp Universal Weiß) bereits berücksichtigt. Es ist hier nur die allgemeine Beleuchtung erfaßt. Arbeitsplatzleuchten kommen in ihrer vollen Leistung hinzu.

Da nach neueren Untersuchungen Leistung und Arbeitsfreude des Menschen mit wachsender Beleuchtungsstärke bis über 1000 Lux stetig steigen, geht die Tendenz eindeutig zu höheren Intensitäten. Das gilt besonders für Großraumbüros, in denen erhebliche Beleuchtungsenergien anfallen.

Bei derartigen Werten ist es unumgänglich, Sonderlösungen zu suchen, mit denen die Lampenwärme weitgehend vom Raum ferngehalten wird. Bei Lampenkonstruktionen, die direkt an ein Abluftsystem angeschlossen werden[2], s. Abb. 7.71 im ersten Band, kann der im Raum verbleibende Energieanteil (l_2) aus Zahlentafel A 53 b entnommen werden. Es gilt also:

$$Q_B = l_1 \cdot l_2 \cdot N_B \tag{14.13}$$

mit

N_B Gesamtleistung der Beleuchtung (einschließlich Vorschaltleistung),
l_1 Gleichzeitigkeitsfaktor,
l_2 Restwärmefaktor zur Berücksichtigung des im Raum verbleibenden Energieanteils bei Absaugleuchten. (Überschlagswerte je nach Leuchtenbauart und Abluftführung im Deckenhohlraum s. Zahlentafel A 53 b.)

Die Kühlleistung liegt immer dann höher als die Kühllast, wenn die Lampenabluft nicht voll als Fortluft aus dem System, sondern teilweise als Umluft zur Klimazentrale zurückgeführt wird.

3. Maschinenwärme Q_N

Bei Arbeitsmaschinen wird die gesamte verbrauchte Energie in Wärme umgesetzt. In der Regel erfährt man lediglich die auf dem Typenschild angegebene Motorleistung N und muß mittels eines Belastungsfaktors a_1 die abgegebene Wärme schätzen. a_1 muß nicht notwendig bei Vollast der Arbeitsmaschine den Wert 1 annehmen, da die Motoren häufig überdimensioniert sind.

Die Wärmeabgabe einer Maschine ist also

$$Q_N = a_1 \frac{N}{\eta}.$$

wobei

η der Motorenwirkungsgrad.

Zahlentafel A 54 gibt eine Übersicht über mittlere Wirkungsgrade von Drehstrom-Asynchronmotoren in Abhängigkeit von der Nennleistung.

Bei mehreren Maschinen sollte ferner ein Gleichzeitigkeitsfaktor a_2 eingeführt werden, der den Leistungsanteil der im Mittel eingeschalteten Maschinen berücksichtigt. Damit ist

$$Q_N = a_1\, a_2\, \frac{N_{Ges}}{\eta}, \tag{14.14}$$

wobei

N_{Ges} die gesamte Motorennennleistung.

---

[1] Einheit des Lichtstroms: 1 Lumen = lm. Mechanisches Lichtäquivalent: 682 lm/W. Beleuchtungsstärke: 1 Lux = lx = lm/m².

[2] SÖLLNER, G.: Kombinierte Beleuchtung und Klimatisierung zur Konditionierung von Arbeitsräumen. Heizg.-Lüftg.-Haustechn. 19 (1968) 339/344, 429/435.

4. Wärmetransport beim Stoffdurchsatz durch den Raum Q_G

Werden Materialien irgendwelcher Art im Raum temperiert und verlassen ihn wieder, so gilt

$$Q_G = G\,c(t_E - t_A),\tag{14.15}$$

wobei

G die Menge des in den Raum gebrachten bzw. aus ihm entfernten Gutes,
c die spezifische Wärme,
t_E die Eintrittstemperatur,
t_A die Austrittstemperatur.

Beispiele: Temperierte Werkstücke, Kühlwasser, Abgase von Heizöfen.

Alle sonstigen Wärmequellen und -senken sind in ihrer Auswirkung auf das Raumklima abzuschätzen und, getrennt nach fühlbarer und latenter Wärme, zu berücksichtigen.

B. Luftkühlung und Entfeuchtung Q_{LE}

Bei einer Luftkühlung ohne Entfeuchtung läßt sich die erforderliche Kühlleistung in einfacher Weise mit Hilfe der Gl. (14.03) berechnen. Die Unterschiede in der Dichte und in der spezifischen Wärme der Luft bei unterschiedlichem Wassergehalt können dabei wegen ihres geringen Einflusses vernachlässigt werden. Bezüglich der Außenluftmenge L_a sei auf die Ausführungen im Unterabschnitt I B verwiesen. Eine Einschränkung der Außenluftrate ist bei hoher Außentemperatur i. allg. zugelassen, nach DIN 1946 beispielsweise auf 15 bzw. 23 m³/h je Person bei Aufenthaltsräumen, s. S. 327 im ersten Band.

Wird die Luft mit der Kühlung gleichzeitig entfeuchtet, so muß auch die Verdampfungswärme der ausgeschiedenen Wassermenge abgeführt werden. Es ist in solchen Fällen einfacher, bei der Ermittlung der Kühlleistung mit den Enthalpiewerten der feuchten Luft zu rechnen und die Luftzustandsänderungen im i, x-Diagramm zu verfolgen.

Die auszuscheidende Wassermenge G_W ergibt sich aus einer Feuchtebilanzrechnung nach Gl. (14.05), der Wassergehalt der Zuluft x_z aus Gl. (14.07). Die für die Kühlung der Außenluft und die Abführung der Wassermenge G_W erforderliche Leistung Q_{LE} beträgt

$$Q_{LE} = L_a(i_a - i_i) + (G_{WM} + G_{WE})\,\Delta i.\tag{14.16}$$

Δi ist die zur Ausscheidung von 1 kg Wasserdampf im Kühler abzuführende Wärmemenge.

Zuweilen erfordert die Luftentfeuchtung eine weitergehende Temperaturabsenkung als zur Raumkühlung erforderlich ist. Die Zuluft muß dann anschließend noch nachgewärmt werden. Diese Wärmemenge ist als Kühlleistung zusätzlich in Rechnung zu stellen, zweckmäßigerweise, indem man Δi entsprechend berichtigt. Im i, x-Diagramm kann der jeweilige Enthalpieunterschied Δi unmittelbar abgelesen werden.

C. Wärmezufuhr bei der Luftförderung $Q_V + Q_{LN}$

Bei Anlagen mit langen Zuluftkanälen und niedriger Zulufttemperatur muß die Wärmeeinströmung über die Kanal- und Apparatewandungen Q_V bei Bestimmung der Kühlleistung berücksichtigt werden. Es genügen dabei i. allg. Näherungsrechnungen, da man ohnehin weder die Temperaturen in den Nebenräumen noch die Wärmeübergangsbedingungen zwischen Raum und Kanalwand im voraus zuverlässig angeben kann. Ebenso sind gewisse Antriebsleistungen der Ventilatoren zu berücksichtigen (Q_{LN}), so die Energiezufuhr durch die Zuluftventilatoren und die der Abluftventilatoren, soweit sie der Förderung der Umluft dient. Diese Wärme geht in jedem Falle voll in die Kühlleistung ein, denn die Ventilatorverluste bewirken eine unmittelbare Erhöhung der Lufttemperatur, und auch die Förderarbeit selbst wandelt sich im Lüftungssystem in Wärme um. Die mit dem Ventilator zugeführte Wärme Q_{LN} entspricht sonach seiner Leistungsaufnahme N[1].

---

[1] Bei Anordnung des Zuluftventilators hinter dem Luftaufbereitungssystem und damit hinter dem Kühler (normale Anordnung) erhöht die Ventilatorwärme endgültig die Luftenthalpie, wirkt also wie ein Nachwärmer. Im Betrieb mit Nachwärmer vermindert sich demzufolge dessen Leistung. Andernfalls verschiebt sich der Sollwert der Lufttemperatur hinter dem Kühler gegenüber einer Anordnung des Zuluftventilators vor dem Luftaufbereitungssystem.

D. Gesamte Kühlleistung Q_{KL}

Nach dem Vorstehenden ergibt sich die bereitzustellende Kühlleistung als Summe aus der Kühllast des Raumes und den Teilbeträgen für Außenluftkühlung und Entfeuchtung, für Kanalverluste und Ventilatorenleistung, also

$$Q_{KL} = Q_K + Q_{LE} + Q_V + Q_{LN}. \qquad (14.17)$$

III. Äußere Kühllast

Die von außen über die Wände, Fenster, Decken usw. in einen gekühlten Raum eindringende Wärme Q_A ist schwieriger zu berechnen als die beim Heizen abströmende Wärme, einmal, weil neben der Außenlufttemperatur auch die Sonnenstrahlung berücksichtigt werden muß, zum anderen, weil nicht wie im Winter ein stationärer Zustand zugrunde gelegt werden kann. Daraus ergibt sich die Notwendigkeit ausführlicherer Angaben sowohl hinsichtlich des Außenklimas als auch der Rechengrößen, die für die Bestimmung der Lastanteile durch Wände und Fenster erforderlich werden und die den verschiedenen Speichervorgängen im Baukörper Rechnung tragen sollen.

A. Außenklimatische Daten

Für den Sommer müssen neben der Temperatur auch die Feuchte der Außenluft (z. B. als Wasserdampfgehalt x) sowie die Intensität der Sonnen- und Himmelsstrahlung in Abhängigkeit der verschiedenen Parameter (Klimazone, Himmelsrichtung, Monat und Tageszeit) vorgegeben werden. Da die Belastung der Anlage stark mit der Tageszeit schwanken kann, geht man auch bei der Lufttemperatur neuerdings ab von einem konstanten Auslegungswert und gibt einen Tagesgang an, um zum Zeitpunkt des Kühllastmaximums die Luftzustandswerte genauer zu erfassen.

1. Lufttemperatur und -feuchte

In Deutschland kommt man im Sommer mit zwei Klimazonen aus, einer für das Binnenland mit einer Maximaltemperatur von 32 °C und einer für die Küstengebiete mit 29 °C. Die Begrenzung ist aus Abb. 14.01 zu entnehmen. Die maximale Feuchte läßt sich für mitteleuropäische Verhältnisse einheitlich mit 12 g Wasserdampf pro kg tr. Luft ansetzen.

In Abb. 14.02 sind für beide Zonen charakteristische Tagesgänge der Lufttemperatur im Hochsommer (Juli) angegeben. Sie wurden bestimmt als Mittelwerte der Stationen Berlin-

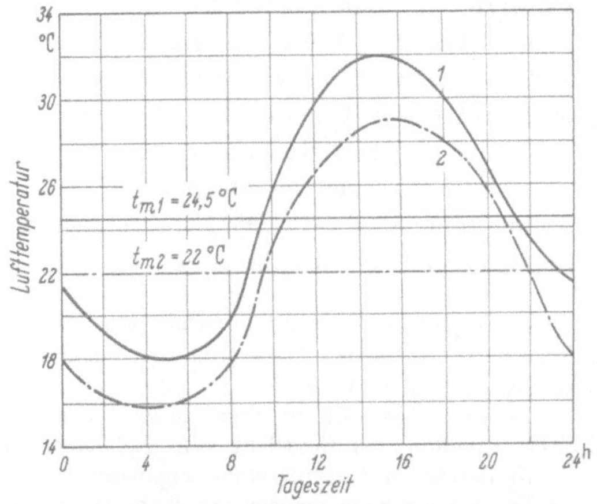

Abb. 14.01. Klimazonenkarte für Deutschland (Sommerverhältnisse).

Abb. 14.02. Tagesgänge der Lufttemperatur. Auslegungswerte. 1. Binnenlandklima; 2. Küstenklima.

Dahlem, Stuttgart-Echterdingen und München-Riem für das Binnenlandklima sowie der Stationen Hamburg-Fuhlsbüttel und Bremerhaven für das Küstenklima.

Zugrunde liegen Daten aus den Jahren 1953 bis 1960, die von NEHRING[1] zur Ermittlung der Temperaturen an Strahlungstagen zusammengestellt worden waren. Hier wurden jedoch nicht nur typische Strahlungstage sondern *alle* Tage mit ungewöhnlich hohen Temperaturen berücksichtigt. Die sich ergebenden Kurven wurden an die beiden Maximalwerte 32 bzw. 29 °C angeglichen, was beim Binnenlandklima gegenüber den durch Mittelbildung gefundenen Temperaturen um 13 und 16 Uhr eine Erhöhung von 0,5 bis 1 grd bedeutet. Die Kurve Küstenklima entspricht voll den vorliegenden Temperaturwerten.

In den übrigen Monaten kann für die Temperatur näherungsweise das mittlere monatliche Maximum nach Tab. 14.01 als Rechengröße Verwendung finden.

Für die Bestimmung der maximalen Kühllast werden neben den Hochsommerwerten noch die Monate März und September bei einigen Himmelsrichtungen (SO, S, SW) als kritische Zeitabschnitte in Frage kommen.

Tabelle 14.01. *Mittlere Monatsmaxima der Lufttemperatur* in °C
(Mittelwerte für Deutschland)[2]

Monat	Binnenland	Küste
März	17,5	14,0
April	22,1	19,2
Mai	27,9	25,4
Juni	29,5	26,6
Juli[3]	32	29
August	29,9	26,7
September	26,4	23,6
Oktober	21,1	18,1

Für Orte in Hanglage mit Höhen $h > 500$ m ü. M. (also nicht in typischer Tal- oder Hochebenenlage) sind beim „Binnenlandklima" folgende Korrekturen vorzunehmen:

für die Lufttemperatur

$$t = t_1 - \frac{h}{200} \quad \text{in °C,} \tag{14.18a}$$

für die maximale Feuchte

$$x = 12 - \frac{h}{500} \quad \text{in} \quad \frac{\text{g H}_2\text{O}}{\text{kg tr. L.}}. \tag{14.18b}$$

Dabei bedeuten:

t_1 die Lufttemperatur nach Kurve *1* der Abb. 14.02 in °C,
h die Höhe über dem Meeresspiegel in m.

Der Zahlenfaktor im Nenner hat die Einheit m/grd bzw. $\text{m}\left/\frac{\text{g H}_2\text{O}}{\text{kg tr. L.}}\right.$.

2. Strahlung

Die Intensität der Sonnen- und Himmelsstrahlung hängt ab von der Trübung der Atmosphäre durch Verunreinigungen und dem Wasserdampfgehalt (s. S. 57 im ersten Band). Für durchschnittliche Trübungsverhältnisse einer Großstadtatmosphäre sind in Tab. 14.02 Globalstrahlungswerte in Abhängigkeit von Tages- und Jahreszeit aufgeführt. Sie wurden nach NEHRING errechnet für feste Werte des LINKESchen Trübungsfaktors ($T = 4$ im Juli), wobei der jährliche Gang infolge unterschiedlichen Wasserdampfgehaltes berücksichtigt ist. Die Werte beziehen sich jeweils auf einen Tag um den 20. jeden Monats.

Auf der gleichen Rechnungsgrundlage beruht Zahlentafel A 55, in der die Gesamtstrahlung hinter einfach verglasten Flächen für verschiedene Himmelsrichtungen und mittlere Großstadttrübung angegeben ist[4]. Die Strahlungsangabe hinter einer Glasfläche hat den Vorzug, daß die Abhängigkeit der Durchlässigkeit vom Einfallswinkel erfaßt ist und zusätzliche Beschattungs-

---

[1] Verarbeitet in NEHRING, G.: Über den Wärmefluß durch Außenwände und Dächer in klimatisierte Räume infolge der periodischen Tagesgänge der bestimmenden meteorologischen Elemente. Gesundh.-Ing. 83 (1962) 185/189, 230/242 und 253/269.

[2] Zusammengestellt für eine Auswahl von 36 + 8 Orten nach der Klimakunde des Deutschen Reiches, Bd. II, Tabellen, veröffentlicht vom Reichsamt für Wetterdienst Berlin: Dietrich Reimer 1939.

[3] Juliwerte an Normmaxima angepaßt.

[4] Die Rechnungen wurden im Rahmen der Vorbereitung eines Entwurfs deutscher Kühllastregeln von Dipl.-Ing. B. TODOROVIC, Belgrad, anläßlich eines Studienjahres am Hermann-Rietschel-Institut für Heizung und Lüftung der Technischen Universität Berlin durchgeführt.

Tabelle 14.02. *Sonneneinstrahlung (direkt und diffus) auf Horizontalfläche (Globalstrahlung)*
bei Großstadttrübung

Monat	Globalstrahlung in kcal/m² h						
	Wahre Ortszeit						
	6 18	7 17	8 16	9 15	10 14	11 13	12
März	—	105	238	365	474	548	561
April	87	211	363	497	594	658	681
Mai	160	317	444	585	686	750	770
Juni	195	330	473	592	696	754	771
Juli	160	317	444	585	686	750	770
August	83	202	350	481	575	638	662
September . . .	—	99	220	347	452	525	537

vorrichtungen mit einem weiteren Faktor in einfacher Weise berücksichtigt werden können. In reiner Atmosphäre, d. h. bei Anlagen an Orten, die nicht unter dem Einfluß einer Dunstglocke stehen ($T = 3$), werden die Tabellenwerte mit einem Faktor $a = 1{,}15$ korrigiert. Bei sehr stark getrübter Atmosphäre, z. B. in Industriegebieten ($T = 5$), ist $a = 0{,}87$ einzusetzen. Die Nordseite sowie momentan nicht besonnte Flächen sind von dieser Korrektur ausgenommen, da hier die Strahlungseinwirkung vorwiegend diffus erfolgt und die Intensität der Diffusstrahlung mit zunehmender Trübung sogar leicht ansteigt. Die Korrekturfaktoren a sind Mittelwerte für die Zeit um die Strahlungsmaxima auf die einzelnen Flächen. Gerade diese Zeiten sind für die Bestimmung der Kühllast entscheidend, so daß auf ausführlichere Tabellenangaben verzichtet werden kann.

B. Wärmestrom durch Fensterflächen

Wir unterscheiden zwischen Transmissionswärme (Q_T) und Strahlungswärme (Q_S). Q_T ergibt sich mit Hilfe der üblichen Wärmedurchgangsrechnung aus Fläche, k-Wert und Temperaturunterschied zwischen Außen- und Raumluft. In Anbetracht aller sonstigen Unsicherheiten können die in der DIN 4701 für Winterverhältnisse angegebenen Wärmedurchgangszahlen direkt verwendet werden (vgl. Zahlentafel A 18). Für die Fensterfläche wird das Maueröffnungsmaß F_M eingeführt.

Bei der Bestimmung von Q_S muß zunächst untersucht werden, zu welchen Zeiten die Flächen der Sonnenstrahlung ausgesetzt sind. Danach wird entweder der momentane Wärmegewinn als oberer Näherungswert oder der wirkliche Kühllastanteil unter Berücksichtigung der Wärmespeicherung der inneren Bauelemente berechnet.

1. Ermittlung der besonnten Flächen

a) Der Sonnenstand

Abb. 14.03 gibt in einem Polardiagramm die Sonnenstellungen für jeweils einen Tag um den 20. jeden Monats wieder. Darin ist die Sonnenhöhe als Radius und das Azimut (die Himmelsrichtung) als Winkel aufgetragen.

Um die Symmetrie gegenüber der Mittagslinie zu betonen, wird das Azimut von Süden über *West* nach Nord positiv und über *Ost* negativ gezählt.

Der Parameter Tageszeit ist als „Sonnenzeit" ausgewiesen, d. h. als wahre Ortszeit (WOZ), wie sie von einer Sonnenuhr angezeigt wird. Sie kann in Deutschland für den Zweck der Kühllastberechnung in den meisten Fällen mit der Uhrzeit (MEZ) gleichgesetzt werden. Da die Unterschiede im Westen Deutschlands jedoch mehr als eine halbe Stunde ausmachen können, sei die Umrechnung hier angegeben.

Es gilt:

$$\text{WOZ} = \text{MEZ} - 4(15° - \lambda) + \text{Zeitgleichung,} \qquad (14.19)$$

wobei

λ die geographische Länge des Ortes und 15° östliche Länge der Bezugsmeridian für MEZ ist. 4 Minuten je Längengrad bedeutet die Korrektur für die Erdrotation ($1\ \text{h} \triangleq 15°$).

Die Zeitgleichung trägt der Tatsache Rechnung, daß die Sonne sich auf ihrem scheinbaren Weg am Himmel nicht mit konstanter Geschwindigkeit bewegt. Diese Ungleichmäßigkeit hat zwei Ursachen:

1. Die Ellipsenbahn der Erde um die Sonne, durch die nach dem zweiten Keplerschen Gesetz die Geschwindigkeit im Winter bei Sonnennähe am größten und im Sommer bei Sonnenferne am kleinsten ist.

2. Die Neigung der Rotationsachse der Erde gegenüber der Verbindungslinie Erde—Sonne, durch die der Bahnbogen, den die Sonne innerhalb einer Stunde beschreibt, im Äquator-Gradsystem teils größer, teils kleiner als 15° ist.

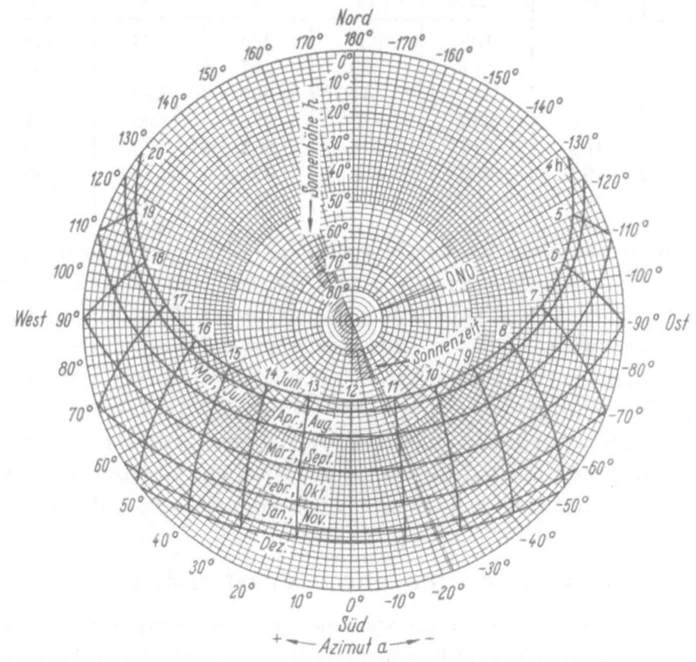

Abb. 14.03. Sonnenstand als Funktion von Tages- und Jahreszeit
(Parameterlinien gelten jeweils um den 20. jeden Monats).

Um ein gleichmäßiges Zeitmaß zu schaffen, führte man eine „mittlere Sonne" ein, die sich mit konstanter Winkelgeschwindigkeit am Äquator entlang bewegt und die gleiche Jahreslänge wie die wirkliche Sonne ergibt. Die Extremwerte für die Abweichungen der wahren von der mittleren Zeit (Zeitgleichung) betragen

am 12. Februar	14. Mai	26. Juli	4. November
−14 Min.	+4 Min.	−6 Min.	+16 Min.

In den Sommermonaten ist also die Bedeutung der Zeitgleichung gering.

Beispiel: Bestimmung der wahren Ortszeit am 1. Juli um 15 Uhr MEZ

a) in Berlin ($\lambda = 13{,}5°$),
b) in Köln　($\lambda = 7°$).

Die Zeitgleichung wird zu −4 Minuten geschätzt.
Es folgt:

a) WOZ = 15.00 − 4 · 1,5 − 4 = 14.50 Uhr,
b) WOZ = 15.00 − 4 · 8　 − 4 = 14.24 Uhr.

Im folgenden bedeuten alle Zeitangaben die Sonnenzeit (wahre Ortszeit WOZ).

Trägt man in das Diagramm (Abb. 14.03) radial eine Richtung ein (Beispiel: ONO), so gibt der Schnittpunkt der Wandrichtung mit den Monatslinien sofort Beginn bzw. Ende der Sonneneinstrahlung auf die betreffende Fläche an. Für das Beispiel:

Ende der Einstrahlung　　　　　am 20. Dez.　10.25 Uhr,

am 20. April 11 Uhr,

am 20. Juni　11.15 Uhr.

Wann mit dem Beginn einer merklichen Einstrahlung nach Sonnenaufgang zu rechnen ist, hängt von der Umgebung des Gebäudes ab. Im allgemeinen wird die Sonne in der Ebene bei etwa 5° Höhe aus den stärksten Dunstschichten heraus sein (am 20. Dezember um 8.50 Uhr, am 20. April um 5.40 Uhr, am 20. Juni um 4.30 Uhr).

In Tab. 14.03 sind für das Sommerhalbjahr die wichtigsten Rechenwerte nochmals zusammengestellt, u. a. auch das Wandazimut a_w für die Haupthimmelsrichtungen.

Tabelle 14.03. *Wandorientierung und Sonnenstand in °*

a) Wandazimut a_w

(—)		(+)
N	180	N
NNO	157,5	NNW
NO	135	NW
ONO	112,5	WNW
O	90	W
OSO	67,5	WSW
SO	45	SW
SSO	22,5	SSW
S	0	S

Ostseite: a_w negativ
Westseite: a_w positiv

b) Sonnenhöhe h und Sonnenazimut a_0

Sonnen-zeit (—)	22. 3. und 24. 9.		20. 4. und 24. 8.		21. 5. und 23. 7.		21. 6.		Sonnen-zeit (+)
	h	a_0	h	a_0	h	a_0	h	a_0	
6			9	97	15	103	18	106	18
7	10	78	18	86	25	92	27	95	17
8	19	66	28	74	34	80	37	83	16
9	27	53	37	60	44	66	46	70	15
10	34	37	44	43	52	49	55	52	14
11	38	19	50	23	58	27	61	29	13
12	40	0	51	0	60	0	63	0	12

vormittags: a_0 negativ
nachmittags: a_0 positiv

b) Beschattungswirkung durch Vorsprünge

Bei gegliederten Fassaden bzw. zurückgesetzten Fenstern ist i. allg. nicht die gesamte Glasfläche F der Sonnenstrahlung ausgesetzt. Die Ermittlung der besonnten Fläche F_1, s. Gl. (14.23) in Unterabschnitt 2, läßt sich durch wenige geometrische Überlegungen erläutern. Die benötigten Größen, Azimut der Wand a_w und der Sonne a_0 sowie die Sonnenhöhe h, entnimmt man Tab. 14.03 bzw. Abb. 14.03. Daraus errechnet man den horizontalen Eintrittswinkel $\beta = a_0 - a_w$. In Abb. 14.04 sind die Zusammenhänge verdeutlicht.

Beispiel 1: Bestimmung der Winkel h (Sonnenhöhe) und $\beta = a_0 - a_w$ (Azimutwinkel gegen Fensternormale) aus Tab. 14.03 für den 20. 4. 9^{00} bei einer ONO-Fassade:

$$a_0 = -60°, \qquad h = 37°, \qquad a_w = -112,5°.$$

Daraus folgt:

$$\beta = a_0 - a_w = +52,5°.$$

Für $-90° < \beta < +90°$ ist die Fassade besonnt.

Die Schattenlängen sind gleich für positives und negatives β.

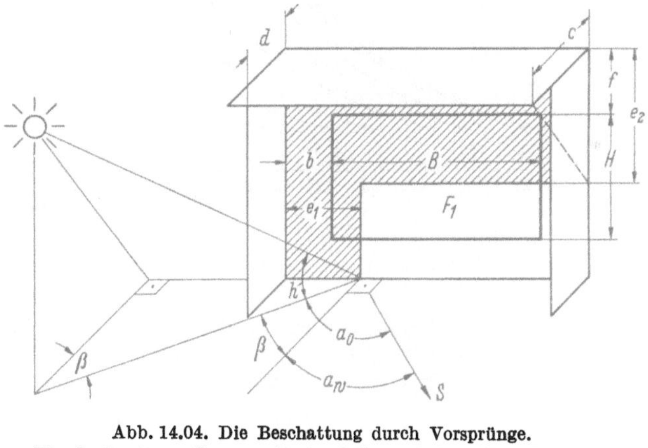

Abb. 14.04. Die Beschattung durch Vorsprünge.
a_w Wandazimut, a_0 Sonnenazimut, h Sonnenhöhe, $F = B\,H$ gesamte Glasfläche, F_1 besonnte Glasfläche.

Für $\beta > 0$ fällt der Schatten, von außen gesehen, auf den linken Fensterrand, s. Abb. 14.04.

Mit β und h ergeben sich die spezifischen Schattenlängen s_1 (seitlich) und s_2 (von oben) je Längeneinheit der Vorsprünge durch

$$s_1 = \tan\beta, \qquad s_2 = \frac{\tan h}{\cos\beta}. \tag{14.20}$$

In Abb. 14.05 sind die beiden Gleichungen graphisch ausgewertet. Man geht aus von den Ordinaten β bzw. h und liest auf der Abszisse die Werte s_1 und s_2 ab. Im ersten Fall (linke Ordinate) gilt stets die linke Randkurve. Im zweiten Fall tritt β nochmals als Parameter auf.

s_2 stellt gleichzeitig gemäß Gl. (14.22) (s. S. 283) den Tangens eines Höhenwinkels h_1 dar, der bei einer bestimmten Projektion auftritt (Abb. 14.06). Durch Verlängern der Abszisse zur Randkurve findet man sofort auch h_1 an einer der Ordinaten.

Nun sind die gesuchten Schattenlängen

a) von der Seite: $e_1 = s_1 d$ (d = seitliches Vorsprungmaß),

b) von oben: $e_2 = s_2 c$ (c = oberes Vorsprungmaß).

Die Glasfläche beginne im Abstand b vom seitlichen und im Abstand f vom oberen Vorsprung. Dann wird mit den Bezeichnungen aus Abb. 14.04 die sonnenbeschienene Fensterfläche

$$F_1 = [B - (e_1 - b)]\,[H - (e_2 - f)]. \tag{14.21}$$

Dabei muß $(e_1 - b) \geqq \mathrm{O}$ und $(e_2 - f) \geqq \mathrm{O}$ erfüllt sein.

Für $(e_1 - b) < \mathrm{O}$ und $(e_2 - f) < \mathrm{O}$ gilt $F_1 = B \cdot H$, d. h. das Fenster ist unbeschattet.

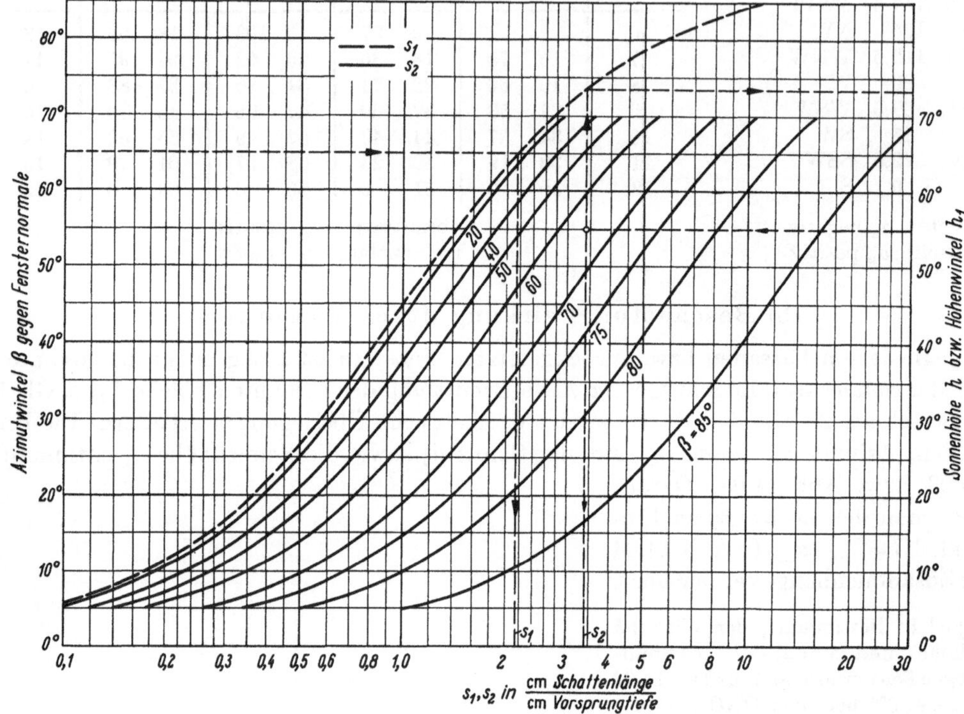

Abb. 14.05. Beschattungsdiagramm. Beispiel: $\beta = 65°$, $h = 55°$. Man findet $s_1 = 2{,}15$ cm/cm, $s_2 = 3{,}4$ cm/cm, $h_1 = 73{,}5°$.

Beispiel 2: Berechnung von F_1 für die Werte aus Beispiel 1:

Aus Abb. 14.05 ergibt sich mit $\beta = 52{,}5°$ der Wert $s_1 = 1{,}3$ cm/cm. Mit $h = 37°$ und $\beta = 52{,}5°$ als Parameter erhält man den Wert $s_2 = 1{,}25$ cm/cm. Seien ferner

$$b = 20\ \text{cm}, \quad d = 20\ \text{cm}, \quad f = 20\ \text{cm}, \quad c = 40\ \text{cm},$$
$$B = 160\ \text{cm}, \quad H = 120\ \text{cm}, \quad F = B H = 1{,}92\ \text{m}^2.$$

Dann ist

$$e_1 = s_1 d = 1{,}3\ \cdot 20 = 26\ \text{cm},$$
$$e_2 = s_2 c = 1{,}25 \cdot 40 = 50\ \text{cm}.$$

Daraus folgt schließlich:

$$F_1 = [160 - (26 - 20)]\,[120 - (50 - 20)] = 154 \cdot 90 = 13860\ \text{cm}^2 \triangleq 1{,}39\ \text{m}^2.$$

c) Fassadenbeschattung durch Nachbargebäude

Wegen der Vielzahl der möglichen Anordnungen ermittelt man die durch andere Gebäude beschatteten Flächen entweder an Hand eines Modells oder graphisch durch Ausnutzen der Gesetzmäßigkeiten der Parallelprojektion, s. Abb. 14.06.

Bei dem graphischen Verfahren werden zunächst die Gebäudegrundrisse in geeignetem Maßstab so aufgezeichnet, daß die beschattete Fläche als senkrechte Linie erscheint und damit in dem darüber zu skizzierenden Aufriß ebenfalls nur als Kante auftritt.

Für die gesuchte Zeit entnimmt man aus Tab. 14.03 Sonnenazimut a_0 und Sonnenhöhe h. Nun werden in den Grundriß die Südrichtung und davon ausgehend a_0 eingetragen. Diese Richtung liegt stets unter dem Winkel $\beta = a_0 - a_w$ gegenüber der Waagerechten geneigt. Parallel dazu lassen sich die Schattengrenzpunkte ($1'$, $2'$, $3'$ bzw. $1'_s$, $2'_s$, $3'_s$) in Abb. 14.06 durch Verbindungslinien zwischen den beiden Gebäuden einzeichnen. (Korrespondierende Punkte werden am besten stets mit dem gleichen Symbol gekennzeichnet.)

Die Punkte $1'$, $2'$, $3'$ werden zur Oberkante des Gebäudes II im Aufriß gelotet und ergeben dort die Anfangspunkte $1''$, $2''$ und $3''$ für die unter dem Winkel h_1 auftreffenden Sonnenstrahlen.

Wäre der Aufriß senkrecht zur a_0-Richtung im Grundriß hochgeklappt worden, so wäre $h_1 = h$, d. h. gleich der Sonnenhöhe. In der angegebenen Darstellung gilt

$$\tan h_1 = \frac{\tan h}{\cos \beta}. \tag{14.22}$$

h_1 kann damit direkt aus dem Beschattungsdiagramm Abb. 14.05 entnommen werden. Dazu geht man wie bei der Ermittlung von s_2 vom rechten Teil des Diagramms aus, auf der Abszisse s_2 nach oben bis zur Grenzkurve und liest an einer Ordinate den Höhenwinkel h_1 ab.

Die Strahlen durch die Punkte $1''$, $2''$, $3''$ unter dem Winkel h_1 treffen die beschattete

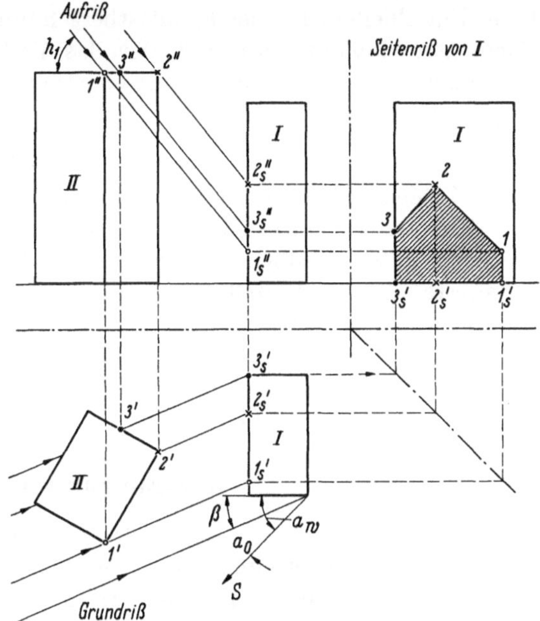

Abb. 14.06. Fassadenbeschattung durch Nachbargebäude. Beispiel: *Gesucht:* Schatten des Gebäudes II auf Gebäude I am 20. 4. um 13.00 Uhr. Aus Tab. 14.03: $a_0 = 23°$, $h = 50°$. Fassadenrichtung SW $\triangleq a_w = 45°$. Daraus: $\beta = -22°$. Aus Abb. 14.05: $h_1 = 52°$. *Lösung nach Konstruktion:* Schraffierte Fläche im Seitenriß.

Fläche in den drei Punkten $1''_s$, $2''_s$ und $3''_s$. Damit sind alle Koordinaten gegeben, damit die Schattenfläche maßstabsgetreu in einen Seitenriß eingetragen werden kann. Die Höhen der drei Punkte werden waagerecht in den Seitenriß übernommen, und die Seitenkoordinaten erhält man aus dem Grundriß durch Spiegelung an einer 45°-Achse oder durch direkte Längenabnahme. Der Schnitt zugehöriger Koordinaten liefert die Punkte $1, 2, 3$ und damit die beschattete Fläche.

2. Momentaner Wärmegewinn

Für die einfach verglaste Fensterfläche ergibt sich nach dem Vorstehenden die momentan eingestrahlte Wärmeleistung aus

$$Q_{S\,mom} = F_1\, I\, a + (F - F_1)\, I_{diff}. \tag{14.23}$$

Dabei bedeuten:

F_1 besonnte Glasfläche in m² (Berechnung nach Unterabschnitt 1 b),
F gesamte Glasfläche in m²,
I Gesamtstrahlung durch ein ungeschütztes Einfachfenster zur Zeit Z des Wärmeeinfalls aus Zahlentafel A 55 in kcal/m² h,
I_{diff} Diffusstrahlung zur Zeit Z aus Zahlentafel A 55 für Nordrichtung in kcal/m² h,
a Trübungskorrektur.

Ist die wirkliche Glasfläche F bei den ersten Planungsarbeiten noch nicht bekannt, so kann sie aus dem Maueröffnungsmaß F_M in Abhängigkeit von der Fensterkonstruktion geschätzt werden.

Es ist dann

$$F \approx g\, F_M$$

mit

g Glasflächenanteil.

Nun werden die Fensterflächen klimatisierter Räume in der Regel mit Sonnenschutzeinrichtungen versehen, da bei direkter Sonnenbestrahlung einmal Lufttemperaturgarantien für fensternahe Zonen sinnlos sind, zum anderen die Kühllast unvertretbar hohe Werte annimmt.

Über die Wirksamkeit der üblichen Einrichtungen enthält der zweite Abschnitt im ersten Band Einzelheiten. Bei der Kühllastberechnung wird der Einfluß der Schutzmaßnahmen mit einem Durchlaßfaktor b erfaßt, der das Verhältnis der einem Raum tatsächlich zugeführten Strahlungsenergie zu der Strahlungsenergie hinter einer ungeschützten Einfachglasfläche angibt. Es gilt also für die geschützte Glasfläche

$$Q_{S\,mom} = [F_1\,I\,a + (F - F_1)\,I_{diff}]\,b. \qquad (14.24)$$

In Zahlentafel A 57 sind die Durchlaßfaktoren b für die wichtigsten Maßnahmen zum Sonnenschutz an Fensterflächen zusammengestellt, wie z. B. für äußere bzw. innere Jalousien, Vorhänge unterschiedlicher Ausführung und für Spezialgläser. Es handelt sich dabei um Anhaltswerte, die im Einzelfall sowohl überschritten als auch unterschritten werden können, jedoch nach dem heutigen Wissensstand für die einzelnen Maßnahmen charakteristisch sind[1].

Bei äußeren Sonnenschutzvorrichtungen sind Besonderheiten zu berücksichtigen: So ist bei Außenjalousien F_1 gleich dem vor der Glasfläche liegenden Anteil der besonnten *Jalousie*fläche; bei Markisen gilt stets $F_1 = F$.

3. Strahlungswärme mit Speicherung

a) Der Speichereffekt

Der unter 2. ermittelte momentane Wärmegewinn gibt nur bei extremen Leichtbauten den tatsächlichen Kühllastanteil wieder. Wird Wärme in den Baumaterialien gespeichert, so braucht von der Klimaanlage nicht mehr der volle Betrag des maximalen Wärmegewinns abgeführt zu werden. Zugleich verlagern sich zeitlich die Kühllastspitzen, die als Ausgangswerte für die Bestimmung der Gerätegrößen bzw. der stündlichen Zuluftmengen dienen.

Wegen der nicht sehr großen Unterschiede der spezifischen Wärmen der Baustoffe (0,18 bis 0,25 kcal/kg grd bei anorganischen und 0,3 bis 0,6 bei organischen Stoffen) kann man die Baumassen als Kriterium für die Speicherfähigkeit heranziehen. Der tägliche Gang der Kühllast unterscheidet sich um so mehr vom momentanen Wärmegewinn, je schwerer der Baukörper ist. Man gibt dabei als Kennwert der Schwere einer Bauweise zumeist die auf die Fußbodenfläche bezogene Masse der dem Einzelraum zugeordneten Bauteile an. Abb. 14.07 zeigt an einem Beispiel den Tagesgang der Gesamtstrahlung und im Vergleich dazu schematisch die

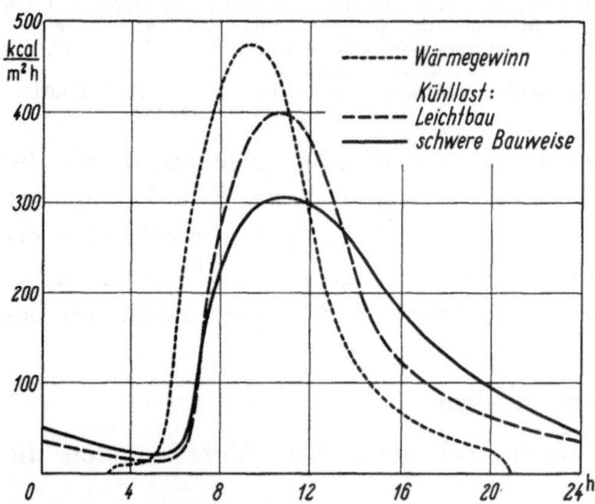

Abb. 14.07. Gesamtstrahlung durch ein SO-Fenster im Juli und Kühllast bei leichter und schwerer Bauweise. (24-h-Betrieb der Klimaanlage, innerer Sonnenschutz.)

für die Klimaanlage maßgebliche Kühllast bei leichter und schwerer Bauweise (Speichermasse 150 bzw. 750 kg/m² Fußbodenfläche eines Raumes). Man erkennt die Dämpfung und Zeitverschiebung gegenüber dem Maximum des Wärmeeinfalls.

---

[1] CAEMMERER, W.: Beitrag zum Problem des Sonnenschutzes von Fenstern. Gesundh.-Ing. 83 (1962) 349/357. Ders.: Der Wärmeschutz von Fenstern unter Berücksichtigung neuerer Untersuchungen. Gesundh.-Ing. 85 (1964) 1/8. Ders.: Das Fenster als wärmetechnisches Bauelement. Heizg.-Lüftg.-Haustechn. 17 (1966) 140/148. — HUTIN, A.: Facteurs pratiques de transmission d'un vitrage en place dans un bâtiment. Cahiers du Centre Scientifique et Technique du Bâtiment (CSTB) Nr. 78 (1966) H. 673. — BOREL, J.-C.: La protection des baies vitrées contre le soleil. Cahiers du CSTB Nr. 55 (1962) H. 437. — Guide de Chauffage, Ventilation, Conditionnement d'Air, Paris (1967), H. 2: DESPLANCHES, A.: Méthode de calcul des apports thermiques dans les bâtiments, S. 141/174. — ASHRAE-Handbook of Fundamentals. New York (1967), S. 476/487. — Verwendet wurden insbesondere Meßergebnisse der Bundesanstalt für Materialprüfung (BAM) Berlin-Dahlem von heute im Gebrauch befindlichen Glas- und Sonnenschutzarten.

Die exakte analytische Behandlung des inneren Speichervorgangs stößt auf erhebliche Schwierigkeiten, da einmal die daran beteiligten Wand-, Fußboden- und Deckenelemente in ihrem Aufbau und ihrer Dicke zumeist nicht übereinstimmen und zum anderen recht komplizierte Wärmeübertragungsvorgänge bei der Aufnahme der Wärme durch die Raumumschließungselemente und beim gegenseitigen Wärmeaustausch zu berücksichtigen sind.

Man ist deshalb zu Näherungsansätzen gezwungen, durch die die mathematische Behandlung des Problems erleichtert wird, etwa indem man die Wärmeleitfähigkeit der Materialien $\lambda \Rightarrow \infty$ annimmt[1] oder Speichervorgänge in Wandelementen einheitlichen Aufbaus zugrunde legt und zumeist auch noch Vereinfachungen in den Wärmeübertragungsvorgängen vornimmt. Die dadurch bedingten Fehler im Berechnungsergebnis lassen sich zur Zeit noch nicht übersehen.

Ähnliches gilt für die Verfahren[2], bei denen ein elektrisches Analogon zur Lösung des Problems herangezogen wird. Sie beruhen auf der Äquivalenz der Differentialgleichungen der Wärmeleitung und des Stromflusses durch ein induktions- und ableitungsfreies Kabel mit dem Widerstand R und der Kapazität C. Bei der Realisierung werden entweder passive RC-Netzwerke oder Analogrechner mit Verstärkerschaltungen verwendet. Für das jeweils dargestellte System erhält man auf diese Weise recht genaue Ergebnisse, wenn man den Strahlungsaustausch zwischen den Flächen berücksichtigt und den Einfluß der Randbedingungen (Beschattungsvorrichtungen, Wärmeübergangsverhältnisse) kennt. Insbesondere sind Parametervariationen leicht durchzuführen, so daß unter den obengenannten Einschränkungen die Einflüsse der Wandkapazität, unterschiedlichen Wandaufbaus, der Betriebsweise der Klimaanlage, der Raumlage (Himmelsrichtung) auf den Speicherfaktor und seinen zeitlichen Ablauf festgestellt werden können.

Bei dieser Situation liegt es nahe, die Ergebnisse von theoretischen Untersuchungen mit Erfahrungswerten der Praxis zu kombinieren. Auf diesem Weg sind die von CARRIER[3] angegebenen Speicherfaktoren gewonnen worden, die in der Klimatechnik häufig angewendet werden. Sie sind mit freundlicher Erlaubnis der Fa. Carrier auszugsweise in Zahlentafel A 58 wiedergegeben.

b) Der Rechnungsgang

Für den aus der Einstrahlung über die Fensterflächen resultierenden Kühllastanteil Q_S setzt man

$$Q_S = [F_1 I_{max} a + (F - F_1) I_{diffm}] b \, s_{max} = Q \cdot s_{max}. \tag{14.25}$$

Gl. (14.25) unterscheidet sich an drei Stellen von Gl. (14.24). Die Intensitäten I und I_{diff} wurden durch die Monatsmaxima I_{max} sowie I_{diffm} ersetzt, und außerdem tritt ein Faktor s_{max} als Speicherglied auf, der die Dämpfung des Maximums beschreibt. Die übrigen Größen können der Legende zu Gl. (14.23) entnommen werden.

Es ist also

I_{max} Maximalwert der täglichen Gesamtstrahlungsintensität aus Zahlentafel A 56 für Auslegungsmonat und vorgegebene Himmelsrichtung in kcal/m² h,

I_{diffm} Maximalwert der Diffusstrahlung für den Auslegungsmonat nach Zahlentafel A 56 für Nordrichtung in kcal/m² h,

s_{max} Speicherfaktor zur Bestimmung der maximalen Kühllast in Abhängigkeit von der Betriebsdauer der Klimaanlage, der Anordnung von Beschattungsvorrichtungen und der Baumasse G der Raumumschließungsflächen je m² Fußbodenfläche.

---

[1] BULL, L. C.: Solar Radiation and Air Conditioning. Heating and Ventilating Engineer 34 (1961) 517/519. — BOEKE, A. W.: New Developments in the Computer-Design of Air Conditioning Systems. IHVE-Journal 35 (1967) 195/211.

[2] NOTTAGE, H. B., u. G. V. PARMELEE: Circuit Analysis Applied to Load Estimating. ASHVE-Transactions 60 (1954) 59/102; 61 (1955) 125/150. — BUCHBERG, H.: Cooling Load from Thermal Network Solutions. ASHAE-Transactions 64 (1958) 111/128. — BROTEAU, F., C. FLUTEAU, R. GILLES u. J. LANNAUD: Etude des phénomènes thermiques variables par analogie électrique. Ind. therm. 9 (1963) 521/556. — BURNAY, G.: Analogieverfahren in ihrer Anwendung auf heiz- und klimatechnische Probleme. XVIII. Kongreß für Heizung, Lüftung, Klimatechnik, München (1964), Kongreßbericht S. 38/74. — KORSGAARD, V., u. H. LUND: Eine passive elektrische Analogie-Rechenmaschine für raumklimatische Berechnungen. Technische Hochschule Dänemarks, Kopenhagen, Laboratorium für Wärmeschutz, Mitteilung Nr. 10 (1965). — EUSER, P.: Technisch-Physischer Dienst, TNO und TH Delft: Die Anwendung des Beukenmodells bei der Berechnung der Kühllast von Gebäuden. Vortrag, gehalten auf der Kältetagung 1967 in Berlin.

[3] Carrier Air Conditioning Company: Handbook of Air Conditioning System Design. New York 1965.

Dabei gilt:

$$G = \frac{\sum_k G_{ak} + \frac{1}{2} \sum_k G_{ik}}{A} \quad \text{in} \quad \frac{\text{kg}}{\text{m}^2} \tag{14.26}$$

mit

G_{ak} Masse von Außenwänden bzw. vom ans Erdreich grenzenden Fußboden in kg,
G_{ik} Masse von Trennwänden bzw. -decken, die an andere Räume grenzen, in kg,
A Fußbodenfläche in m².

Ist der Fußboden mit einem Teppich belegt, so wird nur die halbe Fußbodenmasse berücksichtigt. Bei abgehängter Decke entfällt die Deckenmasse für die Rechnung.

Die Massen der Bauteile lassen sich z. B. nach DIN 4701 aus den Rohdichten für die Baustoffe ermitteln.

Neben dem Speicherfaktor ist aus Zahlentafel A 58 noch die Tageszeit, zu der die maximale Kühllast auftritt, zu entnehmen, beide Größen als Funktion der angegebenen Parameter.

Das hier beschriebene Verfahren gibt die Möglichkeit, die maximale Wärmebelastung zu bestimmen, die infolge von Sonnenstrahlung durch die Fenster bei konstanter Lufttemperatur in einem klimatisierten Raum auftritt. Die Zeit des Maximums ist damit festgelegt, und andere Wärmequellen (Wärmedurchgang durch die Wände, Maschinen-, Beleuchtungswärme) müssen für den gleichen Zeitpunkt ermittelt werden.

Wird das Maximum durch eine der anderen Einflußgrößen bestimmt, so ist es nicht angebracht, die Strahlungswärme nach Gl. (14.25) zu berechnen; s_{max} ist der Maximalwert zu *einer* bestimmten Zeit. Man wird dann auf Gl. (14.24) zurückgreifen und in Anbetracht des geringeren Anteils der Strahlungswärme den momentanen Wärmegewinn ohne Speicherfaktor einsetzen[1].

c) Das Maximum bei Eckräumen

In Eckräumen liegt das Kühllastmaximum zwischen den Zeitpunkten der Einzelmaxima der beiden Fassaden. Der Betrag ist mit Sicherheit kleiner als die Summe der Einzelwerte. Mit Hilfe der Diagramme in Abb. 14.08 und der Tab. 14.04 können der resultierende Speicherfaktor s und der Zeitpunkt Z_0 für das Gesamtmaximum angenähert ermittelt werden, sofern die maximale Kühllast jeder Wand in erster Linie durch die Fensterflächen bestimmt ist.

Die Werte erfassen, mit Ausnahme der Nordrichtung, alle vorkommenden Fassadenkombinationen, bei denen die Wände rechtwinklig zueinander (z. B. SW/NW, SO/SW) oder parallel (z. B. SO/NW) stehen.

Die Nordrichtung mußte wegen der grundsätzlich abweichenden Strahlungsverhältnisse ausgespart werden, doch ist der Speichereffekt auf der Nordseite so gering, daß er gegenüber den anderen Himmelsrichtungen nicht ins Gewicht fällt.

Theoretische Grundlagen: Die maximale Kühllast Q_{sges} zur Zeit Z_0 in einem Eckraum setzt sich zusammen aus den beiden Anteilen Q_{s1} und Q_{s2} über die Fassaden 1 und 2. (Die Numerierung soll stets gemäß der zeitlichen Reihenfolge der Maxima, d. h. von NO über S nach NW, erfolgen.)

$$Q_{sges} = Q_{s1} + Q_{s2} = Q_1 s_1 + Q_2 s_2.$$

Dabei sind Q_1 und Q_2 die maximal auftretenden Wärmen ohne Berücksichtigung der Speicherfähigkeit nach Gl. (14.24) mit I_{max} bzw. (14.25) rechts und s_1 bzw. s_2 die Speicherfaktoren zur Zeit Z_0.

Q_1 und Q_2 können als konstant angesehen werden, wenn nicht ungewöhnliche Beschattungsverhältnisse vorliegen, die sich im Laufe des Tages stark ändern. Der normale Tagesgang wird in den s-Werten erfaßt. Somit läßt sich schreiben

$$\frac{Q_{sges}}{Q_1} = s_1 + \frac{Q_2}{Q_1} s_2 = s_1 + \alpha\, s_2 = s \tag{14.27}$$

mit

$$\alpha = \frac{Q_2}{Q_1}. \tag{14.28}$$

---

[1] Die Speicherfaktoren werden von CARRIER zwar auch für andere Zeiten angegeben, doch wurde hier auf die vollständige Wiedergabe verzichtet, da der gesamte Komplex der Speichervorgänge wissenschaftlich zur Zeit noch nicht genügend geklärt erscheint. Den Arbeitsunterlagen in Abb. 14.08 und Tab. 14.04 des folgenden Abschnitts liegen jedoch diese vollständigen Daten zugrunde.

In Abhängigkeit von α läßt sich daher der resultierende Speicherfaktor angeben. Hat man den Maximalwert für s gefunden, so liegt gleichzeitig das gesuchte Maximum Q_{sges} fest.

Durch paarweise Addition der Einzelwerte für jeweils zwei Fassadenrichtungen und Aufsuchen der Summenmaxima für alle in Betracht kommenden Fälle ließen sich unter Verwendung der Tabellen der Fa. Carrier aus der Vielzahl der Ergebnisse die in den Hilfsdiagrammen der Abb. 14.08 angegebenen Mittelwerte ableiten. Aufgetragen wurde über α nicht s nach Gl. (14.27), sondern Δs, ein Zusatzglied, das definiert ist durch

$$\Delta s = s - s_m, \qquad (14.29)$$

wobei

$$s_m = \frac{s_{max1} + s_{max2}}{2} \qquad (14.30)$$

den Mittelwert der beiden maximalen Speicherfaktoren aus Zahlentafel A 58 bedeutet. Ferner wurde unterteilt in die Bereiche $\alpha < 1$ und $\alpha > 1$.

Für $\alpha < 1$ gilt wie in Gl. (14.27)

$$s = s_1 + \alpha\, s_2 = \frac{Q_{sges}}{Q_1}, \qquad (14.27\,\text{a})$$

und für $\alpha > 1$ wurde berechnet

$$s = \frac{1}{\alpha} s_1 + s_2 = \frac{Q_{sges}}{Q_2}, \qquad (14.27\,\text{b})$$

so daß man allgemein erhält:

$$Q_{sges} = s\, Q_i, \qquad (14.31)$$

wobei Q_i der jeweils größere Wert von Q_1 und Q_2 ist.

Es gibt drei Diagramme. Bild a und b gelten beide für schwere *und* mittelschwere Baumasse (750 bzw. 500 kg/m² Fußbodenfläche). Unterteilt wurde nach der Sonnenschutzanordnung. Bei Bild c für leichte Baumasse (150 kg/m²) gelang es,

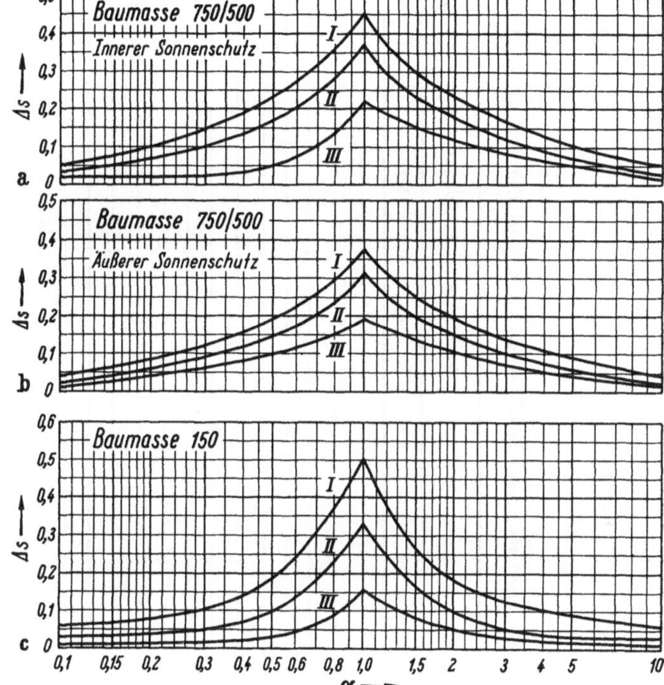

Bedeutung der Parameter *I, II, III*		
	Sonnenschutz	
	innen	außen (ohne)
I	$\Delta Z \leqq 4$ h	$\Delta Z \leqq 3$ h
II	5 bis 6 h	4 bis 5 h
III	$\geqq 7$ h	$\geqq 6$ h

Abb. 14.08. Kühllastmaximum durch die Glasflächen zweier Gebäudefassaden Korrekturglied Δs für den Speicherfaktor.

beide Sonnenschutzanordnungen zusammenzufassen. In jedem Bild findet man drei charakteristische Kurven *I* bis *III*, die vom Zeitunterschied

$$\Delta Z = Z_2 - Z_1 \qquad (14.32)$$

der Einzelmaxima abhängen. Bei kleinem ΔZ, d. h. sich weitgehend überlagernden Kühllastkurven, ist Δs am größten.

Die Diagramme gelten grundsätzlich für alle Betriebsarten. Eine kürzere Betriebsdauer als 16 h führt bei einigen Fassadenrichtungen zu Lastbedingungen, die sich in das hier verwendete Rechenschema nicht einordnen lassen. Beispielsweise zieht das Abschalten der Klimaanlage gegen 17 Uhr bei West- und Nordwestfassaden u. U. ein derartiges Aufheizen der Räume nach sich, daß noch am nächsten Morgen eine Belastungsspitze entsteht. Auf Grund dieses Effektes müßte für einen kurzzeitigen Betrieb eine Reihe von Fassadenkombinationen als Sonderfälle explizit angegeben werden. Das führt zu einem Rechnungs- und Tabellenaufwand, der für eine Näherung fehl am Platz ist. Zu beachten ist auch, daß es vom betrieblichen Standpunkt vernünftig ist, die Klimaanlage jeweils so lange zu fahren, bis die direkte Raumbelastung unerheblich geworden ist.

Tabelle 14.04. *Zeitverschiebung des Gesamtmaximums* $(Z_0 - Z_1)$ *in* h *gegenüber dem ersten Einzelmaximum*

Verhältnis der Strahlungsmaxima $\alpha = Q_2/Q_1$ (heads the numeric columns 0,1 … 10)

Betriebsdauer in h	Sonnenschutz	Baumasse in kg/m² Fb.-Fl.	ΔZ-Bereich	0,1	0,2	0,3	0,4	0,5	0,6	0,7	0,8	0,9	1,0	1,1	1,25	1,45	1,7	2,0	2,5	3,5	5	10
24	innen	750/500/150	I	0	1									2					ΔZ			
			II	0	1					2	3				4		ΔZ					
			III	0								ΔZ										
	außen bzw. ohne	750/500	I	0	1			2											ΔZ			
			II	0			1			2	3					ΔZ						
			III	0					ΔZ													
		150	I	0			1					2							ΔZ			
			II	0			1				2				3	ΔZ						
			III	0								ΔZ										
16	innen	750/500	I	0			1					2					ΔZ					
			II	0		1					2		3						ΔZ			
			III	0											ΔZ							
		150	I	0	1									2					ΔZ			
			II	0			1		2		3					4	ΔZ					
			III	0								ΔZ										
	außen bzw. ohne	750/500	I	0			1			2					ΔZ							
			II	0			1	2					3					ΔZ				
			III	0									ΔZ									
		150	I	0			1					2						ΔZ				
			II	0			1			2						3	ΔZ					
			III	0									ΔZ									

Zur Bestimmung der Zeit Z_0 des resultierenden Maximums dient Tab. 14.04. In Abhängigkeit von den auftretenden Parametern ist die Zeitdifferenz $Z_0 - Z_1$ bezüglich des ersten Maximums (auf Fassade 1) angegeben, und zwar für 24 h- und 16 h-Betrieb.

Mit den oben aufgeführten Einschränkungen (kein erheblicher Energieanfall zu Zeiten des Stillstands der Klimaanlage) können die 16 h-Daten auch für eine kürzere Betriebsdauer Verwendung finden. $Z_0 - Z_1 = 0$ bei kleinem α bedeutet, daß die Zeit von Maximum 1 für den Eckraum maßgeblich ist.

$Z_0 - Z_1 = \Delta Z$ für großes α ergibt $Z_0 = Z_2$, d. h., das Gesamtmaximum fällt zeitlich mit dem Höchstwert für die zweite Fassade zusammen.

Man erhält

$$Z_0 = Z_1 + (Z_0 - Z_1). \tag{14.33}$$

Bei der Verwendung der Tabelle berücksichtige man, daß in der Nähe größerer zeitlicher Sprünge für $(Z_0 - Z_1)$, hauptsächlich bei Bereich *III*, beide Grenzzeiten kritisch sein können und beachtet werden sollten.

Anwendung des Verfahrens:

1. Man bestimmt die Einzelmaxima Q_1 und Q_2 ohne Speicherung nach Gl. (14.24) und entnimmt die Speicherfaktoren $s_{max\,1}$ und $s_{max\,2}$ sowie die Zeiten der Maxima Z_1 und Z_2 der Zahlentafel A 58. Dabei werden die Fassaden *in der zeitlichen Reihenfolge der Maxima* mit 1 und 2 bezeichnet.

2. Man bildet den mittleren Speicherfaktor $s_m = \dfrac{s_{max\,1} + s_{max\,2}}{2}$ gemäß Gl. (14.30), den Zeitunterschied $\Delta Z = Z_2 - Z_1$ sowie das Verhältnis der Strahlungsmaxima $\alpha = Q_2/Q_1$.

3. In Abhängigkeit von α und ΔZ wird Δs aus einem der Diagramme der Abb. 14.08 entnommen. Nach Gl. (14.29) ergibt sich $s = s_m + \Delta s$ und nach Gl. (14.31) die gesuchte Kühllast $Q_{s\,ges}$.

4. Aus Tab. 14.04 entnimmt man die Zeitverschiebung $Z_0 - Z_1$ des Gesamtmaximums gegenüber dem ersten Einzelmaximum. Nach Gl. (14.33) erhält man unmittelbar Z_0, den Zeitpunkt, zu dem $Q_{s\,ges}$ anfällt.

Beispiel: Gegeben sei bei Großstadtatmosphäre ein Eckraum in einem mittelschweren Bau [$G = 400\,\mathrm{kg}$ je m² Fußbodenfläche nach Gl. (14.26)] mit 6 m² Fensterfläche nach NO und 4 m² nach SO, Doppelverglasung, Innenvorhänge (Baumwolle, mittelfarbig), keine Beschattung. 16 h-Betrieb der Klimaanlage.

Gesucht: Der Betrag sowie der Zeitpunkt der maximalen Kühllast auf Grund der Sonnenstrahlung durch die Fenster sowie des Einflusses der Lufttemperatur. Die übrigen Wärmequellen seien vernachlässigt.

Man entnimmt der Zahlentafel A 56 für den Auslegungsmonat Juli

$$I_{max\,1} = 361\ \mathrm{kcal/m^2\,h} \quad \text{und} \quad I_{max\,2} = 477\ \mathrm{kcal/m^2\,h},$$

der Zahlentafel A 57

$$b_{Doppelvergl.} = 0{,}9, \qquad b_{Innenvorhang} = 0{,}5, \quad \text{also} \quad b = 0{,}9 \cdot 0{,}5 = 0{,}45.$$

Daraus folgt nach Gl. (14.24):

$$Q_1 = 6 \cdot 361 \cdot 0{,}45 = 975\ \mathrm{kcal/h},$$
$$Q_2 = 4 \cdot 477 \cdot 0{,}45 = 859\ \mathrm{kcal/h}$$

sowie

$$\alpha = \frac{Q_2}{Q_1} = \frac{859}{975} = 0{,}88.$$

Weiterhin ergibt sich aus Zahlentafel A 58

$$s_{max\,1} = 0{,}65, \quad Z_1 = 7\ \mathrm{Uhr}; \quad s_{max\,2} = 0{,}72, \quad Z_2 = 10\ \mathrm{Uhr}$$

und damit

$$s_m = 0{,}69, \quad \Delta Z = 3\ \mathrm{h}.$$

Aus Abb. 14.08a und Tab. 14.04 entnimmt man zu den aufgeführten Parametern (Kurve I)

$$\Delta s = 0{,}40, \quad (Z_0 - Z_1) = 1\ \mathrm{h}.$$

Daraus erhält man

$$s = 0{,}69 + 0{,}40 = 1{,}09$$

und schließlich

$$Q_{s\,ges} = 975 \cdot 1{,}09 = 1060\ \mathrm{kcal/h} \quad \text{zur Zeit } Z_0 = 8\ \mathrm{Uhr}.$$

Aus Abb. 14.02 entnimmt man um 8 Uhr für das Binnenlandklima einen Wert der Außenlufttemperatur von 20 °C; das bedeutet: Zu dieser Tageszeit wird die Kühllast durch die Transmissionswärme der Fensterflächen nicht erhöht.

Kontrollrechnung für die Übergangszeit: Das Jahresmaximum für die Richtung SO tritt im März auf. Also ergibt sich

$$I_{max\,1} = 180\ \text{kcal/m}^2\,\text{h}; \quad I_{max\,2} = 575\ \text{kcal/m}^2\,\text{h}.$$

Die übrigen Faktoren bleiben erhalten.

Damit wird

$$Q_1 = 6 \cdot 180 \cdot 0{,}45 = 486\ \text{kcal/h}; \quad Q_2 = 4 \cdot 575 \cdot 0{,}45 = 1035\ \text{kcal/h},$$

$$\alpha = \frac{1035}{486} = 2{,}13.$$

$$(\text{Es war } s_m = 0{,}69,\ \Delta Z = 3\ \text{h.})$$

Jetzt entnimmt man aus Abb. 14.08a und Tab. 14.04

$$\Delta s = 0{,}22; \quad Z_0 - Z_1 = 2\ \text{h.}$$

Es folgt

$$s_{max} = 0{,}91$$

und

$$Q_{sges} = 1035 \cdot 0{,}91 = 940\ \text{kcal/h.}$$

Im März ergibt sich die Lufttemperatur nach Tab. 14.01 zu etwa 18 °C und liefert wiederum keinen Betrag zur Kühllast.

Ein Vergleich der Strahlungswärmen zeigt, daß die kritische Belastung des untersuchten Eckraumes im Juli auftritt.

(Nachrechnungen für die Monate April (1000 kcal/h) und Juni (1060 kcal/h) ergaben, daß in diesem Raum die kritische Wärmebelastung über das gesamte Sommerhalbjahr relativ konstant bleibt.)

d) Gesamtlast eines Gebäudes

Unter der Voraussetzung, daß der Anteil der durch die Fenster eingestrahlten Wärme dominiert, kann das unter c) beschriebene Verfahren auch zur Bestimmung der maximalen Kühllast des Gesamtgebäudes angewendet werden.

Man geht dazu aus von den beiden Fassaden, die die größten Energiemengen durchlassen. Die Einzelmaxima, gebildet als Summe über die gesamte Fassade, werden in der zeitlichen Reihenfolge mit $Q_{s\,1}$ und $Q_{s\,2}$ bezeichnet. Daraus ergeben sich die Rechengrößen Q_1 und Q_2 nach Gl. (14.25) durch Division durch die Speicherfaktoren $s_{max\,1}$ bzw. $s_{max\,2}$.

Nach Abschnitt c) erhält man Q_{sges} zu einer Zeit Z_0. Alle sonstigen Wärmequellen müssen zum gleichen kritischen Zeitpunkt ermittelt und berücksichtigt werden.

Sind in dem betreffenden Gebäude drei oder vier der Seiten etwa gleichmäßig mit Glasflächen versehen, so kann der Strahlungsanteil der beiden Seiten mit geringerem Einfluß nicht in derselben Weise wie $Q_{s\,1}$ und $Q_{s\,2}$ erfaßt werden. Diese Energien werden dann als momentane Wärmegewinne zur Zeit Z_0 nach Gl. (14.24) bestimmt. Da sie zusammen nur die Größenordnung von vielleicht einem Drittel der Gesamtlast erreichen, ist die Vernachlässigung der betreffenden Speichereffekte vertretbar; eine weitere Genauigkeitssteigerung wäre nur unter erheblichem Mehraufwand bei der Rechnung zu erreichen.

C. Wärmestrom durch Wandflächen

Bei Wänden und Dächern bewirkt die Wärmespeicherfähigkeit der Baustoffe eine Phasenverschiebung im zeitlichen Ablauf zwischen der periodisch sich ändernden Wärmeaufnahme auf der Außenseite und der Wärmeabgabe auf der Innenseite. Verbunden damit ist eine mit zunehmendem Abstand von außen wachsende Dämpfung der örtlichen Temperaturschwankungen.

Diese Auswirkung der Speicherfähigkeit wurde schon bei der durch die Fenster eingestrahlten Energie betrachtet. Während dort die komplexen Zusammenhänge eine analytische Behandlung weitgehend verhindern, kann hier unter bestimmten Voraussetzungen eine physikalisch exakte rechnerische Lösung angegeben werden.

1. Theoretische Grundlagen

a) Der quasistationäre Wärmestrom durch homogene Wände

Der eindimensionale Wärmeleitvorgang wird durch die Gleichung

$$\frac{\partial t}{\partial Z} = a\,\frac{\partial^2 t}{\partial x^2} \tag{14.34}$$

beschrieben, wobei

t die Temperatur,
x die Wärmestromrichtung,
Z die Zeit,
$a = \lambda/(c\,\varrho)$ die Temperaturleitzahl.

Dabei müssen die Materialeigenschaften Wärmeleitfähigkeit λ, spezifische Wärme c und Dichte ϱ unabhängig von Ort, Zeit und Temperatur sein.

Gesucht wird eine Lösung von (14.34) für den Fall, daß eine harmonische Temperaturschwingung auf der Außenseite vorliegt, etwa in der Form

$$t_{(x=0,\,Z)} = T_0 \cos[\omega(Z - Z_0)], \tag{14.35}$$

wobei

T_0 die Temperaturamplitude außen,
ω die Frequenz,
Z_0 der Zeitpunkt des Maximums.

Der Einfluß einer Anfangstemperaturverteilung zur Zeit $Z = 0$ soll bereits abgeklungen sein.

(Es genügt, eine allgemeine periodische Funktion zu betrachten, da sich jede derartige Funktion in eine Reihe von harmonischen Gliedern zerlegen läßt. Wegen der Linearität der Gleichung läßt sich dabei die Gesamtlösung als Summe der Lösungen für die einzelnen Glieder gewinnen.)

Die Ableitung wird hier nicht behandelt. Sie kann der einschlägigen Fachliteratur[1] entnommen werden.

Für die Temperatur im Innern einer einseitig unendlich ausgedehnten Wand ($0 \leqq x < \infty$) gilt

$$t = T_0\, e^{-\varphi x} \cos[\omega(Z - Z_0) - \varphi x] \tag{14.36}$$

mit

$$\varphi = \sqrt{\frac{\omega}{2a}}\,.$$

Der Wärmestrom ergibt sich durch Einsetzen von t in die Fouriersche Wärmeleitungsgleichung

$$q = -\,\lambda\,\frac{\partial t}{\partial x}\,. \tag{14.37}$$

Es ist

$$\frac{\partial t}{\partial x} = -\,\varphi\, T_0\, e^{-\varphi x} \cos[\omega(Z - Z_0) - \varphi x] + T_0\, e^{-\varphi x}\varphi \sin[\omega(Z - Z_0) - \varphi x]$$
$$= -\,\varphi\, T_0\, e^{-\varphi x} \{\cos[\omega(Z - Z_0) - \varphi x] - \sin[\omega(Z - Z_0) - \varphi x]\}\,.$$

Zur Vereinfachung dieses Ausdrucks multiplizieren wir in der Klammer den ersten Summanden mit $\cos\frac{\pi}{4}$, den zweiten mit $\sin\frac{\pi}{4}$ und stellen die Gleichung wieder richtig, indem wir vor der Klammer durch diesen Faktor $\left(\cos\frac{\pi}{4} = \sin\frac{\pi}{4} = \frac{1}{\sqrt{2}}\right)$ dividieren.

Mit $\cos(\alpha + \beta) = \cos\alpha\,\cos\beta - \sin\alpha\,\sin\beta$ ergibt sich

$$\frac{\partial t}{\partial x} = -\,\sqrt{2}\,\varphi\, T_0\, e^{-\varphi x} \cos\left[\omega(Z - Z_0) - \varphi x + \frac{\pi}{4}\right]$$

[1] GRÖBER, H., S. ERK u. U. GRIGULL: Die Grundgesetze der Wärmeübertragung. Neudruck d. 3. Aufl. Berlin/Göttingen/Heidelberg: Springer 1963. — CARSLAW, H. S., u. J. C. JAEGER: Conduction of Heat in Solids, 2. Aufl. Oxford: Clarendon Press 1959. — PFRIEM, H.: Beitrag zur Theorie der Wärmeleitung bei periodisch veränderlichen (quasistationären) Temperaturfeldern. Ing. Arch. 6 (1935) 97/127.

sowie mit

$$\sqrt{2}\,\lambda\,\varphi = \lambda\,\sqrt{\frac{\omega}{\lambda/(c\,\varrho)}} = \sqrt{\lambda\,c\,\varrho}\,\sqrt{\omega} = b\,\sqrt{\omega}$$

$$q = b\,\sqrt{\omega}\,T_0\,e^{-\varphi x}\cos\left[\omega(Z - Z_0) - \varphi\,x + \frac{\pi}{4}\right]. \tag{14.37a}$$

Man erkennt aus Gl. (14.37a), daß die Schwingung des Wärmeflusses der Form nach mit der Temperaturschwingung nach Gl. (14.36) übereinstimmt, ihr jedoch um $\pi/4 \triangleq 45°$ vorauseilt. Der Proportionalitätsfaktor $b\,\sqrt{\omega}$ in der Dimension einer Wärmeübergangszahl legt bei vorgegebenen Temperaturverhältnissen die in das betrachtete Raumelement dringende Wärme fest.

$b = \sqrt{\lambda\,c\,\varrho}$ ist die von GRÖBER eingeführte Wärmeeindringzahl, die bei allen instationären Wärmeleitvorgängen als zweiter Parameter neben dem Wärmeleitwiderstand auftritt.

In Abb. 14.09 wird die Phasenverschiebung zwischen t und q verdeutlicht, die sich theoretisch zu $\pi/4$ ergab.

Über der Zeit Z sind drei harmonische Temperaturschwingungen aufgetragen, örtlich durch den Abstand Δx getrennt. Die Wärmeflußrichtung ist x (axonometrisch nach hinten aufgetragen),

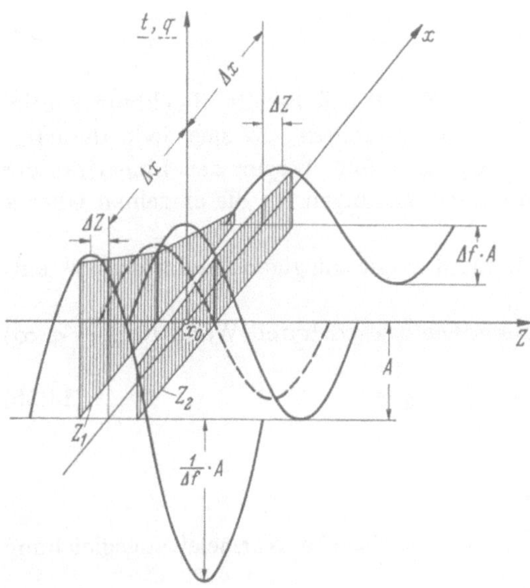

Abb. 14.09. Zeitlicher und örtlicher Verlauf einer harmonischen Temperaturschwingung in einer Wand.

t Temperatur ————, q Wärmestrom — — — —, x Wärmestromrichtung, Z Zeit, A Temperaturamplitude am Ort x_0, Δf Dämpfungsfaktor zwischen x_0 und $x_0 + \Delta x$, ΔZ Zeitverschiebung zwischen x_0 und $x_0 + \Delta x$.

die Zeitverschiebung ist durch eine mit Δx wachsende Verzögerung des Maximums (ΔZ) gekennzeichnet, und die Amplitudendämpfung wird durch den Faktor Δf charakterisiert.

Gestrichelt ist für den Ort x_0 die zugehörige Wärmestromschwingung eingetragen. Betrachtet werden die beiden Zeitpunkte Z_1 und Z_2, zu denen 1. das Maximum und 2. der Nulldurchgang des Wärmeflusses auftritt.

Für diese Zeitpunkte sind die Temperaturen an den drei Orten markiert und durch Verbindungslinien gekennzeichnet worden. Die Ordinaten sind durch senkrechte Schraffur hervorgehoben und lassen erkennen, daß der Gradient, d. h. die Änderung $\partial t/\partial x$, im ersten Falle sehr groß und im zweiten Falle etwa Null ist, wie zu erwarten war.

In jedem Punkt x_0 einer Wand strömt der maximale Wärmestrom in der Fortpflanzungsrichtung der Temperaturwelle, *bevor* das Temperaturmaximum erreicht ist. Dann ist der Gradient am größten, da bei $x_0 + \Delta x$ eine merklich niedrigere und bei $x_0 - \Delta x$ eine höhere Temperatur herrscht.

An den betrachteten Vorgängen ändert sich nichts, wenn man der rein periodischen Lösung eine stationäre Lösung überlagert, d. h. die äußere Schwingung bezüglich einer Mitteltemperatur t_{am} ansetzt und im Innern eine Temperatur t_R konstant hält. Der hier beschriebene Wärmeleitvorgang bewirkt bei einer Wand endlicher Dicke dann als Ergebnis eine Temperaturschwingung auf der Innenseite der Wand, die mittels

$$q = \alpha_i(t_{wi} - t_R) = \alpha_i[(t_{wi} - t_{wm}) + t_{wm} - t_R] \tag{14.38}$$

den Wärmestrom zu berechnen gestattet, der an den Raum abgegeben wird. Dabei ist

α_i　　die innere Wärmeübergangszahl,
t_{wi}　　die momentane Innenwandtemperatur,
t_{wm}　　die mittlere Innenwandtemperatur,
t_R　　die Raumtemperatur.

Bei diesem Ansatz sieht man die Unterschiede gegenüber der unendlichen Wand. Hier enthält nämlich die Fouriersche Randbedingung

$$q = \alpha_i(t_{wi} - t_R) = -\lambda \left(\frac{\partial t}{\partial x}\right)_{wi}$$

$$\text{für } \alpha_i = \text{const und } t_R = \text{const}$$

die Aussage, daß q_{max} mit dem Maximum der Temperaturschwingung zusammenfällt. Die vorgenannten Annahmen zeigen, daß die Randeinflüsse eine deutliche Verzerrung der Wärmestromschwingung hervorrufen.

Bei den bisher verfügbaren Rechenmethoden wird die Temperaturschwingung durch die Wand hindurch verfolgt, und das Amplitudenverhältnis $A_2/A_1 = f_i$ der Temperaturen zwischen innerer Oberfläche und Außenluft gibt ein Maß für die Dämpfung in der Wand.

Analog zu Gl. (14.36) erhält man allgemein an der inneren Oberfläche eine Temperaturschwingung der Form

$$(t_{wi} - t_{wm}) = T_0 \, f_i \cos[\omega(Z - Z_0 - Z_i)], \tag{14.36a}$$

wenn außen eine Schwingung der Form

$$(t - t_{am}) = T_0 \cos[\omega(Z - Z_0)] \tag{14.35a}$$

vorgegeben ist.

Temperaturen, die um die Zeitverschiebung Z_i auseinanderliegen, korrespondieren also und sind über den Dämpfungsfaktor f_i verknüpft.

$$t_{wi(Z)} - t_{wm} = f_i(t_{(Z-Z_i)} - t_{am}). \tag{14.39}$$

Man kann durch Einsetzen der Temperatur t zur Zeit $(Z - Z_i)$ in Gl. (14.38) den Wärmestrom zur Zeit Z berechnen durch

$$q = \alpha_i[f_i(t - t_{am}) + t_{wm} - t_R]. \tag{14.38a}$$

Der stationäre Anteil wird üblicherweise nicht über die mittlere Wandtemperatur t_{wm}, sondern direkt wie im Winter durch die Wärmedurchgangszahl k und die mittlere Außentemperatur errechnet:

$$q_{stationär} = \alpha_i(t_{wm} - t_R) = k(t_{am} - t_R).$$

Um auch den periodischen Anteil in der gleichen Weise zu erfassen, führt man einen korrigierten Dämpfungsfaktor ein:

$$f = \frac{\alpha_i}{k} f_i. \tag{14.40}$$

Damit folgt

$$q_{(Z)} = k[f(t_{(Z-Z_i)} - t_{am}) + t_{am} - t_R] = k\Delta t_{äq}. \tag{14.41}$$

Der Ausdruck in der eckigen Klammer wird „äquivalente Temperaturdifferenz $\Delta t_{äq}$" genannt, da die Größe

$$t_{äq(Z)} = f(t_{(Z-Z_i)} - t_{am}) + t_{am} \tag{14.42}$$

eine hypothetische Außenlufttemperatur bedeutet, die es gestattet, die Wärme q zur Zeit Z einfach durch Multiplikation mit der Wärmedurchgangszahl k wie im stationären Fall zu ermitteln.

Verschiebt man nämlich die Außentemperatur um die Zeitdifferenz Z_i und multipliziert den periodischen Anteil mit dem Dämpfungsfaktor f, so hat man ein Rechenmodell gefunden, nach dem sich die derart gewonnene Schwingung unmittelbar durch die Wand fortpflanzt, ohne daß zusätzliche Speichereffekte wirksam werden.

Man muß also versuchen, die beiden Größen Z_i und f_i bzw. f für die auftretenden Wandkonstruktionen und Klimabedingungen zu berechnen und kann daraus den Wärmefluß bestimmen. 1939 wurde in den USA eine Lösung für die homogene Wand angegeben[1], und 1944

---

[1] ALFORD, J. S., J. E. RYAN u. F. O. URBAN: Effect of Heat Storage and Variation in Outdoor Temperature and Solar Intensity on Heat Transfer through Walls. ASHVE-Transactions 45 (1939) 369/396.

machten MACKEY und WRIGHT[1] die Lösung leichter zugänglich durch eine Darstellung der
f- und Z-Werte in Abhängigkeit der Parameter R = Wärmeleitwiderstand und b = Wärmeeindringzahl. Die gleichen Verfasser bemühten sich, die wirksamen Klimakomponenten Strahlung und Lufttemperatur zusammenzufassen und definierten eine Temperatur, die den gleichen
Wärmestrom durch eine Wand bewirkt wie Strahlung und Lufttemperatur zusammen, als
Sonnenlufttemperatur t_{sl} durch

$$q = \alpha_a(t_{sl} - t_{wa}) = \alpha_a(t_L - t_{wa}) + A\,I, \qquad (14.43)$$

wobei

α_a die äußere Wärmeübergangszahl,
t_{wa} die äußere Oberflächentemperatur der Wand,
t_L die Lufttemperatur,
A die Absorptionszahl der Außenwandfläche,
I die Sonnenstrahlungsintensität.

Daraus folgt

$$t_{sl} = t_L + \frac{A\,I}{\alpha_a}. \qquad (14.43\,a)$$

Wird für t in Gl. (14.41) der Gang der Sonnenlufttemperatur eingesetzt, so erhält man als Lösung
direkt den Wärmefluß auf Grund beider außenklimatischer Größen. Man kann natürlich ebenso
gut die Rechnung mit beiden Komponenten getrennt vornehmen und die Lösungen addieren.

Die in Gl. (14.41) angegebene Größe $\Delta t_{\ddot{a}q}$ wurde von STEWART[2] eingeführt, da sich heraus-
stellte, daß bei Vorgabe von f und Z und einem vereinheitlichten Außenklimazustand die vor-
herige Bestimmung dieses Wertes die Rechnungen der Praxis stark vereinfacht. STEWART
tabellierte die äquivalenten Temperaturdifferenzen für einige Dach- und Wandkonstruktionen
in Abhängigkeit von Tageszeit und Himmelsrichtung, und praktisch beruhen noch heute fast
alle in Gebrauch befindlichen Werte auf seinen Rechnungen.

b) Die Mehrschichtwand

Die moderne Bautechnik strebt eine Trennung von tragender Konstruktion und Wärme-
dämmeigenschaften an und führt so zu mehrschichtigen Wänden. MACKEY und WRIGHT untersuchten den Wärmefluß durch Mehrschichtwände[3]. Die exakten Lösungen für die Zwei- und
Dreischichtwand stellen sich allerdings als derart umfangreiche Systeme von Gleichungen dar,
daß sie für die Praxis nicht verwendbar sind. Daher gaben MACKEY und WRIGHT ein Verfahren
an, bei dem die Mehrschichtwand auf eine in bezug auf den Wärmefluß äquivalente Einschichtwand zurückgeführt wird. Dieses Verfahren wurde gewonnen, indem man eine Reihe von Beispielen exakt durchrechnete und mit einer Näherungslösung verglich. Für die äquivalente Einschichtwand findet man die f- und Z-Werte leicht aus den Lösungsdiagrammen.

Die konkreten Wände, die von STEWART durchgerechnet wurden, s. oben, sind sämtlich
auf diese Art reduziert worden. Es läßt sich jedoch nachweisen, daß die Reduktion auf eine
Einschichtwand zu erheblichen Fehlern führen kann, da die physikalisch entscheidende Eigenschaft der Unstetigkeit in der Wärmeeindringzahl b verlorengeht. Auf die Bedeutung dieser
Materialkonstanten geht PFRIEM in seiner grundlegenden Arbeit[4] ein. Er weist nach, daß an
der Trennstelle zweier unterschiedlicher Materialien die ankommende Temperaturschwingung
vornehmlich von den beiden Wärmeeindringzahlen b_1 und b_2 abhängt.

Der entscheidende Parameter ist eine Reflexionszahl β, die für den Grenzfall, daß Schicht 2
sehr dick wird, folgenden einfachen Ausdruck ergibt:

$$\beta_0 = \frac{b_1 - b_2}{b_1 + b_2}. \qquad (14.44)$$

[1] MACKEY, C. O., u. L. T. WRIGHT: Periodic Heat Flow-Homogeneous Walls or Roofs. ASHVE-Transactions 50 (1944) 293/312.

[2] STEWART, J. P.: Solar Heat Gain through Walls and Roofs for Cooling Load Calculations. ASHVE-
Transactions 54 (1948) 361/388.

[3] MACKEY, C. O., u. L. T. WRIGHT: Periodic Heat Flow-Composite Walls or Roofs. ASHVE-Transactions
52 (1946) 283/296.

[4] PFRIEM, H.: s. Fußnote auf S. 291.

Je größer β, um so stärker wirkt sich die Unstetigkeit aus. Für $b_1 = b_2$ ($\beta = 0$) geht eine Temperaturschwingung ungestört durch die Trennstelle, d. h., sie verhält sich unabhängig von den Temperatur- und Wärmeleitzahlen wie in einer homogenen Wand.

Zwar sind die Zusammenhänge bei realen Wänden wesentlich komplizierter, doch kann Gl. (14.44) als Abschätzung für die Auswirkung von Materialunstetigkeiten dienen. Nur bei kleinen β-Werten ist eine Zusammenfassung verschiedener Schichten unproblematisch.

NEHRING[1] konnte an einer Reihe von Beispielen zeigen, daß bei den vorliegenden Verfahren die Reduktionsfehler u. U. so groß werden können, daß auch für die Genauigkeitsanforderungen der Praxis besser die exakten Lösungen für die Mehrschichtwand verwendet werden sollten.

Er gibt für die Zweischichtwand eine graphische Darstellung der Lösungen für Dämpfung und Zeitverschiebung an, deren Handhabung wegen der vier auftretenden Parameter (Wärmeeindringzahl b und Wärmeleitwiderstand R für jede Schicht) und der damit verbundenen Notwendigkeit, mehrfach zu interpolieren, für die Praxis allerdings etwas umständlich ist[2].

Da heute mit elektronischen Rechenanlagen die Auswertung auch umfangreicher Formelsätze keine besonderen Schwierigkeiten mehr bietet — vor allem, wenn sie wie hier in expliziter Darstellung vorliegen, d. h. keine Iterationsschritte erfordern — wurde analog zur von NEHRING erarbeiteten Lösung der Formelsatz für die Dreischichtwand hergeleitet, wobei wieder wie in der dort angegebenen allgemeineren Form zwischen den speichernden Schichten Temperatursprünge infolge von Übergangswiderständen zugelassen werden, durch die besser als bisher abgeschlossene Luftschichten erfaßt werden können.

Problematisch bleibt weiterhin die mit der Außenluft verbundene Luftschicht, die z. B. bei Kaltdächern und Vorhangwänden (curtain walls) auftritt, da hier die Wärmebilanz um ein schwierig zu bestimmendes Glied — die durch natürliche Konvektion aus der Luftschicht abgeführte Wärme — erweitert werden muß. Für die sonstigen Fälle kann jedoch das Problem der Mehrschichtwand als gelöst gelten, besonders da auch bei Wänden mit komplizierterem Aufbau kaum mehr als zwei wirklich kritische Trennstellen zwischen den einzelnen Schichten auftreten werden, bei denen die Wärmeeindringzahlen sich so stark unterscheiden, daß β in Gl. (14.44) einen großen Einfluß hat. Man kann beispielsweise Putz und Mauerwerk oder Natursteinverkleidung und Beton zu einer Schicht zusammenfassen, indem man die Wärmeleitwiderstände addiert und die Wärmeeindringzahlen mit den Widerständen als Gewichten mittelt.

Hier soll jedoch nicht im einzelnen auf diese Berechnungsmethodik eingegangen werden, da das Verfahren für eine Anzahl konkreter Wand- und Dachbauarten von MASUCH so weitgehend vorbereitet wurde, daß wieder ein Katalog von äquivalenten Temperaturdifferenzen wie bei STEWART entstanden ist[3].

In Zahlentafel A 59 ist eine Auswahl neuzeitlicher Wand- und Dachkonstruktionen mit ihren $\Delta t_{äq}$-Werten aufgeführt; es ist vorgesehen, später den Katalog durch weitere Konstruktionen zu ergänzen bzw. die Rechenwerte unter Zugrundelegung genauerer Klimadaten abzuändern, wenn sich das als erforderlich erweisen sollte.

2. Das Berechnungsverfahren

a) Rechnungsunterlagen

I. Globalstrahlungswerte (Juli) nach Tab. 14.02 für Trübungsfaktor $T = 4$ (Großstadtatmosphäre),

II. Tagesgang der Lufttemperatur nach Abb. 14.02 (Binnenlandklima) mit Mittelwert der Außenlufttemperatur $t_{am} = 24,5\ °C$,

III. Raumlufttemperatur $t_R = 26\ °C = $ const,

---

[1] NEHRING, G.: s. Fußnote 1 auf S. 278.

[2] MASUCH, J.: Die Berechnung periodisch veränderlicher Wärmeströme durch zweischichtige Wände. Gesundh.-Ing. 87 (1966) 315/325.

[3] RAISS, W., u. J. MASUCH: Der instationäre Wärmedurchgang durch Mehrschichtwände. Gesundh.-Ing. 90 (1969) 67/73.

IV. Wärmeübergangszahlen konstant: $\alpha_a = 15$ kcal/m² h grd,

$\alpha_i = 7$ kcal/m² h grd für Wände,

$\alpha_i = 5$ kcal/m² h grd für Dächer.

b) Der Rechnungsgang

Die durch Außenwände bzw. Dächer einfallende Wärme ist gegeben durch

$$Q_W = k\,F\,\Delta t_{äq}. \tag{14.45}$$

Dabei ist

Q_W der Wärmegewinn zur Zeit Z,

k die Wärmedurchgangszahl (nach gesonderter Berechnung bzw. aus Zahlentafel A 59),

F die Wand- bzw. Dachfläche,

$\Delta t_{äq}$ die äquivalente Temperaturdifferenz für die vorliegende Baukonstruktion zur Zeit Z (aus Zahlentafel A 59).

Liegen von den angegebenen Voraussetzungen abweichende Verhältnisse in den Temperaturen bzw. Lufttrübungen vor, so wird Q_W mit einem korrigierten Wert $\Delta t_{äq\,1}$ gebildet.

Es gilt

$$\Delta t_{äq\,1} = \Delta t_{äq} + (t_{am} - 24{,}5\,°\mathrm{C}) + (26\,°\mathrm{C} - t_R) + a_T, \tag{14.46}$$

wobei

t_{am} der wirkliche Mittelwert der Außenlufttemperatur nach Unterabschnitt III A 1,

a_T die Trübungskorrektur ($= +1{,}5$ grd für reine Atmosphäre, $= -1{,}5$ grd für Industrieatmosphäre).

Bisher wurden die äquivalenten Temperaturdifferenzen lediglich für Sommerverhältnisse angegeben. Im allgemeinen liegen damit die ungünstigsten Werte vor. Bei der Südwand kann jedoch der Wärmegewinn im Herbst bzw. Frühjahr trotz tieferer Außentemperatur höhere Werte als im Sommer annehmen, da der Einstrahlwinkel gegenüber der Normalen erheblich kleiner ist (vgl. die Strahlungswerte in Zahlentafel A 56) und die atmosphärische Trübung auf Grund geringeren Wasserdampfgehaltes an Strahlungstagen im März oder September in der Regel geringer wird als im Juli. Für September wurden daher zusätzliche Werte $\Delta t_{äq}$ tabelliert, bei denen die Lufttemperatur entsprechend einem typischen Tagesgang verwendet wurde. Es hat sich als zweckmäßig und berechtigt erwiesen, die Tagesschwankungen nach Kurve 1 in Abb. 14.02 zu übernehmen und lediglich den Mittelwert von $t_{am} = 24{,}5$ um 6 grd auf 18,5 °C herunterzusetzen. Damit wird für Septemberverhältnisse aus Gl. (14.46)

$$\Delta t_{äq\,1\,Sept} = \Delta t_{äq} + (t_{am} - 18{,}5\,°\mathrm{C}) + (26\,°\mathrm{C} - t_R) + a_T. \tag{14.46a}$$

Man beachte, daß die Auslegungstemperatur für t_R von 26 °C beibehalten wurde und eine Korrektur der Raumtemperatur daher in der Regel erforderlich wird.

Werden äquivalente Temperaturdifferenzen z. B. im September auch für andere Flächen gesucht, so können mit für die Praxis ausreichender Genauigkeit die Sommerwerte in modifizierter Form verwendet werden. Als erstes ist selbstverständlich die Lufttemperaturkorrektur nach Gl. (14.46) zu berücksichtigen. Eine etwas bessere Näherung erhält man, wenn man das Ergebnis mit einem Quotienten aus den Maximalintensitäten

$$\gamma = \frac{I_{max\,Sept}}{I_{max\,Juli}} \tag{14.47}$$

multipliziert. Weitere Einzelheiten können dem anschließenden Beispiel in Abschn. D entnommen werden.

D. Beispielrechnung

Berechnung der Kühllast für die Feindreherei und einen Teil des Bürotraktes einer Maschinenfabrik.

Die folgenden Berechnungen werden ausführlicher vorgenommen, als es i. allg. erforderlich sein wird; doch sollen hier die verschiedenen Besonderheiten verdeutlicht werden.

Gefordert werden: Für die Feindreherei $t_R = +22$ °C,

für die Büroräume $t_R = +26$ °C.

Abb. 14.10 zeigt die Anordnung der interessierenden Räume. Die Klimaanlage soll 16 Stunden täglich in Betrieb sein.

1. Zusammenstellung der benötigten Daten

Klima: Binnenland, reine Atmosphäre (Faktor für Trübungskorrektur $a = 1,15$),

$$t_{a\,max} = +32\ °C.$$

Fenster: Stahlfenster (Industriefenster), doppelt verglast, mit 6 mm Scheibenabstand, Durchlaßfaktor für Sonnenstrahlung nach Zahlentafel A 57 : $b_1 = 0,9$.

Wärmedurchgangszahl $k = 3,4\ \text{kcal/m}^2\,\text{h grd}$,

Glasanteil $g = 0,8$ geschätzt

Innenjalousien, Durchlaßfaktor $b_2 = 0,7$,

Gesamtdurchlaßfaktor $b = b_1 b_2 = 0,63$.

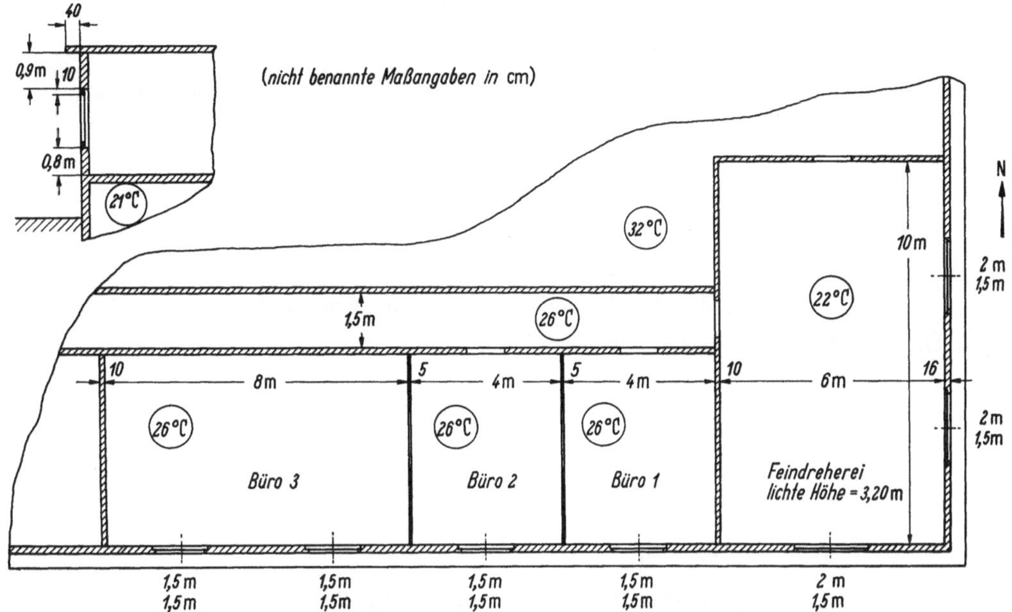

Abb. 14.10. Feindreherei und Teil des Bürotraktes einer Maschinenfabrik. Bürotiefe 5 m.

Außenwände: Konstruktion 6a (Betonfertigteile: 5 cm Beton, 6 cm Isolierung, 5 cm Beton),

$k = 0,78\ \text{kcal/m}^2\,\text{h grd}$,   auf die Fläche bezogene Masse $G_F = 230\ \text{kg/m}^2$.

Dach: Konstruktion 3c (10 cm Gasbetonplatten, darüber 4 cm Korkisolierung),

$k = 0,63\ \text{kcal/m}^2\,\text{h grd}$, $G_F = 90\ \text{kg/m}^2$.

10 cm-Innenwände: Gasbetonplatten nach DIN 4164,

$k = 1,38\ \text{kcal/m}^2\,\text{h grd}$, $G_F = 80\ \text{kg/m}^2$.

5 cm-Innenwände: Gasbetonplatten nach DIN 4164,

$k = 1,9\ \text{kcal/m}^2\,\text{h grd}$, $G_F = 40\ \text{kg/m}^2$.

Fußboden über Keller: 12,5 cm Stahlbetonplatten nach DIN 1045,

$k = 1,7\ \text{kcal/m}^2\,\text{h grd}$, $G_F = 280\ \text{kg/m}^2$.

Bestimmung der Baumasse je m² Fußbodenfläche nach Gl. (14.26) für die Berücksichtigung der inneren Speicherfähigkeit:

Feindreherei:

$$G = \frac{1}{60}\left(42 \overset{AW}{\cdot} 230 + 60 \overset{DA}{\cdot} 90 + 60 \overset{FB}{\cdot} 280 + \frac{1}{2}\overset{IW}{51}\cdot 80\right) = 565\ \text{kg/m}^2\ \text{Fb.-fl.}$$

Büros: 1.

$$G = \frac{1}{20}\,(10,5 \cdot 230 + 20 \cdot 90 + 20 \cdot 280 + 5 \cdot 3,2 \cdot 20 + 9 \cdot 3,2 \cdot 40) = 565\ \text{kg/m}^2\ \text{Fb.-fl.}$$

2. und 3. liegen entsprechend etwas über 500 kg/m².
Der Bau wird als mittelschwer eingestuft.

2. Feindreherei

a) Sonnenstrahlung durch die Fenster

Ostseite: $I_{max} = 507\ \text{kcal/m}^2\,\text{h}$ | $s_{max} = 0,70$ um 8 Uhr

aus Zahlentafel A 56 | aus Zahlentafel A 58

Südseite: $I_{max} = 405\ \text{kcal/m}^2\,\text{h}$ | $s_{max} = 0,76$ um 12 Uhr

Um Gl. (14.25) ansetzen zu können, muß zunächst die besonnte Fensterfläche F_1 bestimmt werden. Dazu wird die Beschattung der Fassaden durch das überstehende Dach berechnet.
Um 8 Uhr ist nach Tab. 14.03

$$a_0 = -80°, \quad h = 34°, \quad a_{w\,Ost} = -90°.$$

Daraus folgt

$$\beta = a_0 - a_w = 10°$$

und aus Abb. 14.05 $s_2 = 0,7$ m/m Vorsprung.

Mit einer Vorsprunglänge von 0,4 m (s. Abb. 14.10 links oben) ergibt sich $e_2 = 0,7 \cdot 0,4 = 0,28$ m.
Da die Glasfläche erst 1 m unterhalb des Daches beginnt, ist hier die gesamte Fläche besonnt.
12 Uhr: $a_0 = 0°$, $a_{w\,Süd} = 0°$, $h = 60°$. Damit wird $s_2 = 1,73$ und $e_2 = 1,73 \cdot 0,4 = 0,69$ m.
Auch jetzt bleiben die Fenster zur Zeit der betreffenden Maximallast unbeschattet.
Nun wird nach der Anleitung in Teilabschnitt B 3 c das resultierende Maximum ermittelt.
1. Bestimmung der Wärmegewinne, für beide Fassaden getrennt:

$$Q = a\,F_1\,I_{max}\,b,$$

$$Q_1 = 1,15 \cdot 4,8 \cdot 507 \cdot 0,63 = 1760\ \text{kcal/h} \quad \text{(Ostfassade)},$$

$$Q_2 = 1,15 \cdot 2,4 \cdot 405 \cdot 0,63 = \ \ 705\ \text{kcal/h} \quad \text{(Südfassade)}.$$

2. $s_m = \dfrac{0,70 + 0,76}{2} = 0,73, \quad \varDelta Z = Z_2 - Z_1 = 4\,\text{h},$

$$Q_2/Q_1 = \frac{705}{1760} \approx 0,4.$$

3. Aus Abb. 14.08a bei Kurve *I* ergibt sich $\varDelta s = 0,19$. Daraus folgt $s = 0,73 + 0,19 = 0,92$. Damit $Q_{s\,ges} = s\,Q_1 = 0,92 \cdot 1760$,

$$Q_{s\,ges} = 1620\ \text{kcal/h}.$$

4. Aus Tab. 14.04 ergibt sich $Z_0 - Z_1 = 1\,\text{h}$ und daraus $Z_0 = 9$ Uhr.

b) Transmissionswärme durch die Fenster

Unter Benutzung der momentanen Lufttemperatur nach Kurve *1* in Abb. 14.02, die um 9 Uhr gerade 22 °C beträgt, ergibt sich

$$Q_{tr(9\ Uhr)} = 0.$$

c) Wärmedurchgang durch Wände und Dächer

Es gilt $Q = k\,F\,\varDelta t_{äq\,1}$.
Aus dem Wandtypenkatalog (Zahlentafel A 59) werden die folgenden äquivalenten Temperaturdifferenzen (auch für die anderen u. U. kritischen Tageszeiten) entnommen.
Allgemein müssen noch Korrekturen gemäß Gl. (14.46) angebracht werden:

$$\varDelta t_{äq\,1} = \varDelta t_{äq} + (26 - 22) + 1,5 = \varDelta t_{äq} + 5,5\ \text{grd}.$$

Zeit [h]	Katalogwerte $\varDelta t_{äq}$			Korrigierte Werte $\varDelta t_{äq1}$		$k\,F$	$Q = k\,F\,\varDelta t_{äq1}$	
	9	12	17	9	17		9	17
Ostwand	−3,9		+ 7,7	+1,6	+13,2	0,78 · 26	+32	270
Südwand	−8,1	−4,4	+ 9,8	−2,6	+15,3	0,78 · 16,2	−33	190
Dach	−4,7	+9,6	+29,4	+0,8	+34,9	0,63 · 60	+30	1320
						Summe	≈30	1780

d) Ergänzungen (Nachrechnung für 17 Uhr)

Die durch die Wände um 9 Uhr in den Raum gelangende Wärme ist vernachlässigbar. Infolge der großen Dachfläche tritt um 17 Uhr eine stärkere Belastung auf als um 9 Uhr einschließlich der Strahlung durch die Fenster.
Wir stellen ergänzend die übrigen Wärmegewinne um 17 Uhr fest:

α) Strahlung: Hier wird nur der momentane Wärmeeinfall (ohne Speicherung) berücksichtigt.

Aus Zahlentafel A 55 erhält man unter Berücksichtigung der Trübungskorrektur $a = 1,0$ für nicht besonnte Flächen

Ost: $I = 60\ \text{kcal/m}^2\ \text{h.}$
Süd: $I = 60\ \text{kcal/m}^2\ \text{h.}$ Zusammen wird mit $b_1 = 0,9$ (hochgezogene Jalousie) $Q_S = 7,\overset{F_1}{2} \cdot 60 \cdot 0,9 = 390\ \text{kcal/h.}$

β) Transmission: $Q_{tr} = 3,4 \cdot \overset{F_M}{9}(31 - 22) = 280\ \text{kcal/h.}$

Man beachte, daß bei Q_S die reine Glasfläche F_1 eingeführt ist, während Q_{tr} analog zur DIN 4701 im Winter das Maueröffnungsmaß F_M enthält.

Die gesamte äußere Kühllast erreicht also im Sommer (Juli) um 17 Uhr ein Maximum:

$$Q_A = 2450\ \text{kcal/h.}$$

Zur Vervollständigung geben wir die übrigen Wärmequellen an, die über den Tag als konstant angenommen werden und damit den Zeitpunkt der Höchstbelastung der Klimaanlage nicht beeinflussen.

e) Innere Wärmequellen

Die *Beleuchtungswärme* ist bei der gegebenen Fensteranordnung vernachlässigbar.

Maschinenwärme:

$$Q_N = \frac{a_1 N}{\eta}\, a_2.$$

a_1 mittlerer Belastungsfaktor,
a_2 Gleichzeitigkeitsfaktor,
η Motorenwirkungsgrad,
N Maschinennennleistung.

	N [kW]	a_1	η	$\dfrac{N\,a_1}{\eta}$	a_2	Q_N [kW]
3 Drehbänke mit je 12 kW Anschlußwert	36	0,15	0,85	6,35		
3 Drehbänke mit je 6 kW Anschlußwert	18	0,25	0,83	5,4	↓	↓
Sonstige Hilfsmaschinen (Schleifscheiben, Bohrmaschinen) . . .	6	0,1	0,8	0,75		
Summe				12,5	0,6	7,5

Dem entsprechen $7,5\ \text{kW} \cdot 860\ \dfrac{\text{kcal}}{\text{kWh}} = 6450\ \text{kcal/h.}$

Menschenwärme: Es wird hier wegen der engen Feuchtetoleranz von vornherein die gesamte Wärme mit rd. 230 kcal/h je Person berücksichtigt, s. Abb. 1.02 im ersten Band. sowie Zahlentafel A 52. 5 Personen seien ständig tätig.

$$Q_M = 5 \cdot 230 = 1150\ \text{kcal/h.}$$

f) Transmission durch Innenwände

1. Innenwände zur Arbeitshalle ($\Delta t = 10$ grd): $Q = 1,38 \cdot 10,5 \cdot 3,2 \cdot 10 = 460\ \text{kcal/h,}$
2. Innenwände zum Bürotrakt ($\Delta t = 4$ grd): $Q = 1,38 \cdot 5,5 \cdot 3,2 \cdot 4 \approx 100\ \text{kcal/h,}$
3. Fußboden ($\Delta t = -1$ grd): $Q = -1,7 \cdot 60 \cdot 1 \approx -100\ \text{kcal/h,}$

Summe: $460\ \text{kcal/h.}$

g) Gesamtlast Feindreherei

$$Q_{ges} = 2450 + 6450 + 1150 + 460 = 10510 \approx 10500\ \text{kcal/h.}$$

3. Bürotrakt

Büro 1 und 2 sind etwa gleich, Büro 3 ist genau doppelt so groß.
Büro 1: Besonnte Glasfläche $F_1 = 2,25 \cdot 0,8 = 1,8\ \text{m}^2.$

$$Q_{s\,max} = a\,I_{max}\,F_1\,b\,s_{max} = 1,15 \cdot 405 \cdot 1,8 \cdot 0,63 \cdot 0,76 = 400\ \text{kcal/h um 12 Uhr.}$$

$$Q_{tr12} = 2,25 \cdot 3,4(30 - 26) \approx 30\ \text{kcal/h.}$$

Wärmedurchgang durch Wand und Dach:
Hier ist

$$\Delta t_{äq1} = \Delta t_{äq} + 1,5\ \text{grd} \quad (t_i = 26\ °\text{C}).$$

	Zeit	$\Delta t_{äq1}$ 12	$k\,F$	Q	$\Delta t_{äq1}$ 17	Q
Südwand		−2,9	0,78 · 10,5	−25	11,3	90
Dach		11,1	0,63 · 20	140	30,9	390
			Summe	115		480

Strahlungsnachrechnung um 17 Uhr: $Q_s = 1{,}8 \cdot 60 \cdot 0{,}9 = 100\ \mathrm{kcal/h}$ (vgl. S. 299 oben),

Transmission:　$Q_{tr\,17} = 2{,}25 \cdot 3{,}4\,(31 - 26) \approx 40\ \mathrm{kcal/h}.$

Zusammenstellung: 12 Uhr:　$Q_{A\,12} = 400 + 30 + 115 = 545\ \mathrm{kcal/h},$

17 Uhr:　$Q_{A\,17} = 100 + 40 + 480 = 620\ \mathrm{kcal/h}.$

Innere Wärmequellen: 2 Personen mit je 60 kcal/h trockener Wärmeabgabe. (Die feuchte Wärme wird hier nicht berücksichtigt, da die Abluft als Fortluft entfernt werden soll.)

$$Q_A + Q_i = 620 + 120 = 740\ \mathrm{kcal/h} \text{ um 17 Uhr.}$$

Da die Fenster des Bürotraktes nach Süd weisen, soll noch die thermische Belastung der Räume durch Sonnenstrahlung im September kontrolliert werden, hier allerdings wegen der geringeren Außenlufttemperatur für $t_R = 22\ °\mathrm{C}$.

Aus Zahlentafel A 56:

Strahlung:　$Q_{s\,max} = 1{,}15 \cdot 542 \cdot 1{,}8 \cdot 0{,}63 \cdot 0{,}76 = 540\ \mathrm{kcal/h}$ um 12 Uhr.

Transmission: Vernachlässigbar.

Äquivalente Temperaturdifferenzen: Hier gilt wieder die Korrektur $\Delta t_{\ddot{a}q\,1} = \Delta t_{\ddot{a}q} + 5{,}5\ \mathrm{grd}.$

Aus dem Wandtypenkatalog für die Südwand im September entnimmt man für 12 Uhr:

$$\Delta t_{\ddot{a}q\,S\,im\,Sept} = -7{,}9 .$$

Es folgt

$$\Delta t_{\ddot{a}q\,1} = -7{,}9 + 5{,}5 = -2{,}4\ \mathrm{grd}.$$

Damit

$$Q = -20\ \mathrm{kcal/h}.$$

Für das Dach liegen keine Septemberwerte $\Delta t_{\ddot{a}q}$ vor.

Wir beschaffen uns dadurch eine Näherung, daß wir zunächst die Temperaturannahmen korrigieren: Im September liegt die mittlere Tagestemperatur um 6 grd niedriger als im Juli.

Also $\Delta t_{\ddot{a}q\,Juli} - 6 + 4 = \Delta t_{\ddot{a}q} - 2 = 11{,}1 - 2 = 9{,}1\ \mathrm{grd}$ um 12 Uhr. (Das dritte Glied bedeutet die Absenkung von t_R um 4 grd auf 22 °C.) Diesem Wert von 9,1 grd liegt eine *maximale* Globalstrahlung von

$$I = 770\ \mathrm{kcal/m^2\,h}$$

zugrunde (Tab. 14.02).

Im September beträgt der entsprechende Maximalwert $I_{Sept} = 537\ \mathrm{kcal/m^2\,h}$. Eine Korrektur mit dem Quotienten aus beiden Intensitäten ergibt einen Näherungswert für die äquivalente Temperaturdifferenz im September:

$$\Delta t_{\ddot{a}q\,1\,Sept} \approx \frac{537}{770} \cdot 9{,}1 \approx 6{,}4\ \mathrm{grd}.$$

Damit folgt

$$Q_{Dach} = 0{,}63 \cdot 20 \cdot 6{,}4 = 80\ \mathrm{kcal/h}.$$

Die menschliche Wärmeabgabe (trocken) beträgt bei 22 °C etwa 75 kcal/h, bei zwei Personen

$$Q_M = 150\ \mathrm{kcal/h}.$$

Innere Transmissionswärmen können vernachlässigt werden.

Wir erhalten also insgesamt im September um 12 Uhr:

$$Q_{ges} = 540 - 20 + 80 + 150 = 750\ \mathrm{kcal/h},$$

das ist ein höherer Wert als im Juli.

4. Ergebniszusammenstellung

Feindreherei:　10 500 kcal/h um 17 Uhr, Juli,
Büro 1 und 2: je 750 kcal/h um 12 Uhr, September,
Büro 3:　1 500 kcal/h um 12 Uhr, September.

Mit diesen Werten müssen die notwendigen Luft- und Kälteleistungen errechnet werden.

Die hier ausführlich dargestellte Berechnung läßt sich bei einiger Übung und Vertrautheit mit den Verfahren zumeist kürzer durchführen. Entscheidend dafür ist bei den sich im Laufe des Tages ändernden Belastungen, daß man für jeden Raum den *Zeitpunkt* der voraussichtlichen Maximallast genügend zuverlässig abzuschätzen vermag.

IV. Luftleistungen und Luftzustandswerte

A. Allgemeines

Die zur Lüftung oder Klimatisierung eines Gebäudes erforderlichen Luftleistungen ergeben sich i. allg. aus Bilanzgleichungen.

1. Soll eine unerwünschte Anreicherung der Raumluft mit bestimmten Stoffen verhindert werden, so resultiert die Außenluftleistung aus einer *Stoffbilanz*rechnung nach S. 330 im ersten Band. Dieser Fall liegt häufig bei gewerblich genutzten Räumen vor.

2. Ist die Temperatur eines Raumes auf vorgegebenen Werten zu halten, so sind *Wärmebilanz*rechnungen für die extremen Belastungsbedingungen durchzuführen. Bei der Festlegung der Luftmengen für solche Anlagen sind die wärmephysiologischen Gesichtspunkte für die Wahl der Zulufttemperatur zu beachten (s. erster Abschnitt im ersten Band).

3. Oft gilt es, gleichzeitig einer Stoff- und Wärmebilanzforderung zu genügen, wie z. B. bei der Klimatisierung von Räumen mit Wärme- und Feuchtequellen. Hier sind Luftleistung und Luftzustandswerte mehrfach miteinander verknüpft. Bei der Lösung dieser Aufgabe leistet das i, x-Diagramm für feuchte Luft wertvolle Dienste.

4. In Aufenthaltsräumen aller Art ist schließlich noch zu prüfen, ob die so ermittelte Zuluftmenge nicht kleiner ist als die nach den VDI-Lüftungsregeln (DIN 1946) notwendige Mindestluftrate je Person und Stunde (s. S. 327 im ersten Band).

Die Bestimmung der Zuluftleistung an Hand geschätzter Luftwechselzahlen sollte, wie schon früher ausgeführt, auf erste Überschlagsrechnungen beschränkt bleiben.

Im folgenden werden die Zusammenhänge zwischen Luftleistung und Luftzustandswerten in klimatisierten Räumen bei Sommer- und Winterbedingungen näher betrachtet.

B. Wärme- und Feuchtebilanz

Da die Gefahr von Zugbelästigungen in einem klimatisierten Raum bei maximaler Kühllast zumeist am größten ist, geht man bei der Festlegung der Zuluftleistung vom Sommerbetrieb aus. Sind aus dem Raum die Wärme Q_K (Kühllast) und die Wassermenge G_W abzuführen, so gelten folgende Beziehungen:

$$Q_K = L_z(i_i - i_z),$$
$$G_W = L_z(x_i - x_z).$$

Dabei ist L_z die Zuluftmenge. Die Indizes i und z weisen auf den Zustandsort hin (Innen-, Zuluft). Die Zustandsänderung der Luft im Raum kann gekennzeichnet werden durch das Verhältnis

$$\frac{Q_K}{G_W} = \frac{i_i - i_z}{x_i - x_z}. \tag{14.48}$$

Im i, x-Diagramm entspricht dieser Zustandsänderung eine Gerade mit der Neigung Q_K/G_W zur Linie $i = 0$ (vgl. die Erläuterung zum Randmaßstab in Abb. 2.30 im ersten Band). Ist I
der geforderte Raumluftzustand, so ergibt sich der Zuluftzustand als Schnittpunkt der von I ausgehenden Geraden für die Zustandsänderung mit der Temperaturlinie t_z, s. Abb. 14.11. t_z ist andererseits festgelegt durch die Forderung, den Temperatursprung $(t_i - t_z)$ nicht größer werden zu lassen als 6 bis 8 grd. Ist auf diese Weise i_z gefunden, so erhält man L_z aus

$$L_z = \frac{Q_K}{i_i - i_z}. \tag{14.49}$$

Da mit den Enthalpiewerten der feuchten Luft gerechnet wird, ist in diesem Zusammenhang bei Q_K auch die Verdunstungswärme zu berücksichtigen; als Wärmeabgabe ist also (vgl. den im Unterabschnitt II A 1 gegebenen Hinweis) der Gesamtbetrag $q_m = 100$ kcal/h je Person einzusetzen. Mit der Wahl des Außenluftanteils unter extremen Witterungsbedingungen liegen dann für die jeweiligen Heiz-, Kühl- und Feuchteleistungen die wichtigsten Luftzustandswerte fest. Bevor die Einzelheiten der Berechnung an Beispielen erläutert werden, soll auf die Auslegung einiger Einzelteile der Klimazentrale eingegangen werden, soweit sie noch nicht behandelt sind.

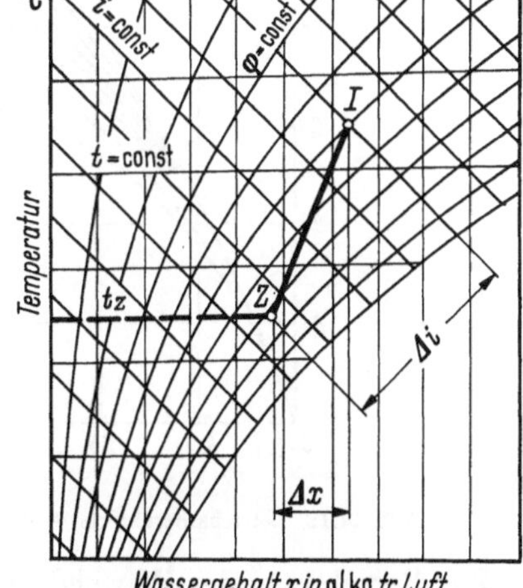

Abb. 14.11. Ermittlung der Zustandswerte der Zuluft.

C. Bemessung von Einzelteilen der Klimazentrale

1. Lufterhitzer

Zur Erwärmung der in der Klimazentrale aufzubereitenden Luft werden vorwiegend mit Wasser oder Dampf beheizte Rippenrohre verwendet. Für die Berechnung gelten die allgemeinen Aussagen des achten Abschnitts, wobei Kreuzstrom (bei mehreren hintereinander geschalteten Rohrreihen meist Kreuzgegenstrom) zugrunde zu legen ist. Bei Dampf ist die Kondensationstemperatur über die gesamte Austauschfläche konstant. Das Wasser wird stets in Sammlern abgeführt, in denen sich jeweils eine Mischtemperatur einstellt. Im Einzelrohr selbst findet quer zur Strömung eine gute Durchmischung statt. Aus diesen Gründen spricht man hier im Gegensatz zum idealen Kreuzstrom, vgl. S. 28, vom *einseitig gerührten Kreuzstrom* (bis zu vier hintereinandergeschalteten Rohrreihen), für den sich eine geschlossene Darstellung des Temperaturänderungsgrades Φ (auch Betriebscharakteristik genannt) angeben läßt[1]:

$$\Phi = \frac{1 - e^{-\frac{W_1}{W_2}\left(1 - e^{-\varkappa_1}\right)}}{W_1/W_2}, \qquad (14.50)$$

wobei

W_1, W_2 die Wasserwerte der Mengenströme auf der Luft- bzw. Wasser- oder Dampfseite,

$\varkappa_1 = \dfrac{kF}{W_1}$ die Wärmeaustauscherkennzahl[2].

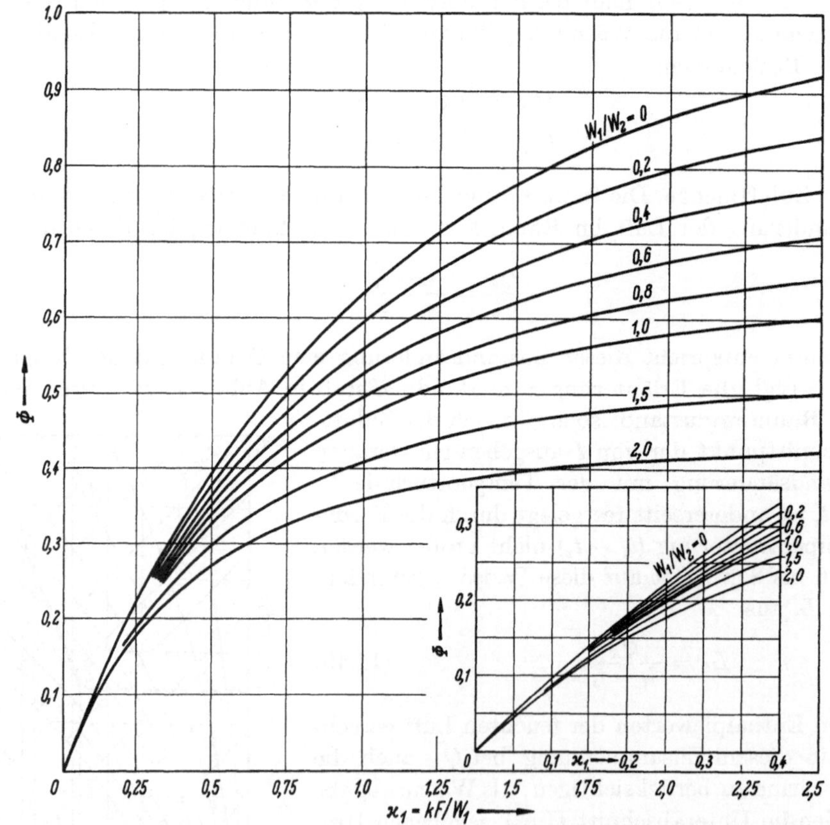

Abb. 14.12. Betriebscharakteristik Φ für Lufterhitzer (einseitig gerührter Kreuzstrom). Index 1: Luftseite.

Zur Berechnung der Wärmedurchgangszahl k berippter Rohre sei auf den VDI-Wärmeatlas verwiesen[3]. Meist wird man jedoch auf kF-Werte zurückgreifen, die von den Herstellerfirmen

---

[1] BOŠNJAKOVIĆ, F., M. VILIČIĆ u. B. SLIPČEVIĆ: Einheitliche Berechnung von Rekuperatoren. VDI-Forsch.-H. 432 (1951) 8.

[2] Eingeführt in: VDI 2076 (Entwurf). Leistungsversuche an Wärmeaustauschern. Juni 1968.

[3] Vgl. Fußnote auf S. 4.

angegeben sind. Da die Funktion Φ nach Gl. (14.50) sich deutlich von dem in Abb. 8.17 angegebenen Verlauf für reinen Kreuzstrom unterscheidet, ist sie in Abb. 14.12 graphisch dargestellt.

Gemäß Gl. (8.45) kann die Temperaturerhöhung der Luft $(t_{1a} - t_{1em})$ aus dem Temperaturabstand der beiden in den Lufterhitzer eintretenden Medien und der Betriebscharakteristik Φ errechnet werden:

$$(t_{1a} - t_{1em}) = (t_{1a} - t_{2a})\,\Phi.$$

Dabei ist ein Wirkungsgrad des Wärmeaustauschers von 1 vorausgesetzt, d. h., die Wärmeverluste an die Umgebung seien vernachlässigt, was i. allg. berechtigt ist. In Sonderfällen können diese Verluste durch Korrektur der Wassereintrittstemperatur berücksichtigt werden.

Beispiel: Der Vorerhitzer einer mit reiner Außenluft betriebenen Klimaanlage soll ausgelegt werden. Zur Beheizung steht Warmwasser im Temperaturbereich 90/70 °C zur Verfügung.

Zu erwärmen sind 10000 m³/h Luft von $t_{1a} = -15$ °C auf $+t_{1em} = 12$ °C. (Der angegebene Luftstrom wird stets bei $+20$ °C mit $\varrho = 1{,}2$ kg/m³ auf eine kg-Menge umgerechnet.) Der Wasserwert beträgt $W_1 = 10000$ m³/h $\cdot$ 1,2 kg/m³ $\cdot$ 0,24 kcal/kg grd $= 2880$ kcal/h grd.

Benötigt wird eine Wärmeleistung von

$$Q = W_1(t_{1em} - t_{1a}) = 2880 \cdot 27 = 78000 \text{ kcal/h.}$$

Wegen $Q = W_2 \cdot (90 - 70)$ ergibt sich

$$W_2 = c_w\,G_2 = 3900 \text{ kcal/h grd}$$

und wegen $c_w = 1$ kcal/kg grd ein Wassermengenstrom $G_2 = 3900$ kg/h.

Wir erhalten nun das Verhältnis $\dfrac{W_1}{W_2} = \dfrac{2880}{3900} = 0{,}74$.

Mit den vorgeschriebenen Temperaturen liegt auch die Betriebscharakteristik

$$\Phi = \frac{t_{1a} - t_{1em}}{t_{1a} - t_{2a}} = \frac{27}{105} = 0{,}257$$

fest.

In Abb. 14.12, ausgehend von dieser Ordinate Φ bis zur Parameterlinie $\dfrac{W_1}{W_2} = 0{,}74$, liest man auf der Abszisse ab: $\dfrac{k\,F}{W_1} = 0{,}345$ und erhält $k\,F = 0{,}345 \cdot 2880 = 994 \approx 1000$ kcal/h grd.

Die Wärmedurchgangszahl sei für die vorgegebenen Rippenrohre mit $k = 50$ kcal/m² h grd bekannt. Benötigt wird dann eine Wärmeübertragungsfläche

$$F = \frac{1000}{50} = 20 \text{ m}^2.$$

In der Praxis haben sich Darstellungen eingeführt, in denen für verschiedene Bauarten Φ über der Luftgeschwindigkeit aufgetragen wird. Wasserseitig sind dabei mittlere Verhältnisse vorausgesetzt, und als Parameter zeichnet man die Anzahl der Rohrreihen ein. Als Zusatzinformation wird oft der Druckverlust je Rohrreihe eingetragen. Abb. 14.13 zeigt qualitativ den Aufbau eines derartigen Diagramms.

Hat man eine bestimmte Bauart für die geforderte Nennleistung ausgewählt, so interessiert im Zusammenhang mit der Regelung (vgl. fünfzehnter Abschnitt) das Verhalten bei den verschiedenen im Betrieb vorkommenden Teillasten. Hier gibt es einen grundsätzlichen Unterschied zwischen Vor- und Nachwärmer. Beim Vorwärmer wird zumeist die Luftaustrittstemperatur konstant gehalten bei lastabhängiger Eingangstemperatur, während der Nachwärmer i. allg. mit konstanter Lufteintrittstemperatur arbeitet.

In Abb. 14.14 ist der Bereich typischer Kennlinien für einen wasserbeheizten Lufterhitzer bei beiden Anordnungen angegeben, gültig im jeweiligen Beharrungszustand[1]. Unangenehm

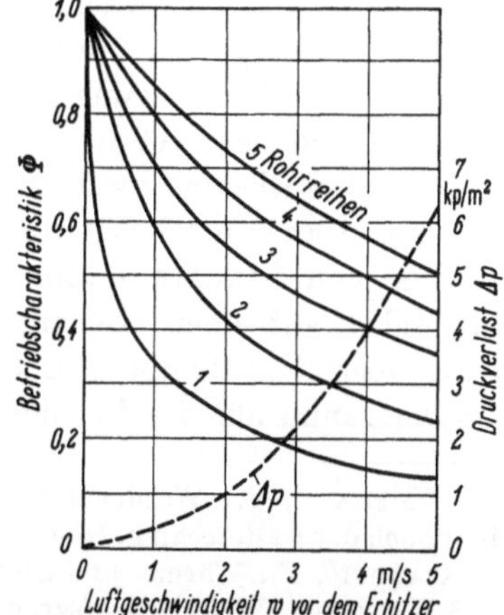

Abb. 14.13. Schematische Darstellung der Betriebscharakteristiken Φ und des Druckverlustes Δp über der Luftgeschwindigkeit w bei einem wasserbeheizten Lufterhitzer.

---

[1] BAYER, C., u. W. KOCH-EMMERY: Das stationäre Betriebsverhalten von wasserbeheizten Lufterhitzern bei verschiedenen Lastzuständen. Gesundh.-Ing. 90 (1969) 87/93.

ist das stark nichtlineare Verhalten, das vom Regler kompensiert werden muß. Der Vorwärmer
verhält sich dabei günstiger als der Nachwärmer.

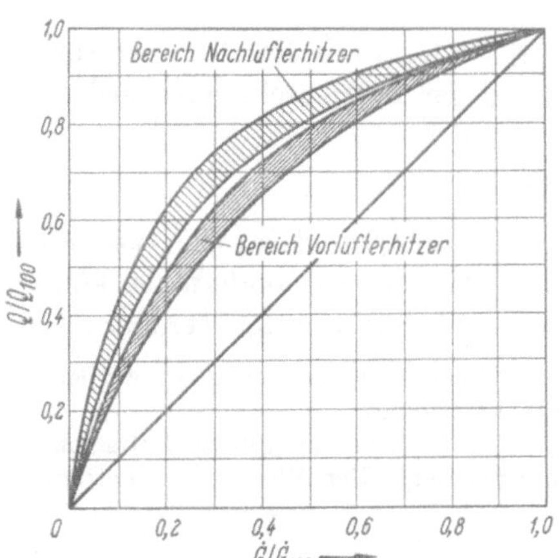

Abb. 14.14. Kennlinien von wasserbeheizten
Lufterhitzern (90/70 °C).

Auf der Abszisse aufgetragen ist das Mengenstromverhältnis, bezogen auf Nennlast. Bei einer Leistungsänderung durch Beimischen von Rücklaufwasser und konstanter Wassergeschwindigkeit ist unter den Abszissenwerten der Teilstrom vor der Beimischung zu verstehen. Die Beimischung ist grundsätzlich günstiger und bringt Ergebnisse im unteren Bereich der schraffierten Flächen, also näher an der Proportionalitätsgeraden. Es wird allerdings eine zusätzliche Pumpe benötigt.

Das Regelverhalten kann weiterhin durch Spreizung der Wassertemperatur verbessert werden; man muß aber dann eine etwas größere Heizfläche in Kauf nehmen. Wegen der geringeren Wasserumwälzung kann dieser Fall durchaus interessant werden.

Auf die Vor- und Nachteile der verschiedenen Schaltungen wird im fünfzehnten Abschnitt näher eingegangen.

2. Oberflächenkühler

Grundsätzlich gelten hier die gleichen Gesetzmäßigkeiten wie beim Lufterhitzer, solange die Luft nicht mit Wasserdampf gesättigt ist. Unter dieser Voraussetzung kann Abb. 14.12 verwendet werden.

Ist bei einem Luftkühler jedoch mit dem Ausscheiden von Wasser auf den Wärmeübertragungsflächen zu rechnen, so überlagert sich dem trockenen Wärmeübergang ein Stofftransport, der die α-Zahl erheblich beeinflußt.

a) Die Kondensationswärme wird vorwiegend an das Kühlmedium abgeführt.

b) Der durch die Kondensation entstandene Konzentrationsunterschied der verbleibenden feuchten Luft bewirkt einen Diffusionsvorgang, der den Stoff- und Wärmetransport an die Wärmeübertragungsfläche unterstützt.

Da zudem die Kondensation nur auf einem Teil der Kühlfläche erfolgt, wird die exakte Berechnung der Wärmeübertragungsvorgänge schwierig.

Eine Einführung in die theoretischen Grundlagen wird in den Veröffentlichungen von HOFMANN und BOŠNJAKOVIĆ[1] gegeben. Dabei wird von der ebenen Wand als Kühlfläche ausgegangen. Auf die in der Klimatechnik verwendeten Rippenrohre lassen sich diese theoretischen Erkenntnisse nicht ohne weiteres anwenden. Es haben sich daher empirische Rechenansätze eingeführt, die durch Meßergebnisse der Herstellerfirmen ergänzt werden müssen[2]. In den USA wird durchweg eine Kühlerauslegung auf Grund von Meßdaten den theoretischen Überlegungen vorgezogen[3], und man betont, daß in den Fällen, in denen der überprüfte Meßbereich nicht ausreicht, die Auslegung zwar nach anderen Überlegungen erfolgen müsse, daß die verwendeten Ergebnisse aber möglichst umgehend durch Versuche nachgeprüft werden sollten.

Eine von CARRIER stammende Überlegung geht davon aus, daß die Luft, die von einem Zustand 1 auf einen Grenzzustand G auf der Sättigungslinie heruntergekühlt werden kann ($t_G \approx$ Oberflächentemperatur der Kühlfläche), sich in einem realen Fall diesem Zustand G im i, x-Diagramm auf der Verbindungsgeraden annähert, vgl. Abb. 14.15. Das ist in den meisten

[1] HOFMANN, E.: Wärmeübertragung und Kondensation bei der Kühlung von Gas-Dampf-Gemischen. Handbuch der Kältetechnik. Hrsg. R. Plank, Bd. III. Berlin/Göttingen/Heidelberg: Springer 1959, S. 334/350. — BOŠNJAKOVIĆ, F.: Wärme- und Stoffaustausch bei feuchten Gasen. Kältetechnik 9 (1957) 266/270, 309/313.

[2] HÄUSSLER, W.: Entwurfsgrundlagen von Klimaanlagen. Handbuch der Kältetechnik. Hrsg. R. Plank, Bd. XII. Berlin/Göttingen/Heidelberg: Springer 1967, S. 286/338. — HUFSCHMIDT, W.: Die Eigenschaften von Rippenrohrkühlern im Arbeitsbereich der Klimaanlagen. Forschungsber. Nordrhein-Westfalen Nr. 889. Köln und Opladen: Westdeutscher Verlag 1960.

[3] ASHRAE-Guide and Data Book 1965/66, Kap. 34: Air-Cooling and Dehumidifying Coils.

Fällen mit genügender Genauigkeit erfüllt. Damit ist es möglich, sich den Luftstrom in zwei Komponenten zerlegt zu denken, deren eine beim Durchströmen des Kühlers unmittelbaren Kontakt zu den Rohren erhält und den Zustandspunkt G erreicht. Die andere wird gleichsam unbeeinflußt zwischen den Rohren durchgeführt. Das Verhältnis der beiden Anteile, der Beipaßfaktor Bf, ist ein Meßwert, der sich auch über die Enthalpiedifferenzen erklären läßt.

$$Q = L(i_1 - i_2) = L(1 - Bf)(i_1 - i_G), \quad (14.51)$$

wobei

i_2 die Mischungsenthalpie der feuchten Luft nach Durchströmen des Kühlers.

Für den Beipaßfaktor ergibt sich sonach

$$Bf = \frac{i_2 - i_G}{i_1 - i_G}. \quad (14.52)$$

Die Wärmeleistung Q ist andererseits gegeben durch

$$Q = k\,F\,\Delta t_m. \quad (14.53)$$

Δt_m ist die logarithmische Differenz zwischen Kühlmitteltemperatur und der Sättigungstemperatur t_G der Luft auf der Außenseite. Sie muß aus Versuchsergebnissen vorliegen. Die Wärmedurchgangszahl k wird in üblicher Weise für trockenen Wärmeübergang ermittelt.

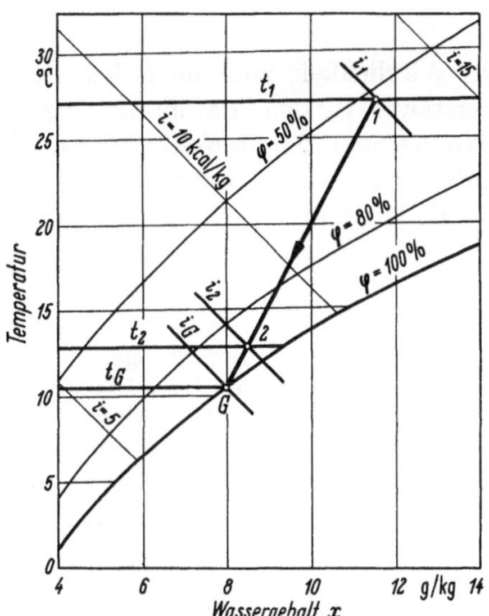

Abb. 14.15. Linearisierte Luftzustandsänderung in einem Oberflächenkühler.

1 Eintrittszustand, *2* Mischzustand, *tᴳ* Oberflächentemperatur des Kühlers.

Aus Gl. (14.51) findet man zunächst i_G und auf der Sättigungskurve t_G. Damit liegt t_2 fest. Gl. (14.53) gestattet die Berechnung von F. Man wird in der Regel das Verfahren mehrfach wiederholen müssen, bis man die verschiedenen Forderungen bei der Auslegung aufeinander abgestimmt hat.

Die Problematik wird deutlich an der experimentellen Bestimmung der logarithmischen Temperaturdifferenz, die keinerlei Rücksicht nimmt auf eine etwaige örtliche Kondensatausscheidung.

Die Arbeit von HUFSCHMIDT (s. Fußnote 2 auf S. 304) stellt einen weiteren Schritt zur Lösung dieses Dimensionierungsproblems dar. HUFSCHMIDT benötigt lediglich die trockene Wärmedurchgangszahl zur Bestimmung der äußeren Wärmeübergangszahl ohne Kondensation.

Er bestimmt analog zum Lufterhitzer Betriebscharakteristiken Φ als Quotienten von Enthalpiedifferenzen, die sich auf die Enthalpie i_G^* gesättigter feuchter Luft von der Temperatur des Kühlmittels bei Kühlereintritt beziehen.

$$\Phi = \frac{i_1 - i_2}{i_1 - i_G^*}. \quad (14.54)$$

Diese Charakteristiken hängen von den Kühlerkennwerten ab. Für die beiden Grenzwerte mit vollkommen nasser bzw. trockener Oberfläche ist die Berechnung unter Ausnutzung graphischer Darstellungen relativ einfach. Zur Durchführung der Berechnung sei auf die Originalarbeit verwiesen.

3. Düsenkammer

Der Wärme- und Stoffaustausch in der Düsenkammer kann durch den direkten Kontakt zwischen zerstäubtem Wasser und strömender Luft je nach den Zustandsgrößen eine Erwärmung oder Abkühlung, Be- oder Entfeuchtung der Luft bewirken[1].

Hier seien nur einige für die Auslegung wichtige Teilprobleme kurz behandelt (vgl. auch S. 70 im ersten Band). Wir betrachten zunächst den einfachsten Fall, daß eine Wassermenge G_{W0} in feinster Zerstäubung in den Luftmengenstrom L eingeführt wird. Bei vollständiger Ver-

---

[1] Siehe HÄUSSLER, Fußnote 2 auf S. 304.

dunstung ergibt sich der Wassergehalt x_2 der Luft hinter der Düsenkammer aus

$$\frac{G_{W0}}{L} = (x_2 - x_1). \tag{14.55}$$

In Wirklichkeit muß im Befeuchter eine wesentlich größere Wassermenge als die theoretische zerstäubt werden, da infolge der Schwerkraftwirkung sowie der begrenzten Kammerlänge Tropfen aus dem Luftstrom ausfallen. Das Verhältnis der tatsächlich in der Zeiteinheit zugeführten Wassermenge G_W zur Menge des Luftstromes L bezeichnet man als *Wasser-Luft-Zahl* ε.

Es ist dann

$$\varepsilon = \frac{G_W}{L} = \frac{G_{WD}\, n\, z\, F_q}{(w\,\varrho)_L\, F_q} = \frac{G_{WD}\, n\, z}{(w\,\varrho)_L}, \tag{14.56}$$

wobei

G_{WD}　　die Sprühwassermenge je Düse,
F_q　　　der Querschnitt der Düsenkammer,
n　　　　die Zahl der Düsen je m² Kammerquerschnitt und Reihe,
z　　　　die Zahl der Düsenreihen,
$(w\,\varrho)_L$　die Massengeschwindigkeit der Luft.

Für die von einer Düse versprühte Wassermenge gilt

$$G_{WD} = f_0\, \psi\, \sqrt{2\Delta p\, \varrho}. \tag{14.57}$$

wobei

f_0　der Austrittsquerschnitt der Düse,
ψ　ein experimentell zu bestimmender Ausströmkoeffizient,
Δp　der Überdruck des Wassers,
ϱ　die Dichte.

Man legt die Düsen i. allg. für einen Überdruck von 2 kp/cm² aus.

Wichtig ist es, durch feine Zerstäubung des Wassers große Oberflächen für die Stoffübertragung zu schaffen, um eine möglichst hohe Wasseraufnahme der Luft zu erreichen. Das bedingt kleine Düsendurchmesser. Grenzen sind gesetzt durch die Empfindlichkeit der Düsen gegen Verschmutzung.

Bei geringeren Anforderungen an die Befeuchtung (bis etwa $\varphi = 80\%$ am Kammerende) werden Wasser-Luft-Zahlen im Bereich von $\varepsilon = 0{,}5$ bis 1 benötigt. Der Anteil der verdunsteten an der durchgesetzten Wassermenge liegt dann bei

$$G_{W0}/G_W = 0{,}5 \text{ bis } 2\%.$$

Da sich die physikalischen Vorgänge in der Düsenkammer nur schwer mathematisch korrekt beschreiben lassen, ist man bei der Berechnung von Düsenkammern heute noch auf Näherungsverfahren angewiesen, die sich auf experimentelle Daten und die Erfahrungen an ausgeführten Anlagen stützen.

Vernachlässigt man bei der Wärmebilanz in der Kammer die Enthalpie der verdunstenden Wassermenge und den Wärmeaustausch mit der Umgebung, so erhält man

$$(i_2 - i_1) = \varepsilon(i_{W1} - i_{W2}) \tag{14.58}$$

mit

Index 1　Eintrittszustand,
　　　2　Austrittszustand,
　　　W　Wasserseite,

eine zuerst von Bradtke[1] benutzte Näherung für die in der Düsenkammer auftretenden Luftzustandsänderungen. Sie finden zusammen mit der Merkelschen Hauptgleichung der Verdunstungskühlung

$$G_W\, di_W = \sigma(i_L - i_{L\vartheta})\, dF, \tag{14.59}$$

---

[1] Bradtke, F.: Grundlagen für Planung und Entwurf von Klimaanlagen. VDI-Sonderh. Klimatechnik. Berlin: VDI-Verlag 1939.

wobei

σ die Verdunstungszahl,
i_L die Enthalpie gesättigter Luft bei Wassertemperatur,
F die für die Verdunstung maßgebliche Oberfläche,

in der Praxis häufig Anwendung[1].

KARPIS[2] entwickelte auf Grund von Auswertungen umfangreicher Meßreihen Berechnungsverfahren für die verschiedenen in der Düsenkammer möglichen Zustandsänderungen. Im adiabaten Fall, der bei der Verwendung von Umlaufwasser vorausgesetzt werden darf, ist der von ihm eingeführte Wirkungskoeffizient identisch mit dem in der amerikanischen Literatur zu findenden Befeuchtungswirkungsgrad

$$\eta = \frac{t_1 - t_2}{t_1 - t_g}, \tag{14.60}$$

wobei

t_1 die Eintrittstemperatur,
t_2 die Austrittstemperatur,
t_g die Kühlgrenze.

η gibt also das Verhältnis von tatsächlicher zu größtmöglicher Temperaturabsenkung an und ist abhängig von

a) der Massengeschwindigkeit $w\,\varrho$ der Luft,

b) der Wasser-Luft-Zahl ε,

c) Konstruktionsmerkmalen (Düsentyp, -zahl, und -anordnung, Kammerlänge).

Für bestimmte Bauarten der Düsenkammer kann η als Potenzfunktion der Parameter unter a) und b)

$$\eta = C\,(w\,\varrho)^{\alpha}\,\varepsilon^{\beta} \tag{14.61}$$

angegeben werden.

Hier seien aus amerikanischen Unterlagen einige Mittelwerte aufgeführt, die für unterschiedliche Düsenanordnungen charakteristisch sind, s. Tab. 14.05[3].

Tabelle 14.05
Befeuchtungswirkungsgrade in Düsenkammern

Zahl der Düsenreihen	Sprührichtung	η [%]
1	Gleichstrom	55—65
1	Gegenstrom	65—80
2	Gleichstrom	80—90
2	gegenüberstehend	85—95
2	Gegenstrom	90—98
3	2 Gegenstrom + 1 Gleichstrom	>98

Der Wirkungsgrad steigt mit wachsender Kammerlänge. Mit Hilfe von η findet man bei einem gegebenen Anfangszustand 1 auf der Verbindungslinie zur Kühlgrenze die Temperatur t_2 und damit den Endzustand der Luft in der Düsenkammer.

4. Tropfenfänger

Vor und hinter der Düsenkammer werden zickzackförmige Bleche angeordnet, die mit überstehenden Kanten versehen sind und die mitgerissenen Wassertropfen durch Prallwirkung ausscheiden. Der Abscheider vor der Kammer ist wichtig, wenn im Gegenstrom gesprüht wird.

---

[1] RECKNAGEL-SPRENGER: Taschenbuch für Heizung, Lüftung und Klimatechnik, 55. Ausg. München: Oldenbourg 1968, S. 819/836.

[2] KARPIS, E. E.: Untersuchung und Berechnung von Prozessen des Wärme- und Stoffaustausches bei der Behandlung von Luft und Wasser in Sprühdüsenkammern. Zitat [39] bei HÄUSSLER (s. Fußnote 2 auf S. 304).

[3] Siehe Fußnote 3 auf S. 304, Kap. 33.

Die Länge beträgt etwa 150 bis 200 mm. Am Ende der Kammer ist eine erheblich größere Tropfenfängertiefe vorzusehen, 400 bis 500 mm.

Der gesamte Einbau (Düsen und Tropfenfänger) hat einen vom Wasserdurchsatz abhängigen Widerstand, der im Mittel mit etwa 8 mm WS angesetzt werden kann.

D. Beispielrechnungen

Beispiel 1

Ein Lichtspieltheater mit 800 Sitzplätzen soll gelüftet und mit der gleichen Anlage auch geheizt und gekühlt werden. Eine Befeuchtung der Zuluft ist nicht vorgesehen. Im Sommer soll jedoch die Zuluft möglichst auch so weit entfeuchtet werden, daß $\varphi_i = 55\%$ nicht überschritten wird. Es sind zu bestimmen: Die Zuluftleistung, die Kühl- und Heizleistungen sowie die wichtigsten Luftzustandswerte.

Vorgegebene Werte.

Heizung: Transmissionswärmebedarf $Q_T = 50000$ kcal/h,
Kühlung: Eindringende Wärme $Q_A = 10000$ kcal/h.
Außenluftrate: Für $t_a = -15\ °C\ l_a = 10\ \text{m}^3/\text{P, h}$,
$\qquad\qquad\qquad t_a = 0\ °C\qquad l_a = 20\ \text{m}^3/\text{P, h}$,
$\qquad\qquad\qquad t_a = +32\ °C\ l_a = 15\ \text{m}^3/\text{P, h}$.
Geforderter Raumluftzustand:

	Sommer	Winter
Außenluft . . .	$t_a = 32\ °C,\ \varphi_a = 40\%$	$t_a = -15\ °C,\ \varphi_a = 50\%$
Raumluft . . .	$t_i = 26\ °C,\ (\varphi_i = 55\%)$	$t_i = 22\ °C$

Das Schema der Luftaufbereitung und die für die einzelnen Luftzustände gewählten Bezeichnungen sind aus Abb. 14.16 zu entnehmen.

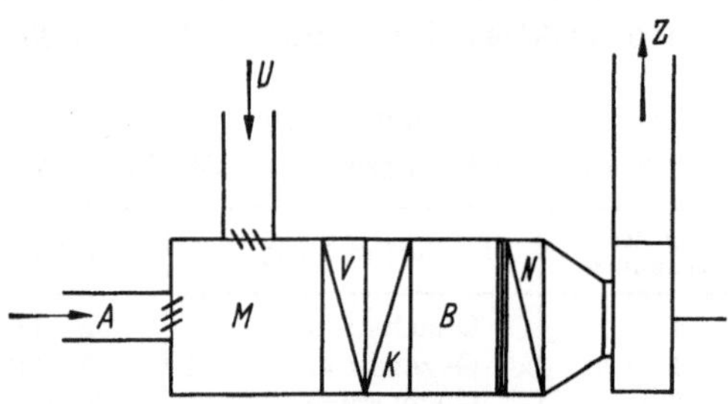

Abb. 14.16. Schema der Luftaufbereitung.

1. Sommerbetrieb

Aus dem i, x-Diagramm (Arbeitsblatt 13) entnimmt man
Außenluft: $x_a = 11{,}9$ g/kg, $\quad i_a = 15$ kcal/kg,
Raumluft: $x_i = 11{,}5$ g/kg, $\quad i_i = 13{,}25$ kcal/kg.

1.1 Zuluftzustand und Zuluftleistung

Als innere Wärmeleistung Q_I ist nur die Wärmeabgabe der Rauminsassen zu berücksichtigen. Sie ergibt sich nach Zahlentafel A 52 zu

$$Q_I = 800 \cdot 100 = 80000 \text{ kcal/h}.$$

Die Kühllast des Raumes ist sonach

$$Q_K = Q_A + Q_I = 10000 + 80000 = 90000 \text{ kcal/h}.$$

Die Wasserdampfabgabe der Menschen beträgt nach Zahlentafel A 52

$$G_W = 800 \cdot 65 \cdot 10^{-3} = 52 \text{ kg/h}.$$

Der Zuluftzustand wird, ausgehend vom zu gewährleistenden Raumluftwert I, durch die Richtungsänderung

$$\frac{Q_k}{G_W} = \frac{\Delta i}{\Delta x} = \frac{90000}{52} = 1730 \text{ kcal/kg}$$

(am Randmaßstab abzulesen) im Schnitt mit der gewählten Isotherme t_z gefunden.

Mit $t_i - t_z = 8$ grd (gewählt) ist $t_z = 18\ °\mathrm{C}$.

Im i, x-Diagramm entnimmt man als Schnittpunkt der von I ausgehenden Geraden mit der Neigung $\dfrac{\Delta i}{\Delta x} = 1730$ und der Temperaturlinie $t_z = 18\ °\mathrm{C}$

$$\text{den Zuluftzustand } i_z = 10{,}2\ \text{kcal/kg},$$
$$x_z = 9{,}8\ \text{g/kg}.$$

Erforderlich ist also eine Zuluftleistung

$$L_z = \frac{Q_K}{i_i - i_z} = \frac{90\,000}{13{,}25 - 10{,}2} = 29\,500 \text{ oder abgerundet } 30\,000\ \text{kg/h}.$$

Die Zuluftrate ergibt sich zu $\dfrac{30\,000}{800} = 37{,}5\ \text{kg/P, h}$ und mit $\varrho = 1{,}2\ \text{kg/m}^3$

$$l_z = 31{,}2\ \text{m}^3/\text{P, h}.$$

Man kann die Zuluftleistung auch aus der trockenen Wärmebilanz des Raumes berechnen. Dabei berücksichtigt man zur Vereinfachung der Rechnung nur die Wärmeinhaltsänderung der trockenen Luft. Bei dieser Näherung erhält man in Abhängigkeit von den Temperatur- und Feuchteänderungen Ergebnisse, die stets etwas zu hoch liegen und bis zu einigen Prozenten von den wahren Werten abweichen können.

1.2 Sonstige Luftzustandswerte

Als Außenluftleistung ergibt sich bei voller Raumbesetzung

$$L_a = 800 \cdot 15 = 12\,000\ \text{m}^3/\text{h} \,\hat{=}\, 14\,400\ \text{kg/h}.$$

Damit ist das Mischungsverhältnis

$$\frac{L_u}{L_a} = \frac{30\,000 - 14\,400}{14\,400} = 1{,}08$$

und mit

$$i_i = i_u \quad \text{sowie} \quad x_i = x_u$$

der Luftzustand in der Mischkammer (M)

$$i_m = \frac{15 + 1{,}08 \cdot 13{,}25}{1 + 1{,}08} = \frac{29{,}3}{2{,}08} = 14{,}1\ \text{kcal/kg},$$

$$x_m = \frac{11{,}9 + 1{,}08 \cdot 11{,}5}{2{,}08} = 11{,}7\ \text{g/kg}.$$

Auf dem Weg vom Kühler bis zum Lufteintritt in den Raum erwärmt sich die Zuluft um die Wärmemenge $(Q_{LN} + Q_V)$. Überschläglich ergibt sich die Antriebsleistung des Zuluftventilators unter der Annahme einer Förderhöhe $\Delta p = 40$ mm WS und eines Wirkungsgrades $\eta = 0{,}65$ zu

$$N = \frac{L_z\,\Delta p}{3600\,\eta} = \frac{30\,000 \cdot 40}{1{,}2 \cdot 3600 \cdot 0{,}65} = 427\ \frac{\text{m kp}}{\text{s}} \,\hat{=}\, 4{,}2\ \text{kW}.$$

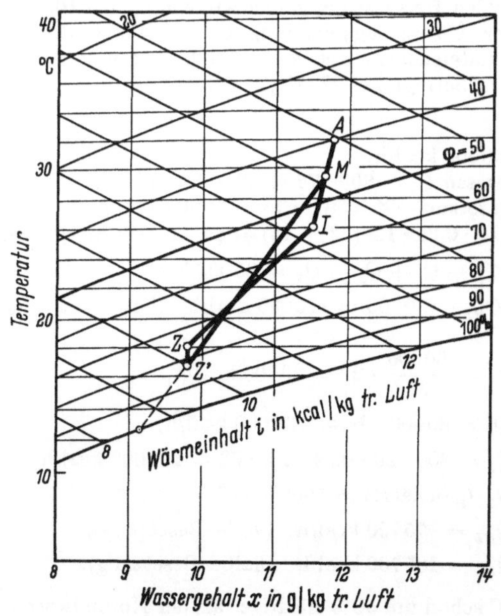

Abb. 14.17. Luftzustandsänderungen im Sommerbetrieb.

Damit ist

$$Q_{LN} = N \cdot 860 = 3610 \text{ kcal/h}.$$

Die Wärmeeinströmung über die Zuluftkanalwände betrage nach einer Näherungsberechnung

$$Q_V = 2400 \text{ kcal/h}.$$

Bezeichnet Z' den Zustand am Kühleraustritt, so erhält man den Luftenthalpiewert $i_{z'}$ aus

$$i_{z'} = i_z - \frac{Q_{LN} + Q_V}{L_z} = 10{,}2 - \frac{3610 + 2400}{30000} = 10{,}0 \text{ kcal/kg}.$$

Aus dem i, x-Diagramm entnimmt man, daß zur Luftkühlung vom Zustand M auf den Zustand Z' eine Kühlflächentemperatur $t_K \leqq 12{,}7$ °C erforderlich ist, s. Abb. 14.17 (Verlängerung der Zustandslinie $M - Z'$ bis zur Sättigungskurve). Bei höherer Kühlmitteltemperatur (z. B. Leitungswasser) kann wohl die geforderte Raumlufttemperatur, nicht aber der Grenzwert der Luftfeuchte eingehalten werden.

1.3 Kühlleistung

Die gesamte Kühlleistung ergibt sich aus den jetzt bekannten Enthalpiewerten i_m und $i_{z'}$ zu

$$Q_{KL} = L_z(i_m - i_{z'}) = 30000(14{,}1 - 10{,}0) = 123000 \text{ kcal/h}.$$

Dieser Wert soll an Hand der Gl. (14.15) überprüft werden. Es ist

$$Q_{Ktr} \text{ (trockene Kühllast)} = 10000 + 800 \cdot 60 = 58000 \text{ kcal/h},$$
$$Q_{LE} = 12000 \cdot 1{,}2(15 - 13{,}25) + 52 \cdot 590 \quad\quad = 56000 \text{ kcal/h},$$
$$\underline{Q_{LN} + Q_V = 3610 + 2400 \quad\quad\quad\quad\quad\quad \approx \ \ 6000 \text{ kcal/h},}$$
$$Q_{KL} = \quad\quad\quad\quad\quad\quad\quad\quad\quad\quad\quad\quad\quad\quad 120000 \text{ kcal/h}.$$

Der Unterschied zwischen beiden Rechnungsergebnissen ist auf die Abrundung in den Enthalpiewerten und in den Zahlen über die Wärme- und Wasserdampfabgabe der Menschen zurückzuführen.

2. Winterbetrieb

Aus dem i, x-Diagramm entnimmt man

für $t_a = -15$ °C, $\varphi_a = 50\%$; $x_a = 0{,}5$ g/kg;

für $t_a = 0$ °C, $\varphi_a = 35\%$; $x_a = 1{,}3$ g/kg, $i_a = 0{,}8$ kcal/kg.

Die Enthalpie bei $t_a = -15$ °C errechnet sich nach Gl. (2.18a) (im ersten Band), die mit genügender Genauigkeit im gesamten für die Klimatechnik in Betracht kommenden Temperaturbereich gilt:

$$i_a = 0{,}24(-15) + 0{,}445 \cdot 0{,}5(-15) \cdot 10^{-3} + 597 \cdot 0{,}5 \cdot 10^{-3} = -3{,}3 \text{ kcal/kg}.$$

Der Wassergehalt und damit auch die Enthalpie der Raumluft sind vorerst nicht bekannt.

2.1 Heizleistung Q_{HL}

Zur Bestimmung der maximalen Heizleistung gehen wir von Gl. (14.10) aus. $Q_F = 0$. Die Wärmeverluste im Kanalnetz seien nach einer Überschlagsrechnung $Q_V = 10000$ kcal/h. Es sind die Verhältnisse bei $t_a = -15$ °C und $t_a = 0$ °C zu untersuchen, und zwar bei halber und voller Besetzung des Raumes. Die trockene Wärmeabgabe je Person beträgt bei 22 °C $q_M = 75$ kcal/h.

$t_a = -15°\,\text{C}:$

Transmissionswärme $Q_T = 50000$ kcal/h,
Wärmeabgabe der Rauminsassen $Q_I = 800 \cdot 75 = 60000$ kcal/h,
Wärmeabgabe bei halber Besetzung $Q'_I = 400 \cdot 75 = 30000$ kcal/h,
Lüftungswärme $Q_L = 800 \cdot 10 \cdot 0{,}24 \cdot 1{,}2 \, (22 + 15) = 85000$ kcal/h, vgl. Fußnote[1],

$$Q_{HL} = Q_T - Q_I + Q_L + Q_V = 85000 \text{ kcal/h},$$
$$Q'_{HL} = Q_{HL} + 30000 = 115000 \text{ kcal/h} \quad \text{(halbe Besetzung)}.$$

$t_a = 0°\,\text{C}:$

$$Q_T = \frac{50000}{37} \cdot 22 = 29700 \text{ kcal/h},$$

$$Q_I = 60000 \quad \text{bzw.} \quad 30000 \text{ kcal/h},$$

$$Q_L = 800 \cdot 20 \cdot 0{,}24 \cdot 1{,}2 \cdot 22 = 101000 \text{ kcal/h},$$

$$Q_V \text{ (geschätzt)} = 5000 \text{ kcal/h},$$

$$Q_{HL} = \ \ 75700 \text{ kcal/h} \quad \text{(volle Besetzung)},$$

$$Q'_{HL} = 105700 \text{ kcal/h} \quad \text{(halbe Besetzung)}.$$

---

[1] Da die Luftrate bei -15 °C schon um 50% niedriger als der Normalwert gewählt wird, sollte die Außenluftmenge nicht unter den Wert bei Vollbesetzung des Raumes abgesenkt werden.

Gewählt wird der Höchstwert bei $t_a = -15\ °C$ und halber Besetzung, also $Q_{HL} = 115\,000$ kcal/h.
Diese Leistung ist auch ausreichend zum Anheizen, da

$$Q_{HL} > 1,3\,Q_T.$$

2.2 Raumluftfeuchte

Es soll noch die Raumluftfeuchte für volle und halbe Raumbesetzung bei $t_a = 0\ °C$ und $\varphi_a = 80\%$, d. i.
ein häufig vorkommender Bereich des Außenluftzustandes im Winter, nachgeprüft werden.
Wasserdampfabgabe je Person 40 g/h

$$G_W = 800 \cdot 40 = 32\,000\ \text{g/h} \quad \text{(volle Besetzung)},$$

$$G'_W = 400 \cdot 40 = 16\,000\ \text{g/kg} \quad \text{(halbe Besetzung)},$$

$$x_i = \frac{G_W}{L_a} + x_a,$$

$$x_a = 3{,}0\ \text{g/kg},$$

$$L_a = 800 \cdot 20 \cdot 1{,}2 = 19\,200\ \text{kg/h},$$

$$x_i = \frac{32\,000}{19\,200} + 3{,}0 = 4{,}7\ \text{g/kg} \quad \text{(volle Besetzung)},$$

$$x'_i = \frac{16\,000}{19\,200} + 3{,}0 = 3{,}8\ \text{g/kg} \quad \text{(halbe Besetzung)}.$$

Aus dem i, x-Diagramm entnimmt man bei $t_i = +22\ °C$

$$\varphi_i = 29\%, \qquad \varphi'_i = 23\%.$$

Die relative Luftfeuchte liegt sonach im Winter häufig niedriger als der hygienisch geforderte untere
Grenzwert von $\varphi = 35\%$.

Beispiel 2

Das im ersten Beispiel behandelte Lichtspieltheater soll mit einer Klimaanlage ausgestattet werden. Zu
bestimmen sind: Die erforderliche Befeuchtungsleistung sowie die Vorwärmer- und Nachwärmerleistungen.

Die auf S. 308 vorgegebenen Werte sind zu ergänzen durch die Raumluftfeuchte im Winter. Gefordert
wird bei $t_i = 22\ °C$ $\varphi_i = 35\%$.

Im Sommerbetrieb erfüllt die Lüftungsanlage mit Kühlung bereits alle Anforderungen, wenn das Kühl-
mittel die für die Luftentfeuchtung notwendige Temperatur aufweist. Es ist also lediglich der *Winterbetrieb*
(Befeuchtung) zusätzlich zu untersuchen.

1. Befeuchtungsleistung

Für $t_i = 22\ °C$ und $\varphi_i = 35\%$ entnimmt man dem i, x-Diagramm

$$x_i = 5{,}7\ \text{g/kg}, \qquad i_i = 8{,}8\ \text{kcal/kg}.$$

Die im Befeuchter zuzuführende Wassermenge G_W ergibt sich aus Gl. (14.05), und zwar (im Hinblick auf
die geringere Feuchteentwicklung) bei halber Raumbesetzung.

$$t_a = -15\ °C:$$

$$G_W = 9600(5{,}7 - 0{,}5) - 400 \cdot 40 = 50\,000 - 16\,000 = 34\,000\ \text{g/h},$$

$$t_a = 0\ °C:$$

$$G_W = 19\,200(5{,}7 - 1{,}3) - 16\,000 = 68\,500\ \text{g/h}.$$

2. Luftzustandswerte bei halber Besetzung und $t_a = -15\ °C$

Mischkammer (M)

$$L_z = 30\,000\ \text{kg/h}, \qquad L_a = 9600\ \text{kg/h},$$

$$\frac{L_u}{L_a} = \frac{30\,000 - 9600}{9600} = \frac{20\,400}{9600} = 2{,}12,$$

$$i_a = -3{,}3\ \text{kcal/kg}; \qquad i_i = 8{,}8\ \text{kcal/kg},$$

$$i_m = \frac{-3{,}3 + 2{,}12 \cdot 8{,}8}{1 + 2{,}12} = 4{,}92\ \text{kcal/kg},$$

$$x_a = 0{,}5\ \text{g/kg}, \qquad x_i = 5{,}7\ \text{g/kg},$$

$$x_m = \frac{0{,}5 + 2{,}12 \cdot 5{,}7}{1 + 2{,}12} = 4{,}04\ \text{g/kg}.$$

Hinter dem Befeuchter (B)

$$x_b = x_m + \frac{G_W}{L_z} = 4{,}04 + \frac{34\,000}{30\,000} = 5{,}17\ \text{g/kg}.$$

Dazu gehört der Taupunkt mit $t_\tau = 4{,}4\ ^\circ\text{C}$ und $i_\tau = 4{,}2\ \text{kcal/kg}$. Da $i_m > i_\tau$, darf die Zuluft hinter dem Befeuchter nicht voll gesättigt sein. Eine Vorwärmung der Mischluft ist auch bei $-15\ ^\circ\text{C}$ nicht erforderlich.

Die Zustandsänderung bei der Befeuchtung verläuft bei Wassereinspritzung nahezu entlang einer Linie $i = \text{const}$. Wir rechnen daher hier mit

$$i_b = i_m = 4{,}92\ \text{kcal/kg}.$$

Hinter dem Nachwärmer (Z')

$$t'_z = t_i + \frac{Q_T - Q'_I + Q_V}{c_p\, L_z} = 22 + \frac{50\,000 - 30\,000 + 10\,000}{0{,}24 \cdot 30\,000} = 26{,}2\ ^\circ\text{C},$$

$$i'_z = 9{,}4\ \text{kcal/kg}.$$

Am Zuluftdurchlaß (Z)

$$t_z = t'_z - \frac{Q_V}{c_p\, L_z} = 26{,}2 - \frac{10\,000}{0{,}24 \cdot 30\,000} = 24{,}8\ ^\circ\text{C}.$$

Die Zustandsänderungen der Luft für den Winterbetrieb mit Befeuchtung sind aus Abb. 14.18 zu ersehen.

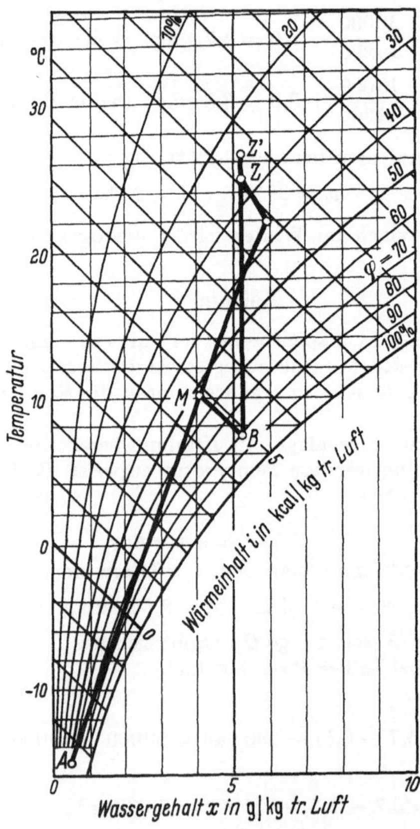

Abb. 14.18. Luftzustandsänderungen im Winterbetrieb (mit Befeuchtung).

3. Maximale Heizleistung

Die Wasserverdunstung erfordert eine zusätzliche Wärmeleistung Q_F (Annahme: Wassertemperatur $t_w = 12\ ^\circ\text{C}$)

$$Q_F = 34(597 - 0{,}555 \cdot 12) = 34 \cdot 590{,}3 \approx 20\,000\ \text{kcal/h}.$$

Damit erhöht sich die geforderte Heizleistung auf

$$Q_{HL} = 115\,000 + 20\,000 = 135\,000\ \text{kcal/h}.$$

Die gesamte Heizleistung ist im Nachwärmer zu erbringen. Man erhält dementsprechend auch Q_{HL} aus der Beziehung

$$Q_{HL} = L_z(i'_z - i_m) = 30\,000(9{,}4 - 4{,}92) = 134\,400\ \text{kcal/h}.$$

(Die erforderliche Heizleistung bei $0\ ^\circ\text{C}$ ist kleiner, da man bei Teilbesetzung des Raumes den Außenluftanteil entsprechend kleiner wählen wird.)

Fünfzehnter Abschnitt

Regelung von Klimaanlagen

Von H. Protz

I. Allgemeine Betrachtung von Übertragungsvorgängen

A. Stetige lineare Übertragungsglieder

1. Kennzeichnung von Übertragungsgliedern

Bei der Beschreibung von Regelungen und Steuerungen sind zwei Betrachtungsweisen vorherrschend, die gerätetechnische und die wirkungsmäßige. Werden zur Kennzeichnung der Glieder deren physikalische und technische Eigenschaften benutzt, so handelt es sich um die *gerätetechnische Betrachtungsart*, und die Glieder werden *Bauglieder* genannt. Dagegen spielen bei der *wirkungsmäßigen Betrachtung* diese Eigenschaften eine untergeordnete Rolle, da ausschließlich die Art der Signalübertragung von Wichtigkeit ist, d. h. es interessieren nur die Zuordnungen der für den Wirkungsablauf wichtigen Größen (Signale). Die Übertragung der Signale erfolgt längs des Wirkungsweges, die beteiligten Glieder werden *Übertragungsglieder* genannt und von den Signalen in der Wirkungsrichtung durchlaufen.

Ein Übertragungsglied entsteht nicht hinsichtlich der Zerlegung eines Gerätes oder einer Anlage in Einzelelemente, sondern im Hinblick auf die Signalübertragung. Im einfachsten Fall besitzt ein Übertragungsglied eine Eingangsgröße x_e und eine Ausgangsgröße x_a, s. Abb. 15.01. Bei einem Ventil ist beispielsweise der Hub die Eingangsgröße und der bewirkte Durchfluß die Ausgangsgröße.

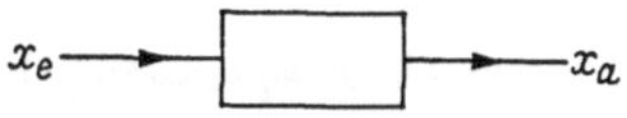

Da es sich bei Übertragungsgliedern um einen zeitlich veränderlichen Wirkungsablauf handelt, sind Eingangs- und Ausgangsgrößen Zeitfunktionen. Obwohl sich der Zusammenhang zwischen x_e und x_a i. allg. nicht durch eine lineare Differentialgleichung mit konstanten Koeffizienten beschreiben läßt, kann man trotzdem in sehr vielen Fällen mit linearen Differentialgleichungen rechnen. Man betrachtet dann ein lineares, stetiges und rückwirkungsfreies Ersatzsystem, für das die Differentialgleichung

$$a_m\, x_a^{(m)}(t) + \cdots + a_2\, \ddot{x}_a(t) + a_1\, \dot{x}_a(t) + a_0\, x_a(t)$$
$$= b_0\, x_e(t) + b_1\, \dot{x}_e(t) + b_2\, \ddot{x}_e(t) + \cdots + b_n\, x_e^{(n)}(t) \tag{15.01}$$

gilt.

Die Koeffizienten $a_0, a_1, \ldots, b_0, b_1, \ldots$ sind demzufolge reelle Konstanten. Die Grenzen der Linearisierung und somit die Fehler der Beschreibungsart müssen bekannt sein und angegeben werden.

Sonach gilt ein Übertragungsglied als bekannt, wenn die Differentialgleichung vorliegt. In der Regelungstechnik[1] ist es üblich, die Lösung der Differentialgleichung für bestimmte Verläufe der Eingangsgröße zu bestimmen. Es wird zwischen periodischen und nichtperiodischen Eingangszeitfunktionen unterschieden. Bedient man sich der periodischen Funktionen, so spricht man vom *Frequenzverhalten*. Das Verhalten bei nichtperiodischen Testfunktionen wird als *Übergangsverhalten* bezeichnet. Beide Verfahren sind mathematisch gleichwertig, doch unterscheiden sie sich im Falle der Kennwertermittlung bezüglich der Genauigkeit und im Hinblick auf die Handhabung bei der Synthese von Übertragungsgliedern.

Abb. 15.01. Blockdarstellung eines Übertragungsgliedes.
x_e Eingangsgröße, x_a Ausgangsgröße.

---

[1] OPPELT, W.: Kleines Handbuch technischer Regelvorgänge. Weinheim/Bergstr.: Verlag Chemie 1964. — EFFERTZ, F. H., u. F. KOLBERG: Einführung in die Dynamik selbsttätiger Regelungssysteme. Düsseldorf: VDI-Verlag 1963. — PRESSLER, G.: Regelungstechnik. Mannheim: Bibliographisches Institut 1967.

2. Übergangsverhalten

Bei der Beschreibung des Zeitverhaltens durch das Übergangsverhalten werden hauptsächlich als Testfunktionen die Sprung-, Impuls- und Anstiegsfunktion gewählt. Im folgenden sei kurz auf die weitverbreitete Sprungfunktion eingegangen. Wird die Eingangsgröße sprungartig um den Betrag E verstellt

$$x_e(t) = \begin{cases} 0 & \text{für} \quad t < 0 \\ E & \text{für} \quad t \geq 0, \end{cases}$$

so nennt man den Verlauf der Ausgangsgröße die *Sprungantwort*. Im Falle der Einheitssprungfunktion

$$x_e(t) = \begin{cases} 0 & \text{für} \quad t < 0 \\ 1 & \text{für} \quad t \geq 0 \end{cases}$$

bezeichnet man die Sprungantwort als *Übergangsfunktion*. Das gleiche gilt, wenn man den zeitlichen Verlauf der Ausgangsgröße auf die Sprunghöhe der Eingangsgröße bezieht.

3. Frequenzverhalten

Das Frequenzverhalten ergibt sich, wenn man die Eingangsgröße harmonisch erregt. In komplexer Schreibweise ist $x_e(t) = x_{e0}\, e^{j\omega t}$. Die Ausgangsgröße wird dann ebenfalls eine harmonische Funktion, allerdings in der Amplitude und Phasenlage geändert: $x_a(t) = x_{a0}\, e^{j(\omega t + \varphi)}$. Werden diese Funktionen und ihre Ableitungen in die Differentialgleichung Gl. (15.01) eingesetzt, so erhält man mit $p = j\omega$ den folgenden Ausdruck:

$$F(p) = \frac{x_a(t)}{x_e(t)} = \frac{b_0 + b_1 p + b_2 p^2 + \cdots + b_n p^n}{a_0 + a_1 p + a_2 p^2 + \cdots + a_m p^m} = |F(p)|\, e^{j\varphi} = \frac{x_{a0}}{x_{e0}}\, e^{j\varphi}. \tag{15.02}$$

Er wird als *Frequenzgang* bezeichnet. Die komplexe Funktion $F(p)$ läßt sich als Zeiger in der Gaußschen Zahlenebene darstellen, s. Abb. 15.02. Indem man die Endpunkte der Zeiger für $\omega = 0$ bis ∞ verbindet, ergibt sich die Ortskurve des Frequenzganges.

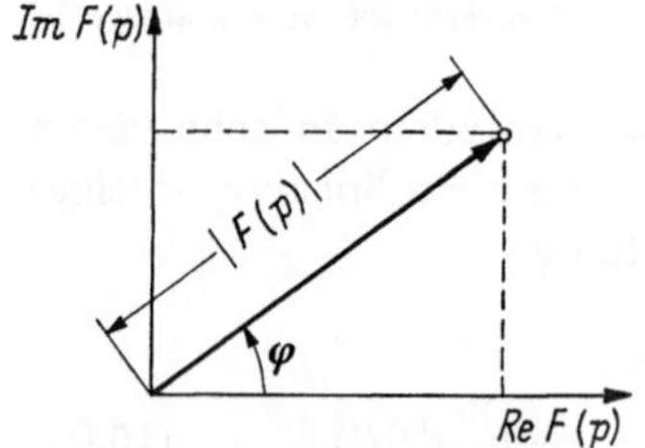

Abb. 15.02. Zeigerdarstellung des Frequenzganges $F(p)$.

Die Funktion $x_{a0}(\omega) = |F(p)|\, x_{e0}$ ist die Amplitudenfunktion und $\varphi(\omega) = \operatorname{arc} F(p) = \operatorname{arc} \tan(\operatorname{Im} F(p)/\operatorname{Re} F(p))$ die Phasenfunktion. In der Norm DIN 19226[1] wird das frequenzabhängige Amplitudenverhältnis $A(\omega) = x_{a0}(\omega)/x_{e0}$ als *Amplitudengang*, der frequenzabhängige Phasenwinkel $\varphi(\omega)$ als *Phasengang* bezeichnet. Werden der Logarithmus des Amplitudenganges und der Phasengang in Abhängigkeit vom Logarithmus der Kreisfrequenz ω aufgetragen, erhält man die *Frequenzkennlinien*. Diese Darstellung besitzt gegenüber Übergangsfunktion und Ortskurve einige Vorteile: Die Synthese von Übertragungsgliedern ist einfach, eine Approximation durch Geradenstücke ist möglich, die Ablesung für höhere Frequenzen ist besser, Stabilitätsbetrachtungen werden einfacher, und in vielen Fällen genügt auch allein der Amplitudengang. Sehr oft trägt man statt $\log A$ den Wert $M = 20 \log A$ auf, so daß sich das frequenzabhängige Amplitudenverhältnis in der Einheit Dezibel (db) ergibt.

4. Grundformen des Übertragungsverhaltens

Im folgenden werden die Grundformen typischer Übertragungsglieder kurz erläutert. Auf sie kann man die meisten Glieder zurückführen. Das Übertragungsverhalten wird jeweils durch die Übergangsfunktion und den Frequenzgang als Ortskurve und als Frequenzkennlinien dargestellt.

---

[1] DIN 19226. Regelungstechnik und Steuerungstechnik; Begriffe und Benennungen. Mai 1968.

a) P-Verhalten (Abb. 15.03)

Die Ausgangsgröße ist der Eingangsgröße zu jeder Zeit proportional:

$$x_a(t) = \frac{b_0}{a_0}\, x_e(t) = K_P\, x_e(t). \tag{15.03}$$

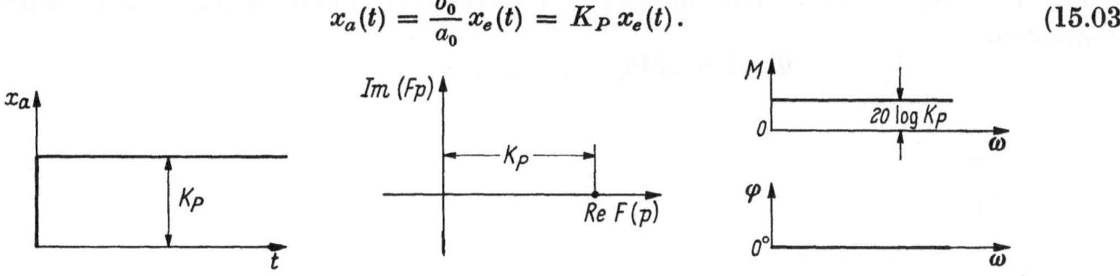

Abb. 15.03. Übertragungsglied mit P-Verhalten.

Damit wird der Frequenzgang

$$F(p) = K_P. \tag{15.03a}$$

In der Ortskurvendarstellung erhält man somit einen Punkt auf der positiven reellen Achse. Für die Frequenzkennlinien ergeben sich die Gleichungen

$$M(\omega) = 20\log K_P, \qquad \varphi(\omega) = 0. \tag{15.03b}$$

b) I-Verhalten (Abb. 15.04)

Während beim P-Glied Proportionalität zwischen x_e und x_a besteht, ist das I-Verhalten dadurch gekennzeichnet, daß die Geschwindigkeit der Ausgangsgröße der Eingangsgröße proportional ist

$$\dot{x}_a(t) = \frac{b_0}{a_1}\, x_e(t) = K_I\, x_e(t). \tag{15.04}$$

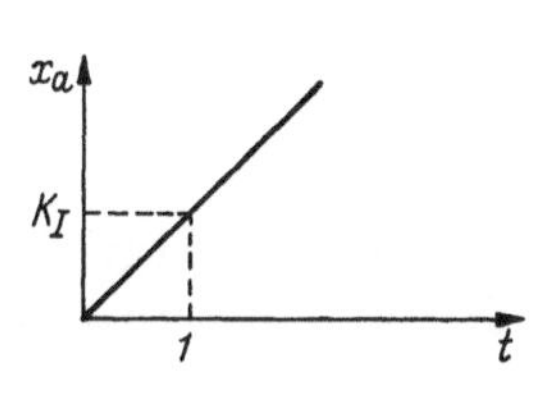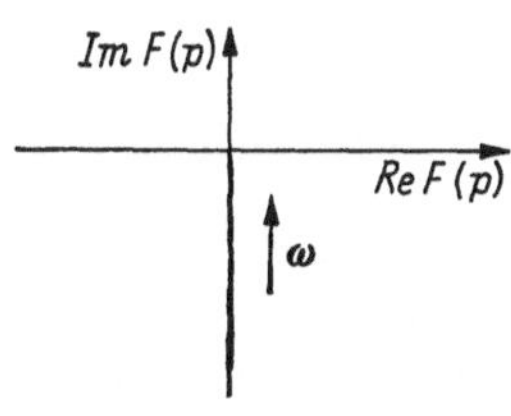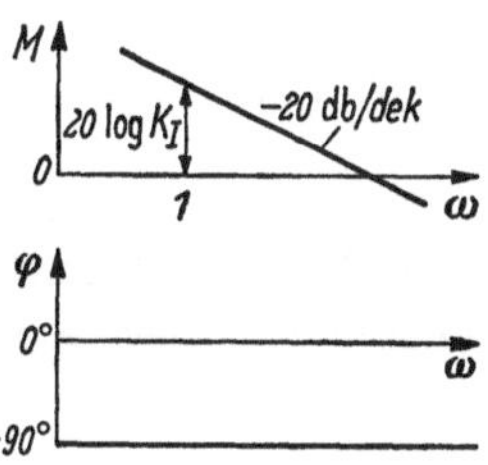

Abb. 15.04. Übertragungsglied mit I-Verhalten.

Die Gleichung der Übergangsfunktion mit der Anfangsbedingung $x_a(0) = 0$ ist:

$$x_a(t) = K_I \int\limits_0^t dt = K_I\, t. \tag{15.04a}$$

Der Frequenzgang ergibt sich dann zu:

$$F(p) = \frac{K_I}{p} = \frac{K_I}{j\,\omega} = -\frac{K_I}{\omega}\, j. \tag{15.04b}$$

Als Ortskurve erhält man die negative imaginäre Achse, auf der der Bildpunkt mit wachsendem ω auf den Nullpunkt zuläuft. Die Frequenzkennlinien werden

$$M(\omega) = 20\log K_I - 20\log\omega, \qquad \varphi(\omega) = -\frac{\pi}{2}. \tag{15.04c}$$

c) D-Verhalten (Abb. 15.05)

Es ergibt sich die Gleichung

$$x_a(t) = \frac{b_1}{a_0}\, \dot{x}_e(t) = K_D\, \dot{x}_e(t). \tag{15.05}$$

Für die Übergangsfunktion gilt, daß zur Zeit des Sprunges $\dot{x}_e(t)$ und damit $x_a(t)$ unendlich groß werden. Genaugenommen läuft die Ausgangsgröße auf der Ordinate hoch und wieder herab.

Der Frequenzgang wird

$$F(p) = K_D\, p = K_D\, j\, \omega,$$
(15.05a)

so daß die Ortskurve die positive imaginäre Achse ist. Als Gleichung für die Frequenzkennlinien erhält man

$$M(\omega) = 20\log K_D + 20\log\omega, \qquad \varphi(\omega) = \frac{\pi}{2}.$$
(15.05b)

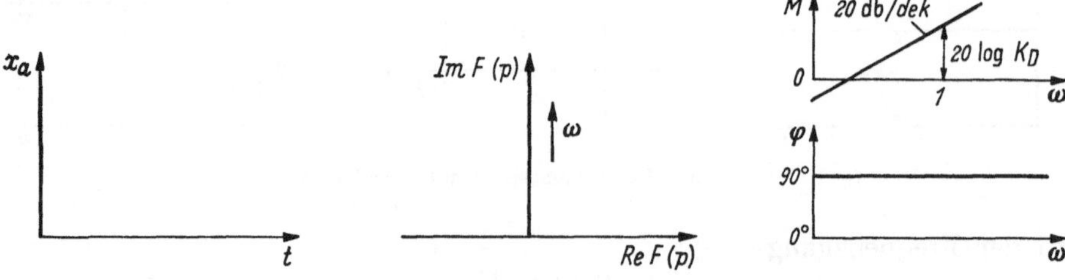

Abb. 15.05. Übertragungsglied mit D-Verhalten.

Das bisher erläuterte P-, I-, D-Verhalten gilt nur für ideale Übertragungsglieder. Bei realen Übertragungsgliedern treten stets Verzögerungen auf. Für den Frequenzgang nach Gl. (15.02) bedeutet es, daß der Grad des Nennerpolynoms höher als der des Zählerpolynoms sein muß. Die Verzögerungen werden an Hand des P-Gliedes behandelt, denn verzögerte I- und D-Glieder treten in der Klimatechnik abgesehen von den Reglern selten auf.

d) PT_1-Verhalten (Abb. 15.06)

Ein P-Glied mit Verzögerung erster Ordnung wird durch folgende Differentialgleichung beschrieben:

$$T_1\, \dot{x}_a(t) + x_a(t) = K_P\, x_e(t)$$
(15.06)

mit $K_P = b_0/a_0$ und $T_1 = a_1/a_0$. Die Übergangsfunktion ergibt sich zu

$$x_a(t) = K_P(1 - e^{-t/T_1}).$$
(15.06a)

T_1 nennt man die *Zeitkonstante*. Bestimmt wird sie durch die an die Kurve gelegte Tangente. Sie ist identisch mit der Zeitspanne (T_{63}), nach deren Ablauf die Ausgangsgröße den Wert

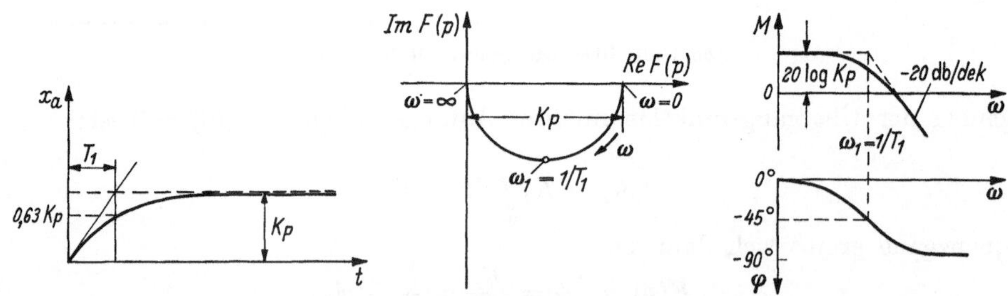

Abb. 15.06. Übertragungsglied mit PT_1-Verhalten.

$x_a(t) = K_P(1 - 1/e) = 0{,}63\,K_P$ annimmt. Theoretisch erreicht die Ausgangsgröße erst nach unendlich langer Zeit den Wert $x_a = K_P$. Oft wird als Einstellzeit die 95%-Zeit gewählt, sie entspricht ungefähr dem dreifachen Wert der Zeitkonstante $(T_{95} \approx 3\,T_{63})$. Zwischen Zeitkonstante und Halbwertzeit (T_{50}) besteht das Verhältnis $T_{63}/T_{50} \approx 1{,}4$.

Der Frequenzgang lautet

$$F(p) = \frac{K_P}{T_1\, p + 1},$$
(15.06b)

seine Darstellung als Ortskurve ist ein Halbkreis. Die Gleichungen der Frequenzkennlinien werden:

$$M(\omega) = 20\log K_P - 10\log[1 + (\omega\, T_1)^2], \qquad \varphi(\omega) = -\arctan\omega\, T_1.$$
(15.06c)

Die Frequenz $\omega_1 = 1/T_1$ nennt man Eckfrequenz.

e) PT_2-Verhalten (Abb. 15.07)

Es gilt die Differentialgleichung

$$a_2\,\ddot{x}_a(t) + a_1\,\dot{x}_a(t) + a_0\,x_a(t) = b_0\,x_e(t),\qquad(15.07)$$

die man auf die bekannte Form bringt:

$$T^2\,\ddot{x}_a(t) + 2D\,T\,\dot{x}_a(t) + x_a(t) = K_P\,x_e(t).\qquad(15.07\,\text{a})$$

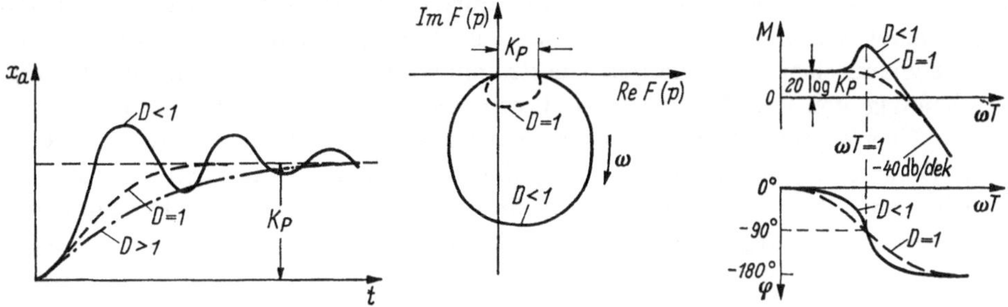

Abb. 15.07. Übertragungsglied mit PT_2-Verhalten.

Je nach Größe der *Dämpfungskonstante* nimmt das Übertragungsverhalten verschiedene Formen an. $D < 1$ bedeutet den oszillatorischen, $D > 1$ den aperiodischen Fall und $D = 1$ den aperiodischen Grenzfall. Als Frequenzgang erhält man die Gleichung

$$F(p) = \frac{K_P}{1 + 2D\,T\,p + T^2\,p^2}.\qquad(15.07\,\text{b})$$

Die Gleichungen der Frequenzkennlinien werden

$$M(\omega) = 20\log K_P - 10\log[(1 - T^2\,\omega^2)^2 + (2D\,T\,\omega)^2],\qquad \varphi(\omega) = \arctan\frac{2D\,T\,\omega}{1 - T^2\,\omega^2}.\qquad(15.07\,\text{c})$$

f) T_t-Verhalten (Abb. 15.08)

Ein Totzeitglied liegt vor, wenn eine am Eingang bewirkte Änderung erst nach Ablauf einer Laufzeit — der Totzeit — am Ausgang registriert wird. Es ist also ein P-Glied mit einem Zeit-

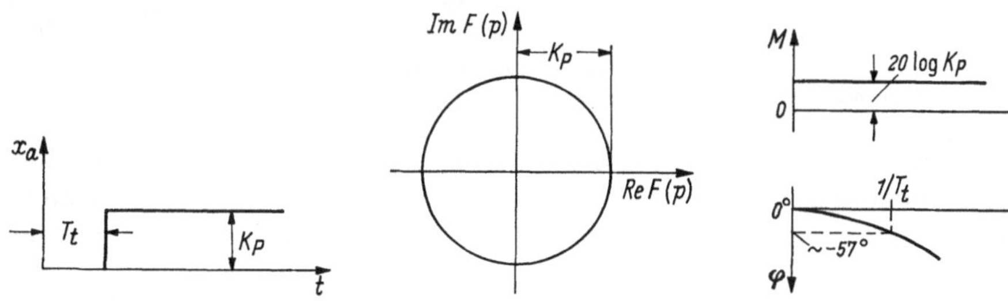

Abb. 15.08. Übertragungsglied mit T_t-Verhalten.

versatz um T_t, dessen Übergangsfunktion

$$x_a(t) = K_P\,x_e(t - T_t)\qquad(15.08)$$

lautet. Der zugehörige Frequenzgang wird dann

$$F(p) = K_P\,e^{-T_t\,p}.\qquad(15.08\,\text{a})$$

Er entsteht durch Anwendung des Verschiebungssatzes der Laplace-Transformation.

Es gelten die Gleichungen für die Frequenzkennlinien

$$M(\omega) = 20\log K_P,\qquad \varphi(\omega) = -\omega\,T_t.\qquad(15.08\,\text{b})$$

Sehr häufig liegen Übergangsfunktionen nach Abb. 15.09 vor, die mittels der Wendetangentenkonstruktion die Kenngrößen T_u

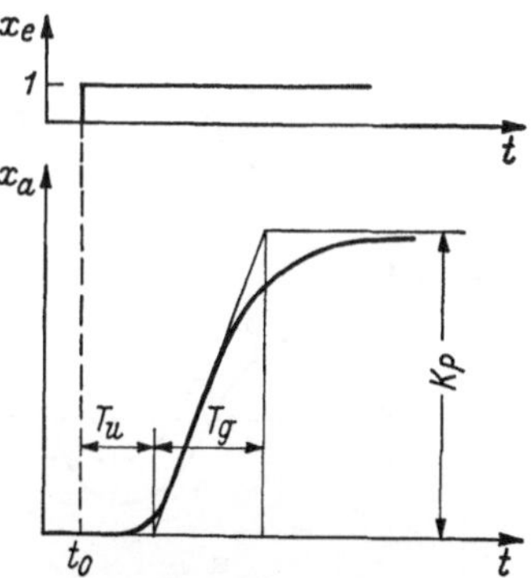

Abb. 15.09. Übergangsfunktion bei Gliedern höherer Ordnung.

und T_g liefern (T_u-Verzugszeit, T_g-Ausgleichszeit). Man spricht von Übertragungsgliedern *höherer Ordnung*, die oft auch durch ein Totzeit- und ein Glied erster Ordnung angenähert werden.

B. Übertragungsglieder mit nichtlinearem Verhalten

1. Nichtlineare Effekte

Die bisher benutzten Beschreibungsverfahren dürfen eigentlich nur auf lineare Übertragungsglieder angewendet werden, für die bekanntlich das Superpositionsgesetz sowohl im Statischen als auch im Dynamischen gilt. Die das Übertragungsverhalten kennzeichnenden Größen sind sonach unabhängig von der Amplitude und von der Lage auf der Kennlinie.

Bei realen Übertragungsgliedern gilt das Superpositionsgesetz nicht oder nur bedingt. So kann sich ein Übertragungsglied statisch streng linear verhalten, während im Dynamischen erhebliche Abweichungen auftreten. Während ein lineares System bei periodischer Erregung im Ausgang nur die Frequenz der Eingangserregung enthält, können bei einem nichtlinearen System mehrere Frequenzen auftreten. Auch kann die Form des Eingangssignals einen Einfluß besitzen. Nach diesen Feststellungen und ihren Folgerungen müßten sämtliche realen Übertragungssysteme als nichtlinear betrachtet werden, so daß der Rechenaufwand stark anwachsen und die theoretische Analyse auf erhebliche Schwierigkeiten führen würde. Daher betrachtet man in vielen Fällen, speziell bei kleinen Amplituden und bei einer Beschränkung im Frequenzbereich, die Vorgänge als linear.

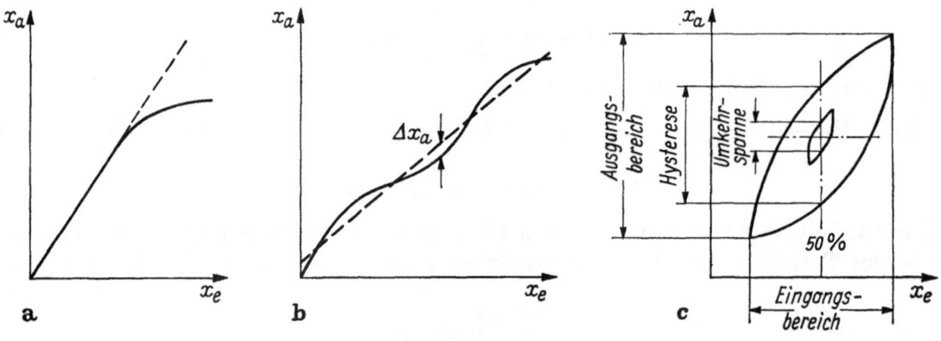

Abb. 15.10. Stetige statische Nichtlinearitäten.
a) Sättigungseffekt;   b) Kennlinien-Linearisierung;   c) Umkehrspanne und Hysteresis.

Sehr viele Übertragungsglieder besitzen eine Kennlinie nach Abb. 15.10a, die einen linearen Bereich, eine Krümmungszone und einen *Sättigungsbereich* enthält. Sofern die Amplitude sehr viel kleiner als der Sättigungswert ist, werden harmonische Schwingungen unverzerrt abgebildet.

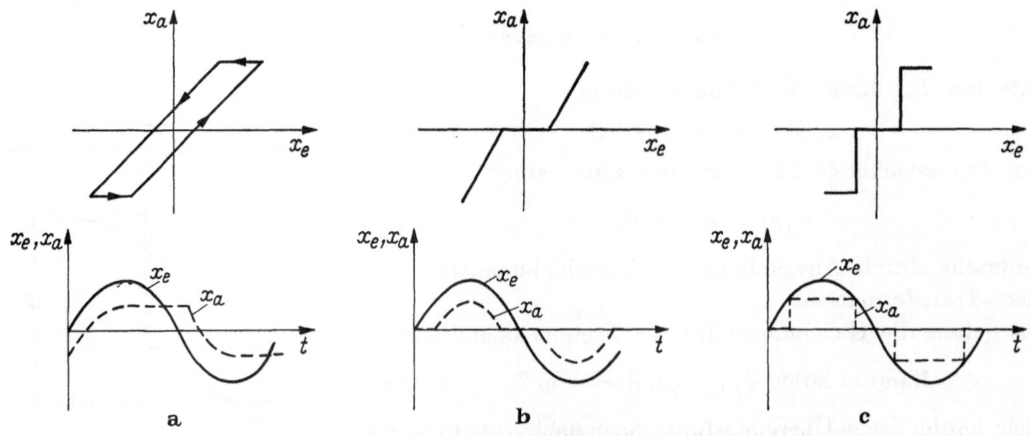

Abb. 15.11. Kennlinien und Übertragungsverzerrungen nichtlinearer Übertragungsglieder.
a) Lose;   b) Totzone;   c) Dreipunktverhalten mit Totzone.

Weitere nichtlineare Effekte sind in Abb. 15.11 zusammengestellt. Der *Lose-Effekt* ist in mechanischen Systemen häufig anzutreffen; eine Konstruktion von Feder mit Reibung entspricht ebenfalls dieser Kennlinie. Oft wird diese Form der Nichtlinearität allgemein als Hysteresis bezeichnet. Bei dem *Totzonen-Effekt* handelt es sich um einen auf der Nullinie gelegenen Schwelleffekt (Ansprechzone). Abb. 15.11c zeigt das Wirken eines Gliedes mit *Dreipunktverhalten* und Totzone.

Die bei realen Übertragungssystemen vorhandenen Nichtlinearitäten sind in den meisten Fällen Mischungen aus den angeführten einfachen nichtlinearen Effekten.

2. Beschreibungsfunktion

Der Hauptunterschied gegenüber der linearen Übertragungstheorie besteht darin, daß es für Nichtlinearitäten keine allgemeinengültigen mathematischen Beschreibungsmöglichkeiten gibt, sondern fast nur auf den jeweiligen Effekt zugeschnittene. Da mit diesem Thema der Rahmen unserer Betrachtungen weit überschritten wird, sei nur ein Verfahren genannt. Mit der sog. Beschreibungsfunktion versucht man, das Frequenzgangverfahren auf nichtlineare Systeme zu übertragen. Bei einer harmonischen Erregung am Eingang ist der Verlauf der Ausgangsgröße zwar auch periodisch, er besitzt aber keinen harmonischen Formenverlauf. Zur Auswertung wird daher die Grundwelle herangezogen, für die das Amplitudenverhältnis und die Phasenlage ermittelt werden. Beide Werte sind von der Frequenz und von der Eingangsamplitude abhängig. Demzufolge erhält man eine Schar von Ortskurven bzw. Frequenzkennlinien. Um ein wesentlich nichtlineares Übertragungsglied im Signalflußplan besonders hervorzuheben, wird es durch einen quadratischen, doppelt umrandeten Block dargestellt, in dessen Innerem die Kennlinie angegeben wird.

Ein nichtlineares Verhalten in Übertragungssystemen kann sowohl als störend empfunden (technische Unzulänglichkeiten) als auch bewußt konzipiert werden (z. B. Verbesserung des Einschwingverhaltens durch ausschlagabhängige Dämpfung).

3. Toleranzangabe

Die Realisierung gewünschter Übertragungseigenschaften ist mit einfachen technischen Mitteln nur für bestimmte Toleranzbereiche möglich. Auf einige wichtige Fehlerarten sei hier hingewiesen. Es ist nicht üblich, die Fehlerangabe in Form einer Klassengenauigkeit wie bei elektrischen Instrumenten zu machen. Wenn man überhaupt Fehler angibt, schlüsselt man sie in Einzelfehler bzw. in Fehlergruppen auf und gibt sie häufig in Prozent des Eingangsbereiches an. Es wird zwischen dynamischen und statischen Fehlern unterschieden.

Wird zwischen der Eingangs- und Ausgangsgröße eine lineare Kennlinie angestrebt, so gibt man i. allg. im *Linearitätsfehler* die maximale Abweichung von der günstigsten Geraden an, s. Abb. 15.10b. Da Übertragungsglieder für bestimmte Bereiche der Eingangs- und Ausgangsgröße hergestellt werden, ist zwischen *Nullpunkt-* und *Bereichsfehlern* zu unterscheiden.

Eine weitere Ungenauigkeit bedeutet der *Ansprechwert*. Er ist derjenige Wert der Eingangsgröße, der aufgebracht werden muß, um eine Änderung der Ausgangsgröße herbeizuführen. Von ihm zu unterscheiden sind die *Ansprechgrenzen*. Während bei der Ermittlung des Ansprechwertes die Eingangsgröße gleichsinnig verändert wird, kennzeichnen die Ansprechgrenzen die auftretenden Fehler infolge Richtungswechsels.

Als weitere Ungenauigkeitsquelle sei die *Hysteresis* angeführt, die eigentlich eine reine Materialeigenschaft ist und deren Größe von der Amplitude abhängt. Die Bezeichnung Hysteresis wird aber auch für den in Abb. 15.10c gezeigten allgemeinen Fall benutzt. Läßt man die Eingangsgröße kontinuierlich den Wertebereich 0 bis 100% und 100 bis 0% durchlaufen, so bezeichnet man die größte Abweichung zwischen den beiden Kurvenzügen als Hysteresis. Da bei dieser Betrachtung die Hysteresis eine Summenwirkung von Fehlerkomponenten beinhaltet, gibt man noch die *Umkehrspanne* an. Man erhält sie, indem die Eingangsgröße von 45 bis 55% und von 55 auf 50% geändert wird. Üblich ist auch die Angabe der maximalen Differenz zwischen den beiden Kurven in der Einheit der Eingangsgröße.

Die hier angeführten Punkte stellen nur einen Ausschnitt aus der Vielzahl der zu berücksichtigenden Faktoren dar. Des weiteren sind auch nur die für die wirkungsmäßige Betrachtung vorrangigen Gesichtspunkte erwähnt worden. Zur Beurteilung der Betriebssicherheit einer Regel- bzw. Steuereinrichtung müssen noch zusätzliche, oft für den Anwendungsfall spezielle Eigenschaften überprüft werden (z. B. Explosionssicherheit, Erschütterungsempfindlichkeit). Um eine Vorstellung von den umfangreichen Prüfungsgesichtspunkten zu erhalten, sei auf drei VDI/VDE-Richtlinien[1] hingewiesen.

Die dynamischen Fehler entstehen durch die Dämpfungseigenschaften der Übertragungsglieder und durch das dynamische nichtlineare Verhalten, d. h. das Zeitverhalten der Übertragungsglieder ist in den meisten Fällen von der Amplitude, vom Arbeitspunkt und von der Richtung der verlaufenden Änderung abhängig. Die experimentelle Untersuchung entscheidet, durch welches ideale Verhalten das betreffende Glied zu approximieren ist.

C. Schaltungen von Übertragungsgliedern

Die einzelnen Übertragungsglieder werden nach bestimmten Schaltungsarten zusammengefügt. Aus dem Signalflußplan entnimmt man, wie in einem Übertragungssystem die jeweiligen Glieder geschaltet sind. Die Abb. 15.12a zeigt eine *Verzweigungsstelle*, an der die Wirkungslinie aufgespalten wird, so daß das Ausgangssignal des einen Blockes das Eingangssignal für die Blöcke *1* und *2* wird ($x_a = x_{e1} = x_{e2}$). An einer *Additionsstelle* (Mischstelle) (Abb. 15.12b) addieren sich zwei Signale, es gilt die Gleichung $x_e = \pm x_{a1} \pm x_{a2}$.

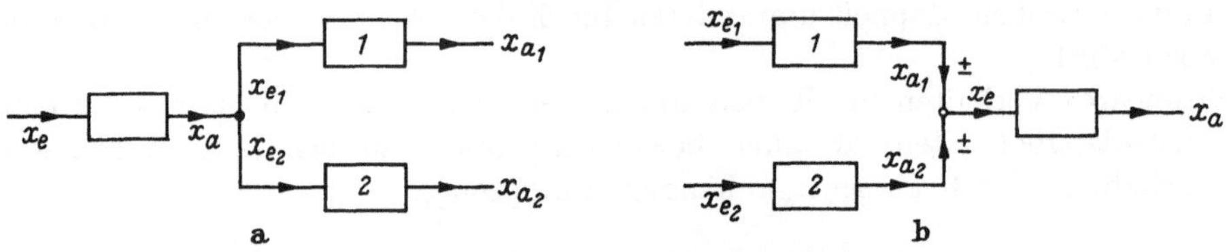

Abb. 15.12. Verzweigungs- (a) und Additionsstelle (b).

Als Grundschaltungen kennt man offene und geschlossene Schaltungen, s. Abb. 15.13. Zu den offenen gehören die *Reihen-* und *Parallelschaltung*, während die Kreisschaltung eine geschlossene Schaltung ist. Für die Reihenschaltung gilt $x_e = x_{e1}$, $x_{e2} = x_{a1}$, $x_a = x_{a2}$, während bei der Parallelschaltung der Zusammenhang durch $x_e = x_{e1} = x_{e2}$ und $x_a = \pm x_{a1} \pm x_{a2}$ gegeben ist.

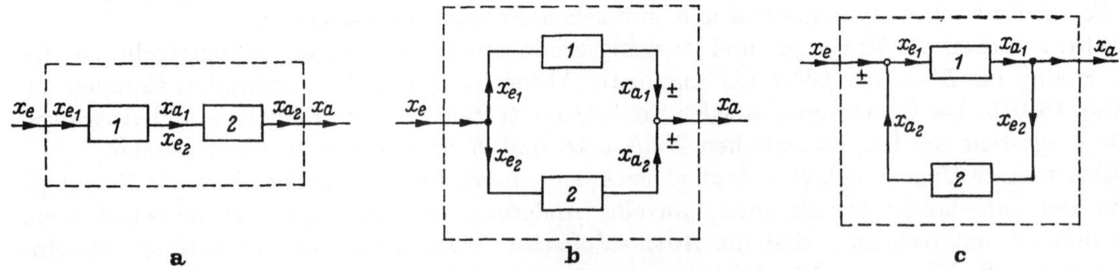

Abb. 15.13. Grundschaltungen.
a) Reihenschaltung;   b) Parallelschaltung;   c) Rückkopplungsschaltung.

Bei der *Rückkopplungsschaltung* ist zwischen der Gegenkopplung $x_{e1} = x_e - x_{a2}$ und der Mitkopplung $x_{e1} = x_e + x_{a2}$ zu unterscheiden, je nachdem das Rückführsignal x_{a2} dem Eingang mit negativem oder positivem Vorzeichen zugeführt wird.

Das Rechnen mit Frequenzgängen ist speziell bei komplizierten Schaltungen erheblich übersichtlicher und einfacher als das Rechnen im Zeitbereich. Bei der Reihenschaltung

---

[1] VDI/VDE 2179. Beschreibung und Untersuchung pneumatischer Einheitsregelgeräte. Juni 1964. — VDI/VDE 2181. Beschreibung und Untersuchung stetiger elektrischer Regelgeräte. August 1967. — VDI/VDE 2183. Meßumformer für Differenzdruck; Beschreibung und Untersuchung. Oktober 1964.

multiplizieren sich die Frequenzgänge $F = F_1 F_2$. Im Falle der Parallelschaltung ergibt sich die Summe der Frequenzgänge $F = F_1 + F_2$. Für die Gegenkopplungsschaltung erhält man $F = F_1/(1 + F_1 F_2)$; sie ist von erheblicher Bedeutung, da sie in jedem Regelkreis anzutreffen ist.

II. Regeleinrichtungen

A. Allgemeines

1. Begriffe und Bezeichnungen

Die Abb. 15.14 zeigt eine übliche Darstellung im Signalflußbild. Mit dem Übertragungsglied 1 wird der Istwert der Regelgröße gemessen und in die Größe umgeformt, die auch der Sollwerteinsteller 2 liefert. Die Vergleichsstelle ist eine Additionsstelle, deren Ausgangsgröße die *Regelabweichung* $x_w = x - w$ ist. Die negative Regelabweichung $-x_w = x_d$ heißt *Regeldifferenz*. Im Glied 3 werden die für den Reglertyp charakteristischen Operationen durchgeführt (z. B. *PI*-Verhalten). Das Glied 4 kann als Umformer betrachtet werden. Bei vielen Regeleinrichtungen ist diese Funktionsaufteilung gerätetechnisch nicht einwandfrei nachzuweisen, da eine Einheit fließend in die andere übergeht.

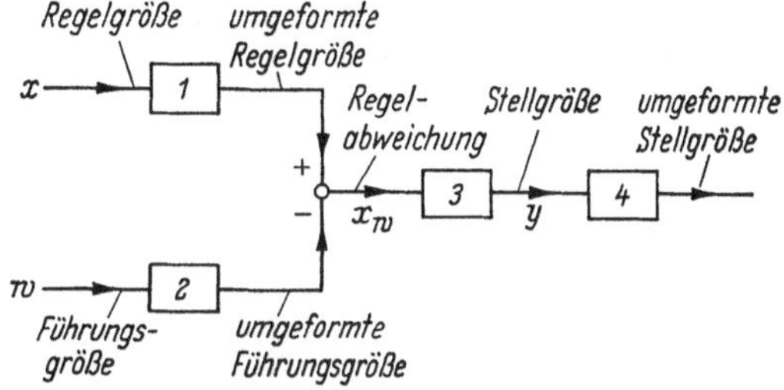

Abb. 15.14. Wirkungsmäßiger Aufbau eines Reglers.

2. Übertragungsverhalten

Im folgenden wird auf das Übertragungsverhalten häufig verwendeter Regler kurz eingegangen. Nicht selten sind sie mit Verzögerungen behaftet, die man in erster Näherung durch ein Glied erster Ordnung approximieren kann (z. B. Temperaturgeber).

a) Verzögerter *P*-Regler (Abb. 15.06)

Für den unverzögerten *P*-Regler gilt die Beziehung $y - y_0 = K_{PR} x_w$, in der y_0 den Wert der Stellgröße für die Regelabweichung $x_W = 0$ bedeutet. Bei der dynamischen Betrachtung kann $y_0 = 0$ gesetzt werden. Für eine Verzögerung erster Ordnung erhält man die Gleichung

$$T_1 \dot{y}(t) + y(t) = K_{PR} x_w. \tag{15.09}$$

Der Übertragungsbeiwert K_{PR} (oder ohne besondere Kennzeichnung K_P) ist nach der Norm DIN 19226 die Kenngröße der *P*-Regeleinrichtung.

Für einen statisch linearen Regler gilt nach Abb. 15.15 die Beziehung

$$K_{PR} = \frac{\Delta y}{\Delta x} = \frac{y_h}{x_P}, \tag{15.10}$$

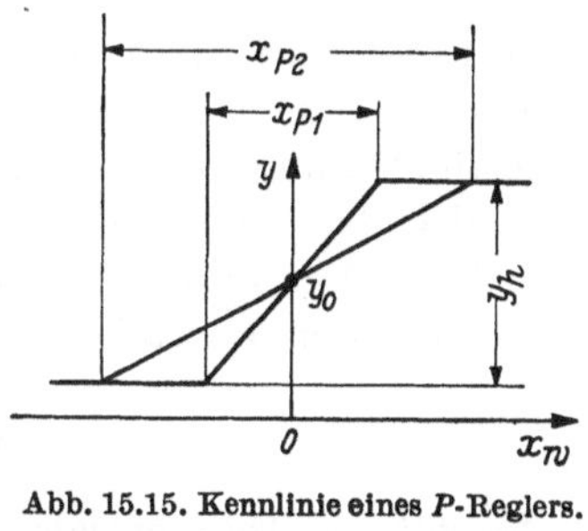

Abb. 15.15. Kennlinie eines *P*-Reglers.

wobei x_P der Proportionalbereich ist. Er stellt den Bereich der Regelgröße dar, um den sie sich ändern muß, damit die Stellgröße den Stellbereich y_h durchläuft. Ein kleiner Wert von x_P entspricht einer großen Empfindlichkeit des Reglers, da K_{PR} dann groß ist. Der *P*-Bereich wird oft in Prozent des Eingangsbereiches angegeben. Die Lage des Sollwertes innerhalb der Kennlinie kann verschieden sein; die Regler sind diesbezüglich sowohl fest justiert als auch variabel.

Frequenzgang, Frequenzkennlinien und die Übergangsfunktion werden

$$F(p) = \frac{K_{PR}}{1 + T_1 p}, \tag{15.09a}$$

$$M(\omega) = 20\log K_{PR} - 10\log[1 + (T_1 \omega)^2], \qquad \varphi = -\arctan T_1 \omega, \tag{15.09b}$$

$$y(t) = K_{PR}(1 - e^{-t/T_1}) \tag{15.09c}$$

b) Verzögerter I-Regler (Abb. 15.16)

Bei diesem Reglertyp herrscht nach Abklingen des Übergangsprozesses Proportionalität zwischen $\dot{y}$ und x_w: $dy/dt = K_{IR}\,x_w$. Es gilt dann die Differentialgleichung

$$T_1\,\dot{y}(t) + y(t) = K_{IR} \int x_w\,dt. \tag{15.11}$$

K_{IR} ist die Kenngröße des I-Reglers; üblich ist aber auch die Angabe der Integrierzeit $T_I = y_h/K_{IR}\,x_h$. In diesem Ausdruck ist x_h die Hälfte des Bereiches, den die Regelgröße durchlaufen muß, um von $(dy/dt)_{max}$ auf $-(dy/dt)_{max}$ zu gelangen.

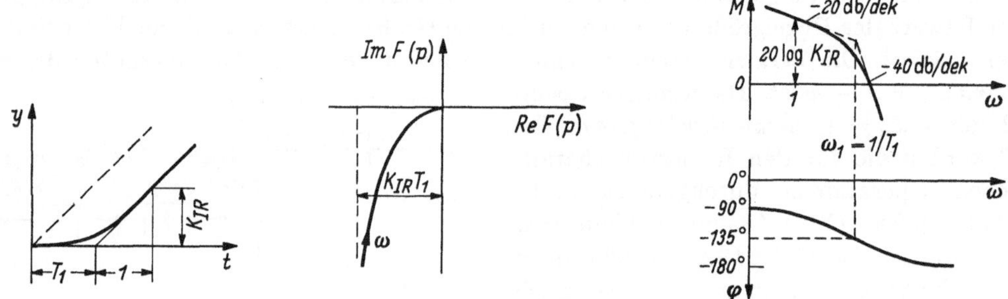

Abb. 15.16. I-Regler mit Verzögerung 1. Ordnung.

Als Übergangsfunktion erhält man mit $y = 0$ für $t = 0$

$$y(t) = K_{IR}\,T_1\left(e^{-t/T_1} + \frac{t}{T_1} - 1\right). \tag{15.11a}$$

Frequenzgang und Frequenzkennlinien ergeben sich zu

$$F(p) = \frac{K_{IR}}{p(T_1\,p + 1)}, \tag{15.11b}$$

$$M(\omega) = 20\log K_{IR} - 20\log\omega - 10\log(1 + T_1^2\,\omega^2), \quad \varphi(\omega) = -\frac{\pi}{2} - \arctan T_1\,\omega. \tag{15.11c}$$

Ein weiterer Grundtyp ist der D-Regler, auf dessen Erläuterung jedoch verzichtet wird, da es unvorteilhaft ist, ihn zu verwenden. Gl. (15.05) läßt nämlich erkennen, daß bei konstanter Regelabweichung keine Stellgrößenänderung erbracht wird, so daß ein solcher Regler keinen befriedigenden Regelgrößenverlauf bewirken würde. Wie die folgenden Beispiele zeigen, wird aber das D-Verhalten bei Kombinationen mit P- und I-Verhalten vorteilhaft angewendet, da es bereits beim Entstehen einer Regelabweichung eine Stellgrößenänderung einleitet.

c) Verzögerter PI-Regler (Abb. 15.17)

Es gilt die Differentialgleichung

$$T_1\,\dot{y}(t) + y(t) = K_{PR}\,x_w(t) + K_{IR}\int x_w\,dt, \tag{15.12}$$

die meistens auf die Form

$$T_1\,\dot{y}(t) + y(t) = K_{PR}\left(x_w(t) + \frac{1}{T_n}\int x_w(t)\,dt\right) \tag{15.12a}$$

gebracht wird.

Dieser Regler besitzt als Kenngrößen K_{PR} und K_{IR}. An Stelle von K_{IR} wird meistens die Nachstellzeit $T_n = K_{PR}/K_{IR}$ angegeben. Sie ist die Zeit, die der Regler braucht, um infolge der Integralwirkung die Verstellung um den Betrag K_{PR} zu erreichen.

Zur obigen Differentialgleichung erhält man die Übergangsfunktion

$$y(t) = (K_{PR} - T_1\,K_{IR})\,(1 - e^{-t/T_1}) + K_{IR}\,t. \tag{15.12b}$$

Frequenzgang und Frequenzkennlinien werden dann

$$F(p) = \frac{K_{PR}\, p + K_{IR}}{p(1 + p\, T_1)}, \tag{15.12c}$$

$$M(\omega) = 10\log(K_{IR}^2 + K_{PR}^2\, \omega^2) - 20\log\omega - 10\log(1 + \omega^2\, T_1^2),$$

$$\varphi(\omega) = -\frac{\pi}{2} + \arctan\frac{K_{PR}\,\omega}{K_{IR}} - \arctan\omega\, T_1. \tag{15.12d}$$

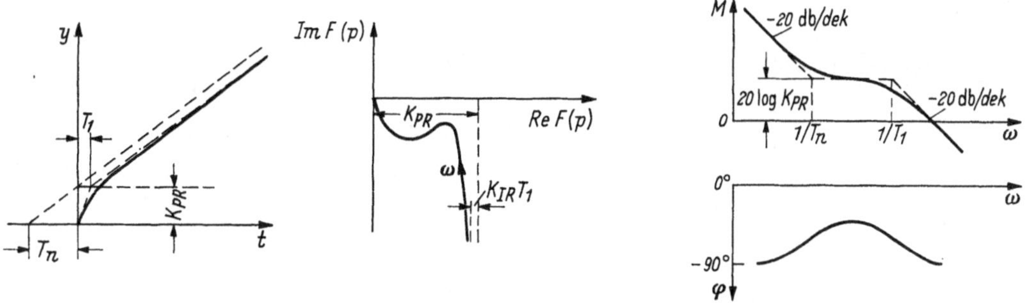

Abb. 15.17. *PI*-Regler mit Verzögerung 1. Ordnung.

d) Verzögerter *PID*-Regler (Abb. 15.18)

Neben den Einstellgrößen K_{PR} und K_{IR} besitzt er noch die dritte Größe K_{DR}. Seine Differentialgleichung wird dann

$$T_1\, \dot{y}(t) + y(t) = K_{DR}\, \dot{x}_w(t) + K_{PR}\, x_w(t) + K_{IR} \int x_w(t)\, dt. \tag{15.13}$$

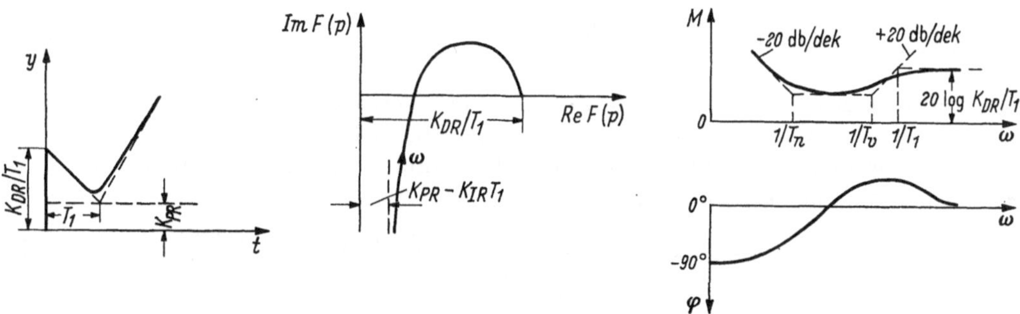

Abb. 15.18. *PID*-Regler mit Verzögerung 1. Ordnung.

Aus ihr ergeben sich Frequenzgang, Frequenzkennlinien und Übergangsfunktion:

$$F(p) = \frac{K_{DR}\, p^2 + K_{PR}\, p + K_{IR}}{p(T_1\, p + 1)}, \tag{15.13a}$$

$$M(\omega) = 10\log\left[(K_{IR} - K_{DR}\, \omega^2)^2 + K_{PR}^2\,\omega^2\right] - 20\log\omega - 10\log[1 + (T_1\,\omega)^2],$$

$$\varphi(\omega) = -\frac{\pi}{2} + \arctan\frac{K_{PR}\,\omega}{K_{IR} - K_{DR}\,\omega^2} - \arctan T_1\,\omega, \tag{15.13b}$$

$$y(t) = K_{IR}\, t + K_{PR} - \left[K_{IR}\, T_1 + \left(K_{PR} - K_{IR}\, T_1 - \frac{K_{DR}}{T_1}\right) e^{-t/T_1}\right]. \tag{15.13c}$$

An Stelle von K_{DR} wird meistens die Vorhaltzeit $T_v = K_{DR}/K_{PR}$ angegeben, die mittels der Einheitsanstiegsfunktion festgestellt wird. Danach ist sie diejenige Zeit, die der Regler benötigt, um bei P-Wirkung den Weg zu durchlaufen, den er infolge D-Wirkung sofort zurückgelegt hat.

3. Erzeugung des Übertragungsverhaltens mit Rückführungen

Da vorwiegend das Übertragungsverhalten durch Rückführungen realisiert wird, sei im folgenden auf den rückgekoppelten Verstärker eingegangen. Die Schaltungen können gemäß Abb. 15.19 in einen Vorwärtsteil und einen Rückführteil zerlegt werden, wobei der Vorwärtsteil als ein proportional übertragender, verzögerungsfreier Verstärker mit dem Frequenzgang $F_1 = K_{P1}$ zu betrachten ist. Das Zeitverhalten der Rückführung bestimmt dann das Gesamtzeitverhalten. Es sollen drei Fälle betrachtet werden: Verstärker mit starrer, verzögerter und nachgebender Rückführung, s. Abb. 15.20.

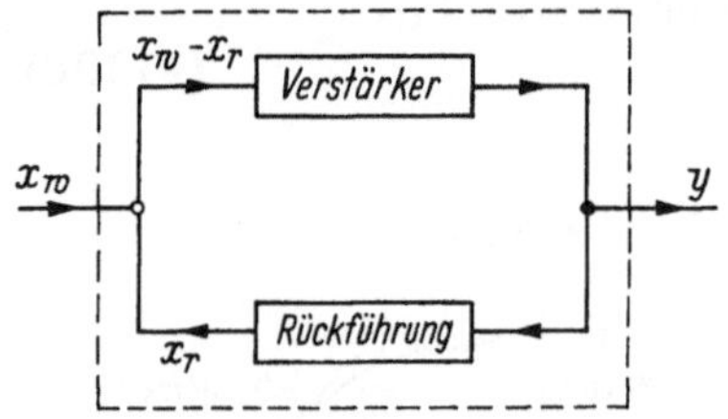

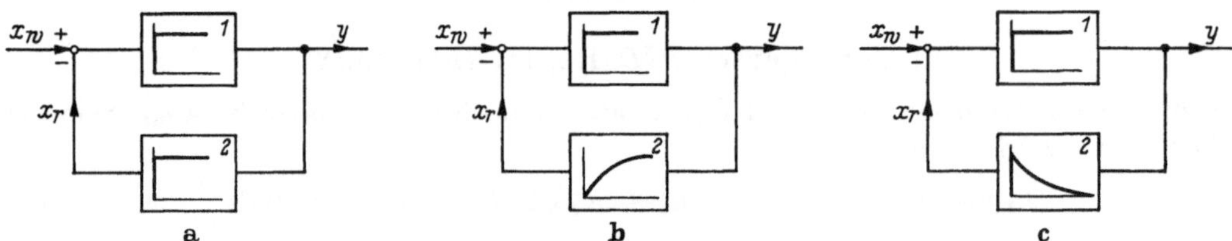

Abb. 15.19. Regeleinrichtung mit Rückführung.

Bei einer *starren Rückführung* besitzt das Rückführglied den Frequenzgang $F_2 = K_{P2}$, so daß sich als Kreisschaltung der Frequenzgang

$$F = \frac{F_1}{1 + F_1 F_2} = \frac{K_{P1}}{1 + K_{P1} K_{P2}} = \frac{1}{\dfrac{1}{K_{P1}} + K_{P2}} \tag{15.14}$$

ergibt. Bei hohem Übertragungsbeiwert K_{P1} kann $\dfrac{1}{K_{P1}}$ gegen K_{P2} vernachlässigt werden. Somit läßt sich der Übertragungsbeiwert in einfacher Weise über die Rückführung ändern. Man erhält einen großen *P*-Bereich, wenn „stark" gegengekoppelt wird, also der Übertragungsbeiwert K_{P2} groß ist. Des weiteren ist ersichtlich, daß sich interne Änderungen am Verstärker nur stark verkleinert auf den Gesamtübertragungsbeiwert auswirken, da $K_{P2} \gg 1/K_{P1}$ ist.

Abb. 15.20. Erzeugung des Übertragungsverhaltens durch Rückführung bei Reglern.
a) starre Rückführung (*P*-Verhalten);   b) verzögerte Rückführung (*PD*-Verhalten);   c) nachgebende Rückführung (*PI*-Verhalten).

Wird an Stelle des *P*-Gliedes ein Rückführglied mit Verzögerung eingesetzt, so spricht man von einer *verzögerten Rückführung*. Zu Beginn ist der hohe Übertragungsbeiwert K_{P1} voll wirksam, so daß y im ersten Moment einen hohen Wert annimmt. Man erreicht hiermit also eine *D*-Komponente. Es gilt der Frequenzgang

$$F = \frac{F_1}{1 + F_1 F_2} = \frac{1}{\dfrac{1}{K_{P1}} + \dfrac{K_{P2}}{1 + p\,T}} = \frac{K_{P1}}{1 + K_{P1} K_{P2}}\,\frac{1 + p\,T}{1 + p\,T_1}, \tag{15.15}$$

aus dem man das *PD*-Verhalten mit $T_1 = T/(1 + K_{P1} K_{P2})$ als Verzögerungszeit und $T_v = T$ als Vorhaltzeit erkennt.

Mit einem differenzierenden Glied im Rückführzweig erhält man ein Gesamtübertragungsverhalten des *PI*-Typs (*nachgebende Rückführung*). Bei einer sprunghaften x_w-Änderung verhält sich das System zu Beginn wie ein *P*-Glied. Dann nimmt aber die Rückführwirkung ab, so daß die Ausgangsgröße y mit der Zeit wächst. Der Frequenzgang ergibt sich zu

$$F = \frac{F_1}{1 + F_1 F_2} = \frac{1}{\dfrac{1}{K_{P1}} + \dfrac{K_{P2}\,p\,T}{1 + p\,T}}. \tag{15.16}$$

Wirken sowohl nachgebende als auch verzögerte Rückführung, so entsteht ein *PID*-Regler, der für den Fall $K_{P1} \gg K_{P2}$ den Frequenzgang

$$F = \frac{1}{K_{P2}}\left(1 + \frac{T_1}{T_2}\right)\left(1 + \frac{T_1 T_2}{T_1 + T_2}\,p + \frac{1}{T_1 + T_2}\,\frac{1}{p}\right) \tag{15.17}$$

besitzt (Übertragungsbeiwert $K_{PR} = \dfrac{1}{K_{P2}}\left(1 + \dfrac{T_1}{T_2}\right)$, Nachstellzeit $T_n = T_1 + T_2$, Vorhaltzeit $T_v = T_1 T_2/T_1 + T_2$). T_1 und T_2 sind die Zeitkonstanten der Rückführglieder. Man erkennt hieraus, daß sich bei einer derartigen Realisierung die Kenngrößen K_{PR}, T_n, T_v gegenseitig beeinflussen. Beschränkt man sich allerdings nur auf eine *PI*- bzw. *PD*-Funktion, so lassen sich die Werte K_{PR} und T_n bzw. K_{PR} und T_v getrennt einstellen.

B. Regler mit elektrischer Hilfsenergie

1. Beschaltung des kontinuierlich wirkenden Verstärkers

Bei Verwendung eines elektronischen Verstärkers wird an seinem Eingang durch einen Stromvergleich die Regelabweichung gebildet. Abb. 15.21a zeigt die Schaltung, in der U_1 und U_2 die zu vergleichenden Spannungen sind. Es gelten dann die Zusammenhänge

$$i_e = i_1 + i_2 = \frac{U_1 R_2 + U_2 R_1}{R_1 R_2 + R_e(R_1 + R_2)} \quad \text{und bei} \quad R_e \ll R_1, R_2 : i_e = \frac{U_1}{R_1} + \frac{U_2}{R_2}. \tag{15.18}$$

Entsprechend Abb. 15.21b erhält man bei starrer Rückführung einen P-Regler, dessen Übertragungsbeiwert $K_P = \left(\dfrac{R_0}{R_P(1 + R_{P1}/R_{P2}) + R_{P1}} + \dfrac{1}{K_{P1}} \right)^{-1}$ wird mit K_{P1} als Verstärkung des offenen Verstärkers. Für den Fall, daß die Verstärkung des offenen Verstärkers ∞ wird und die Widerstände $R_{P2} = \infty$, $R_{P1} = 0$ gewählt werden, ergibt sich die Verstärkung $K_P = R_P/R_0$.

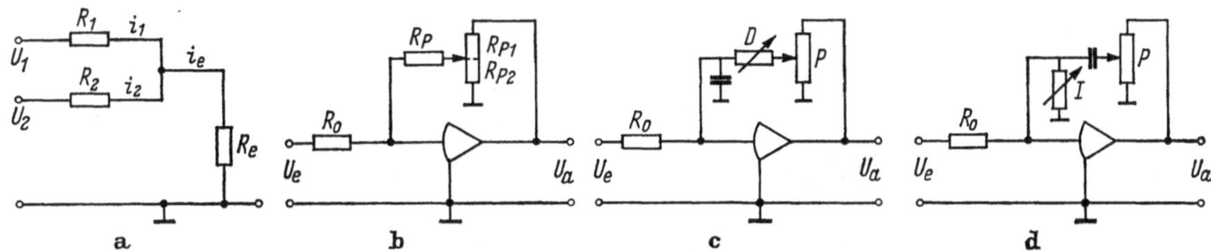

Abb. 15.21. Erzeugung von P-, PD- und PI-Verhalten bei elektrischen Reglern.
a) Prinzip des Stromvergleichs; b) P-Verhalten; c) PD-Verhalten; d) PI-Verhalten.

Ein Übertragungsglied mit PD-Verhalten entsteht nach Abb. 15.21c, wenn außer der starren Rückführung noch eine verzögerte Rückführung wirkt. Während im ersten Augenblick bei einer sprungförmigen Änderung von U_e die Ausgangsspannung einen hohen Wert erreicht — die Rückführspannung am Kondensator ist noch Null —, wird mit zunehmender Zeit die Rückführspannung wirksam, da der Kondensator aufgeladen wird. Genaugenommen entsteht ein PDT_1-Verhalten. Die Zeitkonstante der Rückführung wird an D eingestellt.

Wird dagegen als Rückführung die Spannung am Widerstand nach Abb. 15.21d benutzt, so erhält man ein PIT_1-Verhalten. Bei einer sprunghaften Änderung liegt am Einstellwiderstand P der Spannungsmaximalwert. Mit zunehmender Zeit klingt diese Spannung nach einer e-Funktion ab, so daß die Gegenkopplung verringert wird und demzufolge die Ausgangsspannung U_a ansteigt.

2. Arbeitsprinzipien quasistetiger und diskontinuierlicher Regler

Auch auf quasistetige und diskontinuierliche Regler können die oben erwähnten Verfahren angewendet werden. Diese Regler lassen sich oft einfach und damit preisgünstig herstellen, so daß im folgenden die grundsätzlichen Arbeitsprinzipien häufig anzutreffender Regler erläutert werden sollen, s. Abb. 15.22.

Bei den *elektromechanischen P-Reglern* wird die Regelgröße (b) häufig in eine Kraft umgeformt und an einem Hebelsystem mit der durch den Sollwert vorgegebenen Federkraft (a) verglichen (z. B. Temperaturfühler als gasgefüllter Balg). Als Folge dieses Vergleiches wird über ein Potentiometer eine Brücke verstimmt und ein Dreipunktrelais c betätigt, das einen Stellmotor d einschaltet. Dieser wiederum bewegt den Schleifer eines Brückenpotentiometers e in der Weise, daß die Brückenverstimmung aufgehoben wird und der Motor zum Stillstand kommt.

Sollen die statischen und dynamischen Eigenschaften verbessert werden, so verwendet man *elektronische P-Regler*. Bei vielen derartigen Ausführungen werden in einer Brücke Soll- und Istwert verglichen, und die Diagonalspannung wird mittels eines elektronischen Verstärkers verstärkt. Der Verstärker steuert ein Dreipunktrelais, das wiederum den Stellmotor in die entsprechende Richtung laufen läßt. Das vom Motor bewegte Rückführpotentiometer bewirkt dann den Brückenabgleich.

Fällt die starre Rückführung vom Stellmotor zum Vergleicher fort, erhält man einen Regler, der aus dem Dreipunktschalter mit Stellmotor besteht, s. Abb. 15.22 c. Liegt die Regelabweichung innerhalb der toten Zone, ist der Stellmotor in Ruhestellung, dagegen läuft er bei Erreichen des Ansprechwertes in die eine oder andere Richtung. Da bei den üblichen Motoren die Drehzahl konstant ist, kann man nur von einem I-ähnlichen Verhalten sprechen (*Zweilaufregler*).

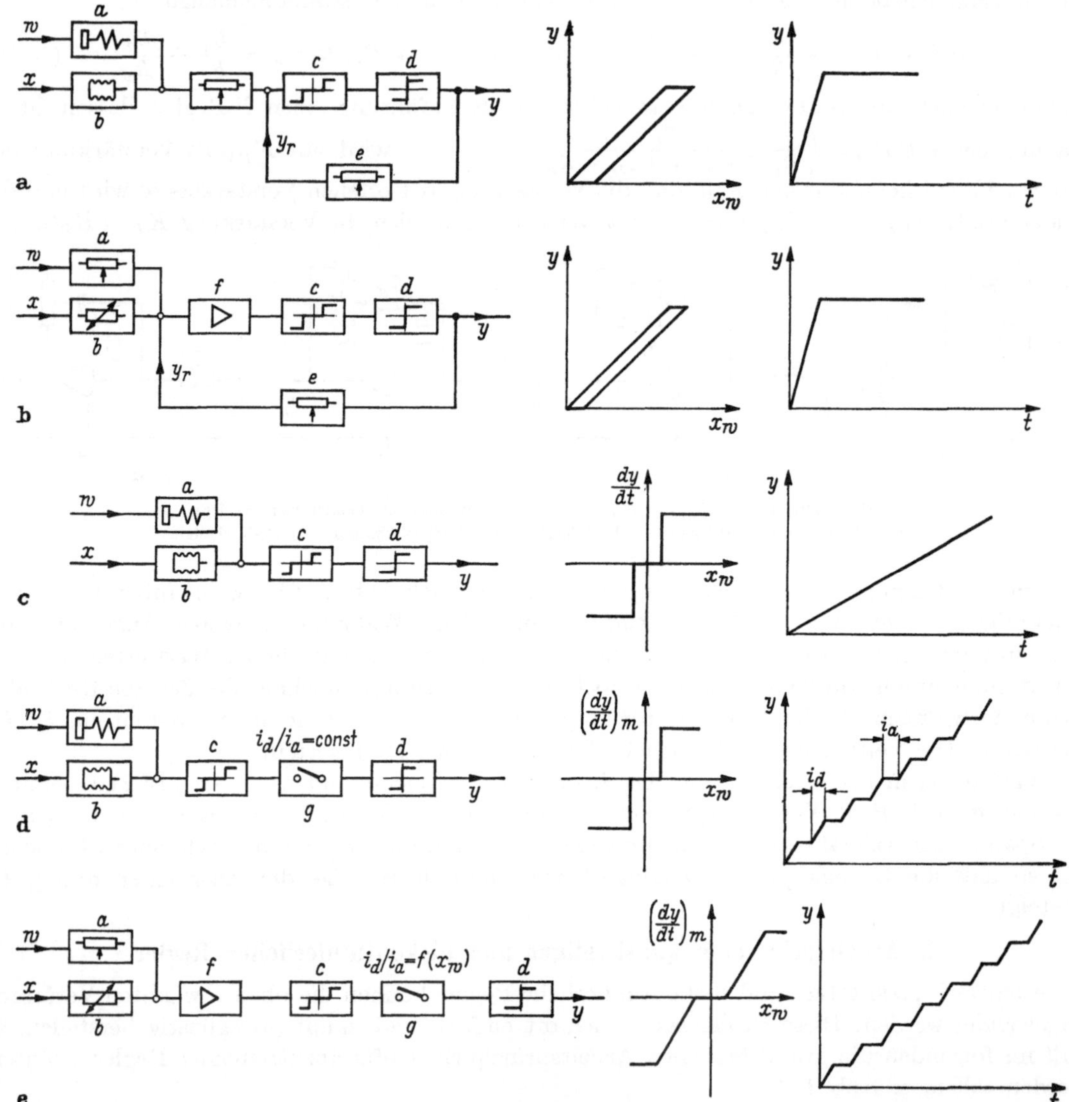

Abb. 15.22. Signalflußplan mit gerätetechnischen Symbolen, Kennlinien und Übergangsfunktionen von Reglern mit elektrischer Hilfsenergie.

a) elektromechanischer P-Regler;   b) elektronischer P-Regler;   c) elektromechanischer Zweilaufregler;   d) elektromechanischer Schrittregler;   e) elektronischer Schrittregler.

a Sollwerteinsteller, *b* Istwertgeber, *c* Dreipunktrelais, *d* Stellmotor, *e* Rückführung,   Verstärker, *g* Impulsgeber.
$y = f(t)$ für x_w-Sprung.

Eine Verbesserung dieses Arbeitsprinzips ist dadurch möglich, daß das vom Dreipunktschalter abgegebene Dauersignal „zerhackt" wird, s. Abb. 15.22 d. Die mittlere Stellgeschwindigkeit ist unabhängig von der Regelabweichung, da das Verhältnis von Impulsdauer i_d zur Aussetzdauer i_a konstant ist. Die Summe von Impulsdauer und Aussetzdauer nennt man Tastzeit t_0. Wenn i die relative Impulsdauer ist, wird die Dauer des Impulses $i\,t_0$. Gegenüber dem Zweilaufregler kann man also bei diesem Typ noch die Dynamik durch das Verhältnis i_d/i_a beeinflussen.

Bei dem Regler nach Abb. 15.22e wird das Verhältnis i_d/i_a durch eine Rückführung von der Regelabweichung abhängig, so daß die Impulsdauer von x_w bewertet wird. Wenn man eine verzögerte Rückführung vorsieht, ergibt sich ein I-Verhalten; denn die mittlere Stellgeschwindigkeit ist der Regelabweichung proportional.

3. Ausführungsformen

Während bisher das rein Wirkungsmäßige und die Grundprinzipien der Erzeugung des gewünschten Zeitverhaltens erläutert worden sind, sollen jetzt Ausführungsformen behandelt werden. Aus ihnen erkennt man die Möglichkeiten der praktischen Realisierung und die sich daraus ergebenden Genauigkeiten[1].

a) P-Regler

Bei den *elektromechanischen Reglern* wird je nach Arbeitsprinzip die Regelgröße in eine Kraft oder einen Weg umgeformt. In Abb. 15.23 ist ein Temperaturregler dargestellt, bei dem an einem Waagebalken die vom Meßsystem (Dampfdruckprinzip) erzeugte Kraft mit einer resultierenden Federkraft verglichen wird. Je nach dem Kräfteverhältnis nimmt der Waagebalken und damit der Schleifer des Reglerpotentiometers d eine bestimmte Lage ein. Das Potentiometer e ist das Rückführpotentiometer, dessen Schleifer mit der Stellmotorwelle g verbunden ist. Beide Potentiometer bilden eine Brücke. In der Abbildung ist der abgeglichene Zustand dargestellt; die Relais f_1 und f_2 sind gleich stark erregt, der Anker befindet sich in der Mittelstellung. Nimmt nun der Schleifer eine neue Lage ein, wird die Brücke verstimmt, und je nach Richtung der Abweichung fließt in einem Zweig ein höherer Strom. Demzufolge wird das entsprechende Relais angezogen und der Kondensatormotor eingeschaltet. Dieser ändert über den Schleifer das Widerstandsverhältnis so, daß der durch das angezogene Relais fließende Strom mit zunehmender Drehbewegung verkleinert wird und das Relais schließlich abfällt. Die Brücke befindet sich dann wieder im abgeglichenen Zustand.

Die Hysteresis beträgt für den kleinsten P-Bereich (4 grd) 0,5 grd und für den mittleren P-Bereich (12 grd) 1,2 grd. Sie ist auf die Ansprechempfindlichkeit der beiden Relais sowie auf mechanische Lose und Reibung zurückzuführen. Das dynamische Verhalten wird vom Fühler bestimmt, es liegt in der Größenordnung des Fühlers nach Abb. 15.33. Der untersuchte Regler besaß einen Sollwertbereich -10 bis $+30\,°\mathrm{C}$. Die maximale Entfernung Geber-Regler beträgt 6 m.

Sehr verbreitet sind *elektronische Regler*, bei denen die entsprechenden Größen als Widerstände in einer Brücke verglichen werden, s. Abb. 15.24. Der temperaturabhängige Widerstand ist ein drahtgewickeltes Widerstandsthermometer in Dreileiterschaltung mit der Empfindlichkeit von 1,1 Ω/grd. Die in der Brücke infolge einer Regelabweichung aufgebaute Fehlerspannung wird über einen Transistordifferenzverstärker mehrstufig verstärkt. Je nach Polarität erfolgt die Ansteuerung eines der beiden Relais. Der Stellmotor läuft dann in die entsprechende Richtung und bewirkt über das Potentiometer P_1 den Brückenabgleich. Mittels des Potentiometers P_2

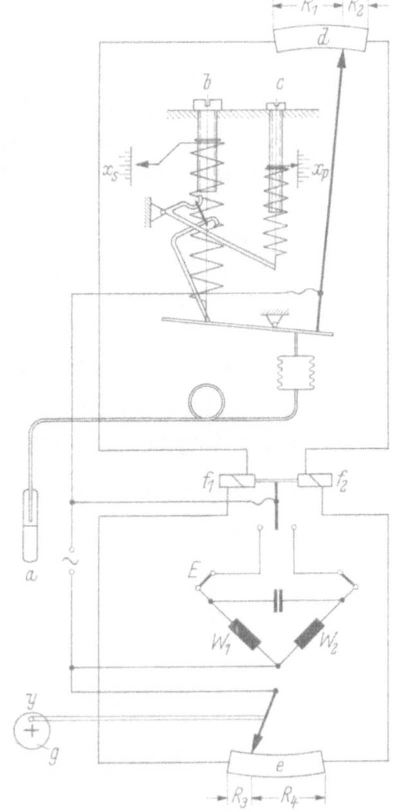

Abb. 15.23. Elektromechanischer P-Regler (Honeywell).

a Temperaturfühler, *b* Sollwerteinsteller, *c* x_p-Einsteller, *d* Reglerpotentiometer, *e* Rückführpotentiometer, f_1, f_2 Relais, *g* Stellmotorwelle, W_1, W_2 Motorwicklungen, E Endlagenschalter.

---

[1] PEINKE, W.: Auswahl und Beurteilung von Reglern. Fortschr.-Ber. VDI-Z. 8, Nr. 3, S. 19/34.

kann man den Rückführeinfluß (*P*-Bereich) verändern. Der Regler läßt sich noch dadurch erweitern, daß man zusätzliche Einflußgrößen einschleifen kann. In diesem Fall werden die Diagonalspannungen mehrerer Brücken überlagert. Die jeweiligen Einflußgrößen können in ihrer Wirkungsstärke eingestellt werden.

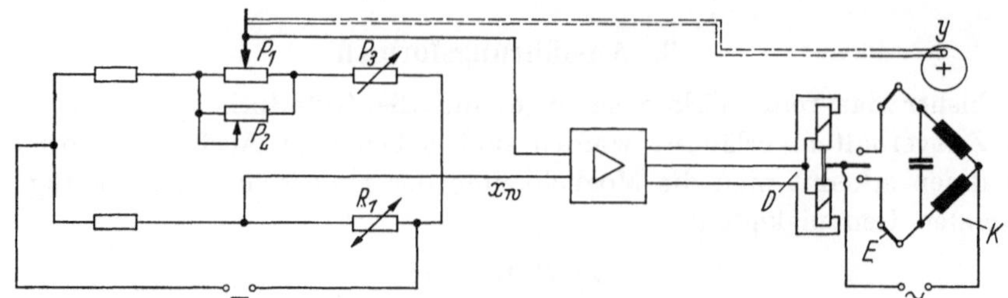

Abb. 15.24. Elektronischer *P*-Regler (Sauter).
P_1 Rückführpotentiometer, P_2 Potentiometer zur x_p-Einstellung, P_3 Potentiometer zur Sollwerteinstellung,
R_1 Fühler für Regelgröße,   *D* Dreipunktrelais,   *K* Kondensatormotor,   *E* Endlagenschalter.

Der Hysteresisfehler ist über die Ansprechempfindlichkeit der Relais einstellbar (0,5 bis 2,5 grd). Die Linearität des Reglers ist von der Linearität des Rückkopplungspotentiometers abhängig. Das dynamische Verhalten wird durch das Zeitverhalten des Fühlers (Abb. 15.41e) und durch die Laufzeit des Stellmotors bestimmt.

Gegenüber den elektromechanischen Reglern besitzen diese elektronischen folgende Vorteile: Höhere statische Genauigkeit (kleinere Hysterese, höhere und einstellbare Ansprechempfindlichkeit und bessere Linearität), geringere Ausgleichszeit der Fühler, genauere Sollwert- und Kennwerteinstellung, anpassungsfähigere Geber in Größe und Form, größere Entfernung Geber—Regler, einfache Aufschaltung und variable Autoritätseinstellung von zusätzlichen Einflußgrößen sowie einfache Mittelwertbildung.

b) Regler mit *I*-ähnlichem Verhalten

Der Regler nach Abb. 15.25 ist ein diskontinuierlich wirkender Regler mit der Eigenschaft, eine von der Regelabweichung abhängige Stellgeschwindigkeit zu besitzen (s. Abb. 15.22e).

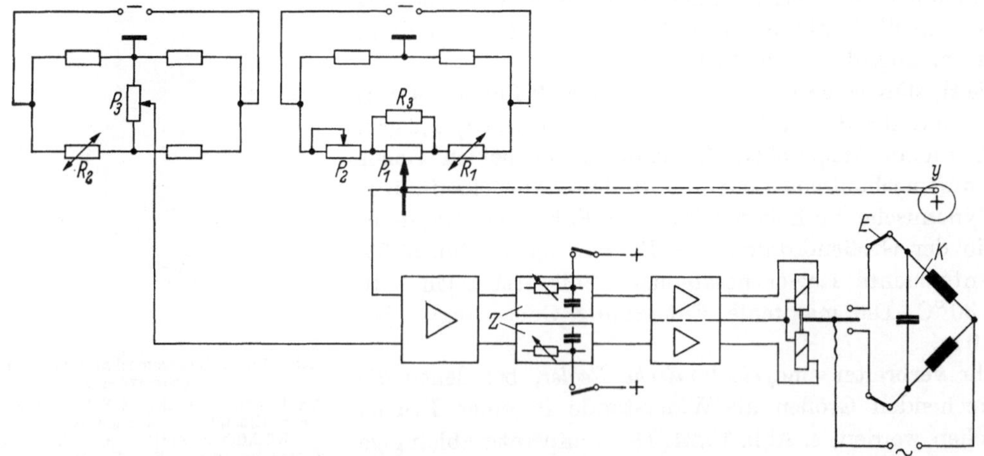

Abb. 15.25. Progressiv wirkender *P*-Regler (Kieback und Peter).
Z Zeitglied,   *K* Kondensatormotor,   *E* Endlagenschalter.

Die Eingangsschaltung sind zwei Gleichstrombrücken, deren Fehlersignale durch einen elektronischen Verstärker verstärkt werden. R_1 ist der Fühler für die Regelgröße, während R_2 als Führungsfühler arbeitet. Sein Einfluß ist am Potentiometer P_3 wählbar. Die Einstellung des Sollwertes geschieht am Potentiometer P_2. Liegt eine Regelabweichung vor, so wird je nach Polarität das entsprechende Relais geschaltet, das den Stellmotor in die gewünschte Richtung laufen läßt. Gleichzeitig wird das Zeitglied eingeschaltet, das je nach eingestellter Zeitkonstante die Ausgangsspannung des Verstärkers mehr oder weniger schnell kompensiert und die Kippstufe zum Abfall bringt, so daß der Stellmotor stehenbleibt. Wäre keine Verbindung vom Stellmotor zum Rückführpotentiometer P_1 vorhanden, so würde nach der Entladezeit des RC-Gliedes bei festgehaltener Regelabweichung der Vorgang von neuem beginnen, und man erhielte die Sprungantworten a der Abb. 15.26.

Wird aber das Rückführpotentiometer vom Stellmotor bewegt, wirkt diese Verstellung im Sinne eines Brückenabgleichs, so daß die am Verstärkerausgang vom Zeitglied zu kompen-

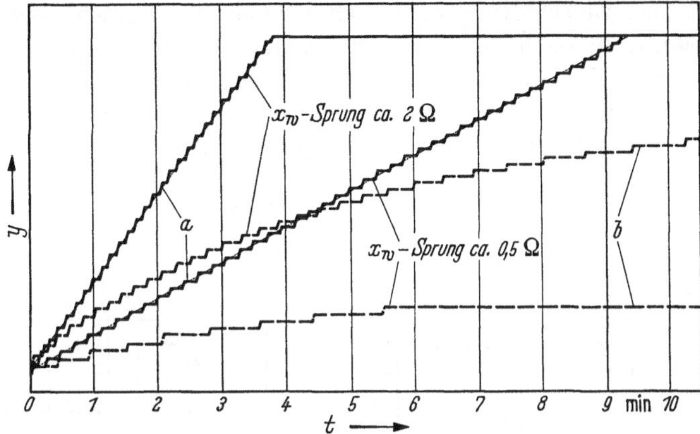

Abb. 15.26. Sprungantworten des Reglers nach Abb. 15.25.
a diskontinuierliches I-Verhalten, b progressives P-Verhalten.

sierende Spannung kleiner wird. Demzufolge muß auch bei x_w = konst. die Verstellgeschwindigkeit mit der Zeit abnehmen, und man erhält die in Abb. 15.26 dargestellten Sprungantworten b (progressives Verhalten).

Durch den Widerstand R_3 ist beim P-Regler die Größe des P-Bereiches bestimmt (im Normalfall vom Werk auf 4 grd festgelegt). Die Hysteresis beträgt für diesen Fall 1 grd. Ein- und Ausschaltdauer lassen sich für fallenden und steigenden Verlauf getrennt einstellen ($i_d = 1$ bis 5 s, $i_a = 3$ bis 70 s). Der Regler arbeitet mit Cu-Widerstandsthermometern, deren Widerstandsänderung 1 Ω/grd beträgt. Aus Abb. 15.41 d entnimmt man das Zeitverhalten.

Bei den bisher besprochenen Reglern ist die Stellgröße von der Regelabweichung bewertet worden, so daß $y = f(x_w)$ bzw. $(dy/dt)_m = f(x_w)$ war. Bei dem folgenden Reglertyp fehlt dieser Zusammenhang; denn nach Abb. 15.27 besitzt er als Schaltglied nur einen Dreipunktschalter, der von einem Fühler (z. B. Bimetall) gesteuert wird. Die Wirkungsweise ist folgende: Hat der Dreipunktschalter auf den Minimalkontakt ge-

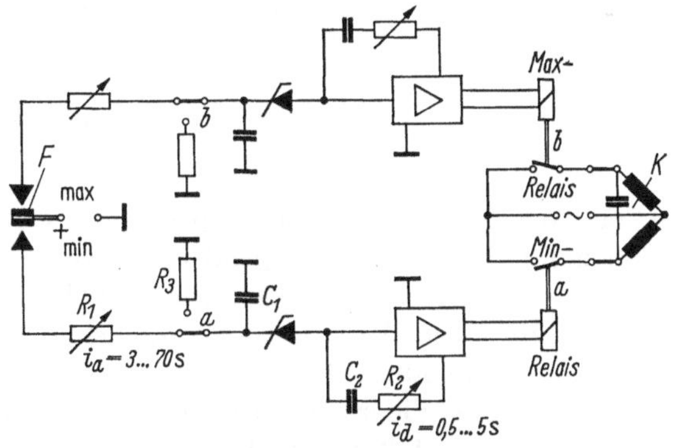

Abb. 15.27. Dreipunktregler mit elektronischer Schrittschaltung (Kieback und Peter).
K Kondensatormotor, F Fühler.

schaltet, wird das RC-Glied, dessen Zeitkonstante am Widerstand R_1 eingestellt wird, aufgeladen. Erreicht die Spannung am Kondensator den Wert der Durchbruchspannung der Zenerdiode, so wird diese leitend, und der Kippverstärker schaltet das Minimalrelais. Gleichzeitig tritt die verzögerte Rückführung, deren Zeitkonstante am Widerstand R_2 eingestellt wird, derart in Aktion, daß der Kippverstärker nach Erreichen einer bestimmten Spannung abschaltet und das Minimalrelais abfällt. Während der Einschaltung des Minimalrelais wird der Kondensator des Tastgliedes für die Aussetzdauer über den Widerstand R_3 entladen, so daß sich der Schaltzyklus von neuem einstellen kann. Die neutrale Zone beträgt bei Bimetallfühlern (Sollwertbereich 14 bis 28 °C) 1 grd.

c) Regler mit *PI*- bzw. *PI*-ähnlichem Verhalten

Der in Abb. 15.28 dargestellte diskontinuierliche Regler arbeitet mit dem Einheitssignal 0 bis 10 V. Der Rechenverstärker ist der eigentliche Regelverstärker, an dessen Eingang entsprechend Abb. 15.21a ein Stromvergleich durchgeführt wird. Werden mehr als je zwei Eingänge benötigt, so kann man über K direkt am Knotenpunkt noch weitere Eingänge aufbauen. Der Rechenverstärker ist ein Gleichspannungsverstärker, der am Ausgang in einer Differenzstufe ein Dreipunktrelais steuert. Wenn z. B. die Summe der Pluseingänge größer ist als die der Minuseingänge, spricht das Relais A an und läßt den Stellmotor in die entsprechende Richtung laufen. Mit seiner Einschaltung wird auch der Kontakt a geschlossen, so daß die Rückführung zu wirken beginnt. Je nach Polarität der Regelabweichung wird also einer der Kondensatoren über den Widerstand x_P aufgeladen, so daß über den Impedanzwandler auf den Vergleicher eine der Regelabweichung entgegengesetzt wirkende Spannung gegeben wird. Wenn der Zustand $x_w = 0$ (bzw. endlicher Wert infolge Ansprechgrenze) am Verstärkereingang erreicht

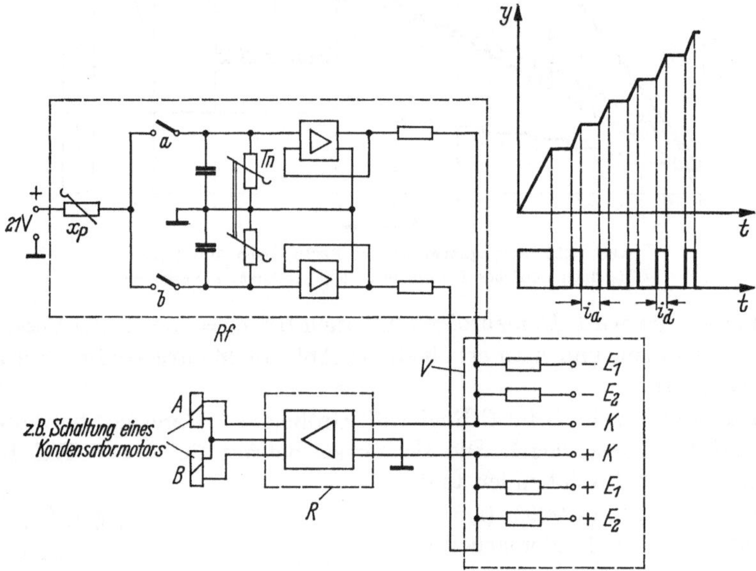

Abb. 15.28. Diskontinuierlicher *PI*-Regler (Dräger GC).
R Regelverstärker, Rf Rückführung, V Vergleicher.

ist, fällt das angezogene Relais ab und der entsprechende Kondensator entlädt sich über den Widerstand T_n. Wird eine Regelabweichung an den Eingangsklemmen aufrechterhalten, wiederholt sich der Vorgang mit einer Schnelligkeit, die durch den Widerstand T_n gegeben ist. Besitzt dieser einen großen Wert, so ist die Nachstellzeit groß; denn die kompensatorische Wirkung der Kondensatorspannung bleibt lange erhalten. Einen kleinen P-Bereich erhält man bei einem großen Wert des Widerstandes x_P; denn der Aufbau der kompensatorisch wirkenden Spannung dauert lange, so daß der Stellmotor einen großen Drehwinkel zurücklegen kann. P-Bereich und Nachstellzeit lassen sich in Stufen einstellen ($x_P = 10$ bis 250%, $T_n = 0,2$ bis 25 min). Der Ansprechwert beträgt $0,6\%$. Als kleinste Meßspanne für Temperaturen ergibt sich ein Wert von 30 grd. Die Meßumformer für Temperaturen besitzen Pt 100-Widerstandsthermometer (Abb. 15.41a), die in einer Gleichstrombrücke liegen. Die Brückenspannung ist dann ein Maß für die Temperatur, sie wird auf 10 V verstärkt.

Der Regler nach Abb. 15.29 ist ein Temperaturregler mit Widerstandsthermometern (Ni 500 Ω, 2,2 Ω/grd), die in der Zweileiterschaltung angeschlossen werden. Er besteht aus zwei erweiterten Gleichstrombrücken, deren Fehlersignale sich am Verstärkereingang überlagern. Zur Betätigung von zwei Stellgliedern (z. B. Heizen und Kühlen) sind zwei Verstärker vorgesehen, deren Schaltabstand (neutrale Zone) im Bereich von 0,5 bis 5 grd eingestellt werden kann. R_1 ist der Fühler für die Regelgröße. Der Außentemperaturfühler R_2 dient zur Sollwertverschiebung, sein Einfluß wird an den Potentiometern E_1, E_2 eingestellt. Je nach dem Schaltzustand des außentemperaturabhängigen Schalters ϑ_a ist seine Tendenz verschieden. In der anderen Brücke liegen die thermische Rückführung und der Minimalbegrenzer (Halbleiter). Die Rückführung besteht aus den beiden Heizwiderständen HW_1 und HW_2, die entsprechend die Kompensationswiderstände KW_1 und KW_2 aufheizen.

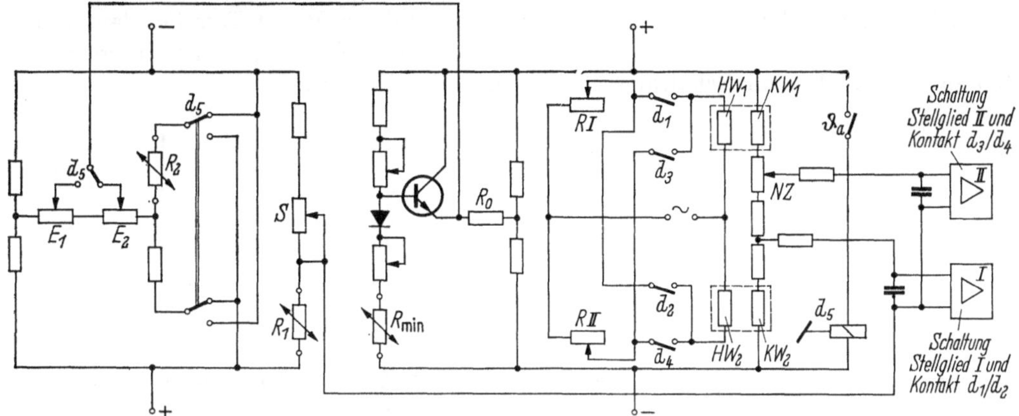

Abb. 15.29. Elektronischer Schrittregler (Honeywell).
R_1 Regelgröße, R_2 Führungsgröße, ϑ_a Außentemperatur, S Sollwert, R_{min} Minimalbegrenzer, NZ neutrale Zone, E_1, E_2 Einfluß R_1/R_2, HW_1, HW_2 Heizwiderstände, KW_1, KW_2 Kompensationswiderstände, R_I, R_{II} Rückführeinfluß.

Liegt eine positive Regelabweichung vor, so wird z. B. durch den Verstärker I das Stellglied I geschaltet und gleichzeitig der Kontakt d_1 geschlossen. Dadurch erwärmt sich der Widerstand HW_1, und in der Brücke baut sich über die Widerstandsänderung von KW_1 ein Signal auf, das nach einer bestimmten Zeit die Regelabweichung kompensiert hat. Dann ist die Ausgangsspannung am Verstärker Null, so daß dieser das Stellglied nicht mehr ansteuert. In der folgenden Zeit verliert das System HW_1/KW_1 Wärme, und die kompensatorische Wirkung von KW_1 klingt ab. Demzufolge wirkt die ursprüngliche Brückenverstimmung, und der Verstärker schaltet wieder das Stellglied. Bei festgehaltener Regelabweichung wiederholt sich dieses Schaltspiel. Bei Überschreiten der neutralen Zone wird der andere Verstärker angesteuert, so daß sich der besprochene Vorgang mit der Schaltung des Kontaktes d_3 einstellt. Eine negative Regelabweichung hätte die Schaltung von d_2 oder bei Überschreitung der Neutralzone von d_4 zur Folge.

Die Rückführstärke wird durch die Heizstromeinstellung an R_I, R_{II} bestimmt; man kann also für die beiden Vorgänge Heizen und Kühlen unterschiedliche Werte vorsehen. x_P und T_n lassen sich nicht voneinander unabhängig einstellen. Für einen Motor mit einer Minute Laufzeit ist x_P zwischen 1 und 5 grd einstellbar; der die I-Verstellung kennzeichnende Quotient beträgt dann ca. $0,1 \div 0,015$ Motorweg grd^{-1} min^{-1}.

Als mittlere Ansprechempfindlichkeit ergibt sich ein Wert von 0,1 grd. Das dynamische Verhalten eines Temperaturgebers zeigt Abb. 15.41 c.

Die stetige Minimalbegrenzung erreicht man über den eingezeichneten Transistor. Liegt die Temperatur am Fühler R_{min} oberhalb des eingestellten Wertes, so ist die Basis negativ bezüglich des Emitters, und der Transistor besitzt einen hohen Widerstand im Hinblick auf R_0. Dagegen besitzt er einen niedrigen Widerstand, wenn die Temperatur unter den eingestellten Wert fällt (Basis positiv im Hinblick auf Emitter). Demzufolge wird dann durch R_{min} ein Fehlersignal in der Brücke aufgebaut.

d) Zweipunktregler

Der Zweipunktregler unterscheidet sich von den bisher betrachteten Reglern dadurch, daß sein Ausgangssignal nur zwei Zustände annehmen kann.

In Abb. 15.30 handelt es sich um einen Bimetallfühler b, der den Kontakt c bei Unterschreiten eines gewissen Wertes einschaltet und bei Überschreiten ausschaltet. Aus der Kenn-

linie erkennt man, daß bei steigendem Verlauf der Regelgröße (gestrichelter Linienzug) nach
Erreichen des Wertes x_0 der Regler die Stellung „aus" einnimmt, während er sich bei fallendem
Verlauf (strichpunktierter Linienzug) bei Erreichen des Wertes x_u im eingeschalteten Zustand
befindet. Die Differenz $x_d = x_0 - x_u$ nennt man Schaltdifferenz, die bei Raumlufttemperatur-
reglern in der Größenordnung von 0,5 bis 2,5 grd liegt. Sie wird hier durch einen nicht dargestellten Dauermagneten realisiert. Das dynamische Verhalten ist aus Abb. 15.30c zu ersehen.
Bei einem Sprung der Regelgröße um den Betrag x_d wird der Bimetallstreifen langsam folgen
(Weg S), bis er den kritischen Abstand erreicht hat, um schlagartig vom Dauermagneten angezogen zu werden. Bis zur Schaltung vergeht also eine Totzeit.

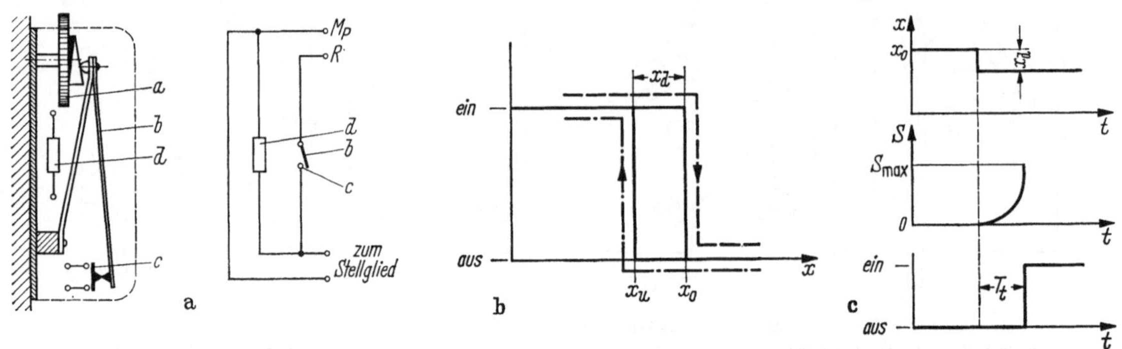

Abb. 15.30. Raumtemperatur-Zweipunktregler (Landis und Gyr). a) Schema; b) Kennlinie; c) Sprungantwort.
a Sollwerteinsteller, *b* Bimetall, *c* Schaltkontakt, *d* Rückführwiderstand.

Sehr viele Regler arbeiten mit einer thermischen Rückführung. Bei diesem Beispiel handelt
es sich um einen elektrischen Widerstand, der mit dem Schalten des Stellgliedes (Einschalten
einer Wärmequelle) aufgeheizt wird und dem Bimetallstreifen Wärme zuführt. Die Rückführ-
heizleistung ist sehr stark von der Ausführungsart abhängig und richtet sich auch nach dem
dynamischen Verhalten der Regelstrecke. Damit die Rückführung der Regelstrecke die Schaltfrequenz aufzwingt, sollte die Temperaturerhöhung gegenüber der Raumtemperatur bei Dauer-
einschaltung größer als x_d sein. Die Eichung der Sollwertskala ist so vorzunehmen, daß der Sollwert unterhalb des Einschaltpunktes x_u liegt.

4. Bewertung der elektrischen Hilfsenergie

Bei Anwendung elektrischer Hilfsenergie ergeben sich allgemein folgende Vorteile: weitverbreitete Hilfsenergie, Anfall vieler Größen als elektrische Werte, trägheitsarme Umformung
der Signale, Überbrückung großer Entfernungen bei unverzögerter Signalübertragung, einfache Eingabe und Einstellbarkeit von zusätzlichen Größen, sehr einfache und genaue Daten-
verarbeitung, einfache Extremwert- und Extremortauswahl, geringe Kosten der Leitungen
und freizügige Verlegung, wenige mechanisch bewegte Teile, hohe Lebensdauer und geringe Ver-
schmutzungsgefahr (außer elektromechanischen Stellantrieben) der Übertragungsglieder.

C. Regler mit pneumatischer Hilfsenergie

1. Wirkungsweise und Übertragungsverhalten pneumatischer Elemente

Weitverbreitet ist die pneumatische Kraftwaage. In Abb. 15.31 handelt es sich um ein
abblasendes Kraftvergleichssystem mit einem Verstärker, dessen Geradeausverstärkung
$K_{P1} = p_a/p_e$ einen Wert von etwa 500 besitzt. Als P-Regler, s. Abb. 15.31a, ist der Verstärker
mit einer starren Rückführung versehen. Liegt eine Differenz zwischen Regelgröße p_x und Sollwert p_w vor (z. B. $p_x > p_w$), so ergibt sich am Waagebalken ein rechtsdrehendes Moment, und
es wird der Luftstrom durch die Ausströmdüse verringert. Demzufolge steigt auch der ver-
stärkte Ausgangsdruck p_a, der im Sinne einer Gegenkopplung ein linksdrehendes Moment über

den Balg *3* erzeugt. Die Gegenkopplungsstärke wird durch die einstellbare Ausströmdrossel D_P bewirkt (*P*-Bereich). Den Übertragungsbeiwert erhält man aus der Momentengleichung zu

$$K_P = K_{P1}(1 + b/a\, p_{r1}/p_y K_{P1})^{-1}.$$

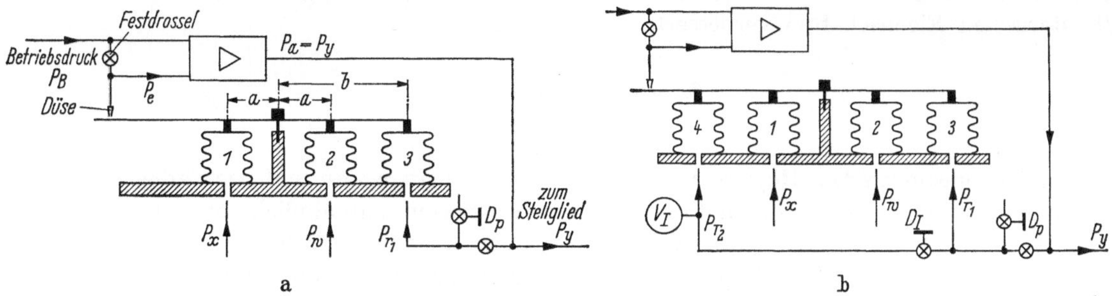

Abb. 15.31. Erzeugung von *P*- und *PI*-Verhalten bei pneumatischen Reglern.
a) *P*-Verhalten, starre Rückführung; b) *PI*-Verhalten, starre und nachgebende Rückführung.

Für *PI*-Verhalten wählt man die Schaltung nach Abb. 15.31 b. Es ist ein weiterer Balg hinzugekommen, dessen Volumen noch durch das Zusatzvolumen V_I erweitert wird. Beide werden über die Einstelldrossel D_I aufgeladen. Der resultierende Rückführeinfluß von p_{r1} und p_{r2} wirkt als nachgebend in dem Sinne, daß die starre Rückführung über p_{r1} allmählich abgebaut wird. Genaugenommen ist ein PIT_1-Glied entstanden. Ein PDT_1-Verhalten ergäbe sich, wenn der Balg *3* über eine Drossel aufgeladen würde.

Neben der pneumatischen Kraftwaage ist auch das einfache Düse-Prallplatte-System[1] sehr verbreitet, dessen Kennlinie die Abb. 15.32a zeigt. Die Eingangsgröße ist die Prallplatten-bewegung *x* und die Ausgangsgröße der Steuerdruck P_S. Beide stehen in einem nichtlinearen Zusammenhang. Wegen der geringen Leistungsverstärkung dieses Systems sollte ein Verstärker nachgeschaltet werden. Da man dann nicht auf den Bereich 0,2 bis 1,0 kp/cm² an der Düse angewiesen ist, kann die Düse in einem kleineren Arbeitsbereich arbeiten; es ergibt sich auch eine günstigere Kennlinie.

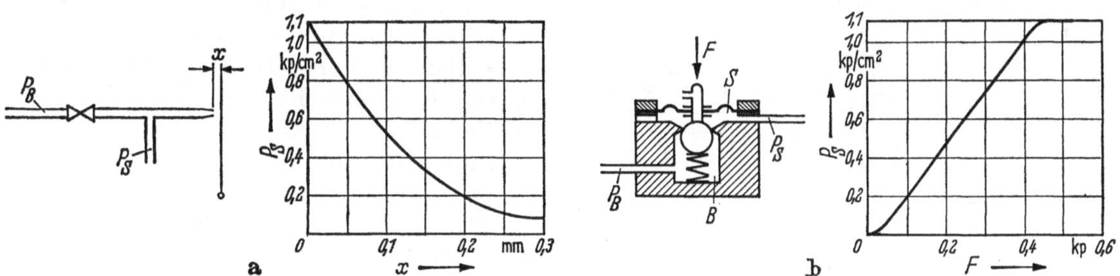

Abb. 15.32. Schema und Kennlinien pneumatischer Übertragungsglieder.
a) Düse-Prallplattesystem; b) nichtabblasendes Kraftvergleichssystem.
B Betriebsdruck-Kammer, *F* Steuerkraft, P_B Betriebsdruck, P_S Steuerdruck, *S* Steuerdruck-Kammer.

Im Gegensatz zu diesem abblasenden Prinzip kann das System nach Abb. 15.32b als nicht abblasend betrachtet werden[1]. Die Druckkraft *F* ist die Eingangsgröße, zu der sich nach der linearen Kennlinie ein entsprechender Druck P_S als Ausgangsgröße einstellt. Die Kugel dichtet die Betriebsdruckkammer (*B*) gegen die Steuerdruckkammer (*S*) wie auch die Betriebsdruck-kammer gegen die Atmosphäre ab, so daß im Ruhezustand kein Luftverbrauch stattfindet. In diesem Zustand gilt $F = P_S A_M$ (A_M = Membranfläche). Bei Steuerdruckaufbau (*F* steigt) wird die Kugel nach unten gedrückt, und es strömt Betriebsdruckluft von *B* nach *S*, so daß der Druck P_S steigt. Der Druckluftverbrauch wird wieder zu Null, wenn die Kraft *F* aufgewogen worden ist. Im anderen Fall, wenn *F* kleiner als die augenblickliche Membrankraft ist, wird

---

[1] BRENDEL, H.: Proportionalregler für Heizungs-, Klima- und Trockenanlagen. Heizg.-Lüftg.-Haustechn. 9 (1958) 142/149.

der Steuerdruck dadurch abgebaut, daß der Stößel von der Kugel abgehoben wird und somit Luft aus dem Raum S ins Freie entweicht. In Wirklichkeit findet auch im Ruhezustand ein geringer Luftverbrauch statt; die Leckluftmenge beträgt etwa 5 Nl/h. Auf diesen Wert wird sie durch eine eingebaute Drossel (in der Abbildung nicht dargestellt) gebracht. Dadurch werden die statischen Eigenschaften verbessert.

2. Ausführungsformen

a) P-Regler

Bei den pneumatischen Reglern ist zwischen den Einheitsreglern und den einfacheren Ausführungen zu unterscheiden, die dadurch gekennzeichnet sind, daß ähnlich den elektromechanischen Reglern Meß- und Vergleichswerk fließend ineinander übergehen.

Die Abb. 15.33 zeigt einen Temperaturregler. Die vom Fühler (Dampfdrucksystem) erzeugte Kraft wird mit der Federkraft des Sollwerteinstellers verglichen; bei Vorhandensein einer Differenz wird das Steuerrelais betätigt. Grundsätzlich entspricht seine Funktion der an Hand der Abb. 15.32b besprochenen. Hier ist allerdings noch die Drossel für die Leckluftmenge eingezeichnet. Gibt man am Anschluß A einen Druck vor, so kann dieser Regler außerdem eine Begrenzungsfunktion ausführen. Die Klemme K dient zur x_P-Einstellung. Man erhält einen kleinen P-Bereich, wenn das freie Ende der Blattfeder lang ist. Mit der Justiermutter J kann der Regler abgeglichen werden, z. B. so, daß der Sollwert in die Mitte des P-Bereiches gelegt wird.

Die Hysteresis beträgt bei einem Regler mit dem Sollwertbereich 5 bis 30 °C (Frigen 114) $\sim 0{,}1$ grd bei größtem P-Bereich (10 grd) und $\sim 0{,}05$ grd bei kleinstem P-Bereich (1 grd). Die Reproduzierbarkeit ist allerdings nicht so gut. Das dynamische Verhalten zeigt Abb. 15.43 (a). Der Fühler ist ein Cu-Rohr mit den Abmessungen: 13 mm Durchmesser, 270 mm Länge, Wandstärke 0,75 mm. Da das dynamische Verhalten von der Richtung des Sprunges abhängig ist, wurde der Mittelwert zur Darstellung benutzt. Die maximale Entfernung Geber–Regler beträgt 10 m.

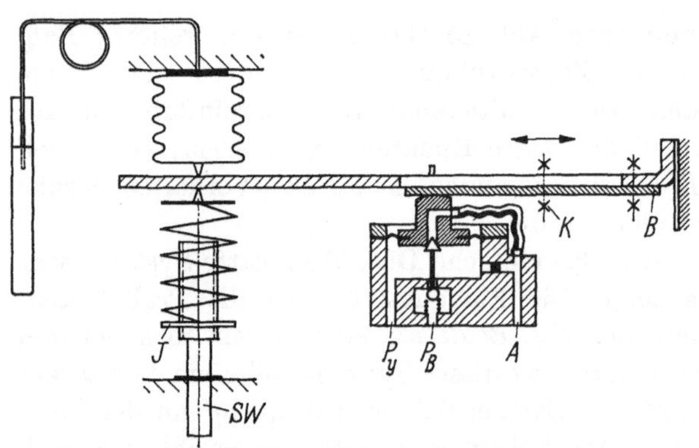

Abb 15.33. Pneumatischer Regler (Dräger GC).
B Blattfeder, J Justierung, SW Sollwerteinsteller, P_B Betriebsdruck, P_y Steuerdruck, K Klemme zur x_P-Einstellung, A Atmosphäre.

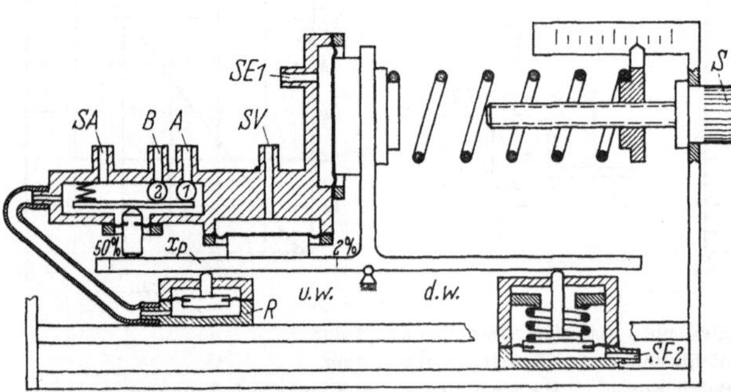

Abb. 15.34. Pneumatischer Einheitsregler (Dräger GC).
SA Ausgangsgröße (Stellgröße y), SE_1 Meßeingang (Regelgröße x), SV, SE_2 zusätzliche Einflußgrößen, R Rückführkammer, A Atmosphäre, B Betriebsdruck, S Sollwerteinsteller.

Der in Abb. 15.34 dargestellte Regler arbeitet nach dem nichtabblasenden Prinzip, ist proportional übertragend und gestattet neben der Regelgröße zwei Größen aufzuschalten. Der Meßeingang (Istwert der Regelgröße) ist SE_1; des weiteren bedeuten SA den Steuerdruck (Stellgröße y), B den Betriebsdruck und A die Atmosphäre. Fällt SE_1, so entsteht am Waagebalken ein linksdrehendes Moment. Die Folge ist ein im Steuerrelais stattfindender Druckaufbau; denn das Kugelventil 1 wird zum Drehpunkt, so daß das Kugelventil 2 öffnet. Gleichzeitig erhöht sich der Druck auch im Rückführbalg, der als starre Rückführung wirkt und den Drehmomentabgleich vollzieht. Da das von SE_1 hervorgerufene Moment durch das Gegendrehmoment des Rückführbalges „kompensiert" wird, kann man mittels Verschieben des Angriffspunktes den P-Bereich verstellen. In der Nähe des Drehpunktes muß eine größere Kraft aufgebracht werden; hier liegt sonach der kleinste P-Bereich. Das besprochene Verhalten nennt man umgekehrt wirkend, da zu fallendem Druck SE_1 ein steigender Druck SA aufgebaut wird. Soll der Regler direkt wirkend arbeiten, werden durch einen Schalter B und A vertauscht, und die Rückführkammer wird auf die andere Seite gesetzt.

Kommen SV und SE_2 noch hinzu, so bildet sich ein resultierendes Drehmoment. Der Einfluß von SV ist fest und beträgt in Relation zu SE_1 $V_1 = 40\%$. Der Einfluß von SE_2 ist dagegen variabel ($V_2 = 0$ bis $\pm 200\%$).

Die Sollwerteinstellung ist vom P-Bereich abhängig, so daß der Regler am Ort diesbezüglich justiert werden muß. Bei dem mittleren P-Bereich von 25% beträgt die Hysteresis etwa 2%. Aus Abb. 15.35 entnimmt man das dynamische Verhalten. Das nochmalige Ansteigen des Amplitudenverhältnisses ist auf eine unterdrückte Resonanzstelle zurückzuführen.

Als Meßsysteme für Temperatur kommen in Frage: Stab-, Flüssigkeits-, Gasausdehnungs- und Bimetallprinzip. Die Feuchtefühler arbeiten ausschließlich mit Haarharfen. In Abb. 15.42 sind zwei Temperaturfühler

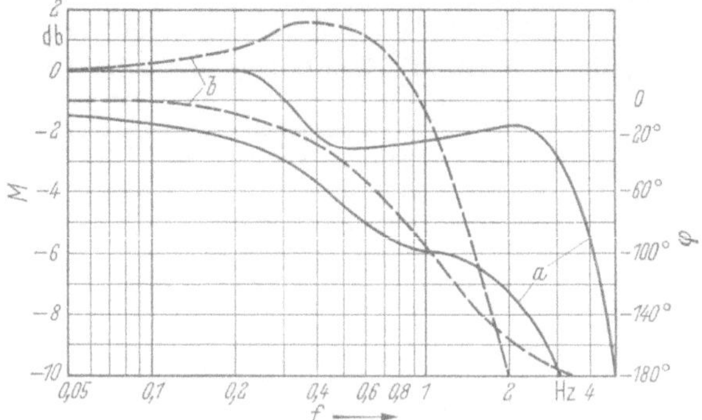

Abb. 15.35. Frequenzkennlinien der Regler nach Abb. 15.34 (*a*) und nach Abb. 15.39 (*b*). Amplitude 10%, Volumen 0,1 l.

dargestellt. In beiden Fällen wird die Meßgröße in eine Kraft umgeformt, die das nichtabblasende Kraftvergleichssystem betätigt. Die Hysteresis dieser Meßumformer beträgt für eine Meßspanne von 60 grd ca. 0,3 grd.

b) *PI*-Regler

Das in Abb. 15.36 dargestellte Rückführrelais kann P-Reglern nachgeschaltet werden, um ein *PI*-Verhalten zu verwirklichen. Der Ausgangsdruck des auf 0,6 kp/cm² justierten P-Reglers wird an der Stelle SE eingegeben. Durch die Nullpunktschraube ist die Feder so stark vorgespannt, daß bei $SE = 0,6$ kp/cm² der augenblickliche Wert des Ausgangsdruckes SA erhalten bleibt (Sollwert = Istwert, in der oberen und unteren Kammer herrschen gleiche Drücke). Steigt der Steuerdruck SE z. B. auf 0,8 kp/cm², so wird die Membran nach unten bewegt, und es baut sich ein der Änderung von SE proportionaler Steuerdruck SA auf (*P*-Komponente). Da die für SE wirksame Membranfläche halb so groß wie die für SA ist, herrscht in der unteren Kammer für das Beispiel ein um 0,1 kp/cm² höherer Druck. Der Druck SA wird auch über die Drosselstelle auf die obere Membran gegeben, so daß das Membransystem nach unten bewegt und ein Anwachsen des Druckes SA bewirkt wird. Durch die verzögerte Rückführung erreicht man also ein weiteres Ansteigen des Druckes SA und damit das gewünschte *I*-Verhalten. Die stufenlos einstellbaren Nachstellzeiten liegen im Bereich von 0,2 bis 40 Minuten. Die neutrale Zone beträgt 1 cm WS.

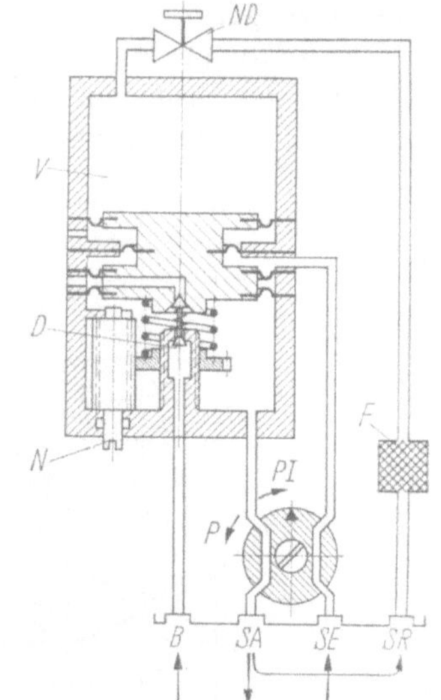

Abb. 15.36. Rückführung zur Erzeugung von *PI*-Verhalten (Dräger GC). *D* Doppelsitzventil, *F* Feinfilter, *N* Nullpunkteinstellschraube, *ND* Nachstellzeitdrossel, *V* Nachstellzeitvolumen, *B* Betriebsdruck, *SA* Ausgangsdruck (Stellgröße), *SE* Ausgangsdruck des vorgeschalteten *P*-Reglers, *SR* Rückführdruck.

c) *PID*-Regler

Werden höhere Genauigkeiten gefordert, so müssen Regelgeräte aus dem „Industriereglerprogramm" (übliche Regler der Verfahrenstechnik) eingesetzt werden. Abb. 15.37 enthält das Funktionsschema eines derartigen *PID*-Reglers. An der Kraftwaage mit den vier flächengleichen

Bälgen wird die Regelabweichung gebildet und mittels des Düse-Prallplatte-Systems in einen Druck umgeformt, der als Eingangsgröße den Druck- und Leistungsverstärker (f) steuert. Den beiden Innenbälgen wird je nach Stellung der Reversierplatte (l) Ist- und Sollwertdruck zugeführt, während die beiden Außenbälge als Rückführbälge dienen. Der Einfachheit halber werde zuerst die *PI*-Funktion erklärt, d. h., man umgeht das Differenzierrelais m, indem der Istwert gleich auf den Balg a gelangt. Je nach Einstellung der *P*-Drossel (h) wird dem Mitkopplungsbalg (c) ein entsprechender Druck zugeteilt (eine starke Drosselung entspricht einem großen *P*-Bereich), so daß sich in Relation zum Gegenkopplungsbalg ein entsprechender Ausgangsdruck einstellt. Ebenfalls gelangt der Druck über die *I*-Drossel und den Trennverstärker (k)

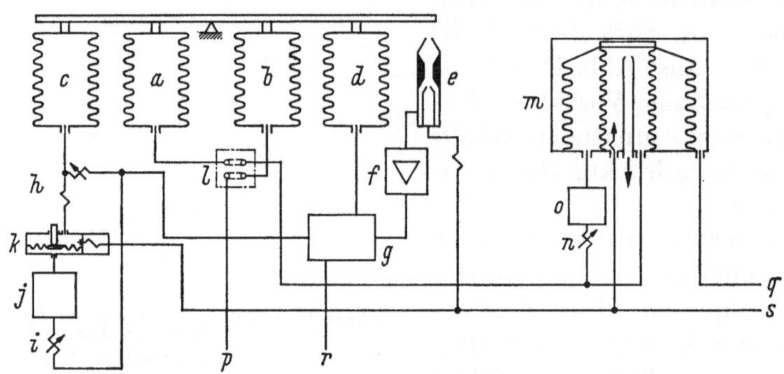

Abb. 15.37. Pneumatischer *PID*-Einheitsregler Telepneu (Siemens).

a Istwertbalg, *b* Sollwertbalg, *c* Mitkopplungsbalg, *d* Gegenkopplungsbalg, *e* pneumatischer Abgriff, *f* Verstärker, *g* Dämpfungsvolumen, *h* P-Drossel, *i* I-Drossel, *j* I-Volumen, *k* Trennrelais, *l* Reversierplatte, *m* Differenzierrelais, *n* D-Drossel, *o* D-Volumen, *p* Sollwert, *q* Istwert, *r* Ausgang, *s* Betriebsluft.

auf den Mitkopplungsbalg. Der Trennverstärker ist nötig, da das Speichervolumen (j) nur über die *I*-Drossel aufgeladen werden darf (Rückwirkungsfreiheit). Wenn sich der Druck im Balg a erhöht, erfährt der Waagebalken eine Rechtsdrehung, und es baut sich über das Düse-Prallplatte-System ein steigender Druck auf, der dem Balg c über die *P*-Drossel sofort mitgeteilt wird und die *P*-Verstellung bewirkt. Gleichzeitig beginnt die verzögerte Rückführwirkung des Drosselspeichersystems auf den Mitkopplungsbalg zu wirken, das die *I*-Komponente erzeugt.

Die *D*-Komponente wird im Meßzweig gebildet. Bei einer Erhöhung der Meßgröße q erhöht sich auch der Druck im Außenraum des Differenzierraumes und bewirkt eine sofortige Drucksteigerung im Innenraum (stärkere Abdeckung der Düse). Da das Balgverhältnis 1 : 11 beträgt,

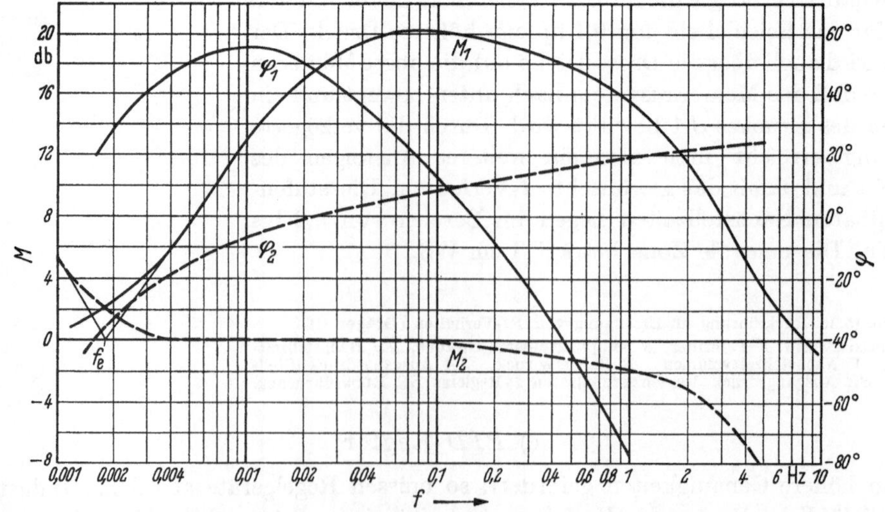

Abb. 15.38. Frequenzkennlinien des Reglers nach Abb. 15.37.

M_1, φ_1 PD-Verhalten, M_2, φ_2 PI-Verhalten. $\omega_e = 2\pi f_e = 0{,}0114\ ^1/\text{s}$, $T_D = T_I = 1{,}46$ min; (Einstellwert $T_D = T_I = 1{,}5$ min).

besitzt das Differenzrelais im Augenblick des Aufbaus der Regelabweichung eine 10fache Verstärkung. Je nach eingestellter Drossel n wird über das D-Volumen der Ausgangsdruck verzögert gegengekoppelt, so daß nach Abklingen des Übergangsprozesses das Relais eine Verstärkung von 1 : 1 besitzt.

Die tote Zone dieses Reglers ist äußerst gering und beträgt im Mittel 5 mm WS. Die Einstellung der Kennwerte kann sehr genau erfolgen. Aus Abb. 15.38 sind die Frequenzkennlinien für eine PI- und PD-Funktion zu entnehmen. Der P-Bereich kann zwischen 5 und 300% (12 und 600%) stetig verändert werden. Als Nachstellzeit lassen sich Werte von 0,1 bis 50 min stetig einstellen. Die Vorhaltzeit kann im Bereich von 0,05 bis 25 min gewählt werden.

3. Bewertung pneumatischer Hilfsenergie

Als Vorteile der Pneumatik sind zu nennen: Explosionssicherheit, international genormter Signalbereich, Einfachheit im mechanischen Aufbau, hohe Betriebssicherheit, schnelle Verstellgeschwindigkeit, geringer Kostenaufwand für zusätzliche Zeitglieder, einfacher Notbetrieb aus Speicher, einfache Realisierung der Sicherheitsendstellungen bei Betriebsdruckausfall.

D. Regler mit elektropneumatischer Hilfsenergie

Die Kombination von elektrischer und pneumatischer Hilfsenergie kann die Vorteile der beiden Systeme vereinigen.

Der in Abb. 15.39 dargestellte Regler ist ein Temperaturregler, der mit Widerstandsthermometern arbeitet und zur Bildung der Regelabweichung eine Brückenschaltung benutzt (Dreileiterschaltung). Weicht die Temperatur von ihrem Sollwert ab, so fließt im Diagonalzweig ein der Regelabweichung entsprechender Strom durch die Tauchspule (das Galvanometer d zeigt Größe und Vorzeichen der Regelabweichung an). Die Übertragung auf die Pneumatik geschieht durch ein System von Ausström- und Auffangdüse. Zwischen beiden arbeitet die Steuerblende,

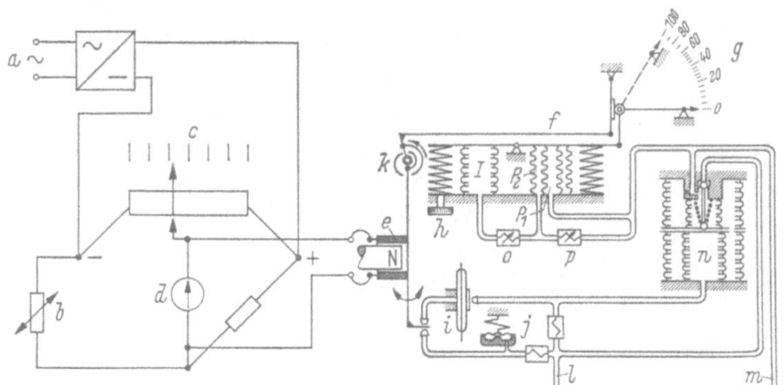

Abb. 15.39. Elektropneumatischer PID-Regler (Siemens).

a Netzanschluß, *b* Meßgeber, *c* Sollwerteinsteller, *d* Nullgalvanometer, *e* Tauchspule, *f* Rückführung, *g* P-Bereich-Einstellung, *h* Nullpunkteinstellung, *i* pneumatischer Verstärker, *j* Vordruckregler, *k* Rückführ-Spiralfeder, *l* Betriebsluftdruck, *m* Steuerluftdruck, *n* Endverstärker, *o* I-Drossel, *p* D-Drossel.

die an der Tauchspule befestigt ist und den Eingangsdruck des Vorverstärkers (Verstärkung 500fach) bestimmt. Der Ausgangsdruck dieses Vorverstärkers i beträgt 0,2 bis 1,0 kp/cm² und kann zur direkten Stellgliedverstellung benutzt werden (Luftleistung 5 Nl/min). Größere Luftleistungen erbringt der nachgeschaltete Endverstärker (50 Nl/min).

Besitzt der Regler PI-Verhalten (Drossel p ist nicht vorhanden, und Balg P_2 wird wie Balg P_1 vom Stelldruck beaufschlagt), so soll sich bei einer Brückenverstimmung die Tauchspule mit der Steuerblende nach links bewegen. Dann baut sich über den Verstärker i am Ausgang des Endverstärkers n in der Leitung m ein erhöhter Steuerdruck auf, der über die Gegenkopplungsbälge P_1 und P_2 und die Hebel ein dem Tauchspulmoment entgegengesetztes Moment erzeugt und somit die P-Verstellung bewirkt. Es wird also entsprechend der gegenkoppelnden Wirkung die Steuerblende nach rechts bewegt. Die I-Verstellung ergibt sich infolge der Mitkopplung durch Balg I, der verzögert gefüllt wird und eine Steuerblendenbewegung nach links einleitet. Die D-Komponente erreicht man mittels des Balges P_2, der über die Drossel p aufgeladen wird. Somit wird im Augenblick des Entstehens einer Regelabweichung infolge verminderter Gegenkopplung der D-Impuls im Ausgangsdruck bewirkt.

Die P-Bereichseinstellung erreicht man durch Änderung der Übersetzung des Hebelsystems. Die tote Zone ist bei $x_P = 50\%$ zu $0,5\%$ ermittelt worden. Die Frequenzkennlinien sind aus Abb. 15.35 (b) ersichtlich (Eingangsgröße: Tauchspulstrom). Es lassen sich folgende Zeiten einstellen: $T_v = 0,1$ bis 25 min, $T_n = 0,1$ bis 50 min. Für den Aufbau einer Kaskadenregelung wird der Sollwertsteller des Folgereglers durch einen pneumatischen Antrieb (Turbinenrad) verstellt. Eine zusätzliche Einflußgröße (z. B. Außentemperatur) kann elektrisch in die Brücke eingefügt werden.

Der kleinste Sollwertbereich für Temperaturregler beträgt 50 grd. Als Geber werden Pt 100-Widerstandsthermometer verwendet, s. Abb. 15.41 a. Ist die relative Feuchte die Regelgröße, so gelangt das Lithiumchloridverfahren zur Anwendung.

E. Erfassung von Temperatur und Feuchte

1. Temperaturfühler

Das dynamische Verhalten der Regeleinrichtung wird erheblich von den Verzögerungen der Fühler bestimmt. Da die meisten Ausführungsformen nicht aus einem einheitlichen Material bestehen, kann die theoretische Analyse zum größten Teil nur Näherungslösungen liefern. Zu einer einfachen Lösung gelangt man, wenn der Fühler als ein *Einspeicherglied* aufgefaßt wird und der Wärmeabfluß vernachlässigt wird. Dann ergibt sich aus der Wärmebilanz die Übergangsfunktion $\Delta\vartheta = \Delta\vartheta_0(1 - e^{-t/T})$ mit der Zeitkonstante $T = M\,c/F\,\alpha$ (M = Fühlermasse, c = spezifische Wärmekapazität, F = Fühleroberfläche, α = Wärmeübergangszahl, $\Delta\vartheta_0$ = Temperatursprung). Voraussetzung für die Anwendung dieser Gleichung ist eine hohe Wärmeleitzahl und ein homogener Stoff.

Da aber die Fühlermaterialien durchweg keine hohe Wärmeleitzahl besitzen, muß die Fouriersche Wärmeleitungsgleichung für den entsprechenden Fall gelöst werden. In Abb. 15.40 ist als Ergebnis für einen zylindrischen Körper nach LIENEWEG[1] die Halbwertzeit in Abhängigkeit der Nußelt- und Fourier-Zahl aufgetragen. ($r/D = 1$ bedeutet die Oberfläche, $r/D = 0$ die Mitte des Fühlers.) Die Verläufe zeigen, daß der obige vereinfachende Ansatz für große Werte von λ und kleine Werte von $\alpha\left(\dfrac{\alpha D}{\lambda 2} < 2\right)$ gerechtfertigt ist.

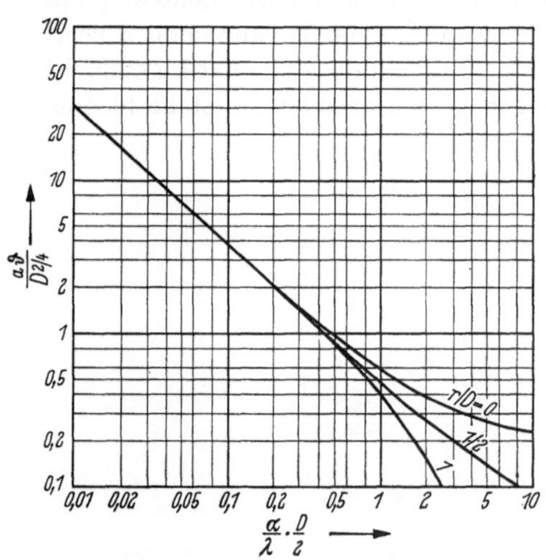

Abb. 15.40. Halbwertzeit von zylindrischen Körpern in Abhängigkeit von $\dfrac{\alpha}{\lambda}\dfrac{D}{2}$ (nach LIENEWEG).

Der Wärmeabfluß durch den Geber bewirkt nicht nur eine statische Fehlanzeige, sondern auch eine Änderung der Dynamik. Durch diesen Wärmefluß nach außen vergrößert sich die Zeitkonstante.

In der Abb. 15.41 sind Widerstandsthermometer verschiedener Bauformen und deren Zeitverhalten in Abhängigkeit von der Luftgeschwindigkeit dargestellt. Sehr schnell verhält sich der Fühler a, da das Meßelement direkt der vorbeiströmenden Luft ausgesetzt ist. Als Armierung dient eine durchbohrte Schutzhülse. Der Fühler b besitzt ebenfalls niedrige Werte, da das Meßelement von einer nur dünnen Schutzhülse umgeben ist. Obwohl bei dem Fühler c die Meßwicklung (lackisoliert) nur durch eine dünne Schutzhaut (Art Tesafilm) verdeckt ist,

---

[1] LIENEWEG, F.: Temperaturmessung. Leipzig: Akadem. Verlagsgesellschaft 1950. — MELION, L.: Dynamische Eigenschaften von Temperatur- und Feuchtereglern in der Klimatechnik. Schweiz. Bl. f. Heizg. u. Lüftg. **32** (1965) 37/47.

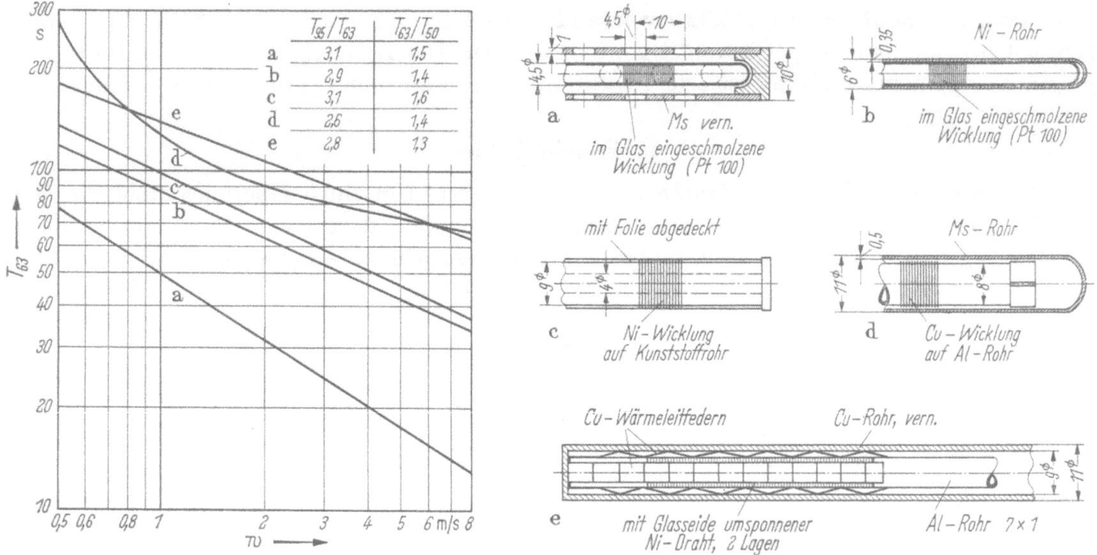

Abb. 15.41. Widerstandsthermometer als Kanaltemperaturfühler und deren Zeitverhalten.

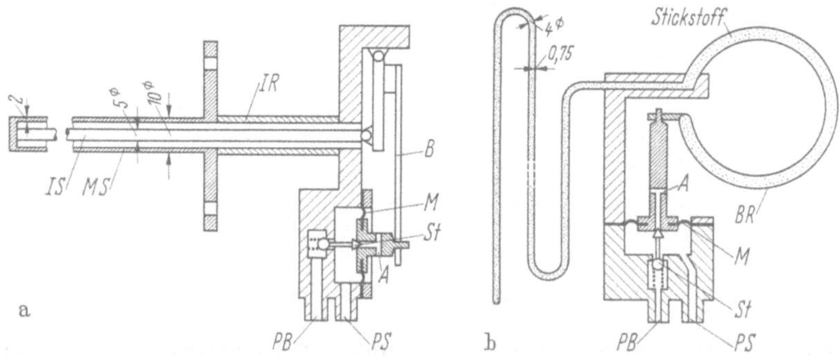

Abb. 15.42. Temperaturgeber mit pneumatischem Ausgangssignal (Dräger GC). a) Stabausdehnung; b) Gasausdehnung.
IR Invarrohr, *B* Blattfeder, *St* Relaisstößel, *IS* Invarstab, *MS* Messingrohr, *A* Atmosphärendruck, *PB* Betriebsdruck,
PS Steuerdruck, *M* Membran, *BR* Bourdonfeder.

macht sich die niedrige Wärmeleitzahl dieses Kunststoffes bemerkbar. Der Fühler *d* ergibt wegen der Luftschicht zwischen Armierungsrohr und Meßwicklung einen hohen Wert für die Zeitkonstante. Außerdem ist die Abhängigkeit $T_{63} = f(w)$ keine einfache Potenzfunktion, denn die Luftschicht wirkt dominierend auf den Gesamtwiderstand. Eine Erhöhung der Luftgeschwindigkeit über 8 m/s bringt keine erhebliche Verbesserung. Bei dem Fühler *e* ist diese Schicht in ihrer Wirkung fast ausgeschaltet, denn die Wärmeleitfedern erbringen den wichtigen Kontakt zum Außenrohr. Die Quotienten T_{95}/T_{63} und T_{63}/T_{50} (gerundet auf Zehntel) sind Mittelwerte und geben einen Anhalt für die mögliche Approximierung durch ein Glied erster Ordnung.

Des weiteren sind in Abb. 15.42 zwei Fühler mit pneumatischem Ausgangssignal dargestellt. Während bei den Widerstandsthermometern nur die eigentlichen Fühler dargestellt wurden, ist hier der gesamte Meßumformer abgebildet. Die Wirkungs-

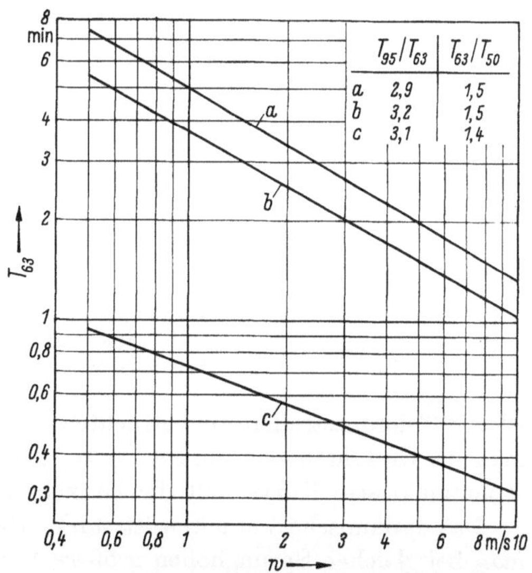

Abb. 15.43. Dynamisches Verhalten von Kanaltemperaturgebern mit pneumatischem Ausgangssignal.
a Dampfdruck (Abb. 15.33), *b* Stabausdehnung (Abb. 15.42a), *c* Gasausdehnung (Abb. 15.42b).

weise kann an Hand der Abb. 15.32b verstanden werden, nur ist hier an Stelle der doppelt dichtenden Kugel ein Doppelsitzventil gewählt worden. Das Zeitverhalten geht aus Abb. 15.43 hervor. Der gasgefüllte Fühler ist sehr reaktionsschnell, da er eine geringe Masse besitzt.

2. Feuchtefühler

Oft werden zur φ-Messung *Haarhygrometer* eingesetzt. Um einen Überblick über die Meßgenauigkeiten zu erhalten, ist in Abb. 15.44 (*a*) die Kennlinie dargestellt. Innerhalb des Streubereichs liegen die Kennlinienpunkte bei mehrmaligem Umfahren des Bereichs $\varphi = 10$ bis

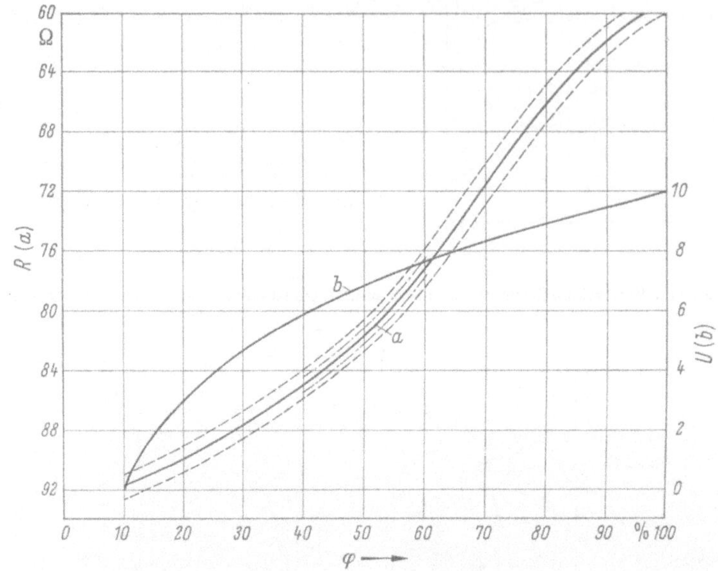

Abb. 15.44. Kennlinien vom Haarhygrometer *a* (Abb. 15.45a) und LiCl-Geber *b* (Abb. 15.45b).

100%. Der untersuchte Feuchtegeber (Pernix, Fa. Lambrecht) arbeitet nach dem der Abb. 15.45a zu entnehmenden Prinzip; die Harfenlänge beträgt 200 mm. Die Hysteresiseffekte liegen relativ hoch und betragen etwa 5% r. F. Neben der hygroskopischen Hysterese (Resorption $\rightleftharpoons$ Absorption) tritt mechanische Hysterese durch Reibung und Lose auf. Der Streubereich in Abb. 15.44

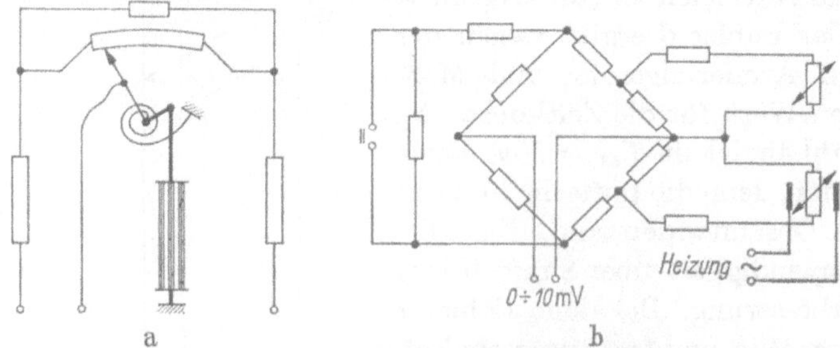

Abb. 15.45. Messung der relativen Feuchte.
a) Haarhygrometer mit Widerstandsferngeber (Lambrecht); b) Brückenschaltung mit LiCl-Geber (Siemens).

ist als Toleranzstreifen zu betrachten, der die Meßunsicherheit kennzeichnet. Bei einem einmaligen Umfahren des Bereichs $\varphi = 10$ bis 100% ergeben sich kleinere Hysteresiswerte. Die strichpunktierte Kurve läßt die Umkehrspanne erkennen.

Das dynamische Verhalten ist stark arbeitspunktabhängig, in den hohen φ-Bereichen erhält man bei gleichen Sprunghöhen größere Verzögerungszeiten. Des weiteren tritt ein Unterschied zwischen Temperaturänderungen und Änderungen der absoluten Feuchte auf. Temperaturänderungen werden langsamer übertragen; das Verhältnis bezüglich der 63%-Zeit beträgt etwa 1:3. Des weiteren reagiert die Haarharfe sehr unterschiedlich im Hinblick auf die Sprungrichtung (Abb. 15.46). Die Standzeiten (Zeit zwischen zwei Regenerierungen) sind sehr verschieden und hängen hauptsächlich von der geforderten Genauigkeit, dem Änderungsbereich und dem verwendeten hygroskopischen Material ab.

Bei niedrigen Werten ($\varphi < 40\%$ r. F.) besitzen die Haarhygrometer die unangenehme Eigenschaft der Trockenverlängerung, d. h., man erhält einen Meßeffekt ohne Feuchteänderung.

Als Vorteile des Haarhygrometers können die einfache Meßanordnung, der relativ geringe Preis und die direkte φ-Anzeige genannt werden, während die notwendige Nachjustierung, Regenerierung und die Empfindlichkeit gegenüber hygroskopischem Staub oft als Nachteile ins Gewicht fallen.

Bei vielen Reglern werden absolute Feuchten mit Widerstandsthermometern als Umwandlungstemperaturen nach der *Lithiumchloridmethode* gemessen, deren Funktionsweise an Hand der Abb. 15.47 erläutert sei. Über den Temperaturgeber ist ein mit LiCl getränkter Strumpf (Glasgewebe) gesteckt, um den herum zwei

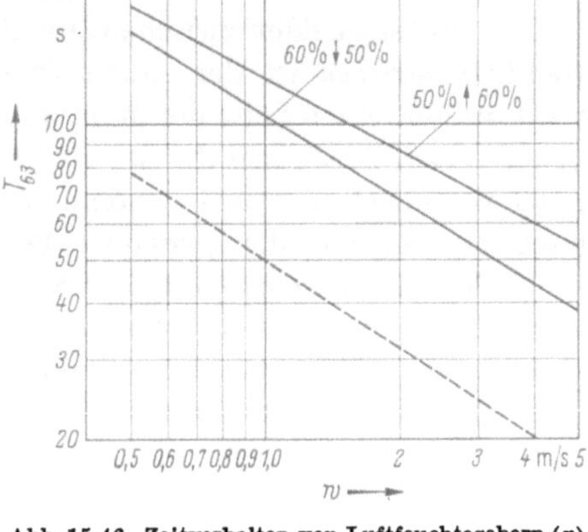

Abb. 15.46. Zeitverhalten von Luftfeuchtegebern (φ) bei Temperaturänderungen.

—— Haarhygrometer, - - - Lithiumchloridgeber.

Elektroden wendelförmig aufgebracht sind. Sie werden zur Vermeidung von Polarisationserscheinungen mit Wechselspannung betrieben. Infolge des wasserabhängigen Widerstandes der LiCl-Lösung fließt ein entsprechender Strom, und das Widerstandsthermometer nimmt eine bestimmte Temperatur an. Ist der Dampfdruck des durch LiCl gebundenen Wassers gleich dem Wasserdampfpartialdruck der Luft, so herrscht Gleichgewicht zwischen Wasseraufnahme und Wasserabgabe. Die diesen Zustand kennzeichnende Temperatur nennt man Umwandlungstemperatur. Wird diese durch Aufheizung überschritten, so steigt der Wasserdampfdruck der Lösung, und es verdunstet das Wasser der Lösung. Dadurch steigt der elektrische Widerstand, und der Stromfluß wird geringer, so daß sich die Schicht abkühlt und somit die vorher angenommene Umwandlungstemperatur unterschreitet. Damit beginnt der Vorgang von neuem. Nach Abklingen des Übergangsprozesses erhält man

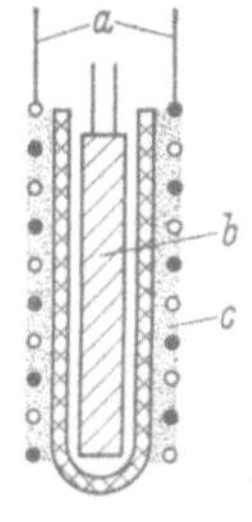

Abb. 15.47. LiCl-Feuchtegeber.
a Elektrodenwendeln (Heizung),
b Widerstandsthermometer,
c mit LiCl getränktes Glasgewebe.

einen stationären Zustand. Es stellt sich also genaugenommen ein interner Regelvorgang mit der Umwandlungstemperatur als Ausgangsgröße ein. Der Zusammenhang zwischen Taupunkttemperatur und Umwandlungstemperatur ist als hinreichend linear zu betrachten.

Die Vorteile dieses Prinzips liegen in der hohen Meßgenauigkeit und dem großen Meßbereich. Bei günstigen Bedingungen reicht eine Tränkung etwa 2 Jahre. Staubablagerungen beeinflussen die Messung nicht, sofern diese nichtleitend sind. Der Fühler muß allerdings vor Kondens- und Spritzwasser geschützt sein.

Zur Erfassung der relativen Feuchte sind Kunstschaltungen entwickelt worden, von denen die Abb. 15.45b eine Brückenschaltung mit einem stetigen Ausgangssignal zeigt. Da sämtliche φ-Schaltungen als Annäherungen zu betrachten sind, ist die Anzeige um so genauer, je kleiner der Taupunkttemperatur- und Temperaturbereich ist. Nach Lück[1] liegen die durchschnittlichen Abweichungen bei $\pm 2\%$ r. F. Unter 10% r. F. läßt sich dieses Verfahren nicht anwenden, da dann die LiCl-Schicht trocken bleibt. Die Kennlinie ($10 \div 100\% \triangleq 0 \div 10\,\mathrm{mV}$) ist in Abb. 15.44 (*b*) enthalten. Das dynamische Verhalten ist eine Funktion von dem Richtungsverlauf, dem Absolutwert der Feuchte und der Art der Änderung (ϑ oder x). In Abb. 15.46 ist die Abhängigkeit von der Luftgeschwindigkeit bei Verwendung eines Gebers nach Abb. 15.41a bei einer Temperaturänderung dargestellt. Bei einer x-Änderung ist noch die nach einer LiCl-Tränkung verstrichene Zeit von Einfluß.

---

[1] Lück, W.: Feuchtigkeit. München/Wien: Oldenbourg 1964.

F. Stellantriebe

1. Pneumatischer Stellantrieb

Man unterscheidet zwischen Membran- und Kolbenantrieben. Unter den weitverbreiteten *Membranantrieben* ist der einfachwirkende am häufigsten anzutreffen (Abb. 15.48a). Bei ihm wirkt auf der einen Seite der Membran der steuernde Druck, während an der anderen Membranseite die Federkraft und die Spindelkraft angreifen. Die Stellkraft für die Bewegung der Spindel in der einen Richtung wird von dem Steuerdruck geliefert, während für die Bewegung in entgegengesetzter Richtung die gespannte Feder die Stellkraft aufbringt. Da die Stellung der Spindel infolge Vorhandenseins störender Einflußgrößen (Stopfbuchsenreibung, statisch und dynamisch wirkende Kräfte am Ventilkegel usw.) keinen festen Zusammenhang zum Membrandruck besitzt, wird der Antrieb mit einem Stellungsregler versehen, der den vorgesehenen Zusammenhang zwischen Hub und Steuerdruck aufrecht erhält. Neben diesem Vorteil ist noch die Stellzeitverkürzung zu nennen; denn diese Stellungsregler besitzen eine große Volumenverstärkung und können demzufolge den Raum oberhalb der Membran schnell füllen. Des weiteren lassen sich Ansprechpunkt und Arbeitsbereich in weiten Grenzen einstellen.

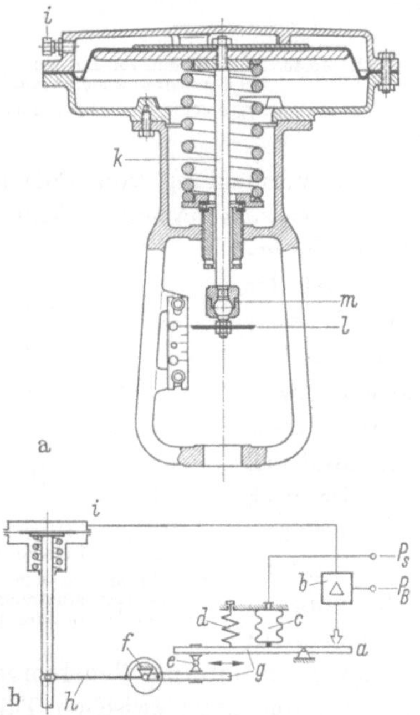

Abb. 15.48. Pneumatischer Stellantrieb (Siemens).
a Düse-Prallplatte-System, *b* Verstärker, *c* Steuerbalg, *d* Nullpunktfeder, *e* Federbandgelenk, *f* Feder, *g* Waagebalken, *h* Stellungsmeldehebel, *i* Druckanschluß, *k* Antriebsstange, *l* Anzeigescheibe, *m* Kupplung.

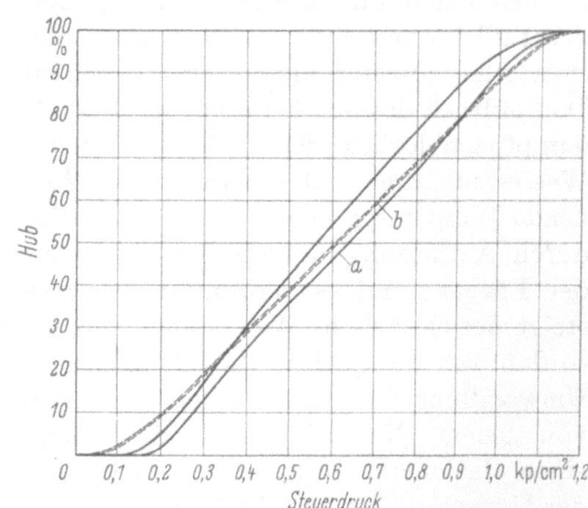

Abb. 15.49. Kennlinien von pneumatischen Stellantrieben.
a herkömmliche Bauart, *b* Ausführung aus dem Industriereglerprogramm.

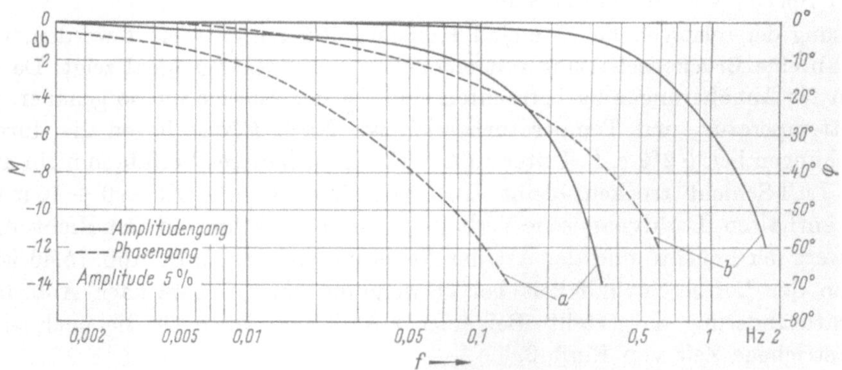

Abb. 15.50. Dynamisches Verhalten von Stellantrieben.
a herkömmliche Bauart, *b* Ausführung aus dem Industriereglerprogramm.

Abb. 15.48b zeigt die Wirkungsweise eines abblasenden Stellungsreglers. Am Waagebalken g werden Soll- und Istwert verglichen. Der Sollwert ist der Steuerdruck P_S (Stellgröße des nicht abgebildeten Reglers), und der Istwert ist der über die Feder f umgeformte Ventilhub. Ändert sich das Gleichgewicht am Waagebalken, so wird über den Prallplattenabgriff der Verstärker b angesteuert. Dieser bewirkt dann eine Druckänderung, die die Ventilstellung entsprechend korrigiert. Mit dem Federbandgelenk e kann der Stellungsregler verschiedenen Nennhüben angepaßt werden.

Die Kennlinie ist der Abb. 15.49 (b) zu entnehmen. Zum Vergleich ist dort noch die Kennlinie eines üblichen Antriebes dargestellt, der sich vom oben erwähnten (sog. Industrieregler) bzgl. der Genauigkeit erheblich unterscheidet. Des weiteren zeigt Abb. 15.50 das ebenfalls unterschiedliche dynamische Verhalten.

2. Elektrischer Stellantrieb

Unter den elektrischen Stellantrieben ist der Kondensatormotor weit verbreitet, der sich wirkungsmäßig vom einfach wirkenden pneumatischen Membranantrieb dadurch unterscheidet, daß er kein proportionales Verhalten besitzt; bei Anlegen der Motorspannung läuft er mit konstanter Geschwindigkeit. Die an der Abtriebswelle bewirkte Winkeländerung ist also abhängig von der Einschaltdauer. Es sind Laufzeiten von etwa 20 s bis zu mehreren Minuten üblich. Derartige Stellmotore bestehen aus drei Funktionseinheiten: elektrischer Antrieb, Getriebe und elektromechanischer Steuerteil.

Ein Asynchronmotor mit Kurzschlußläufer ist das eigentliche Antriebselement. Da die Motore fast ausschließlich an das normale Wechselspannungsnetz angeschlossen werden, wird ein Kondensator zur Hilfsphasenerzeugung benötigt (*Kondensatormotor*). Allgemein üblich ist die schematische Darstellung nach Abb. 15.25. Das eine Wicklungsende der beiden Ständerwicklungen liegt dauernd am Null-Leiter, während zwischen den beiden anderen der Kondensator liegt. Je nach der Befehlsrichtung wird die Phasenspannung über einen der beiden Endlagenschalter an die eine Wicklung gelegt, während die andere Wicklung die phasenverschobene Spannung erhält. Somit entsteht ein Drehfeld (links- oder rechtsdrehend), und der Rotor läuft mit dem für den Asynchronmotor charakteristischen maximalen Anlaufdrehmoment an.

Dem Motor wird ein mehrstufiges Getriebe nachgeschaltet, um die hohe Drehzahl zu reduzieren und das Abtriebsdrehmoment zu erhöhen. Das notwendige Haltemoment liefert eine elektromagnetisch betätigte Brems-Rutsch-Kupplung oder bei Getrieben mit Schneckenübersetzung die Selbsthemmung zwischen Schnecke und Schneckenrad.

Im elektromechanischen Steuerteil sind die Endlagenschalter und das bei P-Reglern notwendige Rückführpotentiometer untergebracht. Weiterhin können noch zusätzliche Steuerteile hier angebracht werden. Der Stellbereich läßt sich bei vielen Ausführungen durch Verschieben der Endlagenschalter variieren. Lose und Nachlauf liegen etwa bei 0,3 %.

Viele Stellmotore besitzen noch eine Einrichtung zur Handverstellung. Des weiteren können sie mit einem Federrücklauf versehen werden, der das Stellglied beim Ausfall der Versorgungsspannung in die gewünschte Endstellung laufen läßt. Bei einigen Ausführungen wird auch die vorgeschriebene Sicherheitsendstellung mittels eines Batterieelements erreicht.

Werden schnelle, leistungsstarke und sehr genaue Stellantriebe gefordert, so greift man auf elektrohydraulische Stelleinheiten zurück[1].

III. Glieder der Regelstrecke

A. Stellglieder

Da in den Regelkreisen der Klimatechnik vorwiegend Massenströme vom Stellglied gesteuert werden, sind Ventile und Klappen die hauptsächlichen Stellglieder. Dynamisch gesehen kann

---

[1] WINCKLER, R.: Auswahl und Beurteilung von Stellgliedern und Stellantrieben. Fortschr.-Ber. VDI-Z. 8, Nr. 3, S. 35/57.

man sie als verzögerungsfreie Glieder ansehen (Massenkräfte vernachlässigt), so daß ihr Übertragungsverhalten durch die Kennlinie allein bestimmt ist.

1. Stellventile

Das Durchflußverhalten eines Stellventils wird durch die Kennlinie dargestellt, die den Zusammenhang zwischen Hub und Durchfluß angibt (s. VDI/VDE-Richtlinie 2173[1]). Als Maß für den Durchfluß wird der k_v-Wert eingeführt, der ein durch Messung zu ermittelnder, auf Einheitsbedingungen bezogener Durchfluß ist. Die Richtlinie definiert: „Unter k_v-Wert versteht man den Durchfluß in m³/h von Wasser bei 5 bis 30 °C, der bei einem Druckverlust von 1 kp/cm² durch das Stellventil bei dem jeweiligen Hub H hindurchgeht." Man erhält die folgende Durchflußgleichung

$$\dot{G} = k_v \sqrt{\frac{\Delta P}{\varrho}} \sqrt{1000}. \tag{15.19}$$

$\dot{G}$ Durchfluß in m³/h,
ϱ Dichte in kg/m³,
ΔP Druckverlust in kp/cm², k_v in m³/h.

Wäre für einen bestimmten Anwendungsfall die Durchflußzahl α eine Konstante, so könnte an Stelle der Durchflußkennlinie die Öffnungskennlinie angegeben werden, und $\dot{G}$ entspräche dem Öffnungsquerschnitt. Die Einführung des k_v-Wertes besitzt aber den Vorteil, daß das Durchflußverhalten direkt angegeben wird.

In der Richtlinie wird zwischen Stellventilen mit linearer und gleichprozentiger Kennlinie unterschieden, die sich im Hinblick auf die Anwendungen als technisch besonders wichtige Grundformen erwiesen haben. Eine *lineare Kennlinie* liegt vor, wenn sich der k_v-Wert linear mit dem Hub H ändert. Es gilt die Gleichung

$$\frac{k_v}{k_{vs}} = \frac{k_{v0}}{k_{vs}} + n_{lin} \frac{H}{H_{100}}. \tag{15.20}$$

H_{100} ist der Nennhub und $n_{lin} = 1 - k_{v0}/k_{vs}$ die Kennlinienneigung. Dagegen ist die *gleichprozentige Kennlinie* dadurch gekennzeichnet, daß zu gleichen Hubänderungen gleiche prozentuale Änderungen des k_v-Wertes gehören; man erhält die Gleichung

$$\frac{k_v}{k_{vs}} = \frac{k_{v0}}{k_{vs}} e^{n_{gl} H/H_{100}} \tag{15.21}$$

mit der Kennlinienneigung $n_{gl} = \ln k_{vs}/k_{v0}$. k_{vs} ist der vorgesehene k_v-Wert einer Ventilbauserie bei voller Öffnung.

Die speziellen Anforderungen an ein Ventil sowie die Prüfempfehlungen sind in der angegebenen Richtlinie nachzulesen.

Für die Regelung wichtige Werte sind der k_{v0}-Wert als Schnittpunkt der Kennliniengrundform mit der Ordinate und der k_{vr}-Wert als niedrigster k_v-Wert eines Ventils, bei dem die Neigungstoleranz noch eingehalten wird. Mit diesen beiden Werten werden das theoretische Stellverhältnis k_{vs}/k_{v0} und das Stellverhältnis k_{vs}/k_{vr} gebildet. Des weiteren interessiert die Dichtheitsfrage bei geschlossenem Ventil (VDI/VDE-Richtlinie 2174[2]).

Während ein Durchgangsventil eine Kennlinie besitzt, sind beim Zweiwegeventil zwei Kennlinien vorhanden. Grundsätzlich lassen sich Zweiwegeventile mit jeweils verschiedenen k_v-Werten und Kennlinienformen für die beiden Wege herstellen[3].

Da im Betrieb das Stellventil mit noch anderen Strömungswiderständen zusammengeschaltet ist, weicht infolge der mengenabhängigen Druckaufteilung die wirkliche Kennlinie, die man *Betriebskennlinie* nennt, von der Durchflußkennlinie des Ventils ab. Die weiteren Betrachtungen werden an Hand der Kennliniengrundform durchgeführt und lehnen sich der Veröffentlichung von CALAME und HENGST[4] an.

---

[1] VDI/VDE 2173. Strömungstechnische Kenngrößen von Stellventilen und deren Bestimmung. Sept. 1962.

[2] VDI/VDE 2174. Mechanische Kenngrößen von Stellgeräten für strömende Stoffe und deren Bestimmung. Okt. 1967.

[3] WOLSEY, W. H.: Zweiwegventile für Heizungs- und Klimaanlagen. Gesundh.-Ing. 85 (1964) 8/19.

[4] CALAME, H., u. K. HENGST: Die Bemessung von Stellventilen. Regelungstechn. 11 (1963) 50/56.

Für die Ableitung des wichtigen Zusammenhanges $\dot{G} = f(H)$ in Abhängigkeit von der sog. *Ventilautorität* $\Delta P_{v\,100}/\Delta P$ sei nach Abb. 15.51 die Voraussetzung getroffen, daß am Ende und Anfang des Ventilanlagesystems die mengenunabhängigen statischen Drücke P_1 und P_2 herrschen; $\Delta P = P_1 - P_2$ ist demzufolge der Gesamtdruckabfall. Dann gilt (quadratischer Zusammenhang vorausgesetzt) für den Druckabfall am Ventil

$$\Delta P_v = \Delta P - (\Delta P - \Delta P_{v\,100})\left(\frac{\dot{G}}{\dot{G}_{100}}\right)^2. \quad (15.22)$$

Setzt man für $\dot{G}$ und $\dot{G}_{100}$ die Gl. (15.19) an, so ergibt sich nach einigen Umformungen die Gleichung der Betriebskennlinie

$$\frac{\dot{G}}{\dot{G}_{100}} = \frac{1}{\sqrt{1 + \dfrac{\Delta P_{v\,100}}{\Delta P}\left(\dfrac{k_{v\,s}^2}{k_v^2} - 1\right)}}. \quad (15.23)$$

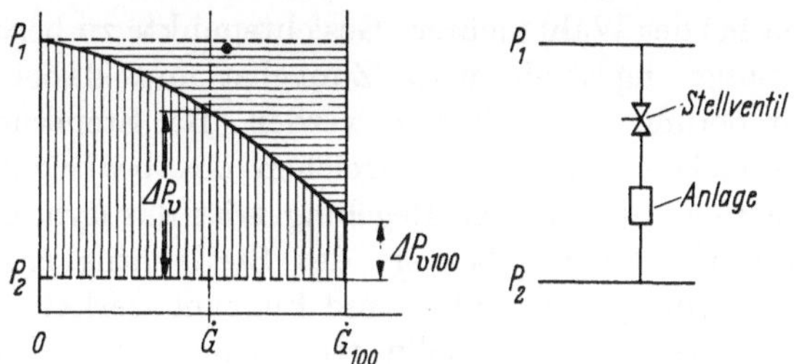

Abb. 15.51. Zusammenhang zwischen Druckabfall in Anlage und Stellventil.

ΔP_v Ventildruckabfall, $\Delta P_{v\,100}$ Ventildruckabfall des voll geöffneten Ventils.

Abb. 15.52 zeigt die graphische Darstellung dieser Gleichung für die lineare und die gleichprozentige Grundform. Sehr deutlich ist die Kennliniendeformation und ihre Abhängigkeit von

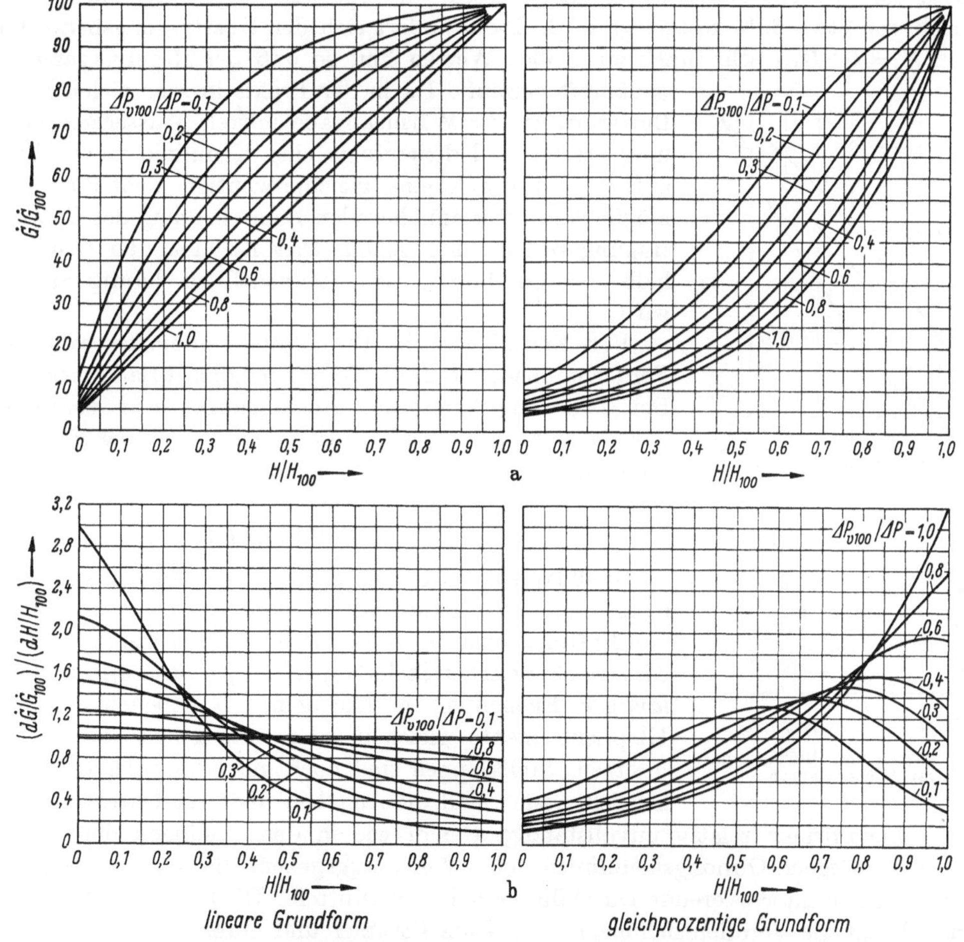

Abb. 15.52. Einfluß der Ventilautorität auf die Durchflußkennlinie und auf den Übertragungsbeiwert, $k_{v\,s}/k_{v\,0} = 25$. a) Betriebskennlinie; b) Übertragungsbeiwert.

der Ventilautorität zu sehen. Sie hat zwei entscheidende Nachteile zur Folge. So ändert sich das Verhältnis von maximalem zu minimalem Durchfluß, und der Übertragungsbeiwert wird vom Hub abhängig. Da die Änderungen des Übertragungsbeiwertes für die Stabilität des Regelkreises von erheblicher Bedeutung sein können, zeigt dieselbe Abbildung noch die entsprechende Abhängigkeit.

Die Frage, welche Kennlinienform vorzuziehen ist, läßt sich nicht allgemein beantworten, da bei der Wahl mehrere Gesichtspunkte zu berücksichtigen sind und meistens eine Kompromißlösung angestrebt wird. Zunächst muß dabei zwischen dem Vorgang der Regelung und der Steuerung unterschieden werden. Bei Steuerungsaufgaben ist die statische Betrachtung vorherrschend, d. h. das Erreichen des beabsichtigten Zustandsverlaufs durch Kennlinienformgebung. Im Fall der Regelung tritt das dynamische Verhalten in den Vordergrund, das durch den Übertragungsbeiwert des Stellventils erheblich bestimmt wird. Diese Beeinflussung ist wiederum je nach Stör- und Führungsverhalten unterschiedlich. So kann ein Regelkreis innerhalb des gesamten Sollwertbereiches für Sollwertverschiebungen bei konstantem Störzustand ein stabiles Verhalten besitzen, während er bei größeren Störgrößenänderungen instabil wird. Demzufolge würde man bei linearem Regelstreckenverhalten ein gleichprozentiges Stellventil vorsehen, wenn der Druck vor dem Stellventil als Hauptstörgröße auftritt; dagegen wäre bei konstantem Vordruck und einer Ventilautorität von $(\Delta P_{v\,100}/\Delta P) \approx 1$ für Führungsverhalten ein lineares Stellventil gerechtfertigt, da dann die Gesamtverstärkung über den vollen Bereich konstant ist. Stabilitätsschwierigkeiten können auch auftreten, wenn infolge kleiner Ventilautoritäten bei linearem Verhalten der Regelstrecke die optimale Reglereinstellung für einen Hubbereich von etwa 60% festgelegt wird. Dann ändert sich der Übertragungsbeiwert in der Nähe von $H = 0{,}2\,H_{100}$ sehr stark zu großen Werten hin, so daß der Regelvorgang weniger

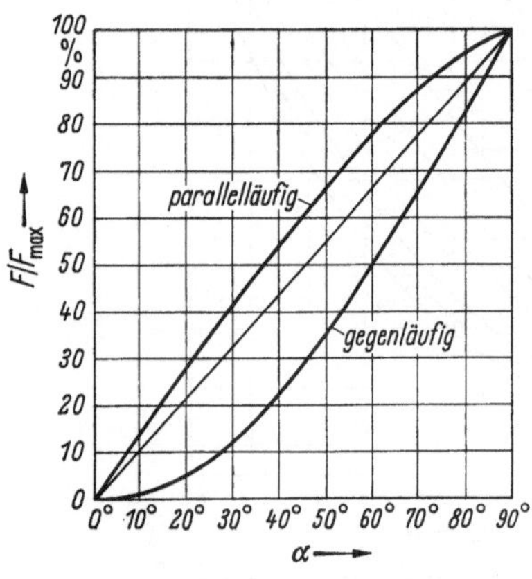

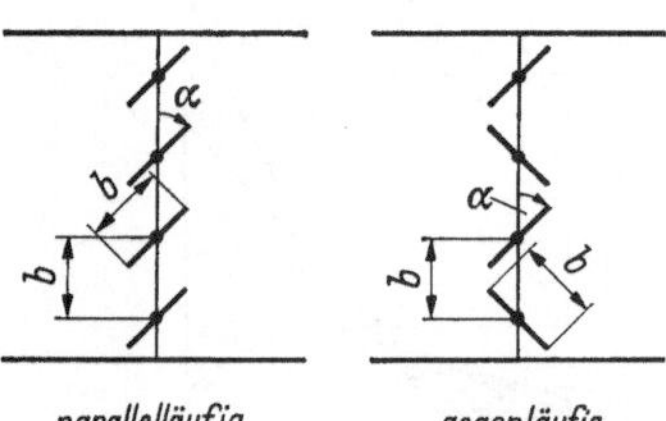

Abb. 15.53. Formen und Öffnungskennlinien von Jalousieklappen.

gedämpft verläuft. Da in der Praxis in sehr vielen Fällen bei Lufterhitzern die Wärmeabgabe mittels Wassermengendrosselung erfolgt und demzufolge eine Kennlinie nach Abb. 14.14 auftritt, ist durch eine gleichprozentige Ventilkennlinie die Möglichkeit einer annähernden Linearisierung des Gesamtübertragungsverhaltens gegeben. Dies ist einer der Gründe, weshalb das gleichprozentige Stellventil so häufig angewendet wird.

Von Einfluß auf die Durchflußkennlinie ist weiterhin die Förderpumpencharakteristik[1], die möglichst flach verlaufen soll. Bei den vorangegangenen Ausführungen war vorausgesetzt, daß das entsprechende Förderorgan eine von der Fördermenge unabhängige Druckdifferenz erzeugt.

2. Stellklappen

Stellklappen werden in Form von Jalousieklappen (mehrteilige Klappen) hauptsächlich zum Mischen und Verteilen von Luftmengenströmen angewendet. Man unterscheidet nach Abb. 15.53 zwischen Stellklappen mit *parallelläufigen* und *gegenläufigen* Elementen, je nachdem, ob nebeneinanderliegende Klappenelemente gleichen oder entgegengesetzten Drehsinn besitzen. Stellklappen sind noch nicht wie Stellventile vereinheitlicht; auch sind die Angaben über ihr Durchflußverhalten seitens der Lieferfirmen relativ unvollständig. Genau wie in den Anfängen der Stellventile werden hier vorwiegend Öffnungskennlinien und ζ-Werte angegeben, die nur eine bedingte Information über das interessierende Durchflußverhalten vermitteln. Die folgenden Ausführungen beziehen sich auf die Veröffentlichungen von KOCH-EMMERY und OBER[2].

---

[1] TÖPFER, H., u. H.-J. ZACK: Das Betriebsverhalten von Drosselorganen bei Mengen- und Druckregelungen im Zusammenhang mit dem Kennlinienfeld einer Arbeitsmaschine. ZMSR 4 (1961) 159/165, 202/204.

[2] KOCH-EMMERY, W.: Die Wirkungsweise von Regelklappen in lüftungstechnischen Anlagen. Heizg.-Lüftg.-Haustechn. 16 (1965) 193/195. — OBER, A.: Gesichtspunkte zur Konstruktion und Bemessung von Regelklappen und deren Anordnung. Kältetechnik-Klimatisierung 20 (1968) 30/37.

Die Öffnungskennlinie kann man den geometrischen Verhältnissen entnehmen und erhält folgende Gleichungen für den Fall, daß der Abstand der Klappenelemente gleich der Klappenbreite ist:

$$\text{parallelläufige Klappe}\quad \frac{F}{F_{max}} = \frac{(n-1)\sin\alpha + (1-\cos\alpha)}{n}\cdot 100\quad \text{in \%,}\qquad (15.24)$$

$$\text{gegenläufige Klappe}\quad \frac{F}{F_{max}} = (1-\cos\alpha)\cdot 100\quad \text{in \%.}\qquad (15.25)$$

Darin ist F_{max} der Durchlaßquerschnitt für $\alpha = 90°$, n die Anzahl der Klappenelemente, b die Elementbreite und l die Länge der Klappenelemente. In Abb. 15.53 sind diese beiden Gleichungen dargestellt. Wichtiger als das Öffnungsverhalten ist das Durchflußverhalten, das sich für den Fall des konstanten Druckabfalls ($\Delta P_{KL} = $ const) an der Klappe über die Gleichung für die Luftgeschwindigkeit $w = \sqrt{\dfrac{2\,\Delta P_{KL}}{\varrho\,\zeta}}$ mit $\zeta = \zeta(\alpha)$ zu

$$\frac{\dot{V}}{\dot{V}_{max}} = \frac{[(n-1)\sin\alpha + (1-\cos\alpha)]}{n}\sqrt{\frac{\zeta_{90°}}{\zeta(\alpha)}}\cdot 100\quad \text{in \%,}\qquad (15.26)$$

$$\frac{\dot{V}}{\dot{V}_{max}} = (1-\cos\alpha)\sqrt{\frac{\zeta_{90°}}{\zeta(\alpha)}}\cdot 100\quad \text{in \%}\qquad (15.27)$$

ergibt. Man erkennt, daß für die parallelläufige Klappe die Kennlinie noch von der Anzahl der Elemente abhängt. Da in den seltensten Anwendungsfällen an der Klappe ein konstanter Druckabfall herrscht, werden die Kennlinien der Klappen (wie bei den Stellventilen ausführlich erläutert) noch vom gewählten Druckverlustanteil am Gesamtdruckverlust abhängen. In Abb. 15.54 sind diese Verhältnisse dargestellt. Die Kennlinien verformen sich in Abhängigkeit

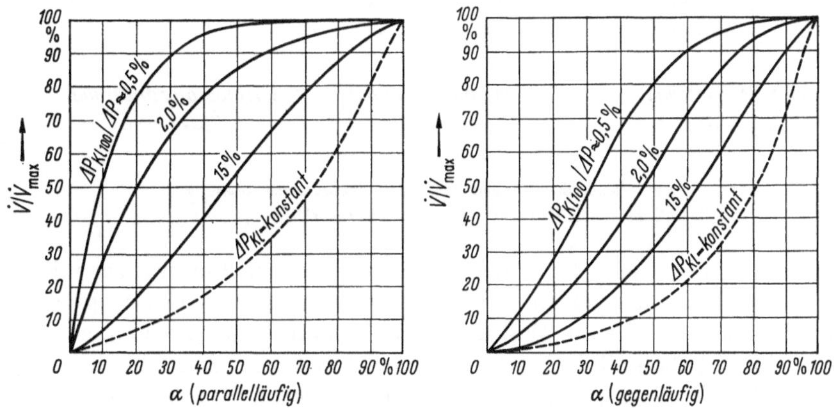

Abb. 15.54. Betriebskennlinien von Klappen für verschiedene Autoritätseinflüsse.

von $\Delta P_{KL100}/\Delta P$ sehr stark, so daß auch der Übertragungsbeiwert erhebliche Änderungen erfährt. Diese nichtlinearen Verhältnisse könnten durch eine besondere Kinematik im Antrieb ausgeglichen werden, die allerdings den Antrieb kompliziert gestaltet und u. U. ungünstige Drehmomentverhältnisse schafft.

3. Schaltungen von Stellventilen

a) Lufttemperaturbeeinflussung

Die Abb. 15.55 zeigt einige wichtige Schaltungen zur Lufttemperaturbeeinflussung (z. B. Erhitzer). Mit Schaltung *1* wird durch Drosselung des Heizwasserstromes die Wärmeabgabe an den Luftstrom beeinflußt. Als Nachteile wären zu nennen: Keine konstanten Druckverhältnisse im Wassernetz und demzufolge Beeinflussung anderer Verbraucher, ungleichmäßige und nicht konstante Oberflächentemperaturverteilung, relativ große und veränderliche Tot- und Verzugszeit. Mittels Schaltung *4* wird ebenfalls der Heizwasserstrom durch den Erhitzer geändert, allerdings treten Rückwirkungen auf andere Verbraucher weniger stark auf; denn die von der zentralen Pumpe umgewälzte Wassermenge bleibt annähernd konstant. Das Zweiwegeventil ist hier als Verteilventil geschaltet und wirkt als Beipaß bezüglich des Lufterhitzers. An der Temperaturschichtung der Luft infolge ungleichmäßiger Oberflächentemperaturen hat sich gegenüber der Schaltung *1* nichts geändert, desgleichen ist das statische Verhalten unverändert geblieben. Dynamisch gesehen, ist allerdings eine Verbesserung eingetreten, da die Totzeit verringert worden ist. Nach Schaltung *1* kann nämlich der Fall auftreten, daß bei starker Drosselung bzw. völligem Abschluß das Wasser vor dem Stellventil „steht" und infolge Auskühlung eine tiefere Temperatur annimmt.

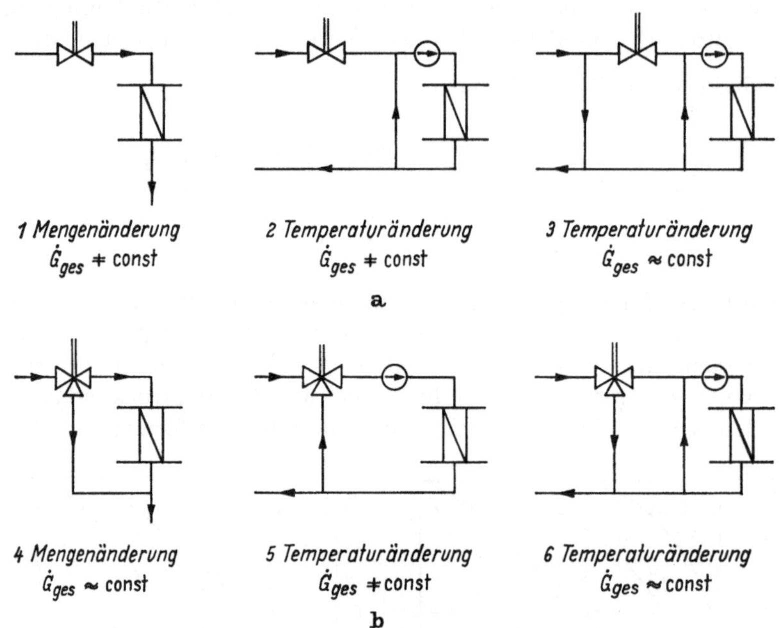

Abb. 15.55. Schaltungen zur Lufttemperaturbeeinflussung.
a) Einwegventil; b) Zweiwegeventil.

Wie die Abb. 14.14 zeigt, liegt für den wasserbeaufschlagten Lufterhitzer mit der Eingangsgröße Wassermengenstrom eine gekrümmte Kennlinie vor, d. h. der Übertragungsbeiwert hängt sehr stark von der Wassermenge ab. Will man diese Kennlinie linearisieren, so kommt nur eine gleichprozentige Durchflußkennlinie für das Stellventil in Frage; denn durch sie kann man den Zusammenhang zwischen Wassermenge und Wärmeabgabe im Hinblick auf den Regelvorgang günstiger gestalten. Eine völlige Linearisierung würde eine Anpassung der Ventilkonstruktion an die jeweiligen Erfordernisse notwendig machen, ein Vorgehen, das bei Klimaanlagen kostenmäßig nicht zu vertreten ist. Der anzustrebende Grad der Linearisierung hängt ab von der Größe der Arbeitspunktverlagerung bei gleichzeitiger optimaler Reglereinstellung.

Bei der Schaltung *2* wird die Leistung des Lufterhitzers durch eine Temperaturänderung beeinflußt; denn die Wassereintrittstemperatur in den Lufterhitzer wird durch Mischung zweier Teilströme hergestellt. Der dauernde Wasserdurchlauf bewirkt eine Verbesserung der Oberflächentemperaturverteilung. Bei der Schaltung *5* liegt ebenfalls eine Eintrittstemperaturänderung vor, allerdings kann der Beimischanteil des Rücklaufwassers zu Null gemacht werden, so daß die volle Vorlauftemperatur am Lufterhitzereintritt wirksam werden kann. Die nachteilige Wirkung der Wassermengenbeeinflussung des Hauptkreises kann durch die entsprechenden Schaltungen *3* und *6* verringert werden. Die annähernde Konstanthaltung der umlaufenden Wassermenge im Hauptkreis schafft auch für die Temperaturregelung des Hauptkreises günstigere Bedingungen. Wegen der Anschaulichkeit der wirkungsmäßigen Darstellung sind in den Abb. *1* bis *6* die notwendigen Einstell- und Absperrorgane sowie Rückschlagklappen weggelassen worden.

Stellventile mit zwei linearen Kennlinienformen werden vorwiegend bei reinen Mischungsaufgaben angewendet. Da die bisherigen Erläuterungen gezeigt haben, daß Lufterhitzer zweckmäßig mit gleichprozentigen Stellventilen gesteuert werden sollen, werden vorwiegend die Zweiwegeventile mit zwei derartigen Kennlinien versehen. Einige Firmen stellen auch Kennlinien her, die von der gleichprozentigen Grundform bewußt abweichen und die Wirkung einer bestimmten Ventilautorität einbeziehen. Es gibt auch Ausführungen, bei denen der eine Weg annähernd gleichprozentig gehalten wird, während der andere dazu komplementär geformt ist. Es lassen sich demnach keine allgemein gültigen Aussagen über den resultierenden Übertragungsbeiwert machen.

Die bisher angeführten Schaltungen gelten ebenfalls für Luftkühler, allerdings sind die beim Kühlbetrieb auftretenden Temperaturdifferenzen kleiner als beim Heizbetrieb. Ein weiterer Unterschied besteht darin, daß das Übertragungsverhalten sehr stark vom Oberflächenzustand des Kühlers abhängig wird. Im Falle der nassen Oberfläche[1] wird der Übertragungsbeiwert kleiner als bei trockener Oberfläche. Bei Oberflächentemperaturen unter 0 °C vereist die Oberfläche, so daß der luftseitige Widerstand vergrößert wird und der Übertragungsbeiwert sich ändert.

b) Luftfeuchtebeeinflussung

Die Zahl der Schaltungsmöglichkeiten des Befeuchters ist bedeutend größer, da mit ihm die Zustandsänderungen Erwärmung, Kühlung, Befeuchtung und Trocknung durchgeführt werden können.

In Abb. 15.56 sind drei wichtige Schaltungen dargestellt. Mit der Schaltung a wird durch Wasserdampfzugabe die Feuchte erhöht. Mit ihr kann man die Feuchte stetig ändern, und die Zustandsänderung verläuft annähernd isotherm.

Soll der Taupunkt durch Wasserzerstäubung stetig geändert werden, sieht man die Schaltung b vor. Der Befeuchter arbeitet mit konstanter Umlaufwassermenge, und es stellt sich am Ausgang des Befeuchters im Beharrungszustand die Feuchtkugeltemperatur ein. Durch entsprechende Wärme

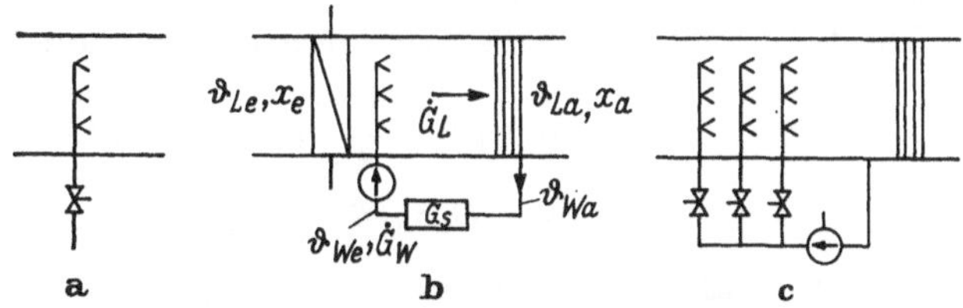

Abb. 15.56. Schaltungen zur Luftfeuchtebeeinflussung.
a) stetige Dampfbefeuchtung; b) Temperaturänderung durch Wärmezufuhr; c) stufenweise Wasserzerstäubung.

zu- und -abführung mittels Erhitzers oder Kühlers wird der Zustandspunkt auf der Linie $\varphi = 1$ verschoben.

Eine Befeuchtungsänderung durch Drosselung des Wasserstromes sollte vermieden werden, da die zerstäubte Wassermenge proportional $\sqrt{\Delta P}$ ist und sich demzufolge bei starker Drosselung Zerstäubungsschwierigkeiten ergeben. Aus diesem Grunde wird die stufenweise Beaufschlagung der Düsenreihen vorgezogen.

4. Luftbeipaßschaltung

Neben den Schaltungen mit Stellventilen können auch Stellklappen zur Temperaturbeeinflussung verwendet werden. Man bildet dann eine Beipaßschaltung und erreicht die gewünschte Temperaturänderung durch Mischung zweier Luftströme. Der eine Luftstrom führt durch den Wärmeaustauscher (Erhitzer oder Kühler), und der andere wird an ihm vorbeigeführt. Dynamisch gesehen erhält man ein Übertragungsglied mit sehr geringer Verzögerung. Als Nachteile wären der Einbau einer Mischstrecke und eine eventuelle Änderung der Gesamtluftmenge zu nennen. Sofern die relativ ungünstigen Klappenkennlinien akzeptiert werden, kann diese Schaltung vorteilhaft bei Direktverdampfern und dampfbeheizten Lufterhitzern angewendet werden. Wird an Stelle des Wärmeaustauschers ein Befeuchter gesetzt, so läßt sich auch die Feuchte nach der Beipaßmethode stetig ändern.

---

[1] JUNKER, B.: Die Regelung von Oberflächen- und Naßluftkühlern in Klimaanlagen. Heizg.-Lüftg.-Haustechn. 10 (1959) 297/302.

B. Temperaturdynamik

1. Warmwasserbeheizter Lufterhitzer

Da der wasserbeaufschlagte Wärmeaustauscher häufig zur Lufterwärmung angewendet wird, wird im folgenden auf seine Temperaturdynamik näher eingegangen. Die theoretische Analyse soll an einem Modell durchgeführt werden, das zwar den wirklichen Verhältnissen nicht genau entspricht, dafür aber übersichtlich und auch ingenieurmäßig vertretbar ist. An Stelle des üblichen Rippenrohres wird ein einfaches Kreisrohr mit zweidimensionaler Wärmeübertragung zugrunde gelegt, s. Abb. 15.57; die radiale Abhängigkeit bleibt also unberücksichtigt. Die das

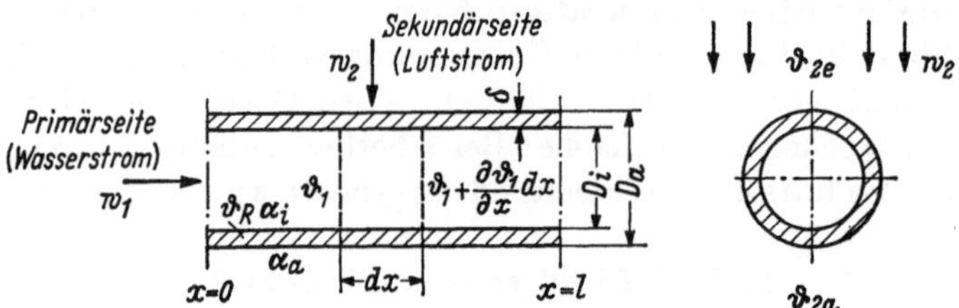

Abb. 15.57. Bezeichnungen zur Wärmebilanz eines wasserbeheizten Rohres.

System beschreibenden Differentialgleichungen ergeben sich aus der Wärmebilanz für die drei Abschnitte: primäre Strömung, Rohr und sekundäre Strömung. Grundsätzlich gilt für das jeweilige Bilanzgebiet, daß die zugeführte Wärme gleich der abgegebenen und der gespeicherten Wärme ist.

Die Wärmebilanz für die primäre Strömung lautet:

$$\varrho_1 w_1 c \pi \frac{D_i^2}{4} \vartheta_1 \, dt = \varrho_1 w_1 c_1 \pi \frac{D_i^2}{4} \left(\vartheta_1 + \frac{\partial \vartheta_1}{\partial x} dx \right) dt +$$
$$+ \pi D_i \alpha_i (\vartheta_1 - \vartheta_R) \, dx \, dt + \varrho_1 c_1 \pi \frac{D_i^2}{4} \frac{\partial \vartheta_1}{\partial t} dx \, dt, \qquad (15.28)$$

die auf die Differentialgleichung

$$\frac{\partial \vartheta_1}{\partial t} + w_1 \frac{\partial \vartheta_1}{\partial x} + \frac{4 \alpha_i}{\varrho_1 c_1 D_i} (\vartheta_1 - \vartheta_R) = 0 \qquad (15.28\,\text{a})$$

führt. Die Wärmebilanz des Rohres ergibt sich zu

$$\pi D_i \alpha_i (\vartheta_1 - \vartheta_R) \, dx \, dt = \pi D_a \alpha_a (\vartheta_R - \vartheta_{2m}) \, dx \, dt + \varrho_R c_R \pi D_m \delta \frac{\partial \vartheta_R}{\partial t} dx \, dt. \quad (15.29)$$

Aus ihr erhält man als Differentialgleichung mit $\vartheta_{2m} = (\vartheta_{2e} + \vartheta_{2a})/2$ und mit D_m als mittleren Rohrdurchmesser

$$\frac{\partial \vartheta_R}{\partial t} + \frac{\alpha_a D_a}{\varrho_R c_R D_m \delta} (\vartheta_R - \vartheta_{2m}) - \frac{\alpha_i D_i}{\varrho_R c_R D_m \delta} (\vartheta_1 - \vartheta_R) = 0. \qquad (15.29\,\text{a})$$

Die Wärmebilanz auf der Sekundärseite vereinfacht sich, so daß man für die Aufheizung des sekundären Mediums die Gleichung

$$\vartheta_{2a} = \vartheta_{2e} + \frac{\pi_a D_a \alpha_a}{\varrho_2 w_2 c_{p2} R_a} (\vartheta_R - \vartheta_{2m}) \qquad (15.30)$$

erhält. R_a ist der Rohrabstand. Im dynamischen Fall lassen sich die Größen aus einem stationären und einem veränderlichen Teil zusammensetzen ($\vartheta = \bar{\vartheta} + \Delta \vartheta$). Dann erhält man nach GARTNER und HARRISON[1] die Gleichungen in der Form

$$\Delta \vartheta_1' + \frac{\partial \Delta \vartheta_1}{\partial \xi} + \beta_1 (\Delta \vartheta_1 - \Delta \vartheta_R) = 0, \qquad (15.31)$$

$$\Delta \vartheta_R' + \beta_2 (\Delta \vartheta_R - \Delta \vartheta_{2m}) - \beta_3 (\Delta \vartheta_1 - \Delta \vartheta_R) = 0, \qquad (15.32)$$

$$(\Delta \vartheta_{2a} - \Delta \vartheta_{2e}) - \beta_4 (\Delta \vartheta_R - \Delta \vartheta_{2m}) = 0. \qquad (15.33)$$

---

[1] GARTNER, J. R., u. H. L. HARRISON: Dynamic Characteristics of Water-to-Air Crossflow Heat Exchangers. ASHRAE Transactions 71 (1965) 212/224.

Es bedeuten $\Delta\vartheta' = d\vartheta/d\tau$, $\tau = w_1\,t/l$ und $\xi = x/l$. Die Koeffizienten errechnen sich zu

$$\beta_1 = \frac{4\,l\,\alpha_i}{\varrho_1 c_1 D_i w_1}, \qquad \beta_2 = \frac{D_a\,l\,\alpha_a}{\varrho_R c_R D_m \delta w_1}, \qquad \beta_3 = \frac{D_i\,l\,\alpha_i}{\varrho_R c_R D_m \delta w_1}, \qquad \beta_4 = \frac{\pi\,D_a\,\alpha_a}{\varrho_2 c_{p2} R_a w_2}.$$

Nach Elimination der Zwischengrößen und Anwendung der Laplace-Transformation ergeben sich dann die resultierenden Differentialgleichungen

$$[(s + \beta_2 + \beta_3)(\beta_4 + 2) - \beta_2\beta_4]\,\Delta\vartheta_{2a}(s,\xi) + [(s + \beta_2 + \beta_3)(\beta_4 - 2) - \beta_2\beta_4]\,\Delta\vartheta_{2e}(s,\xi) -$$
$$- 2\beta_3\beta_4\,\Delta\vartheta_1(s,\xi) = 0, \tag{15.34}$$

$$\frac{\partial\Delta\vartheta_1(s,\xi)}{\partial\xi} + (s + \beta_1)\,\Delta\vartheta_1(s,\xi) - \frac{\beta_1}{2\beta_4}[(\beta_4 + 2)\,\Delta\vartheta_{2a}(s,\xi) + (\beta_4 - 2)\,\Delta\vartheta_{2e}(s,\xi)] = 0. \tag{15.35}$$

Die Übertragungsfunktion mit der Ausgangsgröße Luftaustrittstemperatur $\Delta\vartheta_{2am}$ und der Wassereintrittstemperatur $\Delta\vartheta_{1e}$ als Eingangsgröße wird dann $(a = \beta_3 + 2\beta_2/(2 + \beta_4))$

$$\frac{\Delta\vartheta_{2am}(s)}{\Delta\vartheta_1(s)} = \frac{2\beta_3\beta_4(1 - e^{-s}e^{-\beta_1}e^{\beta_1\beta_3/(s+a)})}{(2 + \beta_4)[(s + \beta_1)(s + a) - \beta_1\beta_2]}\,; \tag{15.36}$$

mit $s = j\omega$ geht sie in den Frequenzgang über. Dieser Gleichung liegen die folgenden Voraussetzungen zugrunde: Konstanz der Stoffwerte, Konstanz der Wärmeübergangszahlen, keine Wärmeleitung in axialer Richtung, keine axiale Vermischung, reibungsfreie Strömung.

2. Kanal

Wie bei der Aufstellung der resultierenden Differentialgleichung für den Lufterhitzer geht man auch hier von den Wärmebilanzen aus. Nach Abb. 15.58a bedeuten $Q_1 = \varrho_L c_{pL} w F \vartheta\, dt$ die im Luftstrom zugeführte Wärme, $Q_2 = \varrho_L c_{pL} w F\left(\vartheta + \dfrac{\partial\vartheta}{\partial x}dx\right)dt$ die im Luftstrom abgeführte, $Q_3 = \alpha_i(\vartheta - \vartheta_w) U\,dx\,dt$ die an die Wand abgegebene Wärme und $Q_4 = \varrho_L c_{pL} \times$ $\times F\,dx\dfrac{\partial\vartheta}{\partial t}dt$ die gespeicherte Wärme. Unter Voraussetzung konstanter Umgebungstemperatur ϑ_u ergibt sich dann nach PROFOS und HEMMI[1] die Differentialgleichung

$$\frac{\partial\vartheta}{\partial t} + w\frac{\partial\vartheta}{\partial x} + \frac{\alpha_i U}{\varrho_L c_{pL} F}(\vartheta - \vartheta_w) = 0. \tag{15.37}$$

In ihr ist die Wandtemperatur ϑ_w keine Konstante, sondern ebenfalls im dynamischen Fall eine Zeitfunktion. Man spricht von der sog. Wandankopplung, die sich für die beiden idealisierten Fälle der dünnen und unendlich dicken Wand einfach berechnen läßt.

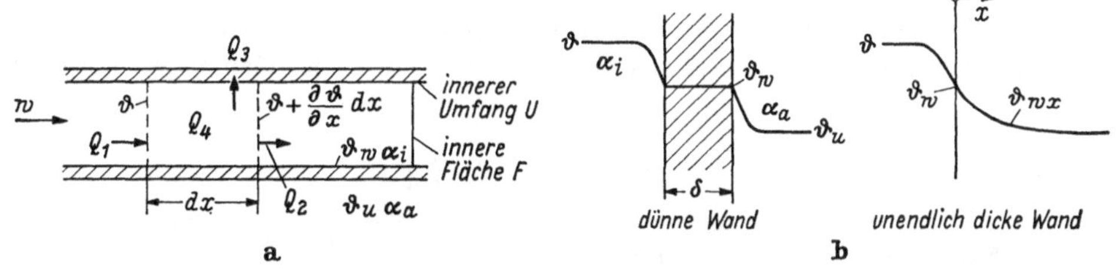

Abb. 15.58. Übertragungsverhalten von Luftkanälen.
a) Bezeichnungen zur Aufstellung der Wärmebilanz; b) Temperaturverläufe in dünner und unendlich dicker Wand.

Die *dünne Wand* ist nach Abb. 15.58b dadurch gekennzeichnet, daß in ihr der Temperaturverlauf konstant ist und somit nur eine Funktion der Zeit und nicht des Ortes ist. Für sie ergibt sich bei $\vartheta_u = $ konst. aus der Wärmebilanz $(Q_{zu} = Q_{ab} + Q_{gesp})$ die Differentialgleichung für kleine Änderungen (w im Index bedeutet „Wand")

$$\frac{\varrho_w c_w \delta}{(\alpha_i + \alpha_a)}\Delta\vartheta_w' + \Delta\vartheta_w = \frac{\alpha_i}{(\alpha_i + \alpha_a)}\Delta\vartheta, \tag{15.38}$$

[1] PROFOS, P., u. P. HEMMI: Untersuchungen zur Dynamik der Klimaregelung. Neue Technik A 2 (1965) 49/86. — JUZI, H.: Die rechnerische Erfassung des Wandeinflusses auf das Übertragungsverhalten durchströmter Räume. Schweiz. Bl. f. Heizg. u. Lüftg. 32 (1965) 4/10.

die ein Übertragungsglied erster Ordnung darstellt. $T = \dfrac{\varrho_w\, c_w\, \delta}{(\alpha_i + \alpha_a)}$ ist die Zeitkonstante und K_P
$= \alpha_i/(\alpha_i + \alpha_a)$ der Übertragungsbeiwert. Demzufolge erhält man den Frequenzgang

$$\frac{\Delta\vartheta_w}{\Delta\vartheta} = \frac{\alpha_i/(\alpha_i + \alpha_a)}{1 + [\varrho_w\, c_w\, \delta/(\alpha_i + \alpha_a)]\, p} = F(p)_w. \tag{15.38a}$$

Bei der *unendlich dicken Wand* wird die gesamte zugeführte Wärme gespeichert. Zur Berechnung der Wandankopplung muß die FOURIERsche Wärmeleitungsgleichung gelöst werden (s. obige Literaturangabe). Als Frequenzgang ergibt sich folgender Ausdruck

$$\frac{\Delta\vartheta_w}{\Delta\vartheta} = \frac{1}{1 + \sqrt{\dfrac{c_w\, \varrho_w\, \lambda_w}{\alpha_i^2}}\, p} = F(p)_w. \tag{15.39}$$

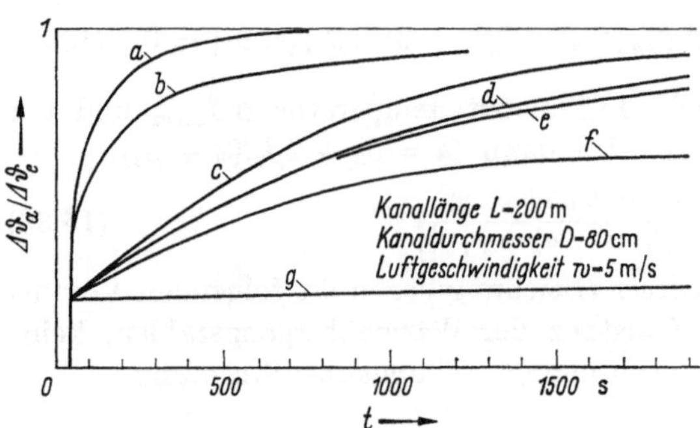

Abb. 15.59. Übergangsfunktionen von Luftkanälen verschiedener Bauart nach Untersuchungen von PROFOS.
a Innenisolation aus Kunstharzschaumstoff, *b* Innenisolation aus Mineralwolle, *c* 1-mm-Blechrohr mit idealer Außenisolation, *d* 1-mm-Blechrohr mit Kunstharzschaumstoff-Außenisolation, *e* 1-mm-Blechrohr mit Mineralwolle-Außenisolation, *f* 1-mm-Blechrohr unisoliert, *g* Zementkanal.

Obwohl beide Beschreibungsverfahren Grenzfälle darstellen, kann man in der Klimatechnik mit ihnen gute Näherungsergebnisse erzielen. In der zitierten Arbeit sind die Gültigkeitsbereiche angegeben.

Mittels der Gln. (15.38a) und (15.39) kann nun auch Gl. (15.37) gelöst werden; denn jetzt ist der Zusammenhang zwischen Kanaltemperatur und Wandoberflächentemperatur bekannt $[\vartheta_w = F(p)_w\, \vartheta]$. Man erhält dann den

Frequenzgang für den Kanal mit der Eingangsgröße ϑ_0 $(\vartheta = \vartheta_0$ für $x = 0)$ und der Ausgangsgröße ϑ_L $(\vartheta = \vartheta_L$ für $x = L)$

$$\frac{\Delta\vartheta_L}{\Delta\vartheta_0} = e^{-p\, T_t}\, e^{-\frac{\alpha_i U L}{\varrho_L c_{pL} F w}(1 - F(p)_w)}. \tag{15.40}$$

Die Totzeit T_t ist der Quotient aus Kanallänge L und Luftgeschwindigkeit w.

Abb. 15.59 zeigt anschaulich die Wirkung einer Kanalinnenisolation.

3. Raum

Der Raum der Regelstrecke ist ein relativ kompliziertes Übertragungsglied. Zu einer übersichtlichen Darstellung der zeitlich veränderlichen Vorgänge gelangt man, wenn der von LENZ[1] zugrunde gelegte vereinfachende Ansatz gewählt wird, s. Abb. 15.60. Genau wie bei dem Über-

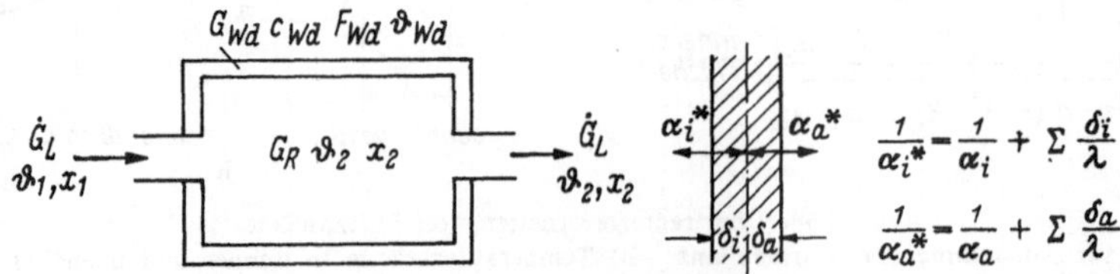

Abb. 15.60. Bezeichnungen und Schema zum Übertragungsverhalten des Raumes (nach LENZ).

tragungsverhalten des Kanals wirkt hier der Luftinhalt des Raumes als Speicher mit der dynamischen Ankopplung der speichernden Wände. Zur Vereinfachung wird mit einer mittleren Wandtemperatur ϑ_{Wd} gerechnet. Entsprechend den vorherigen Beispielen können gleich die aus den Bilanzen entstandenen Differentialgleichungen in der Form

$$G_R\, c_{pL}\, \Delta\vartheta_2' = \dot{G}_L\, c_{pL}(\Delta\vartheta_1 - \Delta\vartheta_2) - \sum (\alpha_i^*\, F_{Wd})(\Delta\vartheta_2 - \Delta\vartheta_{Wd}),$$

$$G_{Wd}\, c_{Wd}\, \Delta\vartheta_{Wd}' = \sum (\alpha_i^*\, F_{Wd})(\Delta\vartheta_2 - \Delta\vartheta_{Wd}) - \sum (\alpha_a^*\, F_{Wd})\, \Delta\vartheta_{Wd} \tag{15.41}$$

---

[1] LENZ, H.: Dynamik der Regelstrecke von Klimaanlagen. Dr.-Ing.-Dissertation. Karlsruhe 1964.

geschrieben werden. Wendet man auf beide Gleichungen die Laplace-Transformation an, so ergibt sich über die Übertragungsfunktion der komplexe Frequenzgang

$$\frac{\underline{\varDelta\vartheta_2}}{\underline{\varDelta\vartheta_1}} = K_P \frac{1 + T_1 p}{T_1 T_2 p^2 + \left(T_2 + a T_1 T_2 + \dfrac{\sum \alpha_i^* F_{Wd}}{b} T_1\right) p + 1}. \tag{15.42}$$

In ihm bedeuten

$$T_1 = G_{Wd}\, c_{Wd}\big/\sum\left[F_{Wd}(\alpha_i^* + \alpha_a^*)\right], \quad T_2 = G_R\, c_{pL}/b, \quad K_P = a\, G_R\, c_{pL}/b,$$

$$b = a\, G_R\, c_{pL} + \frac{\sum(\alpha_i^*\, F_{Wd})\,\sum(\alpha_a^*\, F_{Wd})}{\sum\left[(\alpha_i^* + \alpha_a^*)\, F_{Wd}\right]} \quad \text{und} \quad a = \dot{G}_L/G_R.$$

Die Schwäche dieses Modells liegt in der Annahme vollständiger Durchmischung; dadurch ist nämlich die Art der Luftführung ohne Einfluß auf das Zeitverhalten. Ein weiterer markanter Fall würde sich ergeben, wenn im Raum eine reine Verdrängungslüftung (Kolbenströmung) stattfinden würde. HEMMI[1] betrachtet noch zwei weitere Fälle. Der eine ist dadurch gekennzeichnet, daß das Übertragungsverhalten eines Raumes in zwei Teile aufgegliedert wird. Der erste Teil wird als Kurzschlußströmung betrachtet und besitzt keine Wandankopplung, während beim zweiten Teil die Wandankopplung wirksam ist und ideale Durchmischung vorausgesetzt wird. Der andere Spezialfall ergibt sich, wenn man den Raum in zwei Teile mit jeweils verschiedener Wandankopplung aufteilt. In beiden Fällen erhält man das Gesamtübertragungsverhalten als signalmäßige Addition. LEUTHOLD[2] bringt praktische Ausführungen, die u. a. die Abhängigkeit des Zeitverhaltens von der Luftführung zeigen.

4. Überschlagswerte zur Kennzeichnung des Übertragungsverhaltens

Für Klimaanlagen gelten etwa folgende Bereiche der wichtigsten Kennwerte:

	K_{PS}		T_u	T_g
Vorerhitzer . . .	30 ÷ 50	grd		
Nacherhitzer . .	5 ÷ 10	grd	0,1 ÷ 0,5 min	0,8 ÷ 1,6 min
Kühler	5 ÷ 15	grd		
Raum	0,2 ÷ 0,6		0,5 ÷ 5 min	5 ÷ 50 min

C. Feuchtedynamik

1. Befeuchter mit Umlaufwasser

Die Feuchteänderung durch Dampfzusetzung (Abb. 15.56a) und durch Wasserzerstäubung (Abb. 15.56c) ist als verzögerungsfrei anzusehen und bedarf somit keiner weiteren Ausführungen. Da in der Praxis häufig der Befeuchter mit konstanter umlaufender Wassermenge gefahren wird und die x-Änderung über eine Lufttemperaturänderung (z. B. Wärmeleistungsänderung des Vorerhitzers) erbracht wird, sei auf diesen Vorgang eingegangen, s. LENZ[3]. Mit den Bezeichnungen der Abb. 15.56b werden die wichtigen Bilanzgleichungen aufgestellt. Die folgende Gleichung ergibt den Zusammenhang

$$\alpha\, F(\varDelta\vartheta_{Lm} - \varDelta\vartheta_{Wm}) = \dot{G}_L\, c_{pL}(\varDelta\vartheta_{Le} - \varDelta\vartheta_{La}) \tag{15.43}$$

zwischen der Temperaturänderung des Luftstromes und der übertragenen Wärmemenge. Darin ist $\varDelta\vartheta_{Lm} = (\varDelta\vartheta_{Le} + \varDelta\vartheta_{La})/2$ und $\varDelta\vartheta_{Wm} = (\varDelta\vartheta_{We} + \varDelta\vartheta_{Wa})/2$. Des weiteren sagt die Gleichung

$$\dot{G}_W\, c_W(\varDelta\vartheta_{Wa} - \varDelta\vartheta_{We}) + r\,\sigma\, F(\varDelta x_{sm} - \varDelta x_a/2) = \alpha\, F(\varDelta\vartheta_{Lm} - \varDelta\vartheta_{Wm}) \tag{15.44}$$

---

[1] HEMMI, P.: Temperaturübertragungsverhalten durchströmter Räume. Dr.-Ing.-Dissertation. Zürich 1967.

[2] LEUTHOLD, H.: Eine experimentelle Untersuchung über das Temperatur-Übertragungsverhalten eines Versuchsraumes. Schweiz. Bl. f. Heizg. u. Lüftg. 32 (1965) 47/55.

[3] Siehe Fußnote auf S. 352.

aus, daß die vom Luftstrom $\dot{G}_L$ abgegebene Wärme die Wärme zur Änderung der Wasser-temperatur und zur Wasserverdunstung decken muß. σ ist die Stoffübergangszahl, r die Ver-dampfungswärme, F die Oberfläche des zerstäubten Wassers und $\Delta x_{sm} = (\Delta x_{se} + \Delta x_{sa})/2$. Durch Gl. (15.45) ist der Zusammenhang zwischen übertragener Stoffmenge und Luftfeuchte gegeben:

$$\sigma F(\Delta x_{sm} - \Delta x_a/2) = \dot{G}_L \Delta x_a. \tag{15.45}$$

Die letzte Bilanzgleichung beschreibt den Speichervorgang im Wassersammelgefäß:

$$\dot{G}_W c_W(\Delta \vartheta_{Wa} - \Delta \vartheta_{We}) = G_s c_W \Delta \vartheta'_{We} \tag{15.46}$$

mit $\Delta \vartheta'_{we}$ als zeitlicher Ableitung. Nach Elimination nicht interessierender Zwischengrößen und Anwendung der Laplace-Transformation ergibt sich der komplexe Frequenzgang:

$$\frac{\Delta x_a}{\Delta \vartheta_{Le}} = K \frac{1 + T_1 p}{1 + T_2 p}. \tag{15.47}$$

Die hier enthaltenen Größen bedeuten:

$$K = \frac{A}{C}, \quad T_1 = \frac{B}{A}, \quad T_2 = \frac{D}{C}, \quad A = \frac{2\alpha F \dot{G}_L c_{pL}}{2\dot{G}_L c_{pL} + \alpha F}, \quad B = \frac{G_s}{2\dot{G}_W} A,$$

$$C = e - \dot{G}_W c_W \frac{2\dot{G}_L c_{pL} + \alpha F}{d \alpha F}, \quad D = \frac{G_s}{2\dot{G}_W} e, \quad d = \frac{\Delta x_s}{\Delta \vartheta_W},$$

$$e = \left(\dot{G}_W c_W + \frac{\alpha F}{2} + \frac{dr\alpha F}{2c_{pL}}\right) \frac{2\dot{G}_L c_{pL} + \alpha F}{d \alpha F} - \frac{\alpha F}{2d} - \frac{r\alpha F}{2c_{pL}}.$$

Während die beiden Verfahren gemäß Abb. 15.56a und c verzögerungsarm sind, tritt hier durch den Sammelbehälter eine große Verzögerung auf. Je größer der Quotient $\dot{G}_W/G_s$ ist, desto schneller wird der Beharrungszustand erreicht.

2. Kanal

Der Luftkanal als Übertragungsglied für Feuchteänderungen besitzt Totzeitverhalten. Die üblichen Kanalkonstruktionen sind nicht feuchtespeichernd, so daß wegen endlicher Luft-geschwindigkeit nur eine Totzeit in Erscheinung tritt. Sie errechnet sich aus $T_t = L/w$ mit L als Kanallänge und w Luftgeschwindigkeit. Nach Unterabschnitt I ergibt sich demzufolge der Frequenzgang

$$\frac{\Delta x_L}{\Delta x} = K_P e^{-\frac{L}{w} p} \tag{15.48}$$

mit Δx_L als der Feuchte am Kanalende. Da auch keine Kondensation stattfinden soll, wird $K_P = 1$.

3. Raum

Zu einem einfachen Zusammenhang gelangt man, wenn wie beim Kanal die Feuchtespeiche-rung der Umschließungswände vernachlässigt wird. Desgleichen soll Kondensation vermieden werden. Betrachtet man wieder kleine Änderungen und setzt ideale Durchmischung voraus, so ergibt sich die einfache Differentialgleichung

$$G_R \Delta x'_2 + \dot{G}_L \Delta x_2 = \dot{G}_L \Delta x_1. \tag{15.49}$$

Die Bezeichnungen sind der Abb. 15.60 zu entnehmen.

Die Lösung dieser Differentialgleichung für den Fall periodischer Erregung ergibt den Fre-quenzgang

$$\frac{\Delta x_2}{\Delta x_1} = \frac{K_P}{1 + Tp}. \tag{15.49a}$$

Für den Fall, daß kein Feuchtetransport durch die Umschließungsflächen und keine Konden-sation stattfindet, beträgt $K_P = 1$. Die Zeitkonstante ergibt sich zu $T = \frac{G_R}{\dot{G}_L}$, sie ist also dem Luftwechsel umgekehrt proportional.

IV. Zusammenschaltung von Regeleinrichtung und Regelstrecke

A. Wirkungsmäßige Betrachtung

1. Übertragungsverhalten des linearen Regelkreises[1]

Wie aus der Abb. 15.61 zu ersehen ist, werden Regeleinrichtung und Regelstrecke im Sinne einer Gegenkopplung zusammengeschaltet. Es handelt sich hier um eine P-Regelstrecke 2. Ordnung und einen P-Regler mit Verzögerung 1. Ordnung. An der Regelstrecke greifen die beiden Störgrößen z_1 und z_2 an; z_1 besitzt denselben Angriffspunkt wie die Stellgröße y, während z_2 zwischen den beiden Regelstreckengliedern liegt. Die Wirkungsumkehr soll im Regler stattfinden.

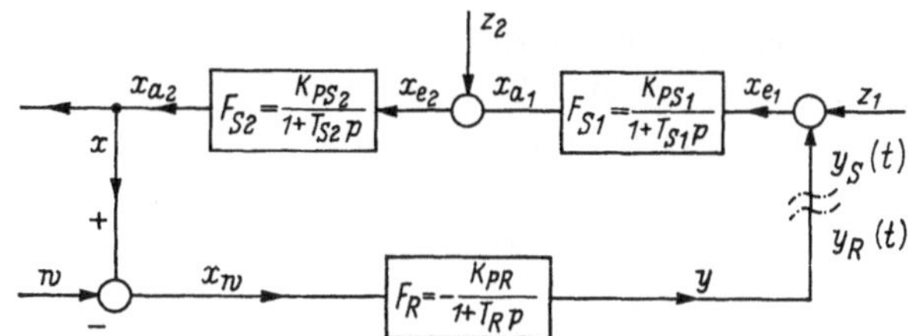
Abb. 15.61. Signalflußplan eines Regelkreises.

Aus den Differentialgleichungen der beiden Glieder $T_{S1}\,\dot{x}_{a1} + x_{a1} = K_{PS1}(y + z_1)$ und $T_{S2}\,\dot{x}_{a2} + x_{a2} = K_{PS2}(x_{a1} + z_2)$ erhält man nach Eliminierung von x_{a1} und mit $x_{a2} = x$ die Differentialgleichung der Regelstrecke

$$T_{S1}T_{S2}\,\ddot{x}(t) + (T_{S1} + T_{S2})\,\dot{x}(t) + x(t) =$$
$$K_{PS2}[T_{S1}\,\dot{z}_2(t) + z_2(t)] + K_{PS1}K_{PS2}z_1(t) + K_{PS1}K_{PS2}y(t). \tag{15.50}$$

Die Differentialgleichung der Regeleinrichtung lautet

$$T_R\,\dot{y}(t) + y(t) = -K_{PR}[x(t) - w(t)]. \tag{15.51}$$

Man erhält die Differentialgleichung des geschlossenen Regelkreises, wenn aus den Gln. (15.50) und (15.51) $y(t)$ eliminiert wird:

$$T_{S1}T_{S2}T_R\,\dddot{x}(t) + (T_{S1}T_{S2} + T_{S2}T_R + T_{S1}T_R)\,\ddot{x}(t) + (T_{S1} + T_{S2} + T_R)\,\dot{x}(t) +$$
$$+ (1 + K_{PS1}K_{PS2}K_{PR})\,x(t) = K_{PS2}[T_{S1}T_R\,\ddot{z}_2(t) + (T_{S1} + T_R)\,\dot{z}_2(t) + z_2(t)] + \tag{15.52}$$
$$+ K_{PS1}K_{PS2}[T_R\,\dot{z}_1(t) + z_1(t)] + K_{PS1}K_{PS2}K_{PR}\,w(t).$$

Zur Bildung der Differentialgleichung des aufgeschnittenen Regelkreises wird der Kreis am Stellort aufgetrennt und die Funktionen $w(t) = z_1(t) = z_2(t) = 0$ gesetzt. Die Eingangsgröße der so entstandenen Steuerkette sei $y_S(t)$, die Ausgangsgröße $y_R(t)$:

$$T_{S1}T_{S2}T_R\,\dddot{y}_R(t) + (T_{S1}T_{S2} + T_{S1}T_R + T_{S2}T_R)\,\ddot{y}_R(t) + (T_{S1} + T_{S2} + T_R)\,\dot{y}_R(t) + y_R(t)$$
$$= -K_{PS1}K_{PS2}K_{PR}\,y_S(t). \tag{15.53}$$

Aus dieser Gleichung ergibt sich der Frequenzgang des aufgeschnittenen Regelkreises

$$F_\ominus(p) = \frac{y_R(p)}{y_S(p)} = -\frac{K_{PS1}K_{PS2}K_{PR}}{(T_{S2}p + 1)(T_{S1}p + 1)(T_Rp + 1)} = -F_R(p)\,F_S(p). \tag{15.54}$$

Die Bedeutung von $F_\ominus(p)$ wird ersichtlich, wenn man die Frequenzangleichung des Regelkreises betrachtet (eine Störgröße wirksam!):

$$x(p) = -\frac{F_\ominus(p)}{1 - F_\ominus(p)}\,w(p) + \frac{F_{Sz}(p)}{1 - F_\ominus(p)}\,z(p) = F_w(p)\,w(p) + F_z(p)\,z(p). \tag{15.55}$$

Der Ablauf des Regelvorganges hängt also hauptsächlich von den Übertragungseigenschaften des aufgetrennten Regelkreises ab. Wie die Gl. (15.55) erkennen läßt, unterscheidet man zwischen Führungs- und Störverhalten. Das Führungsverhalten ergibt sich, wenn bei konstantem Störzustand die Führungsgröße geändert wird. Dagegen spricht man vom Störverhalten, wenn bei konstantem Sollwert die entsprechende Störgröße einen anderen Wert annimmt. Besitzen

---

[1] FLACH, W.: Experimentelle und rechnerische Untersuchungen zum Problem der Regelung zentraler Heizungs- und Klimatisierungsanlagen. Dr.-Ing.-Dissertation Darmstadt 1967.

Stör- und Stellgröße das gleiche Übertragungsverhalten, so ist $F_{Sz}(p) = F_S(p)$. Als Störfrequenzgänge für das gewählte Beispiel erhält man

$$F_{z1}(p) = \frac{K_{PS1} K_{PS2}(T_R p + 1)}{(T_{S2} p + 1)(T_{S1} p + 1)(T_R p + 1) + K_{PS1} K_{PS2} K_{PR}}, \qquad (15.56)$$

$$F_{z2}(p) = \frac{K_{PS2}(T_{S1} p + 1)(T_R p + 1)}{(T_{S2} p + 1)(T_{S1} p + 1)(T_R p + 1) + K_{PS1} K_{PS2} K_{PR}}. \qquad (15.57)$$

Da wegen des festen Zusammenhangs zwischen Regelabweichung und Stellgröße bei P-Reglern die Regelabweichung nicht zu Null gemacht werden kann, bleibt im Beharrungszustand ein Unterschied zwischen Sollwert und Istwert erhalten, der bleibende Regelabweichung genannt wird. Der neue Beharrungszustand liegt um so näher am Wert vor der Störung, je größer der *Regelfaktor* $R = 1/(1 + V_0)$ gewählt wird ($V_0 = K_{PS} K_{PR}$ als Kreisverstärkung).

Muß die bleibende Regelabweichung vermieden werden, so ist ein Regler mit I-Verhalten bzw. mit zusätzlichem I-Verhalten zu verwenden. An Stelle des P-Reglers soll in Abb. 15.61 ein PI-Regler mit Verzögerung 1. Ordnung treten. Demzufolge wird der Frequenzgang des aufgeschnittenen Regelkreises

$$F_\ominus(p) = \frac{K_{PS1} K_{PS2} K_{PR}\left(1 + \dfrac{K_I}{p}\dfrac{1}{K_{PR}}\right)}{(T_{S1} p + 1)(T_{S2} p + 1)(T_R p + 1)}. \qquad (15.58)$$

Wenn man sich der Mühe unterziehen würde, die Differentialgleichungen für die beiden Fälle zu lösen und $t \to \infty$ laufen zu lassen oder in dem Frequenzgang $p \to 0$ streben zu lassen, erhielte man die Ausdrücke

$$\begin{array}{lll} & \qquad\qquad\qquad\qquad\qquad\qquad P\text{-Regler} & PI\text{-Regler} \\[2mm] z_1 : \lim_{t\to\infty} x(t) = \lim_{p\to 0} F_{z1}(p) = \dfrac{K_{PS1} K_{PS2}}{1 + K_{PS1} K_{PS2} K_{PR}} & 0 \\[4mm] z_2 : \lim_{t\to\infty} x(t) = \lim_{p\to 0} F_{z2}(p) = \dfrac{K_{PS1}}{1 + K_{PS1} K_{PS2} K_{PR}} & 0\,. \end{array} \qquad (15.59)$$

2. Stabilitätskriterien

Als eines der Hauptprobleme der Regelungstechnik gilt die Stabilität des Regelvorganges. Es existieren zahlreiche Stabilitätskriterien, von denen drei häufig anzutreffende wiedergegeben werden sollen.

Auf die Differentialgleichungen bauen die algebraischen Stabilitätskriterien von ROUTH und HURWITZ auf, die das zahlenmäßige Vorhandensein der Koeffizienten voraussetzen. Bei vielen Regelungsproblemen verfügt man aber nicht über derartige Angaben, dagegen sind die experimentell aufgenommenen Frequenzgänge oft vorhanden.

a) Vereinfachtes Nyquist-Kriterium

Dieses Kriterium geht vom Frequenzgang des aufgetrennten Regelkreises $F_\ominus(p)$ aus. Wenn man den aufgetrennten Regelkreis nach Abb. 15.61 als Steuerkette mit der Eingangsgröße $y_S(t)$ und der Ausgangsgröße $y_R(t)$ betrachtet und die Eingangsgröße harmonisch erregt, so vollführt die Ausgangsgröße ebenfalls Schwingungen. Sind Eingangs- und Ausgangsgröße nach Betrag und Phase gleich, so kann man den aufgetrennten Regelkreis wieder schließen, ohne daß sich am Schwingungsvorgang etwas ändert. Der Regelkreis wird weiterhin von der Schwingung durchlaufen, auch wenn der Schwingungserzeuger entfernt wird; er erregt sich selbst infolge der Rückkopplung.

Eine anschauliche Darstellung vermittelt Abb. 15.62. Um den Nullpunkt ist ein Kreis vom Radius 1 geschlagen worden, der von der Ortskurve an einer Stelle im 3. Quadranten geschnitten wird. Die dazugehörige Frequenz nennt man Durchtrittsfrequenz ω_d. Ist an der Stelle $\omega = \omega_d$ (für die ja $|F_\ominus(p)| = 1$ ist) der Wert der Phase größer als $-180°$, d. h. also z. B. $-150°$, so liegt der kritische Punkt links (links von der in Richtung wachsender ω-Werte durchlaufenen Ortskurve), und der geschlossene Regelkreis verhält sich stabil. Je näher man dem Punkt $(-1;0)$ kommt, um so weniger gedämpft verläuft der Einschwingvorgang. Demzufolge kann der sog. Phasenrand als ein Maß für das Einschwingverhalten verwandt werden, der sich aus Abb. 15.62 zu $\varphi_{rd} = 180° - \varphi(\omega_d)$ ergibt. Den Quotienten $1/F_{rd} = a_{rd}$ nennt man Amplitudenrand; er ist der Reziprokwert des Frequenzgangpunktes für die Phasenverschiebung $\varphi = 180°$. Auf Grund von Erfahrungen sollen sich die Werte im folgenden Bereich bewegen: $\varphi_{rd} = 30$ bis $80°$, $a_{rd} = 3$ bis 10. Man erkennt, daß gerade bei Totzeitgliedern kritische Verhältnisse vorliegen; denn sie drehen die Phase, ohne bei steigender Frequenz eine Amplitudenabnahme zu bewirken.

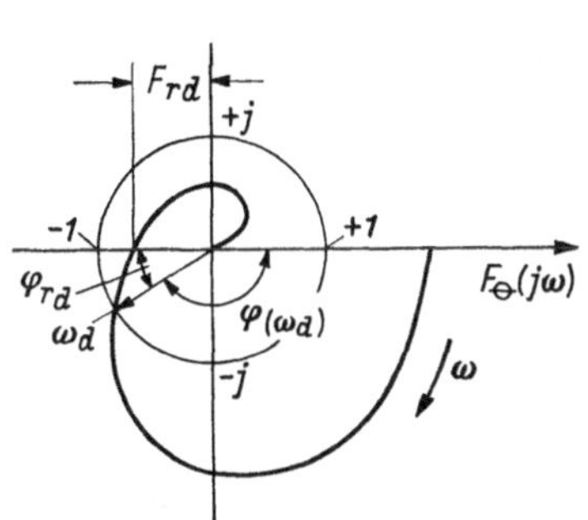

Abb. 15.62. Durchtrittsfrequenz ω_d und Phasenrand φ_{rd}.

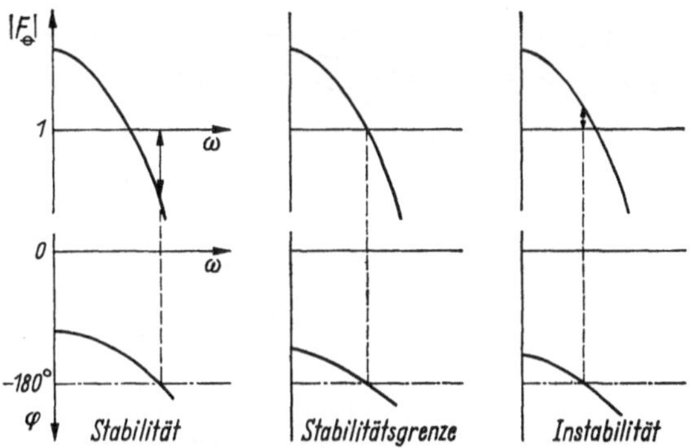

Abb. 15.63. Stabilitätsbetrachtung mit den Frequenzkennlinien.

Die oft angewandte Stabilitätsprüfung mittels der Frequenzkennlinien bereitet nach diesen Überlegungen keine Schwierigkeit. In Abb. 15.63 sind zur Anschaulichkeit die drei möglichen Fälle dargestellt. Ob man mit $F(p)$ oder mit $20\log F(p)$ arbeitet, ist unbedeutend. Im Falle der Darstellung $20\log F(p)$ besitzt nur die Frequenzachse logarithmische Teilung.

$$\text{b) Ortskurvenkriterium mit } F_R(p) \text{ und } -\frac{1}{F_S(p)}$$

Die unter a) gebrachte Form des Nyquist-Kriteriums gilt für Übertragungssysteme, die im Fall des offenen Kreises stabil sind. Ein weiteres Kriterium geht von den Frequenzgängen F_R und $-\dfrac{1}{F_S}$ aus, wobei die beiden Frequenzgänge $F_R = \dfrac{y_R(p)}{x(p)}$ und $-\dfrac{1}{F_S} = \dfrac{y_S(p)}{x(p)}$ als Ortskurven dargestellt werden. Bei diesem Verfahren wird die Eingangsgröße des Reglers gleich Eins gesetzt, so daß in seiner Ortskurve der frequenzabhängige Zeiger y_R als die Ausgangsamplitude zu betrachten ist. Da $x = 1$ auch für den Frequenzgang der Regelstrecke gelten soll, bedeutet der Zeiger y_S die Amplitude am Streckeneingang, die man in Abhängigkeit der Frequenz aufbringen muß, damit $x = 1$ wird. Der Größenvergleich der beiden gleichphasigen Zeiger y_R und y_S liefert somit die Entscheidung über Stabilität oder Instabilität. Sind die Zeiger gleich groß, so erhalten sich im geschlossenen Kreis Dauerschwingungen. Abklingende Schwingungen

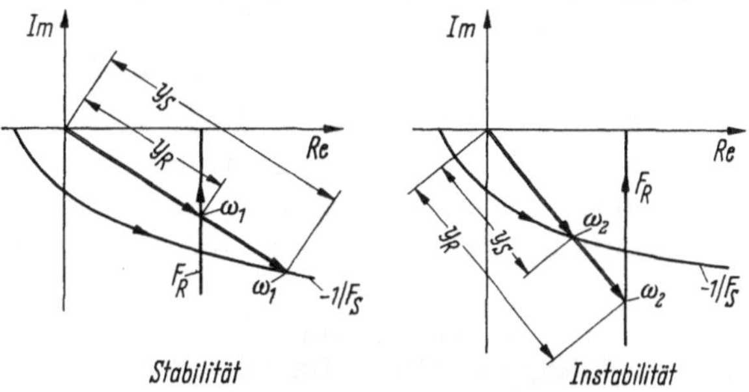

Abb. 15.64. Stabilitätsprüfung mit Reglerfrequenzgang und inversem Streckenfrequenzgang (*PI*-Regler an Strecke höherer Ordnung).

stellen sich ein, wenn $y_S > y_R$ ist. Demzufolge sind aufklingende Schwingungen möglich, wenn $y_S < y_R$ ist. Eine anschauliche Darstellung dieser Verhältnisse entnimmt man der Abb. 15.64, in der qualitativ die Verhältnisse für einen unverzögerten *PI*-Regler und eine Strecke höherer Ordnung dargestellt sind.

c) Stabilitätsprüfung mittels der Übergangsfunktion

Die Stabilitätsprüfung mit der Übergangsfunktion des aufgetrennten Regelkreises ist weit verbreitet, sie stammt von Küpfmüller. Man arbeitet mit ihr, wenn die Serienschaltung von Regler und Regelstrecke durch ein Glied 1. Ordnung mit Totzeit beschrieben werden kann.

Dann gilt für die kritische Kreisverstärkung die Gleichung:

$$V_{0\,krit} = \frac{\pi}{2}\,\frac{T}{T_t} + 1.$$ (15.60)

Danach kann die kritische Kreisverstärkung für einen Regelkreis mit P-Regler approximativ einfach errechnet werden. Es kommt also auf das Verhältnis von Zeitkonstante zu Totzeit an. Je kleiner die Totzeit und je größer die Zeitkonstante ist, um so größer darf die Kreisverstärkung gewählt werden.

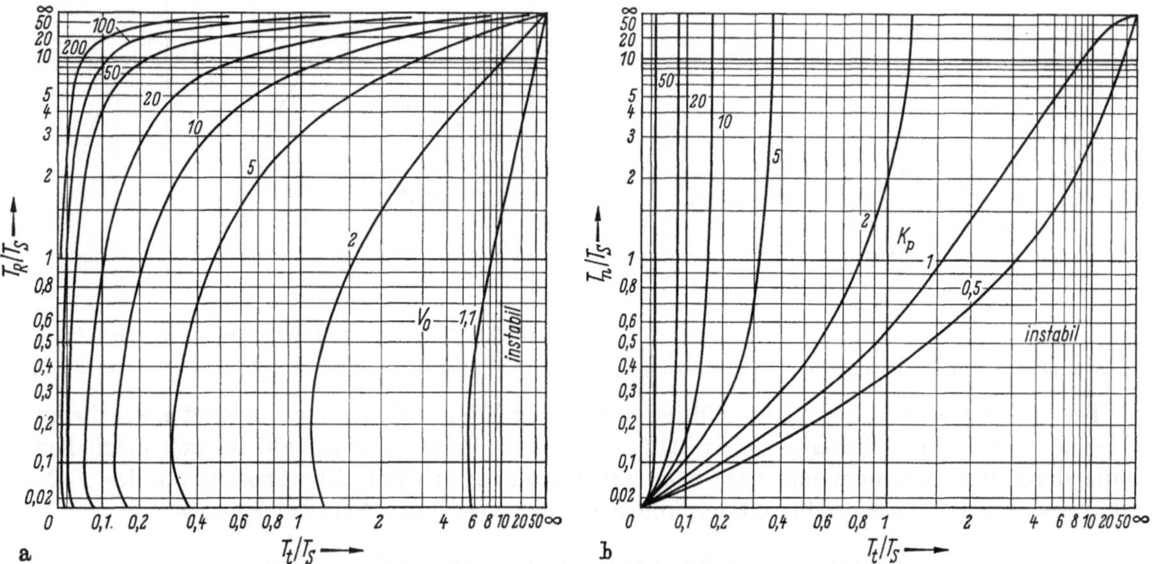

Abb. 15.65. Stabilitätsdiagramme für P- und PI-Regler (nach JUNKER).
a) P-Regler mit Zeitkonstante T_R; b) verzögerungsfreier PI-Regler. Regelstrecke: 1. Ordnung mit Totzeit.

Für die praktische Handhabung sind in Abb. 15.65 noch zwei Stabilitätsdiagramme[1] gebracht. Das Diagramm a gilt für einen verzögerten P-Regler (Zeitkonstante T_R) an einer Regelstrecke erster Ordnung (Zeitkonstante T_s) und Totzeit T_t. Im Fall b handelt es sich um einen verzögerungsfreien PI-Regler, der an einer Regelstrecke mit Totzeit T_t und Zeitkonstante T_s arbeitet.

3. Reglereinstellung

Für die Praxis ist es sehr wichtig, Vorschriften zur Einstellung des Reglers zu besitzen. Häufig angewendet werden die Einstellregeln nach ZIEGLER-NICHOLS. Sie gehen von der Durchführung des folgenden Experiments am fertiggestellten Regelkreis aus: Man stelle die Regeleinrichtung auf reines P-Verhalten und verkleinere den P-Bereich so lange, bis sich eine Dauerschwingung einstellt. Der so erhaltene kritische P-Bereich $x_{p\,krit}$ und die Schwingungszeit T_{krit} dienen dann zur Errechnung der Reglereinstellung. Es gilt für P-Regler: $x_p = 2x_{p\,krit}$; PI-Regler: $x_p = 2{,}2x_{p\,krit}$, $T_n = 0{,}85\,T_{krit}$; PID-Regler: $x_p = 1{,}7x_{p\,krit}$, $T_n = 0{,}5\,T_{krit}$, $T_v = 0{,}12\,T_{krit}$.

Eine andere spezifizierte Einstellvorschrift stammt von CHIEN, HRONES und RESWICK, siehe Tab. 15.01; sie ist am Analogrechner gewonnen worden, bei dem

Tabelle 15.01
Reglereinstellung nach CHIEN, HRONES *und* RESWICK

	Aperiodischer Regelvorgang	20% Überschwingung
P-Regler	$V_0 = 0{,}3\,T/T_t$	$V_0 = 0{,}7\,T/T_t$
PI-Regler	$V_0 = 0{,}6\,T/T_t$ $T_n = 4\,T_t$	$V_0 = 0{,}7\,T/T_t$ $T_n = 2{,}3\,T_t$
PID-Regler	$V_0 = 0{,}95\,T/T_t$ $T_n = 2{,}4\,T/T_t$ $T_v = 0{,}42\,T_t$	$V_0 = 1{,}2\,T/T_t$ $T_n = 2\,T_t$ $T_v = 0{,}42\,T_t$

[1] JUNKER, B.: Das Verhalten idealisierter stetiger Regler an Regelstrecken mit Ausgleich. Regelungstechn. 3 (1955) 54/58, 80/84. — E. HECK: Regelkreise in der Klimatechnik und ihre Stabilisierung. Heizg.-Lüftg.-Haustechn. 15 (1964) 125/129.

die Regelstrecke durch ein Totzeitglied und ein Glied 1. Ordnung dargestellt worden ist und die Störgröße am Stellort angreift. Die Regelstrecken der Klimatechnik sind jedoch höherer Ordnung, so daß man diese Ergebnisse nur als Approximation zu betrachten hat, indem $T = T_g$ und $T_t = T_u + T_t'$ gesetzt wird. T_t' sei die echte Totzeit.

Die Art der Zeitfunktion der Störgrößen ist ebenfalls von Einfluß auf die Reglereinstellung, so daß man Kenntnis über die im Durchschnitt im normalen Betriebsfall zu erwartenden Störgrößenformen haben müßte.

4. Verbesserung des Regelgrößenverlaufs

Da in den meisten Fällen lineare Verhältnisse angenommen werden, ist die Ausregelzeit sowohl für große als auch für kleine Störgrößenänderungen gleich, und man erhält für eine doppelt so große Störung auch eine doppelt so große Regelabweichung. Deshalb ist es naheliegend, Störgrößenänderungen abzufangen, bevor sie auf die Regelgröße in vollem Maße einwirken.

Man bildet daher für die dominierenden Störgrößen eigene Regelkreise, die den Hauptregelkreis entlasten, so daß dessen Einstellung weniger schwierig wird. Für die *Vorregelkreise* genügen meistens einfache Regeleinrichtungen, da sie nicht vollkommen die Störgrößenwirkungen abfangen sollen; ihre Einstellung ist einfach zu finden, da diese Regelkreise meistens nur eine Störgröße besitzen.

Eine weitere Methode der Entlastung des Hauptreglers ist die *Störgrößenaufschaltung*. Sie besteht darin, daß durch einen reinen Steuervorgang das Wirken der jeweiligen Störgröße beeinträchtigt bzw. ausgeschaltet wird. Im Blockschaltbild nach Abb. 15.66a ist ein derartiger

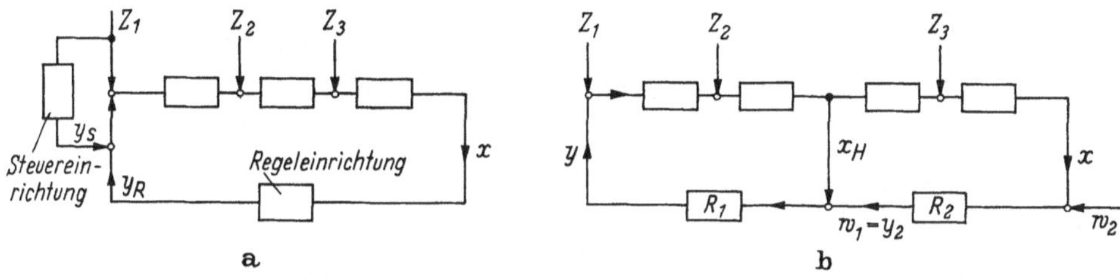

Abb. 15.66. Verbesserung des Regelgrößenverlaufs. a) Störgrößenaufschaltung; b) Kaskadenregelung.

Fall aufgezeigt. Am Stellglied werden die Signale vom Regel- und vom Steuergerät gemischt, und die Störgröße z_1 wird bei verzögerungsarmen Übertragungsgliedern im Augenblick ihres Auftretens ausgeschaltet. Würde an Stelle von z_1 die Störgröße z_2 über dasselbe Stellglied als Eingangsgröße der Steuerkette gewählt, ergäben sich dynamisch andere Verhältnisse; denn das von z_2 ausgelöste Stellsignal müßte eine Verzögerung durchlaufen. Infolgedessen ist die Störgrößenaufschaltung dann am wirksamsten, wenn die Störgröße am Stellglied des Regelkreises angreift. Für Stabilitätsbetrachtungen des Regelkreises hat diese Aufschaltung keine Bedeutung, da sie neben dem Regelkreis herläuft.

Mit der sog. *Kaskadenschaltung* lassen sich gegenüber den bisher betrachteten einschleifigen Regelkreisen günstigere Regelgrößenverläufe erzielen. Es werden dabei, s. Abb. 15.66b, zwei Teilregelstrecken gebildet, die auch zwei Regler erfordern, den Führungsregler R_2 und den Folgeregler R_1. Während der Führungsregler die effektive Regelgröße x mißt und über eine Sollwertverstellung das Stellglied beeinflußt, erfaßt der Folgeregler eine Hilfsregelgröße, deren Istwert er mit dem vom Führungsregler gegebenen Sollwert vergleicht. Der Vorteil dieser Schaltung liegt in einer Verbesserung des Regelgrößenverlaufes, da die Störgrößen im ersten Streckenabschnitt abgefangen werden. Der Führungsregler kann dann nach den Angriffspunkten der Störgröße des zweiten Streckenabschnittes eingestellt werden.

Eine generelle Aussage über die zu erwartenden Verbesserungen kann wegen der Vielschichtigkeit infolge zahlreicher Parameter kaum gemacht werden. Eine erhebliche Rolle spielen die Ordnung der Gesamtregelstrecke und auch die der Hilfsregelstrecke, die Störgrößenangriffspunkte und die Art der Störung sowie das Zeitverhalten der Regler.

5. Nichtlineare Regelvorgänge

a) Auswirkung nichtlinearer Effekte

Im folgenden werden einige nichtlineare Effekte aufgezählt, denen man in der Praxis oft begegnet. Die Sättigungserscheinung bedingt eine starke Änderung des Übertragungsbeiwertes in der Nähe der Arbeitsgrenze. Daß Anschläge vorhanden sind, ist selbstverständlich; denn die Größen können immer nur einen gewissen Bereich durchlaufen. Bei großen Änderungen werden meistens die Bereichsendwerte erreicht; desgleichen laufen bei Anfahrvorgängen die Stellglieder oft in ihre Endlagen und bewirken einen nach der linearen Theorie nicht berechenbaren Regelgrößenverlauf.

Die minimal einstellbare Durchflußmenge bei Stellventilen beschränkt häufig die Anwendung im Falle der Schwachlast und erfordert u. U. die Aufteilung des Stellbereiches auf zwei Stellventile in Folgeschaltung.

Bei der Folgeschaltung von Lufterhitzern und Luftkühlern werden die Stellventile ebenfalls in Folge geschaltet, wobei zwischen den beiden Stellungen Erhitzer geschlossen und Kühler geöffnet eine Lücke (Neutralzone) gelassen wird, um bei kleinen Regelabweichungen innerhalb dieses Lastbereiches kein sich kompensierendes Arbeiten der Wärmeaustauscher zu erhalten. Außerdem ergibt sich durch den k_{vr}-Wert sowieso ein stufenweises Verhalten. Des weiteren werden im Normalfall Erhitzer und Kühler ungleiche Kennlinien und verschiedenes dynamisches Verhalten aufweisen.

Eine weitere Nichtlinearität ist durch eine begrenzte Auflösung (Stufigkeit) gegeben, d. h. bei einer stetigen Zeitfunktion der Eingangsgröße kommt am Ausgang ein treppenförmiges Signal zustande.

Abb. 15.67 zeigt die Summenwirkung von Ansprechempfindlichkeit, Hysteresis und Stufigkeit. Für $t \to \infty$ bleibt eine Dauerschwingung mit kleiner Amplitude übrig. Der Regelstrecke wird in diesem Fall stufig die Energie zugeführt, die an den „Schaltpunkten" zu groß bzw. zu

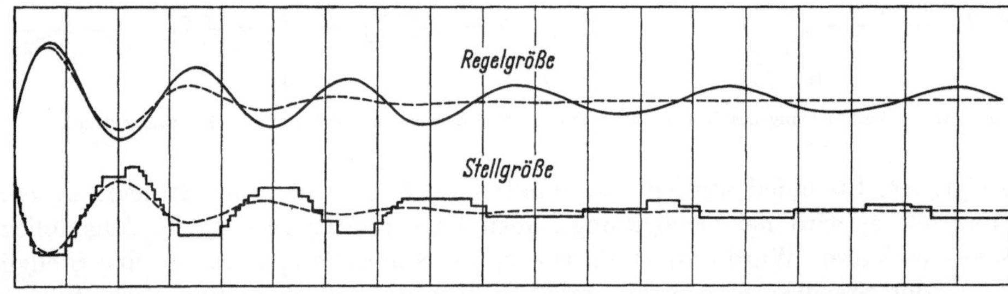

Abb. 15.67. Regel- und Stellgrößenverläufe bei linearem Regler — — — und nichtlinearem Regler ———.

klein ist, um die Störgrößenwirkung auszugleichen. Wäre die Hysteresis kleiner und die Ansprechempfindlichkeit besser, so müßte der Stellgrößenverlauf dem des linearen Reglers näherkommen.

Durch die Hysteresis ist das Stabilitätsverhalten von der Amplitude abhängig. Des weiteren wird die Regelgüte von den dynamischen Kennwerten der im Regelkreis vorhandenen linearen Glieder, der Größe der Störungen und der Hysteresisbreite in starkem Maße beeinflußt.

b) Nichtlineare Regler

Neben den mehr oder weniger ungewollten Nichtlinearitäten (meistens technologisch bedingt) werden bei vielen Reglerkonstruktionen bewußt nichtlineare Effekte als Arbeitsprinzip eingeführt, von denen im folgenden die am häufigsten anzutreffenden bezüglich ihrer Wirkung im geschlossenen Regelkreis betrachtet werden sollen.

Nach GILCH[1] erhält man für *Zweilaufregler* (Abb. 15.22c) das in Abb. 15.68 dargestellte Stabilitätsdiagramm, in dem die Regelstrecke durch ein Totzeitglied und ein Glied erster Ord-

---

[1] VDI-Bildungswerk. BW 11—,04—01.

nung approximiert ist; der Regler sei durch das Verhältnis x_d/x_n gekennzeichnet. Das Schaltverhalten des Reglers ist durch die neutrale Zone x_n und die Schaltdifferenz x_d gegeben. x_h ist der sog. Regelbereich, der sich zu $x_h = y_h K_{PS}$ ergibt. Stabilität liegt vor, wenn diese Ungleichung erfüllt ist:

$$\frac{T_M}{T_t}\,\frac{x_n}{x_h} \gtrless A, \qquad (15.61)$$

wobei T_M die Motorlaufzeit ist, d. h. die Zeit für das Durchlaufen des vollen Stellbereiches. Für den Fall des Gleichheitszeichens erhält man die Stabilitätsgrenze.

Da die *Schrittregler* (Abb. 15.22 d) sehr verbreitet sind, soll die Stabilitätsbedingung für diesen Typ ebenfalls erwähnt werden. Bei Anwendung eines derartigen Reglers an einer Regelstrecke mit P-Verhalten definiert man als Schrittgröße s, die die Dimension der Regelgröße besitzt, den Ausdruck

$$s = \frac{i\,t_0\,K_{PS}}{T_M}. \qquad (15.62)$$

(s ist also die Änderung der Regelgröße, wenn ein Impuls ausgelöst und der Beharrungszustand abgewartet wird). In Abb. 15.69 ist ein Stabilitätsdiagramm nach JUNKER[1] für diesen Anwendungsfall dargestellt, das die Stabilitätsgrenze für eine Regelstrecke mit Totzeit T_t und Glied erster Ordnung mit der Zeitkonstanten T_s zeigt. Die Tastzeit t_0 und die neutrale Zone x_n können bei den meisten Reglern in Grenzen verändert werden; somit ist eine Anpassung bei noch wählbarer Motorlaufzeit an die vorgegebene Regelstrecke möglich.

Eine apparativ sehr einfache Regeleinrichtung ist der *Zweipunktregler*, der dadurch gekennzeichnet ist, daß nach Abb. 15.30 seine Ausgangsgröße nur zwei Zustände annehmen kann. An einer Regelstrecke mit Totzeit T_t und Zeitkonstante T ergibt sich bei nicht vorhandener Schaltdifferenz ($x_d = 0$) der Regelgrößenverlauf nach Abb. 15.70. Bei Erreichen des Sollwertes schaltet der Regler ab; infolge Totzeit steigt

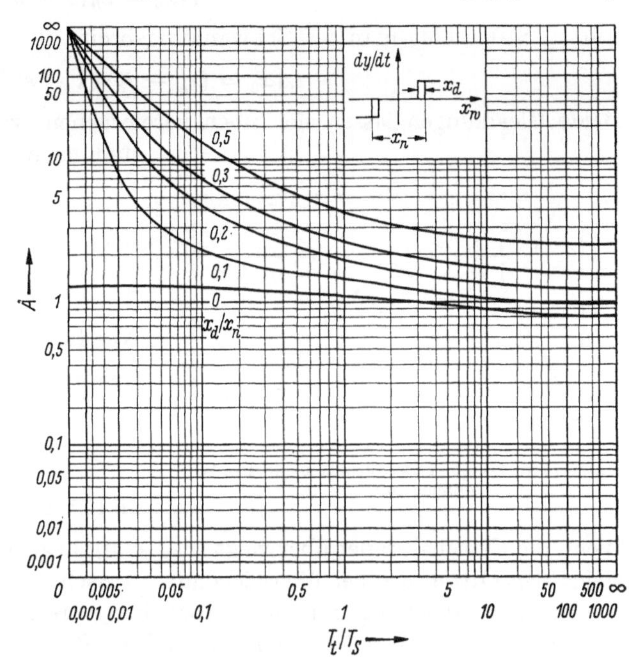

Abb. 15.68. Stabilitätsdiagramm für Dreipunktregler mit Stellmotor (Zweilaufregler) (nach GILCH). x_n neutrale Zone, x_d Schaltdifferenz.

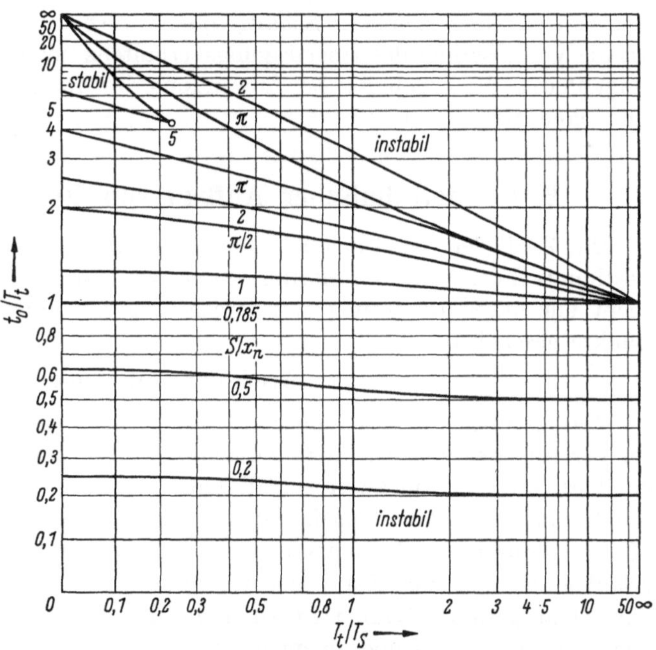

Abb. 15.69. Stabilitätsdiagramm für Dreipunktregler mit Schrittschaltung (nach JUNKER).

jedoch die Regelgröße noch um den Betrag Δx_1 an. Nach Unterschreiten des Sollwertes wird der Regler eingeschaltet, aber ein Steigen der Regelgröße erfolgt erst nach Ablauf der Totzeit.

---

[1] JUNKER, B.: Die regeltechnischen Grundlagen der Anwendung selbsttätiger Regler in der Heizungs- und Klimatechnik. Heizg.-Lüftg.-Haustechn. 7 (1956) 177/186.

Es ergibt sich eine Schwingung mit der Amplitude Δx_0:

$$\Delta x_0 = x_h (1 - e^{-T_t/T}).\tag{15.63}$$

Für $x_d > 0$ erhält man als Schwankungsbreite

$$\Delta x_0 = (x_h - x_d)(1 - e^{-T_t/T}) + x_d.\tag{15.64}$$

Beide Gleichungen lassen sich noch vereinfachen, wenn man eine Reihenentwicklung ansetzt und nach dem linearen Glied abbricht:

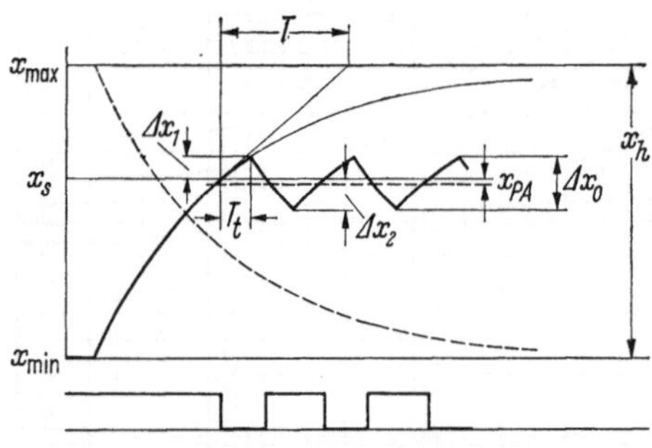

Abb. 15.70. Zweipunkt-Regelvorgang an Strecke 1. Ordnung mit Totzeit.

$$\Delta x_0 = x_h \frac{T_t}{T},\tag{15.63a}$$

$$\Delta x_0 = x_h \frac{T_t}{T} + xd.\tag{15.64a}$$

Nur für den symmetrischen Fall (Einschaltzeit = Ausschaltzeit) deckt sich der Sollwert $x_s = \dfrac{x_u + x_0}{2}$ mit dem Mittelwert der stationären Schwingung.

Für alle anderen Fälle beträgt die Abweichung

$$x_{PA} = (1 - e^{-T_t/T})(x_{max}/2 + x_{min}/2 - x_s).\tag{15.65}$$

Wenn die Einschaltdauer überwiegt ($x_{PA} < 0$), liegt der Mittelwert unter dem Sollwert; dagegen steigt der Mittelwert bei überwiegender Ausschaltdauer ($x_{PA} > 0$) über den Sollwert.

Aus der Gleichung für die Schwankungsbreite erkennt man, daß der Regelerfolg unzureichend werden kann, wenn das Verhältnis T_t/T groß wird. Des weiteren ist die Schwingungsbreite sehr stark von x_h abhängig, d. h. von der Größe der zu schaltenden Energie.

Durch eine thermische Rückführung (die z. B. im Heizbetrieb während der Ausschaltdauer dem Fühler durch Erwärmung eine erhöhte Temperatur vortäuscht) läßt sich der Regelvorgang auf Kosten einer erhöhten Schaltfrequenz verbessern. Der Veröffentlichung von Böttcher[1] ist die Verbesserung des Übertragungsverhaltens mittels Rückführung zu entnehmen; ebenfalls zeigt Protz[2] die Ergebnisse bei Anwendung des Zweipunktreglers mit thermischer Rückführung und ohne diese.

B. Gerätetechnischer Aufbau von Regelkreisen (Grundschaltungen)

Die Zahl der Schaltmöglichkeiten der Luftbehandlungselemente ist sehr groß, da sich bestimmte Forderungen vielseitig realisieren lassen[3]. Das apparative Zusammenschalten muß nicht nur unter Beachtung wärmetechnischer, sondern auch regelungstechnischer Gesichtspunkte geschehen.

1. Mischung von Außen- und Umluft

Mischklappen zur Mischung von Umluft und Außenluft werden entweder von der Mischlufttemperatur oder von der Außenlufttemperatur beeinflußt. Im ersten Fall wird ein Regelkreis gebildet, während im zweiten Fall eine Steuerkette vorliegt. Da bei Saalklimaanlagen ein Mindestaußenluftanteil eingehalten werden muß, ist entsprechend den Auslegungsdaten dieses Minimum durch eine Begrenzungsschaltung zu sichern. Sofern es die hygienischen Verhältnisse erlauben, werden auch Klappensteuerungen in Abhängigkeit vom Wärmeinhalt der Außen- und Umluft ausgeführt. Dann tritt an Stelle des normalen Lufttemperaturfühlers eine Schaltung aus einem trockenen und einem feuchten Temperaturgeber. Neben diesen Möglichkeiten kann

---

[1] Böttcher, W.: Optimales Verhalten von Zweipunktreglern mit Rückführung. Regelungstechn. 8 (1960) 340/344.

[2] Protz, H.: Zweipunktregelung der Raumtemperatur bei Ölfeuerung. Öl- u. Gasfeuerung 12 (1967) 160/171. — Siehe auch: VDI-Berichte 106 (1966) 17/22.

[3] Weber, F.: Messen, Regeln und Steuern in der Lüftungs- und Klimatechnik. Düsseldorf: VDI-Verlag 1965. — Sprenger, E.: Regelungsprobleme in der Lüftungs- und Klimatechnik. Regelungstechn. 3 (1955) 188/193. — Rasch, H.: Regelbarkeit von Klimaanlagen. Regelungstechn. 9 (1961) 110/116.

man die Mischklappen auch mit Kühlern und Erhitzern in Folge schalten. Für die den Klappen nachgeschalteten Luftbehandlungselemente als auch deren Regelkreise ist es vorteilhaft, daß die Gesamtmenge (Zuluftmenge) annähernd konstant bleibt. In Abb. 15.71a ist eine Mischlufttemperaturregelung dargestellt, mit der während des Winterbetriebes mittels eines Proportional-Reglers über die entsprechend gewählte Empfindlichkeit (P-Bereich) die Außenluftmenge

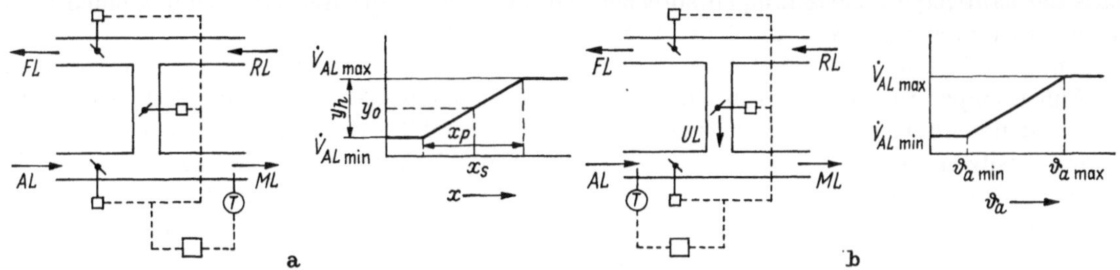

Abb. 15.71. Klappenschaltungen.
a) Mischlufttemperaturregelung;   b) Steuerung des AL/UL-Verhältnisses von der Außenlufttemperatur.

von $\dot{V}_{ALmin}$ bis auf $\dot{V}_{ALmax}$ eingestellt wird (einfachheitshalber ist eine Gerade als Istwertverlauf angenommen worden). Die Lage des Sollwertes (y_0, x_s) ergibt sich u. a. aus den Abgleichbedingungen des Reglers. Da beide Betriebsfälle (Sommer- und Winterbetrieb) mit unterschiedlichen Bereichen und umgekehrter Wirkungsrichtung gefahren werden, benutzt man meistens zwei Regler. Kritisch ist bei der Mischlufttemperaturregelung die Fühleranbringung, denn der Meßort für die Mitteltemperatur ist nicht nur schwer zu finden, sondern auch von der Klappenstellung abhängig.

2. Zulufttemperaturregelung

Da die den Klappen folgenden Schaltungen der Luftbehandlungselemente mit ihren Steuer- und Regeleinrichtungen sehr vielfältig sind, soll hier nur auf einige grundsätzliche Fragen eingegangen werden. Neben etlichen Möglichkeiten der Temperatur- und Feuchtebeeinflussung

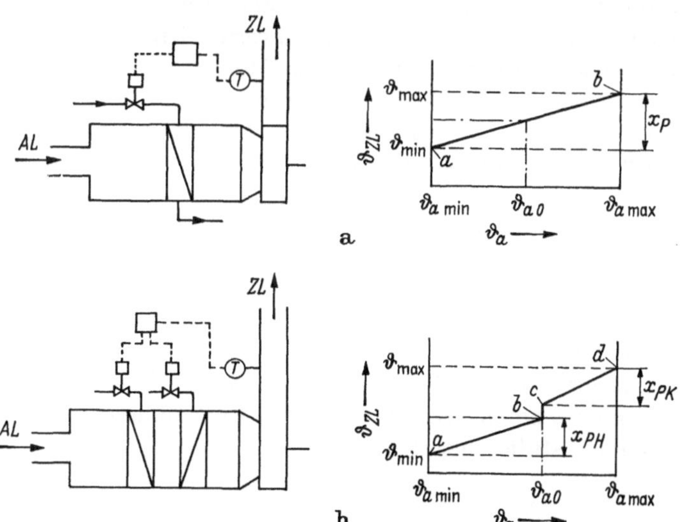

Abb. 15.72. Zulufttemperaturregelung mit P-Regler.   a) Heizbetrieb;   b) Heiz- und Kühlbetrieb.
a Heizventil offen,   b Heizventil geschlossen,   c Kühlventil geschlossen,   d Kühlventil offen.

sind bisher die wichtigsten Gesichtspunkte (Auslegung des Stellventils, Bedeutung des Übertragungsbeiwertes für die Stabilität, dynamisches Verhalten) besprochen worden. Hier interessiert die Kreisschaltung der Geräte. In Abb. 15.72a wird ein Zulufttemperaturregelkreis gezeigt, der innerhalb des P-Bereiches die Zulufttemperatur im Heizbetrieb konstant hält.

Eine derartige Schaltung wird u. a. angewendet, wenn in einem Raum die Temperatur durch örtliche Heizflächen gehalten wird und mit der Lüftungsanlage nur eine Lufterneuerung erbracht werden soll. In diesem Fall wäre bei Annahme konstanter Heizmitteltemperaturen und konstanter Vordruckverhältnisse die Außentemperatur die eigentliche Störgröße. Je nach Aufbau der Regeleinrichtung kann der Sollwert an einen bestimmten Punkt (ϑ_{a0}) gelegt werden. Dieser sollte der häufigsten Laststellung entsprechen, so daß für ihn die Regelabweichung einen minimalen Wert annimmt. Nur an einem Punkt ist sie Null.

Eine Verringerung der bleibenden Regelabweichung bei P-Regelung erreicht man, wenn die Außentemperatur als Störgröße in dem Sinne aufgeschaltet wird, daß das Stellventil unter diesem Steuereinfluß schon voreingestellt wird. Die in der Klimatechnik üblichen Regeleinrichtungen besitzen Möglichkeiten einer derartigen Einschleifung in die Vergleicherschaltung, indem die Außentemperatur eine interne Sollwertverschiebung veranlaßt. Im Idealfall, wenn die Außentemperatur die einzige Störgröße ist und lineare Verhältnisse vorliegen, erhielte man bei entsprechender Vorgabe des Zusammenhanges $w = f(\vartheta_a)$ eine konstante Zulufttemperatur.

Ähnliche Verhältnisse liegen bei der Zulufttemperaturregelung im Sommer- und Winterbetrieb vor, s. Abb. 15.72b. Der Übergang vom Heizbetrieb auf den Kühlbetrieb erfordert einen zusätzlichen Geräteaufwand; denn erstens werden die Stellglieder gewechselt, zweitens wird die Wirkungsweise umgekehrt, und drittens soll ein unwirtschaftliches Gegeneinanderarbeiten vermieden werden. Die Lösung dieser drei Funktionen kann je nach Art der Hilfsenergie und des Reglerarbeitsprinzips sehr verschieden sein. Wegen des in den meisten Fällen kleineren Übertragungsbeiwertes des Kühlers bereitet der Kühlbetrieb weniger Stabilitätssorgen. Sieht man aber wie im Beispiel nach Abb. 15.77 einen zusätzlichen Erhitzer vor, so wird der hohe Übertragungsbeiwert des Haupterhitzers verringert.

Da im Winter die Wärmeaustauscher einfrieren können, sind sie durch besondere Sicherheitsschaltungen vor Zerstörungen zu schützen. Die angewandten Schaltungsarten hängen weitgehend vom Aufbau der Regeleinrichtungen und der verwendeten Hilfsenergie ab. Häufig anzutreffende Schaltungsmöglichkeiten werden im folgenden kurz erwähnt.

Ein Sicherheitsfühler hinter dem Vorerhitzer schließt bei Unterschreiten des eingestellten Wertes die Außenluftklappe, so daß die Anlage ausschließlich mit Umluft betrieben wird. Des weiteren kann man hinter dem Vorerhitzer einen temperaturgesteuerten Schalter (Zweipunktregler) anbringen, der bei Unterschreiten des Einstellwertes den Ventilator ausschaltet und die Erhitzerventile auffahren läßt. Beim Anfahren der Anlage kann dieser Sicherheitsfühler ein wiederholtes Ein- und Ausschalten der Anlage bewirken, wenn das Stellventil bei stillgelegtem Betrieb geschlossen ist und der Lufterhitzer große Verzögerungen besitzt. Oft findet man auch ein zum Stellventil des Regelkreises parallel gelegtes Ventil, das von dem Sicherheitsfühler gesteuert wird (z. B. Magnetventil).

Dem Anbringungsort des Fühlers ist größte Aufmerksamkeit zu widmen. Auf keinen Fall darf man ihn im Rücklauf des Warmwasserkreises anbringen. Hier würde er zwar eine mittlere Temperatur messen, aber an einigen Stellen könnten bereits Rohrreihen eingefroren sein. Aufwendigere Sicherheitsschaltungen werden notwendig, sofern die normale Betriebsweise auf jeden Fall eingehalten werden muß.

Im Falle der Temperaturregelung mittels Kühlung können dieselben Grundschaltungen wie bei der Heizung verwendet werden. Bei der direkten Luftkühlung sollte man im Luftbeipaß fahren oder den Luftkühler stufig unterteilen.

3. Raumlufttemperaturregelung

Wenn an Stelle der Zulufttemperatur die Raumlufttemperatur als Regelgröße gewählt wird, ändern sich die statischen und dynamischen Kennwerte und damit die Reglereinstellung. Ist im Raum selbst eine Grundheizung vorhanden, so kann außerdem der Fall eintreten, daß die Temperaturregelkreise einander beeinflussen und im Kühlbetrieb eventuell ein Gegeneinanderarbeiten eintritt. Die Schaltungen richten sich in erster Linie nach der Nutzung der Räume. Bei Versammlungsräumen kann im Winter Kühlung infolge starker Besetzung gefordert werden, so daß die örtliche Heizung gänzlich abgeschaltet sein sollte. In diesem Fall wäre also eine außentemperaturabhängige Wärmezufuhr (zentrale Vorlauftemperaturregelung) durch die örtliche Heizung nicht angebracht, da die inneren Wärmequellen überwiegen und den Wärmebedarf bei weitem decken. Hier müßte durch rechtzeitige Handverstellung eingegriffen werden. Eine Kompromißlösung bestände darin (wenn ein Handeingriff nicht gewünscht wird), daß durch die örtliche Heizung ein Minimalwert der Innentemperatur gehalten wird.

Obwohl die Geräte bei der Raumtemperaturregelung dieselben sein können wie bei der Zulufttemperaturregelung, sollte man nach Möglichkeit eine Kaskadenschaltung (s. S. 359) vorsehen, da durch sie der Regelgrößenverlauf bedeutend verbessert wird. In Abb. 15.73 ist eine derartige Kaskade für eine Temperaturregelung dargestellt. Die Störgrößenänderungen von Außentemperatur, Vorlauftemperatur und Differenzdruck können durch den Regler R_1 (T_2) abgefangen werden, so daß sie keine Raumtemperaturänderungen bewirken und somit keine Stellsignale vom

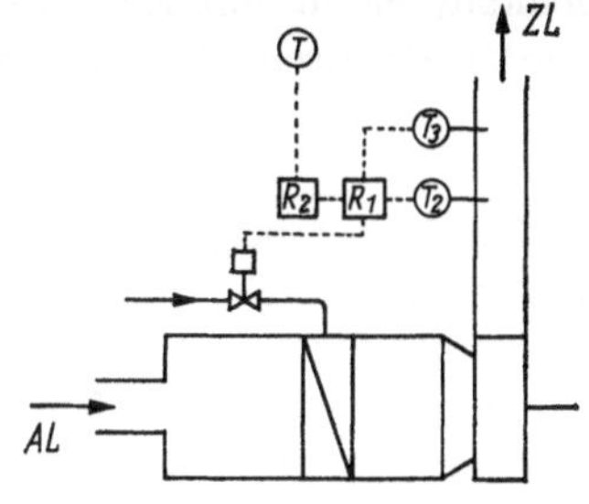

Abb. 15.73. Kaskadenschaltung.

Hauptregler R_2 auslösen. Bei Raumtemperaturregelkreisen sollte stets eine Minimalbegrenzung vorgesehen werden (T_3), da im Kühlfall vom Raumregler gegebenenfalls eine hohe Kühlleistung gefordert wird, die physiologisch nicht vertretbare Einblastemperaturen zur Folge hat. Um Zugerscheinungen zu vermeiden, wird in diesem Fall ein Ansteigen der Raumtemperatur in Kauf genommen.

4. Meßortauswahl

Bei der Anordnung der Geber zur Messung des Istwertes sind einige wichtige Faktoren zu beachten. Grundsätzlich ist zu bedenken, daß die Regeleinrichtung nur an einem Punkt (dem Meßort) die Regelgröße beeinflußt. Obwohl die Auswahl des Meßortes in Kanälen weniger problematisch ist als die Fühlerplazierung in Räumen, muß dem Meßort trotzdem einige Aufmerksamkeit geschenkt werden. Bei der Mischlufttemperaturregelung (Abb. 15.71 a) müßte am Meßort vollständige Durchmischung erreicht sein. Im Falle der außentemperaturabhängigen Klappensteuerung ist dieses Problem nicht gegeben, da die Temperaturverteilung im Außenluftkanal genügend gleichmäßig ist. Bei der Messung hinter Wärmeaustauschern (z. B. Lufterhitzern) treten wegen der ungleichmäßigen und in den meisten Fällen noch lastabhängigen Oberflächentemperaturverteilung erhebliche Schwierigkeiten auf; denn die Messung eines kalorischen Mittelwertes ist bei konstanter Luftgeschwindigkeit nur mit flächenmäßig ausgedehnten Gebern möglich. Bei großen Austauschern wird man versuchen, diese Unterschiede durch besondere primäre Wasserführungen oder (und) durch Aufteilung auf mehrere Elemente klein zu halten. Auch durch zusätzliche Mischstrecken kann man die Ungleichmäßigkeiten verringern. Die weitverbreitete Meinung, daß ein Ventilator eine weitgehende Durchmischung der Luft herbeiführt und demzufolge günstige Verhältnisse zur Mittelwerterfassung schafft, ist nur bedingt richtig (Strähnenbildung). Die Strahlungsbeeinflussung der Geber ist ebenfalls zu berücksichtigen. Der Wärmeableitungsfehler ist nicht nur statisch, sondern auch dynamisch zu sehen.

Die Meßortauswahl bei der Raumtemperaturregelung ist bedeutend problematischer, da sämtliche Eigenheiten des Raumes berücksichtigt werden müssen (Temperaturprofile, Wärmequellen, Eigenströmungen, aufgezwungenes Strömungsfeld usw.). Liegt der Fühler zu nahe an den Zuluftdurchlässen, wirkt die Regelung wie eine Zuluftregelung, und der eigentliche Raumluftzustand in der Aufenthaltszone schwankt dann mit den Störgrößen. Eine ungünstige Luftführung kann durch die Regelung niemals korrigiert werden. Besonders wirksame Störgrößen müssen durch zusätzliche Maßnahmen abgebaut werden (z. B. starker Kaltlufteinfall an Fenstern und Wänden durch örtliche Heizung oder Lüftung). Werden Geber an Wänden angebracht, so kann durch die dynamische Ankoppelung der Regelerfolg unzureichend werden, ganz abgesehen vom statischen Wärmeableitungsfehler. Strömungstechnisch tote Zonen scheiden für die Unterbringung der Fühler völlig aus. Ungünstig ist ebenfalls die Anbringung im Strahlungsbereich irgendwelcher Geräte oder Menschen.

Um derartige Effekte zu vermeiden, setzt man häufig den Meßwertgeber in den Abluftkanal[1]. Zwar wird hier die mittlere Raumtemperatur gemessen, und die Fühler sind schneller als im Raum, aber die durch örtliche Störgrößen hervorgerufenen Temperaturunterschiede werden auch nicht erfaßt. Des weiteren wirken sich Luftkurzschlüsse sehr ungünstig aus. Die Anbringung mehrerer im Raum verteilter Fühler (mit eventuell unterschiedlicher Bewertung) gibt die Möglichkeit, einen mittleren Zustand zu erfassen. Unterschiede in den örtlichen Temperaturen werden dadurch allerdings verdeckt.

5. Regelkreise in einer Klimaanlage

Die bisher besprochenen *einstufigen* Luftbehandlungsanlagen sind dadurch gekennzeichnet, daß die Regelgröße nur direkt beeinflußt wird, und weder Kopplungen über die Regelstrecke noch über die Regeleinrichtungen auftreten. Bei der *mehrstufigen Luftbehandlung* wird die Luft durch mehr als ein Luftbehandlungselement beeinflußt, so daß Kopplungen wirksam werden können. Der Stellbefehl des einen Reglers kann zur Störgröße für den anderen Regelkreis werden.

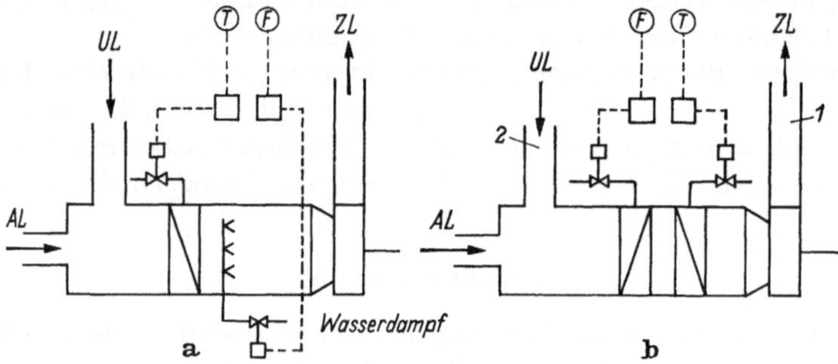

Abb. 15.74. Zweistufige Luftbehandlung. a) annähernd kopplungsfreie Regelkreise; b) gekoppelte Regelkreise.

Obwohl die Schaltung nach Abb. 15.74a einen Erhitzer für den Temperaturregelkreis und einen Befeuchter für den Feuchteregelkreis besitzt, ist diese mehrstufige Schaltung fast kopplungsfrei, da die Dampfbefeuchtung annähernd isotherm verläuft. Dagegen sind die Kopplungen im Beispiel nach Abb. 15.74b stark wirksam; durch Erhitzer und Kühler beeinflussen die Regelkreise für Raumtemperatur und Raumfeuchte einander, wie aus Abb. 15.75 deutlich ersichtlich ist.

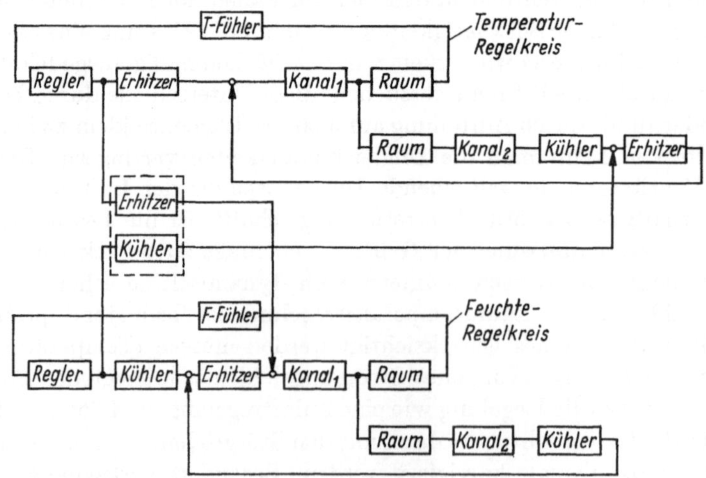

Abb. 15.75. Gekoppelte Regelkreise nach Abb. 15.74b.

Mittels der Taupunktregelung, s. Abb. 15.76, wird der Zustandspunkt durch den Regler R_1 auf der Sättigungslinie gehalten. Vorwärmer und Kühler sind in Folge geschaltet; der Taupunkt-Sollwert ist in Abhängigkeit des Befeuchterwirkungsgrades entsprechend zu korrigieren.

---

[1] Man erreicht dadurch ein verändertes statisches und dynamisches Verhalten.

Durch den Temperatur-Fühler T_4 im Außenluftkanal wird eine Taupunktverschiebung erreicht. Der Raumtemperaturregler R_2 wirkt nur auf den Nachwärmer, sein Sollwert wird ebenfalls von der Außentemperatur geführt.

Zur Vermeidung von Zugerscheinungen veranlaßt der Fühler T_5 den Regler R_2, einen Minimalwert der Zulufttemperatur nicht zu unterschreiten. Viele Regeleinrichtungen der Klimatechnik sind für diesen Zweck konstruiert, so daß T_5 einfach eingeschleift werden kann. T_6 ist ein Frostschutzfühler, der bei Unterschreiten des eingestellten Wertes ein Signal gibt und die Anlage ausschaltet. Zugleich wird die Außenluftklappe geschlossen, und über entsprechende Schalter werden die Regler

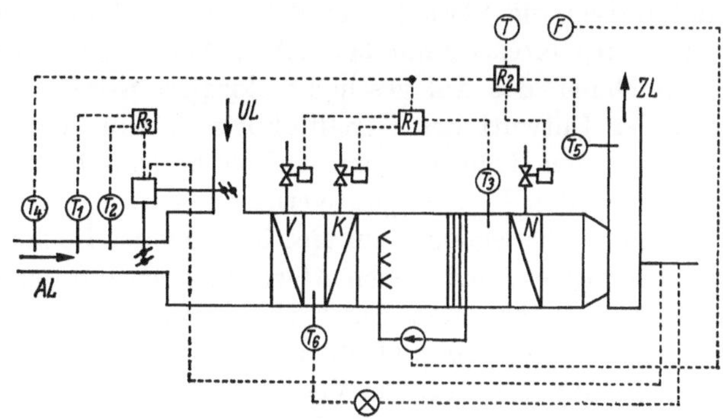

Abb. 15.76. Taupunktregelung.

veranlaßt, ihre Stellglieder in die entsprechende Endstellung fahren zu lassen. Der Feuchtefühler ist als Grenzwertgeber im Raum zu betrachten, der bei zu hoher Luftfeuchte die Wasserdüsen abschaltet. Der Vorteil der Taupunktregelung liegt im einfachen Aufbau; die Regelkreise beeinflussen sich nicht sehr stark. Allerdings kann mit der Taupunktregelung die Raumluftfeuchte nicht auf bestimmten Werten gehalten werden, wenn im Raum größere Feuchtequellen oder -senken vorhanden sind.

Sollen Temperatur und Feuchte im Raum unabhängig von den Störgrößen vorgegebene Werte annehmen, so muß man zur direkten Feuchteregelung übergehen. Abb. 15.77 zeigt eine

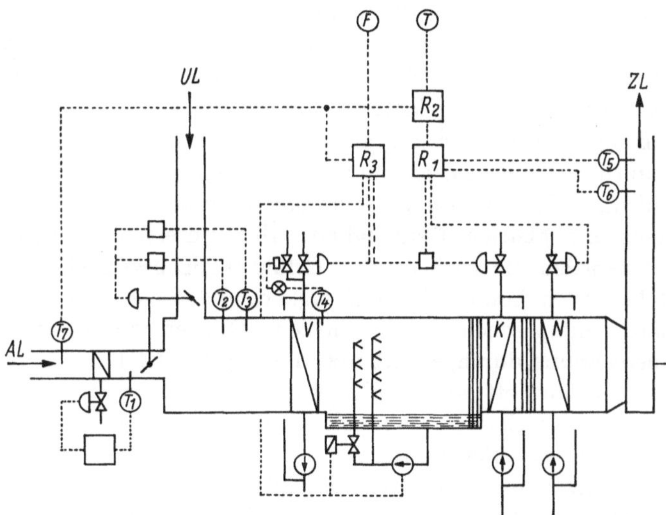

Abb. 15.77. Direkte Feuchteregelung.

der vielen Ausführungsmöglichkeiten. Der Temperaturregelkreis ist dabei als Kaskade gewählt mit R_2 als Führungsregler und R_1 als Folgeregler sowie der zusätzlichen Minimalbegrenzung durch T_6. Die Temperaturregeleinrichtung steuert Nachwärmer und Kühler, die Feuchteregeleinrichtung (Messung von x) Kühler, Vorwärmer und Befeuchter. Da der Kühler sonach von beiden Regeleinrichtungen beeinflußt wird, muß ein Bewertungsrelais vor dem Kühlventil eingesetzt werden, das z. B. den maximalen Wert durchläßt. Als Sicherheitsschaltung mit Signalisierung arbeitet der Fühler T_4, der ein Beipaßventil betätigt.

6. Hinweise für das Entwerfen von Regelkreisen

Abschließend seien einige wichtige Planungsgesichtspunkte aufgeführt und kurz erläutert. Die Anforderungen an die Genauigkeit der Regelung werden i. allg. vom Anlagenbetreiber angegeben. Dagegen wird man beim Anlagenhersteller Auskünfte über den Regelstreckenaufbau einholen. Hier interessieren die Art der Temperatur- und Feuchtebeeinflussung, die Luftführung im Raum, die Lage des Meßortes, die Bereiche und Angriffspunkte der Störgrößen. Weiterhin müssen die Verläufe der Sollwerte und eventuell der Störgrößen bekannt sein. Die Güte der Vorregelkreise kann bei hohen Anforderungen erheblichen Einfluß haben.

Nachdem das Anlageschema skizziert worden ist, folgen die Festlegung der Schaltungsart und der Entwurf des Signalflußplanes. Um später eine Stabilitätsprüfung durchführen und eventuell den Regelgrößenverlauf bei bestimmten äußeren Einwirkungen berechnen zu können, muß man das Übertragungsverhalten berechnen bzw. abschätzen.

Da die Überlegungen zur Bestimmung des Reglertyps oft an Hand des idealen Reglers durchgeführt werden, sind dessen Abweichungen und deren Auswirkungen auf den Ablauf des Regelvorganges zu beachten. Sämtliche realen Übertragungsglieder besitzen nichtlineare Überlagerungen. Bei Reglern sind oft Totzonen- und Hysteresiseffekte vorhanden. Über diese Erscheinungen kann das statische Verhalten Auskunft geben; die Kennlinie eignet sich relativ gut zur Beurteilung der Reproduzierbarkeit. Daneben läßt das Zeitverhalten die Größe und Art der zu erwartenden Verzögerung erkennen. So können z. B. bei der Realisierung des D-Einflusses und seiner Übertragung auf das Stellglied erhebliche Abweichungen auftreten, so daß bei der Berechnung der Reglereinstellung diese Einflüsse von vornherein berücksichtigt werden müssen.

Bei untergeordneten Regelkreisen können auch Regler ohne Hilfsenergie eingesetzt werden. Sie lassen sich eventuell auch in weniger wichtigen Vorregelkreisen verwenden.

Des weiteren können Umweltbedingungen eine große Rolle spielen, z. B. Klima (Temperatur- und Feuchteeinflüsse), Vorhandensein einer aggressiven Atmosphäre, Erschütterungen, Fremdfeldbeeinflussung, große Laststöße in der Hilfsenergie usw. Ebenfalls sind Anlaufvorgänge bei Einschalten nicht ständig in Betrieb befindlicher Anlagen zu berücksichtigen. So besitzen einige Geräte (z. B. für CO_2-Messung) Aufheizzeiten, die in der Größenordnung von Stunden liegen.

Neben diesen Gesichtspunkten müssen bestimmte Kundenwünsche beachtet und in das Konzept eingearbeitet werden (Austauschbarkeit, bereits vorhandene Fabrikate). Bei der Durchführung von Kostenvergleichen ist sehr kritisch vorzugehen. Diese sind in der Literatur oft in der Art gestaltet, daß man die Kosten für einen einfachen Festwertregler zugrunde legt. In diesem Fall würden sämtliche Regler falsch eingestuft werden, die die wesentlichen Einrichtungen zum Aufbau mehrschleifiger Regelkreise als Grundausstattung besitzen. Sollen Regler gleichen Übertragungsverhaltens und gleicher Genauigkeit, aber unterschiedlichen Fabrikates gegenübergestellt werden, so spielen die vorliegenden Erfahrungen bezüglich des Betriebsverhaltens oft eine wichtige Rolle. Auch können Zuverlässigkeit und Kosten des Wartungsdienstes bei der Entscheidung stark mitsprechen. Sind sämtliche Glieder vollständig gekennzeichnet, so wird eine Regelkreisberechnung durchgeführt und die Reglereinstellung festgelegt. Zur Aufgabe des Regelungstechnikers gehört oft auch die Ausführung gewisser Sicherheitsschaltungen. Um sie sachgemäß und funktionssicher zu entwerfen, müssen die besonderen betrieblichen und technologischen Anforderungen bekannt sein.

Nach der wirkungsmäßigen und gerätetechnischen Bearbeitung der Regelaufgabe wird ein Montageplan angelegt, der eine der Konzeption entsprechende genaue Erstellung gewährleistet. Bei Inbetriebnahme der Anlage wird die Funktion der gesamten Regelanlage überprüft und eventuell die errechnete Reglereinstellung korrigiert.

Oft fehlen im Planungszustand wichtige Angaben, so daß man sich mit der Erfahrung bei ähnlichen Projekten behelfen muß. Demzufolge werden dann Abschätzungen in Richtung ungünstiger Fälle getroffen. Unter Umständen wird man Regeleinrichtungen auswählen, die die Aufschaltung von Hilfsregelgrößen und Störgrößen gestatten sowie außerdem einen großen Einstellbereich der Kenngrößen (x_P, T_n, T_v) besitzen. Auch sollte die Möglichkeit der Bildung von Vorregelungen offengelassen werden. Stets ist im Auge zu behalten, daß der Regelerfolg von der Gesamtheit der Übertragungsglieder bestimmt wird. Bei Regelstrecken mit ungünstigen Eigenschaften kann auch ein hervorragender Regler hochgestellten Anforderungen nicht nachkommen.

Vierter Teil

Zahlen- und Bildtafeln

I. Stoffwerte und wärmetechnische Tabellen

Zahlentafel A 1

Umrechnungsfaktoren

a)	Technisches Maßsystem — MKSA-System	MKSA-System — Technisches Maßsystem

Die Unterschiede der beiden Systeme zeigen sich vor allem in der Verwendung der Krafteinheit $1\,\text{kp} = 1\,\text{kg} \cdot 9{,}81\,\text{m/s}^2$ im Gegensatz zur Einheit Newton: $1\,\text{N} = 1\,\text{kg} \cdot 1\,\text{m/s}^2$ sowie bei einigen traditionellen Einheiten, wie $1\,\text{kcal} = 427\,\text{mkp}$ gegenüber 1 Joule (J) $= 1\,\text{Ws} = 1\,\text{Nm}$ und $1\,\text{mm WS} = 1\,\text{kp/m}^2$ bzw. 1 Torr $= 1\,\text{mm QS}$ gegenüber 1 bar $= 10^5\,\text{N/m}^2$.

Im folgenden sind für die wichtigsten Fälle die Umrechnungsfaktoren angegeben.

Kraft

1 kp $= 9{,}80665$ N $\approx 9{,}81$ N	1 N $= 0{,}102$ kp

Energie, Arbeit, Wärme

1 mkp $= 9{,}81$ Nm $= 9{,}81$ J	1 J $=$ 1 Ws $= 0{,}102$ mkp
1 kcal $= 4{,}1868$ kJ	1 kJ $= 0{,}239$ kcal
1 kcal $= 0{,}001163$ kWh	1 kWh $= 860$ kcal

Leistung

1 PS $= \dfrac{75\,\text{mkp}}{\text{s}} = 0{,}7355$ kW	1 kW $= 1{,}36$ PS $= 102$ mkp/s

Druck

1 mm WS $=$ 1 kp/m² $= 9{,}81$ N/m² $= 0{,}0981$ mbar	1 mbar $= 10{,}2$ mm WS
1 at $=$ 1 kp/cm² $= 0{,}981$ bar	1 bar $= 1{,}02$ at
1 Torr $=$ 1 mm QS $= 1{,}3332$ mbar	1 mbar $= 0{,}75$ Torr
1 atm $= 760$ Torr $= 1{,}0132$ bar	1 bar $= 0{,}98694$ atm

b)	Metrisch — Englisch	Englisch — Metrisch

I. Länge

1.	1 cm $= 0{,}394$ inch	1 inch $= 2{,}54$ cm
2.	1 m $= 3{,}28$ ft	1 ft $= 0{,}305$ m
3.	1 m $= 1{,}094$ yard	1 yard $= 0{,}914$ m

II. Fläche

4.	1 cm² $= 0{,}155$ sq inch	1 sq inch $= 6{,}45$ cm²
5.	1 m² $= 10{,}76$ sq ft	1 sq ft $= 0{,}0929$ m²

III. Volumen

6.	1 cm³ $= 0{,}061$ cu inch	1 cu inch $= 16{,}39$ cm³
7.	1 m³ $= 35{,}3$ cu ft	1 cu ft $= 0{,}0283$ m³

IV. Masse

8.	1 g $= 15{,}43$ grain	1 grain $= 0{,}0648$ g
9.	1 kg $= 35{,}3$ oz	1 oz $= 28{,}35$ g
10.	1 kg $= 2{,}205$ lb	1 lb $= 0{,}454$ kg
11.	1 t $= 0{,}984$ long ton	1 long ton $= 1{,}016$ t
12.	$1\,\dfrac{\text{kg}}{\text{m}^3} = 1{,}686\,\dfrac{\text{lb}}{\text{cu yd}}$	$1\,\dfrac{\text{lb}}{\text{cu yd}} = 0{,}593\,\dfrac{\text{kg}}{\text{m}^3}$
13.	$1\,\dfrac{\text{kg}}{\text{m}^3} = 0{,}0624\,\dfrac{\text{lb}}{\text{cu ft}}$	$1\,\dfrac{\text{lb}}{\text{cu ft}} = 16{,}02\,\dfrac{\text{kg}}{\text{m}^3}$

V. Geschwindigkeit

14.	$1\,\dfrac{\text{m}}{\text{s}} = 196{,}9\,\dfrac{\text{ft}}{\text{min}}$	$1\,\dfrac{\text{ft}}{\text{min}} = 0{,}508\,\dfrac{\text{cm}}{\text{s}}$
15.	$1\,\dfrac{\text{cm}}{\text{s}} = 0{,}394\,\dfrac{\text{inch}}{\text{s}}$	$1\,\dfrac{\text{inch}}{\text{s}} = 2{,}45\,\dfrac{\text{cm}}{\text{s}}$

Zahlentafel A 1 (Fortsetzung)

b)	Metrisch — Englisch	Englisch — Metrisch

VI. Druck

16. $1\,\dfrac{\text{kp}}{\text{m}^2} = 0{,}205\,\dfrac{\text{lbf}}{\text{sq ft}}$ $1\,\dfrac{\text{lbf}}{\text{sq ft}} = 4{,}88\,\dfrac{\text{kp}}{\text{m}^2}$

17. $1\,\dfrac{\text{kp}}{\text{cm}^2} = 14{,}22\,\dfrac{\text{lbf}}{\text{sq inch}}$ $1\,\dfrac{\text{lbf}}{\text{sq inch}} = 0{,}0703\,\dfrac{\text{kp}}{\text{cm}^2}$

VII. Leistung

18. $1\,\text{PS} = 0{,}986\,\text{HP}$ $1\,\text{HP} = 1{,}014\,\text{PS}$

19. $1\,\text{kW} = 1{,}341\,\text{HP}$ $1\,\text{HP} = 0{,}745\,\text{kW}$

VIII. Wärme

20. $1\,\text{kcal} = 3{,}97\,\text{BTU}$ $1\,\text{BTU} = 0{,}252\,\text{kcal}$

21. $1\,\dfrac{\text{kcal}}{\text{m h grd C}} = 0{,}672\,\dfrac{\text{BTU}}{\text{ft h grd F}}$ $1\,\dfrac{\text{BTU}}{\text{ft h grd F}} = 1{,}488\,\dfrac{\text{kcal}}{\text{m h grd C}}$

22. $1\,\dfrac{\text{kcal}}{\text{m}^2\,\text{h grd C}} = 0{,}205\,\dfrac{\text{BTU}}{\text{sq ft h grd F}}$ $1\,\dfrac{\text{BTU}}{\text{sq ft h grd F}} = 4{,}88\,\dfrac{\text{kcal}}{\text{m}^2\,\text{h grd C}}$

23. $1\,\dfrac{\text{kcal}}{\text{m}^3} = 0{,}112\,\dfrac{\text{BTU}}{\text{cu ft}}$ $1\,\dfrac{\text{BTU}}{\text{cu ft}} = 8{,}9\,\dfrac{\text{kcal}}{\text{m}^3}$

24. $1\,\dfrac{\text{kcal}}{\text{kg}} = 1{,}8\,\dfrac{\text{BTU}}{\text{lb}}$ $1\,\dfrac{\text{BTU}}{\text{lb}} = 0{,}556\,\dfrac{\text{kcal}}{\text{kg}}$

25. $1\,\dfrac{\text{kcal}}{\text{m}^2\text{h}} = 0{,}369\,\dfrac{\text{BTU}}{\text{sq ft h}}$ $1\,\dfrac{\text{BTU}}{\text{sq ft h}} = 2{,}713\,\dfrac{\text{kcal}}{\text{m}^2\,\text{h}}$

26. $1\,\dfrac{\text{kcal}}{\text{kg grd C}} = 0{,}999\,\dfrac{\text{BTU}}{\text{lb grd F}}$ $1\,\dfrac{\text{BTU}}{\text{lb grd F}} = 1{,}001\,\dfrac{\text{kcal}}{\text{kg grd C}}$

Zahlentafel A 2

Vergleich der Temperaturgrade °C und °F

°C	°F	°C	°F	°C	°F	°C	°F
− 45	− 49	12	53,6	42	107,6	110	230
− 40	− 40	14	57,2	44	111,2	120	248
− 35	− 31	16	60,8	46	114,8	130	266
− 30	− 22	18	64,4	48	118,4	140	284
− 25	− 13	20	68,0	50	122,0	150	302
− 20	− 4	22	71,6	55	131	160	320
− 15	+ 5	24	75,2	60	140	170	338
− 10	+ 14	26	78,8	65	149	180	356
− 5	+ 23	28	82,4	70	158	190	374
0	+ 32	30	86,0	75	167	200	392
+ 2	+ 35,6	32	89,6	80	176	210	410
4	39,2	34	93,2	85	185	220	428
6	42,8	36	96,8	90	194	230	446
8	46,4	38	100,4	95	203	240	464
10	50,0	40	104,0	100	212	250	482

$$1\ \text{grd C} = \frac{9}{5}\ \text{grd F} \qquad\qquad \text{Temp. Celsius} = \frac{5}{9}\,(\text{Temp. Fahrenheit} - 32)$$

Zahlentafel A 3

Stoffwerte für Gase, Dämpfe und Flüssigkeiten

ϱ Dichte (γ Wichte), c Spez. Wärme, ν Kinematische Zähigkeit, λ Wärmeleitzahl, a Temperaturleitzahl.

Flüssigkeiten	t °C	$\varrho \left(\gamma\right)$ $\frac{kg}{m^3}$ $\left(\frac{kp}{m^3}\right)$	c $\frac{kcal}{kg\,grd}$	$10^6 \cdot \nu$ $\frac{m^2}{s}$	λ $\frac{kcal}{m\,h\,grd}$	$10^3 \cdot a$ $\frac{m^2}{h}$
1. Frigen 12 (CF_2Cl_2) als Flüssigkeit bei p_{satt} ..	0	1394	0,221	0,203	0,083	0,27
	30	1293	0,237	0,161	0,074	0,241
2. als trock. ges. Dampf . . .	0	17,65	0,142	0,68	0,008	3,08
	30	41,11	0,162	0,329	0,010	1,48
3. Heizöl EL.	15	840—860	0,45	2—10	0,12	0,314
4. Heizöl S	20	950—970	0,46[1]	450[1]	0,102[1]	0,231[1]
5. Sole, eutektisch, 20,6% $MgCl_2$	0	(1184)[2]	0,725	4,63	0,441	0,513
6. Wasser	20	998,2	0,999	1,004	0,515	0,515
	100	958,2	1,006	0,295	0,586	0,607

Gase und Dämpfe	t °C	$\varrho \left(\gamma\right)$ $\frac{kg}{m^3}$ $\left(\frac{kp}{m^3}\right)$	c $p=1\,at$ $\frac{kcal}{kg\,grd}$	$10^6 \cdot \nu$ $\frac{m^2}{s}$	λ $\frac{kcal}{m\,h\,grd}$	a $\frac{m^2}{h}$
1. Luft[3]	0	1,293	0,240	13,3	0,0209	0,067
	100	0,946	0,241	23,1	0,027	0,118
	200	0,746	0,245	34,6	0,0332	0,182
2. Wasserdampf	100	0,578	0,447	21,3	0,022	0,085
	500	0,275	0,472	99,1	0,058	0,447
3. CO_2.	100	1,446	0,208	12,8	0,019	0,063
	500	0,698	0,243	47,5	0,047	0,278
4. CO	100	0,915	0,249	22,9	0,025	0,110
	500	0,441	0,257	—	—	—
5. N_2	100	0,916	0,249	22,7	0,027	0,118
	500	0,442	0,255	76,8	0,048	0,426

[1] Bei $t = 50$ °C.
[2] Bei $t = 15$ °C.
[3] Trockene Luft bei 760 Torr, s. auch Zahlentafel A 5.

Zahlentafel A 4

Stoffwerte fester Körper

(Weitere Angaben über Wärmeleitzahlen von Bau- und Isolierstoffen s. Zahlentafel A 22 und 23)
ϱ Dichte (γ Wichte), c Spez. Wärme, λ Wärmeleitzahl.

Nr.	Stoff	t °C	$\varrho \dfrac{\text{kg}}{\text{m}^3}\left(\gamma \dfrac{\text{kp}}{\text{m}^3}\right)$	$c \dfrac{\text{kcal}}{\text{kg grd}}$	$\lambda \dfrac{\text{kcal}}{\text{m h grd}}$
1	Aluminium, 99,76%	20	2700	0,215	197
2	Aluminium, handelsüblich	20	2700	0,214	170
3	Blei	20	11340	0,031	30
4	Gußeisen, C $\approx$ 3,5%	20	7300	0,129	50
5	Flußstahl	20	7840	0,115	50
6	Stahl, C $\approx$ 1%, weich	20	7820		41
7	Kupfer, handelsüblich	20	8900—9000	0,09	320
8	Rotguß, Bronze	20	8700	0,09	55
9	Silber, rein	20	10500	0,056	360
10	Asphalt	20	2100	0,22	0,6
11	Beton (Kiesbeton; lufttrocken)	20	1800—2200	0,21	0,8—1,3
12	Eis	0	880—917	0,5	1,9
13	Gips	20	970	0,26	0,44
14	Glas	20	2400—3000	0,2	0,70
15	Gummi	20	1100	0,4	0,14—0,2
16	Schaumgummi	20	400—500	0,4	0,06—0,08
17	Holz[1]	—	700	0,4 —0,6	0,15
			450	0,35—0,7	0,1
18	Holzfaserplatte	0	280	0,55	0,048
19	Isolierstoffe (anorganisch)	100	—	0,18—0,27	0,04—0,10
20	Isolierstoffe (organisch)	0	—	0,3 —0,55	0,03—0,06
21	Koks (Zechen-)	20	1600—1900	0,2	0,9 —1,0
22	Leder, lohgar, trocken	20	860	—	0,12—0,15
23	Papier	20	700	—	0,12
24	Sandboden	—	—	—	0,9
25	Sandstein	20	2600—2700	0,17	2,0
26	Schamotte	20	2000—2700	0,2	1,35
	Schamotte	500	2000—2700	0,27	1,55
27	Schlacke (Hochofen)	20	2500—3000	0,2	0,49
28	Steinkohle	20	1500	0,3	0,18
29	Zement (Portland), frisch, trocken	20	3100—3200	0,18	—
30	Ziegelmauerwerk, lufttrocken	20	1400—1800	0,2	0,50—0,70

[1] Die Stoffwerte für Holz ändern sich stark mit der Feuchtigkeit. Sie unterscheiden sich auch für die verschiedenen Holzarten erheblich. Die angeführten Werte gelten etwa für lufttrockenes Holz. Für die λ-Werte ist eine Wärmeströmung senkrecht zur Faser angenommen. Bei Parallelströmung liegen die Werte etwa doppelt so hoch.

Zahlentafel A 5

Zahlenwerte für Rechnungen mit feuchter Luft
gültig für einen Barometerstand von 760 Torr

t Lufttemperatur.
ϱ Dichte der trockenen Luft.
ϱ_s Dichte gesättigter feuchter Luft.
p_s Sättigungsdruck des Wasserdampfes.

x_s Wassergehalt gesättigter feuchter Luft, bezogen auf 1 kg trockene Luft.
i_s Wärmeinhalt gesättigter feuchter Luft, bezogen auf 1 kg trockene Luft.

t °C	ϱ kg/m³	ϱ_s kg/m³	p_s Torr	x_s g/kg	i_s kcal/kg
− 20	1,396	1,395	0,77	0,63	− 4,43
− 19	1,394	1,393	0,85	0,70	− 4,15
− 18	1,385	1,384	0,94	0,77	− 3,87
− 17	1,379	1,378	1,03	0,85	− 3,58
− 16	1,374	1,373	1,13	0,93	− 3,29
− 15	1,368	1,367	1,24	1,01	− 3,01
− 14	1,363	1,362	1,36	1,11	− 2,71
− 13	1,358	1,357	1,49	1,22	− 2,40
− 12	1,353	1,352	1,63	1,34	− 2,09
− 11	1,348	1,347	1,78	1,46	− 1,78
− 10	1,342	1,341	1,95	1,60	− 1,45
− 9	1,337	1,336	2,13	1,75	− 1,13
− 8	1,332	1,331	2,32	1,91	− 0,79
− 7	1,327	1,325	2,53	2,08	− 0,45
− 6	1,322	1,320	2,76	2,27	− 0,10
− 5	1,317	1,315	3,01	2,47	+ 0,26
− 4	1,312	1,310	3,28	2,69	0,64
− 3	1,308	1,306	3,57	2,94	1,08
− 2	1,303	1,301	3,88	3,19	1,41
− 1	1,298	1,295	4,22	3,47	1,82
0	1,293	1,290	4,58	3,78	2,25
1	1,288	1,285	4,93	4,07	2,66
2	1,284	1,281	5,29	4,37	3,08
3	1,279	1,275	5,69	4,70	3,52
4	1,275	1,271	6,10	5,03	3,96
5	1,270	1,266	6,54	5,40	4,42
6	1,265	1,261	7,01	5,79	4,90
7	1,261	1,256	7,51	6,21	5,40
8	1,256	1,251	8,05	6,65	5,90
9	1,252	1,247	8,61	7,13	6,43
10	1,248	1,242	9,21	7,63	6,97
11	1,243	1,237	9,84	8,15	7,53
12	1,239	1,232	10,52	8,75	8,14
13	1,235	1,228	11,23	9,35	8,74
14	1,230	1,223	11,99	9,97	9,36
15	1,226	1,218	12,79	10,6	9,98
16	1,222	1,214	13,63	11,4	10,7
17	1,217	1,208	14,53	12,1	11,4
18	1,213	1,204	15,48	12,9	12,1
19	1,209	1,200	16,48	13,8	12,9
20	1,205	1,195	17,53	14,7	13,8
21	1,201	1,190	18,65	15,6	14,6
22	1,197	1,185	19,83	16,6	15,3
23	1,193	1,181	21,07	17,7	16,2
24	1,189	1,176	22,38	18,8	17,2
25	1,185	1,171	23,76	20,0	18,1
26	1,181	1,166	25,21	21,4	19,2
27	1,177	1,161	26,74	22,6	20,2
28	1,173	1,156	28,35	24,0	21,3
29	1,169	1,151	30,04	25,6	22,5

Zahlentafel A 5 (Fortsetzung)

Zahlenwerte für Rechnungen mit feuchter Luft usw.

t °C	ϱ kg/m³	ϱ_s kg/m³	p_s Torr	x_s g/kg	i_s kcal/kg
30	1,165	1,146	31,82	27,2	23,8
31	1,161	1,141	33,70	28,8	25,0
32	1,157	1,136	35,66	30,6	26,3
33	1,154	1,131	37,73	32,5	27,7
34	1,150	1,126	39,90	34,4	29,2
35	1,146	1,121	42,18	36,6	30,8
36	1,142	1,116	44,56	38,8	32,4
37	1,139	1,111	47,07	41,1	34,0
38	1,135	1,107	49,69	43,5	35,7
39	1,132	1,102	52,44	46,0	37,6
40	1,128	1,097	55,32	48,8	39,6
41	1,124	1,091	58,34	51,7	41,6
42	1,121	1,086	61,50	54,8	43,7
43	1,117	1,081	64,80	58,0	45,9
44	1,114	1,076	68,26	61,3	48,3
45	1,110	1,070	71,88	65,0	50,8
46	1,107	1,065	75,65	68,9	53,4
47	1,103	1,059	79,60	72,8	56,2
48	1,100	1,054	83,71	77,0	59,0
49	1,096	1,048	88,02	81,5	62,1
50	1,093	1,043	92,51	86,2	65,3
51	1,090	1,037	97,20	91,3	68,6
52	1,086	1,031	102,1	96,6	72,3
53	1,083	1,025	107,2	102	75,9
54	1,080	1,019	112,5	108	80,0
55	1,076	1,013	118,0	114	84,1
56	1,073	1,007	123,8	121	88,6
57	1,070	1,001	129,8	128	93,2
58	1,067	0,995	136,1	136	98,5
59	1,063	0,987	142,6	144	104
60	1,060	0,981	149,4	152	109
61	1,057	0,974	156,4	161	115
62	1,054	0,968	163,8	171	121
63	1,051	0,961	171,4	181	128
64	1,048	0,954	179,3	192	135
65	1,044	0,946	187,5	204	143
66	1,041	0,939	196,1	216	151
67	1,038	0,932	205,0	230	160
68	1,035	0,924	214,2	244	169
69	1,032	0,917	223,7	259	179
70	1,029	0,909	233,7	276	190
71	1,026	0,901	243,9	294	202
72	1,023	0,893	254,6	314	214
73	1,020	0,885	265,7	335	227
74	1,017	0,877	277,2	357	242
75	1,014	0,868	289,1	382	258
76	1,011	0,859	301,4	408	275
77	1,009	0,851	314,1	437	293
78	1,006	0,842	327,3	470	315
79	1,003	0,833	341,0	506	338
80	1,000	0,823	355,1	545	363
81	0,997	0,813	369,7	589	391
82	0,994	0,803	384,9	639	425
83	0,992	0,794	400,6	695	460
84	0,989	0,783	416,8	756	500

Zahlentafel A 5 (Schluß)

Zahlenwerte für Rechnungen mit feuchter Luft usw.

t °C	ϱ kg/m³	ϱ_s kg/m³	p_s Torr	x_s g/kg	i_s kcal/kg
85	0,986	0,773	433,6	828	545
86	0,983	0,762	450,9	908	597
87	0,981	0,751	468,7	1000	657
88	0,978	0,740	487,1	1110	725
89	0,975	0,729	506,1	1240	810
90	0,973	0,718	525,8	1400	912
91	0,970	0,706	546,1	1590	1035
92	0,967	0,694	567,0	1830	1185
93	0,965	0,681	588,6	2135	1380
94	0,962	0,669	610,9	2546	1645
95	0,959	0,656	633,9	3120	2015
96	0,957	0,643	657,6	3990	2575
97	0,954	0,630	682,1	5450	3510
98	0,951	0,616	707,3	8350	5360
99	0,949	0,602	733,2	17000	10910
100	0,947	0,589	760,0	—	—

Zahlentafel A 6

Wasser und Wasserdampf[1]

Druck p at	Sättigungs-temperatur t_s °C	Sattdampf-volumen v'' m³/kg	Verdampfungs-wärme r kcal/kg	Druck p at	Sättigungs-temperatur t_s °C	Sattdampf-volumen v'' m³/kg	Verdampfungs-wärme r kcal/kg
0,3	68,7	5,33	558,2	3,5	138,2	0,534	513,4
0,4	75,4	4,07	554,2	4	142,9	0,471	510,0
0,5	80,9	3,30	550,9	5	151,1	0,382	503,9
0,6	85,5	2,78	548,1	6	158,1	0,321	498,6
0,7	89,4	2,41	545,7	7	164,2	0,278	493,8
0,8	93,0	2,13	543,5	8	169,6	0,245	489,5
0,9	96,2	1,90	541,5	9	174,5	0,219	485,4
1,0	99,1	1,73	539,6	10	179,0	0,198	481,6
1,2	104,2	1,45	536,3	12	187,1	0,166	474,7
1,4	108,7	1,26	533,4	14	194,1	0,143	468,4
1,6	112,7	1,11	530,8	16	200,4	0,126	462,6
1,8	116,3	0,995	528,5	18	206,1	0,112	457,2
2,0	119,6	0,902	526,3	20	211,4	0,102	452,1
2,5	126,8	0,732	521,4	25	222,9	0,0815	440,3
3,0	132,9	0,617	517,1	30	232,8	0,0679	429,7

[1] Nach SCHMIDT, E.: VDI-Wasserdampftafeln, 7. Aufl. (1968). Berlin/Heidelberg/New York: Springer; München: Oldenbourg.

Feste Brennstoffe

Die Angaben sind nur als Mittelwerte zu betrachten. Vor allem die Asche- und Wassergehalte können in weiten Grenzen schwanken

| | | Holz lufttrocken | Torf lufttrocken | Braunkohle | | | Steinkohle | | | | | | Zechen-koks |
				Weich-braun-kohle	Hart-braun-kohle	Braunkohlen-briketts	Gas-flamm-kohle	Gas-kohle	Fett-kohle	Eß-kohle	Mager-kohle	Anthra-zit	
Zusammensetzung der Reinkohle	C Gew.-%	50	59	65	74	wie Ausgangs-kohle	84	86	88	90	91	92	97
	H_2 ,,	6	6	7	6		5	5	5	4	3,5	3	0,5
	O_2 ,,	44	33	26	18		9	7	5	3,5	3	2,5	0,5
	N_2 ,,	—	1,5	1	1,5		1	1	1	1,5	1,5	1,5	1
	S ,,	—	0,5	1	0,5		1	1	1	1	1	1	1
Aschegehalt	Gew.-%	0,2—0,8	0,4—9	2—9	3—12	5—12	Stück- und Nußkohle			3—7			7—12
Wassergehalt	Gew.-%	12—25	20—35	40—60	20—30	12—15				1—5			2—8
Heizwert H_u	$\dfrac{kcal}{kg}$	3600	3600	2300	4500	4800	7000	7300	7500	7600	7650	7700	6900
Theor. Luftbedarf L_{min} . .	$\dfrac{Nm^3}{kg\ Brst.}$	3,8	4,1	2,9	5,3	5,5	7,8	8,0	8,2	8,1	8,1	8,1	7,8
Max. CO_2-Gehalt der Rauchgase	%	17,2	15,3	13,7	16,5	17,0	17,5	17,5	17,5	18,0	18,3	18,6	20,5
Luftüberschußzahl λ^1	—	2	2	1,5	1,5	1,5	1,5	1,5	1,5	1,5	1,5	1,5	1,5
Luftbedarf L_{tr}	$\dfrac{Nm^3}{kg\ Brst.}$	7,6	8,2	4,4	8,0	8,3	11,7	12,0	12,3	12,2	12,2	12,2	11,7
Rauchgasvolumen V'' . . .	$\dfrac{Nm^3}{kg\ Brst.}$	8,4	9,0	5,2	8,5	8,8	12,0	12,3	12,6	12,5	12,4	12,4	11,7
CO_2-Gehalt der Rauchgase	%	9,3	8,3	10,0	11,4	11,7	11,8	11,8	11,8	12,2	12,4	12,6	13,7
Stoffdichte	$\dfrac{kg}{m^3}$	500—700	640	1200—1400		1200—1400	1350—1450						≈ 1500
Schüttdichte	$\dfrac{kg}{m^3}$	—	330—400[2]	500—800[2]		≈ 1000[3]	800—850						500[4]; 550[5]

Die Row-Gruppen "Heizwert H_u" bis "CO_2-Gehalt der Rauchgase" sind **Bezogen auf mittleren Asche- und Wassergehalt**.

[1] λ angenommen. [2] Je nach Feuchtigkeit. [3] Gestapelt. [4] Für Brechkoks I und II. [5] Für Brechkoks III.

Zahlentafel A 8

Flüssige Brennstoffe

Die Angaben sind als Mittelwerte zu betrachten. Die im Einzelfall zu erwartenden Abweichungen sind gering.

			Heizöl		Steinkohlenteeröl
			extra leicht EL	schwer S	
Zusammensetzung des Heizöls	C	Gew.-%	85	85	89
	H_2	,,	13,0	11,2	7
	$O_2 + N_2$	,,	1,0	1,0	3,5
	S	,,	1,0	2,8	0,5
Heizwert H_u		$\dfrac{kcal}{kg}$	10200	9600	9000
Theoretischer Luftbedarf L_{min} . .		$\dfrac{Nm^3}{kg\ Brst.}$	11,0	10,5	9,8
Luftüberschußzahl λ[1]		—	1,2	1,2	1,2
Luftbedarf L_{tr}		$\dfrac{Nm^3}{kg\ Brst.}$	13,2	12,6	11,8
Rauchgasmenge V''		$\dfrac{Nm^3}{kg\ Brst.}$	13,9	13,2	12,1
Dichte ϱ		$\dfrac{kg}{m^3}$	850	980	1060

[1] λ angenommen.

Zahlentafel A 9

Gasförmige Brennstoffe

	Bezeichnung		Steinkohlenschwelgas	Stadtgas (Mischgas)	Erdgas[1]
Mittlere Gaszusammensetzung	Brennwert (oberer Heizwert) H_0	$\dfrac{kcal}{Nm^3}$	7800	4200	8400
	Heizwert (unterer Heizwert) H_u	$\dfrac{kcal}{Nm^3}$	7000	3800	7600
	CO_2-Gehalt	Vol.-%	3	5	0,8
	C_mH_n-Gehalt	,,	13	2	3,4
	CO-Gehalt	,,	7	18	—
	H_2-Gehalt	,,	27	50	—
	CH_4-Gehalt	,,	48	19	81,8
	N_2-Gehalt	,,	2	6	14,0
	Dichte ϱ	$\dfrac{kg}{Nm^3}$	0,695	0,61	0,83
	Theoretischer Luftbedarf L_{min}	$\dfrac{Nm^3}{Nm^3\ Brst.}$	7,39	3,7	8,41
Verbrennungsprodukte	CO_2	$\dfrac{Nm^3}{Nm^3\ Brst.}$	0,91	0,47	0,90
	N_2 $(\lambda = 1)$	$\dfrac{Nm^3}{Nm^3\ Brst.}$	5,9	3,01	6,7
	Trockene Abgase	$\dfrac{Nm^3}{Nm^3\ Brst.}$	6,81	3,48	7,68
	Max. CO_2-Gehalt	Vol.-%	13,4	13,5	11,7
	Verbrennungswassermenge	$\dfrac{kg}{Nm^3\ Brst.}$	1,25	0,75	1,75
	Feuchtes Abgasvolumen	$\dfrac{m^3}{Nm^3\ Brst.}$	16,4	8,6	9,43[2]
	$\lambda = 1,2$; $t = 100\ °C$; $p = 1$ at				

[1] Als Beispiel: Erdgas vom Fundort Slochteren (Holland).   [2] Für $\lambda = 1$.

Zahlentafel A 10

Emissionsverhältnis ε (Gesamtstrahlung) bzw. ε_n (Strahlung in Richtung der Flächennormalen) bei der Temperatur t für verschiedene Stoffe

(Nach E. SCHMIDT, E. ECKERT u. a.)

Stoff bzw. Oberfläche	t °C	ε_n —	ε —
Absolut schwarzer Körper		1	1
Metalle:			
Aluminium, walzblank	170	0,039	0,049
poliert	23	0,052	
Blei, grau oxydiert	20	0,28	
Eisen, Stahl: mit Walzhaut	20	0,77	
mit Gußhaut	100	0,80	
blank geschmirgelt . .	20	0,24	
stark verrostet . . .	20	0,85	
blank verzinnt . . .	24	0,056—0,086	
verzinkt	28	0,23	
Kupfer, geschabt	20	0,070	
schwarz oxydiert	20	0,78	
Messing, poliert	20	0,05	
matt	20	0,22	
Anstriche:			
Aluminiumbronze	100	0,2—0,4	
Heizkörperlack (Farbe beliebig) . .	100	0,925	
Lacke, Emaille	20	0,85—0,95	
Mennigeanstrich	100	0,93	
Ruß-Wasserglas	20	0,96	
Verschiedene Stoffe:			
Asbestschiefer, rauh	20	0,96	
Dachpappe	20	0,93	
Eis, glatt	0	0,966	0,918
Rauhreif	0	0,985	
Wasser	0	0,966	0,918
Glas, glatt	90	0,94	0,876
Holz, glatt (Buche)	70	0,935	0,91
Papier	95	0,92	0,89
Porzellan, glasiert	20	0,92—0,94	
Ton, gebrannt, weiß, fein	70	0,91	0,86
Ziegelstein, Mörtel, Putz	20	0,93	
Schamotte		0,85	

Das Emissionsverhältnis steigt mit der Temperatur bei metallischen Stoffen leicht an und fällt bei nichtmetallischen Stoffen meist etwas ab.

Wenn für die Gesamtstrahlung ε keine Werte angegeben sind, kann näherungsweise für blanke Metalloberflächen $\varepsilon/\varepsilon_n = 1{,}2$, für andere Körper mit glatter Oberfläche $\varepsilon/\varepsilon_n = 0{,}95$, mit rauher Oberfläche $\varepsilon/\varepsilon_n = 0{,}98$ gesetzt werden.

II. Wärmebedarfsrechnung

Zahlentafel A 11

Heiztechnische Klimadaten

Ort	Zahl der Gradtage Gt	Zahl der Heiztage Z	Mittlere Wintertemperatur t_{a_m}	Wärmebedarfszahl[1] $Z(12 - t_{a_m})$	Tiefste Außentemperatur nach DIN 4701 $t_{a_{min}}$
Aachen	3070	225	5,4	1485	− 12
Augsburg-Kriegshaber	3660	235	3,4	2021	− 18
Berlin-Dahlem	3410	226	3,9	1830	− 15
Braunschweig	3310	221	4,0	1768	− 15
Bremen-Flughafen	3150	225	5,0	1575	− 15 W
Breslau	3540	229	3,6	1925	− 18
Chemnitz (Karl-Marx-Stadt)	3570	230	3,5	1955	− 18
Dortmund	3080	214	4,6	1584	− 12
Dresden	3330	222	4,0	1776	− 15
Erfurt	3600	231	3,4	1987	− 18
Essen-Mülheim	3050	222	5,3	1487	− 12
Frankfurt a. M.	3010	213	4,9	1512	− 12
Freiburg i. Br.	2920	226	6,1	1334	− 12
Friedrichshafen	3360	226	4,1	1785	− 15
Garmisch-Partenkirchen	3960	251	3,2	2209	− 18
Halle	3310	221	4,0	1768	− 15
Hamburg	3380	231	4,4	1756	− 15 W
Hannover-Langenhagen	3250	226	4,6	1672	− 15
Hof-Hohensaß	4370	270	2,8	2484	− 18
Iserlohn	3290	234	5,0	1638	− 12
Kaiserslautern	3300	232	4,8	1670	− 15
Karlsruhe	2950	212	5,1	1463	− 12
Kassel-Harleshausen	3450	234	4,3	1802	− 15
Kiel-Holtenau	3660	248	4,3	1910	− 15 W
Köln	2910	213	5,3	1427	− 12
Königsberg	3990	243	2,6	2284	− 21 W
Leipzig	3370	223	3,9	1806	− 15
Lübeck	3480	236	4,2	1841	− 15 W
Magdeburg	3290	221	4,1	1746	− 15
Mainz	3010	212	4,8	1526	− 12
Mannheim	3000	212	4,9	1505	− 12
Mönchen-Gladbach	3010	220	5,3	1474	− 12
München	3630	234	3,5	1989	− 18
Münster-Handorf	3130	224	5,0	1568	− 12
Nürnberg-Fürth	3510	222	3,2	1954	− 18
Passau-Ries	3750	235	3,1	2092	− 18
Regensburg	3720	233	3,1	2074	− 18
Stuttgart	3050	215	4,8	1548	− 15
Tilsit	4150	244	2,0	2440	− 21 W
Trier, Stadt	3150	221	4,7	1613	− 12
Wiesbaden	3050	213	4,7	1555	− 12
Würzburg-Stein	3340	226	4,2	1763	− 15

Städte in windstarker Gegend sind durch den Buchstaben „W" hinter der Temperaturangabe nach DIN 4701 gekennzeichnet.

---

[1] Siehe auch S. 43 im ersten Band.

Zahlentafel A 12

Raumtemperaturen in °C
(Für die Wärmebedarfsrechnung nach DIN 4701 empfohlene Werte)

1. *Wohnhäuser*
   Wohnräume, Schlafräume, Küchen . . . . + 20
   Vorräume, Flure, Aborte . . . . + 15
   Treppenhäuser . . . . + 10
   Bäder . . . . + 22

2. *Geschäfts- und Verwaltungsgebäude*
   Geschäfts- und Büroräume, Gaststätten, Hotelzimmer, Läden . . . . + 20
   Flure, Treppenhäuser, Aborte . . . . + 15

3. *Schulen*
   Unterrichts- und Amtsräume . . . . + 20
   Lehrküchen und Werkräume . . . . + 15 bis + 18
   Lehrmittelzimmer, Garderoben, Turnhallen . . . . + 15
   Aula . . . . + 18
   Bade- und Umkleideräume . . . . + 22
   Flure, Treppenhäuser, geschlossene Pausenhallen, Aborte (in Kinder-
   gärten + 15) . . . . + 5 bis + 10

Zahlentafel A 13

Temperaturen angrenzender Nebenräume und des Erdreiches in °C
(Rechenannahmen nach DIN 4701)

			Bei einer Außentemperatur von			
			—12	—15	—18	—21
Dachräume	Dachbauart	$k < 2$	− 3	− 6	− 9	− 12
		$k = 2$ bis 5	− 6	− 9	− 12	− 15
		$k > 5$	− 9	− 12	− 15	− 18
Nebenräume, deren Umfassungen überwiegend	an beheizte Räume grenzen:		Temperaturen nach Maßgabe der umliegenden Temperaturen zu wählen			
	an die Außenluft grenzen: ohne Türen oder nur mit Türen nach Nebenräumen auch Kellerräume		+ 6	+ 6	+ 3	+ 3
	an die Außenluft grenzen: mit Türen nach außen, z.B. Durchfahrten, Vorflure, Treppenhäuser		0	0	− 3	− 3
Erdreich[1]	unter dem Fußboden[1]		+ 6		+ 3	
	an Außenwand bis 2 m Tiefe		0		− 3	
Angrenzende Nachbarräume mit besonderer Heizung	zentralbeheizt		+ 15			
	einzelbeheizt		+ 10			
	Kesselräume		+ 15 bis + 20			

[1] Siehe auch S. 53.

Zahlentafel A 14

Zuschläge z_D und z_H in %

a) Zusammengefaßte Zuschläge $z_D = z_U + z_A$

Betriebsweise	D-Wert	0,1—0,29	0,30—0,69	0,70—1,49	1,5
I	Eingeschränkter Betrieb	7	7	7	7
II	9- bis 12stündige				
	Unterbrechung . . .	20	15	15	15
III	12- bis 16stündige				
	Unterbrechung . . .	30	25	20	15

b) Zuschläge z_H für Himmelsrichtung

Himmelsrichtung . . .	S	SW	W	NW	N	NO	O	SO
Zuschläge z_H	-5	-5	0	$+5$	$+5$	$+5$	0	-5

Zahlentafel A 15a

Fugendurchlässigkeit a je m Fugenlänge in m³/h
für Fenster und Türen einwandfreier Ausführung und normaler Flügelgröße

Holz- und Kunststoffenster	Einfachfenster	3,0
	Verbundfenster	2,5
	Doppelfenster und Einfachfenster mit garantierter Dichtung	2,0
Stahl- und Metallfenster	Einfachfenster	1,5
	Verbundfenster	1,5
	Doppelfenster und Einfachfenster mit garantierter Dichtung	1,2
Innentüren	undicht (ohne Schwelle)	40
	dicht (mit Schwelle)	15
Außentüren	wie Fenster	

Zahlentafel A 15b

Verhältnis Fugenlänge l zu Fenster- bzw. Türfläche F
zur überschläglichen Bestimmung der Fugenlänge $\left(\omega = \dfrac{l}{F}\right)$

	Fenster- bzw. Türhöhe m	ω
Fenster beliebiger Flügelzahl . . .	0,50	7,2
	0,63	6,2
	0,75	5,3
	0,88	4,9
	1,00	4,5
	1,25	4,1
	1,50	3,7
	2,00	3,3
	2,50	3,0
Türen und Türfenster:		
zweiflügelig	2,50	3,3
einflügelig	2,10	2,6

Zahlentafel A 16

Raumkenngröße R
für Räume mit Fenstern und Türen üblicher Größe, Fugenlänge und Anzahl

Flächen-verhältnis	Holz- und Kunststoffenster		Stahl- und Metallfenster		Raum-kenngröße
	Innentüren		Innentüren		
	dicht	undicht	dicht	undicht	
$\dfrac{F_A}{F_T}$	$< 1,5$	< 3	$< 2,5$	< 6	$R = 0,9$
$\dfrac{F_A}{F_T}$	$1,5-3$	$3-9$	$2,5-6$	$6-20$	$R = 0,7$

F_A = Fläche der angeblasenen Fenster und Außentüren.
F_T = Fläche der Türen auf der Abströmseite.
Bei Schiebetüren kann stets $R = 1$ gesetzt werden.

Zahlentafel A 17

Hauskenngröße H

		Reihenhaus	Einzelhaus[1]
Normale Gegend	geschützte Lage	0,24	0,34
	freie Lage	0,41	0,58
	außergewöhnlich freie Lage .	0,60	0,84
Windstarke Gegend	geschützte Lage	0,41	0,58
	freie Lage	0,60	0,84
	außergewöhnlich freie Lage .	0,82	1,13

[1] Abgrenzung s. S. 48.

Zahlentafel A 18

k-Werte für Fenster und Türen in kcal/m² h grd

Türen

Außentür — Holz	3,0
Außentür — Stahl	5,0
Balkontür, Holz mit Glasfüllung, einfache Tür . . .	4,0
Balkontür, Holz mit Glasfüllung, Doppeltür	2,0
Innentür	2,0

Außenfenster[1]

	Holz	Stahl
Einfach verglast	4,5	5,0
Doppelt verglast, 6 mm Scheibenabstand	2,8	3,4
Doppelt verglast, 12 mm Scheibenabstand	2,5	3,1
Verbundfenster	2,2	3,0
Doppelfenster	2,0	2,8
Oberlicht — einfach in Stahlrahmen	5,0	
Oberlicht — doppelt in Stahlrahmen	3,0	
Große Schaufenster, Betonrahmenfenster	5,0	
Fenster aus Glashohlsteinen	2,5	

Innenfenster

Einfachfenster	3,0
Doppelfenster	2,0

Fenster in Gewächshäusern

$F_{\text{Glasfläche}}/F_{\text{Grundfläche}} = 1$	5,0
$= 1,5$	4,1
$= 2,0$	3,6
$= 2,5$	3,3
$= 3,0$	3,0

[1] Die Ausführung „Holz" gilt auch für Kunststoffe, die Ausführung „Stahl" auch für Nichteisen-Metalle.

k-Werte für Wände in kcal/m² h grd (Nach DIN 4701)

1. Mauerwerk aus Voll-, Loch- und Hohlblocksteinen (ein- oder beidseitig verputzt)

Bemerkung: Im Kopf der Tabelle sind neben den neuen Wanddicken auch die alten Maße (eingeklammert) für gleiche *k*-Werte angegeben. Wegen der geringen Unterschiede der *k*-Zahlen ist in der Tabelle selbst keine Unterscheidung hierfür vorgenommen.

Baustoff	Roh-dichte[1] kg/m³	Außenwände, Dicke in mm				Innenwände, Dicke in mm				
		240 (250)	300 —	365 (380)	490 (510)	115 (120)	175 —	240 (250)	300 —	365 (380)
A. Ziegel (DIN 105)										
Vollziegel, Vormauerlochziegel, Lochziegel	1000	1,19	1,01	0,87	0,68	1,63	1,31	1,08	0,93	0,81
	1200	1,29	1,10	0,95	0,75	1,72	1,40	1,17	1,01	0,88
	1400	1,42	1,22	1,06	0,85	1,83	1,51	1,27	1,11	0,97
Vollziegel, Vormauerziegel, Hochlochklinker	1800	1,69	1,47	1,29	1,04	2,03	1,71	1,47	1,30	1,16
Hochbauklinker	≧1900	1,98	—	—	—	2,20	—	1,69	—	—
Hochbauklinker als 115 mm dicke äußere Verblendung, innen Vollziegel		1,81	1,56	1,36	1,09	—	—	—	—	—
B. Kalksandsteine (DIN 106, Bl. 1)										
Kalksandhohlblocksteine	1000	1,25	1,06	0,92	—	—	1,36	1,13	0,98	0,85
Kalksandlochsteine, Kalksandhohlblocksteine	1200	1,35	1,16	1,00	0,79	1,77	1,45	1,21	1,05	0,92
Kalksandlochsteine	1400	1,56	1,35	1,18	0,95	1,93	1,62	1,38	1,21	1,07
Kalksandvollsteine	1800	1,92	1,69	1,49	1,23	2,17	1,88	1,65	1,47	1,32
Kalksandvollsteine, Kalksandhartsteine	>1800	1,98	1,75	1,55	1,28	2,20	1,92	1,69	1,52	1,37
C. Hüttensteine (DIN 398)										
Hüttensteine HS 100 und HS 150		1,56	1,35	1,18	0,95	1,93	1,62	1,38	1,21	1,07
Hüttenhartsteine HHS		1,79	1,56	1,38	1,12	2,09	1,79	1,55	1,38	1,23
D. Gas- und Schaumbetonsteine (DIN 4165, Bl. 1), dampfgehärtet	600	0,96	0,81	0,69	0,53	1,41	1,10	0,89	0,76	0,65
	800	1,08	0,91	0,78	0,61	1,52	1,21	0,99	0,85	0,73
	1000	1,19	1,01	0,87	0,68	1,63	1,31	1,08	0,93	0,81
E. Leichtbetonvollsteine, z. B. aus Naturbims, Blähbeton, Ziegelsplitt, Schlacke u. a. (DIN 18152)	800	1,08	0,91	0,78	0,61	1,52	1,21	0,99	0,85	0,73
	1000	1,19	1,01	0,87	0,68	1,63	1,31	1,08	0,93	0,81
	1200	1,29	1,12	0,95	0,75	1,72	1,40	1,17	1,01	0,88
	1400	1,48	1,27	1,11	0,88	1,87	1,56	1,31	1,15	1,01
	1600	1,69	1,47	1,29	1,04	2,03	1,71	1,47	1,30	1,16
F. Leichtbetonhohlblocksteine, z. B. aus Naturbims, Blähbeton, Ziegelsplitt, Schlacke u. a. (DIN 18151)										
Zweikammerhohlblocksteine	1000	1,15	0,97	0,83	—	—	1,27	1,05	0,90	0,78
	1200	1,23	1,05	0,90	—	—	1,35	1,11	0,96	0,86
	1400	1,35	1,16	1,00	—	—	1,45	1,21	1,05	0,92
Dreikammerhohlblocksteine	1400	1,23	1,05	0,90	—	—	1,35	1,11	0,96	0,86
	1600	1,35	1,16	1,00	—	—	1,45	1,21	1,05	0,92

[1] Die Rohdichte (früher Raumgewicht) bezieht sich i. allg. auf die Steine, einschließlich etwaiger Hohlräume, nicht auf das Mauerwerk. Nur unter *F* ist die Dichte des Betons ohne Hohlräume einzusetzen.

2. Großformatige Platten und fugenlose Bauteile aus Leichtbetonen und Betonen (ein- oder beidseitig verputzt)

Baustoff	Roh-dichte kg/m³	Dicke der Außenwände in mm								Dicke der Innenwände in mm							
		187,5	200	250	300	312,5	350	375	400	50	75	100	125	150	200	250	300
Wandbauplatten aus Leichtbeton (DIN 18162) aus																	
Naturbims (Bimsdielen)	800	—	—	—	—	—	—	—	—	1,90	1,60	1,38	1,21	1,08	—	—	—
Hüttenbims, Blähton	1000	—	—	—	—	—	—	—	—	2,01	1,74	1,52	1,35	1,21	—	—	—
Schlackenbeton	1200	—	—	—	—	—	—	—	—	2,22	1,95	1,74	1,57	1,43	—	—	—
Sinterbims, Ziegelsplitt, Tuff, Lava, Leichtbeton, gemischten Zuschlagstoffen	1400	—	—	—	—	—	—	—	—	2,35	2,10	1,90	1,74	1,60	—	—	—
Gas-, Schaum-, Leichtkalkbeton (DIN 4164, dampfgehärtet)	500	0,71	0,67	0,55	0,47	0,46	0,41	0,39	0,36	1,57	1,26	1,05	0,91	0,79	0,64	0,53	0,45
	600	0,85	0,81	0,67	0,58	0,56	0,50	0,47	0,45	1,74	1,43	1,21	1,05	0,93	0,76	0,63	0,55
	800	1,01	0,96	0,86	0,70	0,67	0,61	0,58	0,54	1,90	1,60	1,38	1,21	1,08	0,89	0,76	0,66
	1000	1,16	1,11	0,93	0,81	0,78	0,71	0,67	0,64	2,01	1,74	1,52	1,35	1,21	1,01	0,86	0,75
Haufwerkporige Betone aus nicht porigen Zuschlagstoffen, z. B. Kies . .	1500	—	—	1,44	1,28	1,24	1,14	1,09	1,03	—	—	—	—	1,67	1,45	1,28	1,13
	1700	—	—	1,68	1,50	1,46	1,35	1,29	1,23	—	—	—	—	1,85	1,63	1,46	1,33
	1900	—	—	1,99	1,80	1,76	1,65	1,57	1,51	—	—	—	—	2,07	1,86	1,70	1,56
Betone aus nicht porigen Zuschlagstoffen mit geschlossenem Gefüge																	
Betongüte ≦ B 120	—	—	—	2,32	2,12	2,08	1,97	1,90	1,83	—	—	—	—	2,26	2,08	1,93	1,80
Betongüte ≧ B 160	—	—	—	2,58	2,40	2,36	2,24	2,17	2,10	—	—	—	—	2,43	2,27	2,14	2,02
Leichtbeton nach DIN 4232 und Anwurfwände nach DIN 4103	800	1,01	0,96	0,86	0,70	0,67	0,61	0,58	0,54	1,90	1,60	1,38	1,21	1,08	0,89	0,76	0,66
	1000	1,16	1,11	0,93	0,81	0,78	0,71	0,67	0,64	2,01	1,74	1,52	1,35	1,21	1,01	0,86	0,75
	1200	1,41	1,35	1,16	1,01	0,98	0,90	0,85	0,81	2,22	1,95	1,74	1,57	1,43	1,21	1,05	0,93
	1400	1,63	1,56	1,35	1,19	1,16	1,06	1,01	0,96	2,35	2,10	1,90	1,74	1,60	1,38	1,21	1,08
	1600	1,89	1,83	1,60	1,42	1,39	1,28	1,22	1,17	2,48	2,26	2,08	1,93	1,80	1,58	1,41	1,27

3. Mauerwerk und Beton mit Wärmedämmschichten, beiderseits verputzt, bei Faserdämmstoffen einschließlich Putzträger
(Die Tabellenwerte gelten auch für Holzfachwerkbauten mit Ausfachung aus den angeführten Baustoffen)

| Baustoff | Roh-dichte | Dicke | Außenwände | | | | | | | | Innenwände | | | | | |
| | | | Holzwolle-Leichtbauplatten (DIN 1101) | | | Korkplatten, Faserdämmstoffe (DIN 18165) | | | | | Holzwolle-Leichtbauplatten (DIN 1101) | | Korkplatten, Faserdämmstoffe (DIN 18165) | | | |
	kg/m³	mm	15 mm	25 mm	35 mm	10 mm	15 mm	20 mm	25 mm	30 mm	15 mm	25 mm	10 mm	15 mm	20 mm	30 mm
Lochziegel, Vormauerhohlziegel (DIN 105) .	1400	115	1,69	1,30	1,11	1,41	1,19	1,04	0,92	0,83	1,48	1,17	1,25	1,08	0,96	0,77
		175	1,42	1,13	0,99	1,21	1,05	0,93	0,83	0,75	1,26	1,03	1,10	0,96	0,86	0,71
		240	1,20	0,99	0,88	1,05	0,93	0,83	0,75	0,69	1,09	0,91	0,97	0,86	0,78	0,65
Vollziegel, Vormauerziegel, Hochlochk linker (DIN 105)		115	1,85	1,39	1,18	1,52	1,27	1,10	0,96	0,86	1,60	1,24	1,34	1,14	1,00	0,80
		240	1,38	1,11	0,97	1,19	1,03	0,92	0,82	0,74	1,24	1,01	1,08	0,95	0,85	0,70
Kalksandlochsteine (DIN 106, Bl. 1)	1400	115	1,80	1,34	1,15	1,47	1,24	1,07	0,95	0,85	1,56	1,20	1,30	1,12	0,98	0,79
Hüttensteine HS 100 und HS 150 (DIN 398)	1400	175	1,52	1,19	1,03	1,28	1,10	0,97	0,86	0,78	1,35	1,08	1,15	1,01	0,90	0,73
		240	1,31	1,05	0,93	1,12	0,99	0,88	0,79	0,72	1,17	0,96	1,02	0,91	0,82	0,68
Kalksandvollsteine (DIN 106, Bl. 1)	≧1800	115	1,98	1,46	1,23	1,60	1,33	1,15	1,00	0,89	1,69	1,30	1,40	1,19	1,04	0,83
		175	1,79	1,34	1,15	1,46	1,24	1,07	0,94	0,84	1,55	1,20	1,30	1,12	0,98	0,79
		240	1,53	1,20	1,04	1,29	1,11	0,98	0,87	0,79	1,35	1,09	1,17	1,01	0,90	0,74
Leichtbetonvollsteine (DIN 18152)	1000	115	1,53	1,19	1,04	1,29	1,11	0,97	0,87	0,78	1,35	1,08	1,16	1,01	0,90	0,73
		175	1,25	1,01	0,91	1,08	0,95	0,85	0,77	0,70	1,13	0,93	0,99	0,88	0,79	0,66
		240	1,04	0,87	0,78	0,92	0,82	0,75	0,68	0,63	0,95	0,81	0,85	0,77	0,70	0,60
	1400	115	1,74	1,31	1,13	1,43	1,21	1,05	0,93	0,84	1,52	1,18	1,28	1,10	0,97	0,78
		175	1,46	1,15	1,00	1,24	1,07	0,95	0,85	0,76	1,30	1,04	1,12	0,98	0,87	0,72
		240	1,25	1,01	0,90	1,08	0,95	0,85	0,77	0,70	1,13	0,93	0,99	0,88	0,79	0,66
Leichtbeton (DIN 4232)	1600	125	1,78	1,35	1,15	1,47	1,23	1,07	0,94	0,85	1,54	1,21	1,30	1,11	0,98	0,79
		187,5	1,52	1,19	1,03	1,28	1,11	0,97	0,86	0,78	1,35	1,08	1,16	1,01	0,90	0,73
		250	1,32	1,07	0,94	1,14	1,00	0,89	0,80	0,73	1,19	0,98	1,04	0,92	0,83	0,68
Kies- oder Splittbeton mit geschlossenem Gefüge (DIN 1047) Betongüte ≦ B 120		125	2,14	1,55	1,29	1,70	1,40	1,20	1,03	0,92	1,81	1,37	1,49	1,25	1,08	0,85
		187,5	1,94	1,44	1,21	1,58	1,31	1,13	0,99	0,88	1,67	1,28	1,39	1,18	1,03	0,82
		250	1,78	1,34	1,15	1,47	1,23	1,07	0,94	0,85	1,54	1,21	1,30	1,11	0,98	0,79
Betongüte ≧ B 160		125	2,26	1,61	1,33	1,78	1,45	1,23	1,06	0,94	1,89	1,41	1,54	1,29	1,11	0,87
		187,5	2,10	1,52	1,27	1,67	1,37	1,18	1,02	0,91	1,78	1,35	1,46	1,23	1,07	0,84
		250	1,94	1,44	1,22	1,58	1,31	1,13	0,99	0,88	1,67	1,28	1,39	1,18	1,03	0,82

Zahlentafel A 19 (Fortsetzung)

4. Großformatige Wandbauplatten aus Gips (DIN 18163) für Innenwände

Baustoff	Roh-dichte kg/m³	Dicke der Wand in mm					
		50	60	75	100	125	150
Porengips	600	1,90	1,77	1,60	1,38	1,21	1,08
	700	1,98	1,85	1,69	1,46	1,30	1,16
Gips mit Füllstoffen, Hohlräumen oder							
Poren	900	2,14	2,02	1,85	1,63	1,46	1,32
Gips	1000	2,22	2,10	1,95	1,74	1,57	1,43
Gips und gemischte Zuschlagstoffe . .	1200	2,35	2,24	2,10	1,90	1,74	1,60

Zahlentafel A 20

k-Werte für Dächer in kcal/m² h grd
(Auszug aus DIN 4701)

1. Industriedächer aus Leichtbetonplatten und 2 Lagen Dachpappe

Plattenart und Dicke der Leichtbetonplatte in mm	k-Wert bei einer Rohdichte in kg/m³ von		Plattenart und Dicke der Leichtbetonplatte in mm	k-Wert
	500	600		
Gas- und Schaumbeton 75 . .	1,44	1,67	Bimsbeton-Hohldielen 60	2,15
ohne Unterputz 100 . .	1,18	1,38	DIN 4027 und Bimsvoll- 80	1,84
125 . .	1,00	1,18	dielen 100	1,60
150 . .	0,86	1,02	120	1,42
175 . .	0,76	0,91	140	1,27
200 . .	0,68	0,82		

2. Dächer

Bauart	Zusätzliche Wärmedämmschicht in mm aus													
		Holzwolle-Leichtbauplatten (DIN 1101)						Korkplatten, Faserdämmstoffen (DIN 18165)						
	0	15	25	35	50	75	100	10	15	20	25	30	35	40
a) *Steildächer*														
Dachziegel, Betondachsteine,														
Asbest-Zementplatten,														
Wellblech oder Schiefer														
auf Lattung, belüftet . .	4,80	2,94	1,85	1,54	1,09	0,78	0,61	—	1,45	1,23	1,06	0,94	0,84	0,76
Schiefer oder Blech auf														
22 mm Holzschalung . .	2,56	2,38	1,43	1,20	0,91	0,69	0,55	1,35	1,15	1,01	0,89	0,81	0,73	0,67
b) *Flachdächer*														
Holzdächer, Dachpappe														
auf Schalung	1,56	1,30	1,05	0,93	0,74	0,58	0,48	1,12	0,98	0,89	0,79	0,72	0,66	0,61

Wärmedurchgangswiderstände $\frac{1}{k}$ von Decken, Fußböden und Flachdächern (einschließlich Terrassendecken) in m² h grd/kcal

(Nach DIN 4701)

| Bauart | Anordnung und Belag | | Zusätzliche Wärmedämmschicht in mm aus | | | | | | | |
| | | | Holzwolle-Leichtbauplatten (DIN 1101) | | | | Korkplatten, Faserdämmstoffen (DIN 18165) | | | |
		0	15	25	35	50	5	10	15	25
Stahlbetonplatten / Stahlsteindecken aus Lochziegeln	Decke und Fußboden[1] — Holzdielen auf Lagerhölzern	0,91	1,04	1,22	1,35	1,61	1,04	1,16	1,30	1,54
	Korkparkett oder Holzparkett (in Bitumen oder ähnlich), schwimmender Estrich B 225	0,60	0,73	0,91	1,04	1,32	0,73	0,85	0,98	1,23
	Steinholz oder Terrazzo und Fliesen oder Linoleum oder Kunststoff, schwimmender Estrich B 225 . .	0,52	0,65	0,83	0,96	1,22	0,65	0,77	0,91	1,15
	Zementestrich (Feinschicht), schwimmender Estrich B 225	0,48	0,61	0,79	0,92	1,19	0,61	0,73	0,86	1,11
	Außendecke — Massivdächer, Dachpappe auf Zementabgleichschicht	0,38	0,51	0,69	0,82	1,09	—	0,63	0,76	1,01
	Terrassen[2]	0,43	0,56	0,74	0,87	1,14	—	0,68	0,81	1,06
Stahlbetonrippendecken	Decke und Fußboden[1] — Holzdielen auf Lagerhölzern	1,06	1,19	1,37	1,49	1,78	1,19	1,32	1,45	1,69
	Korkparkett oder Holzparkett, Ausführung s. o.	0,75	0,88	1,06	1,19	1,45	0,88	1,00	1,12	1,37
	Steinholz oder Terrazzo, Ausführung s. o.	0,67	0,80	0,98	1,01	1,38	0,80	0,92	1,05	1,30
	Zementestrich, Ausführung s. o. . .	0,61	0,76	0,95	1,07	1,34	0,76	0,88	1,01	1,27
	Außendecke — Massivdächer, Dachpappe auf Zementabgleichschicht	0,53	0,66	0,84	0,97	1,23	—	0,78	0,91	1,16
	Terrassen[2]	0,58	0,71	0,89	1,02	1,28	—	0,83	0,96	1,21
Zweischalige Massivdecken	Decke und Fußboden[1] — Holzdielen auf Lagerhölzern	1,25	1,39	1,56	1,69	1,97	1,39	1,49	1,64	1,89
	Korkparkett oder Holzparkett, Ausführung s. o.	0,94	1,07	1,25	1,37	1,64	1,07	1,19	1,32	1,56
	Steinholz oder Terrazzo, Ausführung s. o.	0,86	0,99	1,18	1,30	1,56	0,99	1,11	1,23	1,49
	Zementestrich, Ausführung s. o. . .	0,82	0,95	1,12	1,27	1,53	0,95	1,07	1,21	1,45
	Außendecke — Massivdächer, Dachpappe auf Zementabgleichschicht	0,72	0,85	1,03	1,16	1,43	—	0,97	1,10	1,35
	Terrassen[2]	0,77	0,90	1,07	1,20	1,47	—	1,02	1,15	1,41

[1] Für Kellerdecken ist ein Zuschlag zu $\frac{1}{k}$ von 0,11 m² h grd/kcal, für Decken über offenen Durchfahrten ist ein Abzug von 0,04 m² h grd/kcal zu machen.

[2] Terrassen; Zementestrich, Terrazzo, Fliesen, Solnhofer Platten auf Beton, Pappisolierung und Zementabgleichschicht.

Zahlentafel A 22

Wärmeleitzahlen λ von Baustoffen
(Nach DIN 4108)

Stoff	Rohdichte $\frac{kg}{m^3}$	Wärmeleitzahl $\frac{kcal}{m\,h\,grd}$
1. Natürliche Steine und Erden		
Dichte Natursteine (Granit, Basalt, Marmor usw.)	—	3,00
Porige Natursteine (Sandstein, Muschelkalk, Nagelfluh usw.). .	—	2,00
Bindiger Boden, naturfeucht	—	1,80
Sand und Kiessand, naturfeucht	—	1,20
Massivlehm und Lehmformlinge	—	0,80
Kies, Splitt, lufttrocken	—	0,70
Strohlehm	—	0,60
Sand, lufttrocken	—	0,50
Steinkohlenschlacke, lufttrocken	—	0,16
Hochofenschaumschlacke, lufttrocken	—	0,12
2. Mörtel und Betone		
2.1 Putze (innen und außen)		
Kalkmörtel, Kalkzementmörtel, Mörtel aus hydraulischem Kalk	—	0,75
Zementmörtel	—	1,20
Kalkgipsmörtel, Gipsmörtel, reiner Gips, Anhydridmörtel .	—	0,60
2.2 Betone und Leichtbetone (in fugenlosen Bauteilen und groß-formatigen Platten)		
Kies- oder Splittbeton mit geschlossenem Gefüge, Betongüte $\leq$ B 120	—	1,30
Betongüte $\geq$ B 160	—	1,75
Ziegelsplittbeton mit geschlossenem Gefüge	1600	0,65
	1800	0,80
Ziegelsplittbeton für Stahlbeton	2000	0,90
Haufwerkporige Betone aus nichtporigen Zuschlagstoffen, z. B. Kies	1500	0,55
	1700	0,70
	1900	0,95
Ziegelsplittbeton und Steinkohlenschlackenbeton, haufwerks-porig	1200	0,40
	1400	0,50
	1600	0,65
Bimsbeton und Beton aus geschäumter oder granulierter Hochofenschlacke	800	0,25
	1000	0,30
	1200	0,40
Dampfgehärteter Gas- und Schaumbeton, Leichtkalkbeton	600	0,20
	800	0,25
	1000	0,30
Holzbeton	800	0,35
	1000	0,45
2.3 Beton- und Gipsplatten		
Asbestzementplatten	1800	0,30
Gipsdielen	1000	0,40
	1200	0,50
Gipsplatten mit beiderseitiger Pappenumhüllung bei Dicken bis zu 15 mm	—	0,18
Porengips	600	0,25
2.4 Mauerwerk aus Betonsteinen einschl. Mörtelfugen		
Kalksandvollsteine (DIN 106)	1800	0,85
Kalksandlochsteine	1200	0,48
	1400	0,60

Zahlentafel A 22 (Fortsetzung)

Wärmeleitzahlen λ von Baustoffen
(Nach DIN 4108)

Stoff	Rohdichte $\dfrac{kg}{m^3}$	Wärmeleitzahl $\dfrac{kcal}{m\,h\,grd}$
Kalksandhohlblocksteine	1000	0,43
	1200	0,48
Hüttensteine HS 100 und HS 150 (DIN 398)	—	0,60
Hüttenhartsteine HHS	—	0,75
Leichtbetonvollsteine (DIN 18152)	800	0,35
	1000	0,40
	1200	0,45
	1400	0,55
	1600	0,68
Leichtbetonhohlblocksteine (DIN 18151)		
Zweikammerstein	1000	0,38
Dreikammerstein	1400	0,42
	1600	0,48
Gas- und Schaumbetonsteine (DIN 4165), Leichtkalkbetonsteine, dampfgehärtet	600	0,30
	800	0,35
	1000	0,40
luftgehärtet	800	0,38
	1000	0,48
	1200	0,60
Steine aus Holzbeton	800	0,38
	1000	0,48

3. Ziegel und Fliesen

Stoff	Rohdichte $\dfrac{kg}{m^3}$	Wärmeleitzahl $\dfrac{kcal}{m\,h\,grd}$
Mauerwerk aus Mauerziegeln (DIN 105) einschließlich Mörtelfugen		
Hochbauklinker	$\geqq 1900$	0,90
Hochlochklinker	—	0,68
Vollziegel, Vormauerziegel	1000	0,40
	1200	0,45
	1400	0,52
	1800	0,68
Vormauerlochziegel	1000	0,40
	1200	0,45
	1400	0,52
Fliesen	2000	0,90

4. Sonstige Baustoffe

Stoff	Rohdichte $\dfrac{kg}{m^3}$	Wärmeleitzahl $\dfrac{kcal}{m\,h\,grd}$
Fensterglas (Mittelwert)	—	0,70
Linoleum	1200	0,16
Asphalt	2100	0,60
Bitumen	1050	0,15
Dachpappe	1100	0,16

Zahlentafel A 23

Wärmeleitzahlen λ von Isolierstoffen

Stoff	Rohdichte kg/m³	Wärmeleitzahl in kcal/m h grd			
		Rechenwert n. DIN 4108	bei Mitteltemperatur t_m		
			50 °C	100 °C	200 °C
Stein-, Glas- und Schlackenwolle lose oder Matten	70—115	0,035	0,037	0,045	0,065
Kieselgur	200	—	0,045	0,050	0,060
Kieselgurmasse	500	—	0,074	0,077	0,085
Gebrannte Kieselgursteine	500	—	—	0,110	0,118
Asbest	600	—	0,17	0,175	—
Rohkorkplatten	200	—	0,050	—	—
Exp. Korkplatten	250	—	0,045	—	—
Korkplatten	200	0,04	—	—	—
Kunstharzschaumstoff	15	0,035	0,037	—	—
Holzfaserplatten	300	0,05	—	—	—
Holzwolleplatten	400	0,07—0,12	—	—	—
Torfplatten	300	0,04	0,055	—	—

Zahlentafel A 24

Wärmeübergangszahlen α in kcal/m² h grd
(Rechenwerte nach DIN 4701)

An der Innenseite geschlossener Räume, bei natürlicher Luftbewegung: Wandflächen, Innenfenster, Außenfenster; Fußböden und Decken bei Wärmeübergang von unten nach oben	$\alpha_i = 7$	$1/\alpha_i = 0,14$
Fußböden und Decken bei Wärmeübergang von oben nach unten	$\alpha_i = 5$	$1/\alpha_i = 0,20$
An der Außenseite	$\alpha_a = 20$	$1/\alpha_a = 0,05$

Zahlentafel A 25

Wärmedurchlaßwiderstände[1] $1/\varLambda$ in m² h grd/kcal von Luftschichten
(Rechenwerte nach DIN 4701)

	Lage der Luftschicht und Richtung des Wärmestroms	Dicke der Luftschicht mm	Wärmedurchlaßwiderstand		Lage der Luftschicht und Richtung des Wärmestroms	Dicke der Luftschicht mm	Wärmedurchlaßwiderstand
1	Luftschicht senkrecht	10	0,16	2	Luftschicht waagerecht, Wärmestrom von unten nach oben	10	0,16
		20	0,19			20	0,17
		50	0,21			$\geqq$ 50	0,19
		100	0,20	3	Luftschicht waagerecht, Wärmestrom von oben nach unten	10	0,17
		150	0,19			20	0,21
						$\geqq$ 50	0,24

[1] Scheinbarer Wärmeleitwiderstand δ/λ', s. S. 20.

III. Berechnung von Heizflächen und Isolierungen

Zahlentafel A 26

Norm-Wärmeleistungen von Radiatoren (Gliederheizkörper) in kcal/h je Glied bei $t_i = +20\ °C$
(Nach DIN 4703, Bl. 1)

Heizmittel	Nabenabstand in mm	900				500			350		200
	Bautiefe in mm	70	110	160	220	110	160	220	160	220	250
Wasser $t_H = 80\ °C$	Guß	99	—	178	226	81	110	144	83	106	82
	Stahl	—	106	140	178	63	85	112	65	85	67
Dampf $t_H = 100\ °C$	Guß	146	—	262	332	118	162	212	122	156	120

Zahlentafel A 27

Norm-Wärmeleistungen von Plattenheizkörpern in kcal/h je m Baulänge bei $t_i = +20\ °C$
(Nach DIN 4703, Bl. 2)

a) Beidseitig glatte Bauformen

Anordnung der Platten		Bauhöhe in mm									
		140	200	300	400	500	600	700	800	900	1000
		Wärmeleistung									
einreihig	0	198	272	386	498	605	710	810	910	1010	1110
zweireihig	00	—	456	640	815	985	1150	1310	1470	1630	1780

b) Beidseitig vertikal profilierte Bauformen

Anordnung der Platten	Ausführung	Bauhöhe in mm							
		300	400	500	600	700	800	900	1000
		Wärmeleistung							
einreihig	grobe Profilierung	354	466	575	685	790	895	1000	1110
zweireihig		605	785	955	1130	1290	1460	1620	1780
einreihig	feine Profilierung	386	505	615	730	840	950	1060	1170
zweireihig		625	810	990	1170	1340	1510	1670	1830

c) Beidseitig horizontal profilierte Bauformen

Anordnung der Platten		Bauhöhe in mm								
		200	300	400	500	600	700	800	900	1000
		Wärmeleistung								
einreihig		250	356	456	555	650	740	830	930	1020
zweireihig		422	595	760	915	1070	1220	—	—	—

Zahlentafel A 28a

Umrechnungsfaktor zu A 26 und A 27 für abweichende Raumluft- und Heizwassertemperaturen

Raumluft-temperatur	Mittlere Heizwassertemperatur in °C					Dampf-temperatur
°C	60	70	80	90	100	100 °C
24	0,51	0,70	0,91	1,14	1,37	0,93
22	0,54	0,74	0,96	1,18	1,42	0,97
20	0,58	0,78	1,00	1,23	1,47	1,00
18	0,62	0,83	1,04	1,28	1,52	1,03
15	0,68	0,89	1,11	1,35	1,59	1,08
12	0,74	0,96	1,18	1,42	1,67	1,14
10	0,78	1,00	1,23	1,47	1,72	1,17
5	0,89	1,11	1,35	1,59	1,85	1,26

Anmerkung: Die aus den Zahlentafeln A 26, A 27 und A 28a zu berechnenden Leistungen können infolge der Rundung der Zahlenwerte in DIN 4703 gegenüber den Angaben der Normtabellen geringfügig abweichen.

Zahlentafel A 28b

Berichtigungsfaktor zu A 26 und A 27 bei Temperaturspreizung

$\frac{\Delta t_r}{\Delta t_w}$	0,25	0,3	0,35	0,4	0,45	0,5	0,55	0,6	0,65	0,7	0,75	0,8
Berichtigungsfaktor	0,825	0,860	0,890	0,915	0,935	0,950	0,965	0,975	0,980	0,985	0,990	0,995

Zahlentafel A 29

Wärmeleistungen von Rohrheizkörpern in kcal/h je m Rohrlänge

NW Zoll	d_a mm	Heizwasser $t_H = 80\ °C$ Raumlufttemperatur in °C						ND-Dampf $t_H = 100\ °C$ Raumlufttemperatur in °C					
		20	18	15	12	10	5	20	18	15	12	10	5
		waagerechte Einzelrohre											
1	33,5	75	78	83	88	92	101	107	111	116	122	125	136
$1^1/_2$	48,25	103	108	114	121	127	139	149	153	161	170	174	188
2	60	124	130	138	147	153	168	181	187	196	205	211	228
		mehrere waagerechte Rohre übereinander											
1	33,5	66	69	74	78	81	89	96	99	103	109	113	121
$1^1/_2$	48,25	86	91	95	102	106	117	124	127	135	141	146	156
2	60	100	106	111	117	123	132	145	149	156	166	170	183

Zahlentafel A 30

Wärmeabgabe von Rippenrohren in freier Anströmung

Kernrohr Außendurchmesser d mm	Rippenhöhe h mm	$a = 10\ mm$ q_l kcal/m h	F m²/m	k kcal/m² h grd	$a = 12\ mm$ q_l kcal/m h	F m²/m	k kcal/m² h grd	$a = 14\ mm$ q_l kcal/m h	F m²/m	k kcal/m² h grd
42,25	25	615	1,19	6,45	580	1,03	7,05	555	0,92	7,55
	30	720	1,51	6,00	680	1,30	6,55	650	1,15	7,05
57	25	705	1,45	6,05	665	1,25	6,65	630	1,11	7,10
	30	820	1,81	5,65	765	1,56	6,15	730	1,38	6,65
	35	935	2,20	5,30	875	1,90	5,80	835	1,67	6,25
76	30	930	2,19	5,30	875	1,89	5,80	835	1,67	6,25
	35	1060	2,65	5,00	995	2,27	5,45	945	2,01	5,90
	40	1190	3,13	4,75	1115	2,68	5,20	1055	2,36	5,60

q_l = stündliche Wärmeabgabe je lfd. m Rohr für 0,1 atü Dampfdruck und 20 °C Raumtemperatur.
a = freier Abstand zwischen den Rippen.
F = Heizfläche je lfd. m Rohr.
Siehe auch S. 64.

Zahlentafel A 31

Wärmedurchgangszahl k_e in kcal/m² h grd für die isolierte ebene Wand bei $(t_1 - t_2) = 100$ grd

Wärme-leitzahl λ kcal/m h grd	Isolierdicke in mm								
	20	30	40	50	60	70	80	90	100
0,035	1,48	1,03	0,796	0,647	0,546	0,474	0,417	0,373	0,337
0,04	1,65	1,17	0,900	0,731	0,617	0,534	0,473	0,423	0,383
0,045	1,83	1,29	1,00	0,816	0,689	0,598	0,530	0,473	0,428
0,05	1,99	1,41	1,10	0,900	0,761	0,662	0,580	0,523	0,473
0,055	2,16	1,53	1,20	0,980	0,831	0,721	0,637	0,573	0,518
0,06	2,31	1,65	1,29	1,06	0,898	0,781	0,692	0,622	0,563
0,065	2,46	1,76	1,38	1,14	0,968	0,843	0,744	0,670	0,607
0,07	2,60	1,87	1,47	1,22	1,03	0,900	0,796	0,720	0,650
0,08	2,88	2,09	1,65	1,37	1,17	1,01	0,900	0,811	0,735
0,09	3,14	2,29	1,82	1,51	1,29	1,13	1,005	0,900	0,820
0,10	3,39	2,49	1,98	1,65	1,42	1,24	1,10	0,990	0,905
0,11	3,62	2,67	2,14	1,78	1,54	1,35	1,20	1,08	0,987
0,12	3,84	2,85	2,29	1,92	1,65	1,45	1,29	1,17	1,07
0,13	4,04	3,02	2,43	2,05	1,76	1,56	1,39	1,25	1,15
0,14	4,24	3,18	2,58	2,18	1,87	1,65	1,48	1,34	1,23

Zahlentafel A 32

Durchmesserfaktor f_d
[zu Gl. (9.63)]

NW mm	Außendurchmesser D' mm	Isolierdicke in mm								
		20	30	40	50	60	70	80	90	100
10	17,2	0,115	0,137	0,157						
15	21,3	0,129	0,152	0,174						
20	26,9	0,148	0,172	0,194						
25	33,7	0,170	0,195	0,219						
32	42,4	0,198	0,225	0,250						
40	44,5	0,207	0,234	0,260	0,284	0,307				
50	57	0,247	0,276	0,302	0,328	0,352				
60	70	0,289	0,318	0,345	0,373	0,399				
65	76	0,307	0,338	0,366	0,393	0,419				
80	89	0,347	0,380	0,407	0,436	0,463				
90	102	0,389	0,421	0,450	0,479	0,507	0,533	0,554		
100	108	0,409	0,440	0,470	0,499	0,526	0,553	0,575		
125	133	0,483	0,514	0,544	0,574	0,603	0,632	0,653		
150	159	0,562	0,596	0,626	0,655	0,687	0,716	0,738		
175	194	0,668	0,705	0,734	0,765	0,798	0,828	0,851		
200	216	0,738	0,772	0,803	0,838	0,869	0,899	0,920	0,952	0,978
250	267	0,895	0,930	0,963	0,996	1,029	1,060	1,080	1,114	1,142
300	318	1,050	1,088	1,120	1,154	1,188	1,220	1,242	1,276	1,307
350	368	1,204	1,244	1,276	1,314	1,347	1,380	1,403	1,437	1,468
400	419	1,373	1,404	1,441	1,475	1,508	1,538	1,565	1,599	1,630

Zahlentafel A 33

Wärmedurchgangszahl k'_R in kcal/m h grd für isolierte Heizungsrohre in Gebäuden; $k'_R = 1{,}15\,k_R$

Rohr-NW		Matten aus Faserdämmstoffen						Kieselgur					
		Isolierdicke in mm											
Zoll	mm	20	30	40	50	60	70	20	30	40	50	60	70
$^3/_8$	10	**0,214**	0,182	0,160				**0,300**	0,256	0,230			
$^1/_2$	15	**0,245**	0,205	0,180				**0,343**	0,288	0,258			
$^3/_4$	20	**0,281**	0,231	0,201				**0,393**	0,326	0,288			
1	25	**0,323**	0,262	0,227				0,452	**0,370**	0,325			
$1^1/_4$	32	0,376	**0,303**	0,259				0,526	**0,427**	0,371			
—	40	0,393	**0,315**	0,269	0,239	0,218		0,550	**0,444**	0,386	0,346	0,317	
—	50	0,469	**0,371**	0,313	0,276	0,250		0,656	**0,524**	0,448	0,400	0,364	
—	60	0,548	**0,428**	0,357	0,314	0,283		0,768	0,603	**0,512**	0,455	0,412	
—	65	0,583	**0,455**	0,379	0,330	0,297		0,816	0,641	**0,543**	0,479	0,433	
—	80	0,658	0,511	**0,421**	0,367	0,329		0,922	0,721	**0,604**	0,531	0,478	
—	90	0,738	0,566	**0,466**	0,403	0,360	0,327	1,033	0,799	0,668	**0,584**	0,524	0,479
—	100	0,776	0,592	**0,486**	0,419	0,373	0,340	1,087	0,835	0,697	**0,608**	0,543	0,497
—	125	0,916	0,692	0,563	**0,483**	0,428	0,388	1,280	0,975	0,807	0,700	**0,623**	0,568
—	150	1,066	0,802	0,648	**0,551**	0,487	0,440	1,490	1,130	0,929	0,798	**0,709**	0,643
—	175	1,250	0,935	0,750	**0,637**	0,560	0,503	1,760	1,320	1,076	0,924	**0,815**	0,736
—	200	1,400	1,039	0,831	**0,704**	0,617	0,552	1,960	1,460	1,190	1,022	0,897	**0,807**

Die fettgedruckten Zahlen deuten den Bereich der empfehlbaren Isolierdicke bei Warmwasser-Vorlaufleitungen an.

Zahlentafel A 34

Wärmedurchgangszahl k_R in kcal/m h grd für nackte, senkrechte Heizungsrohre in Gebäuden

Rohrdurchmesser		Mittlere Wassertemperatur in °C						
NW	Außendurch-messer D'							
mm	mm	50	60	70	80	90	100	110
10	17,2	0,665	0,704	0,752	0,791	0,827	0,863	0,894
15	21,3	0,799	0,847	0,903	0,953	0,996	1,04	1,08
20	26,9	0,985	1,04	1,10	1,15	1,21	1,26	1,32
25	33,7	1,20	1,28	1,34	1,42	1,48	1,54	1,60
32	42,4	1,46	1,56	1,64	1,73	1,81	1,89	1,96
40	44,5	1,56	1,66	1,75	1,84	1,92	2,00	2,08
50	57	1,89	2,01	2,13	2,24	2,34	2,44	2,53
60	70	2,27	2,41	2,54	2,67	2,80	2,92	3,03
65	76	2,45	2,60	2,75	2,88	3,02	3,15	3,28
80	89	2,81	2,98	3,15	3,31	3,47	3,61	3,76
100	108	3,33	3,53	3,72	3,92	4,10	4,28	4,44

IV. Rohrnetzberechnung

Zahlentafel A 35

Dichte ϱ (Wichte[1] γ) und spezifisches Volumen von Wasser bei 1,0 at

t °C	ϱ kg/m³	v dm³/kg	t °C	ϱ kg/m³	v dm³/kg
40	992,2	1,0079	72	976,7	1,0239
42	991,4	1,0087	74	975,5	1,2051
44	990,6	1,0095	76	974,3	1,0264
46	989,8	1,0103	78	973,1	1,0277
48	988,9	1,0112	80	971,8	1,0290
50	988,1	1,0120	82	970,6	1,0303
52	987,2	1,0130	84	969,3	1,0317
54	986,2	1,0140	86	968,0	1,0331
56	985,3	1,0149	88	966,7	1,0345
58	984,3	1,0160	90	965,3	1,0359
60	983,2	1,0171	92	964,0	1,0374
62	982,2	1,0181	94	962,6	1,0389
64	981,1	1,0192	96	961,2	1,0404
66	980,1	1,0203	98	959,8	1,0419
68	978,9	1,0215	100	958,4	1,0434
70	977,8	1,0227			

Zahlentafel A 36

Dichte ϱ (Wichte[1] γ) und spezifisches Volumen von Wasser bei Sattdampfdruck

t °C	ϱ kg/m³	v dm³/kg	t °C	ϱ kg/m³	v dm³/kg
100	958,3	1,0435	155	912,2	1,0963
105	954,7	1,0474	160	907,4	1,1021
110	951,0	1,0515	165	902,4	1,1082
115	947,1	1,0558	170	897,3	1,1144
120	943,1	1,0603	175	892,1	1,1210
125	939,0	1,0650	180	886,9	1,1275
130	934,8	1,0697	185	881,4	1,1345
135	930,6	1,0746	190	876,0	1,1415
140	926,1	1,0798	195	870,3	1,1490
145	921,7	1,0850	200	864,7	1,1565
150	916,9	1,0906			

Zahlentafel A 37

Wichteänderung von Wasser mit der Temperatur

t °C	$\varepsilon = \dfrac{d\gamma}{dt}$	t °C	$\varepsilon = \dfrac{d\gamma}{dt}$
95	0,697	67	0,553
94	0,692	66	0,548
93	0,687	65	0,542
92	0,682	64	0,536
91	0,677	63	0,530
90	0,672	62	0,525
89	0,667	61	0,519
88	0,662	60	0,513
87	0,657	59	0,507
86	0,652	58	0,501
85	0,647	57	0,495
84	0,642	56	0,488
83	0,637	55	0,482
82	0,632	54	0,476
81	0,627	53	0,470
80	0,622	52	0,463
79	0,617	51	0,456
78	0,612	50	0,450
77	0,607	49	0,443
76	0,601	48	0,436
75	0,596	47	0,429
74	0,590	46	0,422
73	0,585	45	0,415
72	0,580	44	0,408
71	0,575	43	0,401
70	0,570	42	0,393
69	0,564	41	0,386
68	0,559	40	0,378

[1] Dichte und Wichte sind zahlengleich. Die Wichte ist dabei in kp/m³ anzusetzen.

Zahlentafel A 38

Umtriebsdruck bei Schwerkraftheizungen je m Höhenunterschied in mm WS

		Vorlauftemperatur in °C						
		80	85	90	95	100	105	110
	60	11,4	14,6	17,9	21,3	24,8	28,5	32,2
	65	8,8	11,9	15,2	18,7	22,2	25,9	29,6
	70	6,0	9,2	12,5	15,9	19,4	23,1	26,8
Rücklauf-	75	—	6,2	9,6	13,0	16,5	20,2	23,9
temperatur	80	—	—	6,5	9,9	13,4	17,1	20,8
in °C	85	—	—	—	6,7	10,3	14,0	17,7
	90	—	—	—	—	6,9	10,6	14,3
	95	—	—	—	—	—	7,2	10,9
	100	—	—	—	—	—	—	7,4

Zahlentafel A 39 a und b

Zusätzlicher Druck in mm WS infolge Rohrabkühlung bei Zweirohrheizungen

(Schwerkraftsystem mit oberer Verteilung)

a) Fallstränge nicht isoliert und frei vor der Wand

Geschoß-zahl des Gebäudes	Stockwerk des Heiz-körpers	Waagerechte Ausdehnung der Anlage in m											
		10		20		30		40		50		60	
		Erster Strang	Letzter Strang	Erster Strang	Letzter Strang	Erster Strang	Letzter Strang	Erster Strang	Letzter Strang	Erster Strang	Letzter Strang	Erster Strang	Letzter Strang
1	1	10	13	9	14	8	15	8	16	7	18	7	19
2	1 u. 2	16	19	14	21	14	22	13	23	12	25	12	25
3	1	25	29	23	30	22	32	21	33	20	34	19	35
	über 1	22	26	20	27	19	29	18	30	17	31	17	32
4	1	33	27	30	38	29	40	28	41	26	42	26	43
	über 1	28	32	26	34	25	35	24	36	23	38	22	39
5	1	41	45	38	46	36	48	35	49	33	51	32	52
	2	37	41	35	43	33	44	32	45	30	47	29	48
	über 2	34	38	31	39	30	41	29	42	27	44	26	44
6	1	49	53	46	55	44	56	42	57	40	59	39	60
	2 u. 3	45	49	41	50	40	52	38	53	36	55	35	56
	über 3	39	43	37	45	35	47	34	48	32	50	31	50

b) Fallstränge isoliert, in Mauerschlitzen

Geschoß-zahl des Gebäudes	Erster Strang	Letzter Strang Waagerechte Ausdehnung der Anlage in m					
	—	10	20	30	40	50	60
1	2	4	6	9	10	12	14
2	4	5	7	10	11	13	15
3	5	7	9	12	13	15	18
4	6	8	11	14	15	18	20
5	7	10	13	16	18	20	23
6	9	12	15	18	20	22	25

Die Drücke sind für den ersten und letzten Fallstrang angegeben. Für Zwischenstränge ist linear zu interpolieren.

Den Tabellen liegen folgende Rechnungsannahmen zugrunde:

Steigstrang und gemeinsamer Rücklauf ohne Abkühlung,
obere Verteilung mit Mattenisolierung üblicher Dicke,
Geschoßhöhe 3 m,
Dachbodentemperatur 0 °C, Raumtemperatur 20 °C,
Vorlauftemperatur $t_v = 90$ °C,
Temperaturabfall im Heizkörper $\Delta t_{Hk} = 20$ grd.

Ferner wurde angenommen, daß von einem Fallstrang in jedem Stockwerk zwei Heizkörper gleicher Leistung versorgt werden, deren jeder von 50 kg/h Heizwasser durchströmt wird. Für andere Wassermengen sind die Tabellenwerte mit den Korrekturfaktoren aus Zahlentafel A 41 zu multiplizieren, wobei für den Fall nur eines Heizkörpers pro Fallstrang und Etage vom *halben* Wert der tatsächlichen Wassermenge auszugehen ist.

Tafel A 39 b ist auch für andere Temperaturverhältnisse anwendbar, während bei nackten Fallsträngen über Zahlentafel A 42 mit $\Delta t_{Str} = \Delta t_{Hk}$ zu korrigieren ist.

Zahlentafel A 40

Zusätzlicher Druck in mm WS infolge Rohrabkühlung bei Einrohrheizungen
(Schwerkraftsystem mit oberer Verteilung)

Geschoßzahl des Gebäudes	Waagerechte Ausdehnung der Anlage in m											
	10		20		30		40		50		60	
	Erster Strang	Letzter Strang	Erster Strang	Letzter Strang	Erster Strang	Letzter Strang	Erster Strang	Letzter Strang	Erster Strang	Letzter Strang	Erster Strang	Letzter Strang
2	12	16	11	18	10	19	10	20	9	21	9	22
3	16	20	14	21	13	23	13	24	12	25	12	26
4	20	24	18	25	17	27	16	28	15	30	15	31
5	24	28	22	30	21	31	20	33	19	34	18	35
6	28	33	26	35	25	36	24	37	22	39	22	40
7	33	38	30	39	29	41	28	42	26	44	26	45
8	38	43	35	45	33	46	32	47	30	49	29	50

Die Drücke sind für den ersten und letzten Fallstrang angegeben. Für Zwischenstränge ist linear zu interpolieren.

Der Tabelle liegen die Rechnungsannahmen der Zahlentafel A 39 zugrunde. Zusätzlich wurde eine Temperaturspreizung im Fallstrang $\Delta t_{Str} = 20$ grd angenommen.

Die Umrechnung auf andere Wassermengen erfolgt über Zahlentafel A 41, die Berücksichtigung von den Rechnungsannahmen abweichender Temperaturverhältnisse über Zahlentafel A 42.

Zahlentafel A 41

Berichtigungsfaktor zu A 39 und A 40 für unterschiedliche Heizkörper-Wassermengen G_h

Wassermenge G_h in kg/h		20	40	60	80	100	120	140	160	180	200
Faktor	Erster Strang	1,76	1,15	0,89	0,75	0,65	0,58	0,53	0,49	0,46	0,43
	Letzter Strang	1,65	1,12	0,91	0,77	0,68	0,62	0,56	0,52	0,49	0,47

Weichen die einzelnen Heizkörper-Wassermengen stark voneinander ab, so ist für alle Heizkörper des betreffenden Stranges vom arithmetischen Mittelwert auszugehen, also „Gesamtmenge des Fallstranges/Zahl der Heizkörper".

Zahlentafel A 42

Berichtigungsfaktor zu A 39 und A 40 für die näherungsweise Erfassung
unterschiedlicher Temperaturverhältnisse
(Beim Zweirohrsystem ist für Δt_{Str} der Wert Δt_{Hk} aufzusuchen)

Temperaturspreizung im Fallstrang Δt_{Str} in grd		10			20			30		
Temperaturabfall im Heizkörper Δt_{Hk} in grd		10	20	30	10[1]	20	30	10[1]	20	30
Vorlauftemperatur t_v in °C	100	1,25	0,80	0,62	2,25	1,27	1,00	3,50	1,68	1,28
	90	1,00	0,63	0,50	1,75	1,00	0,75	2,50	1,30	1,00
	80	0,73	0,48	0,38	1,35	0,76	0,62	2,00	1,00	0,78

[1] Die unter diesen Spalten angegebenen Faktoren sind Mittelwerte eines recht großen Streubereichs.

Rechnungsgang ähnlich dem auf S. 401.

Zahlentafel A 43 a und b

Prozentuale Heizflächenvergrößerung infolge Rohrabkühlung bei Schwerkraftheizungen

(Fallstränge nicht isoliert und frei vor der Wand)

Der Zuschlag ist auf die Heizflächengröße bezogen, die sich nach Vorgabe des Temperaturabfalls Δt_{Hk} im Heizkörper aus der theoretischen Heizkörpereintrittstemperatur ergibt; das ist bei Zweirohrsystemen die Netzeintrittstemperatur t_v, bei Einrohrsystemen die aus Anwendung der Mischungsregel resultierende jeweilige Wassertemperatur vor dem Heizkörper unter Vernachlässigung der Rohrabkühlung.

Geschoß-zahl des Gebäudes	Stockwerk des Heiz-körpers	a) Einrohrheizungen				b) Zweirohrheizungen			
		bis 30 m		über 30 m		bis 30 m		über 30 m	
		Erster Strang	Letzter Strang	Erster Strang	Letzter Strang	Erster Strang	Letzter Strang	Erster Strang	Letzter Strang
1	1	—	—	—	—	10	15	7	20
2	1	8	12	7	14	11	15	8	18
	2	4	6	3	8	6	8	5	11
3	1	10	13	8	15	13	17	10	19
	2	6	8	5	10	8	9	6	12
	3	3	4	2	6	5	7	4	9
4	1	11	13	9	15	17	18	12	20
	2	8	9	6	11	10	11	8	15
	3	3	6	4	8	7	8	5	10
	4	2	3	2	5	5	6	3	7
5	1	12	14	9	16	19	20	13	22
	2	9	10	7	12	11	15	9	16
	3	6	8	5	9	9	9	7	11
	4	4	5	3	7	6	7	5	9
	5	2	3	2	4	4	5	3	6
6	1	13	14	10	16	21	22	17	23
	2	10	11	8	13	13	16	10	18
	3	8	9	6	10	10	11	8	12
	4	6	6	4	8	8	8	6	10
	5	4	4	3	6	5	6	4	8
	6	2	3	1	4	4	5	3	6
7	1	13	14	11	16				
	2	11	12	9	14				
	3	9	10	7	11				
	4	7	8	5	9				
	5	5	6	4	7				
	6	6	5	5	7				
	7	2	2	1	4				
8	1	14	15	11	17				
	2	11	12	9	14				
	3	10	10	8	12				
	4	8	8	6	10				
	5	6	7	5	8				
	6	5	5	3	6				
	7	3	6	2	7				
	8	1	2	1	3				

Die Heizflächenvergrößerungen sind für den ersten und letzten Strang angegeben. Für Zwischenstränge ist linear zu interpolieren.

Der Tabelle liegen die Rechnungsannahmen der Zahlentafeln A 39 bzw. A 40 zugrunde.

Zur Umrechnung auf andere Heizkörper-Wassermengen ist Zahlentafel A 44a, zur Umrechnung auf andere Temperaturverhältnisse beim Einrohrsystem Zahlentafel A 44b, beim Zweirohrsystem Zahlentafel A 44c zu benutzen. Bezüglich der zweckmäßigerweise einzusetzenden Heizkörper-Wassermengen gelten die Anmerkungen zu Zahlentafel A 41.

Zahlentafel A 44a

Berichtigungsfaktor zu A 43a und b für unterschiedliche Heizkörper-Wassermengen G_h

Wassermenge G_h in kg/h		20	40	60	80	100	120	140	160	180	200
Faktor	Erster Strang	1,96	1,17	0,87	0,70	0,60	0,53	0,46	0,42	0,39	0,36
	Letzter Strang	1,77	1,14	0,89	0,74	0,65	0,58	0,53	0,48	0,45	0,42

Zahlentafel A 44b

Berichtigungsfaktor zu A 43a für die näherungsweise Erfassung unterschiedlicher Temperaturverhältnisse beim Einrohrsystem

Temperaturspreizung im Fallstrang Δt_{Str} in grd		10			20			30[1]		
Temperaturabfall im Heizkörper Δt_{Hk} in grd		10	20	30	10	20	30	10	20	30
Vorlauftemperatur t_v in °C	100	0,75	0,53	0,47	1,35	0,95	0,85	2,00	1,45	1,35
	90	0,75	0,55	0,50	1,35	1,00	0,93	2,10	1,55	1,60
	80	0,75	0,58	0,55	1,35	1,10	1,10	2,50	1,70	2,00

[1] Die für 30 grd Strangspreizung angegebenen Faktoren sind Mittelwerte eines recht großen Streubereichs

Zahlentafel A 44c

Berichtigungsfaktor zu A 43b für die näherungsweise Erfassung unterschiedlicher Temperaturverhältnisse beim Zweirohrsystem

Temperaturabfall im Heizkörper Δt_{Hk} in grd	10	20	30
Faktor	0,80	1,00	1,15

Rechnungsgang bei Benutzung der Zahlentafeln A 43 und A 44 (Beispiel)

Gegeben: Einrohrsystem mit oberer Verteilung.
Gebäudelänge $l = 40$ m; Zahl der beheizten Stockwerke $n = 5$; Zahl der (unisolierten) Fallstränge $m = 10$. Je ein Heizkörper pro Strang und Etage mit der Leistung $Q_{Hk} = 2250$ kcal/h.
Vorlauftemperatur $t_v = 100\,°C$; Strangspreizung $\Delta t_{Str} = 30$ grd; Heizkörperspreizung $\Delta t_{Hk} = 25$ grd.

Gesucht: Heizflächenvergrößerung in der 2. Etage ($i = 2$) des achten Fallstranges.

Zahlentafel A 43a ergibt für $n = 5$, $i = 2$, $l > 30$ m . . . . $\Delta F_1'' = 7\%$; $\Delta F_{10}'' = 12\%$.
Für die halbe Heizkörper-Wassermenge

$$G_h = G_{Hk}/2 = 0,5 \cdot Q_{Hk}/\Delta t_{Hk} = 45 \text{ kg/h aus A 44a} \quad . . . . \quad f_1 = 1,09; \quad f_{10} = 1,08.$$

Aus $\Delta F_1' = 1,09 \cdot 7 = 7,6\%$ und $\Delta F_{10}' = 1,08 \cdot 12 = 13\%$

$$\text{ergibt Interpolation zwischen erstem und letztem Strang} \quad . . \quad \Delta F_8' = 11,9\%.$$

Für $t_v = 100\,°C$, $\Delta t_{Str} = 30$ grd, $\Delta t_{Hk} = 25$ grd liefert A 44b . . . . $f^* = 1,40$.
Die gesuchte Heizflächenvergrößerung beträgt also . . . . $\Delta F_8 = 1,4 \cdot 11,9 \approx 16,7\%$.

Aus den Zahlentafeln A 40 bis A 42 erhält man analog den im achten Strang auftretenden zusätzlichen Umtriebsdruck $H_8' \approx 48$ mm WS.

Zahlentafel A 45

Anteil der Einzelwiderstände am Gesamtdruckverlust des Rohrnetzes

Art der Anlage	Anteil der Einzelwiderstände in %	Anteil der Rohrreibung in %
Hausnetze aller Heizsysteme[1]	33	67
Fernleitungen mit einer mittleren Entfernung der Gebäudeanschlüsse von etwa 50 m	20	80
Fernleitungen mit einer mittleren Entfernung der Gebäudeanschlüsse von etwa 100 m	10	90
Pumpen- und Verteilerraum, je nach Wahl von Schiebern oder Ventilen	70—90	30—10

[1] Die Werte gelten für Zwei- und Einrohrheizungen mit oberer oder unterer Verteilung.

Zahlentafel A 46

Rohrdurchmesser der Kondensatleitungen bei Niederdruck-Dampfheizungen[1]

Nennweite in mm	Hochliegende Leitungen		Tiefliegende Leitungen		
	waagerecht	lotrecht	waagerecht oder lotrecht		
			$l < 50$ m	$l = 50$ bis 100 m	$l > 100$ m
d	Die für Bildung des Kondenswassers dem Dampf entzogene Wärmemenge in kcal/h				
15	4 000	6 000	28 000	18 000	8 000
20	15 000	22 000	70 000	45 000	25 000
25	28 000	42 000	125 000	80 000	40 000
32	68 000	100 000	270 000	175 000	85 000
40	104 000	155 000	375 000	250 000	115 000
50	215 000	320 000	650 000	440 000	215 000
(57)	315 000	470 000	950 000	620 000	315 000
60	425 000	635 000	1 250 000	850 000	425 000
65	500 000	750 000	1 500 000	1 050 000	500 000
80	750 000	1 120 000	2 250 000	1 500 000	750 000
(88)	900 000	1 350 000	2 650 000	1 800 000	900 000
100	1 250 000	1 850 000	3 500 000	2 400 000	1 250 000

[1] Die Tafelwerte gelten für Kondensatleitungen, die mit dem üblichen Gefälle verlegt werden, das zweckmäßigerweise bei trockenverlegten Leitungen etwas größer gewählt wird als bei naßverlegten Leitungen. Längere nasse Kondensatleitungen mit Rückspeisung mittels Pumpe werden wie wasserführende Leitungen berechnet (s. 11. Abschn., II). In der Tabelle bedeutet l die waagerechte Ausdehnung der Anlage. Die Durchmesser der Luftleitungen bei nassen Kondensatleitungen sind nach Spalte 4 ($l < 50$ m) zu wählen.

V. Normangaben für Bauteile

Zahlentafel A 47

Maße, Gewicht und Inhalt von Stahlrohren

Nennweite		Außen-durchmesser	Wanddicke	Innen-durchmesser	Rohrgewicht	Wasserinhalt
Zoll	mm	mm	mm	mm	kp/m	l/m
1. Mittelschwere Gewinderohre nach DIN 2440						
$^3/_8$	10	17,2	2,35	12,5	0,852	0,123
$^1/_2$	15	21,3	2,65	16,0	1,22	0,201
$^3/_4$	20	26,9	2,65	21,6	1,58	0,366
1	25	33,7	3,25	27,2	2,44	0,581
$1^1/_4$	32	42,4	3,25	35,9	3,14	1,012
$1^1/_2$	40	48,3	3,25	41,8	3,61	1,372
2. Nahtlose Stahlrohre nach DIN 2448						
	40	44,5	2,60	39,3	2,70	1,213
	50	57,0	2,90	51,2	3,90	2,059
	65	76,1	2,90	70,3	5,28	3,882
	80	88,9	3,20	82,5	6,81	5,346
	100	108,0	3,60	100,8	9,33	7,981
	125	133,0	4,00	125,0	12,80	12,273
	150	159,0	4,50	150,0	17,10	17,674
	175	193,7	5,40	182,9	25,00	26,277
	200	216,0	6,00	204,0	31,10	32,689
	250	267,0	6,30	254,4	40,60	50,837
	300	318,0	7,50	303,0	57,40	72,116
3. Geschweißte Stahlrohre nach DIN 2458						
	250	267,0	5,00	257,0	32,30	51,881
	300	318,0	5,60	306,8	43,10	73,936
	350	368,0	5,60	356,8	49,90	99,999
	400	419,0	6,30	406,4	64,30	129,734
	450	470,0	6,30	457,4	72,00	164,338
	500	521,0	6,30	508,4	80,00	203,029
	550	558,8	6,30	546,2	86,10	234,342
	600	609,6	6,30	597,0	94,10	279,959
	650	660,4	7,10	646,2	115,00	328,005
	700	711,2	7,10	697,0	124,00	381,603
	750	762,0	8,00	746,0	148,00	437,143
	800	812,8	8,00	796,8	158,00	498,706

Zahlentafel A 48

Vorschweißflansche ND 10
(Nach DIN 2632[1])

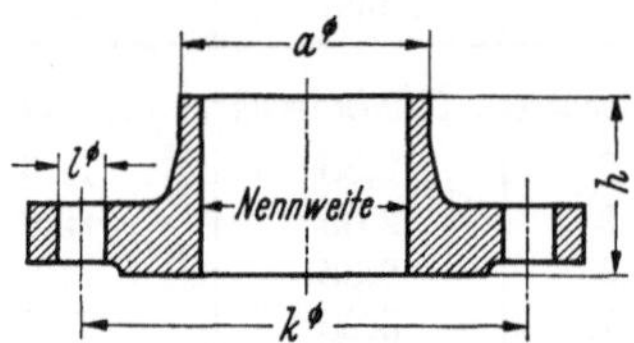

| Nennweite NW | Rohr | Flansch | | Schrauben | | | Gewicht eines Flansches |
| | Außendurchmesser a | Lochkreisdurchmesser k | Höhe h | Anzahl | Gewinde | Lochdurchmesser l | |
mm	mm	mm	mm		mm (Zoll)	mm	kp
10	14	60	35	4	M 12 ($^1/_2$)	14	0,580
15	20	65	35	4	M 12 ($^1/_2$)	14	0,648
20	25	75	38	4	M 12 ($^1/_2$)	14	0,952
25	30	85	38	4	M 12 ($^1/_2$)	14	1,14
32	38	100	40	4	M 16 ($^5/_8$)	18	1,69
40	44,5	110	42	4	M 16 ($^5/_8$)	18	1,86
50	57,0	125	45	4	M 16 ($^5/_8$)	18	2,53
65	76,1	145	45	4	M 16 ($^5/_8$)	18	3,06
80	88,9	160	50	4	M 16 ($^5/_8$)	18	3,70
100	108	180	52	8	M 16 ($^5/_8$)	18	4,62
125	133	210	55	8	M 16 ($^5/_8$)	18	6,30
150	159	240	55	8	M 20 ($^3/_4$)	23	7,75
175	191	270	60	8	M 20 ($^3/_4$)	23	10,0
200	216	295	62	8	M 20 ($^3/_4$)	23	11,3
250	267	350	68	12	M 20 ($^3/_4$)	23	14,7
300	318	400	68	12	M 20 ($^3/_4$)	23	17,6
350	355,6	460	68	16	M 20 ($^3/_4$)	23	21,4
400	406,4	515	72	16	M 24 ($^7/_8$)	27	26,1
500	508	620	75	20	M 24 ($^7/_8$)	27	34,7
600	609,6	725	80	20	M 27 (1)	30	42,2
700	711,2	840	80	24	M 27 (1)	30	58,7
800	812,8	950	90	24	M 30 ($1^1/_8$)	33	80,0

[1] Von NW 10 bis 150 stimmen die Maße überein mit denen der Druckstufe ND 16 (DIN 2633).

Baulängen von Ventilen
(Nach DIN 3300)

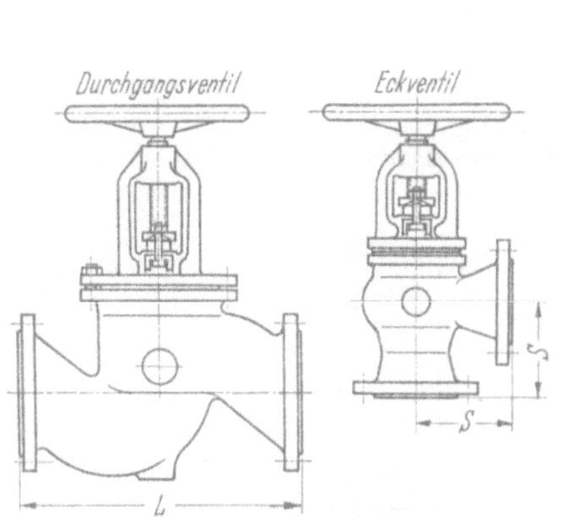

NW	ND 6		ND 10 und ND 16	
	L mm	S mm	L mm	S mm
10	120	60	120	85
15	130	65	130	90
20	150	70	150	95
25	160	75	160	100
32	180	80	180	105
40	200	90	200	115
50	230	100	230	125
65	290	120	290	145
80	310	130	310	155
100	350	150	350	175
125	400	175	400	200
150	480	200	480	225
175	550	230	550	250
200	600	250	600	275
250	730	300	730	325
300	850	350	850	375
350	980	400	980	425
400	1100	450	1100	475

Ausdehnungsgefäße (Nach DIN 4806)

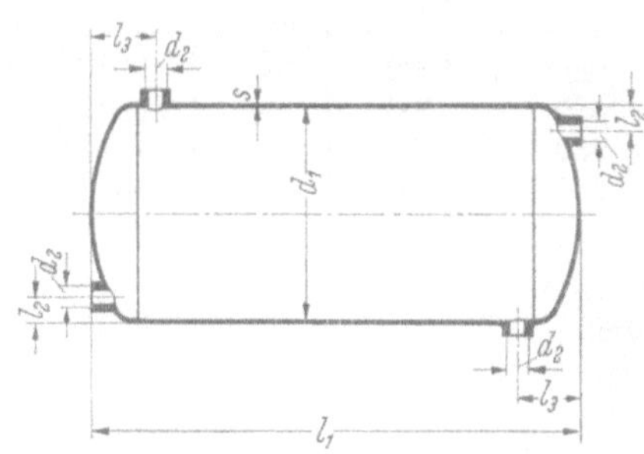

Inhalt Liter	d_1 mm	d_2 Zoll	l_1 mm	l_2 mm	l_3 mm	s mm	Gewicht kp
30	300	R 1	500	50	100	3	14
50	350	R 1	580	50	105	3	19
75	400	R 1¼	670	50	115	3	25
100	400	R 1¼	870	60	115	3	31
125	500	R 1¼	710	60	130	3	34
150	500	R 1¼	850	60	130	3	40
200	500	R 1½	1110	60	140	3	49
250	500	R 1½	1350	60	140	3	57
300	600	R 1½	1180	60	150	3	63
400	650	R 2	1310	70	170	3	77
500	700	R 2	1420	70	180	3	89
600	700	R 2½	1660	80	190	3	103
800	800	R 2½	1700	80	200	4	158
1000	800	R 2½	2125	80	200	4	190

Zahlentafel A 51

Baumaße und Anwendungsbereich von Normradiatoren
(Nach DIN 4720 und 4722)

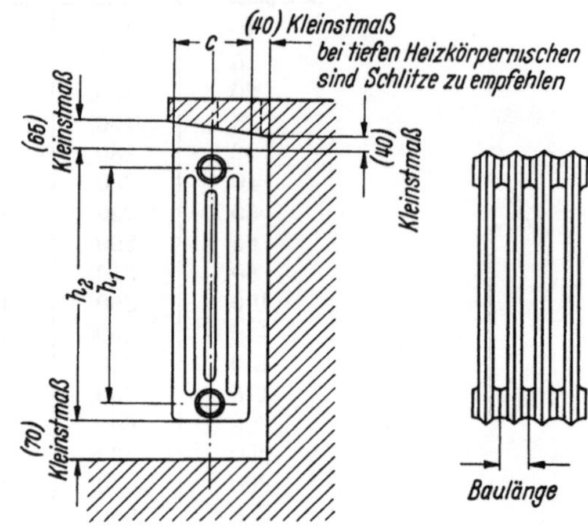

Baulänge je Glied in mm	Gußradiatoren 60		Stahlradiatoren 50				
Nabenabstand h_1 Zuläss. Abweichung $\pm 0{,}3$	Bauhöhe h_2 mm		Bautiefe c Zuläss. Abweichung ± 2				
mm	Gußrad.	Stahlrad.	mm				
900	980	1000	(70)[1]	(110)[2]	160	220	—
500	580	600	—	110	160	220	—
350	430	450	—	—	160	220	—
200	280	300	—	—	—	—	250

[1] Nur als Gußradiatoren.
[2] Nur als Stahlradiatoren.

Ausführung	Heizungsart	Höchster Betriebsdruck		Höchste Betriebstemperatur °C
		atü	m WS	
Normalausführung	Warmwasserheizung	4	40	110
	Dampfheizung (Gußradiatoren)	2	—	133
Sonderausführung	Warm- oder Heißwasserheizung	6	60	140
	Dampfheizung (Gußradiatoren)	4	—	151

VI. Kühllastberechnung

Zahlentafel A 52

Die Wärmeabgabe des menschlichen Körpers Q_M

		Lufttemperatur	°C	22	23	25	26
Physisch nicht tätiger Mensch[1]	Q_{tr} (trocken)	kcal/h		75	70	65	60
	Q_f (feucht)	kcal/h		25	30	35	40
	Q_{ges}	kcal/h		100	100	100	100
	Wasserdampfabgabe G_W	g/h		40	50	60	65
Mittelschwere[2] Arbeit	Q_{tr}	kcal/h		105	100	85	80
	Q_f	kcal/h		125	130	140	145
	Q_{ges}	kcal/h		230	230	225	225

[1] Nach DIN 1946, Bl. 2.   [2] Nach Abb. 1.02 in Bd. I, S. 6.

Zahlentafel A 53 a und b

Wärmeabgabe von Lampen

a) Nennbeleuchtungsstärken nach DIN 5035 und mittlere Lampenleistungen

Raumzweck bzw. Art der Tätigkeit	Nennbeleuchtungs-stärke in Lux	Lampenleistung[1] in W/m²	
		Allgebrauchs-glühlampen	Leuchtstofflampen
Lagerräume, Wohnräume, Theater	120	25	8
Büroräume (allgemein), Unterrichtsräume	250	55	16
Lesesäle, Laboratorien, Kaufhäuser	500	110	32
Feinmontage, Gravieren, Supermärkte	750	170	50
Techn. Zeichnen, Großraumbüros, Operationssäle	1000	—	65
Feinstmontage, Farbkontrolle (sehr hohe Anspr.)	1500	—	100
Elektronische Subminiaturteile	2000	—	130

[1] Für Beleuchtungswirkungsgrad $\eta_B = 0,4$ und Lichtausbeuten 13,8 lm/W bei Glühlampen bzw. 48 lm/W bei Leuchtstofflampen einschließlich Vorschaltleistung berechnet.

b) Kühllastanteil l_2 belüfteter Leuchten[1] (Restwärmefaktor nach längerer Betriebszeit)

Luftdurchsatz je 100 W Lampenleistung m³/h		20	30	50	100
Absaugung über Decken-hohlraum	Durchlüftete Leuchte[2]	0,5	0,4	0,3	0,25
	Umlüftete Leuchte	0,6	0,5	0,4	0,35
Absaugung durch nicht isolierte Kanäle	Durchlüftete Leuchte[2]	0,4	0,35	0,25	0,20
	Umlüftete Leuchte	0,5	0,45	0,35	0,30

Nicht belüftete Leuchten sollten mit voller Leistung berücksichtigt werden ($l_2 = 1$).

[1] Der Faktor enthält neben der von der Leuchte direkt in den Raum abgegebenen Energie auch noch die aus der Abluft über Decke und Fußboden zurückströmende Wärme.
[2] Das sind Leuchten, bei denen die Lampe bzw. Röhre in ihrer gesamten Oberfläche zwangsweise belüftet wird.

Zahlentafel A 54

Wirkungsgrade von Drehstrom-Asynchronmotoren[1]

Nennleistung in kW	0,2	0,5	0,8	1,1	1,5	2,2	3,0	5,5	7,5	15	22	40
Kurzschlußläufer	70	75	78	80	81	83	84	85	85,5	86	87	89
Schleifringläufer	—	—	—	74	77	79	81	83	84	86	87	89

[1] Nach Hütte IV A, 28. Aufl. 1957.

Zahlentafel A 55

Gesamtstrahlung durch einfach verglaste Flächen in kcal/m² h

Jahreszeit	Richtung	\multicolumn{13}{c}{Wahre Ortszeit}											
		6	7	8	9	10	11	12	13	14	15	16	17	18
22. März	NO		*180*	166	88	75	82	84	82	75	63	48	28	
	O		312	**444**	*447*	352	190	84	82	75	63	48	28	
	SO		267	450	551	**575**	526	415	239	101	63	48	28	
	S		56	192	343	469	547	**573**	547	469	343	192	56	
	SW		28	48	63	101	239	415	526	**575**	551	450	267	
	W		28	48	63	75	82	84	190	352	*447*	**444**	312	
	NW		28	48	63	75	82	84	82	75	88	166	*180*	
	N		28	48	63	75	82	*84*	82	75	63	48	28	
	HORIZ		64	167	287	395	467	*478*	467	395	287	167	64	
20. April	NO	209	*288*	255	148	89	95	98	95	89	79	65	46	26
	O	256	427	*508*	480	367	202	98	95	89	79	65	46	26
	SO	162	328	463	531	*532*	474	351	194	90	79	65	46	26
	S	26	52	143	279	398	469	*499*	469	398	279	143	52	26
	SW	26	46	65	79	90	194	351	474	*532*	531	463	328	162
	W	26	46	65	79	89	95	98	202	367	480	*508*	427	256
	NW	26	46	65	79	89	95	98	95	89	148	255	*288*	209
	N	36	46	65	79	89	95	*98*	95	89	79	65	46	36
	HORIZ	54	147	288	419	510	571	*598*	571	510	419	288	147	54
21. Mai und 23. Juli	NO	289	*361*	302	189	105	109	110	109	102	92	77	60	40
	O	326	485	*507*	465	355	217	110	109	102	92	77	60	40
	SO	180	337	427	*477*	*465*	403	290	153	102	92	77	60	40
	S	40	60	108	211	338	374	*405*	374	338	211	108	60	40
	SW	40	60	77	92	102	153	290	403	465	*477*	*427*	337	180
	W	40	60	77	92	102	109	110	217	355	465	*507*	485	326
	NW	40	60	77	92	102	109	110	109	105	189	302	*361*	289
	N	79	62	77	92	102	109	110	109	102	92	77	62	79
	HORIZ	106	240	362	490	586	641	*659*	641	586	490	362	240	106
21. Juni	NO	327	**375**	322	212	115	109	111	109	104	93	80	64	47
	O	357	478	**511**	468	357	202	111	109	104	93	80	64	47
	SO	185	316	413	*454*	442	376	264	147	104	93	80	64	47
	S	47	64	96	180	277	342	*369*	342	277	180	96	64	47
	SW	47	64	80	93	104	147	264	376	442	*454*	413	316	185
	W	47	64	80	93	104	109	111	202	357	468	**511**	478	357
	NW	47	64	80	93	104	109	111	109	115	212	322	**375**	327
	N	105	74	80	93	104	109	**111**	109	104	93	80	74	105
	HORIZ	138	260	398	509	610	661	**677**	661	610	509	398	260	138
24. August	NO	186	*269*	244	145	90	96	99	96	90	80	65	47	26
	O	228	395	*481*	459	354	198	99	96	90	80	65	47	26
	SO	145	305	438	*518*	511	457	341	190	99	80	65	47	26
	S	26	52	139	269	384	456	*482*	456	384	269	139	52	26
	SW	26	47	65	80	99	190	341	457	511	*518*	438	305	145
	W	26	47	65	80	90	96	99	198	354	459	*481*	395	228
	NW	26	47	65	80	90	96	99	96	90	145	244	*269*	186
	N	35	47	65	80	90	96	*99*	96	90	80	65	47	35
	HORIZ	52	142	278	405	494	554	*580*	554	494	405	278	142	52
22. September	NO		*158*	150	87	76	83	85	83	76	64	49	28	
	O		269	*417*	416	333	184	85	83	76	64	49	28	
	SO		231	391	511	*540*	497	393	229	100	64	49	28	
	S		52	172	320	441	516	*542*	516	441	320	172	52	
	SW		28	49	64	100	229	393	497	*540*	511	391	231	
	W		28	49	64	76	83	85	184	333	416	*417*	269	
	NW		28	49	64	76	83	85	83	76	87	150	*158*	
	N		28	49	64	76	83	*85*	83	76	64	49	28	
	HORIZ		62	157	273	377	446	*457*	446	377	273	157	62	

Korrekturfaktor *a* für verschiedene atmosphärische Verunreinigungen	Typ der Atmosphäre	Nord bzw. momentan nicht besonnte Flächen	Alle anderen Richtungen
	Reine		1,15
	Großstadt-	1,00	1,00
	Industrie-		0,87

Kursive Zahlen: Monatsmaxima; **Fettdruck:** Jahresmaxima für die jeweiligen Himmelsrichtungen.

Zahlentafel A 56

Monatliche Maxima der Gesamtstrahlung durch einfach verglaste Flächen in kcal/m² h

Jahreszeit	Richtung								
	NO	O	SO	S	SW	W	NW	N	HORIZ
März	180	447	575	573	575	447	180	84	478
April	288	508	532	499	532	508	288	98	598
Mai	361	507	477	405	477	507	361	110	659
Juni	375	511	454	369	454	511	375	111	677
Juli	361	507	477	405	477	507	361	110	659
August	269	481	518	482	518	481	269	99	580
September	158	417	540	542	540	417	158	85	457

Zahlentafel A 57

Mittlerer Durchlaßfaktor *b* der Sonnenstrahlung

1. Gläser

1.1 Tafelglas nach DIN 1249
Einfachverglasung 1,0
Doppelverglasung 0,9
1.2 Absorptionsglas
Einfachverglasung 0,7
Doppelverglasung (außen Absorptionsglas, innen Tafelglas) 0,6
1.3 Reflexionsglas
Einfachverglasung (Metalloxidbelag außen) 0,6
Doppelverglasung (meist Reflexionsschicht auf der Innenseite der Außenscheibe, innen Tafelglas)
   Belag aus Metalloxid 0,5
   Belag aus Edelmetall (z. B. Gold) 0,4
1.4 Glashohlsteine (100 mm), farblos
   glatte Oberflächen
     ohne Glasvlieseinlage 0,6
     mit Glasvlieseinlage 0,4
   strukturierte Oberflächen (Rippen, Kreuzmuster)
     ohne Glasvlieseinlage 0,4
     mit Glasvlieseinlage 0,3

2. Zusätzliche Sonnenschutzvorrichtungen

2.1 Außen
Jalousie, Öffnungswinkel 45° 0,15
Stoffmarkise, oben und seitlich ventiliert . . . . 0,3[1]
Stoffmarkise, oben und seitlich anliegend . . . . 0,4[1]
2.2 Zwischen den Scheiben
Jalousie, Öffnungswinkel 45° mit unbelüftetem Zwischenraum 0,5
2.3 Innen
Jalousie, Öffnungswinkel 45° 0,7
Vorhänge, hell[2]
   Gewebe aus Baumwolle, Nessel, Kunststoff 0,5
   Kunststoffolien 0,7

3. Kombinationen

Kombinationen verschiedener Sonnenschutzanordnungen werden näherungsweise durch Produktbildung der entsprechenden Faktoren erfaßt.

Beispiel: 1. Reflexionsglas, Doppelverglasung, Metalloxidbelag auf Tafelglas ($b_1 = 0,5$)
         2. Nesselvorhang ($b_2 = 0,5$)
Daraus wird $b = b_1 \cdot b_2 = 0,5 \cdot 0,5 = 0,25$.

---

[1] Vorausgesetzt ist die völlige Beschattung der Glasfläche durch die Markise.
[2] Bei dunklen Vorhängen sind die Werte um 0,2 zu erhöhen.

Zahlentafel A 58

Speicherfaktoren s_{max} zur Bestimmung der Maximallast bei Sonneneinstrahlung durch die Fenster und Uhrzeit Z_{max} der Maxima

Himmels-richtung	Baumasse je m² Fuß-bodenfläche kg/m²	24 h-Betrieb				16 h-Betrieb (6—22 Uhr)			
		Beschattung innen		Beschattung außen (ohne)		Beschattung innen		Beschattung außen (ohne)	
		s_{max}	Z_{max}	s_{max}	Z_{max}	s_{max}	Z_{max}	s_{max}	Z_{max}
NO	750	0,58	7	0,33	9	0,64	7	0,42	8
	500	0,60	7	0,39	9	0,65	7	0,45	9
	150	0,76	7	0,65	8	0,77	7	0,66	8
O	750	0,62	8	0,40	10	0,68	8	0,48	10
	500	0,65	8	0,46	10	0,70	8	0,54	9
	150	0,80	8	0,73	9	0,80	8	0,74	9
SO	750	0,64	10	0,44	12	0,70	10	0,53	12
	500	0,67	10	0,51	12	0,72	10	0,57	12
	150	0,84	10	0,77	11	0,84	10	0,77	11
S	750	0,67	13	0,51	15	0,74	13	0,60	13
	500	0,71	13	0,58	14	0,76	12	0,60	14
	150	0,88	12	0,82	13	0,88	12	0,82	13
SW	750	0,66	15	0,47	16	0,66	15	0,47	15
	500	0,70	15	0,53	16	0,70	15	0,53	16
	150	0,86	15	0,78	16	0,86	15	0,78	16
W	750	0,65	17	0,44	18	0,65	17	0,44	18
	500	0,68	17	0,51	18	0,68	17	0,51	18
	150	0,85	17	0,76	17	0,85	17	0,76	17
NW	750	0,61	17	0,39	18	0,61	17	0,39	18
	500	0,65	17	0,46	18	0,65	17	0,46	18
	150	0,80	17	0,73	18	0,80	17	0,73	18
N	750	0,88	18	0,74	17	0,88	18	0,78	18
	500	0,91	18	0,80	17	0,90	18	0,83	18
	150	0,99	18	0,98	17	0,99	18	0,99	18

Bei kürzerer Betriebsdauer erhöhen sich die 16 h-Werte um Beträge von 0,03 bis 0,1; die größeren Änderungen treten auf bei westlich orientierten Wänden. Die Korrekturen nehmen zu mit der Schwere der Bauweise.

Zahlentafel A 59

Äquivalente Temperaturdifferenzen $\Delta t_{äq}$ in grd für verschiedene Wand- und Dachbauarten

Im folgenden sind für eine Anzahl typischer Wand- und Dachkonstruktionen äquivalente Temperaturdifferenzen aufgeführt. Zur näheren Kennzeichnung sind die der Berechnung zugrunde liegenden Wärmedurchgangszahlen k und die auf die Flächen bezogenen Massen G_F mit angegeben. In Erläuterungen werden weitere Konstruktionen beschrieben, für dle in ausreichender Näherung die Tabellenwerte verwendbar sind. Bei diesen Alternativen müssen jeweils die wirklichen Wärmedurchgangszahlen und die tatsächlichen spezifischen Massen zur weiteren Berechnung herangezogen werden.

Der Einfluß einer Isolierschicht ist u. U. erheblich, doch das Material und in gewissen Grenzen auch die Dicke sind von untergeordneter Bedeutung.

Sofern nichts anderes angegeben ist, sind die Tabellen für folgende Oberflächeneigenschaften berechnet:

$$\text{Absorptionszahl } A_s \text{ für Sonnenstrahlung:} \quad \text{Wände } 0{,}7$$
$$\text{Dächer } 0{,}9$$
$$\text{Emissionszahl } \varepsilon \text{ für Temperaturstrahlung:} \quad 0{,}9$$

I. Wände

1. Ziegelwand, beidseitig verputzt

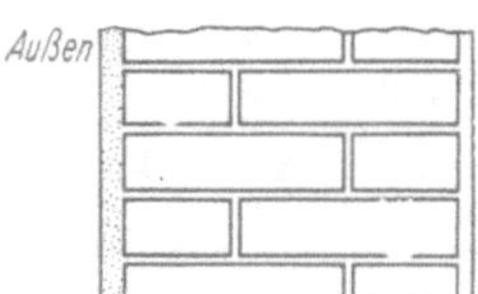

a) 30 cm Vollziegel, $k = 1{,}43$ kcal/m² h grd, $G_F = 570$ kg/m²

Orientierung \ Zeit	6	7	8	9	10	11	12	13	14	15	16	17	18	19	20 h
NO	−0,9	−1,5	−2,0	−2,4	−2,6	−2,5	−2,3	−1,9	−1,6	−1,2	−0,8	−0,3	0,1	0,5	0,9
O	0,6	−0,1	−0,8	−1,2	−1,4	−1,3	−0,9	−0,2	0,6	1,4	2,1	2,6	3,1	3,5	3,8
SO	0,9	0,2	−0,6	−1,2	−1,6	−1,7	−1,5	−1,0	−0,3	0,7	1,7	2,5	3,3	3,9	4,3
S	1,0	0,2	−0,5	−1,2	−1,9	−2,4	−2,8	−2,8	−2,6	−1,9	−1,0	0,1	1,2	2,3	3,1
SW	2,7	1,9	1,0	0,2	−0,6	−1,3	−1,8	−2,2	−2,3	−2,2	−1,7	−0,8	0,3	1,6	2,9
W	3,0	2,2	1,3	0,5	−0,3	−0,9	−1,5	−1,9	−2,1	−2,1	−1,9	−1,3	−0,5	0,5	1,8
NW	0,8	0,1	−0,6	−1,3	−1,9	−2,5	−2,9	−3,2	−3,3	−3,2	−3,0	−2,6	−2,1	−1,3	−0,5
N	−1,8	−2,3	−2,9	−3,3	−3,7	−4,0	−4,3	−4,4	−4,3	−4,1	−3,8	−3,4	−2,9	−2,3	−1,8
Diffus	−2,4	−2,9	−3,4	−3,9	−4,4	−4,8	−5,0	−5,1	−5,1	−4,9	−4,5	−4,0	−3,5	−2,9	−2,3
S im Sept.	−1,8	−2,6	−3,5	−4,3	−5,1	−5,8	−6,2	−6,2	−5,9	−5,1	−4,0	−2,7	−1,4	−0,2	0,8

b) 36,5 cm Vollziegel, $k = 1{,}25$, $G_F = 680$

Orientierung \ Zeit	6	7	8	9	10	11	12	13	14	15	16	17	18	19	20 h
NO	0,1	−0,3	−0,7	−1,1	−1,4	−1,6	−1,7	−1,7	−1,6	−1,4	−1,2	−1,0	−0,7	−0,4	−0,1
O	1,9	1,5	1,0	0,5	0,1	−0,2	−0,3	−0,2	0,1	0,5	0,9	1,3	1,7	2,1	2,5
SO	2,2	1,8	1,3	0,7	0,3	−0,1	−0,4	−0,4	−0,3	0,0	0,5	1,0	1,6	2,1	2,6
S	2,0	1,6	1,1	0,6	0,1	−0,5	−0,9	−1,3	−1,5	−1,5	−1,3	−0,9	−0,3	0,3	1,0
SW	3,5	3,1	2,6	2,0	1,4	0,9	0,3	−0,2	−0,6	−0,8	−0,9	−0,8	−0,5	0,1	0,8
W	3,6	3,2	2,7	2,2	1,6	1,1	0,5	0,1	−0,3	−0,6	−0,8	−0,8	−0,7	−0,3	0,2
NW	1,2	0,9	0,5	0,0	−0,4	−0,9	−1,3	−1,7	−2,0	−2,2	−2,3	−2,3	−2,1	−1,9	−1,5
N	−1,3	−1,6	−1,9	−2,2	−2,6	−2,9	−3,2	−3,4	−3,6	−3,6	−3,6	−3,5	−3,3	−3,0	−2,7
Diffus	−2,0	−2,2	−2,5	−2,9	−3,2	−3,5	−3,8	−4,1	−4,3	−4,4	−4,3	−4,2	−4,0	−3,7	−3,4
S im Sept.	−0,6	−1,1	−1,6	−2,2	−2,8	−3,5	−4,0	−4,4	−4,7	−4,7	−4,4	−3,9	−3,3	−2,5	−1,7

Die Tabellenwerte können auch für Leichtstein- bzw. Hohlblockmauerwerk gleicher Dicke verwendet werden.

Zahlentafel A 59 (Fortsetzung)

2. Ziegelwand mit Isolierung

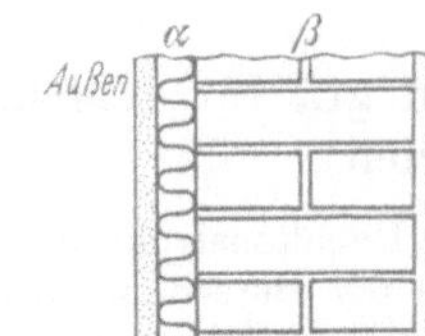

α) 3,5 cm Holzwolle-Leichtbauplatte
β) Vollziegel

a) 24 cm Vollziegel, k = 0,95 kcal/m² h grd, G_F = 500 kg/m²

Orientierung \ Zeit	6	7	8	9	10	11	12	13	14	15	16	17	18	19	20h
NO	−0,5	−0,9	−1,4	−1,7	−1,9	−1,9	−1,8	−1,6	−1,4	−1,1	−0,8	−0,5	−0,2	0,1	0,4
O	1,2	0,7	0,2	−0,3	−0,5	−0,5	−0,3	0,1	0,6	1,1	1,7	2,1	2,5	2,8	3,1
SO	1,5	0,9	0,4	−0,1	−0,5	−0,7	−0,7	−0,5	0,0	0,6	1,3	2,0	2,5	3,0	3,4
S	1,3	0,8	0,2	−0,3	−0,9	−1,3	−1,7	−1,8	−1,7	−1,4	−0,8	−0,1	0,7	1,5	2,2
SW	2,8	2,2	1,6	1,0	0,4	−0,1	−0,6	−1,0	−1,2	−1,2	−1,0	−0,5	0,2	1,1	2,0
W	3,0	2,4	1,8	1,2	0,6	0,1	−0,4	−0,7	−1,0	−1,1	−1,0	−0,8	−0,3	0,4	1,3
NW	0,7	0,2	−0,3	−0,7	−1,2	−1,7	−2,0	−2,3	−2,4	−2,5	−2,4	−2,2	−1,8	−1,4	−0,8
N	−1,7	−2,1	−2,5	−2,8	−3,2	−3,4	−3,6	−3,8	−3,8	−3,7	−3,5	−3,3	−2,9	−2,6	−2,2
Diffus	−2,4	−2,7	−3,1	−3,4	−3,8	−4,1	−4,3	−4,5	−4,5	−4,4	−4,2	−3,9	−3,6	−3,1	−2,7
S im Sept.	−1,4	−2,0	−2,6	−3,3	−3,9	−4,5	−4,9	−5,1	−4,9	−4,5	−3,9	−3,0	−2,1	−1,2	−0,4

b) 30 cm Vollziegel, k = 0,87, G_F = 585

Orientierung \ Zeit	6	7	8	9	10	11	12	13	14	15	16	17	18	19	20h
NO	0,0	−0,2	−0,5	−0,8	−1,1	−1,2	−1,3	−1,4	−1,3	−1,2	−1,1	−0,9	−0,7	−0,5	−0,3
O	2,0	1,6	1,3	0,9	0,6	0,4	0,3	0,3	0,5	0,7	1,0	1,3	1,6	1,9	2,2
SO	2,2	1,9	1,5	1,1	0,8	0,4	0,2	0,1	0,2	0,4	0,7	1,1	1,5	1,9	2,2
S	1,8	1,5	1,2	0,8	0,4	0,0	−0,3	−0,6	−0,8	−0,9	−0,8	−0,5	−0,1	0,3	0,8
SW	3,2	2,9	2,5	2,1	1,7	1,2	0,8	0,5	0,1	−0,1	−0,2	−0,2	0,0	0,4	0,9
W	3,2	2,9	2,6	2,2	1,8	1,4	1,0	0,6	0,3	0,0	−0,1	−0,2	−0,1	0,1	0,5
NW	0,8	0,6	0,3	0,0	−0,3	−0,6	−0,9	−1,2	−1,5	−1,7	−1,8	−1,8	−1,7	−1,6	−1,3
N	−1,5	−1,7	−1,9	−2,2	−2,4	−2,7	−2,9	−3,1	−3,2	−3,3	−3,3	−3,2	−3,1	−2,9	−2,7
Diffus	−2,2	−2,4	−2,6	−2,8	−3,1	−3,3	−3,5	−3,7	−3,9	−4,0	−4,0	−3,9	−3,8	−3,6	−3,3
S im Sept.	−0,8	−1,2	−1,6	−2,0	−2,4	−2,9	−3,3	−3,7	−3,9	−4,0	−3,8	−3,5	−3,1	−2,5	−1,9

Die Werte gelten näherungsweise auch für andere Isolierstoffe und leicht abgeänderte Isolierdicken (bis zu 5 cm). Bei Innenisolierung können die gleichen Werte verwendet werden.

3. Betonplatte vor isoliertem Vollstein

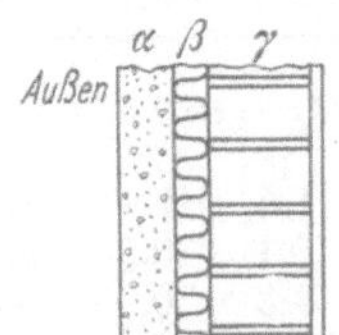

α) 6 cm Betonplatte
β) 3,5 cm Holzwolle-Leichtbauplatte
γ) 11,5 cm Leichtbetonvollstein

k = 1,03 kcal/m² h grd, G_F = 290 kg/m²

Orientierung \ Zeit	6	7	8	9	10	11	12	13	14	15	16	17	18	19	20h
NO	−3,9	−4,7	−5,0	−4,7	−4,0	−3,0	−2,0	−1,1	−0,3	0,4	1,2	1,9	2,5	2,9	3,2
O	−3,2	−4,1	−4,5	−4,2	−3,1	−1,5	0,4	2,1	3,6	4,6	5,4	5,8	6,1	6,2	6,1
SO	−3,1	−4,1	−4,8	−4,9	−4,4	−3,3	−1,6	0,5	2,6	4,5	5,9	6,9	7,3	7,5	7,3
S	−2,6	−3,8	−4,8	−5,6	−6,1	−6,0	−5,4	−4,0	−2,1	0,3	2,7	4,8	6,4	7,5	7,9
SW	−1,0	−2,4	−3,6	−4,5	−5,2	−5,6	−5,6	−5,2	−4,1	−2,4	−0,2	2,4	5,1	7,4	9,2
W	−0,3	−1,8	−3,0	−4,0	−4,7	−5,2	−5,2	−5,0	−4,3	−3,2	−1,7	0,4	2,9	5,5	7,8
NW	−1,9	−3,1	−4,1	−4,9	−5,5	−5,9	−5,8	−5,4	−4,7	−3,8	−2,7	−1,4	0,2	2,0	3,8
N	−4,0	−4,9	−5,5	−5,9	−6,2	−6,2	−6,0	−5,5	−4,8	−3,8	−2,7	−1,7	−0,7	0,2	1,0
Diffus	−4,5	−5,3	−6,1	−6,7	−7,0	−7,1	−6,9	−6,4	−5,5	−4,5	−3,3	−2,1	−1,0	−0,1	0,6
S im Sept.	−5,8	−7,1	−8,4	−9,4	−10,1	−10,0	−9,2	−7,6	−5,2	−2,5	0,3	2,8	4,7	5,8	6,1

Zahlentafel A 59 (Fortsetzung)

4. Betonwand mit Isolierung

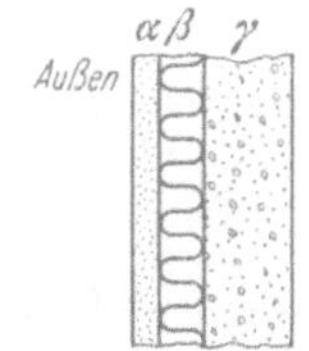

α) Putz
β) 5 cm Holzwolle-Leichtbauplatte
γ) Beton

a) 10 cm Beton, k = 0,98 kcal/m² h grd, G_F = 260 kg/m²

Orientierung \ Zeit	6	7	8	9	10	11	12	13	14	15	16	17	18	19	20 h
NO	−4,6	−4,9	−4,7	−3,9	−2,8	−1,7	−0,8	−0,2	0,4	1,1	1,7	2,3	2,7	3,0	3,1
O	−3,8	−4,3	−4,1	−3,1	−1,4	0,6	2,4	3,8	4,8	5,3	5,6	5,7	5,8	5,7	5,5
SO	−3,7	−4,5	−4,7	−4,3	−3,1	−1,4	0,7	2,8	4,7	6,0	6,8	7,1	7,1	6,9	6,5
S	−3,5	−4,4	−5,2	−5,7	−5,7	−5,2	−3,9	−2,0	0,3	2,8	4,9	6,5	7,4	7,6	7,4
SW	−2,2	−3,3	−4,1	−4,8	−5,1	−5,2	−4,8	−3,9	−2,3	−0,1	2,4	5,1	7,4	9,1	10,0
W	−1,6	−2,8	−3,7	−4,3	−4,7	−4,8	−4,5	−3,9	−3,0	−1,6	0,3	2,7	5,3	7,8	9,5
NW	−3,0	−3,9	−4,7	−5,2	−5,5	−5,5	−5,1	−4,4	−3,5	−2,5	−1,3	0,1	1,8	3,6	5,2
N	−4,8	−5,4	−5,8	−5,9	−5,9	−5,8	−5,4	−4,7	−3,7	−2,6	−1,6	−0,7	0,1	0,8	1,4
Diffus	−5,2	−5,9	−6,5	−6,8	−6,9	−6,7	−6,2	−5,4	−4,3	−3,2	−2,1	−1,0	−0,2	0,5	0,8
S im Sept.	−6,7	−7,9	−9,0	−9,7	−9,7	−9,0	−7,4	−5,1	−2,4	0,4	2,9	4,7	5,7	5,9	5,4

Die Werte gelten auch für *15 cm* Beton bei Anordnung der Isolierung auf der Innenseite.

b) 20 cm Beton, k = 0,92, G_F = 490

Orientierung	6	7	8	9	10	11	12	13	14	15	16	17	18	19	20 h
NO	−1,4	−1,9	−2,3	−2,4	−2,3	−2,1	−1,7	−1,3	−1,0	−0,6	−0,3	0,1	0,4	0,8	1,0
O	0,1	−0,5	−1,0	−1,2	−1,1	−0,6	0,0	0,8	1,5	2,2	2,7	3,0	3,3	3,5	3,7
SO	0,4	−0,3	−0,8	−1,2	−1,4	−1,2	−0,8	0,0	0,9	1,8	2,6	3,3	3,7	4,1	4,2
S	0,3	−0,4	−1,0	−1,6	−2,0	−2,4	−2,4	−2,2	−1,6	−0,8	0,2	1,3	2,3	3,0	3,6
SW	1,8	1,0	0,3	−0,3	−0,9	−1,4	−1,7	−1,8	−1,7	−1,3	−0,6	0,5	1,6	2,8	3,9
W	2,0	1,3	0,6	−0,1	−0,6	−1,1	−1,4	−1,6	−1,6	−1,4	−1,0	−0,3	0,6	1,8	3,0
NW	−0,1	−0,7	−1,3	−1,8	−2,2	−2,6	−2,9	−2,9	−2,8	−2,6	−2,3	−1,8	−1,2	−0,5	0,4
N	−2,4	−2,8	−3,3	−3,6	−3,9	−4,0	−4,1	−4,1	−3,9	−3,6	−3,2	−2,7	−2,3	−1,8	−1,4
Diffus	−3,0	−3,4	−3,8	−4,2	−4,6	−4,8	−4,9	−4,9	−4,7	−4,3	−3,9	−3,4	−2,8	−2,3	−1,9
S im Sept.	−2,6	−3,3	−4,0	−4,7	−5,3	−5,7	−5,8	−5,5	−4,8	−3,8	−2,6	−1,3	−0,2	0,7	1,2

Die Werte gelten auch für *25 cm* Beton bei Anordnung der Isolierung auf der Innenseite.

5. Betonwand mit Außenisolierung und vorgehängter Fassade

α) Fassadenverkleidung: Asbestzement- oder Metallplatte
β) 3,5 cm Luftschicht
γ) 3,5 cm Holzwolle-Leichtbauplatte
δ) Beton

a) 10 cm Beton, k = 1,12 kcal/m² h grd, G_F = 270 kg/m², Fassade getönt oder metallisch blank (ε = A_S = 0,5)
Es gelten die Werte von Konstruktion 4a.

b) wie a), jedoch Fassade weiß (Lack, Emaille od. ähnl.) (ε = 0,9, A_S = 0,5)

Orientierung	6	7	8	9	10	11	12	13	14	15	16	17	18	19	20 h
NO	−5,5	−5,5	−5,1	−4,3	−3,5	−2,9	−2,4	−1,8	−1,2	−0,5	0,1	0,6	1,0	1,2	1,2
O	−5,1	−5,1	−4,5	−3,4	−2,0	−0,6	0,5	1,3	1,8	2,2	2,5	2,8	2,9	2,9	2,7
SO	−5,1	−5,5	−5,3	−4,7	−3,5	−1,9	−0,3	1,2	2,4	3,1	3,5	3,7	3,7	3,6	3,3
S	−5,0	−5,7	−6,2	−6,4	−6,1	−5,2	−3,8	−1,9	0,0	1,8	3,1	4,0	4,3	4,2	3,8
SW	−4,2	−5,0	−5,5	−5,9	−6,0	−5,8	−5,1	−3,8	−2,1	0,0	2,1	4,0	5,4	6,1	6,2
W	−3,8	−4,6	−5,2	−5,6	−5,7	−5,5	−5,0	−4,2	−3,0	−1,5	0,3	2,4	4,4	5,8	6,4
NW	−4,7	−5,4	−5,9	−6,2	−6,3	−6,0	−5,4	−4,6	−3,7	−2,7	−1,5	−0,1	1,4	2,7	3,5
N	−5,8	−6,2	−6,4	−6,5	−6,5	−6,2	−5,6	−4,8	−3,8	−2,8	−2,0	−1,2	−0,6	0,0	0,3
Diffus	−6,2	−6,7	−7,1	−7,3	−7,2	−6,8	−6,1	−5,2	−4,2	−3,2	−2,2	−1,4	−0,8	−0,4	−0,2
S im Sept.	−9,1	−10,0	−10,7	−10,9	−10,5	−9,4	−7,6	−5,5	−3,2	−1,3	0,3	1,1	1,4	1,2	0,6

Zahlentafel A 59 (Fortsetzung)

c) 20 cm Beton, $k = 1,04$, $G_F = 510$, Fassade getönt oder metallisch blank ($\varepsilon = A_s = 0,5$)
Es gelten die Werte von Konstruktion 4 b.

d) wie c), jedoch Fassade weiß (Lack, Emaille od. ähnl.) ($\varepsilon = 0,9$, $A_s = 0,5$)

Orientierung \\ Zeit	6	7	8	9	10	11	12	13	14	15	16	17	18	19	20 h
NO	−2,8	−3,2	−3,4	−3,4	−3,3	−3,1	−2,9	−2,7	−2,4	−2,1	−1,8	−1,5	−1,1	−0,9	−0,6
O	−1,7	−2,2	−2,5	−2,5	−2,3	−1,9	−1,4	−0,9	−0,4	−0,1	0,3	0,6	0,8	1,0	1,1
SO	−1,6	−2,1	−2,5	−2,7	−2,7	−2,5	−2,0	−1,4	−0,7	−0,1	0,4	0,9	1,2	1,4	1,5
S	−1,7	−2,2	−2,7	−3,1	−3,4	−3,6	−3,5	−3,1	−2,5	−1,8	−1,0	−0,2	0,4	0,9	1,2
SW	−0,7	−1,3	−1,8	−2,3	−2,7	−3,0	−3,1	−3,1	−2,8	−2,3	−1,5	−0,7	0,3	1,1	1,8
W	−0,6	−1,1	−1,6	−2,1	−2,5	−2,8	−3,0	−3,0	−2,8	−2,5	−2,0	−1,3	−0,5	0,5	1,3
NW	−2,0	−2,4	−2,9	−3,3	−3,6	−3,8	−4,0	−3,9	−3,7	−3,5	−3,1	−2,6	−2,0	−1,4	−0,7
N	−3,5	−3,9	−4,2	−4,5	−4,7	−4,8	−4,8	−4,7	−4,5	−4,2	−3,8	−3,4	−3,0	−2,6	−2,2
Diffus	−3,9	−4,3	−4,7	−5,0	−5,2	−5,4	−5,4	−5,3	−5,0	−4,6	−4,2	−3,8	−3,3	−2,9	−2,6
S im Sept.	−5,4	−5,9	−6,5	−7,0	−7,4	−7,6	−7,4	−7,0	−6,3	−5,4	−4,5	−3,6	−2,9	−2,4	−2,1

6. Betonverbundkonstruktionen

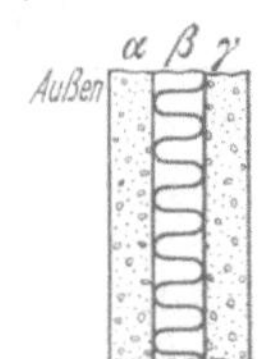

α) Beton
β) Kunstharzisolierung
γ) Beton

a) je 5 cm Beton, 6 cm Isolierung, $k = 0,78$ kcal/m² h grd, $G_F = 230$ kg/m²

	6	7	8	9	10	11	12	13	14	15	16	17	18	19	20 h
NO	−6,5	−6,7	−6,1	−4,7	−3,0	−1,4	−0,2	0,8	1,6	2,4	3,2	3,8	4,2	4,4	4,3
O	−6,2	−6,5	−5,8	−3,9	−1,3	1,5	4,0	5,9	7,0	7,5	7,7	7,7	7,4	7,0	6,4
SO	−6,3	−6,9	−6,8	−5,8	−3,9	−1,2	1,8	4,8	7,2	8,9	9,6	9,7	9,4	8,7	7,8
S	−6,1	−7,1	−7,8	−8,1	−7,7	−6,5	−4,4	−1,5	1,9	5,2	8,0	9,8	10,7	10,6	9,9
SW	−5,0	−6,3	−7,1	−7,6	−7,7	−7,4	−6,4	−4,7	−2,1	1,1	4,7	8,2	11,2	13,1	13,8
W	−4,4	−5,6	−6,6	−7,1	−7,3	−7,0	−6,2	−5,0	−3,3	−1,1	1,7	5,1	8,6	11,6	13,5
NW	−5,2	−6,3	−7,0	−7,5	−7,6	−7,2	−6,4	−5,1	−3,7	−2,1	−0,3	1,7	4,0	6,4	8,2
N	−6,5	−7,1	−7,4	−7,4	−7,2	−6,7	−5,9	−4,8	−3,3	−1,8	−0,4	0,8	1,8	2,6	3,2
Diffus	−6,8	−7,6	−8,2	−8,4	−8,3	−7,8	−6,8	−5,5	−3,9	−2,3	−0,7	0,6	1,6	2,3	2,6
S im Sept.	−9,7	−11,0	−12,0	−12,5	−12,1	−10,6	−7,9	−4,4	−0,5	3,3	6,5	8,6	9,6	9,3	8,2

b) je 7 cm Beton, 10 cm Isolierung, $k = 0,63$, $G_F = 325$

	6	7	8	9	10	11	12	13	14	15	16	17	18	19	20 h
NO	−3,8	−4,4	−4,6	−4,3	−3,6	−2,7	−1,9	−1,1	−0,4	0,3	1,1	1,8	2,3	2,7	3,0
O	−3,1	−3,8	−4,1	−3,6	−2,5	−1,0	0,6	2,2	3,4	4,3	5,0	5,5	5,8	5,9	5,8
SO	−2,9	−3,8	−4,4	−4,5	−3,9	−2,7	−1,1	0,8	2,7	4,4	5,6	6,4	6,9	7,0	6,9
S	−2,5	−3,6	−4,6	−5,3	−5,7	−5,6	−4,9	−3,5	−1,6	0,6	2,7	4,6	6,0	6,9	7,3
SW	−0,8	−2,1	−3,3	−4,2	−4,9	−5,3	−5,2	−4,7	−3,6	−1,9	0,2	2,7	5,1	7,2	8,7
W	−0,2	−1,5	−2,7	−3,7	−4,4	−4,8	−4,9	−4,6	−3,9	−2,9	−1,3	0,7	3,1	5,5	7,6
NW	−1,8	−2,9	−3,9	−4,7	−5,2	−5,5	−5,5	−5,1	−4,4	−3,6	−2,5	−1,2	0,3	2,1	3,7
N	−4,0	−4,7	−5,3	−5,7	−5,9	−6,0	−5,8	−5,3	−4,6	−3,6	−2,6	−1,7	−0,7	0,1	0,8
Diffus	−4,4	−5,2	−5,9	−6,5	−6,8	−6,9	−6,6	−6,1	−5,3	−4,3	−3,2	−2,1	−1,1	−0,3	0,4
S im Sept.	−5,6	−7,0	−8,2	−9,1	−9,6	−9,5	−8,6	−6,9	−4,7	−2,1	0,4	2,6	4,2	5,1	5,4

Zahlentafel A 59 (Fortsetzung)

7. Schieferverkleidung vor Stahlbetonfertigkeit

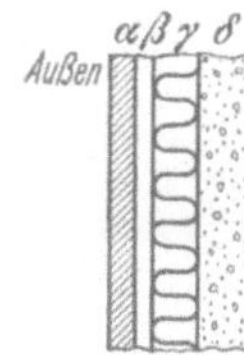

α) 2,5 cm Schieferplatte
β) 2 cm Luftschicht
γ) 5 cm Holzwolle-Leichtbauplatte
δ) 5 cm Beton

$$k = 0,93 \ kcal/m^2 \ h \ grd, \quad G_F = 210 \ kg/m^2, \quad A_S = 0,9$$

Orientierung \\ Zeit	8	9	10	11	12	13	14	15	16	17	18	19	20 h
NO	−6,3	−6,2	−4,9	−2,8	−0,5	1,5	2,8	3,7	4,3	4,9	5,5	6,0	6,2	6,1	5,8
O	−5,8	−5,8	−4,5	−1,8	1,8	5,4	8,4	10,3	11,2	11,4	11,1	10,6	10,0	9,3	8,4
SO	−5,9	−6,4	−6,0	−4,4	−1,6	1,9	5,7	9,2	11,9	13,4	13,8	13,4	12,4	11,3	10,1
S	−5,6	−6,6	−7,3	−7,4	−6,8	−5,2	−2,4	1,2	5,3	9,2	12,2	14,0	14,6	14,0	12,6
SW	−4,4	−5,6	−6,4	−6,8	−6,8	−6,3	−5,1	−3,0	0,0	3,9	8,2	12,4	15,7	17,7	18,1
W	−3,6	−4,8	−5,7	−6,2	−6,2	−5,8	−4,9	−3,5	−1,7	0,9	4,2	8,3	12,5	16,0	18,0
NW	−4,7	−5,7	−6,4	−6,7	−6,7	−6,2	−5,2	−3,7	−2,2	−0,5	1,4	3,7	6,4	9,2	11,2
N	−6,3	−6,8	−6,8	−6,6	−6,2	−5,6	−4,7	−3,4	−1,8	−0,2	1,2	2,4	3,3	4,1	4,6
Diffus	−6,7	−7,4	−7,9	−8,0	−7,7	−7,0	−5,8	−4,3	−2,5	−0,8	0,8	2,1	3,1	3,6	3,8
S im Sept.	−10,7	−11,9	−12,8	−13,0	−12,0	−9,7	−6,0	−1,4	3,5	8,0	11,7	13,9	14,5	13,6	11,5

8. Brüstungselement: Metallverkleidung vor Isolierplatte

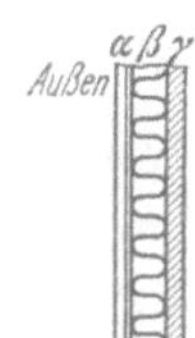

α) Metallverkleidung
β) 4 cm Hartmoltopren
γ) 1,3 cm Rigipsplatte

$$k = 0,72 \ kcal/m^2 \ h \ grd, \quad G_F = 15 \ kg/m^2$$

a) Metall blank ($\varepsilon = A_S = 0,5$)

Orientierung	8	9	10	11	12	13	14	15	16	17	18	19	20 h
NO	−1,1	3,7	6,1	5,9	4,5	4,0	4,9	6,5	7,6	7,5	6,5	5,3	4,1	2,5	0,1
O	−0,9	6,2	12,1	14,8	14,3	11,9	9,4	7,8	7,3	7,1	6,7	5,7	4,2	2,2	−0,2
SO	−5,0	0,3	6,4	12,0	16,1	17,7	16,8	13,9	10,4	7,7	6,2	5,4	4,3	2,2	−0,6
S	−9,6	−8,1	−4,7	0,6	7,3	13,9	18,6	20,4	19,1	15,8	11,6	7,6	4,3	1,5	−0,8
SW	−8,9	−7,8	−6,4	−4,2	−0,4	5,1	11,5	17,5	21,9	23,7	22,7	18,9	13,2	6,8	1,2
W	−8,9	−7,9	−6,1	−3,6	−0,6	2,5	5,9	10,1	15,5	21,1	24,7	24,3	19,3	11,3	3,3
NW	−8,6	−7,9	−6,5	−3,8	−0,3	3,0	5,0	6,3	8,1	11,5	15,4	17,7	16,2	10,8	3,8
N	−6,8	−5,7	−4,9	−3,6	−1,0	2,4	5,5	7,1	7,2	6,7	6,5	6,7	6,3	4,4	1,1
Diffus	−9,1	−8,0	−6,2	−3,6	−0,4	2,7	5,3	6,8	7,4	7,3	6,7	5,7	4,1	1,9	−0,4
S im Sept.	−16,3	−14,0	−8,9	−1,7	6,2	13,2	17,8	19,6	18,4	14,8	9,5	3,7	−1,4	−5,1	−7,3

Die Werte gelten auch für hellgetönte nichtmetallische Flächen.

b) Metall weiß emailliert ($\varepsilon = 0,9$, $A_S = 0,5$)

Orientierung	8	9	10	11	12	13	14	15	16	17	18	19	20 h
NO	−3,7	0,4	2,6	2,6	1,7	1,6	2,6	4,2	5,2	5,2	4,4	3,3	2,1	0,6	−1,6
O	−3,6	2,6	7,7	10,3	10,2	8,4	6,5	5,3	5,0	4,8	4,5	3,6	2,3	0,3	−1,9
SO	−7,1	−2,5	2,8	7,9	11,7	13,4	12,9	10,6	7,7	5,4	4,1	3,3	2,3	0,4	−2,2
S	−11,1	−9,7	−6,7	−1,9	4,2	10,1	14,4	16,1	15,2	12,3	8,7	5,3	2,3	−0,2	−2,4
SW	−10,5	−9,5	−8,2	−6,0	−2,5	2,6	8,3	13,7	17,5	19,2	18,3	15,0	10,0	4,4	−0,7
W	−10,5	−9,6	−7,9	−5,6	−2,7	0,3	3,5	7,3	12,1	16,9	20,0	19,6	15,2	8,2	1,1
NW	−10,2	−9,6	−8,3	−5,8	−2,4	0,7	2,7	4,0	5,7	8,6	12,0	13,9	12,6	7,8	1,6
N	−8,7	−7,7	−6,9	−5,6	−3,1	0,2	3,1	4,7	4,9	4,5	4,4	4,5	4,0	2,2	−0,8
Diffus	−10,7	−9,7	−8,0	−5,6	−2,5	0,5	3,0	4,5	5,1	5,0	4,5	3,6	2,1	0,1	−2,1
S im Sept.	−17,6	−15,5	−11,1	−4,6	2,5	8,8	13,1	14,8	13,9	10,8	6,3	1,2	−3,3	−6,6	−8,7

Zahlentafel A 59

II. Dächer

Warmdächer

1. Stahlbetondach

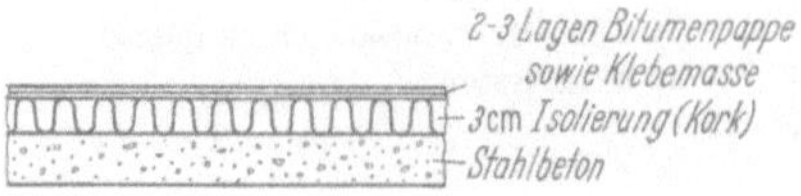

a) 6 cm Stahlbeton, $k = 0,93$ kcal/m² h grd, $G_F = 170$ kg/m²

Zeit	6	7	8	9	10	11	12	13	14	15	16	17	18	19	20 h
Sonne	−4,8	−4,8	−3,7	−1,4	2,1	6,4	11,2	15,8	19,9	22,9	24,7	25,1	24,2	22,1	19,2
Diffus	−8,4	−8,7	−8,6	−8,3	−7,7	−6,7	−5,4	−3,9	−2,5	−1,3	−0,3	0,4	0,9	1,0	0,7

b) 10 cm Stahlbeton, $k = 0,90$, $G_F = 265$

Sonne	0,4	−0,2	−0,3	0,5	2,1	4,4	7,2	10,3	13,3	15,9	17,8	19,0	19,3	18,8	17,6
Diffus	−6,5	−6,9	−7,1	−7,1	−6,9	−6,5	−5,8	−5,0	−4,1	−3,2	−2,4	−1,7	−1,2	−0,9	−0,7

c) 15 cm Stahlbeton, $k = 0,87$, $G_F = 380$

Sonne	4,4	3,5	3,0	2,9	3,3	4,3	5,8	7,6	9,5	11,5	13,2	14,5	15,4	15,7	15,5
Diffus	−5,2	−5,5	−5,8	−6,0	−6,0	−5,9	−5,7	−5,3	−4,7	−4,2	−3,6	−3,1	−2,6	−2,2	−2,0

2. Stahlbetondach mit Asphaltdeckung

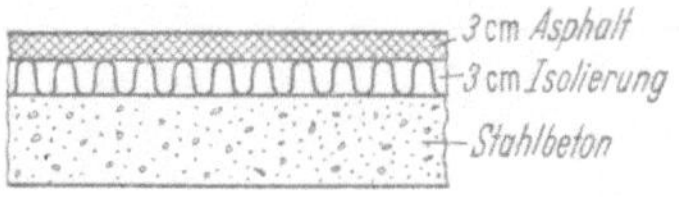

a) 10 cm Stahlbeton, $k = 0,86$ kcal/m² h grd, $G_F = 310$ kg/m²

Sonne	3,7	2,3	1,4	0,9	1,0	1,8	3,2	5,3	7,7	10,2	12,7	14,8	16,5	17,4	17,7
Diffus	−5,2	−5,7	−6,2	−6,5	−6,7	−6,7	−6,5	−6,1	−5,5	−4,8	−4,1	−3,3	−2,6	−2,0	−1,6

b) wie a), jedoch weißer Anstrich ($A_S = 0,7$)

Sonne	1,2	0,0	−0,8	−1,3	−1,3	−0,7	0,4	2,0	4,0	6,0	8,1	9,8	11,2	12,1	12,4
Diffus	−5,7	−6,2	−6,7	−7,0	−7,3	−7,3	−7,2	−6,8	−6,3	−5,7	−5,0	−4,3	−3,6	−3,1	−2,6

c) 15 cm Stahlbeton, $k = 0,83$, $G_F = 430$

Sonne	6,9	5,8	4,8	4,1	3,7	3,7	4,2	5,1	6,4	7,9	9,5	11,1	12,6	13,7	14,4
Diffus	−4,2	−4,6	−5,0	−5,3	−5,6	−5,7	−5,8	−5,7	−5,4	−5,1	−4,6	−4,1	−3,7	−3,2	−2,8

d) wie c), jedoch weißer Anstrich ($A_S = 0,7$)

Sonne	3,7	2,8	2,0	1,4	1,1	1,0	1,3	2,0	3,0	4,2	5,6	6,9	8,1	9,0	9,6
Diffus	−4,9	−5,3	−5,6	−6,0	−6,2	−6,4	−6,4	−6,4	−6,2	−5,8	−5,4	−5,0	−4,5	−4,1	−3,7

3. Leichtbetondach

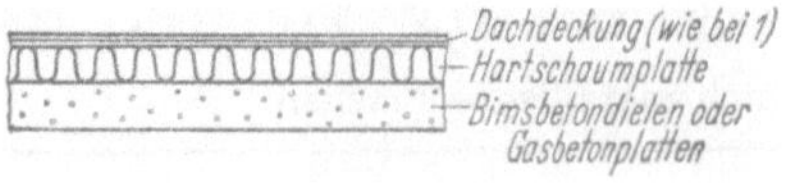

a) 4 cm Isolierung, 5 cm Bimsbeton, $k = 0,67$ kcal/m² h grd, $G_F = 60$ kg/m²

Sonne	−11,2	−8,8	−4,4	1,8	9,4	17,7	25,5	31,9	36,1	37,7	36,7	33,2	27,7	21,1	14,1
Diffus	−11,4	−10,9	−10,0	−8,7	−6,9	−4,6	−2,1	0,3	2,3	3,5	4,2	4,4	4,1	3,2	1,7

b) 2 cm Isolierung, 10 cm Bimsbeton, $k = 0,83$, $G_F = 90$

Sonne	−8,6	−8,3	−6,7	−3,5	1,1	6,8	13,1	19,2	24,5	28,3	30,4	30,5	28,8	25,6	21,3
Diffus	−9,9	−10,1	−9,9	−9,4	−8,4	−7,1	−5,3	−3,4	−1,6	0,0	1,2	2,1	2,5	2,5	2,1

c) 4 cm Korkisolierung, 10 cm Gasbeton, $k = 0,63$, $G_F = 90$

Sonne	−7,5	−7,8	−7,0	−4,7	−1,0	3,9	9,6	15,6	21,0	25,4	28,3	29,4	28,7	26,5	23,0
Diffus	−9,4	−9,7	−9,7	−9,4	−8,8	−7,7	−6,2	−4,5	−2,7	−1,0	0,3	1,3	2,0	2,2	2,1

Zahlentafel A 59 (Fortsetzung)

4. Stahlzellendach

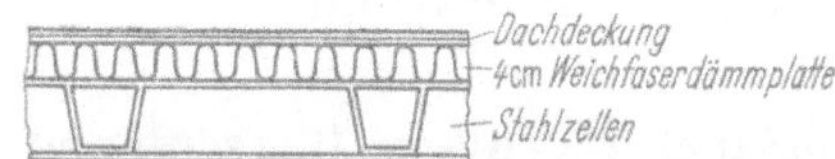

$$k = 0{,}68 \ kcal/m^2 \ h \ grd, \quad G_F = 40 \ kg/m^2$$

Zeit	6	7	8	9	10	11	12	13	14	15	16	17	18	19	20 h
Sonne	−11,1	−7,3	−1,1	7,1	16,5	25,9	33,9	39,6	42,0	41,3	37,5	31,3	23,5	15,1	7,2
Diffus	−11,7	−10,7	−9,4	−7,6	−5,3	−2,5	0,4	2,9	4,6	5,3	5,4	5,0	4,1	2,7	0,6

Kaltdächer

5. Kaltdach über Stahlbeton

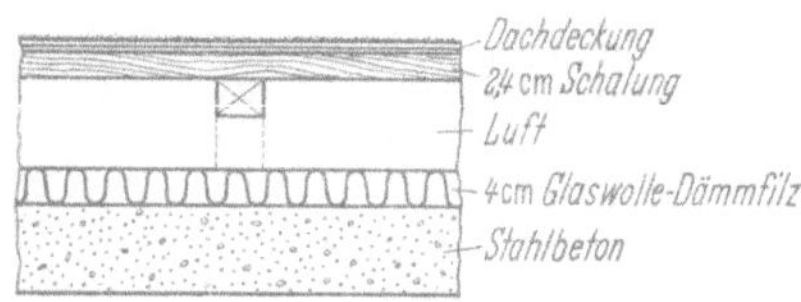

a) 10 cm Stahlbeton, $k = 0{,}53 \ kcal/m^2 \ h \ grd, \ G_F = 270 \ kg/m^2$

	6	7	8	9	10	11	12	13	14	15	16	17	18	19	20 h
Sonne	3,9	2,7	1,8	1,4	1,5	2,3	3,7	5,7	8,0	10,4	12,7	14,6	16,1	17,0	17,2
Diffus	−5,1	−5,6	−6,1	−6,4	−6,5	−6,5	−6,3	−5,9	−5,4	−4,7	−4,0	−3,3	−2,7	−2,1	−1,7

b) 15 cm Stahlbeton, $k = 0{,}52, \ G_F = 390$

	6	7	8	9	10	11	12	13	14	15	16	17	18	19	20 h
Sonne	6,9	6,0	5,1	4,5	4,1	4,2	4,6	5,5	6,7	8,2	9,7	11,1	12,4	13,4	14,0
Diffus	−4,2	−4,6	−5,0	−5,3	−5,5	−5,6	−5,6	−5,5	−5,3	−4,9	−4,5	−4,1	−3,6	−3,2	−2,9

c) 20 cm Stahlbeton, $k = 0{,}51, \ G_F = 510$

	6	7	8	9	10	11	12	13	14	15	16	17	18	19	20 h
Sonne	8,6	7,8	7,1	6,5	6,0	5,7	5,7	6,0	6,5	7,3	8,3	9,3	10,3	11,2	11,9
Diffus	−3,8	−4,1	−4,3	−4,6	−4,8	−5,0	−5,1	−5,1	−5,1	−4,9	−4,7	−4,4	−4,1	−3,8	−3,5

6. Kaltdach über Gasbeton

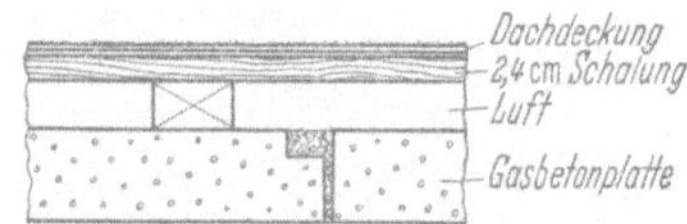

Bei Konstruktion 6 b, d und f zusätzlich 3 cm Steinwolle über dem Gasbeton.

a) 10 cm Gasbeton, $k = 0{,}98 \ kcal/m^2 \ h \ grd, \ G_F = 100 \ kg/m^2$

	6	7	8	9	10	11	12	13	14	15	16	17	18	19	20 h
Sonne	−7,1	−7,8	−7,6	−6,2	−3,3	1,0	6,2	12,0	17,8	22,8	26,6	28,8	29,3	28,0	25,3
Diffus	−9,0	−9,6	−9,8	−9,7	−9,2	−8,4	−7,1	−5,5	−3,8	−2,0	−0,5	0,7	1,6	2,1	2,2

b) wie a) mit zusätzlicher Isolierung, $k = 0{,}56, \ G_F = 105$

	6	7	8	9	10	11	12	13	14	15	16	17	18	19	20 h
Sonne	−3,1	−4,7	−5,6	−5,5	−4,4	−2,1	1,3	5,6	10,3	15,0	19,3	22,7	24,8	25,7	25,1
Diffus	−7,2	−8,0	−8,6	−8,9	−8,9	−8,6	−8,0	−7,0	−5,7	−4,2	−2,8	−1,5	−0,4	0,5	1,0

c) 15 cm Gasbeton, $k = 0{,}86, \ G_F = 135$

	6	7	8	9	10	11	12	13	14	15	16	17	18	19	20 h
Sonne	−1,3	−2,9	−3,9	−4,2	−3,4	−1,6	1,2	4,9	9,1	13,4	17,4	20,6	22,8	23,8	23,6
Diffus	−6,6	−7,4	−8,0	−8,3	−8,4	−8,3	−7,7	−6,9	−5,8	−4,6	−3,3	−2,1	−1,0	−0,2	0,4

d) wie c) mit zusätzlicher Isolierung, $k = 0{,}52, \ G_F = 140$

	6	7	8	9	10	11	12	13	14	15	16	17	18	19	20 h
Sonne	3,2	1,4	−0,1	−1,1	−1,5	−1,1	0,1	2,2	4,9	8,1	11,4	14,5	17,1	19,1	20,1
Diffus	−5,0	−5,8	−6,4	−7,0	−7,4	−7,5	−7,5	−7,1	−6,5	−5,7	−4,8	−3,8	−2,9	−2,0	−1,3

e) 20 cm Gasbeton, $k = 0{,}77, \ G_F = 170$

	6	7	8	9	10	11	12	13	14	15	16	17	18	19	20 h
Sonne	3,9	2,1	0,6	−0,4	−0,9	−0,7	0,4	2,2	4,7	7,6	10,8	13,8	16,4	18,3	19,5
Diffus	−4,8	−5,5	−6,2	−6,7	−7,1	−7,3	−7,3	−7,0	−6,5	−5,8	−4,9	−4,0	−3,0	−2,2	−1,5

f) wie e) mit zusätzlicher Isolierung, $k = 0{,}49, \ G_F = 175$

	6	7	8	9	10	11	12	13	14	15	16	17	18	19	20 h
Sonne	7,4	5,8	4,3	3,1	2,1	1,6	1,7	2,3	3,5	5,3	7,3	9,6	11,8	13,8	15,4
Diffus	−3,7	−4,3	−4,9	−5,5	−5,9	−6,2	−6,5	−6,5	−6,3	−6,0	−5,5	−4,9	−4,2	−3,5	−2,9

Bildtafeln

Bildtafel 1

Zustandsgrößen von Wasserdampf

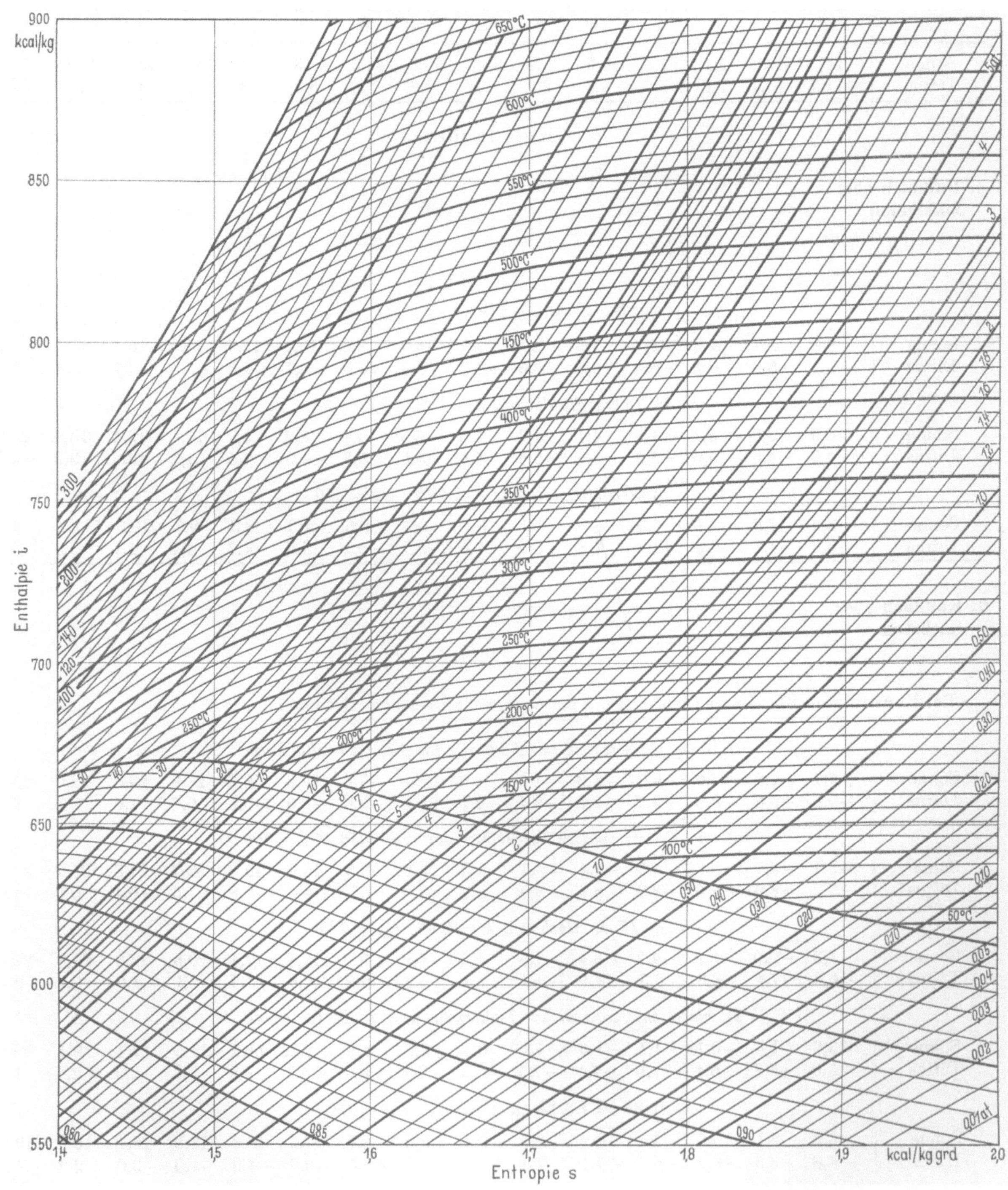

Häufigkeit der mittleren Tagestemperatur für einige europäische Orte

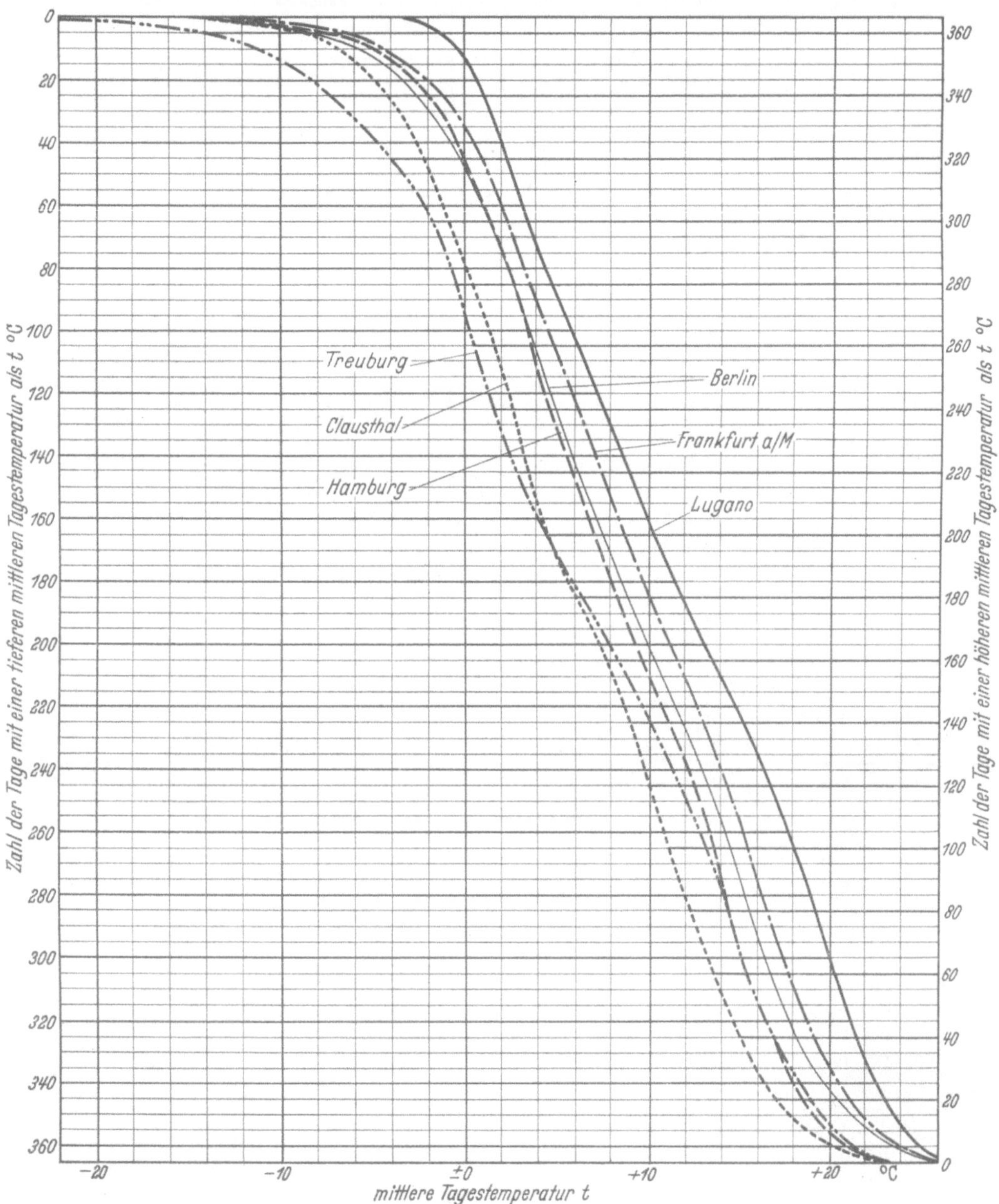

Bildtafel 3

Häufigkeit der mittleren Tagestemperatur für weitere deutsche Orte

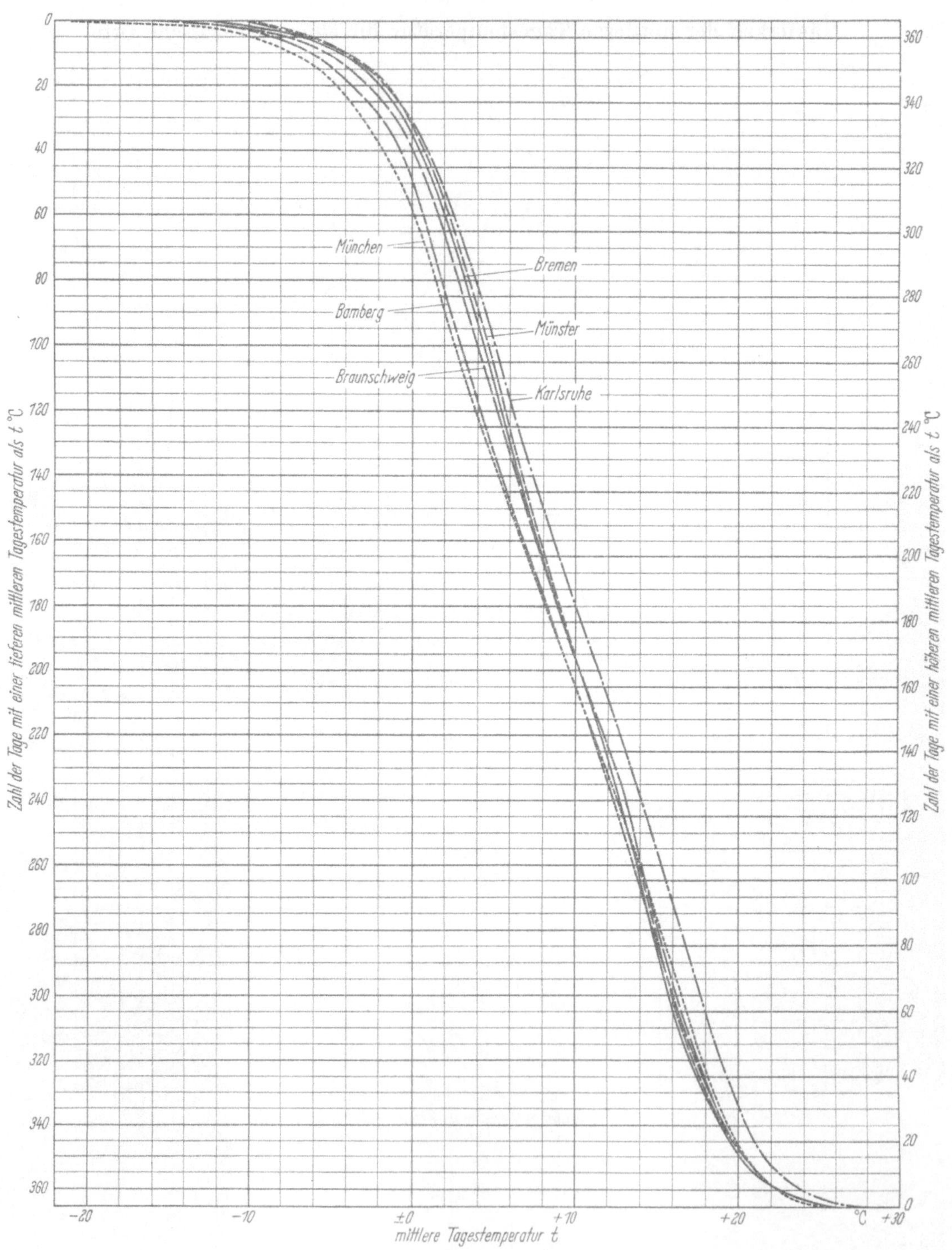

Namenverzeichnis

Sachverzeichnis

Arbeitsblätter

1 **Warmwasserheizung (1 grd-Tafel)**
   Druckgefälle $R = 0,05 \ldots 5,0$ mm WS/m (Schwerkraftheizung)

2 **Warmwasserheizung (1 grd-Tafel)**
   Druckgefälle $R = 3,0 \ldots 200$ mm WS/m (Pumpenheizung)

3 **Warmwasserheizung (20 grd-Tafel)**
   Druckgefälle $R = 0,05 \ldots 5,0$ mm WS/m (Schwerkraftheizung)

4 **Warmwasserheizung (20 grd-Tafel)**
   Druckgefälle $R = 2,2 \ldots 100$ mm WS/m (Pumpenheizung)

5 **Einzelwiderstände bei Wasser- und Dampfleitungen**

6 **Niederdruckdampfheizung**
   Druckgefälle $R = 0,5 \ldots 100$ mm WS/m

7 **Druckgefälle und Geschwindigkeit in Warmwasserleitungen**

8 **Druckgefälle in Dampfleitungen**

9 **Geschwindigkeit und Einzeldruckverluste in Dampfleitungen**

10 **Druckgefälle und Geschwindigkeit in Luftleitungen**

11 **Einzelwiderstände bei Luftleitungen**

12 **Gleichwertiger Durchmesser d_g bei Rechteck-Kanälen**

13 **i, x-Diagramm für feuchte Luft**

14 **Wärmeübergang bei Konvektion und Kondensation**

15 **Winkelverhältnis (Einstrahlzahl) beim Wärmeaustausch durch Strahlung**

Springer-Verlag, Berlin · Heidelberg · New York

Warmwasserheizung (1 grd-Tafel), Druckgefälle $R = 0,05 \ldots 5,0$ mm WS/m (Schwerkraftheizung)

Additional information of this book

(Heiz- und Klimatechnik; 978-3-662-27134-6; 978-3-662-27134-6_OSFO1)

is provided:

http://Extras.Springer.com

Arbeitsblatt 2

Warmwasserheizung (1 grd-Tafel), Druckgefälle $R = 3{,}0 \ldots 200$ mm WS/m (Pumpenheizung)

Warmwasserheizung (20 grd-Tafel), Druckgefälle $R = 0,05 \ldots 5,0$ mm WS/m (Schwerkraftheizung)

Additional information of this book

(Heiz- und Klimatechnik; 978-3-662-27134-6; 978-3-662-27134-6_OSFO3)

is provided:

http://Extras.Springer.com

Arbeitsblatt 4

Warmwasserheizung (20 grd-Tafel), Druckgefälle $R = 2,2 \ldots 100$ mm WS/m (Pumpenheizung)

Additional information of this book

(Heiz- und Klimatechnik; 978-3-662-27134-6; 978-3-662-27134-6_OSFO4)

is provided:

http://Extras.Springer.com

Arbeitsblatt 5

Einzelwiderstände bei Wasser- und Dampfleitungen

Additional information of this book

(Heiz- und Klimatechnik; 978-3-662-27134-6; 978-3-662-27134-6_OSFO5)

is provided:

http://Extras.Springer.com

Arbeitsblatt 6

Niederdruckdampfheizung
Druckgefälle $R = 0,5 \ldots 100$ mm WS/m

Additional information of this book

(Heiz- und Klimatechnik; 978-3-662-27134-6; 978-3-662-27134-6_OSFO6)

is provided:

http://Extras.Springer.com

Arbeitsblatt 7

Druckgefälle und Geschwindigkeit
in Warmwasserleitungen

Additional information of this book

(Heiz- und Klimatechnik; 978-3-662-27134-6; 978-3-662-27134-6_OSFO7)

is provided:

http://Extras.Springer.com

Arbeitsblatt 8

Druckgefälle in Dampfleitungen

Additional information of this book

(Heiz- und Klimatechnik; 978-3-662-27134-6; 978-3-662-27134-6_OSFO8)

is provided:

http://Extras.Springer.com

Geschwindigkeit und Einzeldruckverluste
in Dampfleitungen

Additional information of this book

(Heiz- und Klimatechnik; 978-3-662-27134-6; 978-3-662-27134-6_OSFO9)

is provided:

http://Extras.Springer.com

Arbeitsblatt 10

Druckgefälle und Geschwindigkeit
in Luftleitungen

Additional information of this book

(Heiz- und Klimatechnik; 978-3-662-27134-6; 978-3-662-27134-6_OSFO10)

is provided:

http://Extras.Springer.com

Einzelwiderstände bei Luftleitungen

Additional information of this book

(Heiz- und Klimatechnik; 978-3-662-27134-6; 978-3-662-27134-6_OSFO11)

is provided:

http://Extras.Springer.com

Gleichwertiger Durchmesser dg
bei Rechteck-Kanälen

Additional information of this book

(Heiz- und Klimatechnik; 978-3-662-27134-6; 978-3-662-27134-6_OSFO12)

is provided:

http://Extras.Springer.com

Arbeitsblatt 13

i, x-Diagramm für feuchte Luft

Additional information of this book

(Heiz- und Klimatechnik; 978-3-662-27134-6; 978-3-662-27134-6_OSFO13)

is provided:

http://Extras.Springer.com

Arbeitsblatt 14

Wärmeübergang bei Konvektion und Kondensation

Additional information of this book

(Heiz- und Klimatechnik; 978-3-662-27134-6; 978-3-662-27134-6_OSFO14)

is provided:

http://Extras.Springer.com

Arbeitsblatt 15

Winkelverhältnis (Einstrahlzahl) beim Wärmeaustausch durch Strahlung

Additional information of this book

(Heiz- und Klimatechnik; 978-3-662-27134-6; 978-3-662-27134-6_OSFO15)

is provided:

http://Extras.Springer.com